АНГЛО-РУССКИЙ
СЛОВАРЬ
ПО ЭЛЕКТРОТЕХНИКЕ
И
ЭЛЕКТРОЭНЕРГЕТИКЕ

ENGLISH-RUSSIAN
DICTIONARY
OF ELECTRICAL
AND
POWER ENGINEERING

Ya. N. LUGINSKY
M. S. FEZI-ZHILINSKAYA
Yu. S. KABIROV

ENGLISH-RUSSIAN DICTIONARY OF ELECTRICAL AND POWER ENGINEERING

With Russian Index

About 45 000 terms

4th revised edition

«RUSSO»
MOSCOW
2003

Я. Н. ЛУГИНСКИЙ
М. С. ФЕЗИ-ЖИЛИНСКАЯ
Ю. С. КАБИРОВ

АНГЛО-РУССКИЙ СЛОВАРЬ ПО ЭЛЕКТРОТЕХНИКЕ И ЭЛЕКТРОЭНЕРГЕТИКЕ

С указателем русских терминов

Около 45 000 терминов

4-е издание, исправленное

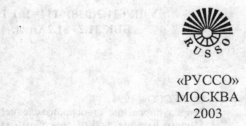

«РУССО»
МОСКВА
2003

УДК 621.3(038)=111=161.1
ББК 31.2;
Л83

Специальные научные редакторы:
д-р техн. наук проф. Бургсдорф В. В.
д-р техн. наук проф. Мамиконянц Л. Г.
д-р техн. наук проф. Мамошин Р. Р.
д-р техн. наук проф. Семёнов В. А.

Лугинский Я. Н. и др.
Л83 Англо-русский словарь по электротехнике и электроэнергетике. Ок. 45 000 терминов / Лугинский Я. Н., Фези-Жилинская М. С., Кабиров Ю. С. — 4-е изд., испр. — М.: РУССО, 2003 — 616 с.

ISBN 5-88721-233-0

Словарь содержит около 45 000 терминов. Наиболее полно представлена терминология по электрическим системам, сетям и станциям, электрическим машинам и аппаратам, по электрооборудованию, автоматике, электроэнергетике и др.
В конце словаря даны сокращения и указатель русских терминов.
Словарь предназначен для преподавателей, аспирантов и студентов, научно-технических работников и переводчиков.

ISBN 5-88721-233-0

УДК 621.3(038)=111=161.1
ББК 31.2+81.2Англ.-4

© «РУССО», 1994
Репродуцирование (воспроизведение) данного издания любым способом без договора с издательством запрещается.

ПРЕДИСЛОВИЕ

Настоящий словарь представляет собой четвертое исправленное издание «Англо-русского словаря по электротехнике и электроэнергетике», впервые вышедшего в свет в 1994 г. Он предназначен для широкого круга научных и инженерно-технических работников в области электротехники и электроэнергетики, аспирантов и студентов электротехнических специальностей, а также переводчиков научно-технической литературы.

За последнее время произошли большие изменения в электротехнике и электроэнергетике. Выделились и стали самостоятельными областями такие считавшиеся ранее разделами электротехники темы как связь, радиоэлектроника, автоматика и вычислительная техника. По этим темам выпущены (или готовятся к изданию) отдельные словари. Поэтому при составлении данного словаря Авторы стремились к разумному компромиссу, представив в корпусе словаря основную терминологию по электротехнике и терминологию смежных областей.

Особо следует сказать об автоматике и вычислительной технике. Известно, что основу современной автоматики составляет электроавтоматика, терминология которой почти полностью является электротехнической. Что же касается новых разделов автоматики, превративших ее в науку об управлении, то все эти разделы применяются как в электротехнике, так и в электроэнергетике, что заставило широко представить их в словаре.

В словарь включены термины по электротехническим материалам, по электрическим машинам постоянного и переменного тока, электрическим станциям и сетям, энергосистемам, электроприводам, по светотехнике и измерительным приборам и др.

Представлена терминология по атомным электростанциям и станциям, использующим нетрадиционные виды энергии: ветер, солнце, энергию приливов.

При отборе терминологии Авторами использовалась англо-американская литература: Международный электротехнический словарь, "Standard Handbook for Electrical Engineers" (Fink and Beaty), "Dictionary of Electrical Engineering" (Jackson), "Dictionary of Scientific and Technical Terms" (McGraw-Hill), "Longman Dictionary of Scientific Usage" (Godman and Payne), монографии и издания международных электротехнических организаций МЭК, МКО и других.

В конце словаря дается список сокращений. Приводится указатель русских терминов.

Издательство

О ПОЛЬЗОВАНИИ СЛОВАРЕМ

В словаре принята алфавитно-гнездовая система. Ведущие английские термины расположены в алфавитном порядке. Составные термины, включающие в себя определяемый и определяющий компоненты, следует искать по определяемому (ведущему) слову. Например, термин **cable plug** следует искать в гнезде **plug**.

Ведущий термин в гнезде заменяется тильдой (~). Устойчивые терминологические сочетания даются в подбор к ведущему термину и отделяются знаком ромба (◇). Например: **phase** фаза ◇ **to bring in** ~ совмещать по фазе, фазировать.

В русском переводе различные части речи с одинаковым семантическим содержанием разделены параллельками (‖). Например: **dielectric** диэлектрик‖диэлектрический.

Пояснения к русским терминам набраны курсивом и заключены в круглые скобки. Например:

control ratio коэффициент управления (*тиристором*)

Факультативная часть как английского термина, так и русского эквивалента заключена в круглые скобки. Например: **block(ing) relay** реле блокировки. Термин следует читать: **block relay, blocking relay; bias resistor** резистор (цепи) смещения. Эквивалент следует читать: резистор смещения, резистор цепи смещения.

Синонимичные варианты как английских терминов, так и русских эквивалентов даны в квадратных скобках ([ ]). Например: **potentiometer [potentiometric] recorder** потенциометрический регистратор. Термин следует читать: **potentiometer recorder, potentiometric recorder**.

current surge выброс [бросок] тока. Эквивалент следует читать: выброс тока, бросок тока.

В переводах принята следующая система разделительных знаков: синонимы отделены запятой, более далекие по значению эквиваленты — точкой с запятой, разные значения — цифрами.

СПИСОК ПОМЕТ И УСЛОВНЫХ СОКРАЩЕНИЙ

АГП автомат гашения поля
АПВ автоматическое повторное включение
АРУ автоматическая регулировка усиления
АРЧМ автоматическое регулирование частоты и мощности
АТЭЦ атомная теплоэлектроцентраль
АУМПТ аварийное управление мощностью паровой турбины
АЧХ амплитудно-частотная характеристика
АЭС атомная электростанция
ВАХ вольт-амперная характеристика
ВЛ воздушная линия
горн. горное дело
ГЭС гидроэлектростанция
ж.-д. железнодорожный транспорт
КЗ короткое замыкание
кпд коэффициент полезного действия
КРУ комплектное распределительное устройство
ЛЭП линия электропередач
МГД магнитогидродинамический
мдс магнитодвижущая сила
РЗ релейная защита
САПР система автоматизированного проектирования
САР система автоматического регулирования
ТВЭЛ тепловыделяющий элемент
телемех. телемеханика
тлв телевидение
ТЭЦ теплоэлектроцентраль
эдс электродвижущая сила
pl множественное число

АНГЛИЙСКИЙ АЛФАВИТ

Aa	Gg	Nn	Uu
Bb	Hh	Oo	Vv
Cc	Ii	Pp	Ww
Dd	Jj	Qq	Xx
Ee	Kk	Rr	Yy
Ff	Ll	Ss	Zz
	Mm	Tt	

A

abampere 10 ампер, 10 A
abat-jour 1. отражатель 2. рассеиватель (*светового прибора*)
ability способность ◇ ~ **to withstand short-time current** устойчивость (*аппарата*) при кратковременных токах
  blocking ~ запирающая способность
  dynamic ~ динамическая стойкость
  load-carrying ~ нагрузочная способность
  power-handling ~ способность выдерживать повышенную мощность
  reducing ~ восстановительная способность
  thermal ~ термическая стойкость
abruption, abrupture обрыв; разрыв; разъединение
absence of offset астатизм, отсутствие статизма
absorb 1. абсорбировать; поглощать; впитывать 2. амортизировать
absorbability абсорбционная способность
  water ~ водопоглотительная способность
  water vapor ~ способность поглощения водяных паров
absorber 1. поглотитель 2. поглощающий фильтр
  dielectric ~ диэлектрический поглотитель
  energy ~ поглотитель энергии
  magnetic ~ магнитный поглотитель
  oil shock ~ масляный амортизатор
  selective ~ селективный светофильтр
  shock ~ амортизатор
  surge ~ заградительный фильтр; разрядник
  vibration ~ амортизатор вибраций, вибропоглотитель
  wide-band ~ широкополосный поглотитель
absorptance коэффициент поглощения
absorption 1. поглощение 2. абсорбция 3. поглощающая способность
  arc-energy ~ поглощение энергии дуги
  dielectric ~ 1. поглощение в диэлектрике 2. остаточная поляризация диэлектрика
  ferromagnetic-resonance ~ поглощение при ферромагнитном резонансе
  field-induced ~ поглощение, индуцированное полем
  heat ~ теплопоглощение
  moisture ~ влагопоглощение
  paramagnetic-resonance ~ поглощение при парамагнитном резонансе
  photoelectric ~ фотоэлектрическое поглощение
  resonance ~ резонансное поглощение
  self-~ самопоглощение
  water ~ водопоглощение
  X-ray ~ поглощение рентгеновских лучей
absorptivity 1. (удельный) коэффициент поглощения 2. (интегральная) лучепоглощательная способность
  luminous surface ~ поглощательная способность поверхности (*для видимой части спектра*)
  radiant surface ~ лучепоглощательная способность поверхности (*для видимой части спектра*)
abstraction:
  heat ~ отвод тепла
acceleration ускорение
  ~ **of convergence** ускорение сходимости
  angular ~ угловое ускорение
  carrier ~ ускорение вторых ступеней РЗ с помощью ВЧ-канала по ЛЭП
  CEMF ~ ускорение в функции противоэдс
  definite-time ~ ускорение в функции времени
  drag ~ отрицательное ускорение
  electrostatic ~ электростатическое ускорение
  impulsive ~ импульсное ускорение
  magnetic ~ магнитное ускорение
  rotary ~ угловое ускорение
  time-current ~ ускорение во времени в зависимости от тока
  timed ~ ускорение с выдержкой времени
  time-element ~ ускорение с независимой выдержкой времени
  time-limit ~ ускорение в функции времени
  transient ~ ускорение в переходном процессе
  uniform ~ равномерное ускорение

ACCELERATOR

accelerator ускоряющий электрод
  field ~ ускоряющий электрод частиц в (электрическом) поле
  helical post-deflection ~ спиральный электрод послеускорения
  post-deflection ~ электрод послеускорения
accelerometer акселерометр
  linear ~ линейный акселерометр
acceptor последовательный резонансный контур
access 1. доступ **2.** смотровой люк ◇
  ~ **for repair** доступ для ремонта
  ~ **of air** приток воздуха
  front ~ доступ с передней стороны (*напр. панели*)
  on-load ~ доступ без останова, доступ под нагрузкой (*оборудования*)
  rear ~ доступ с задней стороны (*напр. панели*)
accessibility доступность; досягаемость (*для осмотра и ремонта*)
accessible 1. доступный (*для осмотра и ремонта; об оборудовании*) **2.** открытый (*о проводке*)
  fully ~ **1.** полностью доступный **2.** полностью открытый
accessor/y 1. вспомогательная деталь **2.** *pl* арматура **3.** *pl* принадлежности
  ~ **of limited interchangeability** вспомогательная деталь с ограниченной взаимозаменяемостью
  boiler ~**ies** арматура котла
  cable ~**ies** кабельная арматура
  interchangeable ~ взаимозаменяемая вспомогательная деталь
  line ~**ies** арматура ЛЭП
  noninterchangeable ~ невзаимозаменяемая вспомогательная деталь
  wiring ~**ies 1.** электроустановочные материалы **2.** электроустановочная арматура
accident авария
  blowdown ~ авария с возмущением (*ядерного реактора*)
  cooling ~ авария системы охлаждения (*ядерного реактора*)
  core disruptive ~ авария с разрушением активной зоны (*ядерного реактора*)
  core-melt ~ авария с расплавлением активной зоны (*ядерного реактора*)
  credible ~ расчётная [проектная] авария
  critical ~ авария в условиях критичности; авария, вызванная возникновением критического состояния (*ядерного реактора*)
  depressurization ~ авария со снижением давления, авария с разрывом контура (*ядерного реактора*)
  design ~ расчётная [проектная] авария
  design-basis ~ максимальная проектная авария, МПА
  hypothetical ~ гипотетическая авария
  loss-of-coolant ~ авария с потерей теплоносителя (*ядерного реактора*)
  maximum credible ~ максимальная проектная авария, МПА
  maximum hypothetical ~ максимальная гипотетическая авария
  nondesign-basis ~ нерасчётная авария
  nonnuclear ~ неядерная авария (*на АЭС*)
  nuclear ~ ядерная авария; авария ядерного реактора, авария ядерной установки
  pipe break ~ авария с разрывом трубопровода
  power-cooling mismatch ~ авария вследствие несогласованности уровней используемой мощности и охлаждения
  rod drop ~ авария со сбросом стержней (*системы управления и защиты*)
  small-leak loss-of-coolant ~ авария с малой потерей теплоносителя (*ядерного реактора*)
  start-up ~ пусковая авария, авария при пуске
  supercriticality ~ авария, вызванная возникновением сверхкритического состояния (*ядерного реактора*)
  transient overpower ~ авария вследствие переходного режима перегрузки
accident-free безопасный (*об оборудовании*)
accommodate вмещать; размещать
accommodation помещение; размещение
  ~ **of relays** размещение реле (*на панели*)
account:
  electric plant ~**s** издержки на создание энергоустановки
  heat ~ тепловой баланс
  operating expense ~**s** эксплуатационные издержки
accounting:
  energy ~ **1.** учёт электроэнергии **2.** расчёты за электроэнергию
  hourly energy ~ почасовой учёт электроэнергии
accumulate аккумулировать, накапливать
accumulation аккумулирование, накопление

sleet ~ образование гололёда (*на ЛЭП*)
static-charge ~ накопление статических зарядов, электризация

accumulator аккумулятор
  acid ~ кислотный аккумулятор
  alkaline ~ щелочной аккумулятор
  bypass ~ буферный аккумулятор
  Drumm ~ никель-цинковый аккумулятор
  dry(-charged) ~ сухозаряженный аккумулятор
  Edison ~ аккумулятор Эдисона, никель-железный аккумулятор
  enclosed ~ закрытый аккумулятор
  flexible separator ~ аккумулятор с гибкими [эластичными] пластинами
  float ~ аккумулятор с армированными пластинами
  foil ~ аккумулятор с фольговыми электродами
  formed-plate ~ аккумулятор с (от-)формованными пластинами
  frame ~ пластинчатый [рамочный] аккумулятор
  grid-type ~ аккумулятор с решётчатыми пластинами
  heat ~ тепловой аккумулятор
  hydraulic ~ гидравлический аккумулятор
  ignition ~ аккумулятор системы зажигания
  iron ~ никель-железный аккумулятор
  iron-clad ~ аккумулятор с панцирными пластинами
  iron-nickel ~ никель-железный аккумулятор
  Jungner-type ~ аккумулятор Юнгнера, никель-кадмиевый аккумулятор
  lead ~ свинцовый аккумулятор
  line ~ буферный аккумулятор
  liquid fuel pressure ~ жидкостный аккумулятор давления, ЖАД
  nonspillable ~ непроливаемый аккумулятор
  open-type ~ открытый аккумулятор
  pasted-plate ~ аккумулятор с пастированными пластинами
  sealed ~ герметичный аккумулятор; закрытый аккумулятор
  silver(-oxide) zinc ~ серебряно-цинковый аккумулятор
  sintered(-plate) type ~ аккумулятор со спечёнными пластинами
  steam ~ паровой аккумулятор
  variable-pressure ~ аккумулятор переменного давления
  Willard's ~ аккумулятор Вилларда, аккумулятор для малых токов разряда
  zinc ~ цинковый аккумулятор
  zinc-lead ~ цинково-свинцовый аккумулятор

accuracy точность
  ~ **of adjustment** точность регулировки; точность настройки
  ~ **of instrument** точность измерительного прибора
  ~ **of integration** точность интегрирования
  ~ **of measurement** точность измерения
  absolute ~ абсолютная точность
  control ~ точность (работы системы) автоматического управления
  dynamic ~ динамическая точность
  instrument ~ точность измерительного прибора
  measurement [measuring] ~ точность измерения
  overall ~ результирующая точность
  pinpoint ~ сверхвысокая точность
  relative ~ относительная точность
  repetitive ~ точность повторения
  setting ~ точность уставки
  static [steady-state] ~ статическая точность
  sweep ~ точность [стабильность] развёртки
  transient ~ точность (*замера*) во время переходного процесса

acetal ацеталь (*термопластичный диэлектрический материал*)

acid кислота
  accumulator [battery] ~ аккумуляторная кислота, электролит кислотного аккумулятора

acid-proof кислотостойкий; кислотоупорный
acid-resistant кислотоупорный
acidulate подкислять (*напр. электролит*)
acknowledge подтверждать; квитировать
acknowledgement подтверждение; квитирование
  immediate ~ немедленное подтверждение
  negative ~ подтверждение неправильного приёма
  positive ~ подтверждение приёма
acknowledger ключ квитирования
action (воз)действие; эффект; срабатывание
  abrupt ~ работа скачками
  antihunt(ing) ~ стабилизирующее действие

ACTION

area assist ~ взаимопомощь районов регулирования в АРЧМ
average-position ~ усреднённое действие; действие, определяемое средним положением (*регулируемого параметра*)
battery local ~ саморазряд (аккумуляторной) батареи
braking ~ тормозное воздействие, торможение
composite ~ комбинированное воздействие
compound ~ 1. комбинированное воздействие 2. ПИД-воздействие
continuous ~ непрерывное воздействие
continuous floating ~ непрерывное астатическое воздействие
control ~ управляющее воздействие
corrective ~ корректирующее воздействие
D- ~ воздействие по производной, D-воздействие
D_2- ~ воздействие по второй производной, D_2-воздействие
damping ~ демпфирующее (воз)действие
derivative ~ воздействие по производной, D-воздействие
derivative corrective ~ коррекция по производной
early valve ~ аварийное управление мощностью паровой турбины [АУМПТ] воздействием на клапаны промперегрева
electrical valve-like ~ вентильный эффект
end ~ конечное действие
fanning ~ вентилирующий эффект
field ~ (воз)действие поля; (воз)действие возбуждения
floating ~ астатическое (воз)действие
flywheel ~ эффект маховика; эффект вращающихся масс
four-quadrant ~ четырёхквадрантная работа (*преобразователя*)
high-low ~ воздействие высоким и низким уровнем; релейное регулирование высоким и низким уровнем (*импульсов одного знака*)
I- ~ интегральное воздействие, И-воздействие
input ~ входное воздействие
integral (control) ~ интегральное воздействие, И-воздействие
intermittent ~ прерывистое воздействие
inverse derivative control ~ регулирующее воздействие обратной производной
local ~ саморазряд (*гальванического элемента*)
magnetic ~ магнитное действие
mechanical ~ механическое воздействие
memory ~ срабатывание реле «по памяти»
modulating ~ модулирующее воздействие
multilevel ~ многоступенчатое воздействие
multiple-speed floating ~ астатизм *n*-го порядка
multistep ~ многопозиционное воздействие; многопозиционное регулирование
on-off ~ воздействие в форме включений и отключений; релейное регулирование
P- ~ пропорциональное воздействие, П-воздействие; пропорциональное регулирование, П-регулирование
permanent ~ постоянное воздействие
positive-negative ~ воздействие импульсами двух знаков; двустороннее регулирование
progressive ~ непрерывное воздействие; воздействие, допускающее колебания выходной величины внутри заданных пределов
proportional ~ пропорциональное воздействие, П-воздействие; пропорциональное регулирование, П-регулирование
protective ~ защитное действие
pulse ~ импульсное воздействие
rate ~ воздействие по скорости; воздействие по производной
rate corrective ~ коррекция по скорости
rectifying ~ выпрямление
relay ~ срабатывание реле
remedial ~ корректирующее воздействие
sampling ~ импульсное воздействие с дискретизацией по времени
screening ~ экранирующее действие
second derivative ~ воздействие по второй производной, D_2-воздействие
self-latching ~ механическая самоблокировка (*реле*)
self-locking ~ электрическая *или* магнитная самоблокировка (*реле*)
starting-pulse ~ воздействие в виде пускового импульса
step ~ ступенчатое воздействие; ступенчатое регулирование

ADJUSTER

step-by-step ~ пошаговое воздействие
summing ~ суммарное (управляющее) воздействие
three-level [three-step] ~ трёхпозиционное воздействие; трёхпозиционное регулирование
time-lag ~ действие с выдержкой времени
two-level [two-position, two-step] ~ двухпозиционное воздействие; двухпозиционное регулирование
valve ~ вентильное действие

activate 1. возбуждать, ставить под напряжение 2. включать, запускать 3. активи(зи)ровать

activation 1. возбуждение 2. включение, запуск 3. актив(из)ация
electrochemical ~ электрохимическая активация

activit/y работа; активность
crash ~ срочная работа после аварии
energy management ~ies 1. деятельность по управлению производством и поставкой электроэнергии 2. деятельность по диспетчерскому управлению энергосистемой
ion ~ ионная активность
scheduling ~ работа по графику
switching ~ проведение коммутационных операций

actuate 1. приводить в действие; включать; воздействовать 2. срабатывать (о реле) ◇ **to ~ a signal** включать сигнал

actuation 1. приведение в действие; включение; воздействие 2. срабатывание (реле)
electrical ~ приведение в действие электричеством
relay ~ срабатывание реле

actuator 1. исполнитель, исполнительный орган 2. воздействующее устройство, источник сигнала 3. механизм конечного выключателя, воздействующий на контакты
auxiliary ~ вспомогательный приводной элемент
combination ~ комбинированный привод
control-motor ~ сервопривод
electric ~ (маломощный) электрический привод (в схемах автоматики)
electrohydraulic ~ электрогидравлический исполнительный орган
electropneumatic ~ электропневматический исполнительный орган
electrostatic ~ электростатический возбудитель
leaf ~ пластинчатый выключатель
linear ~ линейный исполнительный орган
pneumatic ~ пневматический исполнительный орган
roller-leaf ~ пластинчато-роликовый выключатель
safety ~ исполнительное устройство безопасности
servo ~ сервопривод
solenoid ~ соленоидный привод; соленоидный исполнительный механизм

acyclic 1. ациклический, непериодический 2. униполярный

adapter адаптер; переходное устройство; муфта
cable ~ переходная муфта для кабеля
conduit ~ переходная муфта для кабелепровода
connector ~ переходник
current ~ токовый адаптер
fusible ~ адаптер с предохранителем
lampholder ~ ламповый патрон (в сборе) с вилкой
mains ~ сетевой адаптер
plug [socket(-outlet)] ~ переходная вилка, вилка-размножитель
wafer ~ штампованная переходная колодка

addition 1. добавка; присадка 2. подвод (напр. тепла)
battery ~ аккумуляторная присадка

adherence прилипание; сцепление
electrostatic ~ электростатическое прилипание

adjuncts добавочные детали; принадлежности

adjust 1. регулировать; настраивать 2. устанавливать; корректировать ◇ **~ to zero** устанавливать на нуль

adjustability регулируемость

adjustable регулируемый; настраиваемый
continuously ~ плавно регулируемый

adjuster 1. настроечный элемент; корректор; регулятор 2. монтажник; регулировщик
cord ~ приспособление для регулирования длины шнура (подвесной лампы)
electrical zero ~ корректор электрического нуля
load ~ регулятор нагрузки
mechanical zero ~ корректор механического нуля
ratio ~ переключатель коэффициента трансформации
setpoint ~ регулятор для задания уставок

ADJUSTMENT

    zero ~ корректор нуля
adjustment 1. регулировка; настройка **2.** корректировка; установка
    amplitude ~ **1.** настройка амплитуды **2.** установка амплитуды
    automatic action ~ автоматическая дозировка управляющих воздействий (*в противоаварийной автоматике*)
    brush ~ регулировка щёток
    coarse ~ грубая настройка
    commutation ~ настройка коммутации; регулировка коммутации
    compound ~ многоступенчатая регулировка; многоступенчатая настройка
    continuous ~ **of settings** непрерывная настройка уставок
    control action ~ дозировка управляющих воздействий (*в противоаварийной автоматике*)
    early valve ~ аварийное управление мощностью паровых турбин, АУМПТ
    feedback ~ регулировка обратной связи
    fine ~ точная настройка
    frequency ~ регулировка частоты; настройка по частоте
    gain ~ настройка усиления
    ignition ~ регулировка зажигания
    ignition timing ~ регулировка момента зажигания
    manual speed ~ ручная регулировка скорости
    phase ~ регулировка фазы
    preliminary ~ предварительная регулировка; предварительная настройка
    step speed ~ ступенчатая регулировка скорости
    timing (period) ~ регулировка выдержки времени
    zero ~ установка на нуль; коррекция нуля
admittance 1. полная проводимость **2.** проводимость
    backward transfer ~ обратная проходная проводимость ёмкостного характера
    capacity ~ ёмкостная проводимость
    characteristic ~ характеристическая [волновая] проводимость
    circuit ~ проводимость цепи
    complex ~ комплексная проводимость
    driving point ~ полная проводимость у точки питания; входная проводимость четырёхполюсника
    electrode ~ полная проводимость электрода
    electronic ~ электронная проводимость
    faradaic ~ фарадеевская проводимость
    input ~ полная входная проводимость
    load ~ полная проводимость нагрузки
    mutual ~ взаимная полная проводимость
    natural ~ характеристическая [волновая] проводимость
    output ~ полная выходная проводимость
    shunt ~ поперечная полная проводимость
    surge ~ характеристическая [волновая] проводимость
    synchronous ~ синхронная полная проводимость
    total ~ полная полная проводимость
    transfer ~ проходная полная проводимость
    vector ~ комплексная проводимость
advance опережение (*по фазе*)
    ignition ~ опережение зажигания
    phase ~ опережение по фазе
    spark ~ опережение зажигания
advancer фазокомпенсатор
    phase ~ фазокомпенсатор
    rotary phase ~ вращающийся фазокомпенсатор
afflux приточность
    natural ~ естественная приточность
afterbody хвостовая часть (*турбины*)
afterburner горелка-дожигатель
aftercurrent ток последействия
aftereffect последействие
    magnetic ~ магнитное последействие; остаточное намагничивание
afterglow послесвечение (*экрана ЭЛТ*)
ageing *см.* **aging**
agent агент; добавка
    addition ~ электролитная добавка
    antiscale ~ антинакипин
    antispattering ~ добавка, уменьшающая разбрызгивание (*электролита*)
    cooling ~ охладитель; хладагент
    heat-carrying [heat-transfer] ~ теплоноситель
aging старение
    ~ **of dielectric** старение диэлектрика
    accelerated ~ ускоренное старение
    artificial ~ искусственное старение
    load ~ старение [приработка] под нагрузкой
    magnetic ~ магнитное старение

natural ~ естественное старение
thermal ~ тепловое старение (*изоляции*)
agreement договор
  area ~ договор между энергокомпаниями, входящими в район регулирования *или* формальный пул
  supply ~ договор на электроснабжение
aid:
  debugging ~s средства отладки, отладочные средства
  diagnostic ~s диагностические средства
  programing ~ средства программирования
air воздух
  blast ~ вдуваемый воздух
  cooling ~ охлаждающий воздух
  free ~ атмосферный воздух
  ingoing ~ поступающий воздух
  ram ~ притекающий воздух
  spill ~ выброс воздуха
air-break с разрывом (*дуги*) в воздухе
air-cooled с воздушным охлаждением, охлаждаемый воздухом
air-cored с воздушным сердечником
air-free, airless безвоздушный
air-powered с пневматическим приводом
air-spaced с воздушной изоляцией, изолированный воздушным промежутком
airtight воздухонепроницаемый
air-vapor паровоздушный
alarm 1. аварийный сигнал; сигнал тревоги **2.** сигнализатор; сигнализация
  audible [audio] ~ звуковая тревожная [звуковая аварийная] сигнализация
  automatic fire ~ автоматическая пожарная сигнализация
  bearing ~ сигнализатор перегрева подшипника
  burglar ~ сторожевая сигнализация
  common ~ общий аварийный сигнал
  fire ~ пожарная сигнализация
  fuse ~ сигнал о перегорании предохранителя
  group ~ групповой аварийный сигнал
  high-water ~ сигнализатор высокого уровня воды
  light ~ световая тревожная сигнализация
  low-water ~ сигнализатор низкого уровня воды
  paper-out ~ сигнал предупреждения об окончании бумаги (*в самописцах и осциллографах*)
  power-off ~ сигнализация о потере питания
  safety ~ предупредительная сигнализация
  temperature ~ сигнализатор перегрева
  transmission error ~ сигнал ошибки при передаче
  wire-break ~ сигнализатор обрыва провода
algorithm алгоритм ◊ ~ **for calculation** алгоритм вычисления
  control ~ алгоритм управления
aliasing эффект наложения (*появление помех при недостаточно высокой частоте дискретизации сигналов*)
align 1. выравнивать; юстировать; настраивать **2.** совмещать
aligner:
  mask ~ установка для совмещения фотошаблонов
  slot ~ выравниватель (формы) паза
alignment выравнивание; юстировка; настройка
  beam ~ **1.** корректировка пучка (*электронов*) **2.** центрирование луча (*осциллографа*)
alive под напряжением
all-electric 1. полностью электрифицированный **2.** чисто электрический
all-in-one всё в одном (кожухе)
all-insulated полностью изолированный
all-line in service работа полным составом ЛЭП
all-mains с питанием от сети любого напряжения
allocate распределять; размещать; назначать
allocation распределение; размещение; назначение
  ~ **of generation** распределение нагрузки между генерирующими источниками
  ~ **of load** распределение нагрузки
  cable ~ размещение [разводка] кабелей
  cost ~ распределение затрат (*напр. на выработку электроэнергии*)
allowance:
  contact wear ~ допуск на износ контактов
  hottest-spot temperature ~ допуск на температуру в наиболее нагретой точке
  stress ~ допустимое напряжение
alloy сплав
  electrical resistance ~ сплав высокого сопротивления
  Fe-Al-Ni ~ термаллой

ALLOYING

fusible ~ сплав для плавких вставок
low-fusible ~ легкоплавкий сплав
magnetic ~ магнитный сплав
steel ~ легированная сталь
temperature-compensation ~ сплав для температурной компенсации
alloying получение сплава; легирование
  ~ **of copper** получение сплавов на медной основе
alni(co) альни (*сплав для постоянных магнитов*)
Alomex *фирм.* Аломекс (*никель-кадмиевый сплав для постоянных магнитов*)
alternating 1. переменный, синусоидальный **2.** периодически действующий
alternation 1. чередование, изменение **2.** полупериод (*переменного тока*)
alternator генератор переменного тока
  drag-cup ~ тахогенератор переменного тока с ротором, имеющим выступающие полюса без обмотки
  house ~ генератор собственных нужд
  induction excited ~ синхронный генератор с индукционным возбуждением
  inductor ~ индукторный генератор
  reaction ~ реактивный генератор переменного тока
  self-excited ~ синхронный генератор с индукционным возбуждением
  turbine-type ~ генератор турбинного типа; турбогенератор
alumel алюмель (*сплав высокого сопротивления*)
aluminum-jacketed в алюминиевой оболочке
Alumweld *фирм.* стальная проволока с алюминиевым покрытием
amber:
  mica ~ флогопит
ammeter амперметр
  astatic ~ астатический амперметр
  center-zero ~ амперметр с нулём посередине
  clamp-on [clip-on] ~ токоизмерительные клещи
  commutator ~ амперметр с переключателем
  contact ~ контактный амперметр
  current transformer operated ~ амперметр, работающий через трансформатор тока
  depressed-zero ~ амперметр с подавленным нулём
  differential ~ дифференциальный амперметр
  digital ~ цифровой электронный амперметр
  electrodynamic ~ электродинамический амперметр
  electromagnetic ~ электромагнитный амперметр
  hingered iron ~ амперметр с кольцевым магнитом
  hot-wire ~ тепловой амперметр
  induction ~ индукционный амперметр
  iron-core ~ ферродинамический амперметр
  moving-coil ~ магнитоэлектрический амперметр
  moving-iron ~ электромагнитный амперметр
  multirange ~ многопредельный амперметр
  overload ~ перегрузочный амперметр
  polarized ~ двусторонний амперметр (*постоянного тока*)
  precision ~ прецизионный амперметр
  recording ~ регистрирующий [самопишущий] амперметр
  snap-on ~ токоизмерительные клещи
  standard ~ эталонный [образцовый] амперметр
  surge-crest ~ **1.** амперметр для измерения пика тока в неустановившемся режиме **2.** максимальный амперметр для измерения пика тока грозового разряда
  thermal ~ тепловой амперметр
  thermocouple ~ амперметр с термопарой, термоамперметр
  thermoelectric ~ термоэлектрический амперметр
  zero-current ~ нуль-гальванометр
  zero-resistance ~ амперметр с нулевым сопротивлением
amount:
  ~ **of charge** тариф (*напр. на электроэнергию*)
  ~ **of deflection** стрела провеса [прогиба] проводов
ampacity пропускная способность по току; ёмкость (*электропередач*) по току
amperage сила тока, ток в амперах
  in-rush ~ бросок тока в амперах
ampere ампер, A
  asymmetrical ~ полный ток КЗ в амперах
  short-circuit ~ величина тока КЗ в амперах
  symmetrical ~ периодическая составляющая тока КЗ в амперах
ampereconductor амперпроводник
ampere-hour ампер-час
amperemeter *см.* **ammeter**
ampere-second ампер-секунда

AMPLIFIER

ampere-turn, ampere-winding ампер-виток
  back ~s размагничивающие [противодействующие] ампер-витки
amplidyne электромашинный усилитель (*с поперечным полем*), амплидин
amplification 1. усиление **2.** коэффициент усиления
  ac ~ 1. усиление переменного тока **2.** коэффициент усиления по переменному току
  ac voltage ~ усиление по напряжению переменного тока
  current ~ 1. усиление по току **2.** коэффициент усиления по току
  overall ~ полное [результирующее] усиление
  power ~ 1. усиление мощности **2.** коэффициент усиления по мощности
  regenerative ~ усиление с обратной связью
  voltage ~ 1. усиление напряжения **2.** коэффициент усиления по напряжению
amplifier усилитель
  ac ~ усилитель переменного тока
  ac push-pull ~ двухтактный усилитель переменного тока
  aperiodic ~ апериодический усилитель
  audio-frequency ~ звуковой усилитель, усилитель звуковой частоты
  balanced ~ балансный [симметричный] усилитель
  bandpass ~ полосовой усилитель, усилитель с полосовым фильтром
  biased pulse ~ пороговый усилитель
  booster ~ входной высокочастотный усилитель
  bridge ~ усилитель мостовой схемы
  bridge magnetic ~ магнитный усилитель с мостовой схемой
  capacity ~ усилитель с ёмкостной связью
  cathode-follower [**cathode-loaded**] **~** усилитель с катодной нагрузкой, катодный повторитель
  center-tap magnetic ~ магнитный усилитель с выведенной средней точкой
  charge ~ электрометрический усилитель
  choke-capacitance ~ LC-усилитель; дроссельный усилитель
  choke-coupled ~ усилитель с дроссельной связью
  chopper(-stabilized) ~ усилитель с модуляцией — демодуляцией, усилитель с вибропреобразователем
  clipping ~ усилитель-ограничитель
  complementing ~ 1. дополнительный усилитель **2.** инвертирующий усилитель
  coupling ~ согласующий усилитель
  cross-field control ~ электромашинный усилитель с поперечным полем
  current ~ усилитель тока
  dc ~ усилитель постоянного тока, УПТ
  dc power ~ усилитель мощности постоянного тока
  delay ~ усилитель задержки
  dielectric ~ диэлектрический усилитель
  differential ~ дифференциальный усилитель
  direct-coupled ~ усилитель с непосредственной [гальванической] связью
  direct-field control ~ электромашинный усилитель с продольным полем
  drift-correcting ~ усилитель коррекции дрейфа нуля
  drift-free ~ бездрейфовый усилитель, усилитель без дрейфа нуля
  driftless chopper ~ усилитель без дрейфа нуля с модуляцией — демодуляцией
  electronic ~ электронный усилитель
  error ~ усилитель сигнала ошибки, усилитель рассогласования
  etched ~ усилитель печатного монтажа
  fast ~ быстродействующий усилитель
  feedback ~ усилитель с обратной связью
  final ~ оконечный усилитель
  flat-staggered ~ широкополосный усилитель
  gate ~ усилитель стробирующих импульсов
  gated ~ стробируемый усилитель
  half-wave magnetic ~ полуволновой магнитный усилитель
  high-frequency ~ усилитель высокой частоты, УВЧ
  high-gain ~ усилитель с большим коэффициентом усиления
  horizontal ~ усилитель (осциллографа) по оси X
  hydraulic ~ гидравлический усилитель
  ideal ~ идеальный усилитель
  impedance-coupled ~ усилитель с комплексной дроссельной связью; дроссельный усилитель
  inductance ~ усилитель с индуктивной связью
  input ~ входной усилитель

AMPLIFIER

instrument ~ измерительный усилитель
integrating ~ интегрирующий усилитель
intermediate-frequency ~ усилитель промежуточной частоты
inverting ~ усилитель-инвертор
isolating [isolation] ~ развязывающий [разделительный] усилитель
limiting ~ усилитель-ограничитель
linear ~ усилитель с линейной характеристикой, линейный усилитель
linear dc ~ линейный усилитель постоянного тока
linear pulse ~ линейный импульсный усилитель
low-frequency ~ усилитель низкой частоты, УНЧ
magnetic ~ магнитный усилитель
multiaperture-core magnetic ~ многоотверстный магнитный усилитель
multistage ~ многокаскадный усилитель
negative feedback ~ усилитель с отрицательной обратной связью
noncomplementing ~ неинвертирующий усилитель
nonselective ~ апериодический усилитель
one-stage ~ однокаскадный усилитель
operating [operational] ~ операционный усилитель
optic [optoelectronic] ~ фотоусилитель
output ~ усилитель, работающий в режиме перегрузки
power ~ усилитель мощности
printed (circuit) ~ усилитель на печатной плате
proportional ~ линейный импульсный усилитель
pulse ~ 1. импульсный усилитель 2. формирователь импульсов от электросчётчика
push-pull ~ двухтактный усилитель
RC-coupled ~ RC-усилитель
regulating ~ усилитель регулятора, усилитель стабилизатора
relay ~ релейный усилитель
resistance(-coupled) ~ усилитель на резисторах, резисторный усилитель
resistive ~ резистивный усилитель
resonance ~ резонансный усилитель
rotary [rotating (magnetic)] ~ электромашинный усилитель
signal-shaping ~ усилитель-формирователь сигналов
single-ended ~ однотактный усилитель
single-stage ~ однокаскадный усилитель
squaring ~ усилитель-формирователь прямоугольных импульсов
summing ~ суммирующий усилитель
time-base ~ усилитель развёртки (в осциллографе)
torque ~ усилитель вращающего момента
transductor ~ магнитный усилитель
transformer(-coupled) ~ трансформаторный усилитель; усилитель с трансформаторной связью
transient-controlled magnetic ~ магнитный усилитель с управляемым переходным процессом
transistor ~ транзисторный усилитель, усилитель на транзисторах
tube ~ ламповый усилитель
tuned ~ резонансный усилитель
two-stage ~ двухкаскадный усилитель
untuned ~ апериодический усилитель
vacuum-tube [valve] ~ ламповый усилитель
video ~ видеоусилитель
voltage ~ усилитель напряжения
voltage-control magnetic ~ магнитный усилитель с управлением напряжением
zero-phase-shift ~ усилитель с плоской фазовой характеристикой
amplifier-invertor усилитель-инвертор
amplifier-limiter усилитель-ограничитель
amplify усиливать
amplistat полуволновой магнитный усилитель, амплистат
amplitude амплитуда
~ **of damped oscillations** амплитуда затухающих колебаний
~ **of forced oscillations** амплитуда вынужденных колебаний
~ **of free oscillations** амплитуда свободных [собственных] колебаний
~ **of harmonic oscillations** амплитуда гармонических колебаний
~ **of oscillations** амплитуда колебаний
~ **of rotary oscillations** амплитуда крутильных колебаний
~ **of signal** амплитуда сигнала
~ **of sinusoidal quantity** амплитуда синусоидальной величины
~ **of swings** амплитуда качаний
double ~ двойная амплитуда
mode ~ амплитуда колебаний
normalized complex wave ~ нормали-

ANALYZER

зованная амплитуда комплексной волны
oscillation [peak-to-peak] ~ амплитуда колебаний
pulse ~ амплитуда импульса
signal ~ амплитуда сигнала
sweep ~ амплитуда развёртки
total ~ двойная амплитуда; амплитуда колебаний
wave ~ амплитуда периодического сигнала
analogy аналогия
  electrodynamic ~ электродинамическая аналогия
  electrohydraulic ~ электрогидравлическая аналогия
  electromagnetic ~ система электромеханических аналогий 2-го рода
  electromechanical ~ электромеханическая аналогия
  electrostatic ~ система электростатических аналогий 1-го рода
  thermoelectric ~ термоэлектрическая аналогия
analysis анализ; исследование
  ~ **of system stability** анализ устойчивости системы
  anticipatory ~ опережающий анализ
  circuit ~ теория (электрических) цепей
  computer-assisted power-system ~ исследование режимов энергосистемы с помощью ЭВМ
  contingency ~ анализ последствий аварийных нарушений режима
  cross-field ~ теория поперечного поля
  distribution trouble ~ анализ повреждений [аварий] распределительной сети
  disturbance ~ анализ нарушений, анализ возмущений (*в нормальном или аварийном режиме*)
  dynamic security ~ анализ энергосистем по динамической устойчивости
  failure effects ~ анализ последствий отказов
  Fourier ~ гармонический анализ
  frequency ~ частотный анализ
  full ac contingency ~ анализ последствий аварийных нарушений режима с расчётами по алгоритму, соответствующему модели переменного тока
  gas ~ анализ (отходящих) газов
  load flow ~ анализ потокораспределения; расчёт потокораспределения
  loop ~ расчёт по контуру
  mesh ~ расчёт по контуру многоконтурной [многоугольной] схемы
  mesh-current ~ метод контурных токов
  network ~ теория (электрических) цепей
  network security ~ анализ надёжности (электрической) сети
  node ~ расчёт по узлам
  phase ~ фазовый анализ; расчёт в фазных координатах
  post-event ~ ретроспективный анализ (*после события*)
  post-mortem ~ послеаварийный анализ
  power system reliability ~ анализ надёжности энергосистемы
  real-time network security ~ анализ надёжности (электрической) сети в реальном времени
  revolving field ~ теория вращающегося поля
  root locus ~ анализ расположения корней
  security ~ анализ (эксплуатационной) надёжности (*энергосистемы*)
  space vector ~ исследование методом пространственных векторов
  supply/demand ~ анализ баланса электроэнергии
  system ~ системный анализ
  transient ~ анализ переходных процессов
  transient response ~ анализ характеристики в переходном процессе
  wave ~ гармонический анализ
  waveform ~ анализ формы сигнала; гармонический анализ
analyzer анализатор
  amplitude ~ амплитудный анализатор
  battery ~ прибор для проверки (аккумуляторной) батареи
  circuit ~ универсальный электроизмерительный прибор; тестер
  curve ~ анализатор формы кривых
  dc network ~ расчётная модель сети постоянного тока
  distortion ~ анализатор искажений
  electronic differential ~ электронный дифференциальный анализатор
  electrostatic particle-size ~ электростатический анализатор размера частиц
  fast Fourier transform ~ анализатор с быстрым преобразованием Фурье
  Fourier ~ 1. анализатор гармоник 2. анализатор спектра
  frequency ~ анализатор гармоник

ANGLE

frequency-response ~ анализатор частотных характеристик
galvanostatic ~ гальваностатический анализатор
interference ~ анализатор помех
magnet(ic) gas ~ магнитный газоанализатор
multichannel ~ многоканальный анализатор
network ~ расчётная модель (электрической) сети
peak-height ~ амплитудный анализатор импульсов, анализатор амплитуды импульсов
pulse ~ анализатор импульсов
pulse-amplitude [pulse-height] ~ амплитудный анализатор импульсов, анализатор амплитуды импульсов
single-channel ~ одноканальный анализатор
spectrum ~ 1. анализатор спектра 2. анализатор гармоник
thermal conductivity gas ~ термокондуктометрический газоанализатор
time (interval) ~ временной анализатор
transfer function ~ анализатор передаточной функции
transient network ~ анализатор переходных процессов в (электрической) сети
wave ~ 1. анализатор спектра 2. анализатор гармоник
waveform ~ анализатор формы сигналов

angle угол
~ **of advance** угол опережения
~ **of cutoff** угол отсечки
~ **of effective rotation** электрический угол поворота (*подвижной системы переменного резистора*)
~ **of extinction** угол погасания; угол отсечки
~ **of ignition** угол зажигания (*дуги*)
~ **of lag** угол отставания
~ **of lead** угол опережения
~ **of loss** угол потерь
~ **of overlap** угол перекрытия; угол коммутации
~ **of protection** угол защиты (*в молниеотводе*)
~ **of radiation** угол излучения
~ **of retard** угол запаздывания; угол отставания
~ **of rotation** угол поворота
~ **of scattering** угол рассеяния

~ **of shade** угол защиты (*в молниеотводе*)
~ **of unwinding** угол скрутки (*провода*)
advance ~ угол опережения
beam ~ угол расхождения пучка (*электронов*)
bosom ~ 1. фаска на уголке (*опоры ВЛ*) 2. внутренняя накладка (*опоры ВЛ*)
brush ~ угол наклона щёток
brush shift ~ угол сдвига щёток (*по отношению к нейтрали*)
characteristic ~ характеристический угол (*для определения функционирования реле сопротивления*)
circuit ~ фазовый угол (*схемы выпрямителя*)
closing ~ угол в момент замыкания
commutation delay ~ 1. угол запаздывания коммутации 2. угол управления (*выпрямителя*)
commutation margin ~ угол запаса по коммутации
commutation overlap ~ угол перекрытия при коммутации
current delay ~ 1. угол задержки включения 2. угол управления (*выпрямителя*)
current transformer (phase) ~ угловой сдвиг в трансформаторе тока
cutoff ~ угол отсечки
delay ~ 1. угол запаздывания 2. угол управления (*выпрямителя*)
dielectric loss [dielectric phase] ~ угол диэлектрических потерь
displacement ~ угол смещения; угол сдвига (*фазы*); угол выбега (*ротора синхронного генератора*)
electrical ~ электрический угол
epoch ~ начальный угол гармонического колебания
extinction ~ угол погасания; угол отсечки
fault inception ~ угол (в момент возникновения) КЗ
firing ~ угол отпирания, угол зажигания
firing delay ~ угол задержки зажигания
hysteretic ~ угол потерь на гистерезис
ignition dwell ~ угол опережения зажигания
impedance ~ фазовый угол полного сопротивления
internal ~ внутренний угол (*синхронной машины*)

ANODE

load ~ нагрузочный угол; внутренний угол (*синхронной машины*)
loss ~ угол потерь
magnetic hysteresis ~ угол магнитного гистерезиса
magnetic loss ~ угол магнитных потерь
maximum permissible short-circuit clearance ~ максимально допустимый угол отключения КЗ
maximum-torque ~ угол максимальной чувствительности (*измерительного прибора*)
minimum shielding ~ минимальный угол защиты (*в молниеотводе*)
operating ~ 1. угол срабатывания 2. угол отсечки
overlap ~ угол перекрытия
phase ~ фазовый угол; угол сдвига фаз
phase-defect ~ угол фазовой погрешности
pole wheel ~ угол выбега ротора; угол передачи
potential transform phase ~ угловая [фазовая] погрешность трансформатора напряжения
power ~ угол выбега ротора; угол передачи
power-factor ~ угол между векторами тока и напряжения; угол φ
reading ~ угол считывания (*со шкалы измерительного прибора*)
recovery ~ угол восстановления
rotor (displacement) ~ угол выбега ротора
runner blade ~ угол разворота лопастей рабочего колеса (*гидротурбины*)
shielding ~ угол защиты (*в молниеотводе*)
short-circuit clearance ~ угол отключения КЗ
switching ~ угол включения; угол коммутации
switching delay ~ угол задержки коммутации
torque ~ внутренний угол (*синхронной машины*); угол выбега ротора
turnoff ~ угол выключения [восстановления] запирающих свойств; угол отсечки
annealing:
~ **of copper** отжиг меди
wire ~ отжиг проволоки
announcement извещение
change-of-state ~ извещение об изменении состояния (*требование на передачу*)
train ~ извещение о поезде (*в централизации*)
annunciator устройство визуальной сигнализации; панель со светящимися табло
light ~ световое табло
anode анод
accelerating ~ ускоряющий анод
auxiliary ~ вспомогательный анод
ball(-type) ~ шаровой анод
bell ~ анод типа колокола, колокольный анод
blister ~ анод из черновой меди
bolt-on ~ приболчиваемый анод
booster ~ вспомогательный анод
brush ~ щёточный анод
bulk ~ набивной [насыпной] анод
carbonized ~ металлический анод с сажевым покрытием
carbon powder ~ угольный порошковый анод
cast ~ литой анод
Chilex ~ анод из медно-железно-кремниевого сплава
composite ~ композиционный анод
conforming ~ анод, повторяющий форму катода
continuous ~ непрерывный анод
dimensionally stable ~ неизнашиваемый [износостойкий] анод
dip(ping) ~ погружной анод
disk ~ дисковый анод
distributed ~ распределённый анод
expandable ~ расширяющийся анод
external ~ внешний анод
flow ~ обтекаемый анод; проточный анод
focusing ~ фокусирующий анод
folded ~ складчатый анод
grooved ~ рифлёный анод
ground ~ заземлённый анод
high-driving voltage ~ анод с высоким рабочим напряжением
hollow ~ полый анод
hydrogen ~ водородный анод
independent ~ автономный анод
insoluble ~ нерастворимый анод
layer ~ жидкий анод (*при электролизе расплава*)
magnesium ~ магниевый анод
main ~ основной [главный] анод
matte ~ сульфидный анод (*из штейна*)
oxide ~ оксидный анод
packaged ~ анод в засыпке, анод в упаковке
permanent ~ постоянный анод; стойкий анод
point ~ точечный анод

21

ANODIZING

porous ~ пористый анод
prebaked ~ предварительно спечённый анод
prepolarized ~ предварительно поляризованный анод
pressed-powder ~ прессованный порошковый анод
primary ~ первичный анод
profile ~ профильный анод
protective ~ защитный анод
rectifier ~ анод выпрямителя
ribbed ~ рифлёный анод
ribbon ~ ленточный анод
rocking ~ качающийся анод
rolled ~ вальцованный анод
secondary ~ дополнительный [вторичный] анод
segmented ~ сегментный [секционный] анод
self-baking ~ самоспекающийся анод, анод Седерберга
self-dip ~ самопогружающийся анод
separated ~ отдельно выведенный анод
sheet ~ листовой анод
side ~ боковой анод
sinter ~ спечённый анод
slung ~ подвесной анод
sulfide ~ сульфидный анод
tube ~ трубчатый анод
wire ~ сетчатый анод
anodizing анодирование
 color ~ цветное анодирование
 decorative ~ декоративное анодирование
 hard ~ твёрдое анодирование
 pulse ~ импульсное анодирование
 selective ~ избирательное анодирование
 thick ~ глубокое анодирование
 voltastatic ~ вольтстатическое анодирование
anticathode антикатод
anticipator устройство защиты
 line fault ~ устройство защиты, сигнализирующее о перекрытии на линии
 load drop overspeed ~ устройство защиты от разноса при сбросе нагрузки
antiferromagnetism антиферромагнетизм
antihunt демпфирующий; гасящий колебания
antihysteresis безгистерезисное намагничивание (*с подмагничиванием переменным током*)
antiphase противофаза
antiplugging торможение изменением порядка чередования фаз

antiresonance резонанс токов в параллельном контуре
antisurge устойчивый к перенапряжениям
antitorque противодействующий вращающий момент
aperiodic апериодический
aperture апертура; диафрагма; отверстие
 coupling ~ окно связи (*в стенке волновода*)
 diaphragm ~ отверстие в диафрагме (*на пути электронного луча*)
 electron beam ~ апертура электронного луча
apparatus аппарат; прибор; устройство
 charging ~ зарядное устройство
 common drive ~ (коммутационный) аппарат с общим приводом
 condensing ~ конденсатор, холодильник
 conductivity ~ кондуктометр
 control ~ регулирующий прибор
 dissolved oxygen ~ кислородомер
 indoor ~ аппарат внутренней установки
 instantaneously operating ~ аппарат мгновенного действия
 interference measuring ~ прибор для измерения помех
 low-voltage ~ аппарат низкого напряжения, низковольтный аппарат
 metal-clad ~ комплектное распределительное устройство, КРУ
 metal-enclosed ~ аппарат в металлическом кожухе
 oil-immersed ~ маслонаполненный аппарат
 open-type ~ аппарат в открытом исполнении, открытый аппарат
 operation ~ аппаратура управления
 outdoor ~ аппарат наружной установки
 partially enclosed ~ полузакрытый аппарат; аппарат, защищённый от случайных прикосновений
 portable ~ переносный прибор
 screened ~ 1. экранированный аппарат 2. аппарат, защищённый от случайных прикосновений
 step-by-step ~ шаговый аппарат
 supply ~ источник питания; блок питания
 switch ~ коммутационный аппарат
 time-lag ~ аппарат с выдержкой времени
 totally enclosed ~ аппарат в закрытом исполнении, закрытый аппарат
 X-ray ~ рентгеновская установка

appliance:
  household electrical ~ бытовой электроприбор
application включение; подача
  field ~ включение [подача] возбуждения
  sudden load ~ внезапный наброс нагрузки
applicator:
  microwave ~ микроволновое устройство; устройство для нагрева токами СВЧ
approach подход; метод
  bang-bang control ~ метод регулирования с помощью релейного регулятора
  design ~ подход к проектированию, проектный подход
  integrated ~ подход, связанный с созданием интегрированных систем
  penalty function ~ метод штрафных функций
  promissing ~ перспективный подход
arc (электрическая) дуга ‖ образовывать (электрическую) дугу
  ac ~ дуга переменного тока
  balanced ~ стабилизированная дуга
  carbon ~ дуга между угольными электродами
  cascade ~ дуга в разрядной камере из медных кессонов
  compound ~ сложная дуга (*между несколькими электродами*)
  dc ~ дуга постоянного тока
  duddle ~ «поющая» дуга
  electric ~ электрическая [вольтова] дуга
  enclosed ~ закрытая дуга
  flame ~ пламенная дуга
  follow-current ~ дуга сопровождающего тока
  free-burning ~ открытая [незащищённая] дуга
  high-current ~ высокоамперная дуга
  high-intensity [high-power] electric ~ мощная электрическая дуга
  induction ~ индукционная дуга
  interruption ~ дуга размыкания
  keep-alive ~ дуга возбуждения (*в ртутных вентилях*)
  low-current ~ низкоамперная дуга
  magnetically confined ~ дуга, удерживаемая магнитным полем
  magnetically deflected ~ дуга, отклоняемая магнитным полем
  magnetically driven ~ магнитноускоренная дуга
  magnetically stabilized ~ дуга, стабилизированная магнитным полем
  mercury ~ дуга в ртутных парах
  metallic ~ дуга между металлическими электродами
  metal vapor ~ дуга в атмосфере паров металла
  open ~ открытая дуга
  pilot ~ вспомогательная дуга
  pole ~ полюсная дуга
  pulsed ~ пульсирующая дуга
  refractory ~ дуга между электродами из тугоплавких материалов
  rupturing ~ дуга отключения
  self-stabilized ~ саморегулирующаяся дуга
  self-sustained ~ самоподдерживающаяся дуга
  silent ~ спокойная [устойчивая] дуга
  singing [sounding] electric ~ «поющая» дуга
  stationary ~ спокойная [устойчивая] дуга
  sustained ~ установившаяся дуга
  thermionic ~ термоионная дуга, термический дуговой разряд
  three-phase ~ трёхфазная дуга
  ultra-high current ~ (сверх)мощная [многоамперная] дуга
  vacuum ~ дуга в вакууме
  voltaic ~ электрическая [вольтова] дуга
  vortex stabilized ~ дуга, стабилизированная вихревым потоком (*газа или жидкости*)
  wall-stabilized ~ дуга, стабилизированная за счёт охлаждаемых стенок (*разрядной камеры*)
  welding ~ сварочная дуга
arc-back обратное зажигание дуги (*в вентиле*)
arc-breaking разрыв дуги
arc-chute дуговая [дугогасительная] камера; дугогасительная решётка
arc-drop падение напряжения в [на] дуге
arc-duration время горения дуги (*в выключающем устройстве*)
arcing образование (электрической) дуги; искрение
arc-over дуговое перекрытие, перекрытие дугой
  insulation ~ дуговое перекрытие изоляции
  insulator ~ дуговое перекрытие изолятора
arc-resistant дугостойкий
arc-through прямая [сквозная] дуга
area область; зона; площадь

~ **of turns** охватываемая витками площадь
acceleration ~ площадка ускорения
air-conditioned ~ зона с кондиционированием воздуха (*класс 1, тип А, группа I по МЭК*)
apparent gap ~ кажущаяся площадь воздушного зазора (*на полюсе*)
average ~ зона, средняя по условиям (*класс 2, тип В, группа I по МЭК*)
breakdown ~ область пробоя
clean ~ чистая зона (*класс 1, тип В, группа I по МЭК*)
contact ~ площадь замыкания контактов
control ~ 1. зона (диспетчерского) управления 2. зона [район] регулирования частоты и мощности (*по сетевым характеристикам*)
effective ~ рабочая поверхность; эффективная площадь
effective contact ~ эффективная площадь контакта
elliptical ~ **of contact** эллиптическая площадь контакта
enclosed and semienclosed ventilated ~ закрытая и полузакрытая зона с вентиляцией (*класс 2, тип С, группа I по МЭК*)
enclosed and semienclosed ~ **with natural air circulation** закрытая и полузакрытая зона с естественной циркуляцией воздуха (*класс 3, тип С, группа I по МЭК*)
enclosed ~ **with continuous controlled ventilation** закрытая (кожухом) зона с постоянно контролируемой вентиляцией (*класс 1, тип С, группа I по МЭК*)
exchange ~ поверхность обмена
feasible ~ область осуществимого режима (*при оптимизации процесса*)
flow ~ площадь сечения потока
frequency control ~ зона [район] регулирования частоты (*по сетевым характеристикам*)
heat absorption ~ поверхность нагрева
heated ~ отапливаемая [обогреваемая] зона (*класс 2, тип А, группа I по МЭК, температура не ниже 10° С*)
heat transfer ~ поверхность теплообмена
isolated ~ изолированно работающий район
load ~ зона нагрузки
negative torque ~ зона отрицательных моментов (*направленного реле*)

network ~ сетевой район
occupied ~ рабочая зона
outdoor ~ открытая зона, установка на открытом воздухе (*класс 3, тип А, группа I по МЭК*)
outdoor exposed ~ открытая зона [установка на открытом воздухе] без крыши (*класс 3b, тип А, группа I по МЭК*)
outdoor sheltered ~ открытая зона [установка на открытом воздухе] под крышей (*класс 3а, тип А, группа I по МЭК, температура не выше 30° С в тени*)
positive torque ~ зона положительных моментов (*направленного реле*)
safety exclusion ~ зона безопасности, отчуждаемая территория (*вокруг АЭС*)
safety working ~ рабочее место, удовлетворяющее правилам техники безопасности
saturation ~ участок насыщения; область насыщения
serving ~ обслуживаемая зона
slotted ~ пазовая зона; пазовая часть (*обмотки*)
stability ~ область устойчивости
superheated ~ область перегрева, область перегретого пара
supervised ~ наблюдаемая зона
tooth ~ зубцовая зона
totally enclosed ~ **with no circulation** плотно [наглухо] закрытая зона без циркуляции (воздуха) (*класс 4, тип С, группа I по МЭК*)
useful ~ рабочая поверхность
voltage-time ~ вольт-секундная площадь
arm 1. плечо (*моста*) 2. ветвь (*схемы*)
~ **of network** ветвь (электрической) сети
~ **of thermocouple** отвод термопары
anode ~ держатель анода
antiparallel ~**s** встречно-параллельные плечи
ascending ~ восходящая ветвь (*кривой*)
auxiliary ~ вспомогательное плечо
bridge ~ плечо моста
bypass ~ шунтирующее плечо
contact ~ контактная шин(к)а
converter ~ плечо преобразователя
descending ~ нисходящая ветвь (*кривой*)
difference ~ разностное плечо

ARRANGEMENT

divider ~ плечо делителя
electrode ~ электрододержатель
free-wheeling ~ неуправляемое шунтирующее плечо (*в мостовой вентильной схеме*)
graded thermoelectric ~ ветвь термоэлемента с плавным [градуированным] переходом
input ~ входное плечо
network ~ ветвь цепи; ветвь сети
output ~ выходное плечо
pen ~ перо самописца
principal ~ главное плечо (*обычно в вентильной схеме*)
rocker ~ радиальная спица траверсы (*для крепления пальца щёткодержателя*)
shunt ~ поперечное плечо
switch ~ 1. движок переключателя 2. плечо коммутационного аппарата
trip ~ механический расцепитель
turnoff ~ коммутирующее плечо (*вспомогательное в мостовой вентильной схеме*)
valve ~ вентильное плечо, плечо схемы с вентилями
waveguide ~ стержень волновода
wiper ~ ползунок скользящего контакта
zero-adjuster ~ рычаг установки нуля (*измерительного прибора*)
armature 1. якорь (*электрической машины; в США — та часть коллекторной или синхронной машины, в которой индуцируется эдс и протекает ток нагрузки; в Великобритании — ротор с обмоткой, соединённой с коллектором*) **2.** якорь (*электромагнита*) **3.** обкладка конденсатора **4.** броня (*кабеля*) **5.** арматура
~ **of condenser** обкладка конденсатора
~ **of electromagnet** якорь электромагнита
bar(-wound) ~ якорь со стержневой обмоткой
cable ~ броня кабеля
closed-coil ~ якорь с короткозамкнутой обмоткой
coreless ~ якорь без сердечника
disk ~ дисковый якорь
double ~ двухколлекторный якорь с двумя обмотками
drum ~ барабанный якорь
flat-ring ~ дискообразный якорь
hollow ~ якорь с вентиляционными каналами
multiple wound ~ якорь с простой петлевой обмоткой
pivot iron ~ перекидной железный якорь (*реле*)
radial ~ явнополюсный якорь
relay ~ якорь реле
slotted ~ якорь с пазами
smooth(-core) ~ гладкий [беспазовый] якорь
toothed ~ зубчатый якорь; якорь с пазами
tunnel-wound ~ якорь с обмоткой в закрытых пазах
armco-iron армко-железо
armor броня (*кабеля*)‖бронировать (*кабель*)
bar ~ защитное покрытие стержня (*обмотки статора*)
cable ~ броня кабеля
double-tape ~ двойная ленточная броня
flat-wire ~ броня из плоской проволоки
interlocked metallic ~ заблокированная металлическая броня
metal(lic) ~ металлическая броня
round-wire ~ броня из круглой проволоки
single-wire ~ однопроволочная броня
steel tape ~ стальная ленточная броня
tape ~ ленточная броня
wire ~ проволочная броня
armor-clad бронированный (*о кабеле*)
armoring 1. броня (*кабеля*) **2.** бронирование
~ **of cable** броня кабеля
closed ~ замкнутая (наружная) броня
flat-wire ~ бронирование плоской проволокой
open ~ наружная броня
tape ~ бронирование лентой
wire ~ бронирование проволокой
armour *см.* **armor**
arrangement 1. размещение; установка; компоновка; расположение **2.** схема; устройство; монтаж (*схемы*)
~ **of pole attachments** прикрепление оснастки к столбам
boiler ~ схема котлоагрегата
bus ~ система шин
bus layout and switching ~ схема электрических соединений [схема коммутации] распределительных устройств
bussing ~ параллельное включение
circuit ~ расположение цепей; схема цепи; устройство цепи
common base ~ схема с общей базой
common collector ~ схема с общим коллектором

25

ARRAY

common emitter ~ схема с общим эмиттером
conductor ~ конструкция провода (*ВЛ*)
cycle ~ тепловая схема теплосиловой установки
distributing ~ распределительное устройство
double busbar ~ двойная система шин
duplex (switching) ~ включение (коммутационных) аппаратов по схеме «вилки»
feed-throw switching ~ схема [устройство] (автоматического) переключения питания
feedwater-heater ~ схема подогрева питательной воды
furnace ~ топочное устройство
incoming-line ~ вводное устройство (*подстанций распределительной сети*)
insulator ~ расположение изоляторов (*на опоре*)
monoblock ~ схема моноблока
one-and-a-half breaker ~ полуторная схема коммутации (*подстанции*)
one-pass cooling ~ одноструйная система охлаждения
open-type-bus-and-switch ~ открытое распределительное устройство, открытое РУ, ОРУ
patching ~ коммутационное устройство, схема коммутации
push-pull ~ двухтактная схема
radial ~ радиальная схема
relay contact ~ устройство контактов реле
secondary-selective ~ подстанция второй ступени распределительной сети
single-shaft ~ одновальное исполнение (*энергоблока*)
straight-through ~ прямоточная схема (*ГТУ*)
8-switch mesh busbar ~ схема с 8-угольной системой шин
twin-shaft ~ двухвальное исполнение (*энергоблока*)
two-breaker ~ двойная схема коммутации (*подстанции*)
unit boiler turbine ~ блочная установка котёл — турбина
valving ~ расположение клапанов; схема парораспределения
walk-in ~ конструкция с внутренним проходом
work station ~ оформление рабочих мест

array 1. массив (*данных, программ*) 2. матрица 3. таблица

closed ~ матрица с постоянным числом элементов
diode ~ диодная матрица
gate ~ вентильная матрица
logic ~ логическая матрица
resistor ~ резистивная матрица
solar cell ~ панель солнечных элементов; матрица солнечных элементов

arrest гасить
arrester разрядник; грозовой разрядник
comb lightning ~ гребёнчатый грозовой разрядник
disk-type ~ дисковый разрядник
distribution(-class) ~ разрядник для распределительных сетей
expulsion-type ~ стреляющий разрядник
gas-discharge ~ разрядник с пробоем в газе
horn-gap ~ роговой разрядник
intermediate(-class) ~ разрядник промежуточного класса (*для защиты трансформаторов мощностью до 1000 кВА и небольших подстанций*)
knife-edge lightning ~ грозовой разрядник с опорной подушкой
lightning ~ грозовой разрядник
multigap ~ разрядник с несколькими искровыми промежутками
multipath ~ разрядник с несколькими (параллельными) путями
nonlinear-resistance ~ вентильный разрядник
oxide-film lightning ~ грозовой разрядник с оксидной плёнкой
resistance-type lightning ~ грозовой разрядник с сопротивлением
station(-class) ~ разрядник станционного класса (*для защиты подстанций и крупных трансформаторов*)
surge ~ разрядник для защиты от перенапряжений
tubular ~ трубчатый разрядник
vacuum ~ вакуумный разрядник
valve-type ~ вентильный разрядник
water-jet ~ водоструйный разрядник

asbestine асбестин (*нагревостойкий диэлектрик*)
asbestos асбест
acid-resistant ~ кислотостойкий асбест
alkali-resistant ~ щёлочестойкий асбест
amphibole ~ асбест-амфибол
anthophyllite ~ асбест-антофиллит
blue ~ голубой [синий] асбест; асбест-крокидолит, крокидолит-асбест
chrysotile ~ асбест-хризотил, хризотил-асбест

ASSEMBLY

crocidolite ~ асбест-крокидолит, крокидолит-асбест
crude ~ асбест-сырец
diatomaceous-silica ~ асбозурит, диатомит-кремниевый асбест
fibered ~ волокнистый асбест
long-fiber ~ длинноволокнистый асбест
pulverized ~ порошкообразный асбест
raw ~ асбест-сырец
roll ~ рулонный асбест
short-fiber ~ коротковолокнистый асбест
tremolite ~ тремолит-асбест
untreated ~ необработанный асбест
ascarel аскарель (*негорючая синтетическая изоляционная жидкость*)
ash зола
  high-fusing ~ тугоплавкая зола
  low-fusing ~ легкоплавкая зола
  pulverized fuel ~ порошкообразная топливная зола
ash-handling золоудаление
ashing 1. полное сгорание 2. золоудаление
  mechanical ~ механическое золоудаление
assemble собирать; монтировать
assembly 1. сборка; монтаж 2. узел; блок; комплект
  bench-replacement ~ сменный узел; сменный блок
  board ~ печатный узел
  body-mounted retaining ring ~ однопосадочная конструкция крепления бандажного кольца на корпусе (*ротора*)
  bonded ~ блок с электрическим контактом между шасси и металлическими элементами (*конструкции*)
  brush ~ узел щёткодержателя, щёточный узел
  cable ~ кабельная сборка; соединение кабелей
  cable plug ~ кабельный штепсельный разъём
  cathode ~ катодное устройство, катодный узел
  commutator-and-brush ~ коллекторно-щёточный узел
  commutator bar ~ набор [комплект] пластин коллектора
  connector ~ штепсельный разъём
  contact ~ узел контакта
  control ~ узел (системы) управления
  control rod ~ группа управляющих стержней
  dual contact ~ двухконтактный узел (*устройства РПН трансформатора*)
  electrode ~ электродное устройство, электродный узел
  final ~ 1. окончательный монтаж 2. собранный агрегат
  final trip ~ оконечный узел аварийного отключения
  flange ~ фланцевая сборка
  group ~ групповая сборка
  ignition-wire ~ комплект проводов (системы) зажигания
  inductor ~ индукторное устройство
  knockdown ~ разборный узел
  lamp-wiring ~ пучок проводов [жгут] фары
  logic ~ логическое устройство
  metal rectifier stock ~ батарея металлических (полупроводниковых) выпрямителей
  monitoring ~ контрольная установка
  multicell ~ многоэлементная установка
  multioutlet ~ короб шинопровода со встроенными выводами
  plug connector ~ штепсельный разъём
  plug-in ~ блочная конструкция с выдвижными блоками
  printed-circiut [**printed-component, printed-wiring**] ~ печатный узел
  push-button ~ щиток с кнопками, кнопочный пост
  rectifier stack ~ выпрямительный блок, блок выпрямительных столбов
  retaining ring ~ бандажный узел (*ротора*)
  silicon controlled ~ силовой тиристорный модуль
  slip-ring ~ узел контактных (*вращающихся*) колец
  spindle-mounted retaining ring ~ однопосадочная конструкция крепления бандажного кольца на оси (*ротора*)
  spring ~ контактная группа
  starting-switch ~ сборка пусковых контактов
  stationary-contact ~ сборка неподвижных контактов
  steam chest ~ узел паровой коробки
  storage ~ накопительный узел
  suspension ~ узел подвеса
  switchgear ~ сборка распределительного устройства
  terminal ~ 1. контактная сборка 2. узел выводов (*электрического аппарата*)
  turbo-pump ~ турбонасосный агрегат
  valve device ~ вентильный блок
  wiring ~ пучок проводов

ASSESSMENT

    wiring loom ~ гибкая изолирующая трубка для проводов
    yoke ~ фокусирующе-отклоняющая система
assessment:
    reliability [security] ~ оценка надёжности
assist:
    area ~ помощь в районе регулирования частоты и мощности (*для быстрой ликвидации отклонений*)
assistance:
    emergency power ~ помощь электроэнергией в аварийных условиях
astatic астатический
astatism астатизм
    ~ **of *n*-order** астатизм *n*-го порядка
asymmetric(al) несимметричный, асимметричный
asymmetry асимметрия
    series ~ продольная асимметрия
    winding ~ асимметрия обмоток
asynchronized асинхронизированный
asynchronous асинхронный
atmosphere атмосфера
    clean ~ незагрязнённая атмосфера
    corrosive ~ атмосфера, способствующая коррозии
    dusty ~ загрязнённая атмосфера
atmospherics удалённые атмосферные разряды, атмосферики
atomics атомная [ядерная] техника
attach (при)соединять; прикреплять
attachment 1. (при)соединение; (при)крепление **2.** приставка (*к прибору или аппарату*) **3.** *pl* арматура
    ground-wire ~s арматура для заземляющего троса
    insulator ~s арматура изолятора
    pole ~s крепления для столбов
    time-limit ~ устройство для создания выдержки времени
attemperator пароохладитель
    direct-contact ~ смешивающий пароохладитель
    surface ~ поверхностный пароохладитель
attended с обслуживающим персоналом
attenuation 1. затухание; ослабление **2.** коэффициент затухания, декремент; коэффициент ослабления
    cable ~ затухание в кабеле
    crosstalk ~ переходное затухание
    line(ar) ~ затухание в линии
    mismatch ~ несогласованное затухание
    natural ~ естественное [собственное] затухание

    peak ~ максимальное затухание; максимальное ослабление
    residual ~ остаточное затухание
    voltage ~ ослабление напряжения
attenuator аттенюатор; ослабитель
    absorptive ~ поглощающий аттенюатор
    adjustable ~ регулируемый (*плавный или ступенчатый*) аттенюатор
    constant ~ фиксированный [постоянный] аттенюатор
    continuous ~ плавный [плавнопеременный] аттенюатор
    controlled ~ регулируемый (*плавный или ступенчатый*) аттенюатор
    cutoff ~ предельный аттенюатор
    flap ~ аттенюатор ножевого типа
    guillotine ~ гильотинный аттенюатор
    ideal ~ идеальный аттенюатор
    one-way ~ однонаправленный аттенюатор
    pad ~ развязывающий аттенюатор
    piston ~ поршневой (волноводный) аттенюатор
    reactance [reactive] ~ реактивный аттенюатор
    resistance [resistive] ~ резистивный аттенюатор
    rotary vane ~ аттенюатор с поворотной пластиной
attract притягивать(ся)
attraction притяжение
    electromagnetic ~ электромагнитное [электродинамическое] притяжение
    electrostatic ~ электростатическое притяжение
    inverse-square law ~ притяжение, обратно пропорциональное квадрату расстояния
    magnetic ~ магнитное притяжение
    mutual ~ взаимное притяжение
audiohowler генератор звуковой частоты
augmentation:
    reliability ~ повышение надёжности
authority:
    supply ~ энергоснабжающая организация
autobulb автомобильная лампочка накаливания
autoconnection автотрансформаторная схема (связи)
autocycler автоматическое устройство [датчик] для организации циклов
autoequalization автоматическое выравнивание; автокомпенсация; автокоррекция
autoformer автотрансформатор
automate автоматизировать

automatic автоматический
  fully ~ полностью автоматический
automation 1. автоматизация **2.** автоматика
  distribution ~ автоматизация распределительной сети (*включая коммутационные аппараты вне подстанций*)
  distribution substation ~ автоматизация распределительной подстанции
  feeder ~ автоматика питающих линий
  governing ~ регулирующая автоматика
  relay ~ релейная автоматика
automaton автомат
  commutative ~ коммутативный автомат
  discrete ~ дискретный автомат
  finite deterministic ~ детерминированный конечный автомат
  finite-memory ~ автомат с конечной памятью
  finite modular ~ конечный автомат в модульном исполнении
  finite-state ~ конечный автомат
autophasing самофазировка
autoranging автоматическое переключение диапазонов измерений
autorecloser устройство автоматического повторного включения, устройство АПВ
autoreclosing автоматическое повторное включение, АПВ
  delayed ~ АПВ с выдержкой времени
  double-acting ~ двукратное АПВ
  frequency-actuated ~ частотное АПВ
  high-speed single-pole ~ быстродействующее однофазное АПВ, быстродействующее ОАПВ
  multiple-acting [multishot] ~ многократное АПВ
  single-acting ~ однократное АПВ
  single-phase ~ однофазное АПВ, ОАПВ
  single-shot ~ однократное АПВ
  three-phase ~ трёхфазное АПВ
autosaturation самонасыщение
autosyn сельсин
autotransformer автотрансформатор
  adjustable-ratio ~ автотрансформатор с регулируемым коэффициентом трансформации
  grounding ~ компенсатор нейтрали (*для получения искусственной нулевой точки*)
  instrument(al) ~ измерительный автотрансформатор
  neutral ~ компенсатор нейтрали (*для получения искусственной нулевой точки*)
  single-phase ~ однофазный автотрансформатор
  starting ~ пусковой автотрансформатор
  three-phase ~ трёхфазный автотрансформатор
  tripping ~ автотрансформатор в цепи трансформатора тока, с которого снимается оперативное напряжение реле прямого действия
auxiliar/y 1. вспомогательный механизм, вспомогательное устройство ‖ вспомогательный **2.** *pl* оборудование собственных нужд (*электростанций*)
  common ~**ies** оборудование общестанционных собственных нужд
  essential ~**ies** ответственные механизмы собственных нужд
  nonessential ~**ies** неответственные механизмы собственных нужд
  power station ~**ies** оборудование собственных нужд электростанции
  unit ~**ies** оборудование собственных нужд (*энерго*)блока
availability 1. готовность **2.** коэффициент готовности
  operating ~ оперативная готовность (*за вычетом плановых и вынужденных простоев*)
  operative ~ коэффициент оперативной готовности
  power ~ **per worker** энерговооружённость труда
  steady-state ~ стационарный коэффициент готовности
avalanche лавинный процесс, лавина
average:
  arithmetic ~ среднее арифметическое
  assembly ~ среднее по множеству; среднее арифметическое
  time ~ среднее по времени
averager усредняющее устройство
averaging усреднение
avometer авометр, ампервольтметр
axis ось
  ~ **of rotation** ось вращения
  beam ~ ось луча; ось пучка
  coordinate ~ ось (системы) координат
  cross ~ поперечная ось (*потока в электрической машине*)
  magnetic ~ магнитная ось; ось намагничивания; ось электромагнитного поля
  major gage ~ главная ось тензорезистора

AXLE

principal ~ главная ось
time ~ ось времени
axle ось; вал

B

back:
  core ~ спинка сердечника (*статора*)
  stator ~ спинка статора
back-action обратного действия, с обратным ходом
backboard задняя панель
back-conductance обратная проводимость
backfeed подпитка (*КЗ*)
backfire обратная дуга; обратное зажигание
backing 1. основа; подложка 2. покрытие
  metal ~ металлическое покрытие
backlash 1. обратный ток 2. люфт, обратный ход
back-mounted 1. с монтажом на задней панели, с задним монтажом 2. устанавливаемый с внутренней стороны (*панели*)
backplane объединительная плата
backpressure противодавление
backstop ограничитель обратного хода (*якоря реле*)
backswings второй и последующие периоды синхронных качаний
back-up резервирование
  breaker ~ резервирование отказов выключателя
  local ~ местное резервирование; ближнее резервирование (*в РЗ*)
  relay ~ резервирование реле
  remote ~ дальнее резервирование (*в РЗ*)
baffle 1. разделительная перегородка, разделитель 2. дефлектор (*в воздушном зазоре электрической машины*) 3. анодный экран, манжета (*в лампах дугового разряда*)
  air-gap segregating ~ разделительная перегородка в воздушном зазоре
  rotary ~ поворотная лопатка; вращающийся экран
  zoned-gap ~ перегородка разделяемого на зоны (рабочего) зазора
bakelite бакелит
balance 1. уравновешивание; балансировка‖уравновешивать(ся) 2. равновесие, баланс 3. симметрирование‖симметрировать 4. (электрический) мост 5. весы
  ampere ~ токовые весы
  bridge ~ баланс (электрического) моста
  current ~ 1. баланс токов 2. токовые весы
  electric ~ 1. баланс электрического моста 2. электрические весы
  electrical ~ электрические весы
  electrodynamic ~ 1. электродинамическое равновесие 2. электродинамические весы
  energy ~ энергетический баланс
  Felice ~ мост для измерения коэффициента взаимной индуктивности (*между обмотками трансформатора*)
  heat ~ тепловой баланс
  load ~ 1. баланс нагрузок 2. уравнивание нагрузок
  magnetic ~ магнитные весы
  overall energy ~ единый энергетический баланс
  plating ~ автоматический регулятор тока в ванне (*электролизёра*)
  power ~ баланс мощностей, энергетический баланс, энергобаланс
  power system energy ~ энергетический баланс энергосистемы
  running ~ динамическое равновесие
  space-charge ~ баланс объёмного [пространственного] заряда
  static ~ статическое равновесие
  thermal ~ тепловой баланс
  voltage ~ баланс напряжений
  zero ~ установка нуля
balanced 1. уравновешенный 2. симметричный
balancer 1. симметрирующее устройство 2. уравнительная машина, уравнитель
  ac ~ уравнительная машина переменного тока
  dc ~ уравнительная машина постоянного тока
  phase ~ фазокомпенсатор
  static ~ уравнительное устройство в цепи переменного тока
balancing 1. уравновешивание; балансировка 2. симметрирование
  automatic ~ автоматическая балансировка
  bridge amplitude ~ уравновешивание моста по амплитуде
  dynamic ~ динамическая балансировка
  energy ~ корректировка отклонений (*принятой или переданной*) электроэнергии от плановых значений

automatic автоматический
  fully ~ полностью автоматический
automation 1. автоматизация **2.** автоматика
  distribution ~ автоматизация распределительной сети (*включая коммутационные аппараты вне подстанций*)
  distribution substation ~ автоматизация распределительной подстанции
  feeder ~ автоматика питающих линий
  governing ~ регулирующая автоматика
  relay ~ релейная автоматика
automaton автомат
  commutative ~ коммутативный автомат
  discrete ~ дискретный автомат
  finite deterministic ~ детерминированный конечный автомат
  finite-memory ~ автомат с конечной памятью
  finite modular ~ конечный автомат в модульном исполнении
  finite-state ~ конечный автомат
autophasing самофазировка
autoranging автоматическое переключение диапазонов измерений
autorecloser устройство автоматического повторного включения, устройство АПВ
autoreclosing автоматическое повторное включение, АПВ
  delayed ~ АПВ с выдержкой времени
  double-acting ~ двукратное АПВ
  frequency-actuated ~ частотное АПВ
  high-speed single-pole ~ быстродействующее однофазное АПВ, быстродействующее ОАПВ
  multiple-acting [multishot] ~ многократное АПВ
  single-acting ~ однократное АПВ
  single-phase ~ однофазное АПВ, ОАПВ
  single-shot ~ однократное АПВ
  three-phase ~ трёхфазное АПВ
autosaturation самонасыщение
autosyn сельсин
autotransformer автотрансформатор
  adjustable-ratio ~ автотрансформатор с регулируемым коэффициентом трансформации
  grounding ~ компенсатор нейтрали (*для получения искусственной нулевой точки*)
  instrument(al) ~ измерительный автотрансформатор
  neutral ~ компенсатор нейтрали (*для получения искусственной нулевой точки*)
  single-phase ~ однофазный автотрансформатор
  starting ~ пусковой автотрансформатор
  three-phase ~ трёхфазный автотрансформатор
  tripping ~ автотрансформатор в цепи трансформатора тока, с которого снимается оперативное напряжение реле прямого действия
auxiliar/y 1. вспомогательный механизм, вспомогательное устройство‖вспомогательный **2.** *pl* оборудование собственных нужд (*электростанций*)
  common ~**ies** оборудование общестанционных собственных нужд
  essential ~**ies** ответственные механизмы собственных нужд
  nonessential ~**ies** неответственные механизмы собственных нужд
  power station ~**ies** оборудование собственных нужд электростанции
  unit ~**ies** оборудование собственных нужд (энерго)блока
availability 1. готовность **2.** коэффициент готовности
  operating ~ оперативная готовность (*за вычетом плановых и вынужденных простоев*)
  operative ~ коэффициент оперативной готовности
  power ~ **per worker** энерговооружённость труда
  steady-state ~ стационарный коэффициент готовности
avalanche лавинный процесс, лавина
average:
  arithmetic ~ среднее арифметическое
  assembly ~ среднее по множеству; среднее арифметическое
  time ~ среднее по времени
averager усредняющее устройство
averaging усреднение
avometer авометр, ампервольтметр
axis ось
  ~ **of rotation** ось вращения
  beam ~ ось луча; ось пучка
  coordinate ~ ось (системы) координат
  cross ~ поперечная ось (*потока в электрической машине*)
  magnetic ~ магнитная ось; ось намагничивания; ось электромагнитного поля
  major gage ~ главная ось тензорезистора

AXLE

principal ~ главная ось
time ~ ось времени
axle ось; вал

B

back:
  core ~ спинка сердечника (*статора*)
  stator ~ спинка статора
back-action обратного действия, с обратным ходом
backboard задняя панель
back-conductance обратная проводимость
backfeed подпитка (*КЗ*)
backfire обратная дуга; обратное зажигание
backing 1. основа; подложка **2.** покрытие
  metal ~ металлическое покрытие
backlash 1. обратный ток **2.** люфт, обратный ход
back-mounted 1. с монтажом на задней панели, с задним монтажом **2.** устанавливаемый с внутренней стороны (*панели*)
backplane объединительная плата
backpressure противодавление
backstop ограничитель обратного хода (*якоря реле*)
backswings второй и последующие периоды синхронных качаний
back-up резервирование
  breaker ~ резервирование отказов выключателя
  local ~ местное резервирование; ближнее резервирование (*в РЗ*)
  relay ~ резервирование реле
  remote ~ дальнее резервирование (*в РЗ*)
baffle 1. разделительная перегородка, разделитель **2.** дефлектор (*в воздушном зазоре электрической машины*) **3.** анодный экран, манжета (*в лампах дугового разряда*)
  air-gap segregating ~ разделительная перегородка в воздушном зазоре
  rotary ~ поворотная лопатка; вращающийся экран
  zoned-gap ~ перегородка разделяемого на зоны (*рабочего*) зазора
bakelite бакелит
balance 1. уравновешивание; балансировка‖уравновешивать(ся); балансировать(ся) **2.** равновесие, баланс **3.** симметрирование‖симметрировать **4.** (электрический) мост **5.** весы
  ampere ~ токовые весы
  bridge ~ баланс (электрического) моста
  current ~ **1.** баланс токов **2.** токовые весы
  electric ~ **1.** баланс электрического моста **2.** электрические весы
  electrical ~ электрические весы
  electrodynamic ~ **1.** электродинамическое равновесие **2.** электродинамические весы
  energy ~ энергетический баланс
  Felice ~ мост для измерения коэффициента взаимной индуктивности (*между обмотками трансформатора*)
  heat ~ тепловой баланс
  load ~ **1.** баланс нагрузок **2.** уравнивание нагрузок
  magnetic ~ магнитные весы
  overall energy ~ единый энергетический баланс
  plating ~ автоматический регулятор тока в ванне (*электролизёра*)
  power ~ баланс мощностей, энергетический баланс, энергобаланс
  power system energy ~ энергетический баланс энергосистемы
  running ~ динамическое равновесие
  space-charge ~ баланс объёмного [пространственного] заряда
  static ~ статическое равновесие
  thermal ~ тепловой баланс
  voltage ~ баланс напряжений
  zero ~ установка нуля
balanced 1. уравновешенный **2.** симметричный
balancer 1. симметрирующее устройство **2.** уравнительная машина, уравнитель
  ac ~ уравнительная машина переменного тока
  dc ~ уравнительная машина постоянного тока
  phase ~ фазокомпенсатор
  static ~ уравнительное устройство в цепи переменного тока
balancing 1. уравновешивание; балансировка **2.** симметрирование
  automatic ~ автоматическая балансировка
  bridge amplitude ~ уравновешивание моста по амплитуде
  dynamic ~ динамическая балансировка
  energy ~ корректировка отклонений (*принятой или переданной*) электроэнергии от плановых значений

phase ~ уравновешивание по фазе; балансировка фаз; фазовая компенсация
  static ~ статическая балансировка
  weight ~ весовая балансировка
ball:
  governor ~ шар центробежного регулятора
  pin ~ пестик (*шаровой стержень*)
  sparking ~ шаровой разрядник; сферический электрод разрядника
ballast 1. балластный резистор 2. балластная нагрузка 3. дроссель стартёра (*люминесцентной лампы*)
  adjustable impedance-type ~ балластный регулируемый резистор импедансного типа
  built-in ~ встроенный балластный резистор
  high power-factor ~ балластный резистор с высоким коэффициентом мощности
  independent ~ балластный резистор, устанавливаемый независимо от осветительной арматуры
  internal protection ~ балластный резистор с собственной защитой
  multiple supply-type ~ балластная нагрузка, параллельная с другими
balun 1. симметрирующее устройство 2. четвертьволновый согласующий трансформатор
band 1. полоса частот; диапазон частот 2. (энергетическая) зона 3. бандаж
  armature ~ бандаж якоря
  attenuation ~ полоса затухания; полоса ослабления
  binding ~ намотанный бандаж
  black ~ зона безыскровой работы (*коллектора*)
  Bloch ~ энергетическая зона
  conduction ~ зона проводимости, зона электропроводности
  control ~ диапазон регулирования
  dead ~ зона нечувствительности, мёртвая зона
  energy ~ энергетическая зона
  excitation ~ зона возбуждения
  filled ~ заполненная зона
  filter transmission ~ полоса пропускания фильтра
  forbidden ~ запрещённая зона
  frequency ~ полоса частот; диапазон частот
  frequency control ~ диапазон регулирования частоты
  heat-shrinking woven ~ термоусадочная тканая лента
  high-frequency ~ диапазон высоких частот, высокочастотный [ВЧ-]диапазон
  impurity ~ примесная зона
  low-frequency ~ диапазон низких частот, низкочастотный [НЧ-]диапазон
  nonpass ~s запираемые полосы частот
  operating deviation ~ диапазон колебаний в процессе регулирования
  phase ~ фазная зона (*в электрической машине*)
  power control ~ диапазон регулирования мощности
  proportional ~ зона пропорциональности (*регулятора*)
  rejection ~ полоса задерживания (*фильтра*); полоса затухания; полоса ослабления
  service deviation ~ диапазон колебаний в процессе регулирования
  side ~ боковая полоса частот
  specified ~ заданный диапазон
  surface ~ 1. поверхностная зона 2. поверхностный бандаж
  voltage ~ 1. диапазон напряжений 2. шкала (номинальных) напряжений
  voltage control ~ диапазон регулирования напряжения
  wave ~ диапазон волн
bandage наружная оболочка; бандаж
  fiberglass ~ бандаж из стекловолокна
bandwidth ширина полосы частот; ширина спектра; диапазон рабочих частот
bank батарея; блок; группа; набор ‖ группировать; объединять
  ~ **of capacitors** батарея конденсаторов
  ~ **of heat lamps** батарея ламп накаливания
  ~ **of resistors** набор резисторов
  automatically switched ~ коммутируемая [автоматически включаемая и выключаемая] батарея (*статических конденсаторов*)
  capacitor ~ батарея (статических) конденсаторов, конденсаторная батарея
  duct ~ сборка кабельных каналов
  fixed capacitor ~ нерегулируемая батарея (статических) конденсаторов
  one-duct ~ одноканальный (кабельный) блок
  resistor ~ набор резисторов
  transformer ~ трансформаторная группа
  tube ~ трубный пучок
bar 1. стержень 2. коллекторная пластина, ламель 3. (электрическая) шина

all-tubular strand ~ стержень обмотки, выполненный целиком из полых проводников
amortisseur ~ стержень демпферной обмотки
anode ~ анодная шина, анодная штанга
armature ~ стержень обмотки якоря; стержень обмотки статора
branch ~ ответвительная шина
bus ~ (электрическая) шина
commutator ~ коллекторная пластина, ламель
connection ~s соединительные шины
contact ~ контактная шина
damper ~ стержень демпферной обмотки
electrical depression ~ *ж.-д.* рычажная педаль
electrode ~ контактная шина
gas conductor-cooled ~ стержень обмотки с внутрипроводниковым газовым охлаждением
ground ~ 1. заземляющий стержень 2. заземляющая шина, шина заземления
idle ~ холостой стержень
key ~ стяжной стержень (*обмотки электрической машины*)
mixed-strand ~ комбинированный стержень обмотки (*из полых и сплошных проводников*)
quartz ~ кварцевая пластина
rotor ~ стержень ротора
slide ~ шина скользящего контакта
stator ~ стержень статора
tapered rotor ~ клинообразный стержень ротора
transfer ~s обходные шины
tripper ~ планка механизма расцепителя
winding ~ стержень обмотки
bare неизолированный, голый
barrel 1. бочка, барабан, цилиндр 2. полный цикл транспозиции (*на ВЛ*)
  air ~ воздушная камера
  conductor ~ цилиндрическая втулка для крепления проводника
  insulation ~ изолирующая опора (*кабеля*)
  rotor ~ втулка [цилиндр] ротора
barreling транспозиция
barretter 1. барретер 2. балластный резистор
barrier 1. (потенциальный) барьер, переход 2. экран; перегородка 3. изолирующая гильза (*между обмотками*)
  contact potential ~ контактный потенциальный барьер

diffusion ~ пористая перегородка
electrostatic potential ~ электростатический потенциальный барьер; кулоновский барьер
flash ~ искровой экран
isolation ~ 1. изолирующий барьер 2. изолирующая гильза
portable ~ переносный (защитный) экран
potential ~ потенциальный барьер
primary protective ~ первичный защитный экран
protective ~ защитный экран
rectifying ~ выпрямляющий барьер
structural protective ~ конструкционный защитный экран
bar-to-bar межламельный, межпластинный
base 1. база; основание 2. изолирующее основание 3. цоколь (*электровакуумного прибора, лампы*) 4. база, основной электрод
  bayonet ~ штифтовой цоколь байонетного сочленения
  fuse ~ 1. основание плавкой вставки 2. цоколь плавкого предохранителя
  insulating ~ изолирующее основание
  jack ~ гнездовая панель
  lamp ~ ламповый цоколь
  pedestal ~ цоколь
  pin ~ штырьковый цоколь
  prefocus ~ фокусирующий цоколь
  pulse ~ основание импульса
  rate ~ база для исчисления тарифа (*на электроэнергию*)
  screw(-thread) ~ резьбовой цоколь
  single-contact lamp ~ одноконтактный ламповый цоколь
  transformer ~ основание трансформатора
  valve ~ цоколь электронной лампы
baseplate монтажная плита
basing цоколёвка (*лампы*)
bath ванна (*электролизёра*)
  electrolysis ~ электролизная ванна
  hand ~ ванна с ручным обслуживанием
  hydroelectric ~ электролизная ванна
  plating ~ ванна для нанесения гальванических покрытый
  self-regulating ~ саморегулирующийся электролит
battery 1. (аккумуляторная) батарея 2. группа (одинаковых) устройств
  ~ **of boilers** группа котлов
  accumulator ~ аккумуляторная батарея
  air ~ 1. воздушная батарея 2. батарея ёмкостей с воздухом

BATTERY

air-heater ~ воздухонагревательная батарея
alkaline storage ~ щелочная аккумуляторная батарея
B ~ анодная батарея
baby ~ миниатюрная батарея, батарейка
balancing ~ буферная батарея
banked ~ батарея с параллельно соединёнными аккумуляторами
bias ~ батарея смещения
booster ~ вольтодобавочная батарея; батарея для регулирования напряжения
bottle ~ батарея жидкостных элементов
buffer [bypass] ~ буферная батарея
C ~ поляризационная батарея
cadmium-nickel ~ батарея никель-кадмиевых аккумуляторов
central ~ центральная [основная, главная] батарея
common ~ общая [общестанционная] батарея
completely discharged ~ полностью разряженная батарея
control ~ батарея для питания цепей и устройств управления
dead ~ отработанная [разряженная] батарея
dedicated ~ специально выделенная батарея
dry ~ сухая батарея, батарея сухих элементов
dry-charged ~ сухозаряженная батарея
dry storage ~ сухая батарея, батарея сухих элементов
Edison ~ батарея Эдисона, батарея никель-железных аккумуляторов
electric ~ электрическая батарея; батарея аккумуляторов, батарея вторичных источников тока
electrochemical ~ гальваническая батарея
flashlight ~ батарея для карманного фонаря
flat-plate ~ батарея с пластинчатыми электродами
flat-type ~ плоская батарея
floating ~ буферная батарея с постоянным подзарядом
fully charged ~ полностью заряженная батарея
galvanic ~ гальваническая батарея
grid-bias ~ батарея сеточного смещения
heating resistor ~ батарея электронагревателей

high-tension ~ 1. батарея высокого напряжения, высоковольтная батарея 2. анодная батарея
ignition ~ батарея системы зажигания
iron storage ~ никель-железная батарея
kathanode ~ аккумулятор со стекловойлоком
layerbuilt ~ галетная батарея
lead-acid (storage) ~ свинцовая аккумуляторная батарея, батарея свинцовых аккумуляторов
lead-calcium ~ батарея свинцово-кальциевых аккумуляторов
local ~ местная батарея; автономная батарея
low-tension ~ батарея низкого напряжения, низковольтная батарея
main ~ главная [основная, центральная] батарея
mini-max ~ батарея мини-макс
nickel-iron ~ батарея Эдисона, батарея никель-железных аккумуляторов
nonspill ~ батарея непроливаемых аккумуляторов
open-circuit ~ батарея для повторно-кратковременной работы
pancake ~ галетная батарея
partially discharged ~ частично разряженная батарея
pibal ~ батарея для шаров-зондов
pie ~ галетная батарея
plunge ~ батарея со сменными электродами
portable ~ переносная батарея
primary ~ первичная батарея; батарея первичных элементов
punched cell ~ батарея из штампованных элементов
rechargeable ~ перезаряжаемая батарея
run-down ~ отработанная [разряженная] батарея
sealed ~ батарея герметичных аккумуляторов
seawater ~ батарея, активируемая морской водой
secondary ~ аккумулятор; батарея вторичной коммутации; батарея оперативного тока
silver-cadmium (storage) ~ батарея серебряно-кадмиевых аккумуляторов
silver-zinc (storage) ~ батарея серебряно-кадмиевых аккумуляторов
solar ~ солнечная батарея
solid-electrolyte [solid-state] ~ батарея (элементов) с твёрдым электролитом
spacing ~ буферная батарея

BATTERY-BACKED

standby ~ аварийная [резервная] батарея
starter ~ стартёрная батарея
station ~ станционная батарея
stationary ~ стационарная батарея
storage ~ аккумуляторная батарея
subsidiary ~ дополнительная батарея
thermoelectric ~ термоэлектрическая батарея, термобатарея
thermojunction ~ батарея термопар
torch ~ батарея для карманного фонаря
traction ~ тяговая батарея; тяговый аккумулятор
tubular(-plate) ~ батарея с трубчатыми электродами
voltaic ~ гальваническая батарея
wet (storage) ~ батарея жидкостных элементов
battery-backed с резервированием от (аккумуляторной) батареи
battery-operated с работой от (аккумуляторной) батареи
battery-powered с питанием от (аккумуляторной) батареи
bay 1. отсек; секция; стойка; ячейка 2. провал, впадина (*на кривой*)
  bus coupler ~ ячейка шиносоединительного выключателя
  entrance ~ вводной шкаф
  feeder ~ ячейка питающей линии
  loading ~ монтажная площадка
  lower equipment ~ 1. минимальный шаг размещения оборудования 2. нижняя ячейка распределительного устройства
  monitor ~ контрольный отсек; отсек управления
  patch ~ 1. наборное поле коммутационной панели 2. коммутатор цепей
  switch ~ пролёт подстанции
  switchgear ~ ячейка распределительного устройства
  transformer ~ ячейка трансформатора
baycenter:
  static ~ положение равновесия
bazooka 1. симметрирующее устройство 2. четвертьволновый согласующий трансформатор
beacon маяк
  flashing ~ проблесковый маяк
  identification ~ опознавательный маяк
  neon ~ неоновый маяк
  oscillating ~ проблесковый маяк
bead 1. (диэлектрическая) шайба (*в коаксиальной линии*) 2. изоляционная бусинка

  axial ~ диэлектрическая шайба
  ceramic ~ керамическая шайба
  dielectric ~ диэлектрическая шайба
  ferrite ~ ферритовая шайба
  insulating ~ изоляционная бусинка
  plastic ~ пластмассовая шайба
beam луч; пучок
  balance ~ коромысло (*в реле*)
  bunched electron ~ сгруппированный поток электронов
  cathode ~ электронный луч; электронный пучок
  cathode-ray ~ луч ЭЛТ
  city ~ 1. свет подфарников 2. ближний свет (*фар*)
  convergent ~ сходящийся луч; сходящийся пучок
  dipped ~ ближний свет (*фар*)
  driving ~ дальний свет (*фар*)
  electron ~ электронный луч; электронный пучок
  headlamp lower ~ ближний свет фар
  headlamp upper ~ дальний свет фар
  high ~ дальний свет (*фар*)
  ion ~ ионный пучок
  laser ~ лазерный луч
  light ~ световой луч
  long-distance ~ дальний свет (*фар*)
  lower ~ ближний свет (*фар*)
  main ~ дальний свет (*фар*)
  meeting [passing] ~ ближний свет (*фар*)
  upper ~ дальний свет (*фар*)
beaming формирование луча; формирование пучка
bearing подшипник
  armature ~ подшипник якоря
  axial ~ осевой подшипник
  ball ~ шарикоподшипник
  cartridge-type ~ подшипник качения с лабиринтовыми уплотнениями
  collector stand-by ~ дополнительный стабилизирующий подшипник щёточного аппарата
  disk and wiper lubricated ~ подшипник с дисковой и кольцевой смазкой
  endshield ~ щитовой подшипник
  flood-lubricated ~ подшипник с поточной смазкой
  forced lubricated ~ подшипник с принудительной смазкой
  generator ~ подшипник генератора
  guide ~ направляющий подшипник
  insulated ~ электрически изолированный подшипник
  journal ~ подшипник на втулке вала
  lower guide ~ нижний направляющий подшипник
  magnetic ~ магнитный подшипник

meter bottom ~ подпятник измерительного прибора
multiball ~ шарикоподшипник
oil-jacked ~ подшипник со смазкой под давлением
oil-lubricated ~ подшипник с масляной смазкой
oil ring lubricated ~ подшипник с кольцевой масляной смазкой
pad-type ~ сегментный подшипник
pedestal ~ опорный подшипник
plain ~ подшипник скольжения
plug-in (type) ~ щитовой подшипник
pressure lubricated ~ подшипник со смазкой под давлением
roller ~ роликовый подшипник
self-lubricating ~ самосмазывающийся подшипник
single-row thrust ~ однорядный опорный подшипник
sleeve ~ подшипник скольжения; подшипник со вкладышем
spherically seated ~ подшипник с жёстко закреплённым вкладышем
split sleeve ~ разъёмный подшипник скольжения
spring loaded ~ пружинный подшипник
step ~ упорный подшипник; подпятник
straight seated ~ подшипник с жёстко закреплённым вкладышем
thrust ~ упорный подшипник; подпятник
tilting pad ~ самоустанавливающийся сегментный подшипник
wick lubricated ~ подшипник с фитильной смазкой
beat биения ‖ образовывать биения
 butt ~ торцевые биения
 composite ~ сложные биения
 radial ~ радиальные биения
 sine ~ биения синусоидальных сигналов
 zero ~ нулевые биения
beating биения
bed:
 test ~ испытательный стенд
bedding подушка (*в кабеле*)
bedplate фундаментная плита; монтажная плита
 mounting ~ монтажная плита
behavior 1. поведение; свойства **2.** режим (*работы*)
 design ~ расчётный режим
 dielectric ~ диэлектрические свойства
 electrochemical ~ электрохимические свойства

 frequency ~ частотная характеристика
 heat-transfer ~ режим теплопередачи
 nonstationary ~ нестационарный режим
 off-design ~ нерасчётный режим
 offset ~ работа (*системы регулирования*) со статизмом
 subcritical ~ докритический режим
 supercritical ~ сверхкритический режим
 thermal ~ температурный режим
bell звонок
 alarm ~ звуковой сигнал
belt:
 bleed-off ~ кольцевая камера для отбора (*пара*)
 dead ~ мёртвая зона, зона нечувствительности
 phase ~ фазовый пояс
 safety ~ предохранительный (монтёрский) пояс
belted с поясной изоляцией
bench 1. стенд **2.** монтажный стол
 cutting ~ монтажный стол
 distribution ~ распределительный щит
 single-phase test ~ однофазный испытательный стенд
 test ~ испытательный стенд
benchboard пульт-панель
 dual ~ двойной пульт-панель
 duplex ~ пульт-панель двухрядного щита
benchmark эталонный тест
benchpanel пульт-панель
bend изгиб; отвод
 E-(plane) ~ изгиб в плоскости E, E-изгиб (*параллельно вектору электрического поля*)
 H-(plane) ~ изгиб в плоскости H, H-изгиб (*параллельно вектору магнитного поля*)
 T-~ тройник
 waveguide ~ изгиб волновода
bending изгиб
 lateral ~ поперечный изгиб
 thermomechanical ~ термомеханический изгиб
 transversive-longitudinal ~ продольно-поперечный изгиб
benefit:
 firm-energy ~ доход от твёрдой [гарантированной] поставки электроэнергии
 total gross energy ~ валовой доход от выработки электроэнергии
Bi 10 ампер, 10 A
bias 1. смещение; отклонение ‖ смещать;

BIASING

отклонять 2. напряжение смещения, (электрическое) смещение ‖ подавать напряжение смещения, подавать смещение 3. подмагничивание ‖ подмагничивать ◊ ~ **in forward direction** смещение в прямом направлении; ~ **in reverse direction** смещение в обратном направлении
ac magnetic ~ подмагничивание переменным полем
applied ~ 1. внешнее смещение 2. внешнее подмагничивание
automatic ~ автоматическое смещение
base ~ напряжение смещения на базе
current ~ токовое смещение
dc magnetic ~ подмагничивание постоянным полем
electrical ~ напряжение смещения, (электрическое) смещение
electrode ~ напряжение смещения на электроде
emitter ~ напряжение смещения на эмиттере, эмиттерное смещение
grid ~ напряжение смещения на сетке, сеточное смещение
magnetic ~ подмагничивание
negative ~ отрицательное напряжение смещения, отрицательное смещение
positive ~ положительное напряжение смещения, положительное смещение
self- ~ автоматическое смещение
zero ~ 1. нулевое напряжение смещения, нулевое смещение 2. нулевое подмагничивание
biasing 1. (электрическое) смещение 2. подмагничивание
ac magnetic ~ подмагничивание переменным полем
dc magnetic ~ подмагничивание постоянным полем
magnetic ~ подмагничивание
bicrofarad нанофарада (10^{-9}Ф)
bifilar двухниточный, бифилярный
bill:
   average annual electric ~ средний годовой доход от продажи электроэнергии одному потребителю
   electric ~ счёт за электроэнергию
billing составление счетов; расчёты
   interchange ~ расчёты за обмен (электроэнергией) между энергосистемами
bimag магнитный сердечник с двумя устойчивыми состояниями
bimetal биметалл

thermostatic ~ биметаллический элемент для термостата
bimetallic биметаллический
bind связывать
binder 1. связующее (вещество) 2. зажим
   glass-frit ~ стекловидное связующее
   glass-frit-organic ~ стеклоорганическое связующее
   inner ~ внутренний зажим
   thermoreactive ~ термореактивное связующее
binding 1. сращивание (*проводов*) 2. бандаж
   cable core ~ бандаж сердечника кабеля
   fiberglass ~ бандаж из стекловолокна
   glass ~ стеклобандаж
   rotor ~ роторный бандаж
   wire ~ проволочный бандаж
binod двойной диод
bioelectric биоэлектрический
bioelectricity биоэлектричество
biopotential биопотенциал; потенциал биополя
biot 10 ампер, 10 А
biphase двухфазный
bipolar двухполюсный, биполярный
bird-godogging медленные отклонения (*регулируемого параметра*) от уставки
bistable бистабильный, с двумя устойчивыми состояниями
biswitch симметричный диодный тиристор
bit:
   soldering ~ паяльник
blackening почернение, потемнение (*напр. колбы лампы*)
blackout 1. погашение 2. выключение света 3. аварийный перерыв в энергоснабжении
   complete ~ полное погашение
   partial ~ частичное погашение
   rolling [rotating] ~ поочередное добровольное отключение потребителей
   total ~ полное погашение
blade 1. нож рубильника 2. контактная пружина (*реле*) 3. неплавкая металлическая полоска, установленная вместо плавкой вставки ◊ **to** ~ **up a core** шихтовать магнитопровод
   auxiliary ~ вспомогательный (дугогасящий) нож
   contact ~ контактный нож
   disconnecting ~ отключающий нож
   fan ~ лопасть [лопатка] вентилятора
   fuse ~s ножи патрона предохранителя

main switch ~s главные ножи разъединителя
make-switch ~ нож отделителя
switch ~ контактный нож; нож выключателя
blank:
  mother [starting sheet] ~ вспомогательный катод
  switching ~ зона нечувствительности, мёртвая зона
blanket:
  electric ~ электрическое одеяло
  rubber ~ резиновый коврик
blaster электровзрыватель
bleeder нагрузочный резистор
  bias ~ потенциометр смещения
  high-voltage ~ высоковольтный делитель напряжения
blemish:
  wiring ~ дефект монтажа
blinker 1. блинкер **2.** мигающий фонарь
block 1. блок (*прибора или аппарата*) **2.** пачка, пакет (*листов сердечника*) **3.** блокировка **4.** определённое количество электроэнергии в кВт·ч (*при коммерческих расчётах*) ◊ **to** ~ **tripping** блокировать отключение
  ~ **of carrier** пачка ВЧ несущего сигнала (*тока*)
  ac automatic ~ автоблокировка переменного тока
  automatic ~ автоблокировка
  automatic ~ **with track circuit** *ж.-д.* автоблокировка с использованием рельсовой цепи
  brush ~ щёточный блок
  ceiling ~ потолочная розетка
  coded current ~ кодовая автоблокировка
  coil ~ обмотка катушки
  connecting ~ присоединительная [клеммная] колодка
  contact ~ контактная группа (*реле*)
  control ~ блок управления
  dc automatic ~ автоблокировка постоянного тока
  filler ~ заполнитель (*прокладка*)
  fuse ~ колодка для плавких предохранителей
  jack ~ колодка с гнёздами; стойка с гнёздами
  joint ~ стыковой [соединительный] блок
  receptacle ~ колодка с гнёздами
  relay(-type) ~ релейная блокировка
  single-line ~ *ж.-д.* однопутная (перегонная) блокировка
  slipper ~ **1.** скользящий башмак **2.** подвижная часть скользящей опоры

  snatch ~ ролик для натяжки проводов; отводящий ролик
  space ~ дистанционная распорка
  stringing ~ натяжной блок
  tap ~ блок для изменения отпаек
  terminal ~ **1.** присоединительная [клеммная] колодка; блок выводов **2.** абонентская коробка
  test ~ испытательный блок, тест-блок (*в РЗ*)
  trailing ~ замыкающий блок (*тарифного графика*)
  transformer ~ блок трансформаторов
block-diagram структурная схема, блок-схема
blocking 1. блокировка **2.** фиксирующий элемент (*в лобовых частях электрической машины*)
  automatic ~ автоблокировка
  directional comparison ~ блокировка сравнением направления (*напр. токов*)
  frequency-shift ~ ВЧ-блокировка (*РЗ*) с передачей сигнала сдвигом частот
  out-of-step [swing] ~ блокировка при качаниях
  valve ~ блокировка вентиля
blow перегорать, плавиться (*о предохранителе*) ◊ **to** ~ **out 1.** перегорать, плавиться (*о предохранителе*) **2.** задувать, срывать (*напр. дугу*)
blower вентилятор
  emergency cooling ~ вентилятор аварийного охлаждения
  inclined-blade ~ вентилятор с наклонными лопастями
  multistage ~ многоступенчатый вентилятор
  single-stage ~ одноступенчатый вентилятор
blowing перегорание, расплавление (*предохранителя*)
  fuse ~ перегорание предохранителя
blowout 1. задувание, срывание (*напр. дуги*) **2.** искрогаситель, дугогаситель
  arc ~ задувание [срывание] дуги
  spark ~ искрогаситель, дугогаситель
board 1. панель; пульт; щит(ок) **2.** коммутатор **3.** плата
  area electricity ~ зональное энергоуправление
  asbestos ~ асбокартон
  baffle ~ разделительная перегородка, разделитель
  caution ~ щиток с предостерегающей надписью *или* знаком
  charging ~ зарядный щит
  circuit ~ печатная плата; монтажная плата

BOBBIN

commutation ~ щит переключений
control ~ 1. пульт управления; панель управления; щит управления 2. приборная доска; приборный щит(ок)
cross-connecting ~ матричный коммутатор
cutout ~ щиток с плавкими предохранителями; щиток с автоматами
distributing [distribution] ~ распределительный щит
distribution fuse ~ распределительный щит(ок) с плавкими предохранителями
double-sided printed-circuit ~ двусторонняя печатная плата
electrical insulating ~ 1. электроизоляционный картон 2. электроизоляционный щит
fuse ~ панель с плавкими предохранителями; щит(ок) с плавкими предохранителями
gage ~ щит с контрольно-измерительными приборами
information ~ информационное табло
instrument(ation) ~ щит с (электро)измерительными приборами; приборная доска; приборный щит(ок)
jumper ~ сборка зажимов
loaded ~ плата с монтажом, плата со смонтированными компонентами
local battery switch ~ распределительный щит местной (аккумуляторной) батареи
logic ~ печатная плата коммутатора
main control ~ главный щит управления
meter ~ щит с (электро)измерительными приборами
mimic diagram ~ 1. диспетчерский щит с мнемосхемой 2. распределительный щит с мнемосхемой 3. табло
module ~ объединительная плата модулей
mother ~ объединительная плата с монтажом
multilayer printed-circuit [multilayer printed-wiring] ~ многослойная печатная плата, МПП
one-side printed-circuit ~ односторонняя печатная плата
one-way ~ щиток с предохранителем на одну линию
panel ~ 1. панель управления; щит управления 2. щит с приборами
pin [plug] ~ 1. коммутационная панель; наборная панель; наборное поле 2. штекерная панель; штепсельная панель
printed-circuit [printed-component, printed-wiring] ~ печатная плата
service ~ абонентский ящик
single-sided printed-circuit ~ односторонняя печатная плата
"swiss-cheese" printed-circuit ~ печатная плата с отверстиями, перфорированная печатная плата
terminal ~ доска выводов; щиток с зажимами; присоединительный щиток; выходной [выводной] щиток
test ~ испытательный стенд
transformer ~ 1. трансформаторный картон 2. трансформаторная панель
trunk-line ~ междугородный (телефонный) коммутатор
two-sided printed-circuit ~ двусторонняя печатная плата
unloaded ~ плата без монтажа
wire [wired-circuit, wiring] ~ монтажная плата
wrapping ~ плата для монтажа накруткой
bobbin 1. катушка (*зажигания*) 2. шаблон (*для обмотки*); остов (*катушки*)
body корпус
conductive ~ токопроводящее тело
connector ~ корпус соединителя
field ~ тело [бочка] ротора
pole ~ сердечник полюса
pothead ~ корпус кабельной [концевой] муфты
rotor ~ тело [бочка] ротора
socket ~ 1. корпус розетки; корпус патрона (*лампы*) 2. корпус (соединительной) муфты
tower ~ стойка мачты
boiler котёл
back flame ~ комбинированный оборотный котёл
base load ~ базисный котёл
Benson ~ прямоточный котёл Бенсона
bin-and-feeder system ~ котёл с системой питания с бункером
circulation ~ котёл с естественной циркуляцией
coal-fired ~ 1. пылеугольный котёл 2. котёл на твёрдом топливе
concurrent ~ прямоточный котёл
controlled circulation ~ котёл с принудительной циркуляцией
controlled-superheat ~ котёл с регулируемым перегревом пара
cyclone-fired [cyclone-furnace] ~ котёл с циклонной топкой
directly-fired ~ пылеугольный котёл с непосредственным сжиганием
donkey ~ вспомогательный котёл

BOOSTER

double-cylindrical ~ двухбарабанный котёл
double-furnace ~ двухкорпусный котёл
dual-circulation ~ котёл с двухступенчатым испарением
electric ~ электрический котёл, электрокотёл
exhaust heat ~ котёл-утилизатор
externally fired ~ котёл с выносной топкой
fired steam ~ котёл, работающий на органическом топливе
fire-tube ~ жаротрубный котёл
flue ~ дымогарный котёл
fluidized-bed ~ котёл с сжиганием в кипящем слое
gas-and-oil-fired ~ газомазутный котёл
gaseous fuel ~ котёл для газообразного топлива
high-power ~ котёл большой мощности
high-pressure ~ котёл высокого давления
hot-water ~ водогрейный котёл
liquid fuel ~ котёл на жидком топливе
low-power ~ котёл малой мощности
natural circulation ~ котёл с естественной циркуляцией
once-through ~ прямоточный котёл
peak-load ~ подогреватель для режима пиковой нагрузки
power-generating ~ энергетический котёл
pulverized fuel ~ котёл для пылевидного топлива
single-furnace ~ однокорпусный котёл
super power ~ сверхмощный котёл
waste heat ~ котёл-утилизатор
bolometer болометр
  capacitive ~ ёмкостный болометр
  coaxial film ~ коаксиальный плёночный болометр
  immersion ~ иммерсионный болометр
  infrared ~ болометр инфракрасного [ИК-]диапазона
  resistive-film ~ болометр на резистивной плёнке
  semiconductor ~ полупроводниковый болометр
  superconducting ~ сверхпроводящий болометр
bolt болт
  anchor ~ анкерный болт
  current-carrying ~ токоведущий болт
  eye ~ рым-болт
  hold-down ~ болт (для) крепления (*машины к основанию*)
  insulated ~ болт в изоляции
bond 1. связь; соединение; сцепление‖связывать; соединять; сцеплять 2. соединитель
  cable ~ 1. кабельное соединение 2. соединитель кабельной арматуры
  cable sheath ~ соединитель кабельной арматуры
  cold ~ соединение методом холодной сварки
  conductor ~ соединитель проводов встык
  continuity ~ межрельсовый соединитель
  continuity cable ~ продольный соединитель кабельной арматуры
  cross cable ~ поперечный соединитель кабельной арматуры
  grounding cable ~ заземляющий соединитель кабельной арматуры
  impedance ~ *ж.-д.* путевой дроссель; дроссельный стык
  plug-in ~ штепсельный межрельсовый соединитель
  propulsion ~ рельсовый соединитель
  pulse ~ соединение импульсной сваркой
  rail [track] ~ рельсовый соединитель
  wire ~ соединение проводом
bonding 1. соединение (короткой) перемычкой 2. заземление 3. заземляющая перемычка
  sheath ~ соединение оболочек (*кабелей*)
  wire ~ проволочный монтаж
bone:
  back ~ становой хребет (*системообразующей сети энергообъединения*)
book:
  record ~ эксплуатационный журнал
boom штанга (*токоприёмника*)
  trolley ~ штанга троллея
boost 1. повышение, подъём (*напр. напряжения*)‖повышать, поднимать (*напр. напряжение*) 2. добавочное напряжение
  excitation ~ форсировка возбуждения
booster вольтодобавочный генератор; вольтодобавочный трансформатор
  battery-charging ~ вольтодобавочный генератор для зарядки (аккумуляторной) батареи
  milking ~ дозаряжающий генератор
  negative ~ вольтопонижающий гене-

BOOSTING

ратор; вольтопонижающий трансформатор
positive ~ вольтодобавочный генератор; вольтодобавочный трансформатор
reversible ~ обратимый вольтодобавочный генератор; обратимый вольтодобавочный трансформатор
synchronous ~ вольтодобавочный синхронный генератор
boosting 1. дозаряд; заряд повышенным током **2.** повышение, подъём (*напр. напряжения*)
boot 1. защитная (изоляционная) трубка **2.** защитный (изоляционный) колпачок
rubber ~s диэлектрические [резиновые] боты
bootleg кабельная стойка
bore отверстие; расточка
commutator ~ расточка коллектора
magnet ~ зазор магнита
rotor ~ расточка ротора
stator ~ расточка статора
boss контактная площадка
bounce дребезг контактов (*реле*)
contact ~ дребезг контактов
relay ~ дребезг контактов реле
boundary граница; контур
nonoperating ~ граница возврата (*реле*)
operating ~ граница срабатывания (*реле*)
bow:
collector ~ дуговой (бугельный) токоприёмник
box 1. коробка; ящик; кожух **2.** (измерительный) магазин **3.** муфта **4.** вкладыш (*подшипника*)
air-insulated terminal ~ **1.** концевая муфта с воздушной изоляцией **2.** распределительная коробка с воздушной изоляцией
battery ~ батарейный [аккумуляторный] ящик
bifurcating ~ разветвительная муфта
branch [branching, branch-joint] ~ разветвительная [ответвительная] коробка
brush ~ обойма щёткодержателя
cable ~ кабельная коробка; кабельный шкаф
cable branch-joint ~ ответвительная кабельная коробка
cable distribution ~ распределительная кабельная коробка
cable dividing ~ многофазная кабельная воронка
cable end ~ оконечная кабельная коробка
cable sealing ~ **1.** однофазная кабельная воронка **2.** ответвительная кабельная муфта
cable terminal ~ разветвительная кабельная коробка
capacitance ~ магазин ёмкостей
capacitance ~ **with plugs** штепсельный магазин ёмкостей
coil ~ каркас катушки; каркас обмотки
condenser ~ магазин конденсаторов
conductance ~ магазин проводимостей
conduit ~ коробка в кабелепроводе
connection ~ **1.** ответвительная коробка **2.** соединительная коробка; соединительная муфта
control ~ блок управления
core ~ контейнер [кожух] магнитопровода
coupling ~ соединительная коробка; соединительная муфта
cutout ~ (распределительный) шкаф с предохранителями; (распределительный) шкаф с автоматами
decade ~ декадный магазин
decade capacitance ~ декадный магазин ёмкостей
decade conductance ~ декадный магазин проводимостей
decade inductance ~ декадный магазин индуктивностей
decade resistance ~ декадный магазин сопротивлений
dial ~ магазин переключателей
distribution [distributor] ~ разветвительная [ответвительная] коробка; распределительная коробка
dividing ~ разветвительная [ответвительная] коробка
double resistance ~ двойной магазин сопротивлений
draw-in ~ **1.** соединительная коробка **2.** колодец для втягивания кабеля (*в канал*)
echo ~ эхо-резонатор
electric(al) signal ~ *ж.-д.* шкаф электрической сигнализации
electromechanical signal ~ *ж.-д.* шкаф электромеханической сигнализации
electropneumatic signal ~ *ж.-д.* шкаф электропневматической сигнализации
entrance-exit signal ~ **with free levers** *ж.-д.* шкаф маршрутной сигнализации со свободными рукоятками типа «вход — выход»

BRACE

feeder ~ распределительная коробка; кабельная коробка, кабельный ящик
fishing ~ 1. соединительная коробка 2. колодец для втягивания кабеля (*в канал*)
flame-proof terminal ~ огнестойкая соединительная коробка
fuse ~ (распределительный) шкаф с предохранителями
ground ~ заземлительная коробка
inductance ~ магазин индуктивностей
inductance ~ **with plugs** штепсельный магазин индуктивностей
inlet ~ входная распределительная коробка
interlocking ~ *ж.-д.* устройство централизации
J ~ соединительная коробка
jack ~ 1. корпус гнездовой части электрического соединителя 2. распределительная коробка 3. корпус коммутатора
joint [junction] ~ соединительная коробка
lead ~ коробка выводов
lever resistance ~ магазин сопротивлений с рукояткой
light distribution ~ распределительная коробка осветительной сети
link ~ соединительная коробка; распределительная коробка
load ~ устройство для проверки РЗ большим током
multibias ~ набор источников смещения
open terminal ~ открытая соединительная коробка
outlet ~ выходная распределительная коробка
parts ~ ящик для запасных частей
phase insulated terminal ~ коробка с изолированными выводами фаз
phase segregated [phase separated] terminal ~ концевая муфта с разделёнными фазами
plug ~ штепсельная коробка; электрический соединитель
plug-type ~ магазин с вилочным переключением
power signal ~ *ж.-д.* шкаф силовой сигнализации
power signal ~ **with free levers** *ж.-д.* шкаф силовой сигнализации со свободными рукоятками
power signal ~ **with individual levers** *ж.-д.* шкаф силовой сигнализации с индивидуальными рукоятками

power signal ~ **with route levers** *ж.-д.* шкаф маршрутной сигнализации
pressure contained [pressure containing] terminal ~ концевая муфта (с выводами) под давлением
pressure relief terminal ~ концевая муфта с диафрагмой
pull ~ 1. проходной ящик (*без распределительной панели*) 2. проходная коробка (*для протаскивания проводов*)
pulser ~ блок импульсного генератора
relay ~ релейный шкаф
resistance ~ магазин сопротивлений
resistance ~ **with plugs** штепсельный магазин сопротивлений
sealing ~ концевая муфта
section (cable) ~ секционная (кабельная) коробка
service ~ распределительная коробка
shunt ~ магазин шунтов
sound ~ адаптер-звукосниматель
splice [splicing] ~ 1. соединительная муфта 2. выводная муфта
splitter ~ разветвительная [ответвительная] коробка
spool ~ кассета
starting ~ пускатель
steam ~ парораспределительная коробка
switch ~ распределительная коробка; разветвительная [ответвительная] коробка; переключательная коробка
switch capacitance ~ магазин ёмкостей с переключателями
switch inductance ~ магазин индуктивностей с переключателями
switch resistance ~ магазин сопротивлений с переключателями
terminal ~ коробка с выводами, клеммная коробка; соединительная коробка
test ~ комплектное испытательное устройство
transfer ~ проходной (кабельный) ящик
trifurcating ~ трёхфазная концевая муфта
volt ~ делитель напряжения
voltage-ratio ~ ступенчатый делитель напряжения
wall ~ стенной короб (*для проводки*)
brace 1. крепление 2. раскос; распорка
boiler ~ крепление котла
coil ~ 1. крепление обмотки (*в пазах электрической машины*) 2. пазовый клин (*ротора неявнополюсной машины*)
cross-arm ~ подкос траверсы (*щётки*)

BRACING

pole ~ столбовая распорка
straight pole ~ прямая столбовая распорка
bracing крепление
bus ~ крепление шин круглого сечения
coil-end ~ крепление лобовых частей обмотки
mechanical ~ динамическая стойкость
panel ~ шпренгели (*решётки опоры ВЛ*)
plan ~ диафрагма (*решётки опоры ВЛ*)
wind ~ ветровая фиксация (*контактного провода*)
wire ~ анкеровка проволокой
bracket 1. кронштейн; консоль; подвеска 2. обойма (*подшипника*) 3. бракет
arm extension ~ насадка для удлинения траверсы
bearing ~ консольная опора подшипника
cable ~ кабельный кронштейн
headlight ~ кронштейн фары
insulation hook ~ кронштейн с крюком для крепления изолятора
lamp ~ ламповый кронштейн
lower ~ 1. обойма нижнего подшипника 2. нижняя крестовина (*гидрогенератора*)
pothead ~ скоба [хомут] крепления кабельной [концевой] муфты
sling ~ кронштейн-скоба
tilting lamp ~ кронштейн, изменяющий наклон лампы
upper ~ 1. обойма верхнего подшипника 2. верхняя крестовина (*гидрогенератора*)
wall ~ настенный кронштейн
braid оплётка ‖ оплетать
double ~ двойная оплётка
saturated ~ пропитанная оплётка
textile ~ текстильная оплётка
braider оплёточный станок
braiding оплётка
brake тормоз
eddy-current ~ тормоз с использованием вихревых токов
electric ~ электрический тормоз
electric dynamic ~ электродинамический тормоз
electrode mast ~ тормоз для фиксации стойки электрода
electromagnetic ~ электромагнитный тормоз
magnetic ~ магнитный тормоз
magnetically released ~ тормоз с магнитным пуском
magnetic-shoe ~ механический тормоз с электромагнитом; электромагнитный тормоз
rheostatic ~ реостатный тормоз
braking торможение
antirollback ~ противооткатное торможение
capacitance ~ ёмкостное торможение
capacitor ~ конденсаторное торможение
countercurrent ~ торможение противовключением
dc injection ~ торможение постоянным током
dynamic ~ динамическое торможение
dynamic variable ~ динамическое торможение с переменным усилием
eddy-current ~ торможение вихревыми токами
electric ~ электрическое торможение
electrodynamic ~ электродинамическое торможение
electromagnetic ~ электромагнитное торможение
field dynamic ~ динамическое торможение магнитным полем, динамическое торможение полем возбуждения
magnetic ~ электромагнитное торможение
nonreversing dynamic ~ нереверсивное динамическое торможение
oversynchronous ~ торможение при скорости выше синхронной
plug ~ торможение за счёт изменения порядка следования [чередования] фаз
rapid ~ экстренное торможение
regenerative ~ рекуперативное торможение
regenerative ~ **of dc machine** торможение противовключением машины постоянного тока
resistance ~ рекуперативное торможение
reverse-current ~ торможение противовключением
rheostatic ~ реостатное торможение
stator dynamic ~ 1. электродинамическое торможение (*синхронной машины*) 2. торможение постоянным током (*асинхронного двигателя*)
branch 1. ветвь (*цепи*) 2. плечо (*моста*) 3. (от)ветвление; разветвление
~ **of a bridge** плечо (измерительного) моста
~ **of a network** ветвь (электрической) схемы
active ~ активная ветвь
capacitor ~ ёмкостная ветвь

common ~ общая ветвь
conjugate ~es сопряжённые ветви
electrical system ~ ветвь электрической системы
inductor ~ индуктивная ветвь
magnetizing ~ ветвь намагничивания
passive ~ пассивная ветвь
point ~ узел схемы; узел цепи
T-~ тройник
thermoelectric ~ ветвь термоэлемента
Y-~ Y-образный тройник
branching (от)ветвление; разветвление
  ~ of discharge ветвление разряда
brass латунь
braze паять (*тугоплавким припоем*)
brazing пайка (*тугоплавким припоем*)
  arc ~ дуговая пайка
  carbon-arc ~ пайка с нагревом угольной дугой
  dip ~ пайка погружением
  electric ~ пайка с электронагревом, электрическая пайка, электропайка
  electric furnace ~ пайка в электропечи
  electric-resistance ~ пайка с контактным нагревом
  high-frequency ~ пайка с нагревом токами высокой частоты
  induction ~ индукционная пайка
  resistance ~ пайка с контактным нагревом
  ultrasonic ~ ультразвуковая пайка
break 1. выключение, размыкание ‖ выключать, размыкать **2.** разрыв ‖ разрывать **3.** зазор между контактами
  automatic ~ автоматическое отключение
  line ~ обрыв линии
  multiple ~ многократный разрыв (*цепи*)
  phase ~ обрыв фазы
  wire ~ обрыв провода
breakage поломка; дефект
  electrode ~ электродный скрап (*дуговой печи*)
  wire ~ обрыв провода
breakaway трогание (*электродвигателя*)
breakback обратный пробой
break-before-make переключение с разрывом до включения
breakdown 1. пробой **2.** выход из строя, авария **3.** возникновение разряда, зажигание ◇ **~ to chassis** пробой на корпус
  avalanche ~ лавинный пробой
  back-voltage ~ пробой при обратном напряжении
  destructive ~ разрушающий пробой
  dielectric ~ пробой диэлектрика
  discharge ~ пробой в (газовом) разряде
  disruptive ~ разрушающий пробой
  early ~ преждевременный пробой
  electric ~ электрический пробой
  forward ~ пробой в прямом направлении
  insulation ~ пробой изоляции
  interdevice ~ пробой между приборами
  irreversible ~ необратимый пробой
  nondestructive ~ неразрушающий пробой
  nonsustained ~ неустойчивый пробой
  partial ~ частичный пробой
  point-contact ~ пробой точечного контакта
  premature ~ преждевременный пробой
  reach-through ~ сквозной пробой
  reverse ~ пробой в обратном направлении
  reversible ~ обратимый пробой
  self-healing ~ самовосстанавливающийся пробой
  spark ~ искровой пробой
  stabilized ~ устойчивый пробой
  surface ~ поверхностный пробой
  surge-current ~ повреждение от импульса сверхтока
  sustained ~ установившийся пробой
  thermal ~ тепловой пробой
  tunnel ~ пробой Зенера, туннельный пробой *p-n*-перехода
  vacuum ~ пробой в вакууме
  Zener ~ пробой Зенера, туннельный пробой *p-n*-перехода
breaker 1. выключатель **2.** прерыватель (*тока*)
  automatic ~ автоматический выключатель, автомат
  ballistic ~ сверхбыстродействующий выключатель
  bus-tie ~ шиносоединительный выключатель
  cascade ~ выключатель, защищаемый вышестоящим выключателем с большой разрывной способностью
  circuit ~ (*см. тж* circuit-breaker) **1.** автоматический выключатель **2.** рубильник
  contact ~ контактный прерыватель
  current-limiting ~ токоограничивающий выключатель
  direct-acting ~ выключатель с защитой прямого действия
  electrically operated ~ выключатель с дистанционным [электрическим] управлением

BREAKING

field (suppression) ~ автомат гашения поля, АГП
fixed ~ стационарный выключатель
fixed handle ~ выключатель с жёстко фиксированным ручным приводом
free handle ~ выключатель со свободным расцеплением
fused ~ блок «предохранитель — выключатель»
line ~ 1. линейный выключатель 2. комбинация выключателя с контактором
magnetic-only ~ автоматический выключатель с электромагнитным расцепителем
main ~ главный выключатель
main-field ~ автомат гашения поля генератора
main generator ~ главный выключатель генератора
manual operated ~ выключатель с ручным управлением
manual stored-energy operated ~ выключатель с механическим приводом и ручным управлением при использовании запасённой энергии
mercury ~ ртутный выключатель
molded-case ~ выключатель в литом корпусе
n-cycle ~ выключатель со временем отключения n периодов (*промышленной частоты*)
oil ~ масляный выключатель
reactance ~ выключатель со ступенчатой регулировкой реактивности
reactor trip ~ выключатель аварийной защиты реактора
reclosing ~ выключатель с автоматическим повторным включением, выключатель с АПВ
relayed ~ выключатель с устройством защиты и АПВ
shock-proof ~ ударопрочный выключатель
single-phase ~ однофазный выключатель
successive ~s выключатели, следующие друг за другом (*на соседних участках линии*)
thermal-magnetic ~ автоматический выключатель с электромагнитным и тепловым расцепителями
time-delay ~ выключатель с выдержкой времени
vacuum ~ вакуумный выключатель
breaking 1. выключение; размыкание 2. разрыв; обрыв
 arc ~ разрыв дуги

automatic field ~ автоматическое гашение поля
contact ~ 1. размыкание контактов 2. контактный разрыв цепи
 field ~ гашение поля
breakout место отвода (*из многожильного кабеля*)
breakover включение (*тиристора*)
 forward ~ включение при прямом смещении
 voltage ~ включение при подаче напряжения
breakthrough 1. наводка 2. временный пробой
break-time время отключения (*цепи*)
breather поглотитель влаги из воздуха (*в трансформаторе*)
breeze:
 static ~ электрический ветер (*кистевой разряд*)
bridge 1. (измерительный) мост; мостовая схема ‖ соединять мостом 2. шунт; перемычка; параллельное присоединение ‖ шунтировать; соединять перемычкой; закорачивать ◇ to balance a ~ уравновешивать (*измерительный*) мост; to ~ over соединять перемычкой; закорачивать
 ac ~ мост переменного тока
 admittance ~ мост для измерения полного сопротивления
 amplification factor ~ мост для измерения коэффициента усиления
 amplistat ~ полуволновой магнитный усилитель, включённый по мостовой схеме
 Anderson ~ мост Андерсена, мост для измерения собственной индуктивности
 balanced ~ уравновешенный мост
 Belfils ~ мостовой анализатор гармоник
 bolometer ~ болометрический мост
 box(-type) ~ мост с магазином сопротивлений
 busbar ~ шинный мост
 Campbell ~ мост для измерения взаимной индуктивности
 Campbell-Colpitz ~ мост для измерения ёмкости методом замещения
 capacitance [capacity] ~ мост для измерения ёмкости
 closed-slot ~ (магнитный) мост закрытого паза
 comparison ~ мостовая схема сравнения
 conductance [conductivity] ~ мост для измерения малых сопротивлений
 dc ~ мост постоянного тока

decade ~ декадный мост
deflection ~ мост с измерителем отклонений
differential ~ дифференциальный мост
direct-reading ~ мост с непосредственным отсчётом
distortion ~ мост для измерения искажений (*напряжения, тока*)
double ~ двойной мост, мост Томсона
electric ~ электрический мост
equal-arm ~ равноплечий мост
Ewing permeability ~ мост магнитной проницаемости Юинга
fault localization ~ мост для определения места повреждения (*в кабеле*)
four-arm ~ четырёхплечий мост
frequency ~ частотомерный мост
full-wave ~ двухполупериодный выпрямительный мост
general-purpose ~ универсальный мост
Hay ~ четырёхплечий мост с активно-ёмкостным и активно-индуктивным плечами
Heaviside-Campbell ~ мост для сравнения коэффициентов само- и взаимоиндукции
high-resistance ~ мост для измерения больших сопротивлений
immittance ~ мост для измерения полной проводимости и сопротивления
impedance ~ мост для измерения полного сопротивления
inductance ~ мост для измерения индуктивности
inductive ~ индуктивный мост
Kelvin (double) ~ двойной мост, мост Томсона
limit ~ предельный мост для отбраковочных испытаний
loss-angle (measuring) ~ мост для измерения угла потерь
low-frequency dielectric ~ НЧ-мост для измерения (параметров) диэлектриков
magnetic ~ мост для измерения магнитной проницаемости
Maxwell ~ мост Максвелла для измерения реактивного сопротивления
Maxwell dc commutator ~ мост Максвелла для измерений по методу «ёмкость — время»
Maxwell inductance ~ мост Максвелла для измерения индуктивности
Maxwell M-L ~ мост Максвелла для измерения коэффициентов само- и взаимоиндукции
Maxwell mutual inductance ~ мост Максвелла для измерения взаимной индуктивности
Maxwell-Wien ~ мост Максвелла для измерения реактивного сопротивления
measuring ~ измерительный мост
multiple-arm ~ многоплечий мост
mutual inductance ~ мост для измерения взаимной индуктивности
nonuniform thyristor ~ мостовой преобразователь, оснащённый управляемыми и неуправляемыми вентилями в плечах
out-of-balance ~ неуравновешенный мост
permeability ~ мост для измерения магнитной проницаемости
phase-shift(ing) ~ фазосдвигающий мост
plug ~ (магазинный) мост со штекерами
potentiometric voltmeter ~ потенциометрический мост напряжения
Raphael ~ реохордный мост Рафаэля
ratio-arm ~ мост (для измерения) отношений между измеряемыми элементами
rectifier ~ выпрямительный мост; мостовая выпрямительная схема
resistance ~ мост для измерения сопротивления
resonance ~ резонансный мост
self-balancing power ~ самоуравновешивающийся [самобалансирующийся] мостовой измеритель мощности
semibalanced ~ полууравновешенный мост
Shering ~ мост Шеринга для ёмкостных измерений
silicon controlled ~ управляемый тиристорный преобразователь, собранный по мостовой схеме
six-branch ~ шестиплечий мост
slideless ~ безреохордный мост
slide-wire ~ реохордный мост, мост с реохордом
strain (gage) measuring ~ мост для измерения деформаций (*напряжения*); тензометрический мост
substitution ~ мост для измерения методом замещения
superconducting ~ сверхпроводящий мост
superconducting thin film ~ сверхпроводящий тонкоплёночный мост
temperature compensated power ~ мо-

BRIDGING

стовой измеритель мощности с температурной компенсацией
thermistor ~ термисторная мостовая схема
Thomson (double) ~ двойной мост, мост Томсона
transformer ~ трансформаторный мост
tube(-factor) ~ ламповый тестер
unbalanced ~ неуравновешенный мост
universal ~ универсальный (лабораторный) мост
Wheatstone ~ мост Уитстона, мост для измерения сопротивлений постоянному току
Wien ~ мост Вина
Wien-Maxwell ~ мост Максвелла для измерения реактивного сопротивления
zero-balance ~ уравновешенный мост

bridging 1. соединение по мостовой схеме **2.** шунтирование; соединение перемычкой **3.** режим работы переключателя с перекрывающим подвижным контактом
brightness яркость
  surface ~ поверхностная яркость
bring ◇ **to** ~ **in** заводить (*кабель*); **to** ~ **up** заряжать (*напр. батарею*)
broadband широкополосный, широкодиапазонный
broadside лампа накаливания заливающего света
brownout 1. отключение энергоснабжения отдельных потребителей вследствие дефицита мощности **2.** затемнение
brush щётка (*электрической машины*)
  auxiliary ~ вспомогательная щётка
  bronze leaf ~ щётка из тонких бронзовых пластинок
  carbon ~ угольная щётка
  carbon fiber ~ угольно-волоконная щётка
  commutator ~ коллекторная щётка
  copper graphite ~ медно-графитовая щётка
  cross ~**es** щётки, расположенные под прямым углом
  energy ~**es** главные [силовые] щётки
  exploring ~ испытательная щётка; вспомогательная щётка
  fractional-horsepower ~ щётка для машины мощностью в долях л. с. (*площадью не более 1,3 см^2, длиной не более 3,6 см*)
  graphite ~ графитовая щётка
  headed ~ щётка с суженным рабочим концом
  industrial ~ щётка для крупных машин
  laminated ~ многослойная щётка
  leading ~ набегающая щётка
  metal-graphite ~ металлографитовая щётка
  metal-plated carbon ~ металлизированная угольная щётка
  metal-plated carbon fiber ~ металлизированная угольно-волоконная щётка
  resistive ~ резистивная щётка
  resistive distributor ~ резистивная щётка распределителя (*зажигания*)
  rotating ~ вращающаяся щётка
  split ~ разделённая щётка (*из двух половин*)
  staggered ~**es** щётки, расположенные в шахматном порядке
  trailing ~ сбегающая щётка
  wire ~ проволочная щётка
brushgear контактно-щёточный аппарат
brushing кистевой разряд
brushless бесщёточный
buck 1. вольтовычитающее соединение **2.** включение по вольтовычитающей схеме **3.** сбрасывать, расфорсировать **4.** противодействовать
bucking снижение напряжения
budget:
  energy ~ энергетический баланс
buffer 1. буферная схема, буферный каскад **2.** буферный усилитель
build:
  coil ~ толщина катушки индуктивности
  transformer ~ толщина обмотки трансформатора
building здание; помещение
  shielded ~ экранированное помещение
  substation control ~ общеподстанционный пульт управления, ОПУ
  substation relay ~ помещение для РЗ на подстанции
building-up увеличение, повышение (*напряжения, тока*)
  voltage ~ нарастание напряжения
buildup:
  heat ~ выделение [образование] тепла
built-up составной, сборный; разъёмный
bulb 1. колба, баллон (*лампы накаливания*) **2.** лампа накаливания
  auto ~ автомобильная лампа накаливания
  baseless ~ бесцокольный баллон
  clear ~ прозрачная колба

colored ~ цветная колба
double-filament ~ лампа с двумя нитями накаливания
electric ~ лампа накаливания; электролампа
enameled ~ эмалированная колба
flash ~ импульсная лампа, лампа-вспышка
frosted ~ матированная [матовая] колба
glass ~ стеклянная колба
globular ~ шаровидная лампа
hard-glass ~ колба из тугоплавкого стекла
headlamp ~ лампа фары
hot ~ запальный шар
incandescent ~ лампа накаливания
internally coated ~ колба с внутренним покрытием
light ~ 1. лампа накаливания 2. колба, баллон
metallized ~ металлизированный сосуд; зеркальная колба
neon ~ неоновая лампа
opal ~ колба из молочного стекла
photoflash ~ фотовспышка
resistance ~ бареттер
temperature ~ 1. термобаллон, термопатрон 2. термочувствительный элемент
tube ~ баллон трубки; баллон лампы
bump контактный столбик
bunch жгут; пучок (*проводов*)
bunched проложенный пучком (*о проводах*)
bunching группирование
 wire ~ скрутка жил
bundle 1. бухта, моток (*проводов*) 2. кабель; жгут; пучок
 conductor ~ пучок проводов
 conductor twin ~ расщепление (*фазы*) на два провода
 convergent ~ сходящийся пучок
 divergent ~ расходящийся пучок
 electrode ~ пучок электродов
 quad ~ расщепление (*фазы*) на четыре провода
 regular [single] fiber ~ волоконно-оптический жгут без разветвлений
 twin ~ расщепление (*фазы*) на два провода
 wire ~ 1. бухта проводов 2. жгут
burden нагрузка
 ~ **of an energizing circuit** нагрузка, создаваемая возбуждаемой цепью
 body ~ количество радиоактивного вещества в теле
 rated ~ номинальная нагрузка
 starting ~ пусковая нагрузка

thermal ~ тепловая нагрузка, нагрузка по рассеиваемому теплу
volt-ampere ~ полная нагрузка (*трансформаторов тока, напряжения*)
burial:
 direct ~ прокладка (*кабеля*) непосредственно в грунте
buried проложенный в грунте (*о кабеле*)
burn выгорание, выжигание ‖ выгорать, выжигать ◊ **to** ~ **together** сваривать
 ion ~ ионное пятно
burn-in термотренировка, термоциклирование (*полупроводникового прибора*)
burning горение, выгорание; пережог
 constant-pressure ~ горение при постоянном давлении
 constant-volume ~ горение при постоянном объёме
 ideal ~ идеальное сгорание
 incomplete ~ неполное сгорание
 oil ~ сжигание мазута
 rough ~ неравномерное сгорание
 screen ~ выжигание экрана
 smooth ~ устойчивое горение
burnout 1. перегорание, пережог 2. выгорание, выжигание
 motor ~ пожар в двигателе
burst 1. всплеск, выброс 2. пачка (*импульсов*) 3. пробой
bus (электрическая) шина
 anode ~ анодная шина
 balancing ~ балансирующий узел
 battery ~ шина (аккумуляторной) батареи
 boundary ~ граничный узел, узел на границе раздела балансовой принадлежности
 connecting ~ соединительная шина
 distribution ~ распределительная шина
 duct ~ шинопровод в коробе
 electric ~ автобус с электрическим приводом, электробус
 enclosed ~ шина в кожухе
 essential ~ шина аварийного питания
 fault ground ~ изолированная шина заземления
 ground(ing) ~ заземляющая шина, шина заземления
 horizontal ~es горизонтальные шины
 infinite ~ шина бесконечной мощности
 isolated-phase ~es разделённые по фазам шины
 load ~ узел нагрузки, нагрузочный узел
 main ~ главная шина

BUSBAR

main grounding ~ главная шина заземления
metal-enclosed ~es шины в металлической оболочке, шинопровод
neutral ~ нулевая шина
nonsegregated ~es неразделённые шины
nonsegregated-phase ~es не разделённые по фазам шины
outlet ~ выводная шина
PQ ~ узел нагрузки, нагрузочный узел
reference ~ базисный узел
rigid ~ шина жёсткой конструкции, жёсткая шина
ring ~es кольцевая система (сборных) шин
secondary circuit ~ шина вторичных цепей
sectionalized ~es секционированная система шин
segregated-phase ~es разделённые по фазам шины
slack ~ балансирующий узел (*с постоянным напряжением*)
station ~ шина электростанции
strain ~ напряжённая шина
tie ~ соединительная шина
tier ~ шина из полос
transfer ~ обходная шина
tubular ~ трубчатая шина
voltage controlled ~ узел с заданным напряжением и мощностью
busbar 1. (сборная) шина 2. *pl* система шин
auxiliary ~s вспомогательные шины
disconnectable ~s система шин, секционированная разъединителями
feeder ~s фидерные шины, шины токоподвода
flexible ~ гибкая шина
line-power ~ распределительная шина питания от сети
main ~s рабочая система шин
reserve ~s резервная система шин
rigid ~ жёсткая шина
sectionalized ~s секционированная система шин
substation ~s (сборные) шины подстанции
switchable ~s система шин, секционированная выключателями
transfer ~s обходная система шин
tubular ~ трубчатая шина
busduct шинопровод
plug-in ~ шинопровод с разъёмами
bush 1. проходной изолятор 2. втулка
governor guide ~ муфта регулятора частоты вращения

insulating ~ изолирующая втулка
slip-ring ~ втулка под контактные кольца
bushing 1. высоковольтный ввод 2. проходной изолятор 3. втулка
bronze-and-graphite ~ бронзографитовая втулка
busbar-side ~ ввод, присоединённый к шинам
cable end ~ зажим ввода для присоединения кабеля
cable-side ~ ввод со стороны кабеля
capacitance [capacitor] ~ конденсаторный ввод
composite ~ высоковольтный ввод с обкладками из различных материалов
condenser ~ конденсаторный ввод
high-voltage ~ низковольтный ввод
indoor wall ~ высоковольтный ввод для внутренней установки
insulating ~ изолирующий ввод
low-voltage ~ низковольтный ввод
oil-filled entrance ~ маслонаполненный ввод
porcelain ~ фарфоровый проходной изолятор
primary voltage ~ высоковольтный ввод
roof ~ высоковольтный ввод для прохода через крышу
rotor ~ втулка ротора
socket ~ 1. изолирующая втулка 2. штепсельный ввод
terminal ~ концевая втулка
transformer ~ трансформаторный ввод
wall ~ высоковольтный ввод для прохода через стену
busline шинопровод
button кнопка ◊ **to depress** ~ нажимать кнопку; **to release** ~ отпускать кнопку
actuating ~ кнопка пуска
charge ~ кнопка заряда
control ~ кнопка управления
cutin ~ кнопка включения
cutout ~ кнопка отключения
danger ~ аварийная кнопка
down ~ кнопка спуска (*на лифте*)
emergency ~ аварийная кнопка
function ~ функциональная клавиша (*на пульте дисплея*)
head-lighted [illuminated] ~ кнопка с подсветом
inching ~ кнопка управления пошаговым [импульсным] передвижением
lock(ing) ~ кнопка с фиксацией; кнопка с блокировкой

CABLE

maintained-contact-type ~ кнопка с залипанием, кнопка с самоудерживанием
maximum-torque ~ кнопка управления двигателем, позволяющая развивать максимальный момент с самого начала пуска
momentary-contact-type ~ кнопка с самовозвратом
one-way route ~ *ж.-д.* однопозиционная маршрутная кнопка
open-spring push ~ кнопка с размыкающей пружиной (*без фиксации*)
piano key ~ клавиша
press ~ нажимная кнопка
pull ~ отжимная кнопка
push ~ нажимная кнопка
push-pull ~ нажимно-отжимная кнопка
reset ~ кнопка сброса, кнопка возврата
route ~ *ж.-д.* маршрутная кнопка
run ~ кнопка пуска, пусковая кнопка
spring return ~ кнопка с пружинным возвратом (*без фиксации*)
start ~ кнопка пуска, пусковая кнопка
stick-nonstick ~ двухпозиционная кнопка (*с фиксацией и без фиксации*)
stick-type ~ кнопка с фиксацией
stop ~ кнопка останова
thrust ~ нажимная кнопка
trigger ~ кнопка пуска, пусковая кнопка
trip ~ кнопка отключения
turn-pull ~ поворотно-отжимная кнопка
turn-push ~ поворотно-нажимная кнопка
up ~ кнопка подъёма (*на лифте*)
buzzer 1. зуммер 2. автоматический прерыватель
bypass 1. байпас, обход, обходная цепь 2. шунт, (обходная) перемычка ‖ шунтировать, перемыкать 3. перепускной клапан
   interlock ~ обход блокировки

C

cabin 1. ячейка 2. *ж.-д.* пост централизации
   control ~ пост централизации
   relay interlocking ~ пост релейной централизации
   signal ~ пост централизации

switch ~ коммутационный киоск; коммутационная ячейка
cabinet шкаф
   control ~ шкаф управления
   current transformer ~ шкаф трансформатора тока
   distribution ~ распределительный шкаф
   lead-in ~ шкаф ввода (*электропитания*)
   panelboard ~ шкаф щита управления
   power entrance ~ вводной шкаф электропитания
   relay ~ релейный шкаф
   temperature-controlled ~ термостатированная камера, термостат
   terminal-block ~ шкаф с зажимами, клеммный шкаф
cable 1. кабель ‖ прокладывать кабель 2. многожильный провод 3. трос ◊ **to bring in** ~ **from the outside** заводить кабель с внешней стороны; **to pay out the** ~ сматывать кабель с барабана; ~ **with pilot cores** кабель с контрольными жилами
   accordion ~ складной многожильный кабель
   aerial ~ воздушный кабель, кабель для ВЛ
   aerial breakdown [aerial repair] ~ резервный воздушный кабель
   air-core [air-space] ~ кабель с воздушно-бумажной изоляцией
   aluminum-sheathed ~ кабель в алюминиевой оболочке
   aluminum-steel ~ сталеалюминиевый кабель
   antenna ~ антенный кабель
   appliance ~ кабель для бытовых нужд
   approved ~ взрывобезопасный кабель
   arc-welding ~ кабель для (агрегатов) дуговой сварки
   armor(ed) ~ бронированный кабель
   armored bushing ~ бронированный кабель, присоединённый к вводу (*трансформатора или высоковольтного аппарата*)
   armored lead-sheath ~ бронированный кабель в свинцовой оболочке
   army ~ полевой кабель
   balanced ~ симметричный кабель
   banded ~ жгут из кабелей
   bank ~ кабель с пучком жил
   bank-to-bank ~ кабель для контактных систем
   bare ~ голый [неизолированный] кабель

49

CABLE

battery ~ аккумуляторный кабель
bearer ~ несущий кабель
bell ~ сигнальный кабель
belt(ed) ~ кабель с поясной изоляцией
biaxial ~ двухосный [биаксиальный] кабель
bitumen ~ кабель с битумной изоляцией
braid covered [braided] ~ кабель в оплётке
braidless ~ кабель без оплётки
branching ~ разветвительный кабель
bunched ~s пучок кабелей
bundled ~ многожильный кабель
buried ~ подземный кабель
BX ~ кабель в гибкой металлической трубке
cabtyre ~ шланговый кабель
calibrating ~ калибровочный кабель
camera ~ *тлв* камерный кабель
catenary aerial ~ кабель с цепной подвеской
charging ~ зарядный кабель, кабель для зарядного устройства
coaxial ~ коаксиальный кабель
colored ~ кабель с цветокодированными жилами
combination ~ кабель с жилами, группированными в пары и четвёрки
communication ~ кабель связи
composite ~ комбинированный кабель
compound ~ составной кабель (*из отрезков разного сечения*)
compression ~ газонаполненный кабель
concentric ~ коаксиальный кабель
concentric lay(er) ~ кабель повивной скрутки
connecting [connector] ~ соединительный кабель
control ~ контрольный кабель
controlled impedance ~ кабель с постоянным сопротивлением по длине между изолированными жилами
copper ~ медный кабель
copper-sheathed ~ кабель в медной оболочке
cotton-covered ~ кабель с хлопчатобумажной обмоткой
coupling ~ кабель связи
crane ~ крановый кабель
Cross-Channel ~ кабель, соединяющий энергосистемы Великобритании и Франции, проложенный под Ла-Маншем
cross-connection ~ кабель поперечной связи
cross-linked polyethylene ~ кабель с изоляцией из сшитого полиэтилена
cryogenic [cryoresistive] ~ криорезистивный кабель
cutter-loader ~ *горн.* силовой кабель комбайна
D- ~ двухжильный секторный кабель
deep-sea ~ глубоководный морской кабель
distribution ~ распределительный кабель
double-armor(ed) ~ кабель с двойной бронёй
double-conductor [double-core] ~ двухжильный кабель
double-screened ~ кабель с двойным экраном
dry(-core) ~ кабель с воздушно-бумажной изоляцией
duplex ~ двухжильный кабель
EHV ~ кабель сверхвысокого напряжения
electric ~ электрический кабель
electrode ~ сварочный кабель, идущий к электроду
electrostatic ~ электростатический кабель
elevator lighting and control ~ осветительный и контрольный кабель для подъёмников
enameled ~ провод с эмалевой изоляцией, эмалированный провод
entrance ~ вводной кабель; питающий кабель, энергокабель
equalizing ~ уравнительный кабель
equipment ~ монтажный кабель
exchange ~ телефонный кабель
extensible ~ растягивающийся кабель
external ~ кабель (для) наружной прокладки, наружный кабель
extra flexible ~ кабель повышенной гибкости
extra-high-voltage ~ кабель сверхвысокого напряжения
extruded solid dielectric insulated ~ кабель с экструдированной сплошной изоляцией
feeder ~ питающий кабель, энергокабель
fiber-optics ~ волоконно-оптический кабель
field ~ полевой кабель
fire-resistant [fire-retardant, flame-resistant] ~ огнестойкий кабель
flat ~ ленточный [плоский] кабель
flat-conductor ~ кабель с плоскими жилами
flexible ~ гибкий кабель

CABLE

flexible control ~ гибкий контрольный кабель
flexible power ~ гибкий силовой кабель
flexible trailing ~ гибкий подводящий кабель
force-cooled ~ кабель с принудительным охлаждением
four-core ~ четырёхжильный кабель
G- ~ заземляющий кабель, кабель заземления
gas-filled ~ газонаполненный кабель
gas-filled pipe ~ кабель в газонаполненной оболочке
gas-insulated ~ кабель с газовой изоляцией
gas-pressure ~ газонаполненный кабель
glass-fiber ~ стекловолоконный кабель
graded ~ кабель с градированной изоляцией
ground ~ 1. заземляющий кабель, кабель заземления 2. заземлённый сварочный провод
heat-and-radiation resistant ~ терморадиационностойкий кабель
heating ~ нагревательный кабель
heat-resistant [heat-resisting] ~ теплостойкий кабель
helical membrane ~ кабель со спиральной перепонкой
hemp-cored ~ кабель с пеньковой сердцевиной
high-frequency ~ высокочастотный [ВЧ-]кабель
high-pressure gas-filled ~ газонаполненный кабель высокого давления
high-resistance ~ кабель с высоким сопротивлением
high-temperature ~ высокотемпературный кабель
high-tension [high-voltage] ~ высоковольтный кабель
hollow ~ шланговый кабель
house ~ кабель для жилых помещений
H-type ~ экранированный кабель
ignition ~ провод зажигания
impregnated insulation ~ кабель с пропитанной изоляцией
India-rubber (covered) ~ кабель с резиновой изоляцией
indoor ~ кабель (для) внутренней прокладки, внутренний кабель
information ~ кабель для передачи (сигналов) информации
inserted ~ кабельная вставка
inside ~ кабель (для) внутренней прокладки, внутренний кабель
installation ~ монтажный кабель
instrument ~ измерительный кабель
insulated ~ изолированный кабель
insulated rubber ~ кабель с резиновой изоляцией
interconnecting ~ соединительный кабель
interference suppression ignition ~ помехоподавляющий кабель в цепи зажигания
internal ~ кабель (для) внутренней прокладки, внутренний кабель
internal gas-pressure ~ газонаполненный кабель с внутренним давлением
internally oil-cooled ~ кабель с внутренним масляным охлаждением
i.r. ~ кабель с резиновой изоляцией
jumper ~ кабельная перемычка
jute-protected ~ кабель в джутовой оболочке
land ~ наземный кабель
large capacity ~ кабель с большой ёмкостью
lead ~ 1. освинцованный кабель, кабель в свинцовой оболочке 2. сварочный кабель, идущий к электроду
lead-covered ~ освинцованный кабель, кабель в свинцовой оболочке
lead(ing)-in ~ вводной кабель
lead-paper ~ освинцованный кабель с бумажной изоляцией
lead-sheathed ~ освинцованный кабель, кабель в свинцовой оболочке
lift ~ лифтовый кабель
lightguide ~ световодный кабель
lighting ~ осветительный кабель
lightning protection ~ молниезащитный [грозозащитный] кабель
lightwave ~ световодный кабель
liquid-nitrogen-cooled ~ кабель, охлаждаемый жидким азотом
local ~ местный кабель
loose-braid ~ кабель в свободной оплётке
low-capacity ~ кабель с малой ёмкостью
low-frequency ~ низкочастотный [НЧ-]кабель
low-loss ~ кабель с малыми потерями
low-pressure(d) ~ кабель низкого давления
low-pressure oil-filled ~ маслонаполненный кабель низкого давления
low-tension [low-voltage] ~ низковольтный кабель
magneto ~ кабель для магнето

CABLE

main ~ магистральный кабель
messenger ~ несущий трос; поддерживаемый трос
metal-clad [metal-sheathed] ~ кабель в металлической оболочке
mineral-insulated metal-sheathed ~ кабель в металлической оболочке с изоляцией, пропитанной минеральным маслом
moisture-proof ~ водонепроницаемый кабель
mounting ~ монтажный кабель
multiconductor [multicore] ~ многожильный кабель
multicore-fiber ~ многожильный световодный кабель
multifiber ~ многоволоконный кабель
multipairs ~ кабель с многочисленными парами проводов
multiple(-conductor) [multistrand, N-conductor] ~ многожильный кабель
N-conductor concentric ~ многожильный концентрический кабель
nonmetallic sheathed ~ кабель с неметаллическим покрытием
nonradial field ~ кабель с нерадиальным полем
nuclear power station ~ силовой кабель для АЭС
numbered ~ кабель с пронумерованными жилами
OF [oil-filled] ~ маслонаполненный кабель
oil-impregnated ~ кабель с масляной пропиткой изоляции
optical ~ оптический кабель
optical-fiber ~ волоконно-оптический кабель
outdoor [outside] ~ кабель (для) наружной прокладки, наружный кабель
overground ~ воздушный кабель, кабель для ВЛ
overhead ~ подвесной кабель
overhead ground-wire [overhead protection] ~ молниезащитный [грозозащитный] трос ВЛ
overhead static ~ воздушный электростатический трос
paired ~ кабель парной скрутки
paper(-core) [paper-insulated] ~ кабель с бумажной изоляцией
paper-insulated metal-sheathed ~ кабель с бумажной изоляцией в металлической оболочке
paper-type ~ кабель с бумажной изоляцией
patching ~ кабель с заделками, кабель с «заплатами»

pipe-type ~ кабель с жилами без наполнителя
plain lead ~ освинцованный кабель без брони
plastic-insulated ~ кабель с пластмассовой изоляцией
plastic-sheathed ~ кабель в пластмассовой оболочке
polycore ~ многожильный кабель
polyethylene(-insulated) ~ кабель с полиэтиленовой изоляцией
polyurethane(-insulated) ~ кабель с полиуретановой изоляцией
polyvinyl chloride insulated ~ кабель с поливинилхлоридной изоляцией
power ~ силовой кабель
power flexible ~ with auxiliary conductors силовой гибкий кабель со вспомогательными [с дополнительными] жилами
preimpregnated ~ кабель с бумажной изоляцией, пропитанной до наложения на жилы
pren ~ полихлоропреновый кабель
pressure ~ газонаполненный кабель
protective ~ молниезащитный [грозозащитный] кабель
pulse ~ кабель, работающий в импульсном режиме
PVC insulated ~ кабель с поливинилхлоридной изоляцией
quadded ~ кабель четвёрочной скрутки
quad pair ~ кабель со звёздной скруткой четвёрками
radial field ~ кабель с радиальным электрическим полем
radio-frequency ~ радиочастотный кабель
reserve ~ запасной [резервный] кабель
resistive cryogenic transmission ~ криорезистивный электрический кабель большой пропускной способности
return ~ обратный кабель
ribbon ~ ленточный [плоский] кабель
rigid ~ жёсткий кабель
round ~ круглый кабель
rubber(-insulated) ~ кабель с резиновой изоляцией
screened ~ экранированный кабель
screened conductor ~ кабель с отдельно экранированными жилами
sector(-shaped) ~ кабель с секторными жилами
self-contained ~ кабель с каналом в токоведущей жиле
self-supporting (aerial) ~ самоподдерживающийся (воздушный) кабель

CABLE

semirigid ~ полужёсткий кабель
separate(ly) lead(ed) ~ кабель с отдельно освинцованными жилами
service ~ абонентский кабель
service connection ~ низковольтный потребительский кабель (*в США — 120-600 В*)
shallow water ~ мелководный (морской) кабель
SHD-GC ~ кабель с пофазным экранированием и заземлёнными проводами
shearer ~ *горн.* силовой кабель комбайна
sheathed ~ кабель в оболочке
shielded ~ экранированный кабель
shielded-conductor ~ кабель с отдельно экранированными жилами
shore-end ~ береговой кабель
shot-firing ~ детонаторный кабель
signal(ing) ~ сигнальный кабель
silk-and-cotton covered ~ кабель с шёлковой и хлопчатобумажной изоляцией
silk-covered ~ кабель с шёлковой изоляцией
single(-conductor) [single-core] ~ одножильный кабель
single-lead ~ кабель с отдельно освинцованными жилами
single-paper covered ~ кабель с однослойной бумажной изоляцией
SL ~ кабель с отдельно освинцованными жилами
small-capacitance ~ кабель с малой ёмкостью
smooth-conductor ~ кабель со сглаженной поверхностью проводов
sodium(-core) ~ кабель с натриевой жилой
solid-jacket ~ кабель в жёсткой оболочке
sound ~ **1.** телеграфный *или* телефонный кабель, кабель связи **2.** исправный кабель
spacer ~ кабель с разнесёнными жилами
spiral-eight ~ кабель двойной звёздной скрутки
spiral-four ~ кабель звёздной скрутки
split(-conductor) ~ кабель с расщеплёнными жилами
star-quad ~ кабель со скруткой звёздной четвёркой
steel-reinforced aluminum ~ сталеалюминиевый кабель
stranded ~ многожильный скрученный кабель
stub ~ ответвительный (короткий) кабель
studio ~ студийный кабель
styrene-dielectric ~ кабель с полистирольной изоляцией
subaqueous ~ подводный кабель
submarine ~ подводный морской кабель
subscriber's ~ абонентский кабель
subterranean ~ подземный кабель
superconducting [superconductive] ~ сверхпроводящий кабель
supervisory ~ кабель системы диспетчерского телеуправления с телесигнализацией и телеметрией
supply ~ питающий кабель, энергокабель
suspension ~ подвесной кабель
tape ~ ленточный [плоский] кабель
telecommunication ~ кабель дальней связи
television ~ телевизионный кабель
three-conductor ~ трёхжильный [трёхфазный] кабель
three-conductor packway ~ трёхжильный [трёхфазный] кабель с круглыми жилами и бронёй из металлических лент
three-conductor round ~ трёхжильный [трёхфазный] кабель с круглыми жилами
three-conductor segmental ~ трёхжильный [трёхфазный] кабель с секторными жилами
three-core ~ трёхжильный [трёхфазный] кабель
traveling ~ кабель для передвижной установки
triax(ial) ~ триаксиальный кабель
triple(-core) [triplex] ~ трёхжильный [трёхфазный] кабель
trunk ~ магистральный кабель
trunk zone ~ внутрирайонный магистральный кабель
TV aerial ~ *тлв* воздушный кабель для антенны
twin ~ двухжильный кабель
twisted (conductor) ~ кабель со скрученными жилами
twisted-pair ~ кабель с витыми парами
unarmor(ed) ~ кабель без брони
underground ~ подземный кабель
undersize ~ кабель недостаточного сечения
underwater ~ подводный кабель
uniform ~ однородный кабель
unit ~ кабель пучковой скрутки

varnished ~ кабель с лаковой изоляцией
vertical riser ~ вертикально идущий кабель, кабельный спуск
video ~ *тлв* камерный кабель
W-~ кабель без заземлённых проводов
weak-current ~ слаботочный кабель
welding ~ сварочный кабель
wire ~ проволочный трос
XLPE ~ кабель с изоляцией из сшитого полиэтилена
cableman кабельщик
cabling 1. кабельная сеть **2.** прокладка кабеля **3.** разводка кабеля **4.** скрутка изолированных жил
cage (экранирующая) клетка ‖ экранировать металлической сеткой *или* решёткой
   double squirrel ~ двойная беличья клетка
   Faraday ~ клетка Фарадея
   seat ~ седло клапана
   squirrel ~ беличья клетка
   valve ~ корпус клапана
calculation вычисление; расчёт
   ~ **of efficiency from summation of losses** расчёт кпд суммированием отдельных потерь
   ~ **of efficiency from total loss** расчёт кпд по полным потерям
   ~ **of fault currents** расчёт токов КЗ
   direct ~ **of efficiency** непосредственный расчёт кпд
   economic dispatch ~ расчёт экономичного распределения нагрузки
   heat ~ тепловой расчёт
   indirect ~ **of efficiency** косвенный расчёт кпд
   load flow ~ расчёт потокораспределения
   network ~ расчёт (режима работы) (электрической) сети
   per unit ~ расчёт в относительных единицах
calculator калькулятор
   automatic sequence control ~ калькулятор с автоматическим управлением последовательностью операций
   network ~ схемный анализатор
calibrate 1. калибровать; градуировать; тарировать **2.** поверять, проводить поверку
calibration 1. калибровка; градуировка; тарирование **2.** поверка
   ~ **of instrument** поверка (измерительного) прибора
   ~ **of scale** градуировка шкалы
   step ~ ступенчатая калибровка

   time ~ калибровка времени, калибровка длительности
calibrator калибратор
   crystal ~ кварцевый калибратор
call вызов ‖ вызывать
   landing ~ вызов (*лифта*) с этажа
   local ~ местный телефонный разговор
   lowermost ~ вызов (*лифта*) с самого нижнего этажа
   multiunit ~ срочный вызов (*по повышенному тарифу*)
   station-to-station ~ межстанционный вызов
   uppermost ~ вызов (*лифта*) с самого верхнего этажа
calomel каломель, хлорид ртути (I)
cambric кембрик, лакоткань
   black varnish ~ чёрная лакоткань
   mica ~ миканит с батистовой подложкой
   varnished ~ кембрик, лакоткань
camera:
   core flux test infrared ~ тепловизор для исследования поверхности расточки статора
can 1. кожух; чехол; оболочка; контейнер **2.** корпус (*гальванического элемента*) **3.** сосуд для аккумуляторов
candela кандела, кд
candle 1. свеча **2.** кандела, кд
   British Standard ~ британская стандартная свеча (1,02 кд)
   decimal ~ британская единица силы света (1,005 кд)
   electrical ~ электрическая свеча
   Hefner ~ свеча Гефнера (0,9 кд)
   international ~ международная свеча (1,005 кд)
   new ~ кандела, кд
   parliamentary ~ британская стандартная свеча (1,02 кд)
   standard ~ **1.** эталонный источник света; эталонная единица силы света **2.** британская стандартная свеча (1,02 кд)
candle-lamp свечеобразная лампа накаливания
candle-meter люкс, Лк
candlepower 1. сила света (*в канделах*) **2.** британская стандартная свеча (1,02 кд)
canopy верхняя розетка люстры *или* подвеса
cap 1. крышка; колпачок **2.** цоколь (*электрической лампы*)
   attachment ~ штекер
   bayonet ~ штифтовой цоколь
   bearing ~ крышка подшипника

CAPABILITY

bi-pin ~ двухштырьковый цоколь
bottom-contact ~ цоколь с контактом в нижней части патрона
cable ~ колпак [наконечник] кабеля
center-contact ~ цоколь с контактом в центральной части патрона
commutator ~ фланец коллектора
dispatch ~ распределительный колпачок (*муфты*)
Edison screw ~ резьбовой цоколь с резьбой диаметром 27 мм; нормальный цоколь Эдисона Е-27
grid ~ сеточный колпачок (*на колбе электронной лампы*)
insulator ~ шапка изолятора
lamp ~ цоколь лампы
live cable test ~ оконечная заделка для испытания кабеля под напряжением
miniature ~ миниатюрный цоколь
pin ~ штырьковый цоколь
prefocus ~ фокусирующий цоколь
schedule ~ верхняя [пиковая] часть зоны, охватываемой графиком (*нагрузки*)
screw ~ резьбовой цоколь
test ~ испытательный колпачок (*на конце кабеля*)
top ~ верхний колпачок (*на колбе электронной лампы*)
transformer ~ колпак трансформатора
vitrite ~ цоколь с витритовой изоляцией
capability 1. возможность; способность **2.** мощность; производительность
aggregate system ~ суммарная мощность энергосистемы
anticipated ~ ожидаемая мощность; ожидаемая производительность
black start ~ возможность пуска без питания собственных нужд, возможность автономного пуска
energy ~ запасённая [возможная] выработка (*ГЭС*)
energy ~ **of a reservoir** энергетический эквивалент полезной ёмкости водохранилища
fan-in ~ коэффициент объединения по входу
fan-out ~ коэффициент разветвления по выходу
fault-current ~ **1.** способность выдерживать токи КЗ **2.** предельно допустимая мощность КЗ
field-forcing ~ форсировочная способность системы возбуждения
full-load ~ полная нагрузочная способность

gross ~ полная мощность; полная производительность
gross system ~ максимально допустимая нагрузка энергосистемы
heat producing ~ теплопроизводительность
hydraulic ~ возможность электроснабжения от ГЭС
in-service full ~ полная работоспособность
in-service partial ~ частичная работоспособность
installed ~ установленная мощность
interrupting ~ отключающая способность
inverting ~ способность к инвертированию
kilovolt-ampere [KVA] ~ полная мощность
load carrying ~ максимальная допустимая нагрузка
load supply ~ максимальная питаемая нагрузка
mean energy ~ среднемноголетнее значение производства электроэнергии
mmf ~ способность создавать магнитодвижущую силу
momentary ~ допустимая кратковременная нагрузка
net ~ максимальная мощность генератора (*электростанции*) за вычетом расхода на собственные нужды
net assured ~ мощность, обеспечивающая покрытие нагрузки
net dependable ~ плановая располагаемая генерирующая мощность
net load ~ (максимальная) нагрузочная способность без учёта собственных нужд
net summer ~ максимальная мощность генератора (*электростанции*) за вычетом расхода на собственные нужды в часы летнего максимума нагрузки
net system ~ максимально допустимая нагрузка энергосистемы с учётом импорта, но без учёта экспорта
overload ~ перегрузочная способность, способность выдерживать перегрузки
peaking ~ (максимально) допустимая кратковременная перегрузочная мощность
performance ~ работоспособность
power ~ допустимая мощность
power-dissipation ~ возможная рассеиваемая мощность

CAPACITANCE

reload ~ способность восстанавливать нагрузку
self-diagnosis ~ способность к самодиагностике
service full ~ полная работоспособность устройства
short-circuit current ~ 1. способность выдерживать токи КЗ 2. предельно допустимая мощность КЗ
simultaneous interchange ~ обменная мощность по району регулирования в один и тот же момент времени
subtransient short-circuit ~ стойкость к воздействию сверхпереходного тока КЗ
thermal (withstand) ~ термическая стойкость
transfer ~ пропускная способность
transmission line ~ пропускная способность ЛЭП
voltage ~ допустимое напряжение

capacitance 1. (электрическая) ёмкость 2. ёмкостное сопротивление ◊ ~ **to case** ёмкость «на корпус»; ~ **to ground** ёмкость «на землю»
actual ~ фактическая ёмкость
air ~ ёмкость воздушного конденсатора
apparent ~ кажущаяся ёмкость
body ~ ёмкость, вносимая оператором
cable ~ ёмкость кабеля
capacitor ~ ёмкость конденсатора
case ~ ёмкость корпуса
cathode ~ ёмкость катода
charge ~ 1. зарядная ёмкость 2. зарядное ёмкостное сопротивление
circuit ~ ёмкость контура; ёмкость цепи; ёмкость монтажа
coil ~ собственная ёмкость катушки индуктивности
common-mode ~ синфазная входная ёмкость
concentrated ~ сосредоточенная ёмкость
differential (input) ~ дифференциальная (входная) ёмкость
diode ~ ёмкость диода
direct ~ постоянная ёмкость
direct-to-ground ~ ёмкость «на землю»
discontinuity ~ ёмкость неоднородности (*в ЛЭП*)
distributed ~ 1. распределённая ёмкость 2. собственная ёмкость
dynamic ~ динамическая ёмкость
edge ~ краевая ёмкость
effective ~ эффективная ёмкость
electrode ~ ёмкость электрода

electrostatic ~ электростатическая ёмкость
equivalent ~ эквивалентная ёмкость
feedback ~ ёмкость обратной связи
filament ~ ёмкость цепи накала
free ~ собственная ёмкость
gap ~ ёмкость зазора
gate-drain ~ ёмкость затвор—сток (*полевого транзистора*)
gate-source ~ ёмкость затвор—исток (*полевого транзистора*)
geometric ~ ёмкость, определяемая геометрией (*предмета*)
grid ~ ёмкость сетки
grid-cathode ~ ёмкость сетка—катод
grid-ground ~ ёмкость сетка—земля
grid-plate ~ ёмкость сетка—анод
ground ~ ёмкость «на землю»
hand ~ ёмкость, вносимая оператором
high-frequency ~ высокочастотная ёмкость
incremental ~ дифференциальная ёмкость
initial ~ начальная [минимальная] ёмкость (*конденсатора*)
input ~ входная ёмкость
interelectrode ~ межэлектродная ёмкость
interphase ~ межфазная ёмкость
interturn ~ межвитковая ёмкость
interwinding ~ межобмоточная ёмкость
lead ~ ёмкость вывода
line ~ ёмкость линии
load ~ ёмкость нагрузки
localized ~ сосредоточенная ёмкость
low-frequency ~ низкочастотная ёмкость
lumped ~ сосредоточенная ёмкость
mutual ~ взаимная ёмкость
negative ~ отрицательная ёмкость
node-to-node ~ межузловая ёмкость
nonlinear ~ нелинейная ёмкость
operating ~ рабочая ёмкость
output ~ выходная ёмкость
package ~ ёмкость монтажа «на корпус»
parallel ~ шунтирующая ёмкость
parasitic ~ паразитная ёмкость
partial ~ частичная ёмкость
rated ~ номинальная ёмкость
residual ~ остаточная ёмкость
self-~ собственная ёмкость
shunt ~ шунтирующая ёмкость
specific ~ удельная ёмкость
spurious ~ паразитная ёмкость
standard ~ стандартная ёмкость; эталонная ёмкость

CAPACITOR

   static ~ статическая ёмкость
   stray ~ паразитная ёмкость
   thermal ~ удельная тепловая ёмкость, удельная теплоёмкость
   transfer ~ проходная ёмкость
   tuning ~ настроечная ёмкость
   unit-area ~ ёмкость на единицу площади анода
   unit-length ~ погонная ёмкость, ёмкость на единицу длины
   voltage-controlled [voltage-dependent, voltage-variable] ~ ёмкость, управляемая напряжением
   winding ~ межвитковая ёмкость
   wire ~ ёмкость монтажа
   wire-to-wire ~ ёмкость между проводами
   wiring ~ ёмкость монтажа
   zero ~ начальная [минимальная] ёмкость (*конденсатора*)
capacitivity диэлектрическая проницаемость
   absolute ~ абсолютная диэлектрическая проницаемость
   complex ~ комплексная диэлектрическая проницаемость
   dielectric ~ диэлектрическая проницаемость
   differential ~ дифференциальная диэлектрическая проницаемость
   effective ~ эффективная диэлектрическая проницаемость
   initial ~ начальная диэлектрическая проницаемость
   relative ~ относительная диэлектрическая проницаемость
capacitometer измеритель (электрической) ёмкости
capacitor конденсатор
   adjustable ~ конденсатор переменной ёмкости
   air(-dielectric) ~ воздушный конденсатор, конденсатор с воздушным диэлектриком
   aligning ~ подстроечный конденсатор
   all-film ~ плёночный конденсатор
   aluminum electrolytic ~ алюминиевый оксидный конденсатор
   anti-interference ~ помехоподавляющий конденсатор
   axial(-lead) ~ конденсатор с аксиальными выводами
   balancing ~ 1. корректирующий [компенсирующий] конденсатор 2. уравнительный конденсатор
   bathtub ~ бумажный конденсатор в цилиндрическом корпусе
   bead ~ миниатюрный дисковый конденсатор
   blocking ~ разделительный конденсатор
   book ~ конденсатор переменной ёмкости V-образного типа
   bootstrap ~ компенсационный конденсатор в цепи обратной связи
   bridging ~ шунтирующий конденсатор
   building-out ~ настроечный конденсатор; согласующий конденсатор
   bushing ~ конденсаторный ввод
   bypass ~ развязывающий конденсатор
   cable ~ кабельный конденсатор
   calibrating [calibration] ~ эталонный конденсатор
   ceramic ~ керамический конденсатор
   ceramic chip ~ бескорпусный керамический конденсатор
   charging ~ зарядный конденсатор
   chip ~ бескорпусный конденсатор
   coaxial ~ коаксиальный конденсатор
   coaxial feedthrough ~ коаксиальный конденсатор продольной компенсации; конденсатор с коаксиальной изоляцией, включённый в рассечку питающей цепи
   commutating ~ коммутирующий конденсатор
   composite ~ конденсатор с комбинированным диэлектриком
   concentric ~ концентрический конденсатор
   continuously-adjustable ~ конденсатор с плавной регулировкой; конденсатор переменной ёмкости
   cosine ~ косинусный конденсатор; конденсатор для повышения коэффициента мощности; конденсатор для компенсации реактивной мощности
   coupling ~ 1. разделительный конденсатор 2. конденсатор связи
   cylindrical ~ цилиндрический конденсатор
   dc tuned ~ регулируемый конденсатор постоянного тока
   decoupling ~ развязывающий конденсатор
   differential ~ дифференциальный конденсатор
   disk ~ дисковый конденсатор
   doorknob ~ полусферический высоковольтный конденсатор
   dry-electrolytic ~ сухой оксидный конденсатор
   dual ~ двойной [сдвоенный] конденсатор

CAPACITOR

duct ~ проходной конденсатор
duodielectric ~ двухслойный конденсатор
electrochemical [electrolytic] ~ оксидный [электролитический] конденсатор
encapsulated ~ герметичный конденсатор
energy discharge ~ конденсатор разряда энергии
energy storage ~ накопительный конденсатор
equalizing ~ выравнивающий конденсатор
evaporated ~ конденсатор, изготовленный методом напыления
eyelet-construction mica ~ слюдяной конденсатор с металлическими пистонами
feedthrough ~ проходной конденсатор
film ~ плёночный конденсатор
filter ~ конденсатор фильтра
fine-tuning ~ конденсатор точной настройки
fixed ~ конденсатор постоянной ёмкости, постоянный конденсатор
fixed connected ~ постоянно подсоединённый конденсатор
foil ~ фольговый конденсатор, конденсатор с фольговыми обкладками
foil-film ~ фольгово-плёночный конденсатор
gang ~ многосекционный конденсатор переменной ёмкости; блок конденсаторов переменной ёмкости
gang(ed) tuning ~ многосекционный конденсатор переменной ёмкости
gas(-filled) ~ газонаполненный конденсатор
general-purpose ~ конденсатор общего назначения
glass ~ стеклянный конденсатор
glass-ceramic ~ стеклокерамический конденсатор
glass-plate ~ стеклянный конденсатор
grid ~ сеточный конденсатор
grid-leak ~ конденсатор утечки сетки
guard-ring ~ конденсатор с охранным кольцом
heating ~ конденсатор для нагрева
hermetically sealed ~ герметичный конденсатор
high-power ~ конденсатор большой мощности
high-voltage [HV] ~ конденсатор высокого напряжения
HV power ~ силовой конденсатор высокого напряжения
ideal ~ идеальный конденсатор
industrial ~ конденсатор для промышленных установок
instrument ~ конденсатор измерительного прибора
insulated ~ изолированный конденсатор
integrating ~ интегрирующий конденсатор
interference-suppressing [interference-suppression] ~ помехоподавляющий конденсатор
intermediate voltage ~ конденсатор промежуточного напряжения
internally fused ~ конденсатор со встроенными плавкими предохранителями
interstage ~ конденсатор межкаскадной связи
isolating ~ развязывающий конденсатор
jelly-filled ~ конденсатор с жидким электролитом
lacquer-film ~ лакоплёночный конденсатор
layer-built ceramic ~ многослойный керамический конденсатор
leaky ~ конденсатор с утечкой
liquid-dielectric [liquid-filled] ~ конденсатор с жидким диэлектриком
loaded polymer film ~ конденсатор из полимерной плёнки с наполнителем
low-power ~ конденсатор малой мощности
low-voltage [LV] ~ конденсатор низкого напряжения
mansbridge ~ самовосстанавливающийся конденсатор
mechanically switched ~s батарея конденсаторов с механическим переключением
metal-encased ~ конденсатор в металлическом корпусе
metal foil ~ фольговый конденсатор, конденсатор с фольговыми обкладками
metallized ~ металлизированный конденсатор, конденсатор с металлизированными обкладками
metallized mica ~ металлизированный слюдяной конденсатор, слюдяной конденсатор с металлизированными обкладками
metallized paper ~ металлизированный бумажный конденсатор, бумажный конденсатор с металлизированными обкладками
metal-oxide ~ оксидно-металлический конденсатор
mica ~ слюдяной конденсатор

CAPACITOR

miniature foil ~ миниатюрный фольговый конденсатор
mixed (dielectric) ~ конденсатор с комбинированным диэлектриком
molded ~ опрессованный конденсатор
molded insulated ~ конденсатор с литой изоляцией
molded-mica ~ литой конденсатор со слюдяной изоляцией
multilayer ~ многослойный конденсатор
multiple unit ~ многосекционный конденсатор (с отводами)
noninductive ~ безындуктивный конденсатор
noninsulated ~ неизолированный конденсатор
nonlinear ~ нелинейный конденсатор
nonpolar ~ неполярный конденсатор
nonpolarized electrolytic ~ неполяризованный оксидный конденсатор
oil(-filled) ~ масляный конденсатор
oxide ~ оксидный конденсатор
padding ~ сопрягающий конденсатор
paper ~ бумажный конденсатор, конденсатор с бумажным диэлектриком
paper-polypropylene ~ конденсатор с диэлектриком бумага — полипропиленовая плёнка
parallel-plate ~ конденсатор с пластинчатыми обкладками
permanently connected ~ постоянно подсоединённый конденсатор
plane ~ плоский конденсатор
plastic-film ~ плёночный конденсатор
plate ~ 1. анодный конденсатор 2. конденсатор с пластинчатыми обкладками
polar ~ полярный конденсатор
polarized electrolytic ~ поляризованный оксидный конденсатор
polycarbonate-film ~ поликарбонатный плёночный конденсатор
polyester-film ~ полиэфирный плёночный конденсатор
polymer film ~ конденсатор из полимерной плёнки; плёночный конденсатор
polystyrene-film ~ полистирольный плёночный конденсатор
porcelain ~ фарфоровый конденсатор
power ~ силовой конденсатор
power compensator ~ силовой косинусный конденсатор
power factor correction [power factor improvement] ~ конденсатор для повышения коэффициента мощности

power system ~ конденсатор в энергосистеме
preset ~ подстроечный конденсатор
pressure-type ~ газонаполненный конденсатор
printed ~ печатный конденсатор
protective ~ защитный конденсатор
pulse ~ импульсный конденсатор
radial-lead ~ конденсатор с радиальными выводами
reaction ~ конденсатор цепи обратной связи
reference ~ эталонный конденсатор
roll(-type) ~ намотанный (цилиндрический) конденсатор
rotary ~ поворотный переменный конденсатор
sealed ~ уплотнённый [герметизированный] конденсатор
self-healing [self-sealing] ~ самовосстанавливающийся конденсатор
separating ~ разделительный конденсатор
series ~ 1. последовательный конденсатор 2. добавочный конденсатор
SF_6-~ элегазовый конденсатор
shunt ~ 1. шунтирующий конденсатор 2. статический конденсатор
shunting ~ шунтирующий конденсатор
silver mica ~ слюдяной конденсатор с металлизированными серебром обкладками
smoothing ~ сглаживающий конденсатор
solid-dielectric ~ конденсатор с твёрдым диэлектриком
solid-electrolyte ~ конденсатор с твёрдым электролитом; оксидно-полупроводниковый конденсатор
solid tantalum ~ полупроводниковый танталовый конденсатор
spark ~ искрогасительный конденсатор
speedup ~ конденсатор, ускоряющий действие схемы
spherical ~ сферический конденсатор
split-stator variable ~ конденсатор переменной ёмкости с одним статором и двумя роторами
starting ~ пусковой конденсатор
stator ~ конденсатор в цепи статора
stopping ~ разделительный конденсатор
straight-line (capacity) ~ линейный конденсатор
subdivided ~ литой секционированный конденсатор; магазин ёмкостей

CAPACITY

sulfur hexfluoride ~ элегазовый конденсатор
suppression ~ помехоподавляющий конденсатор
surge(-protection) ~ конденсатор, защищающий от перенапряжений
switched ~ отключаемый конденсатор
synchronous ~ синхронный компенсатор
tandem ~ блок конденсаторов
tank ~ 1. конденсатор колебательного контура 2. маслонаполненный конденсатор 3. конденсатор мощностью несколько сот кВА
tantalum bead ~ миниатюрный дисковый танталовый конденсатор
tantalum chip ~ оксидно-металлический танталовый конденсатор
tantalum-foil electrolytic ~ танталовый фольговый электролитический конденсатор
tantalum (pent)oxide ~ танталовый оксидный конденсатор
tantalum slug electrolytic ~ танталовый жидкостный (электролитический) конденсатор
tapped ~ конденсатор с отводами; секционированный конденсатор
temperature-compensating ~ конденсатор (цепи) термокомпенсации
thick-film ~ толстоплёночный конденсатор
thin-film ~ тонкоплёночный конденсатор
three-gang ~ строенные сопряжённые конденсаторы настройки
thyristor switched ~s конденсаторная батарея с тиристорным управлением
tracking ~ согласующий конденсатор
trimmer [trimming] ~ подстроечный конденсатор
tubular ~ трубчатый конденсатор
tuning ~ настроечный конденсатор
unit ~ конденсатор для промышленных установок
vacuum ~ вакуумный конденсатор
vacuum-deposited ~ конденсатор, изготовленный методом охлаждения
vane ~ конденсатор с пластинчатыми обкладками
variable ~ переменный конденсатор, конденсатор переменной ёмкости
variable disk ~ переменный дисковый конденсатор
variable ganged ~s переменные сопряжённые конденсаторы настройки
vernier ~ конденсатор с верньером
voltage-controlled [voltage-dependent] ~ конденсатор с ёмкостью, управляемой напряжением
voltage sensitivity ~ конденсатор, регулируемый напряжением
voltage-variable ~ конденсатор с ёмкостью, управляемой напряжением

capacity 1. (электрическая) ёмкость 2. пропускная способность 3. мощность 4. производительность 5. установленная мощность (электростанции) ◊ ~ **to ground** ёмкость «на землю»
accumulating ~ аккумулирующая способность
accumulator ~ ёмкость аккумулятора или аккумуляторной батареи
air ~ производительность воздушного насоса
ampere ~ расчётный ток
ampere-hour ~ ёмкость в ампер-часах
arrester discharge ~ пропускная способность разрядника
asymmetrical breaking ~ разрывная мощность по полному току КЗ
available ~ располагаемая мощность
base-load ~ мощность, регулируемая при работе в базисной части графика нагрузки
base-load generating ~ мощность электростанций для покрытия базисной части графика нагрузки
battery ~ ёмкость (аккумуляторной) батареи
battery discharge ~ разрядная мощность (аккумуляторной) батареи
boiler ~ паропроизводительность котла
breaking ~ 1. отключающая способность (коммутационного аппарата) 2. мощность на размыкание
cable-charging breaking ~ способность отключения зарядных токов кабелей
cable off-load breaking ~ способность отключения зарядных токов ненагруженных кабелей
calorific ~ теплотворность, теплотворная способность
capacitor ~ ёмкость конденсатора
carrying ~ 1. несущая способность 2. пропускная способность
charge [charging] ~ ёмкость заряда, зарядная ёмкость
circuit ~ нагрузочная способность схемы
coal-fired generating ~ мощность электростанций, работающих на угле
coil ~ ёмкость катушки
condenser ~ ёмкость конденсатора
continuous current-carrying ~ длительная пропускная способность по току

CAPACITY

coupling ~ ёмкость связи
current(-carrying) ~ 1. пропускная способность по току 2. предельно допустимый ток
current-limiting ~ токоограничивающая способность
cycling ~ предельное значение коммутируемого тока при циклическом действии реле
damping ~ демпфирующая способность
design ~ 1. расчётная [проектная] производительность 2. расчётная [проектная] мощность
dielectric ~ диэлектрическая постоянная; диэлектрическая проницаемость
direct ~ постоянная ёмкость (*между двумя проводниками*)
direct-to-ground ~ ёмкость «на землю»
discharge ~ 1. ёмкость разряда, разрядная ёмкость 2. пропускная способность (*разрядника*)
effective ~ эффективная мощность
energy ~ ёмкость по энергии
firm ~ гарантированная [обеспеченная] мощность (*электростанции*)
fixed ~ постоянная ёмкость
fuse ~ номинальный ток предохранителя
generating ~ установочная [генерирующая] мощность
gross demonstrated ~ полная мощность, показанная (*агрегатом*) при испытаниях
gross margin ~ резервная и ремонтная мощности (*электростанции*)
gross maximum ~ полная максимальная мощность
heat ~ теплоёмкость
high rupturing ~ высокая отключающая способность (*выключателя*)
hydropower-plant ~ мощность ГЭС
idle ~ 1. мощность холостого хода 2. резервная мощность
ignition ~ **of accumulator** ёмкость аккумулятора при прерывистом разряде
inductive ~ диэлектрическая постоянная; диэлектрическая проницаемость
information ~ информационная ёмкость
initial ~ начальная [минимальная] ёмкость (*конденсатора*)
installed ~ установленная мощность
intermediate-load-range ~ полупиковая установленная мощность
internal ~ внутренняя ёмкость
interphase ~ межфазная ёмкость
interrupting ~ 1. отключающая способность 2. разрывная мощность
interruptive ~ максимальный отключающий [максимальный прерывающий] ток
interturn ~ межвитковая ёмкость
interwinding ~ межобмоточная ёмкость
lead ~ ёмкость выводов
limiting breaking ~ предельная отключающая способность
limiting cycling ~ предельная способность циклического действия
limiting making ~ предельная включающая способность
line ~ ёмкость линии
line-charging ~ зарядная ёмкость линии
line-charging breaking ~ способность отключения зарядных токов линии
line off-load breaking ~ способность отключения зарядных токов ненагруженных линий
load ~ нагрузочная способность
load-carrying ~ 1. несущая способность 2. нагрузочная способность
loading ~ нагрузочная способность
load-supplying ~ мощность источника питания
longitudinal ~ продольная ёмкость
magnetic inductive ~ магнитная проницаемость
making ~ 1. включающая способность (*коммутационного аппарата*) 2. мощность на замыкание
marginal load ~ запас по нагрузке
maximum ~ **of a power station** максимальная длительная мощность электростанции
maximum ~ **of a unit** максимальная длительная мощность энергоблока
mutual ~ взаимная ёмкость
net ~ полезная мощность
net generating ~ генерируемая мощность нетто
nominal ~ 1. номинальная ёмкость 2. номинальная мощность
on-line ~ включённая мощность
operating ~ 1. рабочая мощность 2. рабочая производительность
output ~ отдаваемая [выдаваемая] мощность
overload ~ перегрузочная способность
package ~ ёмкость на корпус
pair-to-pair ~ ёмкость между парами (*напр. проводов*)
parallel ~ шунтирующая ёмкость
parasitic ~ паразитная ёмкость

CAPACITY

peak(ing) ~ пиковая мощность
plate-cathode ~ ёмкость «анод— катод»
plate-filament ~ ёмкость «анод— нить накала»
point input ~ ёмкость (*информационной системы*) по входным точкам
power-handling ~ предельно допустимая мощность
power line ~ пропускная способность ЛЭП
power system connected ~ присоединённая мощность электростанций в энергосистеме
power system installed ~ установленная мощность электростанций в энергосистеме
power system operating ~ рабочая мощность энергосистемы
power transmission ~ пропускная способность ЛЭП
primary cell ~ ёмкость гальванического элемента
pumped-storage ~ мощность ГАЭС
rated ~ 1. номинальная ёмкость 2. номинальная мощность
rated load ~ номинальная нагрузочная способность
reliable ~ рабочая мощность
requisite installed ~ гарантированная установленная мощность
reserve ~ резервная мощность
retired ~ выбывающая мощность (*отработавшая свой ресурс*)
rupture [rupturing] ~ 1. разрывная мощность 2. отключающая способность (*коммутационного аппарата*)
series ~ 1. продольная ёмкость 2. продольная ёмкостная компенсация
service ~ рабочая ёмкость (*напр. батареи*)
short-circuit ~ мощность КЗ
short-circuit breaking ~ наибольшая отключающая способность при КЗ
short-circuit current ~ мощность токов КЗ
short-circuit making ~ наибольшая включающая способность при КЗ
short-time ~ мощность в кратковременном режиме
spare ~ резервная мощность
specific ~ 1. удельная ёмкость 2. удельная мощность
specific heat ~ удельная теплоёмкость
specific inductive ~ относительная диэлектрическая проницаемость
spinning ~ 1. рабочая мощность энергосистемы 2. мощность подключённых к сети агрегатов, вращающаяся мощность
spurious ~ паразитная ёмкость
standby ~ резервная мощность
static ~ статическая ёмкость
station ~ мощность (электро)станции
steam(ing) ~ паропроизводительность
storage ~ 1. ёмкость аккумуляторов 2. аккумулирующая способность
stray ~ паразитная ёмкость
surface ~ ёмкость поверхностного слоя
swing ~ мгновенная мощность при толчках нагрузки
switching ~ коммутационная способность
symmetrical breaking ~ разрывная мощность при одновременной работе (*всех фаз выключателя*)
tank ~ ёмкость колебательного контура
terminal ~ 1. ёмкость выводов 2. мощность на зажимах (*генератора*)
thermal ~ теплоёмкость
thermal overload ~ тепловая перегрузочная способность
thermal storage ~ теплоаккумулирующая способность
total available ~ полная располагаемая мощность
transfer ~ проходная ёмкость
transmission [transmitting] ~ пропускная способность (*ЛЭП*)
transversal ~ поперечная ёмкость
turbine ~ 1. мощность гидротурбины 2. пропускная способность гидротурбины
turn-to-turn ~ межвитковая ёмкость
useful ~ полезная мощность
watthour ~ ёмкость (*батареи*) в ватт-часах
winding ~ межвитковая ёмкость
wire-to-ground ~ ёмкость «на землю»
wire-to-wire ~ межпроводная ёмкость
working ~ 1. рабочая мощность 2. рабочая производительность
zero ~ начальная [минимальная] ёмкость
capsulation *см.* **encapsulation**
capture захват‖захватывать
electron ~ захват электронов
car 1. автомобиль 2. вагон
accumulator ~ 1. электрокар 2. электромобиль
cable-reel ~ самоходная кабельная вагонетка
conductor ~ автомобиль с (телеско-

пической) вышкой (*для работы в электрических сетях*)
electric (motor) ~ 1. электромобиль 2. автомобиль с электрическим приводом
line ~ автомобиль с (телескопической) вышкой (*для работы в электрических сетях*)
oil-electric ~ 1. дизель-генераторный автомобиль 2. дизель-электрическая автомотриса
power ~ вагон-электростанция
storage-battery ~ электрокар
carbon угольный электрод
  arc-lamp ~ дуговой угольный электрод
  bare ~ угольный электрод без покрытия
  core(d) ~ фитильный угольный электрод
  fluted ~ угольный электрод с продольными бороздами (*для сильных токов*)
  homogeneous ~ однородный угольный электрод
  impregnated ~ угольный электрод, пропитанный солями металлов
  motor ~ угольная щётка для электродвигателя
  plain ~ однородный угольный электрод
  plated ~ угольный электрод с гальваническим покрытием
carbonization обугливание (*изоляции*)
cardboard картон
  electric-grade ~ электрокартон
  nonimpregnated ~ непропитанный прессшпан
car-power вагон-электростанция
carrier 1. несущая (частота) 2. носитель (*заряда, тока или информации*) 3. опора; держатель; кассета
  charge ~ носитель заряда
  chip ~ кристаллодержатель
  current ~ носитель (электрического) тока
  data ~ носитель информации
  electrolyte ~ электролитоноситель (*химического источника тока*)
  energy ~ энергоноситель
  flexible ~ гибкий держатель
  fuse ~ держатель плавкого предохранителя
  heat ~ теплоноситель
  leaded chip ~ кристаллодержатель с выводами
  majority (charge) ~ основной носитель (заряда)

  minority (charge) ~ неосновной носитель (заряда)
  modulated ~ модулированная несущая
  oxygen ~ окислитель
  power line ~ высокочастотная [ВЧ-] связь по ЛЭП
  suppressed ~ подавленная несущая
  unsuppressed ~ неподавленная несущая
carry 1. нести; переносить 2. служить носителем 3. пропускать; проводить (*ток*)
cartridge патрон (*предохранителя*)
cascade 1. каскад 2. каскадное [последовательное] включение ‖ включать последовательно
  electrolytic ~ электролитический каскад
  test transformer ~ испытательный трансформаторный каскад
cascading:
  energy ~ утилизация энергии (*использования отходов одной установки в другой*)
case 1. корпус; кожух; бак 2. каркас 3. основание и кожух реле
  front-mounted ~ кожух с передним монтажом
  loading ~ схема нагрузок (*на опору*)
  metal-to-ceramic ~ металлокерамический корпус
  pill ~ корпус таблеточного типа
  shielding ~ экранирующий кожух
  turbine ~ кожух гидротурбины
  volute ~ спиральная камера (*турбины*)
casing 1. корпус; кожух; бак 2. обшивка; облицовка; оболочка
  exhaust ~ выхлопной патрубок (*турбины*)
  single-shell ~ одностенный корпус (*турбины*)
  stator ~ 1. обшивка статора 2. кожух статора
  turbine ~ корпус турбины
catch ◊ **to** ~ **up** «подхватывать» (*отключённую нагрузку*)
  release ~ расцепляющий механизм
  safety ~ 1. предохранительная защёлка 2. ловитель (*подъёмника*)
catcher:
  gas ~ газоуловитель
  oil ~ маслоуловитель
  slag ~ шлакоуловитель
catenary подвеска (*см. тж* **catenary suspension**)
  constant-tension ~ компенсированная контактная подвеска

CATHODE

double ~ двойная подвеска (*с двумя несущими тросами*)
overhead ~ контактная подвеска
stitched ~ контактная подвеска с эластичной струной
cathode 1. катод **2.** анод (*в гальванических и аккумуляторных элементах*)
activated ~ активированный катод
arc ~ дуговой катод, катод дугового разряда
beam ~ лучевой катод
bent ~ изогнутый катод
cold ~ холодный катод
common ~ общий катод
dip(ped) ~ утопленный [погружной] катод
directly heated ~ катод прямого накала
disk ~ дисковый катод
dispenser [dispensing] ~ диспенсерный катод
distributed ~ распределённый катод
dropping mercury ~ капельный ртутный катод
drum ~ барабанный катод
dummy ~ холостой катод (*для предварительной очистки электролита*)
electrolytic ~ катод химического источника тока, катод ХИТ
equipotential ~ эквипотенциальный катод
expandable ~ расширяющийся катод
field-emission ~ холодный катод
filament(ary) ~ катод прямого накала
film ~ плёночный катод
flow(ing) ~ проточный катод
fluid convection ~ катод плазменно-дугового реактора с газовым обдувом
frame ~ рамочный катод
gauze ~ сетчатый катод
glow-discharge ~ катод тлеющего разряда
glowing ~ накалённый катод
graphite ~ графитовый катод
grounded ~ заземлённый катод
heater ~ катод косвенного накала
hot ~ **1.** термокатод **2.** горячий катод; ламповый катод
indirectly heated ~ катод косвенного накала
inner ~ внутренний катод
liquid ~ жидкий катод
L-shaped ~ изогнутый катод
masked ~ маскированный катод
matrix ~ катод-матрица, катод-основа, катодная матрица
mercury-pool ~ ртутный (холодный) катод
metal ~ металлический катод
moving ~ подвижный катод
multiple-tiered ~ многоярусный катод
neutralization ~ нейтрализующий катод
overflow(-type) ~ переливной катод, катод переливного типа
oxide(-coated) ~ оксидный катод
oxygen ~ кислородный катод
pasted ~ намазной катод
perforated ~ перфорированный катод
photo(electric) ~ фотокатод
point ~ точечный катод
pool ~ жидкометаллический катод
porous ~ пористый катод
preheated ~ катод с предварительным подогревом
rectifier ~ катод выпрямителя
revolving ~ вращающийся катод
ribbed ~ рифлёный катод
ribbon-type ~ ленточный катод
rocking ~ качающийся катод
rotating ~ вращающийся катод
screened ~ экранированный катод
secondary-emission ~ катод со вторичной эмиссией
semidip(ped) ~ полуутопленный [полупогружной] катод
separately heated ~ катод косвенного накала; катод с автономным накалом
shielded ~ экранированный катод
side ~ боковой катод
sloping ~ наклонный катод
slot ~ щелевой катод
spherical ~ сферический катод
swept ~ перемешиваемый катод
target ~ антикатод
thermionic ~ горячий катод; ламповый катод
thermionic emitting ~ термокатод
thoriated ~ торированный [покрытый торием] катод
thoriated-tungsten ~ торированный [покрытый торием] вольфрамовый катод
tungsten ~ вольфрамовый катод
vibrating ~ вибрирующий катод
wire ~ проволочный катод
wire-gauze ~ катод из проволочной сетки
working ~ рабочий катод
cathode-coupled с катодной связью
cathode-loaded с катодной нагрузкой
catholyte католит
cation катион
cavity 1. полость; впадина **2.** (объёмный) резонатор
brush-holder ~ окно щёткодержателя

CELL

cell ~ рабочее пространство ванны
furnace ~ топочная камера
motor ~ гнездо (для установки двигателя)
waveguide ~ резонатор волновода
ceiling потолок
 field current ~ потолок по току возбуждения
 field voltage ~ потолок по напряжению возбуждения
 heated ~ обогреваемый потолок
 luminous ~ светящийся потолок
cell 1. элемент; ячейка; клетка 2. (гальванический) элемент (*первичный химический источник тока*) 3. (электролитическая) ванна, электролизёр
 accumulator ~ элемент аккумулятора
 acid ~ элемент с кислым электролитом
 aerospace ~ спутниковый аккумулятор
 air(-depolarizing) ~ элемент с воздушной деполяризацией
 air-proof [air-tight] ~ герметичный элемент
 aluminum ~ элемент с алюминиевым электродом
 asymmetrical ~ асимметричная ячейка
 backwall photovoltaic ~ фотогальванический элемент тылового действия
 barrier-layer ~ вентильный фотоэлемент, фотоэлемент с запирающим слоем
 battery ~ элемент (аккумуляторной) батареи
 bias ~ элемент сеточного смещения
 bichromate ~ элемент с серной кислотой и бихроматом калия, элемент Грене
 bipolar ~ 1. биполярная ячейка 2. биполярный электролизёр
 bipolar fuel ~ биполярный топливный элемент
 breaker ~ ячейка выключателя
 buffer ~ буферный элемент (*аккумулятор*)
 button ~ кнопочный элемент
 cadmium ~ кадмиевый элемент
 carbon ~ угольный элемент
 carbon-consuming ~ угольный (топливный) элемент
 chemical ~ химический источник тока, ХИТ, гальванический элемент
 conductivity ~ ячейка для измерения электрической проводимости раствора
 counter(electromotive) ~ противодействующий элемент, противоэлемент
 crown ~ щелочной сухой элемент
 direct fuel ~ прямой топливный элемент
 Dow ~ ячейка Доу (*для электролитического получения магния*)
 dry ~ сухой элемент
 electric(al) [electrochemical] ~ химический источник тока, ХИТ, гальванический элемент
 electrogenetic ~ электрогенная ячейка
 electroluminescent ferroelectric ~ электролюминесцентный ферроэлектрический элемент
 electrolytic ~ 1. химический источник тока, ХИТ, гальванический элемент 2. (электролитическая) ванна, электролизёр 3. ячейка для электролиза, электролитическая ячейка
 emergency ~ аварийный [резервный] элемент
 end ~ 1. концевая ячейка; краевая ячейка 2. конечный [концевой] элемент
 flat (dry) ~ галетный [плоский] элемент
 fuel ~ 1. топливный элемент 2. тепловыделяющий элемент, ТВЭЛ
 fused-electrolyte ~ элемент с расплавленным электролитом
 galvanic ~ химический источник тока, ХИТ, гальванический элемент
 gas ~ газовый элемент
 half- ~ полуячейка; электрод
 high-temperature fuel ~ высокотемпературный топливный элемент
 inert ~ инертный элемент; нейтральный элемент
 irreversible ~ необратимый элемент
 lead-acid ~ свинцово-кислотный элемент
 lead-storage ~ свинцовый аккумулятор
 lead-zinc ~ свинцово-цинковый элемент
 Leclanché ~ марганцово-цинковый элемент, элемент Лекланше
 light ~ фотоэлектрический элемент, фотоэлемент
 lithium primary ~ литиевый первичный элемент
 local ~ гальванический элемент из металлических пластин в электролите
 manganese-zinc primary ~ марганцово-цинковый первичный элемент
 mercury ~ 1. ртутно-оксидный элемент 2. электролизёр с ртутным катодом, ртутный электролизёр

CEMENT

nickel-cadmium ~ никель-кадмиевый элемент
nickel-iron ~ никель-железный элемент
nickel-zinc ~ никель-цинковый элемент
normal ~ нормальный [стандартный, эталонный] элемент
oxygen-hydrogen [oxyhydrogen] ~ 1. кислородно-водородный (топливный) элемент 2. электролизёр для получения кислорода и водорода
photochemical ~ фотохимический элемент
photoconducting [photoconductive] ~ фоторезистор
photoelectric [photoemissive] ~ фотоэлектрический элемент, фотоэлемент
photogalvanic ~ фотогальванический элемент
photoresistive ~ фоторезистор
photovoltaic ~ фотоэлемент с запирающим слоем
pilot ~ контрольный элемент (*батареи*)
primary ~ первичный элемент; первичный источник тока
rechargeable ~ перезаряжаемый элемент; источник тока многократного действия
reference ~ нормальный [стандартный, эталонный] элемент
regenerative fuel ~ регенеративный топливный элемент
regulating ~s регулирующие (концевые) элементы
reversible ~ обратимый элемент
saturated standard ~ нормальный [стандартный, эталонный] насыщенный элемент
secondary ~ 1. вторичный химический источник тока 2. аккумулятор
selenium ~ селеновый фотоэлемент
silver-chloride ~ хлорсеребряный элемент
silver-oxide ~ серебряно-оксидный элемент
solar ~ солнечный элемент; фотоэлектрический элемент, фотоэлемент; солнечная батарея
spiral fin fuel ~ топливный элемент со спиральными рёбрами
standard ~ нормальный [стандартный, эталонный] элемент
storage ~ аккумулятор
switchboard [switchgear] ~ ячейка распределительного устройства
test ~ испытательная ячейка

thermal ~ тепловой элемент
thermoelectric ~ термоэлектрический элемент
thermogalvanic ~ термогальванический элемент
thermophotovoltaic ~ термофотоэлектрический элемент
thin-film solar ~ тонкоплёночный солнечный элемент
three-electrode ~ трёхэлектродный элемент; фотоэлемент с управляющей сеткой
transition ~ окислительно-восстановительный электролитический элемент
two-fluid ~ двухжидкостный элемент
unsaturated standard ~ нормальный [стандартный, эталонный] ненасыщенный элемент
voltaic ~ гальванический элемент
Weston [Weston normal, Weston standard] ~ кадмиевый нормальный элемент, элемент Вестона
wet ~ элемент с жидким электролитом, гальванический элемент
zinc-iron ~ железо-цинковый элемент
cement 1. цемент‖цементировать 2. клей; паста‖склеивать 3. замазка
asbestos ~ асбестоцемент
insulating ~ 1. изоляционный цемент 2. изоляционная замазка
rubber ~ резиновый клей
thermoplastic ~ термопластичная масса
center центр
area dispatch control ~ районный диспетчерский пункт
branch-circuit distribution ~ распределительный центр для подачи питания на цепи (присоединения) к отдельным нагрузкам
computation [computer] ~ вычислительный центр
control ~ центр управления; пункт управления; ПУ; диспетчерский пункт, ДП
dispatch(ing) ~ диспетчерский пункт, ДП
distribution ~ распределительный пункт, РП
distribution dispatch ~ диспетчерский пункт распределительной сети
electric(al) ~ электрический центр
energy control ~ диспетчерский пункт, ДП
feeder-distribution ~ главный распределительный пункт, ГРП
generation ~ энергоузел

CHAMBER

light ~ геометрический центр нити канала (*электрической лампы*)
load ~ центр нагрузки; узел нагрузки; энергоузел
load dispatch ~ диспетчерский пункт, ДП
main distribution ~ главный распределительный пункт, ГРП
mode ~ центр зоны колебания
motor-control ~ станция управления электродвигателями
power control ~ диспетчерский пункт энергообъединения *или* энергокомпании
power system control [power system load dispatch] ~ диспетчерский пункт энергосистемы
regional dispatching ~ районный диспетчерский пункт
relay ~ коммутационная станция
subdistribution ~ распределительная часть щита без главного выключателя и приборов
switching ~ коммутационная станция
system control [system operation] ~ диспетчерский пункт энергосистемы
training ~ тренировочный центр
ceramics керамика
alumina ~ глинозёмистая [корундовая] керамика
capacitor ~ конденсаторная керамика
cordierite ~ кордиеритовая керамика
electrical porcelain ~ электрофарфор
forsterite ~ форстеритовая керамика
glass ~ стеклокерамика
metallized ~ металлизированная керамика
mullite ~ алюминосиликатная [муллитовая] керамика
piezoelectric ~ пьезоэлектрическая керамика
polycrystalline ~ поликристаллическая керамика
solution ~ неорганическое керамическое изоляционное покрытие (*проводов*)
ceramoplastic изолирующий стеклослюдяной материал
certificate 1. свидетельство; паспорт; сертификат 2. акт
~ **of fair wear and tear** акт на списание в результате износа
~ **of proof** акт об испытании
~ **of unserviceability** акт о непригодности к эксплуатации
acceptance ~ 1. свидетельство о приёмке 2. акт приёмки
test(ing) ~ акт об испытании

chamber камера
air-filled (terminal) ~ камера (вводов) без специального заполнения, камера (вводов), заполненная воздухом
arc ~ камера дуги
arc extinguish ~ дугогасительная камера
burn-in test ~ камера для термотренировки и испытаний
busbar ~ шинная камера, шинный отсек
cable ~ 1. кабельная шахта 2. кабельный колодец
cable-terminal ~ кабельный ящик
capacitor ionization ~ конденсаторная ионизационная камера
cathode ~ 1. катодная камера, катодное отделение 2. катодное пространство
dust (collection) ~ пылеуловитель, пылесборник
electric heating ~ камера с электрообогревом
evacuated ~ вакуумная камера
evaporation ~ напылительная камера
explosion ~ дугогасительная камера
extrapolation ionization ~ экстраполяционная ионизационная камера
heating ~ камера нагрева
intake ~ аванкамера
interrupting ~ гасительная камера
ionization ~ ионизационная камера
jet ~ распылительная камера
jointing ~ кабельный колодец; соединительная коробка, кабельный ящик
liquid-wall ionization ~ закрытая жидкостная ионизационная камера
oil-circuit-breaker arc interruption ~ дугогасительная камера масляного выключателя
reducing ~ редукционная камера (*напр. турбины*)
runner ~ камера рабочего колеса турбины, колёсная камера
sealing ~ кабельная коробка; концевая коробка; муфта
splicing ~ соединительная камера кабельной сети
sputtering ~ распылительная камера
temperature ~ камера для тепловых [температурных] испытаний
test ~ испытательная камера
thimble ionization ~ напёрстковая ионизационная камера
tissue-equivalent ionization ~ тканеэквивалентная ионизационная камера
vacuum ~ вакуумная камера

CHANDELIER

vacuum arc-quenching ~ вакуумная дугогасительная камера
wall-less ionization ~ бесстеночная ионизационная камера
chandelier люстра
change 1. изменение ‖ изменять **2.** смена; замена ‖ заменять **3.** переход **4.** превращение ◊ **to ~ the connections** пересоединять (*провода*)
   abrupt ~ резкое [скачкообразное] изменение
   adiabatic ~ адиабатическое изменение
   brush position ~ изменение положения щёток
   energy ~ **1.** обмен энергией **2.** превращение одного вида энергии в другой
   entropy ~ изменение энтропии
   isentropic ~ изоэнтропическое изменение
   isothermal ~ изотермическое изменение
   load tap ~ переключение ответвлений (*обмоток трансформатора*) под нагрузкой
   logic ~ **of state** дискретное изменение состояния (*системы*)
   phase ~ **1.** изменение фазы **2.** фазовый переход, фазовое превращение
   ramp ~ плавное изменение (*сигнала*)
   remote load ~ изменение нагрузки вне данного района регулирования (*в системе АРЧМ*)
   sine ~ изменение знака, изменение направления
   smooth ~ плавное изменение
   step ~ ступенчатое изменение
   step line-voltage ~ толчок напряжения линии
   sudden load ~ внезапное изменение нагрузки
   thermodynamic ~ термодинамическое изменение
   total ~ суммарное изменение
changeover 1. переключение **2.** замена; переброс; перекидывание
   automatic ~ автоматическое переключение
changer 1. преобразователь **2.** переключатель
   automatic headlight beam ~ автоматический переключатель света фар
   circuit ~ переключатель; коммутатор
   current ~ преобразователь тока
   electronic frequency ~ электронный преобразователь частоты
   frequency ~ преобразователь частоты
   off-load tap ~ переключатель ответвлений (*обмоток трансформатора*) без нагрузки
   on-load tap ~ переключатель ответвлений (*обмоток трансформатора*) под нагрузкой
   phase ~ фазопреобразователь, фазовращатель
   pole ~ переключатель полюсов; переключатель полярности
   range ~ переключатель диапазонов
   rotary frequency ~ вращающийся (электромашинный) преобразователь частоты
   rotary phase ~ вращающийся фазосдвигатель
   speed ~ механизм управления турбиной, МУТ
   static ~ статический преобразователь
   static current ~ статический преобразователь тока
   static frequency ~ статический преобразователь частоты
   tap ~ переключатель ответвлений (*обмоток трансформатора*)
   vacuum-interrupter tap ~ вакуумный переключатель ответвлений (*обмоток трансформатора*)
   voltage ~ преобразователь напряжения
   wave ~ переключатель (радио)диапазонов
changing 1. изменение; смена; замена **2.** переключение
   automatic range ~ автоматическое изменение диапазонов
   polarity ~ **1.** изменение полярности **2.** переключение полюсов
   transformer-tap ~ переключение ответвлений трансформатора под нагрузкой
channel канал; тракт; трасса
   blade ~ межлопаточный канал
   carrier (frequency) ~ канал несущей (частоты)
   communication ~ канал связи
   control ~ канал управления
   crosswise ~ поперечный канал
   duplex ~ дуплексный канал
   feedback ~ канал обратной связи
   fiber-optic ~ волоконно-оптический канал, ВОК
   hard-limited ~ канал связи с жёстким ограничением
   high-frequency ~ высокочастотный [ВЧ-]канал
   independent ~ независимый канал
   input ~ канал ввода

CHARACTERISTIC

interconnecting ~ 1. канал взаимосвязи 2. канал телемеханики
intermediate-frequency ~ канал промежуточной частоты
intertripping ~ канал телеотключения
lightning ~ канал (разряда) молнии
low-frequency ~ низкочастотный [НЧ-]канал
measuring ~ измерительный канал
output ~ выходной канал
pilot ~ 1. вспомогательный канал 2. канал продольной дифференциальной защиты (*ЛЭП*)
relay ~ канал радиорелейной линии
rented ~ арендованный канал
signaling ~ канал сигнализации
simplex ~ симплексный канал
spark ~ искровой канал
speech ~ канал речевой связи
supervisory control ~ канал телемеханики
telephone ~ канал телефонной связи
television ~ телевизионный канал, видеоканал
transmission ~ канал передачи
voice grade ~ канал речевой связи
channeling 1. образование каналов 2. уплотнение каналов
time dividing ~ связь с разделением каналов по времени
characteristic характеристика
~ **of a convertor** внешняя [нагрузочная] характеристика преобразователя
absolute spectral sensitivity ~ характеристика абсолютной спектральной чувствительности
amplitude-frequency (response) ~ амплитудно-частотная характеристика, АЧХ
amplitude-phase ~ амплитудно-фазовая характеристика
anode(-to-cathode) ~ анодно-катодная характеристика
arc ~ характеристика дуги
area frequency-response ~ частотная характеристика района регулирования при изменении генерации
area governing ~ 1. эквивалентная статическая характеристика агрегатов района управления 2. величина изменения генерации в районе регулирования при изменении частоты на 0,1 Гц
area-load (frequency) ~ частотная характеристика района регулирования при изменении нагрузки
attenuation ~ характеристика затухания

availability ~ характеристика (эксплуатационной) готовности
bandpass ~ характеристика полосы пропускания
bias regulating ~ характеристика регулирования смещения
breakdown ~ разрядная характеристика
capacitor-voltage ~ характеристика «ёмкость — напряжение», вольт-фарадная характеристика
cathode ~ катодная характеристика
charge ~ зарядная характеристика; характеристика заряда
circular pickup ~ круговая характеристика срабатывания (*дистанционного реле*), R — X диаграмма
combined governing ~ (суммарная) характеристика автоматического регулирования (*частоты в энергосистеме*)
composite ~ сложная характеристика
compounding ~ характеристика (электрической) машины со смешанным возбуждением
consumption ~ характеристика потребления
control ~ 1. характеристика управления; характеристика регулирования 2. пусковая характеристика (*газоразрядного прибора*)
cooling ~ характеристика охлаждения
current ~ токовая характеристика
current-illumination ~ световая характеристика (*фотоэлемента*)
current-voltage ~ вольт-амперная характеристика, ВАХ
current-wavelength ~ спектральная характеристика (*фотоэлемента*)
cutoff current ~ токоограничивающая характеристика (*коммутационного аппарата*)
decay ~ характеристика послесвечения (*ЭЛТ*)
decibel-log frequency ~ амплитудно-частотная характеристика в децибелах
design ~s конструктивные [расчётные] характеристики
dielectric absorption ~ абсорбционная характеристика диэлектрика
diode ~ вольт-амперная диодная характеристика (*электронной лампы*)
discharge ~s разрядные характеристики
downward sloping [drooping] ~ падающая характеристика

CHARACTERISTIC

dynamic ~ динамическая характеристика

dynamic load ~ динамическая характеристика нагрузки

dynamic residual voltage ~ динамическая характеристика остаточного напряжения

E-I ~ вольт-амперная характеристика, ВАХ

electrode ~ электродная характеристика

emission ~ вольт-амперная диодная характеристика (*электронной лампы*)

external ~ внешняя характеристика

failure ~ характеристика отказов

falling ~ падающая характеристика

fatigue ~ усталостная характеристика

flashover ~ разрядная характеристика

flat (external) ~ плоская астатическая (внешняя) характеристика

flux-current ~ зависимость (магнитного) потока от тока, вебер-амперная характеристика

forced ~ искусственная внешняя (нагрузочная) характеристика

frequency(-response) ~ 1. частотная характеристика 2. амплитудно-частотная характеристика, АЧХ 3. логарифмическая частотная характеристика, ЛЧХ

full-load ~ характеристика при полной нагрузке

gain-frequency ~ амплитудно-частотная характеристика, АЧХ

gain-phase ~ амплитудно-фазовая характеристика

gain-transfer ~ амплитудная характеристика

generator-governing ~ характеристика регулирования (частоты вращения) генератора

governing ~ характеристика регулирования

hysteresis ~ петля гистерезиса

impedance(-frequency) ~ частотная характеристика полного сопротивления

input ~ входная характеристика

inversed delay maximum trip ~ характеристика (*реле*) с зависимой выдержкой времени

inverse time-current ~ обратная времятоковая характеристика

jumping ~ скачкообразная характеристика

life ~s показатели [характеристики] долговечности

light-signal transfer ~ световая передаточная характеристика (*фоточувствительного прибора*)

line ~ параметр [характеристика] линии

linear ~ линейная характеристика

load ~ нагрузочная характеристика

load-angle ~ угловая характеристика нагрузки

load-voltage ~ нагрузочная характеристика, характеристика нагрузки

locked-rotor impedance ~ характеристика импеданса КЗ (*асинхронной машины*)

luminous ~ 1. световая характеристика 2. люкс-омическая характеристика (*фоторезистора*)

luminous-resistance ~ люкс-омическая характеристика (*фоторезистора*)

magnetic ~ магнитная характеристика

magnetization ~ характеристика намагничивания

mho ~ характеристика направленного реле сопротивления в виде окружности, проходящей через начало координат

multilateral ~ многоугольная характеристика (*реле сопротивления*)

mutual ~ переходная характеристика

natural ~ 1. естественная внешняя (нагрузочная) характеристика 2. вольт-амперная характеристика, ВАХ

negative resistance ~ падающая вольт-амперная характеристика; характеристика отрицательного сопротивления

negative voltage-current ~ падающая вольт-амперная характеристика

no-load [open-circuit] ~ характеристика холостого хода, ХХХ

operating ~s 1. рабочие характеристики 2. характеристики срабатывания реле

operating time/current ~ времятоковая характеристика срабатывания

operational ~ рабочая характеристика

oscillatory ~ частотная характеристика

output ~ выходная характеристика

performance ~ рабочая характеристика; эксплуатационная характеристика

persistance ~ характеристика послесвечения (*экрана ЭЛТ*)

**phase [phase-frequency, phase-shift frequency, phase-versus-frequency re-

CHARACTERISTIC

sponsel ~ фазочастотная характеристика
plate ~ анодная характеристика
polygonal ~ характеристика в форме многоугольника
power angle ~ характеристика зависимости мощности от угла
power-exciter regulating ~ регулировочная характеристика возбудителя
power-frequency ~ частотная характеристика энергосистемы (*по активной мощности*)
prearcing time/current ~ преддуговая времятоковая характеристика
principal voltage-current ~ основная вольт-амперная характеристика, основная ВАХ
pulse (response) ~ импульсная характеристика
Q ~ характеристика добротности
quadrilateral ~ прямоугольная характеристика
quality ~ характеристика добротности
quantum efficiency ~ характеристика квантовой эффективности
rectangular ~ прямоугольная характеристика
regulating ~ регулировочная характеристика
relative-spectral-sensitivity ~ характеристика относительной спектральной чувствительности
relay slow release ~ характеристика реле с замедленным возвратом
relay static ~ статическая характеристика реле
reliability ~ характеристика надёжности
response ~ 1. частотная характеристика 2. амплитудно-частотная характеристика, АЧХ
restriking-voltage ~ характеристика восстанавливающегося напряжения
rising ~ возрастающая внешняя (нагрузочная) характеристика; сериесная характеристика
running ~ рабочая характеристика (*электрической машины*)
saturation ~ кривая [характеристика] насыщения
selective ~ характеристика селективности, характеристика выдержек времени защит
series ~ сериесная характеристика
short-circuit ~ характеристика КЗ
shunt ~ шунтовая характеристика
shut-down ~ характеристика вида отсечки

sloping ~ падающая характеристика
spectral ~ спектральная характеристика
spectral-sensitivity ~ характеристика спектральной чувствительности
speed regulation ~ характеристика регулирования скорости вращения
speed-torque ~ механическая характеристика; зависимость скорости вращения от момента
square-law ~ квадратичная характеристика
square-loop ~ прямоугольная петля гистерезиса
square-wave response ~ частотно-контрастная характеристика, ЧКХ
stabilized current ~ характеристика стабилизированного тока
stabilized output ~ стабилизированная выходная характеристика
stabilized voltage ~ характеристика стабилизированного напряжения
starting ~ пусковая характеристика
start-stop ~ маневренная характеристика (*блока электростанции*)
static ~ статическая характеристика
static load ~ статическая характеристика нагрузки
steady-state ~ характеристика в установившемся режиме
steady-state load ~ статическая характеристика нагрузки
surge ~ характеристика переходного процесса
time ~ временна́я характеристика
time-current ~ ампер-секундная характеристика; времятоковая [токовременная] характеристика
time-response ~ характеристика скорости срабатывания; характеристика быстродействия
time-to-failure ~ характеристика безотказной работы
time-to-flashover ~ характеристика длительности разряда *или* перекрытия
transfer ~ переходная характеристика
transient ~ характеристика переходного процесса
transient load ~ динамическая характеристика нагрузки
tripping ~ зависимая характеристика (релейной) защиты
unload(ed) ~ характеристика холостого хода, ХХХ
upward ~ возрастающая характеристика

CHARGE

valve stroke ~ характеристика хода клапана (*турбины*)
V-curve ~ V-образная характеристика
VI ~ вольт-амперная характеристика, ВАХ
voltage-capacitance ~ вольт-фарадная характеристика
voltage-current ~ вольт-амперная характеристика, ВАХ
voltage-life ~ зависимость срока службы от напряжения
voltage-time ~ вольт-временная характеристика
volt-ampere ~ вольт-амперная характеристика, ВАХ
zero-power(-factor) ~ нагрузочная характеристика при коэффициенте мощности, равном нулю [cos φ = 0], при чисто реактивном токе

charge 1. (электрический) заряд 2. заряд(ка); подзаряд(ка)‖заряжать 3. цена; плата; тариф 4. *pl* расходы; издержки
◊ ~ **across the gap** заряд через промежуток; **to** ~ **additionally** подзаряжать
accumulator ~ заряд аккумулятора
additional ~ подзаряд (*аккумулятора*)
annual maintenance ~s ежегодные эксплуатационные расходы
battery ~ заряд (аккумуляторной) батареи
battery constant-current ~ заряд (аккумуляторной) батареи при постоянном значении тока
battery constant-voltage ~ заряд (аккумуляторной) батареи при постоянном значении напряжения
boost ~ форсированный заряд
bound ~ связанный заряд
bulk ~ объёмный заряд
capacitor ~ заряд конденсатора
capacity ~ плата за установленную мощность
collected ~ накопленный заряд
compensated ~ компенсирующий заряд
connection ~ плата за присоединение (*к электрической сети*)
constant-current ~ заряд при постоянном значении тока
constant-voltage ~ заряд при постоянном значении напряжения
continuous ~ неизменный заряд
continuous float ~ постоянный подзаряд
customer ~ плата за присоединение (*к электрической сети*)

demand ~ плата за (потребляемую) мощность
electric ~ электрический заряд
electrokinetic ~ электрокинетический заряд
electron ~ элементарный заряд, заряд электрона
electrostatic ~ электростатический заряд
elementary (electric) ~ элементарный заряд, заряд электрона
emergency ~ плата за энергию, поставляемую во время аварии
energy ~ тариф на электроэнергию
equalizing ~ уравнительный заряд
excess ~ избыточный заряд
fictitious ~ фиктивный заряд
fixed ~ 1. связанный заряд 2. твёрдый тариф 3. плата за (потребляемую) мощность
floating ~ непрерывный [дозированный] подзаряд
forced ~ форсированный заряд
free ~ свободный заряд
immobile ~ неподвижный заряд
induced [inductive] ~ индуцированный [наведённый] заряд
initial ~ начальный [исходный] заряд
ion(ic) ~ ионный заряд; заряд иона
like ~s одноимённые заряды
magnetic ~ магнитный заряд
maintenance ~s эксплуатационные расходы; расходы на техническое обслуживание
meter ~ оплата электроэнергии по показаниям счётчика
mobile ~ подвижный заряд
modified constant-voltage ~ заряд (*батареи*) через постоянный резистор при постоянном напряжении питания
negative ~ отрицательный заряд
net ~ суммарный заряд; полный заряд
O & M [operating & maintenance] ~s эксплуатационные расходы
opposite ~s разноимённые заряды
peak load ~ плата за максимум нагрузки
point ~ точечный заряд
polarization ~ поляризационный заряд
positive ~ положительный заряд
power ~ плата за потребление электроэнергии
quick ~ короткий подзаряд
readiness-to-serve ~ плата за электроэнергию, исчисляемая в зависимости от присоединённой мощности

CHECK

recovered ~ заряд восстановления (*диода или тиристора*)
remanent [residual] ~ остаточный заряд
running ~s эксплуатационные расходы
saturation (excess) ~ (избыточный) заряд при насыщении
service ~ плата за техническое обслуживание
similar ~s одноимённые заряды
space [spatial] ~ пространственный [объёмный] заряд
specific ~ удельный заряд
standby ~ плата за резервную мощность (*энергосистемы*)
standing ~ постоянная плата за электроэнергию (*без учёта потребления*)
static ~ (электро)статический заряд
surface ~ поверхностный заряд
test ~ пробный заряд
total ~ полный заряд
transferred ~ переносимый заряд
trickle ~ непрерывный [дозированный] подзаряд; капельный подзаряд
unit ~ 1. единичный заряд 2. единица заряда
unlike [unsimilar] ~s разноимённые заряды
volume ~ пространственный [объёмный] заряд
zero ~ 1. нулевой заряд 2. начальный [исходный] заряд
charged заряженный
   negatively ~ отрицательно заряженный
   positively ~ положительно заряженный
charger зарядное устройство, зарядный агрегат; зарядный выпрямитель
   battery ~ зарядное устройство, зарядный агрегат; зарядный выпрямитель
   built-in ~ встроенное зарядное устройство
   magnetic ~ агрегат для намагничивания постоянных магнитов
   solid-state ~ зарядный агрегат на полупроводниковых приборах
   trickle ~ устройство для непрерывного [дозированного] подзаряда малым током, капельный заряжатель
   two-rate ~ двухступенчатый зарядный агрегат
   wind ~ ветроэлектрическое зарядное устройство
charging 1. заряд(ка); подзаряд(ка) **2.** накопление заряда

dead-line ~ подача напряжения на отключённую линию
chart 1. диаграмма; график; номограмма; таблица **2.** схема **3.** карта
alignment ~ номограмма
bar ~ гистограмма; столбиковая диаграмма
circle ~ круговая диаграмма
circular transmission ~ круговая диаграмма полных сопротивлений
failure ~ диаграмма (числа) отказов
flow ~ 1. временная диаграмма (*процесса*) 2. схема технологического процесса
impedance ~ круговая диаграмма полных сопротивлений
layout ~ схема размещения; схема расположения
load ~ 1. нагрузочная диаграмма 2. схема распределения нагрузки
logic ~ логическая схема
nomographic ~ номограмма
plugging ~ схема коммутации
polar ~ полярная диаграмма
polar impedance ~ круговая диаграмма полных сопротивлений
power flow ~ запись перетоков мощности
recorder ~ 1. запись на ленте самописца 2. лента самописца
sag-tension ~ график «деформация — напряжение»
Smith ~ круговая диаграмма полных сопротивлений
stress-deflection ~ график «деформация — напряжение»
stringing ~ график натяжения (*проводов*)
structure ~ структурная схема
time ~ временная диаграмма
trouble ~ таблица повреждений *или* неисправностей; диаграмма отказов
tuning ~ карта настройки
voltage ~ карта напряжений
chassis 1. шасси, монтажная панель **2.** масса (*при заземлении*)
guard ~ защитное шасси
live ~ шасси под напряжением
chatter 1. вибрация, дрожание ‖ вибрировать, дрожать **2.** дребезг контактов (*реле*)
armature ~ вибрация [дрожание] якоря
contact ~ дребезг контактов
initial ~ начальный дребезг (*контактов*)
relay ~ дребезг контактов реле
check проверка, контроль ‖ проверять, контролировать ◊ **to ~ against the**

CHECKBACK

reference проверять по эталону, сверять с эталоном; **to ~ on** проверять, контролировать
accuracy ~ контроль точности
automatic ~ автоматическая проверка, автоматический контроль
bench ~ проверка комплектности
built-in automatic ~ встроенный автоматический контроль
circuit ~ проверка (электрической) схемы
circuit functional ~ проверка функционирования (электрической) схемы
continuity ~ проверка целостности цепи
control path ~ проверка цепей управления
cross ~ перекрёстная проверка, перекрёстный контроль
current ~ текущая проверка, текущий контроль
destructive ~ разрушающий контроль
diagnostic ~ диагностическая проверка, диагностический контроль
duplication ~ двойная проверка; проверка дублированием
error ~ проверка погрешностей; проверка ошибок
field ~ проверка на объекте
leak ~ проверка герметичности
limit ~ контроль пределов
logical ~ логическая проверка, логический контроль
marginal ~ 1. профилактический контроль **2.** проверка на дефектность **3.** граничная проверка; граничные испытания
meter ~ проверка измерительного прибора; проверка счётчика
nondestructive ~ неразрушающий контроль
observation ~ визуальная проверка
performance ~ проверка работоспособности; проверка технических характеристик
periodic ~ периодическая проверка
running ~ текущий контроль
selection ~ выборочная проверка, выборочный контроль
sequence ~ контроль последовательности операций
sweep ~ проверка методом качающейся частоты
synchronism ~ проверка [контроль] синхронизма
temperature ~ проверка температуры
transfer ~ контроль (правильности) передачи
tripping ~ контроль отключающей цепи
validity ~ проверка достоверности
checkback квитирование (*сигнала*)
checker 1. проверочное устройство; средство контроля **2.** *вчт* программа проверки
design rule ~ программа проверки соблюдения нормативов (*в САПР*)
electrical rule ~ программа проверки соблюдения правил проектирования электрических схем (*в САПР*)
interconnection ~ программа проверки правильности (электрических) соединений (*в САПР*)
relay protection ~ 1. устройство проверки РЗ **2.** программа проверки устройств РЗ
checking 1. проверка, контроль (*см. тж* **check**); сличение **2.** профилактический контроль
carrier signal ~ проверка канала ВЧ-связи
compulsory ~ оперативный контроль (*одной из функций*)
data ~ контроль данных
position ~ проверка (относительного) положения
remote ~ телеконтроль
checkout 1. проверка, контроль **2.** испытания **3.** наладка, отладка
acceptance ~ приёмо-сдаточные испытания
automatic ~ автоматический контроль
checkpoint 1. контрольная точка **2.** контрольный ввод; контрольный вывод
chip кристалл микросхемы, микросхема
choke (электрический) реактор; дроссель
air-core ~ реактор с воздушным сердечником
cable ~ кабельный реактор
charging ~ зарядный реактор
decoupling ~ развязывающий реактор
discharging ~ разрядный реактор
filter ~ фильтровый реактор
gap ~ дроссель с воздушным зазором
high-frequency ~ ВЧ-реактор
interference-suppressing ~ реактор помехоподавления
iron-coil ~ реактор с насыщающимся сердечником
iron-core ~ реактор с железным сердечником
protective ~ защитный реактор; реактор помехоподавления

CIRCUIT

resonant ~ резонансный заградитель
ripple-filter ~ сглаживающий фильтровый реактор
smoothing ~ сглаживающий реактор
supply ~ дроссель источника питания
wavetrap ~ реактор заградителя
chopper 1. прерыватель 2. вибропреобразователь, вибратор 3. электромеханический модулятор 4. инвертор
  electromechanical ~ 1. электромеханический прерыватель 2. вибропреобразователь
  input ~ 1. входной прерыватель 2. входной вибратор 3. входной (электромеханический) модулятор
  output ~ демодулятор (*в УПТ*)
  peak ~ амплитудный ограничитель
  pulse ~ прерыватель импульсов
  voltage step-up ~ прерыватель постоянного тока с повышением напряжения
chopping амплитудное ограничение
chording укорачивание шага обмотки
Chromel хромель (*хромоникелевый сплав*)
chuck:
  magnetic ~ электромагнитный патрон
chute 1. колодец, шахта 2. камера
  air-blast arc ~ дугогасительная камера с воздушным дутьём
  arc ~ дугогасительная камера
  arc ~ **with forced blast** дугогасительная камера с принудительным дутьём
  battery ~ батарейный колодец
  blast arc ~ дугогасительная камера с дутьём
  cable ~ кабельная шахта
  cross blast arc ~ дугогасительная камера с поперечным дутьём
  deion arc ~ деионизационная дугогасительная камера
  longitudinal blast arc ~ дугогасительная камера с продольным дутьём
  magnetic blowout ~ дугогасительная камера с магнитным дутьём
  spark ~ искрогасительная камера
circuit 1. схема; цепь; контур 2. сеть 3. канал; линия; тракт ◊ **to clear the** ~ выключать линию, выключать цепь линии; **to complete** [**to make**] **a** ~ замыкать цепь
  absorbing [**absorption**] ~ поглощающая цепь; поглощающий контур
  ac ~ цепь переменного тока
  acceptor ~ последовательный резонансный [последовательный колебательный] контур
  acknowledging ~ *ж.-д.* цепь бдительности
  active ~ активный контур; активная цепь
  ac track ~ рельсовая цепь переменного тока
  add(ing) ~ суммирующая цепь; суммирующая схема
  aerial ~ воздушная линия, ВЛ
  aeromagnetic ~ магнитная цепь с воздушным зазором
  affiliated ~ 1. связанная цепь; объединённая цепь 2. присоединённый контур
  alive ~ цепь под напряжением; схема, подключённая к источнику питания
  AND ~ схема И
  anode ~ анодная цепь; анодный контур
  anticoincidence ~ схема антисовпадений
  antihunt ~ 1. схема стабилизации 2. демпфирующая цепь
  antiresonance [**antiresonant**] ~ заградительный контур, параллельный (резонансный) контур
  aperiodic ~ апериодический контур; апериодическая цепь
  arcing short ~ КЗ через дугу
  armature ~ цепь якоря
  artificial ~ искусственная цепь
  astable ~ 1. неустойчивая схема 2. автоколебательная схема
  asymmetric(al) ~ несимметричная цепь
  asymmetric short ~ несимметричное КЗ
  auxiliary ~ 1. вспомогательная цепь 2. цепь оперативного тока
  averaging ~ схема усреднения
  back-to-back ~ 1. схема со встречно-параллельным включением 2. схема включения по методу возвратной работы 3. схема с непосредственным присоединением выпрямителя к инвертору
  balanced ~ 1. уравновешенная схема 2. симметричная схема
  band-elimination ~ режекторный контур, режекторный фильтр
  basic ~ принципиальная схема
  beta feedback ~ цепь обратной связи в петле обратной связи
  bias ~ цепь смещения
  bipolar ~ двухполюсная цепь
  bistable ~ схема с двумя устойчивыми состояниями, бистабильная схема
  blocking ~ схема блокировки

75

CIRCUIT

boiler ~ контур циркуляции котла, пароводяной тракт
bootstrap ~ 1. цепь компенсационной обратной связи 2. однокаскадный усилитель с компенсационной обратной связью
branch(ed) ~ 1. распределительная сеть (*здания*) 2. ответвлённая цепь, ответвление 3. параллельная [шунтирующая] цепь; шунт
break(ing) ~ размыкающая цепь
bridge ~ 1. мостовая схема, мост 2. двухполупериодная схема выпрямителя
bridged ~ параллельная [шунтирующая] цепь; шунт
broken ~ разомкнутая цепь
buffer ~ буферная цепь; разделительная схема
cable short ~ КЗ в кабеле
calibrating ~ схема калибровки
capacitive ~ ёмкостная цепь
capacitive differentiator ~ дифференцирующая RC-цепочка, дифференциатор на RC-цепочке
capacitor-fed ac ~ рельсовая цепь переменного тока с питанием через конденсатор
cathode ~ катодная цепь; катодный контур
center-tap and single-way ~ однополупериодная схема преобразователя со средним выводом
charge ~ цепь заряда
charging ~ 1. схема зарядки; цепь зарядного тока 2. зарядная цепь (*аккумуляторной батареи*)
checking ~ схема контроля
chopping ~ схема [цепь] прерывания
circulating ~ схема [контур] циркуляционной системы (*охлаждения*)
clamping ~ схема фиксации [фиксатор] уровня
clipping ~ схема одностороннего ограничения
clock(ed) ~ 1. схема синхронизации 2. тактируемая схема
closed ~ замкнутая цепь; замкнутый контур
closed air ~ замкнутая система вентиляции
closed magnetic ~ замкнутая магнитная цепь
coded current track ~ кодовая рельсовая цепь
coincidence ~ схема совпадений
collector ~ цепь коллектора
collector resonant ~ резонансная цепь коллектора

combinational ~ комбинационная схема
common-base ~ схема с общей базой
common-cathode ~ схема с общим катодом
common-collector ~ схема с общим коллектором
common-emitter ~ схема с общим эмиттером
common-grid ~ схема с общей сеткой
communication ~ 1. схема связи 2. линия связи
commutation ~ контур коммутации
comparator [comparison] ~ схема сравнения, компаратор
compensating ~ 1. компенсационная цепь, цепь компенсации; схема компенсации 2. цепь компенсации обратной связи
completed ~ замкнутая цепь
compound ~ схема с последовательным включением потребителей тока и источников напряжения
contact ~ контактная цепь, цепь контакта
continuous-current ~ цепь неизменного тока
control ~ схема управления; цепь управления
convenience outlet ~ цепь к (штепсельной) розетке обычного типа
core-diode ~ феррит-диодная схема
core-type magnetic ~ стержневой магнитопровод
corrective ~ корректирующая схема; корректирующая цепь
coupled ~s связанные контуры
coupling ~ цепь связи; схема связи
C-type magnetic ~ стержневой магнитопровод
current ~ токовая цепь, цепь тока
current-feedback ~ цепь обратной связи по току
current-limiting ~ цепь ограничения по току
current-source equivalent ~ эквивалентная схема с источником тока
damping ~ демпфирующая цепь; успокоительный контур
dc ~ цепь постоянного тока
dc track ~ рельсовая цепь постоянного тока
dead ~ обесточенная схема
dead short ~ глухое [металлическое, полное] КЗ
decoupled ~s развязанные контуры
decoupling ~ развязывающая цепь
deflection ~ отклоняющая цепь

CIRCUIT

degenerative ~ схема с отрицательной обратной связью
delay ~ **1.** схема задержки **2.** линия задержки
delta(-connected) ~ схема соединения треугольником
derived ~ ответвлённая цепь; параллельная [шунтирующая] цепь; шунт
detector ~ детектор, схема детектирования, детекторный каскад
detuned ~ расстроенный контур
differential ~ дифференциальная схема
differentiating ~ дифференцирующая схема
direct-axis equivalent ~ схема замещения по продольной оси
direct short ~ глухое [металлическое, полное] КЗ
direct-wire ~ однопроводная схема (*защитной сигнализации*)
disabled ~ повреждённая цепь
disabling ~ **1.** цепь отключения, отключающая цепь **2.** цепь запирания
discharge ~ цепь разряда
discharge resistor ~ **1.** разрядный контур **2.** цепь гашения поля
discharging ~ **1.** схема разрядки; цепь разрядного тока **2.** разрядная цепь (*аккумуляторной батареи*)
distributed(-element) ~ цепь с распределёнными параметрами
distribution ~ распределительная сеть (*здания*)
divided ~ разветвлённая цепь
dividing ~ схема деления
double ~ **on a single tower** двухцепная ВЛ на одной опоре
double-line-to-ground short ~ двухфазное КЗ на землю
double-phase short ~ двухфазное КЗ
double-phase-to-ground short ~ двухфазное КЗ на землю
double-rail track ~ двухниточная рельсовая цепь
double-sided ~ двухсторонняя печатная схема
double-way ~ мостовая схема
doubling ~ схема удвоения
drive ~ **1.** задающий контур **2.** схема синхронизации **3.** схема с раскачкой
dry ~ цепь (управления) с малым током и/или напряжением
dual (electrical) ~ дуальная [обратимая] (электрическая) цепь
economy ~ цепь с экономичным потреблением
eddy-current ~ цепь вихревых токов
effective(ly) conducting relay output ~ замкнутая цепь бесконтактного реле (*с малым выходным сопротивлением*)
effective(ly) nonconducting relay output ~ разомкнутая цепь бесконтактного реле (*с большим выходным сопротивлением*)
eight-terminal ~ восьмиполюсник
electric ~ электрическая схема; электрическая цепь
electrical blasting ~ *горн.* электровзрывная цепь
electronic ~ электронная схема
embossed-foil printed ~ печатная схема на плате, металлизированной фольгой
enabling ~ **1.** цепь включения, включающая цепь **2.** цепь отпирания
energized ~ цепь под напряжением, включённая цепь
equivalent ~ схема замещения; эквивалентная цепь
error indicating ~ схема измерения ошибки
essential auxiliary ~s вспомогательные цепи с резервным питанием
etched printed ~ печатная схема, изготовленная методом травления
evaporated ~ схема, изготовленная методом напыления
exciting ~ цепь возбуждения; контур возбуждения
external ~ внешняя цепь
external load ~ цепь внешней нагрузки
fallback ~ резервная схема
fan-in ~ схема объединения по входу
fan-out ~ схема разветвления по выходу
faulted ~ повреждённая цепь
feed ~ схема возбуждения; схема питания; цепь возбуждения; цепь питания
feedback ~ схема обратной связи
ferrite-diode ~ феррит-диодная схема
ferrite-transistor ~ феррит-транзисторная схема
ferroresonant ~ феррорезонансная схема
field ~ схема возбуждения; цепь возбуждения
filament ~ цепь накала
final ~ распределительная сеть (*здания*)
firing ~ **1.** цепь зажигания **2.** *горн.* взрывная цепь
forked ~ разветвлённая цепь
four-terminal ~ четырёхполюсник
four-wire ~ четырёхпроводная линия

CIRCUIT

frame-grounding ~ схема заземления на корпус
frequency-changing ~ схема преобразования [преобразователь] частоты
full-wave ~ двухполупериодная схема (*выпрямителя*)
function ~ функциональная схема
gas-insulated ~ электрическая линия с газовой изоляцией
gate [gating] ~ стробирующая схема; стробирующая цепь
general service ~ сеть общего назначения
grid ~ сеточная цепь; сеточный контур
ground ~ заземляющая цепь
ground-continuity check ~ схема постоянного контроля изоляции по отношению к земле
grounded ~ схема заземления; заземлённая цепь, цепь заземления
grounded-base ~ схема с общей базой
grounded-collector ~ схема с общим коллектором
grounded-emitter ~ схема с общим эмиттером
grounded-grid ~ схема с общей сеткой
ground-return ~ 1. цепь возврата тока через землю 2. цепь провод — земля
half-wave ~ однополупериодная схема (*выпрямителя*)
healthy ~ неповреждённая линия
helium flow ~ контур циркуляции гелия
hold ~ фиксирующая схема
holding ~ 1. схема блокировки; цепь блокировки 2. удерживающая схема
idler ~ холостой контур
idling ~ вспомогательная холостая [балластная] схема
ignition ~ цепь зажигания
image suppression ~ схема подавления зеркального канала
impulse ~ 1. импульсная схема 2. ударный контур, контур ударного возбуждения
indicating ~ схема сигнализации
individually wired ~ схема с индивидуальным монтажом элементов
inductive ~ индуктивная цепь
inductive differentiator ~ дифференцирующая индуктивно-резистивная цепь, дифференцирующая LR-цепь
inductively-coupled ~ контур с индуктивной связью
inner ~ внутренняя цепь; внутренний контур
input ~ входная схема; входная цепь; входной контур

input base ~ входная цепь базы
input grid ~ входная цепь сетки
insulated ~ изолированная (от земли) цепь
integrated ~ интегральная схема, ИС
integrodifferentiating ~ интегродифференцирующая схема
intentional short ~ преднамеренное КЗ
interface ~ схема сопряжения; цепь сопряжения
interlock(ing) ~ 1. схема блокировки; цепь блокировки 2. *ж.-д.* схема централизации
interphase short ~ междуфазное КЗ
intrinsically safe electrical ~ искробезопасная электрическая цепь
inverter ~ 1. инверторная схема 2. схема инвертора; цепь инвертора
iron ~ стальной магнитопровод
isolation ~ развязывающая схема, схема развязки
jointless rail ~ сварная бесстыковая рельсовая цепь
junction ~ соединительная линия
label ~ блок-схема с условным обозначением (*блоков*)
ladder ~ многозвенная [цепочечная] схема
lamp ~ цепь освещения
large integrated ~ большая интегральная схема, БИС
latch ~ цепь самоудерживания; цепь самоблокировки; триггерная (запирающая) схема
LC-~ индуктивно-ёмкостная цепь, LC-цепь
leak(age) ~ цепь утечки
lighting ~ цепь освещения
lighting branch ~ осветительная групповая цепь
limiter ~ схема ограничителя
limiting ~ схема ограничения
linear ~ линейная схема
line short ~ КЗ на линии
line-to-ground short ~ однофазное КЗ на землю
line-to-line short ~ междуфазное КЗ; двухфазное КЗ
link ~ цепь связи
live ~ схема, присоединённая к источнику питания; включённая цепь; цепь под напряжением
load ~ цепь нагрузки
locking ~ схема блокировки
long-distance transmission ~ протяжённая ЛЭП
losser ~ апериодический контур

CIRCUIT

lossless ~ схема без потерь; цепь без потерь
low-energy ~ цепь с малым потреблением энергии
low-energy power ~ силовая цепь с малым током, маломощная цепь
low-loss ~ схема с малыми потерями; цепь с малыми потерями
low-voltage ~ цепь низкого напряжения
lumped(-constant) [**lumped-element**] ~ схема с сосредоточенными параметрами
magnetic ~ 1. магнитная цепь 2. магнитопровод
magnetic-core ~ схема на магнитных сердечниках
main ~ 1. основная схема 2. силовая схема 3. главная цепь; токовая цепь (*измерительного прибора*)
main ~ **of a switching device** главная цепь коммутационного аппарата
make [making] ~ замыкающая цепь
matching ~ согласующая схема; согласующая цепь
measurement [measuring] ~ цепь измерения; измерительный контур
mesh ~ схема многоугольника; кольцевая схема; схема с замкнутыми контурами
metallic ~ 1. (симметричная) двухпроводная линия 2. незаземлённая схема
metallic short ~ глухое [металлическое, полное] КЗ
meter-current ~ схема измерения тока
metering ~ измерительная цепь
meter-voltage ~ схема измерения напряжения
micromini ~ микроминиатюрная схема
midpoint ~ схема (преобразователя) со средним выводом
mimic ~ фантомная схема; моделирующая схема
modular ~ модульная схема
monitoring ~ схема контроля; контрольная цепь
monostable ~ схема с одним устойчивым состоянием
motor branch ~ групповая цепь питания электродвигателя
m-phase ~ многофазная цепь
multichip integrated ~ многокристальная интегральная схема
multipath magnetic ~ разветвлённый магнитопровод
multiple ~ 1. схема с параллельно включёнными цепями 2. многоцепная ЛЭП
multiple rectifier ~ многозвенная батарея (параллельно работающих) выпрямителей
multipoint ~ цепь с ответвлениями, цепь с отводами
multiport ~ многополюсник
multistage ~ многокаскадная схема
naturally commutated ~ схема с естественной коммутацией
network ~ разветвлённая цепь; сложный контур
neutral ~ цепь нейтрали
no-loss ~ схема без потерь; цепь без потерь
noncoincidence ~ схема несовпадений
nonessential auxiliary ~s вспомогательные цепи без резервного питания
noninductive ~ безындуктивная цепь
nonlinear ~ нелинейная схема
Norton equivalent ~ эквивалентная схема с источником тока
***n*-terminal** ~ *n*-полюсник
oblique ~s перекрещивающиеся цепи
one-pole ~ 1. однополюсная цепь 2. однополюсная линия
one-way ~ 1. цепь одностороннего действия; симплексная цепь 2. схема с односторонней проводимостью
one-wire ~ однопроводная цепь; однопроводная линия; однопроводная схема (*защитной сигнализации*)
open ~ разомкнутая цепь; разомкнутый контур
open-wire ~ воздушная ЛЭП
operating ~ 1. работающая схема 2. рабочая линия (*электропередачи*)
opposition ~ схема со встречным включением
OR ~ схема ИЛИ
oscillating [oscillation, oscillatory] ~ колебательный контур
outgoing ~ отходящая линия
output ~ выходная цепь; выходной контур
output break ~ размыкающая выходная цепь
output make ~ замыкающая выходная цепь
output plate ~ выходная анодная цепь
overdamped ~ контур с затуханием выше критического
overhead ~ воздушная линия, ВЛ
overhead lighting ~ цепь к потолочному *или* подвесному светильнику
parallel ~ схема параллельного соединения; параллельная цепь; параллельный контур

CIRCUIT

parallel-oscillatory ~ параллельный колебательный контур
parallel-resonant ~ параллельный резонансный контур
parallel-series ~ параллельно-последовательная цепь; схема с параллельным и последовательным соединением (*элементов*)
passive ~ пассивный контур; пассивная цепь
phantom ~ 1. фантомная цепь; фантомный канал 2. фантомная схема (*в автоматике энергосистем*)
phase-advance ~ фазоопережающая схема; фазоопережающая цепь; фазоопережающий фильтр
phase-comparison ~ фазосравнивающая схема, схема сравнения фаз; фазокомпаратор
phase-compensating ~ схема фазовой компенсации, фазокомпенсатор; цепь фазовой компенсации
phase-delay ~ фазозадерживающая схема; фазозадерживающая цепь
phase-equalizing ~ фазовыравнивающая схема; фазовыравнивающая цепь
phase-inverting ~ фазоинвертирующая схема; фазоинвертирующая цепь; фазоинвертор
phase-lag ~ фазозадерживающая схема; фазозадерживающая цепь
phase-lead ~ фазоопережающая схема; фазоопережающая цепь; фазоопережающий фильтр
phase-shift(ing) ~ фазосдвигающая схема, фазовращатель; фазосдвигающая цепь
phase-splitting ~ схема расщепления фазы
pi ~ П-образная схема; П-образная цепь
pickup ~ цепь звукоснимателя
pilot (wire) ~ контрольная цепь (*со вспомогательными проводами*)
plate ~ анодная цепь; анодный контур
plated (printed) ~ печатная схема, изготовленная методом электролитического осаждения
plug-in ~ схема на сменном модуле
polyphase ~ многофазная цепь
potential ~ цепь напряжения
potted ~ герметизированная схема; литая (*залитая эпоксидной смолой*) цепь
power ~ силовая цепь
power adder ~ схема суммирования мощностей

power supply ~ цепь питания
preset short ~ заранее подготовленное КЗ
primary ~ первичная цепь
primary series ~ первичная [основная, главная] последовательная цепь
primary-system ~ схема, содержащая основное оборудование энергосистемы
printed(-component) ~ печатная схема, схема с печатными компонентами
printed-wiring ~ схема с печатными соединениями
protection [protective] ~ цепь защиты
pulsating current fed track ~ рельсовая цепь с питанием пульсирующим током
pulse ~ импульсная схема
pulsed power ~ цепь пульсирующей мощности
pulse-shaping ~ схема формирования импульсов; цепь формирования импульсов
push-pull ~ двухтактная схема
push-push ~ схема двухтактного удвоителя частоты
quadrature-axis ~ поперечный контур, контур по поперечной оси
quadrature-axis equivalent ~ схема замещения по поперечной оси
quarter-phase ~ двухфазная [четырёхпроводная] цепь
quench(ing) ~ схема гашения; (искро)гасящий контур
rate-of-change ~ 1. дифференцирующий контур 2. цепь регулирования по первой производной
RC-~ резистивно-ёмкостная цепь, RC-цепь
reactance-fed ac track ~ рельсовая цепь переменного тока с реактором
reaction ~ контур обратной связи
reactive ~ реактивная схема; реактивная цепь; схема без потерь; цепь без потерь
receptacle ~ розеточная цепь, цепь розетки
reciprocal ~ обращённая схема
reclosing ~ схема повторного включения; цепь повторного включения
rectification ~ схема выпрямления
rectifier ~ схема выпрямителя
regenerative ~ 1. схема рекуперации 2. регенеративная схема, схема с положительной обратной связью
regulating ~ цепь регулирования
rejector ~ режекторный фильтр
relaxation ~ релаксационная схема

CIRCUIT

relay ~ релейная схема; релейная цепь
relay chain ~ схема (последовательного) включения через контакты реле
relay-switching ~ релейно-контактная схема
remote short ~ удалённое КЗ
reset ~ схема возврата; цепь возврата
resistance-capacitance ~ резистивно-ёмкостная цепь, RC-цепь
resistance-inductance-capacitance ~ резистивно-индуктивно-ёмкостная цепь, RLC-цепь
resonance ~ резонансный контур
resonance oscillator ~ схема резонансного генератора
resonant ~ резонансный контур
retaining ~ цепь удерживания
retroactive ~ **1.** цепь положительной обратной связи **2.** регенеративная схема, схема с положительной обратной связью
return ~ обратная цепь, цепь возврата тока
ring ~ кольцевая схема; кольцевая цепь; кольцевой контур
ring closed ~ кольцевая замкнутая цепь
ring-type magnetic ~ кольцевой магнитопровод
RLC-~ резистивно-индуктивно-ёмкостная цепь, RLC-цепь
rotor ~ цепь ротора
safety ~ цепь (обеспечения) безопасности
scaling ~ пересчётная схема
scanning ~ схема развёртки
schematic ~ принципиальная схема
secondary ~ вторичная цепь
self-checking ~ схема с самоконтролем
self-commutated ~ схема одноступенчатой искусственной коммутации
self-holding ~ схема самоблокировки
self-saturating ~ схема (*магнитного усилителя*) с самонасыщением
self-test ~ схема с самоконтролем
semiconductor-magnetic ~ схема на полупроводниковых и магнитных элементах
sensing ~ цепь датчика
sequencing ~ схема контроля последовательности операций
series ~ схема последовательного соединения; последовательная цепь; последовательный контур
series-compensated ~ продольно-компенсированная линия, линия с продольной [ёмкостной] компенсацией
series-oscillatory ~ последовательный колебательный контур; контур, настроенный в резонанс напряжений
series-parallel ~ последовательно-параллельная цепь; схема с последовательным и параллельным соединением (*элементов*)
series-resonant ~ последовательный резонансный контур
series-tuned ~ последовательный колебательный контур
shaping ~ формирующая схема
shell-type magnetic ~ броневой магнитопровод
shock-excited oscillatory ~ контур ударного возбуждения
short ~ **1.** короткое замыкание, КЗ **2.** цепь КЗ
shunt ~ параллельная [шунтирующая] цепь; шунт
shunt-peaking ~ схема коррекции параллельным колебательным контуром
signal ~ сигнальная цепь; сигнальный контур
signal-processing ~ схема обработки сигналов
simple parallel ~ параллельный резонансный контур
simplex ~ цепь с возвратом через землю
single flip-flop ~ схема с одним триггером
single-line-to-ground short ~ однофазное КЗ на землю
single-phase ~ однофазная схема; однофазная цепь
single-phase short ~ однофазное КЗ
single-shot trigger ~ триггерная схема одноразового действия, одновибратор, ждущий мультивибратор
single-tuned ~ контур с одним элементом настройки
single-wire ~ однопроводная линия
six-phase double-wye (power) rectifier ~ (силовой) выпрямитель по схеме двойной звезды с междуфазным трансформатором
smoothing ~ сглаживающий контур; сглаживающий фильтр
sneak ~ ложная [паразитная] цепь; паразитный контур
solid magnetic ~ сплошной магнитопровод
spare ~ **1.** резервная цепь **2.** резервная линия

81

CIRCUIT

spare panelboard ~ резервная цепь распределительного щита
spark-quenching ~ искрогасительная цепь
squaring ~ схема формирования [формирователь] прямоугольных импульсов
stabilizing ~ стабилизирующая цепь; стабилизирующий контур
stacked magnetic ~ шихтованный магнитопровод
stage ~ каскадная схема
staggered ~s взаимно расстроенные контуры
stamped printed ~ штампованная печатная схема
standby ~ резервная цепь; резервный контур
star-connected ~ схема соединения звездой
starting ~ пусковая схема; схема пуска; пусковая цепь
static ~ статическая схема
stator ~ цепь статора
stator magnetic ~ 1. магнитная цепь 2. магнитопровод статора
step-control ~ схема ступенчатого регулирования
stick ~ цепь самоудерживания; цепь самоблокировки
stopper ~ заграждающий фильтр
strap magnetic ~ ленточный магнитопровод
subtransmission ~ линия, питающая подстанции распределительной сети
sudden short ~ внезапное КЗ
superconducting ~ сверхпроводящая цепь; сверхпроводящий контур, контур со сверхпроводящими элементами
supervised ~ контролируемая цепь
supply ~ 1. цепь питания 2. питающая линия
suppression ~ цепь подавления сигнала
surge-voltage test ~ контур для импульсных испытаний
sustained short ~ устойчивое КЗ
sweep ~ схема развёртки
sweep-delay ~ схема развёртки с задержкой
switched ~ коммутируемая схема; коммутируемая цепь
switching ~ переключающая схема; коммутационная цепь
symmetrical ~ симметричная цепь
symmetrical polyphase ~ симметричная многофазная цепь
symmetrical short ~ симметричное КЗ

symmetry ~ симметричная цепь
synchronizing ~ схема синхронизации; цепь синхронизации
T- ~ Т-образная схема
takeoff ~ цепь отбора (*напр. электрической энергии*)
tank ~ колебательный контур
tap ~ цепь ответвления, цепь отвода
tape magnetic ~ ленточный магнитопровод
tapped ~ цепь с отводами, цепь с ответвлениями
telegraph ~ телеграфная линия
telephone ~ телефонная цепь
terminating ~ оконечная схема; оконечная цепь; оконечный контур
test ~ испытательная [контрольная] схема
Thévenin equivalent ~ эквивалентная схема с источником напряжения; эквивалентная схема Тевенина
three-phase ~ трёхфазная цепь
three-phase short ~ трёхфазное КЗ
three-wire control ~ трёхпроводная схема управления
time-base ~ цепь развёртки; схема развёртки
time-delay ~ схема временной задержки
time-varying ~ цепь с изменяемыми во времени параметрами
timing ~ 1. времязадающая схема 2. таймер 3. генератор меток времени 4. схема реле времени
toroidal magnetic ~ тороидальный магнитопровод
track ~ рельсовая цепь
transistor ~ транзисторная схема
transistor equivalent ~ эквивалентная схема транзистора
transistor-switched ~ схема с переключением на транзисторе
tree ~ разветвлённая цепь
trigger(ing) ~ схема запуска, пусковая схема; триггерная схема
trip(ping) ~ цепь отключения
trouble-detecting ~ схема обнаружения неисправностей
tube ~ ламповая схема
tube equivalent ~ эквивалентная схема электронной лампы
tuned ~ резонансный контур
tuning ~ настроечная схема
turn-to-turn short ~ межвитковое КЗ
twin ~ двухцепная линия
twin T- ~ двойной Т-образный мост
two-phase ~ двухфазная [четырёхпроводная] цепь
two-port ~ четырёхполюсник

CIRCUIT-BREAKER

two-terminal ~ двухполюсник
two-wire ~ двухпроводная цепь; двухпроводная линия
two-wire control ~ двухпроводная схема управления
unbalanced ~ неуравновешенная схема; несимметричная схема
unbalanced short ~ несимметричное КЗ
underdamped ~ контур с затуханием ниже критического
undivided ~ неразветвлённая цепь
unilateral ~ однонаправленная схема
unipolar ~ однополюсная схема
volt(age) ~ цепь напряжения
voltage-doubling ~ схема удвоения напряжения
voltage-feedback ~ цепь обратной связи по напряжению
voltage-regulator protection ~ цепь защиты регулятора напряжения
voltage-responsive protective ~ цепь защиты по напряжению
voltage-source equivalent ~ эквивалентная схема с источником напряжения
warning ~ цепь (предупредительной) сигнализации
wired ~ схема с проволочным монтажом
wye(-connected) [Y-connected] ~ схема соединения звездой
zero-loss ~ схема без потерь; цепь без потерь
π-~ П-образная схема
circuital находящийся в цепи
circuit-breaker (автоматический) выключатель ◊ ~ **with lockout device** выключатель с блокировкой
ac ~ выключатель переменного тока
air ~ воздушный выключатель
air-blast ~ выключатель с воздушным дутьём
air-break ~ выключатель с гашением дуги в воздухе, воздушный автомат
anode ~ анодный выключатель
automatic ~ автоматический выключатель, автомат
automatic field-suppression ~ автомат гашения поля, АГП
automatic minimum ~ автоматический выключатель нулевого тока
automatic reclosing ~ выключатель с автоматическим повторным включением, выключатель с АПВ
automatic throw-over [automatic transfer] ~ автомат включения резерва, АВР

automatic tripping ~ автоматический выключатель, автомат
autoreclose [autoreclosing] ~ выключатель с автоматическим повторным включением, выключатель с АПВ
bulk-oil ~ многообъёмный масляный выключатель
bus coupler ~ шиносоединительный выключатель
bypass ~ обходной выключатель
compressed-air ~ пневматический выключатель
current-limiting ~ токоограничивающий выключатель
dc ~ выключатель постоянного тока
dead-tank [dead-type] oil ~ баковый масляный выключатель
deion ~ выключатель с деионной решёткой
delayed overload ~ выключатель с защитой от перегрузки с выдержкой времени
direct-acting ~ выключатель прямого действия
double-throw ~ двухпозиционный переключатель
drawout ~ выкатной выключатель
feeder ~ линейный выключатель
field ~ выключатель поля возбуждения
fixed trip ~ выключатель с фиксированным положением расцепления
gas ~ газовый выключатель
gas-blast ~ выключатель с газовым дутьём
general ~ главный выключатель
hard-gas ~ автогазовый выключатель
high-speed ~ быстродействующий выключатель
high-voltage (power) ~ высоковольтный выключатель (*на напряжение свыше 1500 В*)
indoor ~ выключатель внутренней установки
instantaneous ~ быстродействующий выключатель
integrally-fused ~ выключатель со встроенными предохранителями
line ~ линейный выключатель, выключатель на линии
live-tank [live-type] oil ~ масляный выключатель с баками под напряжением
lockout ~ выключатель с блокирующим устройством
magnetic [magnetic-air, magnetic-type] ~ электромагнитный выключатель
mercury ~ ртутный выключатель

CIRCUITRY

miniature ~ миниатюрный выключатель
minimum-oil ~ малообъёмный масляный [маломасляный] выключатель
molded-case ~ выключатель в литом корпусе
multiple-break ~ выключатель с несколькими разрывами
multitank oil ~ многобаковый масляный выключатель
nonautomatic ~ неавтоматический [ручной] выключатель
oil ~ масляный выключатель
oilless ~ безмасляный выключатель
oil-poor ~ малообъёмный масляный [маломасляный] выключатель
outdoor ~ выключатель наружной установки
overcurrent ~ выключатель максимального тока
overvoltage ~ выключатель максимального напряжения
overvoltage tripping ~ выключатель максимального напряжения с расцеплением параллельно включённой катушкой
plain-break ~ выключатель с непосредственным разрывом (*дуги*)
pneumatically operated ~ выключатель с пневматическим приводом
pot-type oil ~ горшковый масляный выключатель
power ~ силовой выключатель (*высокого напряжения*)
quick-operating ~ быстродействующий выключатель
removable ~ выдвижной выключатель
residual current ~ выключатель остаточных токов
reverse current ~ выключатель обратного тока
reverse power tripping ~ выключатель с расцеплением обратным током
rotary arc ~ выключатель с вращающейся дугой
sectionalizing ~ секционирующий выключатель
self-generated ~ автогазовый выключатель
separate-pole ~ выключатель с отдельными полюсами
series overcurrent tripping ~ выключатель максимального тока с расцеплением последовательно включённой катушкой
series undercurrent tripping ~ выключатель минимального тока с расцеплением последовательно включённой катушкой
SF_6 ~ элегазовый выключатель
single-pole ~ однополюсный выключатель
single-tank ~ однобаковый выключатель
small-oil-volume ~ малообъёмный масляный [маломасляный] выключатель
substation ~ подстанционный выключатель
switched busbar ~ секционирующий выключатель
thermal ~ тепловой выключатель
thermally-tripped ~ выключатель с тепловой защитой
transformer ~ трансформаторный выключатель
trip-free ~ выключатель с механизмом свободного расцепления
undercurrent ~ выключатель с расцепителем минимального тока
undervoltage tripping ~ выключатель минимального напряжения с расцеплением параллельно включённой катушкой
vacuum ~ вакуумный выключатель
circuitry 1. схемы **2.** схемотехника; схемное решение **3.** компоновка (электрической) схемы
combinational ~ комбинационные схемы
electronic ~ электронные схемы
sequential ~ последовательные схемы
switching ~ схемы управления; схемы переключения
circulation циркуляция
forced ~ принудительная циркуляция
forced air ~ принудительная циркуляция воздуха
forced directed-oil ~ принудительная циркуляция с направленным потоком масла
natural ~ естественная циркуляция
circulator циркулятор
junction ~ сочленённый циркулятор
lossy ~ циркулятор с потерями
lumped-element ~ циркулятор с сосредоточенными элементами
multiple-section ~ многосекционный циркулятор
phase-differential [phase-shift] ~ фазовый циркулятор
wave rotation ~ поляризационный циркулятор
cladding 1. оболочка; покрытие **2.** нанесение покрытия

CLEARANCE

foil ~ нанесение фольги (*на платы печатного монтажа*)
clamp 1. зажим‖зажимать **2.** ограничивать; срезать; отсекать **3.** устанавливать [фиксировать] в заданном положении
  absorbing ~s поглощающие клещи
  adjustable flat cable ~ регулируемый зажим для плоского кабеля
  anchor ~ анкерный зажим
  arc furnace electrode ~ зажим электрода дуговой печи
  armor ~ зажим для присоединения к броне
  battery ~ зажим (аккумуляторной) батареи
  bolted-type anchor ~ болтовый анкерный зажим
  bus ~ шинодержатель
  cable ~ кабельный зажим
  cable screen [cable shielding] ~ зажим экрана кабеля
  "C" loop cable retaining ~ С-образный петлевой стопорный зажим для кабеля
  cone-type tension ~ конусный [клиновой] натяжной зажим
  connecting ~ стыковой зажим, соединитель
  electrode ~ зажим электрода
  ground(ing) ~ заземляющий зажим
  hot-line ~ зажим для работы под напряжением
  jointing ~ соединительный зажим
  live-line ~ зажим для работы под напряжением
  releasing ~ выпускающий зажим
  slip ~ проскальзывающий зажим
  strain relief ~ кабельный зажим
  suspension ~ поддерживающий зажим
  terminal ~ контактный зажим
  waveguide ~ струбцина для соединения волноводных фланцев
  wire rope ~ зажим троса
clamper ограничитель, устройство фиксации уровня
clamping 1. обжатие, обхват **2.** ограничение; срезание; отсекание **3.** фиксация уровня
  wire ~ соединение проводов обжимом
clapper поворотный якорь (*реле*)
class класс
  ~ **of accuracy** класс точности
  ~ **of thermal classification** класс нагревостойкости
  accuracy ~ класс точности

  current transformer accuracy ~ класс точности трансформатора тока
  heat resistance ~ класс нагревостойкости
  insulation ~ класс изоляции
  measuring facilities accuracy [measuring instrument precision] ~ класс точности средств измерения
  overcurrent ~ класс (*трансформатора тока*) по перегрузочной способности
  rate ~ тарифная группа (*потребителей*)
  temperature ~ класс нагревостойкости
  temperature ~ **of insulation** класс нагревостойкости изоляции
  thermal endurance ~ класс нагревостойкости
  voltage ~ класс напряжения
  voltage transformer accuracy ~ класс точности трансформатора напряжения
clause:
  fuel cost adjustment ~ пункт об изменении тарифа на топливо
  minimum payment ~ пункт о минимальной оплате (*за электроэнергию*)
  power factor ~ пункт об учёте коэффициента мощности (*в оплате за электроэнергию*)
  price adjustment ~ пункт об изменении тарифа (*за электроэнергию*)
claw клещи
cleaner пылесос
  air ~ **1.** электрофильтр, электростатический пылеуловитель **2.** воздухоочиститель, воздушный фильтр
  electronic [electrostatic] air ~ электрофильтр, электростатический пылеуловитель
  suction ~ пылесос
  terminal ~ инструмент для зачистки контактов
  vacuum ~ пылесос
cleaning 1. очистка **2.** зачистка (*контактов*)
  electrical ~ электроочистка
clear 1. очищать **2.** зачищать (*контакты*) **3.** отключать [устранять] КЗ **4.** разрывать [размыкать] цепь **5.** снимать сигнал в цепи (*управления*) **6.** устанавливать в исходное положение ◊ **to** ~ **a circuit 1.** выключать линию **2.** отключать [устранять] КЗ
clearance 1. расстояние, зазор, промежуток **2.** отключение КЗ ◊ ~ **between open contacts** зазор между разомкнутыми контактами; ~ **between poles** за-

зор между полюсами; ~ **to ground** расстояние до заземления; ~ **to obstacle** расстояние до препятствия
air ~ воздушный зазор
air-gap ~ 1. воздушный зазор 2. величина искрового промежутка
armature ~ ход якоря (*реле*)
contact ~ раствор контактов
electrical ~ расстояние до токоведущих частей
fault ~ 1. устранение повреждения 2. отключение [устранение] КЗ
ground ~ расстояние до заземления
live-metal-to-ground ~ расстояние от токоведущих частей до заземления
phase-to-ground ~ расстояние от проводника до заземления, расстояние «фаза — земля»
phase-to-phase ~ междуфазное расстояние
Ph-G ~ расстояние от проводника до заземления, расстояние «фаза — земля»
running ~ рабочий зазор
tanking ~ расстояние между боковой стенкой бака и выемной частью
vertical ground ~ расстояние до земли по вертикали
visual ~ видимый разрыв (*расстояние, напр. до токоведущих частей*)
working ~ рабочий (воздушный) промежуток
worst-base fault ~ наиболее тяжёлый (расчётный) случай отключения КЗ
clearing 1. отключение [устранение] КЗ 2. зачистка (*напр. контакта*)
ground fault ~ отключение КЗ на землю
cleat 1. зажим 2. рейка, клин ‖ заклинивать, закреплять
clevis 1. вилка 2. соединительная скоба; проушина
tower swivel ~ узел крепления опоры (*ВЛ*)
Y-~ Y-образная проушина
click щелчок, короткий импульс (*обычно не более 0,2 с*)
climbers «когти» (*для подъёма на столб*)
lineman's ~ монтёрские «когти»
pole ~ «когти» для подъёма на столб
clip 1. зажим ‖ зажимать 2. хомут, захват
alligator ~ зажим типа крокодил
battery ~ вывод (аккумуляторной) батареи
brush ~ обойма щёткодержателя
cable ~ зажим кабеля
contact ~ зажим контакта
fuse ~s контактные стойки предохранителя

grid ~ зажим сеточного колпачка
grounding ~ заземляющий зажим
hook ~ зажим с крючком (*для лабораторных проводов*)
lanyard ~ петлевой зажим
removable ~ съёмный зажим
safety-ground ~ зажим (для) защитного заземления
screw ~ винтовой зажим
security ~ зажим безопасности
side ~s боковые прижимы
test ~ лабораторный зажим
clipper (односторонний) ограничитель
base ~ ограничитель по минимуму, ограничитель снизу
center ~ двусторонний ограничитель, ограничитель по максимуму и минимуму, ограничитель сверху и снизу
diode ~ диодный ограничитель
noise ~ ограничитель шумов
peak ~ ограничитель по максимуму, ограничитель сверху
sine-wave ~ двусторонний ограничитель гармонической волны
clipper-limiter двусторонний ограничитель, ограничитель по максимуму и минимуму, ограничитель сверху и снизу
clipping 1. (одностороннее) ограничение 2. нелинейные искажения
finite ~ ограничение по уровню, не превышающему максимальную амплитуду
noise ~ подавление шума
one-side ~ одностороннее ограничение
peak ~ срезание пика нагрузки
pulse ~ ограничение импульсов
two-side ~ двустороннее ограничение
clock 1. часы 2. датчик меток времени 3. генератор тактовых импульсов, генератор синхроимпульсов ‖ синхронизировать; тактировать
bus ~ синхронизатор шины
contact-making ~ контактные часы
crystal ~ кварцевые часы
digital ~ часы с цифровым табло
electric ~ электрические часы
electronic ~ электронные часы
line tracker ~ синхронно следящие часы на линии
master ~ 1. основные [эталонные, контрольные] часы 2. задающий генератор схемы синхронизации
meter changeover ~ часы с переключателем для электросчётчика
multiphase ~ многофазные часы; многофазный хронометр

CLUTCH

primary ~ основные [эталонные, контрольные] часы
quartz-crystal ~ кварцевые часы
real time ~ 1. часы реального [истинного] времени 2. генератор импульсов истинного времени
reference ~ опорный генератор тактовых импульсов
self-winding electric ~ электрические часы с автоматическим подзаводом
switch ~ контактные часы
synchronous (electric) ~ синхронные (электрические) часы
triggered time ~ часы с запуском от специального сигнала
voltage-controlled ~ генератор синхроимпульсов, управляемый напряжением; генератор тактовых импульсов, управляемый напряжением
clocking 1. синхронизация, тактирование 2. генерирование тактовых импульсов; генерирование синхроимпульсов
  multiphase ~ многофазное тактирование
clockwatch часы с боем
clockwise по часовой стрелке
clockwork часовой механизм
clog закупорка; засорение ‖ закупориваться; засоряться
clogging закупорка; засорение
  ~ **of filter element** закупорка фильтрующего элемента
  ~ **of oil screen** закупорка масляного фильтра
close замыкать, включать ◊ **to ~ a circuit** замыкать цепь
closeness:
  ~ **of winding** заполнение обмотки
closer замыкатель
  circuit ~ замыкатель цепи
closet:
  electrical ~ распределительный шкаф
closing 1. закрытие; запирание 2. замыкание, включение 3. отсечка ◊ ~ **by hand** включение [замыкание] вручную
  automatic ~ автоматическое включение, автоматическое замыкание
  manual ~ включение [замыкание] вручную
  time ~ замыкание с выдержкой времени
closure 1. закрытие; запирание 2. замыкание, включение 3. отсечка
  contact ~ замыкание контактов
  flux ~ замыкание линий (магнитного) потока
cloth ткань, материя
  asbestos ~ асбестовая ткань
  cleaning ~ концы (*обтирочный материал*)
  electrical continuous ~ непрерывная изоляционная оболочка
  electrically conductive ~ электропроводная ткань
  emery ~ наждачное полотно
  empire ~ лакоткань
  glass ~ 1. стеклоткань 2. наждачное полотно
  varnished ~ лакоткань
  waste ~ концы (*обтирочный материал*)
clothing:
  conductive ~ проводящая [экранирующая] одежда
  electrically heated ~ одежда с электрообогревом
cloud облако
  charge(d) ~ заряженное [грозовое] облако
  electron ~ пространственный (отрицательный) заряд, электронное облако
  ion ~ ионное облако
  ionize ~ ионизированное облако
cluster 1. скопление; группа 2. осветительный прибор с несколькими источниками света 3. штепсельная разветвительная колодка 4. приборный щиток
  ~ **of (data) terminals** группа терминалов
  instrument(-board) [**instrument-panel**] ~ приборный щиток
  protection ~ сборка модулей РЗ
clustering:
  light ~ группировка световых сигналов (*на передней и задней частях кузова автомашины*)
clutch муфта сцепления; сцепление ‖ сцеплять
  centrifugally-operated (friction) ~ центробежная муфта (трения)
  dynamic ~ динамическая муфта
  eddy-current ~ индукционная муфта на принципе вихревых токов
  eddy-current electrical ~ электрическая муфта на принципе вихревых токов
  electrically-operated (friction) ~ электрическая муфта (трения)
  e-magnetic ~ электромагнитная муфта
  friction ~ муфта трения; фрикционная муфта
  magnetic ~ (электро)магнитная муфта
  magnetic fluid ~ (электро)магнитная

порошковая муфта с жидким наполнителем
magnetic friction ~ (электро)магнитная фрикционная муфта
mechanically-operated (friction) ~ механическая муфта (трения)
slipping ~ муфта скольжения
squirrel-cage electrical ~ электрическая муфта короткозамкнутого ротора
coach:
electric motor ~ моторный вагон электропоезда
coat покрытие‖покрывать, наносить покрытие
coating 1. покрытие 2. оболочка световедущей жилы (*в волоконной оптике*)
age ~ почернение за счет старения (*колбы лампы*)
antidischarge ~ противокоронное покрытие
black ~ слой копоти
carbon ~ графитовое покрытие
conductive ~ проводящее покрытие
corrosion ~ антикоррозионное покрытие
ice ~ обледенение (*напр. проводов*)
nonmagnetic ~ немагнитное покрытие
protective ~ защитное покрытие
semiconducting ~ полупроводящее покрытие
silicone ~ силиконовое [кремнийорганическое] покрытие
coax коаксиальный кабель
air-spaced ~ коаксиальный кабель с воздушной изоляцией
code:
electrical safety ~ правила электробезопасности
wire color ~ код расцветки проводов
codeposit соосаждаться
codeposition соосаждение, совместное осаждение
electrolytic ~ электролитическое соосаждение
coefficient коэффициент
~ **of conductivity** коэффициент проводимости
~ **of cubical expansion** коэффициент объёмного расширения
~ **of discharge** коэффициент разряда
~ **of electrostatic induction** коэффициент электростатической индукции
~ **of expansion** коэффициент расширения
~ **of grounding** коэффициент заземления

~ **of heat passage** коэффициент теплопроводности
~ **of heat transfer** коэффициент теплопередачи
~ **of hysteresis** коэффициент потерь на гистерезис
~ **of indirect magnetic coupling** коэффициент трансформаторной связи
~ **of magnetic dispersion** коэффициент магнитного рассеяния
~ **of magnetization** удельная магнитная восприимчивость на единицу массы
~ **of mutual induction** коэффициент взаимоиндукции
~ **of resistance** коэффициент сопротивления
~ **of self-induction** коэффициент самоиндукции
~ **of utilization** коэффициент использования
absorption ~ коэффициент поглощения
asymmetry ~ коэффициент несимметрии
attenuation ~ коэффициент ослабления, коэффициент затухания
capacitance ~s ёмкостные коэффициенты (*в уравнениях Максвелла*)
commutation ~ коэффициент коммутации
compressibility ~ коэффициент сжимаемости
conductance ~ коэффициент проводимости
conductivity ~ коэффициент теплопроводности
coupling ~ коэффициент связи
damping ~ коэффициент демпфирования
damping torque ~ коэффициент демпфирующего момента
deflection ~ коэффициент отклонения
demagnetization ~ коэффициент размагничивания
derivative-action ~ коэффициент воздействия по производной
dielectric ~ диэлектрическая проницаемость, диэлектрическая постоянная
dielectric loss ~ коэффициент диэлектрических потерь
dissipation ~ коэффициент рассеяния
distortion ~ коэффициент искажения
distribution ~ коэффициент распределения
drag ~ коэффициент торможения

COIL

energy-transfer ~ коэффициент передачи энергии
extinction ~ коэффициент затухания
flux ~ коэффициент потока
frequency ~ частотный коэффициент (*зависимость нагрузки энергосистемы от частоты*)
Hall ~ коэффициент Холла
heat-transfer [**heat-transmission**] ~ коэффициент теплопередачи
hysteresis ~ коэффициент потерь на гистерезис
influence ~ коэффициент влияния (*при измерении*)
integral-action ~ коэффициент интегрального воздействия
linear absorption ~ линейный коэффициент поглощения
linear attenuation [**linear extinction**] ~ линейный коэффициент затухания
linkage ~ коэффициент связи
loss ~ коэффициент потерь
magnetoresistive ~ магниторезистивный коэффициент
mass ~ **of absorption** объёмный коэффициент поглощения; коэффициент поглощения на единицу массы
negative temperature ~ отрицательный температурный коэффициент
offset ~ коэффициент неравномерности статизма
parallel reactance ~ коэффициент параллельного реактивного сопротивления
parallel resistance ~ коэффициент параллельного активного сопротивления
perturbation ~ коэффициент искажения
phase(-change) ~ 1. фазовая постоянная; коэффициент фазы 2. постоянная распространения (*четырёхполюсника*)
pitch ~ коэффициент укорочения шага обмотки (*в электрических машинах*)
propagation ~ постоянная распространения
proportional-action ~ коэффициент усиления по пропорциональной составляющей
recombination ~ коэффициент рекомбинации
reflection ~ коэффициент отражения
reliability ~ коэффициент надёжности
reserve ~ коэффициент запаса
reset ~ коэффициент возврата
safety ~ коэффициент безопасности
scattering ~ коэффициент рассеяния

specific utilization ~ удельный коэффициент использования; удельная машинная постоянная
synchronizing ~ коэффициент синхронизации
synchronizing power ~ коэффициент синхронизирующей мощности
synchronizing torque ~ коэффициент синхронизирующего момента
temperature ~ температурный коэффициент
temperature ~ **of breakdown voltage** температурный коэффициент напряжения пробоя
temperature ~ **of capacitance** температурный коэффициент ёмкости, ТКЕ
temperature ~ **of electromotive force** температурный коэффициент эдс
temperature ~ **of frequency** температурный коэффициент частоты, ТКЧ
temperature ~ **of inductance** температурный коэффициент индуктивности, ТКИ
temperature ~ **of permittivity** температурный коэффициент диэлектрической проницаемости
temperature ~ **of resistance** температурный коэффициент сопротивления, ТКС
thermoelectric ~ коэффициент термоэдс
time ~ коэффициент временно́й развёртки
utilization ~ коэффициент использования
void ~ коэффициент пустотности
voltage ~ коэффициент напряжения
weight ~ весовой коэффициент (*отношение массы двигателя к его номинально отдаваемой мощности*)
winding ~ обмоточный коэффициент
coerci(ti)vity коэрцитивность, коэрцитивная сила
cogeneration 1. совместное производство энергии энергосистемами и промышленными электростанциями 2. комбинированное производство тепловой и электрической энергии
coil 1. катушка (индуктивности); секция обмотки (*катушки*) 2. намотка, обмотка∥наматывать, мотать 3. бухта (*провода*) 4. соленоид ◇ ~ **with powdered core** катушка с порошковым [прессованным] сердечником
ac ~ катушка переменного тока
actuating ~ включающая катушка, катушка включения
adjacent ~ смежная катушка

COIL

air-core(d) ~ катушка с воздушным сердечником
air-gap [air-spaced] ~ катушка с воздушным зазором
arc-suppression ~ дугогасящий реактор
armature ~ катушка обмотки якоря
balance ~ уравнительная катушка
ballast ~ балластная [нагрузочная] катушка
basket ~ корзиночная катушка
bias ~ обмотка подмагничивания
bifilar ~ бифилярная обмотка
bisected ~ двухсекционная катушка
blast ~ катушка (магнитного) дутья
bleeding ~ дренажная катушка; отводная катушка
blowout ~ катушка (магнитного) дутья
boosting ~ последовательно включённая катушка
braking ~ тормозная катушка
bridging ~ шунтирующая катушка
choke ~ 1. (электрический) реактор 2. защитный реактор 3. обмотка дросселя
chorded ~ обмотка с укороченным шагом
closing ~ замыкающая катушка
commutating ~ коммутационная катушка
compensating ~ 1. компенсационная обмотка 2. компенсационная катушка
concentric ~s концентрические обмотки, обмотки с неперекрещивающимися лобовыми частями
core ~ 1. катушка индуктивности с сердечником 2. обмотка сердечника
cored ~ катушка индуктивности с сердечником
coupling ~ катушка связи
cranked ~ катушка обмотки с конфигурацией лобовых частей, обеспечивающей возможность перехода из одного слоя в другой
crisscross ~ корзиночная обмотка
crossover ~ цилиндрическая катушка
crucible furnace inductor ~ индуктор тигельной печи
current ~ токовая катушка
current-limiting ~ токоограничивающий реактор
damping ~ демпферная катушка; демпфирующая катушка
dead ~ мёртвая секция; холостая секция (якоря)
deflecting [deflection, deflector] ~ отклоняющая катушка

differential ~ дифференциальная катушка
discharge ~ разрядная катушка
disk ~ плоская [дисковая] катушка
double-wound ~ катушка с двумя обмотками (*на общем сердечнике*)
dummy ~ мёртвая секция; холостая секция (*якоря*)
duolateral ~ катушка с сотовой обмоткой
dust-core ~ катушка с порошковым [прессованным] сердечником
end ~ 1. лобовая часть обмотки (*электрической машины*) 2. концевая обмотка (*электромагнита*)
energizing ~ 1. катушка возбуждения 2. обмотка возбуждения
exciting ~ 1. катушка обмотки возбуждения 2. обмотка возбуждения 3. катушка электромагнита
exploring ~ катушка-зонд (*для измерения магнитного потока*)
feedback ~ катушка обратной связи
ferrite(-core) ~ катушка с ферритовым сердечником
field ~ 1. катушка обмотки возбуждения 2. обмотка возбуждения 3. катушка электромагнита 4. индукторная катушка 5. поляризующая обмотка
filter ~ катушка фильтра
fixed ~ неподвижная катушка
focusing ~ фокусирующая катушка
form-wound ~ катушка шаблонной намотки
gap-air ~ катушка с шаговой обмоткой
ground ~ заземляющая катушка
ground-leakage [ground-quenching] ~ заземляющий дугогасящий реактор
hairpin ~ катушка U-образной формы
heater [heating] ~ нагревательная катушка
helical ~ винтовая катушка, катушка с винтовой обмоткой
holding [holidng-on, holding-up] ~ 1. обмотка самоудерживания 2. удерживающая катушка
honeycomb ~ катушка с сотовой обмоткой
idle ~ мёртвая секция; холостая секция (*якоря*)
ignition ~ катушка зажигания
impedance ~ реактивная катушка, (электрический) реактор
inductance ~ катушка индуктивности

COIL

induction ~ 1. индукционная катушка 2. индуктор 3. катушка зажигания
induction heating ~ катушка индукционного нагрева
iron-core ~ катушка с железным сердечником
lap ~ катушка с перекрещивающимися лобовыми частями
lap winding ~ катушка петлевой намотки
line choking ~ линейный реактор
long-pitch ~ катушка обмотки с удлинённым шагом
loop ~ петлевая катушка
low-tension ~ катушка низкого напряжения
magnetic test ~ магнитная катушка-зонд
magnetizing ~ 1. катушка возбуждения 2. катушка управления 3. тормозная катушка
measuring ~ измерительная катушка
moving ~ подвижная катушка
multilayer ~ многослойная катушка
multisection ~ многосекционная катушка
multiturn ~ многовитковая катушка
mush-wound ~ катушка всыпной обмотки; нешаблонная катушка
mutual-reactor ~s катушки взаимной индуктивности
no-former ~ бескаркасная катушка
noninductive ~ безындукционная катушка
nonlinear ~ катушка с нелинейной характеристикой намагничивания
open-ended ~ разомкнутая катушка
operating ~ 1. рабочая катушка 2. рабочая обмотка
opposite ~s встречно-включённые катушки
pancake ~ плоская [дисковая] катушка
permeability-tuned ~ катушка с магнитной настройкой
Peterson ~ дугогасящий реактор, катушка Петерсона
pickup ~ измерительная катушка
plug-in ~ сменная катушка
plunging ~ катушка с вытяжным сердечником
polar ~ полюсная катушка
polarizing ~ катушка подмагничивания; поляризующая катушка
pole ~ полюсная катушка
potted ~ экранированная катушка
preformed ~ шаблонная катушка
pretuned ~ предварительно настроенная катушка

primary ~ первичная катушка, катушка первичной обмотки
printed ~ печатная катушка (индуктивности)
protective reactance ~ защитная индуктивная катушка
random-wound ~ катушка всыпной обмотки
reactance ~ 1. (электрический) реактор 2. обмотка реактора
relay ~ обмотка реле
release ~ отпускающая катушка; катушка отключения
restraining ~ удерживающая катушка
ribbon ~ ленточная катушка; ленточная спираль
rotor ~ катушка обмотки ротора
saturable choke ~ насыщающийся реактор
scramble-wound ~ катушка с беспорядочной намоткой
seal-in ~ удерживающая обмотка (реле)
search ~ 1. поисковая [пробная] катушка; испытательная катушка 2. вращающаяся катушка (гониометра)
secondary ~ вторичная катушка, катушка вторичной обмотки
sectional ~ секционированная катушка
self-supported ~ бескаркасная катушка
series ~ последовательно включённая катушка
shading ~ 1. экранирующая обмотка; экранирующая катушка 2. короткозамкнутый виток
shielded ~ экранированная катушка
short-pitch [short-throw] ~ катушка обмотки с укороченным шагом
short-type ~ катушка (якоря) с отогнутыми лобовыми частями
shunt ~ параллельно включённая катушка
single ~ катушка, занимающая пару пазов (электрической машины)
single-layer ~ однослойная катушка
single-turn ~ одновитковая катушка
slab ~ плоская катушка
sliding-contact ~ катушка со скользящим контактом
smoothing ~ 1. сглаживающий реактор 2. сглаживающая катушка (индуктивности)
solenoid(al) ~ соленоид
sparking ~ катушка зажигания
spider web ~ плоская [дисковая] катушка
spiral ~ спиральная катушка

91

square ~ прямоугольная катушка
stationary ~ неподвижная катушка
stator ~ катушка обмотки статора
stick ~ катушка самоудерживания
strap ~ ленточная катушка
sucking ~ катушка со втяжным сердечником
superconducting ~ сверхпроводящая катушка
tank ~ контурная катушка
tank induction ~ катушка колебательного контура
tapped ~ 1. секционированная катушка 2. катушка с ответвлениями, катушка с отводами
tapping ~ 1. катушка с ответвлениями, катушка с отводами 2. регулировочная обмотка, РО
Tesla ~ трансформатор Тесла
test ~ 1. измерительная обмотка 2. испытательная [пробная] катушка
toroidal ~ тороидальная катушка
transformer ~ катушка трансформатора
T-reactance ~ реактивная катушка с выведенной средней точкой
trip(ping) ~ катушка расцепления; катушка отключения
tuned-circuit ~ катушка резонансного контура
tuning ~ настроечная катушка
unicoil ~ одновитковая катушка
unlatching ~ обмотка возврата (*реле*) с самоудерживанием
voice ~ звуковая катушка
voltage ~ катушка напряжения
wire-laying ~ катушка с послойной укладкой проводов
work ~ нагревательная катушка
coiled 1. намотанный 2. свёрнутый в спираль
coiling 1. навивка; намотка 2. наматывание; сматывание
  continuous ~ непрерывная навивка; непрерывная намотка
  wire ~ наматывание проволоки
coincidence совпадение
  phase ~ совпадение по фазе, синфазность
cold-drawn холоднотянутый (*о проволоке*)
cold-rolled холоднокатаный (*о проволоке*)
collapse 1. тяжёлая авария 2. лавина
  ~ **of frequency** лавина частоты
  ~ **of voltage** лавина напряжения
  frequency ~ лавина частоты
  power system ~ развал энергосистемы
  system ~ системная авария

voltage ~ лавина напряжения
collar кольцевой хомутик, ползунок
  graduated ~ кольцевая шкала, лимб
  heating resistor ~ ползунок реостата нагрева
  sliding ~ скользящий хомутик
  thrust ~ упорный заплечик; упорное кольцо; втулка подпятника
collector 1. коллектор 2. токосъёмник 3. щётки электрической машины
  air ~ воздухосборник
  battery ~ элементный коммутатор батареи; батарейный токосниматель
  bow ~ бугель; токоприёмник
  carbon-brush ~ токосъёмник с угольно-щёточным контактом
  condensate ~ конденсатосборник
  current ~ токосъёмное устройство, токосъёмник
  disk ~ торцевой коллектор
  electric-arc power ~ дуговой токоприёмник
  flat-plate ~ плоский коллектор (*в солнечных электростанциях*)
  grounded ~ заземлённый коллектор
  oil ~ маслосборник
  open ~ открытый коллектор
  pantograph ~ пантограф
  self-pumped liquid metal current ~ жидкометаллический токосъёмник с самонапорным механизмом
  trolley ~ троллейный токосниматель
collision столкновение, соударение
  e-i ~ соударение электрона с ионом
  elastic ~ упругое столкновение
  electron ~ столкновение электронов
  electron-ion ~ соударение электрона с ионом
  electron-molecule ~ соударение электрона с молекулой
  electron-neutral ~ соударение электрона с нейтральной частицей
  e-m ~ соударение электрона с молекулой
  e-n ~ соударение электрона с нейтральной частицей
  inelastic ~ неупругое столкновение
  neutron ~ столкновение нейтронов
colophony канифоль
color 1. цвет 2. расцветка
  core ~s расцветка жил
  rated ~ номинальный [расчётный] цвет
coloring окраска
  protective ~ защитная окраска
column 1. столб (*разряда*) 2. колонка; столбец
  arc ~ столб (электрической) дуги

COMMUTATOR

    electrophoresis ~ электрофоретическая колонка
    gas stripper ~ деаэраторная колонка
comb:
    relay ~ фасонная прокладка с пазами (*для контактных пружин*)
combination:
    contact ~ контактная схема
    contactor ~ контакторная схема управления
    relay contact ~ комбинация контактов реле
    single-boiler single-turbine ~ блок «котёл—турбина», моноблок электростанции
combinator комбинатор (*гидротурбины*)
combiner *ж.-д.* комбинатор (*в централизации*)
command команда
    adjusting ~ 1. многопозиционная команда 2. команда регулирования
    broadcast ~ циркулярная команда
    check ~ команда контроля
    closing ~ команда на включение, команда на замыкание
    control ~ управляющая команда
    double ~ двухпозиционная команда
    function ~ функциональная команда
    general interrogation ~ общая команда запроса
    group ~ групповая команда
    incremental ~ команда пошагового регулирования
    instruction ~ служебная команда
    interrogation ~ команда запроса
    logic ~ логическая команда
    maintained ~ команда с задержкой на время исполнения
    persistent regulating ~ непрерывная команда регулирования
    pulse ~ импульсная команда
    reclosing ~ команда повторного включения
    regulating step ~ команда пошагового регулирования
    select-and-execute ~s предварительная и исполнительная команды
    selection ~ команда выбора
    set-point ~ команда (изменения) уставки
    single ~ однопозиционная команда
    standard ~ служебная команда
    starting ~ команда пуска
    station interrogation ~ команда запроса контролируемого пункта
    step-by-step adjusting ~ команда пошагового регулирования
    stop ~ команда останова
    switching ~ команда на переключение
    tripping ~ команда на отключение, команда на размыкание
commitment:
    optimum unit ~ оптимизация состава оборудования
    unit ~ 1. назначение [выбор] (состава) работающих агрегатов 2. составление графика нагрузки агрегатов 3. планирование пуска и останова агрегатов
communication связь
    carrier-current ~ высокочастотная [ВЧ-]связь
    digital ~ цифровая связь
    line ~ проводная связь
    microwave ~ СВЧ-связь
    multichannel ~ многоканальная связь
    power frequency ~ связь на промышленной частоте
    telephone ~ телефонная связь
    wireless telephonic ~ радиотелефонная связь
commutation коммутация, коммутирование; переключение
    accelerated ~ ускоренная коммутация
    artificial ~ искусственная коммутация
    auxiliary ~ вспомогательная коммутация
    delayed ~ запаздывающая коммутация
    direct ~ прямая коммутация
    double dc side ~ двусторонняя коммутация по постоянному току
    external ~ внешняя коммутация
    forced ~ принудительная коммутация; искусственная коммутация
    impulse ~ импульсная коммутация
    indirect ~ непрямая коммутация
    instantaneous ~ мгновенная коммутация
    line ~ сетевая коммутация
    load ~ коммутация за счёт нагрузки
    natural ~ естественная коммутация
    resonant ~ резонансная коммутация
    sparkless ~ безыскровая коммутация
commutator 1. коммутатор; переключатель 2. коллектор (*электрической машины*) ◇ **to grind the** ~ пришлифовывать коллектор
    admittance ~ коммутатор полной проводимости
    battery ~ батарейный коммутатор; переключатель полюсов
    cell ~ элементный коммутатор
    cylindrical ~ цилиндрический коллектор

COMMUTE

electromechanical ~ электромеханический коммутатор
electronic ~ электронный коммутатор
end-plate ~ торцевой коллектор
matrix ~ матричный коммутатор
multisegment ~ многопластинчатый коллектор
plug ~ штепсельный коммутатор; штепсельный переключатель
shrink-ring ~ коллектор с бандажами
split-ring ~ коллектор из двух полуколец
undercut ~ продороженный коллектор

commute коммутировать, переключать
comparator компаратор
  amplitude ~ амплитудный компаратор
  block-average ~ интегрирующий компаратор
  block-spike ~ мгновенный компаратор (*непосредственного сравнения*)
  coil ~ устройство для проверки катушек
  current ~ компаратор токов
  dc voltage ~ компаратор напряжений постоянного тока
  differential voltage ~ дифференциальный компаратор напряжений
  digital ~ цифровой компаратор
  electrical ~ электрический компаратор
  frequency ~ частотный компаратор
  high-speed ~ быстродействующий компаратор
  integrating ~ интегрирующий компаратор
  mask ~ компаратор для проверки фотошаблонов
  multiinput ~ многовходный компаратор
  multiinput phase ~ многовходный фазовый компаратор
  phase ~ фазовый компаратор, устройство [орган] сравнения фаз
  phase instantaneous ~ устройство мгновенного сравнения фаз
  phase integrating ~ устройство интегрального сравнения фаз
  resistance ~ компаратор сопротивлений
  single-phase ~ однофазный компаратор
  three-input amplitude ~ амплитудный компаратор с тремя входными величинами
  voltage ~ компаратор напряжений

comparison сравнение ◊ ~ **in phase** сравнение по фазе
  amplitude ~ сравнение амплитуд
  direct ~ прямое сравнение
  direct phase ~ прямое сравнение фаз
  frequency ~ сравнение частот
  instantaneous amplitude ~ мгновенное сравнение амплитуд
  instantaneous phase ~ мгновенное сравнение фаз
  integrating amplitude ~ интегральное сравнение амплитуд
  phase ~ сравнение фаз
compartment отсек
  battery ~ аккумуляторная (*помещение*); батарейный отсек
  bus ~ шинный отсек (*распределительного устройства*)
  cable ~ кабельный отсек
  instrument ~ приборный отсек
compatibility совместимость
  electromagnetic ~ электромагнитная совместимость, ЭМС
  equipment [hardware] ~ аппаратная совместимость
  system ~ системная совместимость
compensate компенсировать
compensation 1. компенсация 2. коррекция
  ~ **of load variation** коррекция колебаний нагрузки
  ~ **of voltage** коррекция напряжения
  alloy ~ сплавная технология (*полупроводников*)
  ambient temperature ~ компенсация температуры окружающей среды
  amplitude ~ амплитудная коррекция
  capacitance current ~ компенсация ёмкостных токов
  capacitive ~ ёмкостная компенсация
  cross-current ~ компенсация (*небаланса реактивных нагрузок*) поперечными токовыми связями
  error ~ компенсация погрешности
  inductive ~ индуктивная компенсация
  lead-wire ~ компенсация влияния соединительных проводов
  line-drop ~ компенсация падения напряжения в линии
  load ~ компенсация нагрузки
  low-frequency ~ низкочастотная [НЧ-] коррекция
  phase(-shift) ~ фазовая компенсация, компенсация сдвига фаз
  power factor ~ компенсация коэффициента мощности
  reactive power ~ компенсация реактивной мощности

COMPONENT

series ~ 1. продольная компенсация 2. последовательная коррекция
servosystem series ~ последовательная коррекция следящей системы
shunt ~ поперечная компенсация
synchronous ~ компенсация (*реактивной мощности*) синхронными компенсаторами
temperature ~ температурная компенсация
transformer drop ~ компенсация падения напряжения в трансформаторе
transmission line ~ компенсация (реактивности) ЛЭП
zero sequence current ~ компенсация током нулевой последовательности

compensator 1. компенсатор 2. автотрансформатор 3. статический конденсатор
asynchronous ~ асинхронный компенсатор
impedance ~ компенсатор полного сопротивления
line-drop ~ компенсатор падения напряжения в линии
neutral ~ дугогасительная катушка
reactance ~ компенсатор реактивного сопротивления
resistance ~ компенсатор активного сопротивления
saturated reactor ~ (статический) компенсатор с насыщающимся реактором
starting ~ пусковой автотрансформатор
static (reactive-power) ~ статический компенсатор, СТК
static VAR ~ статический регулируемый компенсатор
synchronous ~ синхронный компенсатор
torque ~ насыщающийся трансформатор тока

complaint:
outage ~ заявка (*потребителя*) об аварийном отключении

complex комплекс
«back-to-back» ~ выпрямительно-преобразовательный комплекс, ВПК
electromagnetic ~ электромагнитный комплекс; электромагнитная цепь (*излучающей установки*)

complexor полная [комплексная] величина (*напр. тока*)

compole добавочный [дополнительный] полюс

component 1. компонент; элемент 2. составляющая; компонента
ac ~ переменная составляющая (*тока, напряжения*)
active ~ 1. активная составляющая 2. активный компонент; активный элемент
adapting ~ элемент согласования
alternating ~ переменная составляющая
aperiodic ~ апериодическая составляющая
aperiodic ~ of short-circuit current апериодическая составляющая тока КЗ
aperiodic transient ~ апериодическая составляющая переходного процесса
axial ~ аксиальная [осевая] составляющая
back-up ~ резервный элемент; дублирующий элемент
capacitive ~ ёмкостная составляющая
case ~ компонент в кожухе
circuit ~ компонент схемы; схемный элемент
coherent ~s сопряжённые [когерентные] составляющие
continuous ~ постоянная составляющая
control ~ элемент (системы) регулирования
cross-magnetizing ~ составляющая поперечного магнитного поля
dc ~ 1. постоянная составляющая (*тока, напряжения*) 2. апериодическая составляющая тока
delay ~ элемент (постоянного) запаздывания, элемент задержки
demagnetizing ~ размагничивающая составляющая
dependent circulating circuit ~ зависимый элемент замкнутой цепи
direct ~ постоянная составляющая
direct-axis ~ составляющая по продольной оси, продольная составляющая
direct-axis ~ of current составляющая тока по продольной оси, продольная составляющая тока
direct-axis ~ of electromotive force составляющая эдс по продольной оси, продольная составляющая эдс
direct-axis ~ of internal voltage составляющая синхронной эдс по продольной оси, продольная составляющая синхронной эдс
direct-axis ~ of magnetomotive force составляющая мдс по продольной оси, продольная составляющая мдс
direct-axis ~ of subtransient electro-

COMPONENT

motive force составляющая сверхпереходной эдс по продольной оси
direct-axis ~ of synchronous generated voltage составляющая синхронной эдс по продольной оси, продольная составляющая синхронной эдс
direct-axis ~ of transient electromotive force составляющая переходной эдс по продольной оси
direct-axis ~ of voltage составляющая напряжения по продольной оси, продольная составляющая напряжения
direct-phase ~ продольная по фазе составляющая
discrete ~ 1. дискретный компонент **2.** дискретная составляющая
electric ~ электрическая составляющая (*поля*)
electromagnetic ~ электромагнитная составляющая
electromechanical ~s for electronic equipment электромеханические элементы электронного оборудования
electrostatic ~ электростатическая составляющая (*поля*)
energy ~ активная составляющая
explosion-containing ~ взрывостойкий элемент
explosion-proof ~ взрывобезопасный элемент
factory-assembled ~ узел заводской сборки
factory-made ~ элемент заводского изготовления
film ~ плёночный элемент
forced ~ вынужденная составляющая; принудительная составляющая
Fortescue ~s симметричные составляющие
free ~ свободная составляющая
fundamental ~ 1. основная составляющая; основная гармоника **2.** составляющая промышленной частоты
hardware ~ аппаратный элемент
harmonic ~ синусоидальная [гармоническая] составляющая, гармоника
higher harmonic ~ высшая гармоническая составляющая, высшая гармоника
homopolar ~ составляющая нулевой последовательности
idle ~ реактивная составляющая
imaginary ~ 1. мнимая составляющая **2.** реактивная составляющая
independent balanced ~s независимые уравновешенные составляющие
induction ~ индуктивная составляющая

in-phase ~ 1. синфазная составляющая **2.** активная составляющая
in-quadrature ~ реактивная составляющая
integral circulating circuit ~ встроенный элемент циркуляционной системы
linear ~ линейный элемент
logical ~ логический элемент
machine-mounted circulating circuit ~ элемент циркуляционной системы, смонтированный на машине
magnetizing ~ намагничивающая составляющая (*тока*)
main ~ основная составляющая; основная гармоника
measurement ~ элемент измерительного устройства, измерительный элемент
negative(-phase-sequence) ~ составляющая обратной последовательности фаз
negative-phase-sequence symmetrical ~s симметричные составляющие обратной последовательности фаз
negative-sequence ~ составляющая обратной последовательности
nonlinear ~ нелинейный элемент
null(-phase-sequence) ~ составляющая нулевой последовательности
out-of-phase ~ составляющая в противофазе; несинхронная составляющая
passive ~ пассивный элемент
periodic ~ периодическая составляющая
phase-sequence ~ симметричная составляющая
plug-in ~ сменный элемент
positive(-phase-sequence) ~ составляющая прямой последовательности
power ~ активная составляющая
proportional ~ пропорциональная составляющая
pulsating dc ~ пульсирующая составляющая постоянного тока
quadrature(-axis) ~ составляющая по поперечной оси, поперечная составляющая
quadrature-axis ~ of current составляющая тока по поперечной оси, поперечная составляющая тока
quadrature-axis ~ of electromotive force составляющая эдс по поперечной оси, поперечная составляющая эдс
quadrature-axis ~ of internal voltage составляющая синхронной эдс по поперечной оси, поперечная составляющая синхронной эдс

quadrature-axis ~ of magnetomotive force составляющая мдс по поперечной оси, поперечная составляющая мдс
quadrature-axis ~ of subtransient electromotive force составляющая эдс по поперечной оси, поперечная составляющая эдс
quadrature-axis ~ of synchronous generated voltage составляющая синхронной эдс по поперечной оси, поперечная составляющая синхронной эдс
quadrature-axis ~ of transient electromotive force составляющая переходной эдс по поперечной оси
quadrature-axis ~ of voltage составляющая напряжения по поперечной оси, поперечная составляющая напряжения
reactive ~ 1. реактивная составляющая 2. реактивный элемент (*накопитель*)
real ~ действительная составляющая; активная составляющая
resistance-reactance ~ активно-реактивный элемент
rotating ~ вращающийся элемент
separately-mounted circulating circuit ~ отдельно монтируемый элемент циркуляционной системы
stable ~ устойчивое звено (*CAP*)
steady ~ постоянная (во времени) составляющая
subharmonic ~ субгармоническая составляющая
symmetrical ~s симметричные составляющие
tangential ~ тангенциальная составляющая
transversive ~ поперечная составляющая
unstable ~ неустойчивое звено (*CAP*)
wafer-type ~ печатный элемент; элемент на печатной плате
wattless ~ реактивная составляющая
zero-frequency ~ постоянная составляющая (*тока*)
zero insertion force ~ компонент с нулевым усилием включения (*в цепь*)
zero-phase-sequence ~ составляющая нулевой последовательности
zero-phase-sequence symmetrical ~s симметричные составляющие нулевой последовательности
zero-sequence ~ составляющая нулевой последовательности
compound 1. состав; смесь 2. компаунд (*заливочная смесь или масса*) 3. смешанное возбуждение (*электрической машины*)
  asbest-varnish ~ асбестовая масса на лаке
  bituminous ~ битумный компаунд
  cable ~ кабельный компаунд
  covering ~ покровный компаунд
  elastomeric ~ эластомерный компаунд
  electrical ~ электроизоляционный компаунд
  electrode ~ электродный компаунд
  epoxide ~ эпоксидный компаунд
  extruded ~ экструдированный компаунд
  filling ~ заливочный компаунд; наполнитель
  glass mica plastic ~ стеклослюдяной пластиковый компаунд
  impregnating [impregnation] ~ пропиточный компаунд
  insulating ~ (электро)изоляционный компаунд; изолирующая масса
  potting ~ заливочный компаунд
  sealing ~ герметизирующий компаунд
  semiconducting ~ полупроводящий компаунд
  sheathing ~ изоляционная масса, компаунд
  silicone ~ кремнийорганический компаунд
  slushing ~ антикоррозийный состав
  tagging ~ компаунд, меняющий состав выделяемых газов в зависимости от нагрева
  thermoplastic insulating ~ термопластичный изоляционный компаунд
  thermosetting insulating ~ термореактивный изоляционный компаунд
compound-filled заполненный компаундом
compounding смешанное возбуждение; компаундирование
  counter ~ смешанное встречное возбуждение
  cumulative ~ смешанное согласное возбуждение
  differential ~ смешанное встречное возбуждение
  flat [level] ~ компаундирование с плоской характеристикой
compression сжатие
  frequency ~ сжатие по частоте
  schedule ~ уплотнение графика (*напр. нагрузки*)
computation вычисление
  loss formula ~ вычисление (коэффициентов) формулы потерь

CONCATENATION

reserve ~s вычисления, связанные с величиной резерва мощности (*наличного и необходимого*)
sag ~ расчёт стрелы провеса (*провода*)
concatenation 1. каскадное включение **2.** последовательное соединение
concealed скрытый (*о проводке*)
concentrator концентратор
concentric концентрический; соосный; коаксиальный
condensance ёмкостное сопротивление
condenser конденсатор (*см. тж* **capacitor**)
  air ~ воздушный конденсатор, конденсатор с воздушным диэлектриком
  ascending-flow ~ конденсатор с восходящим потоком
  asynchronized synchronous ~ асинхронизированный синхронный компенсатор, АСК
  asynchronous ~ асинхронный компенсатор
  buffer ~ буферный конденсатор
  driver turbine ~ конденсатор приводной турбины
  evaporator ~ конденсатор испарителя
  feedback ~ конденсатор обратной связи
  fixed ~ конденсатор постоянной ёмкости, постоянный конденсатор
  glass-ceramic ~ стеклокерамический конденсатор
  loss-free ~ конденсатор без потерь
  oil(-filled) ~ масляный конденсатор
  paper ~ бумажный конденсатор, конденсатор с бумажным диэлектриком
  reaction ~ конденсатор обратной связи
  smoothing ~ сглаживающий конденсатор
  standard ~ эталонный конденсатор
  starting ~ пусковой конденсатор
  static ~ статический конденсатор
  surface ~ плоскостной конденсатор
  synchronous ~ синхронный компенсатор
  tapped ~ конденсатор с отводами; секционированный конденсатор
  tuning ~ подстроечный конденсатор
  variable ~ переменный конденсатор, конденсатор переменной ёмкости
condition 1. условие; состояние **2.** *pl* режим (*работы*)
  ~ **of readiness** состояние готовности
  ~s **of resonance** условия резонанса
  ~s **of usage** условия эксплуатации; условия использования
  abnormal operating ~s ненормальные условия эксплуатации
  actual operating ~s реальные условия эксплуатации
  actual-use test ~s условия испытаний, воспроизводящие натурные
  alarm ~s напряжённый режим
  ambient ~s условия окружающей среды
  aperiodic ~s апериодический режим
  applicable service ~s создаваемые условия работы (*во время испытаний*)
  application ~s условия применения
  asynchronous ~s асинхронный режим
  average operating ~s **1.** средние условия эксплуатации **2.** усреднённый режим работы
  balanced ~s симметричный режим
  boundary ~ краевое [граничное] условие
  breaking ~s режим отключения
  characteristic load ~s режим нагрузки на характеристическое сопротивление
  climatic ~s климатические условия
  climatic service ~s климатические условия эксплуатации
  cold ~ **1.** холодное состояние **2.** *pl* нерабочий режим
  continuous ~s непрерывный режим
  crash ~s аварийный режим
  critical ~s **1.** критические условия **2.** критический режим
  debugging ~s режим наладки; режим отладки
  degrade operating ~s ослабленный режим работы (*энергосистемы*)
  design ~s **1.** расчётные условия **2.** номинальный режим
  dry ~ режим с отжатой водой (*из камеры турбины или насоса*)
  dusty environmental ~s условия запылённости окружающего воздуха
  edge operating ~s граничный [предельно допустимый] режим работы
  emergency ~s аварийный режим
  energized ~ возбуждённое состояние (*реле*)
  environmental ~s условия окружающей среды, окружающие условия, внешние условия
  extreme ~s предельные условия; экстремальные условия
  extreme service ~s особые [особо тяжёлые] условия эксплуатации (*класс 4, тип А, группа I по МЭК*)
  faulty ~ неисправное состояние
  final ~ состояние завершённого срабатывания (*реле*)

final controlled ~ установившееся значение регулируемой величины
full-load ~s режим полной нагрузки
generating [generator] ~s генераторный режим
hard service ~ тяжёлые условия эксплуатации
heavy ~s тяжёлые условия (*работы*)
heavy-load ~s режим тяжёлых нагрузок
heavy through-fault ~s большой ток внешнего КЗ
high-resistance fault ~s режим КЗ с большим сопротивлением
hot ~ рабочий режим (*электровакуумного прибора*)
hunting ~s режим качаний
idling ~s режим холостого хода
inadmissible operating ~s недопустимый режим работы
initial ~ 1. исходное состояние (*реле*) 2. *pl* начальные условия
inlet ~s условия на входе
in-step ~s режим совпадения по фазе
inverter ~s инверторный режим
light-load ~ режим малых нагрузок
limit ~s 1. предельные условия 2. предельный режим
limiting ~s ограничивающие условия
limiting operating ~s ограничивающие условия эксплуатации
linear ~s линейный режим
maintenance ~s условия эксплуатации
making ~ режим включения
minimum generating ~s минимальная генерация (*по условиям РЗ*)
motor(ing) ~s двигательный режим
no-current ~ бестоковая пауза
no-load ~s режим холостого хода
normal ~s нормальный режим
normal operating ~s нормальный режим работы
normal running ~s нормальные условия эксплуатации
off ~ состояние «выключено»
off-design ~s нерасчётные условия
off-peak (operating) ~s режим минимальных нагрузок
on ~ состояние «включено»
on-peak (operating) ~s режим максимальных нагрузок
open-circuit ~s режим холостого хода
open-conductor [open-phase] operating ~s режим с обрывом одной фазы (*в трёхфазной цепи*), неполнофазный режим
operable ~ работоспособное состояние

operate ~ состояние завершённого срабатывания (*реле*)
operating ~ 1. рабочее состояние 2. *pl* эксплуатационные [рабочие] условия, условия эксплуатации 3. *pl* эксплуатационный [рабочий] режим, режим работы
operating emergency ~s 1. критические эксплуатационные условия 2. аварийный режим
operating ~s **of short duration** кратковременный режим работы
operating post-emergency [operating post-fault] ~s послеаварийный режим работы
operational ~s эксплуатационный [рабочий] режим, режим работы
operative ~ исправное состояние; состояние эксплуатационной готовности
oscillation ~s условия возбуждения колебаний
oscillatory ~s колебательный режим
out-of-balance ~s несимметричный режим
out-of-step ~s асинхронный режим
overload ~s режим перегрузки
peak-load ~s режим максимальных [пиковых] нагрузок
post-emergency [post-fault] ~s послеаварийный режим
power system hunting ~s режим качаний в энергосистеме
precipitation ~s условия дождевания (*при испытании изоляции*)
pre-fault ~s доаварийный [предаварийный] режим
quiescent ~ состояние покоя; исходное состояние
rated ~s 1. расчётные условия 2. расчётный режим
ready-to-run ~s условия готовности к пуску
rectifier ~s выпрямительный режим
reference ~s нормированные [номинальные, заданные] условия
reference ~s **of influence factors** нормированные [номинальные, заданные] условия по влияющим факторам
reference ~s **of influence quantities** нормированные [номинальные, заданные] условия по влияющим величинам
release ~ 1. обесточенное состояние (*одностабильного реле*) 2. заданное состояние (*двустабильного реле*)
reset ~s предпусковой режим
saturation ~s режим насыщения
service ~s 1. эксплуатационные [рабо-

CONDITIONER

чие] условия, условия эксплуатации **2.** эксплуатационный [рабочий] режим, режим работы
severe ~s **1.** тяжёлые условия **2.** напряжённый режим (*работы*)
severe dust, corrosion and pollution ~s тяжёлые условия по запылённости, коррозии и загрязнению (*класс 3, тип В, группа I по МЭК*)
severe operating ~s тяжёлые условия работы
short-circuit ~s режим КЗ
simulated ~s **1.** смоделированные условия **2.** эквивалентные условия
single-phase ~s режим с обрывом одной фазы (*в трёхфазной цепи*), неполнофазный режим
stabilized ~s установившийся режим
stable ~s устойчивый режим
stalling ~s режим опрокидывания (*двигателя*); режим остановки (*двигателя*) от перегрузки
standard ~s стандартные условия
standby ~ **1.** состояние ненагруженного резерва **2.** *pl* дежурный режим
starting ~s **1.** начальные условия **2.** пусковой режим
start-oscillation ~s условия возникновения колебаний
static ~s статический режим
steady-state ~s установившийся режим
storage ~s условия хранения
struck breaker ~s режим отказа выключателя
symmetrical ~s симметричный режим
temperature ~s **1.** температурные условия **2.** температурный режим
thermal ~s тепловой режим
through-load ~s режим сквозной нагрузки (*для РЗ линии*)
top operating ~s состояние безукоризненной работоспособности
transient ~s неустановившийся режим
trigger ~s условия пуска
tropical ~s тропические условия
unbalanced ~s несимметричный режим
unenergized ~ начальное [исходное] состояние (*реле*)
valley-load ~s режим провала нагрузки
weather ~s климатические [атмосферные] условия; погодные условия
working ~s **1.** рабочее состояние **2.** *pl* эксплуатационные [рабочие] условия, условия эксплуатации **3.** *pl* эксплуатационный [рабочий] режим, режим работы
worst possible ~s наихудшие возможные условия
conditioner кондиционер
  air ~ кондиционер
  air-cooled air ~ кондиционер с воздушным конденсатором
  apartment air ~ бытовой кондиционер
  centrifugal air ~ кондиционер с центробежным компрессором
  domestic air ~ бытовой кондиционер
  heavy [high-capacity] air ~ кондиционер большой производительности
  home air ~ бытовой кондиционер
  input ~ входное устройство нормализации
  signal ~ формирователь сигнала
conditioning:
  electrochemical ~ электрохимическая подготовка
  signal ~ нормирование (аналогового) сигнала
conduct проводить (*ток*)
conductance 1. (активная) проводимость **2.** теплопроводность
  back ~ проводимость в обратном направлении
  cubic ~ объёмная проводимость
  dc ~ проводимость по постоянному току
  dielectric ~ диэлектрическая проводимость, проводимость диэлектрика
  effective ~ действующая проводимость
  electrical ~ активная проводимость
  electrode ~ активная проводимость электрода
  electrolytic ~ электролитическая проводимость
  forward ~ проводимость в прямом направлении
  input ~ входная проводимость
  internal ~ внутренняя проводимость
  ionic ~ ионная проводимость
  leakage ~ проводимость утечки
  magnetic ~ магнитная проводимость
  mutual ~ взаимная проводимость
  output ~ выходная проводимость
  shunt ~ проводимость шунта
  slot-leakage ~ проводимость рассеяния паза
  specific ~ удельная проводимость
  specific cubic ~ удельная объёмная проводимость
  stray ~ паразитная проводимость
  surface ~ поверхностная проводимость

CONDUCTOR

transfer ~ взаимная проводимость
unidirectional ~ односторонняя проводимость
volume ~ объёмная проводимость
conduction электропроводность
~ of heat теплопроводность
electric(al) ~ электропроводность
electrolytic ~ электропроводность электролита
gas ~ электропроводность газа
heat ~ теплопроводность
intrinsic ~ собственная электропроводность
ionic ~ ионная электропроводность
liquid ~ электропроводность жидкости
majority-carrier ~ электропроводность за счёт основных носителей
minority-carrier ~ электропроводность за счёт неосновных носителей
non-self-maintained gas ~ несамостоятельная электропроводность газа
oxide-skin ~ электропроводность в поверхностном слое оксида
self-maintained gas ~ самостоятельная [самоподдерживающая] электропроводность газа
solid ~ электропроводность твёрдого тела
thermal ~ теплопроводность
thermal ~ per unit area теплопроводность на единицу поверхности
conductive проводящий (*о материале*)
conductively-coupled гальванически [электрически] связанный
conductivity 1. проводимость 2. удельная электропроводность
asymmetric(al) ~ несимметричная проводимость
bulk negative differential ~ объёмная дифференциальная отрицательная проводимость
electrical ~ удельная электропроводность
electrolytic ~ электролитическая проводимость
extrinsic ~ несобственная [примесная] удельная электропроводность
heat ~ (удельная) теплопроводность
intrinsic ~ собственная удельная электропроводность
layer ~ поверхностная проводимость
magnetic ~ магнитная проницаемость
molecular ~ молекулярная проводимость
percent ~ отношение удельной проводимости проводника к проводимости чистого металла в процентах
specific ~ удельная электропроводность
standard ~ стандартная проводимость; эталонная проводимость
thermal ~ (удельная) теплопроводность

conductor 1. проводник 2. провод; (токопроводящая) жила; кабель ◊ ~s A1, A2, A3 провода из алюминиевых проволок A1, A2, A3; ~s A1/A2, A1/A3 комбинированные провода из алюминиевых проволок и проволок из алюминиевого сплава двух типов; ~s A1/S1B, A1/S2A, A1/S2B, A1/S3A сталеалюминиевые провода со стальными проволоками трёх категорий прочности; ~s A2/S1A, A2/S1B, A2/S3A комбинированные провода из алюминиевого сплава типа В со стальным сердечником из проволок нормальной прочности и особо прочных; ~ A3/S3A комбинированный провод из алюминиевого сплава типа А с сердечником из особо прочных стальных проволок; ~ **with equal dia strands** провод с проволоками одинакового диаметра
ACSR ~ сталеалюминиевый провод
aerial ~ провод ВЛ
all-aluminum ~ алюминиевый провод
all aluminum alloy ~ провод из алюминиевого сплава
aluminum ~ алюминиевый провод
aluminum alloy stranded ~ витой провод из алюминиевого сплава
aluminum-clad steel ~ сталеалюминиевый провод
aluminum-clad steel solid ~ сталеалюминиевый однопроволочный провод
aluminum solid ~ алюминиевый однопроволочный провод
aluminum stranded ~ витой алюминиевый провод
antiinduction ~ провод с защитой от индуктивных воздействий
bare ~ 1. неизолированный проводник 2. неизолированный [голый] провод
bimetallic ~ биметаллический провод
braided ~ плетёный проводник; сплетённая жила (*кабеля*)
branch ~ провод ответвления, провод отпайки
branched ~ ответвлённый провод
bunched ~ многопроволочный кабель; кабель шнуровой *или* пучковой скрутки
bunch-stranded ~ жила пучковой скрутки

CONDUCTOR

bundle(d) ~ 1. расщеплённый провод 2. расщеплённая фаза 3. многожильный провод
buried ~ провод, проложенный в земле
cable ~ жила кабеля
cellular ~ трубчатый провод
center ~ центральная жила (*коаксиального кабеля*)
circular ~ провод круглого сечения
coaxial ~ коаксиальный провод
communication ~s провода связи
composite ~ многожильный провод; составной провод
concentric ~ концентрическая жила; концентрический проводник
concentric-lay ~ кабель повивной скрутки
concentric-lay stranded ~ многопроволочный кабель повивной скрутки
conjugate ~s соединённые параллельно провода
contact ~ *ж.-д.* контактный провод
continuously transposed ~s проводники с последовательной транспозицией
copper ~ 1. медный проводник 2. медный провод
copper-clad steel ~ сталемедный провод
copper-clad steel solid ~ сталемедный однопроволочный провод
copper-clad steel stranded ~ сталемедный многопроволочный провод
copperweld ~ провод, покрытый медью, омеднённый провод
covered ~ изолированный провод
current-carrying ~ токонесущий проводник
double ~ двойной провод; расщеплённый провод
double-wired ~ двухжильный провод
down ~ спуск провода
electric(al) ~ 1. проводник 2. провод; кабель; (токопроводящая) жила
electrolytic ~ 1. электролитический проводник; электролит 2. проводник второго рода
electron ~ проводник первого рода
equipotential bonding ~ проводник выравнивания потенциала
expanded ~ расширенный (многопроволочный) кабель
face ~s активные проводники
filled-core annular ~ круглый многожильный провод с непроводящим сердечником
flat ~ плоский провод
flat-strip ~ ленточный провод
flexible ~ гибкий провод; шнур
flush ~ скрытый провод
ground(ing) ~ заземляющий провод
grounding electrode ~ провод заземляющего электрода
heat ~ проводник тепла
heating ~ нагреватель сопротивления
hidden ~ скрытый провод
hollow ~ полый провод
hollow-core ~ пустотелый провод
insulated ~ 1. изолированный проводник 2. изолированный провод
ion(ic) ~ ионный проводник; проводник второго рода
isolated ~ отдельный проводник
keystone(d) cross-section ~ проводник трапецеидального сечения
lateral ~ 1. провод, отклоняющийся от оси линии 2. ответвление, отвод
leakage ~ линейный молниеотвод
light ~ световод
lightning ~ молниеотвод
line ~ линейный провод
live ~ провод под напряжением
locked-coil ~ многожильный провод с креплением внешних жил от радиального перемещения
magnetic ~ магнитопровод
main ~ главный [силовой] провод
multiple ~ расщеплённый провод
multistranded [multiwire] ~ многожильный провод
neutral ~ нейтральный провод, нейтраль; нулевой (рабочий) провод
nickel-clad ~ никелированный провод
outer ~ внешний провод(ник)
overhead ~ провод ВЛ
PEN ~ совмещённый нулевой рабочий и защитный провод(ник), PEN-проводник
phase ~ фазный провод
phase-screened ~ пофазно-экранированная жила
plain ~ металлический провод
plastic-insulated ~ провод с пластмассовой изоляцией
polyethylene insulated ~ провод с полиэтиленовой изоляцией
poor ~ плохой проводник
protective ~ защитный провод
quill ~ полый проводник
rectangular ~ провод прямоугольного сечения
resistive ~ провод высокого сопротивления
return ~ обратный провод
ribbon ~ 1. ленточный проводник 2. провод прямоугольного сечения

CONFIGURATION

roof ~ молниеотвод на крыше
round ~ провод круглого сечения
rubber ~ провод с резиновой изоляцией
sector ~ провод секторного сечения
segmental ~ провод с сечением в виде сегмента
self-damping ~ провод с самозатуханием колебаний
service ~s провода абонентской линии
service entrance ~s провода абонентского ввода
shaped ~ профилированный [фасонный] провод
shielded ~ экранированный провод; экранированная жила
simple ~ простой проводник
single ~ одиночный провод
slot-embedded ~ проводник пазовой части (*обмотки*)
smooth-bodied ~ гладкий провод
solid ~ одножильный провод; сплошная жила
solid aluminum ~ сплошной одножильный алюминиевый провод
solid cable ~ сплошная жила кабеля
split ~ 1. расщеплённый провод 2. кабель из изолированных жил
square ~ провод квадратного сечения
steel ~ стальной провод
steel-aluminum ~ сталеалюминиевый провод
steel-cored copper ~ медный провод со стальным сердечником
stranded ~ 1. скрученная жила 2. скрученный многопроволочный кабель
stranded cable ~ многопроволочная (скрученная) жила кабеля
strip ~ ленточный проводник
supply ~s силовые провода
test ~ испытательный провод
third class ~ проводник третьего рода
tin coated [tinned] ~ лужёный провод
triple ~ трёхжильный провод
twin ~ двухжильный провод
twisted ~ скрученный (многожильный) провод
uniform ~ провод одинакового сечения
U-shaped ~ проводник П-образного сечения
vertical ~ вертикально идущий провод; спуск провода
conductor-cooled с внутренним охлаждением
conduit 1. кабелепровод; кабельный канал 2. изоляционная трубка 3. труба [жёлоб] для электропроводки
cable ~ кабельный канал
flexible ~ гибкий кабелепровод
flexible-metal ~ гибкий металлический кабелепровод
indoor [interior] ~ канал для внутренней проводки
intermediate metal ~ промежуточный металлический кабелепровод
liquid-tight flexible-metal ~ водонепроницаемый гибкий металлический кабелепровод
metallic pipe ~ 1. металлическая труба для электропроводки 2. металлическая труба-заземлитель
multiple-duct ~ многоканальный кабелепровод
multiple-wire ~ многопроводный кабелепровод
oil ~ маслопровод
polyvinyl chloride [PVC] ~ поливинилхлоридный кабелепровод
rigid ~ жёсткий кабелепровод
single-duct ~ одноканальный кабелепровод
single-wire ~ однопроводный кабелепровод
thin-wall(ed) ~ тонкостенный трубопровод
tile pipe ~ керамическая труба для электропроводки
trunk line ~ магистральный кабелепровод
underground ~ подземный кабельный канал
conduit-tee ответвительная коробка для электропроводки
cone конус
~ **of protection** коническая зона молниезащиты
electrically-operated machine commutator insulating ~ изоляционный конус коллектора электрической машины
configuration 1. конфигурация; форма 2. структура
composite ~ *телемех.* смешанная [радиально-цепочечная] структура
conductive system ~ конфигурация системы проводов
conductor ~ конфигурация провода
delta ~ дельта-конфигурация; треугольное расположение
distributed ~ распределённая конфигурация
double-circuit semivertical ~ двухцепное полувертикальное расположение (*проводов ВЛ*)
double-circuit vertical ~ двухцепное

CONFLICT

вертикальное расположение (*проводов ВЛ*)
horizontal ~ горизонтальное расположение (*проводов ВЛ*)
hybrid ~ *телемех.* смешанная [радиально-цепочечная] структура
multiple point-to-point ~ *телемех.* радиальная структура «один—один»
multipoint-partyline ~ *телемех.* многоточечная цепочечная структура
multipoint-ring ~ *телемех.* многоточечная кольцевая структура
multipoint-star ~ *телемех.* многоточечная радиальная структура, радиальная структура «один — η»
omnibus ~ *телемех.* структура «каждый с каждым»
point-to-point ~ *телемех.* структура «пункт—пункт» (*с выделенными каналами связи*)
semihorizontal ~ полугоризонтальное расположение (*проводов ВЛ*)
semivertical ~ полувертикальное расположение (*проводов ВЛ*)
system ~ конфигурация электрической сети
telecontrol ~ структура сети телемеханики
triangular ~ треугольное расположение (*проводов ВЛ*)
vertical ~ вертикальное расположение (*проводов ВЛ*)
Wenner ~ расположение четырёх заземляющих электродов по прямой
conflict:
  structure ~ опасное сближение линий передач
conjugate сопряжённая величина ‖ сопрягать
conjugation сопряжение
  complex ~ комплексное сопряжение
conjunction 1. соединение; связь **2.** сопряжение
connect соединять; присоединять; включать ◇ **to ~ across [to ~ in parallel]** соединять параллельно; **to ~ in series** соединять последовательно; **to ~ in-to...** подключать(ся) к...; **to ~ on...** подключать [присоединять] к...; **~ with the wrong polarity** перепутать [соединить неправильно] полюса
connected соединённый; включённый
  back ~ с задним присоединением
  direct ~ присоединённый напрямую
  electrically ~ с электрической связью, электрически связанный
  magnetically ~ с магнитной связью, магнитно-связанный
connection 1. соединение; включение **2.** проводник, шина **3.** вывод ◇ **~ in opposition** противовключение, встречное включение; **~ in parallel opposite** встречно-параллельное включение
  ac ~ соединение цепей переменного тока
  accordant [aiding] ~ согласное включение
  antiparallel ~ встречно-параллельное включение
  armature end ~s лобовые соединения обмотки якоря
  back ~ противовключение, встречное включение
  back-to-back ~ встречно-параллельное включение
  basic converter ~ основная схема [схема главных плеч] преобразователя
  basic switch ~ основная схема [схема главных плеч] электронного коммутационного аппарата
  between-coil ~ межкатушечное соединение
  bilateral ~ двунаправленное соединение
  bolted ~ болтовое соединение
  boost ~ вольтодобавочное соединение
  boost and buck ~ вольтодобавочное и вольтовычитающее соединение
  bound ~ бандажированное соединение
  bound twin-post ~ бандажированное соединение двух выводов
  bridge ~ мостовая схема; мостовое соединение; двухполупериодная схема
  cable box ~ кабельная муфта
  cascade ~ **1.** каскадное включение **2.** последовательное соединение
  chain ~ каскадное включение
  clip ~ зажимное соединение
  coil-to-coil ~ межкатушечное соединение
  collector ~ вывод коллектора
  combined ~ **of electrical circuit sections** смешанное соединение участков электрической цепи
  common emitter ~ схема с общим эмиттером
  complete bridge ~ полная мостовая схема
  converter ~ схема преобразователя
  crimp ~ обжимное соединение
  cross ~ **1.** поперечное соединение **2.** скрещивание проводов; транспозиция
  crossover ~s пересекающиеся соединения

CONNECTION

current ~ соединение токовых цепей
dc ~ соединение цепей постоянного тока
delta ~ соединение треугольником
delta-delta ~ соединение треугольник—треугольник, соединение двойным треугольником
delta-double-wye ~ соединение треугольник—двойная звезда
delta-star [delta-wye] ~ соединение треугольник—звезда
detachable ~ разъёмное соединение
differential ~ включение (*реле*) на разностный ток
direct ~ прямое соединение
double-delta ~ соединение треугольник—треугольник, соединение двойным треугольником
double-zigzag ~ соединение двойным зигзагом
double-way ~ двунаправленная схема (*преобразователя*)
end ~ **s** лобовые соединения обмотки
equipotential ~ эквипотенциальное соединение
flange ~ фланцевое соединение
flexible ~ гибкое соединение
fork ~ соединение неполной звездой; соединение вилкой
full-wave ~ мостовая [двухполупериодная] схема (*выпрямителя*)
fully-controllable ~ схема с симметричным управлением
ground ~ заземление, замыкание на землю
grounded base ~ схема с заземлённой базой
grounded cathode ~ схема с заземлённым катодом
grounded wye ~ соединение звездой с заземлённой нейтралью
grounding ~ заземление, замыкание на землю
heavy-current ~ сильноточное соединение
incomplete bridge ~ неполная мостовая схема
inlet ~ присоединительный фланец
interconnected-star ~ соединение звезда—зигзаг
internal ~ внутреннее соединение
interstar ~ соединение зигзагом
inverse-parallel ~ встречно-параллельное включение
Leblanc ~ схема Леблана
line ~ питающая линия потребителя
main switchgear ~ **s** главная схема соединений распределительного устройства

mechanical wrap ~ механическая скрутка (*проводов*)
mesh ~ соединение многоугольником
midpoint-grounded delta ~ соединение треугольником с заземлённой средней точкой
multiple ~ **of commutating groups** параллельная схема соединения коммутирующих групп
neutral point ~ присоединение к нейтрали
no ~ 1. отсутствие соединения 2. свободный штырёк цоколя (*электронной лампы*)
noncontrollable ~ неуправляемая схема
nonuniform ~ несимметричная [неоднородная] схема
open-delta ~ соединение разомкнутым [открытым] треугольником
opposite ~ противовключение, встречное включение
parallel ~ параллельное соединение
parallel ~ **of electrical circuit sections** параллельное соединение участков электрической цепи
parallel-opposite ~ встречно-параллельное соединение
permanent ~ неразъёмное соединение
pin ~ расположение выводов
plug(-and-socket) ~ штепсельное соединение
point-to-point ~ соединение «точка с точкой»
polygon ~ соединение многоугольником
primary switchgear ~ **s** главная схема соединений распределительного устройства
push-pull ~ двухтактная схема
quadrature ~ поперечное присоединение
quick-disconnect ~ быстроразъёмное соединение
rectifier ~ выпрямительная схема
removable ~ разъёмное соединение
ring ~ соединение многоугольником; кольцевое соединение
rosin ~ непропаянное соединение
Scott ~ схема Скотта
screw(ed) ~ винтовое соединение
series ~ последовательное соединение
series ~ **of electrical circuit sections** последовательное соединение участков электрической цепи
series opposition ~ встречно-последовательное соединение

105

CONNECTOR

series-parallel ~ последовательно-параллельное соединение
shunt ~ параллельное соединение
single-way ~ однонаправленная схема (*преобразователя*)
snap-up ~ накидное соединение
solder ~ паяное соединение
solderless ~ непаяное соединение
sound ~ прочное соединение
star ~ соединение звездой
star-delta ~ соединение звезда—треугольник
star-star ~ соединение звезда—звезда, соединение двойной звездой
starting ~ 1. пусковая схема 2. разъём цепи запуска (*двигателя*)
step ~ ступенчатое включение
substitutional ~ схема замещения
switch ~ схема коммутационного аппарата
T-~ Т-образное соединение
tandem ~ каскадное включение
Taylor ~ схема Тейлора
test ~ подключение измерительной схемы
transformer ~ соединение обмоток трансформатора
transistor ~ транзисторная схема
triple-star ~ соединение тройной звездой
T-transformer ~ Т-образное соединение трансформаторов
ungrounded wye ~ соединение звездой с незаземлённой нейтралью
uniform ~ симметричная [однородная] схема
unsoldered ~ непаяное соединение
V-~ соединение разомкнутым [открытым] треугольником
welded ~ сварное соединение
winding ~ соединение обмоток
wire ~ 1. проволочное соединение 2. проволочный вывод
wire-wrap(ped) [wrapped] ~ соединение накруткой
wye ~ соединение звездой
wye-delta ~ соединение звезда—треугольник
wye-wye ~ соединение звезда—звезда, соединение двойной звездой
Y-~ соединение звездой
Y-delta ~ соединение звезда—треугольник
Z-[zigzag] ~ соединение зигзагом
connector соединитель; разъём ◇ **to disengage a** ~ разъединять разъём; **to engage a** ~ соединять разъём
board-mounted ~ соединитель печатной платы
bond ~ стыковой соединитель
break-away ~ обрывной соединитель
bullet(-type) ~ штепсельный разъём
butting ~ стыковой соединитель
cable ~ кабельный разъём; кабельная муфта
case ~ приборная колодка на кожухе
cell ~ межэлементный соединитель (*в аккумуляторной батарее*)
chassis ~ приборная колодка на шасси
circular ~ круглый соединитель
clamp-on ~ зажимной соединитель
coaxial ~ коаксиальный соединитель
compatible ~s совместимые соединители
crimp ~ обжимной соединитель
double-row ~ двухрядный соединитель
edge-socket ~ профильный [торцевой] соединитель
environment resistant ~ соединитель, устойчивый к воздействию окружающей среды
female ~ розеточная часть (*разъёмного соединения*), розетка; гнездо
fiber-optic ~ волоконно-оптический соединитель
fire-proof ~ огнестойкий соединитель
flexible lead ~ гибкий удлинитель
float mounting ~ межблочный соединитель с плавающим монтажом
free ~ подвижный соединитель
free coupler ~ соединитель со свободным расцеплением
ground circuit ~ соединитель в цепи заземления
grounding ~ соединитель заземления, заземляющий соединитель
grounding cable ~ наконечник заземляющего кабеля
heater ~ шнур с вилкой электронагревательного прибора
hermaphroditic ~ комбинированный соединитель
hermetic ~ герметичный соединитель
intermateable ~s взаимосочленяемые соединители
intermediate ~ промежуточный [переходный] соединитель
internal ~ внутренний соединитель
line ~ линейный соединитель
male ~ вилочная часть (*разъёмного соединения*), вилка; штыревой соединитель, штырь
mechanical ~ клещи для соединения проводов
mother-daughter board ~ соединитель «плата—плата»

106

multiple-contact ~ многоконтактный соединитель
nonreversible ~ нереверсируемое [необратимое] соединение
pin ~ штыревой соединитель, штырь
plug ~ 1. вилочная часть (*разъёмного соединения*), вилка; штыревой соединитель; штырь 2. штепсельный разъём
pressure-wire ~ обжимной соединитель
pressurized ~ герметизированный соединитель
printed board ~ соединитель для печатных плат
printed wiring ~ соединитель для печатного монтажа
pull-off ~ соединитель с оттяжным замком
push-pull ~ соединитель с замком, раскрываемым после нажатия
quick-disconnect ~ быстроразмыкаемый соединитель
rack-and-panel ~ панельно-стоечный соединитель
receptacle ~ 1. розеточная часть (*разъёмного соединения*), розетка; гнездо 2. штепсельный соединитель
rectangular ~ прямоугольный соединитель
right-angle ~ угловой [уголковый] соединитель
scoop-proof ~ ударостойкий соединитель
sealed ~ герметизированный соединитель
self-locking ~ самофиксирующийся соединитель
set-screw type ~ соединитель с непосредственным сцеплением, соединитель с проводом, зажимаемым винтом
shielded ~ экранированный соединитель
snatch-disconnect ~ отрывной соединитель
socket ~ розеточная часть (*разъёмного соединения*), розетка; гнездо
solderless ~ соединитель без пайки
split-bolt ~ соединитель с разъёмными [разрезными] болтами
staggered-contact ~ соединитель с расположением контактов в шахматном порядке
star ~ звездообразный соединитель
starter-to-terminal ~ провод, соединяющий стартер с пусковым переключателем
straight coupling type ~ соединитель с непосредственным сцеплением, соединитель с проводом, зажимаемым винтом
straight-through ~ переходник
submersible ~ водонепроницаемый соединитель
T-[tee] ~ тройниковый соединитель, тройник
terminal ~ концевой соединитель
threaded ~ соединитель с резьбой
twist-on ~ поворотный соединитель
two-pin ~ двухштыревой соединитель
two-pin mains ~ двухштыревой соединитель для подключения к сети
umbilical ~ центральный (втулочный) соединитель
wire ~ проволочный соединитель
wiring ~ соединитель для монтажа
connexion *см.* **connection**
conservation:
  energy ~ энергосбережение; экономия энергии
conservator 1. расширительный масляный бак, расширитель (*трансформатора*) 2. консерватор
  oil ~ 1. расширительный масляный бак, расширитель 2. консерватор
conserver *см.* **conservator**
consistency 1. абсолютный разброс 2. точность повторных действий реле (*согласно его характеристике срабатывания*)
  reference ~ основной абсолютный разброс
console 1. пульт 2. оконечное устройство
  control ~ пульт управления
  dispatcher ~ пульт диспетчера
  display ~ дисплейный пульт
  engineering ~ инженерный пульт (*ЭВМ*)
  facilities control ~ пульт управления оборудованием
  operator's ~ пульт оператора
  test ~ испытательный пульт
constant постоянная
  ~ **of a measuring instrument** постоянная измерительного прибора
  absolute dielectric ~ абсолютная диэлектрическая постоянная, абсолютная диэлектрическая проницаемость
  acceleration ~ постоянная времени ускорения
  acceleration ~ **of a machine** постоянная времени ускорения (электрической) машины
  aperiodic time ~ постоянная времени апериодической составляющей

CONSTANT

arbitrary ~ произвольная постоянная; независимая постоянная
armature-circuit time ~ постоянная времени якорной цепи
attenuation ~ постоянная затухания
ballistic galvanometer ~ постоянная баллистического гальванометра
capacitor ~ добротность конденсатора
catenary ~ постоянная цепной линии
cell ~ постоянная электролитического элемента
charging time ~ постоянная времени заряда
circuit ~s параметры цепи; параметры схемы
coil ~ добротность катушки индуктивности
complex dielectric ~ комплексная диэлектрическая проницаемость
cooling time ~ постоянная времени охлаждения
current ~ токовая постоянная
damping ~ коэффициент затухания; постоянная успокоения
decay ~ постоянная распада
derivat(iv)e action time ~ постоянная времени воздействия по производной
dielectric ~ 1. диэлектрическая постоянная, диэлектрическая проницаемость 2. действительная часть комплексной диэлектрической проницаемости
dielectric phase ~ фазовый угол диэлектрика, угол диэлектрических потерь
diffusion ~ коэффициент диффузии
direct-axis subtransient open-circuit time ~ сверхпереходная постоянная времени по продольной оси при разомкнутой обмотке якоря (*статора*)
direct-axis subtransient short-circuit time ~ сверхпереходная постоянная времени по продольной оси при замкнутой накоротко обмотке якоря (*статора*)
direct-axis time ~ постоянная времени по продольной оси
direct-axis transient open-circuit time ~ переходная постоянная времени по продольной оси при разомкнутой обмотке якоря (*статора*)
direct-axis transient short-circuit time ~ переходная постоянная времени по продольной оси при замкнутой накоротко обмотке якоря (*статора*)
distributed ~s распределённые параметры

effective dielectric ~ эффективная диэлектрическая проницаемость
electric ~ электрическая постоянная
electrical circuit time ~ постоянная времени электрической цепи
electric charge time ~ постоянная времени электрического заряда
electric discharge time ~ постоянная времени электрического разряда
fast time ~ малая постоянная времени
field-circuit time ~ постоянная времени цепи обмотки возбуждения
flux-linkage ~ постоянная взаимоиндукции
galvanometer ~ постоянная гальванометра
Hall(-effect) ~ постоянная Холла
heating time ~ постоянная времени нагрева
hysteresis ~ коэффициент потерь на гистерезис
inertia ~ постоянная инерции
initial dielectric ~ начальная диэлектрическая постоянная, начальная диэлектрическая проницаемость
input time ~ постоянная времени входной цепи
integral action time ~ постоянная времени интегрального воздействия
integration ~ постоянная интегрирования
lumped ~s сосредоточенные параметры
magnetic ~ магнитная постоянная, магнитная проницаемость вакуума
mechanical time ~ механическая постоянная времени
meter ~ постоянная счётчика (*электроэнергии*)
optical absorption ~ коэффициент поглощения света
permittivity ~ диэлектрическая постоянная, диэлектрическая проницаемость вакуума
phase ~ 1. фазовая постоянная 2. волновой коэффициент
phase ~ **per section** фазовая постоянная элементарного четырёхполюсника
piezoelectric ~ пьезоэлектрическая постоянная
propagation ~ коэффициент распространения
pulse-fall time ~ постоянная времени заднего фронта [среза] импульса
pulse-rise time ~ постоянная времени переднего фронта [нарастания] импульса

quadrature-axis subtransient open-circuit time ~ сверхпереходная постоянная времени по поперечной оси при разомкнутой обмотке якоря (*статора*)
quadrature-axis subtransient short-circuit time ~ сверхпереходная постоянная времени по поперечной оси при замкнутой накоротко обмотке якоря (*статора*)
quadrature-axis transient open-circuit time ~ переходная постоянная времени по поперечной оси при разомкнутой обмотке якоря (*статора*)
quadrature-axis transient short-circuit time ~ переходная постоянная времени по поперечной оси при замкнутой накоротко обмотке якоря (*статора*)
relative dielectric ~ относительная диэлектрическая постоянная, относительная диэлектрическая проницаемость
resistivity temperature ~ температурный коэффициент удельного сопротивления
screening ~ коэффициент экранирования
short-circuit time ~ **of a winding** постоянная времени обмотки, замкнутой накоротко
slot-reactance ~ постоянная рассеяния паза; постоянная реактивного сопротивления пазового рассеяния
slow time ~ большая постоянная времени
storage-energy [stored-energy] ~ постоянная запасённой энергии
stored-energy ~ **of a set** постоянная запасённой энергии агрегата
subtransient time ~ сверхпереходная постоянная времени
switching ~ 1. постоянная переключения 2. постоянная перемагничивания
synchronous machine stability ~s параметры, определяющие устойчивость синхронной машины
system ~s параметры системы
test ~ постоянная испытания (*счётчика*)
thermal time ~ тепловая постоянная времени
time ~ постоянная времени
time ~ **of aperiodic component** постоянная времени апериодической составляющей
time ~ **of pulse fall** постоянная времени заднего фронта [среза] импульса
time ~ **of pulse rise** постоянная времени переднего фронта [нарастания] импульса

time ~ **of transformer under load** постоянная времени нагруженного трансформатора
total time ~ суммарная постоянная времени (*при управлении по напряжению*)
transfer ~ постоянная передачи (*четырёхполюсника*)
transient time ~ переходная постоянная времени
transmission ~ постоянная передачи (*четырёхполюсника*)
universal ~ универсальная постоянная
velocity ~ константа скорости; параметр скорости
viscosity ~ постоянная вязкости
watt-hour ~ ватт-часовая постоянная (*счётчика*)
wavelength ~ волновая постоянная; волновой коэффициент
constantan константан
constraint ограничение
delay ~ ограничение по задержке
design ~s проектные ограничения
electrical ~s ограничения по электрическому режиму
energy consumption ~ ограничение потребления энергии
environmental ~s ограничения по состоянию окружающей среды
equality ~ ограничение в форме равенства
generation rate ~s ограничения по скорости набора мощности
generator (load) ~s ограничения (нагрузки) генератора
hard ~s жёсткие ограничения
inequality ~ ограничение в форме неравенства
line (load) ~s ограничения (нагрузки) линии
operating ~s эксплуатационные ограничения
pollution ~ ограничение по условиям окружающей среды
soft ~s мягкие ограничения
structural ~s структурные ограничения
technological ~s технологические ограничения
voltage ~s ограничения по напряжению
constrict сжимать; сужать; стягивать; сокращать
construct конструировать, сооружать
construction 1. конструкция; структура 2. размещение
armless ~ **of pole lines** размещение

CONSUMER

(*оборудования*) на линиях со столбами без траверс
bag-type ~ конструкция (*сухого элемента*) с мешочным деполяризатором
breadboard ~ макет
center-aisle ~ двухрядное расположение (*панелей управления*) с проходом посредине
dead-front ~ конструкция (*напр. распределительного щита*) с аппаратурой управления с задней стороны
dual-voltage ~ конструкция, рассчитанная на работу с двумя номинальными напряжениями
inclined-catenary ~ конструкция с косой цепной подвеской
module ~ модульная конструкция
multipiece frame ~ многоэлементная рамная конструкция
overhead ~ **for power distribution** сооружение ВЛ для распределения электроэнергии
pairwise ~ парная скрутка (*кабеля*)
quadded ~ скрутка (*кабеля*) четвёркой
rack-and-panel ~ панельно-стоечная [панельно-блочная] конструкция
single-aisle ~ однорядное расположение (*панелей управления*) с проходом спереди
third-rail ~ конструкция (*тяговой сети*) с третьим [контактным] рельсом
tropicalized ~ тропическое исполнение
underground ~s **for power distribution** подземные сооружения для распределения электроэнергии
unitized ~ унифицированная конструкция

consumer потребитель (*электроэнергии*)
at-large ~ крупный потребитель
direct ~ потребитель, подключаемый к основной сети
domestic ~ бытовой потребитель
heat ~ потребитель тепла
high-load ~ потребитель с высокой (*по сравнению с заявкой*) нагрузкой
high-priority ~ приоритетный потребитель
high-voltage ~ потребитель на высоком напряжении
industrial ~ промышленный потребитель
low-load ~ потребитель с малой (*по сравнению с заявкой*) нагрузкой
low-priority ~ неприоритетный потребитель
low-voltage ~ потребитель на низком напряжении

managed load ~ потребитель-регулятор
medium voltage ~ потребитель на среднем напряжении
off-peak ~ внепиковый потребитель
power ~ потребитель электроэнергии

consumption потребление, расход
auxiliary power ~ потребление (электро)энергии на собственные нужды
corrected specific fuel ~ удельный расход топлива, приведённый к нормальным условиям
direct fuel ~ непосредственное потребление топлива (*без преобразования в энергоноситель*)
domestic ~ бытовое потребление (*электроэнергии*)
energy ~ **by functions served** энергопотребление по направлениям использования
fuel ~ потребление [расход] топлива
heat ~ потребление тепла
household ~ бытовое потребление (*электроэнергии*)
low power ~ малое энергопотребление, малый расход (электро)энергии
oil ~ расход масла
power ~ потребление (электро)энергии
power-plant ~ потребление (*электроэнергии*) на собственные нужды электростанции
residential energy ~ потребление (*электроэнергии*) в коммунальном [жилищно-бытовом] секторе
self-~ собственное потребление
specific ~ удельное потребление, удельный расход
specific ~ **of an electric vehicle** удельное потребление [удельный расход] энергии электрического подвижного состава
specific ~ **of a thermoelectric vehicle** удельное потребление [удельный расход] энергии тепловозного подвижного состава
specific electrode ~ удельный расход электродов (*в дуговой печи*)
specific energy ~ удельный расход электроэнергии
specific reference fuel ~ удельный расход условного топлива
total gross energy ~ суммарное потребление энергии, включая потери
total net energy ~ суммарное потребление энергии конечными потребителями
water ~ водопользование, водопотребление

watt ~ потребляемая мощность в ваттах
contact контакт ◊ ~ **to frame** замыкание на корпус; **to part** ~s размыкать контакты
a-~ замыкающий [нормально-открытый, НО-]контакт
arcing ~ дугогасительный контакт
area ~ плоский контакт
armature ~ подвижная контактная пружина; подвижный якорь (*реле*)
auxiliary ~ вспомогательный контакт; блок-контакт
auxiliary circuit ~ потребление вспомогательной цепи
b-~ размыкающий [нормально-закрытый, НЗ-]контакт
back ~ 1. неподвижный контакт размыкающей группы контактов (*реле*) 2. *ж.-д.* нижний контакт (*в автоматике*)
bad ~ плохой [ненадёжный] контакт
bifurcated ~ раздвоенный контакт
blade ~ ножевой контакт
body ~ замыкание на корпус
bounceless [bounce-proof] ~ потребление (*реле*) с противодребезговой защитой
bow ~ контактная пластина токоприёмника
braking ~ тормозной контакт
break ~ размыкающий [нормально-закрытый, НЗ-]контакт
break-before-make ~ контакт с размыканием до замыкания, незакорачивающий [неперекрывающий] контакт
bridge ~ мостиковый контакт
brush ~ щёточный контакт
butt ~ торцевой [стыковой] контакт
carbon ~ угольный контакт
changeover ~ перекидной [переключающий] контакт
changeover make-before-break ~ перекидной [переключающий] контакт с замыканием до размыкания
changeover ~ **with neutral position** перекидной [переключающий] контакт с нейтральным положением
circuit-closing ~ замыкающий [нормально открытый, НО-]контакт
circuit-opening ~ размыкающий [нормально закрытый, НЗ-]контакт
clean ~ сухой контакт
clip ~ пружинный контакт (*ножа рубильника*)
closed ~ замкнутый контакт
closing ~ замыкающий [нормально открытый, НО-]контакт

cluster ~ 1. групповой контакт 2. розеточный контакт
coding ~ кодирующий контакт
concentric ~ коаксиальный контакт
continuity ~ перекрывающий контакт
continuously transfer relay ~s контакты реле с переключением без разрыва
control ~ контакт (цепи) управления; блок-контакт
crimp ~ беспаечный [обжимной] контакт
cutoff ~ размыкающий [нормально-закрытый, НЗ-]контакт
dead ~ обесточенный контакт
dependent ~ контакт-деталь многопозиционного контактного устройства
dip solder ~ контакт для пайки методом погружения
direct ~ прямой контакт
double ~ двойной контакт
double-break ~ мостиковый контакт
double-throw ~ переключающий контакт на два направления
dry ~ сухой контакт
dry-reed ~ язычковый сухой магнитоуправляемый контакт
electric(al) ~ электрический контакт
electrical liquid ~ электрический жидкостный контакт
female ~ гнездовой контакт
field ~s массив контактов на энергообъекте
filter ~ контакт фильтра
finger ~ кнопочный контакт
fixed ~ 1. неподвижный контакт 2. неподвижная контактная пружина (*реле*)
flat ~ плоский контакт
floating ~ плавающий контакт
flow solder ~ контакт для пайки методом погружения
free ~ свободный [запасной] контакт
front ~ неподвижный контакт замыкающей группы контактов (*реле*)
gate (electric) ~ контакт блокировки двери
gold-plated ~ позолоченный контакт
ground(ing) ~ заземляющий контакт
heavy-duty ~ сильноточный контакт
hermaphroditic ~ комбинированный контакт
impulse ~ импульсный контакт
independent ~ контакт-деталь, связанная только с одной цепью
initiating ~ пусковой контакт
instantaneous ~ мгновенный контакт
intermediate ~s промежуточные контакты

CONTACT

intermittent ~ прерывистый контакт
intimate ~ плотный контакт
iron-based ~s контакты на основе железа
jack-in ~ ножевой контакт
keep-alive ~ удерживающий контакт
knife (blade) ~ ножевой контакт
laminated ~ пластинчатый контакт
late relay ~s контакты реле, действующие с опозданием
line ~ линейный контакт
live ~ контакт под напряжением
locking ~ фиксирующий контакт
loose ~ неплотный контакт
low-capacitance ~s контакты с малой (межконтактной) ёмкостью
lower fixed ~ нижний неподвижный контакт (*реле*)
low-impedance ~ низкоомный контакт
low-level ~ слаботочный контакт
low-resistance electrical ~ электрический контакт с малым сопротивлением
main ~ главный контакт
main circuit ~ контакт основой цепи
make ~ замыкающий [нормально открытый, НО-]контакт
make-and-break ~ переключающий контакт
make-before-break ~ контакт с замыканием до размыкания, закорачивающий [перекрывающий] контакт
male ~ штыревой контакт
mating ~ торцевой [стыковой] контакт
mercury ~ ртутный контакт
metal-semiconductor ~ контакт металл — полупроводник
mid-position ~ контакт (*трёхпозиционного реле*) с одинаковой коммутацией при движении в любом направлении
momentary ~ «прыгающий» контакт
movable ~ 1. подвижный контакт 2. подвижная контактная пружина (*реле*)
moving ~ подвижный контакт
multiple-break ~s контакты с многократным [множественным] размыканием
NC ~ размыкающий [нормально закрытый, НЗ-]контакт
NO ~ замыкающий [нормально открытый, НО-]контакт
nonbridging ~s контакты (*реле*) без перекрытия
nonlocking ~ нефиксирующий контакт

nonoverlapping [nonshorting] ~ контакт с размыканием до замыкания, незакорачивающий [неперекрывающий] контакт
normally closed ~ размыкающий [нормально закрытый, НЗ-]контакт
normally open ~ замыкающий [нормально открытый, НО-]контакт
no-voltage ~ обесточенный контакт
open [operating] ~ замыкающий [нормально открытый, НО-]контакт
output ~s выходные контакты
overlapping ~ контакт с замыканием до размыкания, закорачивающий [перекрывающий] контакт
partial ground ~ частичное замыкание на землю
passing ~ импульсный контакт; проскальзывающий контакт; промежуточный контакт
pilot ~ вспомогательный контакт
pin ~ точечный контакт; штыревой контакт
platinum ~ платиновый контакт
plug ~ штепсельный контакт
plug-in ~ втычной контакт
point ~ точечный контакт
poor ~ плохой [ненадёжный] контакт
power ~s силовые контакты, контакты силовой цепи
preliminary ~ предварительный контакт
preliminary relay ~ опережающий контакт реле
pressed [pressure] ~ прижимной контакт
primary arcing ~s главные дугогасительные контакты
printed ~ печатный контакт
probe ~ зондовый контакт
pull ~ вытяжной контакт
push ~ нажимной контакт
push-button ~ кнопочный контакт
push-on ~ вставной контакт
quick-break ~ контакт с быстрым размыканием
quick-make ~ контакт с быстрым замыканием
rail ~ рельсовый контакт
rear-release ~ контакт, освобождаемый с задней стороны
recessed ~s розеточные контакты
reed ~ язычковый магнитоуправляемый контакт
relay ~ 1. контакт реле 2. контактная группа (*реле*)
relay transfer ~ перекидной контакт реле

resilient ~ остаточный упругий контакт
rest ~ размыкающий [нормально закрытый, НЗ-]контакт
retaining ~ удерживающий контакт
roller ~ роликовый контакт
rolling ~ роликовый контакт; катящийся контакт
rotor ~ роторный контакт
seal ~ контакт с самоудерживанием
sealed ~ герметизированный контакт, геркон
secondary arcing ~s контакты, переводящие дугу на гасительные сопротивления
self-coupled separable ~s автоматически смыкаемые контакты (*коммутационных аппаратов*)
self-holding ~ контакт с самоудерживанием
sequence ~ последовательно включённый контакт
sequence-controlled ~s контакты с определённой последовательностью переключений
shorting ~ контакт с замыканием до размыкания, закорачивающий [перекрывающий] контакт
single ~ одинарный контакт
single-pole single-throw normally closed ~ однополюсный нормально замкнутый контакт на одно направление
single-pole single-throw normally open ~ однополюсный нормально разомкнутый контакт на одно направление
sliding ~ 1. скользящий контакт, ползунок **2.** трущийся контакт
slow action ~ контакт зависимого действия
snap-action ~ щелчковый контакт; «прыгающий» контакт
snap-on ~ контакт с фиксацией
socket ~ гнездовой контакт; штепсельный контакт; розеточный контакт
solder ~ контакт под пайку; паяный контакт
solid ~ утолщённый жёсткий контакт
split(ting) ~ раздвоенный контакт
spring ~ 1. пружинный контакт; упругий контакт **2.** контактная пружина
stake ~ сточный контакт
stationary ~ неподвижный контакт
switch(ing) ~ коммутирующий контакт
tape-head ~ контакт (магнитной) ленты с (магнитной) головкой
thermal ~ термоконтакт
thermocouple ~ контакт термопары
three-terminal ~ трёхзажимный контакт
time delay closing ~s контакты, замыкающиеся с выдержкой времени
trailing ~ 1. последовательно включённый контакт **2.** *ж.-д.* добавочный контакт
transfer ~ переключающий контакт; неперекрывающий контакт
tripping ~ отключающий контакт
tuning fork ~ настроечный вилочный контакт
twin ~s двойной [парный] контакт
two-way ~ переключающий контакт на два направления
upper fixed ~ верхний неподвижный контакт (*реле*)
variable ~ скользящий контакт
volt-free ~ контакт без напряжения
wedge ~ штепсельный контакт
wet ~ смачиваемый (магнитоуправляемый) контакт
whisker ~ точечный контакт
wiping ~ скользящий контакт, ползунок
wrap ~ беспаечный [обжимной] контакт

contact-breaker прерыватель
contacting 1. замыкание контактов **2.** контактирующий
contactless бесконтактный
contactor контактор; электромагнитный пускатель; замыкатель
air-break ~ контактор с разрывом (*дуги*) в воздушной среде
arcless ~ бездуговой контактор
automatic tripping ~ магнитный пускатель, контактор с реле
break-(before-)make ~ контактор с неперекрывающими контактами
control ~ контактор управления
electric ~ (электрический) контактор
field ~ контактор (в цепи) возбуждения
forward and reverse ~s контакторная группа для движения «вперёд-назад» (*с механической или электрической блокировкой*)
group ~ групповой контактор; кулачковый контактор
high-voltage ~ высоковольтный контактор
magnetic ~ (электро)магнитный контактор
make-(before-)break ~ контактор с перекрывающими контактами
mine vacuum ~ вакуумный рудничный контактор

multiple-break ~ контактор с несколькими разрывами
pneumatic ~ пневматический контактор
power ~ силовой выключатель; контактор
push-button ~ контактор с кнопочным управлением
reed ~ герконовый контактор
rotating ~ вращающийся контактор
rotating disk ~ вращающийся дисковый контактор
single-break ~ контактор с одним разрывом на фазу
vibrating ~ вибропреобразователь

container:
tube fuse ~ патрон трубчатого предохранителя

containment защитная оболочка (*ядерного реактора*)
double ~ двухслойная защитная оболочка
multibarrier ~ многослойная защитная оболочка
negative pressure ~ защитная оболочка под пониженным давлением (*ниже атмосферного*)
overpressure ~ защитная оболочка под избыточным давлением
partial ~ частичная защитная оболочка
pressure suppression ~ защитная оболочка с системой гашения давления
reactor ~ защитная оболочка (ядерного) реактора
secondary ~ вторичная защитная оболочка

contamination загрязнение
~ **of insulators** загрязнение изоляторов
contact ~ загрязнение контактов

content 1. содержание (*вещества*) **2.** содержимое **3.** объём; вместимость; ёмкость
active ~ **of reservoir** полезный [активный, рабочий] объём водохранилища
allowable ~ **of reservoir** допустимый объём водохранилища
ash ~ зольность (*топлива*)
harmonic ~ содержание гармоник
relative fundamental ~ относительное содержание первой гармоники
relative harmonic ~ относительное содержание (высших) гармоник
reservoir ~ объём водохранилища

continuity 1. целостность, неразрывность (*электрической цепи*) **2.** плавность; непрерывность

circuit ~ целостность (электрической) цепи
power supply [service, supply] ~ непрерывность [бесперебойность] энергоснабжения

continuously-variable плавнорегулируемый (*о трансформаторе*)

contour 1. контур; линия; кривая **2.** контур (*напр. в электрической цепи*)
equiloss ~ кривая равных потерь
equiphase ~ эквифазная линия, линия равных фаз
equipotential ~ эквипотенциальная линия, линия равных потенциалов

contribution ◊ ~ **to fault** подпитка КЗ
capital ~ **to connection costs** вклад в капитальные затраты по присоединению (*электрической сети*)
capital ~ **to network costs** вклад в капитальные затраты на сооружение (электрической) сети
fault-current ~ подпитка током КЗ

control 1. регулирование, регулировка **2.** управление **3.** контроль **4.** орган управления, регулятор ◊ ~ **with zero offset** астатическое регулирование
~ **of power** регулирование мощности
absorption ~ абсорбционное управление (*реактором*)
acceleration ~ управление разгоном
acceptance ~ приёмочный контроль
adaptive ~ адаптивное управление
air-flow ~ регулирование подачи воздуха
air/fuel ratio ~ регулирование соотношения «воздух — топливо»
anticipatory ~ регулирование с упреждением
antifault ~ противоаварийное управление
area-assist ~ непрямое регулирование в районе регулирования частоты и мощности
armature (voltage) ~ регулирование напряжения на якоре (*ротора*)
astatic ~ астатическое регулирование
asymmetrical ~ несимметричное управление
asymmetrical phase ~ несимметричное фазовое управление
automated distribution network ~ автоматизированное управление распределительной сетью
automatic ~ **1.** автоматическое управление **2.** автоматическое регулирование
automatic boost ~ автоматическое регулирование наддува

CONTROL

automatic brightness ~ автоматическое регулирование освещённости
automatic current ~ автоматическое регулирование тока
automatic excitation ~ автоматическое регулирование возбуждения
automatic frequency ~ автоматическое регулирование частоты, АРЧ
automatic gain ~ автоматическая регулировка усиления, АРУ
automatic generation ~ автоматическое управление генерацией; автоматическое управление мощностью
automatic humidity ~ автоматический контроль влажности
automatic level(ing) ~ автоматическое регулирование уровня
automatic load ~ 1. автоматическое управление нагрузкой 2. автоматическое регулирование мощности
automatic load-frequency ~ автоматическое регулирование частоты и мощности, АРЧМ
automatic program [automatic sequence] ~ программное управление
automatic train ~ автоматическое управление поездом
automatic voltage ~ автоматическое регулирование напряжения, АРН
automatic volume ~ автоматическая регулировка громкости, АРГ
autotransformer motor ~ управление двигателем через автотрансформатор
average power ~ управление по средней мощности
bang-bang ~ двухпозиционное [релейное] регулирование
base and participation type ~ распределение нагрузки (*между генерирующими источниками в энергосистеме*) с использованием базовой точки и коэффициентов участия
brake ~ управление торможением
breakers ~ управление выключателями
bulk power ~ управление энергосистемой *или* энергообъединением
button ~ кнопочное управление
cascade ~ каскадное регулирование
centralized traffic ~ *ж.-д.* диспетчерская централизация
chopper ~ импульсное управление
closed-loop ~ 1. регулирование с обратной связью 2. управление с замкнутой цепью воздействий
closed-loop excitation ~ управление возбуждением по замкнутому контуру

coded current remote ~ *ж.-д.* кодовое телеуправление
collective ~ групповое регулирование
common ~ питание цепей управления от силовых цепей (*общее управление*)
computer ~ управление от ЭВМ, автоматизированное управление
computer process ~ управление процессами с помощью ЭВМ
constant frequency ~ АРЧМ с постоянным значением частоты
constant net interchange ~ АРЧМ с постоянным значением обменной мощности
continuous(-type) ~ 1. непрерывное управление 2. непрерывное регулирование
counterload voltage ~ встречное регулирование напряжения
crystal ~ кварцевая стабилизация
current limit ~ управление (*электропоездом*) с ограничением тока
daylight ~ (автоматическое) управление уличным освещением
decentralized load-frequency ~ децентрализованное регулирование частоты и мощности
delayed automatic gain ~ задержанная автоматическая регулировка усиления, задержанная АРУ
dependent ~ связанное регулирование
derivative ~ регулирование по производной
derivative-proportional-integral ~ пропорционально-интегрально-дифференциальное [ПИД-]регулирование
differential pressure ~ регулирование перепада давления
digital ~ цифровое управление
digital remote ~ цифровое дистанционное управление, цифровое телеуправление
direct digital ~ прямое цифровое управление
direct emergency ~ прямое (автоматическое) управление (*энергосистемой*) при авариях
direct load ~ прямое (диспетчерское) управление нагрузкой
discontinuous ~ релейное регулирование
discrete supplementary ~ дискретное противоаварийное управление
dispatch(ing) ~ диспетчерское управление
dispersed ~ распределённое управление

CONTROL

distant electric ~ дистанционное электрическое управление
distributed ~ распределённое управление
disturbing-compensating ~ регулирование для компенсации возмущений
draft ~ регулирование тяги
drive ~ регулирование привода
duplex ~ дублированное управление
economic dispatch ~ управление экономичным распределением нагрузки
electric ~ 1. электрическое управление 2. электрическое регулирование
electronic ~ электронное управление
electronic motor ~ электронное управление частотой вращения двигателя (*обычно постоянного тока*)
electronic power resistance ~ электронное управление сопротивлением силовой цепи
emergency ~ (противо)аварийное управление
end-point ~ регулирование выходных данных
error-closing ~ регулирование по отклонению
fast turbine valving ~ аварийное управление мощностью паровых турбин, АУМПТ; импульсная разгрузка турбин
feedback ~ регулирование с обратной связью; управление с замкнутой цепью воздействий
feed forward ~ регулирование с прямой связью
field ~ регулирование возбуждения
field resistance ~ регулирование возбуждения с помощью реостата
fire ~ регулирование горения
first derivation ~ регулирование по первой производной
fixed command ~ управление с фиксированной заданной величиной
flat ~ астатическое регулирование
flat frequency ~ астатическое регулирование частоты
flat tie-line ~ астатическое регулирование (*обменной мощности*) по линии связи
floating ~ астатическое регулирование
flow ~ регулирование расхода (*потока*)
follow-up ~ следящее управление
foot-pedal ~ управление ножной педалью
forced ~ сильное регулирование
forced excitation ~ сильное регулирование возбуждения

frequency ~ регулирование частоты
frequency/power ~ регулирование частоты и мощности
fringe ~ подавление колебаний
gang(ed) ~ групповое управление
generation ~ управление генерацией
generator-field ~ регулирование возбуждения генератора
generator start/stop ~ управление пуском и остановом генератора
grid ~ сеточное управление
grid-valve ~ регулирование поворотной диафрагмой
hand ~ ручное регулирование
hardware ~ аппаратное управление
high-low level ~ двухпозиционный регулятор уровня
hydraulic ~ гидравлическое регулирование
ignitor ~ управление с помощью поджигающего электрода
illumination ~ регулятор освещения
incremental ~ ступенчатое регулирование
indirect ~ регулирование по косвенным параметрам
individual phase ~ пофазное управление
infinitely fast ~ безынерционное управление
inherent ~ саморегулирование
in-phase (voltage) ~ продольное регулирование (напряжения)
in-process ~ контроль в технологическом процессе
integral ~ интегральное регулирование
interactive ~ интерактивное управление
intermittent ~ прерывистое управление
lateral voltage ~ поперечное регулирование напряжения
line flows ~ управление перетоками мощности [потокораспределением] по линии
load ~ управление нагрузкой
load flows ~ управление перетоками мощности, управление потокораспределением
load-frequency ~ (автоматическое) регулирование частоты и мощности
load ratio ~ изменение коэффициента трансформации под нагрузкой
local ~ местное управление; непосредственное управление (*коммутационным аппаратом*)
local voltage ~ регулирование напря-

жения на подстанциях (*распределительной сети*)
longitudinal voltage ~ продольное регулирование напряжения
magnetic ~ управление (*двигателями*) с помощью электромагнитных (коммутационных) аппаратов
mandatory load ~ обязательный контроль нагрузки (*перерыв в энергоснабжении по условиям работы энергосистемы*)
manual ~ 1. ручное управление 2. ручное регулирование
manual volume ~ ручной регулятор громкости
master ~ централизованное управление
mechanical-hydraulic ~ механико-гидравлическое регулирование
megawatt-frequency ~ автоматическое регулирование частоты и мощности, АРЧМ
motor ~ управление двигателем
motor-field ~ регулирование возбуждения двигателя
motor-speed ~ регулирование скорости двигателя
multicircuit ~ многоконтурное регулирование
multicycle ~ многопериодное управление
multiple steam nozzle ~ сопловое парораспределение
multistep ~ ступенчатое управление
multivariable ~ управление по нескольким переменным
neutral-reactor motor ~ пуск двигателя с реактором в нейтрали
neutral zone ~ регулирование с нейтральной зоной; регулирование с зоной нечувствительности
noncorresponding ~ астатическое регулирование
noninteracting ~ автономное регулирование
nonpresetting ~ ж.-д. простое управление (*в централизации*)
on-off ~ 1. двухпозиционное управление 2. двухпозиционное регулирование
open-circuit ~ управление с разомкнутой цепью воздействий
open-loop ~ 1. регулирование без обратной связи 2. управление с разомкнутой цепью воздействий
operating ~ оперативное управление
optimal ~ оптимальное управление
overheat ~ предохранение от перегрева

phase ~ 1. фазовое управление 2. регулирование фазы
photoelectric ~ фотоэлектрический регулятор
piano-key ~ клавишное управление
pilot ~ дистанционное управление, телеуправление
plugging ~ управление изменением порядка чередования [следования] фаз
pole-changing ~ регулирование (*частоты вращения*) изменением числа пар полюсов
position ~ регулирование положения, позиционирование
potentiometer ~ управление с помощью потенциометра
power ~ регулирование мощности
power-assisted ~ непрямое регулирование (*с использованием вспомогательного источника энергии*)
power distribution ~ управление распределением энергии
power loading ~ регулирование нагрузки
power-operated ~ непрямое регулирование (*с использованием вспомогательного источника энергии*)
predictive ~ управление с упреждением
preset(ting) ~ программное управление
preventive ~ управление, предотвращающее возникновение и развитие аварии
primary-reactor motor ~ пуск двигателя через линейный реактор
process ~ управление технологическим процессом
program ~ 1. программный регулятор 2. программное управление
programmed ~ программное управление
proportional ~ пропорциональное [П-] регулирование
proportional-plus-derivative ~ пропорционально-дифференциальное [ПД-] регулирование
proportional-plus-floating ~ изодромное регулирование
proportional-plus-integral ~ пропорционально-интегральное [ПИ-]регулирование
proportional-plus-integral-plus-derivative ~ пропорционально-интегрально-дифференциальное [ПИД-]регулирование
proportional-reset ~ пропорционально-интегральное [ПИ-]регулирование

CONTROL

pulse ~ импульсное управление
pulse-duration ~ широтно-импульсное регулирование
pulse-frequency ~ частотно-импульсное регулирование
pulse-phase ~ регулирование фазы импульса
pulse-width ~ широтно-импульсное регулирование
push-button ~ кнопочное управление
PWM voltage ~ регулирование напряжения методом широтно-импульсной модуляции
quadrature (voltage) ~ поперечное регулирование (напряжения)
quality ~ контроль качества
ramp ~ автоматическое регулирование турбины по заданной скорости (*равномерного изменения нагрузки dp/dt*)
rapid ~ быстрое [быстродействующее] регулирование
rate ~ регулирование по скорости
ratio ~ регулирование по отношению
reaction ~ регулирование обратной связи
reactive power ~ регулирование реактивной мощности
reactive power voltage ~ регулирование напряжения реактивной мощностью
reactor ~ управление реактором
real-time ~ управление в реальном времени
real-time quality ~ контроль качества в реальном времени
regulating rod ~ управление регулирующими стержнями (*ядерного реактора*)
relay ~ релейное регулирование
relay torque ~ регулирование момента реле
reliability ~ контроль надёжности
remote ~ дистанционное управление, телеуправление
repetition-rate ~ управление частотой следования импульсов
reset ~ интегральное регулирование; регулирование с обратной связью
resistance ~ реостатное управление
restorative ~ восстановительное управление
retrofit turbine automatic ~ модифицированное автоматическое регулирование турбины
rheostatic ~ реостатное управление
ripple ~ управление (*электропотреблением*) с помощью сигнала в форме пульсаций (*наложенных на напряжение сети*)
rotating thyristor ~ управление вращающимися тиристорами (*в бесщёточной системе возбуждения*)
rotor overspeed ~ регулятор безопасности ротора
sampled-data ~ импульсное регулирование
secondary ~ вторичное регулирование
secondary speed ~ регулирование скорости со стороны ротора
second derivation ~ регулирование по второй производной
self-acting [self-operating] ~ регулирование устройством прямого действия
sensitivity ~ 1. регулирование чувствительности 2. управление чувствительностью
separate ~ автономное управление (*с питанием цепей управления от независимого источника*)
sequence [sequential] ~ последовательностное управление; управление последовательностью операций
sequential phase ~ последовательное фазовое управление
series ~ последовательное управление
series-parallel ~ последовательно-параллельное управление
series-parallel field ~ регулирование (*скорости двигателя*) переключением с последовательного на параллельное возбуждение
servo ~ сервоуправление
servo-operated ~ регулирование со следящим приводом
set-point ~ управление по заданным уставкам
single-step ~ (по)шаговое управление
slide ~ 1. плавное регулирование 2. ползунковый регулятор
smooth ~ плавное регулирование
software ~ программное управление
solid state ~ управление с использованием полупроводниковых приборов
spark ~ регулирование зажигания
speed ~ регулирование частоты [скорости] вращения
speed ratio ~ регулирование отношения взаимных скоростей двух (электро)приводов
split-cycle ~ управление с разделённым циклом
stable ~ устойчивый процесс регулирования

CONTROLLER

start-stop ~ прерывистое регулирование
step-by-step ~ 1. ступенчатое регулирование 2. (по)шаговое управление
stepless ~ плавное регулирование
stepwise ~ ступенчатое регулирование
superheat ~ регулирование перегрева (*пара*)
supervisory ~ 1. диспетчерское управление; центральное управление 2. дистанционное управление, телеуправление
supervisory rise — lower ~ телеуправление импульсами «прибавить — убавить»
supervisory voltage ~ телерегулирование напряжения
supplementary subsynchronous damping ~ дополнительное управление для демпфирования подсинхронного резонанса
swing ~ подавление колебаний
symmetrical ~ симметричное управление
symmetrical phase ~ симметричное фазовое управление
system demand ~ регулирование потребления (энерго)системы
system-wide ~ общесистемное управление
telephone ~ контроль (*напр. электропотребления*) по телефонным каналам
temperature ~ регулирование температуры, терморегулирование
termination ~ фазовое управление запиранием
tertiary ~ третичное регулирование
thermostatic ~ термостатическое регулирование
three-position ~ трёхпозиционное регулирование
three-wire ~ трёхпроводное управление
thyratron motor ~ тиратронное управление электродвигателем
thyristor motor ~ тиристорное управление электродвигателем
tie-line bias ~ регулирование нагрузки (межсистемной) линии связи по сетевым характеристикам
tie-line power flow ~ регулирование перетоков мощности по (межсистемной) линии связи
time-current ~ управление на основе времятоковой зависимости
time-element ~ управление с независимой выдержкой на элементе [реле] времени
time-schedule ~ программное управление
time-variable ~ регулирование в функции времени
torque angle ~ управление по углу передачи
touch-sensitive ~ сенсорное управление
transient ~ управление в переходном процессе
transversal voltage ~ поперечное регулирование напряжения
turbine automatic ~ автоматическая система регулирования турбины
two-position ~ двухпозиционное регулирование
two-wire ~ двухпроводное управление
variable-frequency ~ частотное управление
variable-pitch ~ регулирование шага намотки
variable-voltage ~ регулирование (*напр. частоты вращения*) изменением напряжения
voltage ~ регулирование напряжения
voltage-limit ~ ограничение регулируемого напряжения
voltage-reduction ~ регулирование напряжения в сторону его понижения
voltage-sensitive ~ управление по напряжению
volume ~ 1. регулирование громкости 2. регулятор громкости
wye-delta motor ~ пуск двигателя с переключением со звезды на треугольник
zero ~ регулятор установки нуля
zero-static-error ~ астатическое регулирование

controlgear аппаратура управления
controllability управляемость
controllable *см.* **controlled**
controlled управляемый
  continuously ~ плавно управляемый; плавно регулируемый
  grid ~ с сеточным управлением
  manually ~ с ручным управлением
controller 1. регулятор 2. контроллер 3. пусковой реостат
  automatic ~ автоматический регулятор
  automatic power input ~ автоматический регулятор потребляемой мощности
  automatic temperature ~ автоматический регулятор температуры

119

CONTROLLER

back-up ~ резервный регулятор
bus signal ~ контроллер сигналов на шинах, шинный контроллер сигналов
cam-type ~ кулачковый контроллер
capacitor ~ контроллер (статических) конденсаторов
cluster ~ групповой контроллер
combined electric lock and circuit ~ электрозащёлка с коммутатором
continuous ~ регулятор непрерывного действия
current ~ регулятор тока
damping power ~ регулятор демпфирующей мощности
demand ~ регулятор (электро)потребления
draft ~ регулятор тяги
drum ~ барабанный контроллер
electric ~ 1. электрический регулятор 2. электрический контроллер
electric-hydraulic ~ электрогидравлический регулятор
electronic ac power ~ электронный силовой контроллер переменного тока
electronic dc power ~ электронный силовой контроллер постоянного тока
excitation ~ регулятор возбуждения
faceplate ~ контроллер с открытой контактной панелью
field ~ регулятор возбуждения
heat ~ терморегулятор
human ~ оператор
hydraulically operated ~ гидравлический регулятор
incremental-step ~ ступенчатый контроллер
integral ~ интегральный регулятор
level ~ регулятор уровня
liquid ~ жидкостный контроллер
lock circuit ~ *ж.-д.* коммутатор стрелочного замыкателя
magnetic ~ электромагнитный пускатель
manual ~ контроллер для ручного управления, ручной контроллер
master ~ 1. главный [центральный, основной] контроллер 2. главный [центральный] регулятор 3. *ж.-д.* контроллер машиниста
microcomputer ~ контроллер на микроЭВМ
microprocessor ~ микропроцессорный контроллер
microprogrammed ~ микропрограммный контроллер
motor ~ контроллер (электро)двигателя
multiline ~ многоканальный контроллер

oil-immersed ~ маслонаполненный [масляный] контроллер
on-off ~ двухпозиционный контроллер
overspeed protection ~ контроллер защиты от превышения скорости
pilot ~ главный [центральный, основной] контроллер
potentiometric ~ потенциометрический регулятор
program ~ программный контроллер
programmable ~ программируемый контроллер
programmable logic ~ логический программируемый контроллер
programmed ~ программируемый контроллер
proportional ~ регулятор пропорционального действия
rate-action ~ дифференциальный регулятор
relay-operated ~ контроллер непрямого действия, контроллер на реле
resistance-bridge ~ регулятор с мостом Уитстона
reversing ~ реверсирующий контроллер
secondary ~ 1. вторичный регулятор (*частоты*) 2. пусковой контроллер (*двигателя с фазным ротором*)
self-actuated ~ регулятор прямого действия
semiconductor ~ полупроводниковый контроллер
semimagnetic ~ контроллер с (выполнением части функций) магнитными элементами
series-parallel ~ контроллер управления обмотками последовательного и параллельного возбуждения (*тяговых двигателей*)
signal ~ *ж.-д.* сигнальный контроллер
signal circuit ~ *ж.-д.* контроллер сигнальных цепей
solid-state ~ полупроводниковый контроллер
stand-alone ~ автономный контроллер
state-variable feedback ~ контроллер с обратной связью по параметрам режима
subloop ~ s контроллеры подсистемы
synchronous ~ контроллер синхронного двигателя
temperature ~ регулятор температуры
time-schedule ~ программно-временной контроллер

unit ~ регулятор на агрегате, агрегатная часть системы регулирования
unit rate-limiting ~ ограничитель скорости изменения нагрузки агрегата
wound-rotor ~ контроллер двигателя с фазным ротором

convection конвекция
  electrochemical ~ электрохимическая конвекция

convector конвектор (*нагревательный прибор*)
  electric ~ электроконвектор; электрический радиатор отопления

convergence:
  dynamic ~ динамическое сведение (*электронных пучков*)

conversion 1. превращение; преобразование 2. преобразование частоты
  ~ **of electrical energy** [~ **of electricity**] преобразование электрической энергии
  ac/dc/ac [ADA] ~ преобразование «переменный — постоянный — переменный ток»
  amplitude-phase ~ амплитудно-фазовое преобразование
  analog-to-binary ~ преобразование аналоговой величины в двоичный код
  analog-to-digital ~ аналого-цифровое преобразование, АЦП
  analog-to-frequency ~ преобразование «аналог — частота»
  analog-to-serial ~ преобразование аналоговой величины в последовательный цифровой код
  angle-to-digit ~ преобразование величины угла в цифровой код
  cascade ~ каскадное преобразование
  code ~ преобразование кода
  current-to-frequency ~ преобразование «ток — частота»
  decimal-to-binary ~ десятично-двоичное преобразование
  delta-to-star [delta-Y] ~ преобразование треугольника в звезду
  digital-time ~ преобразование «код — время»
  digital-to-analog ~ цифроаналоговое преобразование
  digital-to-image ~ преобразование цифрового кода в изображение
  digital-to-synchro ~ преобразование цифрового кода в величину угла поворота ротора сельсина
  direct energy ~ прямое преобразование энергии
  electronic ac power ~ силовое электронное преобразование на переменном токе
  electronic dc power ~ силовое электронное преобразование на постоянном токе
  electronic power ~ силовое электронное преобразование
  energy ~ преобразование энергии (*из одной формы в другую*)
  frequency ~ преобразование частоты
  frequency down ~ преобразование частоты с понижением
  frequency-to-number ~ преобразование частоты в код числа
  frequency-to-voltage ~ преобразование частоты в напряжение
  galvanic ~ электрохимическое превращение
  impedance ~ преобразование полного сопротивления
  linear ~ линейное преобразование
  mesh-star ~ преобразование многоугольника в звезду
  mode ~ 1. преобразование вида колебаний 2. изменение мод
  network ~ преобразование (схемы) сети
  nonlinear ~ нелинейное преобразование
  number-to-frequency ~ преобразование кода числа в частоту
  ocean thermal energy ~ преобразование тепловой энергии океана в электрическую
  parallel-series ~ параллельно-последовательное преобразование
  serial-to-voltage ~ преобразование последовательного кода в напряжение
  series-parallel ~ последовательно-параллельное преобразование
  solar photovoltaic ~ фотоэлектрическое преобразование солнечной энергии в электрическую
  solar power thermal [solar thermal electric] ~ преобразование тепловой энергии солнца в электрическую
  star-mesh [star-polygon] ~ преобразование звезды в многоугольник
  star-to-delta ~ преобразование звезды в треугольник
  thermionic energy ~ термоэлектронное преобразование энергии
  time-to-digital ~ преобразование «время — код»

convert 1. преобразовывать; превращать 2. преобразовывать частоту
◇ **to** ~ **line from ... to ...** переводить линию с... на...

CONVERTER

converter 1. преобразователь 2. инвертор (*преобразователь постоянного тока в переменный*) 3. преобразователь частоты 4. двигатель-генератор 5. конвертор, блок транспонирования частоты
ac/dc ~ преобразователь переменного тока в постоянный
amplitude-to-time ~ амплитудно-временной преобразователь
analog-to-binary ~ преобразователь аналоговой величины в двоичный код
analog-to-digital ~ аналого-цифровой преобразователь, АЦП
analog-to-frequency ~ преобразователь «аналог—частота»
analog-to-serial ~ преобразователь аналоговой величины в последовательный цифровой код
analog-to-time ~ преобразователь аналоговой величины во временной интервал
angle-to-digit ~ преобразователь величины угла в цифровой код
apartment hot water ~ бытовой водоподогреватель
arc ~ дуговой генератор
average ac-to-dc ~ усредняющий выпрямитель
balanced ~ 1. симметрирующее устройство 2. четвертьволновый согласующий трансформатор
bilateral ~ двунаправленный преобразователь
binary-to-analog ~ преобразователь двоичного кода в аналоговую величину
binary-to-decimal ~ двоично-десятичный преобразователь
cascade ~ каскадный конвертор; каскадный преобразователь
circular measured-value ~ круговой измерительный преобразователь
code ~ 1. кодирующий преобразователь 2. преобразователь кода
commutator-type frequency ~ коллекторный преобразователь частоты
current-to-frequency ~ преобразователь «ток—частота»
D-A ~ цифроаналоговый преобразователь, ЦАП
dc ~ инвертор
dc chopper ~ преобразователь постоянного тока с вибратором
dc-to-ac ~ инвертор
digital-time ~ преобразователь «код—время»

digital-to-analog ~ цифроаналоговый преобразователь, ЦАП
digital-to-synchro ~ преобразователь цифрового кода в величину угла поворота ротора сельсина
direct ac power ~ прямой силовой преобразователь переменного тока
direct dc ~ прямой преобразователь постоянного тока
domestic hot water ~ бытовой водоподогреватель
double ~ двухкомплектный преобразователь
down ~ преобразователь частоты с понижением
D-S ~ преобразователь из цифрового кода в величину угла поворота ротора сельсина
electrohydraulic ~ электрогидравлический преобразователь, ЭГП
electromechanical ~ электромеханический преобразователь, ЭМП
electronic ac power ~ силовой электронный преобразователь переменного тока
electronic ac-to-dc ~ электронный преобразователь переменного тока в постоянный
electronic dc ~ электронный преобразователь постоянного тока
electronic frequency ~ электронный преобразователь частоты
electronic phase ~ электронный преобразователь (числа) фаз
electronic power ~ силовой электронный преобразователь
electronic voltage ~ электронный преобразователь напряжения
ferroelectric ~ сегнетоэлектрический генератор
four-quadrant ~ четырёхквадрантный преобразователь
frequency ~ 1. преобразователь частоты 2. конвертор, блок транспонирования частоты
frequency-shift ~ частотный детектор; частотный дискриминатор
frequency-to-current ~ преобразователь «частота—ток»
frequency-to-number ~ преобразователь «частота—код»
frequency-to-voltage ~ преобразователь «частота—напряжение»
fully controlled ~ полностью управляемый преобразователь
half-controlled ~ полууправляемый преобразователь
ideal impedance ~ идеальный конвертор импеданса

indirect ac power ~ двухзвенный силовой преобразователь переменного тока

indirect dc ~ двухзвенный преобразователь постоянного тока

induction frequency ~ асинхронный преобразователь частоты

inductor frequency ~ индукторный преобразователь частоты

intermediate ~ промежуточный преобразователь (*напр. выпрямитель перед инвертором*)

linear measured-value ~ линейный измерительный преобразователь

line-balance ~ **1.** симметрирующее устройство **2.** четвертьволновый согласующий трансформатор

low-current analog-to-digital ~ аналого-цифровой преобразователь с малым потреблением тока

magnetic optic ~ магнитооптический преобразователь

mode ~ преобразователь вида колебаний

motor ~ каскадный преобразователь; двигатель-преобразователь

multiplying digital-to-analog ~ перемножающий цифроаналоговый преобразователь, ПЦАП

multiport ~ преобразователь с несколькими входами

number-to-frequency ~ преобразователь «код — частота»

number-to-time ~ преобразователь «код — время»

number-to-voltage ~ преобразователь «код — напряжение»

number-to-voltage-to-position ~ преобразователь «код — напряжение — положение»

one-quadrant ~ одноквадрантный преобразователь

parallel-to-voltage ~ преобразователь из параллельного (двоичного) кода в напряжение

parametric ~ параметрический преобразователь

phase ~ преобразователь (числа) фаз

phase-to-voltage ~ фазовый дискриминатор

photovoltaic ~ фотогальванометрический преобразователь

position-to-number ~ преобразователь положения в код

pulse ~ импульсный преобразователь

pulse voltage ~ преобразователь импульсного напряжения

punched card-to-(magnetic-)tape ~ преобразователь записи (данных) с перфокарт на (магнитную) ленту

reversible ~ реверсивный [выпрямительно-инверторный] преобразователь

rotary ~ вращающийся преобразователь

rotating machinery ~ вращающийся электромашинный преобразователь

serial-to-voltage ~ преобразователь из последовательного кода в напряжение

signal ~ преобразователь сигналов

sine-wave-to-square-wave ~ преобразователь синусоидальных импульсов в прямоугольные

single ~ однокомплектный преобразователь

single-phase-to-three-phase ~ преобразователь однофазной мощности в трёхфазную

static ~ статический преобразователь

static-frequency ~ статический преобразователь частоты

synchronous ~ синхронный преобразователь

synchro-to-digital ~ преобразователь угла поворота ротора сельсина в цифровой код

thermal ~ термопреобразователь

thermal current ~ измерительный преобразователь тока тепловой системы

thermal power ~ измерительный преобразователь мощности тепловой системы

thermal voltage ~ измерительный преобразователь напряжения тепловой системы

thermal watt ~ измерительный преобразователь мощности тепловой системы

thermionic ~ термоэлектронный преобразователь энергии

thermocouple ~ генератор на термопарах

thermoelectric ~ термоэлектрический преобразователь

time-to-amplitude ~ преобразователь «время — амплитуда»

time-to-digital [time-to-number] ~ преобразователь «время — цифровой код»

time-to-pulse height ~ преобразователь «время — амплитуда импульсов»

two-quadrant ~ двухквадрантный преобразователь

variable torque ~ преобразователь переменного вращающего момента
voltage-to-digital ~ аналого-цифровой преобразователь, АЦП
wave ~ преобразователь вида колебаний
cooker:
   electric ~ электрическая плита
coolant 1. охлаждающий агент, охладитель **2.** теплоноситель (*ядерного реактора*)
   ejected ~ выброшенный теплоноситель
   liquid ~ жидкий охладитель
   primary ~ теплоноситель первого контура
   secondary ~ теплоноситель второго контура
coolant-moderator теплоноситель-замедлитель (*ядерного реактора*)
cooldown охлаждение
   core ~ расхолаживание активной зоны (*ядерного реактора*)
cooler 1. охладитель; холодильник **2.** радиатор
   air ~ воздухоохладитель
   auxiliary ~ холодильник вспомогательной системы охлаждения
   distillate ~ холодильник для дистиллятов
   electric defrost ~ охладитель с электрическим оттаиванием
   electric water ~ электрический водоохладитель
   evaporator blowdown ~ охладитель продувки испарителя
   gas ~ газоохладитель
   hydrogen ~ водородный охладитель
   hydrogen gas ~ водородный газоохладитель
   oil ~ маслоохладитель
   packaged thermoelectric ~ модульный термоэлектрический холодильник
   serpentine ~ змеевик-охладитель
   surface ~ поверхностный охладитель
   thermoelectric ~ термоэлектрический охладитель
   vapor ~ пароохладитель; редукционно-охладительное устройство, РОУ
cooling охлаждение
   air ~ воздушное охлаждение
   artificial ~ искусственное охлаждение
   blast ~ охлаждение обдувом
   blast air ~ охлаждение вентиляцией
   closed-circuit [closed-cycle] ~ **1.** замкнутая система охлаждения **2.** охлаждение по замкнутой схеме, циркуляционное охлаждение
   convection ~ конвекционное охлаждение
   cross-flow gap pick-up ~ радиально-поперечная система охлаждения (*турбогенератора*) с забором газа из зазора
   decay ~ охлаждение ТВЭЛа
   direct ~ непосредственное [прямое] охлаждение
   direct-flow ~ проточное охлаждение
   emergency ~ аварийная система охлаждения
   emergency core ~ аварийное охлаждение активной зоны (*ядерного реактора*)
   evaporative ~ охлаждение испарением
   forced ~ принудительное [форсированное] охлаждение
   forced-air ~ принудительное [форсированное] воздушное охлаждение
   forced-oil ~ принудительное [форсированное] масляное охлаждение
   generator ~ охлаждение генератора
   hydrogen ~ водородное охлаждение
   indirect ~ косвенное охлаждение
   indirect air ~ косвенное воздушное охлаждение
   induced vaporization ~ испарительное охлаждение
   jacket ~ циркуляционная система охлаждения с водяной рубашкой
   liquid ~ жидкостное охлаждение
   liquid-helium ~ жидкостно-гелиевое охлаждение
   local ~ местное охлаждение
   magnetic ~ магнитное охлаждение
   natural ~ естественное охлаждение
   natural air ~ естественное воздушное охлаждение
   oil ~ масляное охлаждение
   oil directed ~ of transformers система охлаждения силовых трансформаторов с направленной циркуляцией масла
   oil-immersed air-blast ~ масляное охлаждение с наружным обдувом
   oil-immersed natural ~ естественное масляное охлаждение
   oil-immersed water ~ масляно-водяное охлаждение
   open-circuit [open-cycle] ~ разомкнутая система охлаждения
   standby ~ запасная [аварийная] система охлаждения
   steam ~ испарительное охлаждение
   surface ~ поверхностное охлаждение
   transient convective ~ конвективное

охлаждение при неустановившемся режиме
  water ~ водяное охлаждение
coordinate координата
  cartesian ~s прямоугольные координаты
  curvilinear ~s криволинейные координаты
  impedance ~s координаты полного сопротивления
  polar ~s полярные координаты
  rectangular ~s прямоугольные координаты
  time ~ временна́я координата, координата времени
coordination координация
  inductive ~ координация (*цепей сильного и слабого тока*) с точки зрения индукционных помех
  insulation ~ координация изоляции
  protection ~ координация (уставок) защит
coordinatograph координатограф
cophasal синфазный
copper медь
  armature ~ медь (обмотки) якоря
  bare ~ неизолированная [голая] медь
  cathode ~ катодная медь
  electrolytic ~ электролитическая медь
  electrolytic tough pitch ~ вязкая [мягкая] электролитическая медь
  enameled ~ эмалированная медь
  hard-drawn ~ твёрдотянутая медь
  oxygen-free high-conductivity ~ бескислородная медь высокой проводимости
  oxygenless ~ бескислородная медь
  stator winding ~ медь обмотки статора
  tinned ~ лужёная медь
copper-nickel медно-никелевый (*о сплаве*)
cord шнур (*электрический*)
  ~ **of a coiled make** спиральный шнур
  appliance ~ 1. установочный шнур (*для электропроводки*) 2. шнур для бытовых электроприборов
  circular ~ круглый шнур
  detachable ~ отделяемый [разъёмный] шнур
  double-ended ~ шнур с двумя штепсельными соединителями
  extension ~ шнур-удлинитель
  flat nonsheathed ~ плоский шнур без оболочки
  flexible ~ гибкий шнур
  instrument ~ присоединительный шнур (измерительного) прибора
  lamp ~ осветительный шнур; сетевой (ламповый) шнур
  line ~ сетевой шнур
  multiple ~ многожильный шнур
  patch(ing) ~ коммутационный шнур
  plug-ended ~ шнур со штепсельной вилкой
  polyvinyl chloride sheathed ~ шнур в поливинилхлоридной [ПВХ-]оболочке
  power(line) [power supply] ~ сетевой шнур; шнур питания
  PVC sheathed ~ шнур в поливинилхлоридной [ПВХ-]оболочке
  receiver ~ телефонный шнур
  silk-covered ~ шнур с шёлковой изоляцией
  single ~ одножильный шнур
  spiral ~ спиральный шнур
  three-wire ~ трёхпроводный шнур
cordage оснастка для прокладки шнура
cordless с батарейным питанием
core 1. сердечник; стержень 2. жила (*кабеля*) 3. активная зона (*ядерного реактора*)
  ~ **of an insulator** стержень изолятора
  air ~ воздушный сердечник
  annular ~ кольцевая активная зона
  armature ~ сердечник якоря
  bobbin ~ магнитный сердечник, покрытый изолирующей лентой
  cable ~ 1. сердечник жил кабеля 2. жила кабеля
  ceramic ~ керамический сердечник
  circular ~ круглый сердечник
  clockspring ~ кольцевой ленточный сердечник
  closed ~ сердечник с замкнутым магнитопроводом
  coil ~ сердечник катушки
  commutator ~ втулка коллектора
  conductor ~ сердечник многопроволочного провода
  cruciform ~ крестообразный магнитный сердечник; сердечник ступенчатого сечения
  cup ~ броневой сердечник
  current transformer ~ сердечник трансформатора тока
  cut-wound ~ ленточный сердечник с ориентацией потока вдоль волокна
  distributed-gap ~ сердечник с распределённым зазором
  dust ~ сердечник, прессованный из порошка
  E-~ трёхстержневой [Ш-образный] сердечник
  electromagnet ~ сердечник электромагнита

ferrite ~ ферритовый сердечник
ferromagnetic ~ ферромагнитный сердечник
fiber ~ световодная жила
H-~ Н-образный сердечник
high-leakage ~ активная зона с повышенной утечкой нейтронов
high-permeability ~ сердечник с высокой магнитной проницаемостью
hollow ~ полый сердечник
hollow toroidal ~ полый кольцевой магнитопровод
interleaved ~ шихтованный сердечник
L-~ Г-образный сердечник
laminated(iron) ~ шихтованный стальной сердечник
latched ferrite ~ ферритовый сердечник с остаточной намагниченностью
long ~ длинный сердечник
magnetic ~ магнитный сердечник
magnetic head ~ сердечник магнитной головки
magnetic powder ~ сердечник, прессованный из магнитного порошка
magnetic tape ~ ленточный сердечник
molded ~ прессованный сердечник
movable ~ подвижный сердечник
multiaperture ~ сердечник с большим числом отверстий
multipath ~ 1. разветвлённый магнитопровод 2. сердечник с большим числом отверстий
open ~ сердечник с зазором
pebble bed ~ активная зона в виде свободнолежащих шариков (*микроТВЭЛов*)
plastic ~ пластмассовый сердечник
pole ~ сердечник полюса
pot ~ броневой сердечник
powdered-iron ~ сердечник, прессованный из железного порошка
rectangular loop ~ сердечник с прямоугольной петлёй гистерезиса
resistor ~ каркас резистора
ribbon ~ ленточный сердечник
ring(-shaped) ~ кольцевой сердечник
rotor ~ сердечник ротора
saturable ~ насыщающийся сердечник
saturated ~ насыщенный сердечник
sector-shaped ~ сердечник секторной формы
sheet ~ шихтованный сердечник
shell ~ броневой сердечник
single-path magnetic ~ неразветвлённый магнитопровод
slotted ~ сердечник с пазами
smooth ~ гладкий сердечник
solid iron ~ массивный магнитопровод
split ~ разъёмный сердечник
spring mounted ~ упругозакреплённый сердечник
square(-loop) ~ сердечник с прямоугольной петлёй гистерезиса
stator ~ сердечник статора
strip(-wound) ~ ленточный сердечник
sucking ~ втяжной сердечник
tape-wound ~ спиральный сердечник
three-leg ~ трёхстержневой [Ш-образный] сердечник
toroidal ~ тороидальный сердечник
transformer ~ сердечник трансформатора
triple ~ тройной сердечник
unyoked ~ сердечник без ярма
U-shaped ~ П-образный сердечник
wound ~ ленточный (спиральный) сердечник
corner угол(ок)
E(-plane) ~ уголок в плоскости E, E-уголок (*параллельно вектору электрического поля*)
H(-plane) ~ уголок в плоскости H, H-уголок (*параллельно вектору магнитного поля*)
waveguide ~ уголок волновода
corona коронный разряд, корона
corposant явление атмосферного электричества; свечение на концах мачт (*так называемые огни св. Эльма*)
correction 1. коррекция 2. поправка
angular ~ коррекция угла
automatic ~ автоматическая коррекция
automatic error ~ автоматическая коррекция ошибок
error ~ исправление ошибки
frequency ~ частотная коррекция
instrument ~ поправка к показаниям приборов
on-line ~ коррекция в работающей системе
phase ~ фазовая коррекция
power-factor ~ коррекция коэффициента мощности
ratio ~ поправки к коэффициенту трансформаторов тока
resolving time ~ поправка на время разрешения; поправка на мёртвое время
single-error ~ исправление одиночной ошибки
slope ~ коррекция наклона (*характеристики*)
temperature ~ поправка на температуру

time-deviation ~ коррекция отклонений (синхронного) времени
transfer ratio ~ коррекция передаточной функции
turns ~ витковая коррекция
zero-point ~ коррекция нуля; коррекция нулевой точки
corrector корректор
  low-frequency impedance ~ низкочастотный корректор полного сопротивления
  phase ~ фазовый корректор
  time error ~ корректор временно́й ошибки
  voltage ~ корректор напряжения
corrosion коррозия
  electrochemical [galvanic] ~ электрохимическая коррозия
corrosion-resistant коррозионностойкий
cosine-wave косинусоида
cost 1. цена; плата; стоимость 2. затраты; расходы
  ~ **of error** затраты на ошибку
  ~ **of kWh lost** стоимость недоотпущенной электроэнергии
  actual ~ фактические затраты
  avoidable ~ затраты, которых можно избежать
  capacity ~ затраты на мощность (*составляющая полной платы за электроэнергию*)
  capital ~ капитальные затраты
  connection [consumer] ~ плата за присоединение (*составляющая полной платы за электроэнергию*)
  consumer-related ~ затраты в зависимости от класса потребителей
  demand ~ плата за объявленный максимум нагрузки (*составляющая полной платы за электроэнергию*)
  demand-related ~ затраты в зависимости от нагрузки
  energy ~ плата за электроэнергию (*составляющая полной платы за электроэнергию*)
  first ~ первоначальная стоимость
  fixed ~ постоянные (фиксированные) затраты
  fuel ~ стоимость топлива
  incremental ~ 1. удельная стоимость (*электроэнергии*) 2. относительный прирост стоимости (*электроэнергии*)
  incremental maintenance ~ относительный прирост эксплуатационных расходов
  initial ~ первоначальная стоимость
  joint ~ общая стоимость
  maintenance ~ эксплуатационные расходы
  marginal ~s 1. предельные [граничные] затраты 2. дополнительные затраты
  mean ~ **per failure** средний ущерб на один отказ
  nuclear generating ~ себестоимость электроэнергии на АЭС
  operating ~ эксплуатационные расходы
  outage ~ ущерб от нарушения [прекращения] энергоснабжения
  peak capacity ~ затраты на пиковую мощность
  running ~ эксплуатационные затраты
  short-run marginal ~ кратковременные предельные [кратковременные граничные] затраты
  supply-interruption ~ ущерб от нарушения [прекращения] энергоснабжения
  working ~ себестоимость
costing:
  production ~ расчёт стоимости выработки (*электроэнергии*)
  three-part ~ затраты по трём составляющим (*мощности, энергии и классу потребителей*)
  two-part ~ затраты по двум составляющим (*мощности и энергии*)
cotton 1. хлопчатобумажная ткань 2. вата
  impregnated ~ пропитанная хлопчатобумажная ткань
  mineral ~ минеральная вата; асбестовая вата
  silicate ~ 1. минеральная вата 2. стекловолокно
coulomb кулон, Кл
coulometer кулонометр
Council:
  Electricity ~ Совет по электроэнергетике (*высший орган управления электроэнергетикой Великобритании*)
count 1. счёт; отсчёт; подсчёт ‖ считать; подсчитывать 2. одиночный импульс
  ◊ **to** ~ **over** пересчитывать
countdown 1. деление частоты импульсов 2. пропуск импульса; просчёт 3. (обратный) отсчёт времени
  trigger ~ деление частоты импульсов триггером
counter 1. счётчик 2. пересчётное устройство
  bidirectional ~ реверсивный счётчик
  binary ~ двоичный счётчик
  coil-turn ~ счётчик числа витков катушки
  cycle ~ счётчик циклов
  decade ~ десятичный счётчик

decade tube ~ декадный счётчик, счётчик на декатронах
directional ~ счётчик с направленным [односторонним] действием
discharge ~ счётчик числа разрядов (*молнии через защитный разрядник*)
down ~ счётчик обратного действия
eddy-current revolution ~ тахометр с использованием вихревых токов
electrochemical pulse ~ электрохимический счётчик импульсов
electrochemical time ~ электрохимический счётчик времени
electromechanical ~ электромеханический счётчик
electronic ~ 1. электронный счётчик 2. электронная пересчётная схема
electronic frequency ~ электронный пересчётный частотомер
flip-flop ~ счётчик на триггерах, триггерный счётчик
frequency ~ электронно-счётный (цифровой) частотомер
gas-discharge ~ газоразрядный счётчик
impulse ~ счётчик импульсов
inertia speed ~ тахометр с центробежным маятником
monitor ~ контрольный счётчик
nonresettable ~ несбрасываемый счётчик
operation ~ счётчик числа срабатываний
oscillating ~ колебательный контур
program ~ счётчик команд (*ЭВМ*)
radiation ~ дозиметр
repeat ~ счётчик повторений
resettable ~ сбрасываемый счётчик
reversible ~ реверсивный счётчик
ring ~ кольцевой счётчик
stepping ~ шаговый искатель
summary ~ накапливающий счётчик
time ~ счётчик времени
up-down ~ реверсивный счётчик
whole-body ~ счётчик излучения всего тела (*человека*)

counterclockwise против часовой стрелки

countercurrent противоток, ток обратного направления

counterdown делитель частоты импульсов

counteremf противоэдс

countertimer счётчик времени

couple 1. пара 2. гальваническая пара 3. термопара 4. связь ‖ связывать, соединять
  electric ~ электрическая связь
  firm ~ жёсткая [сильная] связь
  galvanic ~ гальваническая пара
  iron-constantan ~ железо-константановая термопара
  loose ~ слабая связь
  pyrometer ~ термопара
  shielded galvanic ~ экранированная гальваническая пара
  thermoelectric ~ термопара
  voltaic ~ гальваническая пара
coupled:
  ac ~ связанный по переменному току
  capacitance [capacitively] ~ с ёмкостной связью
  conductively ~ с гальванической связью
  dc ~ связанный по постоянному току
  directly ~ непосредственно (при)соединённый
  galvanic ~ гальванически связанный
  inductive ~ индуктивно связанный
  reaction ~ с реактивной связью
  transformer ~ с трансформаторной связью

coupler 1. устройство связи 2. ответвитель 3. соединитель
  branch ~ шлейфовый ответвитель
  busbar ~ шиносоединительный выключатель
  cable ~ 1. кабельный соединитель 2. кабельная муфта 3. кабельный ответвитель
  capacity ~ элемент ёмкостной связи
  directional ~ направленный ответвитель
  electrical ~ электрический соединитель
  fiber-optic ~ волоконно-оптический соединитель
  fixed ~ элемент постоянной связи
  input ~ входное устройство связи
  linear ~ трансформатор тока с воздушным зазором
  multibranch ~ многошлейфовый ответвитель
  optical ~ оптрон
  optical star ~ (пассивный) звездообразный разветвитель на волоконно-оптическом кабеле
  output ~ выходное устройство связи
  pin-and-socket ~ соединитель с игольчатыми штырями в вилочной части
  ring ~ кольцевой ответвитель
  segmental ~ трансформатор тока с разомкнутым сердечником
  three dB- ~ трёхдецибельный ответвитель (*для передачи половины мощности из одной линии в другую*)

coupling 1. соединение; связь 2. сцепление; сопряжение 3. муфта

CRAWLING

ac ~ связь по переменному току
autoinductive [autotransformer] ~ автотрансформаторная связь
ball ~ пестик (*шаровое соединение*)
bayonet ~ штыковой [штыревой] зажим
cable ~ кабельное соединение
capacitance [capacitive, capacity] ~ ёмкостная связь
choke ~ дроссельная связь
close ~ сильная связь
conductive ~ гальваническая связь
conduit ~ муфта для проводки в трубопроводе
critical ~ критическая связь
dc ~ связь по постоянному току
direct ~ непосредственная связь
direct inductive ~ непосредственная индуктивная связь
eddy-current ~ муфта на вихревых токах, индукционная муфта
elastic ~ упругая [эластичная] связь
electric ~ 1. электрическая связь 2. электрическая муфта
electromagnetic ~ 1. индуктивная связь 2. электромагнитная муфта
electromechanical ~ электромеханическая связь
electron ~ электронная связь
galvanic ~ гальваническая связь
hysteresis ~ гистерезисная муфта
inductance ~ индуктивная связь
induction ~ индукционная муфта
inductive [jigger] ~ индуктивная связь
line ~ подключение к линии
load ~ связь с нагрузкой
loop ~ связь петлёй
loose ~ слабая связь
magnetic ~ 1. магнитная связь 2. магнитная муфта
magnetic-field ~ связь по магнитному полю
magnetic particle ~ электромагнитная порошковая муфта
magneto ~ муфта магнето
motorized ~ двигательная муфта
mutual ~ трансформаторная связь
ohmic ~ омическая связь
opposite phase ~ включение (*на параллельную работу*) в противофазе
positive ~ индуктивная связь
pull-off ~ оттяжной соединитель
push-pull ~ самозапирающийся соединитель
quick-disconnect ~ быстродействующий соединитель
RC- ~ резистивно-ёмкостная связь
reaction ~ обратная связь
resistance ~ резистивная связь
resistance-capacitance ~ резистивно-ёмкостная связь
ring ~ кольцевое соединение; фланцевое соединение
slip ~ муфта скольжения
solid ~ жёсткое соединение
spurious ~ паразитная связь
synchronous ~ синхронная муфта
threaded ~ 1. резьбовое соединение 2. резьбовая муфта
tight ~ жёсткое соединение
torque limiting shearing ~ муфта со срезом при возникновении предельного крутящего момента
transformer ~ трансформаторная связь
transient ~ гибкая обратная связь
variable ~ переменная [регулируемая] связь
weak ~ слабая связь
cover крышка; обшивка; чехол; кожух
ceramic ~ керамическая покрышка
cooler ~ крышка охладителя
dust ~ пылезащитный чехол
end-winding ~ кожух лобовых частей обмотки
fan ~ кожух вентилятора
insulating ~ изолирующая крышка
lower guide-vane ~ нижнее кольцо направляющего аппарата
manhole ~ крышка люка
protective ~ заглушка
test block ~ крышка испытательного блока
covered оплетённый (*о кабеле*)
covering 1. покрытие; оплётка 2. изоляция, изоляционный слой
double-braid ~ двухслойная оплётка
fire-resisting ~ огнестойкая оплётка
inner ~ внутреннее защитное покрытие (*кабеля*)
lapped ~ защитное покрытие, намотанное внахлёстку
lead ~ свинцовая оболочка
protective ~ защитное покрытие
silk ~ шёлковое покрытие
cracking:
girth ~ поперечное растрескивание (*изоляции*)
crackling контактные помехи
crane кран
electric ~ электрический кран, электрокран
magnet ~ кран с электромагнитом
crater кратер (*дуги*)
crawling застревание (*при работе электрической машины*)
synchronous ~ застревание (*двигателя*) на синхронной скорости

creep 1. магнитная вязкость, магнитное последействие **2.** утечка по поверхности (*изолятора*) **3.** вползание (*электролита*) **4.** нарастание (*напряжённости поля в магнитопроводе*) **5.** самопроизвольное вращение, самоход
  magnetic ~ магнитная вязкость
  meter ~ самоход электросчётчика
  strain gage ~ ползучесть тензорезистора
creepage, creeping 1. магнитная вязкость, магнитное последействие **2.** утечка по поверхности (*изолятора*) **3.** вползание (*электролита*) **4.** нарастание (*напряжённости поля в магнитопроводе*) **5.** самопроизвольное вращение, самоход
crew персонал; бригада
  control room ~ персонал щита управления
  emergency ~ аварийная бригада; оперативно-восстановительная бригада, ОВБ
  line ~ линейный персонал
  operating ~ оперативный персонал; дежурный персонал
  trouble ~ аварийная бригада
crimp(ing) обжатие (*операция*)
criterion критерий
  ~ **of stability** критерий устойчивости
  continuity ~ критерий непрерывности [бесперебойности] энергоснабжения
  least spread ~ критерий наименьшей протяжённости
  Nyquist (stability) ~ критерий (устойчивости) Найквиста
  performance ~ критерий функционирования
  stability ~ критерий устойчивости
criticality критичность (*обусловлена самоподдержанием цепной реакции делящегося материала*)
  cold ~ холодная критичность (*создание условий цепной реакции с нулевым генерированием тепла*)
crocidolite синий [голубой] асбест, асбест-крокидолит
crop(ping) обрезок; срезка (*в конструкциях опоры ВЛ*)
cross 1. пересечение; скрещивание (*проводов*) **2.** схлёстывание (*проводов*) **3.** промежуточный контакт
  swinging ~ схлёстывание проводов в результате раскачивания
  thermal ~ термоэлемент; термопара
crossarm траверса (*опоры ВЛ*)
  Canadian-type ~ траверса канадского типа
  umbrella-type ~ зонтичная траверса

crossbar схема автоматического шунтирования (*источника питания*) при превышении заданной величины
  overvoltage ~ схема автоматического шунтирования при превышении напряжения
cross-connected перекрёстно [накрест] включённый
crossing пересечение; переход
  conductor ~ пересечение проводов
  overhead ~ воздушный переход
  power line ~ переход ЛЭП
  water ~ переход (*ЛЭП*) через водную преграду
  zero ~ прохождение через нуль
cross-modulation кросс-модуляция, перекрёстная модуляция
crossover 1. место сходимости (*электронного луча*) **2.** переход
  ~ **of load characteristic** переходная характеристика нагрузки
  constant voltage/constant current ~ переход со стабилизированного тока на стабилизированное напряжение
cross-section поперечное сечение
crosstalk 1. переходное затухание **2.** наводка; помеха
crotch концевая тройниковая муфта
crowbar мощный электронный ключ, шунтирующий вентиль (*для разгрузки предохранителей по энергии при КЗ*)
crust корка (*отвердевшего электролита*)
cryocable криорезистивный кабель
cryogenerator криогенератор
cryoresistive криорезистивный (*о кабеле*)
cryostat криостат
cryotron криотрон
  crossed-film ~ поперечный плёночный криотрон
  cross-strip ~ поперечный ленточный криотрон
  enable ~ разрешающий криотрон
  film ~ плёночный криотрон
  high-gain ~ криотрон с высоким коэффициентом усиления
  in-line ~ продольный криотрон
  low-gain ~ криотрон с низким коэффициентом усиления
  open-field ~ плёночный криотрон без защитного экрана
  planar thin-film ~ планарный тонкоплёночный криотрон
  read-in ~ входной криотрон
  read-out ~ выходной криотрон
  simple [single-control] ~ криотрон с одной управляющей плёнкой

CURRENT

tunneling ~ туннельный криотрон
wire-wound ~ проволочный криотрон
crystal кристалл
  liquid ~ жидкий кристалл
  quartz ~ кристалл кварца
cubicle шкаф; ящик; ячейка
  distribution ~ распределительный шкаф
  distribution head ~ главный распределительный шкаф
  switch ~ шкаф выключателя
  switchboard ~ отсек коммутационного (распределительного) щита; коммутационный шкаф
  switchgear ~ ячейка комплексного распределительного устройства, ячейка КРУ
culvert подземный трубопровод (*для кабеля*)
cup 1. юбка (*изолятора*) **2.** наружное кольцо, втулка (*подшипника*) **3.** манжета, уплотнительное кольцо **4.** бандажное кольцо **5.** чашка, колпачок
  agate ~ агатовая опора (*прибора*), агатовая чашка
  ball ~ чашка шарового подпятника
  bearing ~ наружное кольцо [втулка] подшипника
  commutator ~ нажимная шайба коллектора
  drip ~ маслосборник; поддон
  focusing ~ фокусирующий цилиндр (*рентгеновской трубки*)
  live cable test ~ испытательная заглушка на кабеле под напряжением
  magnetic ~ магнитный экран
  oil ~ маслёнка
  piston ~ юбка поршня
curie кюри, Ки
current (электрический) ток ◊ **to block** ~ запирать ток; **to pass** ~ пропускать ток
  absorption ~ ток абсорбции
  ac ~ переменный ток
  action ~ биоток
  active ~ активный ток
  actual ~ действительный ток; эффективное [действующее] значение тока
  additional ~ добавочный ток; сверхток
  admissible interrupting ~ допустимый разрываемый ток
  admittance ~ ток проводимости
  air ~ воздушный поток, вентиляционная струя
  alternating ~ переменный ток
  anode ~ анодный ток
  arc ~ ток дугового разряда, ток дуги
  armature ~ ток якоря
  asymmetrical ~ полный ток КЗ
  average ~ среднее значение тока
  average half-period ~ среднее значение тока за полупериод
  average three-phase asymmetrical rms ~ действующее значение полного тока КЗ, усреднённое по трём фазам
  back ~ встречный [обратный] ток, противоток
  balancing ~ уравнительный ток
  base ~ ток базы
  beam ~ ток пучка
  bias ~ **1.** ток смещения **2.** тормозной ток (*в реле*)
  biasing ~ ток подмагничивания
  bidirectional ~ ток обоих направлений
  biphase ~ двухфазный ток
  bleeder ~ ток делителя (напряжения)
  blowing ~ **1.** ударный ток **2.** ток плавления [перегорания, пережигания] плавкой вставки
  branch ~ ток ветви
  break ~ ток в момент разрыва цепи
  breakaway starting ~ начальный пусковой ток (*двигателя переменного тока*)
  breakdown ~ ток пробоя
  breaking ~ ток отключения, отключаемый ток
  breakover ~ ток включения (*тиристора*)
  breakthrough ~ ток пробоя
  broken ~ размыкаемый ток
  capacitance [capacitive, capacity] ~ ёмкостный ток
  carrier ~ **1.** ток несущей (частоты) **2.** ток ВЧ-канала по ЛЭП
  cathode ~ катодный ток
  cathode-ray ~ ток пучка электронов
  charging ~ зарядный ток
  circulating ~ циркулирующий ток; уравнительный ток
  clamping ~ ток ограничения
  closing ~ ток замыкания
  coincident ~ ток совпадения
  collector ~ ток коллектора
  commutated ~ коммутированный ток
  compensating ~ компенсирующий [уравнительный] ток
  complex sinusoidal ~ полный переменный ток
  conduction ~ ток проводимости
  conjugate ~ сопряжённый ток
  constant ~ ток постоянной величины, неизменный ток
  constant reactive ~ неизменный реактивный ток
  consumption ~ потребляемый ток

CURRENT

contact closing ~ ток замыкания контактов
continuous ~ 1. непрерывный ток 2. длительно допустимый ток
control ~ 1. ток управления 2. оперативный ток
conventional ~ ток условного направления (*в теории цепей*)
conventional fusing ~ условный ток плавления вставки (*предохранителя*)
conventional nonfusing ~ условный ток неплавления вставки (*предохранителя*)
conventional operating ~ условный ток срабатывания
critical ~ критический ток
critical grid ~ критический ток сетки
cutoff ~ ток отсечки
cycling ~ контурный ток
damped ~ затухающий (переменный) ток
dark ~ темновой ток
dc ~ постоянный ток
deflection ~ отклоняющий ток
delta ~ линейный ток (*разность фазных токов*)
derived ~ ток в ответвлении, ток в отводе
design ~ расчётный ток
diaphragm ~ ток через диафрагму (*электролизёра*)
dielectric ~ ток диэлектрика
dielectric absorption ~ ток диэлектрической абсорбции
differential ~ дифференциальный ток
diffusion ~ ток диффузии
direct-axis ~ составляющая тока по продольной оси
discharge ~ разрядный ток
displacement ~ ток смещения
disruptive ~ ток пробоя
drift ~ ток дрейфа
dropaway [dropoff, dropout] ~ ток возврата (*реле*); ток отпускания (*якоря реле*)
eddy ~s вихревые токи, токи Фуко
effective ~ эффективный ток; действующее значение (переменного) тока
electric ~ электрический ток
electric arc ~ ток электрической дуги
electric induction ~ ток смещения (*в электростатике*)
electrode ~ ток электрода
electrode dark ~ темновой ток электрода
electrode inverse ~ обратный ток электрода
electron(ic) ~ электронный ток

elementary (conduction) ~ элементарный ток (проводимости)
emission ~ ток эмиссии
end-scale ~ предельный ток измерения
entering ~ входной ток
entire load ~ полный ток нагрузки
equalizing ~ компенсирующий [уравнительный] ток
equivalent input offset ~ эквивалентный входной ток смещения (*операционного усилителя*)
excess ~ избыточный ток
excitation [exciting] ~ 1. ток возбуждения 2. ток намагничивания
external ~ внешний ток
extinction ~ ток деионизации
extra ~ экстраток
failure ~ ток повреждения
fault ~ ток повреждения; ток КЗ
fault-to-ground ~ ток замыкания на землю
feed ~ ток питания
feedback ~ ток обратной связи
fibrillating ~ ток фибрилляции; поражающий ток
field ~ 1. ток возбуждения 2. ток намагничивания
field-free emission ~ ток эмиссии (*катода*) при отсутствии (электрического) поля
field-generating ~ ток, создающий поле возбуждения
filament ~ ток накала
filament starting [filament surge] ~ пусковой ток накала
firing ~ ток зажигания
flash ~ ток вспышки
follow ~ 1. сопровождающий ток 2. последующий ток (*дуги*)
forced ~ 1. вынужденный ток 2. форсированный ток
forward ~ прямой ток
Foucault ~s вихревые токи, токи Фуко
free ~ свободный ток
full-load motor ~ ток двигателя при полной нагрузке
full-load rotor ~ ток ротора при полной нагрузке
full-wave alternating ~ нормальный [некоммутированный] переменный ток
full-wave direct ~ нормальный [некоммутированный] постоянный ток
fusing ~ ток плавления вставки (*предохранителя*)
galvanic ~ гальванический ток; ток проводимости
gap ~ ток в зазоре

CURRENT

gas ~ ток в газе, ионный ток
gas ionization ~ ионный ток разряда
gate ~ 1. ток управляющего электрода (*тиристора*) 2. ток затвора (*полевого транзистора*) 3. ток управления (*магнитного усилителя*)
gate holding ~ отпирающий ток управляющего электрода (*тиристора*)
gate nontrigger ~ запирающий ток управляющего электрода (*тиристора*)
gate trigger ~ отпирающий ток управляющего электрода (*тиристора*)
gate turnoff ~ запирающий ток управляющего электрода (*тиристора*)
geomagnetically induced ~s индуктированные геомагнитные токи
given ~ заданный ток
glow ~ ток тлеющего разряда
grid ~ ток сетки, сеточный ток
ground ~ 1. ток в земле 2. ток замыкания на землю
ground-fault ~ ток замыкания на землю при повреждении
ground-leakage ~ ток утечки на землю
ground-return ~ ток возврата через землю
gun ~ ток пучка электронного прожектора
harmonic ~ синусоидальный ток; гармонический ток; ток гармонической составляющей
heater ~ ток подогревателя
heater-cathode (insulation) ~ ток утечки между подогревателем и катодом
heater starting [heater surge] ~ пусковой ток подогревателя (*катода*)
heavy ~ сильный ток
high-amperage [high-ampere] ~ большой ток
high-charging ~ большой зарядный ток
high-frequency ~ ток высокой частоты
high-tension [high-voltage] ~ ток высокого напряжения
high-voltage direct ~ постоянный ток высокого напряжения
holding ~ удерживающий ток
idle [idling] ~ ток холостого хода
impulse ~ импульсный ток
induced ~ наведённый [индуцированный] ток
induced field ~ ток в роторе (*синхронной машины*) от трансформаторной эдс
inductive ~ индуктивный ток
inflow ~ притекающий ток
initial ~ начальный ток
initial fault [initial short-circuit] ~ начальный [ударный] ток КЗ
initial symmetrical short-circuit ~ начальный [ударный] ток при симметричном КЗ
injection ~ 1. притекающий ток 2. ток поджигающего электрода
in-phase ~ синфазный ток
input ~ входной ток
input offset ~ ток смещения на входе (*операционного усилителя*)
in-rush ~ бросок тока
in-rush starting ~ пусковой ток (*двигателя*)
instantaneous ~ мгновенный ток
instrument security ~ ток, безопасный для прибора
insulation ~ ток через изоляцию
intermittent ~ прерывистый ток
interrupted [interrupting] ~ ток отключения
inverse ~ 1. обратный ток 2. ток размыкания
inverse electrode ~ обратный ток электрода
inverse leakage ~ обратный ток (*выпрямителя*)
ion(ic) ~ ионный ток
ionization ~ ионизационный ток
irradiation-saturation ~ ток насыщения при облучении
joint ~ суммарный [результирующий] ток
lagging ~ отстающий [запаздывающий (по фазе)] ток
latching ~ 1. ток срабатывания с залипанием 2. ток включения (*тиристора*)
leading ~ опережающий (по фазе) ток
leakage ~ 1. ток утечки 2. обратный ток (*выпрямителя*)
let-through ~ 1. проходящий ток 2. сквозной ток КЗ
light ~ фототок
lightning (stroke) ~ ток молнии
limiting ~ предельный ток
limiting continuous ~ предельный длительный ток
limiting no-damage ~ предельный выдерживаемый ток
limiting self-extinguishing ~ предельный самоустраняющийся ток
limiting short-time ~ предельный кратковременный ток

CURRENT

line ~ 1. линейный ток 2. фазный ток
line charging ~ зарядный ток линии
load ~ ток нагрузки
load output ~ выходной ток нагрузки
locked-rotor ~ ток при заторможённом роторе
loop ~ контурный ток
loss ~ ток потерь
low-frequency ~ ток низкой частоты
low-tension [low-voltage] ~ ток низкого напряжения
magnetization [magnetizing] ~ ток намагничивания
magnetizing in-rush ~ бросок тока намагничивания
mains ~ ток в сети
make-and-break ~ прерывистый ток
making ~ ток включения
matching ~ согласующий ток
maximum effective short-circuit ~ максимальное действующее значение тока КЗ
maximum prospective peak ~ максимальный ожидаемый пик тока
maximum recording audio-frequency ~ максимальный ток записи тональной частоты
mean diffusion ~ средний ток диффузии
measured ~ измеренный ток
melting ~ ток плавления
mesh ~ контурный ток
minimum fusing ~ минимальный ток плавления
minimum operating ~ минимальный ток срабатывания
mixed ~ смешанный ток
modulated ~ модулированный ток
momentary ~ кратковременный ток
momentary-fault ~ действующее значение ударного тока
multiterminal direct ~ многополюсная система постоянного тока
negative-sequence ~ ток обратной последовательности
nerve-action ~ биоток
net ~ полный [суммарный] ток
neutral ~ ток в нейтрали
nodal ~ ток в узле
no-load ~ ток холостого хода
nominal discharge ~ номинальный ток разрядника
nonsinusoidal ~ несинусоидальный ток
offset ~ 1. ток смещения нуля (*на входе операционного усилителя*) 2. ток (*КЗ*), смещённый за счёт апериодической составляющей

off-state ~ ток (*тиристора*) в закрытом состоянии
open-circuit ~ ток холостого хода
opening ~ ток отключения
operating ~ 1. рабочий ток 2. ток срабатывания
operative ~ ток срабатывания
oscillatory ~ колебательный ток
output ~ выходной ток
overload ~ ток перегрузки
oxidation ~ ток окисления, ток оксидирования
parasitic ~ паразитный ток
partial discharge ~s токи частичных разрядов
passing ~ проходящий ток
peak ~ пиковый [максимальный] ток
peak in-rush ~ максимальный ток намагничивания (*трансформатора*)
peak let-through fuse ~ максимальный мгновенный ток, проходящий через предохранитель (*в момент разрыва цепи*)
peak making ~ пик тока включения (*коммутационного аппарата*)
peak switching ~ максимальный ток включения
peak-to-peak ~ величина тока «от пика к пику» (*двойной амплитуды*)
peak-withstand ~ пиковое значение допустимого (сквозного) тока
per-circuit ~ ток на одну из (параллельно работающих) цепей
periodic ~ периодический ток
permissible breaking ~ допустимый ток отключения
permittance ~ ёмкостный ток
phase ~ фазный ток
phasing ~ уравнительный [фазирующий] ток
phasor ~ вектор тока
photo ~ фототок
photoconduction ~ ток фотопроводимости
photoelectric ~ фототок
photostimulated ~ фотостимулированный ток
pickup ~ ток срабатывания
pilot ~ ток по вспомогательным проводам
plate ~ анодный ток
polarization [polarizing] ~ поляризующий ток, ток поляризации
polyphase ~ многофазный ток
positive-sequence ~ ток прямой последовательности
post-arc ~ послеразрядный ток
potential fault ~ ожидаемый ток КЗ

CURRENT

power ~ 1. ток промышленной частоты 2. питающий ток
preconduction ~ ток несамостоятельного разряда (*газоразрядного прибора*)
preionization ~ ток предварительной ионизации
prestrike ~ предразрядный ток
primary ~ первичный ток; ток в первичной обмотке (*трансформатора*)
principal ~ основной ток (*тиристора*)
probe ~ зондовый ток
prospective ~ ожидаемый ток
prospective breaking ~ ожидаемый ток отключения
prospective making ~ ожидаемый ток включения
prospective peak ~ ожидаемый пик тока
prospective short-circuit ~ ожидаемый ток КЗ
prospective symmetrical ~ ожидаемый симметричный ток
pull-in ~ ток срабатывания (*реле*)
pull-up ~ ток плотного прижатия (*контактов реле*)
pulsating ~ пульсирующий ток
pulse ~ импульсный ток
quadrature-axis ~ ток поперечной составляющей
quiescent ~ ток покоя; ток в рабочей точке (*ВАХ*)
rail ~ ток в рельсовой цепи
rated ~ 1. номинальный ток 2. расчётный ток
rated breaking ~ номинальный ток отключения
rated contact ~ номинальный ток контактов (*при длительной работе*)
rated making ~ номинальный ток включения
rated secondary ~ номинальный вторичный ток (*трансформатора*)
rated temperature rise ~ допустимый ток по скорости нагрева
reaction ~ ток реакции
reactive ~ реактивный ток
recombination ~ ток рекомбинации
recovery ~ восстанавливающийся ток
rectified ~ выпрямленный ток
rectifier fault ~ ток повреждения выпрямителя
rectifier overload ~ ток перегрузки выпрямителя
recurrent peak forward ~ повторяющийся импульсный прямой ток (*тиристора*)
reflected ~ ток отражённой волны

relative short-circuit ~ кратность тока КЗ
release [releasing] ~ ток возврата
requisite ~ потребный ток
resetting ~ ток возврата
residual ~ 1. остаточный ток 2. ток нулевой последовательности
restoring ~ уравнительный ток
restraining ~ тормозной ток
return ~ ток отражённой волны
reverse ~ обратный ток
reverse blocking ~ обратный ток тиристора
reverse electrode ~ обратный ток электрода
reverse gate ~ обратный ток затвора (*тиристора*)
reverse leakage ~ обратный ток утечки
reverse recovery ~ обратный ток восстановления (*тиристора*)
reverse saturation ~ обратный ток насыщения
ripple ~ ток пульсаций; слабопульсирующий ток
rms [root-mean-square] ~ эффективное [действующее] значение тока
rotor ~ ток ротора
running ~ рабочий ток
saturation ~ ток насыщения
sawtooth ~ ток пилообразной формы
scavenger electrode ~ ток экранирующего электрода
seal ~ удерживающий ток
seal-in ~ ток срабатывания (*реле*)
sealing ~ удерживающий ток
secondary ~ вторичный ток; ток во вторичной обмотке (*трансформатора*)
secondary arc ~ ток вторичной дуги
secondary electron-emission ~ ток вторичной электронной эмиссии
secondary excitation ~ вторичный ток намагничивания (*трансформатора*)
self-inductance [self-induction] ~ ток самоиндукции
self-protection ~ ток самозащиты реле (*выдерживаемый реле без повреждений*)
service ~ рабочий ток
setting ~ ток уставки
shaft ~ (паразитный) ток по валу
sheath ~ 1. ток в (свинцовой) оболочке (*кабеля*) 2. анодный ток
shock ~ 1. поражающий ток 2. ударный ток
short-circuit ~ ток КЗ
short-circuit ~ **to ground** ток КЗ на землю

135

CURRENT

short-time ~ кратковременный ток
short-time thermal ~ ток термической стойкости
short-time withstand ~ кратковременный выдерживаемый ток
signal ~ ток сигнала
simple sinusoidal ~ синусоидальный ток
single-phase ~ однофазный ток
sinusoidal ~ синусоидальный ток
skinned ~ поверхностный ток
sneak ~ блуждающий ток
solar induced ~s гелиоиндуктированные токи
solid short-circuit ~ ток металлического КЗ
source ~ ток источника (*питания*)
space ~ пространственный ток
space-charge ~ ток пространственного заряда
spill ~ разностный ток
split-phase ~ ток расщеплённой фазы
spurious ~ ток утечки; паразитный ток
spurious differential ~ дифференциальный ток небаланса
spurious zero-sequence ~ ток небаланса в нулевом проводе
standing ~ ток покоя
star ~ фазный ток при схеме соединения звездой
starter transfer ~ начальный ток смещения (*конденсатора*)
starting ~ пусковой ток
stator ~ ток статора
steady ~ установившийся ток
steady short-circuit ~ установившийся ток КЗ
steady-state ~ ток установившегося режима; установившийся ток
steady-state short-circuit ~ установившийся ток КЗ
stray ~s паразитные токи
striking ~ пусковой ток; ток зажигания
stroke ~ ток удара (*молнии*)
strong ~ сильный ток
subtransient ~ сверхпереходный ток
subtransient armature ~ сверхпереходный ток якоря
super(im)posed ~ наложенный ток
supply ~ ток питания
surface ~ поверхностный ток
surface-leakage ~ ток утечки по поверхности (*изолятора*)
surge ~ бросок тока; сверхток
sweep ~ ток развёртки
switching ~ ток в момент переключения, переключаемый ток

tapping [tee-off] ~ ток в ответвлении, ток в отводе
test ~ испытательный ток
thermal ~ тепловой поток
thermally activated [thermally stimulated] ~ ток теплового возбуждения, термовозбуждённый ток
thermionic ~ термоэлектронный ток
thermoelectric ~ термоэлектрический ток
three-phase ~ трёхфазный ток
through ~ сквозной ток
total ~ полный [суммарный] ток
total asymmetrical (fault) ~ полный ток КЗ
total reflector ~ полный ток отражателя
total short-circuit ~ полный ток КЗ
tower ~ ток через опору (*напр. при ударе молнии*)
transfer ~ ток переноса
transformer in-rush ~ бросок тока (намагничивания) в трансформаторе
transient ~ ток в переходном процессе; неустановившийся ток
transient-decay ~ затухающий переходный ток
tripping ~ ток отключения
two-phase ~ двухфазный ток
unbalance ~ ток небаланса; ток несимметрии
unidirectional ~ ток одного направления, однонаправленный ток
valley ~ ток в провале между двумя пиками
vector ~ комплексное значение тока; полный [суммарный] ток
voltage-saturation ~ ток насыщения
voltaic ~ гальванический ток
washing ~ «смачивающий» ток
watt(ful) ~ активный ток
wattless ~ реактивный ток
weak ~ слабый ток
whirling ~s вихревые токи
withstand ~ выдерживаемый ток
work(ing) ~ рабочий ток, ток срабатывания
yoke ~ ток отклоняющей системы
zero-field emission ~ начальный ток электровакуумного диода
zero-frequency ~ ток нулевой частоты
zero(-phase)-sequence ~ ток нулевой последовательности

current-carrying 1. токонесущий; токоведущий 2. находящийся под током, находящийся под напряжением
current-conducting токопроводящий
current-limiting токоограничивающий
current-sensitive чувствительный к току

CURVE

cursor 1. курсор, указатель 2. стрелка 3. движок 4. ползунок
curtail 1. снижать; сокращать; ограничивать 2. отключать
curtailment 1. снижение; сокращение; ограничение 2. отключение ◊ ~ **on demand** снижение (электро)потребления
  customer ~ 1. отключение потребителя 2. недоотпуск [ограничение] (энергии) потребителю
  unit ~ разгрузка агрегата
curve 1. кривая 2. характеристика, характеристическая кривая
  ~ **of light distribution** кривая распределения света
  arrester discharge voltage-time ~ вольт-секундная характеристика разрядника
  arrival ~ кривая нарастания
  attenuation ~ кривая затухания
  bandpass resonance ~ характеристика (*фильтра*) в полосе пропускания
  B-H ~ кривая намагничивания; магнитная характеристика
  broad resonance ~ «тупая» резонансная кривая
  calibration ~ градуировочная кривая
  CF-LF relationship ~ кривая зависимости коэффициента одновременности от коэффициента загрузки
  characteristic ~ 1. статическая характеристика 2. внешняя (нагрузочная) характеристика (*преобразователя*)
  charge ~ кривая заряда
  coincidence factor-load factor relationship ~ кривая зависимости коэффициента одновременности от коэффициента загрузки
  commutation ~ коммутационная кривая; нормальная кривая намагничивания
  current-time ~ ампер-секундная характеристика
  current versus voltage [current-voltage] ~ вольт-амперная характеристика
  daily load ~ суточный график нагрузки
  decay ~ кривая спада (*тока КЗ*)
  deceleration ~ кривая торможения
  decrement ~ кривая затухания
  definite time ~ независимая характеристика времени срабатывания
  demagnetization ~ кривая размагничивания
  discharge ~ кривая разряда
  distribution ~ кривая распределения
  dynamic magnetization ~ динамическая кривая намагничивания
  electric polarization ~ кривая электрической поляризации
  equilux ~ кривая равной освещённости
  equivalent ~ эквивалентная характеристика
  equivalent load ~ кривая эквивалентной нагрузки
  equivalent load duration ~ приведённая кривая продолжительности нагрузки
  error ~ кривая ошибок; кривая погрешности
  exponential ~ экспоненциальная кривая
  fuel cost ~ кривая стоимости топлива
  fuse-characteristic ~ характеристика (срабатывания) плавкого предохранителя
  heating load duration ~ график тепловой нагрузки по продолжительности
  hysteresis ~ петля гистерезиса
  incremental rate ~ кривая относительных приростов
  initial magnetization ~ начальная кривая намагничивания
  iron saturation ~ кривая насыщения железа
  isocandela ~ кривая равной силы света; изокандела
  isoluminance ~ кривая равной яркости
  isolux ~ кривая равной освещённости; изолюкса
  life ~ кривая срока службы
  load ~ 1. нагрузочная характеристика 2. график нагрузки
  load duration ~ кривая продолжительности нагрузки
  load regulation ~ нагрузочная характеристика
  logarithmic ~ логарифмическая характеристика
  luminous intensity distribution ~ кривая распределения силы света
  magnetic material ac excitation ~ кривая намагничивания магнитного материала переменным током
  magnetization ~ кривая намагничивания
  melting ~ характеристика плавления (*вставки предохранителя*)
  minimum energy ~ кривая минимальной энергии
  neutral magnetization ~ начальная кривая намагничивания
  no-load saturation ~ характеристика холостого хода
  normal magnetization ~ коммутацион-

CUSTOM

ная кривая; нормальная кривая намагничивания
operating [performance] ~ рабочая характеристика
permeability-temperature ~ кривая зависимости магнитной проницаемости от температуры
permissible value ~ кривая допустимых значений
potential ~ профиль напряжения
power angle ~ характеристика зависимости момента от угла сдвига (*ротора*)
power-fuel consumption ~ расходная характеристика топлива
power system load ~ график нагрузки энергосистемы
pull-up ~ кривая зависимости натяжения от стрелы провеса (*провода*)
pulse response ~ импульсная характеристика
recoil ~ ветвь возврата на петле гистерезиса; кривая обратного хода петли гистерезиса
regulation ~ нагрузочная характеристика
relay load ~ моментная характеристика реле
relay pull ~ тяговая характеристика реле
residual flux density ~ кривая остаточного намагничивания
resistor derating ~ кривая зависимости расчётной [номинальной] мощности резистора от окружающей температуры
resonance ~ резонансная кривая; резонансная характеристика
response ~ 1. частотная кривая 2. характеристика чувствительности
sag-tension ~ кривая зависимости натяжения от стрелы провеса (*провода*)
saturation ~ кривая насыщения; характеристика намагничивания
short-circuit ~ характеристика КЗ
sine ~ синусоидальная кривая, синусоида
speed characteristic ~ скоростная характеристика
speed-torque ~ кривая зависимости вращающего момента от скорости вращения
static magnetization ~ статическая кривая намагничивания
step-like ~ ступенчатая кривая
stress-strain ~ кривая напряжение — деформация
summer daily load ~ летний суточный график нагрузки

swing ~ кривая качаний (*в энергосистеме*)
switching ~ кривая (скорости) перемагничивания
tank-rupture ~ характеристика разрушения бака (*трансформатора*)
torque-displacement angle ~ характеристика зависимости момента от угла сдвига (*ротора*)
transfer ~ 1. характеристика процесса управления 2. характеристика передачи
transient ~ кривая переходного процесса
transient-response ~ кривая поведения (*системы*) в переходном процессе
unit input/output ~ кривая зависимости расхода тепла (*топлива*) от нагрузки агрегата
virgin magnetization ~ начальная кривая намагничивания
voltage-time ~ вольт-секундная характеристика
winter daily load ~ зимний суточный график нагрузки
yearly ~ **of daily peak load** годовой график суточных максимумов нагрузки
yearly load duration ~ годовой график нагрузки по продолжительности
custom-built, custom-designed заказной, изготовленный по техническим условиям заказчика
customer 1. потребитель (*электроэнергии*) **2.** заказчик
specific ~ заказчик специальной аппаратуры
customize изготавливать на заказ, изготавливать по техническим условиям заказчика
custom-made заказной, изготовленный по техническим условиям заказчика
cut 1. разрывать; разъединять, отсоединять **2.** отключать, выключать **3.** пересекать; отсекать **4.** отключение ◊ **to ~ in(to)** включать; вводить; **to ~ into mains** включать в сеть; **to ~ off 1.** отключать, выключать **2.** отрубать; отсекать; отрезать; **to ~ out 1.** отключать, выключать **2.** *проф.* «вырубать»
branch ~ точка ветвления; узловая точка
power ~ прекращение [отключение] подачи электроэнергии
cutoff 1. отсечка; запирание **2.** напряжение отсечки **3.** частота среза (*фильтра*) **4.** выключение, отключение

CYCLE

automatic ~ автоматическое отключение
beam ~ гашение луча
current ~ отсечка тока; токовая отсечка
emergency power ~ аварийное отключение (электро)энергии
frequency ~ 1. отсечка частоты 2. предельная [граничная] частота; критическая частота 3. частота среза
power ~ отключение (электро)энергии

cutout 1. прерыватель 2. автоматический выключатель, автомат 3. стреляющий предохранитель 4. выключение, отключение 5. рубильник ◇ ~ **with solid blade** стреляющий предохранитель с ножевым контактом
automatic ~ автоматический выключатель, автомат
battery ~ автомат защиты батареи от обратного тока
disconnecting ~ разъединитель-предохранитель
distribution explosion ~ стреляющий предохранитель для распределительных сетей
electric ~ электрический выключатель
electromagnetic ~ электромагнитный выключатель
fuse ~ стреляющий предохранитель
fusible ~ плавкий предохранитель
load-break ~ выключатель нагрузки
maximum ~ автомат максимального тока, максимальный автомат
minimum ~ автомат минимального тока, минимальный автомат
motor ~ 1. выключение двигателя 2. выключатель двигателя
open(-link) ~ предохранитель открытого типа
open-type fuse ~ автомат со стреляющим предохранителем открытого типа
panel ~ 1. щитовой рубильник; щитовой выключатель 2. вырез в панели (*для размещения утапливаемого прибора*)
plain ~ плавкий предохранитель открытого типа
plug ~ 1. штепсельный разъединитель 2. пробковый плавкий предохранитель
power class ~ выключатель мощности; силовой выключатель
protected ~ предохранитель защищённого исполнения, предохранитель закрытого типа
remote ~ дистанционный выключатель
safety ~ плавкий предохранитель
semi(en)closed ~ предохранитель полузакрытого типа
single ~ индивидуальный [раздельный] вывод из группы
thermal ~ автомат с тепловым расцепителем
time ~ выключатель с выдержкой времени
zero ~ нулевой автомат

cutters кусачки
wire ~ кусачки

cutting 1. разрыв; разъединение; отсоединение 2. отключение, выключение 3. отсечка; запирание 4. резка, резание
arc ~ 1. разрыв дуги 2. дуговая резка
resistance ~ коммутация с вводом в цепь резистора

cycle цикл; период∥циклически повторяться; работать циклами ◇ ~ **per second** период в секунду, герц, Гц
~ **of magnetization** цикл намагничивания
~ **of measurement** цикл измерений
~ **of operation** цикл срабатывания; цикл переключения
battery ~ цикл (заряд — разряд) (аккумуляторной) батареи
bottoming ~ цикл дополнительной выработки электроэнергии с использованием сбрасываемого тепла
breeding ~ цикл воспроизводства (*топлива*)
burn-up ~ цикл выгорания (*топлива в реакторе АЭС*)
charging-discharging ~ цикл заряд — разряд
clock ~ период тактовых импульсов, такт; период синхронизирующих импульсов
closed ~ замкнутый цикл
closed fuel ~ замкнутый топливный цикл (*на АЭС*)
duty ~ 1. рабочий цикл 2. продолжительность включения, ПВ
equilibrium ~ условный равновесный цикл (*реактора с неизменным составом загружаемых материалов*)
excore [external nuclear] fuel ~ внешний цикл переработки ядерного топлива
extraction ~ регенеративный цикл
fuel ~ топливный цикл (*на АЭС*)
gas-steam ~ парогазовый цикл

generator ~ цикл работы в генераторном режиме
heating ~ цикл нагрева
heat power ~ цикл тепловой электростанции
high-duty ~ интенсивный рабочий цикл
hysteresis ~ гистерезисный цикл
incore reactor fuel ~ внутренний топливный цикл реактора
integrated coal gasification combined ~ комбинированный цикл производства электроэнергии из предварительно газифицированного угля
life ~ **s 1.** циклы долговечности **2.** ресурсы до первого капитального ремонта и между капитальными ремонтами
limit(ing) ~ предельный цикл
load ~ **1.** рабочий цикл **2.** продолжительность включения, ПВ
magnetic ~ цикл намагничивания
multiple reheat (steam) ~ цикл с многократным промежуточным перегревом пара
nonrecycling fuel ~ незамкнутый топливный цикл (*на АЭС*)
once-through fuel ~ однократный топливный цикл (*на АЭС*)
one-point extraction ~ цикл с одним отбором пара
on-off ~ цикл включения — отключения
open ~ разомкнутый цикл
open fuel ~ однократный топливный цикл (*на АЭС*)
operating (duty) ~ рабочий цикл
oscillation ~ цикл колебаний
power ~ энергетический цикл
production ~ производственный цикл
reclosing ~ цикл АПВ
recycling fuel ~ замкнутый топливный цикл (*на АЭС*)
regenerative ~ регенеративный цикл
sampling ~ цикл замеров
slip ~ период скольжения
split ~ разделённый цикл
steam and gas turbine combined ~ комбинированный парогазовый цикл турбины
supercritical pressure ~ цикл со сверхкритическим давлением
switching ~ цикл переключения
thermodynamic ~ термодинамический цикл
transposition ~ цикл транспозиции
warm-up ~ цикл нагрева
cycle-to-failure наработка на отказ в количестве циклов

cycling циклическая работа; количество циклов
  battery ~ перезарядка (аккумуляторных) батарей
  power ~ маневренный режим мощности
  thermal-mechanical ~ термомеханические циклы
cycloconverter циклоконвертор; непосредственный преобразователь частоты
cyclorectifier преобразователь переменного тока в выпрямленный
cyclotron циклотрон
cylinder цилиндр
  controller ~ контактный барабан контроллера
  partitioning ~ разделительный цилиндр
  retaining ring ~ цилиндр бандажного кольца
  Wehnelt ~ фокусирующий электрод

D

damage повреждение
  concealed ~ скрытое повреждение
  insulation ~ повреждение изоляции
  mechanical ~ механическое повреждение
  rain ~ повреждение от дождя
damp демпфировать
damped:
  critically ~ критически демпфированный
  oscillatory ~ колебательно затухающий
  weakly ~ слабо демпфированный
damper 1. демпфер, успокоитель **2.** успокоительная обмотка
  air ~ **1.** воздушный демпфер, воздушный успокоитель **2.** воздушный элемент выдержки времени (*в реле*)
  automatic field ~ автомат гашения поля, АГП
  bretelle ~ петлевой гаситель (*вибрации*)
  deep-bar ~ успокоительная обмотка, уложенная в глубокие пазы
  eddy-current ~ успокоитель на принципе вихревых токов
  electrical ~ электрический демпфер
  electromagnetic ~ электромагнитный демпфер, электромагнитный успокоитель
  Elgra ~ гаситель (*вибрации*) Эльгра

festoon ~ гаситель вибрации типа фестон
inductional ~ индукционный демпфер, индукционный успокоитель
liquid ~ жидкостный успокоитель, жидкостный демпфер
multiple festoon ~ многопетлевой гаситель вибрации; сложный гаситель вибрации типа фестон
oil ~ масляный демпфер
oscillation ~ гаситель колебаний
Stockbridge ~ гаситель (*вибрации*) Стокбриджа
torsion controlling type galloping ~ демпфер крутильного типа для гашения пляски проводов (*ВЛ*)
vibration ~ гаситель вибраций; гаситель колебаний
viscous ~ демпфирующая обмотка с использованием вязкого трения
damping 1. демпфирование, успокоение **2.** торможение, создание выдержки времени
absolute ~ полное гашение колебаний
air (friction) ~ воздушное демпфирование; демпфирование за счёт трения о воздух
aperiodic ~ апериодическое затухание
cataract ~ демпфирование с помощью катаракта
circuital ~ демпфирование за счёт свойств цепи
copper ~ демпфирование (короткозамкнутым) медным проводником
critical ~ критическое демпфирование, критическое успокоение
eddy-current ~ демпфирование вихревыми токами
electromagnetic ~ электромагнитное демпфирование, электромагнитное успокоение
exponential ~ затухание по экспоненциальному закону
governor ~ демпфирование за счёт действия регулятора (*турбины*)
magnetic ~ (электро)магнитное демпфирование
material ~ демпфирование (за счёт явлений) в материале
oil ~ масляное демпфирование
relative [specific] ~ относительное демпфирование, относительное успокоение
steam ~ демпфирование (рабочим) паром
viscous ~ демпфирование за счёт вязкого трения
dampness влажность

damp-proof влагонепроницаемый
dancing пляска (*проводов*)
conductor ~ пляска проводов
dashboard приборный щиток
dashpot катаракт; масляный буфер
air ~ воздушный успокоитель, воздушный демпфер
liquid ~ жидкостный буфер; жидкостный амортизатор
data данные
electrical power requirements ~ данные о потребности в электроэнергии
failure and consumption ~ данные об отказах и потреблении
failure rate ~ данные об интенсивности отказов
field ~ эксплуатационные данные
hourly ~ данные почасовых замеров
maintenance ~ эксплуатационные данные
motor nameplate ~ номинальные данные двигателя
nameplate ~ номинальные данные (указанные) на заводском щитке
day сутки
design ~ расчётные сутки (*соответствующие максимальной теоретической нагрузке энергосистемы*)
effective full power ~ эффективные сутки работы при полной мощности
equivalent full power ~ эквивалентные сутки работы при полной мощности
deactivating:
interlock ~ вывод блокировки из работы
dead обесточенный, отключённый от сети
deadband мёртвая зона, зона нечувствительности
regulator ~ зона нечувствительности регулятора
dead-beat успокоенный; апериодический
deadstart срыв запуска
deaeration деаэрация
deaerator деаэратор
atmospheric-pressure mixing ~ смешивающий деаэратор атмосферного давления
jet-type mixing ~ смешивающий деаэратор струйного типа
mixing(-type) ~ смешивающий деаэратор
debouncing устранение дребезга (*в контактах*)
debunching:
space-charge ~ расфокусирование, вызванное пространственным зарядом (*в электронном пучке*)
decade 1. декада (*напр. магазина сопро-

DECAY

тивлений) **2.** декадный переключатель
resistance-box ~ декада магазина сопротивлений
decay затухание; ослабление ‖ затухать; ослаблять
  exponential ~ затухание по экспоненте
  power ~ быстрое снижение [быстрая разрузка] мощности
  radioactive ~ радиоактивный распад
  weld ~ коррозия сварного шва
deceleration замедление; торможение; отрицательное ускорение
decelerator замедлитель
  field ~ замедлитель частиц в (электрическом) поле
deck:
  operating ~ площадка обслуживания
  tape ~ дека магнитофона
decoder декодирующее устройство, декодер; дешифратор; декодирующая [дешифраторная] матрица
decoding декодирование
decommissioning вывод из эксплуатации
  post-accident ~ вывод (*АЭС*) из эксплуатации после аварии
  reactor ~ вывод реактора из эксплуатации
decompose разложить; разделить
decomposition декомпозиция; разделение; разложение; распад
  ~ **of insulation** разделение изоляции
  load flow ~ расчёт установившегося режима с применением декомпозиции
decontamination дезактивация
  electrolytic ~ электрохимическая дезактивация (*поверхности*)
  radioactive ~ дезактивация при радиоактивном заражении
decouple развязывать
decoupler развязывающее устройство
decoupling развязка
decrease уменьшение; снижение
  exponential ~ экспоненциальное затухание
  load ~ уменьшение [снижение] нагрузки
decrement декремент ◇ ~ **in reactivity** уменьшение реактивности (*ядерного реактора*)
  ~ **of zero** нулевое затухание
  damping ~ декремент затухания
  logarithmic ~ логарифмический декремент
deenergization 1. отключение; снятие напряжения, обесточивание **2.** снятие возбуждения, развозбуждение

deenergize 1. отключать; снимать напряжение, обесточивать **2.** снимать возбуждение *или* сигнал, развозбуждать
deenergized 1. отключённый; обесточенный **2.** развозбуждённый
deexcitation снятие возбуждения, развозбуждение
defect дефект; неисправность
deficiency недостаток, дефицит
  capacity ~ дефицит мощности
deflagration перегорание (*предохранителя*)
deflect отклонять(ся)
deflection отклонение
  ~ **of a measuring instrument** отклонение (стрелки) измерительного прибора
  arc magnetic ~ магнитное смещение дуги (*при сварке*); отклонение дуги в магнитном поле
  beam ~ отклонение пучка
  electrostatic ~ электростатическое отклонение
  full scale ~ отклонение на полную шкалу
  magnetic ~ магнитное отклонение
  symmetrical ~ симметричное отклонение
  twice-per-revolution ~ прогиб (*ротора*) двойной оборотной частоты
deflector 1. отклоняющее устройство **2.** дефлектор, отражатель
  oil ~ маслоотражатель
deformation деформация
degauss размагничивать
degausser размагничивающее устройство
degaussing размагничивание
degeneration 1. вырождение (*колебаний*) **2.** отрицательная обратная связь
degenerative с отрицательной обратной связью
degradation деградация
  gradual ~ постепенная деградация
  thermal cyclic ~ термоциклическое старение
degree 1. градус **2.** степень **3.** процентное содержание
  ~ **of cross-linking** качество поперечного соединения
  ~ **of current asymmetry** степень асимметрии тока
  ~ **of current rectification** степень выпрямления тока
  ~ **of ionization** степень ионизации
  ~ **of safety** степень безопасности
  ~ **of superheat** степень перегрева
  ~ **of voltage rectification** степень выпрямления напряжения

basic rectifier protection ~ основная степень защиты выпрямителя (*быстродействующие предохранители и выключатель с максимальной токовой защитой*)
   electrical ~ электрический градус
   maximum rectifier protection ~ высшая степень защиты выпрямителя (*координированная схема с предохранителями и реле по всей установке*)
   minimum rectifier protection ~ низшая степень защиты выпрямителя (*обычный предохранитель*)
   time ~ **s** градусы времени (*при периоде времени в 360°*)
deice устранять обледенение
deicer:
   electrical ~ электрический антиобледенитель
deionization деионизация
   electrochemical ~ электрохимическая деионизация
deionize деионизировать
delay запаздывание; задержка, выдержка (времени) ◊ ~ **on break [**~ **on dropout]** задержка на отпадание; ~ **on energization [**~ **on make,** ~ **pull-in]** задержка на срабатывание; ~ **on release** задержка на отпадание
   adjusted ~ установленная задержка; отрегулированное замедление
   dropout (time) ~ задержка на отпадание
   envelope ~ задержка огибающей
   fixed ~ постоянное запаздывание; постоянная задержка
   off ~ задержка на отпадание
   on ~ задержка на срабатывание
   phase ~ запаздывание [отставание] по фазе
   pickup (time) ~ задержка на срабатывание
   propagation ~ задержка распространения; замедление распространения
   pulse ~ задержка импульса
   reclosure ~ выдержка времени по АПВ
   release ~ задержка на отпадание
   statistical ~ **of ignition** статистическое значение времени запаздывания зажигания
   time ~ выдержка времени, задержка
   transmission ~ запаздывание в передаче (*сигнала*) по дальней ЛЭП
   trip ~ задержка на отпадание
   turnoff ~ задержка на отключение
   turnon ~ задержка на включение
delayed-action с выдержкой времени
delayer линия выдержки

deliver 1. подавать; питать; нагнетать **2.** доставлять; передавать
delivery 1. подача; питание; нагнетание **2.** производительность (*насоса*) **3.** отдача (*тепла*) **4.** расход **5.** выхлоп, выпуск (*газа, воздуха*) **6.** доставка (*напр. электроэнергии*)
   ~ **of electric energy 1.** подача электроэнергии **2.** доставка электроэнергии
   fuel ~ **1.** подача топлива **2.** доставка топлива
   off-gas ~ объём газовых выбросов
   power ~ подача [передача] мощности; подача [передача] (электро)энергии
deloading снижение нагрузки, разгрузка
delta треугольник, соединение треугольником
   broken [open] ~ разомкнутый [открытый] треугольник
   tertiary ~ соединённая треугольником третичная обмотка
delta-function дельта-функция (*единичный импульс*)
delta-star, delta-wye (соединение) треугольник — звезда
demagnetization размагничивание ◊ ~ **by continuous reversals** размагничивание непрерывно меняющимся переключением (*цепи возбуждения*)
demagnetize размагничивать
demagnetizer схема [устройство] размагничивания
demand 1. электропотребление **2.** потребляемая мощность, нагрузка **3.** потребность
   annual maximum ~ годовая максимальная нагрузка
   authorized maximum ~ разрешённая максимальная нагрузка
   base-load ~ базисная нагрузка (*электростанции, энергосистемы*)
   billing ~ величина нагрузки, предъявляемая к оплате (*согласно контракту*)
   coincident ~ совмещённый максимум нагрузки
   commercial ~ нагрузка (*потребителей*) коммерческого сектора
   contract ~ электроснабжение по условиям контракта
   customer contract ~ заявленная (максимальная) мощность
   effective ~ участие в пике (*потребление данной установки в период максимума нагрузки*)
   elastic ~ требование оплаты за электроэнергию в условиях превышения

DEMODULATION

прироста выпуска товаров над приростом тарифов
excess ~ нагрузка, дополняющая среднюю до максимальной
half-hour(ly) ~ получасовая потребляемая мощность
hour(ly) ~ часовая потребляемая мощность
hydropower water ~ потребность в воде для гидроэнергетики
industrial ~ нагрузка (*потребителей*) промышленного сектора
inelastic ~ требование оплаты за электроэнергию в условиях превышения прироста тарифа над приростом выпуска товаров
in-rush current ~ нагрузка с броском тока
instantaneous peak ~ кратковременный максимум нагрузки
integrated ~ 1. усреднённое электропотребление 2. суммарное электропотребление
interval ~ нагрузка, усреднённая на определённом интервале
load ~ 1. требование по нагрузке 2. наброс нагрузки
maximum ~ 1. максимальное потребление 2. максимальная нагрузка
megawatt ~ нагрузка в мегаваттах
minimum ~ минимальная нагрузка
miscellaneous ~ случайная нагрузка
momentary ~ кратковременная нагрузка
native system ~ месячный часовой максимум электропотребления данной энергосистемы
noncoincident ~ несовмещённый максимум нагрузки
off-peak ~ потребляемая мощность вне максимума нагрузки
on-peak ~ потребляемая мощность во время максимума нагрузки
peak ~ максимальная нагрузка
power ~ 1. потребление электроэнергии 2. потребность в электроэнергии
power system minimum ~ минимум нагрузки энергосистемы
residential ~ нагрузка (*потребителей*) жилого сектора
subscribed ~ заявленная нагрузка
demodulation демодуляция
amplitude ~ амплитудная демодуляция
frequency ~ частотная демодуляция
phase ~ фазовая демодуляция
pulse ~ демодуляция импульсно-модулированного сигнала
time ~ временна́я демодуляция

demodulator демодулятор
phase-sensitive ~ фазочувствительный демодулятор
ring ~ кольцевой демодулятор
demultiplier устройство деления
frequency ~ делитель частоты
density плотность
~ **of acid** плотность электролита
~ **of electromagnetic energy** плотность электромагнитной энергии
~ **of electrons** плотность электронов
~ **of failures** плотность потока отказов
actual flux ~ действительная индукция
actual tooth ~ действительная индукция в зубцах
airgap flux ~ магнитная индукция в воздушном зазоре
ampere ~ плотность тока
apparent gap ~ кажущаяся магнитная индукция в зазоре
apparent tooth ~ кажущаяся индукция в зубцах
average ~ средняя плотность
average ~ **of failures frequency** средняя плотность потока отказов
charge ~ 1. плотность (электрического) заряда 2. плотность тока при заряде (*аккумуляторной батареи*)
component ~ плотность монтажа компонентов
current ~ плотность тока
dielectric flux ~ магнитная индукция в диэлектрике
direct-axis flux ~ составляющая магнитной индукции по продольной оси
displacement current ~ плотность тока смещения
electric ~ плотность электрического заряда
electric charge surface ~ поверхностная плотность электрического заряда
electric charge volume ~ объёмная плотность электрического заряда
electric-field energy ~ энергия электрического поля
electric flux ~ плотность электрического потока; электрическое смещение; электрическая индукция
energy ~ плотность энергии; количество запасённой энергии на единицу веса (*аккумуляторной батареи*)
energy flux ~ плотность потока энергии
equivalent salt deposit ~ эквивалентная плотность солевых отложений (*на изоляторах*)
failure ~ плотность потока отказов

DEPHASE

    field [flux] ~ индукция в силовом поле
    flux ~ per peripheral unit length магнитная индукция на единицу длины по периферии (*в электрической машине*)
    Fourier ~ спектральная плотность
    gap (flux) ~ магнитная индукция в зазоре
    Gaussian ~ плотность распределения вероятности по Гауссу
    heat flux ~ плотность теплового потока
    high-current ~ высокая плотность тока
    impressed-charge ~ плотность приложенного заряда
    incremental flux ~ магнитная индукция на частных циклах
    induction ~ магнитная индукция
    intrinsic flux ~ собственная магнитная индукция
    ion(ization) ~ плотность ионизации, плотность ионов
    linear charge ~ линейная плотность заряда
    line-of-force ~ плотность силовых линий (*электрического или магнитного поля*)
    load ~ плотность нагрузки
    luminous (flux) ~ плотность светового потока
    magnetic flux ~ магнитная индукция
    majority electron ~ концентрация основных носителей (*электронов*)
    mean pole phase ~ средняя магнитная индукция под полюса
    minority electron ~ концентрация неосновных носителей (*дырок*)
    packaging ~ 1. плотность монтажа; плотность упаковки (*ИС*) 2. плотность записи
    packing ~ плотность монтажа; плотность упаковки (*ИС*)
    plasma ~ плотность плазмы
    plasma-current ~ плотность тока плазмы
    power ~ 1. удельная мощность 2. энергонапряжённость, плотность энерговыделения в активной зоне (*ядерного реактора*)
    power flux ~ плотность потока мощности
    power spectral ~ спектральная плотность распределения мощности
    print ~ плотность печати (*в точечных регистраторах*)
    probability ~ плотность (распределения) вероятности
    radiant ~ плотность лучистой энергии
    recording ~ плотность записи
    relative ~ относительная плотность
    remanent [residual] magnetic flux ~ остаточная магнитная индукция
    saturation flux ~ магнитная индукция насыщения
    space-charge ~ плотность пространственного заряда
    specific ~ удельная плотность
    specific current ~ per unit area удельная плотность тока на единицу площади (*поперечного сечения*)
    surface (electric) charge ~ поверхностная плотность (электрического) заряда
    thermal flux ~ плотность теплового потока
    total current ~ плотность полного тока (*проводимости и смещения*)
    uniform current ~ неизменная плотность тока
    volume (electric) charge ~ объёмная плотность (электрического) заряда
    volume ionization ~ объёмная концентрация ионов
    wiring ~ плотность монтажа
department:
    boiler ~ котельный цех (*электростанции*)
    dispatching ~ диспетчерская служба
    operating ~ оперативно-диспетчерская служба
    turbine ~ турбинный цех (*электростанции*)
    winding ~ обмоточный цех, обмоточная мастерская; обмоточный участок
departure 1. отклонение 2. отрыв, вылет (*электронов*)
    frequency ~ дрейф [уход] частоты
    mean squared ~ среднеквадратичное отклонение
dependence зависимость
    angular ~ угловая зависимость
    linear ~ линейная зависимость
    power ~ 1. зависимость от мощности 2. степенная зависимость
    quadratic ~ квадратичная зависимость
    stochastic ~ стохастическая зависимость
    time ~ временна́я зависимость
dependent зависимый ◊ **~ from waveform** зависимый от формы кривой
    current ~ зависимый от тока
    frequency ~ частотнозависимый
dephase смещать [сдвигать] по фазе

dephased сдвинутый по фазе, со сдвигом по фазе
depolarization деполяризация
depolarizer деполяризатор
deposit отложение; осадок
   hard ~s твёрдые отложения
   ice ~ образование гололёда (*на проводах ВЛ*)
   immersion ~ электролитическое покрытие, полученное методом замещения
   leveling ~ сглаживающее покрытие (*покрытие, менее шероховатое, чем основа*)
   turbine blade ~s отложения на лопатках турбины
deprecation износ
   insulation ~ износ [старение] изоляции
depression 1. углубление **2.** вакуум, разрежение **3.** снижение
   field ~ снижение напряжённости (электрического) поля
   voltage ~ резкое снижение [провал] напряжения
depth глубина
   ~ **of current penetration** глубина проникновения тока
   ~ **of laying** глубина прокладки (*кабеля*)
   furnace ~ глубина топки
   penetration ~ глубина проникновения
   slot ~ глубина паза
   stator slot ~ высота паза статора
derivative производная
   time ~ производная по времени
derivator дифференциатор
desensitize снижать чувствительность, загрублять
design 1. расчёт, проект; конструкция ‖ рассчитывать, проектировать, конструировать **2.** предназначать **3.** встраивать **4.** внешнее оформление, дизайн
   closed ~ закрытая конструкция
   functional control center ~ проектирование диспетчерских центров с учётом функциональных требований
   half-enclosed ~ полузакрытая конструкция
   insertion loss filter ~ расчёт фильтров по вносимым потерям
   mechanical ~ механическая конструкция
   open ~ открытая конструкция
   simulation ~ проектирование методом моделирования
   single-conductor ~ однопроводная конструкция

   standardized reactor island ~ конструкция стандартизированной реакторной установки (*АЭС*)
   structural ~ **of transmission line** конструирование ЛЭП
   worst-case ~ расчёт на наихудший случай
designate обозначать
designation обозначение
   mode ~ обозначение типа колебаний
designer разработчик
   circuit ~ разработчик схем, схемотехник
   device ~ разработчик устройств
desintegration разрушение; распад
   ~ **of filament** разрушение нити накала
   beta ~ бета-распад
   nuclear ~ ядерный распад
desk 1. пульт **2.** стенд
   control ~ пульт управления
   lighting ~ пульт режиссёра по свету; пульт осветителя
   test ~ испытательный стенд; стенд для поверки измерительных приборов
desolder распаивать; размонтировать
detachable съёмный, разъёмный; отсоединяемый
detect 1. детектировать **2.** обнаруживать, выявлять
detection 1. детектирование **2.** обнаружение
   diode ~ диодное детектирование
   envelope ~ детектирование огибающей
   error ~ обнаружение ошибок
   failure ~ определение неисправностей
   fault ~ обнаружение повреждений
   incipient failure ~ раннее обнаружение дефектов
   linear ~ линейное детектирование
   overcurrent ~ обнаружение сверхтока
   point ~ *ж.-д.* контроль положения стрелки
   signal quality ~ *телемех.* контроль качества сигнала
detector 1. детектор **2.** указатель, индикатор **3.** следящий механизм
   average ~ детектор средних значений
   balance ~ нуль-детектор
   bearing wear ~ индикатор степени износа подшипника
   bolometer ~ болометрический измеритель (*тока, мощности*)
   current ~ гальваноскоп
   current leak ~ прибор для обнаруже-

DEVELOPMENT

ния утечки тока и измерения сопротивления изоляции
current-operated fault ~ токовый пусковой орган
electrical point ~ *ж.-д.* стрелочный коммутатор
electrode cable ~ прибор для определения места повреждения кабеля
embed(ded) ~ встроенный датчик
embedded resistance temperature ~ встроенный термометр сопротивления
embedded temperature ~ встроенный термодатчик
error ~ обнаружитель ошибок
ex-core ~ внереакторный детектор
failed element ~ прибор контроля герметичности ТВЭЛа
fault ~ указатель повреждения; пусковой орган (*устройств РЗ и автоматики*)
fault-phase selection ~ избиратель повреждённой фазы
ground ~ индикатор замыкания на землю
ground leakage ~ индикатор токов утечки на землю
heat ~ (сигнальный) термодетектор
infinite-impedance ~ детектор с входным сопротивлением, близким к бесконечности
insulation (fault) ~ индикатор повреждения изоляции
ion-chamber particle ~ детектор аэрозольных частиц в ионизационной камере
leaky grid ~ сеточный детектор
level ~ 1. детектор уровня 2. сравнивающее устройство (*реле*) с одной постоянной величиной
lineman ~ монтёрский индикатор
magnetic ~ магнитный детектор
magnetic-field flow ~ магнитный дефектоскоп
out-of-core ~ внереакторный детектор
overcurrent fault ~ токовый пусковой орган
overheat(ing) ~ индикатор перегрева
overload ~ индикатор перегрузки
peak ~ пиковый детектор
phase ~ 1. фазовый детектор 2. указатель порядка чередования [следования] фаз 3. синхроноскоп
phase-sensitive ~ фазочувствительный детектор
power primary ~ первичный датчик мощности
primary ~ первичный [основной] датчик
radiation ~ детектор излучения
reed-frequency ~ язычковый частотомер
resistance temperature ~ термометр сопротивления
reverse power flow ~ индикатор реверса мощности
rms [root-mean-square] ~ среднеквадратичный детектор
sonic ~ акустический датчик
spark ~ искровая камера (*ионизационного излучения*)
standing-wave ~ детектор стоячей волны
temperature [thermal] ~ термодетектор
ultrasonic ~ ультразвуковой датчик
vacuum-leak ~ течеискатель
vacuum-tube [valve] ~ ламповый детектор
vibration ~ вибродатчик
video ~ видеодетектор
voltage ~ индикатор (наличия) напряжения
wave ~ детектор (электромагнитных) волн
wire-breakage ~ индикатор обрыва провода
zero-crossing ~ детектор перехода сигнала через нуль
zero level ~ детектор нулевого уровня
deterioration старение (*напр. изоляции*)
  light-flux ~ спад светового потока
  relay ~ старение реле
determinant определитель, детерминант
  network ~ детерминант (сопротивлений) сети
determination определение
  power network connectivity ~ определение схемы соединений сети
detuning расстройка (*контуров*); рассогласование
develop 1. развивать; улучшать; совершенствовать **2.** разрабатывать (*новые образцы*) ◊ **to ~ a formula** выводить формулу
development 1. развитие; усовершенствование; улучшение **2.** конструирование; разработка новых образцов
  ~ **of fault** развитие аварии
  advanced ~ перспективная разработка
  arc ~ развитие дуги
  engineering ~ усовершенствование конструкции
  hydroelectric ~ гидроэнергетическое строительство; гидроузел, ГЭС

pumped storage ~ гидроаккумулирующая станция, ГАЭС
resist ~ проявление резиста
water(-and-)power ~ комплексное гидротехническое строительство (*включая гидроэнергетическое*); гидроузел, ГЭС

deviation отклонение; девиация
~ **of synchronous time** отклонение синхронного времени
angle ~ расхождение углов (*по отношению к вектору опорной эдс*)
azimuth ~ перекос рабочего зазора
dynamic ~ динамическое отклонение, динамическая ошибка
frequency ~ **1.** девиация частоты **2.** частотная модуляция
inadvertent intentional ~**s of interchange** необъявленные намеренные отклонения перетока мощности (*в результате работы, регулирования*)
mains ~**s** отклонения [колебания] напряжения в сети
maximum phase ~ максимальное отклонение фазного угла, максимальное отклонение фазы
mean ~ среднее отклонение
net interchange ~**s** отклонения обменной мощности (*от заданной*)
operating ~ полный размах колебаний [отклонений] регулируемой величины от заданного значения; ошибка регулирования
percent ~ отклонение [ошибка регулирования] в процентах
phase ~ отклонение [качание] фазы, отклонение [качание] фазного угла
rms ~ среднеквадратичное отклонение
rod ~ отклонение управляющего стержня (*ядерного реактора*)
root-mean-square ~ среднеквадратичное отклонение
service ~ полный размах колебаний, вызванный дрейфом и изменением режима работы за заданное время
standard ~ среднеквадратичное отклонение; стандартное отклонение
steady-state ~ **1.** остаточное отклонение, остаточная ошибка регулирования **2.** отклонение в установившемся состоянии
steady-state ~ **of the** *n***-th order** астатизм *n*-го порядка
system ~ отклонение регулируемой величины от идеального значения
time ~ отклонение (синхронного) времени

transient ~ динамическое отклонение; динамическая ошибка
voltage ~ отклонение напряжения

device 1. устройство; прибор **2.** элемент, компонент
actuating ~ исполнительный орган, исполнительное устройство
add-on ~ навесной компонент
adjusting [adjustment] ~ установочное [регулирующее, настроечное] устройство
aircraft warning ~**s** авиапредупредительные устройства (*на ВЛ*)
analog ~ аналоговое устройство
antihunt ~ противоколебательное [демпфирующее] устройство
antisingle-phasing ~ устройство защиты от обрыва фазы
antivibration ~ амортизатор [гаситель] вибраций
arc-control ~ дугогасительное устройство
arcing protection ~ устройство защиты от электрической дуги
arc quenching ~ дугогасительное устройство
attached ~ навесной компонент
attention ~ устройство сигнализации
autoalarm ~ устройство автоматической сигнализации
automatic ~ автоматическое устройство, автомат
automatic holding ~ автоматическое удерживающее устройство
back-up ~ резервное устройство
bending ~ гибочное приспособление
bistable ~ бистабильный прибор
board electrical ~ *авиа* бортовое электротехническое устройство
brush-shifting ~ приспособление для сдвига щёток
bushing potential ~ ёмкостный делитель напряжения, встроенный в высоковольтный ввод
capacitance potential ~ ёмкостный делитель напряжения
capacitor trip ~ отключающее устройство с конденсатором
charge-coupled ~ прибор на зарядовых связях
charge-transfer ~ устройство для переноса зарядов
charging ~ зарядное устройство
chemically resisting electrical ~ химически стойкое электротехническое устройство
chip-and-wire ~ микросхема с проволочными связями

DEVICE

chucking ~ зажимное приспособление; зажимной патрон
clamping ~ зажимное устройство
closed electrical ~ закрытое электротехническое устройство
coding ~ кодирующее устройство, шифратор
compensating ~ 1. компенсирующее устройство 2. корректирующее устройство
consumer ~ бытовой прибор
contactless switching ~ бесконтактный коммутационный аппарат
control-circuit ~ устройство (в цепях) вторичной коммутации
control-point setting ~ устройство для задания [задатчик] уставок
correcting ~ корректирующее устройство
coupling capacitor potential ~ ёмкостный трансформатор напряжения на конденсаторе-заградителе
cryogenic ~ криогенное устройство
current-controlled ~ прибор, управляемый током
current-limiting ~ токоограничивающее устройство
current-sensing ~ датчик тока
damping ~ демпфирующее устройство
delay ~ устройство задержки
detecting ~ выявительный орган, орган обнаружения
digital ~ цифровое устройство
direct-acting trip ~ отключающее устройство прямого действия
disconnecting ~ устройство отключения
discrete ~ устройство с дискретными компонентами
drawout-mounted ~ выкатное устройство
drip-proof electrical ~ каплезащищённое электротехническое устройство
dust-proof electrical ~ пылезащищённое электротехническое устройство
electrical ~ электротехническое устройство
electrically initiated explosive ~ *горн.* взрывное устройство с электрическим взрывателем
electronic ~ электронный прибор
end ~ первичный преобразователь, датчик
energy conversion ~ устройство преобразования энергии
error-detecting ~ прибор обнаружения ошибки
explosion-proof electrical ~ взрывозащищённое электротехническое устройство
fast-response ~ прибор с быстродействием
fault-current limiting ~ устройство ограничения токов КЗ при повреждениях
final control ~ исполнительное устройство
fixed trip (mechanical) switching ~ приспособление для фиксированного расцепления в приводе выключателя
flame-proof electrical ~ пожаробезопасное электротехническое устройство
fluid-column ~ жидкостный терморегулятор
four-pole ~ четырёхполюсник
gas-filled valve ~ газонаполненный [газоразрядный] вентильный прибор
good ~ устройство в исправном состоянии
governor ~ регулирующее устройство
ground-fault protective ~ устройство защиты от замыканий на землю
grounding ~ заземляющее устройство
group distributing ~ групповое распределительное устройство
Hall-effect ~ прибор (на эффекте) Холла
hermetically sealed electrical ~ герметичное электротехническое устройство
high-technology ~ 1. высокотехнологичный прибор 2. прибор, изготовленный по современной технологии
high-vacuum valve ~ высоковакуумный вентильный прибор
hold(ing-down) ~ удерживающее устройство (*контактного аппарата*)
hybrid-type ~ гибридный прибор
indicating ~ 1. индикаторное устройство; индикатор 2. указатель, отметчик
indoor electrical ~ электротехническое устройство внутренней установки
input ~ устройство ввода (*данных*)
input-output ~ устройство ввода—вывода, УВВ
interlocking ~ блокирующее устройство, блокировка
ionic valve ~ газоразрядный вентильный прибор
keying ~ модуляторное [клавиатурное] устройство
laying ~ укладочный механизм
lifting ~ подъёмное приспособление, подъёмник

DEVICE

light warning ~s устройства светоограждения (*на ВЛ*)
load anticipating ~ устройство прогнозирования нагрузки (*при управлении электропотреблением*)
locating ~ фиксатор; прибор обнаружения
locking ~ 1. замок, стопорное приспособление 2. арретир 3. блокировочное устройство, блокировка
lockout ~ блокировочное устройство, блокировка
lower ~ устройство (*РЗ*), ближнее по отношению к КЗ
magnetic ~ магнитный элемент
magnetic pickup ~ магнитный щуп
magnetic pulse generating ~ генератор магнитных импульсов
magnetic tripping ~ электромагнитное отключающее устройство (*прямого действия*)
make-and-break ~ прерыватель
manual lockout ~ ручное устройство блокировки
matching ~ согласующее устройство
measuring ~ измерительное устройство; измерительный прибор
mechanical switching ~ контактный коммутационный аппарат
mercury-arc valve ~ ртутный вентильный прибор
mesh-connected ~ устройство, собранное по схеме многоугольника
meter-adjusting ~ настроечное устройство измерительного прибора
metering ~ измерительное приспособление
microphone-earphone ~ микрофонно-телефонное устройство
mine electrical ~ рудничное электротехническое устройство
mine leakage current protection ~ рудничный аппарат защиты от токов утечки
mobile electrical ~ передвижное электротехническое устройство
moisture-proof electrical ~ влагонепроницаемое электротехническое устройство
monitoring ~ контрольное устройство
multianode valve ~ многоанодный вентильный прибор
multichannel ~ многоканальное устройство; многоканальный аппарат
multipole ~ многополюсник
multipole switching ~ многополюсный коммутационный аппарат

multistable ~ устройство с несколькими устойчивыми состояниями
no-load stopping ~ устройство торможения [остановки] на холостом ходу
noncontact(ing) [nonmechanical] switching ~ бесконтактный коммутационный аппарат
***n*-port** ~ *n*-полюсник
oil-dashpot-delayed ~ элемент выдержки времени с масляным катарактом
one-port ~ двухполюсник
open air electrical ~ открытое электротехническое устройство
operating ~ рабочий орган
optically coupled ~ оптрон
origin-shift ~ устройство установки нуля
output ~ устройство вывода (*данных*)
overcurrent cutoff ~ автомат защиты от сверхтоков
overload prevention ~ устройство для предотвращения перегрузки
peaked-wave forming ~ устройство формирования пиковых [остроконечных] волн
peripheral ~ периферийное устройство
phase-shifting ~ фазосдвигающее устройство
phase-splitting ~ фазорасщепляющее устройство, фазорасщепитель
photoelectric ~ фотоэлектрическое устройство
pilot ~ 1. вспомогательное устройство 2. устройство (в цепях) вторичной коммутации
plotting ~ графопостроитель
plugging-up ~ блокирующее устройство, блокировка
pole-by-pole (controlled) switching ~ коммутационный аппарат с пополюсным управлением
polyphase electrical ~ многофазное электротехническое устройство
portable electrical ~ переносное электротехническое устройство
portable heating ~ переносный отопительный [переносный нагревательный] прибор
presspack ~ устройство для проверки давлением
programming ~ программатор
protected electrical ~ защищённое электротехническое устройство
protective ~ защитное устройство
pulse storage ~ счётчик импульсов
pulsing ~ импульсное устройство

DEVICE

recording ~ регистрирующее устройство
regulator ~ регулирующее устройство
remote-indication ~ устройство телесигнализации
resetting ~ восстанавливающее [возвращающее] устройство
residual-current-operated protective ~ устройство защиты от токов замыкания на землю
resistant-to-cold electrical ~ холодостойкое электротехническое устройство
safety ~ предохранительное устройство
saturation core ~ устройство насыщения [подмагничивания] сердечника
self-synchronous ~ сельсин
semiconductor ~ полупроводниковый прибор
semiconductor switching ~ полупроводниковый коммутационный аппарат
semiconductor valve ~ полупроводниковый вентильный прибор
sensing ~ (первичный) измерительный преобразователь, датчик
set-point [setting] ~ устройство для задания [задатчик] уставок
ship electrical ~ корабельное [судовое] электротехническое устройство
shutdown ~ устройство остановки; устройство отключения; прибор отключения
single-anode valve ~ одноанодный вентильный прибор
single-phase electrical ~ однофазное электротехническое устройство
single-pole switching ~ однополюсный коммутационный аппарат
single-unit ~ однофункциональный прибор
sizing ~ приспособление для калибровки
slave ~ выходное исполнительное устройство (*статического реле*)
slowing-down ~ замедляющее устройство, замедлитель
solid-state ~ полупроводниковый прибор; твердотельный прибор
solid-state power ~ полупроводниковый силовой прибор, полупроводниковый силовой [твердотельный мощный] прибор
solid-state switching ~ полупроводниковый коммутационный аппарат
solid-state tripping ~ полупроводниковое отключающее устройство (*прямого действия*)
special-purpose electrical ~ электротехническое устройство специального назначения
speed-limiting ~ ограничитель скорости
splash-proof electrical ~ брызгозащищённое электротехническое устройство
square-law ~ устройство с квадратичной вольт-амперной характеристикой
starting ~ пусковое устройство
static ~ статическое устройство
static discharge ~ устройство для снятия статических зарядов
static switching ~ бесконтактный коммутационный аппарат
static tripping ~ статическое отключающее устройство
stationary electrical ~ стационарное электротехническое устройство
superconductive ~ устройство с использованием сверхпроводимости
supervisory control ~ устройство телемеханики
swinging paying-out ~ кабелеприёмная стрела (*электротрактора*)
switching ~ 1. коммутационный аппарат 2. переключающий элемент
tap changing ~ переключатель ответвлений
telecontrol ~ 1. устройство телеуправления 2. устройство телемеханики
telemetering ~ телеизмерительное устройство
test(ing) ~ испытательное устройство
thermal cutoff ~ автомат тепловой защиты
thermoelectric ~ 1. термоэлектрический прибор 2. термоэлемент, термопара
thermoelectric cooling ~ термоэлектрический теплопоглощающий элемент
thermoelectric heating ~ термоэлектрический тепловыделяющий элемент
three-terminal ~ трёхэлектродный прибор
timing ~ устройство выдержки времени; временной механизм; отметчик времени, таймер
traction electrical ~ тяговое электротехническое устройство, устройство электротяги
traffic-control ~ светофор
trip-free (mechanical) switching ~ кон-

DIAC

тактный коммутационный аппарат со свободным расцеплением
tripping ~ расцепляющее устройство, расцепитель; отключающее устройство
tropical-type electrical ~ электротехническое устройство тропического исполнения
two-port terminal ~ четырёхполюсник
upper ~ устройство (*РЗ*), дальнее по отношению к КЗ
vacuum valve ~ вакуумный вентильный прибор
valve ~ вентильный прибор
vigilance ~ *ж.-д.* прибор бдительности
visual signal ~ устройство визуальной сигнализации
voice-operated ~ устройство, управляемое голосом
voice-operated gain-adjusting ~ управляемое голосом устройство АРУ
voltage-limit control ~ ограничитель уровня напряжения, ограничитель перегрузки по реактивной мощности
voltage-operated ~ прибор, управляемый напряжением
voltage-sensing ~ датчик напряжения
warning ~ устройство предупредительной сигнализации
water-proof electrical ~ водозащищённое электротехническое устройство
zero-resetting ~ устройство возврата нуля

diac переключающий диод
diagnosis обнаружение ошибок
  remote ~ теледиагностирование
diagonal раскос (*решётки опоры ВЛ*)
  bridge ~ диагональ моста
diagram схема; график, чертёж‖составлять схему; строить график; составлять чертёж
  ~ **of connection** схема соединений
  abbreviated impedance ~ схема с указанием эквивалентных сопротивлений
  animated (wall) ~ динамический диспетчерский щит
  automatic control system ~ схема автоматической системы управления, схема АСУ
  block ~ структурная схема, блок-схема
  Blondel ~ диаграмма Блонделя
  Bode ~ логарифмическая амплитудно-частотная и фазочастотная характеристика, ЛАХ и ЛФХ
  cable circuit ~ схема расположения кабелей
  cabling ~ схема кабельных линий
  chain ~ функциональная схема
  circle ~ круговая диаграмма
  circuit ~ принципиальная схема; схема соединений
  clock ~ векторная (круговая) диаграмма
  connection ~ 1. схема соединений 2. схема подключения 3. монтажная схема
  conversion ~ схема преобразования
  current-voltage ~ вольт-амперная характеристика, ВАХ
  elementary electric ~ принципиальная электрическая схема
  flow ~ 1. блок-схема (*программы или алгоритма*) 2. временная диаграмма 3. схема технологического процесса
  full connection ~ полная схема коммутации
  function ~ функциональная схема
  highway ~ монтажная схема с цифровым обозначением проводов
  interconnection ~ 1. схема объединения 2. блок-схема (*системы управления*) 3. схема межблочных соединений
  key ~ принципиальная электрическая схема
  ladder ~ развёрнутая схема релейно-контактного устройства
  load ~ график нагрузки
  logic(al) ~ логическая (блок-)схема
  log-magnitude ~ график в полулогарифмических координатах
  mimic ~ мнемоническая схема, мнемосхема
  mosaic ~ мозаичный диспетчерский щит
  network ~ сетевой график
  Nyquist ~ диаграмма Найквиста
  one-line ~ однолинейная схема (*электрической сети*)
  panel wiring ~ монтажная схема панели
  PERT ~ сетевой график
  phasor ~ векторная диаграмма
  pictorial wiring ~ монтажная схема в виде рисунка
  polar ~ диаграмма в полярных координатах
  power ~ энергетическая диаграмма
  power-angle ~ угловая характеристика (*синхронной машины*)
  power-flow ~ диаграмма потока мощности
  power-time ~ график нагрузки
  reactance ~ схема с указанием реактивных сопротивлений
  schematic ~ принципиальная схема
  schematic circuit [schematic electrical]

~ принципиальная электрическая схема
signal-flow ~ диаграмма прохождения сигнала
single-line ~ однолинейная схема (*электрической сети*)
skeleton ~ 1. скелетная схема 2. однолинейная схема (*электрической сети*)
straight-line ~ 1. однолинейная схема (*электрической сети*) 2. развёрнутая схема
structure ~ структурная схема
system ~ схема (электрической) сети
system operational ~ оперативная схема (электрической) сети
three-phase system ~ схема трёхфазной (электрической) сети
topological ~ топологическая схема (*сети*)
vector ~ векторная диаграмма
vector-impedance ~ диаграмма в комплексной плоскости
voltage ~ диаграмма напряжений
winding ~ схема обмотки
wireless connection ~ схема с указанием соединений в табличной форме
wiring ~ 1. принципиальная (электрическая) схема 2. монтажная схема 3. схема электрических соединений, схема коммутации 4. схема электропроводки

diagrid нижняя опорная конструкция активной зоны (*ядерного реактора*)
dial 1. (круглая) шкала; циферблат 2. номеронабиратель
  counting ~ шкала (электро)счётчика
  double ~ двойной циферблат; циферблат с двумя шкалами
  fan ~ полукруглая шкала
  gage ~ шкала измерительного прибора
  glassed ~ застеклённая шкала
  illuminated ~ освещённая шкала
  luminous ~ светящаяся шкала
  meter ~ шкала (электро)счётчика
  slow-motion ~ верньерная шкала
  time ~ шкала (уставок) времени
  trip ~ шкала уставок срабатывания
  tuning ~ шкала настройки
dialing набор (телефонного) номера
  abbreviated ~ сокращённый набор
  distorted ~ искажённый набор
  push-button ~ кнопочный [клавишный] набор
dial-up 1. набор (телефонного) номера 2. автоматически коммутируемая телефонная связь
diamagnetic диамагнитный
diamagnetism диамагнетизм

diameter диаметр
  air-gap ~ диаметр ротора (*с зубцами*)
  armature ~ диаметр якоря
  bore ~ диаметр расточки (*статора*)
  coiling ~ диаметр окружности наматывания
  commutator brush track ~ внешний диаметр коллектора
  conduit ~ диаметр проводки трубопровода
  dielectric outer ~ внешний диаметр диэлектрика
  normalizing ~ нормализованный диаметр
  outside ~ внешний диаметр
  pitch ~ средний диаметр шага обмотки
  pitch circle ~ диаметр распада электродов (*дуговой печи*)
  spot ~ диаметр (светового) пятна
  stator core inner ~ внутренний диаметр сердечника статора
  stator core outer ~ наружный диаметр сердечника статора
die ◊ **to** ~ **out** затухать (*о колебаниях*)
dielectric диэлектрик
  absorptive ~ поглощающий диэлектрик
  active ~ активный диэлектрик
  air ~ воздушный диэлектрик
  all-film ~ плёночный диэлектрик
  anisotropic ~ анизотропный диэлектрик
  artificial ~ искусственный диэлектрик
  ceramic ~ керамический диэлектрик
  chemical film ~ химический плёночный диэлектрик
  dipole ~ дипольный диэлектрик
  ferromagnetic ~ ферромагнитный диэлектрик
  film-clad ~ фольгированный диэлектрик
  film-paper ~ плёночно-бумажный диэлектрик
  fluorochlorocarbon ~ хлорфторуглеродный диэлектрик
  gaseous ~ газообразный диэлектрик
  ideal ~ идеальный диэлектрик
  imperfect ~ неидеальный диэлектрик
  ion ~ ионный диэлектрик
  isotropic ~ изотропный диэлектрик
  laminated ~ слоистый диэлектрик
  liquid ~ жидкий диэлектрик
  lossfree ~ диэлектрик без потерь
  lossy ~ диэлектрик с потерями
  low-loss ~ диэлектрик с малыми потерями
  natural ~ органический диэлектрик

DIESEL-GENERATOR

neutral ~ нейтральный диэлектрик
nonlinear ~ нелинейный диэлектрик
nonpolar ~ неполярный диэлектрик
perfect ~ идеальный диэлектрик
polar ~ полярный диэлектрик
polarized ~ поляризованный диэлектрик
polyethylene ~ полиэтиленовый диэлектрик
polystyrene ~ полистирольный диэлектрик
radio-frequency ~ высокочастотный [ВЧ-]диэлектрик
sheet ~ листовой диэлектрик
solid ~ твёрдый диэлектрик
solid-rubber ~ диэлектрик из твёрдой резины; эбонит
solid-state ~ твёрдый диэлектрик
structural ~ многослойный диэлектрик
thin-film ~ тонкоплёночный диэлектрик

diesel-generator дизель-генератор
difference разность ◊ ~ **in level** разность уровней (*подвеса проводов*)
~ **of (electric) potential** разность потенциалов
angular phase ~ угловая разность фаз
contact potential ~ контактная разность потенциалов
critical temperature ~ критическая разность температуры
current ~ разность токов
dielectric phase ~ угол потерь в диэлектрике
electric potential ~ разность электрических потенциалов
electromotive ~ **of potential** электродвижущая сила, эдс
initial temperature ~ начальная разность температур
magnetic potential ~ разность магнитных потенциалов
mean phase ~ средний сдвиг фаз
mean temperature ~ средняя разность температур
phase ~ разность фаз
potential ~ разность потенциалов
retentivity ~ разность остаточных значений индукции
surface electric potential ~ разность поверхностных электрических потенциалов
temperature ~ разность температур
voltage ~ разность напряжений
work-function ~ контактная разность потенциалов

differential 1. дифференциал **2.** перепад; разность

~ **of a limit switch** расстояние возврата конечного выключателя (*для размыкания контактов*)
temperature ~ перепад температур
time ~ ступень выдержки времени
differentiation дифференцирование
electrical ~ электрическое дифференцирование
parameter ~ дифференцирование по параметру
differentiator дифференциатор
feedback ~ дифференциатор с обратной связью
inductive ~ дифференциатор на LR-цепочке
diffuser рассеиватель
organic-glass ~ рассеиватель из органического стекла
perfect reflecting ~ идеальный отражающий рассеиватель
perfect transmitting ~ идеальный пропускающий рассеиватель
uniform ~ равномерный рассеиватель
diffusion диффузия; рассеивание
molecular ~ молекулярная диффузия
uniform ~ равномерное рассеивание
diffusivity:
thermal ~ температуропроводность
digitization 1. преобразование в цифровую форму, оцифровывание **2.** дискретизация
digitize 1. преобразовывать в цифровую форму, оцифровывать **2.** дискретизировать
digitizer цифровой преобразователь
shaft position ~ преобразователь положения вала в цифровую форму
dimension размер
effective ~**s of a magnetic circuit** эффективные размеры магнитной цепи
standard ~ стандартный размер
dimmer переключатель света (*фар*); регулятор силы света (*лампы*)
automatic headlamp ~ автоматический переключатель света фар
glass ~ фильтр-затемнитель
dinode вторично-эмиттирующий электрод
diode диод
avalanche ~ лавинный диод
bypass ~ обратный диод; возвратный диод
charging ~ диод в цепи заряда
chip ~ бескорпусный диод
crystal ~ кристаллический диод
double ~ двойной диод
field quenching ~ искрогасительный диод цепи возбуждения

DISCHARGE

four-lager ~ динистор
free-wheeling ~ обратный диод; возвратный диод
frequency-multiplication ~ умножительный диод
gas(-filled rectifier) ~ газотрон
gas-filled stabilizer ~ газоразрядный стабилитрон
germanium ~ германиевый диод
ideal ~ идеальный диод
ideal noise ~ идеальный шумовой диод
isolation ~ разъединительный диод
junction ~ плоскостной диод
light color ~ цветной светодиод
light-emitting ~ светодиод
limiter ~ диодный ограничитель
mixer ~ смесительный диод
noise-generator ~ шумовой генераторный диод
pin ~ точечный диод
planar ~ планарный диод
point-contact ~ диод с точечным контактом
power ~ мощный [силовой] диод
power semiconductor rectifier ~ силовой полупроводниковый выпрямительный диод
rectifier ~ выпрямительный диод
semiconductor ~ полупроводниковый диод
signal ~ полупроводниковый диод сигнальной цепи
silicon ~ кремниевый диод
switch(ing) [switch-type] ~ переключательный [коммутационный] диод
tunnel ~ туннельный диод
unitunnel ~ унитуннельный диод
variable capacitance ~ варикап
voltage reference [voltage regulator] ~ стабилитрон; опорный диод
Zener ~ кремниевый стабилитрон, диод Зенера

dip 1. понижение‖понижать, опускать **2.** стрела провеса (*провода*)
  power ~ мгновенный сброс мощности
  voltage ~ кратковременное понижение [посадка] напряжения
diphase двухфазный
diplexer блок частотной развязки
dipole диполь
  electric ~ электрический диполь
  elementary ~ элементарный диполь
  horizontal electric ~ горизонтальный электрический диполь
  infinitesimal ~ элементарный диполь
  magnetic ~ магнитный диполь

direct-axis продольный
direct-coupled непосредственно связанный
direction направление
  ~ **of current** направление тока
  ~ **of lag** направление повива (*в кабеле*)
  ~ **of polarization** направление поляризации
  ~ **of propagation** направление распространения
  ~ **of propagation of energy** направление распространения энергии
  ~ **of rotation** направление вращения
  ~ **of traversal** направление обхода контура
  conducting ~ проводящее направление
  field ~ направление поля
  flow ~ направление потока
  forward ~ прямое направление; проводящее направление
  inverse ~ **of operation** инверсный режим работы (*полевого транзистора*)
  negative ~ отрицательное направление
  nonconducting ~ непроводящее направление
  nontripping ~ направление (*мощности КЗ*) в сторону, противоположную защищаемому объекту
  positive ~ положительное направление
  power flow ~ направление потока мощности
  reverse ~ обратное направление
  tripping ~ направление (*мощности КЗ*) в сторону защищаемого объекта
  voltage ~ полярность напряжения
  X-~ направление по оси X
  Y-~ направление по оси Y
  Z-~ направление по оси Z
directivity направленность
disable выводить из действия
disadjust разрегулировать
disarrange разрегулировать; расстроить
disarrangement разрегулировка; расстройка
disassemble разбирать; размонтировать
disassembly разборка; размонтирование; демонтаж
disc *см.* **disk**
discharge 1. (электрический) разряд‖разряжать **2.** выхлоп; выброс ◊ ~ **in a gas** разряд в газе
  ~ **of a capacitor** разряд конденсатора
  ~ **of electricity** электрический разряд
  abnormal glow ~ аномальный тлеющий разряд

DISCHARGE

accumulator ~ разряд аккумулятора
ac-excited ~ разряд, возбуждаемый переменным током
alternating ~ периодический разряд
aperiodic ~ апериодический разряд
arc ~ дуговой разряд
arrester ~ срабатывание разрядника
assisted ~ несамостоятельный разряд
atmospheric ~ атмосферный разряд
auxiliary ~ вспомогательный разряд (*в разряднике или ртутном вентиле*)
avalanche ~ лавинный разряд
back ~ разряд конденсатора
brush(-and-spray) [**brushing, bunch**] ~ кистевой разряд
capacitor [**condenser**] ~ разряд конденсатора
conductive ~ разряд через проводник
continuous ~ непрерывный разряд
convective ~ электрический ветер; кистевой разряд
corona ~ коронный разряд, корона
creeping ~ ползучий разряд; поверхностный разряд
dark ~ тихий разряд
deadbeat ~ апериодический разряд
developing ~ развивающийся разряд
disruptive ~ разряд при пробое
dynamic ~ динамический разряд
electric ~ электрический разряд
electrode ~ электродный разряд
electrodeless ~ безэлектродный разряд
electron ~ электронный разряд
electron oscillation ~ колебательный разряд
electrostatic ~ электростатический разряд
exponential ~ экспоненциальный разряд
externally heated ~ несамостоятельный термический дуговой разряд
fast ~ быстрый [быстро развивающийся] разряд
filamentary ~ нитевидный разряд
flare ~ факельный разряд
full-load ~ расход при полной нагрузке ГЭС
gas(eous) ~ газовый разряд, разряд в газе
globular ~ шаровой разряд, шаровая молния
glow ~ тлеющий разряд
H-~ ВЧ-разряд, стабилизированный переменным во времени магнитным полем

high-current ~ мощный [сильноточный] разряд
high-energy electrical ~ электрический разряд высокой энергии
high-frequency ~ высокочастотный [ВЧ-]разряд
high-pressure ~ разряд при высоком давлении
igniter ~ вспомогательный разряд (*в разряднике или ртутном вентиле*)
impulsing ~ импульсный разряд
internal ~ внутренний разряд
keep-alive (gas) ~ постоянно поддерживаемый (газовый) разряд
laminar ~ слоистый разряд
lateral ~ боковой разряд
leakage ~ ползучий разряд; поверхностный разряд
lightning ~ грозовой разряд, молния
linear ~ линейный разряд
linear pinch ~ самостягивающийся разряд
low-current ~ разряд с малым током, слаботочный разряд
low-pressure ~ разряд при низком давлении
luminous ~ светящийся разряд
marginal ~ краевой разряд, разряд с острия
mercury-vapor ~ разряд в парах ртути
nonself-maintained ~ несамостоятельный разряд
oscillating [**oscillatory**] ~ колебательный разряд
partial ~ частичный разряд
pinch(-effect) [**pinching**] ~ самостягивающийся разряд
plasma ~ плазменный разряд
point ~ точечный разряд
point-(to-)plane ~ разряд между остриём и плоскостью
point(-to)-plate ~ разряд между остриём и пластиной
positive column ~ разряд типа положительного столба
preionization ~ разряд предварительной ионизации
preionized ~ разряд с предварительной ионизации
pulse(d) ~ импульсный разряд
quiet ~ тихий разряд
residual ~ разряд с целью удаления остаточного заряда (*конденсатора*)
screw ~ винтовой [спиральный] разряд
self-~ саморазряд

self-maintained [self-sustained] ~ самостоятельный разряд
semi-self-maintained ~ несамостоятельный разряд
short electric ~ разряд при КЗ
silent ~ тихий разряд
slow ~ медленный [медленно развивающийся] разряд
small bore electric ~ короткий электрический разряд
space ~ пространственный разряд
spark ~ искровой разряд
spatially uniform ~ пространственно однородный разряд
spontaneous ~ самопроизвольный разряд
spray ~ кистевой разряд
static ~ статический разряд
storm ~ грозовой разряд, молния
striated ~ слоистый разряд
successive ~s последовательные разряды
surface ~ поверхностный разряд
torch ~ факельный разряд
toroidal ~ кольцевой [тороидальный] разряд
Townsend ~ тихий разряд
unassisted ~ самостоятельный разряд
unstable ~ неустойчивый разряд
vacuum ~ разряд в вакууме

discharger разрядник, разрядный промежуток
  arc ~ дуговой разрядник
  disk ~ дисковый разрядник
  linear ~ линейный разрядник
  spark ~ искровой промежуток

disconnect 1. разъединять; отключать 2. разъединитель 3. разъединение; отключение
  circuit ~ разрыв цепи
  fused ~ разъединитель с предохранителем
  manual service ~ отключение потребителя от сети вручную (*персоналом энергосистемы*)
  service ~ отключение потребителя от сети

disconnection 1. разъединение; отключение 2. обрыв (*электрической цепи*)
  ~ **of a unit** отключение агрегата
  supply ~ отключение питания

disconnector разъединитель
  arrester ~ выключатель (в цепи) разрядника
  busbar section ~ секционирующий разъединитель
  feeder ~ линейный разъединитель
  fuse ~ предохранитель-разъединитель

  grounding ~ заземляющий разъединитель
  motored ~ разъединитель с приводом от (электро)двигателя
  overpressure ~ прерыватель избыточного давления (*конденсатора*)
  selector switch ~ шинный разъединитель

discontinuity обрыв (*цепи*)
discount скидка
  off-peak ~ скидка (*в тарифе на электроэнергию*) в период минимума нагрузки
discrepancy расхождение; несоответствие
discrete 1. дискретный компонент 2. дискретный
  active ~ активный дискретный компонент
  passive ~ пассивный дискретный компонент
discrimination 1. дискриминация; выделение 2. разрешающая способность 3. избирательность (*фильтра*)
  ~ **of protective gear [~ of protective scheme]** селективность РЗ
  amplitude ~ амплитудная дискриминация
  directional ~ выбор направления (*мощности*)
  frequency ~ частотная дискриминация
  overcurrent ~ селективность защиты максимального тока
  phase ~ фазовая дискриминация
  pulse-repetition frequency ~ дискриминация импульсов по частоте повторения
  pulse-width ~ дискриминация импульсов по длительности
  time ~ разрешающая способность по времени
discriminator дискриминатор
  amplitude ~ амплитудный дискриминатор
  charge ~ дискриминатор заряда
  dc amplitude ~ амплитудный дискриминатор постоянного тока
  diode ~ диодный дискриминатор
  frequency ~ частотный дискриминатор
  magnetic ~ дискриминатор на реверсивном магнитном усилителе
  phase ~ 1. фазовый детектор 2. фазовый дискриминатор
  pulse-duration ~ дискриминатор импульсов по длительности
  pulse fall-time ~ дискриминатор импульсов по времени спада

DISENGAGE

pulse-length ~ дискриминатор импульсов по длительности
pulse rise-time ~ дискриминатор импульсов по времени нарастания
pulse-shape ~ дискриминатор импульсов по форме
pulse-width ~ дискриминатор импульсов по длительности
time ~ временной дискриминатор
disengage 1. отъединять, разъединять **2.** отключать, отсоединять **3.** трогаться при возврате (*о реле*)
disengagement 1. отъединение, разъединение **2.** отключение, отсоединение **3.** возврат (*реле*)
instantaneous ~ возврат реле без выдержки времени
disjunction размыкание (*цепи*)
disk 1. диск **2.** тарелка (*изолятора*)
  armature core ~s пластины сердечника якоря
  Corbino ~ диск Корбино
  floppy ~ гибкий диск
  interrupter ~ диск прерывателя
  magnetic ~ магнитный диск
  meter ~ диск счётчика (*электроэнергии*)
  retarding ~ тормозной диск
  scanning ~ развёртывающий диск
  silicon ~ кремниевый диск (*вентиля*)
  timing ~ диск для регулирования момента зажигания
  turbine ~ диск турбины
dispatch распределение нагрузки
  ~ **of jointly owned units** распределение нагрузки между агрегатами, принадлежащими нескольким энергокомпаниям
  automatic ~ автоматическое распределение нагрузки
  constrained ~ распределение нагрузки с учётом ограничений
  contingency constrained ~ распределение нагрузки с учётом ограничений по возможным авариям
  economic ~ экономичное распределение нагрузки
  emergency-constrained ~ распределение нагрузки с учётом ограничений по возможным авариям
  environmental ~ распределение нагрузки с учётом влияния на окружающую среду
  generation ~ распределение нагрузки между электростанциями
  hourly ~ почасовое распределение нагрузки
  load ~ распределение нагрузки
  minimum emission ~ распределение нагрузки (*между электростанциями*) по критерию минимума вредных выбросов (*в атмосферу*)
  minimum pollution ~ распределение нагрузки (*между электростанциями*) по критерию минимального загрязнения (*атмосферы*)
  optimal ~ оптимальное распределение нагрузки
  optimal reactive power ~ оптимальное распределение реактивной нагрузки
  optimal real power ~ оптимальное распределение активной нагрузки
  power system reserve economic ~ экономичное распределение нагрузки в энергосистеме с учётом резерва (мощности)
  power system security ~ распределение нагрузки в энергосистеме с учётом надёжности
  regulating margin ~ распределение нагрузки с заданным диапазоном регулирования
  resource constrained economic ~ экономичное распределение нагрузки с учётом ограничений на ресурсы
  security ~ распределение нагрузки с учётом надёжности
  security constrained ~ распределение нагрузки с учётом ограничений по надёжности
  VAR ~ распределение реактивной нагрузки
  VAR/voltage ~ распределение реактивной нагрузки и напряжения
dispatcher диспетчер
  load ~ диспетчер, распределяющий нагрузку
dispatching 1. распределение нагрузки **2.** диспетчерское управление
  economic (load) ~ экономичное распределение нагрузки
  load ~ распределение нагрузки
dispersion дисперсия, рассеяние
  dielectric ~ зависимость диэлектрической постоянной от частоты
  flank ~ магнитное рассеяние в лобовых частях
  magnetic ~ магнитное рассеяние
  permittivity ~ дисперсия диэлектрической проницаемости
  plate ~ рассеяние на аноде
  power ~ рассеиваемая мощность
  relaxation ~ **of permittivity** релаксационная дисперсия диэлектрической проницаемости
  relaxational релаксационная дисперсия (*диэлектрика*)
  resonance ~ **of permittivity** резонанс-

ная дисперсия диэлектрической проницаемости
displacement 1. (электрическое) смещение 2. перемещение, сдвиг 3. вытеснение; замещение
  angular ~ угловое смещение
  current ~ вытеснение тока
  dielectric ~ диэлектрическое смещение; индукция
  electrical spot ~ электрическое смещение пятна (*на экране ЭЛТ*)
  field ~ смещение поля
  initial ~ начальное смещение
  leakage spot ~ электрическое смещение пятна (*на экране ЭЛТ*)
  magnetic ~ магнитное смещение; магнитная индукция
  mechanical spot ~ механическое смещение пятна (*на экране ЭЛТ*)
  neutral ~ смещение нейтрали
  phase ~ смещение по фазе; сдвиг фаз
  time-phase ~ сдвиг фаз во времени
display дисплей; индикатор
  alarm ~ индикатор аварийного сигнала
  character ~ знаковый индикатор
  color ~ цветной дисплей
  digital ~ цифровой дисплей
  full-graphic ~ графический дисплей
  gas-discharge ~ дисплей на газоразрядных приборах
  graphic(al) ~ графический дисплей
  group ~ групповой дисплей, дисплей коллективного пользования
  individual ~ дисплей индивидуального пользования
  information ~ отображение информации
  liquid crystal ~ дисплей на жидких кристаллах
  matrix panel ~ матричная индикаторная панель
  meter ~ индикация по прибору
  pseudographic(al) ~ псевдографический дисплей
  system ~ дисплей системы
  three-dimensional ~ трёхкоординатная [пространственная] индикация
  wall ~ настенный дисплей
disposal захоронение (радиоактивных) отходов
  ground ~ захоронение (радиоактивных) откходов в земле
  irreversible ~ захоронение (радиоактивных) отходов без перезахоронения
  off-site waste ~ захоронение (радиоактивных) отходов вне территории АЭС
  on-site waste ~ захоронение (радиоактивных) отходов на территории АЭС
  permanent ~ **of radioactive waste** длительное хранение радиоактивных отходов
  ultimate ~ окончательное захоронение (радиоактивных) отходов
disrupt 1. обрывать; прерывать 2. пробивать; разрушать
disruption пробой; разрушение
  core ~ разрушение активной зоны (*ядерного реактора*)
disruptive пробивной; разрушающий
dissector рассеиватель
dissipation рассение; рассеивание
  collector ~ рассеивание на коллекторе
  electrode ~ мощность, рассеиваемая на электроде
  maximum permissible ~ максимально допустимая мощность рассеивания
  ohmic ~ омические потери, потери на нагрев
  power ~ 1. рассеяние мощности 2. рассеиваемая мощность
  relay coil ~ рассеяние (тепла) обмоткой реле
  thermal ~ рассеяние тепла
distance расстояние; промежуток ◇ ~ **to the fault** расстояние до места повреждения
  air-gap ~ 1. величина воздушного зазора 2. расстояние до токоведущих частей (*электроустановки*)
  arcing ~ дуговой промежуток
  break ~ расстояние между разомкнутыми контактами
  creepage ~ расстояние [путь] утечки
  dry arcing ~ дуговой промежуток
  dry discharge ~ сухоразрядное расстояние
  edge ~ расстояние до прокатной кромки (*в конструкции опоры ВЛ*)
  end ~ расстояние до обрезной кромки (*в конструкции опоры ВЛ*)
  geometric mean ~ среднее геометрическое расстояние
  insulation [isolating] ~ изоляционное расстояние
  leakage ~ расстояние [путь] утечки
  polar ~ зазор между полюсами
  signal ~ кодовое расстояние
  sparking ~ искровое расстояние; разрядное расстояние
  striking ~ разрядное расстояние
  wet discharge ~ мокроразрядное расстояние
distortion искажение
  amplitude ~ амплитудное искажение

DISTORTIONLESS

amplitude modulation ~ искажение амплитудной модуляции
attenuation frequency ~ искажение частоты затухания
barrel ~ бочкообразное искажение (*на экране ЭЛТ*)
envelope ~ искажение огибающей
even ~s искажения от чётных гармоник
field ~ искажение поля
frequency ~s частотные искажения
frequency modulation ~ искажение частотной модуляции
harmonic ~ искажение высшими гармониками
hum ~s искажения в виде фона (*питающего напряжения*)
nonlinear ~s нелинейные искажения
odd ~s искажения от нечётных гармоник
output ~s искажения на выходе
pin-cushion ~ подушкообразное искажение (*на экране ЭЛТ*)
pulse ~ искажение импульса
pulse-shape ~ искажение формы импульса
S ~ S-образное искажение
second harmonic ~ искажение с появлением второй гармоники
signal ~ искажение сигнала
spot ~ искажение пятна (*на экране ЭЛТ*)
total harmonic ~ общее гармоническое искажение; гармоническое содержание
trapezium ~ трапецеидальное искажение (*на экране ЭЛТ*)
voltage ~ искажение напряжения
voltage harmonic ~ гармоническое искажение напряжения
waveform ~s искажения формы кривой
waveform-amplitude ~s искажения формы кривой и амплитуды
distortionless свободный от искажений, неискажённый
distribute распределять
distributed распределённый
 uniformly ~ равномерно распределённый
distribution распределение
 ~ **of a potential** распределение потенциала
 ~ **of electricity** распределение электрической энергии
 ac ~ распределение (энергии) на переменном токе
 actual flux ~ действующее [фактическое] распределение (нейтронного) потока
 asymmetrical (luminous) intensity ~ несимметричное распределение силы света
 axial power ~ распределение мощности по высоте активной зоны (*ядерного реактора*)
 buried ~ подземная (кабельная) распределительная сеть
 busway ~ шинное распределение
 core power ~ распределение мощности по объёму активной зоны (*ядерного реактора*)
 core temperature ~ распределение температуры в активной зоне (*ядерного реактора*)
 current ~ токораспределение
 dc ~ распределение (энергии) на постоянном токе
 field ~ распределение поля
 flux ~ распределение (магнитного) потока
 flux density ~ распределение потока нейтронов
 Gaussian ~ нормальное [гауссово] распределение
 interior ~ внутреннее распределение (*электроэнергии*)
 light ~ светораспределение; распределение силы света
 load ~ распределение нагрузки
 normal ~ нормальное [гауссово] распределение
 outside ~ наружное распределение (*электроэнергии*)
 potential ~ распределение потенциалов
 power ~ распределение мощности
 primary ~ распределение (*электроэнергии*) в основной сети (*энергосистемы*)
 relative spectral energy [relative spectral power] ~ относительное спектральное распределение энергии
 single-wire overhead ~ распределение однопроводными ВЛ
 spectral ~ спектральное распределение
 steam ~ парораспределение
 symmetrical (luminous) intensity ~ симметричное распределение силы света
 temperature ~ распределение температуры
 underground ~ подземная распределительная (кабельная) сеть
 underground residential ~ бытовая подземная распределительная (кабельная) сеть

uniform ~ равномерное распределение
distributor 1. распределитель; распределительная магистраль 2. разветвительная [распределительная] коробка 3. направляющий аппарат (*насоса, турбины*) 4. предприятие, распределяющее электроэнергию
   ignition ~ распределитель зажигания
   line ~ линейный распределительный щит
   timing pulse ~ формирователь тактовых импульсов
district:
   power ~ энергорайон
disturbance возмущение; помеха ◊ ~ **in a power system** нарушение (нормального режима работы) в энергосистеме
   atmospheric ~s атмосферные помехи
   continuous ~ постоянная помеха
   electromagnetic ~ электромагнитная помеха
   external ~ внешнее возмущение
   impulsive ~ импульсная помеха
   internal ~ внутреннее возмущение; внутренняя помеха
   mains(-borne) ~s помехи, поступающие от питающей сети
   major ~ крупное нарушение режима работы (*энергосистемы*)
   periodic ~s периодические возмущения
   severe ~ тяжёлое нарушение режима работы (*энергосистемы*)
   system ~ возмущение в (энерго)системе
dither вибрация (*возбуждаемая во избежание залипания*)
diversion 1. обход, шунтирование 2. ответвление, отклонение
   field ~ шунтирование обмотки возбуждения
diversity разновременность
   demand [load] ~ разновременность нагрузки (*электропотребления*)
divert отклонять; отводить
diverter 1. молниеотвод 2. дивертор, шунтирующий резистор
   nonlinear surge ~ нелинейный молниеотвод
   surge ~ молниеотвод
divider делитель
   adjustable voltage ~ регулируемый делитель напряжения
   capacitive [capacitor] voltage ~ ёмкостный делитель напряжения
   current ~ делитель тока
   frequency ~ делитель частоты
   glow-discharge tube voltage ~ стабиловольт-делитель напряжения
   glow gap ~ делитель напряжения на стабилитроне
   inductive voltage ~ индуктивный делитель напряжения
   optical voltage ~ оптический делитель напряжения
   potential ~ делитель напряжения
   potentiometer-type voltage ~ потенциометрический делитель напряжения
   power ~ делитель мощности
   precision voltage ~ прецизионный делитель напряжения
   pulse-frequency ~ делитель частоты импульсов
   pulse voltage ~ импульсный делитель напряжения
   relay-operated voltage ~ делитель напряжения с релейным переключением
   resistance ~ резистивный делитель (напряжения)
   resistance-capacitance ~ активно-ёмкостный делитель (напряжения)
   resistance [resistive] voltage ~ резистивный делитель напряжения
   sectionalized voltage ~ секционный делитель напряжения
   slide ~ делитель напряжения на резисторе со скользящим контактом
   standard-voltage ~ делитель напряжения
division 1. деление; распределение 2. деление шкалы 3. подразделение, отдел
   ~ **of current in branches** распределение тока [токораспределение] по ветвям
   ~ **of load** распределение нагрузки
   frequency ~ деление частоты
   grade ~ градусное деление
   load ~ распределение нагрузки
   power ~ 1. распределение мощности 2. отдел энергетики; отдел электроснабжения
   scale ~ деление шкалы
   voltage ~ деление напряжения
divisor 1. делитель 2. автотрансформатор в качестве делителя напряжения
dog:
   bent-tail ~ хомутик с отогнутым хвостом
   locking ~ замыкающий элемент
   straight-tail ~ хомутик с прямым хвостом
   watch ~ сторожевой таймер
domain домен; область

~ **of convergence** область сходимости
frequency ~ частотная область
magnetic ~ (ферро)магнитный домен
stability ~ область устойчивости
time ~ временна́я область
Weiss ~ магнитный домен
dome:
   containment ~ купол защитной оболочки (*ядерного реактора*)
   exciter ~ кожух возбудителя
dope густая смазка; паста
doping наложение защитных покрытий
doroid катушка индуктивности с С-образным сердечником
dose доза (*облучения*)
   absorbed ~ поглощённая доза
   accident ~ случайная доза
   ambient ~ доза в окружающей среде
   biologically equivalent single ~ биологически эквивалентная отдельная доза
   cumulative ~ суммарная доза
   cumulative absorbed ~ суммарная поглощённая доза
   emergency ~ доза при чрезвычайных обстоятельствах
   exit ~ доза на входе
   irradiation ~ экспозиционная доза облучения
   partial body ~ доза, полученная частью тела (*человека*)
   personal ~ индивидуальная доза
   safe radiation ~ безопасная доза облучения
   specific absorbed ~ удельная поглощённая доза
   threshold ~ пороговая доза
   tolerance radiation ~ допустимая доза облучения
   whole body ~ доза, полученная всем организмом (*человека*)
dosemeter дозиметр
   calorimetric ~ калориметрический дозиметр
   chemical ~ химический дозиметр
   direct reading pocket ~ карманный дозиметр с прямым отсчётом
   echo-electron ~ эхо-электронный дозиметр
   film ~ плёночный дозиметр
   indirect reading pocket ~ карманный дозиметр с косвенным отсчётом
   integrating ~ интегрирующий дозиметр
   personal ~ индивидуальный дозиметр
   photoluminescent personal ~ фотолюминесцентный индивидуальный дозиметр
   pocket ~ карманный дозиметр
   thermoluminescent personal ~ термолюминесцентный индивидуальный дозиметр
double-arm(ed) двухплечий (*о мосте*)
double-blade двухножевой
double-break с двойным разрывом (*о цепи*)
double-channel двухканальный
double-circuit двухконтурный
double-coiled двухкатушечный
double-contact двухконтактный
double-cotton-covered с двойным хлопчатобумажным покрытием
double-dial двухшкальный
double-frequency двухчастотный
double-insulated с двойной изоляцией
double-knife двухножевой
double-layer двухслойный
double-loop двухконтурный
double-motor двухдвигательный
double-prong с двумя выступами; с двумя зубцами
doubler удвоитель
   frequency ~ удвоитель частоты
   full-wave ~ двухполупериодный выпрямитель с удвоением напряжения
   half-wave ~ однополупериодный выпрямитель с удвоением напряжения
   Latour ~ удвоитель напряжения Латура
   Schenkel ~ удвоитель напряжения Шенкеля
   voltage ~ удвоитель напряжения
double-range двухпредельный, двухдиапазонный
double-rotor двухроторный
double-speed двухскоростной
double-system двухсистемный
doublet:
   electric ~ электрический диполь
double-throw группа переключающих контактов
   double-pole ~ двухполюсная группа переключающих контактов
   single-pole ~ однополюсная группа переключающих контактов
double-track двухдорожечный
double-winding двухобмоточный
double-wire двухжильный
double-wound бифилярный
double-wye (соединение) двойная звезда
doubling удвоение
   frequency ~ удвоение частоты
   voltage ~ удвоение напряжения
dovetail ласточкин хвост ‖ соединять ласточкиным хвостом
down-conversion преобразование с понижением частоты
down-converter понижающий преобразо-

ватель, преобразователь с понижением частоты
downlight (потолочный) светильник
downtime простой
  dependent ~ зависимый простой
  emergency ~ аварийный простой
  expected ~ ожидаемое время простоя
  mean ~ средняя продолжительность простоя
  reactor ~ время остановленного состояния (ядерного) реактора
  scheduled ~ плановый простой, простой по графику
  unexpected ~ непредвиденное время простоя
  unscheduled ~ внеплановый простой, простой вне графика
drag торможение; сопротивление
  ~ **of field** торможение под действием (магнитного) поля
  copper ~ наволакивание меди (*на коллекторе*)
  induced ~ индуцированное сопротивление
drain 1. разрядный ток 2. потребление (*тока*) 3. сток (*полевого транзистора*)
  current ~ потребление тока
  external ~ потребление (*тока*) внешней цепью
  initial ~ начальное потребление (*тока*)
  peak power ~ снижение [ограничение] пика мощности
  power ~ потребление мощности
drawing 1. чертёж; схема 2. протягивание; волочение
  arc ~ вытягивание дуги
  assembly ~ сборочный чертёж
  design ~ рабочий чертёж
  dimensional ~ чертёж с размерами
  electrical ~ 1. электрический чертёж 2. электрическое копирование
  layout ~ чертёж с указанием расположения элементов
  wire ~ волочение проволоки
drawtongs, drawvice устройство для натягивания проводов
dress заделка (*кабеля*)‖заделывать (*кабель*)
drier 1. обезвоживающее вещество; осушитель 2. сушилка
  electric ~ электросушилка
drift 1. дрейф; сдвиг; уход 2. смещение (*характеристики*)
  frequency ~ дрейф [уход] частоты
  null ~ дрейф нуля
  output quantity (variable) ~ дрейф выходной величины
  short-term ~ быстрый дрейф

  slow frequency ~ медленный дрейф частоты
  temperature [thermal] ~ температурный [тепловой] дрейф
  zero ~ дрейф нуля
drill дрель
  electric ~ электродрель
dripping:
  oil ~ просачивание масла
  water ~ просачивание воды
drip-proof каплезащищённый
driptight капленепроницаемый
drive 1. привод 2. возбуждение‖возбуждать ◊ **to** ~ **down** понижать частоту вращения; **to** ~ **on** подгонять; **to release the** ~ включать привод
  ac ~ электропривод переменного тока
  accumulator ~ аккумуляторный привод
  adjustable-frequency electric ~ частотно-регулируемый электропривод
  adjustable speed ac ~ регулируемый привод переменного тока
  asynchronous motor ~ асинхронный привод
  battery ~ аккумуляторный привод
  bidirectional ~ реверсивный привод
  boiler feed pump ~ привод питательного насоса котла
  cam ~ кулачковый привод
  chart ~ привод диаграммной бумаги (*в регистрирующих приборах*)
  constant-speed ~ привод постоянной скорости
  constant-torque adjustable-speed ~ регулируемый привод с постоянным вращающим моментом
  controlled ~ управляемый привод
  dc ~ электропривод постоянного тока
  dependent ~ привод зависимого действия (*переключающего аппарата*)
  diesel-electric ~ дизель-электрический привод
  direct ~ непосредственный [прямой] привод
  disk ~ дисковод
  double-range ~ двухскоростной привод
  dual-motor ~ двухдвигательный привод
  dual-speed ~ двухскоростной привод
  electric (motor) ~ электрический привод, электропривод
  electromagnetic ~ электромагнитный привод
  fluid ~ гидро(электро)привод
  follower ~ следящий привод

DRIVEN

frequency-controlled ~ частотно-управляемый (электро)привод
frequency-regulated ~ частотно-регулируемый (электро)привод
friction ~ фрикционная передача
gas-electric ~ газоэлектрический привод
gas-tube ~ ионный (электро)привод
governor ~ привод к регулятору (*напр. скорости*)
grid ~ управляющее напряжение на сетке
group ~ групповой привод
hand ~ ручной привод
high-frequency ~ высокочастотный [ВЧ-]пуск
high-powered ~ привод большой мощности, мощный электропривод
hydraulic ~ гидравлический привод
independent ~ привод независимого действия (*коммутационного аппарата*)
individual ~ индивидуальный привод
induction-motor ~ асинхронный привод
industrial ~ промышленный (электро)привод
lever ~ рычажный привод
magnetic ~ привод с (электро)магнитной муфтой
main ~ главный привод
manual ~ ручной привод
motor ~ электромашинный [электродвигательный] привод
multiple-axes ~ многокоординатный электропривод
noncontrolled ~ нерегулируемый привод
oil-electric ~ дизель-электрический привод
pneumatic ~ пневматический привод
power ~ электромашинный [электродвигательный] привод
power-house auxiliary ~ привод (механизмов) собственных нужд электростанции
rectifier ~ электропривод (постоянного тока) с выпрямителем
rectifier-inverter variable-speed ~ регулируемый привод с выпрямителем и инвертором
reversing [reversive] ~ реверсивный привод
right-hand ~ привод с правым вращением
single-axis ~ однокоординатный электропривод
solenoid ~ соленоидный привод

solid ~ жёсткий привод (*без скольжения*)
starting-load limiting-torque ~ привод с ограничением пускового вращающего момента
steam turbine ~ паротурбинный привод
step ~ шаговый привод
switch electromagnetic ~ электромагнитный привод выключателя
synchronous-motor ~ синхронный привод; привод, осуществляемый с помощью синхронного двигателя
tandem ~ два *или* более приводных двигателя, соединённых между собой механически
tape ~ лентопротяжное устройство
thyristor ~ тиристорный электропривод
torque-limiting ~ привод с ограничением вращающего момента
twin-motor ~ двухдвигательный привод
two-speed ~ двухскоростной привод
uncontrolled ~ нерегулируемый привод
unidirectional ~ нереверсивный электропривод
valve gear ~ привод клапанного распределения
variable-frequency ~ частотно-регулируемый (электро)привод
variable-speed ~ привод с переменной скоростью (вращения)
variable-voltage ~ привод с переменным напряжением
Ward-Leonard ~ электропривод по системе генератор—двигатель
driven:
electrically ~ приводимый в движение электроприводом
electric motor ~ приводимый в движение электродвигателем
transistor ~ с транзисторным управлением
driver возбудитель
power amplifier ~ возбудитель усилителя мощности
register ~ формирователь импульсов с регистра
droop 1. статизм; коэффициент статизма; неравномерность регулирования **2.** спад‖спадать
~ **of a set** статизм агрегата
~ **of a system** статизм (энерго)системы
permanent ~ постоянный статизм
pulse ~ спад импульса

speed ~ статизм регулирования скорости (*турбины*)
transient ~ вре́менная неравномерность регулирования
voltage ~ статизм по напряжению
drop 1. падение; понижение, уменьшение‖падать; понижать, уменьшать 2. отпадание (*якоря реле*) ◊ ~ **in voltage** падение напряжения; **to ~ in** входить (*в синхронизм*); **to ~ out** выпадать (*из синхронизма*); **voltage ~ across a resistance** падение напряжения на сопротивлении; **voltage ~ at contacts** падение напряжения на контактах; **voltage ~ at the arc** падение напряжения на дуге
~ **of potential** падение напряжения
absolute speed ~ абсолютное уменьшение частоты вращения
anode ~ падение анодного напряжения
arc ~ падение напряжения на дуге
automatic ~ блинкер
cathode ~ падение катодного напряжения
contact ~ падение напряжения на контактах
forward ~ прямое падение напряжения
heat ~ перепад тепла
impedance ~ падение напряжения в полном сопротивлении
inductive ~ индуктивное падение напряжения
IR ~ падение напряжения от тока I на сопротивлении R
line voltage ~ падение напряжения в линии
load ~ сброс нагрузки
ohmic ~ омическое падение напряжения
ohmic potential ~ омическое падение потенциала
partial ~ **of pressure** местное падение давления
potential ~ падение потенциала
reactance ~ падение напряжения в реактивном сопротивлении
resistance [resistive] ~ падение напряжения в активном сопротивлении
revolution ~ снижение числа оборотов
rod ~ падение (управляющих) стержней (*ядерного реактора*)
service ~ провес проводов от последнего абонента
speed ~ падение скорости; снижение скорости

temperature ~ падение температуры; перепад температуры
tube ~ падение напряжения на лампе
voltage ~ падение напряжения
dropout отпадание (*реле*)
circuit ~ обрыв цепи
dropper подвеска (*линейной арматуры ВЛ*)
dropping:
~ **of load** сбрасывание нагрузки
automatic generation ~ автоматическая разгрузка отключением (части) генераторов
generators ~ отключение (части) генераторов, ОГ
load ~ сброс нагрузки
drum барабан
cable ~ кабельный барабан
coiling ~ барабан для наматывания (*проволоки*)
feeder ~ барабан питателя
magnetic ~ магнитный барабан
new element storage ~ контейнер для хранения сборок [кассет] с необлучённым топливом (*ядерного реактора*)
recording ~ барабан регистрирующего прибора
steam ~ паровой коллектор барабанного котла
dual-beam двухлучевой
dual-channel двухканальный
dual-rated с двумя номиналами
duct канал; труба; проход
air ~ воздушный [вентиляционный] канал; воздухопровод
boiler gas ~ газовый канал котла
bus ~ шинный канал; шинопровод (*в коробе*)
cable ~ кабельный трубопровод; кабельный канал
cooling ~ канал охлаждения
core ~ вентиляционный канал сердечника
distributing bus ~ распределительный шинопровод
distributor ~ канал для распределительных магистралей
insulated phase bus ~ шинопровод с изолированными фазами
magnetohydrodynamic ~ канал МГД-генератора
metal-clad bus ~ закрытый шинопровод
multiway (cable) ~ труба для нескольких кабелей
oil ~ маслопровод
radial ~ радиальный (вентиляционный) канал (*в электрической машине*)

single (cable) ~ труба для одного кабеля
trolley ~ троллейный шинопровод; контактный провод в коробе
ventilating [ventilation] ~ воздушный [вентиляционный] канал
ductwork прокладка кабелепроводов
dump сброс, снятие (*напряжения*) ‖ сбрасывать, снимать (*напряжение*)
  power ~ сброс [снятие] напряжения питания
duplex 1. двойной, двусторонний 2. сдвоенный, спаренный
duplicate запасная [взаимозаменяемая] деталь
durability 1. надёжность; долговечность; срок службы 2. стойкость; прочность
  light ~ стойкость к воздействию света
  mechanical ~ механическая стойкость
dural(umin) дюраль, дюралюминий
duration продолжительность, длительность
  ~ **of braking** продолжительность торможения
  ~ **of breaker contact** продолжительность замкнутого состояния контактов
  ~ **of fault** длительность КЗ
  ~ **of starting** продолжительность пуска
  ~ **of switch closure** длительность включения ключа
  charging ~ продолжительность зарядки (*аккумулятора*)
  down ~ продолжительность неработоспособного состояния
  forced-outage ~ продолжительность аварийного вывода из работы
  interruption ~ длительность перерыва (*энергоснабжения*)
  load ~ длительность нагрузки
  maintenance ~ продолжительность технического обслуживания
  mean ~ **of failure state** средняя продолжительность состояния отказа
  operation ~ продолжительность рабочего состояния
  outage ~ продолжительность отключённого состояния
  peak load effective ~ продолжительность использования максимальной нагрузки
  pulse ~ длительность импульса
  relative pulse ~ скважность импульсов
  repair ~ продолжительность ремонта
  response ~ время срабатывания
  scheduled-outage ~ продолжительность планового вывода из работы
  standby ~ продолжительность нахождения в резерве
  sweep ~ длительность развёртки
  switching ~ длительность переключения
  up ~ продолжительность работоспособного состояния
duroplasts дюропласты
duster пылеочиститель; пылеуловитель
dust-fired работающий на пылевидном топливе
dust-ignition-proof защищённый от горючей пыли
dust-proof пыленепроницаемый; пылезащищённый
dust-tight пыленепроницаемый
duty режим (работы)
  boiler ~ паропроизводительность котла
  constant ~ постоянный [неизменный] режим
  continuous ~ непрерывный режим
  continuous running ~ режим длительной нагрузки
  cycling ~ циклический режим
  extra ~ режим перегрузки
  fan ~ вентиляторный режим
  heavy ~ тяжёлый режим
  high-power transfer ~ режим передачи больших мощностей
  intermittent ~ 1. режим прерывистой нагрузки 2. повторно-кратковременный режим
  interrupting ~ разрывная способность
  I^2t ~ тепловая нагрузка (*во время аварии*)
  operating ~ число циклов коммутации за заданное время
  periodic ~ 1. режим периодической нагрузки 2. периодический режим
  rated ~ номинальный режим
  severe ~ тяжёлый режим
  short-circuit ~ мощность КЗ
  short-time ~ кратковременный режим
  specific ~ удельная производительность
  starting ~ пусковой режим
  system-fault ~ аварийный режим
  uninterrupted ~ непрерывный режим
  varying ~ 1. переменный режим 2. режим переменной нагрузки
dwang 1. большой гаечный ключ 2. поворотный стержень
dynamics:
  long-term ~ длительный переходный процесс (*в энергосистемах*) с учётом

динамики (работы) котлов; длительная динамика
  mid-term ~ переходный процесс средней длительности
  short-term ~ кратковременный переходный процесс
dynamo генератор постоянного тока; динамо-машина
  lighting ~ генератор освещения
  motor ~ мотор-генератор, двигатель-генератор
  third-brush ~ генератор с третьей щёткой
  ventilated ~ генератор с принудительной вентиляцией
dynamometer динамометр
  eddy-current absorption ~ индуктивный тормозной динамометр
  electrical ~ электрический динамометр
  motor ~ мотор-динамометр, электродинамометр
  strain gage ~ тензометрический динамометр
  zero-type ~ электродинамометр с возвратом на нуль
dynamotor 1. динамотор (*двигатель и генератор с общим магнитным полем*) 2. двигатель-генератор, мотор-генератор
  inductor ~ инвертор с зубчатым ротором, модулирующим постоянный ток в статоре
dynistor динистор
dynod динод

E

ear ушко; зажим
  adjusting ~ регулирующий зажим
  anchor ~ анкерный зажим
  hanger ~ подвесной зажим
  straight-line ~ 1. прямолинейный зажим. 2. ушко подвески
  strain ~ натяжной зажим; подвеска
  trailing ~ прицепной зажим; буксирное ушко
earphone наушники, головной телефон
earth *см.* **ground**
earthing *см.* **grounding**
ebonite эбонит
econometrics экономико-математические методы, эконометрика
economics:
  ~ **of scale (for power plant)** зависимость экономических показателей (электростанции) от (её) размеров
  fuel ~ раздел экономики, связанный с использованием топлива
  operational ~ оперативные экономические показатели
economizer экономайзер
  electrode ~ экономайзер электрода
economy:
  cycle ~ экономичность цикла; тепловая экономичность
  energy ~ 1. энергетическое хозяйство; (топливно-)энергетический комплекс 2. экономика энергетики
  fuel ~ теория и практика эффективного использования топлива
  neutron ~ полезное использование нейтронов; баланс нейтронов
  operating ~ экономичность в эксплуатации
edge край; кромка; граница
  band ~ граница полосы пропускания
  blade ~ кромка лопасти *или* лопатки
  distributing ~ рабочая кромка золотника; отсечная кромка золотника
  entering ~ набегающий край (*щётки*)
  leading ~ 1. набегающий край (*щётки*) 2. передний фронт (*импульса*)
  leaving ~ сбегающий край (*щётки*)
  pulse ~ фронт импульса
  radiused ~ закруглённая кромка
  square ~ квадратный край
  steep leading ~ крутой передний фронт (*импульса*)
  steep trailing ~ крутой задний фронт (*импульса*)
  trailing ~ 1. сбегающий край (*щётки*) 2. задний фронт (*импульса*)
edgewise 1. направленный остриём 2. в поперечном [боковом] направлении 3. сбегающий (*о крае щётки*)
effect 1. эффект, явление; результат 2. влияние; (воз)действие ‖ влиять; (воз-)действовать
  ~ **of inductivity** 1. индуктивный эффект 2. влияние [воздействие] индуктивности
  ~ **of system frequency** частотный эффект (энерго)системы
  additive ~ аддитивный эффект
  aerial ~ антенный эффект
  anode ~ анодный эффект
  Barkhausen ~ эффект Баркгаузена
  Becquerel ~ эффект Беккереля, фотогальванический эффект
  biological ~s биологические воздействия (*ионизирующего излучения*)
  braking ~ тормозящее действие
  calorific ~ тепловой эффект

EFFECT

capacitive-shunting ~ шунтирующее действие ёмкости
chemical ~ **of electricity** химическое действие тока
corona ~ эффект [явление] короны
corrosive ~ коррозионный эффект, явление коррозии
cross-magnetizing ~ действие поперечного магнитного поля
crowding ~ дробовой эффект
dead-end ~ влияние концевых витков (*в катушке индуктивности*)
deep-slot ~ эффект глубоких пазов; эффект вытеснения тока в роторе с глубокими пазами
demagnetizing ~ эффект размагничивания
draft-tube ~ влияние отсасывающего трубопровода (*гидротурбины*)
edge ~ краевой эффект
Edison ~ эффект термоэлектронной эмиссии
electrode ~ электродный процесс, вызывающий электрохимическую поляризацию
electrooptic ~ электрооптический эффект
electrostatic ~ электростатический эффект
electrostrictive ~ электрострикционный эффект
end ~ краевой эффект
external photoelectric ~ внешний фотоэффект; фотоэлектронная эмиссия
Faraday ~ эффект Фарадея
flywheel ~ эффект маховика; действие вращающихся масс
flywheel damping ~ сглаживающий эффект маховика
fringe ~ краевой эффект
galvanomagnetic ~ гальваномагнитный эффект, эффект Холла
ghost ~ паразитный [побочный] эффект
governing ~ **of load** регулирующий эффект нагрузки
gravity ~ влияние силы тяжести
gyromagnetic ~ гидромагнитный эффект
Hall ~ гальваномагнитный эффект, эффект Холла
heating ~ **of current** тепловое действие тока
heating ~ **of electricity** тепловое действие электричества
imposed ~ **on frequency deviation** наложенный эффект отклонений частоты
imposed ~ **on generation change** наложенный эффект изменения генерации

imposed ~ **on tie-line deviation** наложенный эффект отклонения перетока мощности по линиям связи
inductive ~ явление наведения (*эдс*)
insulating ~ влияние изоляции
interference ~ влияние помех
Josephson ~ эффект Джозефсона
Joule ~ эффект Джоуля
Kelvin ~ поверхностный эффект
leading ~ явление опережения
long-line ~ эффект длинной линии
luminous ~ световой эффект, действие света
magnetizing ~ эффект намагничивания
magnetoelectric ~ магнитоэлектрический эффект
magnetoresistive ~ магниторезистивный эффект
magnetostrictive ~ магнитострикционный эффект
motor ~ эффект отталкивания параллельных проводников с противоположно направленными токами
negative resistance ~ влияние отрицательного сопротивления
outer photoemissive ~ внешний фотоэмиссионный эффект
patch ~ эффект перехода от положительной проводимости к отрицательной
Peltier ~ эффект Пельтье
photoconducting [**photoconductive**] ~ эффект фотопроводимости; внутренний фотоэффект
photoelectric ~ фотоэлектрический эффект, фотоэффект
photoemissive ~ фотоэлектронная эмиссия
photomagnetoelectric ~ фотомагнитоэлектрический эффект
photoresistive ~ эффект фотопроводимости; внутренний фотоэффект
photovoltaic ~ фотогальванический эффект
piezoelectric ~ пьезоэлектрический эффект
piezoresistive ~ пьезорезистивный эффект
pinch ~ эффект самостягивания разряда, пинч-эффект
point ~ эффект истечения заряда с острия
polarity ~ эффект поляризации
proximity ~ эффект близости
pulling ~ 1. эффект втягивания 2. эффект синхронизации
residual ~ влияние остаточного намагничивания

resistance heating ~ явление нагрева сопротивления
retardation ~ замедляющее действие
S ~ эффект поверхностного заряда
Schottky ~ эффект Шотки
screening ~ экранирующий эффект
Seebech ~ эффект Зеебека, термоэлектрический эффект
shielding ~ экранирующий эффект
shot ~ дробовой эффект
skin ~ поверхностный эффект, скин-эффект
space-charge ~ эффект пространственного заряда
sticking ~ эффект заедания; эффект прилипания; эффект пригорания (*контактов*)
stray-capacity ~ влияние ёмкости рассеяния
stray-field ~ влияние поля рассеяния
stream line ~ явление расхождения линий тока
stretching ~ явление расширения
stroboscopic ~ стробоскопический эффект
surface ~ поверхностный эффект
surface-charge ~ эффект поверхностного заряда
tensoresistive ~ тензорезистивный эффект, тензоэффект; пьезорезистивный эффект
terminal cooling ~ эффект охлаждения участка проводника, находящегося под зажимом (*за счёт теплоёмкости зажима*)
thermal ~ тепловое действие; тепловой эффект
thermoelectric ~ термоэлектрический эффект
thermomagnetic ~ термомагнитный эффект
Thomson ~ эффект Томсона, термоэлектрический эффект
throw-off ~ влияние усилия отбрасывания (*при размыкании контактов*)
time-diversity ~ эффект разновременности
tunnel ~ туннельный эффект
voltage-regulating ~ **of load** регулирующий эффект нагрузки по напряжению

effectiveness эффективность; коэффициент полезного действия, кпд
~ **of control rod** эффективность управляющего стержня (*ядерного реактора*)
relative biological ~ относительная биологическая эффективность (*излучения*), ОБЭ

shielding ~ эффективность молниезащиты
effector исполнительный элемент
efficiency коэффициент полезного действия, кпд
~ **of cycle** термический кпд
~ **of fuel utilization** эффективность использования топлива
~ **of heat utilization** степень использования тепла
~ **of regeneration** эффективность регенерации
~ **of source** световая отдача источника
absolute thermal ~ эффективный кпд (*турбины*)
actual ~ действительный кпд; рабочий кпд
all-day ~ суточный кпд
ampere-hour ~ отношение ёмкости батареи при испытательном разряде к энергии, потреблённой при заряде
anode ~ 1. анодный кпд (*электронной лампы*) 2. выход по анодному току
average conversion ~ средний кпд преобразования
blade ~ кпд лопаток (*турбины*)
boiler ~ кпд котлоагрегата
boiler overall ~ кпд котлоагрегата брутто
brake ~ кпд на валу
cathode ~ выход по катодному току
collection ~ 1. степень улавливания (*пылеотделителя*) 2. эффективность собирания (*электронов*)
commercial ~ экономический кпд
conversion ~ кпд преобразования
counting ~ эффективность счёта (*в счётчике излучений*)
current ~ выход по току
design ~ расчётный кпд
detection ~ кпд детектирования; кпд выпрямления
dynamic ~ динамический кпд
electrical ~ электрический кпд
electric net ~ электрический кпд нетто
electron-beam transmission ~ коэффициент токопрохождения электронного пучка
electrothermal ~ электротермический кпд
energy ~ энергетический выход; энергетический кпд
flicker ~ интенсивность миганий
fuel ~ теплотворная способность топлива
full-load ~ кпд при полной нагрузке
furnace ~ кпд печи

generation ~ кпд генератора
gross thermal ~ **of unit 1.** кпд агрегата брутто **2.** производство энергии на единицу тепла
heat ~ тепловой кпд
heat-insulating ~ эффективность теплоизоляции
hydraulic ~ гидравлический кпд (*турбины*)
information transfer ~ *телемех.* эффективность передачи информации
internal thermal ~ внутренний тепловой кпд
light ~ световая отдача, светоотдача
luminaire ~ светоотдача светильника; световая эффективность светильника
luminous ~ световая отдача, светоотдача; относительная световая эффективность
mechanical ~ механический кпд
net thermal ~ **of unit 1.** кпд агрегата нетто **2.** производство энергии на единицу тепла
operating ~ эксплуатационный кпд
overall ~ полный кпд
overall plant ~ суммарный [полный] кпд установки
overall turbine ~ относительный эффективный кпд турбины
plant ~ кпд установки
power ~ **1.** отдача (по) мощности **2.** энергетический кпд
power ~ **of power plant** энергетический кпд электростанции
quantum ~ квантовая эффективность
radiant ~ кпд источника излучения; эффективность источника излучения
recording head relative ~ относительная чувствительность записывающей головки
reproducing head absolute ~ абсолютная чувствительность воспроизводящей головки
reverse relative tape ~ обратная чувствительность ленты
running ~ эксплуатационный кпд; эффективность эксплуатации
screen ~ **1.** эффективность экранирования **2.** светоотдача экрана
thermal ~ тепловой кпд, теплоотдача
thermionic-emission ~ эффективность термоэлектронной эмиссии
torque ~ **1.** отдача по моменту **2.** эффективность по моменту
tube ~ кпд (электронной) лампы
voltage ~ выход по напряжению
volume ~ коэффициент заполнения объёма

effort усилие
 braking ~ тормозное усилие (*на ободе колеса*)
 design ~**s** конструкторские работы
 development ~**s** объём [комплекс] проектно-конструкторских работ
 engineering ~**s** объём [комплекс] технических работ
 moment high-power ~ мгновенное увеличение мощности; подхват нагрузки
 research ~**s 1.** научно-исследовательская разработка **2.** объём [комплекс] исследований
 tractive ~ тяговое усилие (*на ободе колеса*)
 tractive ~ **at continuous rating** тяговое усилие при длительной мощности
 tractive ~ **at hourly rating** тяговое усилие при часовой мощности
eigentone собственные колебания
eigenvalue собственное значение
eigenvector собственный вектор
ejector эжектор
 emergency discharge ~ эжектор аварийного сброса (*пара реактора*)
elastance электрическая жёсткость (*обратная ёмкость, коэффициент в уравнении потенциалов Максвелла*)
elasticity:
 ~ **of demand (for power** *or* **energy)** отношение прироста выпуска товаров к приросту тарифа на электроэнергию
elastomer эластомер
 polyolefin based ~ эластомер на основе полиолефина
 urethane ~ уретановый эластомер
elbow колено; угольник
 ninety-degree ~ угольник [колено] с поворотом на 90°
electret электрет
electric(al) электрический; электротехнический
electrician электрик; электротехник, электромонтёр
electricity электричество ◊ ~ **available in the USA** наличная электроэнергия [суммарное потребление] в США (*включая импорт из Канады и Мексики*)
 animal ~ животное электричество
 atmospheric ~ атмосферное электричество
 disguised ~ скрытое электричество
 dynamic ~ динамическое электричество
 free ~ свободное электричество
 frictional ~ электричество трения, трибоэлектричество

ELECTRODE

galvanic ~ гальваническое электричество
grid ~ электроэнергия, получаемая непосредственно из основной сети энергосистемы
latent ~ скрытое электричество
negative ~ отрицательное электричество
positive ~ положительное электричество
static ~ статическое электричество
thermal ~ термоэлектричество
thunderstorm ~ грозовое электричество
vitreous ~ положительное электричество
electrics 1. электрооборудование, электрическая часть, «электрика» 2. электровозный парк
electrification 1. электрификация 2. электризация ◇ ~ **by friction** электризация трением
contact ~ контактная электризация
main-line ~ электрификация магистрали
static ~ образование контактной разности потенциалов
electrify 1. электрифицировать 2. электризовать
electrization электризация ◇ ~ **by friction** электризация трением; ~ **by induction** электризация индукцией
contact ~ контактная электризация
electrize электризовать
electroacoustics электроакустика
electroanalysis электролитический анализ
electroanalyzer электроанализатор
electrobrightening электрополирование
electrobus 1. аккумуляторный автобус, автобус с электрическим приводом 2. троллейбус
electrocar электрокар
electrocardiogram электрокардиограмма
electrocardiograph электрокардиограф
electrocatalysis электрокатализ
electrochemistry электрохимия
high-pressure ~ электрохимия высоких давлений
high-temperature ~ высокотемпературная электрохимия
electrocoagulation электрокоагуляция
electrocoating нанесение первичного лакокрасочного покрытия электрофорезом
electrocoloring электролитическое окрашивание
electrocorundum электрокорунд

electrode 1. электрод 2. обкладка конденсатора постоянной ёмкости
accelerating ~ ускоряющий электрод
amalgam ~ амальгамный электрод
amalgamated ~ амальгамированный электрод
anion-exchange ~ анионообменный электрод
anion-selective ~ анионоселективный электрод
anodized ~ анодированный электрод
arc-welding ~ электрод для дуговой сварки
baked ~ спечённый [обожжённый] электрод
bare ~ обнажённый [открытый] электрод
barrier-layer ~ электрод с запорным слоем
base ~ базовый электрод
bead ~ шариковый [сферический] электрод
bimetallic ~ биметаллический электрод
bionic ~ бионный электрод
bipolar ~ двухполюсный [биполярный] электрод
bismuth ~ висмутовый электрод
blade ~ пластинчатый электрод
bottom ~ подовый электрод
bromine ~ бромный электрод
Brown ~ электрод Брауна
Bruce ~ электрод Брюса
brush ~ щёточный электрод
bulb-type ~ стеклянный электрод со сферическим концом
bulk ~ насыпной электрод
cadmium ~ кадмиевый электрод
calomel ~ каломельный электрод; каломельный полуэлемент
calomel pool ~ стационарный каломельный электрод с большой поверхностью
calomel reference ~ каломельный электрод сравнения
capillary ~ капиллярный электрод
carbon ~ угольный электрод
carbon fiber ~ угольный волоконный электрод
carbon-hydrogen ~ угольный водородный электрод
carry ~ электрод связи
catalytic ~ каталитический электрод
cation-exchange ~ катионообменный электрод
cation-reversible ~ электрод, обратимый относительно катиона

171

ELECTRODE

cation-selective ~ катионоселективный электрод
center [central] ~ центральный электрод
ceramic ~ керамический электрод
cermet ~ металлокерамический электрод
cesium ~ цезиевый электрод
channel ~ канальный электрод
charcoal ~ электрод из древесного угля
chlorine ~ хлорный электрод
chord ~ струнный электрод
circular ~ круглый электрод
Clark ~ электрод Кларка
clay modified ~ электрод, модифицированный глиной
coated ~ электрод с покрытием
coaxial ~ коаксиальный электрод
coherent ~ когерентный электрод
cold ~ холодный [ненакалённый] электрод
collecting ~s собирающие электроды
combination ~ комбинированный электрод
common ~ общий электрод
cone ~ конический электрод
consumable ~ расходуемый [плавящийся] электрод
contact ~ контактный электрод
container ~ электрод-контейнер
continuous ~ непрерывный электрод; наращиваемый электрод
control ~ управляющий электрод
controlled ~ электрод с регулируемым потенциалом, регулируемый электрод
convection ~ конвективный электрод
convergence ~ сводящий электрод
coplanar ~s электроды, находящиеся в одной плоскости
cored ~ фитильный электрод; электрод с сердечником
corona(-forming) ~ коронирующий электрод
covered ~ сварочный электрод с обмазкой
current ~ электрод для подвода тока
current-carrying ~ токонесущий электрод
current-control ~ токоуправляющий электрод
cutting ~ режущий электрод (*диэлектрического нагревателя*)
dc ~ электрод постоянного тока
decelerating ~ тормозящий [замедляющий] электрод
deflecting ~s отклоняющие электроды

detector ~ электрод-датчик
dipping ~ погружной электрод
dipping hydrogen ~ погружной водородный электрод; электрод, омываемый пузырьками водорода
discharge ~ разрядный электрод
discharged ~ разряженный электрод
dish [disk] ~ дисковый электрод
dissimilar ~s электроды противоположной полярности
distributed ~ распределённый электрод
double ~ двойной электрод
double-layer ~ двухслойный электрод
double-phase ~ двухфазный электрод
dropping mercury ~ капельный ртутный электрод
duplex ~ двухслойный электрод
electrically independent ground ~s электрически независимые заземляющие электроды
electrochemical machining ~ электрод для электрохимической обработки
electrolysis ~ электрод для электролиза
electrolytic ~ электрод, полученный электроосаждением
emitting ~s электроды-эмиттеры
equilibrium ~ равновесный электрод
etching ~ травильный электрод
evaporated ~ напылённый электрод
exciting ~ возбуждающий электрод
expanding ~ расширяющийся электрод
external ~ внешний [выносной] электрод
extracting ~ добавочный [промежуточный] электрод
ferric-ferrous ~ электрод из двух- и трёхвалентного железа
filter ~ фильтрующий электрод
flat ~ плоский электрод
flooded ~ жидкостный электрод
foamed ~ пенный электрод
focusing ~ фокусирующий электрод
fuel-gas ~ топливный газовый электрод
gas-diffusion ~ газодиффузионный электрод
gas-evolving ~ газовыделяющий электрод
gas-sensing membrane ~ газочувствительный мембранный электрод
gauze ~ сетчатый электрод
generating ~ электрод-генератор, генерирующий электрод
generator ~ нагрузочный [рабочий] электрод
glass ~ стеклянный электрод

ELECTRODE

glassy carbon ~ стеклографитовый электрод
graphite ~ графитовый электрод
graphitized ~ графитированный электрод
ground(ing) ~ заземляющий электрод, заземлитель
guard(ed) ~ охранный электрод
guide ~ переходной электрод
halogen ~ галогенный электрод
hanging ~ висящий электрод
hanging mercury drop(ping) ~ ртутный капельный электрод
hearth ~ подовый электрод
heterogeneous ~ гетерогенный электрод
high-activity ~ высокоактивный электрод
high-overpotential ~ электрод с высоким перенапряжением
hot ~ 1. горячий электрод 2. термокатод; нить накала
hydrogen ~ водородный электрод
hydrophilic ~ гидрофильный электрод
hydrophobic ~ гидрофобный электрод
hydroquinone ~ гидрохиноновый электрод
ideally polarizable ~ идеально поляризующийся электрод
igniter ~ поджигающий электрод
impervious ~ непроницаемый электрод
inactive ~ неактивный электрод
independent ground ~s независимые заземляющие электроды
indicator ~ индикаторный электрод
indifferent ~ индифферентный электрод
infinite ~ бесконечный электрод
inner ~ внутренний электрод
intensifier ~ послеускоряющий электрод
intensity control ~ электрод управления интенсивностью
ion-exchange ~ ионообменный [ионитовый] электрод
ionizing ~ ионизирующий электрод
ion-metal ~ ионно-металлический электрод
ion-selective ~ ионоселективный электрод
iron-iron oxide ~ железо-железооксидный электрод
irreversible ~ необратимый электрод
isotropic ~ изотропный электрод
jet ~ струйный электрод
keep-alive ~ поджигающий электрод

Kennard ~ электрод Кеннарда (*проволочный*)
large-surface ~ электрод с развитой поверхностью
lead ~ свинцовый электрод
lead-dioxide ~ электрод из диоксида свинца
lead-sulphate ~ свинцово-сульфатный электрод
liquid ~ жидкий электрод
liquid organic ~ жидкий органический электрод
low-activity ~ низкоактивный электрод
low-hydrogen-type ~ стальной сварочный электрод с пониженным содержанием водорода
low-overpotential ~ электрод с низким перенапряжением
magnetite ~ магнетитовый электрод
main ~ главный электрод; нагрузочный [рабочий] электрод
manganese dioxide ~ электрод из диоксида магния
measure ~ измерительный электрод
mercury ~ ртутный электрод
mercury-drop(ping) ~ ртутный капельный электрод
mercury-film ~ ртутный плёночный электрод
mercury-jet ~ ртутный струйный электрод
mercury-mercurous chloride ~ каломельный электрод
mercury-mercurous sulphate ~ ртутно-сульфатный электрод
mesh ~ сетчатый электрод
metal-complex ~ металлокомплексный электрод
metal-hydrogen ~ металловодородный электрод
metal-metallic oxide ~ электрод системы металл — оксид металла
metal-metal salt ~ электрод системы металл — соль металла
metal-oxide ~ металлооксидный электрод
microamalgam ~ микроамальгамный электрод
microring ~ микрокольцевой электрод
modulator ~ модулирующий электрод
monopolar ~ монополярный электрод
moving ~ движущийся электрод
multilayer ~ многослойный электрод
multiple ~ полиэлектрод

multiple redox ~ окислительно-восстановительный полиэлектрод
needle ~ игольчатый [точечный] электрод
negative ~ отрицательный электрод
nested ~ многопрутковый (сварочный) электрод
net ~ решётчатый электрод
nickel ~ никелевый электрод
nickel-hydrogen ~ никель-водородный электрод
nonconsumable ~ неплавящийся [нерасходуемый] электрод
nonequilibrium ~ неравновесный электрод
nonisotropic ~ неизотропный электрод
nonmetallic ~ неметаллический [металлоидный] электрод
nonpolarizable ~ неполяризующийся электрод
normal ~ нормальный [стандартный] электрод
normal calomel ~ нормальный каломельный электрод
normal hydrogen ~ стандартный водородный электрод
null ~ нуль-электрод, электрод с нулевым зарядом
open ~ обнажённый [открытый] электрод
outer ~ внешний электрод
output ~ выходной электрод
overhead ~ торцевой боковой электрод (*свечи зажигания*)
oxide ~ оксидный электрод
oxidizing ~ окислительный электрод
oxygen ~ кислородный электрод
parallel plate ~s плоскопараллельные электроды
partially recharged ~ частично переряженный электрод
pasted-rolled ~ рулонный пастированный электрод
pickoff ~ запирающий электрод
pin ~ штифтовой электрод
plastic ~ пластмассовый электрод
plate ~ плоский электрод
plating ~ электрод для нанесения гальванического покрытия
platinized ~ платинированный электрод
platinum ~ платиновый электрод
point ~ игольчатый [точечный] электрод
polarizable ~ поляризуемый электрод
polarized ~ поляризованный электрод
polymer ~ полимерный электрод

porous conducting ~ пористый проводящий электрод
porous diffusion ~ пористый диффузионный электрод
porous metal ~ пористый металлический электрод
positive ~ положительный электрод
post-accelerating ~ послеускоряющий электрод
post-deflection ~ послеотклоняющий электрод
powder ~ порошковый электрод
precipitated ~ осадочный электрод
primer ~ поджигающий электрод
probe ~ электрод-щуп
ramed self-baking ~ самоспекающийся набивной электрод
recharged ~ перезаряженный электрод
redox ~ окислительно-восстановительный электрод
reference ~ электрод сравнения
renewal ~ электрод с обновляющейся поверхностью
reversible ~ обратимый электрод
reversible hydrogen ~ обратимый водородный электрод
rod ~ стержневой электрод
rotating ~ вращающийся электрод
rotating disk ~ вращающийся дисковый электрод (*диэлектрического нагревателя*)
rotating dual ~ вращающийся двойной электрод
saturated ~ насыщенный электрод
saturated calomel ~ насыщенный каломельный электрод
screw ~ ввинчивающийся электрод
selective ~ селективный электрод
self-baking ~ самоспекающийся электрод
self-cleaning ~ 1. самоочищающийся (*ртутный*) электрод 2. самозачищающийся (*твёрдый*) электрод
self-sintering ~ самоспекающийся электрод
semispherical ~ полусферический электрод
separate ground ~s раздельные заземляющие электроды
sheathed ~ опрессованный электрод
shielding ~ экранирующий электрод
side ~ боковой электрод (*свечи зажигания*)
side arm keep-alive ~ боковой поджигающий электрод
signal ~ сигнальный электрод
silver ~ серебряный электрод
simple ~ простой электрод

single crystal ~ монокристаллический электрод
sinter ~ спечённый электрод
skin ~ поверхностный электрод
sliding ~ скользящий электрод
slot ~ щелевой электрод
spark-plug side ~ боковой электрод свечи зажигания
spherical ~ шариковый [сферический] электрод
spongy ~ губчатый электрод
sputtered film ~ напылённый плёночный электрод
standard ~ нормальный [стандартный] электрод
standard hydrogen ~ стандартный водородный электрод
starting ~ 1. пусковой электрод 2. поджигающий электрод
stationary ~ стационарный электрод
strip ~ полосковый электрод
subsidiary ~ вспомогательный электрод
sulfur ~ серный электрод
supporting ~ несущий электрод
suppressor ~ защитный электрод
surface-modified ~ электрод с модифицированной поверхностью
suspension ~ суспензионный электрод
thin-wall ~ тонкостенный электрод
transfer ~ переходной электрод
trigger ~ пусковой электрод
twin ~ двойной электрод
uncoated ~ электрод без покрытия
unpolarized ~ неполяризованный электрод
unsaturated ~ ненасыщенный электрод
valve ~ вентильный электрод
venous ~ струйный электрод
vertical ~ вертикальный электрод
voltage grading ~ электрод делителя напряжения
wall ~ пристенный электрод
water-cooling seam-welding ~ электрод системы роликовой сварки с водяным охлаждением
welding ~ сварочный электрод
wet-proofed ~ гидрофобный электрод
wick(ing) ~ фитильный электрод
work ~ рабочий электрод
writing ~ записывающий электрод
zero ~ нулевой электрод
zink-containing ~ цинксодержащий электрод
electrodeposition 1. гальванопокрытие; электролитическое осаждение 2. электроосаждение
electrodialysis электродиализ
electrodispersing электродиспергирование
electrodrainage дренаж [отсос] тока, электродренаж
electrodynamics электродинамика
electrodynamometer электродинамометр
electroelectret электроэлектрет
electroerosion электроэрозия
electrofacing электролитическое покрытие металла более твёрдым металлом *или* сплавом
electroflotation электрофлотация
electrofocusing электролитическое фокусирование, электрофокусирование
  convection ~ конвективное электрофокусирование
  zone ~ зонное электрофокусирование
electrofusion электроплавка
electrograph самопишущий электрометр
electrogravimetry электрогравиметрия
electroheating электронагрев
  industrial ~ промышленный электронагрев
electrohydraulic электрогидравлический
electrohydrodynamics электрогидродинамика
electrolier люстра
electroluminescence электролюминесценция
electrolysis электролиз
electrolyte электролит
  acid ~ кислотный электролит
  alkaline ~ щелочной электролит
  flash ~ ударный электролит
  foul ~ отработанный электролит
  high-resistivity ~ электролит с высоким удельным сопротивлением
  spent ~ отработанный электролит
electrolytics 1. электролитический процесс; электролитическое взаимодействие 2. наука об электролизе
electrolyze подвергать электролизу
electromagnet электромагнит
  ac ~ электромагнит переменного тока
  actuating ~ включающий электромагнит
  annular ~ кольцевой электромагнит
  attractive ~ притягивающий электромагнит
  bar ~ стержневой электромагнит
  brake ~ тормозной электромагнит
  clapper [clipper]-type ~ электромагнит с откидным якорем
  closing ~ включающий электромагнит
  clutch ~ сцепляющий электромагнит

ELECTROMAGNETICS

continuous duty ~ электромагнит для длительной работы
core-type ~ стержневой электромагнит
differential ~ электромагнит с дифференциальной обмоткой
disconnecting ~ отключающий электромагнит
driving ~ приводной [исполнительный] электромагнит
hold-up ~ удерживающий электромагнит
homopolar ~ электромагнит с кольцевым [тарельчатым] якорем
horseshoe ~ подковообразный электромагнит
iron-clad ~ электромагнит в стальном кожухе
jacketed ~ электромагнит в кожухе
latching ~ блокирующий электромагнит
lifting ~ 1. крановый электромагнит 2. подъёмный электромагнит
long-range ~ электромагнит с большим ходом
momentary-duty ~ электромагнит мгновенного действия
plunger ~ плунжерный [втяжной] электромагнит
polarized ~ поляризованный электромагнит
pot ~ электромагнит горшкового типа
regulating ~ регулирующий электромагнит
release ~ расцепляющий электромагнит
shell-type ~ броневой электромагнит
shielded ~ экранированный электромагнит
stopped coil ~ втяжной электромагнит со стопорным штифтом
sucking ~ плунжерный [втяжной] электромагнит
switching ~ включающий электромагнит
tractive ~ тяговый электромагнит
trip ~ отключающий электромагнит
electromagnetics электромагнетизм
electromechanics электромеханика
electromechanism электромеханизм
rotational control ~ электромеханизм поворота регулирующих элементов (*ядерного реактора*)
electrometallurgy электрометаллургия
electrometer электрометр
absolute ~ абсолютный электрометр
capillary ~ капиллярный электрометр
dynamic ~ динамический электрометр
dynamic condenser ~ динамический конденсаторный электрометр
multiple ~ многокамерный электрометр
quadrant ~ квадрантный электрометр
string ~ струнный электрометр
vacuum-tube ~ ламповый электрометр
vibrating-reed ~ вибрационно-язычковый электрометр
electrometry электрометрия
electromobile электромобиль
electron электрон
bound ~ связанный электрон
colliding ~s сталкивающиеся электроны
conduction [conductivity] ~ электрон проводимости
free ~ свободный [несвязанный] электрон
lone ~ одиночный электрон
mobile ~ подвижный электрон
primary ~ первичный электрон
secondary ~ вторичный электрон
thermal ~ термоэлектрон
unbound ~ свободный [несвязанный] электрон
electronics электроника
integrated ~ интегральная электроника, микроэлектроника
low-level ~ низкоуровневая электроника
medical ~ медицинская электроника
peripheral ~ периферийная электроника
power ~ силовая электроника
solid-state ~ полупроводниковая [транзисторная] электроника
electronvolt электронвольт, эВ
electrophoresis электрофорез
electroplating 1. гальванопокрытие; электролитическое покрытие 2. нанесение электролитического покрытия
mechanical ~ электролитическое осаждение с использованием подвижных катодов
electropneumatic электропневматический
electropolar поляризованный
electropolishing электролитическое полирование
electroscope электроскоп
leaf ~ лепестковый электроскоп
pitch-ball ~ шаровой электроскоп
reflection reading ~ электроскоп с зеркальным отсчётом

ELEMENT

electrostatic электростатический
electrostatics электростатика
electrostimulator электростимулятор
electrostriction электрострикция
electrothermal электротермический
electrothermics электротермия
electrotimer электрическое реле времени, электрический таймер
   continuously variable ~ электрическое реле времени с плавным регулированием уставок
   fixed position ~ электрическое реле времени со ступенчатым регулированием уставок
electrovibrator электровибратор
electrowinning электрохимическое извлечение (*металлов*); электрохимическое выделение
   strip ~ электрохимическое извлечение металла на ленточном катоде
element элемент
   active ~ активный элемент
   actuating ~ исполнительный орган
   air-zinc ~ (гальванический) воздушно-цинковый элемент
   all-ceramic fuel ~ цельнокерамический ТВЭЛ
   aperiodic ~ апериодический элемент
   astatic ~ астатический элемент
   bare fuel ~ ТВЭЛ без покрытия
   bearing ~ несущий элемент; опорный элемент
   binary-logic ~ логический элемент, логическая схема
   bistable ~ элемент с двумя устойчивыми состояниями
   blocking ~ блокирующий орган, блокировка
   bonded fuel ~ ТВЭЛ со связывающей прослойкой
   booster ~ пусковой ТВЭЛ
   cabling ~ элемент скрутки
   cadmium ~ кадмиевый элемент
   cartridge-type heating ~ цилиндрический нагревательный элемент
   circuit ~ элемент (электрической) схемы
   coated particle fuel ~ микроТВЭЛ с покрытием
   code ~ элемент кода
   comparing [comparison] ~ элемент [блок] сравнения; компаратор
   compensating ~ корректирующее звено
   computing ~ решающий элемент
   conducting [conductor] ~ проводящий элемент
   connecting ~ соединительный элемент
   constitutive ~s составляющие элементы, комплектующие
   contact ~ контактный элемент
   control ~ 1. орган управления 2. элемент [звено] САР
   controlled ~ управляемый элемент
   coupling ~ элемент связи
   current ~ элемент тока
   damped periodic ~ демпфированный колебательный элемент
   decisional ~ решающий [комбинационный] элемент
   definite time delay ~ элемент независимой выдержки времени
   delay ~ элемент выдержки времени; звено запаздывания
   detecting ~ чувствительный элемент, датчик
   digitally controlled ~ цифроуправляемый элемент
   directional ~ орган направления мощности
   discriminating ~ измерительный орган (*реле*); чувствительный элемент, датчик
   dispersion fuel ~ дисперсный ТВЭЛ
   distributed circuit ~ распределённый элемент [участок] (электрической) цепи
   embedded heating ~ встроенный нагревательный элемент
   executive ~ исполнительный элемент
   feedback ~ цепь обратной связи
   ferrite ~ ферритовый элемент
   ferrite-tuning ~ ферритовый элемент настройки
   ferroelectric ~ сегнетоэлектрический элемент
   ferromagnetic ~ ферромагнитный элемент
   final (controlling) ~ исполнительный орган
   finned fuel ~ орёбренный ТВЭЛ
   fuel ~ тепловыделяющий элемент, ТВЭЛ
   functional ~ функциональный элемент
   fuse ~ расплавляющая часть плавкой вставки
   fuse strain ~ элемент механической разгрузки плавкой вставки
   fusible ~ плавкий элемент; плавкая вставка
   heating ~ нагревательный элемент
   heat-producing ~ тепловыделяющий элемент, ТВЭЛ
   helical ~ of cable lay шаг повива в кабеле

ELEMENT

high-burnup fuel ~ ТВЭЛ с глубоким выгоранием
high-interruption-capacity ~ элемент с высокой разрывной мощностью; токоограничивающий элемент (*в предохранителе*)
indicating ~ блок индикации
input ~ входной элемент, входное звено
instantaneous ~ безынерционное звено
instrument moving ~ подвижный элемент измерительного прибора
insulated tape heating ~ изолированный ленточный нагревательный элемент
inverse time ~ элемент с зависимой временно́й характеристикой
inverting ~ инвертирующий элемент
lag ~ апериодический элемент
lagging ~ элемент запаздывания
linear ~ линейный элемент
logic(al) ~ логический элемент
loop ~s элементы [звенья] (замкнутого) контура
luminous ~ светящийся элемент; осветительный элемент
lumped circuit ~ сосредоточенный элемент схемы
lumped-constant ~ элемент с сосредоточенными линейными параметрами
magnetic ~ (ферро)магнитный элемент
majority (logic) ~ мажоритарный (логический) элемент
master ~ главное [пусковое] реле
measuring ~ **1.** измерительный элемент **2.** измерительный орган
monitored ~ контролируемый элемент
moving ~ подвижный элемент
nonlinear ~ нелинейный элемент
output ~ выходной элемент, выходное звено
parallel ~s параллельные элементы (*цепи*)
pass ~ проходной элемент; выходной каскад (*стабилизированного блока питания*)
passive ~ пассивный элемент
passive circuit ~ пассивный элемент (электрической) цепи
phase-detecting ~ фазочувствительный элемент
photo(emissive) ~ фотоэлектрический элемент, фотоэлемент
piezoelectric ~ пьезоэлектрический элемент, пьезоэлемент
positioning ~ элемент позиционного управления, позиционер
potted ~ герметизированный элемент
primary ~ **1.** основной элемент; первичный датчик **2.** измерительный орган
printed ~ элемент печатной схемы
protected heating ~ нагревательный элемент с защитой
protective ~ защитный элемент
radioactive ~ радиоактивный элемент
rectifying ~ выпрямительный элемент
reference ~ опорный [эталонный] элемент
reference-input ~ элемент задания уставки, задатчик
regulating ~ элемент (системы) регулирования
relay ~ релейный элемент
relay electrothermal expansion ~ электротермический расширяющийся элемент реле
relay finish ~s выводы обмотки [выводы катушки] реле
removable ~ сменный элемент
resistance heating ~ резисторный нагревательный элемент
rod-cluster control ~ стержень-поглотитель кластерного типа
rotating ~ вращающаяся часть, ротор
safety ~ защитный элемент
sample-and-hold ~ элемент выборки и хранения
sampling ~ импульсный элемент, квантизатор
sensing [sensitive] ~ чувствительный элемент, датчик
series ~s последовательные элементы (*цепи*)
servo ~ элемент следящей системы
sheathed heating ~ нагревательный элемент с защитной оболочкой
silver wire fusible ~ плавкая вставка из серебряной проволоки
slug fuel ~ ТВЭЛ в виде блока *или* стержня
smoothing ~ сглаживающий элемент
solderless connecting ~ элемент для соединения без пайки
spent fuel ~ облучённый [выгоревший] ТВЭЛ
spherical fuel ~ шаровой ТВЭЛ
starting ~ пусковой орган
starting output ~ выходной пусковой орган
storage ~ накопительный элемент

EMISSION

structural ~s **of tower** элементы металлических опор ВЛ
suppression ~ помехоподавляющий элемент
switching ~ коммутационный [переключающий] элемент
symmetrical circuit ~ электрический элемент с симметричной характеристикой
target ~ накопительный элемент
temperature-sensitive ~ термочувствительный элемент; датчик температуры
thermal ~ 1. тепловой элемент, термоэлемент 2. термопреобразователь (*нагреватель и термопара*)
thermally sensitive ~ термочувствительный элемент
thermal-overload heater ~ нагревательный элемент тепловой защиты
thermal sensing ~ термочувствительный элемент
thermocouple ~ термопара
thorium-base fuel ~ ТВЭЛ на ториевой основе
threshold ~ пороговый элемент
time ~ элемент выдержки времени
time-delay thermal ~ инерционный элемент тепловой защиты (*в предохранителе*)
timing ~ элемент выдержки времени
transductor ~ элемент магнитного усилителя
transform ~ преобразовательный орган
tripping ~ отключающий элемент (*в схеме реле*)
tubular ~ цилиндрический (нагревательный) элемент
tubular electric heating ~ цилиндрический электронагревательный элемент
tuning ~ элемент настройки
two-position ~ двухпозиционный элемент
two-stable state ~ элемент с двумя устойчивыми состояниями
ultra-fast ~ сверхбыстродействующий элемент
valve ~ вентильный элемент
vibrocompacted fuel ~ виброуплотнённый ТВЭЛ
elevator подъёмник, лифт
   attendant operated ~ лифт, обслуживаемый лифтёром
   automatic ~ автоматический лифт, лифт без лифтёра
   bottom-drive ~ подъёмник с нижним приводом
   electric ~ электроподъёмник
   hydroelectric ~ гидроэлектрический подъёмник
elongation удлинение
   magnetic ~ магнитное удлинение
   ultimate ~ критическое удлинение
embed заливать; заделывать
embedding ◊ ~ **in concrete** бетонирование (*радиоактивных отходов*); ~ **in glass** остеклование (*радиоактивных отходов*)
emergency авария
   long-term ~ длительное аварийное нарушение
emf электродвижущая сила, эдс ◊ ~ **behind a reactance** эдс за реактивностью; **to apply [to impress] an** ~ прикладывать эдс
   contact ~ контактная эдс
   counter ~ противоэдс
   induced ~ наведённая [индуцированная] эдс
   minimum source ~ минимальная эдс входного сигнала
   rotational ~ эдс вращения
   self-induced ~ эдс самоиндукции
emission эмиссия, излучение
   autoelectronic ~ автоэлектронная эмиссия, эмиссия с холодного катода
   cathode ~ катодная эмиссия
   cold ~ автоэлектронная эмиссия, эмиссия с холодного катода
   electron ~ электронная эмиссия
   field ~ автоэлектронная эмиссия, эмиссия с холодного катода
   filament ~ эмиссия нити накала
   grid ~ эмиссия сетки
   heat ~ тепловое излучение, теплоотдача
   ion ~ ионная эмиссия
   light ~ излучение света, свечение
   photoelectric ~ фотоэлектронная эмиссия
   primary ~ первичная эмиссия
   primary-electron ~ первичная электронная эмиссия
   residual ~ остаточная эмиссия
   secondary ~ вторичная эмиссия
   secondary electron ~ вторичная электронная эмиссия
   selective ~ селективная [избирательная] эмиссия
   spontaneous ~ спонтанная [самопроизвольная] эмиссия
   stray ~ паразитная эмиссия
   stray-light ~ рассеянное излучение
   thermal electron ~ термоэлектронная эмиссия
   thermionic ~ термоэлектронная [термоионная] эмиссия

total ~ полная эмиссия
unwanted ~ паразитное излучение; паразитная эмиссия

emit излучать; испускать

emitter излучатель; эмиттер
  black-body ~ радиатор в виде чёрного тела
  electromagnetic ~ источник электромагнитного излучения
  microwave ~ генератор сверхвысокой частоты, СВЧ-генератор
  X-ray ~ источник рентгеновского излучения

employee:
  authorized ~ лицо, допущенное к работе (*по правилам техники безопасности*)
  operating ~s эксплуатационный персонал; оперативный персонал
  utility ~ служащий энергокомпании

enamel эмаль
  air-drying ~ эмаль воздушной сушки
  baking ~ эмаль печной сушки
  conducting ~ проводящая эмаль
  insulating ~ (электро)изоляционная эмаль
  magnet wire ~ эмаль для провода магнита
  oleoresinous ~ эфирная эмаль
  synthetic ~ синтетическая эмаль
  vitreous ~ стекловидная эмаль

encapsulation герметизация
  compound ~ герметизация компаундом
  glass ~ герметизация стеклом
  metal ~ герметизация металлом
  plastic ~ герметизация пластмассой

enclosed закрытый; герметичный
  metal ~ заключённый в металлический кожух
  totally ~ полностью закрытый; полностью герметичный

enclosure кожух; оболочка
  acoustic ~ звукоизолирующая оболочка
  fire-resistant ~ огнестойкий кожух
  insulated ~ изоляционная оболочка
  metal ~ металлический кожух
  pressurized ~ оболочка под (внутренним) давлением
  push-out ~ выдвижной кожух
  separate terminal ~ камера выводов (*электрической машины*)
  sheet-steel ~ кожух из листовой стали
  shielded ~ защитный кожух
  solid ~ глухой кожух
  terminal ~ камера выводов (*электрической машины*)

encoder 1. кодирующее устройство **2.** аналого-цифровой преобразователь, АЦП

encoding кодирование

end 1. конец; вывод **2.** сторона
  ~ of life конец срока службы
  base ~ вывод базы
  cable ~ 1. концевая разделка кабеля **2.** кабельный наконечник
  capped ~ заделанный конец (*кабеля*)
  collector ~ 1. сторона контактных колец **2.** вывод коллектора
  dead ~ обесточенный конец (*обмотки, катушки*)
  exciter ~ сторона возбудителя
  far ~ дальний конец (*ЛЭП*)
  ground ~ земляной вывод (*устройства заземления нейтрали*)
  hot ~ 1. горячий [рабочий] спай (*термопары*) **2.** высокопотенциальный конец (*отклоняющей катушки*)
  involute coil ~ лобовая часть обмотки в виде эвольвенты
  leading ~ набегающий край (*щётки*)
  line ~ линейный вывод (*устройства заземления нейтрали*)
  low-pressure ~ сторона низкого давления (*турбины*)
  opposite ~ противоположный конец (*ЛЭП*)
  preinsulated terminal ~ кабельный наконечник с предварительной изоляцией
  receiver ~ приёмный конец (*ЛЭП*)
  seal ~ герметизированный конец (*кабеля*)
  sealing ~ кабельная воронка; концевая заделка (*кабеля*)
  sending ~ передающий конец (*ЛЭП*)
  solid ~ жёсткая заглушка (*кабеля*)
  stator core ~ торцевая зона сердечника статора
  stop ~ заглушённый конец (*кабеля*)
  tapped ~ секционированный конец (*кабеля*)
  terminal ~ кабельный наконечник
  trailing ~ сбегающий край (*щётки*)
  transmitting ~ передающий конец (*ЛЭП*)
  winding ~s концы [выводы] обмотки

end-frame каркас (*трансформатора*)

endodyne колебательный контур с самовозбуждением

end-of-commutation момент окончания коммутации (*в преобразователе*)

end-plate торцевая плата; торцевой щит

end-play люфт

endurance износоустойчивость; стойкость
  arc ~ дугостойкость

ENERGY

chemical ~ химическая стойкость
cold ~ холодостойкость
electrical ~ коммутационная износостойкость
heat ~ нагревостойкость, термическая стойкость
mechanical ~ механическая износостойкость
multistress ~ многофакторное ускоренное испытание на усталость
thermal ~ нагревостойкость, термическая стойкость
voltage ~ стойкость к воздействию напряжения
end-winding лобовая часть обмотки
energetic энергетический
energetics энергетика
energization включение [подача] напряжения; возбуждение
   resistance ~ подача напряжения через активное сопротивление
energize включить [подать] напряжение; возбудить ◊ **to** ~ **a relay** возбуждать реле
energized под напряжением; возбуждённый
energizing включение [подача] напряжения; возбуждение
energy 1. (электро)энергия 2. потреблённая электроэнергия, электропотребление
   active ~ активная энергия
   alarm ~ энергия, подаваемая в период аварийной взаимопомощи
   alternative ~ энергия, полученная от нетрадиционных источников
   apparent ~ полная [кажущаяся] энергия
   arc ~ энергия дуги
   atomic ~ атомная [ядерная] энергия
   auxiliary ~ электроэнергия, расходуемая на собственные нужды
   available ~ энергия, доступная для использования
   base(-load) ~ энергия в базисной части графика нагрузки
   busbar ~ энергия с шин
   coherent infrared ~ энергия когерентного инфракрасного [ИК-]излучения
   commercial ~ энергия, являющаяся коммерческим продуктом
   decay [desintegration] ~ энергия распада
   discharge ~ энергия разряда
   dump ~ 1. избыточная энергия 2. электроэнергия, вырабатываемая ГЭС по водостоку
   economy ~ электроэнергия, которой обмениваются энергокомпании (*в соответствии с рекомендациями диспетчерского центра соответствующего энергообъединения*)
   electrical ~ электроэнергия
   electric field ~ энергия электрического поля
   electrokinetic ~ электрокинетическая энергия
   electromagnetic ~ электромагнитная энергия
   electrostatic ~ электростатическая энергия
   end-use ~ конечная форма энергии, используемая потребителем
   excess ~ избыточная энергия
   excess demand ~ перерасход электроэнергии
   excess kinetic ~ избыточная кинетическая энергия
   excitation ~ энергия возбуждения
   expected ~ **not supplied [expected unserved** ~**]** ожидаемая величина недоотпуска [ожидаемый дефицит] энергии
   expended ~ израсходованная энергия
   external ~ внешняя энергия
   field ~ энергия поля
   firm ~ гарантированная энергия; энергия, поступающая по твёрдым контрактам
   fission ~ энергия деления ядра; атомная [ядерная] энергия
   fluid ~ гидроэнергия
   free ~ свободная энергия
   heat ~ тепловая энергия
   hysteresis ~ потери энергии на гистерезис
   impact ~ энергия удара
   impurity activation ~ энергия активации примесей (*в полупроводнике*)
   input electrical ~ электроэнергия на входе
   interaction ~ энергия взаимодействия
   interchange ~ обменная энергия
   internal [intrinsic] ~ внутренняя энергия
   ionization ~ энергия ионизации
   ionization ~ **of acceptor** энергия ионизации акцептора
   ionization ~ **of donor** энергия ионизации донора
   kinetic ~ кинетическая энергия
   latent ~ потенциальная энергия
   lost ~ недоотпуск энергии
   luminous ~ световая энергия
   magnetic field ~ энергия магнитного поля
   motional ~ кинетическая энергия; энергия движения

ENERGY-DEPENDENT

net electric system ~ полная энергия, распределяемая энергосистемой
net output ~ отпущенная (с шин) электроэнергия
nonfirm ~ негарантированная энергия
nuclear ~ атомная [ядерная] энергия
off-peak ~ энергия, поставляемая в период провала нагрузки, внепиковая энергия
on-peak [peak] ~ энергия, поставляемая в период пика нагрузки, пиковая энергия
permanent magnet ~ энергия постоянного магнита
portable ~ энергия от передвижных [нестационарных] установок
potential ~ потенциальная энергия
primary ~ энергия, поступающая по твёрдым контрактам
pulse ~ энергия импульса
radiant [radiation] ~ энергия излучения; лучистая энергия
reactive ~ реактивная энергия
recuperated ~ рекуперированная энергия
renewable ~ возобновляемая энергия, энергия от возобновляемого источника
restored ~ возвращённая энергия
run-of-river ~ энергия русловой ГЭС
seasonal ~ энергия ГЭС с водохранилищем сезонного регулирования
secondary ~ 1. энергия вне контракта 2. энергия вторичного источника (*побочный продукт основного производства*)
slip ~ энергия скольжения; потери энергии во вторичных контурах (*асинхронной машины*)
solar ~ солнечная энергия
specific permanent magnet ~ удельная энергия постоянного магнита
spike leakage ~ энергия утечки выброса
stored ~ запасённая энергия
stored reactor ~ запасённая энергия реактора
stored spinning ~ запасённая гироскопическая энергия
thermal ~ тепловая энергия
tidal ~ энергия приливов и отливов
trapped ~ уловленная (*сэкономленная от рассеяния*) энергия
unavoidable ~ энергия, неизбежная для использования
usable ~ полезная энергия
wind ~ энергия ветра
zero ~ нулевая энергия

energy-dependent энергозависимый
engage зацеплять, вводить в зацепление
engagement зацепление
engine двигатель
  gas-turbine ~ газотурбинный агрегат
  oil-electric ~ дизель-генератор
  winding ~ лебёдка
engineer инженер
  control ~ 1. оператор; диспетчер 2. инженер по управлению
  design ~ инженер-конструктор; проектировщик
  electrical ~ инженер-электрик
  experimental ~ инженер-экспериментатор
  installation ~ инженер по монтажу
  power ~ инженер-энергетик
  protection ~ инженер по РЗ
  research ~ инженер-исследователь
  safety ~ инженер по технике безопасности
engineering техника
  automatic control ~ техника автоматического управления, техника автоматического регулирования
  circuit ~ схемотехника
  control ~ техника автоматического управления, техника автоматического регулирования
  electrical ~ электротехника
  electronics ~ электронная техника
  heat (power) ~ теплоэнергетика
  heat-process ~ (промышленная) теплотехника
  hydropower ~ гидроэнергетика
  illuminating [lighting] ~ светотехника
  microprocessor ~ микропроцессорная техника
  power ~ электроэнергетика
  quality control ~ организация технического контроля
  reliability ~ 1. теория надёжности 2. техника обеспечения надёжности *или* безотказности
  safety(-first) ~ техника безопасности
  solar power ~ гелиоэнергетика
  system(s) ~ системотехника
  wind-power ~ ветроэнергетика
entrance вход, ввод
  duct ~ вход в (кабельный) канал
  service ~ ввод в электроустановку (*здания, сооружения*)
entrefer междужелезное пространство (*электрической машины*)
entry вход, ввод
  cable ~ кабельный ввод
  restricted ~ ограниченный вход
  threaded ~ ниппель
envelope огибающая

EQUIPMENT

dynamic braking ~ граница зоны динамического торможения
insulating ~ изоляционная покрышка
pulsed ~ импульсная огибающая
tube ~ колба лампы
environment окружающая среда
  electrically hostile ~ электрически опасная окружающая среда
  electromagnetic ~ электромагнитная окружающая среда
  harmful ~ окружающая среда с вредными газами, испарениями и *т. п.*
  mild ~ «мягкие» окружающие условия (*при которых внешние воздействия соответствуют нормальным условиям работы АЭС*)
equalization 1. выравнивание; уравнивание **2.** коррекция; стабилизация
  amplitude ~ амплитудная коррекция
  derivative ~ стабилизация с помощью дифференцирующего звена
  frequency-response ~ амплитудно-частотная коррекция
equalize 1. выравнивать; уравнивать **2.** корректировать
equalizer 1. уравнитель; выравниватель **2.** корректирующая [выравнивающая] цепь
  phase ~ фазовыравниватель
  reactive ~ фильтр с заданной частотной характеристикой
equation уравнение
  ~ of continuity уравнение неразрывности
  ~ of motion уравнение движения
  ~ of state уравнение состояния
  ~ of through flow уравнение неразрывности
  balance ~ уравнение равновесия
  burning ~ уравнение горения
  characteristic ~ характеристическое уравнение
  closing ~ уравнение связи
  coordination ~s координационные уравнения (*экономичного распределения нагрузки*)
  defining ~ характеристическое уравнение
  difference ~ уравнение в конечных разностях
  differential ~ дифференциальное уравнение
  energy-conservation ~ уравнение сохранения энергии
  fluid ~ гидродинамическое уравнение
  heat-balance ~ уравнение теплового баланса
  impulse ~ уравнение импульсов
  joining ~s уравнения согласования; граничные уравнения; уравнения перехода
  linear differential ~ линейное дифференциальное уравнение
  loop [mesh]-current ~ уравнение, составленное по методу контурных токов
  nodal-voltage ~ уравнение узловых потенциалов
  output ~ уравнение полезной мощности
  perturbation ~ уравнение возмущённого состояния
  plant ~ уравнение объекта регулирования (*напр. электростанции*)
  quadripole ~ уравнение четырёхполюсника
  simultaneous ~s система уравнений
  steady-state ~ уравнение стационарного [установившегося] состояния
  stiff differential ~s жёсткие дифференциальные уравнения
  swing ~ уравнение качаний
  transfer ~ уравнение теплопередачи
  transformation ~s уравнения преобразования (переменных)
  wave ~ волновое уравнение
equifrequent с одинаковой частотой
equilibrium равновесие
  dynamic ~ динамическое равновесие
  thermal ~ тепловое равновесие
equip оборудовать
equiphase с одинаковой фазой
equipment оборудование; аппаратура
  ac operated ~ оборудование на переменном токе
  airborne electrical ~ авиационное электрооборудование
  air-pollution control ~ оборудование для контроля загрязнения атмосферы
  airtight electrical ~ герметичное электрооборудование
  automatic restoration ~ оборудование для автоматического восстановления (*работы энергообъекта после аварии*)
  automatic test ~ автоматическое испытательное оборудование
  automatic throw-over [automatic transfer] ~ устройство автоматического ввода резерва, устройство АВР
  auxiliary ~ 1. вспомогательное оборудование **2.** оборудование собственных нужд электростанции
  board electrical ~ бортовое электрооборудование
  burn-in ~ устройства для термотре-

EQUIPMENT

нировки (*полупроводниковых приборов*)
cable fault-locating ~ оборудование для обнаружения места повреждения кабеля
cable termination ~ арматура для заделки кабеля
car electrical ~ электрооборудование автомобиля
checking ~ контрольная аппаратура
chemically-resisting electrical ~ химически стойкое электрооборудование
closed(-type) electrical ~ закрытое электрооборудование
coal-moving ~ оборудование топливоподачи
cold-resisting electrical ~ холодостойкое электрооборудование
compound ~ двойная цепная контактная подвеска
control ~ аппаратура управления
current-using ~ электроприём, приёмник электроэнергии
damp-proof electrical ~ влагостойкое электрооборудование
data transmission ~ аппаратура передачи данных, АПД
digital recording and measuring ~ цифровая регистрирующая и измерительная аппаратура
direct resistance heating ~ оборудование для прямого электронагрева
dismantling ~ оборудование для разборки (*топливных кассет*)
draft ~ тягодутьевое оборудование
drip-proof electrical ~ каплезащищённое электрооборудование
dust-proof electrical ~ пылезащищённое электрооборудование
electrical ~ электротехническое оборудование, электрооборудование
electrical ~ **of industrial enterprise** электрооборудование промышленных предприятий
electrical ~ **for voltage above 1 kV** электротехническое оборудование на напряжение свыше 1 кВ
electrical ~ **for voltage under 1 kV** электротехническое оборудование на напряжение до 1 кВ
electrical support ~ вспомогательное электротехническое оборудование
electroheat ~ электротермическое оборудование
electrostatic spraying ~ оборудование для нанесения покрытий напылением в электростатическом поле
explosion-proof electrical ~ взрывозащищённое электрооборудование

factory test ~ заводское испытательное оборудование
fault-diagnosis ~ диагностическое оборудование для выявления дефектов
fixed ~ стационарное оборудование
fixed electrical ~ стационарное электрооборудование
flame-proof electrical ~ огнестойкое электрооборудование
general-purpose electrical ~ электрооборудование общего назначения
hand-held ~ переносное оборудование
heat treatment ~ **for component testing** оборудование для тепловых испытаний компонентов
high-frequency interference test ~ оборудование для испытаний на устойчивость к ВЧ-помехам
high-voltage ~ оборудование высокого напряжения
hybrid ~ гибридная аппаратура
indoor electrical ~ электрооборудование внутренней установки
industrial control ~ общепромышленные средства управления
instrumentation ~ приборное оборудование; контрольно-измерительная аппаратура
interface power-supply ~ оборудование для перехода от сетевого питания к устройствам питания электронной аппаратуры
intrinsically safe electrical ~ искробезопасное взрывозащищённое электрооборудование
laboratory ~ лабораторное оборудование
land-base electrical ~ наземное электрооборудование
lighting ~ осветительная аппаратура
line ~ линейное оборудование
low-voltage ~ оборудование низкого напряжения
measuring ~ измерительное оборудование; измерительная аппаратура
microprocessor-based ~ аппаратура микропроцессорной системы
mine(-type) electrical ~ шахтное [рудничное] электрооборудование
moisture-proof electrical ~ влагостойкое электрооборудование
multipurpose test ~ универсальное испытательное оборудование
off-line ~ автономно работающее оборудование
on-line ~ оборудование, работающее в составе связанной системы

on-site recording and measuring ~ аппаратура для регистрации и измерений на объекте
open(-type) electrical ~ открытое электрооборудование
operating ~ работающее оборудование; рабочее оборудование
outdoor [outer] electrical ~ электрооборудование наружной установки
out-of-service ~ оборудование, выведенное из работы
portable ~ переносное оборудование
power ~ 1. оборудование энергообъекта 2. силовое оборудование
power plant permanent ~ основное оборудование электростанции
processing ~ технологическое оборудование
proof-type electrical ~ защищённое электрооборудование
protection ~ средства защиты, защитная аппаратура; релейная защита, РЗ
protection signaling ~ ВЧ-оборудование РЗ
protective ~ средства защиты, защитная аппаратура; релейная защита, РЗ
reactor auxiliary ~ дополнительное оборудование реактора
recording ~ регистрирующая аппаратура
remote control [remote dispatching] ~ аппаратура дистанционного управления
reserve ~ резервное оборудование
rotating dc-generator multiple-operator welding ~ сварочный агрегат с вращающимся генератором постоянного тока и несколькими рабочими местами для сварки
safety related ~ оборудование с высоким уровнем безопасности; оборудование обеспечения безопасности
sealed electrical ~ герметичное электрооборудование
secondary ~ оборудование вторичной коммутации
secondary injection ~ оборудование для подключения испытательных устройств при проверке РЗ вторичным током
service ~ аппаратура абонентского ввода
shipboard(-type) electrical ~ судовое электрооборудование
smoothing ~ сглаживающее устройство
spare ~ резервное оборудование
special electrical ~ специальное электрооборудование
speed-matching ~ автоматическая система для подгонки скорости (*напр. синхронизируемого генератора*)
splash-proof electrical ~ брызгозащищённое электрооборудование
starting ~ пусковая аппаратура
stationary ~ стационарное оборудование
stitched (catenary) ~ ромбовидная рессорная подвеска
supply ~ источник [устройство] питания
switching ~ коммутационное оборудование
telemeasuring ~ оборудование телеизмерения
terminal attaching ~ концевое крепящее оборудование
test ~ испытательная аппаратура; испытательное оборудование
traction electrical ~ тяговое электрооборудование
tropical(ized) electrical ~ электрооборудование тропического исполнения
utilities ~ энергетическое оборудование
water-proof electrical ~ водозащищённое электрооборудование
equipotential эквипотенциальный
equivalent эквивалент
coal ~ топливный эквивалент
dose ~ эквивалентная доза (*облучения*)
effective dose ~ эффективная эквивалентная доза
electrochemical ~ электрохимический эквивалент
external ~ эквивалент внешних энергосистем и связей с ними
loss-resistance ~ эквивалентное активное сопротивление потерь
maximum permissimble dose ~ максимально допустимая эквивалентная доза
thermal ~ тепловой эквивалент
thermochemic l ~ термохимический эквивалент
Thevenin ~ эквивалентный генератор эдс
erection механический монтаж
ergonomics эргономика
error 1. погрешность; ошибка 2. рассогласование, ошибка регулирования
~ **of reading** погрешность отсчёта
absolute ~ 1. абсолютная ошибка 2. абсолютное значение ошибки
absolute ~ **of measurement** абсолютная погрешность измерения
accidental ~ случайная ошибка

ERROR-ACTUATED

accumulated ~ накопленная ошибка
admissible ~ допустимая ошибка
angle ~ угловая погрешность
area control ~ регулирующее отклонение района (*при АРЧМ*)
assigned ~ гарантированная погрешность
calibration ~ погрешность настройки по шкале
complementary ~ дополнительная погрешность
composite ~ полная погрешность
conventional ~ приведённая погрешность
current ~ токовая погрешность
dynamic ~ динамическая ошибка
fiducial ~ приведённая погрешность
following ~ ошибка рассогласования
fundamental ~ **of measurement** основная погрешность измерения
groundpath ~ погрешность за счёт утечки на землю
human ~ ошибка оператора
hysteresis ~ погрешность вследствие гистерезиса
instrument(al) ~ погрешность (измерительного) прибора
integrated square ~ интегрированный квадрат ошибки
limiting ~ предельная погрешность
limiting reference ~ предельная основная погрешность
loading ~ погрешность от нагрузки (*измерительного преобразователя*)
maximum ~ максимальная [предельная] ошибка
mean ~ средняя погрешность
mean probable ~ среднее вероятное отклонение
mean square ~ среднеквадратичная ошибка
measurement ~ ошибка измерения
observation ~ ошибка наблюдения
operating ~s эксплуатационные ошибки
percentage ~ ошибка в процентах
permissible ~ допустимая погрешность
phase (angle) ~ фазовая погрешность
phase displacement ~ погрешность в измерении сдвига фаз
potentiometer loading ~ ошибка от загрузки потенциометра
random ~ случайная ошибка
ratio ~ погрешность значения коэффициента трансформации
reduced ~ **of measurement** приведённая погрешность измерения
reference ~ основная погрешность
reference limiting ~ предельная основная погрешность
reference mean ~ средняя основная погрешность
relative ~ относительная погрешность
residual ~ остаточная погрешность
roundoff ~ ошибка округления
setting ~ погрешность уставки
static ~ статическая погрешность
station control ~ регулирующее отклонение станции (*при АРЧМ*)
systematic ~ систематическая погрешность
temperature ~ температурная [тепловая] погрешность
truncation ~ ошибка метода
unit control ~ погрешность регулирования (мощности) агрегата
voltage ~ погрешность по напряжению
waveform ~ отклонение формы кривой (*от заданной*)
wiring ~ ошибка в монтаже
error-actuated действующий под влиянием рассогласования
etching травление
bias-dependent ~ травление под напряжением
dry ~ сухое травление
electrolytic ~ электролитическое травление
gas ~ газовое травление
mask(ed) ~ травление через маску
surface ~ травление поверхности
thermal ~ термическое травление
wet ~ мокрое травление
evaluation оценивание, оценка
contingency ~ оценка (последствий) возможных аварий
fast transient contingency ~ ускоренная оценка (последствий) возможных аварий с нарушением динамической устойчивости
interchange ~ оценка межсистемных обменов (*электроэнергией и мощностью*)
loss ~ оценка потерь (*электроэнергии*)
reliability ~ оценка надёжности
evaporation 1. испарение 2. напыление
electron ~ электронная эмиссия
event явление; событие
initial ionizing ~ первичный [начальный] акт ионизации
ionizing ~ явление ионизации
eversafe абсолютно безопасный
examination 1. осмотр 2. проверка, испытание

EXCITER

climatic ~s климатические испытания
exchange 1. обмен, замена **2.** телефонная станция, коммутатор
  automatic (telephone) ~ автоматическая телефонная станция, АТС
  bus ~ коммутация шин
  data ~ обмен данными
  emergency power ~ обмен мощностью в порядке оказания аварийной помощи
  heat ~ теплообмен
  intersystem power ~ обмен мощностью между (энерго)системами
  net ~ сальдо обмена (*мощностью, энергией*)
  power (flow) ~ обмен мощностью
  telephone ~ телефонный коммутатор
exchanger:
  counterflow heat ~ противоточный теплообменник
  direct-contact heat ~ смешивающий теплообменник
  drainage heat ~ охладитель дренажа
  heat ~ теплообменник
  in-vessel heat ~ внутриреакторный теплообменник
  multipass heat ~ многоходовой теплообменник
  parallel-flow heat ~ прямоточный теплообменник
excitation возбуждение; подмагничивание
  ~ **of a trunsductor** подмагничивание магнитного усилителя
  auto self- ~ внутренняя обратная связь (*в магнитном усилителе*)
  brushless ~ бесщёточное возбуждение
  compound ~ смешанное [параллельно-последовательное] возбуждение
  constant ~ постоянное [неизменное] возбуждение
  dc ~ возбуждение постоянного тока
  differential ~ дифференциальное возбуждение
  differential compound ~ дифференциальное смешанное возбуждение
  direct and quadrature axis ~ возбуждение по продольной и поперечной осям, продольно-поперечное возбуждение
  dual ~ двойное возбуждение
  field ~ возбуждение (магнитного) поля
  full ~ полное возбуждение
  impact ~ ударное возбуждение
  impulse ~ импульсное возбуждение
  net ~ поток возбуждения
  no-load ~ возбуждение холостого хода
  opposite compound ~ встречное смешанное возбуждение
  overcompound(ed) ~ перекомпаундированное возбуждение
  pulse ~ импульсное возбуждение
  quick-response ~ быстродействующее возбуждение
  repulse ~ ударное возбуждение
  reversed ~ возбуждение с обратным знаком
  separate ~ независимое возбуждение; постороннее возбуждение
  series ~ последовательное возбуждение
  shock ~ ударное возбуждение
  shunt ~ параллельное [шунтовое] возбуждение
  two-axis ~ возбуждение по двум осям
  undercompound(ed) ~ недокомпаундированное возбуждение
exciter возбудитель
  alternator-rectifier ~ электромашинный возбудитель с полупроводниковыми вентилями
  brushless ~ бесщёточный возбудитель
  compound ~ компаундированный возбудитель; возбудитель со смешанным [параллельно-последовательным] возбуждением
  compound-rectifier ~ статический вентильный возбудитель с компаундирующим [сериесным, последовательным] трансформатором
  control ~ регулирующий возбудитель
  dc ~ возбудитель постоянного тока
  dc generator-commutator ~ (электромашинный) коллекторный возбудитель постоянного тока
  direct-coupled ~ возбудитель, непосредственно связанный с валом (*основной машины*)
  low-time constant ~ быстродействующий возбудитель
  low-time constant rotating ~ быстродействующий вращающийся возбудитель
  main ~ главный возбудитель
  motor-driven ~ возбудитель с электроприводом
  pilot ~ подвозбудитель
  potential source ~ статический возбудитель с трансформатором напряжения и выпрямителем
  rotating ~ вращающийся возбудитель
  rotating-armature ~ возбудитель

EXCITRON

обращённого исполнения (*с обмоткой возбуждения на статоре и вращающимся якорем-ротором*)
rotating-field ~ возбудитель с вращающимся полем; возбудитель вращающегося поля
separate ~ независимый возбудитель; отдельно установленный возбудитель
undersaturated ~ возбудитель со слабым насыщением магнитной системы

excitron экситрон
excursion 1. изменение величины **2.** колебание; отклонение **3.** размах колебаний
  accidental power ~ аварийный разгон (*реактора*)
  power ~ выброс мощности (*реактора*), отклонение мощности от номинального режима
  reactor ~ быстрое (аварийное) нарастание мощности реактора
  signal peak-to-peak ~ размах колебаний сигнала
  voltage ~ размах [двойная амплитуда] колебаний напряжения
executor исполнительный орган
expansion расширение
  cubic(al) ~ объёмное расширение
  differential ~ относительное расширение
  heat ~ тепловое расширение
  isentropic ~ изоэнтропическое расширение
  isobaric ~ изобарическое расширение
  isothermal ~ изотермическое расширение
  pipeline ~ расширение трубопровода
  sweep ~ растяжение развёртки
  thermal ~ тепловое расширение
expendance отрицательное полное сопротивление
experience опыт ‖ испытывать
  field [operating] ~ опыт эксплуатации
experiment эксперимент
  dc ~ эксперимент на постоянном токе
  in-pile ~ эксперимент внутри реактора
explosion-proof взрывобезопасный
exposed открытый; наружный; незащищённый
exposure воздействие
  core fuel ~ облучение топлива в активной зоне (*ядерного реактора*)
  radiation ~ радиационное облучение
  single X-ray tube ~ однократное включение рентгеновской трубки

X-ray tube ~ включение рентгеновской трубки
express-feeder магистраль сети первой ступени распределения энергии
extension 1. растяжение, удлинение **2.** удлинитель; башмак (*полюсный*)
  ◊ ~ **in wiring** расширение электропроводки (*за пределы магистрали*)
  commutator-core ~ выступающая часть втулки коллектора
  commutator-shell insulation ~ выступающая часть изоляции гильзы коллектора
  forced ~**s of planned outages** вынужденное продление плановых отключений (*электроэнергии*)
  hillside ~ косогорная подставка (*опоры ВЛ*)
  polar ~ полюс магнита; полюс электрической машины (*сердечник, башмак*)
  range ~ расширение диапазона
  shaft ~ выступающая часть вала (*агрегата*)
  underplaster ~ линия скрытой проводки; ответвление скрытой проводки
extinction гашение
  arc ~ гашение дуги
extinguish гасить, погашать
extinguisher гаситель
  spark ~ искрогаситель
extraction отвод; отбор
  process steam ~ отбор пара на технологические нужды
  steam ~ отбор пара
  throttle-flow ~ отвод [отбор] части острого пара
eye 1. ушко, серьга **2.** индикатор
  bull's ~ лампа с рефлектором
  magic ~ электронно-оптический индикатор настройки
  pulling ~ натяжное ушко
  shadow-tuning ~ электронно-оптический индикатор настройки
eyelet контактная пластинка цоколя (*лампы*)

F

fabric материал, ткань
  coated ~ материал, покрытый защитным слоем
  impregnated ~ пропитанный материал
  insulating ~ изоляционный материал

FACTOR

treated [varnish(ed)] ~ лакоткань
face 1. лицо, лицевая сторона **2.** поверхность
  blade ~ поверхность лопатки (*турбины*)
  boiler ~ стенка котла
  bottom ~ нижняя поверхность
  charging ~ **of reactor** сторона загрузки реактора
  end ~ торцевая поверхность
  north pole ~ поверхность северного полюса (*магнита*)
  piston ~ рабочая поверхность поршня
  pole ~ рабочая поверхность полюса
  rotor pole ~ поверхность полюса ротора
  south pole ~ поверхность южного полюса (*магнита*)
  tube ~ передняя часть трубки
  valve ~ рабочая поверхность клапана
  winding ~**s** лобовые части обмотки
face-plate фронтальная плоскость
facilit/y установка; *pl* оборудование; аппаратура
  atomic-power ~**ies** атомно-энергетическое оборудование
  battery energy storage test ~ оборудование для проверки энергии, запасённой в батарее
  central instrumentation ~**ies** центральная измерительная система
  central switching ~**ies** основное коммутационное оборудование
  coal-handling ~**ies** оборудование углеподачи
  communication ~**ies** средства связи
  diagnostic ~**ies** диагностические средства
  digital simulation ~**ies** средства цифрового моделирования
  electromagnetic environmental test ~**ies** аппаратура для исследования электромагнитной окружающей обстановки
  energized ~**ies** оборудование под напряжением
  exit ~**ies** оборудование на вводе линии (*в распределительное устройство*)
  fuel-handling ~ топливное хозяйство
  gas-handling ~ газовое хозяйство
  harmonic measurement ~ аппаратура для гармонического анализа
  large coil test ~ оборудование для испытаний крупногабаритных катушек
  low-power test ~ оборудование для испытаний при пониженной мощности
  mobile nuclear power ~ передвижная ядерная энергетическая установка
  mounting ~**ies** монтажное оборудование; монтажные приспособления; монтажные средства
  power ~**s** энергообъекты, энергоустановки
  power conversion test ~ установка для испытаний силовых преобразовательных устройств
  standby ~ резервное устройство
  transient reactor test ~ испытательная установка для исследований переходных процессов в реакторе
factor 1. коэффициент; показатель **2.** множитель
  ~ **of assurance** коэффициент запаса
  ~ **of grounding** коэффициент заземления
  ~ **of safety** коэффициент запаса
  absorption ~ коэффициент поглощения
  ac conversion ~ коэффициент преобразования переменного тока
  accuracy limit ~ предельная кратность тока по точности
  amplification ~ коэффициент усиления
  amplitude distortion ~ коэффициент искажения амплитуды
  amplitude modulation ~ коэффициент амплитудной модуляции
  amplitude transmission ~ амплитудный фактор передачи
  annual conductor-loss ~ коэффициент среднегодовых потерь мощности в проводах
  annual load ~ коэффициент среднегодовой загрузки
  armature ~ полное число активных проводников якоря
  attenuation ~ коэффициент затухания
  availability ~ **1.** коэффициент готовности (*к работе*) **2.** коэффициент резерва выработки
  average power ~ среднее значение коэффициента мощности; средневзвешенное значение коэффициента мощности
  axial power peaking ~ коэффициент неравномерности мощности по высоте активной зоны (*ядерного реактора*)
  backscatter ~ коэффициент обратного рассеяния
  beam-compression ~ коэффициент сжатия пучка

FACTOR

beam-coupling ~ коэффициент связи через электронный луч
billable demand ~ оплачиваемый коэффициент потребления; оплачиваемый коэффициент загрузки
build-up ~ коэффициент накопления; коэффициент сборности
capacity ~ коэффициент загрузки
capacity frequency ~ частотный коэффициент нагрузки
capacity loss ~ коэффициент потерь мощности
capacity response ~ коэффициент снижения пика нагрузки благодаря управлению электропотреблением
capacity utilization ~ коэффициент использования мощности
Carter ~ коэффициент Картера; общий коэффициент воздушного зазора (*электрической машины*)
coil Q-~ добротность катушки
coil space ~ коэффициент заполнения обмотки
coincidence ~ коэффициент одновременности
compensation ~ коэффициент компенсации
control ~ коэффициент регулирования
conversion ~ коэффициент преобразования
core ~ 1. параметр гистерезиса сердечника 2. параметр индуктивности сердечника
correction ~ поправочный коэффициент
coupling ~ коэффициент связи
crest ~ коэффициент формы, формфактор
cutoff amplification ~ предельный [критический] коэффициент усиления
cyclic duration ~ продолжительность включения, ПВ
damping ~ коэффициент демпфирования, коэффициент успокоения
daylight ~ коэффициент естественной освещённости
dc conversion ~ коэффициент преобразования постоянного тока
decay ~ постоянная распада
deflection uniformity ~ коэффициент нелинейности отклонения
degeneration ~ коэффициент отрицательной обратной связи
demagnetization ~ коэффициент размагничивания
demand ~ 1. коэффициент загрузки (*для коротких интервалов времени*) 2. коэффициент спроса (*на электроэнергию*)
depreciation ~ коэффициент запаса
derivative action ~ коэффициент усиления по производной
deviation ~ коэффициент отклонения (*формы волны от синусоиды*)
dielectric dissipation ~ коэффициент диэлектрических потерь
dielectric loading ~ коэффициент нагрузки диэлектрика
dielectric loss ~ коэффициент потерь в диэлектрике
dielectric power ~ коэффициент мощности в диэлектрике
diffuse reflection ~ коэффициент рассеянного отражения
displacement ~ коэффициент сдвига
dissipation ~ коэффициент рассеяния; коэффициент затухания
distortion ~ 1. коэффициент искажения 2. коэффициент основной гармоники
distribution ~ 1. коэффициент распределения 2. обмоточный коэффициент
diversity ~ коэффициент разновременности
dryness ~ степень сухости (*напр. изоляции*)
duty ~ 1. коэффициент загрузки 2. коэффициент заполнения (*импульсной последовательности*)
eddy-current loss ~ коэффициент потерь на вихревые токи
energy capability ~ отношение запасённой (потенциальной) энергии водотока к среднемноголетнему производству её за тот же период
energy loss ~ коэффициент продолжительности потерь
failure rate acceleration ~ коэффициент ускорения интенсивности отказов
field form ~ коэффициент формы поля
fill (capacity) ~ коэффициент заполнения
flux peaking ~ коэффициент неравномерности нейтронного потока в активной зоне (*ядерного реактора*)
force ~ 1. отношение усилия к току трогания (*электромеханического преобразователя*) 2. отношение эдс холостого хода к ускорению подвижной системы (*электромеханического преобразователя*)
form ~ коэффициент формы, формфактор
fundamental ~ 1. коэффициент иска-

FACTOR

жения 2. коэффициент основной гармоники
gain ~ коэффициент усиления
gas-content ~ вакуум-фактор
gas multiplication ~ коэффициент газового усиления
grows ~ коэффициент роста нагрузки
harmonic ~ 1. коэффициент искажения 2. коэффициент основной гармоники
heat conductivity ~ коэффициент удельной теплопроводности
human ~s эргономические факторы
hysteresis (loss) ~ коэффициент потерь на гистерезис
inductance ~ фактор индуктивности
influencing ~ фактор, влияющий на характеристики (*аппарата*)
input power ~ входной коэффициент мощности
instability ~ коэффициент нестабильности
instrument-transformer correction ~ поправочный коэффициент измерительного трансформатора
integral action ~ коэффициент усиления по интегральной составляющей
intergroup coincidence ~ межгрупповой коэффициент одновременности
inversion ~ коэффициент инверсии
iron (space) ~ коэффициент заполнения пакета железом
klirr-~ коэффициент нелинейных искажений, клир-фактор
lagging power ~ коэффициент мощности при отстающем (индуктивном) токе
lamination ~ коэффициент заполнения пакета (железом)
leading power ~ коэффициент мощности при опережающем (ёмкостном) токе
leakage ~ 1. коэффициент (магнитного) рассеяния 2. коэффициент утечки
light-transmission ~ коэффициент пропускания света
load ~ 1. коэффициент нагрузки 2. коэффициент заполнения (*графика нагрузки*) 3. коэффициент использования мощности
load ~ **of a unit** коэффициент загрузки агрегата
load ~ **of loss** коэффициент потерь
load curve irregularity ~ коэффициент неравномерности графика нагрузки
loss ~ 1. коэффициент потерь 2. тангенс угла потерь
luminosity ~ спектральная световая эффективность

magnetic dissipation ~ котангенс угла потерь магнитного материала
magnetic leakage ~ коэффициент магнитного рассеяния
magnetic loss ~ коэффициент магнитных потерь
mains decoupling ~ коэффициент развязки от сети
modulation ~ коэффициент модуляции
mutual inductance ~ коэффициент взаимоиндукции
negative feedback ~ коэффициент отрицательной обратной связи
noise ~ коэффициент шумов, шум-фактор
occupancy ~ коэффициент занятости
operation ~ коэффициент использования
operational ~s рабочие параметры, рабочие характеристики
output ~ 1. коэффициент нагрузки 2. коэффициент заполнения (*графика нагрузки*)
overload ~ коэффициент перегрузки
overload capacity ~ коэффициент перегрузки по мощности
overvoltage ~ коэффициент перенапряжения
partial discharge ~ уровень частичных разрядов
peak ~ коэффициент амплитуды
peak distortion ~ коэффициент пульсации по амплитудному значению
peak responsibility ~ коэффициент участия в максимуме [пике] нагрузки
peak-ripple ~ коэффициент пульсации по амплитудному значению
penalty ~ 1. штрафной коэффициент 2. поправка на потери в сети $1/(1-\beta)$ (*при расчётах по методу относительных приростов*)
percent load ~ коэффициент нагрузки в процентах
performance ~ 1. фактор, влияющий на работу (*аппарата*) 2. коэффициент правильных действий (*РЗ*)
permeability rise ~ коэффициент возрастания проницаемости
phase ~ 1. обмоточный коэффициент фазы 2. фазовый множитель 3. оператор поворота фазы
phase-angle correction ~ поправочный коэффициент к величине (измеренного) фазного угла
phase control ~ коэффициент фазного управления
pitch ~ коэффициент шага обмотки
plant(-capacity) ~ коэффициент испо-

FACTOR

льзования (оборудования) (электро)-станции
plant load ~ коэффициент полноты нагрузки (электро)станции
post-deflection acceleration ~ коэффициент ускорения после отклонения (*электронного пучка*)
power ~ коэффициент мощности
power ~ **for power plant** коэффициент использования установленной мощности электростанции
power reflection ~ коэффициент отражения мощности
primary Q- ~ добротность первичного контура
propagation ~ коэффициент распространения
proportional action ~ коэффициент усиления по пропорциональной составляющей
proportional control ~ коэффициент пропорциональности регулирования
pulsation ~ коэффициент пульсации по действующему значению
pulse control ~ коэффициент импульсного управления
pulse duty ~ коэффициент импульсного цикла, коэффициент заполнения импульса
Q [quality] ~ коэффициент добротности, добротность
radiance ~ коэффициент яркости
radiation ~ коэффициент излучения
ratio correction ~ коэффициент поправки трансформации
reactive ~ коэффициент реактивности
reactive load ~ коэффициент реактивной нагрузки
reactor quality ~ добротность реактора
rectification ~ коэффициент выпрямления
redundancy ~ коэффициент избыточности
reflection ~ коэффициент отражения
regular reflection ~ коэффициент направленного отражения
regular transmission ~ коэффициент направленного пропускания
reheat ~ коэффициент возврата тепла
relative severity ~ коэффициент загрузки
relative visibility ~ коэффициент относительной видимости
reservoir fullness ~ энергетический коэффициент заполнения водохранилища
residual component telephone influence ~ коэффициент телефонных помех от напряжения нулевой последовательности
ripple ~ коэффициент пульсаций
rotor-slot space ~ коэффициент заполнения паза ротора
safety ~ коэффициент запаса
safety ~ **for dropout** коэффициент запаса на отпадание (*реле*)
safety ~ **for holding** коэффициент запаса на удержание (*реле*)
safety ~ **for pickup** коэффициент запаса на срабатывание (*реле*)
saturation ~ коэффициент насыщения
scale ~ **1.** масштабный множитель; масштабный коэффициент **2.** коэффициент пересчёта
scatter ~ коэффициент рассеяния
screening ~ коэффициент экранирования
secondary electron-emission ~ коэффициент вторичной электронной эмиссии
secondary Q- ~ добротность вторичного контура
sensibility ~ коэффициент чувствительности
service ~ эксплуатационный коэффициент
shape ~ коэффициент формы, форм-фактор
simultaneity ~ коэффициент одновременности
skew(ing) ~ коэффициент скоса (*напр. пазов*)
slot ~ коэффициент паза
slot contraction ~ коэффициент сужения паза
slot space ~ коэффициент заполнения паза
smoothing ~ коэффициент сглаживания
space ~ коэффициент заполнения
space ~ **of a winding** коэффициент заполнения обмотки
specular reflection ~ коэффициент зеркального отражения
spherical reduction ~ сферический переводной коэффициент
spread(ing) ~ **1.** коэффициент распределения **2.** обмоточный коэффициент
stability ~ коэффициент устойчивости
stacking ~ коэффициент заполнения пакета (*железом*)
station load ~ коэффициент полноты нагрузки станции
statistical safety ~ статистический коэффициент запаса

FAILURE

steady-state stability ~ коэффициент статической устойчивости
storage ~ коэффициент добротности, добротность
strain gage sensitivity ~ чувствительность тензодатчика
strain gage transversive sensitivity ~ поперечная чувствительность тензодатчика
sweep duty ~ отношение длительности развёртки ко времени цикла
tapping ~ коэффициент ответвления
telephone influence [telephone interference] ~ коэффициент телефонных помех
temperature [thermal] ~ температурный коэффициент
thermal conductivity ~ температурный коэффициент удельной проводимости
thermal dielectric permittivity ~ температурный коэффициент диэлектрической проницаемости
thermal resistivity ~ температурный коэффициент удельного сопротивления
tooth ~ зубцовый коэффициент
transfer ~ коэффициент передачи (*преобразователя постоянного тока*)
transformer correction ~ поправочный коэффициент трансформатора
transient interference ~ показатель помех в переходном процессе
transient stability ~ отношение предела динамической устойчивости электропередачи к номинальной нагрузке
transition ~ 1. коэффициент отражения 2. коэффициент согласования (*с нагрузкой*)
transmission ~ коэффициент пропускания
traveling-wave ~ коэффициент бегущей волны, КБВ
tuned circuit Q-~ добротность колебательного контура
unavailability ~ коэффициент неготовности (*к работе*)
unbalanced ~ коэффициент несимметрии; коэффициент неуравновешенности
uncorrected power ~ коэффициент мощности при отсутствии компенсирующих устройств
unity power ~ коэффициент мощности, равный единице
unloaded Q-~ собственная добротность, добротность при отсутствии нагрузки

use ~ коэффициент использования (*мощности*)
utilization ~ 1. коэффициент использования (*мощности*); коэффициент спроса 2. коэффициент максимума (*нагрузки*)
utilization ~ **of maximum capacity** коэффициент использования установленной мощности
variation ~ коэффициент неравномерности (*нагрузки*)
visibility ~ коэффициент видимости
voltage ~ коэффициент усиления по напряжению
winding ~ обмоточный коэффициент
factoring разложение на множители
load ~ покрытие пиковой нагрузки
factorization 1. разложение на множители **2.** составление программы вычислений; факторный анализ
factory-built изготовленный на заводе
fader регулятор громкости
fading замирание, затухание
fail 1. повреждаться; отказывать в действии; выходить из строя, давать перебои **2.** ослабевать; истощаться
supply ~ потеря питания
failover переключение при отказе
fail-safe безотказный, надёжный
failure отказ (*в работе*); авария; повреждение, неисправность ◊ ~ **to operate** отказ от срабатывания; ~ **to start** отказ при пуске; ~ **to trip** отказ в отключении
~ **of power** нарушение энергоснабжения
active ~ активный отказ
breaker ~ отказ выключателя
cascading ~s каскадные отказы
catastrophic ~ неустранимый отказ
channel ~ неисправность канала (*напр. связи*)
common-mode ~ взаимосвязанный отказ
commutation ~ нарушение коммутации
complete ~ полный отказ
complete power ~ авария с полным отключением
critical ~ критический отказ
dependent ~ зависимый отказ
early ~s ранние [приработочные] отказы
fatal ~ критический отказ
firing ~ пропуск включения, пропуск отпирания
fuel element ~ повреждение ТВЭЛа
gradual ~ постепенный отказ

FALL

    inherent weakness ~ отказ вследствие внутренних дефектов
    intermittent ~ перемежающийся отказ
    major ~ значительный отказ
    minor ~ незначительный отказ
    misuse ~ отказ вследствие неправильной эксплуатации
    nonrelevant ~ нехарактерный отказ
    partial ~ частичный отказ
    passive ~ пассивный отказ
    primary ~ 1. первичный отказ 2. независимый отказ
    protection ~ отказ защиты
    relevant ~ характерный отказ
    reverse-blocking ~ незапирание вентилем тока обратного направления
    secondary ~ 1. вторичный отказ 2. зависимый отказ
    shielding ~ удар молнии в трос (*не в провод*)
    single-element ~ отказ одного элемента
    single-mode ~ единичный отказ
    spark ~ перебои в зажигании
    supply ~ отказ питания
    temporary ~ (кратко)временный отказ
    turn-to-turn ~ межвитковое КЗ
    voltage ~ электрический пробой
    wear-out ~ отказ вследствие износа
fall падение; отпадание‖отпадать; выпадать ◇ **to ~ in step** входить [втягиваться] в синхронизм; **to ~ out of step** выпадать из синхронизма
    ~ of potential падение потенциала
    armature ~ отпадание якоря (*реле*)
    cathode ~ катодное падение (*напряжения*)
    load ~ спад нагрузки
    time ~ падение эдс по мере разрядки (*элемента*)
fallback автоматический ввод резерва, АВР
family:
    characteristic ~ семейство характеристик
    collector ~ семейство коллекторных характеристик
    unified ~ унифицированная серия
fan вентилятор‖вентилировать ◇ **~ out** разделывать (*конец кабеля*)
    attic ~ потолочный вентилятор
    blower ~ дутьевой вентилятор
    centrifugal ~ центробежный вентилятор
    collector ~ вентилятор коллектора

    exhaust [make-up] ~ вытяжной вентилятор
    multiblade ~ многолопастный вентилятор
    paddle-wheel ~ лопастный вентилятор
    potential ~ потенциальный вывод
    suction ~ отсасывающий [втяжной] вентилятор
    voltage ~ потенциальный вывод
fan-cooled охлаждаемый вентилятором; с внешним обдувом
fan-cooling охлаждение с помощью вентилятора
farad фарада, Ф
farm:
    solar ~ солнечный энергоцентр с большими площадями коллекторов
fast-acting быстродействующий
fasten крепить, укреплять
fastener крепление, зажим
    cord ~ зажим для присоединения шнура
fastenings крепёжные детали
fatigue усталость
    corrosion ~ коррозионная усталость
    dielectric ~ старение диэлектрика
    luminescence ~ старение люминофора
    thermal ~ тепловая усталость
fault 1. повреждение; неисправность 2. короткое замыкание, КЗ ◇ **~ behind the relay** КЗ позади защиты; **to clear a ~** отключать КЗ
    arcing ~ КЗ через дугу
    arcing ground ~ замыкание на землю через дугу
    asymmetrical ~ несимметричное КЗ
    bolted ~ глухое металлическое КЗ
    bolted three-phase ~ глухое металлическое трёхфазное КЗ
    breaker terminal ~ повреждение на выводах выключателя
    busbar ~ КЗ на шинах
    cable ~ 1. КЗ в кабеле 2. повреждение кабеля
    cascade ~ каскадная авария
    chassis ~ замыкание на корпус
    closed-circuit ~ короткое замыкание, КЗ
    close-up ~ внутреннее повреждение
    contact ~ неисправность контакта
    core ~ повреждение магнитопровода
    credible ~ расчётное аварийное нарушение
    cross-country ~ одновременное повреждение в разных точках сети; двойное замыкание на землю

FEED

damage ~ авария с повреждением (*оборудования*)
developing ~ развивающееся КЗ (*из однофазного в двух- или трёхфазное*)
double ~ двойное КЗ
double ground ~ двойное КЗ на землю
double-line-to-neutral ~ двухфазное КЗ на землю
double-phase ~ двухфазное КЗ
double-phase-to-ground ~ двухфазное КЗ на землю
external ~ 1. внешнее повреждение 2. внешнее КЗ, КЗ вне защищаемой зоны
full three-phase ~ полное трёхфазное КЗ
ground ~ КЗ на землю
ground-clamp ~ КЗ при включении на неснятое заземление фаз объекта
heavy ~ тяжёлое КЗ
incipient ~ медленно развивающееся повреждение
insulation(-type) ~ авария с повреждением изоляции
intermittent ~ перемежающееся повреждение
internal ~ 1. внутреннее повреждение 2. внутреннее КЗ, КЗ в защищаемой зоне
interphase ~ меж(ду)фазное КЗ
interturn ~ меж(ду)витковое КЗ
interwinding ~ межобмоточное КЗ
ironwork ~ замыкание на корпус
light ~ КЗ с небольшим током
line ~ повреждение (на) линии
line-to-ground ~ (однофазное) КЗ на землю
line-to-line ~ двухфазное [меж(ду)фазное] КЗ
line-to-line-to-ground ~ двухфазное КЗ на землю
metallic ~ металлическое КЗ
multiple ~s многократные повреждения
nearby ~ близкое КЗ
nondamage ~ авария без повреждения (*оборудования*)
nonpersistent ~ неустойчивое КЗ
open-circuit ~ повреждение с разрывом цепи
original ~ первичное повреждение
permanent [persistent] ~ 1. устойчивое повреждение 2. устойчивое КЗ
phase ~ меж(ду)фазное КЗ
phase-to-ground ~ однофазное КЗ
phase-to-phase ~ меж(ду)фазное КЗ
primary ~ первичное повреждение
recoverable ~ (само)восстанавливающееся повреждение
resistive ~ КЗ через большое активное сопротивление
secondary ~ вторичное повреждение
second ground ~ замыкание на землю во второй точке (*обмотки ротора*)
self-cleared [self-extinguishing] ~ 1. самоустраняющееся повреждение 2. самоустраняющееся КЗ
sequentially developing ~ каскадная авария
short line ~ КЗ на линии
shunt ~ короткое замыкание, КЗ
simultaneous ground ~ двойное КЗ на землю
single ground ~ КЗ на землю в одной точке
single phase-to-ground ~ (однофазное) КЗ на землю
solid ~ металлическое КЗ
spontaneous ~ спонтанный отказ
staged ~ имитируемое КЗ
subsequent ~s последовательные аварийные нарушения
sustained ~ устойчивое повреждение
symmetrical ~ симметричное КЗ
temporary ~ неустойчивое КЗ
three-phase ~ трёхфазное КЗ
three-phase sustained ~ устойчивое трёхфазное КЗ
three-phase-to-ground ~ трёхфазное КЗ на землю
through ~ сквозное (внешнее) КЗ
transient [transitory] ~ неустойчивое КЗ
turn-to-turn ~ меж(ду)витковое замыкание
undamage ~ авария без повреждения (*оборудования*)

faultlessness безотказность
faulty повреждённый; неисправный
feasibility осуществимость; пригодность
feature характеристика; параметр
  component replacement ~s замещающие характеристики; замещающие параметры
  self-latching ~ механическая самоблокировка (*реле*)
  self-locking ~ электрическая [магнитная] самоблокировка (*реле*)
  technical ~s технические характеристики; технические особенности
fed:
  central- ~ с симметричным питанием
  dual- ~ с двусторонним питанием; с двойным питанием
feed питание ‖ питать ◊ ~ **to the fault** подпитка КЗ
  chart ~ подача диаграммной ленты (*в регистраторе*)

FEEDBACK

double-end ~ двустороннее питание
fuel ~ подача [загрузка] топлива
injector ~ подача инжектором
loop ~ питание по кольцевой схеме
main ~ питание от магистрали
main fuel ~ главный трубопровод горючего
paper ~ подача бумаги (*в регистраторе*)
single-end ~ одностороннее питание
tape ~ подача ленты
two-way ~ двустороннее питание
uranium ~ урановое топливо
feedback обратная связь ◊ ~ **in transformer circuit** обратная трансформация
accidental ~ случайная [непредусмотренная] обратная связь
active ~ активная обратная связь
active-error ~ обратная связь, полученная усилением сигнала ошибки
capacitance [capacitive] ~ ёмкостная обратная связь
compensating ~ компенсирующая обратная связь
current ~ обратная связь по току
decision ~ решающая обратная связь
degeneration [degenerative] ~ отрицательная обратная связь
delayed ~ задержанная [замедленная] обратная связь
delayless ~ безынерционная обратная связь
derivative ~ обратная связь по производной; гибкая обратная связь, ГОС
digital ~ цифровая обратная связь
direct ~ жёсткая обратная связь
direct-link-voltage ~ постоянная обратная связь по напряжению
external ~ внешняя обратная связь
flexible ~ гибкая обратная связь, ГОС
follow-up direct ~ жёсткая обратная связь
inductive ~ индуктивная [трансформаторная] обратная связь
information ~ информационная обратная связь
inherent [intrinsic] ~ внутренняя обратная связь
inverse ~ отрицательная обратная связь
local ~ местная обратная связь
measuring ~ обратная связь на основе прямых измерений
monitoring ~ обратная связь по контролируемой [выходной, регулируемой] величине

negative ~ отрицательная обратная связь
on-off ~ релейная обратная связь
output ~ обратная связь по выходу; главная обратная связь
parallel ~ параллельная обратная связь (*по напряжению*)
passive ~ пассивная обратная связь
position ~ обратная связь по положению
positive ~ положительная обратная связь
primary ~ главная обратная связь
regenerative ~ регенеративная [положительная] обратная связь
resistance [resistive] ~ резистивная обратная связь
reverse ~ отрицательная обратная связь
series ~ последовательная обратная связь (*по току*)
spurious ~ паразитная обратная связь
stabilized ~ стабилизирующая [отрицательная] обратная связь
stray ~ паразитная обратная связь
strong ~ сильная обратная связь
transient ~ гибкая обратная связь, ГОС
voltage ~ обратная связь по напряжению
weak ~ слабая обратная связь
feeder питающая линия, питающий кабель, фидер
dead-end(ed) ~ тупиковая питающая линия
duplicate ~ резервная питающая линия
duplicate full-capacity ~ резервная питающая линия, рассчитанная на полную нагрузку
equalizing ~ уравнительный фидер
fuel ~ топливоподача
heavy ~ тяжело нагруженная питающая линия
incoming ~ подводящая питающая линия
independent ~ одиночная питающая линия
interconnecting ~ линия, соединяющая два источника
lighting ~ фидер осветительной сети
loop(-service) ~ кольцевая питающая линия
negative ~ обратный провод (*в тяговой сети с отсасывающими трансформаторами*)
network ~ линия, питающая сеть

 open ~ разомкнутая питающая линия
 outgoing ~ отходящая питающая линия
 parallel ~ параллельная линия
 plain ~ питающая линия без отпаек
 power ~ линия, питающая силовую нагрузку
 primary distribution ~ линия, питающая подстанцию распределительной сети
 radial (transmission) ~ радиальная (питающая) линия
 reclosing ~ питающая линия с АПВ
 reed ~ питающая линия с отпайкой
 ring ~ кольцевая питающая линия
 single ~ радиальная линия
 tie ~ линия связи в питающей сети
 transmission ~ питающая линия
 trunk ~ линия связи между двумя источниками *или* сетями
feeding питание; подача
feedwater питательная вода
feeler 1. щуп 2. чувствительный элемент, датчик
 electric ~ электрощуп
felt войлок
 asbestos ~ асбестовый войлок
fence:
 electric ~ электроизгородь, «электрический пастух»
fender:
 pole ~ защитная штанга
ferrite феррит, магнитодиэлектрик
ferrite-core с ферритовым сердечником
ferroalloy ферросплав
ferrodynamic ферродинамический
ferroelectric ферроэлектрик, сегнетоэлектрик
ferromagnetic ферромагнетик
ferromagnetism ферромагнетизм
ferroresonance феррорезонанс
ferrous ферромагнитный
ferrule 1. изоляционная трубка 2. зажим для соединения проводников
 grommet ~ нажимное кольцо
 insulating ~ изолирующая втулка
fiber волокно
 asbestos ~ асбестовое волокно
 cable ~ кабельное волокно
 glass ~ стекловолокно
 mica ~ волокнистая слюда
 polyester ~ полиэфирное волокно
 quartz ~ кварцевая нить
 vulcanized ~ вулканизированное волокно
fiberglass стеклотекстолит
Fibral *фирм.* провод *или* грозозащитный трос с встроенным волоконно-оптическим кабелем
field 1. поле 2. возбуждение 3. обмотка возбуждения
 ac ~ поле переменного тока
 air-gap ~ магнитное поле в воздушном зазоре
 alternating ~ переменное поле
 antihunt ~ противоколебательная [стабилизирующая] обмотка возбуждения
 armature ~ поле якоря
 armature-excited transient magnetic ~ создаваемое обмоткой якоря магнитное поле в переходном процессе
 armature reaction ~ поле реакции якоря
 coercive electric ~ поле коэрцитивных сил
 collector ~ площадь поверхности коллектора (*солнечной электростанции*)
 compensating ~ 1. компенсирующее поле 2. компенсационная обмотка
 conductor-cooled ~ обмотка возбуждения с непосредственным охлаждением проводников
 constant ~ постоянное поле
 critical ~ критическое поле
 cross ~ поперечное поле
 dc ~ поле постоянного тока
 degaussing [demagnetizing] ~ размагничивающее поле
 Earth's electric ~ электрическое поле Земли
 Earth's magnetic ~ магнитное поле Земли
 eddy-current ~ поле вихревых токов
 eddy electric ~ вихревое электрическое поле
 eddy-free electric ~ безвихревое электрическое поле
 electric ~ электрическое поле
 electric ~ **of force** электрическое силовое поле
 electromagnetic ~ электромагнитное поле
 electromagnetic leakage ~ электромагнитное поле рассеяния
 electrostatic ~ электростатическое поле
 end-region ~ (электро)магнитное поле в концевой зоне (*электрической машины*)
 exciting ~ поле возбуждения
 external electric ~ внешнее электрическое поле
 external magnetic ~ внешнее магнитное поле

FIELDISTOR

fixed magnetic ~ стационарное магнитное поле
focusing ~ фокусирующее поле
full ~ полное возбуждение
harmonically excited ~ поле от высших гармоник
heliostat ~ площадь поверхности зеркал-концентраторов (*в солнечной электростанции*)
induced ~ индуцированное поле
induced electric ~ индуцированное электрическое поле
induction ~ поле индукции
interference ~ поле помех
leakage ~ поле рассеяния
longitudinal electric ~ продольное электрическое поле
Lorentz's ~ поле Лоренца
magnetic ~ магнитное поле
magnetic ~ **of force** магнитное силовое поле
magnetizing ~ намагничивающее поле
main ~ основное поле
motor ~ возбуждение электродвигателя
nonuniform ~ неоднородное поле
opposing ~ встречное поле
potential ~ потенциальное поле
power ~ область электроэнергетики
quadrature slot ~ поперечное пазовое поле
radial magnetic ~ радиальное магнитное поле
remanent [residual] ~ 1. остаточное возбуждение 2. остаточное поле
revolving [rotating] ~ вращающееся поле
rotor ~ поле ротора
self-shunt ~ обмотка самовозбуждения
separately excited ~ независимое возбуждение
series ~ 1. последовательная обмотка возбуждения 2. поле последовательной обмотки
shifting magnetic ~ смещающее [сдвигающее] магнитное поле
shunt ~ параллельная обмотка возбуждения
slot ~ поле рассеяния паза
solenoidal ~ поле соленоида
space-charged ~ поле объёмного заряда
stabilizing ~ стабилизирующая обмотка
static magnetic ~ статическое магнитное поле
stationary ~ стационарное поле

stationary magnetic ~ стационарное магнитное поле
stator ~ поле статора
stray ~ поле рассеяния
stray magnetic ~s магнитные поля рассеяния
superposed ~ наложенное (внешнее) поле
sweeping ~ ускоряющее поле
synchronous ~ синхронное поле
temperature [thermal] ~ температурное поле
thermal radiation ~ поле тепловой радиации
total ~ общее [результирующее] поле
transverse ~ поперечное поле
transverse ~ **of rotor** поперечное поле ротора
uniform ~ однородное поле
unit electric ~ электрическое поле единичной напряжённости
variable ~ переменное (во времени) поле
vector ~ векторное поле
vector potential ~ векторное потенциальное поле
vortex ~ вихревое поле
waste ~ поле рассеяния
weak ~ 1. слабое поле 2. слабое возбуждение
zero-sequence current ~ поле токов нулевой последовательности
fieldistor полевой транзистор
figure:
  ~ **of merit** 1. показатель качества 2. добротность, коэффициент добротности
  amplifier ~ **of merit** добротность усилителя
  Lissajous ~s фигуры Лиссажу
  magnetic ~ **of merit** магнитная добротность (*материала*)
  pulling ~ коэффициент затягивания (*частоты*)
  pushing ~ коэффициент электронного смещения (*частоты*)
  thermoelectric ~ **of merit** термоэлектрическая эффективность
filament 1. нить накала 2. плавкая вставка предохранителя
  anchored ~ укреплённая на крючках нить накала
  bunch ~ зигзагообразная нить накала
  carbon ~ угольная нить накала
  castellated ~ зубчатая нить накала
  coated ~ оксидная нить накала
  coiled ~ одинарная витая нить накала; спиральная нить накала

FILTER

coiled-coil ~ биспиральная нить накала, биспираль
directly heated cathode ~ катод прямого накала
discharge ~ 1. шнур разряда 2. канал разряда
drawn-wire ~ нить накала из твёрдотянутой проволоки
graphitized ~ металлизированная нить накала
high-current ~ шнур (разряда) с высокой плотностью тока
incandescent ~ нить лампы накаливания
line ~ прямолинейная нить накала
looped ~ петлеобразная нить накала
metal(lic) ~ металлическая нить накала
metallized ~ металлизированная нить накала
monoplane ~ плоская нить накала
pasted ~ нить из вольфрамовой пасты
plasma ~ плазменный шнур (разряда)
single-coil ~ моноспиральная нить накала
spiral ~ спиральная нить накала
straight ~ прямая нить накала
straight up-and-down ~ зигзагообразная нить накала
tapped ~ секционированная нить накала
thoriated ~ торированная нить накала; торированный катод
tungsten ~ вольфрамовая нить накала
uniplanar ~ плоская нить накала
wreath ~ зигзагообразная спиральная нить накала

filler заполнитель, наполнитель
cable ~ наполнитель кабеля
distribution ~ распределительная коробка
fuse ~ наполнитель предохранителя
inorganic ~ неорганический наполнитель
jute ~ джутовое заполнение
plastic ~ пластмассовый заполнитель
quartz-sand ~ наполнитель из кварцевого песка

filling наполнение, заполнение
back ~ обратная засыпка

film плёнка
cellulose acetate ~ целлюлозно-ацетатная плёнка
dielectric ~ диэлектрическая плёнка
epitoxial ~ эпитоксиальная плёнка
fluorinated ethylene propylene ~ фторированная этилено-пропиленовая плёнка
insulating ~ изолирующая плёнка
lacquer ~ лаковая плёнка
multilayer ~ многослойная плёнка
oxide ~ оксидная плёнка
plastic ~ плёнка из пластика
polyamide ~ полиамидная плёнка
polycarbonate ~ поликарбонатная плёнка
polyester ~ полиэфирная плёнка
polyethylene ~ полиэтиленовая плёнка
polyimide ~ полиимидная плёнка
polypropylene ~ полипропиленовая плёнка
polystyrene ~ полистирольная плёнка
polytetrafluor ~ политетрафтористая плёнка
sprayed metal ~ металлическая плёнка, нанесённая методом напыления
stacking ~ многослойная плёнка
surface ~ поверхностная плёнка
thick ~ толстая плёнка
thin ~ тонкая плёнка
tin-oxide thin ~ тонкая плёнка оксида олова

filter фильтр ‖ фильтровать
ac ~ фильтр переменного тока
active ~ активный фильтр
active power ~ фильтр активной мощности
balanced ~ симметричный фильтр
balanced low-pass ~ симметричный фильтр нижних частот
band ~ полосовой фильтр
band-elimination [band-exclusion] ~ полосовой режекторный фильтр
bandpass ~ полосовой фильтр
bandpass crystal ~ кварцованный полосовой фильтр
band-rejection [band-stop] ~ полосовой режекторный фильтр
branching ~ разделительный фильтр; разветвительный фильтр
bridge ~ мостовой фильтр
bridged T-~ мостовой Т-образный фильтр, фильтр 2T-RC
broadband ~ широкополосный фильтр
brute-force ~ грубый фильтр
Butterworth ~ фильтр Баттерворта
Chebyshev ~ фильтр Чебышева
choke ~ заградительный фильтр
choke-input ~ фильтр с дроссельным входом
compensating ~ корректирующий фильтр
cutoff ~ ограничивающий фильтр

FILTER

data-smoothing ~ цифровой сглаживающий фильтр
dc ~ фильтр постоянного тока
dc and voice pass ~ фильтр с полосой пропускания тональных частот и постоянного тока
decoupling ~ развязывающий фильтр
dielectric ~ диэлектрический фильтр
digital ~ цифровой фильтр
dry electric ~ сухой электрический фильтр
electric ~ электрический фильтр
explosion fuse discharge ~ выхлопной фильтр стреляющего предохранителя
extended Kalman ~ обобщённый калмановский фильтр
feedback ~ фильтр (цепи) обратной связи
frequency ~ частотный фильтр
frequency-selective ~ частотно-избирательный [частотно-селективный] фильтр
high-pass ~ фильтр верхних частот, ФВЧ
hum ~ антифоновый фильтр
inductive ~ индуктивный фильтр
input ~ входной фильтр; предфильтр
intake ~ всасывающий фильтр
interference ~ фильтр для подавления помех
ion exchange ~ ионообменный фильтр
isolation ~ развязывающий фильтр
ladder(-type) ~ многозвенный [лестничный] фильтр
low-head ~ фильтр низкого давления
low limiting ~ ограничивающий фильтр нижних частот
low-pass ~ фильтр нижних частот, ФНЧ
lumped-constant [lumped-element] ~ фильтр на элементах с сосредоточенными параметрами
magnetic ~ магнитный фильтр
magnetostrictive ~ магнитострикционный фильтр
maximum flat bandpass ~ максимальный полосовой фильтр с плоской характеристикой
mid-series terminated ~ фильтр с Т-образным оконцеванием
mode ~ фильтр типов волн
multisection ~ многозвенный [лестничный] фильтр
noise ~ фильтр защиты от помех
notch ~ узкополосный режекторный фильтр; фильтр-пробка
oil ~ масляный фильтр
one-pole ~ однополюсный фильтр

output ~ выходной фильтр; постфильтр
passive ~ пассивный фильтр
phase-shift ~ фазочувствительная цепочка; фильтр сдвига фаз
pi-section ~ П-образный фильтр
positive-plus-zero-phase-sequence-current ~ комбинированный фильтр токов положительной и нулевой последовательности
power ~ сетевой фильтр
quartz(-crystal) ~ кварцевый фильтр
rectifier ~ сглаживающий фильтр выпрямителя
reflection mode ~ отражательный фильтр типов колебаний
rejection ~ режекторный [(полосно)-заграждающий] фильтр
resistivity bridge harmonic ~ фильтр высших гармоник с активными связями
resonant ~ резонансный фильтр
resonant mode ~ резонансный фильтр типов колебаний
ripple ~ сглаживающий фильтр
selective ~ избирательный фильтр
separation ~ разделительный фильтр
sequence ~ фильтр симметричных составляющих
sequence current ~ фильтр симметричных составляющих тока
sequence voltage ~ фильтр симметричных составляющих напряжения
sharp cutoff ~ фильтр с прямоугольной характеристикой, фильтр с крутым срезом
single-mesh ~ однозвенный фильтр
smoothing ~ сглаживающий фильтр
speech ~ фильтр речевых частот
spike ~ фильтр пиков (*перенапряжения*)
stop-band [suppression] ~ режекторный [(полосно-)заграждающий] фильтр
switched-capacitor ~ фильтр на переключаемых конденсаторах
symmetrical component ~ фильтр симметричных составляющих
transient ~ входной фильтр (*реле*) для защиты от высокочастотных и высоковольтных помех
T-section ~ Т-образный фильтр
tuned ~ настроенный (резонансный) фильтр
twin-tee [two-mesh] ~ двойной Т-образный фильтр
wave ~ электрический фильтр
waveguide ~ волноводный фильтр

FIXTURE

wide-band ~ широкополосный фильтр
filtering фильтрация
  analog ~ аналоговая фильтрация
  digital [discrete] ~ цифровая фильтрация
  frequency ~ частотная фильтрация
  oil ~ фильтрация масла
fin 1. ребро (*на кожухе*) 2. радиатор для отвода тепла
  cooling ~ охлаждающее ребро; пластина радиатора (охлаждения)
finder:
  fault ~ 1. прибор для отыскания места повреждения 2. дефектоскоп
  wire ~ прибор для прозвонки многожильного кабеля
finger:
  absorber ~ поглотительный элемент
  brush-holder ~ (нажимной) палец щёткодержателя
  contact ~ контактный палец (*контроллера*)
  stab ~ контактная обойма (*для прохода вертикальных шин*)
  vent ~ распорка вентиляционного канала; дистанционная распорка
fireplace:
  electrical ~ электрокамин
fire-proof огнестойкий; несгораемый
fire-resistant огнестойкий
firing 1. зажигание 2. отпирание, включение
  electric ~ электрическое срабатывание; электрическое зажигание
  false ~ ложное отпирание, ложное включение; ложное срабатывание
  horizontal ~ горизонтальное расположение горелок
  overheavy ~ форсирование топки
  tangential (corner) ~ 1. угловое тангенциальное расположение горелок 2. сжигание в топке с угловым тангенциальным расположением горелок
  vertically downward ~ 1. потолочное расположение горелок 2. сжигание в топке с потолочным расположением горелок
fishplate:
  insulating ~ изолирующая накладка (*для цепей автоблокировки*)
fission:
  nuclear ~ деление ядер
  spontaneous ~ самопроизвольное деление топлива
fitting 1. *pl* осветительная [светотехническая] арматура; осветительные приборы 2. фасонная часть (*для трубок*) 3. муфта; заделка

angle lighting ~s арматура светильника углового света
asymmetrical lighting ~s несимметричная осветительная арматура
bulkhead ~s рудничная осветительная арматура
cable ~ кабельная заделка; *pl* кабельная арматура
cable seal-up ~ 1. уплотнённая кабельная заделка 2. стопорная кабельная муфта
ceiling lighting ~s потолочная осветительная арматура
factory ~s фабрично-заводская осветительная арматура
lighting ~s осветительная [светотехническая] арматура
oyster ~s рудничная осветительная арматура
pole ~s линейная осветительная арматура
pothead entrance ~s арматура ввода с кабельной [концевой] муфтой
recessed lighting ~s встроенная осветительная арматура
semi-indirect ~s арматура рассеянного освещения
standard ~s стандартная [эталонная] осветительная арматура
wall ~s настенная осветительная арматура
fix закреплять; фиксировать
fixture 1. зажим 2. приспособление, принадлежность 3. *pl* арматура
  cap-end ~s внешняя арматура гирлянд изоляторов
  combination ~s комбинированная арматура
  directional lighting ~ светильник прямого [направленного] освещения
  drip-proof [drop-proof] lighting ~ брызгозащищённый [каплезащищённый] светильник
  dust-proof lighting ~ пылезащищённый светильник
  dust-tight lighting ~ пыленепроницаемый светильник
  flame-proof lighting ~ пожарозащищённый светильник
  general lighting pendant ~ подвесной светильник общего назначения
  general lighting wall ~ настенный светильник общего назначения
  indirect lighting ~ светильник косвенного освещения
  jet-proof lighting ~ струезащищённый светильник
  lighting ~ 1. осветительный прибор,

светильник 2. *pl* осветительная арматура
male-end ~s внутренняя арматура гирлянд изоляторов
narrow-angle lighting ~ глубокоизлучатель
pendant lighting ~ подвесной светильник
rain-proof lighting ~ брызгозащищённый [каплезащищённый] светильник
raise-and-fall ~ светильник с регулируемой высотой подвеса
splash-proof lighting ~ брызгозащищённый [каплезащищённый] светильник
vapor-tight lighting ~ паронепроницаемый светильник
vibration-proof lighting ~ вибропрочный светильник
vibration-resistant lighting ~ вибростойкий светильник
water-proof lighting ~ водозащищённый светильник
watertight lighting ~ водонепроницаемый светильник
wide-angle lighting ~ широкоизлучатель
flag указатель срабатывания (*реле*)
flame-proof невоспламеняющийся; огнестойкий
flammability воспламеняемость
flange фланец
  ~ **of drum** щека (кабельного) барабана
  bushed ~ фланец с втулкой
  connector ~ фланец (электрического) соединителя
  cover ~ фланец-крышка (*кожуха*)
  field coil ~ прокладка [фланец] обмотки возбуждения
  flat ~ плоский фланец
  mounting ~ монтажный фланец
  plain ~ гладкий фланец
  plane ~ плоский фланец
  pressure ~ нажимной фланец
  socket ~ фланец штепсельного типа; фланец соединительной муфты
  stator frame ~ нажимной фланец сердечника статора
  through ~ проходной фланец
  waveguide ~ фланец волновода
flash 1. блеск; вспышка; сверкание 2. сверкать; блестеть 3. круговой огонь (*на коллекторе*) 4. дуговой разряд
  ◇ **to** ~ **on** подсвечивать
  ~ **of lightning** вспышка молнии
  corona ~ вспышка короны
  lightning ~ вспышка молнии
  multiple-stroke lightning ~ вспышка многократной молнии

flash-arc дуговая вспышка
flashbulb импульсная лампа
  energetic ~ мощная импульсная лампа
flasher 1. источник проблескового [мигающего] освещения 2. переключатель в системе проблескового [мигающего] освещения
  signal ~ сигнальный (мигающий) огонь
  thermal ~ биметаллический прерыватель (*для импульсной лампы*)
flashing 1. препарирование угольной *или* металлической нити (*в атмосфере углеводородов*) 2. блеск; вспышка; сверкание 3. круговой огонь (*на коллекторе*)
  ~ **of water coolant** мгновенное вскипание охлаждающей воды
  field ~ подача возбуждения (*электрической машины*)
flashlight 1. импульсная лампа 2. карманный фонарь 3. проблесковый [мигающий] свет, сигнальный огонь
flash-mounted с утопленным монтажом
flashover перекрытие (*изоляции*)
  arc ~ дуговое перекрытие
  back ~ перекрытие обратным напряжением
  critical ~ критическое напряжение перекрытия
  dry ~ сухоразрядное напряжение перекрытия
  impulse ~ импульсное перекрытие
  low-frequency (dry) ~ низкочастотное (сухоразрядное) напряжение перекрытия
  pothead ~ перекрытие горшкового изолятора
  wet ~ мокроразрядное напряжение перекрытия
flask:
  fuel transport ~ контейнер для транспортировки топлива внутри АЭС
flat 1. плоский 2. постоянный, не зависящий от других факторов (*о величине*) 3. срез [сточка] на неподвижном железном сердечнике (*индукционного реле*)
flatier:
  electric ~ электрическая гладильная машина
flat-rating ограничение мощности энергоустановки (*техническое или экономическое*)
flattening:
  neutron flux ~ **over the core** выравнивание нейтронного потока по высоте активной зоны

FLOW

peak ~ выравнивание пиков мощности
flex шнур; гибкий провод
flexibility:
  plant ~ 1. управляемость электростанций 2. маневренность электростанций
flexicell плоский [ленточный] источник тока
flicker фликер; мигание
flickermeter фликерметр
flickout мгновенное уменьшение *или* увеличение (напряжения)
flip перебрасывать, переключать
flip-flop триггер, мультивибратор
  dynamic ~ динамический триггер
  fixed-delay ~ ждущий мультивибратор с фиксированной задержкой
  master ~ ведущий мультивибратор
  phase bistable ~ мультивибратор с двумя устойчивыми состояниями
  resistance-coupled ~ мультивибратор (со связями) на сопротивлениях
  saturation ~ насыщенный триггер
  slave ~ ведомый мультивибратор
  static ~ статический триггер
  time-delay ~ мультивибратор (цепи) временной задержки
  time-sweep ~ мультивибратор (цепи) временной связи
float 1. поплавок (*газового реле*) 2. работать в буферном режиме (*об аккумуляторной батарее*)
  activity ~ резерв времени работы
  contact ~ плавание контакта
floating работа в буферном режиме (*аккумуляторной батареи*)
floodlamp 1. лампа-фара 2. прожектор 3. прожекторное освещение
floodlight 1. заливающий свет, прожекторное освещение 2. прожектор заливающего света
  ellipsoidal ~ театральный осветительный блок с эллипсоидальным отражателем
  landing-area ~ 1. посадочный прожектор 2. заливающее освещение посадочной полосы
  studio ~ прибор рассеянного света для студий
floor 1. настил, пол 2. площадка
  annular ~ кольцевой коридор
  operating ~ рабочая [эксплуатационная] площадка (*станции*)
  set ~ площадка обслуживания агрегата
  turbine ~ настил машинного зала (*напр. электростанции*)

flooring 1. (изолирующая) подстилка, коврик 2. настил, пол
floor-mounted устанавливаемый на пол(у)
flow 1. поток, переток (*мощности*) 2. расход; сток, объём стока 3. протекание (*тока*)
  ~ of direct current протекание постоянного тока
  ~ of electricity протекание тока
  ~ of fuel расход топлива
  ~ of magnetic lines магнитный поток
  ~ of mass поток массы; массовый расход
  ~ of steam расход пара
  ~ of water расход воды
  ac power ~ потокораспределение, рассчитанное на модели сети переменного тока; комплексное потокораспределение
  axial ~ аксиальный поток; осевой поток
  charge ~ поток зарядов
  continuous ~ непрерывный поток; непрерывный режим
  countercurrent ~ противоток
  current ~ протекание (электрического) тока
  current ~ in gases протекание электрического тока в газах
  current ~ in liquids протекание электрического тока в жидкости
  current ~ in solids протекание электрического тока в твёрдом теле
  dc power ~ потокораспределение, рассчитанное на модели сети постоянного тока; потокораспределение по активным мощностям
  design ~ расчётный расход
  eddying ~ турбулентный поток
  fast decoupled load ~ быстрый расчёт потокораспределения (*с декомпозицией по активной и реактивной мощности*)
  feedwater ~ расход питательной воды
  fixed power ~ фиксированный обмен мощностью (*по линиям связи*)
  free power ~ свободный обмен мощностью (*по линиям связи*)
  heat ~ поток тепла
  incremental power ~ приращение потока мощности
  interchange MW ~ обменная активная мощность
  interchange power ~s перетоки обменной мощности
  intermittent ~ 1. прерывистый режим

FLOW-ACTUATED

    2. прерывистый поток; прерывистый ток (*вентиля*)
laminar ~ ламинарный поток
load ~ потокораспределение
loop ~ циркулирующий [круговой] поток (*мощности*)
net power ~ сальдо перетоков
nonextraction throttle ~ расход пара (*на турбину*) при режиме без отборов
on-line load ~ оперативный расчёт потокораспределения
optimal hydrothermal load ~ оптимальное распределение нагрузки в энергосистеме с гидравлическими и тепловыми электростанциями
optimal load ~ оптимальное комплексное потокораспределение
optimal power ~ оптимальное потокораспределение
power ~ 1. переток мощности 2. потокораспределение
probabilistic load ~ вероятностный подход к потокораспределению
pump-turbine ~ расход обратимого агрегата ГЭС
reheat steam ~ расход пара на промперегрев
specific ~ удельный поток
steady-state compressible ~ стационарный сжимаемый поток
steady-state incompressible ~ стационарный несжимаемый поток
steam ~ per hour часовой расход пара
thermal ~ тепловой поток
transient power ~ переток мощности в переходном режиме
turbulent ~ турбулентный поток
two-phase ~ двухфазный поток
unsteady ~ нестационарный поток
flow-actuated срабатываемый под воздействием потока (*жидкости или газа*)
flowchart блок-схема
    data ~ блок-схема потока данных
flowmeter расходомер
    acoustic ~ измеритель звукового потока
    drag-body ~ дифференциальный расходомер
    float-type ~ поплавковый расходомер
    induction ~ индукционный расходомер
    magnetic ~ электромагнитный расходомер
    mass ~ массовый расходомер
    recording ~ регистрирующий расходомер

    rotary bucket-type ~ расходомер чашечного типа
    screw-type ~ пропеллерный расходомер
    volumetric ~ объёмный расходомер
flowsheet технологическая схема
fluctuation колебания; флуктуация
    load ~ колебания нагрузки
    mains voltage ~s колебания напряжения в сети
    voltage ~s флуктуации напряжения
fluid жидкость
    fire-resistant ~ огнестойкая жидкость
    heat-exchange ~ теплоноситель
    hydraulic ~ рабочая жидкость гидросистемы
    insulating ~ изолирующая жидкость
    intermediate cooling ~ промежуточный теплоноситель
    silicone ~ силиконовая [кремнийорганическая] жидкость; силиконовое [кремнийорганическое] масло
    transfer ~ теплоноситель
    viscous ~ вязкая жидкость
fluorescence флюоресценция
fluorocarbon фторуглерод
fluorochlorocarbon хлорфторный углерод
fluoroplastic фторопласт
fluorosilicon фторосиликон
fluosolids кипящий слой
flushing:
    circuit ~ продувка контура; промывка контура
flutter:
    relay ~ дребезг контактов реле
flux поток
    air-gap ~ магнитный поток в воздушном зазоре
    air-gap fringing ~ краевой магнитный поток в воздушном зазоре
    alternating ~ переменный поток
    axial ~ аксиальный поток; осевой поток
    beam ~ поток в пучке
    central reactor ~ поток (нейтронов) в центре реактора
    circumferential ~ периферический поток
    critical heat ~ критический тепловой поток
    cross ~ поперечный поток
    cross-slot leakage ~ поперечный пазовый поток рассеяния
    dielectric ~ поток в диэлектрике
    electric [electrostatic] ~ 1. поток электрической индукции 2. силовые линии электрического поля 3. поток вектора электрического смещения 4.

поток вектора напряжённости электрического поля
  end leakage ~ поток рассеяния лобовых частей обмотки
  entropy ~ поток энтропии
  fringing ~ краевой поток
  heat ~ тепловой поток
  intrinsic ~ собственный магнитный поток
  knee luminous ~ световой поток в точке загиба (*световой характеристики*)
  leakage ~ поток рассеяния
  light [luminous] ~ световой поток
  magnetic ~ 1. магнитный поток 2. силовые линии магнитного поля
  mutual ~ поток взаимоиндукции
  net ~ результирующий поток
  neutron ~ нейтронный поток, поток нейтронов
  pulsating magnetic ~ пульсирующий магнитный поток
  radial stray ~ радиальный поток рассеяния
  radiant ~ поток излучения, лучевой [лучистый] поток
  radiant heat ~ лучистый тепловой поток
  relay leakage ~ поток рассеяния в реле
  remanent [residual] ~ остаточный [магнитный] поток
  rotor trapped ~ поток, жёстко связанный с ротором
  stator trapped ~ поток, жёстко связанный со статором
  stray ~ поток рассеяния
  thermal ~ тепловой поток
  threshold luminous ~ пороговое значение светового потока
  unit magnetic ~ магнитная силовая линия
fluxmeter флюксметр
flyback обратный ход (*электронного луча*)
  scan ~ время обратного хода луча
flyweight:
  governor ~ груз центробежного регулятора частоты вращения
flywheel маховик
  fluid ~ гидромуфта
focusing фокусировка, фокусирование
  beam ~ фокусировка пучка
  electric ~ электрическое фокусирование
  electromagnetic ~ электромагнитное фокусирование
  electron ~ электронное фокусирование

  electrostatic ~ электростатическое фокусирование
foil фольга
  aluminum ~ алюминиевая фольга
  capacitor ~ конденсаторная плёнка
  copper ~ медная фольга
  electrolytic copper ~ медная электролитическая фольга, фольга из электролитической меди
  insulating ~ изоляционная плёнка, изоляционный слой
  lead ~ свинцовая фольга
  roll ~ рулонная фольга
follower повторитель
  cathode ~ катодный повторитель
  emitter ~ эмиттерный повторитель
  grommet ~ звено с втулкой для провода
  source ~ истоковый повторитель
  synchro ~ сельсин-приёмник
follow-up:
  contact ~ совместный ход пары контактов после их соприкосновения
  relay contact ~ смещение контактов реле после соприкосновения
foot нога, ножка; лапа (*корпуса электрической машины*)
  ~ **of tower** нога опоры
  lamp ~ ножка лампы
  schedule ~ нижняя (базисная) часть зоны, охватываемой графиком нагрузки
  stator frame ~ лапа корпуса статора
foot-candle 1. фут-свеча (10,764 лк) **2.** сила света на уровне пола
footing основание; фундамент
  pole ~ заглубление опоры
  spread ~ **with pier** расширенный фундамент со сваей
  transmission tower ~ фундамент опоры ЛЭП
foot-lambert фут-ламберт (3,441 нт или 10,76 лм/м²)
footlight рампа
force сила
  accelerating ~ ускоряющая сила
  actuating ~ рабочее усилие
  air-gap magnetomotive ~ МДС в воздушном зазоре
  alternating electromotive ~ переменная ЭДС
  angular ~ вращающая сила
  applied electromotive ~ приложенная ЭДС
  attractive ~ сила притяжения
  axial ~ осевое усилие
  axial lighting ~ осевая сила света
  back electromotive ~ противоэлектродвижущая сила, противоЭДС

FORCED

biasing magnetized ~ мдс смещения
centrifugal ~ центробежная сила
centripetal ~ центростремительная сила
coercive ~ коэрцитивная сила
conductor pull-out ~ усилие, разрывающее провод
conductor tensile ~ усилие, растягивающее провод
contact ~ усилие в контактах
contact electromotive ~ контактная эдс, контактная разность потенциалов
contact engaging ~ усилие соединения контактов (*соединителя*)
Coulomb-Lorentz ~ сила Кулона—Лоренца
counterelectromotive ~ противоэлектродвижущая сила, противоэдс
direct-axis subtransient electromotive ~ сверхпереходная эдс по продольной оси
direct-axis transient electromotive ~ переходная эдс по продольной оси
disturbing ~ возмущающая сила
driving ~ движущая сила
electrodynamic ~ электродинамическая сила; сила взаимодействия
electromagnetic ~ электромагнитная сила
electromotive ~ электродвижущая сила, эдс
electrostatic ~ сила электростатического поля
engaging ~ усилие сочленения
field ~ 1. сила поля 2. напряжённость поля
friction(al) ~ сила трения
impressed electromotive ~ приложенная эдс
induced electromotive ~ наведённая эдс
insertion ~ усилие при включении
interacting ~ сила взаимодействия
intrinsic coercive ~ собственная коэрцитивная сила
kinetic ~ динамическое усилие
leakage electromotive ~ эдс рассеяния
magnetic ~ магнитная сила, сила (действия) магнитного поля
magnetizing ~ намагничивающая сила
magnetomotive ~ магнитодвижущая сила, мдс
motive ~ движущая сила; сила тяги
nozzle reaction ~ сила реактивного действия пара на сопловой решётке
oscillating electromotive ~ колебательная эдс

peak magnetizing ~ максимальная напряжённость магнитного поля
permissible tensile ~s допустимые растягивающие усилия
perturbing ~ возмущающая сила
photoelectromotive ~ фотоэлектродвижущая сила, фотоэдс
ponderomotive ~ пондеромоторная сила
pulsating electromotive ~ пульсирующая эдс
pulsating magnetizing ~ пульсирующая намагничивающая сила
quadrature-axis subtransient electromotive ~ сверхпереходная эдс по поперечной оси
quadrature-axis transient electromotive ~ переходная эдс по поперечной оси
reaction ~ реактивная сила
release ~ расцепляющее усилие (*приводного элемента*)
repulsive ~ сила отталкивания
reset ~ усилие установки на арретир (*приложенное к приводному элементу*)
residual electromotive ~ остаточная эдс
residual magnetomotive ~ остаточная мдс
ripple electromotive ~ слабо пульсирующая эдс
rotational electromotive ~ эдс вращения
sawtooth electromotive ~ эдс пилообразной формы
self-inductance electromotive ~ электродвижущая сила самоиндукции
short-circuit ~ усилие, возникающее в короткозамкнутой цепи; усилие при КЗ
symmetrical alternating electromotive ~ симметричная переменная эдс
temperature driving ~ температурный напор
thermoelectromotive ~ термоэлектродвижущая сила, термоэдс
thrust ~ осевое усилие
total electromotive ~ суммарная эдс; результирующая эдс
tracking [tractive] ~ тяговое усилие
forced форсированный; вынужденный; принудительный
forced-feed принудительный
forced-oil-cooled с принудительным масляным охлаждением
forcing форсировка
  excitation [field] ~ форсировка возбуждения
forecast прогноз

load ~ прогноз нагрузки
long-term ~ долгосрочный прогноз
long-term load ~ прогноз нагрузки на длительное время
foreman мастер; прораб, производитель работ (*в соответствии с правилами техники безопасности*)
forging поковка
  field ~ поковка ротора
  one-piece ~ цельнокованая поковка
  one-piece field ~ цельнокованая поковка ротора
  rotor ~ поковка ротора
  single-piece ~ цельнокованая поковка
  welded ~ сваренная из частей поковка
form 1. форма; модель; образец **2.** очертание, контур
  ~ **of degree two** квадратичная форма
  coil ~ каркас катушки индуктивности
  envelope ~ форма кривой огибающей
  field ~ форма кривой поля
  graphical ~ графическая форма
  inductor ~ каркас катушки индуктивности
  keying wave ~ форма кривой коммутирующего сигнала (*кода*)
  linear ~ линейная форма
  pulse wave ~ форма импульса
  quadratic ~ квадратичная форма
  relay contact ~ однополюсный контактный узел реле
  secondary ~ **of energy** энергия вторичного источника (*побочный продукт основного производства*)
formation образование
  carbon ~ образование нагара
  glaze ~ образование гололёда
  ice ~ **due to sleet** обледенение проводов при морози
  resin ~ смолообразование
  scale ~ накипеобразование
  slag ~ шлакообразование
  sleet ~ отложение мокрого снега (*изморози*)
former 1. формирователь **2.** инструмент для формования катушек
  coil ~ каркас катушки индуктивности
  pulse ~ формирователь импульсов
forming формовка, формование; образование
  battery plate ~ формовка пластин аккумулятора
  electrical discharge ~ образование электрического разряда
  electrodynamic ~ магнитогидродинамическое [МГД-]формование

form-wound намотанный по шаблону
foundation фундамент
  block ~ блочный фундамент (*опор ВЛ*)
  generator ~ фундамент под генератор
  pad and chimney ~s грибовидный фундамент (*опор ВЛ*)
  power house ~ фундамент под здание электростанции
  separate footing ~s раздельные фундаменты (*опор ВЛ*)
  turbine ~ фундамент под турбину
four-channel четырёхканальный
four-legged четырёхстержневой (*о трансформаторе*)
four-limbed четырёхстержневой (*о магнитопроводе*)
four-quadrant четырёхквадрантный
four-terminal четырёхполюсник
  reactive ~ реактивный четырёхполюсник
  reciprocal ~ взаимный [обратимый] четырёхполюсник
  symmetrical ~ симметричный четырёхполюсник
four-wire четырёхжильный; четырёхпроводный
fraction:
  burnup ~ глубина выгорания (*ядерного топлива*)
frame 1. рама **2.** корпус **3.** станина; каркас **4.** масса (*при заземлении*)
  ~ **of axes [~ of reference]** система координат
  A- ~ А-образная опора
  anode ~ анодная рама
  box ~ цельный [неразъёмный] корпус
  distributing ~ кросс
  end-shift ~ корпус (*статора*), сдвигаемый в осевом направлении
  ferrite ~ ферритовый сердечник
  flexible ~ **1.** гибкая рама **2.** гибкий портал
  inner ~ внутренний каркас
  insulated ~ изолированный каркас
  laminated ~ шихтованный корпус (*статора*)
  magnet ~ ярмо [корпус] электромагнита
  power ~ стойка питания
  relay ~ основание реле
  rotatable ~ поворачивающийся корпус
  skeleton ~ решётчатый корпус; каркас
  stator ~ корпус статора; станина статора

FRAMEWORK

framework 1. корпус 2. ярмо 3. каркас 4. конструкция
free-play люфт
freezing залипание
　relay (magnetic) ~ (магнитное) залипание якоря реле
frequency частота (*тока*)
　~ **of failures** частота отказов
　~ **of maintenance** частота проведения технического обслуживания
　~ **of repairs** частота ремонтов
　ac line ~ промышленная частота
　acoustical ~ звуковая частота; тональная частота
　alfa-cutoff ~ предельная частота усиления по току
　alias ~ паразитная НЧ-составляющая в спектре дискретизованного сигнала
　angular ~ угловая [круговая] частота
　antiresonance ~ частота резонанса токов
　audio ~ звуковая частота; тональная частота
　basic ~ частота основной гармоники
　beat ~ частота биений
　beatnote ~ (звуковая) частота биений
　broadcast ~ частота радиовещательного диапазона
　bucket exciting ~ собственная частота колебаний лопаток (*турбины*)
　carrier ~ несущая (частота)
　circular ~ угловая [круговая] частота
　combination ~ комбинационная частота
　commercial ~ промышленная частота
　component ~ частота составляющей; частота гармонической составляющей
　conversion ~ частота преобразования
　corner ~ сопрягающая частота (*в логарифмической АЧХ*)
　critical ~ критическая частота
　critical flicker ~ критическая частота фликера
　crossover ~ частота среза (*ЛАХ*)
　crystal ~ частота пьезоэлектрического резонатора, частота кварца
　cutoff ~ частота среза (фильтра); частота отсечки
　cutoff amplification [cutoff gain] ~ предельная частота усиления
　damped natural ~ собственная частота демпфированной системы
　difference ~ разностная частота
　elementary ~ основная [базисная] частота
　extra-high ~ сверхвысокая частота, СВЧ

　figure-of-merit ~ частота, на которой определяется добротность (*контура, катушки*)
　flicker ~ частота фликера
　forcing ~ 1. задающая частота 2. частота вынужденных колебаний 3. частота возмущающей силы
　free-running ~ частота свободной генерации
　fundamental ~ основная [базисная] частота
　fundamental ripple ~ основная частота пульсаций
　given ~ заданная частота
　guard ~ 1. частота постоянной циркуляции 2. контрольная частота
　heterodyne ~ комбинационная частота; частота гетеродинирования
　high ~ высокая частота, ВЧ
　image ~ зеркальная частота, частота по зеркальному каналу
　impressed ~ частота вынуждающей силы (возмущений)
　industrial ~ промышленная частота
　infra-low ~ инфранизкая частота
　instantaneous ~ мгновенная частота
　intermediate ~ промежуточная частота
　interruption duration ~ частота перерывов энергоснабжения на одного потребителя за заданное время
　line ~ частота сети
　low ~ низкая частота, НЧ
　mains ~ частота сети; промышленная частота
　manipulation ~ частота манипуляции
　master timing ~ основная тактирующая [основная хронирующая] частота
　medium ~ средняя частота, СЧ
　microwave ~ сверхвысокая частота, СВЧ
　mode cutoff ~ предельная частота типа колебаний
　modulation ~ модулирующая частота
　multiple ~ частота, кратная основной
　natural ~ собственная частота, частота свободных колебаний
　network ~ частота сети
　note ~ звуковая частота; тональная частота
　Nyquist ~ минимально допустимая частота дискретизации
　operating ~ рабочая частота
　oscillation ~ частота колебаний
　phase crossover ~ частота, при которой фаза достигает ± 180°
　power(-line) ~ частота сети; промышленная частота

prevailing system ~ основное значение частоты энергосистемы
pulse ~ частота импульсов
pulsed ~ частота следования импульсов
pulse-modulated ~ частота заполнения импульсов
pulse-recurrence [pulse-repetition] ~ частота повторения импульсов
radio ~ радиочастота, РЧ
rated ~ номинальная рабочая частота
reed ~ частота колебаний язычкового вибратора
reference ~ опорная частота
relative ~ относительная частота
resonance [resonant] ~ резонансная частота
rest ~ собственная частота (*перестраиваемого генератора*)
resting ~ средняя частота несущей
ripple ~ частота пульсаций
sampling ~ частота выборки
scanning ~ частота сканирования
scheduled ~ заданная частота (*энергосистемы*)
self-neutralization ~ частота самонейтрализации (*электронной лампы*)
self-resonant ~ собственная частота колебаний
side ~**ies** боковые частоты
signal ~ частота сигнала
slip ~ частота скольжения
sonic ~ звуковая частота
sound ~ звуковая частота; тональная частота
spacing ~ частота следования (импульсов)
spark ~ частота искрового разряда
speech ~ звуковая частота; тональная частота
standard ~ эталонная частота; стандартная частота
subharmonic ~ частота субгармоник
sum(mation) ~ суммарная частота
superhigh ~ сверхвысокая частота, СВЧ
supply ~ частота сети
sweep ~ частота развёртки
swing ~ частота качаний (*синхронных машин*)
switching ~ частота переключений
synchro(nizing) ~ синхронизирующая частота
synchronous ~ синхронная частота
system ~ частота в (энерго)системе
threshold ~ пороговая частота (*фоточувствительного прибора*)
time-base ~ частота развёртки

torsional ~ частота крутильных колебаний
torsion resonance ~ резонансная частота крутильных колебаний
transition ~ переходная частота
trap ~ подавляемая частота
trip(ping) ~ частота отключения
tuning ~ частота настройки
turn-on ~ частота включений
ultrahigh ~ ультравысокая частота, УВЧ
video ~ видеочастота
voice ~ тональная частота
wave ~ частота, определяющая длину волны
wiping ~ частота для размагничивания; частота стирания
zero ~ нулевая частота; частота, близкая к нулю
frequency-dependent частотно-зависимый
frequency-selective частотно-избирательный
frequency-sensitive частотно-чувствительный
friction трение, сцепление
 ~ **of piping** гидравлическое сопротивление трубопровода
 bearing ~ трение в подшипнике
 brush ~ трение щёток
 dry ~ сухое трение
 flow ~ гидравлическое сопротивление
 internal ~ внутреннее трение
 skin ~ поверхностное трение
fritting:
 relay ~ залипание (контактов) реле
frog монтажный зажим
 trolley ~ воздушная стрелка; троллейная стрелка
front 1. фронт (*импульса*) **2.** передняя [лицевая] часть ◊ **from the** ~ с лицевой стороны, с передним обслуживанием (*об оборудовании*)
 ~ **of blade** рабочая сторона лопатки
 connector ~ лобовая сторона соединителя
 pulse ~ фронт импульса
 wave ~ фронт волны
front-access с передним доступом
front-mounted с передним монтажом
frontplate лицевая панель
frost-proof морозостойкий
fuel топливо
 advanced ~ усовершенствованное (ядерное) топливо
 ash-bearing ~ зольное топливо
 atomic ~ ядерное топливо

FUELING

back-up ~ вспомогательное [резервное] топливо
breed ~ наработанное вторичное топливо (*атомных электростанций*)
burnup ~ отработавшее [выгоревшее] (ядерное) топливо
carbide ~ топливо на карбидной основе
cermet ~ металлокерамическое (ядерное) топливо
commercial ~ промышленное топливо
compatible ~s взаимозаменяемые виды топлива
concentrated ~ обогащённое топливо
concentrated nuclear ~ обогащённое ядерное топливо
core ~ топливо активной зоны (*реактора*)
depleted ~ обеднённое топливо
diesel ~ дизельное топливо
fissible ~ ядерное топливо
fresh nuclear ~ неотработанное ядерное топливо
high-ash ~ высокозольное топливо
high-energy [high-grade] ~ высококалорийное [высокосортное] топливо
high-sulfur(-bearing) ~ высокосернистое топливо
irradiated ~ облучённое топливо
low-grade ~ низкокалорийное [низкосортное] топливо
marginal ~ замыкающее топливо
mixed oxide ~ смешанное оксидное топливо (*быстрого реактора*)
natural ~ природное топливо
new ~ свежее топливо; необлучённые ТВЭЛы
nuclear ~ ядерное топливо
oil ~ жидкое топливо; нефть, мазут
paste ~ (ядерное) топливо в виде пасты
patent ~ брикетированное топливо
pelletized ~ (ядерное) топливо в виде таблеток
powdered [pulverized] ~ пылевидное топливо
reference ~ условное топливо
spent ~ отработавшее [выгоревшее] (ядерное) топливо
standard ~ условное топливо
throw-away spent ~ топливо одноразового использования
fueling загрузка топливом
off-load ~ холодная загрузка (*реактора*) топливом
full-automatic полностью автоматизированный

fullerboard прессшпан
treated ~ пропитанный прессшпан
full-scale 1. в натуральную величину; в масштабе 1:1 **2.** на полную шкалу
full-wave двухполупериодный
function функция
actuating transfer ~ передаточная функция исполнительного органа
bivariant ~ функция двух переменных
closed-loop transfer ~ передаточная функция замкнутой системы
constrained ~ функция с ограничением
control ~ функция управления
critical ~ жизненно важная функция
cross-correlating ~ взаимно корреляционная функция
damage ~ функция ущерба
density ~ плотность распределения вероятности
describing ~ эквивалентная амплитудно-фазовая характеристика
dielectric ~ диэлектрическая функция
dirac ~ дельта-функция
dissipation ~ диссипативная функция
disturbing ~ возмущающая функция
effectiveness [efficiency] ~ целевая функция
end ~ конечная функция
exponential ~ экспоненциальная функция, экспонента
fault isolation and service restoration ~ функция отключения места повреждения и восстановления энергоснабжения
forcing ~ возмущающая функция
harmonic ~ гармоническая функция
jump ~ ступенчатая функция
logical ~ логическая функция
objective ~ целевая функция
open-loop transfer ~ передаточная функция разомкнутой системы
output transfer ~ передаточная функция от входа к выходу (*системы*)
phase transfer ~ фазочастотная характеристика
propagation ~ функция распространения
pulse transfer ~ импульсная передаточная функция
ramp ~ линейно-нарастающая (пилообразная) функция
safety ~s функции по обеспечению безопасности
sampled-data transfer ~ дискретная передаточная функция
sawtooth ~ функция пилообразной формы
sine ~ синусоидальная функция

step ~ ступенчатая функция
straight-line ~ линейная функция
switching ~ функция переключения
system ~ системная функция сети
thermal stress ~ функция теплового напряжения (I^2R)
threshold ~ пороговая функция
time ~ функция времени, временна́я функция
transfer ~ передаточная функция
transfer ~ to the extraneous signal передаточная функция постороннего сигнала
transfer ~ to the input signal передаточная функция входного сигнала
transition ~ переходная функция
tripping ~ функция отключения
unit impulse ~ единичное импульсное воздействие
unit-step ~ единичная ступенчатая функция
voltage transfer ~ передаточная функция по напряжению
work ~ работа выхода (*материала электрода*)
fundamental основная гармоника
furnace (электро)печь
 ac ~ электропечь на переменном токе
 "anode-drop" ~ электронно-лучевая печь с катодами Венельта и обрабатываемым металлом в качестве анода
 arc ~ дуговая печь
 arc-image ~ дуговая фокусная электропечь
 argon arc ~ аргонодуговая электропечь
 bath ~ (электро)ванна
 bell ~ электропечь с камерой плавления в виде колпака *или* колокола
 bottom-electrode arc ~ 1. электропечь с проводящей подиной **2.** электропечь с донными электродами
 car-bottom ~ печь с выдвижным подом
 cathode-ray ~ электронно-лучевая печь
 channel-type induction ~ индукционная электропечь канального типа
 closed electric-reduction ~ электродоменная печь с закрытой дугой
 conducting-hearth [conductive] ~ электропечь с проводящей подиной
 consumable electrode arc (re)melting ~ электродуговая печь с расходуемым электродом
 conveyor ~ конвейерная печь
 core(d) induction ~ индукционная канальная электропечь
 coreless induction ~ индукционная тигельная электропечь
 direct-arc ~ трёхфазная электродуговая печь, в которой общим для всех фаз электродом служит разгрузка печи
 direct-arc conducting-hearth ~ дуговая электропечь прямого нагрева с проводящей подиной
 direct-arc nonconducting hearth ~ дуговая электропечь прямого нагрева с непроводящей подиной
 direct-arc reduction smelting ~ дуговая электропечь прямого нагрева для восстановительной плавки
 direct resistance ~ электропечь сопротивления прямого действия
 direct series-arc ~ дуговая электропечь прямого нагрева с последовательно включёнными дугами
 door-charge arc ~ электродуговая печь с загрузкой через дверь
 double-current ~ печь-электролизёр с индукционным обогревом
 electric ~ электрическая печь, электропечь
 electric ~ with arc external to the bath электропечь с дугой вне ванны
 electric ~ with inclined electrodes электропечь с наклонными электродами
 electric arc ~ дуговая электропечь
 electric induction high-frequency ~ высокочастотная индукционная электропечь
 electric pig iron ~ электропечь для выплавки чугуна
 electric pit-type heating ~ электропечь шахтного типа
 electric resistance ~ электропечь сопротивления
 electric salt bath ~ солевая электрованна
 electrode-hearth arc ~ дуговая электропечь с подовым электродом
 electron arc ~ электронно-дуговая печь
 electron-beam ~ электронно-лучевая печь
 electron-beam skull ~ электронно-лучевая гарнисажная печь
 electron-beam ~ with annular cathode электронно-лучевая печь с кольцевым катодом
 electroslag remelting ~ печь для электрошлакового переплава
 electrothermic ~ электротермическая печь

FURNACE

elevator ~ электропечь с подъёмной камерой плавления
high-frequency coreless (induction) ~ высокочастотная (индукционная) тигельная печь
high-frequency induction ~ высокочастотная индукционная электропечь
high-frequency steel ~ высокочастотная сталеплавильная печь
horizontal ring ~ индукционная электропечь с горизонтальным кольцевым каналом
image arc ~ отражательная дуговая печь
indirect-arc ~ дуговая электропечь косвенного нагрева
indirect resistance ~ печь сопротивления косвенного нагрева
induction ~ индукционная электропечь
induction crucible ~ индукционная тигельная электропечь
induction holding ~ индукционный миксер
induction "lift-off coil" ~ индукционная электропечь со съёмным индуктором
induction melting ~ индукционная плавильная электропечь
induction-stirred ~ электропечь с индукционным перемешиванием расплава
industrial ~ промышленная печь; промышленный котёл; промышленная котельная установка
Kjellin ~ печь Кьеллина (*индукционная электропечь для плавки цветных металлов*)
lead-bath ~ свинцовая электрованна
lift-coil induction ~ индукционная электропечь со съёмным индуктором
liquid-bath ~ топка с жидким шлакоудалением
low-frequency induction ~ низкочастотная индукционная электропечь
low thermal mass ~ печь с малой тепловой массой
muffle ~ муфельная печь
multiple-electrode ~ многоэлектродная печь
multiple-unit electric ~ агрегатная электропечь
multizone ~ многозонная печь
nonconducting hearth ~ электропечь с непроводящей подиной
nonpressure ~ топка, работающая под разряжением
normal frequency ~ (индукционная) электропечь промышленной частоты

one-phase two-electrode ~ однофазная печь с двумя электродами
permanent electrode ~ печь с нерасходуемым электродом
plasma ~ печь с нагревом плазмой, плазменная печь
plasmarc ~ плазменно-дуговая электропечь
positive pressure ~ топка под наддувом
pulverized-coal(-fired) ~ пылеугольная топка
removable-roof arc ~ дуговая электропечь со съёмным сводом
resistance ~ электропечь сопротивления
resistance-hearth ~ электропечь с нагреваемым подом
resistance heated pot-type ~ тигельная электропечь сопротивления
resistor ~ электропечь сопротивления
resistor crucible ~ тигельная электропечь сопротивления
resistor melting ~ плавильная печь сопротивления
ring-shaped induction ~ кольцеобразная индукционная электропечь
rocking arc ~ наклоняющаяся дуговая электропечь; качающаяся дуговая электропечь
rocking resistor ~ качающаяся электропечь сопротивления
Rohn ~ электропечь Рона (*низкочастотная индукционная плавильная печь*)
rotary hearth ~ печь с вращающимся подом
salt-bath electrode ~ печь с электродами в соляной ванне
series-arc ~ электропечь с комбинированным нагревом (*дугой и сопротивлением*)
shaft-type resistance ~ шахтная печь сопротивления
single-phase arc ~ однофазная электродуговая печь
single-phase rocking arc ~ однофазная качающаяся электродуговая печь
slag-drip [slagging-bottom] ~ топка с жидким шлакоудалением
spark-gap converter ~ печь, питаемая от генераторов с искровыми разрядниками
submerged (resistance) arc ~ печь с погружённой дугой
three-phase arc ~ трёхфазная электродуговая печь
three-phase electric ~ трёхфазная электропечь

FUSE

three-phase ore-smelting ~ трёхфазная рудовосстановительная электропечь
top-charge arc ~ электродуговая печь с загрузкой сверху
vacuum ~ вакуумная (электро)печь
vacuum-arc ~ вакуумно-дуговая печь
vacuum induction ~ вакуумная индукционная электропечь
vacuum remelting arc ~ вакуумная дуговая печь для переплавки
walking-beam ~ печь с шагающим балочным подом
warm-air ~ калорифер
water-cooled boiler ~ экранированная топка котельного агрегата
welding ~ печь для сварки
well-type ~ топка с нижним предтопком и жидким шлакоудалением

fuse 1. предохранитель 2. плавкая вставка ◇ ~ **with enclosed fuse element** предохранитель с закрытой плавкой вставкой
alarm ~ предохранитель с сигнализацией
automatic ~ автоматический предохранитель
backup ~ предохранитель, допускающий отстройку от пускового тока (*асинхронного двигателя*)
band ~ пластинчатый предохранитель
battery ~ предохранитель (аккумуляторной) батареи
blown-out ~ перегоревший предохранитель
branch-circuit ~ предохранитель на ответвлении
bridge ~ предохранитель плоского типа
cartridge ~ патронный предохранитель
condenser ~ предохранитель с выхлопным каналом, дополненный газовой камерой
current-limiting ~ токоограничивающий предохранитель
diode ~ предохранитель (в цепи) диода
dual-element ~ двухэлементный предохранитель (*со встроенной выдержкой времени*)
enclosed ~ закрытый предохранитель; предохранитель с закрытой плавкой вставкой
explosion [expulsion(-type)] ~ стреляющий предохранитель
fast ~ безынерционный предохранитель

fast-blowing ~ быстро перегорающая плавкая вставка
fiber-lined tube ~ предохранитель с фибровой футеровочной трубкой
general-purpose current-limiting ~ токоограничивающий предохранитель общего назначения
high-breaking-capacity [high-rupturing-capacity] ~ предохранитель с большой отключающей способностью (*на большие токи*)
indicating ~ предохранитель с индикацией срабатывания
line ~ 1. линейный предохранитель 2. секционирующий предохранитель
link ~ пластинчатый предохранитель
liquid [liquid-filled, liquid-quenched] ~ предохранитель с жидким наполнителем
magnetic blowout ~ предохранитель с магнитным дутьём
main ~ основной предохранитель
multipole ~ многополюсный предохранитель
nondelayed ~ предохранитель мгновенного действия
nondisconnecting ~ предохранитель без отключающего устройства
noninterchangeable ~ невзаимозаменяемый предохранитель
nonrenewable ~ одноразовый [невосстанавливаемый] предохранитель
nonvented ~ герметизированный предохранитель
oil-filled ~ масляный [маслонаполненный] предохранитель
oil-tank ~ предохранитель в маслонаполненной обойме
one-time ~ одноразовый [невосстанавливаемый] предохранитель
open-link type [open-wire] ~ открытый предохранитель; предохранитель с открытой плавкой вставкой
plug ~ пробковый (плавкий) предохранитель, пробка
power ~ силовой предохранитель
protective ~ плавкий предохранитель
push-button resetting ~ автомат защиты (электрической) сети с кнопочным возвратом
quartz-sand ~ предохранитель с кварцевым наполнителем
quick-break ~ быстродействующий предохранитель
reclosing ~**s** набор предохранителей с автоматическим подключением резервного
repeater ~ предохранитель с группой

параллельно работающих вставок с различными характеристиками
replaceable link ~ предохранитель со сменной плавкой вставкой
replacement ~ сменный предохранитель
satefy ~ плавкий предохранитель
sand-filled ~ насыпной предохранитель
screw-plug (cartridge) ~ пробковый (плавкий) предохранитель, пробка
secondary ~ предохранитель на вторичной стороне трансформатора
sectional ~ секционный предохранитель
sectionalizing ~ секционирующий предохранитель
semi(en)closed ~ полузакрытый предохранитель
silver-sand ~ предохранитель с посеребрённой вставкой и кварцевым песком
single-element ~ одноэлементный предохранитель
slow ~ инерционный предохранитель
slow-blowing ~ медленно перегорающая плавкая вставка
solid-filled ~ предохранитель с твёрдым наполнителем
strip(-type) ~ 1. пластинчатый плавкий предохранитель 2. ленточный предохранитель
switch ~ 1. плавкий предохранитель-разъединитель, съёмный предохранитель 2. блок из (отдельно стоящих) выключателя и предохранителя
time-delay ~ предохранитель с задержкой на срабатывание
tripping ~ предохранитель с приставкой для (автоматического) отключения примыкающих аппаратов
tropical ~ предохранитель в тропическом исполнении
tube [tubular] ~ трубчатый предохранитель
two-barrel explosion ~ стреляющий предохранитель с двумя каналами
vent(ed) ~ предохранитель с выхлопным каналом
wire ~ 1. плавкая вставка 2. проволочный предохранитель
fuse-carrier держатель плавкой вставки
fuse-disconnector предохранитель-разъединитель
fuse-element плавкий элемент
fuse-isolator предохранитель-разъединитель
fuse-link плавкая вставка
 enclosed ~ закрытая плавкая вставка

fuse-plug штепсельный предохранитель
fuse-switch блок из предохранителя на подвижной части выключателя
fuse-tongs клещи для предохранителей
fusing 1. (рас)плавление 2. защита плавкими вставками

G

gage 1. датчик, (первичный) измерительный преобразователь 2. измеритель; (контрольно-)измерительный прибор 3. сортамент; диаметр (*проволоки, провода*) 4. поверять; калибровать; градуировать
 ~ **of wire** калибр проволоки, калибр провода
absolute (pressure) vacuum ~ вакуумметр для измерения абсолютного давления
air ~ воздушный манометр
American wire [B and S] ~ Американский сортамент проводов и проволок
battery ~ 1. пробник (*индикатор для проверки целостности цепи и грубого измерения сопротивления*) 2. карманный гальванометр; карманный вольтметр
bench ~ настольный измерительный прибор
Birmingham wire ~ Бирмингемский сортамент проводов и проволок
bonded strain ~ тензометр, жёстко скреплённый с поверхностью исследуемого объекта (*напр. с помощью клея*)
British Standard (wire) ~ Британский сортамент проводов
Brown and Sharp ~ Американский сортамент проводов и проволок
capacitance ~ 1. измеритель (электрической) ёмкости 2. устройство для измерений ёмкостным методом
capacitance [capacity-type] strain ~ ёмкостный тензодатчик
cold-cathode ionization ~ магнитный электроразрядный вакуумметр
contact pressure ~ датчик давления в контактах
differential pressure ~ дифференциальный манометр, дифманометр
dip ~ устройство для измерения стрелы провеса (*провода*)
electrical (resistance) strain ~ электрический тензодатчик (сопротивления)

electrical temperature ~ электрический термометр
electric discharge vacuum ~ электроразрядный вакуумметр
electromagnetic strain ~ электромагнитный тензодатчик
feeler ~ калибр для измерения зазоров
film ~ плёночный тензодатчик
flat-grid strain ~ тензодатчик с плоской намоткой
flow ~ расходомер
foil strain ~ фольговый тензодатчик
imperial wire ~ Британский сортамент проводов и проволок
indicating ~ показывающий измерительный прибор
Legal Standard wire ~ Британский сортамент проводов и проволок
level ~ уровнемер
liquid-level ~ уровнемер для жидкостей
manifold pressure ~ датчик давления в коллекторе
mercury vacuum ~ ртутный вакуумметр
metallic strain ~ проводниковый тензодатчик
oil(-level) ~ 1. масломерное стекло 2. масляный щуп
paper(-backed) strain ~ тензодатчик на бумажной подложке
piezoelectric strain ~ пьезоэлектрический тензодатчик
piezoresistive strain ~ резистивный тензодатчик
pointer ~ стрелочный измерительный прибор
pressure ~ манометр
pressure-vacuum ~ манометрический вакуумметр, мановакуумметр
radioactive level ~ радиоактивный уровнемер
radioactive thickness ~ радиоактивный толщиномер
recording ~ регистрирующий прибор
resistance [resistive] strain ~ тензодатчик сопротивления, тензорезистор
resistivity ~ прибор для измерения удельного (электрического) сопротивления
rosette-type strain ~ тензодатчик с соединительной розеткой
sag ~ устройство для измерения стрелы провеса (*провода*)
semiconductor strain ~ полупроводниковый тензодатчик
standard wire ~ 1. нормальный сортамент проволоки 2. калибр проволоки

strain ~ тензодатчик
temperature ~ датчик температуры
temperature-compensated strain ~ термокомпенсированный тензодатчик
thermal-conductivity vacuum ~ теплоэлектрический вакуумметр
unbonded strain ~ ненаклеиваемый тензодатчик
vacuum ~ вакуумметр
vibration strain ~ вибрационный тензодатчик
wire ~ 1. сортамент провода *или* проволоки 2. калибр провода *или* проволоки 3. калиброметр для провода *или* проволоки
wire strain ~ проволочный тензодатчик

gaging 1. измерение; замер; проверка 2. поверка; калибровка; градуировка
gain 1. усиление 2. коэффициент усиления, коэффициент передачи 3. амплитудно-частотная характеристика, АЧХ ◊ ~ **around a feedback** усиление по контуру обратной связи; ~ **in performance** повышение экономичности
adjusted ~ регулируемый коэффициент усиления
amplification ~ коэффициент усиления
amplitude ~ усиление по амплитуде
audio ~ усиление по звуковой частоте
available ~ номинальный коэффициент усиления
closed-loop ~ коэффициент усиления (при) замкнутой цепи обратной связи; коэффициент усиления замкнутой системы
collector-to-base current ~ коэффициент усиления по току в схеме с общим эмиттером
collector-to-emitter current ~ коэффициент усиления по току в схеме с общей базой
common-base (current) ~ коэффициент усиления (по току) в схеме с общей базой
common-drain ~ коэффициент усиления в схеме с общим стоком
common-emitter current ~ коэффициент усиления по току в схеме с общим эмиттером
common-mode input voltage ~ коэффициент усиления синфазных (входных) напряжений
common-source ~ коэффициент усиления в схеме с общим истоком
completely matched power ~ коэффи-

циент усиления по мощности при согласованной нагрузке
controller ~ коэффициент усиления регулятора
conversion ~ коэффициент передачи преобразователя
current ~ 1. усиление по току 2. коэффициент усиления по току
feedback (network) ~ коэффициент (передачи цепи) обратной связи
forward ~ коэффициент передачи в прямом направлении
high ~ высокий коэффициент усиления
incremental power ~ дифференциальный коэффициент усиления мощности
insert voltage ~ вносимое усиление по напряжению
integral ~ коэффициент передачи интегрального регулятора
internal loop ~ коэффициент передачи внутреннего контура
logarithmic ~ логарифмическая амплитудно-частотная характеристика, ЛАХ
loop ~ коэффициент передачи по контуру
luminance [luminous] ~ коэффициент усиления светового потока
measuring convertor ~ коэффициент усиления измерительного преобразователя
mode conversion ~ усиление преобразования вида колебаний
net ~ полный коэффициент усиления
one-way power ~ 1. коэффициент однонаправленного усиления мощности 2. коэффициент однополупериодного усиления мощности
open-circuit current ~ усиление по току в режиме холостого хода
open-loop ~ коэффициент усиления (при) разомкнутой цепи обратной связи; коэффициент усиления разомкнутой системы
optimum ~ оптимальное усиление
overall ~ полное усиление
peak energy ~ максимальный прирост энергии
power ~ 1. усиление по мощности 2. коэффициент усиления по мощности
proportional ~ коэффициент передачи пропорционального регулятора
resistance ~ прирост сопротивления
saturated [saturation] ~ усиление в режиме насыщения
short-circuit current ~ усиление по току в режиме КЗ

small-signal ~ усиление в режиме малых сигналов
speed ~ выигрыш в быстродействии
stage ~ усиление в каскаде
static ~ 1. статическое усиление 2. статический коэффициент усиления
steady-state ~ усиление в установившемся режиме
thermal ~ термодинамическая эффективность
transient ~ усиление в переходном режиме
transmission ~ коэффициент передачи
turn-off ~ коэффициент усиления (*тиристора*) в фазе отключения
turn-on ~ коэффициент усиления (*тиристора*) в фазе включения
unity ~ единичное усиление
voltage ~ 1. усиление по напряжению 2. коэффициент усиления по напряжению

gain-frequency амплитудно-частотный
gain-phase амплитудно-фазовый
gallery галерея; туннель
  bus(bar) ~ шинная галерея
  cable ~ кабельная галерея; кабельный туннель
  pipe ~ туннель для трубопроводов
  switchboard ~ галерея (в помещении) коммутационных щитов
  transformer ~ трансформаторная галерея
galloping:
  conductor ~ пляска проводов
  overhead line ~ галопирование ВЛ
galvanic гальванический
galvanism эффект гальванического электричества
galvanization гальваностегия
galvanometer гальванометр
  aperiodic ~ апериодический гальванометр
  astatic ~ астатический гальванометр
  ballistic ~ баллистический гальванометр
  comparative ~ дифференциальный гальванометр
  D'Arsonval ~ магнитоэлектрический гальванометр с подвижной катушкой
  difference [differential] ~ дифференциальный гальванометр
  Einthoven ~ струнный гальванометр
  electrodynamic ~ электродинамический гальванометр
  fiber suspension ~ гальванометр с подвеской стрелки на нити
  light-band [light-spot] ~ гальванометр со световым указателем
  loop ~ шлейфовый гальванометр

GAP

mirror ~ зеркальный гальванометр
moving-coil ~ магнитоэлектрический гальванометр с подвижной катушкой
moving-iron ~ электромагнитный гальванометр
moving-magnet ~ магнитоэлектрический гальванометр с подвижным магнитом
needle ~ стрелочный гальванометр
null ~ нуль-гальванометр
oil-vessel ~ гальванометр с успокоением масляным катарактом
pointer ~ стрелочный гальванометр
potential ~ гальванометр с большим внутренним сопротивлением
quantity ~ гальванометр для измерения количества электричества, электрометр
reflecting ~ зеркальный гальванометр
shielded ~ экранированный гальванометр
sine ~ синусный гальванометр
string ~ струнный гальванометр
tangent ~ тангенциальный гальванометр, тангенс-гальванометр
thermal [thermocouple] ~ термоэлектрический гальванометр
torsion ~ крутильный гальванометр
torsion-string ~ крутильно-струнный гальванометр
upright [vertical] ~ вертикальный гальванометр
vibration ~ вибрационный гальванометр

galvanoscope гальваноскоп
gamma гамма (*внесистемная единица напряжённости магнитного поля*)
gamma-radiography гамма-дефектоскопия
gamma-rays гамма-лучи
gang комплект, набор, блок
gantry:
  beam ~ балка фермы (*опоры ВЛ*)
gap 1. зазор; промежуток 2. искровой промежуток 3. зона нечувствительности 4. запрещённая (энергетическая) зона
  air ~ 1. воздушный зазор 2. искровой промежуток 3. разрядник
  annular ~ кольцевой зазор
  arc ~ дуговой разрядник
  armature ~ зазор в якоре (*электродвигателя*)
  band ~ запрещённая (энергетическая) зона
  breaker point ~ зазор контактов прерывателя
  contact ~ раствор контактов
  coordinating spark ~ координирующий искровой промежуток
  deion ~ стреляющий разрядник
  differential ~ зона неоднозначности
  discharge ~ искровой промежуток
  electrode ~ межэлектродное расстояние, межэлектродный зазор
  energy ~ 1. дефицит энергии 2. перепад энергии 3. энергетический интервал 4. запрещённая энергетическая зона
  exciting spark ~ искровой промежуток с поджигом
  expulsion ~ стреляющий разрядник
  fixed spark ~ фиксированный искровой промежуток
  gas-filled spark ~ газовый разрядник
  impulse protective ~ импульсный защитный промежуток
  interaction ~ промежуток взаимодействия
  interelectrode ~ межэлектродное расстояние, межэлектродный зазор
  isolating ~ изоляционная прокладка
  lightning ~ 1. искровой промежуток 2. грозовой разрядник
  magnet ~ зазор между полюсами магнита
  magnetic head ~ зазор магнитной головки
  main ~ 1. основной разрядный промежуток 2. промежуток катод — анод
  measuring spark ~ измерительный искровой разрядник
  micrometer spark ~ искровой разрядник с микрометрическим винтом
  needle(-point) spark ~ игольчатый искровой промежуток
  nonmagnetic ~ немагнитный зазор
  oil-filled spark ~ маслонаполненный искровой промежуток
  outer ~ внешний промежуток
  point spark ~ игольчатый искровой промежуток
  pole ~ зазор между полюсами
  pressurized spark ~ искровой промежуток высокого давления
  protective spark ~ защитный искровой промежуток
  protector ~ 1. защитный искровой промежуток 2. защитный разрядник
  quenched (spark) ~ искрогасящий промежуток
  radial air ~ радиальный воздушный зазор
  relay armature ~ зазор в якоре реле
  relay contact ~ зазор в контактах реле

residual ~ остаточный зазор
rod ~ искровой промежуток со стержневыми электродами
rotary spark ~ вращающийся искровой промежуток
safety ~ защитный искровой промежуток
spark ~ 1. искровой промежуток 2. искровой разрядник
specific ~ рабочий зазор
sphere ~ искровой промежуток со сферическими электродами
standard ~ эталонный искровой промежуток
standard sphere ~ промежуток со стандартными сферическими электродами
starter ~ пусковой разрядник
stator-to-rotor ~ (воздушный) зазор между статором и ротором
surge ~ 1. импульсный (искровой) промежуток 2. грозовой разрядник
trigger ~ пусковой разрядник
triggered spark ~ управляемый искровой промежуток
triggered vacuum ~ управляемый вакуумный промежуток
untriggered spark ~ неуправляемый искровой промежуток
vacuum ~ вакуумный промежуток
gas газ
anode ~ газ, выделяющийся на аноде
cathode ~ газ, выделяющийся на катоде
dielectric ~ газ с высокой диэлектрической постоянной
electroconducting ~ электропроводящий газ
electrode ~ газ, выделяющийся на электроде
electron ~ электронный газ
electronegative ~ электроотрицательный газ, элегаз, SF_6
high(-btu) ~ высококалорийный газ
illuminating ~ светильный газ
inert ~ инертный газ
ionized conductive ~ ионизированный проводящий газ
pressure ~ сжатый газ
gas-cooled газоохлаждаемый, с газовым охлаждением
gasket прокладка
knurled ~ прокладка с насечкой (*в волноводах*)
knurled plate ~ плоская прокладка с насечкой (*в волноводах*)
magnetic pack ~ магнитная уплотняющая прокладка
metal plate air-seal ~ металлическая плоская герметизирующая прокладка (*в волноводах*)
plate ~ плоская прокладка (*в волноводах*)
rubber ~ резиновая прокладка
sealing ~ уплотняющая прокладка
waveguide ~ волноводная прокладка
gas-proof газонепроницаемый, газобезопасный
gassing газообразование; газовыделение
gastight газонепроницаемый, газобезопасный
gas-vapor парогазовый
gate 1. (логический) элемент; (логическая) схема; вентиль 2. задвижка, заслонка, затвор 3. управляющий электрод 4. селекторный [стробирующий] импульс, строб(-импульс) 5. затвор (*полевого транзистора*)
amplitude ~ двусторонний ограничитель; амплитудный селектор
AND ~ (логический) элемент [(логическая) схема] И, схема логического сложения
anode ~ анод (*диодного тиристора*)
binary-logic ~ логический элемент; логическая схема
butterfly ~ поворотная заслонка
cathode ~ катод (*диодного тиристора*)
control ~ 1. затвор (*полевого транзистора*) 2. управляющий электрод (*тиристора*)
electric ~ электрический шлагбаум
ground(ed) ~ заземлённый затвор
NOT ~ (логический) элемент [(логическая) схема] НЕ; инвертор
OR ~ (логический) элемент [(логическая) схема] ИЛИ, схема логического сложения
pulse ~ селекторный [стробирующий] импульс, строб(-импульс)
quick-closing ~ быстродействующая задвижка
sweep ~ импульс (генерации) развёртки
switching ~ электронный переключатель
thyristor ~ управляющий электрод тиристора
gating стробирование; селекция; пропускание; отпирание
amplitude ~ амплитудная селекция
control ~ задающее стробирование
time ~ временна́я селекция
gauss гаусс, Гс
gaussmeter измеритель магнитной индукции; гауссметр; магнитометр

GENERATOR

gear 1. механизм; устройство **2.** аппаратура; оборудование **3.** привод **4.** редуктор **5.** распределительное устройство; распределительный щит
barring ~ валоповоротное устройство
brush ~ щёточное устройство
brush-lifting ~ устройство для подъёма щёток
brush-rocker ~ механизм щёточной траверсы
cable ~ устройство для прокладки и подъёма (подводных) кабелей
cable charging ~ устройство для постепенного повышения напряжения на кабеле большой ёмкости
cataract valve ~ механизм с катарактом
control ~ механизм управления
definite-time graded protected ~ РЗ с независимой выдержкой времени
disconnecting ~ расцепляющий механизм
distributing [distributor] ~ распределительный механизм; распределительное устройство
electromagnetic ~ **1.** электромагнитная аппаратура **2.** контактное оборудование **3.** электромагнитная передача
governor ~ привод регулятора (скорости)
on-load tap-changing ~ переключатель ответвлений (*обмотки*) под нагрузкой
protection [protective] ~ устройство (релейной) защиты
recording ~ регистрирующий механизм
relay ~ релейное устройство
release [releasing] ~ расцепляющий механизм
remote control ~ механизм дистанционного управления
safety ~ предохранительное устройство
speed-adjusting ~ механизм регулирования скорости
speeder ~ механизм управления турбиной, МУТ
trip ~ расцепляющий механизм
tuning ~ настроечный механизм
turning ~ поворотное устройство
under-load tap-changing ~ переключатель ответвлений (*обмотки*) под нагрузкой
gearmotor (электро)двигатель с редуктором

geax бакелизированная прессованная бумага, гетинакс
generate 1. производить; вырабатывать **2.** генерировать
generation 1. производство; выработка **2.** генерация
~ **of electrical energy** выработка электроэнергии
annual gross ~ среднегодовая валовая выработка электроэнергии
electrochemical [electrolytic] ~ электрохимическая генерация
energy ~ выработка (электро)энергии
excess ~ избыточная генерация
gross ~ суммарная [полная] выработка электроэнергии
harmonic ~ генерация гармоник
heat ~ выработка тепловой энергии
hydropower ~ выработка электроэнергии на ГЭС
lost ~ потерянная [отключённая] генерация
net ~ полезная [чистая] выработка электроэнергии (*за вычетом собственных нужд электростанции*), нетто-выработка
no-utility ~ выработка электроэнергии для промышленных нужд
nuclear electric power ~ выработка электроэнергии на АЭС
on-site ~ выработка электроэнергии в местах потребления
peak-load ~ покрытие максимума нагрузки
photovoltaic power ~ производство электроэнергии фотоэлектрическими [фотогальваническими] установками
power ~ выработка (электро)энергии
solar electric [solar power] ~ производство электроэнергии из энергии Солнца
tidal power ~ выработка электроэнергии на приливных электростанциях
utility ~ выработка электроэнергии для коммунальных [бытовых] нужд
generator генератор ◇ **for elevated frequencies** генератор повышенной частоты; **to wind the** ~ наматывать обмотку генератора
ac ~ генератор переменного тока
acyclic ~ униполярный генератор
air-cooled ~ генератор с воздушным охлаждением
air-gap conductor [air-gap-wound] ~ генератор с обмотками в воздушном зазоре, беспазовый генератор
amplidyne ~ электромашинный усилитель, амплидин

GENERATOR

amplitude-modulated (signal) ~ генератор АМ-колебаний
annular induction MHD ~ кольцевой индукционный МГД-генератор
arc-welding ~ генератор для дуговой сварки
asynchronized synchronous ~ асинхронизированный синхронный генератор, АСГ
asynchronous ~ асинхронный генератор
audio-frequency ~ генератор звуковой частоты, звуковой генератор, ЗГ
auxiliary ~ 1. генератор собственных нужд 2. вспомогательный генератор
base ~ генератор развёртки
base pulse ~ генератор хронирующих опорных импульсов
battery-charging ~ зарядный генератор
beat-frequency ~ генератор (частоты) биений
bias ~ генератор напряжения смещения
bipolar ~ 1. двухполюсный генератор 2. генератор биполярных импульсов
booster ~ вольтодобавочный генератор
brushless ~ бесщёточный генератор
brushless salient-pole ac ~ бесщёточный явнополюсный генератор переменного тока
buck-boost ~ вольтодобавочный генератор двустороннего действия
built-in ~ встроенный генератор
bulb ~ капсульный генератор
cascade ~ каскадный генератор
character(-code) ~ генератор знаков, знакогенератор, генератор символов
charging ~ зарядный генератор
closed-cycle MHD ~ МГД-генератор замкнутого цикла
commutating pole ~ генератор с добавочными полюсами
completely water-cooled ~ генератор с полным водяным охлаждением
compound ~ генератор со смешанным возбуждением
constant-current ~ стабилизированный источник тока
constant-frequency ~ генератор (переменного тока) постоянной частоты
constant-potential ~ генератор постоянного напряжения
constant-potential internal pole ~ (синхронный) генератор постоянного напряжения с вращающимся индуктором

constant-voltage ~ генератор постоянного напряжения
control ~ 1. электромашинный усилитель 2. управляющий генератор 3. регуляторный генератор
current ~ генератор тока
curve ~ генератор кривых
cylindrical-rotor ~ неявнополюсный генератор; генератор с круглым ротором
dc ~ генератор постоянного тока
degaussing ~ генератор размагничивающего тока
delayed-gate ~ генератор задержанных стробирующих импульсов
divided rotor winding ~ генератор с разделённой (по двум осям) обмоткой
double-current ~ генератор постоянного и переменного токов
double-winding ~ двухобмоточный генератор
double-wound synchronous ~ двухобмоточный синхронный генератор
drag-cup (rotor) tacho(meter) ~ тахогенератор с полым ротором
drive pulse ~ генератор импульсов возбуждения
electric ~ электрический генератор, электрогенератор
electric steam ~ парогенератор с электрическим обогревом
electrochemical ~ электрохимический генератор, химический источник тока
electrolytic ~ генератор тока для электролиза
electronic ~ электронный генератор
electrostatic ~ электростатический генератор
emergency ~ аварийный генератор
encapsulated hydraulic turbine ~ капсульный гидрогенератор
engine-driven ~ генератор с приводом от ДВС
equivalent ~ эквивалентный генератор
explicit-pole ~ явнополюсный генератор
filament ~ источник питания цепи накала
flat-compounded ~ компаундированный генератор с постоянным напряжением на выводах
fourpolar [four-pole] ~ четырёхполюсный генератор
free-running ~ 1. автономный генератор 2. релаксационный генератор
frequency-modulated (signal) ~ генератор ЧМ-колебаний

GENERATOR

fully water-cooled turbine ~ турбогенератор с полным водяным охлаждением
function ~ функциональный преобразователь
Hall ~ генератор Холла
hand-driven ~ генератор с ручным приводом
heteropolar ~ генератор с поперечным полем
high-frequency ~ генератор высокой частоты, высокочастотный [ВЧ-]генератор
high-speed ~ быстроходный генератор
high-voltage ~ генератор высокого напряжения
high-voltage impulse ~ генератор высокого импульсного напряжения
homopolar ~ униполярный генератор
horizontal-shaft ~ генератор горизонтального исполнения
house ~ генератор собственных нужд
hydroelectric ~ гидрогенератор
hydrogen conductor-cooled turbine ~ турбогенератор с непосредственным водородным охлаждением обмоток
hydrogen-cooled ~ генератор с водородным охлаждением
hydrogen-filled water-cooled turbine ~ турбогенератор с водяным охлаждением обмоток и заполнением корпуса водородом
impact-excited ~ генератор с ударным возбуждением
implicit-pole ~ неявнополюсный генератор
impulse ~ импульсный генератор, генератор импульсов
induction ~ асинхронный генератор
inductor ~ индукторный генератор
in-plant ~ заводской генератор
isolated ~ автономный генератор
level compounded ~ компаундированный генератор с постоянным напряжением на выводах
lightning ~ генератор грозовых импульсов
linear sweep ~ генератор качающейся частоты с линейной зависимостью от управляющего сигнала
load ~ нагрузочный генератор
low-frequency ~ генератор низкой частоты, низкочастотный [НЧ-]генератор
low-speed ~ тихоходный генератор
low-voltage ~ генератор низкого напряжения

macromodular steam ~ крупноблочный парогенератор
magneto(electric) ~ магнитоэлектрический генератор; магнето
magnetoelectric pulse ~ магнитоэлектрический импульсный генератор
magnetofluiddynamic [magnetohydrodynamic] ~ магнитогидродинамический [МГД-]генератор
main ~ основной генератор
MHD electrical ~ магнитогидродинамический [МГД-]генератор
motor ~ двигатель-генератор
multicircuit ~ генератор с несколькими параллельными цепями
multiple-current ~ генератор с несколькими различными уровнями напряжения и формой тока
multipolar ~ многополюсный генератор
noise ~ генератор шума
noise-current ~ генератор шумового тока
noise-voltage ~ генератор шумового напряжения
nonsalient pole ~ неявнополюсный генератор
off-on wave ~ генератор коммутирующих импульсов
oscillation ~ генератор колебаний
peak ~ пиковый генератор, генератор для покрытия пиков нагрузки
permanent-magnet ~ генератор с постоянными магнитами
photocell ~ генератор на фотоэлементах
photoelectric [photovoltaic] ~ фотоэлектрический [фотогальванический] генератор
polyphase ~ многофазный генератор
pulse ~ импульсный генератор, генератор импульсов
pulsed ~ генератор сигналов с импульсной модуляцией
ramp ~ 1. генератор пилообразного напряжения 2. генератор линейной развёртки
random-number ~ генератор случайных чисел
reference ~ опорный генератор; эталонный генератор
reference-frequency ~ генератор опорной частоты
reluctance ~ реактивный генератор
salient-pole ~ явнополюсный генератор
sawtooth ~ генератор пилообразного напряжения
segmented electrode ~ (МГД-)

221

GENERATOR

генератор с секционированными электродами
self-excited ~ генератор с самовозбуждением
self-rectifying ~ генератор переменного тока со встроенным выпрямителем
selsyn ~ сельсин-генератор
separately excited ~ генератор с независимым возбуждением
series(-wound) ~ генератор последовательного возбуждения
shunt(-wound) ~ генератор параллельного возбуждения
sideband ~ генератор, работающий на боковой полосе частот
signal ~ генератор стандартных сигналов
sine-wave ~ генератор синусоидальных сигналов
single-circuit ~ генератор без параллельных ветвей обмотки статора
single-phase ~ однофазный генератор
single-shaft turbine ~ одновальный турбогенератор
slipping ~ генератор, вышедший из синхронизма
slotless ~ беспазовый генератор
solar ~ солнечный генератор
spark ~ генератор зажигания
speed-voltage ~ тахометрический генератор, тахогенератор
square-law function ~ генератор квадратичной функции
square-wave ~ генератор прямоугольных импульсов
stabilized shunt ~ стабилизированный генератор с параллельным возбуждением
standard-signal ~ генератор стандартных сигналов
standby ~ резервный генератор
static var ~ статический генератор реактивной мощности
steam ~ парогенератор
subharmonic ~ генератор субгармонических колебаний
superconducting ~ криогенератор; генератор со сверхпроводящими обмотками
surge ~ импульсный генератор, генератор импульсов
sweep ~ **1.** генератор развёртки **2.** генератор качающейся частоты
symbol ~ генератор знаков, знакогенератор, генератор символов
synchronous ~ синхронный генератор, СГ

tachometer ~ тахометрический генератор, тахогенератор
tapped-down ~ генератор с отводами (*обмоток*) на понижение напряжения
test-signal ~ генератор испытательных сигналов
thermionic electrical power ~ термоионный электрический генератор
thermionic emission ~ термоэмиссионный генератор
thermoelectric ~ термоэлектрический генератор
Thevenin's ~ эквивалентный генератор
three-phase ~ трёхфазный генератор
tidal ~ генератор приливной электростанции
time-base ~ генератор временно́й развёртки
time-code ~ генератор временно́го кода
time-interval ~ генератор временны́х интервалов
time-mark ~ генератор временны́х меток
timing wave ~ генератор синхроимпульсов
tone ~ тональный генератор; генератор звуковой частоты, звуковой генератор, ЗГ
triangle ~ генератор треугольных импульсов
tube ~ ламповый генератор
turbine(-driven) [turbine-type] ~ турбогенератор
umbrella ~ зонтичный генератор
under-compounded ~ генератор с недокомпаундированным возбуждением, недокомпаундированный генератор
unipolar ~ униполярный генератор
valve ~ ламповый генератор
variable-frequency ~ генератор переменной частоты
vertical scanning ~ генератор вертикальной развёртки
vertical-shaft ~ генератор вертикального исполнения
voltage ~ **1.** тахометрический генератор, тахогенератор **2.** генератор напряжения
voltage-multiplying ~ умножитель напряжения
water-cooled ~ генератор с водяным охлаждением
water-powered [water-wheel] ~ гидрогенератор
waveform ~ генератор сигналов (заданной формы)

wave-powered ~ генератор, работающий за счёт энергии волн
wind-driven [wind-powered, wind-turbine, windwork] ~ ветроэлектрический генератор; генератор с приводом от ветродвигателя
X-ray ~ рентгеновский аппарат
generator/motor генератор/двигатель, обратимый генератор, обратимая электрическая машина
geoelectricity геоэлектричество
gilbert гильберт, Гб (*внесистемная единица магнитодвижущей силы*)
gimmick конденсатор малой ёмкости в виде спиральной накрутки на провод
gland уплотнение, уплотнитель; набивка; сальник
  armor ~ зажим для присоединения к броне (*кабеля*)
  compressed ~ кабельный ввод с эластичным уплотнением
  electrode ~ уплотнитель электродного отверстия
  labyrinth ~ лабиринтовое уплотнение
  oil sealing ~ маслонепроницаемое уплотнение
  packing ~ сальниковое уплотнение
  sealing ~ уплотняющая набивка; сальник
  turbine (packing) ~ уплотнение турбины
  watertight ~ водонепроницаемая втулка
  wiping ~ контактная втулка
glare ослепительный блеск; яркий свет
  headlamp blinding ~ ослепляющий свет фар
glass стекло
  annealed ~ отожжённое стекло
  conductive ~ проводящее стекло
  depolished ~ матированное стекло
  electron-tube ~ электровакуумное стекло
  figured ~ узорчатое стекло
  flashed ~ накладное стекло; многослойное стекло
  frosted ~ матированное стекло
  illuminating ~ светотехническое стекло
  lead ~ свинцовое стекло
  opal ~ молочное стекло
  opalescent ~ опаловое стекло
  protective ~ защитное стекло
  safety ~ 1. защитное стекло 2. *pl* защитные очки
  toughened ~ закалённое стекло
  translucent ~ полупрозрачное стекло
glasscloth стеклоткань
glassine пергамин (*бумажная изоляция*)
globe шаровой плафон
glove перчатка
  insulating ~s изоляционные перчатки
  protective ~s защитные перчатки
  rubber ~s резиновые перчатки
glow 1. накал ‖ накаляться 2. свечение ‖ светиться 3. тлеющий разряд
  anode ~ анодное свечение
  cathode ~ катодное свечение
  coronal ~ коронное свечение
glower нить накала
  Nernst ~ лампа [штифт] Нернста
glow-gap светящийся промежуток (*тлеющего разряда*)
glyphkanite миканит на глифтале
glyphtal глифталь
goniophotometer гониофотометр
govern регулировать, управлять
governing регулирование, управление
  integral ~ интегральное регулирование
  load ~ регулирование нагрузки
  power (system) ~ регулирование (частоты и мощности) энергосистемы
  throttle ~ дроссельное регулирование
governor 1. регулятор; управляющее устройство 2. регулятор частоты вращения (*турбины*); САР частоты вращения (*турбины*)
  astatic ~ астатический регулятор
  ball ~ центробежный регулятор
  centrifugal ~ центробежный регулятор (*скорости*), регулятор Уатта
  constant speed ~ изодромный регулятор
  digital ~ цифровой регулятор
  double derivative ~ регулятор с двумя производными
  electrohydraulic ~ электрогидравлический регулятор
  emergency ~ автомат безопасности
  feed ~ регулятор питания
  fluid pressure ~ гидродинамический регулятор
  isochronous ~ астатический [интегральный] регулятор
  load ~ регулятор нагрузки
  maximum speed ~ автомат безопасности
  nozzle control ~ механизм соплового регулирования
  overspeed ~ ограничитель скорости; автомат безопасности
  power ~ 1. регулятор мощности 2. ограничитель мощности
  speed ~ регулятор частоты вращения
  static ~ статический регулятор

turbine ~ регулятор частоты вращения турбины
unit ~ регулятор частоты вращения агрегата
variable-speed ~ всережимный регулятор частоты вращения
weight ~ центробежный регулятор

grab захват, захватное устройство
fuel ~ захват тепловыделяющих сборок
manipulation ~ транспортировочный захват

gradient градиент
bias field ~ градиент поля подмагничивания
breakdown ~ критический [пробивной] градиент
coil ~ перепад температуры между катушкой и окружающим маслом (*в трансформаторе*)
critical [disruptive] ~ критический [пробивной] градиент
electric field ~ градиент электрического поля
light-flux ~ градиент светового потока
potential ~ градиент (электрического) потенциала
resistivity ~ градиент удельного сопротивления
voltage ~ градиент напряжения

grading:
resistance ~ ступенчатое включение сопротивления
time ~ 1. ступень выдержки времени 2. отстройка (*РЗ*) ступенчатой выдержкой времени
voltage ~ выравнивание напряжения

graduate 1. градуировать 2. калибровать

graduation 1. деление (*шкалы*) 2. градуирование, градуировка 3. калибрование, калибровка
circle ~ деление окружности
dial ~ деление шкалы
least ~ минимальное деление
major ~ основное деление
scale ~ деление шкалы

graph 1. график; диаграмма; кривая ‖ строить график; вычерчивать кривую 2. *мат.* граф
~ of network граф сети
bar ~ столбиковая диаграмма
planar ~ планарный граф

graphite графит
iron ~ железографит

greasing:
contact ~ загрязнение контактов

grid 1. электрическая сеть 2. (электро-) энергетическая система, энергосистема 3. энергосистема (*США*) с линиями передач на 132 и 33 кВ 4. сетка (*электронной лампы*)
accelerating ~ ускоряющая сетка
accumulator ~ решётка аккумуляторной пластины
anode ~ анодная сетка
anode-screening ~ защитная анодная сетка
barrier ~ барьерная сетка
cathode ~ катодная сетка
control ~ управляющая сетка
deionizing ~ деионизационная сетка
district heating ~ районная тепловая сеть
ground ~ 1. заземляющая сетка 2. сеть заземления
lead-antimony ~ сетка из сплава свинца с сурьмой (*на аккумуляторной пластине*)
lead-calcium alloy ~ сетка из сплава свинца с кальцием (*на аккумуляторной пластине*)
one-way street ~ уличная сеть одностороннего освещения
plate ~ решётка (аккумуляторной) пластины
power ~ 1. энергетическая система, энергосистема 2. электрическая сеть
reference ~ координатная сетка
screen ~ экранирующая сетка
shadow ~ теневая сетка
shield ~ защитная сетка; экранирующая сетка
signal ~ управляющая сетка
station ground ~ 1. сеть заземления электростанции 2. станционное заземляющее устройство
street ~ уличная сеть освещения
super ~ (электрическая) сеть сверхвысокого напряжения
united power ~ 1. Единая энергосистема, ЕЭС 2. объединённая энергетическая система

grid-controlled с сеточным управлением

grip зажим; захват ‖ зажимать; захватывать
anchor ~ фиксирующий зажим
armor ~ зажим для присоединения к броне кабеля
cable ~ 1. кабельный наконечник; кабельный зажим 2. чулок для протягивания кабеля (*в кабельный канал*)
electrode ~ зажим электрододержателя
grounding ~ зажим заземления
insulation ~ зажим для (кабельной) изоляции

GROUP

plunger-in-cap ~ винтовой зажим электрододержателя
pulling ~ вытяжной зажим
wire ~ зажим для провода
grommet крепёжная (изолирующая) втулка
groove паз; желобок; канавка
　clamp ~ паз зажима
　insulator ~ шейка изолятора
　isolation ~ изолирующая канавка
　lubricating [lubrication, oil] ~ смазочная канавка
　polarizing ~ паз (*электрического соединителя*) с принятой полярностью
ground 1. заземление, «земля» ‖ заземлять 2. замыкание на землю 3. масса (*в однопроводной электрической цепи*)
　arcing ~ замыкание на землю через дугу
　artificial ~ искусственное заземление, эквивалент заземления
　burial ~ земляной могильник (*для радиоактивных отходов АЭС*)
　center-point ~ заземление средней точки
　chassis ~ 1. масса при заземлении 2. заземление на шасси, заземление на массу
　dead ~ 1. глухое [жёсткое, полное] заземление 2. глухое замыкание на землю
　driven ~s заложенные в землю заземлители
　equipment ~ заземление оборудования
　frame ~ заземление на корпус
　interior wiring system ~ заземление при внутренней проводке
　multiple ~s множественные заземления
　neutral ~ заземление нейтрали
　partial ~ 1. частичное [неполное] заземление 2. частичное [неполное] замыкание на землю
　pipe ~ трубчатое заземление
　protective [safety] ~ защитное заземление
　service ~ заземление абонента
　solder ~ замыкание на землю из-за неаккуратной пайки
　solid ~ 1. глухое [жёсткое, полное] заземление 2. глухое замыкание на землю
　system ~ рабочее заземление
　temporary ~ временное [ремонтное] заземление
　total ~ глухое [жёсткое, полное] заземление

grounded заземлённый, замкнутый на землю
　directly ~ непосредственно заземлённый
　effectively ~ надёжно заземлённый
　reactance ~ заземлённый через реактивное сопротивление
　resistance ~ заземлённый через активное сопротивление
　solidly ~ глухо заземлённый
grounding заземление, «земля»; заземляющее устройство
　continuous ~ длительное замыкание на землю
　high resistance ~ заземление через большое сопротивление
　impedance ~ заземление через активно-реактивное сопротивление
　inductive ~ заземление через реактивное сопротивление
　intermittent ~ перемежающееся замыкание на землю
　line ~ заземление линии
　mid-phase ~ заземление средней точки фазы (*трансформатора*)
　multiple protective ~ многократное защитное заземление
　neutral ~ заземление нейтрали
　protective ~ защитное заземление
　reactance ~ заземление через реактивное сопротивление
　resistance ~ заземление через активное сопротивление
　ring ~ кольцевое заземление
　single-point ~ заземление в одной точке
groundman наблюдающий на земле (*при верхолазных работах*)
groundmeter измеритель сопротивления заземления
ground-shielded с заземлённым экраном
group 1. группа; совокупность; комплект 2. комплект пластин одной полярности (*в одном элементе аккумулятора*)
　~ **of connection** группа соединения
　common power supply ~ общая группа источников питания
　commutating ~ коммутирующая группа
　connection ~ группа соединения
　consumer priority ~ приоритетная категория потребителей (*электрической энергии*)
　converter (phase) ~ преобразовательная (фазная) группа
　negative-pole ~ комплект отрицательно заряженных пластин

GROUPING

phase displacement ~ группа соединений обмоток трансформатора
pole-phase winding ~ параллельная полуветвь фазы обмотки
positive-pole ~ комплект положительно заряженных пластин
push-button control ~ кнопочная станция
relay ~ комплект реле
vector ~ **of transformer** группа соединений обмоток трансформатора
wave ~ группа волн
grouping:
~ **of cells** схема соединения элементов
delta ~ соединение треугольником
star ~ соединение звездой
growler прибор для обнаружения короткозамкнутых витков (*обмотки*)
guard защита; устройство защиты‖защищать
anticlimbing ~ устройство против влезания (*на опору ВЛ*)
headlamp ~ защитная решётка фары
heat ~ теплоизоляция
lamp ~ предохранительная сетка (ручной) лампы
lightning ~ молниезащита
surge ~ защита от перенапряжений
guarded защищённый; закрытый для доступа
guide 1. направляющая **2.** руководство, справочник
air ~ воздухонаправляющее устройство; воздухопровод
coil flux ~ магнитопровод катушки
dielectric-loaded ~ волновод с диэлектрическими вставками
fiber ~ волоконный световод
flux ~ магнитопровод
operating ~ руководство по оперативной работе
gun 1. электронный прожектор, электронная пушка **2.** распылитель; форсунка
ac ~ (электромагнитная) пушка переменного тока
Charles ~ пушка Чарльза
diode ~ диодная пушка
electron(-beam) ~ электронный прожектор, электронная пушка
external ~ электронная пушка с индивидуальной откачкой
holding ~ электронный прожектор поддерживающего пучка
immersed ~ электронный иммерсионный прожектор
magnetron injection ~ магнетронный инжекционный прожектор

oil ~ мазутная форсунка
Pierce ~ пушка Пирса
reading ~ электронный считывающий прожектор
soldering ~ паяльный пистолет
spray ~ пистолет-распылитель
triode ~ триодная пушка
welding ~ сварочный пистолет
writing ~ электронный записывающий прожектор
guy оттяжка‖крепить оттяжками
dead-end ~ оттяжка концевой опоры
line ~ оттяжка (*на столбе*) ВЛ
storm ~ ветровая оттяжка
stub ~ оттяжка столба
tension ~ оттяжка
gyrator гиратор
capacitor-transformer ~ конденсаторно-трансформаторный гиратор
dc-coupled ~ гиратор со связями по постоянному току
floating(-port) ~ незаземлённый гиратор
Hall(-effect) ~ гиратор (на эффекте) Холла
lossy ~ гиратор с потерями
multiterminal ~ многополюсный гиратор
transistor ~ транзисторный гиратор
two-port ~ двухплечий гиратор

H

halation ореол (*на экране ЭЛТ*)
half-adder полусумматор
half-automatic полуавтоматический
half-bridge полумост
half-cell нормальный электрод
calomel ~ каломельный электрод
half-coil полуобмотка
half-coupling полумуфта
half-cycle полупериод
half-life период полураспада (*радиоактивного элемента*)
radioactivity ~ период радиоактивного полураспада
half-period 1. полупериод **2.** период полураспада (*радиоактивного элемента*)
half-time период полураспада (*радиоактивного элемента*)
half-turn 1. полуоборот **2.** полувиток
half-wave(length) 1. полуволна **2.** полупериод
negative ~ отрицательный полупериод

HARMONIC

positive ~ положительный полупериод
half-way на пол-оборота; на 180°
hall зал
  generator ~ генераторный зал; машинный зал (*электростанции*)
  main generator ~ машинный зал ГЭС
  powerhouse ~ машинный зал электростанции
halo ореол (*на экране ЭЛТ*)
  black ~ чёрный ореол
halt останов
  machine ~ останов машины
halting 1. останов **2.** работающий с перебоями (*о двигателе*)
hammer молоточек (*прерывателя*)
  brush ~ курок щёточного аппарата
  water ~ гидравлический удар
hamper:
  top ~ верхняя часть (*опоры ВЛ*)
hand 1. стрелка (*прибора*) **2.** направление (*витков спирали*)
  ~ **of rotation** направление вращения
  ~ **of spiral** направление спирали
  drag ~ фиксирующая стрелка (*указатель максимума отклонения*)
  helix ~ направление спирали
  split-second ~ стрелка, показывающая доли секунды
hand-controlled с ручным управлением, управляемый вручную
hand-driven с ручным приводом
hand-guided с ручным управлением, управляемый вручную
handle 1. ручка; рукоятка; рычаг управления **2.** управлять; манипулировать
  caging ~ рукоятка арретира
  control ~ рукоятка управления
  dead-man's ~ рукоятка с кнопкой безопасности
  locking ~ рукоятка блокировки; блокирующая рукоятка
  operating ~ рукоятка управления
  probe ~ ручка пробника
  spider ~ маховичок; штурвал
  tuning ~ ручка настройки
  turning ~ рукоятка поворотного устройства
  welding ~ ручной электрододержатель
handler 1. оператор **2.** устройство управления; устройство манипулирования
  cable ~ кабелеукладчик
  chain cable ~ горн. траковый кабелеукладчик
  magnetic-tape ~ лентопротяжный механизм
handling 1. управление; манипулирование **2.** обработка

ash ~ золоудаление
beam ~ управление лучом; управление пучком
data ~ обработка данных
dry ash ~ сухое золоудаление
fuel ~ операции с топливными кассетами
hydraulic ash ~ гидрозолоудаление
information ~ обработка информации
on-load fuel ~ операции с топливными кассетами во время работы (*ядерного реактора*)
remote ~ дистанционное манипулирование
hanger 1. подвеска **2.** подвесной кронштейн; подвесная тяга **3.** струна (*контактной сети*)
  cable ~ кабельная подвеска
  contact wire ~ струна контактного провода
  insulated ~ подвесной изолятор контактного провода
  split ~ разъёмная подвеска
  suspension-type electrode ~ электрододержатель подвесного типа
  triangular ~ треугольная струна (*в двойной цепной подвеске*)
hank бухта (*кабеля*) ‖ сматывать в бухту
  ~ **of cable** бухта кабеля
hardboard твёрдый картон
hard-drawn твёрдотянутый, холоднотянутый
hardening закалка
  electric ~ закалка с контактным электронагревом
  electrolytic heating ~ закалка с нагревом в электролите
  induction ~ индукционная закалка; закалка с нагревом токами высокой частоты
hardness 1. твёрдость **2.** контрастность (*изображения*)
  wear ~ износостойкость
hard-solder паять (*тугоплавким припоем*)
hardware 1. технические средства **2.** аппаратное обеспечение, аппаратура **3.** арматура
  overhead line ~ арматура ВЛ
hard-wired с жёстким монтажом
hard-wiring жёсткий монтаж (*элементов*)
harmonic гармоника ‖ гармонический
◇ ~**s in current transformer** гармоники в кривой тока трансформатора тока
  even ~ чётная гармоника; гармоника чётного порядка

first ~ первая [основная] гармоника
fractional ~ дробная гармоника
fundamental ~ первая [основная] гармоника
high(er)(-order) ~ высшая гармоника, гармоника высшего порядка
high space excitation ~s высшие пространственные гармоники
inherent ~s побочные гармоники
line-to-line voltage ~s гармоники линейного напряжения
low-frequency ~s низкочастотные гармоники
mmf ~s гармоники в мдс
n-th ~ *n*-ая гармоника
odd ~ нечётная гармоника; гармоника нечётного порядка
permeance ~s гармоники магнитной проводимости
second ~ вторая гармоника
space [spatial] ~ пространственная гармоника
third ~ третья гармоника
triple-frequency ~ 1. третья гармоника 2. гармоника третьего порядка (*кратная трём*)
upper ~ высшая гармоника; гармоника высшего порядка
harmonic-restricted с торможением (высшими) гармониками
harness 1. жгут (*проводов или кабелей*) 2. электропроводка 3. передаточное устройство
cable ~ 1. жгут кабелей 2. кабельная разделка
ignition ~ проводка зажигания
interference suppression ignition cable ~ комплект помехоподавляющих кабелей системы зажигания
shielding ~ система экранирования
wire ~ жгут проводов; монтажный жгут
wiring ~ 1. жгут проводов; монтажный жгут 2. электропроводка
hash 1. электрические шумы 2. электромагнитные помехи (*от щёток электрической машины*)
hatch 1. люк 2. решётка 3. штрих ‖ штриховать
equipment ~ люк (загрузки) оборудования
haul:
back ~ обратный ход
haulage 1. транспортировка; доставка 2. тяга
electrical ~ 1. ж.-д. электрическая тяга, электротяга 2. *горн.* электровозная откатка

trolley ~ откатка контактными электровозами
haywire временная проводка
hazard опасность ◊ ~ **to life** опасность для жизни
abnormal mechanical-shock ~ повышенная опасность механического удара (*класс 3, тип А, группа II по МЭК*)
explosion ~ взрывоопасность
fire ~ пожарная опасность, опасность возникновения пожара
first-class personnel-safety ~ опасность первой степени для персонала (*на АЭС*)
minimal mechanical-shock ~ минимальная опасность механического удара (*класс 1, тип А, группа II по МЭК*)
normal mechanical-shock ~ нормальная опасность механического удара (*класс 2, тип А, группа II по МЭК*)
operational ~ эксплуатационная опасность (*на АЭС*)
radiation ~ радиационная опасность
reactor ~ опасность, связанная с работой (ядерного) реактора
head 1. голова; головка 2. головная [передняя] часть 3. напор (*воды*) 4. направление 5. конец стрелки
air-floated magnetic ~ плавающая магнитная головка
available ~ располагаемый напор; собственный рабочий [полезный] напор
back ~ задняя стенка, заднее днище (*котла*)
bias ~ головка подмагничивания
brake ~ *ж.-д.* тормозной башмак
cable ~ концевая кабельная коробка; концевая кабельная муфта
cable distribution ~ (концевая) кабельная распределительная коробка
cable sealing ~ концевая кабельная муфта
circulating ~ циркуляционный напор
cross ~ контактная траверса (*выключателя*)
delivery ~ гидравлический напор
design ~ расчётный [проектный] напор
distributor ~ распределительная головка
elevation ~ гидростатический напор
erase [erasing] ~ стирающая головка
gross ~ полный напор, напор брутто (*гидротурбины*)
gross ~ **of a hydroelectric power station** напор ГЭС брутто, полный напор ГЭС

hydraulic (pressure) ~ гидравлический напор
hydrostatic ~ гидростатический напор
jumper ~ штепсель электрического соединения (*между тягачом и прицепом*)
leader ~ головка лидера (*молнии*)
magnetic ~ магнитная головка
magnetic erasing ~ магнитная головка стирания
magnetic reading ~ магнитная головка воспроизведения
magnetic recording ~ магнитная головка записи
magnetic reproducing ~ магнитная головка воспроизведения
magnetic sound ~ магнитный звуковой блок
maximum net ~ максимальный напор нетто (*гидротурбины*)
maximum static ~ максимальный статический напор (*ГЭС*)
net effective (power) ~ полезный напор, напор нетто (*гидротурбины*)
net ~ **of a hydroelectric power station** напор ГЭС нетто, полезный напор ГЭС
operating ~ рабочий напор
pickup ~ головка звукоснимателя
playback ~ головка воспроизведения
pressure ~ высота гидростатического напора
read-record ~ магнитная головка для чтения с перезаписью
read/write ~ универсальная головка записи-воспроизведения
rear ~ 1. задняя часть корпуса 2. задний подшипниковый щит
recording ~ головка записи
reproducing ~ головка воспроизведения
trolley ~ токоприёмный башмак
undeveloped ~ неиспользуемый напор
velocity ~ скоростной напор
video ~ видеоголовка
header 1. цоколь; основание (*лампы*) 2. держатель 3. коллектор, сборник
boiler ~ коллектор котла
common ~ главная магистраль, общий коллектор
condensate ~ конденсатный коллектор
discharge [distributing] ~ распределительный коллектор
divided ~ секционный коллектор
feedwater ~ питательная магистраль
main ~ главный трубопровод, главный коллектор
package ~ основание корпуса
penstock ~ участок напорного трубопровода до уравнительного резервуара
superheater ~ коллектор перегревателя
headlight фара
dipped ~ фара ближнего света
double-dipping ~ фара ближнего и дальнего света
dual ~s сдвоенные фары
speedometer ~ лампа спидометра
heat 1. тепло; теплота 2. нагрев‖нагревать
~ **of absorption** теплота поглощения
~ **of combustion** теплота сгорания
~ **of condensation** теплота конденсации
abstracted ~ отведённое тепло, отвод тепла
added ~ подведённое тепло, подвод тепла
chargeable ~ расход тепла
high-grade ~ высокотемпературное тепло
high-temperature process ~ высокотемпературное технологическое тепло
instantaneous specific ~ истинная удельная теплоёмкость
Joule ~ Джоулева теплота
nuclear ~ тепло от АТЭЦ
nuclear process ~ технологическое тепло от АТЭЦ
occupancy ~ тепло, выделяемое в помещении обслуживающим персоналом
process ~ технологическое тепло; тепло, выделяющееся в процессе производства
radiant ~ лучистая теплота
recuperative ~ рекуперированное тепло
rejected ~ сбросное тепло
specific ~ (удельная) теплоёмкость
stored ~ аккумулированное [запасённое] тепло
unavailable ~ бесполезное тепло
useful ~ полезное тепло
heated:
directly ~ с прямым нагревом
heater 1. подогреватель; нагреватель; обогреватель 2. подогреватель (*катода*); накал (*радиолампы*)
~ **of thermistor** подогреватель терморезистора
air ~ воздухоподогреватель
baffle ~ пластинчатый подогреватель

HEATING

battery ~ обогреватель (аккумуляторной) батареи
bleeder ~ регенеративный подогреватель
booster ~ вспомогательный подогреватель
built-in ~ встроенный подогреватель
closed(-type) ~ поверхностный подогреватель
coreless-type induction ~ индукционный нагреватель без сердечника
core-type induction ~ индукционный нагреватель с сердечником
dielectric ~ диэлектрический нагреватель
electric(al) ~ электронагревательный прибор, электронагреватель; электрорадиатор
electric convection ~ электрический конвекционный нагреватель; электрический радиатор отопления
electric-panel ~ панель электрического отопления
electric radiant ~ электрокамин
electric strip ~ электрический полосовой нагревательный элемент
electric water ~ электроводонагреватель; кипятильник
electronic ~ высокочастотный генератор индукционного нагрева
feedwater ~ подогреватель питательной воды
filament ~ 1. проволочный нагреватель 2. нить накала
flexible surface ~ гибкий нагреватель поверхности
high-frequency ~ высокочастотный (электро)нагреватель
hysteresis ~ гистерезисный нагреватель
immersion ~ погружной электронагреватель, кипятильник
induction ~ индукционный электронагреватель
induction platen ~ индукционный плоский нагреватель
induction ring ~ индукционный кольцевой нагреватель
low-frequency ~ низкочастотный (электро)нагреватель
main water ~ основной бойлер
metal-sheath ~ нагреватель в металлическом кожухе
multiflow ~ многопоточный подогреватель
nichrome ~ нихромовый нагреватель; нихромовый отопительный элемент
nondeaerating ~ подогреватель без деаэрации

plasma ~ плазменный нагреватель
quartz-infrared ~ кварцевый инфракрасный радиатор
resistance ~ резистивный нагреватель
rigid surface ~ неподвижно закреплённый нагреватель поверхности
ring ~ кольцевой нагреватель
rotary air ~ вращающийся воздухоподогреватель
space ~ нагревательный прибор
spiral ~ спиральный нагреватель
storage ~ тепловой аккумулятор
tapped ~ секционированный нагреватель
top ~ регенеративный подогреватель на первом отборе турбины
water ~ бойлер; водонагреватель
heating 1. нагрев, нагревание; подогрев; разогрев; накал **2.** обогрев; отопление; теплоснабжение
arc ~ (электро)дуговой нагрев
arc resistance ~ нагрев погружённой дугой
battery ~ батарейный накал
bleed ~ нагрев паром из отбора
bubble ~ барботажный подогрев
central ~ центральное отопление
contact ~ 1. нагрев контактов 2. контактный нагрев
convection ~ конвективный нагрев
current-induced ~ токовый нагрев
diathermic ~ нагрев токами высокой частоты, высокочастотный [ВЧ-] нагрев
dielectric ~ диэлектрический нагрев
direct ~ 1. прямой нагрев 2. нагрев излучением
direct arc ~ прямой дуговой нагрев
direct electric ~ прямой электронагрев
direct induction ~ прямой индукционный нагрев
direct resistance ~ прямой нагрев сопротивлением
district ~ 1. центральное теплоснабжение 2. центральное отопление
eddy-current ~ нагрев вихревыми токами
electric ~ 1. нагрев электрическим током, электронагрев 2. электрическое отопление
electric space ~ электрический обогрев, электрообогрев
electric surface ~ электронагрев поверхности
electrolytic ~ электролитический нагрев

electron-beam ~ электронно-лучевой нагрев
electronic ~ нагрев токами высокой частоты, высокочастотный [ВЧ-] нагрев
end-to-end terminal ~ электрический прогрев током всего изделия (*напр. прутка*)
excessive ~ перегрев
exhaust steam ~ нагрев отработавшим паром
feedwater ~ подогрев питательной воды
glow discharge ~ нагрев тлеющим разрядом
group ~ 1. теплоснабжение группы зданий 2. районное теплоснабжение
high-frequency ~ нагрев токами высокой частоты, высокочастотный [ВЧ-] нагрев
hot-air ~ воздушное отопление
hot-water ~ водяное отопление
hysteresis ~ гистерезисный нагрев
independent ~ независимый нагрев
independent arc ~ нагрев независимой дугой
indirect ~ косвенный нагрев
indirect arc ~ косвенный дуговой нагрев
indirect electric ~ косвенный электронагрев
indirect induction ~ косвенный индукционный нагрев
induction ~ индукционный нагрев
induction vessel ~ косвенный индукционный нагрев
industrial ~ промышленное теплоснабжение, теплофикация
infrared ~ нагрев ИК-излучением
intermediate ~ промежуточный подогрев
intermittent ~ регулируемое отопление
internal ~ внутренний нагрев (*электролита*)
jacket ~ нагрев теплоносителем через рубашку
Joule ~ нагрев джоулевой теплотой; электрический нагрев
laser(-induced) ~ лазерный нагрев
local(ized) ~ 1. местный нагрев 2. местное теплоснабжение
microwave ~ нагрев токами сверхвысокой частоты, СВЧ-нагрев
nuclear district ~ атомная теплофикация
ohmic ~ нагрев джоулевой теплотой; электрический нагрев

parallel cathode ~ нагрев параллельно включённого катода
plasma ~ 1. нагрев плазмы 2. плазменный нагрев
post-welding ~ термическая обработка после сварки
radiant ~ 1. лучистое отопление 2. радиационный нагрев
radiation ~ радиационный нагрев
radio-frequency ~ нагрев токами высокой частоты, высокочастотный [ВЧ-]нагрев
resistance ~ 1. электрическое отопление; электрообогрев 2. нагрев сопротивлением 3. нагрев джоулевой теплотой; электрический нагрев
series cathode ~ нагрев последовательно включённого катода
shock(-wave) ~ нагревание ударной волной
space ~ отопление помещений
spot ~ местный нагрев
steam ~ паровое отопление
storage electric ~ электрическое отопление за счёт накопленной энергии
submerged arc ~ нагрев погружённой дугой
subsequent ~ последующий нагрев (*после сварки*)
through ~ сквозной нагрев
transient ~ нестационарный процесс нагрева
transverse flux ~ нагрев поперечным потоком
warm-air ~ воздушное отопление
wave ~ нагрев бегущей волной
heat-insulated теплоизолированный
heat-producing теплопроизводящий, генерирующий тепло
heat-proof теплостойкий; жаростойкий; жаропрочный
heat-recovering использующий отбросное тепло
heat-resistant теплостойкий; жаростойкий; жаропрочный
heat-retaining способный аккумулировать [сохранять] тепло
heat-sensitive термочувствительный
heatsink 1. радиатор 2. теплоотвод
  air-cooled ~ теплоотвод с воздушным охлаждением
  water-cooled ~ теплоотвод с водяным охлаждением
heavy-current сильноточный
heavy-duty 1. мощный 2. с тяжёлым режимом (*работы*)
heavy-gage большого сечения (*о проводе*)
hedgehog трансформатор-ёж

HEIGHT

height высота ◊ ~ **to crossarm** высота до траверсы (*опоры ВЛ*)
 pulse ~ амплитуда импульса
helically-wound со спиральной намоткой
helipot проволочный переменный резистор со спиральной намоткой
helium гелий, He
 liquid ~ жидкий гелий
helix спираль
 bifilar ~ бифилярная [двухзаходная] спираль
 contrawound [crosswound] ~ спираль со встречной намоткой
 dextrorsal ~ спираль с правой намоткой
 dielectric-embedded ~ спираль в диэлектрической оболочке
 dielectric-filled ~ спираль с диэлектрическим наполнением
 double ~ двойная спираль
 left-hand(ed) ~ спираль с левой намоткой
 multifillar ~ многозаходная спираль
 right-hand(ed) ~ спираль с правой намоткой
 shielded ~ экранированная спираль
 single-wound ~ однозаходная спираль
 strapped [tape] ~ ленточная спираль
 twin ~ двойная спираль
 two-tape contrawound ~ двухленточная спираль со встречной намоткой
helmet:
 welding ~ щиток сварщика
henry генри, Гн
 absolute ~ абсолютный генри
 international ~ международный генри
henrymeter измеритель индуктивности
Hertz герц, Гц
hesitation:
 relay armature ~ вибрация якоря реле (*при срабатывании*)
heterogeneity неоднородность, гетерогенность
hickey 1. зажим (*для осветительной аппаратуры*) 2. инструмент для накладки бандажа на трубы
high-alloy высоколегированный
high-capacity большой мощности; высокопроизводительный
high-carbon с высоким содержанием углерода
high-conductivity с высокой проводимостью
high-copper с высоким содержанием меди
high-cycle высокочастотный
high-duty высокопроизводительный
high-efficiency высокоэффективный, с большим кпд
high-frequency высокочастотный
high-performance высокоэффективный, с большим кпд
high-power с большой мощностью
high-pressure с высоким давлением
high-reliability с высокой надёжностью
high-resistance высокоомный, высокого сопротивления
high-temperature высокотемпературный
high-tension высоковольтный, высокого напряжения
high-velocity высокоскоростной
high-voltage высоковольтный, высокого напряжения
highway магистраль, магистральная шина
hinge шарнир
 relay ~ шарнирное соединение (подвижной и неподвижной частей) реле
hitch:
 core ~ устройство для протяжки кабеля в трубу
hogging:
 current ~ перераспределение токов в схеме
holder держатель; патрон
 arm-type brush ~ щёткодержатель рычажного типа
 batten ~ потолочный патрон (*светильника*)
 battery ~ кронштейн (аккумуляторной) батареи
 bayonet ~ байонетный патрон (*лампы*)
 brush ~ щёткодержатель
 bushing ~ фланец ввода
 candle ~ патрон для свечеобразных ламп
 cantilever brush ~ консольный щёткодержатель
 carbon (electrode) ~ держатель угольных электродов, угледержатель
 chain-type electrode ~ электрододержатель цепного типа
 coil ~ держатель катушки
 contact-wire ~ держатель контактного провода
 crystal ~ кристаллодержатель
 double-vented fuse ~ патрон (стреляющего) предохранителя с двумя выхлопами
 duplex constant-pressure brush ~ двойной щёткодержатель с постоянным нажатием
 Edison screw ~ резьбовой патрон (*лампы*)
 electrode ~ электрододержатель
 fuse ~ держатель плавкого предохра-

нителя; патрон плавкого предохранителя
lamp ~ патрон лампы
mount ~ держатель арматуры; монтажный зажим
shade ~ абажуродержатель, каркас абажура
single-vented fuse ~ патрон (стреляющего) предохранителя с одним выхлопом
spring arm-type brush ~ пружинный рычажный щёткодержатель
switch lamp ~ патрон лампы с выключателем
terminal ~ клеммодержатель
tongs-type electrode ~ электрододержатель клещевого [захватного] типа
wire ~ проходной изолятор

holding 1. фиксация; крепление 2. блокировка 3. синхронизация

hole отверстие
component ~ монтажное отверстие (*печатной платы*)
contact inspection ~ контрольное отверстие контакта
coupling ~ отверстие связи (*в стенке волновода*)
crimp inspection ~ контрольное отверстие контакта
fabrication ~ установочное отверстие (*печатной платы*)
lead ~ отверстие для выводов
location ~ фиксирующее отверстие (*печатной платы*)
mounting ~ крепёжное отверстие (*печатной платы*)
plated-through ~ металлизированное отверстие (*печатной платы*)
pressure ~ отверстие для измерения давления
static ~ отверстие для измерения статического давления
vent ~ вентиляционное отверстие

hook крюк, крючок
support ~ крючок держателя (*нити накала в лампе*)

hookswitch оперативная штанга

hookup 1. лабораторная схема 2. связи цепей *или* контуров

hooter гудок; сирена
electric ~ электрический гудок

horn 1. выступ 2. рог (*разрядника*)
arcing ~ 1. *pl* роговой разрядник 2. рог разрядника
driving ~s выступы на поверхности гладкого ротора
electric ~ электрический гудок
following pole ~ сбегающий выступ полюса
leading pole ~ набегающий выступ полюса
live end ~ концевой рог под напряжением (*на гирлянде изоляторов*)
pole ~ выступ полюсного башмака *или* полюса
protective ~ 1. *pl* роговой разрядник 2. защитный рог
warning ~ сирена аварийной сигнализации

horsepower лошадиная сила, л. с.; мощность в л. с.
available ~ располагаемая мощность в л. с.
actual ~ эффективная мощность в л. с.
brake ~ 1. тормозная мощность в л. с. 2. мощность на валу в л. с.
connected ~ установленная мощность в л. с.
effective ~ 1. эффективная мощность в л. с. 2. мощность на валу в л. с.
gross ~ мощность брутто в л. с.
indicated ~ индикаторная мощность в л. с.
liquid ~ гидравлическая мощность в л. с.
shaft ~ мощность на валу в л. с.

hour час
available ~s длительность нахождения в состоянии готовности
busy ~ период наибольшей [пиковой] нагрузки
economy shutdown ~s продолжительность останова энергоблока с целью экономичного распределения нагрузки
equivalent ~s **of loss** продолжительность максимума нагрузки, необходимая для получения результирующих потерь (*за заданный период времени*)
forced outage ~s продолжительность вынужденного [аварийного] отключения
heavy ~ период наибольшей [пиковой] нагрузки
idle ~s продолжительность простоя, продолжительность перерыва в работе
lighting ~ 1. время включения освещения 2. *pl* продолжительность горения осветительных приборов
night-time ~s продолжительность работы в ночное время
not-in-service ~s продолжительность простоя, продолжительность перерыва в работе
offpeak ~s внепиковый период (*нагрузки*)

HOUSE

peak (busy) ~s период наибольшей [пиковой] нагрузки
period ~s продолжительность интервала времени в часах
planned outage ~s продолжительность планового отключения
unavailable ~s длительность нахождения в состоянии неготовности
house 1. здание; помещение **2.** вставлять (*в корпус*); заключать (*во что-л.*)
  control ~ **1.** помещение щита управления **2.** пункт управления, диспетчерский пункт
  power ~ **1.** здание ГЭС **2.** электростанция **3.** машинный зал (*электростанции*) **4.** силовая установка
  relay(ing) ~ помещение релейного щита
  substation control ~ общеподстанционный пункт управления, ОПУ
  switch ~ закрытое распределительное устройство, ЗРУ
  turbine ~ машинный зал
  underground power ~ подземное здание ГЭС
housing 1. кожух; корпус; оболочка **2.** обшивка, чехол **3.** ниша; полость; паз **4.** розетка; гнездо **5.** помещение, здание
  air inlet ~ входная воздушная коробка
  bearing ~ корпус подшипника
  breaker ~ коробка прерывателя
  connect(or) ~ корпус соединителя
  fan ~ кожух вентилятора
  gland ~ сальниковая коробка
  insulated bearing ~ изолированный корпус подшипника
  magneto ~ корпус магнето
  nonmagnetic ~ немагнитный кожух
  nonsplit ~ неразъёмный кожух
  protective ~ защитный кожух
  transformer ~ трансформаторный киоск
  turbocharger ~ корпус турбонагнетателя
  watertight ~ водонепроницаемый корпус
hub 1. гнездо (*монтажное*) **2.** башмак; втулка
  rectifier ~ колесо с выпрямителями (*в бесщёточном возбудителе*)
hublot небольшой светильник с плоским креплением
hum 1. фон (*от сети переменного тока*) **2.** гудение (*напр. трансформатора*)
  ac ~ фон (от сети) переменного тока
  magnetic ~ магнитные помехи
  mains ~ фон от сети переменного тока
  relay ~ гудение реле
  transformer ~ гудение трансформатора
humidistat регулятор влажности
hunter дифференциальный сельсин
hunting 1. качание; колебание **2.** слежение
  cumulative ~ самораскачивание
  phase ~ колебание [качание] фазы
hydrodynamics гидродинамика
hydroelectricity электроэнергия, выработанная ГЭС
hydrogen-cooled охлаждаемый водородом
hydrogenerator гидрогенератор
  capsule ~ капсульный гидрогенератор
  horizontal-shaft ~ гидрогенератор горизонтального исполнения
  horizontal-shaft bulb-type ~ капсульный гидрогенератор горизонтального исполнения
  reversible vertical-shaft synchronous ~ реверсивный синхронный гидрогенератор вертикального исполнения
  umbrella-type ~ гидрогенератор зонтичного типа
hydromagnetics магнитная гидродинамика, МГД
hydroplant гидроэлектрическая станция, гидростанция, ГЭС
hydropower гидроэнергетика
hydroset гидротурбина
  reversible ~ обратимая гидротурбина
hydrosite гидроузел
hydrostatics гидростатика
hygrometer гигрометр
  condensation ~ конденсационный гигрометр
hysteresis гистерезис
  arc ~ гистерезис динамической вольт-амперной характеристики дугового разряда
  dielectric ~ диэлектрический гистерезис
  electric ~ электрический гистерезис
  magnetic ~ магнитный гистерезис
  major cycling ~ предельный цикл намагничивания
hysteresisograph гистерезисограф

I

IC [integrated circuit] интегральная схема, ИС
  chip [die] ~ бескорпусная ИС
  fully ~ монолитная ИС
  hybrid(-film) [hybrid-type] ~ гибридная ИС, ГИС
  large-scale ~ ИС с высокой степенью интеграции, большая ИС, БИС
  monolithic ~ монолитная ИС
  multichip ~ многокристальная ИС
  nonredundant ~ ИС без резервирования
  one-chip ~ однокристальная ИС
  packed ~ ИС в корпусе
  redundant ~ ИС с резервированием
  single-chip ~ однокристальная ИС
  small-scale ~ ИС с низкой степенью интеграции, малая ИС, МИС
  UHS [ultra-high-speed] ~ ИС с ультравысоким быстродействием
  unpacked ~ бескорпусная ИС
  very large-scale ~ ИС со сверхвысокой степенью интеграции, сверхбольшая ИС, СБИС
icing обледенение (*напр. проводов*)
identification 1. идентификация 2. опознавание; распознавание 3. обозначение; маркировка
  fault ~ идентификация отказов
  lead ~ маркировка выводов
  wire ~ «прозвонка» цепи
identify 1. идентифицировать 2. опознавать; распознавать 3. обозначать; маркировать
idle 1. холостой ход; режим холостого хода 2. ожидание; простой, нерабочее состояние 3. холостой; бездействующий; незагруженный 4. резервный 5. реактивный
idling холостой ход; режим холостого хода
idly без нагрузки; вхолостую
ignistor транзистор и стабилитрон в одном корпусе
ignitability воспламеняемость, возгораемость
igniter 1. запальная свеча, запал 2. игнайтер, поджигающий электрод, электрод-поджигатель 3. воспламенитель; зажигатель
  electric spark ~ электровоспламенитель
ignition 1. зажигание; возгорание, воспламенение 2. запал, вспышка ◊ ~ **in a gas** возникновение разряда в газовой среде; **to adjust** ~ регулировать [выставлять] зажигание
  advanced ~ зажигание с опережением, раннее зажигание
  automatic ~ зажигание с автоматическим опережением
  battery ~ батарейное зажигание
  capacitive-discharge ~ ёмкостное зажигание
  coil ~ батарейное зажигание с катушкой индуктивности
  corona ~ зажигание короны
  delayed ~ зажигание с задержкой (по времени)
  discharge ~ зажигание разряда
  dual ~ двойное зажигание, зажигание от двух магнето
  early ~ зажигание с опережением, раннее зажигание
  electric ~ электрическое [искровое] зажигание
  electronic ~ электронное зажигание
  high-frequency ~ высокочастотное [ВЧ-]зажигание
  high-tension [high-voltage] ~ зажигание от магнето высокого напряжения
  irregular ~ нарушенное зажигание, зажигание с перебоями
  magneto ~ зажигание от магнето
  primer ~ возникновение вспомогательного разряда
  single ~ система зажигания с одним источником тока
  spark ~ электрическое [искровое] зажигание
  spark plug ~ зажигание запальными свечами
ignitor *см.* **igniter**
ignitron игнитрон
  air-cooled ~ игнитрон с воздушным охлаждением
  glass bulb ~ игнитрон в стеклянной оболочке
  pumped ~ игнитрон с системой поддержания вакуума
  sealed ~ запаянный игнитрон
  steel-envelope ~ игнитрон в стальном корпусе
  water-cooled ~ игнитрон с водяным охлаждением
  water-jacketed metal ~ металлический игнитрон с водяной рубашкой
  welder [welding] ~ сварочный игнитрон
illuminance освещённость
illuminant 1. источник света 2. осветительный прибор, светильник
  CIE standard ~**s** стандартные источники света МКО

ILLUMINATE

illuminate 1. освещать **2.** облучать
illumination 1. освещение **2.** освещённость **3.** облучение
  ambient ~ окружающее освещение
  artificial ~ искусственное освещение
  auxiliary ~ дополнительное освещение
  balancing ~ равномерное освещение
  bright-field ~ освещение предметного поля
  continuous ~ непрерывное [постоянное] освещение
  daylight ~ дневное [естественное] освещение
  dial ~ освещение шкалы (*прибора*)
  diffused ~ рассеянное освещение
  direct ~ **1.** прямое освещение, освещение прямым светом **2.** прямое облучение
  electrical ~ электрическое освещение
  flash ~ импульсное [проблесковое] освещение
  general ~ общее освещение
  indirect ~ **1.** отражённое освещение, освещение отражённым светом **2.** косвенное облучение
  instrument ~ освещение (измерительных) приборов
  internal ~ внутреннее освещение
  laser ~ облучение лазером
  nonuniform ~ неоднородное освещение
  outdoor ~ внешнее освещение; наружное освещение
  overhead ~ верхнее [потолочное] освещение
  polarized ~ освещение поляризованным светом
  pulsed ~ импульсное [проблесковое] освещение
  road ~ освещение дороги, дорожное освещение
  solar ~ солнечное освещение
  tilted ~ **1.** наклонное освещение **2.** наклонное облучение
  uniform ~ однородное освещение
illuminator 1. источник света **2.** осветительный прибор, светильник
illuminometer люксметр
image 1. изображение; образ ‖ формировать изображение; получать изображение **2.** зеркальный заряд
  after ~ *тлв* остаточное изображение, послеизображение
  electric ~ зеркальный заряд
  electron(-beam) ~ электронное изображение
  light ~ световое изображение
  X-ray ~ рентгеновское изображение
imager формирователь (сигналов) изображения
  infrared ~ формирователь (сигналов) в ИК-области спектра; тепловизор
  thermal ~ тепловизор
imbalance дисбаланс; нарушение баланса
  active power ~ нарушение баланса активной мощности
  electrical ~ дисбаланс (*электродвигателя*) вследствие асимметрии в сети питания
  voltage ~ неуравновешенность [асимметрия] напряжений (*многофазной системы*)
immittance иммитанс (*полное сопротивление или полная проводимость*)
  driving-point ~ **of an *n*-port network** входной иммитанс многополюсника
  input ~ **of a two-port network** входной иммитанс четырёхполюсника
  load ~ нагрузочный иммитанс
  output ~ **of a two-port network** выходной иммитанс четырёхполюсника
  terminating ~ замыкающий иммитанс
  transfer ~ передаточный иммитанс
immunity невосприимчивость; защищённость ◊ ~ **to corrosion** устойчивость против коррозии
  interference ~ помехоустойчивость; помехозащищённость
  mains-interference ~ невосприимчивость к помехам от сети
  noise ~ помехоустойчивость; помехозащищённость
impact 1. удар **2.** ударная [динамическая] нагрузка
  hydraulic ~ гидравлический удар
  load ~ **1.** ударная [динамическая] нагрузка **2.** толчок нагрузки
impair 1. ослаблять **2.** повреждать; ухудшать
impairment 1. ослабление **2.** повреждение; ухудшение
impedance 1. полное сопротивление, импеданс **2.** сопротивление ◊ ~ **to ground** полное сопротивление относительно земли
  ac ~ полное сопротивление (по) переменному току
  acoustic ~ полное акустическое сопротивление
  anode ~ полное сопротивление (*лампы*) анодному току
  apparent ~ кажущееся полное сопротивление

IMPEDANCE

asynchronous ~ асинхронное полное сопротивление
backward ~ обратное полное сопротивление
balanced-to-ground input ~ входное полное сопротивление, симметричное по отношению к земле
beam ~ полное сопротивление луча
bias(ing) ~ полное сопротивление смещения
blocked ~ 1. полное сопротивление холостого хода электромеханического преобразователя 2. полное сопротивление зажатого электромеханического преобразователя
capacitive ~ полное сопротивление с реактивной ёмкостной составляющей
characteristic ~ волновое [характеристическое] полное сопротивление
circuit ~ полное сопротивление цепи
clamped ~ 1. полное сопротивление холостого хода электромеханического преобразователя 2. полное сопротивление зажатого электромеханического преобразователя
closed-end ~ полное сопротивление КЗ
closed-loop input ~ полное входное сопротивление (*усилителя*) с замкнутой цепью обратной связи
closed-loop output ~ полное выходное сопротивление (*усилителя*) с замкнутой цепью обратной связи
coil ~ полное сопротивление катушки
cold ~ полное сопротивление (*контура*) в ненагретом состоянии
collector-base ~ полное сопротивление цепи коллектор — база
common-mode input ~ полное входное сопротивление (*усилителя с дифференциальным входом*) для синфазного сигнала
complex ~ комплексное сопротивление
conjugate ~s сопряжённые полные сопротивления
coupled ~ вносимое сопротивление
coupling ~ полное сопротивление связи
dc ~ полное сопротивление (по) постоянному току
differential (input) ~ дифференциальное (входное) полное сопротивление
direct-axis subtransient ~ сверхпереходное полное сопротивление по продольной оси
direct-axis synchronous ~ синхронное полное сопротивление по продольной оси
direct-axis transient ~ переходное полное сопротивление по продольной оси
distributed ~ распределённое полное сопротивление
driving ~ внесённое полное сопротивление электромеханического преобразователя
driving-point ~ 1. входное полное сопротивление линии передачи 2. полное сопротивление в рабочей точке характеристики 3. входное полное сопротивление на рабочих зажимах
dynamic ~ 1. динамическое полное сопротивление 2. резонансное сопротивление (*параллельного колебательного контура*)
electrical ~ полное сопротивление, импеданс
electrode ~ полное сопротивление электрода
external ~ внешнее полное сопротивление, полный импеданс
faradaic ~ фарадеевский импеданс
fault ~ полное сопротивление в месте КЗ
feed-point ~ полное сопротивление со стороны источника, входное полное сопротивление
forward ~ прямое полное сопротивление
free ~ 1. полное сопротивление ненагруженного электромеханического преобразователя 2. полное сопротивление короткозамкнутого электромеханического преобразователя
go-and-return ~ полное сопротивление линии передачи в оба конца
ground loop ~ полное сопротивление контура замыкания через землю
image ~ 1. реактивное сопротивление 2. *pl* характеристические сопротивления (*несимметричного четырёхполюсника*)
imaginary ~ реактивное сопротивление
inductive ~ полное сопротивление с индуктивной реактивной составляющей
input ~ 1. входное полное сопротивление 2. полное сопротивление входного электрода 3. полное сопротивление токовых контактов (*датчика Холла*)
internal ~ внутреннее полное сопротивление, внутренний импеданс; собственное полное сопротивление

IMPEDANCE

internal input ~ входное внутреннее полное сопротивление
internal output ~ выходное внутреннее полное сопротивление
intrinsic ~ 1. волновое [характеристическое] полное сопротивление 2. собственное полное сопротивление
iterative ~ повторное полное сопротивление (*пары зажимов четырёхполюсника*)
leakage ~ сопротивление (току) утечки
line ~ полное сопротивление линии (передачи)
line characteristic ~ волновое сопротивление линии передачи
load ~ полное сопротивление нагрузки
loaded ~ входное полное сопротивление нагруженного электромеханического преобразователя
loaded transducer ~ полное сопротивление измерительного преобразователя при (номинальной) нагрузке
longitudinal ~ продольное полное сопротивление
loop ~ полное сопротивление контура
lumped ~ сосредоточенное полное сопротивление
magnetic ~ магнитное полное сопротивление
matched ~ согласованное полное сопротивление
matching ~ согласующее полное сопротивление
mechanical ~ механическое полное сопротивление
motional ~ кинетическое полное сопротивление
mutual ~ 1. взаимное полное сопротивление 2. передаточное полное сопротивление
mutual surge ~ взаимное волновое полное сопротивление
natural ~ волновое [характеристическое] полное сопротивление
negative(-phase-)sequence ~ полное сопротивление обратной последовательности
network ~ полное сопротивление цепи
nominal ~ номинальное полное сопротивление
nonlinear ~ полное нелинейное сопротивление
normalized ~ нормализованное полное сопротивление
open-circuit ~ полное сопротивление холостого хода; полное сопротивление при разомкнутой на выходе цепи
open-circuit input ~ входное полное сопротивление в режиме холостого хода на выходе
open-circuit output ~ выходное полное сопротивление в режиме холостого хода на входе
opened ~ полное сопротивление (*тиристора*) в открытом состоянии
open-loop output ~ выходное полное сопротивление (*усилителя*) при разомкнутой цепи обратной связи
output ~ 1. выходное полное сопротивление 2. полное сопротивление выходного электрода
parasitic ~ паразитное полное сопротивление
percent ~ полное сопротивление в процентах
phase-shifting ~ фазосдвигающее полное сопротивление
positive(-phase-)sequence ~ полное сопротивление прямой последовательности
quadrature-axis subtransient ~ сверхпереходное полное сопротивление по поперечной оси
quadrature-axis synchronous ~ полное синхронное сопротивление по поперечной оси
quadrature-axis transient ~ переходное полное сопротивление по поперечной оси
rated ~ номинальное полное сопротивление
rated ~ **of an energizing circuit** номинальное полное сопротивление цепи возбуждения
recovery ~ восстанавливающееся полное сопротивление
reduced ~ эквивалентное полное сопротивление
reference ~ 1. расчётное полное сопротивление 2. эталонное полное сопротивление
reflected ~ вносимое полное сопротивление
rejector ~ резонансное сопротивление (*параллельного колебательного контура*)
replica ~ полное сопротивление компенсации в цепях РЗ
resistive ~ активное сопротивление
resultant ~ результирующее [суммарное] полное сопротивление
secondary-excitation ~ вторичное сопротивление намагничивания, сопротивление намагничивания, приведён-

ное ко вторичной стороне (*трансформатора*)
self-~ 1. входное полное сопротивление холостого хода **2.** собственное полное сопротивление
self-surge ~ собственное волновое сопротивление
sending-end ~ входное полное сопротивление линии передачи
series ~ продольное полное сопротивление
service connection ~ полное сопротивление присоединения потребителя
short-circuit ~ полное сопротивление цепи КЗ
short-circuit input ~ входное полное сопротивление в режиме КЗ на выходе
single-ended input ~ полное сопротивление несимметричного входа
single-phase ~ полное сопротивление однофазной цепи
skin ~ поверхностное полное сопротивление
source ~ полное (внутреннее) сопротивление источника питания
spurious [stray] ~ паразитное полное сопротивление
supply system ~ полное сопротивление источника электроснабжения
surface ~ поверхностное полное сопротивление
surge ~ волновое [характеристическое] полное сопротивление
synchronous ~ синхронное полное сопротивление
terminal ~ полное сопротивление на зажимах устройства
terminating ~ входное *или* выходное полное сопротивление (*ненагруженной схемы*)
thermal ~ тепловое полное сопротивление
tower footing ~ полное сопротивление заземлителя опоры
transfer ~ передаточное полное сопротивление
transmission-line ~ полное сопротивление ЛЭП
true ~ истинное полное сопротивление
tube ~ внутреннее полное сопротивление лампы
vector ~ комплексное полное сопротивление
wave ~ волновое [характеристическое] полное сопротивление
Zener ~ полное сопротивление диода при лавинном пробое

zero(-phase-)sequence ~ полное сопротивление нулевой последовательности
impedometer измеритель полного сопротивления
impedor двухполюсник
 active ~ активный двухполюсник
 passive ~ пассивный двухполюсник
 reactive ~ реактивный двухполюсник
impeller 1. рабочее колесо (*компрессора, насоса, гидротурбины*); крыльчатка (*вентилятора*) **2.** импеллер (*САР частоты вращения*)
 booster ~ вспомогательное рабочее колесо
 closed ~ рабочее колесо с передним и задним дисками
 governing ~ управляющий импеллер
 single-stage ~ рабочее колесо одноступенчатого насоса
imperfection 1. дефект; недостаток **2.** несовершенство
 line ~ **1.** повреждение (электрической) разводки **2.** повреждение ЛЭП **3.** линейный дефект
impermeability 1. непроницаемость, герметичность **2.** магнитная непроницаемость
implementation реализация
 circuit ~ реализация схемы
 imperfect ~ несовершенная реализация
impregnant пропитывающее вещество
 wet-strengthening ~ пропитывающее вещество для придания влагопрочности
impregnate пропитывать
impregnation пропитка
 jelly ~ твёрдая пропитка
 vacuum ~ вакуумная пропитка
impulse импульс ◊ ~ **chopped on the front** импульс, срезанный со стороны переднего фронта; ~ **chopped on the tail** импульс, срезанный со стороны заднего фронта
 break ~ импульс размыкания (*цепи*)
 chopped ~ **1.** укороченный импульс **2.** срезанный импульс
 chopped lightning ~ срезанный грозовой импульс
 current ~ импульс тока
 direct ~ прямой импульс
 discharge ~ разрядный импульс
 flow-rate ~ регулирующий импульс по расходу (*газа или воды*)
 full lightning ~ полный грозовой импульс
 full-wave voltage ~ полный (*неиска-*

IMPULSER

жённый *пробоем или перекрытием*) импульс напряжения
gating ~ отпирающий импульс
instantaneous ~ мгновенный импульс
lightning ~ грозовой импульс
lockout ~ синхронизирующий импульс
low-voltage ~ импульс низкого напряжения
make ~ импульс замыкания (*цепи*)
overlapping ~s перекрывающиеся импульсы
rectangular ~ прямоугольный импульс
residual ~ остаточный импульс
steep (current) ~ импульс (тока) с крутым фронтом
switching ~ коммутационный импульс
tension ~ импульс напряжения
tripping ~ отключающий [размыкающий] импульс
unidirectional ~ импульс одного направления
unit ~ единичный импульс
unit doublet ~ двойной [двусторонний, двуполярный] импульс
voltage ~ импульс напряжения
impulser 1. генератор импульсов, импульсный генератор **2.** датчик временно́й диаграммы последовательности импульсов
impurity примесь
coolant ~ примесь в теплоносителе
electrically active ~ электрически активная примесь
insoluble ~ нерастворимая примесь
magnetic ~ магнитная примесь
radioactive ~ радиоактивная примесь
soluble ~ растворимая примесь
volatile ~ летучая примесь
inaccessible недоступный (*для осмотра или ремонта; о приборе*)
inaccuracy погрешность; неточность
inapplicability неприменимость; непригодность
inbuilt встроенный (*о приборе*)
incandescence 1. накал; накаливание **2.** свечение (*нагретого тела*)
inception возникновение; начало
discharge ~ порог разряда
fault ~ **1.** начало аварии **2.** возникновение КЗ
inch ◊ **to** ~ **out** «клюнуть» (*о реле*)
inching 1. медленное перемещение; медленное разворачивание **2.** толчковая подача **3.** толчковый режим (*электродвигателя*) **4.** ступенчатое [шаговое] управление

incident 1. непредвиденный [случайный] отказ (*техники*) **2.** авария
system ~ системная авария
worsened ~ утяжелённая авария
inclination 1. угол наклона, угол падения **2.** склонение магнитной стрелки **3.** магнитное наклонение
magnetic ~ магнитное наклонение
incompatibility несовместимость
electromagnetic ~ электромагнитная несовместимость
incomplete незамкнутый (*о цепи*)
increase возрастание; увеличение ‖ возрастать; увеличивать(ся)
load ~ увеличение [набор] нагрузки
increment 1. приращение; увеличение **2.** инкремент, дифференциал
~ **of energy** блок (*определённое количество*) электроэнергии
frequency ~ приращение частоты
phase ~ приращение фазы
random ~ случайное приращение
relative ~ относительное приращение
voltage ~ приращение напряжения
incubator 1. инкубатор **2.** термостат
electric ~ **1.** электроинкубатор **2.** электротермостат
index 1. индекс; показатель; коэффициент **2.** указатель, стрелка (*измерительного прибора*)
absorbed dose ~ показатель поглощённой дозы (*в данной точке*)
accuracy class ~ показатель [индекс] класса точности
bulk power interruption ~ индекс нарушений нормального режима работы основной сети энергосистемы
class ~ обозначение класса точности
color rendering ~ индекс цветопередачи; показатель цветопередачи
customer curtailment ~ показатель недоотпуска (электро)энергии потребителям
dielectric loss ~ коэффициент диэлектрических потерь
dose equivalent ~ показатель эквивалентной дозы (*в данной точке*)
forced outage ~ индекс аварийных отключений
frequency modulation ~ индекс частотной модуляции, индекс ЧМ
guide ~ показатель преломления волоконного световода
loss ~ коэффициент потерь
loss-of-energy ~ показатель перерывов в энергоснабжении
modulation ~ **1.** коэффициент [глубина] модуляции (*для АМ-колебаний*) **2.**

INDICATOR

индекс модуляции (*для ЧМ- или ФМ- колебаний*)
numerical ~ **of the vector group** числовой указатель векторной группы соединений
overall efficiency ~ показатель полного кпд
percentage energy loss ~ показатель потерь (электро)энергии в процентах
performance ~ **1.** показатель качества работы, показатель функционирования **2.** эффективность; кпд
polarization ~ показатель поляризации
power consumption ~ индекс потребления электроэнергии
relative curtailment ~ показатель относительного недоотпуска (электро-)энергии
reliability ~ показатель надёжности
speed ~ показатель быстродействия
transient stability ~ показатель динамической устойчивости
voltage ~ коэффициент напряжения
indexing 1. индексация **2.** деление окружности на части **3.** шаговое перемещение ◊ ~ **in degress** деление на (угловые) градусы
base ~ цоколёвка (*электронной лампы*)
indication 1. индикация; выдача показаний **2.** показание; отсчёт **3.** сигнал; символ
beat-frequency ~ индикация частоты биений
fault ~ индикация неисправностей; индикация повреждений
full-scale ~ отклонение (*стрелки прибора*) на полную шкалу
optical ~ оптическая [визуальная] индикация
optical pick-up ~ оптическая индикация срабатывания
polarity ~ индикация полярности
remote ~ дистанционная сигнализация, телесигнализация
switch position ~ сигнализация положения выключателя
zero-scale ~ нулевое показание по шкале (*измерительного прибора*)
indicator 1. индикатор; указатель **2.** (измерительный) прибор **3.** стрелка; указатель (*измерительного прибора*)
air contamination ~ индикатор загрязнённости воздуха
alarm ~ индикатор предупредительной сигнализации
beat ~ индикатор биений
blown fuse ~ индикатор перегорания предохранителя
burnout ~ индикатор перегорания лампы
cable-fault ~ указатель повреждения кабеля
charge ~ индикатор заряда (*аккумулятора*)
consumption ~ расходомер
dashboard ~ индикатор на приборном щитке
demand ~ **1.** расходомер **2.** указатель максимума нагрузки
dew-point ~ индикатор точки росы
differential pressure ~ дифференциальный манометр, дифманометр
digital ~ цифровой индикатор
discharge ~ индикатор разряда (*аккумулятора*)
drop ~ указатель срабатывания (*реле*)
elapsed time ~ указатель фактической длительности (*работы устройства*)
electrical(-contact) ~ электрический сигнализатор (*напр. уровня*)
electric remote speed ~ дистанционный электрический индикатор скорости
engagement ~ указатель [индикатор] сцепления
flag ~ указатель срабатывания (*реле*)
flashing(-light) ~ проблесковый [мигающий] индикатор
frequency ~ частотомер
glow-discharge ~ индикатор тлеющего разряда
ground ~ индикатор замыкания на землю
ground path ~ индикатор контура, по которому протекает ток заземления
hot-spot ~ указатель температуры горячего места
insulation ~ испытатель изоляции
leakage ~ индикатор утечки
level ~ указатель уровня, уровнемер
light ~ **1.** световой индикатор **2.** измеритель светового потока
limit ~ **1.** индикатор предельных величин **2.** отметка предела
line voltage ~ индикатор напряжения линии
live-line ~ индикатор наличия напряжения на линии
long-scale ~ прибор с удлинённой шкалой
magnetic ~ **for lightning currents** магнитный регистратор грозовых разрядов

INDOOR-TYPE

maximum demand ~ указатель максимума нагрузки
multireading ~ многоточечный индикатор
needle ~ стрелочный индикатор
neon ~ неоновый индикатор
null ~ нуль-индикатор
oil-level ~ указатель уровня масла
on-off level ~ радиоизотопный индикатор превышения уровня
open-circuit ~ указатель обрыва [размыкания] цепи
operation ~ индикатор срабатывания (*реле*)
optoelectronic ~ оптоэлектронный индикатор
oscillation ~ индикатор колебаний
output ~ индикатор выхода
overload ~ индикатор перегрузки
partial discharge ~ индикатор частичных разрядов
peak ~ указатель пиковых значений
peak-to-peak ~ 1. измеритель разности между двумя последовательными пиками 2. измеритель двойных амплитуд
phase ~ фазометр
phase rotation [phase sequence] ~ указатель [индикатор] (порядка) следования [чередования] фаз
photoelectric ~ фотоэлектрический индикатор
pointer(-type) ~ стрелочный индикатор
polarity [pole] ~ индикатор [указатель] полярности
position ~ указатель положения (*коммутационного аппарата*)
power-factor ~ указатель коэффициента мощности
power-level ~ индикатор уровня (выходной) мощности; индикатор выхода
power-off ~ указатель прекращения [отключения] питания
power ready ~ индикатор готовности включения питания
pressure ~ 1. барометр 2. манометр
prospecting audio-radiation ~ поисковый звуковой индикатор
proximity ~ радиоизотопный индикатор расстояния
reed ~ вибрационный частотомер
remote ~ выносной индикатор; дистанционный индикатор
remote position ~ дистанционный датчик положения
remote power ~ дистанционный указатель нагрузки, дистанционный ваттметр
resonance-frequency ~ вибрационный частотомер
revolution ~ указатель числа оборотов, тахометр
revolutions per minute ~ указатель числа оборотов в минуту
rotary ~ поворотный индикатор
scale ~ индикатор со шкалой
shadow tuning ~ электронно-оптический индикатор настройки
short-turn ~ индикатор короткозамкнутых витков
spot error ~ точечный индикатор рассогласований
standing wave ~ измеритель коэффициента стоячей волны, измеритель КСВ
state ~ указатель состояния
state-of-charge ~ указатель степени заряженности (*аккумулятора*)
status ~ указатель состояния
tap position ~ указатель положения переключателя ответвлений
temperature ~ термоиндикатор; термометр
thermal image temperature ~ сигнальное устройство на базе моделирования нагрева, термосигнализатор
tuning ~ индикатор настройки
turn ~ *авто* указатель поворота
visible [visual] ~ индикатор визуального контроля, визуальный индикатор
voltage ~ индикатор (наличия) напряжения
voltage-deviation ~ индикатор отклонения напряжения
voltage-discharge ~ индикатор разряда (*аккумулятора*)
wire breakage ~ индикатор обрыва провода
zero-beat ~ индикатор нулевых биений

indoor-type для внутренней установки (*о приборе*)
induce индуцировать, наводить; возбуждать
inductance 1. индуктивность **2.** самоиндукция, собственная индукция **3.** катушка индуктивности ◊ ~ **per unit length** индуктивность на единицу длины; ~ **with iron core** катушка индуктивности со стальным сердечником
~ **of connections** индуктивность соединительных проводов
adjustable ~ переменная индуктивность; регулируемая индуктивность

INDUCTION

aero-ferric ~ индуктивность катушки с разомкнутым стальным сердечником

air-core ~ катушка индуктивности без стального сердечника

air-gap ~ катушка индуктивности с воздушным зазором (*в сердечнике*)

apparent ~ кажущаяся индуктивность

charging ~ зарядная индуктивность

coil ~ (собственная) индуктивность катушки

commutation ~ индуктивность контура коммутации

controlled ~ регулируемая индуктивность; управляемая индуктивность

distributed ~ распределённая индуктивность

dynamic mutual ~ динамическая взаимная индуктивность

electromagnetic ~ электромагнитная индуктивность

end-turn ~ индуктивность торцевых витков

equivalent (series) ~ эквивалентная (последовательная) индуктивность

external ~ 1. внешняя индуктивность 2. индуктивность подводящих проводов

flux-controlled ~ индуктивность, регулируемая величиной (магнитного) потока

incremental ~ дифференциальная индуктивность

initial ~ начальная индуктивность

internal ~ внутренняя [собственная] индуктивность

lead ~ индуктивность выводов

leakage ~ индуктивность рассеяния

line ~ индуктивность линии

linear ~ линейная индуктивность

lumped ~ сосредоточенная индуктивность

magnetizing ~ индуктивность намагничивания

mutual ~ взаимная индуктивность; коэффициент взаимоиндукции

nominal ~ номинальная индуктивность

nonlinear ~ нелинейная индуктивность

open-circuit ~ индуктивность холостого хода

primary ~ индуктивность первичной обмотки

pulse magnetizing ~ индуктивность намагничивания при импульсном сигнале

rated ~ номинальная индуктивность

saturation ~ индуктивность при насыщении

secondary ~ индуктивность вторичной обмотки

self- ~ 1. собственная индуктивность 2. самоиндукция, собственная индукция

series ~ 1. последовательно включённая индуктивность 2. индуктивность жилы (*провода*)

shunt ~ шунтирующая [поперечная] индуктивность

spurious ~ паразитная индуктивность

stray ~ 1. паразитная индуктивность 2. индуктивность рассеяния

synthetic ~ искусственная индуктивность (*на операционных усилителях, резисторах и конденсаторах*)

tank (circuit) ~ индуктивность колебательного контура

total ~ результирующая индуктивность; результирующий коэффициент самоиндукции

transformer-leakage ~ индуктивность рассеяния трансформатора

trimming ~ подстроечная катушка индуктивности

tuned circuit ~ индуктивность колебательного контура

variable ~ 1. переменная индуктивность 2. катушка переменной индуктивности, вариометр

inductance-capacitance индуктивно-ёмкостный

induction 1. индукция, наведение, индуцирование 2. электростатическая индукция 3. магнитная индукция

air-gap ~ (магнитная) индукция в воздушном зазоре

armature ~ индукция в якоре

back ~ 1. размагничивающее действие 2. обратная индукция

biased ~ индукция смещения; индукция подмагничивания

electric ~ электростатическая индукция

electromagnetic ~ электромагнитная индукция

gap ~ индукция в зазоре

incremental ~ дифференциальная магнитная индукция

interference ~ наведение помех

intrinsic ~ внутренняя [собственная] магнитная индукция

magnetic ~ магнитная индукция

magnetic alternating ~ переменная магнитная индукция

mutual ~ 1. взаимоиндукция, взаим-

ная индукция 2. коэффициент взаимоиндукции
noise ~ наведение шумов
remanent [residual] magnetic ~ остаточная магнитная индукция
saturation ~ индукция насыщения
self- ~ самоиндукция, собственная индукция
stray ~ индукция (от потока) рассеяния
surface ~ поверхностная индукция
inductionless безындуктивный
inductive индуктивный
inductivity 1. диэлектрическая проницаемость **2.** индуктивность
absolute ~ абсолютная диэлектрическая проницаемость
electric ~ диэлектрическая проницаемость
magnetic ~ магнитная проницаемость
relative ~ относительная диэлектрическая проницаемость
inductometer индуктометр, измеритель индуктивности
inductor 1. катушка индуктивности **2.** индуктор, индукционная катушка **3.** дроссель ◊ ~ **with adjustable air gap** дроссель с регулируемым воздушным зазором
adjustable ~ регулируемая катушка индуктивности
aerial-tuning ~ катушка настройки антенного контура
air-core ~ катушка индуктивности с воздушным сердечником
ceramic-core ~ катушка индуктивности с керамическим сердечником
commutating ~ коммутирующий дроссель
compatible mutual ~**s** катушки с исчислимой взаимоиндуктивностью
continuously adjustable ~ катушка переменной индуктивности, вариометр
core-type ~ индуктор с сердечником
coupling ~ катушка связи
crank ~ индуктор с крючкообразной ручкой (*для меггеров*)
current-limiting ~ токоограничительный реактор
cylindrical ~ соленоидный индуктор
electrically variable ~ реактор с электрическим управлением
ferrite ~ индуктор с ферритовым магнитопроводом, ферритовый индуктор
fixed ~ катушка постоянной индуктивности

ground equalizer ~ компенсационная заземляющая катушка индуктивности
grounding ~ заземляющая катушка; заземляющий реактор
heating ~ нагревательный индуктор; нагревательная катушка
ideal ~ идеальная катушка индуктивности
internal ~ внутренний индуктор
iron-cored ~ катушка индуктивности со стальным сердечником
ironless ~ катушка индуктивности без стального сердечника
loop ~ одновитковый индуктор
magnetic-core ~ катушка индуктивности с магнитным сердечником
pancake ~ плоскоспиральная катушка индуктивности
plastic-core ~ катушка индуктивности с пластмассовым сердечником
plate ~ катушка индуктивности анодной цепи
plug-in ~ сменная катушка индуктивности
printed ~ печатная катушка индуктивности
saturable ~ **1.** насыщающийся индуктор **2.** насыщающаяся катушка индуктивности
series ~ **1.** последовательно включённая катушка индуктивности **2.** добавочная катушка индуктивности
smoothing ~ сглаживающий дроссель; сглаживающий реактор
spark ~ искровая индукционная катушка
spiral ~ спиральный индуктор
stored-power ~ магнитный накопитель запасённой энергии
tail-sharpening ~ катушка для увеличения крутизны заднего фронта импульса
tapped variable ~ реактор с отпайками
variable ~ катушка переменной индуктивности
wayside ~ *ж.-д.* путевой индуктор
wayside train-stop ~ путевой индуктор остановки поезда
industry промышленность
electrical (manufacturing) ~ электротехническая промышленность
electricity ~ электроэнергетическая промышленность, электроэнергетика
electric machine ~ электромашиностроение
electric power [electric utility] ~ элек-

INPUT

троэнергетическая промышленность, электроэнергетика
energy ~ энергетическая промышленность, энергетика
fuel ~ топливная промышленность
heat power ~ теплоэнергетика
hydropower ~ гидроэнергетика
nuclear power ~ ядерная [атомная] энергетика
power ~ (электро)энергетическая промышленность, (электро)энергетика

inertia инерция
  electric ~ электрическая инерция; самоиндукция, собственная индукция
  electromagnetic ~ 1. самоиндукция, собственная индукция 2. постоянная времени электрической цепи
  load ~ момент инерции (приводимой) нагрузки
  machine ~ инерция машины
  normal load ~ нормальное значение момента инерции нагрузки

inertialess безынерционный
in-feed(ing) 1. (электро)питание 2. подпитка (*КЗ*) 3. ввод (*электропитания*)

influence влияние
  interelement ~ межэлементное влияние
  power factor ~ влияние коэффициента мощности
  voltage ~ зависимость от напряжения
  waveform ~ влияние формы кривой

information информация
  binary state ~ информация о двоичном состоянии
  control ~ управляющая информация
  double-point ~ двухэлементная информация
  equipment failure ~ информация об отказе аппаратуры
  event ~ информация об изменении состояния
  faulty state ~ информация об ошибочном состоянии
  fleeting ~ информация о кратковременном состоянии, требующая запоминания
  incremental ~ информация о приращении
  intermediate state ~ информация о промежуточном состоянии
  monitored ~ контрольная информация
  persistent ~ информация о длительном состоянии, не требующая запоминания
  relevant ~ соответствующая информация
  return ~ информация об исполнении
  sampled ~ выборка (*информация, полученная периодическими замерами*)
  single-point ~ одноэлементная информация
  state ~ информация о состоянии (*оборудования*)
  switch position ~ информация о положении выключателя
  transient ~ информация о кратковременном состоянии, требующая запоминания

inhaler воздушный фильтр
initialization установка [приведение] в исходное состояние *или* в исходное положение
initiate инициировать; запускать
initiation инициация; побуждение к началу работы; запуск
trigger ~ пуск от пускового органа
initiator пусковое устройство; запускающий элемент

injection 1. инъекция (*тока*) 2. подпитывание, подпитка (*током*) 3. инжекция; впрыск; вдувание
  current ~ инъекция тока; ввод тока
  forced grease ~ принудительная подача консистентной смазки
  high-head safety ~ аварийная подпитка высокого давления
  protection ~ ввод в систему защиты
  quadrature voltage ~ введение поперечного напряжения

inlet 1. ввод 2. вход, входное отверстие
  air ~ вентиляционное отверстие
  bifurcated ~ напорный трубопровод ГЭС, разделённый на две нитки
  cable ~ кабельный ввод
  outer ~ наружный ввод

inoperative бездействующий; неисправный; выведенный из работы
in-parallel параллельно включённый
in-phase совпадающий по фазе
input 1. вход 2. ввод; подвод; подача; подводимая мощность 3. подводимый ток 4. входной контур, цепь 5. входной сигнал 6. начало обмотки ◊ ~ **to network** энергия, отдаваемая в (электрическую) сеть
  asymmetrical ~ несимметричный вход
  automatic ~ автоматический ввод (*данных*)
  balanced ~ симметричный вход
  clock ~ 1. входной тактовый сигнал 2. тактовый вход

INPUT

common-mode ~ вход синфазных сигналов
complementing ~ счётный вход (*триггера*)
continuous sine ~ установившийся синусоидальный входной сигнал
current ~ токовый ввод
data ~ ввод данных
decaying sine ~ затухающий синусоидальный входной сигнал
differential ~ дифференциальный вход
digital ~ 1. цифровой ввод 2. цифровой вход
electric energy ~ подводимая энергия; потребляемая энергия
floating ~ 1. незаземлённый ввод 2. дифференциальный вход
full-scale ~ максимальный сигнал на входе
grounded ~ заземлённый вход
heat ~ подводимая теплота
high ~ высокий уровень на входе; сильный сигнал на входе
high-voltage ~ ввод высокого напряжения
inverting ~ инвертирующий вход
keyboard ~ ввод (*данных*) с клавиатуры
light ~ входной световой поток
load ~ вход нагрузки
load-circuit ~ мощность на отправном конце линии питания нагрузки
lock ~ вход (фазовой) синхронизации
low ~ низкий уровень на входе; слабый сигнал на входе
manual ~ ручной ввод (*данных*)
measuring ~ измерительный вход
noninverting ~ неинвертирующий вход
open ~ вход логической (микро)схемы в состоянии высокого импеданса
potential ~ вход по напряжению; подача напряжения
power ~ 1. подводимая мощность; потребляемая мощность 2. вход мощного сигнала 3. силовой вход
pulse ~ импульсный вход
ramp ~ пилообразный входной сигнал
random ~ случайный входной сигнал
rated ~ номинальная потребляемая мощность; номинальная подводимая мощность
reference ~ вход опорного [эталонного] сигнала
signal ~ вход сигнала

sine beat ~ входной сигнал в виде биений синусоидальных величин
single-ended ~ заземлённый ввод
squared ~ входной сигнал, преобразованный из синусоидальной формы в прямоугольную
steady energy ~ подвод постоянной [стабильной по величине] мощности
step ~ ступенчатый вход
successive ~s последовательные входные сигналы
superheater ~ первая [входная] ступень перегревателя
symmetrical ~ симметричный вход
sync(hronization) ~ вход синхронизации
test ~ испытательный [контрольный] ввод
total power ~ полная входная мощность
touch ~ сенсорный ввод (*данных*)
trial ~ пробное воздействие, пробный сигнал
tripping ~ 1. отключающий сигнал на входе 2. вход для отключающего сигнала
unit step ~ единичное ступенчатое воздействие
watts ~ подводимая мощность; потребляемая мощность

input/output ввод — вывод
inrush 1. (пусковой) бросок тока; толчок тока 2. пусковая мощность
current ~ бросок тока; толчок тока
magnetizing-current ~ бросок тока намагничивания
in-series последовательно включённый
insert 1. вставка; вкладыш ‖ вставлять; вкладывать 2. включение ‖ включать
connector ~ вкладыш соединителя
fixed block ~ включение (*в тарифный график*) блока с фиксированным местоположением
floating block ~ включение (*в тарифный график*) блока с плавающим местоположением
steel ~ стальная вставка
inserter устройство для вставки [монтажа] компонентов
semiautomatic terminal ~ полуавтомат для установки контактов
insertion 1. ввод; введение 2. вставка; вкладка 3. включение
fast rod ~ сброс управляющего стержня (*ядерного реактора*)
inspection проверка; осмотр; инспекция; контроль
acceptance ~ приёмочный контроль
daily ~ ежедневный осмотр

maintenance ~ профилактический осмотр
mechanical ~ механическая проверка, механический осмотр
minor ~ беглый осмотр
periodic ~ периодический осмотр
random ~ выборочный контроль
soldering ~ проверка (качества) пайки
visual ~ визуальный контроль; осмотр
instability 1. неустойчивость 2. нестабильность
amplitude ~ нестабильность амплитуды
aperiodic ~ апериодическая неустойчивость
coupled hydrodynamic-neutronic ~ гидродинамическая неустойчивость в кипящем реакторе
dynamic ~ динамическая неустойчивость
first swing ~ нарушение устойчивости в первом полуцикле качаний
frequency ~ нестабильность частоты
magnetic ~ магнитная нестабильность
oscillatory ~ колебательная неустойчивость
output level ~ неустойчивость выходного уровня
short-term ~ кратковременная неустойчивость
thermal ~ тепловая неустойчивость
installation 1. установка; агрегат 2. монтаж; размещение, расположение
control ~ установка автоматического регулирования
cooling ~ охладительная установка
domestic electrical ~ бытовая электроустановка
electric ~ 1. электрическая установка, электроустановка 2. электрооборудование
electroheat ~ электротермическая [электронагревательная] установка
exposed ~ незащищённая [открытая] установка
generator-transformer ~ блок генератор-трансформатор
health-monitoring ~ дозиметрическая установка
high-voltage ~ (электро)установка высокого напряжения
hydroelectric [hydropower] ~ гидроэнергетический узел, гидроузел; гидроэлектростанция, ГЭС
indoor electrical ~ закрытая электроустановка

industrial electrical ~ промышленная электроустановка
low-voltage ~ (электро)установка низкого напряжения
nonexposed ~ защищённая [закрытая] установка
oil-pressure ~ маслонапорная установка, МНУ
outdoor electrical ~ открытая электроустановка
pumped-storage ~ гидроаккумулирующая электростанция, ГАЭС
rectifying ~ выпрямительная установка; преобразовательное устройство
tidal power ~ приливная электростанция, ПЭС
turbine ~ турбинная установка, турбина
turbine-generator ~ турбогенераторная установка; турбогенераторный агрегат
under-plaster ~ скрытая проводка
wire ~ прокладка электропроводки
instant-start с мгновенным включением [зажиганием] (*люминесцентных ламп без предварительного подогрева*)
instruction инструкция
engineering ~ 1. инструкция по техническому обслуживанию 2. инструкция по эксплуатации
inspection and test ~ инструкция по осмотру и испытаниям
manufacturer's ~ заводская инструкция
service ~ 1. инструкция по эксплуатации 2. инструкция по техническому обслуживанию
shop ~ заводская инструкция
instrument 1. измерительный прибор 2. инструмент; приспособление ◊ ~ **with contacts** контактный измерительный прибор; ~ **with electromagnetic screen** измерительный прибор с электромагнитным экраном; ~ **with electrostatic screen** измерительный прибор с электростатическим экраном; ~ **with magnetic screen** измерительный прибор с магнитным экраном; ~ **with optical index** [~ **with optical pointer**] прибор с оптическим указателем; ~ **with projected scale** прибор с (подвижной) проецируемой шкалой; ~ **with suppressed zero** прибор с подавленным нулём
ac ~ прибор для измерений на переменном токе
air-cored ~ измерительный прибор с воздушным сердечником

INSTRUMENT

all-purpose ~ универсальный измерительный прибор
aperiodic ~ апериодический измерительный прибор
astatic ~ астатический измерительный прибор
autoranging ~ измерительный прибор с автоматическим переключением пределов измерений
back-connecting ~ измерительный прибор с задним присоединением
bimetallic ~ измерительный прибор с биметаллическим элементом
bolometric ~ измерительный прибор с болометром
calibration ~ поверочный измерительный прибор
center-zero ~ измерительный прибор с нулём посередине (*шкалы*)
checking ~ контрольный прибор
circular-scale ~ измерительный прибор с круговой шкалой
clip-on ~ токоизмерительные клещи
contact-type ~ прибор для контактных измерений
control ~ регулирующий прибор
cross pointer ~ двухстрелочный прибор
curve-drawing ~ самопишущий [регистрирующий] прибор, самописец
damped periodic ~ демпфированный измерительный прибор
dc ~ прибор для измерений на постоянном токе
dead-beat ~ апериодический измерительный прибор
deflection ~ измерительный прибор с отклоняющейся стрелкой
detecting ~ индикатор
dial ~ измерительный прибор с круговой шкалой
differential ~ дифференциальный измерительный прибор
digital ~ цифровой измерительный прибор
direct-acting ~ измерительный прибор прямого действия
direct-reading (recording) ~ (регистрирующий) прибор с непосредственной индикацией
dynamometer ~ электродинамический измерительный прибор
electrical(ly) measuring ~ 1. прибор для измерения электрическими методами неэлектрических величин 2. электроизмерительный прибор
electrodynamic ~ электродинамический измерительный прибор
electromagnetic ~ электромагнитный измерительный прибор
electronic ~ электронный измерительный прибор
electrostatic ~ электростатический измерительный прибор
electrothermic ~ электротермический измерительный прибор
end ~ (первичный) измерительный преобразователь, датчик
expanded scale ~ измерительный прибор с расширенными пределами измерений
ferrodynamic ~ рерродинамический измерительный прибор
ferromagnetic ~ электромагнитный измерительный прибор
fixed ~ стационарный измерительный прибор
flow ~ расходомер
flush(-mounted) [flush-type] ~ измерительный прибор утопленного монтажа; щитовой измерительный прибор
general-purpose ~ универсальный измерительный прибор
graphic ~ самопишущий [регистрирующий] прибор, самописец
health physics ~s аппаратура для дозиметрии и служб радиационной безопасности
hot-wire ~ измерительный прибор с тепловой системой
illuminated dial ~ прибор с освещённой шкалой
indicating ~ показывающий измерительный прибор
indirect-acting ~ измерительный прибор косвенного действия
induction ~ электродинамический измерительный прибор
industrial ~ промышленный контрольно-измерительный прибор
in-situ ~ измерительный прибор прямого действия в технологическом контуре
integrating ~ интегрирующий измерительный прибор
lab(oratory) ~ лабораторный измерительный прибор; измерительный прибор высокой точности
lag-free ~ безынерционный измерительный прибор
light-spot ~ измерительный прибор со световым пятном
long-scale ~ измерительный прибор с удлинённой шкалой
mains-operated ~ измерительный прибор с питанием от сети

INSTRUMENT

master ~ контрольно-измерительный прибор
measuring ~ измерительный прибор
measuring ~ **with circuit control devices** измерительный прибор с органами управления внешней цепью
mirror ~ зеркальный измерительный прибор
monitoring ~ контрольно-измерительный прибор
moving-coil ~ магнитоэлектрический измерительный прибор
moving-coil ~ **with external magnet** магнитоэлектрический прибор с внешним магнитом
moving-coil ~ **with internal magnet** магнитоэлектрический прибор с внутренним магнитом
moving-iron ~ электромагнитный измерительный прибор
moving-magnet ~ магнитоэлектрический прибор с подвижным магнитом
moving-scale ~ измерительный прибор с подвижной шкалой
multifunction ~ многофункциональный измерительный прибор
multimeter ~ универсальный электроизмерительный прибор, *проф.* мультиметр
multirange ~ многопредельный измерительный прибор
panel(-type) ~ щитовой измерительный прибор
permanent-magnet moving-coil ~ магнитоэлектрический прибор, измерительный прибор магнитоэлектрической системы
permanent-magnet moving-iron ~ измерительный прибор с поляризованной системой, поляризованный электромагнитный прибор
permanent moving-iron ~ магнитоэлектрический прибор с подвижным магнитом
plug-in ~ встроенный [вставной] измерительный прибор
pointer ~ стрелочный прибор
polarized vane ~ магнитоэлектрический прибор с подвижным магнитом в форме лопасти
portable ~ переносный измерительный прибор
precision ~ прецизионный измерительный прибор
projected-scale ~ измерительный прибор с проецируемой (*на экран*) освещённой шкалой
recording ~ самопишущий [регистрирующий] прибор, самописец
rectifier ~ измерительный прибор выпрямительной системы
reference ~ образцовый [эталонный] прибор
repulsion iron-vane ~ измерительный прибор электромагнитной системы с притягивающимся лепестком
rotating field ~ измерительный прибор индукционной системы с вращающимся магнитным полем
rotating iron-vane ~ измерительный прибор электромагнитной системы с вращающимся лепестком
self-registering ~ самопишущий [регистрирующий] прибор, самописец
service measuring ~ переносный измерительный прибор
set-up-scale ~ прибор с подавленным нулём
shadow column ~ измерительный прибор с теневым указателем
shunted ~ измерительный прибор с шунтом
single-range (measuring) ~ однопредельный измерительный прибор
soft-iron ~ измерительный прибор электромагнитной системы, электромагнитный прибор
soldering inspection ~ прибор для проверки (качества) пайки
split-electromagnet ~ токоизмерительные клещи
square-law rectifier ~ прибор с квадратичным детектированием
standard ~ образцовый [эталонный] прибор
strain recording ~ самопишущий тензометр
string-shadow ~ измерительный прибор с индикацией тенью (токопроводящей) струны
strip-recording ~ регистрирующий прибор с записью на ленту; ленточный регистратор
summation ~ суммирующий измерительный прибор
suppressed zero ~ измерительный прибор с подавленным нулём
switchboard(-type) ~ щитовой измерительный прибор
tape-type ~ ленточный самописец
testing ~ контрольно-измерительный прибор
thermal ~ тепловой измерительный прибор; прибор тепловой системы
thermocouple ~ измерительный прибор с термопарами
tong-test ~ токоизмерительные клещи

INSTRUMENTATION

track ~ 1. рельсовый контакт 2. электрическая рельсовая педаль
vibration reed ~ вибрационный прибор, измерительный прибор вибрационной системы
zero-center ~ измерительный прибор с нулём посередине (*шкалы*)
instrumentation 1. установка измерительных приборов; оснащение контрольно-измерительной аппаратурой 2. контрольно-измерительная аппаратура; контрольно-измерительные приборы, КИП
   control ~ 1. контрольно-измерительная аппаратура 2. контрольные измерения
   field ~ аппаратура для измерений на объекте
   in-core ~ внутриреакторные измерительные приборы
   nuclear ~ ядерное приборостроение
   test ~ 1. измерения при испытаниях 2. аппаратура для измерений при испытаниях
   turbine generator supervisory ~ аппаратура контроля за работой и состоянием турбогенератора
insulance сопротивление изоляции
insulant изоляционный материал, изоляция
insulate изолировать
insulated изолированный
   impregnated paper ~ изолированный пропитанной бумагой
   mineral ~ с минеральной [неорганической] изоляцией
   SF$_6$-gas ~ с элегазовой изоляцией
insulation 1. изоляция, изолирование 2. изоляционный материал, изоляция
   air ~ воздушная изоляция
   arc-resistant ~ дугостойкая изоляция
   asbestos ~ асбестовая изоляция
   asbestos-backed mica ~ асбослюда
   asphalt impregnated mica ~ микалентная изоляция с асфальтовой [битумной] пропиткой
   banding ~ подбандажная изоляция
   bar ~ изоляция стержня (*обмотки*)
   basic ~ основная [главная] изоляция
   beaded ~ изоляция бусами (*напр. керамическими*)
   bearing ~ изоляция подшипника
   belt ~ поясная изоляция
   bitumen ~ битумная изоляция
   bore-hole lead ~ изоляция проводника внутри полого вала
   butyl rubber ~ бутилкаучуковая изоляция
   cable ~ изоляция кабеля
   cable core ~ изоляция жил кабеля
   cambric ~ лакотканевая изоляция, кембрик
   capacitor ~ конденсаторная изоляция
   cast ~ литая изоляция
   ceramic ~ керамическая изоляция
   clamp ~ изоляция зажима
   coil ~ изоляция катушки
   coil-to-coil ~ межкатушечная изоляция
   commutator segment ~ изоляция пластин коллектора
   commutator shell ~ изоляция гильзы коллектора
   commutator V-ring ~ изоляция стяжного кольца коллектора
   composite ~ комбинированная изоляция
   compressed gas ~ изоляция со сжатым газом
   conductor ~ изоляция провода
   cordierite ~ кордиеритовая изоляция
   core ~ изоляция сердечника
   cotton ~ хлопчатобумажная изоляция
   cotton waxed ~ хлопчатобумажная провощённая изоляция
   cured polyethylene ~ вулканизированная полиэтиленовая изоляция
   defective [deteriorated] ~ повреждённая изоляция
   double ~ двойная изоляция
   electrical ~ электрическая изоляция
   electrodeposited mica ~ электроосаждаемая слюдяная изоляция
   enamel ~ эмалевая изоляция
   epoxy-air suspension ~ изоляция сухим напылением эпоксидной эмульсии
   epoxy micaceous ~ слюдосодержащая изоляция на эпоксидном связующем
   ethylene propylene-rubber ~ этиленпропиленорезиновая изоляция
   external ~ внешняя изоляция
   faulty ~ повреждённая изоляция
   fiber ~ волокнистая [фибровая] изоляция
   fiberglass ~ изоляция из стекловолокна
   fibrous ~ волокнистая [фибровая] изоляция
   field-lead ~ изоляция проводников от лобовых частей к кольцам ротора
   field-spool ~ изоляция катушки возбуждения
   field-turn ~ витковая изоляция обмотки возбуждения
   film ~ плёночная изоляция
   flexible ~ гибкая изоляция

INSULATION

flexible sheet ~ гибкая листовая изоляция
frame ~ корпусная изоляция (*электрической машины*)
full ~ полная изоляция
full impregnated ~ полностью пропитанная изоляция
glass ~ стеклянная изоляция
glass-backed mica paper ~ слюдобумажная изоляция с подложкой из стеклоткани
glass fiber ~ изоляция из стекловолокна
graded ~ градированная [ступенчатая] изоляция
ground ~ изоляция на землю
groundwall ~ корпусная изоляция (*электрической машины*)
hard paper ~ твёрдая бумажная изоляция
heat ~ тепловая изоляция, теплоизоляция
high-temperature ~ высокотемпературная изоляция
high-voltage ~ изоляция высокого напряжения
hydrogen seal ~ изоляция водородного уплотнения
impregnated ~ пропитанная изоляция
impregnated-paper ~ пропитанная бумажная изоляция
indoor external ~ внешняя изоляция внутренней установки
inorganic ~ неорганическая изоляция
integral ~ общая изоляция
intercoil ~ изоляция между катушками
interlamination ~ межслойная изоляция
internal ~ внутренняя изоляция
interphase ~ межфазная изоляция
interturn ~ межвитковая изоляция
joint ~ изоляция соединения (*проводов*)
laminated ~ слоистая изоляция
lamination ~ изоляция между пластинами *или* листами (*сердечника*)
lateral ~ боковая изоляция (*между электродом и корпусом аккумулятора*)
layer ~ 1. изоляция слоя (*обмотки*) 2. изоляция между слоями (*обмотки*)
line ~ линейная изоляция
liquid ~ жидкая изоляция
longitudinal ~ продольная изоляция
low ~ слабая изоляция
main [major] ~ 1. основная [главная] изоляция 2. корпусная изоляция (*электрической машины*)
mass-impregnated ~ изоляция с вязкой пропиткой
mass-impregnated and drained ~ изоляция с обеднённой пропиткой
mass-impregnated nondrained ~ изоляция с неистекающей пропиткой, стабилизированная изоляция
mass-impregnated paper ~ бумажная изоляция с вязкой пропиткой
mica ~ слюдяная изоляция
mica-paper ~ слюдобумажная изоляция
mica-resin groundwall ~ миканитовая корпусная изоляция
mineral ~ минеральная изоляция
molded ~ формованная (монолитная) изоляция; литая изоляция
mold-formed ~ изоляция, создаваемая методом опрессовки
mold-form-wound coil ~ формованная изоляция шаблонных катушек
multilayer ~ многослойная изоляция
nonself-restoring ~ несамовосстанавливающаяся изоляция
oil ~ масляная изоляция
oil-barrier ~ маслобарьерная изоляция
oil-paper ~ маслобумажная изоляция
outdoor external ~ внешняя изоляция наружной установки
overall ~ общая изоляция
paper ~ бумажная изоляция
paper-oil ~ бумажно-масляная изоляция
periclase ~ изоляция из периклаза
phase ~ фазовая изоляция
phase coil ~ межфазная изоляция катушек
phase-to-ground ~ изоляция фазы относительно земли
phase-to-phase ~ межфазная изоляция
plastic ~ пластмассовая изоляция
pole ~ изоляция полюса (*электрической машины*)
pole body ~ изоляция сердечника полюса
polyester film-backed mica paper ~ слюдобумажная изоляция с подложкой из полиэфирной плёнки
polyethylene ~ полиэтиленовая изоляция
polyimide-film and silicone compound based ~ изоляция на основе полиимидной плёнки и кремнийорганического компаунда
polymeric ~ полимерная изоляция
polythene ~ полиэтиленовая изоляция

INSULATIVITY

polyvinylchloride ~ поливинилхлоридная [ПВХ-]изоляция
post-cured ~ термореактивная изоляция
post-impregnated ~ изоляция (из сухих лент) с последующей пропиткой
preimpregnated ~ изоляция с предварительной пропиткой
pressboard ~ прессшпановая изоляция
primary ~ первичная изоляция
protective ~ защитная изоляция
PVC ~ поливинилхлоридная [ПВХ-]изоляция
reduced ~ облегчённая изоляция
reinforced ~ усиленная изоляция
rigid ~ 1. жёстко закреплённая изоляция 2. изоляция повышенной механической прочности
rigid sheet ~ твёрдая листовая изоляция
rubber ~ резиновая изоляция
sandwich-type composite ~ многослойная составная изоляция
sealing ~ герметизирующая изоляция
self-restoring ~ самовосстанавливающая изоляция
SF$_6$ ~ элегазовая изоляция
silicone ~ силиконовая [кремнийорганическая] изоляция
silicone rubber ~ изоляция из кремнийорганической резины
silk ~ шёлковая изоляция
slot ~ пазовая изоляция (*электрической машины*)
splice ~ изоляция сростка
strand ~ изоляция элементарного проводника; изоляция жилы
supplementary ~ дополнительная изоляция
surface ~ изоляция пластин (*шихтованного магнитопровода*)
synthetic ~ синтетическая изоляция
thermal ~ тепловая изоляция, теплоизоляция
thermoplastic ~ термопластичная изоляция
thermosetting ~ термореактивная изоляция
thinned ~ утонённая [ослабленная] изоляция
total ~ полная изоляция
turn ~ витковая изоляция
turn-to-turn ~ межвитковая изоляция
uniform ~ однородная изоляция
up-shaft ~ изоляция внутри полого вала
vacuum-pressure impregnated ~ изоляция, полученная по вакуумно-нагнетательной технологии
varnish(ed) ~ лакированная изоляция
varnished cambric [varnished-cotton] ~ изоляция лакотканью
vibrating ~ виброизоляция
waxed cotton ~ вощёная хлопчатобумажная изоляция
winding ~ 1. изоляция обмотки 2. изоляция между слоями обмотки
winding overhang support ~ изоляция опорного кронштейна лобовых частей обмотки

insulativity удельное объёмное электрическое сопротивление

insulator 1. изолятор 2. диэлектрик
~ **of plastic** пластмассовый изолятор
accumulator ~ аккумуляторный подкладочный изолятор
anchor ~ анкерный [натяжной] изолятор
antipollution-type ~ грязестойкий изолятор
apparatus pin-type ~ аппаратный штыревой изолятор
armored ~ защищённый изолятор
armored stick-pedestal ~ опорно-стержневой армированный изолятор
bakelized-paper ~ бакелитовый изолятор
ball ring ~ изолятор с шаровой заделкой
base ~ опорный изолятор
battery ~ аккумуляторный подкладочный изолятор
bell(-shaped) ~ колоколообразный изолятор
buckle ~ пряжечный изолятор
bus ~ шинный изолятор
bushing ~ проходной [сквозной] изолятор
cap-and-pin [cap-and-rod] (suspension) ~ (подвесной) тарельчатый изолятор
ceramic ~ керамический изолятор
chain ~ гирляндный изолятор
cleat ~ изолятор с зажимом
composite ~ комбинированный изолятор
compound-filled ~ изолятор, заполненный компаундом
cone-head ~ изолятор с конусной заделкой
corundum-mullite ~ изолятор из корундомуллитового материала
crossover ~ изолятор пересечения проводников
cylindrical post ~ стержневой цилиндрический опорный изолятор

INSULATOR

dead-end ~ концевой изолятор
delta ~ штыревой изолятор типа «дельта»
disk ~ тарельчатый [дисковый] изолятор
double-groove ~ двухжелобковый изолятор
double-petticoat [double-shed] ~ двухюбочный изолятор
egg ~ орешковый изолятор
entrance ~ изолятор ввода
feedthrough ~ вводной [проходной] изолятор
floor ~ проходной (через пол) изолятор
fog ~ изолятор для загрязнённой атмосферы
fringe glazed ~ изолятор с глазурованной поверхностью
glass ~ стеклянный изолятор
glass-fiber ~ полимерный стержневой изолятор
globe ~ шаровой [сферический] изолятор
guy strain ~ натяжной изолятор оттяжки
heat ~ теплоизолятор
high-voltage ~ изолятор высокого напряжения
hollow ~ полый изолятор
indoor ~ изолятор внутренней установки
indoor post ~ опорный изолятор внутренней установки
knob ~ ролик для (внутренней) проводки
lead(ing)-in ~ вводной [проходной] изолятор
line (post) ~ линейный (опорный) изолятор
link ~ изолятор в гирлянде
link strain ~ изолятор в натяжной гирлянде
link suspension ~ изолятор в поддерживающей гирлянде; подвесной изолятор
long rod ~ стержневой подвесной изолятор
low-loss ~ изолятор с малыми потерями
low-voltage ~ изолятор низкого напряжения
magnetic ~ магнитный диэлектрик, магнитодиэлектрик
mechanically-operated ~ изолятор для механического привода
melalite ~ мелалитовый изолятор
metal ~ металлический изолятор
molded ~ литой изолятор

molded end-coil ~ литой изолятор для лобовых частей обмотки
multielement ~ многоэлементный изолятор
multiple cone ~ многоэлементный конический изолятор
normal-type ~ изолятор нормального типа
oil(-filled) ~ маслонаполненный изолятор
organic ~ ограничический диэлектрик
outdoor ~ изолятор для наружной установки
outdoor post ~ опорный изолятор для наружной установки
partition ~ вводной [проходной] изолятор
pedestal ~ опорный изолятор
pedestal post ~ опорный изолятор с шапкой [колпаком] и гнездом
petticoat ~ юбочный изолятор
pin(-type) ~ штыревой изолятор
pony ~ небольшой изолятор (*для линии связи*)
porcelain ~ фарфоровый изолятор
post(-type) ~ опорный изолятор
pot ~ горшковый изолятор
pulloff ~ натяжной изолятор
reinforced ~ армированный изолятор
reinforced porcelain bushing ~ проходной армированный фарфоровый изолятор
reinforced stick ~ стержневой армированный изолятор
ribbed ~ ребристый изолятор
rigid ~ опорный (штыревой) изолятор
roof ~ изолятор для ввода через крышу
section ~ секционный [участковый] изолятор
semiconducting glazed ~ изолятор с полупроводниковой глазурью
shackle ~ стержневой изолятор
shock ~ ударный изолятор
single-shed ~ одноюбочный изолятор
smog ~ изолятор для загрязнённой атмосферы
solid ~ массивный [сплошной] изолятор
solid ceramic ~ массивный керамический изолятор
solid-core ~ массивный стержневой изолятор
span-wire ~s изоляторы для гирлянд промежуточных опор
spool(-type) ~ цилиндрический изолятор, ролик

INSULLAC

stabilized ~ стабилизированный изолятор
standoff ~ 1. боковой опорный изолятор 2. дополнительный (неработающий) изолятор
stay ~ анкерный [натяжной] изолятор
stick ~ стержневой изолятор
strain [stretching] ~ анкерный [натяжной] изолятор
support ~ опорный изолятор
support polymer ~ опорный полимерный изолятор
suspension ~ 1. подвесной изолятор 2. изолятор гирлянды
suspension line ~ подвесной линейный изолятор
swan-neck ~ изолятор, закреплённый на крюке
switchgear ~ изолятор для распределительного устройства
tension ~ анкерный [натяжной] изолятор
terminal ~ концевой изолятор
terminal strain ~ концевой натяжной изолятор
through ~ вводной [проходной] изолятор
transposition ~ изолятор для транспозиции (*проводов*)
unit ~ единичный изолятор (*элемент в гирлянде*)
wall entrance [wall tube] ~ проходной (через стену) изолятор
wide-band gap ~ широкозонный диэлектрик
window ~ вводной [проходной] изолятор
insullac изоляционный лак
in-sync синхронный
intake 1. водозаборное сооружение 2. впуск; вход
   cooling water ~ водозаборное сооружение охлаждающей воды
integral интеграл
   closed surface ~ интеграл по замкнутой поверхности
   contour ~ интеграл вдоль замкнутого контура
   convolution ~ интеграл свёртки
   error function ~ интеграл ошибок
   infinite ~ интеграл с бесконечным пределом
   ***n*-fold** ~ *n*-кратный интеграл
integration интеграция; интегрирование
   device ~ интеграция на уровне приборов
   large-scale ~ большой уровень интеграции
   medium-scale ~ средний уровень интеграции
   network ~ интеграция на уровне цепей
   rectangular ~ графическое интегрирование методом прямоугольников
   small-scale ~ малый уровень интеграции
   super large-scale ~ сверхвысокий уровень интеграции
   system ~ интеграция на уровне систем
   trapezoidal ~ графическое интегрирование методом трапеции
integrator интегратор, интегрирующий усилитель
   analog ~ аналоговый интегратор
   bootstrap ~ интегратор с параметрической компенсацией погрешности
   electronic ~ электронный интегратор
   feedback ~ интегратор с обратной связью
   inverse ~ интегратор-инвертор
   network ~ сеточный интегратор
   perfect ~ идеальный интегратор
   photoelectric ~ фотоэлектрический интегратор
   photometric ~ фотометрический интегратор
   pip ~ импульсный интегратор
   product ~ интегратор произведений
   summing ~ интегратор-сумматор
   velocity ~ интегратор скорости
integrity надёжность; целостность
   clock ~ надёжность тактовых сигналов
   data ~ надёжность [достоверность] данных
   dielectric ~ надёжность диэлектрика
intensity 1. напряжённость 2. интенсивность
   ~ **of electric field** напряжённость электрического поля
   ~ **of illumination** интенсивность освещения
   ~ **of magnetic field** напряжённость магнитного поля
   ~ **of magnetization** интенсивность намагничивания; напряжённость магнитного поля
   ~ **of temperature** степень нагрева
   current ~ сила тока
   electric ~ электроёмкость (*затраты электроэнергии на выполнение некоторого экономического показателя*)
   electric-field ~ напряжённость электрического поля
   electrostatic field ~ напряжённость электростатического поля

INTERLOCKING

energy ~ энергоёмкость, удельное энергопотребление
exposure ~ интенсивность облучения
field ~ напряжённость поля
free-space field ~ напряжённость поля в вакууме
illumination ~ освещённость
light [luminous] ~ интенсивность [сила] света
magnetic(-field) ~ напряжённость магнитного поля
neutron(-flux) ~ интенсивность нейтронного потока
pulse ~ интенсивность импульса
radiant (energy) [radiation] ~ интенсивность излучения
spectral radiant ~ спектральная плотность потока излучения
total luminous ~ **of source** полная сила света источника
interaction взаимодействие
  electromagnetic ~ электромагнитное взаимодействие
  torsional ~ взаимодействие при закручивании
interchange обмен
  economy ~ экономичный обмен (*электроэнергией*)
  energy ~ обмен электроэнергией (*с соседними энергосистемами*)
  fluid ~ циркуляция [перенос] теплоносителя
  inadvertent ~ необъявленные перетоки (*электроэнергии*)
  net ~ обменная мощность нетто
  power ~ обмен мощностью, обменная мощность
  prevailing net ~ основное значение обменной мощности нетто (*без учёта незначительных колебаний*)
interconnect объединять
interconnection 1. объединение (*энергосистемы*) 2. межсистемная линия связи
  electrical ~ электрическое объединение
  removable ~**s** разъёмные токопроводящие соединения, разъёмные связи
  space-wired ~**s** объёмный монтаж
  strong ~ сильная связь
  weak ~ слабая связь
interconnector соединительная линия (*электропередачи*)
interconversion взаимное превращение (*из одной формы энергии в другую*)
interelectrode межэлектродный
interface интерфейс
  data acquisition ~ интерфейс сбора данных
  input/output ~ интерфейс ввода-вывода
  parallel ~ параллельный интерфейс
  serial ~ последовательный интерфейс
interference 1. помехи 2. влияние 3. интерференция ◊ **to reject** ~ отфильтровывать помеху; **to suppress** ~ подавлять помеху
  armature ~ реакция якоря
  atmospheric ~ атмосферные помехи
  common-mode ~ помеха общего вида
  electromagnetic ~ 1. электромагнитное влияние 2. электромагнитные помехи
  ground coupled ~ взаимовлияние через землю
  inductive ~ наведённые помехи
  industrial ~ индустриальные помехи
  intersystem ~ внутренние помехи
  line-frequency ~ частотные помехи от линии
  magnetic field ~ электромагнитные помехи
  man-made ~ индустриальные помехи
  normal-mode ~ помеха нормального вида
  parallel-mode ~ помеха общего вида
  series-mode ~ помеха нормального вида
interlayer межслойный; межлистовой
interleaving 1. шихтовка 2. межслойный
interlock 1. блокировка 2. блок-контакт
  electrical ~ электрическая блокировка
  key [mechanical] ~ механическая блокировка
  safety ~ защитная блокировка
interlocking 1. блокировка 2. *ж.-д.* централизация 3. взаимозамыкание
  all-electric ~ 1. электрическая блокировка 2. полная электрическая централизация
  all-relay ~ релейная централизация
  automatic ~ 1. автоматическая централизация 2. автоматическая блокировка, автоблокировка
  button-control route ~ маршрутная централизация с кнопочным управлением
  circuit ~ схемное замыкание (*в цепях централизации*)
  direct ~ 1. непосредственная блокировка 2. прямое замыкание (*в цепях централизации*)
  electrical ~ 1. электрическая блокировка, электроблокировка 2. электрическое замыкание (*в цепях централизации*)

INTERMODULATION

   entrance-exit ~ маршрутная централизация
   indirect ~ 1. косвенная блокировка 2. внешнее замыкание (*в цепях централизации*)
   mechanical ~ механическая блокировка
   power ~ 1. электрическая блокировка, электроблокировка 2. электрическое замыкание (*в цепях централизации*)
   programmed ~ 1. программная централизация 2. программируемая блокировка
   reciprocal ~ 1. обратное замыкание (*в цепях централизации*) 2. обратная [взаимная] блокировка
   relay ~ релейная централизация
   resultant ~ внешнее замыкание (*в цепях централизации*)
   rotational ~ противоповторное замыкание (*в цепях централизации*)
   route ~ маршрутная централизация
   sequential ~ последовательное замыкание (*в цепях централизации*)
intermodulation взаимная модуляция (*составляющих сложной волны*)
intermountable взаимоскрепляемые, совместно собираемые (*об элементах*)
internals внутренние устройства
   reactor ~ внутриреакторные устройства
interphase 1. межфазовый 2. раздел между фазами; межфазовая граница
interpolar межполюсный
interpolation интерполяция
   linear ~ линейная интерполяция
   polynomial ~ полиномиальная интерполяция
interpole промежуточный [добавочный] полюс
interrupt 1. прерывание∥прерывать 2. сигнал прерывания 3. разрыв∥разрывать
   vector ~ прерыватель по вектору
interrupter прерыватель; выключатель; разъединитель
   circuit ~ выключатель цепи
   cross-oil ~ гасительная камера масляного выключателя с поперечным дутьём
   fast-speed ~ быстродействующий прерыватель
   ground-fault ~ прерыватель замыкания на землю
   load ~ выключатель нагрузки
   mercury ~ ртутный прерыватель
   ohmic heating ~ выключатель защиты от нагрева

   relay ~ реле-прерыватель
   slow-speed ~ медленнодействующий прерыватель
   track ~ выключатель рельсовой цепи
interrupti 01r f0005(*цепи*); разъединение; разрыв, размыкание 2. перерыв в подаче питания; нарушение энергоснабжения 3. прерывание ◊ ~ **s per minute** число прерываний в минуту; ~ **s per second** число прерываний в секунду
   ~ **of power supply** перерыв в подаче питания; нарушение энергоснабжения
   ~ **of secondary arc current** отключение тока вторичной дуги
   ~ **of service** 1. прекращение обслуживания 2. нарушение энергоснабжения
   ~ **of supply** перерыв в подаче питания; нарушение электроснабжения
   current ~ 1. отключение тока 2. прерывание тока
   error ~ прерывание по ошибке
   external ~ внешнее прерывание
   fault ~ отключение КЗ
   forced ~ вынужденный перерыв
   forced current-zero ~ разрыв цепи в момент, отличный от момента прохождения тока через нулевое значение
   internal ~ внутреннее прерывание
   mains ~ перерыв в подаче питания от электрической сети
   momentary ~ кратковременный перерыв
   program ~ программное прерывание
   scheduled ~ запланированный перерыв
   supply ~ перерыв в подаче питания; нарушение энергоснабжения
   sustained ~ длительный перерыв
intersection перекрещивание, скрещивание (*проводов на схеме*)
intersheathes металлические прослойки (*кабеля*)
intertie межсистемная связь; межсистемная линия связи
   Pacific ~ линия сверхвысокого напряжения между энергосистемами севера и юга Тихоокеанского побережья США
intertripping отключение с противоположного конца (*линии*)
interturn межвитковый
interval интервал; промежуток
   autoreclosure ~ время АПВ
   blanking ~ длительность гасящего импульса

INVERTER

circuit off-state ~ интервал закрытого состояния
circuit reverse blocking ~ интервал обратного непроводящего состояния
conduction ~ интервал проводимости (*плеча*)
control ~ интервал регулирования; интервал управления
definite time ~ установленный интервал времени
delay ~ интервал задержки
demand ~ интервал усреднения измеряемой нагрузки
frequency ~ частотный интервал; интервал частот
holdoff ~ интервал запаса
idle ~ интервал непроводимости (*плеча*)
overlap ~ интервал перекрытия
pulse ~ период повторения импульсов
pulse delay ~ время запаздывания импульса
pulse repetition ~ период повторения импульсов
reclosing ~ время АПВ
rectifying ~ период выпрямления; период преобразования
retrace [return] ~ длительность обратного хода (*развёртки*)
scale ~ цена деления шкалы
selective ~ ступень селективности
tapping ~ интервал (по напряжению) между ответвлениями
temperature ~ температурный интервал
time ~ интервал времени, временной интервал
trace ~ длительность прямого хода (*развёртки*)
transmission ~ интервал между посылками импульсов кода
transposition ~ шаг транспозиции
unit ~ **at the commutator** деление коллектора

intervalometer измеритель временны́х интервалов
interwinding межобмоточный
intraconductor внутрипроводниковый
intraconnection внутреннее межсоединение
inventory запас [суммарное количество] материалов (*в ядерном реакторе*)
  activity ~ полное содержание радиоактивности
  core ~ 1. суммарная радиоактивность активной зоны 2. загрузка активной зоны

first core ~ запас горючего при первичной загрузке
plant radioactivity ~ суммарная радиоактивность АЭС
inversion 1. инверсия; обращение; обратное преобразование 2. инвертирование
  channel ~ перестановка топливных кассет в канале
  frequency ~ преобразование частоты
  neutral ~ выход нейтрали за треугольник напряжений
  phase ~ опрокидывание фазы
  polarity ~ инверсия полярности
  power ~ обращение мощностей
  thermoelectric ~ термоэлектрическая инверсия
invert 1. обращать; преобразовывать 2. инвертировать
inverter 1. преобразователь 2. инвертор
  adjustable voltage ~ инвертор с регулируемым напряжением
  battery ~ преобразователь батарейного питания
  current (source) ~ инвертор тока
  dc-to-ac ~ инвертор
  dc-to-dc ~ преобразователь постоянного тока
  electrical ~ инвертор
  electronic ~ электронный преобразователь
  electronic power ~ силовой электронный инвертор
  free-running ~ инвертор с самоуправлением
  free-running parallel ~ параллельный инвертор с самоуправлением
  grid-controlled ~ инвертор с сеточным управлением
  measurement ~ измерительный модулятор
  mercury-arc ~ ртутный инвертор
  modulated carrier PWM ~ ШИМ-инвертор с модуляцией несущей частоты
  phase ~ фазоинвертор
  polarity ~ инвертор полярности
  power ~ инвертирующий усилитель мощности
  programmed-waveform PWM ~ ШИМ-инвертор с программируемой формой выходного напряжения
  pulse ~ импульсный инвертор
  pulse-width modulation [PWM] ~ инвертор на основе широтно-импульсной модуляции, ШИМ-инвертор
  relaxation ~ релаксационный инвертор

ION

rotary ~ вращающийся инвертор
self-commutated [self-excited] ~ автономный инвертор
sign ~ знакоинвертор
static ~ статический инвертор
thyratron ~ тиратронный инвертор
voltage (source) ~ инвертор напряжения

ion ион
  doubly charged ~ двухзарядный ион
  energetic ~ ион высокой энергии
  excited ~ возбуждённый ион
  like(ly charged) ~s одноимённо заряженные ионы
  multicharged [multivalent] ~ многозарядный ион
  negative ~ отрицательный [отрицательно заряженный] ион, анион
  oppositely charged ~s противоположно заряженные ионы
  positive ~ положительный [положительно заряженный] ион, катион
  primary ~ первичный ион
  secondary ~ вторичный ион
  singly charged ~ однозарядный ион
  thermal ~ тепловой ион

ionization ионизация ◇ ~ **by collision** ударная ионизация
  collision ~ ударная ионизация
  electrolytic ~ электролитическая ионизация; электролитическая диссоциация
  field(-induced) ~ ионизация (электрическим) полем, полевая ионизация
  specific ~ удельная ионизация
  spontaneous ~ самопроизвольная ионизация
  thermal ~ термическая ионизация

ionizer ионизатор

iris диафрагма (*в волноводе*)
  capacitive ~ ёмкостная диафрагма
  resonant ~ резонансная диафрагма

iron 1. железо **2.** сердечник (*трансформатора или электромагнита*) **3.** паяльник **4.** утюг
  climbing ~s монтажные когти, «кошки»
  core ~ трансформаторное железо; сердечник трансформатора
  electric ~ электрический утюг
  gas-heated soldering ~ газовый паяльник
  soldering ~ паяльник
  stator ~ железо сердечника статора
  transformer ~ трансформаторное железо; сердечник трансформатора

irradiance энергетическая освещённость, облучённость

irradiation облучение
  accidental fuel ~ аварийное облучение топлива
  acute ~ сильное кратковременное облучение
  atomic ~ радиоактивное облучение
  equivalent dark-current ~ энергетический эквивалент темнового тока
  equivalent noise ~ энергетический эквивалент шумов
  external ~ внешнее облучение
  internal(-source) ~ внутреннее облучение
  protracted ~ длительное облучение малыми дозами
  radioactive ~ радиоактивное облучение
  short ~ кратковременное облучение
  uneven ~ неравномерное облучение
  X(-ray) ~ облучение рентгеновскими лучами

irradiator 1. излучатель **2.** облучатель

irregularity 1. неравномерность **2.** неоднородность; нерегулярность
  air-gap ~ неравномерность воздушного зазора
  cyclic ~ периодическое изменение (углóвой) скорости

island 1. область; часть; участок **2.** секционировать (*энергосистему при аварии*)
  conventional ~ неактивная часть АЭС
  nuclear ~ радиационная часть АЭС
  turbine ~ машинный зал АЭС

islanding секционирование (*энергосистемы при аварии*)
  generator ~ выделение генератора (*на изолированную нагрузку или холостой ход*)
  power system ~ секционирование энергосистемы при аварии

isolate 1. отсоединять; отделять; отключать **2.** изолировать **3.** выделять, разделять (*сигналы*) **4.** развязывать (*цепи*)

isolation 1. отсоединение; отделение; отключение **2.** изоляция; изолирование **3.** выделение, разделение (*сигналов*) **4.** развязка (*цепей*)
  ~ **of a unit** отключение агрегата
  air ~ воздушная изоляция
  air-oxide ~ воздушно-оксидная изоляция; мостиковая оксидная изоляция
  ceramic ~ керамическая изоляция
  electrical ~ гальваническая развязка
  fault ~ локализация повреждения
  frequency ~ развязка по частоте
  galvanic ~ гальваническая развязка
  ground ~ развязка по земляной цепи

input-output ~ развязка между входом и выходом
power ~ развязка по цепи питания
recessed oxide ~ изоляция канавками, заполненными оксидом
resistive ~ резистивная изоляция
signal ~ выделение сигнала
isolator 1. разъединитель 2. вентиль 3. устройство развязки
bus(bar) ~ шинный разъединитель
dielectric-loaded ~ вентиль с диэлектрическим заполнением
electrically-operated ~ разъединитель с электрическим приводом
field-displacement ~ устройство развязки на эффекте смещения поля
indoor ~ разъединитель для внутренней установки
line(ar) ~ линейный разъединитель
load-breaking ~ выключатель нагрузки
lumped-element ~ разъединитель на блочных элементах
outdoor ~ разъединитель для наружной установки
power ~ разъединитель первичной цепи
resonance ~ резонансный вентиль
single-pole ~ однополюсный разъединитель
three-pole ~ трёхполюсный разъединитель
wave rotation ~ поляризованный вентиль
item элемент (*напр. оборудования*)
~**s of electrical equipment** элементы электрооборудования
nonrepaired ~ невосстановимый элемент
repaired ~ восстановимый элемент

J

jack 1. гнездо, ответная часть соединителя; розетка; фишка 2. клеммная колодка
aerial ~ антенное гнездо
banana ~ гнездо для вилки соединителя с продольными подпружинивающими контактами
break ~ гнездо с размыкающимся контактом, разъединительное гнездо
crimp-type ~ обжимное гнездо
cutoff ~ гнездо с размыкающимся контактом, разъединительное гнездо
dc in ~ гнездо для подключения внешнего источника постоянного тока
ground(ing) ~ гнездо заземления
harness wiring ~ штепсельный соединитель электропроводки
lamp ~ ламподержатель
pin ~ гнездо для штырькового вывода; однополюсное гнездо штепсельного соединителя
pup ~ однополюсное гнездо
remote control ~ гнездо дистанционного управления
spring ~ гнездо с контактными пружинами
switchboard ~ коммутационное гнездо
sync ~ гнездо синхронизации
test ~ испытательное гнездо; контрольное гнездо
time ~ гнездо для синхросигналов
tip ~ однополюсное гнездо
tube ~ гнездо ламповой панели
tuning ~ контрольное гнездо для подключения настроечного прибора
twin ~ сдвоенное гнездо
jackbox гнездовая коробка
jacket 1. кожух; чехол; рубашка; оболочка 2. защитный шланг
cable ~ оболочка кабеля; рубашка кабеля
hose ~ шланговая оболочка
outlet ~ внешняя оболочка
polyvinylchloride [PVC] ~ полихлорвиниловая [ПВХ-]оболочка
semiconducting ~ полупроводящая оболочка
jacklight электрический фонарик
jam 1. заедание; защемление; заклинивание 2. перебой в работе
jar банка, корпус (*аккумулятора*)
accumulator [battery, cell] ~ банка [корпус] аккумулятора, аккумуляторный сосуд
Leyden ~ лейденская банка
jaw 1. кулачок; губка, щека (*тисков*) 2. *pl* зажимное приспособление; захват; тиски
~**s of switch** губки выключателя
arc ~ угледержатель
contact ~ зажимающий неподвижный контакт; контактная вилка
electrode holder ~ зажим электрододержателя
energizing ~ контактная [токоподводящая] зажимная губка
jet:
electron ~ электронный пучок
gas ~ газовая горелка
steam ~ паровой эжектор

JITTER

jitter 1. флуктуации; разброс **2.** дрожание
frequency ~ флуктуации частоты
phase ~ флуктуации фазы
pulse ~ подрагивание импульсов
time base ~ флуктуации временно́й развёртки
transit-time ~ флуктуации времени прохождения (*сигнала*)
jogging 1. толчковый режим (*электродвигателя*) **2.** шаговое [ступенчатое, многоточечное] управление
join соединение; сочленение; сращивание‖соединять; сочленять; сращивать ◇ **to ~ flush** соединять заподлицо; **to ~ up** включать в цепь, подключать к цепи
joining соединение; сочленение; сращивание
~ of wires сращивание проводов
joining-up включение; соединение; монтаж (*схемы*) ◇ **~ in parallel** параллельное включение; параллельное соединение; **~ in series** последовательное включение; последовательное соединение
joint 1. соединение; сочленение‖соединять; сочленять **2.** сросток; спайка **3.** муфта **4.** стык; спай; шов
barrier ~ барьерная муфта
bayonet ~ штыковое соединение
bolt(ed) ~ болтовое соединение
box ~ муфтовое соединение, муфта
branch ~ 1. ответвительное соединение **2.** ответвительная муфта
bridge ~ соединение по мостовой схеме
butt ~ соединение встык, стыковое соединение
cable ~ 1. кабельное соединение; кабельная спайка **2.** кабельная муфта
choke ~ 1. дроссельный стык **2.** индуктивное соединение **3.** дроссельное фланцевое соединение (*волноводов*)
compression midspan ~ соединительный прессуемый зажим
conducting ~ 1. соединительный зажим **2.** проводящее соединение
conductor ~ соединительный зажим; соединительная муфта
contact ~ контактное соединение
crimp ~ обжимное соединение
detachable (contact) ~ разъёмное (контактное) соединение
double-lapped ~ соединение в двойную нахлёстку
drawn-type midspan ~ соединительный зажим, монтируемый волочением
dry ~ 1. сухое соединение, соединение без смазки **2.** непропаянное соединение
flange (butt) [flanged] ~ фланцевое соединение
hook(ed) ~ соединение внахлёстку
insulated rail ~ изолированный рельсовый стык
insulating ~ изолирующая муфта
lap(ped) ~ соединение внахлёстку
lead-sleeve ~ соединение свинцовой муфтой
locator ~ направляющий штуцер
midspan ~ соединительный зажим
nipple ~ ниппельное соединение
pipe ~ муфта для труб
plain ~ простое соединение
plug-and-socket ~ штепсельное соединение; разъёмное соединение со штыревым контактом
reducing ~ переходная муфта
shielded ~ экранированное (кабельное) соединение
solder(ed) ~ паяное соединение, спайка
solderless ~ беспаечное соединение
splice(d) ~ сросток кабеля; соединение многопроволочных кабелей
stop ~ стопорная муфта
straight-line [straight-through] ~ соединительная муфта
T-[tee] ~ 1. тройниковое соединение, тройник **2.** Т-образная [тройниковая, ответвительная] муфта
tension ~ натяжное соединение
testing ~ измерительная перемычка
threaded ~ резьбовое соединение
through ~ сквозной [проходной] зажим
trifurcation ~ муфта для соединения трёхжильного кабеля с тремя одножильными
twist(ed) ~ соединение накруткой
unidiameter ~ соединительная муфта одного диаметра с диаметром соединяемых кабелей
unit-package cable ~ кабельная муфта с комплексом соединителей
welded ~ сварное соединение
wire ~ 1. сращивание проводов **2.** *pl* соединительные муфты электропроводки
jointer монтёр-кабельщик
cable ~ монтёр-кабельщик; спайщик кабелей
juicer:
electric ~ электросоковыжималка
jump скачок; резкое повышение; пере-

KEY

пад ◇ ~ **in potential** скачок потенциала
Barkhausen ~s эффект [скачки] Баркгаузена
cathode ~ катодный скачок напряжения
energy ~ энергетический переход
frequency ~ скачкообразное изменение частоты
phase ~ скачок фазы
spark ~ проскакивание искры
voltage ~ скачок напряжения
jumper (навесная) перемычка; закоротка; соединительная вставка; навесное межсоединение‖устанавливать (навесные) перемычки; закорачивать
bonding ~ (навесная) перемычка; закоротка
terminal ~ клеммная перемычка
jumping 1. биение 2. скачкообразное движение
frequency ~ скачкообразное изменение частоты
sleet ~ схлёстывание проводов при сбросе гололёда
junction 1. переход 2. соединение; сочленение 3. сросток; спайка 4. точка разветвления; узел
abrupt ~ резкий переход
cable ~ кабельное соединение
cold ~ холодный спай (*термопары*)
collector(-to-base) ~ коллекторный переход, переход коллектор — база
emitter(-to-base) ~ эмиттерный переход, переход эмиттер — база
hot ~ горячий [рабочий] спай (*термопары*)
isolation ~ изолирующий переход
Josephson ~ переход Джозефсона
network ~ узел (электрической) цепи
nonrectifying [ohmic] ~ омический [невыпрямляющий] переход
overhead-underground ~ воздушно-кабельный переход
photovoltaic ~ фотоэлектрический переход
plug ~ штепсельное соединение
progressive ~ постепенный переход
rectifier [rectifying] ~ выпрямляющий переход
semiconductor ~ полупроводниковый переход
T-[tee] ~ тройниковое соединение, тройник
thermal [thermoelectric] ~ спай термопары
trunk ~ промежуточное гнездо (*на магистрали*)

wye ~ тройниковое соединение, тройник
Δ-~ соединение треугольником
γ-~ соединение звездой
junctor магистральная шина
jute джут

K

kapton каптон (*лента на основе полиамидной плёнки*)
keeper якорь (*постоянного магнита*)
magnet ~ 1. якорь постоянного магнита 2. железная пластина для замыкания полюсов магнита
kettle котёл
electric ~ 1. электрический котёл 2. электрический чайник
electrically heated [electric cooking] ~ электрический котёл (*для варки пищевых продуктов*)
electric tea ~ электрический чайник
key 1. ключ; кнопка; кнопочный переключатель; клавиша‖нажимать кнопку; нажимать клавишу 2. направляющий ключ (*напр. цоколя лампы*) 3. шпонка ◇ **to** ~ **off** выключать; запирать; **to** ~ **on** включать; отпирать; **to** ~ **out** выключать; запирать
aligning ~ направляющий ключ
armature ~s 1. якорные клинья (*для удержания обмотки в пазах*) 2. якорные шпонки (*между якорем и его валом*)
bridge ~ ключ мостовой схемы
call(ing) ~ кнопка вызова, вызывная кнопка
cancel(ing) ~ клавиша [кнопка] сброса
control ~ клавиша управления
current-reversing ~ переключатель направления тока; переключатель полярности
cutoff ~ размыкающая [разъединяющая] кнопка
day-and-night transfer ~ выключатель перевода на ночное освещение
flashing ~ мигающая клавиша
function(al) ~ функциональная клавиша
holding ~ кнопка с фиксацией
increment ~ ключ подачи сигналов увеличением тока
interruption ~ 1. клавиша прерывания 2. размыкающая [разъединяющая] кнопка

magnetic ~ магнитное реле
meter ~ кнопка (электро)счётчика
multiple ~ ключ для управления несколькими цепями
nonlocking ~ кнопка без фиксации
plug ~ штепсельный ключ; штепсельный переключатель
position group ~ кнопка группировки рабочих мест
releasing ~ кнопка размыкания; кнопка отбоя
reset(ting) ~ ключ возврата
reverse [reversing] ~ переключатель направления тока; переключатель полярности
single-step ~ ключ потактовой работы (*автоматики*)
sliding contact ~ ключ на ползунке реохорда
start ~ пусковая клавиша, клавиша «пуск»
stop ~ клавиша останова, клавиша «стоп»
switch(ing) ~ переключатель
thermofree reversing ~ переключатель направления тока для исключения термоэдс
keyholder ламподержатель с выключателем
keypad, keysets 1. клавиатура 2. коммутационная панель
keyswitch кнопочный переключатель
keyway шпоночная канавка; ориентирующий паз
kick 1. выброс, всплеск 2. бросок (*стрелки прибора*)
 ~ **of a pointer** бросок стрелки (*прибора*)
 ~ **of potential** скачок потенциала
inductive ~ скачок тока намагничивания
kickback скачок обратного напряжения (*на индуктивности*)
kill 1. отключать; снимать напряжение 2. гасить, подавлять (*колебания*)
killer 1. ограничитель 2. подавитель; выключатель
automatic field ~ автомат гашения поля, АГП
spark ~ искрогасительная цепочка, искрогаситель
killing отключение; снятие напряжения
field ~ гашение поля
kiloampere килоампер, кА
kilocycle килогерц, кГц
kilogauss килогаусс, кГс
kilohertz килогерц, кГц
kiloohm килом, кОм
kilovolt киловольт, кВ

kilovolt-ampere киловольт-ампер, кВА
kilovoltmeter киловольтметр
kilowatt киловатт, кВт
kilowatt-hour киловатт-час, кВт·ч
kink 1. зубец (*искажённой периодической кривой*) 2. петля (*на проводе*)
tooth ~s зубцовые пульсации; зубцовые гармоники
kinking образование петель (*при разматывании кабеля или провода*)
kiosk:
substation relay ~ пункт РЗ на подстанции
transformer ~ трансформаторный киоск
kipp импульс
trace ~ строб-импульс засветки индикатора
kit набор; комплект (*напр. инструментов*)
assembly ~ набор инструментов для сборки
installation ~ монтажный комплект
repair ~ ремонтный комплект приборов, деталей *или* инструментов
terminal ~ набор клемм и наконечников (*для электрических соединений*)
termination ~ комплект инструментов для оконцевания (*проводов и кабелей*)
tool ~ комплект [набор] инструментов
klydonograph регистратор разрядных напряжений
klystron клистрон
floating-drift-tube ~ клистрон с плавающей трубой дрейфа
multicavity ~ многорезонаторный клистрон
reflex ~ отражательный клистрон
knife-blade нож рубильника
knob 1. ручка; головка; кнопка 2. ролик (*для внутренней проводки*)
control ~ ручка управления
porcelain ~ фарфоровый ролик
knuckle головка (*стержня обмотки статора*)
kovar ковар (*кобальт-никелевый сплав*)

L

label обозначение; маркировка ‖ обозначать, присваивать обозначение; маркировать
parameter ~ обозначение параметров

rear ~ маркировка с задней стороны (*панели*)
laboratory лаборатория
    calibration ~ поверочная лаборатория
    electrical [electrotechnical] ~ электротехническая лаборатория
    high-activity ~ горячая лаборатория, лаборатория радионуклидов высокой активности
    high-voltage test ~ высоковольтная испытательная лаборатория
    hot ~ горячая лаборатория, лаборатория радионуклидов высокой активности
    research ~ научно-исследовательская лаборатория
    test(ing) ~ испытательная лаборатория
lac шеллак
    bleached ~ отбелённый шеллак
    seed ~ шеллак низшего сорта
lacing 1. объединение в жгут (*изолированных проводников*) 2. решётка (*фермы конструкции опоры ВЛ*)
    stator-winding end-wire ~ крепление шнуром проводников лобовой части обмотки статора
lack недостаток; отсутствие; дефицит
    ~ **of balance** неуравновешенность
    ~ **of connectivity** потеря связности (*в сети*)
    ~ **of power** недостаток [дефицит] мощности
    ~ **of synchronization** потеря синхронизации
    ~ **of uniformity** неравномерность
lacker *см.* **lacquer**
lacquer лак‖лакировать, покрывать лаком
    air-drying ~ лак воздушной сушки
    bakelite ~ бакелитовый лак
    glyphtal ~ глифталевый лак
    insulating ~ изоляционный лак
    silicone ~ кремнийорганический [силиконовый] лак
    spraying ~ лак, наносимый распылением
    thermosetting ~ термореактивный лак
ladder 1. делитель напряжения 2. цепочечная [многозвенная] схема, схема лестничного типа
lag 1. отставание, запаздывание; задержка‖отставать, запаздывать; задерживать(ся) 2. запаздывание [отставание] по фазе 3. выдержка времени 4. инерционность 5. послесвечение (*ЭЛТ*)
    acceleration ~ запаздывание по ускорению
    angular ~ 1. угловое запаздывание 2. запаздывание по фазе
    capacitive ~ ёмкостная инерционность
    constant time ~ постоянная выдержка времени
    control ~ запаздывание сигнала управления
    corrective ~ запаздывание корректирования
    definite time ~ независимая выдержка времени
    dependent time ~ зависимая выдержка времени
    distance-velocity ~ транспортное запаздывание
    dynamic ~ динамическая ошибка; запаздывание в переходных процессах
    excitation-system forcing ~ запаздывание системы возбуждения при форсировке
    exciter forcing ~ запаздывание возбудителя при форсировке
    fixed time ~ постоянное запаздывание
    forcing ~ запаздывание при форсировке
    independent time ~ независимая выдержка времени
    instrument ~ инерция [запаздывание] (измерительного) прибора
    inverse and definite time ~ обратнозависимая выдержка времени до достижения минимального тока
    inverse time ~ обратнозависимая выдержка времени; выдержка времени, обратно пропорциональная силе тока
    magnetic ~ магнитная инерция, магнитный гистерезис
    measuring ~ запаздывание в измерении
    operate [operating] ~ выдержка времени при срабатывании (*реле*)
    phase ~ запаздывание [отставание] по фазе
    plant ~ запаздывание в объекте регулирования
    release ~ замедление [задержка] отпускания
    response ~ запаздывание реагирования
    signal ~ запаздывание сигнала
    thermal ~ тепловая инерция
    time ~ 1. выдержка времени 2. запаздывание [отставание] по времени

transport(ation) ~ транспортное запаздывание
variable ~ регулируемая задержка
velocity ~ запаздывание [отставание] по скорости
lagging 1. отставание, запаздывание; задержка **2.** сдвиг фаз **3.** обшивка; облицовка
   generator ~ обшивка генератора
   quadrature ~ отставание (по фазе) на 90°
lambda длина волны
lambert ламберт, Лб (*внесистемная единица поверхностной яркости*)
lamel тонкая пластин(к)а; ламель
lamellar 1. слоистый; пластинчатый **2.** многодисковый (*о муфте*)
laminate 1. слоистый материал ‖ изготавливать слоистый материал **2.** слоистый пластик
   arc-resistant plastic ~ слоистый дугостойкий пластик
   asbestos-cloth ~ асботекстолит
   asbestos-paper ~ асбогетинакс
   asbestos-reinforced ~ асботекстолит
   copper-clad ~s слоистые пластики с медной фольгой
   glass-cloth(-base) ~ стеклотекстолит
   micaceous ~ слюдопласт
   molding micaceous ~ тонкий формованный слюдопласт
   paper-base(d plastic) ~ слоистый пластик на бумажной основе
lamination 1. лист [пластина] сердечника **2.** расслоение; пластинчатое строение
   segmental ~ сегментная пластина (*стали статора*)
   stator-core ~ пластина сердечника статора
lamp 1. лампа ‖ освещать лампами **2.** фонарь
   adjustable spot ~ **1.** регулируемая точечная лампа **2.** поисковая фара
   adverse-weather (head) ~ противотуманная фара
   alarm ~ лампа аварийной сигнализации
   antidazzle ~ лампа рассеянного света
   arc(-discharge) ~ дуговая лампа
   argon glow ~ **1.** аргоновая лампа (*тлеющего разряда*) **2.** лампа накаливания с аргоновым наполнителем
   automotive head ~ фара автомобиля
   backup ~ *авто* фонарь заднего хода
   bactericidal ~ бактерицидная лампа
   ballast ~ баретер
   bar ~ трубчатая лампа
   bare ~ неэкранированная лампа
   Bastian ~ ртутная дуговая лампа с магнитным наклоняющим устройством
   battery ~ низковольтная лампа; аккумуляторная лампа
   black-glass ultraviolet ~ лампа ультрафиолетового света с чёрной колбой
   black light ~ лампа чёрного света
   blackout head ~ фара со светомаскировкой
   blackout marker ~ габаритный фонарь со светомаскировкой
   blast ~ паяльная лампа
   blended ~ лампа смешанного света
   blow ~ паяльная лампа
   Bremer arc ~ дуговая лампа с наклонными углями
   built-in head ~ встроенная фара
   built-in reflector ~ лампа с вмонтированным в неё рефлектором
   bulb-shaped ~ шаровая лампа
   cadmium ~ кадмиевая лампа
   calling ~ лампа вызова; вызывная лампа
   candle(-power) ~ свечеобразная лампа накаливания
   cap ~ головная [шахтёрская] лампа
   carbon arc ~ угольная дуговая лампа, дуговая лампа с угольными электродами
   carbon filament ~ лампа накаливания с угольной нитью, угольная лампа накаливания
   cathode-ray ~ электронно-лучевая лампа
   ceiling ~ потолочная лампа, плафон
   ceiling projector ~ потолочная прожекторная лампа
   cell inspection ~ лампочка для осмотра аккумулятора
   cesium(-vapor) ~ цезиевая лампа
   charge control [charge indicator] ~ контрольная лампочка зарядки (*аккумуляторной батареи*)
   Christmas-tree ~ ёлочная лампа
   circular ~ кольцевая лампа
   clear ~ лампа с колбой из прозрачного стекла
   clearance ~ *авто* габаритный фонарь
   coiled-coil ~ биспиральная лампа
   cold cathode (discharge) ~ (газоразрядная) лампа с холодным катодом
   cold start ~ лампа с зажиганием в холодном состоянии
   colored ~ цветная лампа
   combustion ~ горелка
   comparison ~ лампа сравнения, лампа-эталон
   concealed head ~ убирающаяся фара

LAMP

(автоматически втягивающаяся при отключении света и выдвигающаяся при включении)
control ~ контрольная [сигнальная] лампа
Cooper-Hewitt ~ ультрафиолетовая дуговая лампа
cord ~ лампа на шнуровом подвесе
corner ~ боковой фонарь; подфарник
cornering ~ *авто* лампа указателя поворота
courtesy ~ 1. *ж.-д.* лампа освещения подножки 2. лампа освещения входа в подъезд
cowl ~ боковой фонарь; подфарник
crater ~ лампа тлеющего разряда с катодным кратером, кратерная лампа
curve-and-fog ~ противотуманная фара, включаемая на поворотах
darkroom ~ лампа для фотолаборатории
dashboard ~ лампа приборной доски; лампа приборного щитка
daylight ~ лампа дневного света
decorative ~ декоративная лампа
desk ~ настольная лампа
dial ~ лампа подсветки шкалы
dim ~ лампа с тусклым накалом
direction indicator (control) ~ *авто* (контрольная) лампа указателя поворота
disappearing head ~ убирающаяся фара *(автоматически втягивающаяся при отключении света и выдвигающаяся при включении)*
discharge ~ газоразрядная лампа; газосветная лампа
disconnecting ~ лампа, сигнализирующая об отключённом положении
display ~ индикаторная лампа
distance head ~ фара дальнего света
dome ~ потолочная лампа, плафон
door-ajar [door-lock] warning ~ лампа, сигнализирующая о неплотном закрытии двери
double-carbon arc ~ магазинная дуговая лампа
double-faced signal ~ двусторонняя сигнальная лампа
dummy ~ учебная лампа
EHP mercury (vapor) ~ ртутная лампа сверхвысокого давления
electric ~ электрическая лампа, электролампа
electric filament [electric incandescent] ~ лампа накаливания
electrodeless ~ безэлектродная лампа

electrodeless high-frequency ~ безэлектродная высокочастотная лампа
electroluminescent ~ люминесцентная лампа
electronic-flash ~ импульсная лампа; электронная лампа-вспышка
ellipsoidal head ~ эллипсоидальная фара
emergency ~ лампа аварийного [дежурного] освещения
emergency warning ~ аварийная сигнальная лампа
enclosed arc ~ закрытая дуговая лампа
energy-saving ~ энергосберегающая лампа
enlarger ~ лампа для фотоувеличителя
exciter ~ подсвечивающая [просвечивающая] лампа
exciting ~ возбуждающая лампа, лампа (световой) накачки
exposed ~ неэкранированная лампа
extension ~ переносная лампа
extra-high pressure mercury (vapor) ~ ртутная лампа сверхвысокого давления
far-reaching head ~ фара дальнего света
fault indicating [fault indication] ~ лампа сигнализации о неисправности *или* повреждении
fender ~ *авто* габаритный фонарь
festoon ~ лампа трубчатой формы
filament ~ лампа накаливания
Finsen ~ высокотемпературная угольная *или* ртутная дуговая лампа
flame arc ~ пламенная дуговая лампа
flame safety ~ взрывобезопасная лампа
flare-type ~ лампа факельного типа
flash ~ 1. импульсная лампа; лампа-вспышка, фотовспышка 2. карманный (электрический) фонарь
flashlight ~ лампа карманного (электрического) фонаря
flickering ~ мигающая лампа
flood head ~ фара заливающего света
floor ~ напольный светильник; торшер
fluorescent ~ люминесцентная лампа; лампа дневного света
fluorescent inspection ~ люминесцентная контрольная лампа
flush-mount ~ утопленная заподлицо фара
flying ~ лётная [аэронавигационная] фара; аэронавигационный огонь
focus ~ фокусная лампа

LAMP

focusing arc ~ фокусирующая [фокусная] дуговая лампа
fog (head) ~ противотуманная фара
frosted ~ матированная лампа
gage ~ лампа подсветки шкалы прибора
gas ~ газополная [газонаполненная] лампа
gas-discharge ~ газоразрядная лампа; газосветная лампа
gaseous conducting ~ газосветная лампа
gaseous discharge ~ газоразрядная лампа; газосветная лампа
gas-filled ~ газополная [газонаполненная] лампа
general service ~ бытовая лампа освещения
germicidal ~ бактерицидная лампа
Globar ~ лампа с излучением, аналогичным абсолютно чёрному телу
glow(-discharge) ~ лампа тлеющего разряда; газосветная лампа
grid-glow ~ лампа тлеющего разряда с сеточным управлением
Halark ~ высокоэффективная осветительная лампа компании «Дженерал Электрик»
halide ~ лампа с галоидными соединениями металлов
halogen(-filled) ~ галогенная лампа
hand ~ ручной сетевой светильник; переносная лампа
hanging ~ подвесной светильник
head ~ 1. фара, лобовой фонарь 2. лобовой прожектор (*локомотива*) 3. головная [шахтёрская] лампа
heat ~ инфракрасная [ИК-]лампа
heating ~ нагревательная лампа
Hg-~ ртутная лампа
high-beam head ~ фара дальнего света
high-efficacy ~ лампа с большой световой отдачей
high-intensity carbon arc ~ дуговая угольная лампа высокой яркости
high-pressure (discharge) ~ (газоразрядная) лампа высокого давления
high-pressure mercury (vapor) ~ ртутная лампа высокого давления
high-pressure sodium (vapor) ~ натриевая лампа высокого давления
high-voltage ~ лампа высокого напряжения
hole [hollow]-cathode ~ лампа с полым катодом
hooded head ~ фара с колпаком
hot-cathode ~ лампа с горячим катодом, лампа с термокатодом

hot-start ~ лампа с зажиганием в горячем состоянии
hydrogen ~ импульсный водородный тиратрон
hydrogen arc ~ водородная дуговая лампа
hydrogen-discharge ~ водородная газоразрядная лампа
identification ~ опознавательный световой сигнал
ignition (warning) ~ (сигнальная) лампочка зажигания
illumination ~ осветительная лампа
incandescent (electric) [incandescent-filament] ~ (электрическая) лампа накаливания
incandescent gas ~ лампа с газокалильной сеткой
indicating [indicator] ~ индикаторная лампа; контрольная [сигнальная] лампа
induction ~ высокочастотная газоразрядная лампа
infrared ~ инфракрасная [ИК-]лампа, лампа ИК-излучения
infrared heat ~ лампа с излучением тепла в ИК-спектре
inspection ~ ручной сетевой светильник; переносная лампа
instant start ~ лампа с зажиганием в холодном состоянии
instrument(-panel) ~ лампа приборной панели; лампа приборного щитка
interior ~ лампа внутреннего освещения
iodine ~ йодная лампа
jack ~ предохранительная лампа
krypton ~ криптоновая лампа
landing ~ посадочная фара (*воздушного судна*)
lighthouse ~ лампа для маяков
lighting ~ осветительная лампа
load ~ нагрузочная лампа; балластная лампа
long-arc ~ лампа с длинной дугой
low-pressure (discharge) ~ (газоразрядная) лампа низкого давления
low-pressure mercury (vapor) ~ ртутная лампа низкого давления
low-pressure sodium (vapor) ~ натриевая лампа низкого давления
low starting-voltage ~ лампа с низким напряжением зажигания
low-temperature fluorescent ~ люминесцентная лампа для низких температур
luminescent ~ люминесцентная лампа
main head ~ главная фара

LAMP

marker ~ 1. опознавательный сигнальный фонарь 2. *авто* габаритный фонарь 3. *ж.-д.* хвостовой сигнальный огонь; хвостовой фонарь
mercury (arc) ~ ртутная (дуговая) лампа
mercury-discharge ~ ртутная газоразрядная лампа
mercury-quartz ~ ртутно-кварцевая лампа
mercury vapor ~ ртутная лампа
metal-and-halogen ~ металлогалогенная лампа
metal filament ~ лампа накаливания с металлической нитью
metal-halide ~ металлогаллоидная лампа
metal iodide ~ лампа с йодидами металлов
metallic electrode arc ~ дуговая лампа с металлическими электродами
metallized ~ зеркальная лампа
metal-vapor ~ паросветная лампа
microminiature ~ микроминиатюрная лампа накаливания
midget ~ (сверх)миниатюрная лампа накаливания
miner's ~ головная [шахтёрская] лампа
miniature ~ миниатюрная лампа
monitor ~ контрольная [сигнальная] лампа
Moore (light) ~ лампа Мура
movieflood ~ кинопрожекторная лампа, юпитер
multifilament ~ лампа накаливания с несколькими нитями
naked ~ лампа с открытым пламенем
negative glow ~ лампа отрицательного свечения
neon arc ~ неоновая дуговая лампа
neon-filled [neon glow] ~ неоновая лампа
Nernst ~ лампа Нернста
night ~ ночник
nitrogen(-filled) ~ лампа накаливания с азотным наполнением
nonglare head ~ неслепящая [неослепляющая] фара
number-plate ~ *авто* лампа (заднего) номерного знака
opal (bulb) ~ опаловая [молочная] лампа, лампа с опаловой колбой
osmium ~ осмиевая лампа накаливания
panel ~ лампа приборной панели; лампа приборного щитка
parking ~ *авто* стояночный фонарь
pea ~ сверхминиатюрная лампа накаливания
pendant ~ подвесной светильник
permissible ~ *горн.* предохранительная лампа
Philora ~ лампа с натриевыми парами
photoflash ~ лампа-вспышка, фотовспышка
photoflood [photographic] ~ фотолампа, перекальная лампа
pigmy ~ миниатюрная лампа накаливания
pilot ~ контрольная [сигнальная] лампа
pocket ~ карманный фонарь
point ~ 1. точечная лампа 2. *ж.-д.* стрелочный фонарь
point-source ~ точечная лампа
pop-up head ~ убирающаяся фара (*автоматически втягивающаяся при отключении света и выдвигающаяся при включении*)
portable ~ портативная лампа; переносная лампа
power-consuming ~ энергоэкономичная лампа
prefocus ~ лампа с фокусирующим цоколем
prefocused ~ фокусная лампа (*автомобильного типа*)
preheat ~ лампа с зажиганием в горячем состоянии
projection [projector] ~ 1. прожекторная лампа 2. проекционная лампа
projector(-type) filament ~ прожекторная лампа
pulse(d) ~ импульсная лампа
pulsed xenon ~ импульсная ксеноновая лампа
quartz ~ кварцевая лампа
quartz-halogen ~ кварцево-галогенная лампа
radiant-energy concentrator ~ лампа-концентратор лучистой энергии
radio dial ~ лампочка для освещения шкалы радиоприёмника
Raman scattering ~ лампа для комбинационного рассеяния
rapid-start fluorescent ~ ртутная флуоресцентная лампа с быстрым зажиганием (*в холодном состоянии*)
reading ~ 1. настольная лампа 2. лампа для чтения (*у пассажирского места*); лампа местного освещения
rear ~ *авто* задний фонарь, стоп-сигнал
rear-end stop ~ задняя сигнальная лампа торможения

LAMP

rectangular head ~ прямоугольная фара
red ~ красный фонарь; лампа красного света
reflector ~ светонаправляющая лампа; лампа-рефлектор
reflector infrared ~ ИК-лампа с отражателем
registration-mark ~ *авто* лампа (заднего) номерного знака
repeater ~ лампа, сигнализирующая о нормальной работе
resistance ~ реостатная лампа
resonance fluorescence ~ резонансная флуоресцентная лампа
retractable head ~ убирающаяся фара (*автоматически втягивающаяся при отключении света и выдвигающаяся при включении*)
reversing ~ *авто* фонарь заднего хода
ribbon filament ~ ленточная лампа накаливания
ring-shaped ~ кольцеобразная лампа
roof ~ потолочная лампа, плафон
rough service ~ вибростойкая лампа; ударопрочная лампа
sealed beam ~ герметичная лампа-фара
searchlight ~ прожекторная лампа
self-ballasted mercury ~ лампа смешанного света
series ~ лампа последовательного включения
service ~ переносная лампа
short-arc ~ лампа с короткой дугой
side ~ боковой фонарь; подфарник
side marker ~ *авто* боковой габаритный фонарь
side parker ~ *авто* боковой стояночный фонарь
signal ~ контрольная [сигнальная] лампа
signaling ~ 1. контрольная [сигнальная] лампа 2. сигнальный прожектор
silver-bowl ~ прожекторная лампа
single-cap ~ одноцокольная лампа
single-coil ~ моноспиральная лампа
single-faced signal ~ односторонняя сигнальная лампа
slot ~ щелевая лампа
sodium discharge ~ натриевая газоразрядная лампа
sodium-vapor ~ натриевая лампа
solid-state ~ светоизлучающий диод, светодиод, СИД
spectroscopic ~ спектроскопическая [спектральная] лампа
speedometer ~ лампочка (подсветки) спидометра
spirit ~ спиртовая лампа, спиртовка
spot ~ точечная лампа
standard ~ 1. эталонная [образцовая] лампа 2. напольный светильник; торшер
star ~ ксеноновая дуговая лампа для использования в планетарии
starterless fluorescent ~ люминесцентная лампа без стартёрного зажигания
step ~ 1. *ж.-д.* лампа освещения подножки 2. лампа освещения входа в подъезд
stop ~ *авто* лампа тормозного сигнала
stop tail ~ *авто* лампа заднего стоп-сигнала
supplementary driving ~ дополнительная фара дальнего света
supplementary passing ~ дополнительная фара ближнего света
switch ~ *ж.-д.* стрелочный фонарь
switch-start fluorescent ~ люминесцентная лампа со стартёрным зажиганием
swiveling head ~ подвижная [поворотная] фара
synchronizing ~s синхронизационные лампы
table ~ настольная лампа
tail ~ 1. *ж.-д.* хвостовой сигнальный огонь; хвостовой фонарь 2. *авто* задний фонарь, стоп-сигнал
taximeter ~ лампочка таксометра
tell-tale ~ контрольная [сигнальная] лампа
test ~ лампа для нахождения места повреждения (*электрооборудования*); испытательная лампа
tiny ~ миниатюрная лампа
trouble ~ 1. ручной сетевой светильник; переносная лампа 2. лампа, сигнализирующая о неисправности
tubular ~ софитная лампа; цилиндрическая лампа
tubular discharge ~ цилиндрическая разрядная лампа
tungsten ~ лампа с вольфрамовой нитью
tungsten arc ~ лампа с вольфрамовыми электродами
tungsten filament ~ лампа с вольфрамовой нитью
tungsten halogen ~ галогенная лампа накаливания с вольфрамовой нитью
tungsten ribbon ~ ленточная лампа с вольфрамовой нитью

LATERAL

turn-signal control ~ *авто* контрольная лампа сигнала поворота
twin-carbon arc ~ магазинная дуговая лампа
twisted candle ~ витая свечеобразная лампа
two-light head ~ фара с двумя лампами *или* с двумя нитями накала
ultra-high pressure mercury ~ ртутная лампа сверхвысокого давления
ultraviolet ~ лампа ультрафиолетового [УФ-]излучения, УФ-лампа
ultraviolet vapor ~ газоразрядный источник УФ-излучения
U-shaped luminescent ~ U-образная люминесцентная лампа
vacuum (filament) ~ вакуумная лампа (накаливания)
vacuum fluorescent ~ вакуумная люминесцентная лампа
vacuum tube ~ газосветная трубка
vapor (discharge) ~ паросветная лампа
vibration service ~ вибростойкая лампа
wall ~ настенный светильник, бра
warning ~ 1. лампа аварийной сигнализации 2. *ж.-д.* лампа предупредительного огня
water-proof ~ водонепроницаемая лампа
Wood's ~ лампа чёрного света
working standard ~ рабочая эталонная лампа
xenon (arc) ~ ксеноновая (дуговая) лампа
xenon discharge ~ ксеноновая газоразрядная лампа
xenon flash ~ ксеноновая импульсная лампа
zirconium arc ~ циркониевая дуговая лампа
zirconium point-source ~ циркониевая точечная лампа
lamp-base, lamp-cap цоколь лампы
lampholder патрон лампы
  backplate [batten] ~ потолочный патрон; стенной патрон
  bayonet ~ штыковой патрон
  candle ~ свечеобразный патрон, патрон для лампы-свечи
  ceiling ~ потолочный патрон
  central contact ~ патрон с центровым контактом
  cord-grip ~ ламповый патрон с клиновым защемлением проводов; подвесной патрон
  drip-proof ~ каплезащищённый патрон

Edison screw ~ резьбовой [винтовой] патрон Эдисона
moisture-proof ~ влагонепроницаемый патрон
multiple ~ лампoдержатель для нескольких ламп; ответвительная патронная штепсельная розетка
plug adapter ~ ответвительная патронная штепсельная розетка
porcelain ~ фарфоровый патрон
screwed ~ резьбовой [винтовой] патрон
switch(ed) ~ патрон с выключателем
threaded entry ~ патрон с креплением за ниппель
three-light ~ трёхламповый патрон
watertight ~ водозащищённый патрон
lamplight искусственное освещение
lampshade 1. отражатель [рассеиватель] светового прибора 2. абажур
lamp-socket патрон лампы
  screwed ~ резьбовой [винтовой] патрон
  switch ~ патрон с выключателем
lantern 1. фонарь 2. карманный фонарь 3. портативная лампочка
  alarm ~ сигнальный фонарь
  hall ~ сигнальное световое табло (*иногда со звонком*), информирующее о прибытии лифта на этаж
  hand ~ карманный фонарь
lap 1. нахлёстка; перекрытие; напуск ‖ соединять внахлёстку; перекрывать 2. накладывать изоляцию
lapping 1. нахлёстка; перекрытие; соединение внахлёстку 2. наложение изоляции
lapse 1. ошибка; погрешность 2. промежуток (*времени*) 3. понижение (*напр. давления*)
  time ~ промежуток времени
lap-weld сваривать внахлёстку
latch 1. релейный элемент 2. регистр-фиксатор; триггер-фиксатор 3. защёлка; запор ‖ защёлкивать; запирать 4. фиксатор ‖ фиксировать 5. крышка-защёлка (*плавкого предохранителя*)
  magnetic ~ магнитная защёлка
  mechanical ~ механическая защёлка
  shield ~ цоколёвка (*ламповой панели*)
  spring ~ *ж.-д.* автоматическая стрелка
  time ~ задержка на отпадание
latchup «защёлкивание» (*выхода ключевой схемы*); фиксация (*состояния*)
lateral 1. ответвление, отвод, ветвь 2. распределительная кабельная канализация

service ~s переходы абонентских линий
latex латекс
lattice 1. решётка‖образовывать решётку **2.** кристаллическая решётка
  crystal ~ кристаллическая решётка
  deionic ~ деионная решётка
  dipole ~ дипольная решётка
  double ~ крестовая решётка (*конструкции опоры ВЛ*)
  girder ~ решётка фермы (*конструкции опоры ВЛ*)
  ionic ~ ионная (кристаллическая) решётка
  space [three-dimensional] ~ трёхмерная [пространственная] (кристаллическая) решётка
  triple ~ треугольная решётка (*конструкции опоры ВЛ*)
latticework решётка; решётчатая конструкция
law 1. закон; правило; принцип **2.** теория
  ~ of averages закон больших чисел
  ~ of conservation of energy закон сохранения энергии
  ~ of electric charges закон взаимодействия электрических зарядов
  ~s of electric networks законы Кирхгофа
  ~ of electromagnetic induction закон электромагнитной индукции, закон Фарадея
  ~ of electrostatic attraction закон Кулона
  ~ of induced current правило Ленца
  ~ of large numbers закон больших чисел
  ~ of magnetism закон о взаимодействии полюсов
  ~ of mutuality of phases закон взаимодействия фаз
  ~ of similarity закон подобия
  ~ of small numbers закон малых чисел
  Ampere's (circuital) ~ закон Ампера, закон полного тока
  change-of-linkage ~ закон Фарадея, закон электромагнитной индукции
  Coulomb's ~ закон Кулона
  decay ~ закон (радиоактивного) распада
  distribution ~ закон распределения
  electromagnetic induction ~ закон Фарадея, закон электромагнитной индукции
  energy (conservation) ~ закон сохранения энергии
  energy-optimal ~ энергетически оптимальный закон
  exponential ~ экспоненциальный [степенной] закон
  Faraday's ~ of electromagnetic induction закон Фарадея, закон электромагнитной индукции
  Gauss' electrostatic ~ электростатическая теорема Гаусса—Остроградского
  Gauss' magnetic ~ магнитостатическая теорема Гаусса
  heat-transfer ~ закон теплопередачи
  inverse square ~ 1. закон обратных квадратов **2.** закон Кулона
  Joule-Lenz's [Joule's] ~ закон Джоуля—Ленца
  Kirchhoff's ~s законы Кирхгофа
  Kirchhoff's ~ of spectral radiation закон излучения Кирхгофа
  Kirchhoff's first ~ первый закон Кирхгофа (*закон токов*)
  Kirchhoff's second ~ второй закон Кирхгофа (*закон напряжений*)
  Lenz's ~ правило Ленца
  Maxwell's distribution ~ распределительный закон Максвелла
  normal ~ of errors нормальный закон распределения ошибок
  Ohm's ~ закон Ома
  power ~ экспоненциальный [степенной] закон
  radiation ~ закон излучения
  radioactive decay ~ закон радиоактивного распада
  resistance ~ характер изменения сопротивления; функциональная характеристика переменного резистора
  Rowland ~ закон Ома для магнитной цепи
  three-halves power ~ закон трёх вторых
  Wien radiation ~ закон излучения Вина
lay 1. прокладывать (*напр. кабель*) **2.** свивка (*кабеля*)‖вить, свивать (*кабель*) **3.** скрутка (*провода*)‖скручивать (*провод*) **4.** шаг свивки; угол свивки **5.** направление свивки **6.** шаг скрутки **7.** повив (*кабеля*) ◊ **to ~in** прокладывать; **to ~off 1.** отмерять, замерять **2.** останавливать, прекращать (*работу*) **3.** снимать с эксплуатации (*оборудование*); **to ~ out 1.** размещать, раскладывать, компоновать **2.** подготавливать схему (меж)соединений
  ~ of strand шаг скрутки (*жилы кабеля*)
  cable ~ повив кабеля

layer 1. слой 2. повив (*кабеля*)
  accumulation ~ обогащённый слой
  anode ~ 1. прианодный слой 2. жидкий анод
  antistatic ~ антистатический [противоэлектризующий] слой
  barrier ~ 1. запирающий слой 2. обеднённый слой 3. граничный [приповерхностный] слой
  blocking ~ 1. запирающий слой 2. обеднённый слой
  bottom ~ 1. нижний слой 2. подложка
  boundary ~ граничный [приповерхностный] слой
  cable ~ кабелеукладчик, кабелеукладочная машина
  cathode ~ 1. прикатодный слой 2. жидкий катод
  cathode interface ~ промежуточный катодный слой
  concentric ~s концентрические повивы
  conducting [conductive] ~ проводящий слой
  dead ~ 1. мёртвый слой 2. нечувствительный [пассивный] слой
  depletion ~ обеднённый слой
  dielectric ~ диэлектрический [непроводящий] слой, слой диэлектрика
  half-value ~ слой половинного поглощения, слой двукратного ослабления
  insulating ~ изолирующий слой; слой изоляции
  intermediate ~ промежуточный слой
  intrinsic ~ слой с собственной проводимостью
  inversion ~ обращённый слой
  light-sensitive ~ светочувствительный слой
  metal(lic) ~ металлический слой
  nonconducting ~ диэлектрический [непроводящий] слой, слой диэлектрика
  ohmic ~ проводящий слой
  protective ~ защитный слой
  saturated ~ насыщенный слой
  single-phase boundary ~ однофазный пограничный слой
  swept-out ~ обеднённый слой
  top-slot ~ верхний слой обмотки в пазах
  transition ~ переходный слой
  two-phase boundary ~ двухфазный пограничный слой
  wiring ~ слой разводки; слой (меж-)соединений
laying прокладка (*кабеля*); укладка (*кабеля*)
  cable ~ прокладка кабеля; укладка кабеля

layout 1. расположение; размещение 2. конфигурация 3. схема размещения; схема расположения; компоновка 4. разводка (*соединений*)
  associated phase ~ трёхфазная компоновка (*подстанции*)
  boiler house ~ компоновка котельного помещения
  bus ~ расположение шин
  cable ~ разводка кабелей
  circuit ~ компоновка схемы
  component ~ размещение компонентов
  connection ~ 1. схема (электрических) соединений 2. разводка соединений
  integrated-circuit ~ топология ИС
  mixed phase ~ смешанная компоновка (*подстанции*)
  oil-piping ~ 1. масляный трубопровод 2. маслопроводное устройство
  panel ~ расположение (*аппаратуры*) на панели
  record track ~ расположение дорожек на магнитной ленте
  separated phase ~ пофазная компоновка (*подстанции*)
  superheater ~ компоновка пароперегревателя
  wiring ~ 1. монтажная схема 2. схема (меж)соединений; разводка соединений
lay-up скрутка (*провода*)
lead 1. опережение (*по фазе*)‖опережать (*по фазе*) 2. питающий [подводящий] провод 3. ввод, вывод 4. *pl* соединительные провода; концевые выводы, концы 5. *pl* ошиновка
  backward ~ сдвиг (щёток) назад (*против направления вращения*)
  ball ~ шариковый вывод
  battery ~s выводы (аккумуляторной) батареи
  brought-out ~ конец обмотки, выведенный наружу (*на зажим*)
  brush ~ сдвиг щёток
  bus ~ шина
  cold ~ охлаждаемый [ненагреваемый] токоподвод; охлаждаемый вывод
  compensating [compensatory] ~ компенсационный провод
  connecting ~ соединительный проводник; соединительный конец
  current ~ токоввод; токоподвод
  emitter ~ вывод эмиттера
  end ~s концевые выводы, концы
  evaporated ~ напылённый ввод
  extension ~ удлинитель
  finish ~ вывод конца обмотки

LEAD

flexible ~ гибкий вывод
forward ~ сдвиг (щёток) вперёд (*по направлению вращения*)
grid ~ сеточный вывод
ground ~ заземляющий провод, заземлитель
ignition ~ провод цепи зажигания
impedance-bond neutral ~ *ж.-д.* вывод средней точки путевого дросселя
impedance-bond rail ~ *ж.-д.* вывод путевого дросселя к рельсовой нити
input ~ питающий [подводящий] провод; токоввод; токоподвод
inside ~ внутренний вывод (*катушки*)
instrument ~s выводы для подключения (измерительных) приборов
internally wired ~s внутренние соединительные проводники, внутренние перемычки
jumper ~ проводник для соединения напрямую (*в обход выключателей*)
load ~s выводы для подключения нагрузки
loose ~s незакреплённые выводы
main ~ силовой провод
nail-headed ~ штыреобразный вывод
neutral ~ нейтральный провод; нулевой провод
nonheating ~ охлаждаемый [ненагреваемый] токоподвод; охлаждаемый вывод
oil ~ маслопровод
outside ~ наружный вывод (*катушки*)
package ~ вывод корпуса
phase ~ опережение по фазе
press ~ впай (*проволока ввода в лампу*)
resilient ~ гибкий вывод
ribbon ~ ленточный вывод
shielded ~ экранированный вывод
shunt ~ 1. шунтирующий подвод 2. *pl* калиброванные провода к шунту
socket ~ цокольный вывод
start ~ вывод начала обмотки
stator winding connection ~s соединительные шины обмотки статора
stiff ~ жёсткий вывод
supply 1. подвод [подача] питания 2. *pl* подводящие провода
support ~ несущий вывод
tap ~ отвод, ответвление (*обмотки*)
terminal ~ контактный вывод
test ~ испытательный конец
tin-plated ~ лужёный вывод
transmission line ~ линейный вывод
twin ~ конец двухпроводной линии
welding ~s концы сварочного агрегата

wire ~ проволочный вывод
zero ~ нулевой вывод
lead 1. свинец‖освинцовывать **2.** графит
leader лидер (*искрового или грозового разряда*)
lead-in ввод; вводной провод
  contact ~ заходная фаска контакта
  outer ~ наружный ввод
leading опережение‖опережающий
  phase ~ опережение по фазе
leading-in 1. ввод; вводной провод **2.** проходная втулка
leading-out вывод; выводной провод
leading-through проходная втулка
lead-out вывод; выводной провод
leak 1. утечка; течь‖протекать; давать течь **2.** неплотное соединение ◊ ~ **to ground** утечка на землю
  electrical ~ утечка тока
  grid ~ утечка сетки, сеточная утечка
  ground ~ утечка на землю
  steam ~ утечка пара
  tube ~ присос (*воды*) через повреждённую трубку (*в конденсаторе*)
leakage 1. утечка; течь **2.** ток утечки **3.** рассеяние (*магнитного потока*) **4.** натекание (*слабый приток газа в вакуум; в лампах*) **5.** неплотность, негерметичность
  armature-slot ~ рассеяние в пазах якоря
  ballast ~ утечка (*тока рельсовой цепи*) через балласт
  base ~ натекание через цоколь
  blade-tip ~ утечка (*пара или газа*) через радиальный зазор рабочей решётки
  body ~ ток утечки на корпус
  cell-to-cell ~ просачивание (*электролита*) между секциями аккумулятора
  charge ~ утечка заряда
  chassis ~ утечка на корпус
  circuit ~ утечка в контуре
  circulating water ~ присос циркуляционной воды
  cladding ~ разгерметизация оболочки ТВЭЛа
  clearance ~ утечка через зазоры
  coil-end ~ рассеяние в лобовых частях обмотки, лобовое рассеяние
  current ~ утечка тока
  dc ~ утечка по постоянному току
  electric ~ утечка тока
  electrostatic ~ электростатическая утечка; утечка заряда
  end-coil ~ рассеяние в лобовых частях обмотки, лобовое рассеяние
  flux ~ рассеяние (*магнитного*) потока

ground ~ утечка на землю
insulation ~ утечка через изоляцию
interstage ~ утечка между ступенями (*турбины*)
joint ~ 1. утечка в соединениях 2. неплотность соединений 3. потери на утечку в соединениях
light ~ рассеяние светового потока
magnetic ~ рассеяние магнитного потока
pole-tip ~ краевое рассеяние полюса
pole-waist ~ рассеяние, определяемое конфигурацией полюса
secondary ~ магнитное рассеяние вторичной цепи
slot ~ пазовое рассеяние
surface ~ поверхностная утечка
tip [tooth(-top)] ~ рассеяние в зубцах (*электрической машины*)
track circuit ~ утечка тока в рельсовой цепи

leakance проводимость изоляции ◇
~ per unit length проводимость изоляции на единицу длины

leaking 1. утечка; протекание 2. рассеяние (*магнитного потока*)
leakless, leak-proof герметичный
leak-proofness герметичность
leaky неплотный; негерметичный; с плохой изоляцией
leg 1. магнитный стержень, сердечник магнитопровода 2. фаза, плечо, ветвь (*многофазной системы*) 3. луч (*звезды в схемах*) 4. вывод; ножка (*лампы*) 5. стойка; опора; столб 6. отрезок кривой
~ of bridge плечо моста
circuit ~ плечо цепи
common ~ общий вывод
core ~ стержень магнитопровода
frog's ~ *ж.-д.* стойка подвески контактного провода
main ~ пояс (*на опоре ВЛ*)
negative ~ 1. отрицательная ветвь 2. отрицательная ножка 3. отрицательное плечо (*преобразователя*)
positive ~ 1. положительная ветвь 2. положительная ножка 3. положительное плечо (*преобразователя*)
terminal ~ участок (*кабеля*) с концевой муфтой
thermoelectric ~ ветвь [плечо] термоэлемента
water ~ водяная петля контура (*ядерного реактора*)
leg-irons монтёрские когти, «кошки»
length 1. длина 2. кусок; отрезок; конец (*напр. кабеля*) 3. софит

~ of break (общая) длина разрыва (*между контактами*)
~ of lay 1. шаг повива 2. шаг скрутки (*провода*)
~ of pack длина пакета (*сердечника*)
~ of scale division длина деления шкалы
~ of span длина пролёта (*ВЛ*)
active fuel ~ активная длина ТВЭЛа
active gage ~ активная [рабочая] база тензометра
actuation ~ расстояние между контактами
angular ~ электрическая длина в радианах *или* в электрических градусах
arc ~ длина дуги
average ~ of a coil turn средняя длина витка обмотки
completed ~ строительная длина (*напр. кабеля*)
diffusion ~ диффузионная длина
drift ~ длина дрейфа
electrical ~ электрическая длина
electrical engagement ~ расстояние между контактами
factory ~ строительная длина (*напр. кабеля*)
gage ~ 1. габаритная длина 2. база тензометра
gap ~ длина рабочего зазора (*магнитной головки*)
geometrical ~ геометрическая длина
grid ~ расстояние по координатной сетке
hanging ~ софит
infinitesimal ~ of circuit бесконечно малый элемент цепи (*с током*)
leakage path ~ длина пути утечки
mean ~ of turn средняя длина витка
path ~ 1. длина силовой линии поля 2. длина пробега (*частицы*)
phase(-path) line ~ электрическая длина ЛЭП
physical ~ геометрическая длина
propagation ~ дальность распространения (*волны*)
pulse ~ длительность импульса
safe (circuit) ~ безопасная длина (*цепи заземления*)
scale ~ длина шкалы
scattering ~ длина пути рассеяния
span ~ длина пролёта
spark ~ длина искры
sweep ~ длительность развёртки
track circuit ~ длина рельсовой цепи
transmission route ~ протяжённость трассы ЛЭП
wave ~ длина волны
lengthener удлинитель; расширитель

LENS

line ~ удлинитель линии
pulse ~ расширитель импульсов
lens 1. линза **2.** электронная линза
collimating ~ коллиматорная линза, коллиматор
condenser [condensing] ~ конденсорная линза, конденсор
convex(o)-concave ~ выпукло-вогнутая линза
dielectric ~ диэлектрическая линза
electromagnetic ~ электромагнитная линза
electron(ic) ~ электронная линза
electrostatic ~ электростатическая линза
focusing ~ фокусирующая линза
magnetic ~ магнитная линза
two-tube electrostatic ~ электростатическая линза из двух цилиндров
waveguide ~ волноводная линза
level 1. уровень‖устанавливать [регулировать] уровень **2.** энергетический уровень, уровень энергии
absolute transmission ~ абсолютный уровень передачи
acceptable reliability ~ приемлемый уровень надёжности
acceptor ~ акцепторный уровень
basic impulse ~ основной уровень импульсной прочности
basic insulation ~ базисный уровень изоляции
carrier ~ уровень несущей (частоты)
circuit noise ~ уровень шумов схемы
clipping ~ уровень ограничения
comparison ~ уровень сравнения
compatibility ~ уровень совместимости
critical compensation ~ критический уровень компенсации
critical flashover ~ критический уровень напряжения перекрытия
dc ~ уровень постоянной составляющей (*тока, напряжения*)
degraded voltage ~ пониженный уровень напряжения
donor ~ донорный уровень
energy ~ энергетический уровень, уровень энергии
flux ~ уровень потока (света)
footcandle ~ уровень освещённости на полу
free energy ~ свободный энергетический уровень
illumination ~ уровень освещённости
impedance ~ уровень полного сопротивления
impulse insulation ~ импульсный уровень изоляции

impulse protection ~ уровень импульсной защиты (*от перенапряжения*)
impurity ~ примесный уровень
input ~ уровень входного сигнала
insulation ~ уровень прочности изоляции
intensity ~ **1.** уровень яркости **2.** уровень интенсивности
internal surge ~ уровень внутренних перенапряжений
light ~ уровень освещённости; уровень яркости
lightning withstand ~ уровень выдерживаемого напряжения грозового импульса
local ~ локальный (энергетический) уровень
luminance ~ уровень яркости
maximum output ~ максимальный выходной уровень
maximum permissible ~ максимально допустимый уровень
noise ~ уровень шумов; уровень помех
operating ~ порог срабатывания
output ~ уровень выходного сигнала
overload ~ уровень [степень] перегрузки
pole face ~ уровень поверхности полюса (*обращённой к якорю*)
power ~ уровень мощности
power-frequency withstand ~ уровень электрической прочности изоляции на промышленной частоте
rate ~ допустимый уровень платы за пользование электроэнергией (*суммарной или по классам потребителей*)
rated insulation ~ нормированный уровень изоляции
rated recording ~ номинальный уровень записи
reactor power ~ уровень мощности реактора
reference ~ исходный [опорный, начальный] уровень; контрольный [эталонный] уровень
reference disturbance ~ уровень помех при нормированных [заданных] условиях
response ~ порог срабатывания
set ~ заданный уровень, уровень уставки
signal ~ уровень сигнала
sound (pressure) ~ уровень звукового давления
station ~ общестанционный уровень (*системы управления*)
surface ~ поверхностный уровень

switching surge ~ уровень коммутационных перенапряжений
switching-surge insulation ~ уровень изоляции при коммутационных перенапряжениях
switching-surge protective ~ уровень защиты от коммутационных перенапряжений
threshold ~ пороговый уровень
transmission ~ уровень передаваемого сигнала
unit ~ агрегатный уровень (*системы управления*)
voltage ~ уровень напряжения
warning signal voltage ~ уровень напряжения предупредительного сигнала
zero ~ нулевой уровень
leveling 1. установление [регулировка] уровня 2. сглаживание
  load ~ сглаживание (графика) нагрузки
  noise ~ регулировка уровня шума
lever 1. рычаг 2. рукоятка
  contact ~ контактный рычаг
  control ~ рычаг управления
  governor ~ рычаг регулятора (*частоты вращения*)
  one-way route ~ ж.-д. однопозиционная маршрутная рукоятка
  operating ~ рычаг управления; пусковой рычаг
  route ~ ж.-д. маршрутная рукоятка
  transfer ~ рычаг переключателя
  trip [uncoupling] ~ рычаг отключения; рычаг расцепления
levitation левитация
  electrodynamic ~ электродинамическая левитация
  electromagnetic ~ электромагнитная левитация
  magnetic ~ магнитная левитация
liberation выделение в свободном состоянии
  energy ~ выделение энергии, энерговыделение
  heat ~ выделение тепла
life 1. срок службы; долговечность; ресурс 2. кампания; продолжительность кампании (*ядерного реактора*) 3. количество циклов (*переключения*) 4. наработка (*на отказ*)
  average ~ 1. средний срок службы 2. ресурс 3. средняя наработка
  battery cycle ~ срок службы аккумулятора по числу зарядных циклов
  calendar ~ срок службы
  charge ~ продолжительность кампании ядерного реактора

commutation ~ **of switch** коммутационный ресурс выключателя
core ~ продолжительность кампании ядерного реактора
design ~ расчётный ресурс; расчётная долговечность
economic ~ экономический срок службы
electrode ~ стойкость электрода
expected average ~ ожидаемый средний срок службы
guaranteed service ~ гарантируемый срок службы
in-core fuel ~ продолжительность кампании топлива в активной зоне
insulation ~ срок службы изоляции
in-use ~ эксплуатационная долговечность; эксплуатационный ресурс
load ~ долговечность при (полной) нагрузке
long ~ большой срок службы
mean ~ 1. средний срок службы 2. ресурс 3. средняя наработка
observed mean ~ фактический средний срок службы
operating [operational] ~ 1. эксплуатационная долговечность; эксплуатационный ресурс 2. эксплуатационная наработка
power ~ продолжительность кампании ядерного реактора
predicted mean ~ прогнозируемый средний срок службы
rated ~ 1. номинальный срок службы; номинальный ресурс 2. номинальная наработка
service ~ 1. срок службы; долговечность 2. ресурс стойкости 3. эксплуатационная наработка
shelf ~ 1. срок хранения 2. долговечность при хранении
short ~ малый срок службы
specified ~ гарантируемая долговечность
storage ~ 1. срок хранения 2. долговечность при хранении
thermal ~ срок службы по нагреву
ultimate service ~ максимальный ресурс стойкости
useful ~ период нормальной эксплуатации; эксплуатационная долговечность
lifetime 1. срок службы 2. продолжительность кампании (*реактора*)
  ~ **of electret** срок годности электрета
  carrier ~ время жизни носителей
  electron ~ время жизни электронов
  power ~ продолжительность кампании ядерного реактора

LIFT

lift 1. подъём ‖ поднимать(ся) 2. подъёмная машина; подъёмник, лифт
  bottom-drive ~ лифт с нижним приводом
  electric ~ электрический подъёмник, электрический лифт
  insulated aerial ~ пневмоподъёмник с изолирующим звеном

light 1. свет; световое излучение 2. источник света ‖ светить 3. лампа; фара; светильник; фонарь 4. освещение; подсветка ‖ освещать 5. *pl* светофор 6. огонь 7. маяк
  accent ~ направленное освещение
  achromatic ~ ахроматический [белый] свет
  aisle ~ освещение прохода
  alternating ~ 1. свет переменной яркости; модулированный свет 2. проблесковый огонь
  alternating flashing ~ проблесковый огонь со временем свечения меньшим, чем время затемнения
  amber ~ жёлтый свет (*фар*)
  ambient ~ освещённость окружающей среды; окружающая освещённость
  annunciator ~ лампа светового табло; сигнальная лампа
  anode ~ анодное свечение
  anticollision ~ (проблесковый) огонь предупреждения столкновений
  antidazzle ~ 1. неослепляющий [неслепящий] свет 2. ближний свет (*фар*)
  approach ~ 1. *ж.-д.* огонь участка приближения 2. *pl* огни подхода (*в зоне аэродрома*)
  arc ~ дуговая лампа
  artificial ~ искусственный свет
  back ~ *ж.-д.* хвостовой сигнальный огонь; хвостовой фонарь
  battery charging ~ сигнальная лампа зарядки (аккумуляторной) батареи
  black ~ невидимое излучение (*ИК- и УФ-областей*)
  blackout driving ~ затемнённый дальний свет (*фар*)
  blinker [blinking] ~ 1. проблесковый огонь 2. мигающий свет
  boundary ~s пограничные огни (*аэродрома*); граничные огни
  button ~ встроенный сигнал малого диаметра (*на шоссе*)
  capacitive-discharge pilot ~ ёмкостное зажигание с газовой форсункой
  cathode ~ катодное свечение
  caution ~ лампа предупредительной сигнализации
  ceiling ~ потолочный светильник, плафон
  character [code] ~ кодовый огонь
  cold ~ люминесцентное излучение
  collimated [concentrated] ~ направленный свет
  convergent ~ сходящийся пучок световых лучей
  danger ~ 1. *ж.-д.* запрещающий огонь 2. световой сигнал опасности, красный огонь
  dark ~ невидимое излучение (*ИК- и УФ-областей*)
  dazzle [dazzling] ~ ослепляющий [слепящий] свет
  deck (surface) ~ палубное освещение
  deep UV ~ дальнее ультрафиолетовое [УФ-]излучение
  dial ~ лампочка подсветки шкалы
  diffuse(d) ~ диффузное [рассеянное] освещение
  dim ~ ближний свет (*фар*)
  direct ~ 1. прямой свет 2. прямое освещение 3. курсовой огонь
  distance ~ дальний свет (*фар*)
  distress ~ световой сигнал бедствия
  dome ~ потолочный плафон
  driving ~ дальний свет (*фар*)
  electric ~ 1. электрический свет 2. электрическое освещение
  emergency ~ 1. аварийная сигнальная лампа 2. световой сигнал опасности, красный огонь
  entrance ~ световое табло «вход»
  exit ~ световое табло «выход»
  fault indicator ~ лампа индикации неисправности
  filter-change warning ~ предупреждающий световой сигнал о замене светового фильтра
  fire-warning ~ лампа пожарной сигнализации
  fixed ~ постоянное освещение
  fixed beacon ~ постоянный маячный огонь
  flash ~ карманный (электрический) фонарь
  flashing ~ 1. мигающий свет; проблесковый огонь 2. проблесковый маяк 3. карманный (электрический) фонарь
  flood ~ 1. заливающий свет 2. прожектор заливающего света
  fluorescent ~ люминесцентное излучение
  fog ~ противотуманная фара
  full-voltage-type pilot ~ сигнальная лампа, включаемая на полное напряжение

LIGHT

glare [glaring] ~ ослепляющий [слепящий] свет
green ~ зелёный свет (*светофора*)
ground ~ наземный (навигационный) огонь
harbor ~ портовый огонь
head ~ 1. лобовой прожектор (*локомотива*) 3. дальний свет (*фар*)
impinging [incident] ~ падающий свет
indicating [indicator] ~ индикаторная лампа; контрольная [сигнальная] лампа
indirect ~ отражённый свет
individual reading ~ лампа индивидуального освещения
infrared ~ инфракрасное [ИК-] излучение
instrument ~ приборный светильник
instrument panel ~ лампа подсвета приборной доски
intermittent ~ 1. импульсное [прерывистое] излучение 2. затмевающийся огонь (*маяка*) 3. проблесковый огонь; мигающий свет
isophase ~ равнопроблесковый огонь
landing ~ посадочная фара
lantern ~ фонарь верхнего света
laser ~ лазерное излучение
linearly polarized ~ линейно поляризованный [плоскополяризованный] свет
luminescent ~ люминесцентное излучение
monochromatic ~ монохроматический свет
natural ~ естественный свет; дневной свет
navigation ~ аэронавигационный огонь
obstruction ~s заградительные огни (*аэродрома*)
oil-pressure warning ~ контрольная [сигнальная] лампа давления масла
orange ~ жёлтый свет (*светофора*)
passing ~ ближний свет (*фар*)
pedestrian crossing ~ световой сигнал пешеходного перехода
permissible ~ безопасный светильник
pilot ~ 1. контрольная [сигнальная] лампа 2. *ж.-д.* буферный фонарь 3. фара-искатель
plane-polarized ~ линейно поляризованный [плоскополяризованный] свет
point-source ~ точечный источник
polarized ~ поляризованный свет
portable ~ переносной светильник, переносная осветительная лампа, *проф.* переноска
pulsed ~ 1. импульсное [прерывистое] излучение 2. затмевающийся огонь (*маяка*) 3. проблесковый огонь; мигающий свет
push-to-test pilot ~ сигнальная лампа с проверкой (исправности) нажатием кнопки
quick flashing ~ быстрочередующийся проблесковый огонь
rear ~ 1. *ж.-д.* хвостовой сигнальный огонь; хвостовой фонарь 2. *авто* фонарь заднего хода
red ~ красный свет (*светофора*)
reflected ~ отражённый свет
refracted ~ преломлённый свет
revolving ~ вращающийся источник света
rhythmic ~ проблесковый огонь
ruby ~ 1. красный свет (*светофора*) 2. красный фонарь (*фотолаборатории*)
runway surface ~ огни взлётно-посадочной полосы, огни ВПП
scattered ~ рассеянный свет
side ~ 1. боковой сигнал; подфарник 2. боковой огонь (*светофора*) 3. *авто* габаритный фонарь
signal ~ 1. контрольная [сигнальная] лампа 2. *ж.-д.* сигнальный огонь
soft ~ светильник рассеянного света
stationary ~ стационарный светильник
steady ~ немигающий [непрерывно горящий] свет
stimulated ~ вынужденное [индуцированное] световое излучение
stray ~ рассеянное световое излучение
street-traffic control ~s уличный светофор
subdued ~ затемнённый свет
tail ~ *ж.-д.* хвостовой сигнальный огонь; хвостовой фонарь
temperature warning ~ температурный предупреждающий световой сигнал
thermal ~ тепловое излучение оптического диапазона
threshold ~s входные ограничительные огни (*аэродрома*)
tip ~ аэронавигационный огонь
touchdown zone ~s огни зоны приземления
traffic (guide) ~s (путевой) светофор
transformer-type pilot ~ сигнальная лампа с трансформатором
ultraviolet ~ ультрафиолетовое [УФ-] излучение
undulating ~ проблесковый огонь
unpolarized ~ неполяризованный свет

visible ~ излучение в видимой части спектра
warning ~ 1. лампа аварийной сигнализации 2. *ж.-д.* предупредительный огонь 3. *pl* предупредительная световая сигнализация
light-current слаботочный
lighten освещать
lighter 1. осветитель; техник-осветитель 2. зажигалка
  arc ~ возбудитель [поджигатель] дуги
  electric (cigar) ~ электрическая зажигалка
  number-plate ~ *авто* лампа (заднего) номерного знака
lighthouse маяк
lighting 1. освещение; подсветка 2. осветительная аппаратура 3. зажигание; воспламенение
  accent ~ 1. направленное освещение 2. местное освещение; подсветка
  approach signal ~ предварительное зажигание сигнала при подходе поезда
  arc ~ дуговое освещение; освещение дуговыми лампами
  artificial ~ искусственное освещение
  back ~ обратное зажигание
  bias ~ 1. подсветка 2. сеточное свечение; свечение смещения
  black ~ излучение в невидимой части спектра
  bright ~ яркое освещение
  built-in ~ встроенное освещение
  central suspended ~ центральное подвесное освещение (*на дорогах*)
  combined ~ комбинированное освещение
  concealed ~ освещение со скрытым источником света
  cornice [cove] ~ контурное освещение отражённым светом
  decorative ~ декоративное освещение; иллюминация
  diffuse(d) ~ диффузное [рассеянное] освещение
  direct ~ прямое освещение
  directional ~ направленное освещение
  display ~ витринное освещение; рекламное освещение
  electric ~ электрическое освещение
  emergency ~ аварийное [дежурное] освещение, освещение безопасности
  explosion-proof ~ взрывобезопасное освещение
  exterior ~ наружное освещение
  extra-low voltage ~ низковольтное освещение (*обычно до 30—40 В*)
  flood ~ освещение заливающим светом; прожекторное освещение
  fluorescent ~ люминесцентное освещение
  general ~ общее освещение
  general diffused ~ полуотражённое освещение
  hard ~ контрастное освещение
  head ~ лобовое [головное] освещение
  headlamp ~ освещение (пути) фарами
  high ~ подсветка; высвечивание
  high-intensity ~ освещение высокой яркости
  highway ~ освещение шоссейных дорог, дорожное освещение
  horizontal ~ боковое освещение
  incandescent ~ освещение лампами накаливания
  indirect ~ освещение отражённым светом
  indoor ~ внутреннее освещение
  industrial ~ промышленное освещение
  infrared ~ освещение инфракрасными [ИК-]лучами
  interior ~ внутреннее освещение
  local(ized) ~ местное освещение
  mercury(-vapor) ~ освещение ртутными лампами
  natural ~ естественное освещение
  outdoor [outside] ~ наружное освещение
  overhead ~ верхнее освещение
  permanent supplementary artificial ~ постоянное дополнительное искусственное освещение
  portable ~ освещение переносными источниками света
  reflex ~ освещение отражённым светом
  reserve ~ резервное освещение
  routine ~ рабочее освещение
  search ~ поисковое освещение (*прожектором*)
  semidirect ~ освещение преимущественно прямым светом
  semi-indirect ~ освещение преимущественно отражённым светом
  side ~ боковое освещение
  sign ~ рекламное освещение
  spot ~ 1. освещение бегущим лучом 2. освещение точечным источником света 3. местное освещение; подсветка
  stage ~ сценическое освещение
  standby ~ резервное освещение

LIMIT

street ~ уличное освещение; наружное освещение
strip ~ освещение гирляндами ламп
studio ~ студийное освещение
task ~ рабочее освещение
top ~ верхнее освещение
train ~ освещение поезда
translucent ~ внутренняя подсветка (*прибора*)

lightning молния, грозовой разряд
  artificially triggered ~ искусственно вызванная молния
  ball ~ шаровая молния
  band ~ ленточная молния
  forked ~ линейная молния
  globe ~ шаровая молния
  multiple-stroke ~ многократная молния
  ribbon ~ ленточная молния
  streak ~ линейная молния

lightning-arrester, lightning-conductor молниеотвод
lightning-proof молниезащитный
lightning-rod стержневой молниеотвод
light-resistant светоустойчивый
light-sensitive светочувствительный
lightship плавучий маяк
light-tight светонепроницаемый
light-tightness светонепроницаемость

limb 1. круговая шкала с делениями, лимб 2. ветвь (*в теории цепей*) 3. наружный магнитопровод (*трансформатора*) 4. стержень
  ~ **of magnet** 1. сердечник электромагнита 2. стержень магнитной системы (*трансформатора*)

limit 1. предел; граница; порог ‖ устанавливать предел; ограничивать 2. допуск
  ~ **of accuracy** предел точности
  ~ **of disturbance** предел мешающего влияния
  ~ **of error** предел погрешности
  ~s **of measurement** пределы измерения
  ~s **of power range** пределы рабочего диапазона (*счётчика электроэнергии*) по мощности
  ~ **of sensibility** предел [порог] чувствительности
  ~ **of stability** граница устойчивости
  age ~ предельный срок службы
  brightness ~ предел яркости
  control ~ предел регулирования
  conventional touch voltage ~ нормированное предельное напряжение прикосновения
  damping ~ предел по самораскачиванию
  dose ~ максимально допустимая доза (*напр. облучения*)
  dose equivalent ~ максимально допустимая эквивалентная доза
  dynamic stability ~ предел динамической устойчивости
  elastic ~ предел упругости
  immunity ~ предел невосприимчивости
  internal stability ~ внутренний предел устойчивости
  irradiation ~ предел облучения
  load ~ предел нагрузки
  lower flammable ~ нижний предел воспламеняемости
  lower frequency ~ нижняя граничная частота
  lower range ~ нижний предел регулировочного диапазона
  magnetic ~ максимальная магнитная индукция (*за цикл*)
  maximum permissible transmission power ~ максимально допустимый предел передаваемой мощности
  measurement ~s пределы измерения
  normal operation ~s пределы безопасной эксплуатации (*ядерного реактора*)
  output ~ максимальный выходной сигнал
  permissible ~ допустимый предел
  phase-distortionless ~ ограничение без фазовых искажений
  physical ~s физические ограничения
  power ~ **of highly reactive circuit** предел мощности цепи с высоким реактивным сопротивлением
  power system stability ~ предел устойчивости электроэнергетической системы
  safety ~ ограничение по условиям безопасности
  saturation ~ предел насыщения
  sparking ~ предел по условиям искрения (*на коллекторе*)
  stability ~ предел устойчивости
  steady-state ~ предел статической устойчивости
  thermal ~ 1. предел по нагреву; тепловой предел 2. предел по термической стойкости
  transient-stability ~ предел динамической устойчивости
  upper frequency ~ верхняя граничная частота
  upper range ~ верхний предел регулировочного диапазона
  voltage ~ предел (изменения) напряжения

LIMITATION

voltage-dependent current ~ предел тока, зависящий от напряжения
voltage-temperature ~s предельные значения напряжений и температур; поле допустимых значений температуры и напряжения
limitation ограничение; предел
~ **of amplitude** ограничение по амплитуде
accuracy ~ ограничение точности
automatic load ~ автоматическое ограничение нагрузки
current ~ ограничение тока
design ~s расчётные пределы
ground current ~ ограничение тока в земле
noise ~ ограничение помех
peak-power ~ ограничение (по) пиковой мощности
plant operation ~s эксплуатационные ограничения электростанции
power ~ ограничение (по) мощности, *pl* энергетические ограничения
setting ~s ограничения по уставкам
short-circuit current ~ ограничение тока КЗ
voltage ~ ограничение напряжения
limiter 1. ограничитель 2. токоограничивающий предохранитель
acceleration ~ ограничитель динамических перегрузок
amplitude ~ ограничитель амплитуды, амплитудный ограничитель
automatic noise ~ автоматический ограничитель помех
automatic peak ~ автоматический ограничитель амплитуды по максимуму
base ~ ограничитель амплитуды по минимуму
bridge ~ мостиковый ограничитель
clipper ~ двусторонний ограничитель; амплитудный селектор
current ~ ограничитель тока; максимальный токовый автомат
demand ~ ограничитель электропотребления, ограничитель нагрузки
diode ~ диодный ограничитель
double ~ двухкаскадный ограничитель
excitation-field-forcing ~ ограничитель форсировки возбуждения
fault current ~ ограничитель тока повреждения
feedback ~ ограничитель в цепи обратной связи
grid ~ сеточный ограничитель
hard ~ ограничитель с резким порогом

high-power ~ ограничитель на высокий уровень мощности
input ~ входной ограничитель, ограничитель на входе
inverse ~ обратный амплитудный ограничитель
load ~ ограничитель нагрузки
maximum excitation ~ ограничитель максимального возбуждения
minimum excitation ~ ограничитель минимального возбуждения
network ~ токоограничивающий предохранитель
neutron flux ~ ограничитель нейтронного потока
noise ~ ограничитель шумов
peak ~ ограничитель амплитуды по максимуму
plate-return triode ~ триодный усилитель-ограничитель
power ~ ограничитель мощности
saturation ~ ограничитель, использующий явление насыщения
series-type ~ последовательный ограничитель
sheath voltage ~ ограничитель напряжения на корпусе
short-circuit ~ ограничитель токов КЗ
soft ~ ограничитель с плавно перестраиваемым порогом
sweep ~ ограничитель развёртки
symmetrical fractional-voltage ~ симметричный амплитудный ограничитель напряжений
torque ~ ограничитель вращающего момента
voltage ~ ограничитель напряжения
limiting ограничение
~ **of resolution** ограничение разрешающей способности
~ **of switching overvoltages** ограничение коммутационных перенапряжений
amplitude ~ ограничение по амплитуде
band ~ ограничение полосы частот
current ~ ограничение тока
cutoff ~ ограничение в режиме отсечки
diode ~ диодное ограничение
double ~ двустороннее ограничение
hard ~ ограничение с резким порогом
negative ~ ограничение отрицательной части импульса
peak ~ ограничение пиковых [амплитудных] значений

LINE

positive ~ ограничение положительной части импульса
power ~ ограничение мощности
saturation ~ ограничение в режиме насыщения
soft ~ ограничение с плавно перестраиваемым порогом
symmetrical ~ симметричное ограничение (*положительной и отрицательной частей импульса*)
line 1. (электрическая) линия, (электрическая) цепь; провод; шина 2. линия (электро)передачи; линия связи 3. силовая магнитная линия ◇ **across the** ~ под полным напряжением; **off the** ~ отключённый от сети, обесточенный; **to** ~ **up** 1. настраивать; регулировать 2. располагать(ся) на одной оси
~ **of electrostatic induction** линия электростатической индукции
~ **of magnetic flux** [~ **of magnetic force**] магнитная силовая линия
~ **of utility** линия от энергосистемы (*источник энергоснабжения*)
ac (transmission) ~ линия (электропередачи) переменного тока
aerial ~ воздушная линия, ВЛ
aerial cable ~ воздушная кабельная линия
aerial power ~ воздушная линия электроснабжения
air ~ силовая линия воздушного зазора
air-gap ~ линейная часть характеристики холостого хода
artificial transmission ~ модель линии передачи
auxiliary ~ вспомогательная линия (передачи)
backbone transmission ~ системообразующая ЛЭП; магистральная ЛЭП
bead(-supported) ~ коаксиальная линия (передачи) с диэлектрическими шайбами
beam transmission ~ лучевая линия передачи
bipolar ~ двухполюсная линия передачи
branch ~ ответвление (*от электрической линии*)
branch bus ~ отвод [ответвление] шины
bus ~ шина
bypass ~ обходная линия
cable ~ кабельная линия
cable pole ~ воздушная кабельная линия
capacitor-compensated transmission ~ ЛЭП с (продольной) ёмкостной компенсацией
close transmission ~ замкнутая [кольцевая] ЛЭП
coaxial ~ коаксиальная линия
compressed-gas insulation transmission ~ (кабельная) линия передачи с газовой изоляцией под давлением
consumer supply ~ линия, питающая потребителя
contact ~ 1. линия контакта 2. контактный провод
contact-wire ~ контактный провод
control ~ 1. линия (передачи сигналов) управления 2. шина управления
current ~ электрическая линия; электрическая цепь; линия (передачи) тока
dc (transmission) ~ линия (электропередачи) постоянного тока
dead [deenergized] ~ обесточенная [отключённая] линия, линия без напряжения
delay ~ линия задержки, ЛЗ
distribution (trunk) ~ (магистральная) распределительная линия
double-circuit (transmission) ~ двухцепная ЛЭП
double-fed ~ линия с двусторонним питанием
duplex ~s параллельно работающие линии
electric ~ электрическая линия; электрическая цепь
electric flux ~ линия электрического смещения; линия электрической индукции
electric ~s **of force** силовые линии электрического поля, электрические силовые линии
electrified ~ *ж.-д.* электрифицированная линия
electromagnetic delay ~ электромагнитная линия задержки
energized ~ линия под напряжением, включённая линия
equipotential ~ эквипотенциальная линия
exposed overhead ~ ВЛ, проходящая в открытом пространстве
extra-high-voltage (transmission) ~ линия (электропередачи) сверхвысокого напряжения
faulted [faulty] ~ повреждённая линия
field force ~ силовая линия поля
gas-insulated transmission ~ линия (передачи) с газовой изоляцией
half-wave (transmission) ~ полуволновая линия (электропередачи)

LINE

heavily loaded ~ сильно нагруженная линия
high energy ~ контур теплоносителя
high-phase order ~ многофазная линия
high-voltage (power) [high-voltage transmission] ~ линия (электропередачи) высокого напряжения
hot ~ линия под напряжением, включённая линия
incoming ~ 1. входящая [питающая] линия 2. ввод
infinite ~ бесконечная линия
interconnecting ~ соединительная (электрическая) линия; соединительный провод(ник)
interconnection tie ~ межсистемная линия связи
isolux ~ кривая равной освещённости; изолюкса
killed ~ отключённая [обесточенная] линия, линия без напряжения
lightning-resistant power ~ ВЛ с молниезащитным тросом
live ~ линия под напряжением, включённая линия
load ~ 1. характеристика нагрузки 2. нагрузочная линия
loaded ~ линия под нагрузкой, нагруженная линия
long (power) transmission ~ дальняя ЛЭП
lossfree [lossless] ~ линия передачи без потерь
lossy ~ линия передачи с потерями
low-loss ~ линия передачи с малыми потерями
low-voltage (transmission) ~ линия (электропередачи) низкого напряжения
magnetic delay ~ магнитная линия задержки
magnetic field ~s магнитные силовые линии, силовые линии магнитного поля
magnetic flux ~ линия магнитной индукции
magnetic ~s **of force** магнитные силовые линии, силовые линии магнитного поля
major steam ~ главный паропровод
monophase ~ однофазная линия (электропередачи)
monopolar ~ однополюсная электрическая линия
multicircuit transmission ~ многоцепная ЛЭП
multiple-conductor ~ линия (электропередачи) с расщеплёнными проводами фаз
multiterminal transmission ~ ЛЭП с ответвлениями
neutral ~ нейтральный провод
nonuniform electrical transmission ~ ЛЭП с неоднородными параметрами
one-pole ~ однополюсная электрическая линия
one-wire ~ однопроводная линия (передачи)
open-circuit ~ разомкнутая (электрическая) линия; разомкнутая цепь
open-ended ~ линия передачи с разомкнутым концом
open transmission ~ ЛЭП на холостом ходу
open-wire pole ~ ВЛ на столбах
operating ~ 1. рабочая характеристика 2. нагрузочная линия
outgoing ~ выходящая [отходящая] линия
overhead ~ 1. воздушная линия, ВЛ 2. контактный провод
overhead cable ~ подвесная кабельная линия
overhead high-voltage ~ ВЛ высокого напряжения
overhead low-voltage ~ ВЛ низкого напряжения
parallel-wire ~ двухпроводная линия передачи
party ~ 1. линия селекторной связи 2. групповая абонентская линия связи
pole ~ ВЛ на столбах
power ~ линия электроснабжения; питающая линия
power bus ~ шина электропитания; силовая шина
power transmission ~ линия электропередачи, ЛЭП
primary ~ **of distribution system** линия первой ступени распределения энергии (*высшего напряжения*)
protected ~ защищаемая линия
radial transmission ~ радиальная ЛЭП
recoil ~ кривая обратного хода (*петли гистерезиса*)
reference ~ 1. линия начала отсчёта 2. красная линия (*на шкале контрольного прибора*)
rural ~ сельская линия (электро)передачи
secondary ~ **of distribution system** линия второй ступени распределения энергии (*низшего напряжения*)

LINK

semirigid coaxial ~ полужёсткая коаксиальная линия
series (capacitor) compensated ~ линия (электропередачи) с продольной (ёмкостной) компенсацией
service ~ ввод
shielded transmission ~ экранированная ЛЭП
single-circuit ~ одноцепная ЛЭП
single-conductor transmission ~ однопроводная ЛЭП
single-phase ~ однофазная ЛЭП
slab ~ плоскостная линия
slotted ~ щелевая измерительная линия
spare ~ резервная линия
strip ~ полосковая линия
superconducting (transmission) ~ сверхпроводящая линия (электропередачи)
supply ~ линия электроснабжения; питающая линия
tapped [teed] ~ линия с ответвлениями
telephone ~ телефонная линия
three-phase (transmission) ~ линия (электропередачи) трёхфазного тока
through ~ транзитная линия
tie ~ (межсистемная) линия связи
tower ~ ЛЭП на опорах
transmission ~ линия электропередачи, ЛЭП
transposed ~ транспонированная линия
tripped ~ отключённая [обесточенная] линия, линия без напряжения
trolley ~ контактный [троллейный] провод
trunk ~ магистральная ЛЭП
twin(-wire) [two-wire] ~ двухпроводная ЛЭП
underground cable ~ подземная кабельная линия
underground power ~ подземная ЛЭП
uniform (transmission) ~ однородная линия (электропередачи)
unloaded ~ холостая [ненагруженная] линия
untapped [unteed] ~ линия без ответвлений
untransposed ~ нетранспонированная линия
vacuum-breaker ~ линия срыва вакуума
wood pole ~ ВЛ на деревянных столбах
zero ~ нулевая линия
zero-loss ~ линия без потерь
linearity линейность ◊ ~ **in amplitude** линейность по амплитуде; ~ **in phase** линейность по фазе
sweep ~ линейность развёртки
lineman линейный монтёр
patrol ~ обходчик ЛЭП
line-operated работающий от сети
liner 1. вкладыш; гильза 2. прокладка
bearing ~ вкладыш подшипника
slot ~ пазовая изоляционная гильза
line-to-line междуфазный (*о напряжении*)
lining 1. прокладка 2. обшивка
bearing ~ 1. антифрикционный слой подшипника 2. заливка вкладыша подшипника
inductor furnace susceptor ~ проводящая футеровка индукционной печи
slot ~ пазовая изоляция проводников
vulcanized fiber insulating ~ изолирующий экран (*масляного выключателя*) из вулканизированного волокна
link 1. связь; соединение ‖ связывать; соединять 2. линия передачи; канал передачи (*данных или сигналов*) 3. звено (*линейной арматуры ВЛ*) 4. клеммная перемычка ◊ ~ **in a system** связь в энергосистеме; **to** ~ **up** присоединять; **to** ~ **up with** подводить к...
asynchronous ~ асинхронная связь
automatic data ~ линия [канал] автоматической передачи данных
bipolar dc ~ биполярная связь постоянного тока
cable ~ 1. кабельная связь 2. промежуточный кабель
capacitance [capacitor] ~ ёмкостная хорда
cartridge fuse ~ патрон предохранителя
coil switching ~ коммутационное соединение индуктивной катушки
command ~ канал управления
communication(s) ~ линия связи; канал связи
data ~ линия (передачи) данных; канал (передачи) данных
dc вставка постоянного тока
dc transmission ~ линия связи постоянного тока
disconnecting ~ разъединительная вставка, разъединитель
drop [extension] ~ промежуточное звено (*линейной арматуры*)
fiber(-optic) ~ волоконно-оптическая линия связи, ВОЛС
fuse ~ плавкая вставка
high-voltage dc [HVDC] ~ высоковольтная вставка постоянного тока

LINKAGE

inductance [inductor] ~ индуктивная хорда
isolating ~ разъединительная вставка, разъединитель
line-of-sight [LOS] ~ линия связи, работающая в пределах прямой видимости
magnetic ~ 1. звено магнитной цепи 2. магнитный регистратор тока грозового разряда
monopolar dc ~ униполярная связь постоянного тока
offset ~ передвижная перемычка (*на клеммной колодке*)
open-link fuse ~ плавкая вставка для установки в держатель с открытыми токоведущими частями
optical fiber ~ волоконно-оптическая линия связи, ВОЛС
phasing ~ фазирующее звено (*линии связи*)
power ~ межсистемная связь (*энергосистем*)
power-limited ~ линия связи с ограниченной энергетикой
power line carrier ~ канал ВЧ-связи по ЛЭП
radio ~ линия радиосвязи
radio-relay ~ радиорелейная линия, РРЛ
resistance [resistor] ~ резистивная хорда
retransmission ~ ретрансляционная линия
split ~ разъёмное звено
superconducting weak ~ сверхпроводящее слабое звено
suspension ~ подвесная тяга; подвешенное звено
throttle lever ~ опорное звено рычага регулятора
U-~ дужка для короткого замыкания, короткозамыкатель
universal fuse ~ универсальная плавкая вставка
weak ~ 1. слабая связь (*в системе электропередачи*) 2. слабое звено 3. стреляющий предохранитель, встроенный в трансформатор
wireless ~ радиолиния
linkage 1. связь 2. соединение; сцепление 3. потокосцепление; полный поток индукции 4. согласующее устройство
current ~ трубка тока
magnetic flux ~ потокосцепление магнитного потока
mutual induction flux ~ потокосцепление взаимоиндукции
self-induction flux ~ потокосцепление самоиндукции
liquid жидкость
conducting ~ электропроводная жидкость
dielectric ~ жидкий диэлектрик; электроизоляционная [изолирующая] жидкость
electroconducting ~ электропроводная жидкость
fluorocarbon ~ фторуглеродная жидкость
insulating ~ жидкий диэлектрик; электроизоляционная [изолирующая] жидкость
nonflammable ~ негорючая жидкость
silicone ~ кремнийорганический [силиконовый] жидкий диэлектрик
silicone transformer ~ кремнийорганическое [силиконовое] трансформаторное масло
synthetic insulating ~ синтетическая изолирующая жидкость
list 1. список; перечень 2. таблица
cable running ~ журнал регистрации прокладки кабелей
discrepancy ~ список (аварийных) изменений (*в схеме энергосистемы*)
interlock ~ перечень блокировок
wire ~ таблица монтажных соединений, монтажная таблица
litzendraht многожильный провод
live под напряжением
live-front с открытыми токоведущими частями
liveline страховочный канат
load нагрузка‖нагружать ◇ **at full** ~ с полной нагрузкой; ~ **in a system** нагрузка энергосистемы; **on** ~ под нагрузкой; **to** ~ **up** нагружать
abruptly variable ~ резко переменная нагрузка
active ~ активная нагрузка
actual ~ 1. фактическая нагрузка 2. полезная нагрузка
adjustable potential dc drive ~ нагрузка в виде электропривода постоянного тока с регулируемым напряжением
admissible ~ допустимая нагрузка
advertised ~ объявленная нагрузка
aggregate ~ суммарная нагрузка
allowable ~ допустимая нагрузка
alternate ~ знакопеременная нагрузка
annual maximum [annual peak] ~ годовой максимум нагрузки
appliance ~ бытовая нагрузка
artificial ~ 1. искусственная нагрузка

LOAD

2. эквивалент нагрузки; балластная нагрузка
asymmetrical ~ несимметричная нагрузка
available ~ располагаемая нагрузка
average ~ средняя нагрузка
axial ~ осевая нагрузка
balanced ~ симметричная нагрузка
base ~ нагрузка в базисной части графика, базисная нагрузка
block ~ крупная нагрузка
breaking ~ разрушающая нагрузка
calculated ~ расчётная нагрузка
capacitance [capacitive] ~ ёмкостная нагрузка
changing ~ переменная нагрузка
cold ~ нагрузка в холодном состоянии (*с достаточно давно отключённым питанием*)
complex ~ комплексная нагрузка; нагрузка с комплексным сопротивлением
composite ~ комплексная нагрузка
concentrated ~ сосредоточенная нагрузка
condensive ~ ёмкостная нагрузка
connected ~ присоединённая [подключённая] нагрузка
connected heat ~ присоединённая тепловая нагрузка
constant ~ фиксированная [постоянная] нагрузка
constant potential dc ~ нагрузка на постоянном токе с неизменным напряжением
continuous ~ непрерывная нагрузка; длительная нагрузка
controllable ~ 1. потребитель-регулятор нагрузки 2. регулируемая нагрузка; нагрузка, подлежащая уменьшению (*по требованию диспетчера*)
critical ~ критическая нагрузка
current ~ токовая нагрузка
cyclic ~ циклическая нагрузка
cyclically varying ~ циклически изменяющаяся нагрузка
dead ~ 1. статическая нагрузка; постоянная нагрузка 2. эквивалент нагрузки; балластная нагрузка 3. нагрузка в холодном состоянии (*с достаточно давно отключённым питанием*)
deferred ~ отсроченная нагрузка (*отключаемая в часы пик*)
design (heating) ~ расчётная (отопительная) нагрузка
discontinuous ~ изменяющаяся нагрузка

dispatchable ~ нагрузка, отключаемая по требованию диспетчера
distributed ~ распределённая нагрузка
domestic ~ бытовая нагрузка
dummy ~ 1. искусственная нагрузка 2. эквивалент нагрузки, поглощающая нагрузка
dynamic ~ динамическая нагрузка
dynamic-braking resistance ~ нагрузка, создаваемая тормозным сопротивлением
economic(al) ~ **of a unit** экономическая [оптимальная] нагрузка агрегата
effective ~ полезная нагрузка
electric(al) ~ электрическая нагрузка
electric heating ~ отопительная нагрузка (*энергосистемы*); нагрузка от электрических нагревателей
emergency ~ аварийная нагрузка
equivalent aging ~ эквивалентная нагрузка при испытаниях на старение
even ~ равномерная [равномерно распределённая] нагрузка
excess(ive) ~ чрезмерная нагрузка
fixed ~ фиксированная [постоянная] нагрузка
fluctuating ~ переменная нагрузка; колеблющаяся нагрузка
fractional ~ частичная [неполная] нагрузка
full ~ полная нагрузка
generator ~ нагрузка генератора
half-hour ~ 1. получасовая нагрузка 2. нагрузка на данные полчаса
hard-starting ~ нагрузка с тяжёлым пуском
head ~ нагрузка вершины (*опоры ВЛ*)
heat ~ тепловая нагрузка
heating ~ отопительная нагрузка
heavy ~ большая [тяжёлая] нагрузка
high-power ~ нагрузка большой мощности
high-resistance ~ высокоомная нагрузка
hour(ly) ~ 1. часовая нагрузка 2. нагрузка на данный час
ice ~ нагрузка от гололёда (*на провода ЛЭП*)
impact ~ ударная нагрузка
imposed ~ временная нагрузка; приложенная нагрузка
impuls(iv)e ~ импульсная нагрузка
independent ~ независимая нагрузка
inductance [inductive] ~ индуктивная нагрузка
industrial ~ промышленная нагрузка
input ~ входная нагрузка; нагрузка на входе

LOAD

installed ~ присоединённая [подключённая] нагрузка
instantaneous ~ мгновенная [кратковременная] нагрузка
intermittent ~ прерывистая нагрузка; перемежающаяся нагрузка; повторно-кратковременная нагрузка
intermittent shock ~ прерывистая ударная нагрузка
internal system ~ собственная нагрузка энергосистемы
interruptible ~ 1. прерывистая нагрузка; перемежающаяся нагрузка; повторно-кратковременная нагрузка 2. кратковременно отключаемая (*диспетчером*) нагрузка
irregularly distributed ~ неравномерная [неравномерно распределённая] нагрузка
lagging ~ индуктивная нагрузка
leading ~ ёмкостная нагрузка
legitimate ~ допустимая нагрузка
light ~ 1. осветительная нагрузка 2. небольшая [незначительная] нагрузка
lighting ~ осветительная нагрузка
lighting and appliance ~ осветительно-бытовая нагрузка
limit ~ 1. предельная нагрузка 2. допустимая нагрузка
linear ~ линейная нагрузка, нагрузка с линейной характеристикой
linearly varying ~ линейно изменяющаяся нагрузка
live ~ временная нагрузка; динамическая нагрузка
low-resistance ~ низкоомная нагрузка
lumped ~ сосредоточенная нагрузка
magnetic ~ магнитная нагрузка
matched ~ согласованная нагрузка
maximum permissible ~ максимально допустимая нагрузка
maximum permissible power line ~ максимально допустимая нагрузка ЛЭП
miscellaneous ~ смешанная нагрузка
momentary ~ мгновенная [кратковременная] нагрузка
motor ~ нагрузка двигателя
nameplate full ~ полная номинальная [полная паспортная] нагрузка
native ~ нагрузка на своей территории (*принадлежащей данной энергокомпании — в противоположность экспорту*)
natural ~ натуральная мощность
near ultimate ~ нагрузка, близкая к предельной
net ~ полезная нагрузка; нагрузка нетто
nominal ~ номинальная нагрузка

nonconforming ~ нагрузка, изменяющаяся непропорционально общей нагрузке (*энергосистемы*)
noninductive ~ безындуктивная нагрузка; активная нагрузка
nonlinear ~ нелинейная нагрузка, нагрузка с нелинейной характеристикой
nonreactive ~ нереактивная нагрузка; активная нагрузка
nonreflecting ~ согласованная нагрузка
normal ~ нормальная [проектная] нагрузка
occasionally applied ~ нагрузка случайного характера, непериодическая нагрузка
off-peak ~ базисная [внепиковая] нагрузка
on-peak ~ максимальная [пиковая] нагрузка
operating ~ рабочая [эксплуатационная] нагрузка
optimal [optimum] ~ оптимальная нагрузка
oscillating ~ колеблющаяся нагрузка
oscillatory ~ 1. знакопеременная нагрузка 2. переменная нагрузка; колеблющаяся нагрузка
out-of-balance ~ 1. несимметричная нагрузка 2. неуравновешенная нагрузка
output ~ выходная нагрузка; нагрузка на выходе
parallel ~ параллельно включённая нагрузка
part(ial) ~ частичная [неполная] нагрузка
peak ~ максимальная [пиковая] нагрузка
peak-peak ~ наибольшая из пиковых нагрузок
permanent ~ постоянная (по величине) нагрузка
permissible ~ допустимая нагрузка
phantom ~ искусственная нагрузка
plant ~ нагрузка электростанции
plate ~ анодная нагрузка
power ~ силовая нагрузка
power system ~ нагрузка энергосистемы
primary ~ нагрузка первичной обмотки (*трансформатора*)
probabilistic ~ вероятностная нагрузка
pulsating ~ пульсирующая нагрузка
quiescent ~ постоянная нагрузка
rapidly fluctuating ~ быстро меняющаяся нагрузка

rated ~ номинальная нагрузка; расчётная нагрузка
reactive ~ реактивная нагрузка
real ~ активная нагрузка
reciprocating ~ нагрузка с обратнозависимой характеристикой
rectifier ~ выпрямительная нагрузка
reflecting ~ несогласованная нагрузка
repetitive ~ повторно-кратковременная нагрузка
residential ~ бытовая нагрузка
resistance [resistive] ~ активная нагрузка
reversal [reversed] ~ знакопеременная нагрузка
rms [root-mean-square] ~ действующее [эффективное] значение нагрузки
rotational ~ вращающаяся нагрузка
running ~ фактическая нагрузка
rupture [rupturing] ~ разрушающая нагрузка
rush-hours ~ нагрузка в часы пик
safe ~ безопасная нагрузка
secondary ~ нагрузка вторичной обмотки (*трансформатора*)
series ~ последовательно включённая нагрузка
service ~ 1. рабочая [эксплуатационная] нагрузка 2. полезная нагрузка
severe ~ большая [тяжёлая] нагрузка
shaft ~ нагрузка на валу
shock ~ ударная нагрузка
shunt ~ параллельно включённая нагрузка
single ~ сосредоточенная нагрузка
sleet ~ нагрузка от гололёда (*на провода ЛЭП*)
sliding ~ скользящая нагрузка
specific ~ удельная нагрузка
specific magnetic ~ удельная магнитная нагрузка
specified ~ расчётная нагрузка
spot ~ сосредоточенная нагрузка
stalling ~ опрокидывающая нагрузка
starting ~ пусковая нагрузка
static ~ статическая нагрузка
station ~ нагрузка (электро)станции
steady ~ постоянная нагрузка
stray loss ~ нагрузка от потерь рассеяния
sudden(ly applied) ~ внезапно приложенная нагрузка
summer ~ летняя нагрузка, нагрузка в летний период
supplied ~ присоединённая [подключённая] нагрузка
surcharge ~ перегрузка
sustained ~ длительная нагрузка
symmetrical ~ симметричная нагрузка
system ~ нагрузка (энерго)системы
system maximum hourly ~ часовой максимум нагрузки (энерго)системы
test ~ нагрузка при испытаниях; контрольная нагрузка
torque ~ нагрузка, создаваемая крутящим моментом
total ~ полная [общая] нагрузка
traction ~ тяговая нагрузка
traffic ~ 1. нагрузка от электротранспорта 2. нагрузка информационной системы
transient ~ динамическая нагрузка; нагрузка в переходном процессе
trial ~ пробная нагрузка
ultimate ~ 1. предельная нагрузка 2. разрушающая нагрузка
ultimate design ~ предельная расчётная нагрузка
unbalanced ~ несбалансированная нагрузка; несимметричная нагрузка
unbalanced phase ~ несимметричная нагрузка фаз
uniform ~ равномерная нагрузка
uniformly distributed ~ равномерно распределённая нагрузка
unit ~ удельная нагрузка
unmatched ~ несогласованная нагрузка
useful ~ полезная нагрузка
variable [varying] ~ переменная нагрузка
vital ~ жизненно важная [ответственная] нагрузка
water ~ 1. гидродинамическая нагрузка 2. гидростатическая нагрузка 3. водяная поглощающая нагрузка (*волноводной линии передачи*)
waveguide ~ волноводная нагрузка
widely fluctuated ~ переменная нагрузка в широком диапазоне
wind ~ ветровая нагрузка
winter ~ зимняя нагрузка, нагрузка в зимний период
working ~ рабочая [эксплуатационная] нагрузка
load-break выключатель нагрузки
loader:
  battery ~ зарядная станция
  electric ~ электропогрузчик
load-factoring работа при пиках нагрузки; покрытие пиковой нагрузки (*электрических систем*)
load-graph график нагрузки; кривая нагрузки
loading 1. нагрузка 2. загрузка 3. нагруженность

LOADING-BACK

auto ~ автоматическая загрузка
batch ~ периодическая загрузка топливом (*ядерного реактора*)
brush ~ нагрузка на щётки
cathode ~ нагрузка катода
conductor ~ механическая нагрузка на провод ВЛ
contingency ~ аварийная перегрузка
current ~ токовая нагрузка
dielectric ~ 1. заполнение диэлектриком 2. нагрузка диэлектриком
dynamic ~ динамическое нагружение
electric ~ 1. электрическая нагрузка 2. линейная нагрузка (*электрической машины*)
ice ~ нагрузка от гололёда (*на провода ЛЭП*)
incremental repetitional ~ повторная возрастающая нагрузка
magnetic ~ магнитная нагруженность
network ~ загрузка сети
partial ice ~ частичная нагрузка от гололёда (*на провода ЛЭП*)
pellet ~ загрузка таблеток в оболочку (*ядерного реактора*)
repeated ~ повторно-кратковременная нагрузка
storm ~ механическая нагрузка на ВЛ (*из-за обледенения и ветра*)
surge impedance ~ натуральная мощность линии
unequal ~ неравномерная нагрузка
unequal ice ~ неравномерная нагрузка от гололёда (*на провода ЛЭП*)
uniform ice ~ равномерная нагрузка от гололёда (*на провода ЛЭП*)
loading-back взаимная нагрузка (*при испытании электрических машин*)
load-off сброс нагрузки
load-on наброс нагрузки
localization определение места (*повреждения*)
fault ~ определение места [местонахождения] повреждения, ОМП
localizer посадочный маяк
location 1. определение местонахождения 2. расположение, размещение
cable fault ~ определение места повреждения кабеля
control ~ пост управления
damp ~ влажное помещение
double signal ~ ж.-д. спаренная сигнальная установка
dry ~ сухое помещение
fault ~ 1. определение места [местоположения] повреждения, ОМП 2. место повреждения

hazard ~ (взрыво)опасное помещение
signal ~ ж.-д. сигнальная установка
switch ~ ж.-д. стрелочная группа
wayside signal ~ ж.-д. перегонная сигнальная установка
wet ~ сырое помещение
locator:
cable (fault) ~ кабельный искатель, прибор для обнаружения места повреждения кабеля
capacitor impulse fault ~ ёмкостный импульсный прибор для обнаружения места повреждения
fault ~ искатель повреждений, прибор для обнаружения места повреждения
impulse current fault ~ прибор для обнаружения места повреждения импульсным током
lock 1. замок; затвор; запор; защёлка ‖ запирать; замыкать; защёлкивать 2. стопор ‖ стопорить 3. блокировка ‖ блокировать 4. сцеплять; соединять, закреплять 5. ж.-д. замыкатель; замычка (*сигнала*) ◊ **to ~ in synchronism** входить в синхронизм
auxiliary drive ~ стопор вспомогательного привода
bayonet ~ штыковой замок
block ~ ж.-д. блокировочное замыкание
control ~ запирающая замычка
electric ~ электрический замок, электрозащёлка
electric block plunger ~ электрическая противоповторная замычка
electric bolt ~ ж.-д. электрический контрольный замок
electric switch ~ 1. электрический стрелочный замыкатель 2. электрическая блокировка выключателя
forced drop ~ самозападающая электрозащёлка
magnetic ~ магнитный затвор
one-pull ~ противоповторное замыкание
switch ~ стрелочный замыкатель
traffic ~ маршрутный замыкатель
train staff ~ ж.-д. жезловой электрозатвор
lock-in 1. блокировка во включённом положении 2. вход в синхронизм
locking 1. запирание; замыкание 2. застопоривание; фиксация 3. блокировка 4. синхронизация; автоподстройка (*частоты*) 5. захватывание (*частоты*)
approach ~ ж.-д. замыкание приближения

electric ~ электрическое замыкание
frequency ~ захватывание частоты
mains ~ синхронизация от электросети
phase ~ фазовая синхронизация
positive ~ принудительная блокировка
release route ~ *ж.-д.* размыкание маршрута
route ~ *ж.-д.* замыкание маршрута
sectional released route ~ *ж.-д.* секционное размыкание маршрута
special ~ *ж.-д.* замыкание с внешней зависимостью
through route ~ *ж.-д.* полное замыкание маршрута
time ~ 1. временно́е замыкание 2. блокировка по времени
track ~ *ж.-д.* замыкание маршрута
track-circuit ~ замыкание от рельсовой цепи
locking-in установление синхронизма, вход в синхронизм
frequency ~ захватывание частоты
lockout 1. выключение; вывод из действия 2. блокировка
intermittent ~ положение выключателя, соответствующее паузе АПВ
mechanical ~ механическая блокировка на включение
sweep ~ блокировка развёртки
locomotive электровоз
ac ~ электровоз переменного тока
accumulator ~ аккумуляторный электровоз
ac-rectifier-dc ~ электровоз с преобразованием переменного тока в постоянный с помощью выпрямителя
battery(-driven) ~ аккумуляторный электровоз
continuous-current ~ электровоз постоянного тока
converter ~ электровоз с преобразователями
dc ~ электровоз постоянного тока
diesel-electric ~ тепловоз с электрической передачей
dual-motive power ~ электровоз двойного питания; электровоз, работающий на двух системах электроснабжения
dual-system chopper ~ двухсистемный электровоз с выпрямителем
electric ~ электровоз
electric-industrial ~ промышленный электровоз
gearless ~ электровоз с двигателем без редуктора

overhead-wire ~ пантографный электровоз
rectifier ~ преобразовательный электровоз; электровоз с преобразованием переменного тока в постоянный
split-phase ~ электровоз с расщеплённой фазой
steam-turbine-electric ~ турбоэлектровоз
storage-battery ~ аккумуляторный электровоз
storage-battery-powered gathering ~ сборочный электровоз с аккумуляторным питанием
trolley ~ контактный [троллейный] электровоз
locus 1. кривая 2. годограф
admittance ~ годограф полной проводимости
amplitude-frequency ~ амплитудно-частотная характеристика
impedance ~ годограф полного сопротивления
phase ~ 1. фазочастотная характеристика 2. корневой годограф
root ~ корневой годограф
transfer (function) ~ годограф Найквиста, годограф передаточной функции
log (вахтенный) журнал∥записывать [вносить] в журнал
duty ~ вахтенный журнал
maintenance ~ журнал учёта произведённых ремонтов
station ~ вахтенный журнал на (электро)станции
system trouble ~ журнал регистрации неисправностей в системе
logbook (вахтенный) журнал
logic логика, логические схемы; логическая схема
binary ~ двоичная логика
control ~ логические схемы (устройства) управления
core ~ логические схемы на (магнитных) сердечниках
current-mode [current sinking, current steering] ~ логические схемы на переключателях тока
failover ~ логические схемы переключения при отказе
integrated ~ интегральная логика
one-shot time ~ логическая схема с реле времени на один импульс
opposite ~ инвертированная логика
single-pulse time ~ логическая схема с реле времени на один импульс
threshold ~ пороговая логика
logometer логометр

LOOM

loom 1. гибкая изоляционная трубка **2.** оплётка проводов **3.** пучок [жгут] проводов ‖ вязать жгуты [пучки] проводов
  wiring ~ гибкая изоляционная трубка для проводов
loop 1. петля **2.** контур **3.** виток; рамка **4.** шлейф; двухпроводная линия **5.** замкнутая система (*автоматического регулирования или управления*)
  afterheat removal ~ контур расхолаживания (*ядерного реактора*)
  annular wire ~ проволочное кольцо
  armature ~ виток обмотки якоря
  automatic frequency-phase controlled ~ контур с автоматическим регулированием частоты и фазы
  B-H ~ петля магнитного гистерезиса по индукции
  boiling ~ контур кипения (*ядерного реактора*)
  broken ~ повреждённый контур (*ядерного реактора*)
  bypass purification ~ байпасный контур очистки
  cable ~ кабельная петля
  capacitance ~ ёмкостный контур
  circulation ~ циркуляционный контур
  closed ~ **1.** замкнутый контур **2.** замкнутая кольцевая схема; замкнутая кольцевая система
  cold ~ нерадиоактивный контур (*ядерного реактора*)
  control ~ **1.** контур регулирования; контур управления **2.** замкнутая система автоматического регулирования *или* управления
  coupling ~ петля связи (*в волноводе*)
  current ~ рамка с током; токовый контур; токовая петля
  dielectric-hysteresis ~ петля диэлектрического гистерезиса
  failed ~ повреждённый контур (*ядерного реактора*)
  feedback ~ контур обратной связи
  feedback control ~ контур регулирования с обратной связью
  flux current ~ петля гистерезиса
  forced-circulation ~ контур с принудительной циркуляцией
  fuel-reprocessing ~ контур регенерации (*ядерного*) топлива
  full hysteresis ~ предельная петля гистерезиса
  ground ~ контур заземления, заземляющий контур
  group ~ паразитный контур с замыканием через землю (*в схемах с множественными заземлениями*)
  heat-exchange ~ контур теплообменника
  heat-transfer ~ контур теплопередачи
  hot ~ радиоактивный контур (*ядерного реактора*)
  hysteresis ~ петля [цикл] гистерезиса
  incremental hysteresis ~ частная петля гистерезиса
  intrinsic hysteresis ~ собственная петля гистерезиса
  iteration ~ итерационный цикл
  magnetic-hysteresis ~ петля магнитного гистерезиса
  main [major] ~ основной контур (*системы автоматического регулирования или управления*)
  major cycling hysteresis ~ гистерезисная петля предельного цикла намагничивания
  major hysteresis ~ предельная петля гистерезиса
  measuring ~ измерительный шлейф
  minor ~ вспомогательный контур (*системы автоматического регулирования или управления*)
  minor hysteresis ~ частная петля гистерезиса
  multiturn ~ многовитковый контур
  open ~ **1.** разомкнутый контур **2.** разомкнутая кольцевая схема; разомкнутая кольцевая система
  oscillating ~ колебательный контур
  overdamping ~ контур со сверхкритическим затуханием
  permanent ~ постоянное КЗ на линии
  persistent current ~ контур с незатухающим током
  phase-comparison ~ фазосравнивающий контур
  phase-correcting ~ контур фазовой коррекции
  pickup ~ измерительный контур
  potential ~ пучность напряжения
  power conversion ~ контур преобразования энергии
  recoil ~ цикл возврата
  rectangular hysteresis ~ прямоугольная петля гистерезиса
  regenerative ~ контур положительной обратной связи
  right-angle hysteresis ~ прямоугольная петля гистерезиса
  saturation hysteresis ~ предельная петля гистерезиса
  servo ~ контур системы регулирования
  square hysteresis ~ прямоугольная петля гистерезиса

static hysteresis ~ статическая петля гистерезиса
symmetrical hysteresis ~ симметричная петля гистерезиса
thermal ~ теплопередающий контур
underdamping ~ контур с докритическим затуханием
voltage ~ пучность напряжения
wire ~ петля из проводов
looping 1. петлевание (*проволоки*) **2.** устройство параллельных сетей
looping-in заведение петли; бифилярный подвод
loss потеря; *pl* потери ◇ ~**es by radiation** потери на излучение; ~**es due to friction** потери на трение; ~**es due to leakage** потери от утечки; ~ **in voltage** падение напряжения; ~**es per unit length** потери на единицу длины, удельные потери
~ **of adjustment** потеря регулировки, разрегулировка
~ **of charge** потеря заряда
~ **of contact** нарушение контакта
~ **of control** потеря управляемости
~ **of dielectric strength** потеря диэлектрической прочности
~ **of efficiency** падение [потеря] производительности; снижение кпд
~ **of excitation** [~ **of field**] потеря возбуждения
~ **of life** сокращение срока службы; уменьшение ресурса
~ **of load** отключение [потеря] нагрузки; сброс нагрузки
~ **of lock rate** нарушение [потеря] синхронизма
~ **of phase** обрыв фазы
~ **of power 1.** потеря мощности; потеря энергии **2.** нарушение энергоснабжения
~ **of stability** нарушение [потеря] устойчивости
~ **of supply** нарушение энергоснабжения
~ **of synchronism** нарушение [потеря] синхронизма; выпадение из синхронизма
~ **of voltage** исчезновение напряжения; нарушение энергоснабжения
~**es of watts** потери активной мощности
active power ~**es** потери активной мощности
added ~**es** добавочные потери
additional iron ~**es** добавочные потери в железе
alternating hysteresis ~**es** потери в железе от пульсирующего перемагничивания
arc ~**es** потери при разряде
arc-drop ~**es** потери в дуге
armature copper ~**es** потери в меди якоря
armature I²R ~**es** потери в сопротивлении (постоянному току) обмотки якоря
attenuation ~**es** потери на затухание
average ~**es** средние потери
bearing friction ~**es** потери на трение в подшипниках
boil-off ~**es** потери от испарения
brush discharge ~**es** потери на кистевой разряд
brush friction ~**es** потери на трение щёток
cable ~**es** потери в кабелях
circuit net ~**es** потери в цепи нетто
clearance ~**es** потери через зазоры
coil ~**es** потери в обмотке (*трансформатора*)
cold ~**es** потери в нерабочем [холодном] режиме
commutator ~**es** потери на коллекторе
conduction ~**es** потери на диэлектрическую проводимость
conductor resistance ~**es** потери в сопротивлении проводов
constant ~**es** постоянные потери
convection ~**es** потери на конвекцию
conversion ~**es** потери при преобразовании
cooling water heat ~ потеря тепла с охлаждающей водой
copper ~**es** потери в меди
core ~**es** потери в сердечнике
corona ~**es** потери на корону
determinable ~**es** потери, поддающиеся определению
dielectric ~**es** диэлектрические потери, потери в диэлектрике
dielectric hysteresis ~**es** потери от гистерезиса в диэлектрике
discharge ~**es 1.** потери на выходе **2.** потери при разгрузке
dispersion ~**es** потери на рассеяние
dissipation ~ потеря тепла на рассеяние
distribution ~**es 1.** потери в распределительных сетях **2.** потери при распределении (*энергии*)
eddy-current ~**es** потери на вихревые токи
edge [end] ~**es** краевые потери
energy ~**es** потери энергии
evaporation ~**es** потери на испарение

LOSS

excitation ~es потери на возбуждение
expected measured ~es ожидаемые измеренные потери
field copper [field I²R] ~es потери в меди обмотки возбуждения
fixed ~ постоянная составляющая потерь
forward ~es прямые потери
forward power ~es потери от прямого тока мощности
friction(al) ~es потери на трение
friction and windage ~es потери на трение и сопротивление воздуха
full-load ~ 1. полный сброс нагрузки 2. *pl* потери при полной нагрузке
fundamental heat ~es основные тепловые потери
gyromagnetic resonance ~es потери от гиромагнитного резонанса
harmonic ~es потери от высших гармоник
harmonic tooth-ripple ~es потери от высших гармоник зубцовых пульсаций
heat ~es тепловые потери
hysteresis ~es потери на гистерезис
idling ~es потери холостого хода
incidental ~es дополнительные потери
incremental ~es относительный прирост потерь
incremental transmission ~es относительный прирост потерь при передаче (*электроэнергии*)
indeterminable ~es неопределимые потери
induction ~es потери магнитной индукции
inlet ~es потери на входе
inserted [insertion] ~es вносимые потери
instrument ~es потери в измерительном приборе
ionization ~es ионизационные диэлектрические потери
iron ~es потери в железе
irregularity return ~es потери в обратной цепи, связанные с несимметричной [неравномерной] нагрузкой
jacket heat ~es потери тепла с охлаждающей водой
Joule heat ~es тепловые потери
leakage ~es потери на утечку
line ~es потери в линии
load ~ 1. отключение [потеря] нагрузки; сброс нагрузки 2. *pl* нагрузочные потери
low hysteresis ~es малые потери на гистерезис

magnetic ~es магнитные потери; потери на намагничивание
magnetic dispersion ~es потери на магнитное рассеяние
magnetic hysteresis ~es потери на магнитный гистерезис
magnetic iron ~es магнитные потери в железе
mean ~es per failure средний ущерб на один отказ
mechanical ~es механические потери
meter ~es потери в счётчике (*электроэнергии*)
momentary ~ of (power) supply кратковременное исчезновение питания
momentary ~ of voltage кратковременное исчезновение напряжения
net ~es суммарные [общие, полные] потери
no-load ~es потери холостого хода
ohmic ~es омические [активные] потери
open-circuit ~es потери холостого хода
operating ~es потери в рабочем режиме
outage ~es убыток от недоотпуска электроэнергии
overall ~es суммарные [общие, полные] потери
parasitic ~es паразитные потери
power ~ потеря мощности; потеря энергии
pressure ~ потеря давления
pumping ~es насосные потери
radiation ~es потери на излучение
radiation ~es of conductors потери от излучения проводов
rated ~ номинальная нагрузка
reactive power ~es потери реактивной мощности
reflection ~es потери на отражение
refraction ~es потери на преломление
relaxation ~es релаксационные диэлектрические потери
residual ~es остаточные потери
resistance ~es потери в активном сопротивлении; омические [активные] потери
return ~es потери в цепи возврата
reverse ~es обратные потери
rheostatic ~es потери в реостате
rotating hysteresis ~es потери на гистерезис при вращательном перемагничивании
running ~es потери энергии при работе (*механизма*)
scattering ~es потери на рассеяние

LUMINAIRE

secondary ~es вторичные потери (*от вихревых токов или гистерезиса*)
series excitation ~es потери в последовательной обмотке возбуждения
short-circuit ~es потери при КЗ
shunt ~es поперечные потери (*в электропередаче*)
shunt excitation ~es потери в параллельной обмотке возбуждения
specific ~es удельные потери
specific dielectric ~es удельные диэлектрические потери
standby ~es потери холостого хода
standing ~es потери при неподвижной машине
standing ~ of a cell саморазряд аккумулятора
startup thermal ~es тепловые потери при пуске
steady-state heat ~ потеря тепла в установившемся состоянии
stand ~es потери в элементарном проводнике
stray ~es добавочные потери; потери на рассеяние
stray field ~es потери от полей рассеяния
stray load ~es паразитные потери
sudden ~ of load внезапный сброс нагрузки
supplementary ~es дополнительные потери
tank ~es потери в колебательном контуре
thermal ~es тепловые потери
tooth-ripple ~es потери от зубцовых гармоник
total ~es суммарные [общие, полные] потери
transducer dissipation ~ потери на рассеяние (энергии) в преобразователе
transformer ~es потери в трансформаторе
transformer load ~es потери трансформатора при нагрузке
transformer no-load ~es потери холостого хода трансформатора
transformer total ~es полные потери в трансформаторе
transition ~es потери в переходном режиме
transmission ~es потери при передаче мощности *или* электроэнергии
transmission line ~es потери в линии (электро)передачи
turn on/off ~ коммутационные потери (*в электрической машине*)
unburned carbon ~es потери тепла вследствие неполного сгорания топлива
ventilating and cooling ~es потери на вентиляцию и охлаждение
volatilization ~es потери на парообразование
voltage ~ потеря напряжения
windage ~es вентиляционные потери
lossfree, lossless не имеющий потерь, без потерь
low-power(ed) маломощный; с маломощным двигателем
low-tension, low-voltage низковольтный; минимального напряжения
lubricant смазочный материал
lubrication смазка
bearing ~ смазка подшипников
grease ~ густая смазка
intermittent ~ периодическая смазка
oil ~ смазка маслом
pressure ~ смазка под давлением
separate ~ местная смазка
lucimeter измеритель яркости
lug 1. наконечник (*проводника, кабеля*) 2. (монтажный) лепесток
busbar clamp ~ наконечник для присоединения кабеля к шине
cable ~ кабельный наконечник
commutator ~ коллекторный гребешок, «петушок»
connector ~ ушко соединителя
crimp-type ~ обжимной наконечник
ground ~ наконечник заземляющего проводника
jumper ~ соединительный зажим
multimount ~ наконечник для многократного закрепления
plate ~ отросток пластины (*аккумулятора*)
single ~ наконечник для одного закрепления
soldering ~ 1. напаянный наконечник 2. монтажный лепесток
solderless ~ беспаечный наконечник
split ~ ёрш [лапка] для заделки в стену
transport ~ подвеска [крюк] для транспортировки
twin ~ сдвоенный концевой зажим
lug-latch защёлка
lumen люмен, лм
lumen-hour люмен-час, лм·ч
lumenmeter люменометр
lumen-second люмен-секунда, лм·с
lumeter люменометр
luminaire светильник
ceiling ~ потолочный светильник
console ~ консольный светильник; настенный светильник

explosion-proof ~ взрывозащищённый светильник
floor ~ напольный светильник
fluorescent ~ люминесцентный светильник
pendant ~ подвесной светильник
recessed ~ утопленный светильник
street-light ~ уличный светильник
surface-mounted ~ плафон
suspended ~ подвесной светильник
table ~ настольный светильник
wall ~ настенный светильник
luminance яркость
  average ~ средняя яркость
luminary источник света
luminescence люминесценция
luminescent люминесцентный; люминесцирующий
luminosity 1. яркость **2.** световая отдача, световая эффективность
  relative ~ относительная световая эффективность
lustre люстра
lux люкс, лк
luxmeter люксметр
lux-second люкс-секунда, лк·с

M

machine (электрическая) машина; механизм
  ac ~ машина переменного тока
  ac commutator ~ коллекторная машина переменного тока
  acyclic ~ униполярная машина
  air-core ~ машина с воздушным сердечником
  air-filled ~ машина, заполненная воздухом
  air-tight ~ воздухонепроницаемая [герметичная] машина
  alternating-continuous current commutating ~ коллекторный [электромашинный] преобразователь переменного тока в постоянный
  armature winding ~ станок для намотки якорей
  armoring ~ станок для наложения кабельной брони
  asynchronized synchronous ~ асинхронизированная синхронная машина
  asynchronous ~ асинхронная машина
  automatic ~ автомат
  automatically regulated ~ автоматически регулируемая машина
  automatic direct-resistance heating ~ автомат, нагревающий изделия за счёт пропускания по ним тока
  basing ~ цоколёвочная машина
  bipolar ~ двухполюсная машина
  bottling ~ загрузочная машина (*ядерного реактора*)
  braiding ~ оплёточная машина
  brushless (synchronous) ~ бесщёточная (синхронная) машина
  cable laying-out ~ кабелеукладчик
  canned ~ герметизированная машина
  closed air-circuit ~ машина с замкнутой системой воздушного охлаждения
  closed air-circuit separately fan-ventilated air-cooled ~ машина с замкнутой системой воздушного охлаждения и внешним вентилятором с отдельным приводом
  closed air-circuit water-cooled ~ машина с замкнутой воздушно-водяной системой охлаждения
  close ratio phase-modulated change-pole ~ асинхронная машина с изменением числа пар полюсов методом фазовой модуляции
  commutator ~ коллекторная машина
  compensated regulated ~ компенсированная регулируемая машина
  compositely [compound]-excited ~ машина со смешанным возбуждением
  compound-excited ~, **long shunt** машина со смешанным возбуждением, обмотка параллельного возбуждения подключена к сети
  compound-excited ~, **short shunt** машина со смешанным возбуждением, обмотка параллельного возбуждения подключена к якорю
  conductor-cooled ~ машина с непосредственным охлаждением проводников
  conical rotor ~ машина с коническим ротором
  constant-flux ~ машина с постоянным магнитным потоком
  continuous-current ~ машина постоянного тока
  cumulative compounded ~ машина смешанного возбуждения с согласным включением обмоток
  cylindrical rotor ~ машина с цилиндрическим ротором
  dc ~ машина постоянного тока
  dc commutator ~ коллекторная машина постоянного тока
  dictating ~ диктофон
  differential compounded ~ машина

MACHINE

смешанного возбуждения со встречным включением обмоток
double-fed asynchronous ~ асинхронная машина двойного питания
double-fed slip-ring synchronous ~ синхронная машина двойного питания с контактными кольцами
double-resuperheat ~ турбина с двойным промежуточным перегревом пара
double-slotted ~ машина с пазами по обе стороны воздушного зазора
drip-proof ~ каплезащищённая машина
driven ~ приводимый механизм
duct ventilated ~ машина с подводом охлаждающего воздуха по каналам
dust-proof ~ пылезащищённая машина
electric(al) ~ электрическая машина
electrical discharge ~ электроразрядное устройство
electrical rotating ~ электрическая вращающаяся машина
electric drying ~ электрическая выжимальная машина, электровыжималка
electric interlocking ~ ж.-д. аппарат электрической централизации
electric ironing ~ электрическая гладильная машина
electric mincing ~ электромясорубка
electric washing ~ электрическая стиральная машина
electromagnetic ~ машина с постоянными магнитами
electronic accounting ~ электронный табулятор
electrostatic ~ электростатическая машина
encapsulated ~ машина с капсулированными обмотками
enclosed ventilated ~ закрытая обдуваемая машина
externally ventilated ~ машина с наружным обдувом
face ~ механизм приёмника электроэнергии
finite(-state) ~ конечный автомат
flame-proof ~ пожаробезопасная машина
fuel charging ~ загрузочная машина (*ядерного реактора*)
fuel discharging ~ разгрузочная машина (*ядерного реактора*)
fuel handling ~ перегрузочная машина (*ядерного реактора*)
gas-cooled ~ машина с газовым охлаждением
gas-filled ~ газонаполненная машина

gas-proof ~ газонепроницаемая машина
guarded ~ машина открытого исполнения с ограниченным доступом к токоведущим частям
heteropolar ~ машина с чередующимися полюсами
high-phase order ~ машина с числом фаз более трёх
high-speed ~ быстроходная машина
homopolar ~ униполярная машина
horizontal ~ машина в горизонтальном исполнении
hose-proof ~ струезащищённая машина
HPO ~ машина с числом фаз более трёх
hydrogen-cooled ~ машина с водородным охлаждением
indirect compounded ~ машина с возбуждением от вспомогательного генератора
induction ~ асинхронная машина
inductor ~ индукторная машина
inner-cooled ~ машина с внутренним [непосредственным] охлаждением
interpole ~ машина с добавочными полюсами
inverted (electric) ~ обращённая (электрическая) машина
low-speed ~ тихоходная машина
magnetoelectric ~ машина с постоянными магнитами
multipolar [multipole] ~ многополюсная машина
multivalve ~ турбина с сопловым парораспределением
nm-winding ~ многообмоточная машина
nonresuperheat ~ турбина без промежуточного перегрева пара
nonsalient pole ~ неявнополюсная машина, машина с неявновыраженными полюсами
overcompounded ~ перекомпаундированная машина
parametric ~ параметрическая машина
permanent magnet ~ машина с постоянными магнитами
pipe-ventilated ~ машина с подводом охлаждающего воздуха по трубам
plating ~ установка для нанесения гальванических покрытий
point ~ ж.-д. стрелочный привод
polyphase ~ многофазная машина
pressured ~ машина с повышенным внутренним давлением
production ~ серийная машина

MACHINE

protected ~ защищённая машина
rotating ~ вращающаяся машина
rotating field ~ машина с вращающимся индуктором
round-rotor ~ машина с цилиндрическим ротором; неявнополюсная машина, машина с неявновыраженными полюсами
salient pole ~ явнополюсная машина, машина с явновыраженными полюсами
Scherbius ~ машина Шербиуса (*коллекторная машина переменного тока в каскаде с асинхронным двигателем*)
screen-protected ~ экранированная машина
sealed ~ воздухонепроницаемая [герметичная] машина
self-excited ~ машина с самовозбуждением
self-regulated ~ саморегулируемая машина
semiguarded ~ полузакрытая машина
separately excited ~ машина с независимым возбуждением
separately ventilated ~ машина с независимой системой вентиляции
series-excited [series-wound] ~ машина с последовательным [сериесным] возбуждением
shunt-excited ~ машина с параллельным [шунтовым] возбуждением
signal ~ *ж.-д.* семафорный привод
signal ~ with disengage *ж.-д.* семафорный привод с расцепляющим механизмом
single-flow ~ однопоточная турбина
single-phase ~ однофазная машина
split-pole ~ машина с расщеплёнными полюсами
spooling ~ намоточный станок
spot-welding ~ машина точечной сварки
static ~ электростатическая машина
stationary field ~ машина с неподвижным индуктором
stranding ~ станок для скрутки (*кабеля*)
strip-wound ~ машина со стержневой обмоткой
supercharged ~ 1. перегруженная машина 2. машина, работающая с наддувом
synchronous ~ синхронная машина
taping ~ лентообмоточный станок
three-phase ~ трёхфазная машина
totally-enclosed ~ полностью закрытая машина
totally-enclosed fan-cooled [totally-enclosed fan-ventilated] ~ полностью закрытая машина, охлаждаемая с помощью вентилятора
totally-enclosed fan-ventilated air-cooled ~ полностью закрытая машина, охлаждаемая воздухом с помощью вентилятора
totally-enclosed separately fan-cooled air-cooled ~ полностью закрытая машина с независимой [внешней] вентиляцией и воздухоохладителем
totally-enclosed separately fan-ventilated ~ полностью закрытая машина с независимой [внешней] вентиляцией
totally-enclosed water-cooled ~ полностью закрытая машина с водяным охлаждением
Turing('s) ~ машина Тьюринга
two-pole ~ двухполюсная машина
uncoiling ~ разматыватель
unipolar ~ униполярная машина
unlaminated-rotor induction ~ асинхронная машина со сплошным [массивным, нешихтованным] ротором
vapor-proof ~ паронепроницаемая машина
vermin-proof ~ машина, защищённая от проникновения насекомых
vertical ~ машина в вертикальном исполнении
water-filled ~ водозаполненная машина
weather-proof ~ машина, защищённая от атмосферных воздействий
winding ~ намоточный станок
wire-cutting ~ машина для нарезки проволоки
wire-marking ~ машина для маркировки проводов
wire-stripping ~ машина для удаления [зачистки] изоляции проводов
wire-wrap ~ машина для монтажа методом накрутки
X-ray ~ рентгеновская установка
machine-mounted смонтированный на машине
machinery машины; оборудование
electrical ~ электрические машины; электрооборудование, электротехническое оборудование
energy-converting ~ энергетические машины
machining обработка
electric discharge [electric spark] ~ электроискровая обработка
electrochemical discharge ~ электрохимическая искровая обработка
electron-discharge ~ электроискровая обработка

MAGNETIZATION

electropulse ~ электроимпульсная обработка
magamp магнитный усилитель
magmeter магметр (*частотомер с отсчётом частоты от 0 до 500 Гц*)
magnet магнит
  ac ~ электромагнит переменного тока
  air-core ~ электромагнит без сердечника
  annual ~ кольцевой магнит
  artificial ~ искусственный магнит
  axial [bar] ~ стержневой магнит
  blowout ~ магнит гашения дуги, дугогасящий магнит
  brake [braking] ~ тормозной магнит
  ceramic ~ металлокерамический магнит
  compensating ~ компенсирующий магнит
  compound ~ составной магнит
  constant ~ постоянный магнит
  convergence ~ магнит сходимости, магнит сведения лучей
  crane ~ крановый электромагнит
  cryogenic ~ криогенный магнит
  cryogen storage ~s криогенный магнитный накопитель
  damping ~ демпферный магнит, магнит успокоителя
  dc ~ электромагнит постоянного тока
  deflection ~ отклоняющий магнит
  dipole ~ дипольный магнит
  drag ~ 1. демпферный магнит, магнит успокоителя 2. тормозной магнит
  field ~ возбуждающий магнит, индуктор; электромагнит возбуждения
  focusing ~ фокусирующий магнит
  high-field ~ магнит-источник сильных магнитных полей
  holding [holdup] ~ удерживающий электромагнит
  horseshoe ~ подковообразный магнит
  hot-pressed ~ магнит, полученный горячим прессованием
  laminated ~ магнит с шихтованным [пластинчатым, слоистым] сердечником
  latch ~ магнит защёлки
  layer ~ шихтованный [пластинчатый, слоистый] магнит
  lifting ~ подъёмный [грузовой] электромагнит
  locking ~ удерживающий электромагнит; блокирующий электромагнит; замыкающий электромагнит
  motor ~ фрикционный тормоз с управлением от электродвигателя
  natural ~ естественный магнит
  permanent ~ постоянный магнит
  plastic ~ магнит из полимерных материалов, пластмассовый ферромагнит
  powder ~ порошковый магнит
  pulsed ~ импульсный электромагнит
  relay ~ электромагнит реле
  release ~ размыкающий электромагнит
  retarding ~ демпферный магнит, магнит успокоителя
  retrieving ~ электромагнитный захват; подъёмный электромагнит
  reversed field ~ магнит с обратным полем
  ring(-type) ~ кольцевой магнит
  simple ~ неразрезной магнит
  solenoid ~ электромагнит, соленоид
  superconducting ~ магнит со сверхпроводящей обмоткой, сверхпроводящий электромагнит
  temporary ~ электромагнит
  timing ~ замедляющий магнит (*индукционного реле*)
  track ~ *ж.-д.* путевой индуктор
  trip(ping) ~ размыкающий электромагнит
  U-shaped ~ U-образный магнит
magnetic магнитный
magnetics магнетизм, учение о магнитных явлениях
magnetism магнетизм, магнитные явления; магнитные свойства
  arc ~ магнитные свойства дуги
  Earth ~ земной магнетизм, геомагнетизм
  induced ~ индуцированный [наведённый] магнетизм
  permanent ~ стойкий остаточный магнетизм
  remanent [residual] ~ остаточный магнетизм; остаточная намагниченность; остаточная индукция
  specific ~ 1. удельная намагниченность 2. намагниченность насыщения
  static ~ статические магнитные свойства
  terrestrial ~ земной магнетизм, геомагнетизм
magnetizability намагничиваемость; магнитная восприимчивость
magnetization 1. намагниченность 2. намагничивание ◊ ~ **in a reverse sense** перемагничивание
  ac ~ намагничивание переменным током

MAGNETIZE

alternating ~ (периодическое) перемагничивание
back ~ перемагничивание; намагничивание обратным полем
circuital ~ соленоидальное намагничивание
cross ~ 1. поперечная намагниченность 2. поперечное намагничивание
cyclic ~ циклическое перемагничивание
dc ~ постоянная намагниченность
flash ~ ударное намагничивание, намагничивание короткими импульсами
initial ~ начальная намагниченность
longitudinal ~ 1. продольная намагниченность 2. продольное намагничивание
net ~ результирующая намагниченность
permanent ~ постоянная намагниченность
perpendicular ~ 1. поперечная намагниченность 2. поперечное намагничивание
remanent [residual] ~ остаточная намагниченность
reversible ~ 1. обратимая намагниченность 2. обратимое намагничивание
saturation ~ намагниченность насыщения
specific ~ удельная намагниченность
spontaneous ~ 1. самопроизвольная [спонтанная] намагниченность 2. самопроизвольное [спонтанное] намагничивание
static ~ статическая намагниченность
superposed ~ подмагничивание
thermal remanent [thermoremanent] ~ тепловое остаточное намагничивание
transverse ~ 1. поперечная намагниченность 2. поперечное намагничивание

magnetize намагничивать
magneto магнето; магнитоэлектрический генератор
magnetoconductivity магнитная проводимость
magnetodielectric магнитодиэлектрик
magnetodiode магнитодиод
magnetodynamics магнитодинамика
magnetoelectric сегнетоэлектрик
magnetoelectricity магнитоэлектрический эффект
magnetograph магнитограф
magnetohydrodynamics магнитная гидродинамика, МГД
magnetometer магнитометр
absolute(-type) ~ абсолютный магнитометр
alkali-vapor ~ парощелочной (квантовый) магнитометр
astatic ~ астатический магнитометр
atomic-type ~ квантовый магнитометр
balance ~ магнитные весы
bismuth spiral ~ магниторезистивный магнитометр с висмутовой спиралью
cesium-vapor ~ пароцезиевый (квантовый) магнитометр
coil ~ индукционный магнитометр
compensation ~ компенсационный магнитометр
Cotton balance ~ магнитные весы
deflection ~ дефлекторный магнитометр
differential ~ дифференциальный магнитометр
direct-readout ~ магнитометр с прямым отсчётом
electrodynamic ~ электродинамический магнитометр
electromagnetic ~ электромагнитный магнитометр
electron-beam ~ электронно-лучевой магнитометр
ferroresonant ~ феррорезонансный магнитометр
flux-gate ~ феррозондовый магнитометр
Foner ~ магнитометр с вибрирующей катушкой
generating ~ магнитометр с вращающейся катушкой
Hall effect ~ магнитометр (на эффекте) Холла
high-frequency ~ высокочастотный феррозондовый магнитометр
induction ~ индукционный магнитометр
magnetostatic ~ магнитостатический магнитометр
moving-coil ~ магнитометр с вращающейся катушкой
moving-magnet ~ магнитометр с подвижным магнитом
null-astatic ~ астатический магнитометр
null-coil ~ магнитометр с компенсационной обмоткой
optical ~ оптический магнитометр
oscillating-specimen ~ магнитометр с вибрирующим образцом

pendulum ~ маятниковый магнитометр
proton [proton(free-)precession, proton resonance] ~ протонный магнитометр
quartz ~ кварцевый магнитометр
recording ~ регистрирующий магнитометр, магнитограф
relative ~ относительный магнитометр
resistance ~ резистивный магнитометр
resonance ~ резонансный магнитометр
rotating-field ~ магнитометр с вращающимся полем
rotating-sample ~ магнитометр с вращающимся образцом
rubidium-vapor ~ парорубидиевый (квантовый) магнитометр
saturable ~ магнитометр с насыщением; насыщающийся магнитометр
saturable core ~ магнитометр с насыщающимся сердечником
superconducting ~ сверхпроводящий магнитометр
tangent ~ вращающийся [крутильный] магнитометр
thin-film ~ тонкоплёночный магнитометр
three-component ~ трёхкомпонентный магнитометр
torque-coil [torsion(al), torsion-head] ~ вращающийся [крутильный] магнитометр
vector ~ магнитометр для измерения вектора напряжённости магнитного поля
vibrating-coil ~ магнитометр с вибрирующей катушкой
vibrating-reed ~ язычковый магнитометр
vibrating-sample ~ магнитометр с вибрирующим образцом
magnetomotance магнитодвижущая сила, мдс
magneton магнетон (*единица магнитного момента*)
  Bohr ~ магнетон Бора
  nuclear ~ ядерный магнетон
magneto-ohmmeter омметр с индуктором; индукторный омметр
magnetoplasmadynamics магнитогидродинамика, МГД
magnetoresistor магниторезистор
magnetostatic магнитостатический
magnetostriction магнитострикция
  biased ~ магнитострикция насыщения
  bulk ~ объёмная магнитострикция
  converse ~ эффект Виллари, магнитоупругий эффект
  cross ~ поперечная магнитострикция
  direct ~ магнитострикция
  Joule (positive) ~ положительная магнитострикция
  reverse ~ эффект Виллари, магнитоупругий эффект
  volume ~ объёмная магнитострикция
magnetostrictor магнитострикционный преобразователь
magnetothermopower магнитотермоэлектродвижущая сила
magnetron магнетрон
  continuous wave [cw] ~ магнетрон непрерывного действия
  injected-beam ~ магнетрон, перестраиваемый напряжением
  pulsed ~ импульсный магнетрон
  voltage-tunable ~ магнетрон, перестраиваемый напряжением
magnification 1. увеличение 2. усиление
  peak ~ увеличение пика
magnify 1. увеличивать 2. усиливать
magnitude 1. величина, значение (*величины*) 2. (абсолютное) значение, модуль (*числа*) 3. амплитуда
  ~ **of pulse** амплитуда импульса
  current ~ величина тока
  signal ~ амплитуда сигнала
magslip бесконтактный сельсин
main 1. магистральная линия, магистраль; питающая линия 2. *pl* (электрическая) сеть; силовая сеть 3. выключатель (*сети*)
  distributing [distribution, distributor] ~ 1. распределительная магистральная линия, распределительная магистраль 2. *pl* распределительная сеть
  electric ~ 1. *pl* электрическая сеть 2. линия электропередачи, ЛЭП
  emergency ~s сеть аварийного питания, аварийная сеть
  feeder ~ главная питающая линия
  high-voltage ~ питающая линия высокого напряжения
  inner ~ нулевой [нейтральный] провод
  interconnecting ~ межсистемная связь; объединяющая магистраль
  lighting ~s осветительная сеть
  neutral ~ нулевой [нейтральный] провод
  power ~s силовая сеть
  primary (distribution) ~ 1. магистраль, питающая первичную сторону трансформатора распределительной сети 2. *pl* распределительная сеть высоко-

MAINTENANCE

го напряжения (*от станции — к подстанции*)
public supply ~s городская распределительная сеть
ring ~ 1. кольцевая магистраль 2. *pl* замкнутая сеть
rising ~ 1. вертикальная магистраль 2. стояк (*электропроводки*)
secondary (distribution) ~ 1. магистраль, отходящая от вторичной стороны трансформатора распределительной сети 2. *pl* распределительная сеть низкого напряжения (*от подстанции — к потребителю*)
service ~ абонентская линия
supply ~ питающая линия; *pl* питающая сеть
town ~s городская сеть
trunk ~ магистральная линия, магистраль
underground ~ подземная линия
maintenance 1. техническое обслуживание и (текущий) ремонт; регламентные работы 2. поддержание
~ **of an installation** техническое обслуживание установки
electrical ~ техническое обслуживание электрооборудования
emergency ~ аварийный ремонт
frequency ~ поддержание частоты
hot-line [live-line] ~ (ремонтные) работы на линии под напряжением
live-line bare-hand ~ (ремонтные) работы на линии под напряжением с непосредственным прикосновением к токоведущим частям
lumen ~ стабильность светового потока
noninterruptive ~ техническое обслуживание и ремонт без перерыва в работе
operating [operational] ~ техническое обслуживание и ремонт в процессе эксплуатации
preventive ~ профилактическое [планово-предупредительное] техническое обслуживание и ремонт
routine ~ 1. плановое техническое обслуживание, регламентные работы 2. текущий ремонт
scheduled ~ профилактическое [планово-предупредительное] техническое обслуживание и ремонт
transmission ~ эксплуатация ЛЭП
unscheduled ~ внерегламентное [внеплановое] техническое обслуживание и ремонт
voltage ~ поддержание напряжения
make 1. замыкание∥замыкать; включать 2. максимальный зазор между контактами ◇ **to** ~ **after break** переключать с перерывом питания; **to** ~ **and break** переключать; **to** ~ **before break** переключать без перерыва питания; **to** ~ **off** разделывать (*кабель*)
quick ~ быстрое замыкание (*контактов*)
make(-and)-break 1. переключение; включение и выключение 2. прерыватель
make-position включённое положение, положение замыкания
maker:
contact ~ замыкатель; прерыватель
electric [vacuum] coffee ~ электрическая кофеварка
make-time время включения (*прибора*)
maladjustment неверная регулировка; разрегулировка; неточная настройка
malfunction 1. нарушение нормальной работы 2. сбой; ложное [неправильное] срабатывание; неправильное действие
maloperation 1. неправильное действие 2. неправильное обращение 3. ложное [неправильное] срабатывание
man:
repair ~ ремонтный рабочий
service ~ монтёр по обслуживанию
test ~ испытатель
management управление; руководство; организация
active load ~ регулирование нагрузки; управление изменениями нагрузки
data ~ управление данными
demand ~ 1. регулирование нагрузки энергосистемы 2. управление электропотреблением
demand-side ~ управление электропотреблением со стороны потребителя
distribution transformer load ~ управление нагрузкой трансформаторов распределительной сети
energy ~ 1. управление энергопотреблением 2. управление производством и распределением электроэнергии
frequency ~ распределение частот
in- and out-of-core fuel ~ управление загрузкой и выгрузкой топлива (*ядерного реактора*)
industrial load ~ регулирование промышленной нагрузки; управление изменениями промышленной нагрузки
load ~ 1. управление электропотреблением 2. управление изменениями нагрузки

MARK

passive load ~ управление изменениями нагрузки экономическими методами
radioactive waste ~ удаление радиоактивных отходов
residential load ~ регулирование бытовой нагрузки; регулирование нагрузки жилых районов
standard fuel ~ стандартный топливный режим
supply ~ 1. управление электропотреблением 2. планирование электроснабжения (*включая развитие электросистем*)
system capacity ~ управление энергосистемой
use ~ управление электропотреблением

manganin манганин
manhole 1. люк 2. смотровой колодец 3. кабельный колодец
  cable ~ кабельный колодец
  intake ~ входной кабельный колодец
  sidewalk ~ кабельный колодец под тротуаром
manifold 1. коллектор; магистраль 2. разветвлённый трубопровод 3. патрубок
  governor-valve-chest ~ подводящий паропровод клапанной коробки
  main steam piping ~ паросборный коллектор
  spray ~ впрыскивающий пароохладитель
manipulate управлять; манипулировать
manipulator манипулятор
  all-electric ~ электрический манипулятор
  all-electromechanical ~ электромеханический манипулятор
manograph самопишущий манометр
manometer манометр
  bellows ~ сильфонный манометр
  cold-cathode vacuum ~ вакуумметр с холодным катодом
  differential ~ дифференциальный манометр, дифманометр
  electric discharge vacuum ~ электроразрядный вакуумметр
  ionization vacuum ~ ионизационный вакуумметр
  mercury ~ ртутный манометр
  piezoelectric vacuum ~ пьезоэлектрический вакуумметр
  resistance vacuum ~ вакуумметр сопротивления
  thermal-condition vacuum ~ термоэлектрический вакуумметр
  thermistor vacuum ~ терморезисторный вакуумметр
  thermocouple vacuum ~ вакуумметр с термопарой
manual руководство; справочник; инструкция
  maintenance ~ руководство по эксплуатации; руководство по техническому обслуживанию
  operating ~ руководство по эксплуатации
  service ~ руководство по эксплуатации; руководство по техническому обслуживанию
mapboard диспетчерский щит (*с привязкой схемы к географическому расположению объектов*)
mapping:
  field ~ построение картины поля
  specular ~ зеркальное отображение
margin 1. запас 2. пределы 3. разность между располагаемой мощностью и максимальной нагрузкой
  ~ **of energy** запас энергии
  ~ **of error** предел погрешности
  ~ **of power** резерв мощности
  ~ **of safety** запас прочности
  ~ **of stability** запас устойчивости
  capability ~ резерв установленной мощности
  critical current ~ критический предел по току
  draft ~ запас тяги
  hot shutdown (reactivity) ~ остаточная реактивность остановленного горячего реактора
  gain ~ 1. запас по усилению 2. запас устойчивости по амплитуде
  generating reserve ~ резерв генерирующей мощности
  impulse ~ запас по длительности импульса
  noise ~ запас помехоустойчивости
  overload ~ запас по перегрузке
  phase ~ запас (устойчивости) по фазе
  reactivity ~ запас реактивности
  reserve ~ резерв мощности
  safety ~ запас надёжности
  shutdown (reactivity) ~ остаточная реактивность остановленного реактора
  stability ~ запас устойчивости
  system reserve ~ системный резерв устойчивости
  torque ~ запас по вращающему моменту
mark 1. знак; метка; отметка‖отмечать 2. штрих (*шкалы*)
  graduation scale ~ 1. деление шкалы 2. цена деления шкалы

polarity ~ знак полярности
scale ~ **1.** штрих шкалы **2.** деление шкалы
time [timing] ~ отметка времени
zero ~ нулевое деление; нулевая отметка
zero scale ~ нулевая отметка шкалы
marker:
  time ~ отметчик времени
  wire ~s маркировочные втулки на проводах
marking маркировка; разметка; отметка
  ~ **of wires** маркировка проводов
  polarity ~ маркировка полярности
  scale ~ разметка шкалы
  sheath ~ маркировка оболочки (*кабеля*)
  terminal ~ маркировка выводов
mass масса
  critical ~ критическая масса
  electric(al) ~ количество электричества
  electromagnetic ~ электромагнитная масса
  operating ~ рабочая загрузка (*активной зоны ядерного реактора*)
  subcritical ~ подкритическая масса
  supercritical ~ сверхкритическая масса
  untanked ~ масса выемной части
mast 1. мачта‖ставить мачту **2.** опора
  electrode ~ **1.** несущий электрододержатель **2.** мачта для электродов (*электрической печи*)
  self-supporting ~ свободностоящая опора; опора без оттяжек
  stayed ~ опора с оттяжками
mat мат; коврик
  conducting ~ проводящий мат
  ground ~ заземляющий коврик
  heating resistance ~ электрический нагреватель в форме мата
  insulating ~ изолирующий коврик
match ◇ ~ **between generation and load** баланс между генерацией и нагрузкой
matching согласование
  admittance ~ согласование полных проводимостей
  capacitive-stub ~ согласование ёмкостным шлейфом
  impedance ~ согласование полных сопротивлений
  inductive-stub ~ согласование индуктивным шлейфом
  load ~ согласование нагрузок
  loop ~ согласование шлейфом
  polarization ~ согласование (по) поляризации
  quarter-wave ~ согласование с помощью четвертьволнового трансформатора
mate соединять, сочленять ◇ **to** ~ **a connector** соединять разъём; **to** ~ **plug and receptacle** соединять вилку и гнездо разъёма
material материал; вещество
  active ~ активный (электротехнический) материал
  aluminum powder ~ алюминизированный материал
  antiferroelectric ~ антисегнетоэлектрический материал, антисегнетоэлектрик
  antiferromagnetic ~ антиферромагнитный материал, антиферромагнетик
  backing ~ материал подложки
  binding ~ связующий материал
  canning ~ материал оболочки ТВЭЛов
  ceramic ~ керамический материал
  ceramic corundum ~ керамический корундовый материал
  charging ~ загружаемое (*в ядерный реактор*) топливо
  clad dielectric ~ фольгированный диэлектрический материал, фольгированный диэлектрик
  class A (B, C, E, F, H, O) insulating ~ изоляционный материал класса A (B, C, E, F, H, O)
  cold-molded ~ материал, полученный холодным прессованием
  composite ~ композиционный материал
  conducting [conductor] ~ проводниковый [(электро)проводящий] материал
  cordierite ceramic ~ кордиеритовый керамический материал
  core ~ материал активной зоны (*ядерного реактора*)
  diamagnetic ~ диамагнитный материал, диамагнетик
  dielectric ~ диэлектрический материал, диэлектрик
  electret ~ электретный материал
  electric contact ~ контактный материал
  electric insulating ~ электроизоляционный материал
  electrode ~ электродный проводниковый материал
  electroluminescent ~ электролюминесцентный материал
  electro-optic(al) ~ электрооптический материал
  electrostrictive ~ электрострикционный материал

MATERIAL

electrotechnical ~ электротехнический материал
emissive ~ эмиттирующее вещество
encapsulating ~ герметизирующий материал, герметик
epoxy molding ~ эпоксидный пресс-материал
ferroelectric ~ сегнетоэлектрический материал, сегнетоэлектрик
ferromagnetic ~ ферромагнитный материал, ферромагнетик
fertile ~ топливное сырьё; воспроизводящий материал
filling ~ наполнитель
fire-proof [fire-resistant] ~ огнестойкий [огнезащитный] материал
flexible compound ~ гибкий композиционный материал
fluorescent ~ флюоресцирующее вещество, люминофор
granulated molding ~ гранулированный пресс-материал
heat-conductive ~ теплопроводящий материал
heating element ~s материалы для электронагревательных элементов
high-conductivity ~ материал высокой проводимости
high-dielectric ~ материал с высокой диэлектрической проницаемостью
high-grade insulating ~ изоляционный материал высокого класса
highly remanent magnetic ~ магнитный материал с высокой остаточной намагниченностью
hysteretic ~ материал с гистерезисными свойствами
insulating ~ изоляционный материал
light-sensitive ~ светочувствительный материал
lossy ~ материал с потерями; резистивный материал
low-resistivity ~ низкоомный материал, материал с низким удельным сопротивлением
luminescent ~ люминесцентное вещество, люминофор
magnetic ~ магнитный материал, магнетик
magnetically hard ~ магнитотвёрдый материал
magnetically soft ~ магнитно-мягкий материал
magnetized ~ намагниченное вещество
magnetodielectric ~ магнитодиэлектрический материал, магнитодиэлектрик

magnetostrictive ~ магнитострикционный материал
metallic conductor ~ металлический проводниковый материал
mica-loaded paper ~ слюдопрессованный бумажный материал, материал на основе слюдопластовой бумаги
molding ~ литой [прессованный] материал, пресс-материал
multilayer conductor ~ многослойный проводниковый материал
nonconductivity ~ непроводящий материал; изоляционный материал
nonmagnetic ~ немагнитный материал
nonretentive ~ магнитно-мягкий материал
nonsquare-loop ~ материал с непрямоугольной петлёй гистерезиса
nonuniform ~ неоднородный материал
nuclear ~ ядерное топливо
paramagnetic ~ парамагнитное вещество, парамагнетик
phosphorescent ~ фосфоресцирующее вещество
photovoltaic ~ фотоэлектрический материал
piezoelectric ~ пьезоэлектрический материал, пьезоэлектрик
potting ~ заливочная масса, компаунд
protective ~ защитный материал
pyroelectric ~ пироэлектрический материал, пироэлектрик
radioactive ~ радиоактивный материал
reinforced mica-loaded commutator paper ~ коллекторный слюдопрессованный бумажный армированный материал
resistance [resistive] ~ резистивный [реостатный] материал, материал для резистивных элементов
retentive ~ магнитно-твёрдый материал
sealing ~ герметизирующий материал, герметик
semiconducting [semiconductive, semiconductor] ~ полупроводниковый материал, полупроводник
shielding ~ экранирующий материал
soft-magnetic ~ магнитно-мягкий материал
spacing ~ прокладочный материал
square-loop ~ материал с прямоугольной петлёй гистерезиса
superconducting [supeconductive, super-

MATRIX

conductor] ~ сверхпроводящий материал, сверхпроводник
thermosetting molding ~s термореактивные формовочные материалы
thin-wall high-resistance ~ тонкостенный высокоомный материал
tissue-equivalent ~ тканеэквивалентный материал
unclad dielectric ~ нефольгированный диэлектрический материал, нефольгированный диэлектрик
uniform ~ однородный материал
matrix матрица
  admittance ~ матрица полных проводимостей
  augmented admittance ~ расширенная матрица полных проводимостей
  bus admittance ~ матрица узловых проводимостей
  bus impedance ~ матрица узловых сопротивлений
  coincidence ~ матрица совпадений
  conductance ~ матрица проводимостей
  decoding ~ декодирующая матрица
  diagonal ~ диагональная матрица
  diode ~ диодная матрица
  dot ~ точечная матрица
  elementary impedance ~ матрица полных сопротивлений элементов (сети)
  gating ~ дешифратор
  Gauss-Seidel impedance ~ матрица полных сопротивлений при решении уравнений электрической сети методом Гаусса—Зайделя
  impedance ~ матрица полных сопротивлений
  incidence ~ матрица инциденций
  loop impedance ~ матрица контурных полных сопротивлений
  node admittance ~ матрица узловых полных проводимостей
  node impedance ~ матрица узловых полных сопротивлений
  resistor ~ сетка из резисторов; резисторная матрица
  scattering ~ матрица рассеяния
  sparce ~ слабо заполненная матрица
  surge impedance ~ матрица волновых сопротивлений
  switching ~ коммутационная [переключательная] матрица; матричный переключатель
  triangular ~ треугольная матрица
  Y-~ матрица полных проводимостей
  Z-~ матрица полных сопротивлений
maximum максимум, максимальное значение
  ~ **of active load** максимум активной нагрузки
  ~ **of load** максимум нагрузки
  ~ **of reactive load** максимум реактивной нагрузки
  demand ~ максимум нагрузки
maxwell максвелл, мкс
mean 1. среднее (значение); средняя величина **2.** *pl* средство; средства; метод **3.** *pl* устройство
  arithmetic ~ среднее арифметическое
  control ~s устройство управления
  power-factor-correcting ~s устройство корректировки коэффициента мощности
  security ~s техника безопасности
measurand измеряемая величина
measure 1. мера **2.** измерение ‖ измерять
measurement измерение; замер ◊ ~ **by comparison** измерение методом сравнения; ~s **in electricity** электрические измерения; ~ **on a voltmeter** измерение вольтметром
  absolute ~ абсолютное измерение
  ac ~s измерения по переменному току
  approximate ~ приближённое измерение
  attenuation ~ измерение затухания
  capacity ~ измерение ёмкости
  coarse ~ грубое [приблизительное] измерение
  comparison ~ измерение методом сравнения
  compensation ~ измерение компенсационным методом
  complementary ~ дополнительное измерение
  continuous ~ непрерывное измерение
  current ~ измерение тока
  dc ~s измерения по постоянному току
  direct ~ прямое [непосредственное] измерение
  distortion ~ измерение искажений
  dynamic impedance ~s динамические измерения полного сопротивления
  electrical ~s электрические измерения
  energy ~ измерение энергии
  field ~ измерение параметров поля
  field-intensity [field-strength] ~ измерение напряжённости поля
  fine ~ точное измерение
  frequency response ~ измерение частотных характеристик
  high-voltage ~s измерения при высоком напряжении
  indirect ~ косвенное измерение

inductance ~ измерение индуктивности
interference ~ измерение помех
klirr-factor ~ измерение коэффициента нелинейных искажений
loss-angle ~ измерение угла потерь
loss-factor ~ измерение коэффициента потерь
low-power ~ имерение малых мощностей
modulation ~ измерение (глубины) модуляции
on-line frequency response ~ измерение частотных характеристик на включённой в сеть машине
operating ~s эксплуатационные измерения
peak value ~ измерение пикового значения
power ~ измерение мощности
power-factor ~ измерение коэффициента мощности
precision ~ точное [прецизионное] измерение
pulse ~s импульсные измерения
reactive-power ~ измерение реактивной мощности
relative ~s относительные измерения
remote ~ дистанционное измерение, телеизмерение
resistance ~ измерение активного [омического] сопротивления
rotor-angle ~ измерение угла выбега ротора
short-circuit ~ измерение в режиме КЗ
slip ~ измерение скольжения
time ~ измерение времени
torque ~ измерение вращающего момента
transformer ratio ~ измерение коэффициента трансформации
vibration ~ измерение вибраций
voltage ~ измерение напряжения
waveform ~ измерение параметров, характеризующих форму волны
mechanics:
 gram ~ механическая часть электропроигрывателя
mechanism механизм
 actuating ~ 1. исполнительный механизм 2. приводной механизм
 astatic measuring ~ астатическое измерительное устройство
 blade-operating ~ сервомеханизм управления поворотом лопастей (*рабочего колеса гидротурбины*)
 breakdown ~ механизм пробоя
 breaker ~ привод выключателя
 brush-lifting ~ механизм подъёма щёток
 connecting ~ передаточный механизм
 control ~ механизм регулирования; механизм управления
 control element drive ~ механическое устройство перемещения регулирующих элементов (*ядерного реактора*)
 counting ~ счётный механизм
 dial ~ счётный механизм (*в счётчике электроэнергии*)
 driving ~ приводной механизм, привод
 electrode ~ электродный механизм
 electrode-positioning ~ механизм для перемещения электродов
 feed(ing) ~ механизм подачи, подающий механизм; питатель
 indexing ~ 1. фиксатор положения 2. индикатор (*в шаговых электродвигателях*)
 latching ~ блокировочный механизм
 lift(ing) ~ 1. подъёмный механизм 2. приводной механизм (*в выключателе*)
 lockout ~ удерживающее устройство
 magnetization ~ механизм перемагничивания
 measurement [measuring] ~ измерительный механизм, механическая часть прибора
 network restraint ~ механизм блокировки устройства защиты сети от обратной трансформации
 oil-operated servo ~ масляный сервомотор
 operating ~ 1. приводной механизм, привод 2. механизм (главных контактов) выключателя 3. механизм реле
 perforating ~ перфоратор
 repeater ~ **on engines** локомотивный повторитель
 reset [return] ~ механизм возврата
 safeguarding ~ предохранительный [защитный] механизм
 speed-control ~ механизм регулирования частоты вращения (*генератора*)
 tap-changing ~ механизм переключения ответвлений
 tripping ~ размыкающий механизм
 valve operating ~ механизм привода клапанов
mechanoelectret механоэлектрет
medium среда
 arc-extinguishing [arc-quenching] ~ дугогасительная среда
 conducting ~ проводящая среда
 cooling ~ охлаждающая среда

MEGGER

  dielectric ~ диэлектрическая среда
  gyromagnetic ~ гиромагнитная среда
  heat-transfer ~ теплоноситель
  insulating ~ изолирующая среда
  low-permittivity ~ среда с малой диэлектрической проницаемостью
  magnetic ~ магнитная среда
  metal-dielectric ~ металлодиэлектрическая среда
  quenching ~ дугогасительная среда
  record(ing) ~ носитель информации; носитель записи
  storage ~ запоминающая среда
  transmission ~ среда передачи (информации)
megger мегомметр, меггер
megohm мегом, МОм
megohmmeter мегомметр, меггер
  digital ~ цифровой мегомметр
megomit мегомит (*коллекторный миканит*)
megotalc меготальк (*разновидность твёрдого миканита*)
melting плавка
  consumable-electrode arc ~ дуговая плавка с расходуемым электродом
  electric ~ электроплавка
  electroslag ~ электрошлаковая плавка, ЭШП
  nonconsumable electrode arc ~ дуговая плавка с нерасходуемым электродом
  plasma arc ~ плазменно-дуговая плавка
member элемент (*конструкции, схемы*)
  absorber ~ поглощающий элемент
  contact ~ (конструктивный) элемент контакта
  control ~ прибор контроля (*за работой ядерного реактора*)
  controlled ~ объект регулирования; объект управления
  cross ~ крестовина
  main ~ пояс (*на опоре ВЛ*)
  moving contact ~ подвижный контакт
  stationary contact ~ неподвижный контакт
  vertical ~ **of strutted pole** вертикальный стержень опоры с раскосами
memory память; запоминающее устройство, ЗУ
  electrically alterable read-only ~ электрически программируемое постоянное ЗУ, ЭППЗУ
  magnetic-core ~ память на магнитных сердечниках
men ◊ ~ **on duty** дежурный персонал
  first line maintenance ~ высококвалифицированный обслуживающий персонал

mesh 1. замкнутая сеть **2.** замкнутый контур, петля **3.** мостовая схема **4.** сетка
  ~ **of a system** кольцо с несколькими источниками питания
  field ~ барьерная сетка; выравнивающая сетка
  guard ~ предохранительная сетка
messcoffer переносной набор (электро)измерительных приборов, мескофер
messenger несущий трос
  cable ~ несущий трос для кабеля
  catenary ~ несущий трос в цепной контактной подвеске
  main ~ основной несущий трос (*в двойной цепной подвеске*)
  track ~ вспомогательный трос (*в двойной цепной подвеске*)
metal металл
  electrode ~ электродный металл
  electronegative ~ электроотрицательный металл
  electropositive ~ электроположительный металл
  fuse ~ металл для плавких вставок
  live ~ металлическая часть под напряжением
metamagnetism метамагнетизм
meter 1. измерительный прибор, измеритель **2.** счётчик электроэнергии, электрический счётчик, электросчётчик ◊ ~s **for physical inputs** измерители входных физических величин
  absorption ~ измеритель абсорбции
  absorption frequency ~ частотомер поглощающего типа
  ac ~ счётчик электроэнергии переменного тока
  active energy ~ счётчик активной энергии, счётчик ватт-часов
  active power ~ ваттметр
  admittance ~ измеритель полной проводимости
  air contamination ~ измеритель загрязнённости воздуха
  ampere demand [ampere-hour] ~ счётчик ампер-часов
  apparent energy [apparent power] ~ измеритель кажущейся мощности
  average indicating ~ прибор для измерения среднего значения
  battery ~ батарейный счётчик (*ампер-часов*)
  billing ~ расчётный электросчётчик, электросчётчик коммерческого учёта
  bolometric power ~ болометрический измеритель мощности
  brightness ~ измеритель яркости

METER

calorimetric power ~ калориметрический измеритель мощности
candle power ~ люксметр, фотометр
capacitance [capacity] ~ фарадметр
cavity frequency ~ частотомер с объёмным резонатором
check ~ контрольный прибор
clamp-on [clip-on] ~ токоизмерительные клещи; прибор для измерения тока *или* напряжения без разрыва цепи
clip-on power factor ~ измеритель cos φ, смонтированный на измерительных клещах
clock ~ счётчик с часовым механизмом (*для переключения тарифов*)
coin-operated ~ счётчик электроэнергии с предварительной оплатой монетами
contamination ~ измеритель степени загрязнённости радиоактивными веществами
content ~ **of ionizing radiation** радиоизотопный концентратомер
coulomb ~ измеритель количества электричества, кулонметр
counting-type electronic frequency ~ цифровой электронный частотомер
crystal impedance ~ полупроводниковый прибор для измерений полного сопротивления
current ~ амперметр
dc ~ счётчик электроэнергии постоянного тока
demand ~ измеритель максимума нагрузки
dielectric constant ~ прибор для определения диэлектрической постоянной
dielectric loss ~ измеритель диэлектрических потерь
differential register ~ электрический счётчик с двумя шкалами, показывающими потреблённую энергию и её избыток по сравнению с лимитом
digital frequency ~ цифровой частотомер
digital panel ~ цифровой щитовой измерительный прибор
digital Z ~ цифровой измеритель полного сопротивления
directive ~ счётчик с одним направлением вращения
distortion ~ измеритель нелинейных искажений
dosage [dose] ~ дозиметр
double [dual]-rate ~ электрический счётчик для двухставочного тарифа
elapsed time ~ счётчик времени, таймер

electric(al) ~ счётчик электроэнергии, электрический счётчик, электросчётчик
electric field ~ измеритель напряжённости электрического поля
electricity ~ счётчик электроэнергии, электрический счётчик, электросчётчик
electric power ~ 1. счётчик электроэнергии, электрический счётчик, электросчётчик 2. ваттметр
electrodynamic ~ электродинамический измерительный прибор
electromagnetic ~ электромагнитный измерительный прибор
energy ~ счётчик электроэнергии, электрический счётчик, электросчётчик
excess energy ~ счётчик излишков (потреблённой) электроэнергии
excess total ~ суммирующий счётчик излишков потребления (электро-)энергии
field-intensity [field-strength] ~ измеритель напряжённости поля
foot-candle ~ люксметр, фотометр
frequency ~ частотомер
ground resistance ~ измеритель сопротивления заземления
heterodyne frequency ~ гетеродинный частотомер
hot-wire ~ тепловой измерительный прибор
hour ~ счётчик времени, таймер
hysteresis ~ гистерезиметр
illumination ~ люксметр, фотометр
impedance ~ измеритель полных сопротивлений
impulse ~ счётчик импульсов
indicating demand ~ счётчик с указателем максимума нагрузки
inductance ~ измеритель индуктивности
induction ~ 1. индукционный измерительный прибор 2. индукционный счётчик
induction-motor ~ индукционный моторный счётчик
insulation resistance ~ измеритель сопротивления изоляции
integrated-demand ~ интегральный измеритель (максимума усреднённой) нагрузки
integrating ~ интегрирующий измерительный прибор
integrating electricity ~ 1. суммирующий счётчик электроэнергии, суммирующий электрический счётчик 2.

307

METER

счётчик-интегратор, интегрирующий счётчик
integrating frequency ~ основной (диспетчерский) частотомер (*системы*) с замером отклонений синхронного времени
interference ~ измеритель помех
ion current ~ измеритель ионного тока
kilovolt-ampere-hour ~ счётчик киловольтамперчасов; счётчик киварчасов
lagged-demand ~ указатель (максимума усреднённой) нагрузки задержанного действия
leakage ~ измеритель утечки
light(-intensity) ~ люксметр, фотометр
lightning-current ~ измеритель тока молнии
logarithmic maximum demand ~ логарифмический указатель максимума усреднённой нагрузки
long-scale panel ~ щитовой измерительный прибор с удлинённой шкалой
loss ~ счётчик потерь
lux ~ люксметр, фотометр
magnetic field strength ~ измеритель напряжённости магнитного поля
magnetomotive force ~ измеритель магнитодвижущей силы
master frequency ~ частотомер основной частоты
maximum demand ~ измеритель максимума нагрузки
motor ~ индукционный счётчик электроэнергии
moving-coil ~ магнитоэлектрический измерительный прибор с подвижной катушкой
moving-iron ~ электромагнитный измерительный прибор
multirate (watt-hour) ~ электросчётчик для многоставочного тарифа
null-type impedance ~ измеритель полного сопротивления нулевым методом
oscillating ~ вибрационный счётчик
output (power) ~ измеритель выходной мощности
overload ~ измеритель перегрузки
peak(-reading) ~ измеритель пиков, измеритель амплитуд
peak value ~ измеритель пиковых [амплитудных] значений
penny-in-the-slot ~ счётчик предварительно оплаченной электроэнергии
percentage modulation ~ измеритель глубины [процента] модуляции, модулометр
period ~ периодомер; измеритель периода (*ядерного реактора*)
permanent-magnet ~ магнитоэлектрический измерительный прибор с постоянным магнитом
phase(-angle) ~ фазометр, измеритель фазового сдвига
polyphase ~ многофазный измерительный прибор; счётчик многофазного тока
power ~ ваттметр
power factor ~ измеритель коэффициента мощности
prepayment ~ счётчик предварительно оплаченной электроэнергии
printing demand ~ регистрирующий указатель максимума нагрузки
Q [quality-factor] ~ измеритель добротности, куметр, Q-метр
quotient ~ логометр
radiation ~ измеритель (уровня) ионизирующих излучений
radioactivity ~ измеритель радиоактивности
ratio ~ логометр
reactance ~ измеритель реактивного сопротивления
reactive energy ~ счётчик реактивной энергии, счётчик вар-часов
reactive factor ~ измеритель коэффициента реактивности
reactive power [reactive volt-ampere] ~ варметр, измеритель реактивной мощности
reactivity ~ измеритель реактивности, реактивометр
recording ~ регистрирующий измерительный прибор
recording demand ~ регистрирующий электросчётчик
rectifier ~ измерительный прибор выпрямительной системы
reed frequency ~ вибрационный частотомер
residential ~ квартирный электросчётчик
resistance ~ омметр; измеритель сопротивления (*постоянному току*)
resistivity ~ резистивиметр
resonance-type [resonant] frequency ~ резонансный частотомер
setup scale ~ прибор с подавленным нулём
slot ~ счётчик предварительно оплаченной энергии
split electromagnet ~ прибор с измерительными клещами

METHOD

standard ~ эталонный измерительный прибор
standing wave ~ измеритель коэффициента стоячей волны, измеритель КСВ
summation ~ суммирующий счётчик
switchboard ~ щитовой измерительный прибор
thermal demand ~ указатель максимума усреднённой нагрузки теплового действия
thermoelectric power ~ термоэлектрический измеритель мощности
Thomson ~ электродинамический счётчик
three-rate (watt-hour) ~ электросчётчик для трёхставочного тарифа
time ~ счётчик времени, таймер
time-interval(s) ~ измеритель интервалов времени
token(-operated) ~ счётчик электроэнергии с предварительной оплатой жетонами
transmission frequency ~ частотомер проходного типа
triple-tariff ~ электросчётчик для трёхставочного тарифа
tuned-circuit-type frequency ~ резонансный частотомер; частотомер с настроенным контуром
tuning ~ индикатор настройки
two-rate (watt-hour) ~ электросчётчик для двухставочного тарифа
uranium content ~ измеритель содержания урана
var-hour ~ счётчик реактивной энергии, счётчик вар-часов
vibrating-reed frequency ~ вибрационный частотомер
vibration ~ вибромер
voltage ~ вольтметр
volt-ampere ~ измеритель реактивной мощности, варметр
volt-ampere-hour ~ счётчик реактивной энергии, счётчик вар-часов
volt-ohm ~ вольтомметр
volt-ohm-milliampere ~ авометр
watt-hour ~ **1.** счётчик электроэнергии, электрический счётчик, электросчётчик **2.** ваттметр
watthour-demand ~ электросчётчик с указателем максимума нагрузки
wattless component ~ счётчик реактивной энергии, счётчик вар-часов
Z-~ измеритель полного сопротивления
zero-center ~ измерительный прибор с нулём посередине (*шкалы*)
meter-candle люкс, лк

metering 1. выполнение измерений; измерения **2.** учёт электроэнергии, учёт электропотребления **3.** снятие показаний измерительных приборов
billing ~ измерение (*электроэнергии*) для расчёта оплаты, коммерческое измерение (*электроэнергии*)
electricity ~ измерение электропотребления
remote ~ дистанционные измерения, телеизмерения
revenue ~ измерение (*электроэнергии*) для расчёта оплаты, коммерческое измерение (*электроэнергии*)
time-of-day [time-of-use] ~ регистрация электропотребления с учётом времени суток
meterman 1. наладчик счётчиков **2.** контролёр счётчиков
electric ~ контролёр электросчётчиков
method метод; способ
~ **of control** метод управления; метод регулирования
~ **of measurement** метод измерений
~ **of speed control** метод регулирования частоты вращения
AED ~ метод с разделением нагрузки на среднюю (*за 24 часа*) и дополнительную (*до пика электропотребления различного класса*)
approximation ~ метод последовательных приближений
assembly ~ метод монтажа; метод сборки
average excess demand ~ метод с разделением нагрузки на среднюю (*за 24 часа*) и дополнительную (*до пика электропотребления различного класса*)
back-to-back ~ метод взаимной нагрузки; метод возвратной работы
balance [balancing] ~ нулевой [компенсационный] метод (*измерений*)
beat ~ метод биений
beat ~ **of measurement** метод измерений по биениям
branch-and-bound ~ метод ветвей и границ
bridge ~ мостовой метод
capacitance ~ ёмкостный метод
charge-discharge ~ метод заряда—разряда
coincident-peak ~ метод процента участия в потреблении пиковой нагрузки
compensation ~ нулевой [компенсационный] метод (*измерений*)
component connection ~ метод мате-

METHOD

матического моделирования структуры электрических сетей
conceal-wiring ~ метод скрытой проводки
contact ~ контактный метод (*измерений*)
CP ~ метод процента участия в потреблении пиковой нагрузки
dc charging test ~ метод проверки наличия зарядов в сети постоянного тока
deceleration ~ метод торможения выбега (*для определения потерь*)
deflection ~ метод отклонения
describing function ~ метод гармонического баланса
differential ~ дифференциальный метод
direct ~ прямой метод
direct loading ~ метод непосредственной нагрузки
electrical analogy ~ метод электрических аналогий
electrical resistivity ~ метод сопротивлений
electromagnetic induction ~ метод электромагнитной индукции
electrostatic ~ электростатический метод
"end-use" ~ метод «конечного использования» (*расчёты за электроэнергию с выделением потребления одним из наиболее крупных электроприёмников в отдельную статью*)
equivalent-current-sheet ~ метод эквивалентных поверхностных токов
equivalent loss energy ~ метод эквивалентных потерь энергии
error compensation ~ метод компенсации погрешности
fall-of-potential ~ метод измерений сопротивления падением напряжения
finite-difference ~ метод конечных разностей
finite-element ~ метод конечных элементов
frequency-response ~ метод частотных характеристик
graph ~ метод графов
growth-of-charge ~ метод накапливания заряда
horizontal-drawout ~ метод вывода (*выключателя*) из камеры [ячейки] выкатыванием по горизонтали
indirect ~ косвенный метод
induced EMF ~ метод наведённых эдс
in-situ ~ прямой метод измерений
insulated gloves ~ метод работы в изолирующих перчатках

interrogation ~ метод опроса
least-squares ~ метод наименьших квадратов
loading ~ метод нагружения
loop ~ **1.** метод петли (*определения расстояния до места повреждения*) **2.** метод контурных токов
loss-summation ~ метод раздельного учёта потерь
lumped parameters ~ метод сосредоточенных параметров
magnetic ~ магнитный метод
marginal cost ~ **1.** метод распределения нагрузки (*между генерирующими источниками*) по замыкающим стоимостям **2.** метод пропорционального распределения затрат (*между потребителями*) с учётом дополнительных затрат
mesh-current ~ метод контурных токов
mid-square ~ метод средних квадратов
natural-current ~ метод естественного электрического поля
NCP ~ метод распределения затрат при несовпадении с пиком нагрузки
Newton-Raphson ~ **of power flow** расчёт потокораспределения методом Ньютона — Рафсона
nodal (potential) [nodal-voltage, node-voltage] ~ метод узловых потенциалов
noncoincident peak ~ метод распределения затрат при несовпадении с пиком нагрузки
nondestructive evaluation ~ метод неразрушающих испытаний
null ~ нулевой [компенсационный] метод (*измерений*)
on-and-off ~ импульсный метод управления
opposition ~ метод встречного включения
ordered elimination ~ метод упорядоченного исключения (*при обработке матриц*)
peak responsibility ~ метод распределения затрат пропорционально участию в пике нагрузки
perturbation ~ метод (малых) возмущений; метод малого параметра
per unit ~ метод расчёта в относительных единицах
phase conjugation ~ метод фазового сопряжения
phase-plane ~ метод фазовой плоскости
pole changing ~ **of speed control** метод

регулирования частоты вращения изменением числа пар полюсов
potentiometer [potentiometric] ~ потенциометрический метод
pulsed eddy-current ~ метод испытания пульсирующими вихревыми токами
quantity-drive ~ метод учёта энергии по валовому производству
reference-value ~ метод измерений с использованием эталона
resistance ~ **of measuring temperature** измерение температуры методом сопротивления
resonance ~ резонансный метод
retardation ~ метод выбега; метод самоторможения; метод взаимоторможения (*в электрических машинах*)
Roebel ~ метод Ребеля (*транспонирования элементарных проводников обмоток статора на 180°*)
root-locus ~ метод корневого годографа
rubber gloves ~ метод работы в изолирующих перчатках
"rule-of-thumb" ~ грубоэмпирический метод
safety ~**s** техника безопасности
saline [salt] fog ~ метод соляного тумана (*для испытания изоляции*)
scan(ning) ~ 1. метод сканирования 2. метод развёртывания
self-starting ~ способ самозапуска; способ непосредственного пуска (*без вспомогательного двигателя*)
self-synchronizing ~ метод самосинхронизации
semigraphical ~ графоаналитический метод
short-circuit ~ метод КЗ
similarity [similitude] ~ метод подобия
singular perturbation ~ метод единичного возмущения
spontaneous polarization ~ метод естественного электрического поля
step-by-step ~ 1. метод последовательных интервалов; шаговый метод 2. метод последовательных приближений
substitution ~ метод замещения
successive approximation ~ метод последовательных приближений
Sumpner's ~ метод встречной нагрузки для испытания трансформаторов
superposition ~ метод наложения
symbolic(al) ~ символический метод
symmetrical component ~ метод симметричных составляющих
test(ing) ~ метод испытаний

three-ammeter ~ метод трёх амперметров
three-electrode ~ метод трёх электродов
three-voltmeter ~ метод трёх вольтметров
three-wattmeter ~ метод трёх ваттметров
time-current ~ способ пуска с зависимой от тока выдержкой времени
time-division ~ метод разделения времени
time domain ~ метод представления во временно́й области
transfer ~ метод замещения
transferred surge ~ метод наведённого импульсного напряжения
trial-and-error ~ метод проб и ошибок
two-wattmeter ~ метод двух ваттметров
variational ~ вариационный метод
vector potential ~ метод векторного потенциала
vertical-lift ~ метод вывода (*выключателя*) из камеры [ячейки] подъёмом по вертикали
voltage compensation ~ метод компенсации напряжения
voltage-drop ~ метод падения напряжения
voltage phase-angle ~ метод определения потерь в сетях (*при экономичном распределении нагрузки*) по фазному углу по отношению к вектору напряжения
voltmeter-ammeter ~ метод вольтметра — амперметра
voltmeter-wattmeter ~ метод вольтметра — ваттметра
wire-wrap ~ монтаж методом накрутки проводов
zero ~ нулевой [компенсационный] метод (*измерений*)
zero beat ~ метод нулевых биений
zero deflection ~ метод нулевого отклонения

mho сименс, См (*единица электрической проводимости*)
mhometer измеритель электрических проводимостей
mica ◊ **to undercut** ~ выбирать слюду (*из пазов коллектора*)
amber ~ флогопит
built-up ~ миканит
capacitor ~ конденсаторная слюда
chipped ~ щипаная слюда
commutator ~ коллекторная слюда
condenser ~ конденсаторная слюда

MICAGLASS

fluorophlogopite ~ фторофлогопит
hot-molded ~ миканит горячей формовки
integrated ~ слюдяная [слюденитовая] бумага
milled ~ фрезерованный миканит
molded ~ отформованный миканит
muscovite ~ белая слюда, мусковит
natural ~ естественная [натуральная] слюда
plate ~ пластинчатый миканит
potash ~ белая слюда, мусковит
sheet [shell] ~ листовая слюда
synthetic ~ искусственная [синтетическая] слюда
white ~ бесцветный мусковит
micaglass стеклослюденит
micalex микалекс
micanite миканит
micaplastic слюдопластик
micaresin миканит
micarta бакелитовая бумага, гетинакс
microammeter микроамперметр
microassembly микросборка; микроблок
microcircuit микросхема; интегральная схема, ИС
  analog ~ аналоговая микросхема
  capacitive ~ ёмкостная микросхема
  film ~ плёночная микросхема
  hybrid ~ гибридная интегральная схема, ГИС
  integrated ~ интегральная схема, ИС
  thick-film ~ толстоплёночная микросхема
  thin-film ~ тонкоплёночная микросхема
microcircuitry 1. микросхемы; интегральные схемы 2. микросхемотехника
microconnector микросоединитель
microelement микроэлемент; микрокомпонент
  resistor ~ микроминиатюрный резистор, микрорезистор
  transistor ~ микроминиатюрный транзистор, микротранзистор
micromodule микромодуль
  assembled ~ микромодуль в сборе
  flat ~ плоский микромодуль
  stacked ~ этажерочный микромодуль
micromotor микро(электро)двигатель
microphone микрофон
  antinoise ~ противошумный микрофон
  band ~ ленточный микрофон
  bidirectional ~ двунаправленный микрофон
  boom ~ подвесной микрофон
  breast(-plate) ~ нагрудный микрофон
  button ~ капсюльный микрофон; угольный микрофон
  capacitor ~ конденсаторный микрофон
  carbon(-powder) ~ (порошковый) угольный микрофон
  ceramic ~ керамический микрофон
  condenser ~ конденсаторный микрофон
  contact ~ контактный микрофон
  crystal ~ пьезоэлектрический микрофон, пьезомикрофон
  directional ~ направленный микрофон
  dynamic ~ электродинамический микрофон
  electromagnetic ~ электромагнитный микрофон
  electrostatic ~ электростатический микрофон
  granular ~ углезернистый микрофон
  hand ~ ручной микрофон; (микро)телефонная трубка
  live ~ включённый микрофон
  moving-coil ~ электродинамический микрофон
  piezoelectric ~ пьезоэлектрический микрофон, пьезомикрофон
  ribbon ~ ленточный микрофон
  ring ~ кольцевой микрофон
  solid-back ~ микрофон с угольной колодочкой
  tape ~ ленточный микрофон
  throat ~ ларингофон
  wave-type ~ волноводный микрофон
microphony микрофонный эффект
microscope микроскоп
  electron ~ электронный микроскоп
  electrostatic electron ~ электронный микроскоп с электростатическими линзами
  magnetic electron ~ электронный микроскоп с магнитными линзами
  measuring ~ измерительный микроскоп
  mirror electron ~ зеркальный электронный микроскоп
  polarizing ~ поляризационный микроскоп
  reflection electron ~ отражательный электронный микроскоп
  transmission electron ~ просвечивающий электронный микроскоп
  ultraviolet ~ ультрафиолетовый [УФ-] микроскоп
microswitch микропереключатель
microtransistor микротранзистор
microvoltmeter микровольтметр

microwave диапазон сверхвысоких частот, СВЧ-диапазон
microwire микропровод
midposition среднее положение (*напр. переключателя*)
mike 1. микрометр ‖ измерять микрометром **2.** микрофон
mil мил (*единица длины*)
  circular ~ круговой мил (*единица площади сечения проводов*)
millboard толстый картон
  asbestos sheet ~ листовой асбокартон
milliammeter миллиамперметр
millivoltamperemeter милливольтамперметр
millivoltmeter милливольтметр
milliwattmeter милливаттметр
mincer:
  electric meat ~ электрическая мясорубка, электромясорубка
misadjustment 1. неправильная установка; неправильная регулировка; неточная настройка **2.** несогласованность
misalignment 1. несовпадение; рассогласование **2.** разрегулирование; расстройка **3.** разъюстировка
misconnection неправильное соединение, неправильное включение
mismatch 1. несоответствие; несовпадение; несогласованность **2.** рассогласование ‖ рассогласовывать
misoperation 1. неправильное действие, неправильная работа **2.** ложное срабатывание
mix:
  ~ **of generating plants** структура [состав] электростанций (*в энергосистеме*)
  economic ~ экономичный состав (работающего) оборудования
  energy ~ структура энергетики
  energy consumption ~ структура энергопотребления
  fuel ~ структура топливного баланса
  generating [generation] ~ структура генерирующих мощностей
  generators ~ состав (работающих) генераторов
  plant ~ структура [состав] электростанций (*в энергосистеме*)
  units ~ состав работающих агрегатов (*генераторов, энергоблоков*)
mixer смеситель
  balanced ~ балансный смеситель
  crystal ~ полупроводниковый диодный смеситель
  diode ~ диодный смеситель
  electric ~ электромиксер
  single-balanced ~ балансный смеситель
mixer-whipper (электро)миксер-взбивалка
mixing смешение, смешивание; перемешивание
  additive ~ аддитивное преобразование
  frequency ~ преобразование частоты
  turbulent ~ турбулентное перемешивание
mixture 1. смесь **2.** состав, композиция
  air(-and)-coal ~ пылевоздушная смесь
  air(-and)-fuel ~ топливовоздушная смесь
  air-steam [air-vapor] ~ паровоздушная смесь
  air-water ~ воздушно-водяная смесь
  gas-air ~ газовоздушная смесь
mobility подвижность
  electric ~ электрическая подвижность, подвижность в электрическом поле
  electron ~ подвижность электронов
  Hall ~ холловская подвижность
  ion(ic) ~ подвижность ионов
  specific ionic ~ удельная подвижность ионов
mode 1. мода, вид [тип] колебаний; вид [тип] волн **2.** режим (работы) **3.** способ; метод; принцип
  ~ **of operation 1.** режим работы **2.** принцип действия
  ~ **of propagation** характер распространения колебаний
  ~ **of vibration** вибрационная характеристика (*лопаток турбины*)
  automatic ~ автоматический режим
  cavity ~ тип колебаний в резонаторе
  control ~ режим регулирования; режим управления
  current ~ токовый режим
  current-divider ~ режим делителя тока
  current saving ~ режим малого потребления тока
  degenerate ~ вырожденный тип колебаний
  dependent ~ зависимый режим
  dominant ~ основной тип колебаний
  electromagnetic ~ вид электромагнитных колебаний; электромагнитная волна
  evanescent ~ затухающий тип колебаний
  failure ~ вид повреждения
  generator ~ генераторный режим
  hybrid ~ смешанный тип колебаний

MODEL

I-control ~ астатический [интегральный] закон регулирования
independent ~ независимый режим
integral control ~ астатический [интегральный] закон регулирования
manual ~ ручной режим
neutral current controlled ~ метод регулирования тока в нейтрали
normal ~ нормальный режим
off-line ~ автономный режим
on-line ~ режим соединений (*в сетях*)
oscillation [oscillatory] ~ вид [тип] колебаний
parallel ~ 1. параллельное включение 2. режим параллельной работы, параллельный режим
power-down ~ режим пониженного потребления (электро)энергии
pulse ~ импульсный режим работы
pumpage [pumping] ~ насосный режим
rectifier [rectifying] ~ выпрямительный режим
reference-off ~ работа с отключённым эталонным напряжением
resonant ~ резонансный режим
ride-through ~ режим питания от резервного источника
series ~ 1. последовательное включение 2. режим последовательной работы, последовательный режим
single-sweep ~ режим импульсной развёртки
switching ~ 1. вид переключения 2. режим переключения; режим коммутации 3. режим импульсного преобразования (*в источниках питания*)
TE ~ поперечный электрический тип колебаний
TEM ~ поперечный электромагнитный тип колебаний
throttling (control) ~ режим пропорционального регулирования
TM ~ поперечный магнитный тип колебаний
torsional ~s крутильные колебания
transmission ~ 1. режим передачи 2. тип волны в линии передачи
transverse electric ~ поперечный электрический тип колебаний
transverse electromagnetic ~ поперечный электромагнитный тип колебаний
transverse magnetic ~ поперечный магнитный тип колебаний
triggering ~ 1. режим пуска 2. вид запуска
vibration ~ вид [тип] колебаний
waveguide ~ 1. тип колебаний в волноводе 2. волноводный режим

model модель ‖ моделировать
  breadboard ~ макетная схема
  dynamic ~ динамическая модель; модель (для изучения) электромеханических переходных процессов
  electric ~ электрическая модель
  electric load ~ модель электрической нагрузки
  energy-balance ~ энергобалансовая модель
  energy-supply ~ модель энергоснабжения
  external ~ схема замещения прилегающих энергосистем
  full-scale ~ натурная модель, модель в натуральную величину
  generator ~ модель генератора
  homogeneous diffusion reactor ~ (математическая) модель гомогенного диффузионного реактора
  load ~ модель нагрузки
  network ~ модель (электрической) сети; модель (электрической) системы
  one-dimensional ~ одномерная модель
  parallel gap void ~ модель с параллельно включёнными воздушными промежутками
  physical ~ физическая модель
  power system ~ модель энергосистемы
  preproduction ~ опытный образец
  scaled-down ~ уменьшенная модель
  simulation ~ имитационная модель
  standstill frequency response ~ модель для определения частотной характеристики установившегося режима
  transmission line ~ модель ЛЭП
  two-dimensional ~ двухмерная модель
modem модем, модулятор-демодулятор
moderator замедлитель (*нейтронов*)
  ~ **of neutrons** замедлитель нейтронов
  graphite ~ графитовый замедлитель
  liquid ~ жидкий замедлитель
  solid ~ твёрдый замедлитель
moderator-coolant замедлитель-охладитель
modification модификация; частичное изменение; видоизменение
modifier:
  asynchronous phase ~ асинхронный фазокомпенсатор
  phase ~ фазокомпенсатор
  synchronous phase ~ синхронный фазокомпенсатор
modify модифицировать; видоизменять
moding скачкообразный переход на паразитный вид колебаний

modularity модульность, модульная структура, модульное исполнение
modulation модуляция
  amplitude ~ амплитудная модуляция, АМ
  amblitude-frequency ~ амплитудно-частотная модуляция, АЧМ
  amplitude-phase ~ амплитудно-фазовая модуляция, АФМ
  charge-density ~ модуляция плотности заряда
  chopper ~ модуляция прерывателем
  convection-current ~ модуляция конвекционного тока
  current-density ~ модуляция плотности тока
  delta ~ дельта-модуляция, ДМ
  density ~ модуляция по плотности
  digital pulse-duration ~ дискретная широтно-импульсная модуляция
  frequency ~ частотная модуляция, ЧМ
  linear frequency ~ линейная частотная модуляция, ЛЧМ
  percent(age) ~ коэффициент модуляции
  phase ~ фазовая модуляция, ФМ
  position ~ фазоимпульсная модуляция, ФИМ
  power ~ модуляция мощности
  pulse ~ импульсная модуляция
  pulse-amplitude ~ амплитудно-импульсная модуляция, АИМ
  pulse-code ~ импульсно-кодовая модуляция, ИКМ
  pulse-delay ~ фазоимпульсная модуляция, ФИМ
  pulse-duration ~ широтно-импульсная модуляция, ШИМ
  pulse-frequency ~ частотно-импульсная модуляция, ЧИМ
  pulse-interval ~ фазоимпульсная модуляция, ФИМ
  pulse-length ~ широтно-импульсная модуляция, ШИМ
  pulse-phase [pulse-position] ~ фазоимпульсная модуляция, ФИМ
  pulse-width ~ широтно-импульсная модуляция, ШИМ
  time ~ временна́я модуляция
  velocity ~ модуляция по скорости
  width ~ широтно-импульсная модуляция, ШИМ
modulation-demodulation модуляция-демодуляция, М-ДМ
modulator модулятор
  amplitude ~ амплитудный модулятор
  balanced ~ балансный модулятор
  bridge ~ мостиковый [симметричный] модулятор
  delta ~ дельта-модулятор
  electromechanical ~ электромеханический модулятор
  electrooptical light ~ электрооптический модулятор света
  full-wave ~ (симметричный) двухполупериодный модулятор
  half-wave ~ (несимметричный) однополупериодный модулятор
  Hall ~ модулятор (на эффекте) Холла
  linear ~ линейный модулятор
  phase ~ фазовый модулятор
  pulse ~ импульсный модулятор
  pulse-code ~ импульсно-кодовый модулятор
  pulse-frequency ~ частотно-импульсный модулятор
  pulse-length ~ широтно-импульсный модулятор
  pulse-position ~ фазоимпульсный модулятор
  pulse-time ~ времяимпульсный модулятор
  pulse-width ~ широтно-импульсный модулятор
  reactance ~ модулятор на переменном реактивном сопротивлении
  ring ~ кольцевой модулятор
module модуль
  commutation control ~ модуль управления системой связи
  control ~ модуль [блок] управления
  loose ~ отдельный [отдельно поставляемый] модуль
  pellet ~ герметизированный модуль в виде таблетки
  plug-in ~ сменный модуль
  potted ~ герметизированный модуль
  power ~ блок питания, силовой модуль
  power system mathematical ~ модуль математической модели энергосистемы
  printed-circuit ~ модуль печатной схемы
  stacked ~ этажерочный модуль
  substation integration ~ ячейка КРУ
modulus модуль, абсолютная величина
  ~ **of admittance** модуль полной проводимости
  ~ **of impedance** модуль полного сопротивления
moisture-proof влагонепроницаемый; гидроизолированный
moisture-resistant влагонепроницаемый
mold 1. форма 2. шаблон

MOLDING

potting ~ форма для заливки компаундом
molding 1. формовка **2.** изоляционный короб для проводки
  cast ~ опрессовка в пресс-форме
  contact ~ прилив для контактов
moment момент
  ~ **of dipole** момент диполя
  ~ **of inertia** момент инерции
  ~ **of momentum** момент количества движения, кинетический [угловой] момент
  ~ **of resistance** изгибающий момент в сечении
  antitorque ~ момент сопротивления вращению
  bending ~ изгибающий момент
  current ~ момент тока
  electric (dipole) ~ электрический (дипольный) момент
  electron-magnetic ~ магнитный момент электрона
  magnetic (dipole) ~ магнитный (дипольный) момент
  overturning ~ опрокидывающий момент
  restoring ~ восстанавливающий [возвращающий] момент
  retarding ~ замедляющий момент; тормозящий момент
  rotational ~ вращающий момент
  spin magnetic ~ спиновый магнитный момент
  starting ~ пусковой момент
  tilting ~ опрокидывающий момент
  turning ~ вращающий момент
momentum количество движения, импульс
  angular ~ момент количества движения, кинетический [угловой] момент
  linear ~ количество движения, импульс
Monel Монель(-металл) (*никелево-медный сплав*)
monitor 1. контрольно-измерительное устройство **2.** видеоконтрольное устройство, ВКУ, (видео)монитор **3.** осуществлять контроль, контролировать
  air (activity) ~ регистратор уровня радиоактивности воздуха
  air contamination ~ измеритель-сигнализатор [монитор] загрязнённости воздуха
  burnup ~ монитор выгорания
  contamination ~ измеритель-сигнализатор [монитор] загрязнённости
  core ~ устройство для контроля сердечника статора
  criticality ~ измеритель-сигнализатор [монитор] критичности (*ядерного реактора*)
  electric field exposure ~ устройство контроля длительности воздействия электрического поля (*на человека*)
  failed fuel element ~ прибор контроля герметичности оболочек ТВЭЛа
  frequency ~ устройство контроля [измеритель ухода] частоты
  generator condition ~ устройство контроля состояния генератора
  in-core flux ~ монитор внутризонного [внутриреакторного] потока нейтронов
  leakage current ~ устройство контроля токов утечки; индикатор токов утечки
  line ~ датчик напряжения, тока и реактивной мощности линии (*распределительной сети*)
  modulation ~ модулометр, измеритель коэффициента модуляции
  no-break transfer ~ автомат ввода резерва без разрыва цепи
  output voltage ~ устройство контроля выходного напряжения
  personal ~ индивидуальный дозиметр
  phase ~ фазоиндикатор
  power ~ **1.** счётчик электроэнергии, электрический счётчик, электросчётчик **2.** устройство контроля мощности
  pulse energy ~ счётчик электроэнергии с импульсным выходом
  remote ~ устройство телеконтроля
  reserve ~ резервный монитор
  step ~ шаговый регулятор
  temperature ~ устройство контроля температур
  vibration ~ прибор для контроля вибрации
  voltage ~ устройство контроля напряжения
monitoring 1. (текущий) контроль; наблюдение **2.** контрольная проверка
  acoustic emission ~ контроль методом акустической эмиссии
  area [environmental] ~ контроль окружающей среды
  in-service ~ контроль в рабочем режиме
  in-situ ~ контроль на объекте
  operation ~ оперативный контроль
  permanent ~ постоянный контроль

personal ~ индивидуальный контроль
reserve ~ контроль (наличия) резервов (мощности)
temperature ~ контроль температуры
transformer load ~ контроль нагрузки трансформатора
vibration ~ текущий контроль вибрационного состояния
monocoil однокатушечный
monoelectret моноэлектрет
monophase однофазный
monopolar униполярный
month:
  billing ~ расчётный месяц (*при расчётах за электроэнергию*)
Mo-Permalloy Мо-пермаллой
motherboard объединительная (печатная) плата, кросс-плата
motion движение; перемещение
  angular ~ вращательное движение; угловое перемещение
  Brownian ~ броуновское движение
  dead-beat ~ апериодическое [бесколебательное] движение
  electron ~ движение электронов
  fast ~ *тлв* ускоренное воспроизведение (*записи*)
  harmonic ~ гармоническое движение, гармонические колебания
  reverse ~ *тлв* обратное воспроизведение (*записи*)
  reverse slow ~ *тлв* обратное замедленное воспроизведение (*записи*)
  rotary [rotational] ~ вращательное движение
  simple harmonic ~ гармоническое движение; гармонические колебания
  sinusoidal ~ 1. движение по синусоиде, движение по синусоидальной траектории 2. гармоническое движение; гармонические колебания
  slow ~ *тлв* замедленное воспроизведение (*записи*)
  step ~ *тлв* шаговое воспроизведение (*записи*)
  uniform ~ равномерное движение; плановое перемещение
  unsteady ~ неустановившееся [нестационарное] движение
  vibrational [vibratory] ~ колебательное движение; колебания
  wave ~ волновое движение
  whirling ~ вихревое [турбулентное] движение
  X-~ движение в направлении оси X
  Y-~ движение в направлении оси Y
  Z-~ движение в направлении оси Z
motor (электро)двигатель ◊ ~ **with compound characteristic** двигатель со смешанной [компаундной] характеристикой; ~ **with series characteristic** двигатель с сериесной [мягкой] характеристикой; ~ **with shunt characteristic** двигатель с шунтовой [жёсткой] характеристикой
  ac ~ двигатель переменного тока
  ac commutator ~ коллекторный двигатель переменного тока
  ac converter-fed [ac electronic] ~ вентильный двигатель
  across-the-line ~ двигатель с прямым пуском от сети
  actuating ~ серводвигатель, приводной двигатель
  adjustable constant speed ~ двигатель с постоянной частотой вращения на регулируемых ступенях
  adjustable speed ~ двигатель с регулируемой частотой вращения
  adjustable varying speed ~ двигатель с переменной частотой вращения на регулируемых ступенях
  airstream rated ~ двигатель, рассчитанный на работу с обдувом
  all-watt ~ двигатель с коэффициентом мощности, равным единице, двигатель без потребления реактивной мощности
  appliance ~ двигатель для бытовых (электро)приборов
  armature-controlled ~ двигатель (постоянного тока) с регулируемым напряжением на якоре
  asynchronized synchronous ~ асинхронизированный синхронный двигатель, АСД
  asynchronous ~ асинхронный двигатель
  autosynchronous ~ самосинхронизирующийся двигатель; автосинхронный двигатель
  auxiliary ~ вспомогательный двигатель; двигатель собственных нужд
  back geared ~ двигатель с понижающим редуктором
  ball-bearing ~ двигатель на шарикоподшипниках
  bare ~ двигатель без принадлежностей
  belted wound-rotor ~ двигатель с фазным ротором и ремённой передачей
  bipolar ~ двухполюсный двигатель
  bond ~ двигатель с торцевыми щитами, прикреплёнными наглухо к статору
  brushless ~ бесщёточный двигатель

MOTOR

brushless dc linear ~ бесщёточный линейный двигатель постоянного тока
brushless synchronous ~ бесщёточный синхронный двигатель
brushless wound-rotor induction ~ бесщёточный асинхронный двигатель с фазным ротором
brush riding ~ двигатель с постоянно набегающими щётками
built-in ~ встроенный двигатель
cage (asynchronous) [cage induction] ~ асинхронный двигатель с короткозамкнутым ротором
cage synchronous ~ синхронный двигатель с короткозамкнутым ротором
capacitor ~ конденсаторный двигатель
capacitor start ~ двигатель с конденсаторным пуском
capacitor-start-and-run ~ конденсаторный двигатель с постоянно включённым конденсатором
cascade ~ каскадный агрегат
change(able)-pole ~ двигатель с переключением полюсов
change-speed ~ двигатель с регулируемой частотой вращения
closed-air-circuit ~ двигатель с замкнутой системой воздушного охлаждения
clutch-type ~ двигатель с муфтой сцепления
commutator ~ коллекторный двигатель
commutatorless ~ бесколлекторный двигатель
compensated (induction) ~ компенсированный (синхронный) двигатель
compensated linear induction ~ компенсированный линейный асинхронный двигатель
compensated repulsion ~ компенсированный репульсионный двигатель
compound(-wound) ~ двигатель постоянного тока смешанного возбуждения; компаундированный двигатель
concentric-drive gear ~ редукторный двигатель с планетарной передачей
condenser ~ конденсаторный двигатель
consequent poles ~ двигатель с чередующимися полюсами
constant-current ~ двигатель с неизменным током
constant-speed ~ двигатель с неизменной частотой вращения
constant-voltage ~ двигатель с неизменным напряжением

control ~ управляющий двигатель
crane ~ крановый двигатель
cumulative compound ~ двигатель смешанного возбуждения с согласно включёнными обмотками
current-displacement ~ асинхронный двигатель с вытеснением тока в роторе
current-fed inverter-driven induction ~ асинхронный двигатель с управлением от инвертора тока
cylindrical-rotor ~ двигатель с неявнополюсным ротором
dc ~ двигатель постоянного тока
deep bar [deep slot] ~ двигатель с глубоким пазом ротора
Deri ~ двигатель Дери (*репульсионный двигатель с двумя комплектами щёток*)
Deri brush-shifting ~ двигатель Дери с регулированием частоты вращения изменением сдвига щёток
differential compound ~ двигатель смешанного возбуждения со встречно включёнными обмотками
double-armature ~ двухъякорный двигатель
double-commutator ~ двухколлекторный двигатель
double-fed ~ двигатель двойного питания
double-rated ~ двигатель с двойным переключением (*с определённой номинальной мощностью на каждой ступени переключения*)
double-reduction ~ двигатель с двухступенчатым редуктором
double-sided linear induction ~ двусторонний линейный асинхронный двигатель
double-speed ~ двухскоростной двигатель
double-squirrel cage ~ двигатель с двойной клеткой ротора
double-unit ~ 1. двухъякорный двигатель 2. сдвоенный двигатель
double-voltage ~ двигатель (с переключением) на два напряжения (*1. однофазный; основное и сдвинутое 2. трёхфазный; высокое и пониженное*)
drag-cup (induction) ~ асинхронный двигатель с чашеобразным и полым ротором
drip-proof ~ каплезащищённый двигатель
drive ~ 1. приводной двигатель 2. тяговый двигатель
driving ~ приводной двигатель
drooping response [drooping speed]

MOTOR

~ двигатель с падающей характеристикой скорости, двигатель с сериесной [мягкой] характеристикой
drum-wound ~ двигатель с барабанной обмоткой
dual-capacitor ~ (однофазный) двигатель с конденсаторами, включёнными на время пуска и работы
dual-field ~ двигатель смешанного возбуждения; компаундированный двигатель
dual-voltage ~ двигатель (с переключением) на два напряжения (*1. однофазный; основное и сдвинутое 2. трёхфазный; высокое и пониженное*)
dust-proof ~ пылезащищённый двигатель
efficient ~ двигатель с повышенным кпд, энергоэкономичный двигатель
electric ~ электродвигатель
electrically commutated brushless dc ~ электрически коммутируемый бесщёточный двигатель постоянного тока
electric ~ **with permanent magnetic field** электродвигатель с возбуждением от постоянных магнитов
electrode ~ **1.** двигатель управления перемещением электрода (*в электродуговой печи*) **2.** электродный двигатель (*для автоматической сварки*)
enclosed ~ двигатель закрытого типа, закрытый двигатель
enclosed fan-cooled ~ закрытый двигатель с внешним обдувом
enclosed self-cooled ~ закрытый двигатель с самоохлаждением
enclosed separately-ventilated ~ закрытый двигатель с независимой вентиляцией
enclosed-type ~ двигатель закрытого типа, закрытый двигатель
energy efficient [energy saver] ~ двигатель с повышенным кпд, энергоэкономичный двигатель
explosion-proof ~ взрывозащищённый двигатель
externally reversible ~ реверсивный двигатель с внешним управлением
face-type ~ фланцевый двигатель
fan-duty ~ вентиляторный двигатель, двигатель с воздушным охлаждением
flange(-mounted) ~ фланцевый двигатель
flat-response ~ двигатель с шунтовой [жёсткой] характеристикой

floor(-mounted) ~ двигатель для установки на полу
forced air-cooled ~ двигатель с принудительным воздушным охлаждением
forced-ventilation ~ двигатель с принудительным охлаждением
fractional horsepower [fractional h. p.] ~ маломощный (*менее 1 л. с.*) двигатель
fully enclosed ~ двигатель закрытого типа, закрытый двигатель
gear(ed) ~ редукторный двигатель
gearless ~ двигатель без редуктора
gear wound-rotor ~ двигатель с фазным ротором и зубчатой передачей
general-purpose ~ двигатель общего назначения
high phase-order induction ~ многофазный асинхронный двигатель
high-slip (induction) ~ (асинхронный) двигатель с повышенным скольжением
high-speed ~ быстроходный [высокооборотный] двигатель
high-starting torque ~ двигатель с высоким пусковым вращающим моментом
high-voltage ~ высоковольтный двигатель
hoist ~ двигатель подъёмника; двигатель лебёдки
hollow shaft type ~ двигатель с полым валом
hysteresis ~ гистерезисный двигатель
hysteresis synchronous ~ гистерезисный синхронный двигатель
inching ~ шаговый двигатель
induced-quadrature field asynchronous ~ асинхронный двигатель с индуцированным квадратурным [поперечным] полем
induction ~ асинхронный двигатель
inductor-type synchronous ~ синхронный двигатель индукторного типа
integrated ~ встроенный двигатель
interpole ~ двигатель с добавочными полюсами
inverse-speed ~ двигатель с сериесной [мягкой] характеристикой
linear ~ линейный двигатель
linear commutator ~ линейный коллекторный двигатель
linear induction ~ линейный асинхронный двигатель
linear pulse ~ линейный шаговый двигатель
linear reluctance ~ линейный реактивный двигатель

MOTOR

linear synchronous ~ линейный синхронный двигатель
line-fed ~ двигатель с питанием от сети
line-start ~ двигатель с пуском от сети
load-start ~ двигатель с пуском под нагрузкой
locked ~ двигатель с заторможённым ротором
long-hour ~ двигатель для работы в длительном режиме
low-noise ~ малошумящий двигатель
low-slip induction ~ асинхронный двигатель с малым скольжением
multiconstant speed ~ двигатель с несколькими ступенями частот вращения
multiple-winding ~ многообмоточный двигатель
multipolar [multipole] ~ многополюсный двигатель
multispeed ~ многоскоростной двигатель
multivarying speed ~ многоскоростной двигатель с изменением частоты вращения на каждой ступени
multivelocity induction ~ многоскоростной асинхронный двигатель
nonreversible ~ нереверсивный двигатель
nonsalient pole ~ неявнополюсный двигатель
nose suspension ~ двигатель с подвеской на выступе
open ~ двигатель открытого исполнения, открытый двигатель
outdoor ~ двигатель наружной установки
pancake ~ укороченный [плоский] двигатель
pecking ~ шаговый двигатель
permanent-field synchronous ~ синхронный двигатель с возбуждением от постоянных магнитов (*на роторе*)
permanent-magnet ~ двигатель с постоянными магнитами
permanent-magnet synchronous ~ синхронный двигатель с постоянными магнитами
permanent split capacitor ~ конденсаторный двигатель с постоянно включённым конденсатором
phase-wound rotor ~ двигатель с фазным ротором
pilot ~ серводвигатель
plain squirrel-cage ~ короткозамкнутый двигатель обычного типа
plant ~ двигатель для собственных нужд (электро)станции
PM ~ двигатель с постоянными магнитами
pole-changing ~ (асинхронный) двигатель с переключением полюсов
polyphase ~ многофазный двигатель
polyphase-winding-type ~ двигатель с фазным ротором
pony ~ **1.** разгонный двигатель **2.** вспомогательный (*маломощный*) двигатель
positioning ~ двигатель управления положением
power plant ~ двигатель для собственных нужд электростанции
printed-circuit ~ двигатель с печатной обмоткой
quantizing ~ шаговый двигатель
railway ~ тяговый двигатель
random-wound ~ двигатель со всыпной обмоткой
reaction ~ реактивный электродвигатель
reactor-start ~ двигатель с реакторным пуском
reactor-start split-phase ~ двигатель с расщеплённой фазой и реакторным пуском
rectifier-driven ~ двигатель с питанием от выпрямителей
reduction ~ редукторный двигатель
reluctance ~ реактивный синхронный двигатель
repulsion ~ репульсионный двигатель
repulsion induction ~ асинхронный репульсионный двигатель
repulsion-start induction(-run) ~ (однофазный) асинхронный двигатель с репульсионным пуском
resistance-start ~ двигатель с пуском через активное сопротивление
resistance-start split-phase ~ двигатель с расщеплённой фазой и пуском через активное сопротивление
reversible [reversing] ~ реверсивный двигатель
rewinding ~ двигатель обратной перемотки
rigid foot ~ двигатель с жёстким креплением лап
rotary-field ~ двигатель с вращающимся полем, многофазный асинхронный двигатель
rotating induction ~ вращающийся асинхронный двигатель
round-rotor ~ двигатель с цилиндрическим [гладким] ротором; неявнополюсный двигатель

MOTOR

salient-pole synchronous induction ~ явнополюсный синхронный двигатель с фазной пусковой обмоткой
Schrage ~ двигатель Шраге (*коллекторный двигатель параллельного возбуждения с двойным комплектом щёток*)
sealed ~ герметически закрытый двигатель
sea-water flooded electric ~ электродвигатель для работы в морской воде
self-controlled inverter-bed asynchronous ~ вентильный асинхронный двигатель
self-controlled inverter-bed synchronous ~ вентильный синхронный двигатель
self-excited ~ двигатель с самовозбуждением
self-starting ~ двигатель с самозапуском
self-ventilated ~ двигатель с самовентиляцией
self-ventilated railway ~ тяговый двигатель с самовентиляцией
semi(en)closed ~ полузакрытый двигатель
separately excited ~ двигатель с независимым возбуждением
series(-wound) ~ двигатель последовательного [сериесного] возбуждения
shaded-pole ~ двигатель с экранированными полюсами
shaftless ~ двигатель без вала
shell-type ~ двигатель закрытого типа, закрытый двигатель
shielded-pole ~ двигатель с экранированными полюсами
short-hour [short-period] ~ двигатель для работы в кратковременном режиме
shunt(-wound) ~ двигатель параллельного [шунтового] возбуждения
single-phase ~ однофазный двигатель
single-phase series commutator ~ однофазный коллекторный двигатель последовательного возбуждения
single-side linear ~ односторонний линейный двигатель
single-voltage ~ (однофазный) двигатель на одно напряжение
single-winding multispeed ~ однообмоточный многоскоростной двигатель
slave ~ ведомый двигатель; следящий двигатель
sleeve-bearing ~ двигатель на роликовых подшипниках
slip-ring induction ~ асинхронный двигатель с контактными кольцами; двигатель с фазным ротором
slow-speed ~ тихоходный двигатель
small-power ~ маломощный двигатель
small-type ~ малогабаритный двигатель
solid-pole synchronous ~ синхронный двигатель со сплошными полюсами
special-purpose ~ двигатель специального назначения
speed changer ~ двигатель механизма изменения скорости вращения (*турбины*), двигатель МИСВ
splash-proof ~ брызгозащищённый двигатель
split-field ~ двигатель постоянного тока с расщеплённой последовательной обмоткой возбуждения; реверсивный двигатель постоянного тока
split-phase ~ двигатель с расщеплённой фазой
split-pole ~ двигатель с расщеплёнными полюсами
squirrel-cage (induction) ~ асинхронный двигатель с короткозамкнутым ротором
stabilized-shunt ~ стабилизированный двигатель параллельного возбуждения
stabilized-shunt winding ~ двигатель параллельного возбуждения с небольшой стабилизирующей [компенсирующей] обмоткой последовательного возбуждения
stalled ~ остановленный двигатель, *проф.* «опрокинувшийся» двигатель
standard dimensioned ~ двигатель со стандартными размерами, унифицированный двигатель
starting ~ пусковой двигатель
step(-by-step) [stepper, stepping] ~ шаговый двигатель
step-up gear ~ двигатель с повысительным редуктором
subfractional horsepower ~ маломощный (*менее 1 л. с.*) двигатель
submersible ~ погружной двигатель
subsynchronous reluctance ~ реактивный синхронный двигатель с разным числом полюсов (*на роторе и статоре*)
superconducting ~ двигатель со сверхпроводящей обмоткой
switch ~ *ж.-д.* двигатель стрелочного электропривода
synchronous ~ синхронный двигатель
synchronous induction ~ синхронизированный асинхронный двигатель

MOTOR-ALTERNATOR

tandem ~ сдвоенный двигатель
tap-field ~ двигатель с секционированной обмоткой возбуждения
three-phase ~ трёхфазный двигатель
thyratron ~ вентильный двигатель
thyristor(-controlled) ~ тиристорный двигатель, двигатель с тиристорным управлением
tilting ~ качающийся двигатель; поворотный двигатель
time ~ временной механизм
timing ~ программирующий двигатель; временной механизм
torque ~ 1. моментный двигатель 2. тормозной двигатель 3. двигатель с большим пусковым моментом
totally enclosed ~ двигатель закрытого типа, закрытый двигатель
traction ~ тяговый электродвигатель
transistor switched ~ двигатель постоянного тока с транзисторной коммутацией
triple-rated ~ двигатель с тройным переключением, обладающий определённой номинальной мощностью на каждой ступени переключения
trislot ~ асинхронный двигатель с тремя рядами пазов на роторе
two-phase ~ двухфазный двигатель
two-pole ~ двухполюсный двигатель
two-speed ~ двухскоростной двигатель
two-value capacitor ~ двигатель с отдельным конденсатором для пуска и для рабочего режима
two-winding ~ двухобмоточный двигатель
unexcited synchronous ~ синхронный двигатель без возбуждения постоянным током
unit construction ~ двигатель блочной конструкции
unit-drive ~ двигатель, являющийся приводом для одного из элементов системы
universal ~ универсальный двигатель
unlaminated-rotor induction ~ асинхронный двигатель с массивным [сплошным] ротором
variable speed dc ~ двигатель постоянного тока с регулированием частоты вращения
varying-field commutator ~ коллекторный двигатель с изменяющимся полем
varying-speed ~ двигатель с регулируемой [переменной] частотой вращения

ventilated ~ двигатель с воздушным охлаждением
vertical shaft ~ двигатель с вертикальным валом
watertight ~ водозащищённый двигатель
winding(-duty) ~ двигатель для намотки катушек *или* обмоток
wound-rotor induction ~ асинхронный двигатель с фазным ротором
X-~ двигатель для перемещения (*напр. манипулятора*) по оси X
Y-~ двигатель для перемещения (*напр. манипулятора*) по оси Y
Z-~ двигатель для перемещения (*напр. манипулятора*) по оси Z
motor-alternator (электро)двигатель-генератор
motor-driven с приводом от (электро-)двигателя
motoreducer редукторный (электро)двигатель
motor-generator (электро)двигатель-генератор
  battery-charging ~ двигатель-генератор для заряда аккумуляторной батареи
motoring работа (*генератора*) в двигательном режиме
motor-in-wheel мотор-колесо; (электро)двигатель, встроенный в колесо
motor-meter моторный счётчик
motor-operated с приводом от (электро)двигателя
mount 1. ножка (*лампы*) **2.** опора; монтажная стойка ‖ устанавливать, монтировать **3.** крепление ‖ крепить
  barretter ~ барреттерная головка
  bolometer ~ болометрическая головка
  detector ~ детекторная головка
  lamp ~ ножка лампы
  thermistor ~ термисторная головка
  waveguide ~ волноводная головка
mounted смонтированный; установленный; закреплённый
  above-chassis ~ с передним монтажом; установленный с внешней стороны (*панели*)
  back-~ с задним монтажом; установленный с внутренней стороны (*панели*)
  base-~ смонтированный на основании
  below-chassis ~ с задним монтажом; установленный с внутренней стороны (*панели*)
  front-~ с передним монтажом; уста-

MULTIPLICATION

новленный с внешней стороны (*панели*)
rear-~ с задним монтажом; устанавливаемый с внутренней стороны (*панели*)
rear-flange ~ устанавливаемый на заднем фланце
mounter 1. монтёр **2.** монтажник; сборщик
mounting 1. монтаж; сборка; установка **2.** установка; агрегат **3.** опора; подставка; стойка **4.** монтажная арматура; оснастка **5.** навеска, навесное устройство **6.** держатель; патрон
   battery ~ установка аккумуляторной батареи
   board ~ монтаж (компонентов) на плате
   cabinet rack ~ монтаж с опорными стойками каркаса, прикреплёнными изнутри шкафа
   cell ~ монтаж ячеек
   concealed ~ скрытый монтаж
   core spring ~ упругая подвеска сердечника (*статора*)
   dead-front ~ монтаж с защитой токоведущих частей
   enclosed rack ~ монтаж с опорными стойками каркаса, прикреплёнными изнутри кожуха
   engine ~ установка [монтаж] двигателя
   fixed rack ~ монтаж с опорными стойками каркаса, прикреплёнными изнутри шкафа
   float ~ 1. подвеска на упругих опорах; плавающая подвеска **2.** плавающий монтаж
   flush ~ 1. скрытый монтаж; утопленный монтаж; монтаж «заподлицо» **2.** скрытая проводка
   frame ~ монтаж на раме
   front-of-panel ~ передний монтаж на панели
   fuse ~ держатель предохранителя
   jam-nut ~ установка [монтаж] в одном отверстии
   multilayer ~ многослойный монтаж
   panel ~ панельный монтаж; монтаж на панели
   panel-frame ~ монтаж на каркасе с задней стороны панели
   plug-in ~ 1. штепсельное крепление **2.** цоколь (*лампы*) со штырьками
   pole ~ установка на линейной опоре
   projection ~ выступающий монтаж
   rack ~ монтаж на стойке, монтаж в стойку
   recessed ~ 1. скрытый монтаж; утопленный монтаж; монтаж «заподлицо» **2.** скрытая проводка
   remote ~ отдельная установка (*не в блоке*)
   semiflush ~ полуутопленный монтаж
   shock-absorbing ~ демпфирующая подвеска
   single-hole ~ установка [монтаж] в одном отверстии
   surface ~ наружный [поверхностный] монтаж
   tier ~ установка ярусами
   unit power ~ установка в блоке с силовым агрегатом
   wall ~ настенный монтаж
mover:
   prime ~ первичный двигатель
   vapor prime ~ паровая турбина
mu 1. статический коэффициент усиления **2.** магнитная проницаемость
muff втулка; муфта
   distributing cable ~ разветвительная кабельная коробка
muffler (шумо)глушитель
   explosion-fuse ~ выхлопной фильтр стреляющего предохранителя
   fuse ~ выхлопной фильтр предохранителя
mule электрокар
multichannel многоканальный
multicircuit многоконтурный
multiconductor многопроводный; многожильный
multicontact многоконтактный
multicore 1. многожильный (*о кабеле*) **2.** с несколькими сердечниками
multielement многоэлементный, многозвенный
multiloop многоконтурный
multimeter многофункциональный измерительный прибор, мультиметр
   digital ~ цифровой многофункциональный измерительный прибор, цифровой мультиметр
   portable ~ переносный многофункциональный измерительный прибор
   recording ~ регистрирующий многофункциональный измерительный прибор
multiphase многофазный
multiple 1. групповая линия с параллельными выводами в различных точках **2.** соединять в параллель выводы в различных точках
multiple-contact многоконтактный
multiple-core 1. многожильный (*о кабеле*) **2.** с несколькими сердечниками
multiple-pole многополюсный
multiplication 1. умножение **2.** усиление

MULTIPLIER

current ~ усиление по току
frequency ~ умножение частоты
gas ~ газовое [ионное] усиление
logical ~ логическое умножение
time-division ~ времяимпульсное умножение
multiplier 1. множитель **2.** умножитель; блок перемножения **3.** добавочное сопротивление (*к измерительному прибору*)
  amplitude-modulation-frequency ~ блок умножения на основе амплитудной модуляции и частоты (*импульсов*)
  Cockroft-Walton ~ удвоитель напряжения Кокрофта—Валтона
  crossed-fields electron-beam ~ электронно-лучевой умножитель со скрещёнными полями
  electric ~ множительный перфоратор
  electron-beam ~ электронно-лучевой умножитель
  electronic ~ электронный умножитель; электронный блок перемножения
  four-quadrant ~ четырёхквадрантный умножитель
  frequency ~ умножитель частоты
  Hall(-effect) ~ блок умножения (на эффекте) Холла
  instrument ~ добавочное сопротивление к измерительному прибору
  logarithmic ~ логарифмическое множительное устройство
  magneto-resistor ~ умножитель на основе магнитосопротивления
  mark-space ~ времяимпульсный умножитель
  mesh ~ сетчатый умножитель
  meter ~ шунт измерительного прибора
  one-quadrant ~ одноквадрантный умножитель
  paired ~ сдвоенный умножитель
  phase ~ фазовый умножитель
  phase-locked frequency ~ умножитель частоты, синхронизированный по фазе
  potentiometer ~ потенциометрический умножитель
  pulsed attenuator ~ времяимпульсный умножитель
  push-pull ~ двукратный умножитель частоты
  quarter-square ~ блок умножения на квадраторах
  reactance ~ параметрический умножитель
  rectifying ~ множительное звено, соединённое с выпрямителем
  resistance ~ магазин добавочных сопротивлений
  strain-gage ~ тензометрический умножитель
  time-division ~ времяимпульсный умножитель
  transistor Q-~ транзисторный умножитель добротности
  two-quadrant ~ двухквадрантный умножитель
  voltage ~ **1.** умножитель напряжения **2.** добавочное сопротивление к вольтметру
multipolar многополюсный
multipole, multiport многополюсник
multireclosure многократное автоматическое повторное включение, многократное АПВ
multistage многокаскадный; многоступенчатый
multiterminal 1. многополюсный **2.** многотерминальный
multiturn 1. многовитковый **2.** многооборотный (*о потенциометре*)
multivibrator мультивибратор
  astable ~ несинхронизированный мультивибратор
  asymmetric(al) [balanced] ~ несимметричный мультивибратор
  biased ~ ждущий мультивибратор
  bistable [flip-flop] ~ бистабильный мультивибратор
  free-running ~ мультивибратор в режиме свободных колебаний
  gate [monostable, one-cycle, one-shot] ~ ждущий мультивибратор
  oscillating ~ несинхронизированный мультивибратор
  single-shot [single-trip] ~ ждущий мультивибратор
  time-base sweep ~ мультивибратор временно́й развёртки
  width ~ мультивибратор с регулировкой длительности импульса
multivoltmeter многопредельный вольтметр
multiwattmeter многопредельный ваттметр
multiwinding многообмоточный
multiwire многопроводный; многожильный
muscovite мусковит
muslin:
  oiled ~ промасленный перкаль
MVA мощность в МВА
  fault ~ мощность КЗ в МВА

NETWORK

mycalex микалекс (*изоляционный материал*)
mylar майлар, полиэтилен терифталат, ПЭТФ

N

nameplate фирменная табличка
   connector ~ фирменная табличка со схемой соединения проводов
   rating ~ табличка с номинальными данными
nanofarad нанофарада, нФ
nanohenry наногенри, нГн
neck 1. горловина **2.** тубус (*баллона ЭЛТ*)
   commutator ~s гребешки [«петушки»] коллектора
need:
   energy ~ потребность в энергии
   full-load ~ расход (*напр. мощности*) при полной нагрузке
   operating ~s эксплуатационные требования, эксплуатационные нужды
needle указатель, стрелка (*измерительного прибора*)
   astatic ~ астатическая стрелка
   meter ~ стрелка измерительного прибора
   whirling ~ сильно колеблющаяся стрелка
negation отрицание (*логическая операция*)
negative 1. отрицательная пластина; отрицательный вывод (*электронного прибора или элемента*) **2.** отрицательная величина **3.** отрицательный
negator (логический) элемент НЕ; инвертор
neoprene неопрен, полихлоропрен
net 1. сеть; сетка **2.** схема
   distribution ~ распределительная сеть
   fiber optic ~ волоконно-оптическая сеть
   guard ~ предохранительная сетка
   multidrop ~ сеть, состоящая из нескольких последовательно включённых элементов
network 1. электрическая сеть; сеть энергоснабжения; сеть электропитания **2.** энергосистема **3.** схема; цепь; контур **4.** многополюсник; четырёхполюсник
   ac ~ сеть переменного тока
   active ~ **1.** активная схема; активная цепь **2.** активный четырёхполюсник; активный многополюсник

active four-terminal ~ активный четырёхполюсник
activity(-based) ~ сетевой график работы
adjustment ~ схема *или* цепь настройки
all-pass ~ частотно-независимая цепь; фазовый фильтр
anti-induction ~ схема для снижения перекрёстных наводок
artificial mains ~ эквивалент сети электропитания
asymmetrical ~ **1.** несимметричная сеть **2.** несимметричная схема; несимметричная цепь **3.** несимметричный четырёхполюсник
backbone ~ системообразующая сеть
balanced ~ **1.** симметричная схема; симметричная цепь **2.** балансная схема
balancing ~ симметрирующая схема
basic ~ **1.** основной четырёхполюсник **2.** эквивалентная схема линии передачи
bilateral ~ **1.** симметричная схема; симметричная цепь **2.** симметричный четырёхполюсник
bridge ~ мостовая схема
bridged T-~ мостовая Т-образная схема
bus ~ схема [система] шин
C-~ последовательная цепь из трёх элементов сопротивления с отводом напряжения от среднего
cable ~ кабельная сеть
capacitive ~ ёмкостная цепь
capacitor ~ конденсаторная схема; конденсаторная сборка
charge-summing ~ схема накопления заряда
circuit-switching ~ сеть с коммутацией каналов *или* линий
compensating ~ корректирующая схема; компенсирующий контур
complex ~ сложная сеть; сложная система
computer ~ вычислительная сеть, сеть ЭВМ
constant-m ~ фильтр постоянной
constant-resistance ~ цепь с постоянным сопротивлением
corrective ~ корректирующая цепь; корректирующий контур
coupling ~ цепь (межкаскадной) связи
dc ~ цепь постоянного тока
decoupling ~ **1.** развязывающая схема; развязывающая цепь **2.** развязывающий четырёхполюсник

325

NETWORK

delay ~ схема задержки
delta ~ **1.** схема соединения треугольником, схема треугольника **2.** треугольный эквивалент сети **3.** дельта-сеть (*при анализе помех*)
differentiating ~ дифференцирующая цепь
distributed ~ **1.** распределённая сеть **2.** схема с распределёнными параметрами
distributed-constant ~ схема с распределёнными параметрами
distributed redundant local control ~ распределённая резервированная местная сеть управления
distribution ~ распределительная сеть
dual ~ дуальная схема; дуальная цепь
effectively grounded ~ электрическая сеть с эффективным заземлением нейтрали
eight-terminal ~ восьмиполюсник
electrical ~ **1.** электрическая сеть; сеть энергоснабжения; сеть электропитания **2.** электрическая схема; электрическая цепь **3.** многополюсник; четырёхполюсник
equivalent ~ **1.** эквивалентная схема **2.** эквивалентный четырёхполюсник
equivalent four-terminal ~ эквивалентный четырёхполюсник
feedback ~ цепь [контур, петля] обратной связи
filter ~ схема фильтра
four-pole [four-terminal] ~ четырёхполюсник
frequency-discriminating ~ частотный дискриминатор
gated resistance ~ четырёхполюсник, состоящий из управляемых активных сопротивлений
ground ~ сеть заземления; контур заземления
high-pass active filter ~ схема активного фильтра верхних частот
high-voltage ~ электрическая сеть высокого напряжения
inductance ~ индуктивная цепь
inductance-capacitance ~ индуктивно-ёмкостная цепочка, LC-цепочка
inductance-resistance ~ индуктивно-резистивная цепочка, LR-цепочка
industrial ~ промышленная [заводская] электрическая сеть
integrated ~ интегральная схема, ИС
integrating ~ **1.** интегрирующая схема; интегратор **2.** интегрирующий четырёхполюсник
interstage ~ цепь межкаскадной связи

inverse ~s обратные цепи
island ~ изолированная энергосистема
isolation ~ развязывающая цепь, цепь развязки
iterated ~ многозвенная цепь; цепной фильтр
junction ~ местная сеть из соединительных линий
L- ~ **1.** Г-образная цепь **2.** Г-образный четырёхполюсник
ladder ~ многозвенная ступенчатая схема
lag ~ схема создания отставания (по фазе)
lattice ~ **1.** мостовая схема; скрещённая [X-образная] схема **2.** четырёхполюсник мостового типа; скрещённый [X-образный] четырёхполюсник **3.** решётчатый фильтр
lead ~ **1.** схема создания опережения (*по фазе*) **2.** форсирующее [фазоопережающее] звено
lighting ~ осветительная сеть
linear ~ **1.** линейная схема; линейная цепь **2.** линейный четырёхполюсник
linear four-terminal ~ линейный четырёхполюсник
linear phase ~ сеть с линейной фазовой характеристикой
linear-varying parameter ~ линейная цепь с изменением параметров во времени
line impedance stabilization ~ схема стабилизации полного сопротивления линии
line-stabilization ~ схема стабилизации (режима) линии
load-lag ~ интегродифференцирующая цепочка
load matching ~ схема согласования нагрузки
local ~ локальная сеть (*передачи данных*)
local area ~ местная сеть
local control ~ местная сеть управления
loop ~ замкнутая сеть
lossless ~ схема без потерь
low-pass active filter ~ схема активного фильтра нижних частот
low-pass selective ~ низкочастотный избирательный фильтр
low-voltage ~ электрическая сеть низкого напряжения
lumped(-constant) ~ схема с сосредоточенными параметрами
matching ~ согласующая схема; согласующая цепь

NETWORK

matching four-pole ~ согласующий четырёхполюсник
minimum-phase ~ минимально-фазовая цепь
minimum-phase four-terminal ~ минимально-фазовый четырёхполюсник
multibranch ~ разветвлённая сеть
multimeshed ~ многоконтурная сеть
multiport [multiterminal (-pair)] ~ многополюсник
nonlinear ~ 1. нелинейная схема; нелинейная цепь 2. нелинейный четырёхполюсник
nonreciprocal four-terminal ~ необратимый [невзаимный] четырёхполюсник
notch ~ узкополосный режекторный фильтр
n-pole ~ n-полюсник
n-port ~ $2n$-полюсник
n-terminal ~ n-полюсник
n-terminal pair ~ $2n$-полюсник
O- ~ О-образная схема
one-port ~ двухполюсник
one-port active ~ активный двухполюсник
one-port passive ~ пассивный двухполюсник
open-loop ~ разомкнутая сеть
parallel ~ схема с параллельными ветвями
parallel-T ~ двойная Т-образная мостовая схема
passive ~ 1. пассивная схема; пассивная цепь 2. пассивный многополюсник; пассивный четырёхполюсник
passive four-terminal ~ пассивный четырёхполюсник
phase ~ фазирующая цепь
phase-advance ~ фазоопережающая цепь
phase-compensating ~ фазовыравнивающая цепь
phase-inverting ~ фазовращающаяся цепь, фазовращатель
phase sequence ~ фильтр симметричных составляющих
phase sequence mixing ~ комбинированный фильтр симметричных составляющих
phase-shift(ing) ~ фазосдвигающая цепь; фазовращающая цепь, фазовращатель
phase-splitting ~ фазорасщепляющая цепь
phasing ~ фазирующая цепь
pi- ~ П-образная схема
pilot-wire-controlled ~ сеть с управлением (*отключающими устройствами*) по вспомогательным проводам
pi-section ~ схема с П-образными четырёхполюсниками
polyphase ~ многофазная электросеть
positive sequence ~ схема прямой последовательности
power ~ 1. электрическая сеть; сеть энергоснабжения, сеть электропитания 2. энергосистема
power distribution ~ 1. распределительная сеть 2. схема разводки питания
primary (distribution) ~ основная распределительная сеть, распределительная сеть высшего напряжения, высоковольтная сеть
public supply ~ коммунальная электросеть
pulse-forming ~ схема формирования импульсов
radial ~ радиальная сеть
radially operated ~ сеть, работающая по радиальной схеме
RC (filter) ~ RC-фильтр
reciprocal ~ взаимная схема
reciprocal four-terminal ~ взаимный [обратимый] четырёхполюсник
relay contact ~ релейно-контактная схема
resistance ~ 1. четырёхполюсник из сопротивлений 2. ослабитель; аттенюатор
resistance-capacitance ~ резистивно-ёмкостная цепочка, RC-цепочка
resistive ~ 1. четырёхполюсник из активных сопротивлений 2. резистивная сеть
ring(ed) ~ кольцевая (электро)сеть
secondary (distribution) ~ вторичная распределительная сеть, распределительная сеть низшего напряжения, низковольтная сеть
second-contingency ~ сеть, выдерживающая два повреждения (*питаемая от нескольких источников*)
semiconductor ~ схема на полупроводниках
sequence ~ 1. (комбинированный) фильтр симметричных составляющих 2. схема замещения по прямой, обратной *или* нулевой составляющей
sequence filter ~ схема фильтра симметричных составляющих
series ~ схема с последовательными элементами
series-shunt ~ последовательно-параллельная схема
shaping ~ формирующая схема

NEUTRAL

shunt ~ схема с параллельными ветвями
signal-shaping ~ схема формирования требуемого сигнала, схема коррекции формы сигнала
single-contingency ~ сеть, выдерживающая одно повреждение (*питаемая от двух источников*)
six-pole ~ шестиполюсник
spark-quench ~ искрогасительная цепь
spot ~ сеть с работой ряда трансформаторов на одни шины
stabilization ~ стабилизирующее звено
stabilizing ~ 1. схема стабилизации 2. стабилизирующий четырёхполюсник
star ~ схема соединения звездой, схема звезды
subtransmission ~ питающая распределительная сеть
summing ~ суммирующая схема
supergrid system ~ сеть сверхвысокого напряжения энергосистемы
supply ~ питающая электросеть
symmetrical ~ 1. симметричная сеть 2. симметричная схема; симметричная цепь 3. симметричный четырёхполюсник
T- ~ Т-образная схема
three-phase ~ трёхфазная сеть
three-terminal ~ Т-образный четырёхполюсник
time-delay ~ схема временно́й задержки
time-invariant ~ схема, не зависящая по параметрам от времени
time-scaling ~ схема для установки масштаба времени
transmission ~ магистральная сеть
T-section four-terminal ~ Т-образный четырёхполюсник
twin-T ~ двойная Т-образная схема
two-pole ~ двухполюсник
two-port ~ четырёхполюсник
two-terminal ~ двухполюсник
two-terminal pair ~ четырёхполюсник
ultrahigh voltage ~ сеть сверхвысокого напряжения
unconnected ~ несвязанная схема
underground ~ подземная (кабельная) сеть
uniformly distributed ~ схема с равномерно распределёнными параметрами
unilateral ~ схема с односторонней проводимостью
urban ~ городская электросеть
V- ~ V-сеть, фазный двухпроводный эквивалент сети
voltage sensitive ~ чувствительный орган по напряжению
weakly meshed ~ сеть со слабыми связями
X- ~ Х-образная схема
Y- ~ схема соединения звездой, схема звезды
π- ~ П-образный четырёхполюсник
neutral нейтраль, нейтральный [нулевой] провод
 artificial ~ искусственная нейтраль
 dead grounded ~ глухозаземлённая нейтраль
 floating ~ плавающая нейтраль
 grounded ~ заземлённая нейтраль
 insulated ~ изолированная нейтраль
 multiple grounded ~ многократно заземлённая нейтраль
 oscillating ~ колеблющаяся нейтраль
 solidly grounded ~ глухозаземлённая нейтраль
 tapped ~ нейтраль с ответвлениями
neutralization нейтрализация
 charge ~ нейтрализация заряда
 harmonic ~ нейтрализация [подавление] гармоник
 magnetic ~ размагничивание
neutralize нейтрализовать
neutralizer:
 ground-fault ~ дугогасительная катушка, катушка-компенсатор ёмкостного тока при замыкании на землю
neutron нейтрон
 fast ~ быстрый нейтрон
 slow ~ медленный нейтрон
 thermal ~ тепловой нейтрон
nichrome нихром
nickeline никелин
nip 1. захват(ывание) ‖ захватывать; сжимать 2. место зажима 3. перегиб (*проволоки*) 4. клещи; кусачки; острогубцы ◇ **to** ~ **up** 1. захватывать; сжимать 2. откусывать; отрезать
nippers клещи; кусачки; острогубцы
 end-cutting ~ кусачки; острогубцы
nipple:
 electrode ~ наконечник электрода (*дуговой печи*)
no-break бесперебойный (*об энергоснабжении*)
node узел
 ~ **of an electric circuit** узел электрической цепи
 load ~ узел (питания) нагрузки, энергоузел
 major ~ опорный узел (*электрической сети*)

network ~ узел (электрической) сети
power partition ~ точка раздела (потоков) мощности
reference ~ 1. опорный узел (*при расчётах потокораспределения*) 2. базисный узел
slack ~ балансирующий узел
vibration ~ узел колебаний
no-glare неслепящий (*о свете фар*)
noise шум(ы); помехи; искажения
  atmospheric ~ атмосферные помехи
  background ~ шумы фона
  carbon ~ шум угольного резистора
  circuit ~ шумы в схеме
  commutator ~ коллекторный шум; коллекторные помехи
  continuous ~ гладкий шум
  electrical ~ электрический шум
  electromagnetic ~ электромагнитный шум
  fault-induced ~ помеха, вызванная КЗ
  flicker ~ шум фликкера, фликкер-шум
  fluctuation ~ шум от флуктуаций; дробовой эффект
  hum ~ фон переменного тока
  impulse [impulsive] ~ импульсные помехи
  industrial ~ промышленные помехи; промышленный шум
  internal ~ **of tubes** собственный шум радиоламп
  ion ~ ионный шум
  man-made ~ индустриальный шум
  natural ~ естественный шум
  partition ~ разделённый (по частотам) шум
  photocurrent ~ шумы от флуктуаций фототока
  pulse ~ импульсные помехи
  random ~ фон, фоновый шум; случайный шум
  residual ~ остаточный шум
  resistance ~ шумы сопротивлений
  rotational ~ шум при вращательном движении
  scratching ~ потрескивание
  shot ~ дробовой шум
  structure-generated ~ конструктивные шумы (*от вибрации элементов*)
  suppressed ~ подавленная помеха
  thermal ~ тепловой шум
  thermal agitation ~ шум теплового возбуждения
  tube ~ шум электронной лампы
  unsuppressed ~ неподавленная помеха

noise-free свободный от помех; бесшумный
noisekiller подавитель шума
noiseless свободный от помех; бесшумный
noise-proof помехоустойчивый; помехозащищённый; звуконепроницаемый
no-load ненагруженный
nomograph номограмма
nonadjustable нерегулируемый, не требующий регулировки
nonarcing неискрящий(ся), безыскровой
nonautomatic неавтоматический
noncapacitive безъёмкостный
nonconducting непроводящий
nonconductor непроводник, диэлектрик, изолятор
noncontact бесконтактный
noncontinuous прерывистый
nondazzling неслепящий (*о свете фар*)
nondetachable несъёмный
nonelectrified 1. ненаэлектризованный 2. неэлектрифицированный
nonfusible неплавкий
nonignitable невоспламеняющийся
noninductive безындуктивный
noninflammable невоспламеняющийся, невозгорающийся, негорючий
nonlinear нелинейный
nonlinearity нелинейность
  dielectric ~ нелинейность диэлектрика
  pronounced ~ существенная [значительная] нелинейность
nonloaded ненагруженный
nonmagnetic немагнитный
nonperiodic апериодический
nonpolarized неполяризованный
nonreversible 1. нереверсируемый, не имеющий обратного хода 2. самотормозящийся 3. необратимый
nonserviceable непригодный к эксплуатации; неисправный
nonsparking неискрящий(ся), безыскровой
nonsynchronous несинхронный, асинхронный
normalize 1. нормировать 2. нормализовать
nozzle сопло
  needle(-regulating) ~ сопло с игольчатым затвором (*активной гидротурбины*)
null-detector, null-element нуль-орган
null-indicator нуль-индикатор
number число; номер
  ~ **of ampereturns** число ампер-витков
  ~ **of layers** число слоёв (*обмотки*)

NUT

~ **of primary turns** число первичных витков
~ **of revolutions** число оборотов
~ **of starts** (допустимое) число пусков (*двигателя*)
~ **of stator winding terminals** число выводов обмотки статора
~ **of switchings per hour** число включений в час
~ **of turns** число витков
~ **of units in a string** число изоляторов в гирлянде
acid ~ кислотное число
atomic ~ атомный номер
base ~ базисное значение
binary ~ двоичное число
commutation ~ число коммутаций
double-precision ~ число с удвоенной точностью
harmonic ~ порядок [номер] гармоники
long ~ многоразрядное число
mass ~ массовое число
maximum usable read ~ максимальное (применимое) число считываний
one-digit ~ одноразрядное число
pulse ~ 1. число пульсаций 2. пульсность (*отношение частоты пульсаций к частоте питающего переменного напряжения*)
random ~ случайное число
set ~ **of reclosures** заданное число повторных включений
short ~ малоразрядное число
wave ~ волновое число
nut гайка ◊ **to slacken the** ~ отвинчивать гайку; **to tighten up the** ~ завинчивать [затягивать] гайку; **to** ~ **up** закреплять с помощью гайки
grommet ~ гайка крепёжной втулки
jam ~ контргайка
lock ~ контргайка; стопорная гайка
pinch ~ контргайка
retaining ~ контргайка; стопорная гайка
nylon найлон
aliphatic ~ алифатический найлон
aromatic ~ ароматический найлон
filled ~ наполненный найлон
glass-reinforced ~ армированный стеклом найлон

O

obstacle неоднородность (*в линии передачи*)

capacitive ~ ёмкостная неоднородность
dielectric ~ диэлектрическая неоднородность
inductive ~ индуктивная неоднородность
smooth [soft] ~ плавная неоднородность
off выключено, отключено
off-duty 1. свободный от дежурства (*о персонале*) **2.** бездействующий (*об оборудовании*)
off-ground незаземлённый
office ведомство; управление
dispatching ~ диспетчерское управление
power pool dispatching ~ диспетчерское управление энергообъединения
off-line независимый, автономный
off-loading разгрузка, уменьшение нагрузки
off-peak внепиковый период; период провала нагрузки
off-period период нерабочего состояния; период выключения
off-position 1. нерабочее положение; положение отключения **2.** погрешность позиционирования
~ **of a relay** начальное [невозбуждённое] состояние реле
offset 1. смещение; несовпадение; сдвиг; уход; отклонение **2.** компенсация; коррекция **3.** отстройка (*параметра срабатывания реле*)
angular ~ угловое смещение
dc ~ смещение постоянной составляющей
frequency ~ сдвиг частоты; уход частоты
scheduled frequency ~ поправка к уставкам АЧР
zero ~ смещение нуля
off-state отключённое состояние
ohm ом, Ом
absolute ~ абсолютный ом
congress [international, legal] ~ международный ом
magnetic ~ магнитный ом
mechanical ~ механический ом, мехом
NBS reference ~ первичный эталон ома Национального бюро стандартов (*США*)
reciprocal ~ сименс, См ($Ом^{-1}$)
SI ~ значение ома, установленное в СИ
standard ~ международный ом
ohmage сопротивление в омах
ohmmeter омметр

OPERATION

bridge ~ мостовой омметр
crossed-coil ~ омметр с логометром
digital ~ цифровой омметр
electronic ~ электронный омметр
inductor ~ омметр с логометром и индукторным генератором; меггер
insulation tester ~ прибор для определения сопротивления изоляции
oil 1. масло **2.** нефть; нефтепродукты
  cable ~ кабельное масло
  capacitor ~ конденсаторное масло
  castor ~ касторовое масло
  circuit-breaker ~ трансформаторное масло
  compound ~ компаундная смазка
  condenser ~ конденсаторное масло
  dielectric ~ трансформаторное масло
  furnace fuel ~ топочный мазут
  instrument ~ приборное масло
  insulating ~ трансформаторное масло
  lubricating ~ смазочное масло
  mineral ~ минеральное масло
  refiltered ~ регенерированное масло
  relay ~ рабочее масло (*в системе регулирования*)
  seal ~ масло в уплотнении
  transformer ~ трансформаторное масло
oil-duct маслопроводящий канал (*в кабеле*)
oil-filled маслонаполненный
oil-impregnated пропитанный маслом, промасленный
oiling пропитка маслом
oil-tank масляный бак
oil-tight маслонепроницаемый
on включено, подключено
ondoscope ондоскоп
one-kick однотактный (*о мультивибраторе*)
on-line 1. неавтономный; работающий (с управлением) от основного оборудования **2.** работающий в реальном времени
on-off двухпозиционный, релейный
on-state открытое состояние; состояние включения
open-circuited разомкнутый; работающий на холостом ходу
opening 1. отверстие; щель **2.** размыкание, отключение
  ~ **of a circuit** размыкание цепи
  armor ~ **1.** повреждение брони (*кабеля*) **2.** повреждение защитного изоляционного слоя (*стержней обмотки статора*)
  contact ~ размыкание контактов

  delayed ~ размыкание с выдержкой времени
  discharge ~ выпускное отверстие
  faulted phase ~ отключение повреждённой фазы
  inlet ~ выпускное отверстие
  no-load ~ открытие холостого хода (*регулирующих органов турбины*)
  switch ~ разведение контактов переключателя
  threaded ~ резьбовое отверстие
  ventilating ~ вентиляционное отверстие
operability работоспособность
operate 1. работать; функционировать **2.** эксплуатировать **3.** управлять (*оборудованием*) **4.** срабатывать ◇ **to** ~ **in multiple** работать параллельно, работать в параллель
operated:
  automatically ~ с автоматическим управлением
  electrically ~ приводимый в действие электричеством
  mains ~ приводимый в действие от сети
  power ~ с управлением от силового привода
operation 1. работа; функционирование **2.** эксплуатация **3.** управление (*оборудованием*) **4.** срабатывание **5.** режим (работы) ◇ ~ **in parallel** работа в параллель, параллельная работа; **to bring into** ~ вводить в работу; **to put in** ~ пускать в работу; вводить в эксплуатацию
  ~ **of a push-button switch** срабатывание кнопочного выключателя
  ~ **of a relay** срабатывание реле
  ac ~ работа на переменном токе
  AND ~ операция И, логическое умножение
  asynchronous ~ асинхронный режим; асинхронный ход
  automated [automatic] ~ **1.** работа в автоматическом режиме **2.** автоматическое управление
  automatic block ~ срабатывание автоматической блокировки
  automatic train ~ автоматическая поездная работа
  base-load ~ базисный режим
  bistable ~ бистабильный режим
  breaking ~ операция отключения, операция размыкания (*цепи*)
  breeder reactor development ~ разработка реакторов-размножителей
  class A ~ режим (усилителя) класса A

331

OPERATION

class AB ~ режим (усилителя) класса АВ
class B ~ режим (усилителя) класса В
class C ~ режим (усилителя) класса С
close-open ~s операции включения—отключения, коммутационные операции
closing ~ операция включения, операция замыкания (*цепи*)
CO ~s операции включения—отключения, коммутационные операции
concurrent ~ совмещённая работа; работа в параллельном режиме
constant-current ~ режим постоянного [неизменного] задающего тока; режим источника тока
constant-temperature ~ режим с постоянной [неизменной] температурой
continuous ~ 1. бесперебойная эксплуатация 2. непрерывная работа; непрерывный режим (работы)
continuous-pressure ~ работа с постоянно нажатой кнопкой (*лифта*)
correct ~ 1. правильная работа 2. правильное срабатывание
critical ~ работа (реактора) в критическом режиме
crystal ~ работа от кварцевого генератора
day-to-day ~ непрерывная работа
dependent manual ~ ручное управление при наличии привода зависимого действия
dependent power ~ управление при наличии двигательного привода зависимого действия
depressed collector ~ работа коллектора в режиме пониженного напряжения
direct energy conversion ~ режим прямого преобразования энергии
directional ~ направленное действие
doubtful ~ срабатывание по невыясненной причине
duplex ~ дуплексный [одновременный двусторонний] режим
emergency ~ аварийный режим
failure-free ~ безотказная работа
false ~ ложное срабатывание; неправильное действие
false staff ~ ошибочное действие обслуживающего персонала
generator ~ работа в режиме генератора
group ~ работа всех полюсов (*коммутационного аппарата*) от одного привода

group automatic ~ работа (*лифтов*) в автоматическом групповом режиме
group automatic dispatching ~ работа (*лифтов*) в автоматическом групповом режиме с диспетчеризацией их перемещения
half-duplex ~ полудуплексный [поочерёдный двусторонний] режим
hand ~ ручное управление
hot-stick ~ работа с изолированной штангой под напряжением
housekeeping ~ вспомогательная операция; контрольно-диспетчерская операция
improper [incorrect] ~ неправильное срабатывание
independent manual ~ ручное управление при наличии привода независимого действия
indirect ~ косвенное управление
in-service ~ работа в эксплуатации
insulating ~s работы по наложению изоляции
interconnected ~ работа в объединённой энергосистеме
intermittent ~ работа в повторно-кратковременном режиме
inverse ~ обратное действие
isolated network ~ изолированная работа (участка) сети
lagging power factor ~ режим работы с отстающим током
leading power factor ~ режим работы с опережающим током
limit load ~ предельный режим, режим предельной нагрузки
linear ~ линейный режим
logical ~ логическая операция
main/battery ~ работа от сети *или* батареи
master ~ работа в управляющем режиме
master-and-slave ~ работа в иерархической системе
minute-to-minute ~ непрерывная работа
missing ~ отказ в срабатывании
monostable ~ моностабильный режим
multiplex ~ работа в мультиплексном режиме
NAND ~ операция И—НЕ
no-failure ~ безотказная работа
noiseless ~ бесшумная работа
no-load ~ режим холостого хода
normal ~ нормальная работа
normal power ~ нормальная работа (*ядерного реактора*) с выдачей мощности

OPERATOR

normal pump ~ насосный режим работы (*ГАЭС*)
off-line ~ автономный режим работы
on-line ~ неавтономный режим работы
on-load ~ работа под нагрузкой
on-off ~ релейный режим работы; двухпозиционное регулирование
open-circuit ~ режим холостого хода
opening ~ операция отключения, операция размыкания (*цепи*)
optimum ~ оптимальный режим
OR ~ операция ИЛИ, логическое сложение
out-of-step ~ 1. несинхронная работа 2. асинхронный режим
parallel ~ параллельная работа; работа в параллельном режиме
part-load ~ работа при частичной нагрузке
peak load ~ работа при пиковой нагрузке
pole-slip ~ работа с проскальзыванием полюсов (*возбуждённых машин*)
post-fault ~ послеаварийный режим
power ~ 1. работа в режиме генерирования мощности 2. двигательное управление, управление с приводом от двигателя
power patrol ~ патрулирование [контроль] ЛЭП с воздуха
power station ~ 1. эксплуатация электростанций 2. управление электростанциями
power system ~ 1. работа энергетической системы 2. эксплуатация энергетической системы
proportional ~ пропорциональное действие
protection ~ срабатывание защиты
pulse(d) ~ импульсный режим
push-pull ~ двухтактный режим
quick ~ быстродействие
radial ~ работа (*электрической сети*) по радиальной схеме
ring ~ работа (*электрической сети*) в режиме кольца
selective ~ селективное действие
selective collective ~ селективное групповое управление работой (*лифтов*)
separate network ~ изолированная работа энергосистемы
sequential ~ последовательное выполнение операций
series ~ последовательная работа
short-circuit ~ работа в режиме КЗ
simplex ~ симплексный [односторонний] режим

single automatic push-button ~ автоматическое кнопочное управление одним лифтом
slave ~ работа в управляемом режиме
slave tracking ~ работа в управляемом следящем режиме
standby ~ резервный режим
starting ~ пуск, запуск
stepwise ~ 1. пошаговая работа 2. (по)шаговый режим
stick ~ управление с помощью штанги
stored energy ~ работа с использованием запасённой энергии
subsynchronous ~ работа на подсинхронной скорости
switching ~ коммутационая операция, операция переключения
synchronous ~ синхронный режим
tap-change ~ операция переключения ответвлений (*трансформатора*)
trip-close ~s операции включения — отключения, коммутационные операции
trouble-free ~ безаварийная работа; безотказная работа
two-shift ~ двухсменная работа (*электростанции*)
unattended ~ 1. эксплуатация без обслуживающего персонала 2. работа в автоматическом режиме
underexcited ~ работа (*генератора*) без возбуждения
uninterrupted ~ 1. безаварийная работа 2. бесперебойная работа
unit ~ однократное действие
unnecessary (protection) ~ излишнее срабатывание (защиты)
unselective protection ~ неселективное действие защиты
unwanted ~ излишнее срабатывание
variable-cycle ~ работа с переменным циклом
variable-load ~ работа при переменной нагрузке
winding ~ операция намотки
operator оператор
arc-welding ~ электросварщик, работающий на дуговом автомате
electric (motor) ~ электрический исполнительный механизм; электрический сервомотор
motor-switch ~ устройство управления разъединителем с моторным приводом
power system ~ диспетчер энергосистемы

OPPOSITION

    substation ~ дежурный электрик на подстанции
opposition противофаза ◊ **in phase** ~ в противофазе
optocouplers оптоэлектронные соединительные устройства
optoelectronics оптоэлектроника
optoisolator оптрон, оптоэлектронное развязывающее устройство
optron оптрон, оптоэлектронное развязывающее устройство
    diode ~ диодный оптрон (*светодиод-фотодиод*)
    insulation ~ оптопара, оптрон
    resistor ~ резистивный оптрон
    thyristor ~ тиристорный оптрон
optronics оптоэлектроника
order:
    control ~ команда управления
    emergency operating ~ аварийный наряд
    harmonic ~ порядковый номер гармоники; порядок гармоники
    hot-line ~ наряд на выполнение работ на линии под напряжением
    running ~ рабочее состояние
    sequential ~ **of phases** порядок следования [чередования] фаз
    switch ~ команда переключения
    working ~ рабочее состояние
ordering:
    plant ~ планирование режима работы электростанции
    unit ~ задание графика нагрузки агрегата
orifice 1. отверстие 2. сопло 3. измерительная диафрагма 4. волноводное окно
    adjustable ~ регулируемая диафрагма
    anode ~ отверстие анода
    cathode ~ отверстие катода
    circular ~ круглая диафрагма
    control ~ регулирующая дроссельная шайба
origin:
    ~ **of an electrical installation** ввод электроустановки
orthicon *тлв* ортикон
    image [multiplier] ~ суперортикон
oscillate 1. колебаться, осциллировать 2. вибрировать 3. генерировать
oscillation 1. колебание; колебания, осцилляция 3. вибрация 3. генерация ◊ **to quench** ~s гасить колебания
    angular ~s угловые колебания
    class A amplifier ~s колебания на выходе усилителя класса А; колебания первого рода
    class B amplifier ~s колебания на выходе усилителя класса В; колебания второго рода
    continuous ~s непрерывные [незатухающие] колебания
    coupled ~s колебания связанных систем
    damped [decaying] ~s затухающие колебания
    divergent ~s незатухающие колебания; расходящиеся колебания
    dying ~s затухающие колебания
    electric ~s электрические колебания
    electromagnetic ~s электромагнитные колебания
    electromechanical ~s электромеханические колебания
    forced ~s вынужденные колебания
    free ~s свободные [собственные] колебания
    full-wave ~s полный цикл колебаний
    harmonic ~s гармонические колебания
    heat-driven ~s колебания, вызываемые тепловыделением
    lenear ~s линейные колебания
    natural ~s свободные [собственные] колебания
    nonlinear ~s нелинейные колебания
    parametric ~s параметрические колебания
    parasitic ~s паразитные колебания
    periodic ~s периодические колебания
    persistent ~s незатухающие колебания
    power ~ качание мощности (*в электроэнергетической системе*)
    relaxation ~ релаксационные колебания
    resonance [resonant] ~ резонансные колебания, колебания при резонансе
    sawtooth ~s пилообразные колебания
    self-excited [self-induced, self-maintained, self-sustained] ~ автоколебания, самоустанавливающиеся [самовозбуждающиеся] колебания
    sinewave ~s синусоидальные колебания
    stable [steady-state] ~s устойчивые [незатухающие] колебания
    subharmonic ~s субгармонические колебания
    subsynchronous ~s подсинхронные колебания
    sustained ~s установившиеся [незатухающие] колебания
    symmetrical ~s симметричные колебания
    synchronous ~s синхронные колебания

OSCILLATOR

tilting ~s релаксационные колебания
torsional ~s крутильные колебания
transient ~s неустановившиеся колебания
undamped ~s устойчивые [незатухающие] колебания
unstable ~s неустойчивые колебания
unsteady ~s неустановившиеся колебания
variable amplitude ~s колебания с переменной амплитудой

oscillator 1. генератор 2. гетеродин 3. вибратор, элементарный излучатель 4. осциллятор
active ~ автогенератор
af ~ генератор звуковой частоты
alignment ~ генератор качающейся частоты
all-wave ~ всеволновой генератор
audio-frequency ~ генератор звуковой частоты
balanced ~ балансный генератор
battery-driven ~ генератор колебаний с батарейным питанием
beat-frequency ~ генератор биений
biased blocking ~ заторможённый блокинг-генератор
blanking ~ запирающий генератор
blocking ~ блокинг-генератор
bridge ~ генератор колебаний мостового типа
capacitance-resistance ~ активно-ёмкостный генератор, RC-генератор
carrier frequency [carrier-insertion] ~ генератор несущей (частоты)
Clapp ~ ёмкостный трёхточечный генератор с последовательным питанием
continuous-wave ~ генератор незатухающих колебаний; генератор, работающий в непрерывном режиме
delayed pulse ~ генератор задержанных импульсов
dielectric resonator ~ генератор с диэлектрическим резонатором
discharge impulse ~ разрядный импульсный генератор
drive [driving] ~ задающий генератор
electric-tuned ~ генератор с электрической перестройкой частоты
electron-coupled ~ генератор с электронной связью
feedback ~ генератор с обратной связью
free-running ~ несинхронизированный генератор, генератор свободных колебаний
frequency modulated ~ генератор с частотной модуляцией

harmonic ~ 1. генератор гармоник 2. гармонический осциллятор
Hartley ~ индуктивный трёхточечный генератор
high-frequency ~ ВЧ-генератор
impulse ~ 1. импульсный генератор 2. блокинг-генератор
inductance-capacitance ~ LC-генератор
local ~ гетеродин
low-frequency ~ генератор низкой частоты
master ~ задающий генератор
Miller ~ ёмкостный трёхточечный кварцевый генератор
negative-resistance ~ генератор с отрицательным сопротивлением
offset ~ генератор сдвига частоты
phase-stabilized ~ генератор с фазовой автоподстройкой частоты
piezoelectric ~ 1. пьезоэлектрический осциллятор 2. кварцевый генератор
pulsed tube ~ ламповый генератор импульсов
pulse-timing marker ~ генератор меток времени
push-pull ~ двухтактный генератор
quartz-crystal (controlled) ~ кварцевый генератор
relaxation ~ релаксационный генератор
self-excited ~ автогенератор, генератор с самовозбуждением
shielded ~ экранированный генератор
shock-excited ~ генератор ударного возбуждения
spark (gap) ~ искровой генератор
sweep ~ генератор развёртки
transistor ~ генератор на транзисторах, транзисторный генератор
triggered blocking ~ ждущий блокинг-генератор
tube ~ ламповый генератор
tuning fork ~ камертонный генератор
undamped ~ генератор незатухающих колебаний
vacuum-tube [valve] ~ ламповый генератор
variable ~ генератор регулируемой частоты
voltage-controlled ~ генератор, управляемый напряжением, ГУН
voltage-tuned ~ генератор, настраиваемый напряжением
Wien-bridge ~ генератор на мосте Вина

OSCILLOGRAM

X-tal ~ генератор с кварцевой стабилизацией частоты
oscillogram осциллограмма
oscillograph осциллограф
  cathode-ray ~ электронно-лучевой осциллограф
  double(-beam) ~ двухлучевой осциллограф
  electromagnetic ~ магнитоэлектрический [шлейфовый] осциллограф
  electromechanical ~ электромеханический осциллограф
  light-beam ~ светолучевой осциллограф
  loop [mirror-galvanometer] ~ магнитоэлектрический [шлейфовый] осциллограф
  multichannel ~ многоканальный осциллограф
  single-beam ~ однолучевой осциллограф
  two-gun ~ двухлучевой осциллограф
oscillography осциллография; осциллографирование
oscilloperturbograph осциллопертурбограф, аварийный осциллограф
oscilloscope осциллоскоп; электронно-лучевой осциллограф
  cathode-ray ~ электронно-лучевой осциллограф
  double beam [dual-beam] ~ двухлучевой осциллограф
  dual channel [dual trace] ~ двухканальный осциллограф
  electron beam ~ электронно-лучевой осциллограф
  measuring ~ измерительный осциллоскоп
  multibeam ~ многолучевой осциллограф
  multitrace ~ многоканальный осциллограф
  observation ~ осциллографический индикатор
  sampling ~ стробоскопический осциллограф
  single-beam ~ однолучевой осциллограф
  single-trace ~ одноканальный осциллограф
  storage ~ запоминающий осциллограф
  trouble-shooting ~ осциллограф для определения места повреждения
outage 1. простой, перерыв в работе **2.** отключение; перерыв подачи (*электроэнергии*) **3.** выход из строя
  emergency ~ аварийное отключение
  forced ~ **1.** вынужденный останов, вынужденный простой (*оборудования*) **2.** вынужденное отключение; внезапное отключение
  inadvertent forced ~ непредвиденная вынужденная остановка
  inspection ~ остановка для ревизии
  lightning ~ грозовое отключение (*электрической линии*)
  maintenance ~ отключение для текущего ремонта
  persistent-cause forced ~ (аварийное) отключение по причине устойчивого повреждения
  planned ~ плановый вывод из работы; плановый простой
  power ~ нарушение энергопотребления, прекращение подачи энергии
  routine [scheduled] ~ **1.** плановое отключение **2.** отключение по графику **3.** плановый вывод из работы
  service partial ~ частичная потеря работоспособности устройства
  system ~ системная авария
  total ~ полное погашение, развал (*энергосистемы*)
  transient-cause forced ~ отключение, вызванное переходными процессами
  unplanned [unscheduled] ~ внеплановое [вынужденное, аварийное] отключение
outhang лобовая часть обмотки; выступ [свес] обмотки над железом
outlet 1. точка отбора энергии; точка присоединения потребляющего прибора **2.** штепсельная розетка ◊ ~ **in the floor** вывод на уровне пола (*для подключения оборудования*); ~ **in the wall** вывод на стене (*для подключения оборудования*)
  ac power ~ розетка в (низковольтной) сети; сетевая розетка
  cable ~ вывод кабеля
  ceiling ~ вывод на потолке
  convenience ~ сетевая розетка
  ground(ed) ~ розетка с гнездом заземления
  receptacle ~ размножитель, цепочка из нескольких розеток
  socket ~ сетевая розетка
  wall ~ розетка на стене, (на)стенная розетка
out-of-lock несинхронизированный
out-of-operation бездействующий; выведенный из работы
out-of-phase сдвинутый [не совпадающий] по фазе
out-of-tune расстроенный
output 1. выход, выходная мощность **2.** производительность, отдача

OVERBIASING

~ **of a thermoelectric vehicle** мощность дизель-электрического транспортного средства
~ **of the wheel rim** мощность на ободе колеса (*транспортного средства*)
afterheat ~ мощность остаточного тепловыделения
alarm ~ выход на сигнал(изацию)
analog ~ аналоговый выход
apparent ~ выдаваемая полная (кажущаяся) мощность
asymmetrical ~ несимметричный выход
available ~ имеющаяся выходная мощность
balanced ~ симметричный выход
bounceless ~ выходной сигнал без дребезга
continuous ~ длительно отдаваемая мощность
current ~ выход по току
current loop ~ выход на токовую петлю
digital ~ цифровой выход
displayed ~ выходные данные, отображённые на экране
double-ended ~ симметричный выход
effective ~ эффективная [полезная] мощность
efficiency ~ коэффициент полезного действия, кпд
electrical ~ **of a reactor** электрическая мощность (*реактора*)
energy ~ выход [выделение, выдача] энергии
floating ~ симметричный выход
gross ~ полная мощность (*агрегата, электростанции*)
gross ~ **of a power station** мощность электростанции брутто
gross ~ **of a set** мощность агрегата брутто
grounded ~ заземлённый выход
high ~ высокий выходной уровень
in-phase ~ синфазный выход
instantaneous power ~ выход по мгновенной мощности
isolated ~s развязанные выходы
light ~ световой [светодиодный] выход
low ~ низкий выходной уровень
low-power ~ маломощный выход
matched ~ согласованный выход
maximum ~ максимальная отдаваемая [максимальная выходная] мощность
measuring ~ измерительный выход
minimum safe ~ **of the unit** технический минимум нагрузки агрегата
momentary ~ кратковременная мощность
motor shaft ~ мощность на валу двигателя
multiple ~ многоканальный выход
net ~ отдаваемая мощность (*агрегата, электростанции*)
net ~ **of a power station** мощность электростанции нетто
net ~ **of a set** мощность агрегата нетто
nominal ~ номинальная мощность
peak power ~ максимальная выходная мощность
permanent ~ постоянная мощность
power ~ отдаваемая [выходная] мощность
pulsed ~ 1. пульсирующее выходное напряжение 2. выход в виде одиночного импульса
rated ~ номинальная выходная [номинальная отдаваемая] мощность
recorder ~ выход на самописец
signal ~ выход сигнала
single-ended ~ заземлённый выход
specific ~ удельная мощность
static ~ бесконтактный выход; логический выход
symmetrical ~ симметричный выход
total ~ полная мощность
transient ~ мощность в неустановившемся режиме
tristate ~ тристабильный выход (*1, 0 и состояние высокого импеданса*)
turbine ~ 1. мощность турбины 2. выработка энергии
ultimate ~ максимальная отдаваемая мощность
unbalanced ~ заземлённый [несимметричный] выход
useful ~ полезная мощность
watts ~ полезная (активная) отдаваемая мощность

oven печь
dielectric heating ~ печь с диэлектрическим нагревом
electrode ~ печь для прокалки электродов
indirect resistance ~ печь сопротивления косвенного нагрева
microwave ~ печь для нагрева токами высокой частоты, микроволновая печь
radiation ~ печь излучения, печь с радиационным нагревом
resistor ~ печь сопротивления
overamplification избыточное усиление
overbiasing избыточное подмагничивание

OVERCHARGE

overcharge 1. перегрузка∥перегружать **2.** перезаряд(ка)∥перезаряжать **3.** избыточный электрический заряд
~ **of a battery** избыточный заряд аккумуляторной батареи; перегрузка батареи
overcompensate перекомпенсировать
overcompounding перекомпаундирование
overcooling переохлаждение
overcorrection перерегулирование
overcuring перевулканизация
overcurrent 1. сверхток **2.** ток перегрузки, перегрузка по току
overdamping избыточное демпфирование, передемпфирование
overdischarge переразряд(ка)∥переразряжать
overdrive перегрузка∥перегружать; перевозбуждение∥перевозбуждать
overexcitation перевозбуждение
overfrequency повышенная частота
overhang 1. лобовая часть обмотки (*электрической машины*) **2.** вылет; консоль
 winding ~ **1.** лобовая часть обмотки **2.** вылет обмотки (*статора*)
overhaul капитальный ремонт
 complete [general, major, master] ~ капитальный ремонт
 preventive maintenance ~ планово-предупредительный ремонт
overheat перегрев∥перегревать
overheating перегрев
 local ~ местный перегрев
overlap перекрытие
 commutation ~ коммутационное перекрытие
 frequency band ~ перекрытие (под-)диапазонов частот
overlapping 1. перекрытие, нахлёстывание **2.** зона неоднозначности **3.** коммутация (*преобразователя*)
overload перегрузка∥перегружать
 current ~ перегрузка по току
 drive ~ перегрузка привода
 high peak running ~**s** большие перегрузки при работе
 operating ~ кратковременная перегрузка
 prohibitive ~ недопустимая перегрузка
 running ~ перегрузка в рабочем режиме
 short-time current ~ кратковременная перегрузка по току
 sustained ~ длительная перегрузка
 voltage ~ перегрузка по напряжению, перенапряжение

overloading перегрузка
 long-term ~ длительная перегрузка
 power supply ~ перегрузка блока питания
 voltage ~ превышение напряжения
overload-proof защищённый от перегрузки
overmodulation перемодуляция
overpotential перенапряжение
overranging переход за установленный [нормальный] предел
overregulate перерегулировать
override шунтировать (*одни операции другими*)
overrun выход за пределы∥выходить за пределы
oversheath наружная оболочка
 extruded polymeric ~ полимерная оболочка, изготовленная экструзией
overshoot 1. перерегулирование **2.** заброс (*показаний измерительного прибора*) **3.** выброс (*напряжения*)
 system ~ системное перерегулирование
 transient ~ динамическое перерегулирование; динамический заброс
overspeed 1. превышение скорости **2.** повышенная частота вращения, угонная скорость вращения
 no-load ~ заброс [превышение] частоты вращения при холостом ходе
overstress(ing) (механическое) перенапряжение
overthrow 1. опрокидывание∥опрокидывать **2.** переброс **3.** выброс на фронте импульса
overtravel избыточный ход (*напр. диска реле*)
 ~ **of a limit switch** расстояние захода конечного выключателя за точку замыкания контактов
overturn опрокидывание
overvoltage перенапряжение ◇ ~ **due to resonance** резонансное перенапряжение
 external ~ внешнее перенапряжение
 internal ~ внутреннее перенапряжение
 lightning ~ грозовое [атмосферное] перенапряжение
 static ~ статическое перенапряжение
 statistical lightning ~ статистическое значение грозовых перенапряжений
 statistical switching ~ статистическое значение коммутационных перенапряжений
 sustained ~ длительное перенапряжение

switching ~ коммутационное перенапряжение
transient ~ перенапряжение переходного режима
oxidation окисление
 high-temperature ~ высокотемпературное окисление
 internal ~ внутреннее окисление
oxidizability окисляемость
oxidize окислять
oxygenate насыщать кислородом

P

pack 1. упаковка; пакет **2.** блок; узел; модуль; сборка **3.** корпус **4.** портативный источник питания
 battery ~ упаковка батарей питания
 core ~ пакет стали сердечника
 diode ~ диодная сборка
 disk ~ пакет дисков
 power ~ блок питания
 removable disk ~ пакет сменных дисков
 rotor ~ пакет (сердечника) ротора
 stator ~ пакет (сердечника) статора
package 1. блок; узел; модуль; сборка **2.** корпус
 cartridge ~ корпус патронного типа
 control ~ блок управления
 core ~ пакет стали сердечника
 core end ~ крайний пакет (стали) сердечника
 electromagnetic ~ электромагнитный блок
 flangeless ~ бесфланцевый корпус
 flange-sealed ~ корпус с герметизованным фланцем
 hermetic ~ герметический корпус
 microcircuit ~ микросхема в модульном исполнении
 microepoxy ~ микромодуль с заливкой эпоксидным компаундом
 multichip ~ многокристальный модуль
 pill ~ корпус таблеточного типа
 plug-in ~ сменный [вставной] блок
 protective relaying ~ комплект (устройств) РЗ
 sensory ~ блок датчиков
 single-chip ~ однокристальный модуль
 slot ~ уплотнение паза
 standard ~ стандартный блок
 stripline ~ корпус с плоскими выводами

telemetering ~ телеметрический блок
packaging упаковка; компоновка; монтаж, сборка
packing уплотнение, набивка; прокладка; упаковка
 fuel ~ сборка [процесс сборки] топливных элементов
 insulating ~ теплоизолирующая набивка
 joint ~ прокладка между фланцами
 labirinth ~ лабиринтное уплотнение
 liquid ~ гидравлическое уплотнение
 overhang ~ уплотнение лобовых частей обмоток
 ring-type ~ кольцевая прокладка
 slot ~ уплотнение паза, пазовое уплотнение
 spring ~ упругое уплотнение
 rubber ~ резиновая прокладка, резиновая шайба
 steam ~ уплотнение паром, паровое уплотнение
pad аттенюатор с постоянным коэффициентом ослабления
 bonding [contact] ~ контактная площадка
 electric ~ электрическая грелка
 grounding ~ площадка для (подключения) заземления
 grounding terminal ~ заземляющая шина
 heating resistance [hot] ~ электрический нагреватель в форме подушки
 input/output ~s контактные площадки ввода — вывода
 interconnect ~ контактная площадка
 resistance ~ ослабитель
 switching ~ автоматически коммутируемый удлинитель
 terminal [termination] ~ контактная площадка
 thrust ~ опорный сегмент подпятника
padder выравнивающий конденсатор
padding сопряжение, выравнивание
 parallel ~ параллельная работа нескольких источников (*с подключением последующего по исчерпании возможностей предыдущего*)
pair 1. пара‖скручивать парами **2.** двухпроводная линия; две (скрученных) жилы кабеля
 ~ **of arms** пара плеч в мостовой схеме
 ~ **of extension links** двойное промежуточное звено
 ~ **of nippers** кусачки
 balanced ~ двухпроводная симметричная линия

PAIRING

bunched ~ жгут из пар
complementary ~ комплементарная пара (*транзисторов*)
connector ~ пара соединителей
electron-hole ~ электронно-дырочная пара, *p — n*-пара
electron-neutron ~ электронно-нейтронная пара
electron-positron ~ электронно-позитронная пара
matched ~ пара согласованных элементов
shielded ~ экранированная двухпроводная линия
single-terminal ~ двухполюсник
straight ~ нескрученная пара (*жил, проводов*)
terminal ~ (полюсная) пара зажимов
twisted ~ скрученная пара (*жил, проводов*); двухжильный шнур
untwisted ~ нескрученная пара (*жил, проводов*)
pairing парная скрутка, скручивание парами
quad ~ скручивание четвёрками (*жил кабеля*)
palpeur электромагнитный зонд
panel 1. панель 2. плата (с монтажом)
annunciator (display) ~ панель сигнализации (*с отображением на табло или дисплее*)
automatic boiler control ~ щит автоматического управления котлоагрегата
back-wired ~ панель с задним монтажом
bar-segment gas ~ газоразрядная индикаторная панель с отображением символов из отрезков прямых
battery fuse ~ щиток плавких предохранителей аккумуляторной батареи
cable terminating ~ панель для подключения кабелей
circuit-breaker ~ щиток сетевых автоматов
combustion control ~ щит регулятора горения (*котлоагрегата*)
dash ~ приборный щиток; панель приборного щитка
dead-front ~ панель с задним монтажом
diagram ~ *ж.-д.* табло маршрутной централизации
digital ~ цифровая (индикаторная) панель
display ~ индикаторная панель, дисплей
distribution ~ распределительный щит
dot-matrix gas ~ газоразрядная индикаторная панель с матрицей точек
electrically heated glass ~ стеклянная панель с электрообогревом
elevator control ~ панель [щит] управления лифтом
end ~ холостая [декоративная] панель
facility power ~ силовой щит установки
feed ~ панель питания
gage ~ приборный щиток
gas ~ газоразрядная индикаторная панель
gas-discharge ~ панель с газоразрядными лампами
geographical ~ *ж.-д.* пульт-табло с изображением маршрутов (*в централизации*)
illuminated indicator ~ световое табло
indicating ~ приборный щиток
indicator ~ индикаторная панель, сигнальное табло
instrument ~ 1. приборный щиток 2. пульт управления
instrumentation ~ приборная панель
jack ~ панель с гнёздами
light ~ световое табло
lighting ~ щит освещения
liquid-crystal ~ индикаторная панель на приборах с жидкими кристаллами
meter ~ панель измерительных приборов
persistent-image ~ индикаторная панель с памятью
plug connecting ~ штепсельная коммутационная панель
push-button ~ кнопочная панель
rack ~ панель-стойка
remote control ~ щит дистанционного управления
signal ~ сигнальная панель
slide-out ~ выдвижная панель
solar(-cell) ~ панель солнечных элементов
storage ~ индикаторная панель с памятью
swing ~ откидная панель
switch ~ 1. панель с переключателем 2. панель распределительного щита
switchboard ~ панель распределительного коммутационного щита
switching ~ коммутационная панель
test(ing) ~ испытательная панель
panelboard панель, используемая в режиме щита управления
pantograph токоприёмник, пантограф
pantograph-collector токоприёмник-

PARAMETER

токосъёмник; коллекторная пластина токоприёмника

paper бумага
  alumina-silica ~ бумага на основе оксида алюминия (51%) и двуоксида кремния (47%)
  aramid ~ арамидная бумага
  asbestos (insulating) ~ асбестовая (электроизоляционная) бумага
  bakelized ~ бакелизированная бумага
  cable(-insulating) ~ кабельная (изоляционная) бумага
  capacitor ~ конденсаторная бумага
  carbon ~ копировальная бумага
  carbon-black ~ чёрная угольная бумага
  chart ~ диаграммная бумага
  condenser ~ конденсаторная бумага
  conducting ~ проводящая бумага
  core-disk ~ (оклеечная) бумага для листов сердечника
  dielectric ~ (электро)изоляционная бумага
  electrical conductive ~ электропроводящая бумага
  electrical insulating ~ электроизоляционная бумага
  fish ~ бумажная накладка
  glass ~ стеклянная шкурка
  heliographic ~ светокопировальная бумага
  hemp ~ бумага из пеньки
  impregnated ~ пропиточная бумага
  insulating ~ (электро)изоляционная бумага
  kraft ~ крафт-бумага
  light-sensitive ~ светочувствительная бумага
  metal ~ фольга, станиоль
  metallized ~ металлизированная бумага
  mica ~ слюдяная [слюдинитовая] бумага
  mica(-loaded) ~ слюдяная (прессованная) бумага
  micanite ~ миканитовая бумага
  natural cellulose fiber ~ бумага из естественного целлюлозного волокна
  oiled ~ промасленная бумага
  oil-impregnated ~ бумага, пропитанная маслом
  polyester ~ полиэфирная бумага
  preimpregnated ~ бумага с предварительной пропиткой
  printer ~ бумага для печатающих устройств
  rag ~ тряпичная бумага
  recording ~ диаграммная бумага
  resin bonded ~ бумага, склеенная смолой
  resin impregnated ~ бумага, пропитанная смолой
  resin-rich mica ~ микалента с высоким содержанием смолы
  resistance ~ резистивная бумага
  silver ~ фольга
  stencil ~ трафаретная бумага
  synthetic resin bonded ~ синтетическая бумага, проклеенная смолой
  telephone cable ~ телефонная бумага
  tracing ~ чертёжно-копировальная бумага, калька
  transformer ~ трансформаторная бумага
  ultra-violet ~ дневная бумага (*для осциллографов с ультрафиолетовым источником света*)
  varnish ~ лакированная бумага
  wet strength ~ влагопрочная бумага
parabola парабола
paraffine парафин
parallel 1. параллельный 2. включать на параллельную работу ◊ **to connect in** ~ соединять [включать] параллельно
paralleling включение на параллельную работу; синхронизация
  ideal ~ точное включение на параллельную работу; точная синхронизация
  random ~ включение на параллельную работу без контроля угла; грубая синхронизация
paramagnetic парамагнетик ‖ парамагнитный
paramagnetism парамагнетизм
parameter параметр
  circuit ~ параметр электрической схемы
  distributed ~s распределённые параметры
  dynamic ~s динамические параметры
  electric ~ электрический параметр
  linear electric ~s параметры линии (электропередачи)
  lumped ~s сосредоточенные параметры
  no-load ~s параметры холостого хода
  operating ~s 1. параметры режима работы 2. оперативные параметры
  preset ~ предварительно заданный параметр
  reduced ~ приведённый параметр
  short-circuit ~s параметры (в режиме) КЗ
  system ~s параметры системы

PARASITICS

    two-port ~s параметры четырёхполюсника
parasitics паразитные элементы; паразитные компоненты
    active ~ активные паразитные элементы (*напр. транзисторы*)
    capacitive ~ паразитные ёмкости
    capacitor ~ паразитные конденсаторы
    passive ~ пассивные паразитные элементы (*напр. резисторы, конденсаторы*)
    resistor ~ паразитные резисторы
paratape изоляционная лента
park:
    nuclear ~ комплекс АЭС с другими установками топливного цикла
    nuclear power ~ ядерный энергоцентр; район с сосредоточением большого числа АЭС
part 1. часть **2.** компонент; элемент **3.** деталь
    active ~ **1.** активная часть (*электрической машины*) **2.** активный компонент
    conducting [conductive] ~ проводящая [токоведущая] часть
    constructional ~ **1.** конструктивная часть **2.** конструктивный элемент
    current-carrying ~ **1.** токонесущая часть **2.** токонесущий элемент
    exposed conductive ~ открытая проводящая часть
    exposed metal ~ открытая металлическая часть
    extraneous conductive ~ внешняя проводящая часть
    face ~ лобовая часть
    groundable ~s заземляемые элементы
    headlamp ~s детали фары
    live ~ часть (*установки*) под напряжением
    printed compartment ~ элемент печатной схемы
    renewal ~ возобновляемые элементы
    replacement ~ **1.** сменная деталь **2.** запасная часть
    simultaneously accessible ~s элементы, доступные одновременному прикосновению
    slot-embedded ~ пазовая часть (*катушки*)
    spare ~ запасная часть
particle частица
    alpha ~ альфа-частица
    beta ~ бета-частица
    charged ~ заряженная частица
    conducting ~ проводящая частица
    energetic ~ частица большой энергии
    incoming ~ влетающая частица
    ionizing ~ ионизирующая частица
    surface ~ частица на поверхности, поверхностная частица
partition:
    ~ **of energy** распределение энергии
    ~ **of load** распределение нагрузки
part-loaded с неполной [частичной] нагрузкой
passage 1. прохождение (*напр. тока*) **2.** пересечение; переход **3.** канал; отверстие
    ~ **of current** протекание тока
    ~ **of light** распространение [прохождение] света
    helium coolant ~ канал для циркуляции гелия
    inclined ~ наклонный (вентиляционный) канал
    ventilating [ventilation] ~ вентиляционный канал
passband полоса пропускания
paste паста ‖ наносить пасту
    conductor ~ проводящая паста
    dielectric ~ диэлектрическая паста
    insulating ~ изоляционная паста
    resistive ~ резистивная паста
patch 1. временная проводка **2.** накладка **3.** коммутировать штекерами
    bay ~ коммутационная панель
patchhole штепсельное [штекерное] гнездо
patchplug коммутационный штекер
path 1. путь; трасса; траектория **2.** контур; ветвь (*обмотки*) **3.** токопроводящая дорожка; межсоединение ◇ **to complete a current** ~ замыкать цепь тока
    ~ **of a winding** ветвь обмотки
    alternate ~ **1.** параллельный путь (*тока*) **2.** переменный контур; цепь с переменными параметрами
    arc-over ~ путь перекрытия дуги
    breakdown ~ путь пробоя
    breakdown propagation ~ путь распространения [развития] пробоя
    closed ~ замкнутый контур
    conducting [conductive, conductor] ~ токопроводящая дорожка; межсоединение
    coupling ~ цепь связи
    creepage ~ путь утечки
    current ~ **1.** путь тока **2.** токовая цепь
    discharge ~ путь разряда
    dot ~ точечное изображение (*в индикаторе*)
    feedback ~ цепь обратной связи
    feed-forward ~ прямой канал; цепь прямой передачи

filamentary ~ шнуровой канал, шнур тока
flux ~ путь (магнитного) потока
flux return ~ путь замыкания (магнитного) потока
forward ~ основная цепь воздействия
free ~ длина свободного пробега, пробег
holding ~ цепь блокировки
leakage ~ путь утечки; путь рассеяния (*магнитного потока*)
lightning ~ путь (разряда) молнии
magnetic ~ путь прохождения магнитной силовой линии; линия магнитной индукции
magnetic flux ~ путь магнитного потока
main feedback ~ основная [главная] цепь обратной связи
parallel ~ **1.** параллельный путь (*тока*) **2.** параллельная ветвь
phase(-plane) ~ фазовая траектория
signal ~ путь сигнала
transmission ~ **1.** путь передачи **2.** тип канала связи
voltage ~ цепь напряжения
winding ~ (параллельная) ветвь обмотки

pattern 1. образец; рисунок; изображение **2.** конфигурация, форма
~ **of energy use** тип энергопользования
circuit ~ рисунок схемы, рельеф схемы
circuit interconnection ~ рисунок схемных межсоединений
code ~ кодовая комбинация
conductive [conductor] ~ рисунок межсоединений
contact ~ **1.** рисунок (расположения) контактов **2.** форма контактов
control rod ~ конфигурация стержней СУЗ
daily load ~ суточный график нагрузки
energy consumption ~ общая картина энергопотребления
field ~ картина [диаграмма] поля
field-strength ~ диаграмма напряжённости поля
generator ~ картина распределения генерации
heating ~ график распределения температур
line ~ конфигурация сети
load ~ график нагрузки
magnetic-field ~ картина силовых линий магнитного поля
oscilloscope ~ осциллограмма

power system ~ конфигурация энергосистемы
printed-circuit ~ шаблон печатной схемы
restoration ~ схема восстановления
seasonal load ~ сезонный график нагрузки
system ~ структурный элемент электрической сети
paxolin паксолин; гетинакс
peak пик, пиковое значение
absolute ~ **of load** абсолютный пик нагрузки
coincident load ~ совмещённый пик нагрузки
current ~ пик тока
curve ~ вершина кривой
double-amplitude ~ максимальное значение, равное двойной амплитуде
evening ~ вечерний пик (*нагрузки*)
ground wire ~ тросостойка (*опоры ВЛ*)
intermediate ~ промежуточный пик (*нагрузки*)
load ~ пик нагрузки
morning ~ утренний пик (*нагрузки*)
noncoincident power ~ несовмещённый пик нагрузки
potential ~ пик потенциала
resonance ~ резонансный пик
peak-to-peak от пика к пику (*размах колебаний*)
pedal-operated с ножным управлением
pedestal 1. фундамент **2.** основание; опора **3.** столбиковый вывод, контактный столбик
bearing ~ опора подшипника
conductor ~ столбиковый вывод, контактный столбик
insulated bearing ~ изолированная опора подшипника
turbine-generator ~ фундамент турбогенератора
peg штепсель; шпилька
pellet топливная таблетка
coated ~ топливная таблетка с покрытием
dished ~ топливная таблетка с торцевым углублением
fuel ~ топливная таблетка
pelletizing изготовление топливных таблеток
pen перо
beam [light] ~ световое перо
recording ~ перо самописца
pencil 1. наконечник **2.** сходящийся пучок (*лучей света*)
soldering ~ наконечник паяльника

PENDANT

pendant 1. подвеска 2. подвесной светильник
   rise-and-fall ~ светильник с регулируемой высотой подвеса
pendulum маятник
   centrifugal ~ центробежный маятник
penetrability проницаемость
penetration проникновение
   appliance ~ количество (используемых) бытовых электроприборов на одного потребителя
percentage процентное соотношение
   ~ **of up-time** коэффициент технического использования
   beam modulation ~ глубина [коэффициент] модуляции пучка
   modulation ~ глубина [коэффициент] модуляции
perform 1. работать; функционировать 2. выполнять, исполнять
performance 1. рабочие характеристики, параметры 2. работа, функционирование
   control ~ характеристика (процесса) регулирования
   correct relay-system ~ правильная работа РЗ
   cost ~ экономические [стоимостные] характеристики
   discriminative ~ избирательное действие
   dynamic ~ динамическая характеристика
   failure-free ~ безотказная работа
   high ~ высокие эксплуатационные характеристики
   line lightning ~ число грозовых перекрытий на единицу длины линии *или* одну опору
   manual ~ работа с ручным управлением
   overload ~ работа с перегрузкой
   photometric ~ фотометрическая характеристика
   power system reliability ~ обеспечение надёжности энергосистемы
   reference ~ эталонная [контрольная] характеристика
   regulator ~ 1. характеристика работы регулятора 2. эксплуатационные качества регулятора
   smooth control ~ гладкая характеристика (процесса) регулирования
   starting ~ пусковая характеристика
   transient ~ 1. работа в переходном процессе 2. динамическая характеристика
period период
   ~ **of oscillation** период колебаний
   arcing ~ период горения дуги
   blocking ~ период блокирования
   bouncing ~ период дребезга (*контактов*)
   breakdown ~ время перерыва энергоснабжения
   building-up ~ время нарастания (*импульса*)
   burn-in ~ время приработки
   commutating ~ период коммутации
   conducting ~ проводящий период
   constant failure rate ~ период постоянной интенсивности отказов
   contracted tariff ~ тарифный период по контракту
   cooling ~ период охлаждения
   costing ~ период с определённой стоимостью электроэнергии
   delay ~ время задержки
   demand integration ~ период усреднения мощности нагрузки
   depreciation ~ срок амортизации (*электростанции*)
   early failure ~ период приработки
   elementary ~ основной период
   field-blanking ~ период гашения поля
   forward ~ проводящий период
   free ~ период свободных [собственных] колебаний
   hunting ~ период нерегулярных колебаний
   idle ~ непроводящий период
   intermediate ~ период ровного графика нагрузки
   inverse ~ непроводящий период
   motor-starting ~ время запуска двигателя
   natural ~ период собственных [свободных] колебаний
   normal-failure ~ период постоянной интенсивности отказов
   normal operating ~ период работы (энергосистемы) в нормальном режиме
   off ~ 1. непроводящий период 2. время выключения; период размыкания
   off-peak ~ период провала графика нагрузки
   on ~ 1. проводящий период 2. время включения; период замыкания
   one-half ~ полупериод
   on-peak ~ период пика графика нагрузки
   orderly system shutdown ~ время планового отключения электроснабжения
   peak-load ~ период пика нагрузки

potential peak ~ вероятный период пика нагрузки
pulse ~ период повторения [следования] импульсов
random-failure ~ период работы до случайного отказа
rating ~ период действия тарифа (*пикового или внепикового*)
reactor ~ период реактора
recovery ~ время восстановления
reverse ~ непроводящий период
shoulder ~ период ровного графика нагрузки
slowing-down ~ время выбега; продолжительность движения по инерции
switching ~ время переключения
timing ~ время работы реле времени
transient [transitory] ~ длительность переходного процесса
utilization ~ **of maximum capacity** время использования установленной мощности
warm-up ~ период разогрева
warning ~ время горения предупредительного [жёлтого] сигнала (*светофора*)
wear-out failure ~ период отказов вследствие износа

periodicity периодичность; регулярность
permalloy пермаллой
  electrodeposited ~ электроосаждённый пермаллой
  evaporated ~ напылённый пермаллой
permatron газотрон с управлением магнитным полем
permeability магнитная проницаемость
  ~ **of free space [~ of vacuum]** магнитная проницаемость вакуума, магнитная постоянная
  absolute ~ абсолютная магнитная проницаемость
  apparent ~ эффективная магнитная проницаемость
  complex ~ комплексная магнитная проницаемость
  cyclic ~ нормальная магнитная проницаемость
  dielectric ~ диэлектрическая проницаемость
  differential ~ дифференциальная магнитная проницаемость
  initial ~ начальная магнитная проницаемость
  intrinsic ~ внутренняя [собственная] магнитная проницаемость
  magnetic ~ магнитная проницаемость
  moisture vapor ~ магнитная проницаемость для влажного пара
  normal ~ нормальная магнитная проницаемость
  real ~ действительная [активная] часть полной проницаемости
  relative ~ относительная магнитная проницаемость
  reversible ~ реверсивная магнитная проницаемость
  scalar ~ скалярная магнитная проницаемость
  space ~ относительная магнитная проницаемость
  tensor ~ тензорная магнитная проницаемость
  vacuum ~ магнитная проницаемость вакуума, магнитная постоянная
permeameter пермеаметр, магнитометр
  bar-and-yoke ~ пермеаметр с замкнутой магнитной цепью
  compensated ~ компенсационный пермеаметр
permeance магнитная проводимость
permendur пермендюр
permenorm перменорм
permitol пермитол
permittivity диэлектрическая проницаемость, диэлектрическая постоянная
  ~ **of free space [~ of vacuum]** диэлектрическая проницаемость вакуума, диэлектрическая постоянная
  absolute ~ абсолютная диэлектрическая проницаемость, абсолютная диэлектрическая постоянная
  complex ~ комплексная диэлектрическая проницаемость
  dielectric ~ диэлектрическая проницаемость
  initial ~ начальная диэлектрическая проницаемость
  magnetic ~ магнитная проницаемость
  relative ~ относительная диэлектрическая постоянная
  reversible ~ реверсивная диэлектрическая проницаемость
personnel персонал
  attending ~ обслуживающий [дежурный] персонал
  dispatch office ~ персонал диспетчерского управления
  operating ~ оперативный [эксплуатационный] персонал
  operation and maintenance ~ оперативно-ремонтный персонал
perspex плексиглас
pertinax пертинакс; гетинакс
perturbation возмущение

PERTURBOGRAPH

perturbograph регистратор возмущений
perveance перveance, постоянная пространственного заряда
  diode ~ перveance диода
petticoat юбка (*изолятора*)
  insulator ~ юбка изолятора
phase фаза ◊ **in** ~ в фазе; **to bring in** ~ совмещать по фазе, фазировать
  ~ **of ac line** фаза линии переменного тока
  ~ **of a harmonic** фаза гармоники
  ~ **of impedance** фаза полного сопротивления
  ~ **of oscillation** фаза колебаний
  control ~ фаза управления
  correct ~ совпадающая фаза
  coupling ~ обработанная фаза ВЛ
  dead ~ обесточенная фаза
  early shutdown ~ фаза раннего выключения
  envelope ~ фаза огибающей
  excitation ~ фаза возбуждения
  fault-free ~ неповреждённая фаза
  faulty ~ повреждённая фаза
  initial ~ начальная фаза
  lagging ~ отстающая фаза
  leading ~ опережающая фаза
  open ~ неполнофазный режим
  opposite [reversed] ~ противоположная фаза, противофаза
  sound ~ исправная фаза
  split ~ расщеплённая фаза
  unfaulted ~ неповреждённая фаза
  wave ~ фаза волны
  wild ~ «дикая» фаза (*дуговой печи*)
phase-discriminator орган сравнения фаз
phase-frequency фазочастотный
phase-sensitive фазочувствительный
phase-shifter фазовращатель
  nonreciprocal ~ невзаимный фазовращатель
phasing:
  single ~ работа (*трёхфазного двигателя*) с обрывом одной фазы
phasometer фазометр
phasor вектор (*электрических величин*), фазор
  current ~ фазор тока
  rotating ~ вращающийся вектор
  voltage ~ фазор напряжения
phenomena явления; процессы
  ~ **of friction** явления трения; фрикционные процессы
  ~ **of scattering** явления рассеяния; процессы рассеяния
  ~ **of wear** явления износа; процессы износа
phenomenon явление
  aperiodic ~ апериодический процесс

persistence ~ явление послесвечения
transient ~ переходный процесс
philosophy:
  circuit ~ теория (электрических) цепей
  engineering ~ технические принципы
phlogopite флогопит
phonograph электрофон
phot фот (10 500 *лк*) (*единица освещённости*)
photoactor источник света, используемый для управления переключателем на фотогальваническом элементе
photocathode фотокатод
  alkali-antimonide ~ сурьмяно-щелочной фотокатод
  barium oxide ~ оксидно-бариевый фотокатод
  cesium-antimonide ~ сурьмяно-цезиевый фотокатод
  cesium-bismuth ~ висмуто-цезиевый фотокатод
  continuous ~ сплошной фотокатод
  field assisted ~ фотокатод с автоэлектронной эмиссией
  high-quantum yield ~ фотокатод с высоким квантовым выходом
  lithium-antimony ~ сурьмяно-литиевый фотокатод
  magnesium-oxide ~ оксидно-магниевый фотокатод
  monoalkali-antimonide ~ фотокатод на основе однощелочных антимонидов
  multialkali-antimonide ~ фотокатод на основе многощелочных антимонидов
  opaque ~ непрозрачный фотокатод
  potassium-antimony ~ сурьмяно-калиевый фотокатод
  reflection(-mode) [RM] ~ О-фотокатод (*работающий в режиме «на отражение»*)
  rubidium-antimony ~ сурьмяно-рубидиевый фотокатод
  semitransparent ~ полупрозрачный фотокатод
  silver-oxygen-cesium ~ серебряно-кислородно-цезиевый фотокатод
  sodium-antimony ~ сурьмяно-натриевый фотокатод
  solar-blind ~ солнечно-слепой фотокатод
  TM [transmission(-mode)] ~ П-фотокатод (*работающий в режиме «на проход»*)
  transparent ~ прозрачный фотокатод
  UV-sensitive ~ фотокатод, чувствительный в ультрафиолетовой

[УФ-]области спектра
photocell 1. фотогальванический элемент 2. фотодиод 3. фоторезистор 4. фототранзистор 5. (электровакуумный) фотоэлемент
  alloy-junction ~ плоскостной сплавной фотоэлемент
  back-effect [back-wall] ~ фотогальванический элемент тылового действия
  barrier-layer ~ фотоэлемент с запирающим слоем, фотогальванический элемент
  black body ~ фотоэлемент с полным поглощением света
  blocking [boundary] layer ~ фотоэлемент с запирающим слоем, фотогальванический элемент
  cadmium-sulfide ~ сернокадмиевый фотоэлемент
  copper-oxide ~ меднозакисный фотоэлемент
  crystal bar ~ фотоэлемент на полупроводниковом стержне
  cuprous oxide ~ меднооксидный фотогальванический элемент
  diffused-junction ~ диффузионный фотодиод, фотодиод с диффузионным переходом
  end-on [end-viewing] ~ фотодиод с торцевым входом
  front-effect [front-wall] ~ фотогальванический элемент фронтального действия
  gas-discharge [gas-filled] ~ ионный [газонаполненный] элемент
  germanium ~ германиевый фотоэлемент
  high-resistivity bar ~ фотогальванический элемент на высокоомном (полупроводниковом) стержне
  hook-junction ~ плоскостной фототранзистор с коллекторной ловушкой
  interior-effect ~ фотоэлемент с внутренним фотоэффектом
  junction ~ плоскостной фотоэлемент
  lateral ~ фотодиод с поперечным фотоэффектом
  longitudinal ~ фотодиод с продольным [боковым] фотоэффектом
  multiplier ~ фотоумножитель, фотоэлектронный умножитель, ФЭУ
  outer-effect ~ фотоэлемент с внешним фотоэффектом
  photronic ~ фотоэлемент с запирающим слоем, фотогальванический элемент
  point-contact ~ точечный фотодиод
  polycrystalline-film ~ фоторезистор на поликристаллической плёнке
  rectifier ~ фотоэлемент с запирающим слоем, фотогальванический элемент
  resistance ~ фоторезистор
  secondary emission ~ фотоэлемент со вторичной (электронной) эмиссией
  selenium ~ селеновый фотоэлемент
  semiconductor ~ полупроводниковый фотоэлемент
  silicon ~ кремниевый фотоэлемент
  silver-bromide ~ бромсеребряный фотоэлемент
  split ~ расщеплённый фотоэлемент; разъёмный фотоэлемент
  surface-barrier ~ поверхностно-барьерный фотоэлемент
  transverse ~ фотодиод с поперечным фотоэффектом
  vacuum ~ вакуумный фотоэлемент
photoconduction фотопроводимость; фоторезистивный эффект
photoconductivity фотопроводимость
photoconductor 1. материал с фотопроводимостью 2. фоторезистор, фотопроводник
  zinc impurity ~ фотопроводниковый индикатор из германия, легированного цинком
photoconverter фотопреобразователь
photocoupler оптрон, оптопара
photocurrent фототок
photodetector фотодетектор
photodevice фотоприбор
photodiode фотодиод
  avalanche ~ лавинный фотодиод
  depletion layer ~ фотодиод с обеднённым слоем
  junction ~ плоскостной фотодиод
  planar ~ планарный фотодиод
  point-contact ~ фотодиод с точечным контактом
  thin-film ~ тонкоплёночный фотодиод
photoeffect фотоэлектрический эффект, фотоэффект
  barrier layer ~ фотоэффект в запирающем слое
  inner ~ внутренний фотоэффект
  selective ~ селективный [избирательный] фотоэффект
photoelectric фотоэлектрический
photoelectricity фотоэлектричество
photoelectron фотоэлектрон
photoemission фотоэлектронная эмиссия
photoenergy световая энергия
photoformer фотоэлектрический датчик
photogenerator светодиод

PHOTOINSULATOR

photoinsulator оптрон, оптопара
photometer фотометр
  bar ~ линейный фотометр
  Bunsen ~ фотометр с масляным пятном, фотометр Бунзена
  contrast ~ контрастный фотометр
  dispersion ~ линзовый фотометр для ярких источников
  distribution ~ распределительный фотометр
  flicker ~ мигающий [мерцающий] фотометр
  globe ~ шаровой фотометр
  grease-spot ~ фотометр с масляным пятном, фотометр Бунзена
  illumination ~ люксметр
  relative ~ фотометр для измерения коэффициента естественной освещённости
  shadow ~ теневой фотометр
  sphere ~ шаровой фотометр
  wedge ~ клиновой фотометр
photomultiplier фотоумножитель
photon фотон
photorelay фотореле
  selenium-cell ~ селеновое фотореле
photoresist фоторезист
  acid-proof ~ кислотостойкий фоторезист
  alkali-proof ~ щёлочестойкий фоторезист
  carbon ~ фоторезист с добавкой углерода
  double ~ двухслойный фоторезист
  exposed ~ экспонированный фоторезист
  latex ~ фоторезист на основе латексов
  liquid ~ жидкий фоторезист
  negative(-acting) [**negative-working**] ~ негативный фоторезист
  overexposed ~ переэкспонированный фоторезист
  positive(-acting) [**positive-working**] ~ позитивный фоторезист
  solid ~ сухой плёночный фоторезист
  thin-film ~ тонкоплёночный фоторезист
  underexposed ~ недоэкспонированный фоторезист
  water-base ~ фоторезист на водной основе
photoresistance фотосопротивление
photoresistor фоторезистор
  germanium ~ германиевый фоторезистор
  glass-substrate ~ фоторезистор на стеклянной подложке
  lead-sulfide ~ фоторезистор из сульфида свинца
  mica-substrate ~ фоторезистор на слюдяной подложке
  polycrystalline ~ поликристаллический фоторезистор
  selenium ~ селеновый фоторезистор
  semiconductor ~ полупроводниковый фоторезистор
  single-crystal ~ монокристаллический фоторезистор
photoresponsive, photosensitive светочувствительный
photoswitch 1. фотореле **2.** фототиристор
photothyristor фототиристор
phototimer фототаймер, фотореле времени
phototransistor фототранзистор
phototron матричный фотоэлемент
phototube фотоэлемент
  cesium ~ цезиевый фотоэлемент
  extrinsic-effect ~ фотоэлемент с внешним фотоэффектом
  gas(-filled) ~ газонаполненный фотоэлемент
  multiplier ~ фотоэлектронный умножитель
photovalve фотоэлемент
photovaristor фотоваристор
photovoltage фотоэдс
  lateral ~ поперечная фотоэдс
  longitudinal ~ продольная фотоэдс
  open-circuit ~ фотоэдс холостого хода
  transverse ~ поперечная фотоэдс
photovoltaic фотоэлектрический, фотогальванический
pick ◇ **to ~ up 1.** действовать, срабатывать (*о реле*) **2.** подхватывать (*нагрузку*)
pickoff датчик
  error ~ датчик рассогласования
  potentiometer-type error ~ потенциометрический датчик рассогласования
pickup 1. измерительный преобразователь, датчик **2.** срабатывание (*реле*)
  ac ~ датчик переменного тока
  air-damped ~ датчик с воздушным демпфированием
  capacitive ~ ёмкостный датчик
  contact ~ контактный датчик
  differential capacitive ~ дифференциально-ёмкостный датчик
  electronic ~ электронный датчик
  fluid-damped ~ датчик с жидкостным демпфированием

PIN

heat ~ съём тепла (*с единицы площади поверхности*)
inductive ~ индуктивный датчик
linear(-and-angular) movement ~ датчик линейных (и угловых) перемещений
momentary ~ мгновенное срабатывание
mutual inductance ~ датчик взаимной индуктивности
photocell ~ фотоэлектрический датчик
piezoelectric ~ пьезоэлектрический датчик
position ~ датчик положения
potentiometric ~ потенциометрический датчик
pressure ~ датчик давления
remote ~ дистанционный датчик
resistance ~ резистивный датчик
resistance bridge-type ~ резистивный датчик с мостовой схемой
synchro ~ синхродатчик
variable-reluctance ~ датчик с переменным магнитным сопротивлением
variable-resistance ~ резистивный датчик
vibration ~ вибродатчик
voltage ~ потенциометрический датчик

picofarad пикофарада, пФ
pie галета (*катушки индуктивности*)
piece:
  contact ~ контакт-деталь
  distance ~ дистанционная распорка
  field pole ~ полюс магнита
  pole ~ полюсный наконечник
  radial pole ~ радиальный полюсный наконечник
  relay heel ~ нижняя часть магнитопровода реле

piezocrystal пьезоэлектрический кристалл, пьезокристалл
piezodielectric пьезодиэлектрик
piezoeffect пьезоэлектрический эффект, пьезоэффект
piezoelectric пьезоэлектрик ‖ пьезоэлектрический
  dielectric ~ пьезодиэлектрик
  semiconducting ~ пьезополупроводник

piezoelectricity пьезоэлектричество
piezomagnetic пьезомагнетик ‖ пьезомагнитный
pigtail короткий проволочный вывод
pile:
  carbon ~ угольный столбик
  rectifier ~ 1. выпрямительный столбик 2. преобразовательная батарея

thermoelectric ~ 1. термоэлектрическая батарея 2. термоэлектрический преобразователь

pileup контактная группа
  spring ~ пружинная контактная группа

pillar 1. столбиковый вывод, контактный столбик 2. распределительная колонка (*с аппаратурой управления*)
  control ~ шкаф управления
  section ~ секционная стойка

pilot канал связи для комплектов защиты, находящихся на разных концах ЛЭП
  blocking ~ канал связи для передачи запрета отключения данного выключателя с противоположного конца ЛЭП
  carrier-current ~ высокочастотная [ВЧ-]связь по проводам ЛЭП для РЗ
  microwave ~ 1. УКВ-канал РЗ 2. РЗ ЛЭП с УКВ-каналом
  tripping ~ канал связи для передачи разрешения оюяданного выключателя с противоположного конца ЛЭП

pin 1. штырьковый вывод (*корпуса*) 2. контактный штырь, штыревой контакт (*электрического соединителя*) 3. штекер 4. ножка, вывод 5. ТВЭЛ
  alignment ~ установочный [ориентирующий] штырёк
  antifreeze ~ якорный штифт, штифт отлипания (*в реле*)
  base ~ штырёк цоколя (*лампы*)
  bayonet ~ штифт цоколя
  control ~ штырёк контрольного вывода
  core ~ якорный штифт, штифт отлипания (*в реле*)
  dowel ~ установочный штифт
  driver fuel ~ запальный ТВЭЛ
  fuel ~ прутковый ТВЭЛ
  guide ~ направляющий штырь
  hook-shaped ~ штырь для изолятора
  input ~ 1. штырь входного разъёма 2. входной штырьковый вывод
  insulator ~ штырь изолятора
  irradiated fuel ~ облучённый ТВЭЛ
  locating ~ установочный штифт; направляющий штифт
  output ~ 1. штырь выходного разъёма 2. выходной штырьковый вывод
  receptacle ~ штырьковый вывод колодки
  relay antifreeze ~ якорный штифт, штифт отлипания в реле
  sodium-bonded carbide fuel ~ карбид-

PINBOARD

ный ТВЭЛ с натриевым контактным слоем
split ~ шплинт
stop ~ упорный штифт
tube ~ штырёк цоколя лампы
wire-wrappable ~ штырёк для монтажа методом накрутки
pinboard наборное поле
pinch 1. самостягивающийся разряд, пинч 2. гребешковая ножка (*лампы*)
  belt ~ кольцевой [тороидальный] самостягивающийся разряд
  collision-free ~ самостягивающийся разряд без столкновений
  combined ~ комбинированный самостягивающийся разряд
  dense ~ плотный самостягивающийся разряд
  diffuse ~ диффузный самостягивающийся разряд
  dynamic ~ динамический самостягивающийся разряд
  equilibrium ~ равновесный самостягивающийся разряд
  fast ~ быстрый самостягивающийся разряд
  high-voltage ~ высоковольтный самостягивающийся разряд
  linear ~ линейный самостягивающийся разряд, линейный пинч, Z-пинч
  screw ~ винтовой [спиральный] самостягивающийся разряд
  stabilized ~ стабилизированный самостягивающийся разряд
  teta-~ тэта-пинч
  toroidal ~ кольцевой [тороидальный] самостягивающийся разряд
pinhole контактное гнездо, гнездовой контакт (*электрического соединителя*)
pinout контактный штырь, штыревой контакт (*электрического соединителя*)
pip 1. отпай (*на баллоне лампы*) 2. ключ (*напр. цоколя*) 3. отметка (*на экране индикатора*)
  marker ~ маркировочная [калибрационная] отметка
pipe 1. труба; трубопровод 2. магистраль 3. волновод
  access ~ магистраль с доступом
  air (feed) ~ воздуховод
  cable ~ кабельный трубопровод
  coil ~ змеевик
  digital ~ цифровая магистраль
  feeder ~ входная труба контура (*ядерного реактора*)
  fuel ~ топливопровод
  hollow ~ полый волновод
  light ~ световод, оптический волновод
  main ~ главный трубопровод, магистраль
  oil ~ маслопровод
  network ~ сетевая магистраль
  opening ~ ввод
  relief ~ выхлопная труба (*трансформатора*)
  steam-outlet ~ пароотводящая труба
  ventilating ~ вентиляционная труба
pipeline трубопровод (*см. тж* piping)
  feed ~ подводящий трубопровод
  gas ~ газопровод
  oil ~ маслопровод
  steam ~ паропровод
  supply ~ подводящий трубопровод
  transmission ~ магистральный трубопровод
piping трубопровод
  active drainage ~ трубопровод спецканализации
  cooling ~ трубопровод системы охлаждения
  insulated ~ изолированный трубопровод
  primary ~**s** трубопроводы первого контура (*ядерного реактора*)
  secondary ~**s** трубопроводы второго контура (*ядерного реактора*)
  turbine ~**s** трубопроводы турбинной установки
piston поршень
  bucket ~ поршень стаканного типа
  disk ~ плоский поршень
  double-diameter ~ дифференциальный поршень
  dummy [labyrinth] ~ разгрузочный поршень
  quarter-wave contact ~ четвертьволновый контактный поршень
pit колодец; шахта
  burial ~ шахта для захоронения радиоактивных отходов
  cable ~ кабельный колодец
  new fuel storage ~ бассейн-хранилище свежего топлива (*ядерного реактора*)
  turbine ~ турбинная камера (*ГЭС*)
pitch шаг (*обмотки*)
  ~ **of strand** шаг скрутки (*жилы провода*)
  back and front ~ частичный шаг (*обмотки*) с задней и передней стороны (*якоря*)
  coil ~ шаг обмотки, шаг намотки
  commutator ~ шаг по коллектору
  fractional ~ дробный шаг

PLANT

front ~ частичный шаг (*обмотки*) со стороны коллектора
pole ~ 1. полюсное деление 2. полюсный шаг
segment ~ шаг по пластинам коллектора
short(ened) ~ укороченный шаг (*обмотки*)
slot ~ 1. пазовое деление 2. шаг (*обмотки*) по пазам
tooth ~ 1. шаг зубцов 2. шаг зацепления
variable ~ переменный шаг
winding ~ шаг обмотки

place:
electric fire ~ электрокамин

plan план; схема ‖ планировать
ground (reference) ~ чертёж заземления
power distribution ~ программа распределения мощности
system restoration ~ план по восстановлению нормального режима работы (энерго)системы
wiring ~ схема прокладки проводов; план кабельной разводки

plane плоскость
~ of polarization плоскость поляризации
admittance ~ плоскость полных проводимостей
complex ~ комплексная плоскость
impedance ~ плоскость полных сопротивлений
neutral ~ нейтральная плоскость
phase ~ фазовая плоскость
relay mounting ~ основание реле
root ~ *мат.* плоскость корней
true neutral ~ физическая нейтраль
working ~ условная рабочая поверхность (*для нормирования освещения*)

planning планирование
operating conditions ~ планирование режима
power system ~ планирование (развития) энергосистем

plant 1. установка 2. электростанция 3. объект регулирования
active water treatment ~ установка спецводоочистки, установка обработки радиоактивных вод
activity suppression ~ установка подавления радиоактивности
air storage system energy transfer ~ воздухоаккумулирующая электростанция
atomic power ~ атомная электростанция, АЭС
auxiliary ~ вспомогательный двигатель-генератор
auxiliary power ~ вспомогательная электростанция
base-load nuclear power ~ базисная АЭС
bulb-generator power ~ ГЭС с капсульными генераторами
combined cycle electric generating ~ парогазовая электростанция
combined heat and power production ~ теплоэлектроцентраль, ТЭЦ
common ~ электростанция в совместном владении
concrete incorporation ~ установка для бетонирования (*радиоактивных отходов*)
condensate treatment ~ установка конденсатоочистки
condensation [condensing] power ~ конденсационная электростанция, КЭС
constant head ~ ГЭС на постоянном напоре
controlled ~ управляемый объект; объект регулирования
conventional power ~ электростанция обычного типа (*на органическом топливе*)
customer's ~ блок-станция
diesel power ~ дизельная электростанция
direct compensation ~ установка продольной компенсации
double-stage evaporating ~ двухступенчатая испарительная установка
dust-removal ~ пылеуловитель
fast breeder ~ АЭС с реактором-размножителем на быстрых нейтронах
feed-heating ~ установка для регенеративного подогрева питательной воды
feedwater ~ питательная установка
fixed-head ~ ГЭС на постоянном напоре
fuel cell power ~ электростанция на топливных элементах
gas-and-oil-burning power ~ газомазутная электростанция
gas turbine power ~ газотурбинная электростанция
generating ~ электростанция
heat-electric generating ~ теплоэлектроцентраль, ТЭЦ
high-head power ~ высоконапорная ГЭС
high-pressure ~ установка высокого давления
hydroelectric (power) ~ гидроэлектри-

PLASMA

ческая станция, гидроэлектростанция, ГЭС
hydroelectric pumped storage power ~ гидроаккумулирующая электростанция, ГАЭС
hydro ~s on the same stream каскад гидроэлектростанций
hydro power ~ гидроэлектрическая станция, гидроэлектростанция, ГЭС
jointly owned power ~ электростанция в совместном владении
land-based nuclear power ~ АЭС на суше
limited energy ~ электростанция с ограниченной выработкой энергии
low-head power ~ низконапорная ГЭС
medium-head power ~ средненапорная ГЭС
midget power ~ малая электростанция
mixed pumped-storage ~ ГАЭС, работающая на естественном стоке и аккумулировании, смешанная ГАЭС
multireactor nuclear power ~ АЭС с несколькими реакторами
nuclear dual-purpose power desalting ~ АТЭЦ для опреснения вод и выработки электроэнергии
nuclear heat and power ~ атомная теплоэлектроцентраль, АТЭЦ
nuclear power ~ атомная электростанция, АЭС
offshore nuclear power ~ плавучая АЭС
on-orbit power generation ~ орбитальная электростанция *(на солнечных батареях)*
on-site reprocessing ~ завод по регенерации (облучённого топлива) на площадке АЭС
orbital solar power ~ орбитальная электростанция на солнечных батареях
package nuclear power ~ малогабаритная [транспортабельная] ядерная энергетическая установка
peak-load power ~ пиковая электростанция
pilot ~ вспомогательная электростанция; опытная электростанция
plutonium-uranium fabrication ~ установка по переработке плутония и урана
power ~ электростанция
pressurized water nuclear power ~ АЭС с водо-водяным реактором
primary circuit clean-up ~ система спецочистки первичного контура теплоносителя
pumped storage (power) [pump-up] ~ гидроаккумулирующая электростанция, ГАЭС
quadrature compensation ~ установка поперечной компенсации
reactor ~ реакторная установка
reactor water clean-up ~ система спецочистки воды первичного контура теплоносителя
regenerative reheat steam power ~ паросиловая установка с регенерацией и вторичным перегревом пара
resin casting ~ установка для литья из смолы
run-of-river ~ ГЭС, работающая в естественном режиме реки, русловая ГЭС
single-unit ~ станция с одним агрегатом
solar power ~ солнечная электростанция, гелиоустановка
solar-sea power ~ гелиоморская электростанция
steam power ~ тепловая электростанция, ТЭС
stream-flow ~ ГЭС, работающая в естественном режиме реки, русловая ГЭС
supercritical ~ установка на сверхкритические параметры пара
thermal power ~ тепловая электростанция, ТЭС
tidal power ~ приливная электростанция, ПЭС
transformer ~ трансформаторная подстанция; трансформаторная установка
two-circuit power ~ двухконтурная АЭС
two-unit ~ 1. дубль-блочная установка 2. электростанция, состоящая из двух блоков
variable-head ~ ГЭС на переменном напоре
water power ~ гидроэлектрическая станция, гидроэлектростанция, ГЭС
water treatment ~ установка для водоподготовки
wind-driven [wind(mill)-electric generating] ~ ветроэлектростанция
plasma 1. плазма 2. положительный столб тлеющего разряда
   arc ~ плазма дугового разряда
   cold ~ холодная плазма *(низкого давления)*
   electrodeless ~ безэлектродная [индукционная] плазма

PLATE

expanded processive ~ плазма между процессирующим катодом и кольцевым анодом
high pressure ~ плазма высокого давления
hot ~ термическая плазма
induction ~ индукционная плазма
low-pressure ~ плазма низкого давления
plasmatron плазматрон
plastic пластмасса, пластик
 ABS ~ пластик на основе акрилонитрила, бутадиена и стирола
 asbestos-filled ~s асбестовые пластики
 conductive ~ проводящий пластик
 fiberglass [glass fiber]-reinforced ~ пластмасса, армированная стекловолокном
 laminated ~ слоистый пластик
 silicone ~ силиконовый [кремнийорганический] пластик
 thermosetting ~ термореактивный пластик
plate 1. пластин(к)а; плита 2. обкладка *(конденсатора)* 3. металлический электрод *(аккумулятора)* 4. заводская табличка 5. анод 6. наносить покрытие электролитическим методом
 ~ of a capacitor [~ of a condenser] обкладка конденсатора
 accumulator ~ пластина аккумулятора
 active ~ топливная пластина
 alloy ~ сплавная пластина; легированная пластина
 anchor ~ анкерная плита
 armature ~ плита сердечника якоря
 armature end ~ торцевая плита якоря
 background ~ светофорный щит
 base ~ фундаментная плита
 battery ~ аккумуляторная пластина
 beam-positioning ~s отклоняющие пластины *(осциллографа)*
 bed ~ фундаментная плита
 bimetallic ~ биметаллическая пластина
 blanking ~s декоративные пластины *(на панелях)*
 burn-up ~ запальная *(топливная)* пластина
 capacitor ~ обкладка конденсатора
 ceiling ~ потолочная коронка
 clamping ~ нажимная плита *(шихтованного сердечника)*
 collector ~ (контактная) пластина коллектора
 condenser ~ обкладка конденсатора
 contact ~ контактная пластинка
 core ~s листы [пластины] сердечника
 core end ~ нажимная плита сердечника
 cover ~ внешняя накладка *(в конструкциях опоры ВЛ)*
 deflecting ~ отклоняющая пластина
 deflector ~s отклоняющие электроды
 drilled base ~ плита с высверленными отверстиями
 ebonite ~ эбонитовая пластина
 electric hot ~ электроплита
 embedded ~ закладная плита *(корпуса электрической машины)*
 end ~ нажимная плита
 escutcheon ~ заводская табличка с паспортными данными
 fixed ~s неподвижные пластины *(статор конденсатора переменной ёмкости)*
 foundation ~ фундаментная плита
 framed ~ пластина *(аккумулятора)* с рамкой
 front ~ передняя панель
 generator foundation ~ фундаментная плита генератора
 ground ~ 1. плоскость нулевого потенциала 2. пластина [плита] заземления
 gusset ~ фасонка *(в конструкциях опоры ВЛ)*
 half-wave ~ полуволновая пластина *(в волноводе)*
 hot ~ электроплита
 insulating ~ изоляционная плита
 insulating side ~ изолирующая боковая прокладка *(на рельсах)*
 light ~ световое табло
 mass-type ~ аккумуляторная пластина из нескольких блоков
 mica ~ листовой миканит
 movable ~s подвижные пластины *(ротор конденсатора переменной ёмкости)*
 name ~ заводская табличка с паспортными данными
 negative ~ отрицательная пластина *(элемента)*
 pasted ~ пастированная пластина *(аккумулятора)*
 pole end ~ торцевая плита полюса
 positive ~ положительная пластина *(элемента)*
 pothead mounting ~ монтажная пластина для кабельной [концевой] муфты
 pressure ~ нажимная плита
 quarter-wave ~ четвертьволновая пластина

353

PLATEAU

quartz ~ кварцевая пластина
rating ~ заводская табличка с паспортными данными
rosette ~ подрозетник
rotor ~s роторные пластины (*конденсатора переменной ёмкости*)
serrated [slotted, split] rotor ~s разрезные пластины ротора (*конденсатора переменной ёмкости*)
stator ~s статорные пластины (*конденсатора переменной ёмкости*)
terminal ~ клеммный щиток, клеммная плата, планка с выводами
tin ~ лужёная пластина
tower ~s пластины опор ВЛ
tube ~ панель лампы
wall ~ подрозетник
X-~s *тлв* пластины горизонтального отклонения
Y-~s *тлв* пластины вертикального отклонения
yoke ~ коромысло (*гирлянды изоляторов*)
plateau пологий *или* горизонтальный участок характеристики
plate-base (пластинка-)основание; фундаментная плита
platform платформа; подставка; площадка
  collector housing ~ площадка для обслуживания контактных колец
  material access ~ платформа подачи материалов
plating 1. электролитическое осаждение, электроосаждение 2. нанесение покрытия 3. покрытие; слой
  contact ~ контактное покрытие
  continuous ~ непрерывное нанесение электролитического покрытия
  electrolysis ~ осаждение методом химического восстановления
  immersion ~ контактное нанесение покрытия
  metal ~ металлизация
  tin ~ лужение
  zinc ~ цинкование
player (электро)проигрыватель
  electric record ~ электропроигрыватель
plexiglass органическое стекло, плексиглас
pliers плоскогубцы; пассатижи; клещи
  combination ~ пассатижи
  cutting ~ кусачки
  flat(-nosed) ~ плоскогубцы
  joint ~ щипцы; шарнирные клещи
  nipping ~ кусачки; острогубцы
  side cutting ~ бокорезы
  soldering ~ паяльные клещи
  stripping ~ щипцы для зачистки изоляции
plot 1. план; схема ‖ составлять план; составлять схему 2. график; диаграмма; кривая ‖ строить график *или* диаграмму; вычерчивать кривую ◇ **to ~ a graph** строить график; **to ~ a point** наносить точку на график
  Bode ~ график Боде
  Bode gain-frequency ~ логарифмическая амплитудно-частотная характеристика, ЛАХ
  flux ~ картина распределения (магнитного) потока
  loop-gain frequency-response ~ частотная характеристика усиления (по замкнутому контуру)
  phase ~ фазовая диаграмма
  polar ~ график в полярных координатах
  volt(age)-current ~ вольт-амперная характеристика
plotter графопостроитель
  analog ~ аналоговый графопостроитель
  coordinate ~ (двух)координатный графопостроитель, графопостроитель (работающий) в декартовых координатах, XY-графопостроитель
  electrostatic ~ электростатический графопостроитель
  flatbed ~ 1. планшетный графопостроитель 2. настольный графопостроитель
  graph ~ графопостроитель
  XY ~ (двух)координатный графопостроитель, графопостроитель (работающий) в декартовых координатах, XY-графопостроитель
plotting вычерчивание кривых; построение графиков
  continuous ~ непрерывное вычерчивание кривых
  discrete ~ дискретное вычерчивание кривых (*путём нанесения отдельных точек*)
  flux ~ построение картины распределения (магнитного) потока
plow токосниматель
plug 1. вилка (*электрического соединителя*); штепсель 2. штекер 3. штырь; штырёк 4. пробочный предохранитель, пробка ◇ **~ with receptacle** вилка с розеткой
  aligning ~ ключ (*напр. цоколя лампы*)
  attachment ~ патронный ответвительный штепсель; патрон со штепсельными гнёздами
  banana ~ вилка соединителя с (про-

PLUNGER

дольными) подпружинивающими контактами
branch ~ разветвительная вилка; переходная вилка
cable ~ кабельная вилка
cannon ~ цилиндрический штепсель
changeover ~ штепсель для переключений
connecting [contact] ~ соединительный [контактный] штепсель
coupler ~ *ж.-д.* штепсель межвагонного соединения
direction-connection ~ переключающий штепсель (*для реверса электродвигателя*)
double-pin ~ двухконтактная [двухштырьковая] вилка
duct end ~ разъём для оконцевания канала
duct opening ~ разъём для входа в канал
Edison screw ~ резьбовая плавкая предохранительная пробка
filler ~ 1. пробка электрического соединителя 2. пробка заливочного отверстия
flat pin ~ вилка с плоскими штырьками
flush ~ штепсель утопленного типа
four-pin ~ четырёхконтактная [четырёхштырьковая] вилка
fuel ~ заглушка ТВЭЛа
fuse ~ плавкая предохранительная вставка; пробочный предохранитель, пробка
fused ~ штекер с предохранителем
fusible ~ плавкая предохранительная вставка; пробочный предохранитель, пробка
ground ~ заземляющий штекер
heating [ignition (spark)] ~ свеча зажигания, запальная свеча
jack ~ 1. штепсельная колодка 2. электрический соединитель
jumper ~ 1. штепсельная розетка 2. штепсель рельсового соединителя
junction cord ~ соединительный штекер
lamp holder ~ патронный ответвительный штепсель
light-up ~ свеча зажигания; запальная свеча
male ~ штепсельная вилка
multifinger test ~ многовилочный испытательный разъём
multipin ~ многоконтактная [многоштырьковая] вилка
multiple ~ многополюсная вилка
neutron scatter ~ устройство (*в топливной сборке*) для предотвращения выхода нейтронов из активной зоны
noninterchangeable ~ невзаимозаменяемая специальная вилка с фиксированными полюсами
one-pole ~ вилка однополюсного [униполярного] соединителя
phono ~ вилка выходного шнура (электро)проигрывателя
pin ~ штепсельная вилка
polarized ~ поляризованный вилочный контакт; вилка с фиксированным положением введения в розетку
safety ~ плавкая предохранительная вставка; пробочный предохранитель, пробка
screw ~ ввинчиваемый штепсель
self-aligning ~ самоустанавливающийся штырь (*в соединителе*)
shield(ing) ~ 1. экранированный штепсельный разъём 2. защитная пробка (*ядерного реактора*)
short-circuiting [shorting] ~ 1. короткозамыкатель, короткозамыкающий штепсель 2. короткозамыкающий штырь (*в волноводе*)
snatch ~ штепсель с защёлкой
spark(ing) ~ свеча зажигания, запальная свеча
switch ~ 1. штепсель 2. настенная штепсельная розетка с выключателем
telephone ~ телефонный штекер
terminal ~ кабельный наконечник
test ~ наладочная [проверочная] вставная часть испытательного блока
three ground spark ~ свеча зажигания с тремя боковыми электродами
three-pin ~ трёхконтактная [трёхштырьковая] вилка
two-pin ~ двухконтактная [двухштырьковая] вилка
vent ~ вентиляционная пробка
wall ~ штепсельная вилка
plug-and-jack, plug-and-socket штепсельный соединитель, штепсельный разъём
plugboard штекерная панель; штепсельная панель
plugging торможение (*электродвигателя*) противовключением, торможение (*электродвигателя*) противотоком
plughole штепсельное гнездо
plug-in 1. сменный блок 2. съёмный, сменный
plug-wire коммутационный шнур
plunger 1. плунжер; поршень 2. сердеч-

PLYMETAL

ник (*электромагнита*) **3.** шток; штифт
bucket ~ плунжер стаканного типа
contact ~ контактный плунжер
switch ~ шток выключателя
trip-coil ~ плунжер катушки отключения
plymetal биметалл, плакированный металлом
point 1. точка **2.** деление (*шкалы*) **3.** контакт **4.** остриё **5.** пункт; подстанция
~ **of common coupling** общая точка нескольких присоединений
~ **of connection** точка присоединения, точка подключения
~ **of fault** точка КЗ
~ **of maximum** точка максимума
~ **of minimum** точка минимума
alarm set ~ уставка аварийной сигнализации
balance ~ точка равновесия
branch ~ точка разветвления, узловая точка, узел (*цепи*)
breakdown ~ точка пробоя
breaker ~ **1.** контакт прерывателя **2.** момент размыкания контактов прерывателя
breaking ~ точка пробоя
breakover ~ точка переключения (*тиристора*)
carbon ~ конец угля (*в дуговой лампе*)
central ~ **1.** нулевая точка, нуль **2.** начало координат; начало отсчёта **3.** нейтральная точка
check ~ контрольная точка
connection ~ точка присоединения, точка подключения
contact ~ **1.** контакт-деталь **2.** контактное остриё, наконечник (*измерительного прибора*) **3.** контактная поверхность (*электрода машины для точечной сварки*)
contactor ~s контакты контактора
control ~ контрольное значение регулируемой величины; контрольная точка
control and indication ~ точка контроля состояния (*оконечного оборудования телемеханики*)
control and switching ~ переключательный пункт
corona ~ коронирующее остриё
critical ~ критическая точка
crossover ~ точка кроссовера (*минимального сечения электронного пучка*)
Curie ~ точка Кюри
delivery ~ питающая подстанция
dispatching ~ диспетчерский пункт
distributing [distribution] ~ распределительный пункт (*сети*)
double minimum power ~s точки двойной минимальной мощности
driving ~ **1.** точка возбуждения **2.** вход электрической цепи (*в теории цепей*)
energy metering ~ точка подключения электросчётчика
equilibrium ~ точка равновесия
fault ~ точка КЗ
feed(ing) ~ точка возбуждения; точка питания
firing ~ напряжение ионизации; напряжение зажигания разряда
fixed ~ неподвижный контакт
flash ~ температура вспышки
full valve ~ режим полностью открытого клапана (*турбины*)
generator base ~ базовая точка [величина нагрузки] агрегата
grounding ~ точка заземления
instantaneous operating ~ мгновенная рабочая точка
isoelectric ~ изоэлектрическая точка
junction ~ точка разветвления, узловая точка, узел (*цепи*)
knee ~ точка перегиба (*кривой намагничивания*)
load ~ точка подключения нагрузки
load concentration ~ центр нагрузки
magnetization curve knee ~ точка перегиба кривой намагничивания
measure(ment) [measuring] ~ точка измерения; контрольная точка
melting ~ точка [температура] плавления
monitoring ~ контрольная точка
movable ~ подвижный контакт
Neel ~ точка Нееля
network junction ~ узел сети
neutral ~ нейтральная точка, нейтраль
neutral ~ **in a polyphase system** нейтраль многофазной системы
nodal ~ **1.** узловая точка, узел **2.** измерительный наконечник
operating ~ рабочая точка
peak ~ точка максимума (*характеристики*)
power ~ электрический ввод
pullout ~ точка опрокидывания (*электродвигателя*)
reference ~ базовая точка; опорная точка
registration ~ точка крепления контактного провода фиксатором (*на опоре*)

POLARITY

regulating ~ заданное значение регулируемой величины, уставка
saturation ~ точка насыщения (*на кривой намагничивания*)
set ~ заданное значение регулируемой величины, уставка; контрольная точка
single defect ~ точечный дефект
singular ~ особая точка
softening ~ точка [температура] размягчения
solder termination ~ хвостовик для пайки (*электрического соединителя*)
solidification ~ точка [температура] затвердевания
source ~ узел питания
spare ~ резервная точка
stable equilibrium ~ точка устойчивого равновесия
star ~ нейтраль звезды
stationary breaker ~ неподвижный контакт прерывателя
status ~ точка отбора сигнала о положении (*коммутационного аппарата*)
summation [summing] ~ точка суммирования
switching ~ 1. коммутационный пункт; переключательная подстанция 2. точка коммутации
tap(ping) ~ точка ответвления, точка отвода
termination ~ 1. место подключения или присоединения внешнего проводника 2. хвостовик (*электрического соединителя*)
tie ~ точка примыкания
tie-line control metering ~ точка измерения мощности на межсистемной линии связи
transition ~ **of a circuit** (узловая) точка цепи, в которой изменяется волновое сопротивление
tripping ~ уставка защиты на отключение
trip set ~ уставка защиты на отключение
true neutral ~ истинная нейтраль
unstable equilibrium ~ точка неустойчивого равновесия
valley ~ точка впадины (*характеристики туннельного диода*)
working ~ рабочая точка
Y-~ нейтраль звезды
zero ~ нулевая точка, нуль; начало координат
pointer стрелка, указатель (*прибора*)
  knife-edge ~ ножевидная стрелка
  maximum demand ~ указатель максимума нагрузки
pointolite точечная лампа
point-on-wave точка на кривой (*тока или напряжения*)
  fault ~ точка КЗ на кривой напряжения (*предшествующего режима*)
poison яд, ядовитое вещество
  catalyst [contact] ~ каталитический [контактный] яд
  electrode ~ электродный яд
  electrolysis ~ электролизный яд
  reactor ~ реакторный шлак
poisoning отравление; загрязнение
  cathode ~ отравление катода
  constant ~ отрицательная реактивность (*ядерного реактора*)
  fission product ~ отравление (*ядерного реактора*) продуктами деления
  fuel ~ отравление (ядерного) топлива
  post-shutdown ~ отравление отключённого ядерного реактора
  radioactive ~ радиоактивное отравление
  reactor ~ отравление (ядерного) реактора
polar полярный
polarity полярность ◊ **to observe the** ~ соблюдать полярность
  ~ **of conductivity** тип проводимости
  ~ **of generator field** полярность возбуждения генератора
  ~ **of line** полярность линии (*постоянного тока*)
  additive ~ согласное включение обмоток
  battery ~ полярность выводов батареи
  bias ~ полярность смещения
  dc arc welding reverse ~ обратная полярность электродуговой сварки постоянного тока
  dc arc welding straight ~ прямая полярность электродуговой сварки постоянного тока
  direct ~ прямая полярность
  electric(al) ~ электрическая полярность
  field ~ полярность поля
  forward ~ прямая полярность
  lead ~ полярность концов обмотки
  magnetic ~ полярность магнита
  negative ~ отрицательная полярность
  opposite ~ противоположная полярность
  positive ~ положительная полярность

POLARIZABILITY

relative lead ~ относительная полярность выводов
reverse(d) ~ обратная полярность
signal ~ полярность сигнала
straight ~ прямая полярность
subtractive ~ встречное включение обмоток
polarizability поляризуемость
electric ~ электрическая поляризуемость
electronic ~ электронная поляризуемость
ionic ~ ионная поляризуемость
magnetic ~ магнитная поляризуемость
polarization поляризация
anodic ~ анодная поляризация, поляризация анода *(в электролитах)*
anticlockwise ~ левая круговая поляризация
cathodic ~ катодная поляризация, поляризация катода *(в электролитах)*
chemical ~ химическая поляризация
clockwise ~ правая круговая поляризация
concentration ~ концентрационная поляризация
counterclockwise ~ левая круговая поляризация
cross ~ кросс-поляризация
dielectric ~ 1. электрическая поляризация 2. поляризация диэлектрика
dipole ~ дипольная поляризация
dual ~ двойная поляризация
electric ~ электрическая поляризация
electrode ~ электродная поляризация, поляризация электрода
electrolytic ~ электролитическая поляризация
electronic ~ электронная поляризация
ferroelectric ~ поляризация сегнетоэлектрика
horizontal ~ горизонтальная поляризация
imperfect ~ частичная поляризация
induced ~ вызванная поляризация
interfacial ~ межфазная поляризация
ion(ic) ~ ионная поляризация
left-hand ~ левая круговая поляризация
light ~ поляризация света
magnetic ~ 1. магнитная поляризация 2. намагниченность
negative circular ~ левая круговая поляризация
orthogonal ~ ортогональная поляризация
partial ~ частичная поляризация

perfect ~ полярная поляризация
phase ~ фазовая поляризация
piezoelectric ~ пьезоэлектрическая поляризация
plane ~ линейная [плоская] поляризация
positive circular ~ правая круговая поляризация
reference ~ опорная поляризация
remanent ~ 1. остаточная поляризация 2. остаточная намагниченность
residual electric ~ остаточная электрическая поляризация
right-hand ~ правая круговая поляризация
rota(to)ry ~ круговая поляризация
spontaneous ~ спонтанная [самопроизвольная] поляризация
vertical ~ вертикальная поляризация
polarizer поляризующая добавка, поляризатор
polar-reciprocal взаимнополярный
pole 1. полюс 2. мачта; (одностоечная) опора *(ЛЭП)* 3. столб; стойка 4. электрод *(электрохимического источника тока)* ◊ ~ **in a network** полюс сети
~ **of magnet** полюс магнита
~ **of switching device** полюс коммутационного аппарата
analogous ~s одноимённые полюсы
anchor(ing) ~ анкерный столб; анкерная опора
angle ~ угловая опора
auxiliary ~s добавочные полюсы
blank ~ полюс без обмотки
bracket ~ столб с кронштейнами
comb-shaped ~ полюс в форме гребёнки, гребенчатый полюс
commutating [compensating] ~ добавочный полюс
concentrated ~s явновыраженные полюсы
concrete ~ железобетонная опора
converter station ~ полюс преобразовательной подстанции
definite ~s явновыраженные полюсы
electric ~ 1. электрический полюс 2. одиночный питающий электрод
field ~ полюс возбуждения
fixed ~ неподвижный полюс
grounded ~ заземлённый полюс
guyed ~ столб [опора] с оттяжками
intermediate ~ промежуточная опора
interrupter ~ полюс выключателя; полюс прерывателя
junction ~ транспозиционная опора

laminated ~ шихтованный полюс; слоистый [пластинчатый] полюс
lamp ~ фонарный столб
like ~s одноимённые полюсы
line ~ линейная опора *(ЛЭП)*
magnet ~ 1. полюс магнита 2. полюс магнитопровода
magnetic ~ 1. полюс магнита 2. магнитный полюс
main ~s главные полюсы
negative ~ отрицательный полюс
nonsalient ~s неявновыраженные полюсы
operating ~ оперативная [изолирующая] штанга
opposite ~s разноимённые полюсы
positive ~ положительный полюс
power transmission ~ опора ЛЭП
prestressed concrete ~ предварительно напряжённая бетонная стойка *(опоры ВЛ)*
projecting ~s явновыраженные полюсы
reciprocal ~ противоположный полюс
reinforced concrete ~ железобетонная стойка *(опоры ВЛ)*
salient ~s явновыраженные полюсы
screened ~ экранированный полюс
shaded ~ экранированный полюс; расщеплённый *(медным кольцом)* полюс
shading ~ экранирующий полюс
shielded ~ экранированный полюс; расщеплённый *(медным кольцом)* полюс
single-member stay ~ одностоечная опора на оттяжках
slotted ~ полюс с обмоткой в пазах;
smooth ~s неявновыраженные полюсы
solid ~ массивный полюс
split ~ расщеплённый полюс
stayed ~ столб с оттяжками
steel ~ стальная опора
strutted (terminal) ~ (концевая) опора с подкосами
terminal ~ концевая опора
transposition ~ транспозиционная опора
trolley ~ 1. штанга токоприёмника 2. опора контактной сети
tubular ~ трубчатая опора
unlike ~s разноимённые полюсы
pole-arm траверса *(опоры)*
pole-changer переключатель полюсов; переключатель полярности
poling 1. ряд [линия] опор ЛЭП 2. установка опор *(ЛЭП)* 3. поляризация сегнетоэлектрика
polisher:
electrical floor ~ электрополотёр
pollution загрязнение
eye ~ световое загрязнение *(от уличного освещения, световой рекламы)*
insulation ~ загрязнение изоляции
light ~ световое загрязнение *(от уличного освещения, световой рекламы)*
microwave ~ загрязнение (высокочастотным) электромагнитным излучением
polybutadiene полибутадиен
polybutene полибут(ил)ен
polychloroprene полихлоропрен
polycore многожильный
polyelectrolyte полиэлектролит
polyethylene полиэтилен
chlorosulfonated ~ хлорсульфонированный полиэтилен
conductive ~ проводящий полиэтилен
cross-linked ~ сшитый полиэтилен, полиэтилен с межмолекулярными связями
linear ~ линейный полиэтилен
thermoplastic ~ термопластичный полиэтилен
polyisoprene полиизопрен
polymethylmethacrylate полиметилметакрилат
polyphase многофазный
polystyrene полистирол
polyurethane полиуретан
polyvinylchloride поливинилхлорид, полихлорвинил
pond бассейн
aging ~ бассейн для выдержки *(облучённого ядерного топлива)*
cooling ~ бассейн для выдержки *(отработавшего ядерного топлива)*
pressure-suppression ~ бассейн-барботёр
pool объединение
formal ~ (энерго)объединение, действующее на основе формальных соглашений между энергокомпаниями *(при свободных перетоках мощности между ними)*
power ~ объединённая энергосистема, энергообъединение
porcelain фарфор
beryllia types ~ фарфор на основе оксида бериллия
dry process ~ штампованный [прессованный] фарфор
electrical (insulator) [electrotechnical] ~ электротехнический фарфор, элек-

PORT

трофарфор, электрокерамическая изоляция
high-strength ~ высокопрочный фарфор
high-tension [high-voltage] ~ высоковольтный электрофарфор
insulation ~ электротехнический фарфор, электрофарфор, электрокерамическая изоляция
low-tension [low-voltage] ~ низковольтный электрофарфор
wet process ~ литой фарфор

port 1. вход; выход **2.** плечо *(мостовой схемы)* **3.** пара полюсов
balanced ~ симметричный вход; симметричный выход
conjugate ~s сопряжённые плечи
difference ~ разностное плечо
electric ~ электрический вход; электрический выход
end ~ изолирующий стык *(между рельсами для электрического отделения участка автоблокировки)*
input ~ входное плечо
intake ~ входное отверстие; впускное отверстие
output ~ выходное плечо

posistor позистор *(терморезистор с высоким положительным температурным коэффициентом сопротивления)*

position положение ‖ располагать; размещать; устанавливать в заданное положение
~ **of push-button switch** положение кнопочного переключателя
~ **of rest** положение покоя; положение невозбуждённого аппарата
~ **of rotary switch** положение поворотного переключателя
~ **of toggle switch** положение тумблера
at-rest ~ исходное положение
closed ~ замкнутое положение; рабочее [включённое] положение
contact standard reference ~ положение контактов *(коммутационного аппарата)* в нерабочем состоянии
deenergized ~ обесточенное положение
depressed ~ рабочее [включённое] положение; положение «включено»
disconnected ~ нерабочее [отключённое] положение
equilibrium ~ положение равновесия
fault ~ положение *(реле)* при КЗ
free ~ начальное положение; свободное положение
fully connected ~ **of a breaker** рабочее [включённое] положение (выдвижного) выключателя
fully inserted ~ положение полного опускания стержня СУЗ
fully withdrawn ~ **of a breaker** нерабочее [отключённое] положение (выдвижного) выключателя
initial ~ исходное положение
inoperative [isolated] ~ нерабочее [отключённое] положение
off(-) ~ нерабочее [отключённое] положение; положение «выключено»
on(-) ~ рабочее [включённое] положение; положение «включено»
open ~ разомкнутое положение; нерабочее [отключённое] положение
operating ~ рабочее [включённое] положение
picked-up ~ сработавшее положение *(реле)*
primary ~ исходное положение
release ~ разомкнутое положение *(регулируемого выключателя)*
reset ~ **1.** положение возврата *(реле)* **2.** положение установки на арретир *(измерительного прибора)*
switched-in ~ рабочее [включённое] положение
switched-off ~ нерабочее [отключённое] положение
test ~ испытательное положение
total-travel ~ конечное положение
transformer tap ~ положение отпаек трансформатора

positioner устройство [механизм] позиционирования, позиционер

positioning 1. установка в заданное положение, позиционирование **2.** юстировка

positive положительная величина ‖ положительный

post 1. зажим, клемма; столбиковый вывод **2.** штырь *(в волноводе)* **3.** столб; стойка; опора **4.** пост; пункт
binding ~ зажим, клемма
capacitive ~ ёмкостный штырь
clip ~ вывод под зажим
inductive ~ индуктивный штырь
lamp ~ фонарный столб
signal ~ светофорная мачта
terminal ~ клемма (аккумуляторной) батареи
tuning ~ настроечный штырь
waveguide ~ волноводный штырь
wrap ~ вывод под накрутку

post-fault послеаварийный

pot 1. переменный резистор, резистор переменного сопротивления **2.** по-

POTENTIAL

тенциометр **3.** герметизировать; заливать (*компаундом*) **4.** ванна
arc-control ~ дугогасящее устройство
electrolyte ~ электролизёр
electroplating ~ ванна для нанесения гальванических покрытий
linear ~ **1.** линейный переменный резистор **2.** линейный потенциометр
low-inertia ~ малоинерционный потенциометр
potential 1. электрический потенциал **2.** разность потенциалов, напряжение ◊ **at a high** ~ под высоким напряжением; ~ **to ground** потенциал относительно земли
~ **of the Earth** (электрический) потенциал Земли
absolute ~ абсолютный потенциал
ac ~ переменное напряжение, напряжение переменного тока
accelerating ~ ускоряющее напряжение
action ~ биоэлектрический потенциал, биопотенциал
advanced ~ опережающий потенциал; электромагнитный потенциал
alternating ~ переменное напряжение, напряжение переменного тока
barrier ~ барьерный потенциал
bias ~ напряжение смещения
bioelectric ~ биоэлектрический потенциал, биопотенциал
breakdown ~ напряжение пробоя, пробивное напряжение
brush ~ щёточный потенциал
bucking ~ потенциал возникновения кругового огня на коллекторе (*в электрических машинах*)
cathode ~ потенциал катода
contact ~ контактная разность потенциалов
Coulomb ~ кулоновский [электростатический] потенциал
critical ~ критический потенциал
deflecting [deflection] ~ отклоняющее напряжение
deionization ~ потенциал деионизации
depolarization ~ потенциал деполяризации
discharge ~ потенциал разряда
dry flashover ~ сухоразрядное напряжение
electric ~ **1.** электрический потенциал **2.** разность (электрических) потенциалов, (электрическое) напряжение
electrode ~ **1.** потенциал электрода **2.** электродный потенциал

electrokinetic ~ электрический потенциал, дзета-потенциал
electrolytic ~ электродный потенциал
electromagnetic ~ электромагнитный потенциал
electropolarization ~ **1.** электродный потенциал **2.** потенциал электрической поляризации
electrostatic ~ электростатический потенциал
equilibrium (electrode) ~ равновесный (электродный) потенциал
excitation ~ потенциал возбуждения
extinction ~ потенциал деионизации, деионизационный потенциал
flashover ~ разрядное напряжение
galvanic ~ гальванический потенциал
glow ~ потенциал тлеющего разряда
ground ~ (электрический) потенциал Земли
ground-surface ~ (электрический) потенциал на поверхности земли
Hall ~ напряжение (на элементе) Холла
high ~ высокое напряжение
hydroelectric ~ гидроэнергоресурсы; гидроэнергетический потенциал
induced ~ наведённое напряжение
initial ~ начальное напряжение (*разряда*)
inner contact ~ внутренняя контактная разность потенциалов
inner electric ~ внутренний электрический потенциал
ionization ~ потенциал ионизации, ионизационный потенциал
junction (contact) ~ контактная разность потенциалов
magnetic ~ магнитный потенциал
magnetic field ~ потенциал магнитного поля
magnetic vector ~ векторный магнитный потенциал
mixed ~ смешанный потенциал (*электрода*)
nodal ~ узловой потенциал
null ~ нулевой потенциал
open-circuit ~ напряжение холостого хода
operating ~ рабочее напряжение
outer electric ~ внешний электрический потенциал
photovoltaic ~ фотоэлектрический потенциал
polarization ~ потенциал поляризации
protection [protective] ~ защитный потенциал
puncture ~ напряжение пробоя, пробивное напряжение

POTENTIOMETER

reference ~ опорный потенциал
rest(ing) ~ потенциал [напряжение] покоя; остаточное напряжение, остаточный потенциал
scalar magnetic ~ скалярный магнитный потенциал
space charge ~ потенциал пространственного заряда
spark(ing) ~ напряжение искрового разряда
standard electrode ~ потенциал нормального электрода
static electrode ~ статический электродный потенциал
striking ~ напряжение зажигания
threshold ~ пороговый потенциал
trolley ~ напряжение контактного провода
vector ~ векторный потенциал
water(-and)-power ~ гидроэнергоресурсы; гидроэнергетический потенциал
wet flashover ~ мокроразрядное напряжение
zero ~ нулевой потенциал
zeta ~ электрокинетический потенциал, дзета-потенциал
potentiometer 1. потенциометр 2. переменный резистор, резистор переменного сопротивления
ac ~ потенциометр переменного тока
balance-type [balancing] ~ компенсационный потенциометр
capacitance ~ ёмкостный потенциометр
carbon ~ 1. углеродистый потенциометр 2. непроволочный переменный резистор с углеродистым покрытием
carbon-film ~ угольноплёночный потенциометр
continuous ~ потенциометр с плавным переключением
cosine ~ косинусный переменный резистор
dc ~ потенциометр постоянного тока
decade ~ декадный потенциометр
deflection ~ потенциометр с неполным уравновешиванием
differential ~ дифференциальный потенциометр
digital ~ цифровой потенциометр
direct-reading ~ потенциометр с непосредственным отсчётом
double ~ сдвоенный переменный резистор
electronic ~ электронный потенциометр

follow-up ~ следящий потенциометр
function ~ функциональный потенциометр
ganged ~ многосекционный потенциометр
ground center-tap ~ потенциометр с заземлённой средней точкой
hand(-set) ~ потенциометр с ручной регулировкой
helical ~ переменный резистор со спиральной намоткой
inductive ~ индуктивный потенциометр
linear ~ 1. линейный потенциометр 2. переменный резистор с линейной характеристикой
low-torque ~ потенциометр с малым моментом (сопротивления)
manual ~ потенциометр с ручной регулировкой
measuring ~ измерительный потенциометр
midget ~ малогабаритный [миниатюрный] потенциометр
multiplying ~ умножающий потенциометр
multiturn ~ многооборотный [многовитковый] потенциометр
oil(-filled) ~ маслонаполненный переменный резистор
output ~ выходной потенциометр
preset ~ подстроечный резистор
recording ~ регистрирующий потенциометр
resistive ~ резистивный потенциометр
resolving ~ решающий потенциометр
scale-factor ~ потенциометр, задающий масштабный коэффициент
screwdriver-adjustable ~ потенциометр с регулировочным винтом
sectionalized ~ секционированный потенциометр
self-balanced ~ автоматический потенциометр
simple ~ линейный потенциометр
sine-cosine ~ синусно-косинусный потенциометр
single-turn ~ однооборотный [одновитковый] потенциометр
slide-wire ~ потенциометр с реохордом
standard ~ эталонный потенциометр; стандартный потенциометр
step ~ потенциометр со ступенчатым переключением
tapped (linear) ~ (линейный) потенциометр с отводами

POWER

thin-film ~ тонкоплёночный переменный резистор
trimmer [trimming] ~ подстроечный резистор
variable wire-spacing ~ потенциометр с переменным шагом намотки
wire-wound ~ 1. проволочный потенциометр 2. проволочный переменный резистор

potentiostat регулятор [стабилизатор] напряжения
pothead концевая кабельная муфта
  pressure-type ~ концевая кабельная муфта под давлением
  receptacle ~ приёмная концевая кабельная муфта
potting герметизация; заливка (*компаундом*)
power 1. мощность 2. энергия 3. снабжать энергией; приводить в действие 4. источник энергии ‖ служить источником энергии 5. способность; возможность ◊ ~ **being wheeled through the area** мощность, пропускаемая через район транзитом
  ~ **of an energizing circuit** мощность, потребляемая цепью возбуждения (*реле*)
  absorbed ~ поглощённая [поглощаемая] мощность
  ac ~ мощность переменного тока
  ac control ~ переменный оперативный ток
  active ~ активная мощность
  actual ~ 1. эффективная мощность 2. активная мощность
  anode input [anode supply] ~ мощность, подводимая к аноду
  apparent ~ 1. кажущаяся мощность 2. фиксируемая мощность (*электростанции*)
  arc ~ мощность дуги
  atomic ~ атомная [ядерная] энергия
  audio ~ мощность звуковой частоты
  auxiliary ~ мощность собственных нужд (*электростанции*)
  available ~ 1. располагаемая мощность 2. согласованная мощность, мощность в режиме согласования
  average ~ средняя мощность
  brake ~ тормозная мощность
  braking ~ 1. энергия, расходуемая на торможение 2. тормозное усилие
  bulk ~ энергия в (объединённой) энергосистеме
  calculated ~ расчётная [проектная] мощность
  calor(if)ic ~ теплотворная способность, теплотворность
  candle ~ сила света в канделах
  carrier ~ мощность несущей
  carrier output ~ выходная мощность на несущей частоте
  circulating ~ реактивная мощность
  complex ~ комплексная [полная, векторная] мощность
  consumed ~ потребляемая мощность
  control ~ оперативный ток
  conventional ~ мощность традиционных источников энергии
  corona loss ~ мощность потерь на корону
  cutoff ~ отключённая мощность
  dc ~ мощность постоянного тока
  dc control ~ постоянный оперативный ток
  delivered ~ поставляемая мощность
  design ~ расчётная [проектная] мощность
  disposable ~ располагаемая мощность
  dissipated [dissipation] ~ мощность рассеяния, рассеиваемая мощность
  distortion ~ мощность (нелинейных) искажений
  disturbance ~ мощность помех
  drive ~ мощность привода
  driving ~ 1. мощность возбуждения 2. входная ВЧ-мощность
  economy ~ дешёвая электроэнергия (*от другой электростанции энергосистемы*)
  effective (radiated) ~ эффективная (излучаемая) мощность
  electric(al) ~ 1. электрическая мощность 2. электрическая энергия, электроэнергия
  emergency ~ 1. мощность, предоставляемая в порядке аварийной взаимопомощи 2. резервный [аварийный] источник питания
  emergency auxiliary ~ резервный источник энергии собственных нужд (*электростанции*)
  end-scale ~ предел измерения мощности
  equivalent noise ~ эквивалентная мощность шума
  excess ~ запас мощности, избыточная мощность
  excitation ~ мощность возбуждения
  fault ~ 1. аварийная мощность 2. мощность КЗ
  feedthrough ~ проходная мощность
  fictitious ~ кажущаяся мощность
  firing ~ мощность зажигания (*разрядника*)

POWER

firm ~ обеспеченная [гарантированная] мощность
first ~ первичная мощность (*на входе выпрямителя*)
forward ~ мощность в прямом направлении; мощность прямой волны
full-load-up running ~ мощность, соответствующая полной нагрузке при подъёме (*лифта*)
fundamental ~ мощность основной гармоники
generating station auxiliary ~ мощность собственных нужд электростанции
generator field ~ мощность цепи возбуждения генератора
given ~ заданная мощность
grid driving [grid input] ~ мощность на входе сеточной цепи
gross ~ полная [суммарная] мощность
half-wave ~ мощность полупериодного переменного тока
hemispherical mean candle ~ средняя полусферическая сила света в канделах
high ~ большая мощность
hydraulic ~ гидроэнергоресурсы; гидроэнергетический потенциал
hydro(electric) ~ мощность ГЭС
idle ~ мощность холостого хода
illuminating [illumination] ~ сила света
imaginary ~ 1. кажущаяся мощность 2. реактивная мощность
incident wave ~ мощность падающей волны
incremental ~ блок электроэнергии (*при переговорах на поставку и взаимных расчётах*)
incremented (fraction of) delivered ~ относительный прирост (части) поставляемой электроэнергии
input ~ входная мощность
installed ~ установленная мощность
instantaneous (peak) ~ мгновенная (пиковая) мощность
insulating ~ изолирующая способность
interchange ~ обменная мощность (*в энергосистемах*)
interference ~ мощность помех
interruptible ~ негарантированная мощность
ionizing ~ ионизирующая способность
lead-in ~ вводимая мощность
leakage ~ мощность утечки
load ~ полезная выходная мощность; мощность в нагрузке

load diversity ~ мощность энергосистем с несовпадающими максимумами нагрузок
long-time average ~ долговременная средняя мощность
luminous ~ сила света
magnet ~ (подъёмная) сила магнита
main(s) ~ мощность, потребляемая от сети
matched-load ~ мощность на согласованной нагрузке
maximum ~ максимальная мощность
mean ~ средняя мощность
mean hemispherical candle ~ средняя полусферическая сила света в канделах
mean horizontal candle ~ средняя горизонтальная сила света в канделах
mean spherical candle ~ средняя сферическая сила света в канделах
minimal ~ минимальная мощность
moderating ~ замедляющая способность
natural ~ натуральная мощность (*ЛЭП*)
net ~ полезная мощность, мощность нетто
net interchange ~ обменная мощность нетто
neutron ~ интенсивность нейтронного потока
no-break ~ бесперебойная подача электроэнергии
noise ~ мощность шума
no-load ~ мощность холостого хода
nominal ~ номинальная мощность
noninterruptible ~ гарантированная мощность
normalized ~ приведённая мощность
nuclear ~ атомная [ядерная] энергия
objective ~ требуемая мощность
off-peak ~ внепиковая мощность, мощность вне пика графика нагрузки
on-peak ~ пиковая мощность, мощность в пике графика нагрузки
operating ~ 1. рабочая [эксплуатационная] мощность 2. оперативный ток
optimum output ~ оптимальная выходная мощность
output ~ 1. выходная мощность; генерируемая мощность 2. выработка электроэнергии
peak ~ пиковая мощность, мощность в пике графика нагрузки
peak envelope ~ максимальное значение мощности огибающей
peak pulse (output) ~ максимальная импульсная (выходная) мощность

penetrating ~ проникающая способность
photovoltaic ~ фотоэлектрическая энергия
polyphase ~ мощность многофазной электрической системы
power takeoff ~ мощность на валу отбора мощности
pulse ~ действующее [эффективное] значение мощности импульса
pulse effective ~ эффективная импульсная мощность
pulse output ~ импульсная выходная мощность
purchased ~ мощность, закупаемая у другой энергосистемы
radio-frequency input ~ входная высокочастотная [ВЧ-]мощность
rated ~ номинальная мощность
reactive ~ реактивная мощность
real ~ активная мощность
reflecting [reflection] ~ отражательная способность
relative ~ приведённая мощность
required ~ потребляемая мощность
requisite ~ потребная мощность
reserve ~ резервная мощность, резерв мощности
reserve ~ of a system резервная мощность (энерго)системы
resolution [resolving] ~ разрешающая способность
saturation ~ мощность насыщения
scattered ~ мощность рассеяния, рассеиваемая мощность
secondary ~ мощность сверх контракта
shaft ~ мощность на валу; мощность, передаваемая валом
short-circuit ~ мощность КЗ
short-time average ~ кратковременная средняя мощность
slip ~ мощность скольжения (*электрической машины*)
solar sea ~ энергия за счёт температурного градиента слоёв воды в океане
specific ~ удельная мощность
spill ~ мощность ГЭС при попусках из водохранилища (*через агрегаты ГЭС*)
standby ~ 1. резервная мощность 2. резервный источник питания
starting ~ 1. мощность трогания, пусковая мощность 2. энергия, расходуемая на трогание
stopping ~ 1. мощность торможения, тормозная мощность 2. энергия, расходуемая на торможение
storage ~ накопленная [запасённая, аккумулированная] энергия
surplus ~ 1. избыточная мощность 2. избыточная энергия
synchronizing ~ синхронизирующая мощность
takeoff ~ отбираемая мощность
tapping ~ мощность ответвления
thermal ~ 1. теплотворная способность, теплотворность 2. тепловая энергия
thermal output ~ тепловая выходная мощность
thermoelectric ~ термоэлектродвижущая сила, термоэдс
three-phase ~ трёхфазная мощность
threshold ~ пороговая мощность
throughput ~ проходная мощность
tidal ~ энергия приливов и отливов
total ~ полная [суммарная] мощность
transmitted ~ передаваемая мощность
tripping ~ мощность отключения
true ~ активная мощность
unconventional ~ мощность нетрадиционных источников энергии (*солнечной, ветровой, волн, приливов и отливов*)
unintentional ~ энергия непреднамеренного *или* неизбежного обмена (*в энергосистемах*)
uninterrupted ~ бесперебойное [гарантированное] электропитание; гарантированная мощность
unit ~ удельная мощность
useful (output) ~ полезная (выходная) мощность
vector ~ комплексная [полная, векторная] мощность
wasted ~ 1. потерянная мощность 2. рассеянная [потерянная] энергия
wattless ~ реактивная мощность
wind ~ энергия ветра
withdrawing ~ отбираемая мощность
power-cut 1. прекращение подачи энергии 2. отключение нагрузки
power-down 1. режим пониженного потребления энергии 2. выключение электропитания
powerhouse здание электростанции
  open-type ~ здание электростанции открытого типа
  shaft-type ~ здание электростанции шахтного типа
powering 1. энергоснабжение 2. электропитание
powerman энергетик
powerplant 1. электростанция, ЭС

POWERSHIFT

2. гидроэлектрическая станция, гидростанция, ГЭС
  floating ~ плавучая электростанция
  wind-driven ~ ветроэнергетическая установка, электростанция, использующая энергию ветра
powershift переключение электропередач под нагрузкой
power-up включение электропитания
preamplifier предварительный усилитель, предусилитель
prebreakdown предпробой
precharge предварительная зарядка
precipitation 1. осаждение **2.** пылеулавливание (*электрофильтром*)
  electric ~ электроосаждение
  electrostatic ~ **1.** электроосаждение **2.** электростатическое улавливание
precipitator 1. осадитель, аппарат для осаждения **2.** электрофильтр
  dust ~ пылеосадитель, пылеуловитель
  electric ~ **1.** электроосадитель **2.** электрофильтр
  electrostatic ~ **1.** электростатический осадитель **2.** электрофильтр
  horizontal-flow ~ горизонтальный электрофильтр
  irrigated ~ орошаемый фильтр
  pipe(-type) ~ электрофильтр с трубчатыми электродами, трубчатый электрофильтр
  plate(-type) ~ электрофильтр с плоскими [пластинчатыми] электродами, пластинчатый электрофильтр
  two-stage ~ двухпольный электрофильтр
  vertical-flow ~ вертикальный электрофильтр
precision точность, прецизионность
precooler предварительный охладитель
precriticality предкритическое состояние
precuring предварительная вулканизация, подвулканизация
prediction прогнозирование
  performance ~ прогнозирование эксплуатационных характеристик
  reliability ~ прогнозирование надёжности
preference:
  ground ~ действие земляных реле независимо и при любом состоянии фазных реле
preheat подогревать
preheater подогреватель
preimpregnation предварительная пропитка
preload предварительная нагрузка ‖ предварительно нагружать

preset предварительная установка; предварительная настройка
pressboard 1. прессшпан **2.** толстый картон; прессованный картон
press-spahn прессшпан
pressure 1. давление **2.** электродвижущая сила, эдс
  absolute condenser ~ абсолютное давление в конденсаторе
  allowable ~ допустимое давление
  back ~ противодавление
  bearing ~ давление на подшипник
  brush ~ усилие нажатия на щётку; давление [нажатие] щёток
  contact ~ **1.** давление в контактах **2.** сила давления контактов, контактное нажатие
  disruptive ~ разрывающее [разрывное] давление
  electric ~ электрическое напряжение
  electrode ~ **1.** давление электрода **2.** усилие между электродами
  extra-high ~ сверхвысокое давление
  final contact ~ контактное нажатие в конце хода
  first-stage shell ~ давление в камере первой [регулирующей] ступени
  heavy [high] ~ высокое давление
  intermediate ~ промежуточное давление
  maximum allowable operating ~ максимально допустимое рабочее давление
  medium ~ среднее давление
  operating ~ рабочее давление
  pantograph ~ прижимное давление токоприёмника
  seal oil ~ давление масла в уплотнении
pretravel рабочий ход (*контакта*)
  ~ **of a limit switch** расстояние подхода конечного выключателя для замыкания контактов
pretriggering преждевременное срабатывание
prevention предупреждение, предотвращение
  battery discharge ~ защита (аккумуляторной) батареи от разрядки
  corona ~ предупреждение короны
  U-jumper ~ приспособление против установки перемычек у счётчика (*с целью кражи электроэнергии*)
price цена; стоимость; тариф
  average ~ **per kWh** средняя стоимость за кВт·ч
  grid ~ цена электроэнергии в основной сети энергосистемы
  peak-load ~ тариф на электроэнер-

гию по максимальной подключённой мощности

pricing:
  peak-load ~ введение специального тарифа (*на потребление электроэнергии*) во время пика нагрузки
  real-time ~ тариф (*электроэнергии*), близкий к предельным затратам
  seasonal ~ сезонная тарификация (*электроэнергии*)
  time-of-day [time-of-use] ~ тарификация (*электроэнергии*) в зависимости от времени суток

primary 1. первичная обмотка 2. индуктор, первичная часть (*линейного электродвигателя*)

principle принцип; закон
  ~ **of superposition** принцип наложения
  Kelvin-Varley ~ принцип подключения к декадам потенциометра через два контакта
  operating ~ принцип действия (*напр. реле*)
  opposed voltage ~ принцип равновесия напряжений
  pulse-area ~ метод (измерений), основанный на площади импульса

printometer электросчётчик с печатающим устройством

probability вероятность
  ~ **of error** вероятность ошибки
  ~ **of expecting unserved MW** вероятность недоотпуска мощности
  ~ **of information loss** *телемех.* вероятность потери сообщения
  ~ **of residual information loss** *телемех.* вероятность необнаруженных потерь сообщений
  block error ~ *телемех.* вероятность искажения блока
  detection ~ вероятность обнаружения
  failure ~ вероятность появления отказа
  residual error ~ *телемех.* вероятность появления необнаруженных ошибок

probe 1. щуп; 2. зонд‖зондировать 3. элемент связи
  capacitive [capacitor, capacity] ~ ёмкостный зонд
  coupling ~ штырь связи
  current ~ датчик тока, токовый зонд
  electric(al) ~ 1. электрический зонд 2. измерительный электрод
  electron-beam ~ электронно-лучевой зонд
  Hall ~ магнитометр (на основе эффекта) Холла
  hand-hold ~ ручной пробник
  high-frequency ~ высокочастотный [ВЧ-]пробник
  high-voltage ~ зонд высокого напряжения
  hot ~ термозонд
  induction [inductive] ~ индуктивный зонд
  measuring ~ измерительный электрод
  potential ~ 1. электрический зонд 2. измерительный электрод
  temperature [thermometer] ~ температурный зонд
  tuning ~ настроечный штырь
  vibration ~ виброзонд
  voltage ~ вольтметровый щуп

problem задача
  power-system network ~ сетевая задача при расчёте энергосистем

procedure 1. процедура; порядок (действия) 2. процесс
  clearance ~ 1. обесточивание 2. отключение КЗ
  negative phase-sequence ~ метод обратного чередования [следования] фаз
  production test ~ методика заводских испытаний
  wire-wrapping ~ электромонтаж методом накрутки

process процесс
  arc-cutting ~ процесс дуговой резки
  commutation ~ процесс коммутации
  energy efficient ~ энергосберегающий процесс
  moderating ~ процесс замедления (*нейтронов*)
  nonstationary ~ нестационарный [неустановившийся] процесс
  periodic ~ периодический процесс
  random ~ случайный процесс
  re-insulation ~ процесс восстановления (повреждённой) изоляции
  stationary ~ стационарный [установившийся] процесс
  time-varying ~ нестационарный [неустановившийся] процесс
  transient ~ переходный процесс
  trickle impregnation ~ процесс капельной пропитки (*обмоток*)
  wave ~ волновой процесс

processing обработка
  cascade nuclear fuel (waste) ~ каскадная обработка (отходов) ядерного топлива
  pulse ~ преобразование импульсов

prod щуп; зонд; пробник
  high-voltage ~ щуп высокого напряжения

instrumentation ~ измерительный щуп
voltage ~ вольтметровый щуп
producer 1. производитель **2.** генератор; источник
   power ~ энергетический реактор
   private ~ **of electric energy** частный производитель электроэнергии
producibility:
   mean ~ **of a hydroelectric power station** средняя выработка электроэнергии на ГЭС
product 1. изделие; продукт **2.** *мат.* произведение **3.** составляющая (*сигнала*)
   cross ~ векторное произведение
   dot ~ скалярное произведение
   electrical ~**s** электротехническая продукция
   inner [scalar] ~ скалярное произведение
   vector ~ векторное произведение
production выработка; производство
   electricity ~ выработка электроэнергии
   electric utility ~ выработка энергии электростанциями общего пользования
   energy ~ выработка (электро)энергии
   heat-and-power ~ выработка электроэнергии и тепла
   mean energy ~ средняя выработка (электро)энергии
   power ~ выработка электроэнергии
   specific electric energy ~ удельная выработка электроэнергии
profile:
   arc ~ профиль дуги
   breakdown voltage ~ распределение пробивных напряжений
   contact ~ форма контакта
   discharge ~ график разряда (*аккумулятора*)
   voltage ~ профиль напряжения
program программа
   electromagnetic transient ~ программа (расчёта) переходных электромагнитных процессов
   emergency action ~ программа действий в аварийной ситуации
   generalized circuit analysis ~ обобщённая программа анализа цепей
   loading control ~ программа управления нагрузкой
   transmission reliability analysis ~ программа анализа надёжности электропередачи
programmer устройство программирования

cam-type ~ устройство программирования кулачкового типа, барабанный контроллер
   net interchange schedule ~ устройство программирования графика обменной мощности (*в АРЧМ*)
projector 1. прожектор **2.** проектор, проекционный аппарат
   floodlight ~ прожектор заливающего света; софит
prong штырь, штырёк
proof:
   test probe ~ защита от повреждения испытательным калибром
   voltage ~ электрическая прочность
proofing 1. обеспечение защиты **2.** защитный покров; оболочка; покрытие
   fungus ~ защита (*изоляции*) от плесени
   water ~ гидроизоляция
   weather ~ защита от климатических воздействий
proofness 1. стойкость **2.** защищённость
   lightning ~ грозозащищённость
   lightning-surge ~ грозоупорность (*ЛЭП*)
propagation распространение
   electromagnetic wave ~ распространение электромагнитной волны
   pulse ~ прохождение [распространение] импульса
   wave ~ распространение волны
   waveguide ~ волноводное распространение
propert/y свойство
   dielectric ~**ies** диэлектрические свойства
   insulating ~ изолирующая способность
   transforming ~**ies** преобразовательные свойства
proportional пропорциональный
   directly ~ прямо пропорциональный
   inversely ~ обратно пропорциональный
protection защита ◊ ~ **against corrosion** защита от коррозии; ~ **against electric-shock hazard** защита от поражения электрическим током: ~ **against lightning** молниезащита; ~ **against line-to-line fault** защита от межфазных КЗ; ~ **against pole slipping** защита (*синхронной машины*) от асинхронного хода; ~ **against sudden restoration of supply** защита синхронного электродвигателя от самозапуска; ~ **against turn-to-turn faults** защита от витковых замыканий

PROTECTION

~ **of electrical machinery** защита электрических машин
~ **of multiterminal lines** защита ВЛ с отводами, защита разветвлённых ВЛ
ac pilot wire ~ РЗ со вспомогательными проводами
alarm operating ~ РЗ с действием на сигнал
anode [anodic] ~ анодная защита
applied fault ~ защита с короткозамыкателем
backup ~ резервная (релейная) защита
biased differential ~ дифференциальная защита с торможением
biological ~ биологическая защита
breaker fail(ure) ~ устройство резервирования отказов выключателей, УРОВ
built-in power-supply ~ встроенная защита источника питания
built-in thermal ~ встроенная тепловая защита (*электрической машины*)
bus(bar) ~ защита сборных шин
cable ~ (релейная) защита кабеля
carrier-current ~ высокочастотная [ВЧ-]защита
carrier-current phase-differential ~ высокочастотная дифференциально-фазная защита
cathode [cathodic] ~ катодная защита
circuit breaker ~ защита цепи с помощью выключателя
circuit-breaker fail(ure) ~ устройство резервирования отказов выключателей, УРОВ
circulating current pilot-wire differential ~ дифференциальная защита уравнительными токами в контрольных проводах
command ~ РЗ с блокировкой по каналам связи
contact ~ защита от прикосновения, контактная защита
current ~ токовая защита
current-differential (transversal) ~ дифференциально-токовая (продольная) защита
current directional ~ токовая направленная защита
current open-phase ~ защита от обрыва фазы
definite-time graded (relay) ~ (ступенчатая) РЗ с независимой выдержкой времени
differential (bus) ~ дифференциальная защита (шин)
directional comparison ~ ВЧ-защита со сравнением направлений мощности по концам защищаемой линии
directional current ~ направленная токовая защита
directional ground ~ направленная защита от замыканий на землю
directional overcurrent ~ направленная токовая защита
direct stroke ~ защита от прямых ударов молнии
discrete distance ~ цифровая дистанционная защита
discrimination [discriminative] ~ избирательная [селективная] защита
distance ~ дистанционная защита
divided-conductor ~ защита от обрыва ветви обмотки
double line-to-ground fault ~ защита от двухфазных замыканий на землю
duplicate ~ дублирующая РЗ
electrolytic ~ электрохимическая защита
electromagnetic ~ электромагнитная защита
electrostatic ~ электростатическая защита
elevated neutral ~ защита от замыканий на землю в статоре генератора с трансформатором в нейтрали
error ~ защита от ошибок
external field ~ защита от внешних полей
falling voltage ~ защита от понижения напряжения; минимальная защита
fault ~ защита от КЗ
field discharge ~ защита от перенапряжения при обрыве цепи ротора; автомат гашения поля, АГП
field-failure ~ защита от обрыва обмотки возбуждения; защита от потери возбуждения
field ground-fault ~ защита от замыканий на землю в обмотке ротора
field-loss ~ защита от обрыва обмотки возбуждения; защита от потери возбуждения
field-winding ~ защита обмотки возбуждения
frame leakage ~ защита от токов утечки на корпус
gas ~ газовая защита
generator ~ защита генератора
generator-transformer unit ~ защита блока генератор—трансформатор
ground fault ~ защита от замыканий на землю
ground overcurrent (fault) ~ максима-

PROTECTION

льная токовая защита от замыканий на землю
ground overvoltage ~ защита от повышения напряжения относительно земли
high-impedance bus ~ защита шин с реле, имеющим высокое сопротивление
high-set overcurrent ~ максимальная токовая защита с повышенной уставкой, отсечка
high-speed relay ~ быстродействующая РЗ
impedance ~ защита полного сопротивления
indirect stroke ~ защита от непрямых ударов молнии
interference ~ помехозащищённость
interturn short-circuit ~ защита от (меж)витковых КЗ
inverse-definite-minimum-time current ~ токовая защита с обратнозависимой характеристикой выдержки времени
leakage ~ защита от замыканий на землю; защита от утечки
lightning(-discharge) ~ молниезащита
lightning surge ~ защита от грозовых перенапряжений
line (fault) ~ защита линии
local backup ~ местное резервирование РЗ
locked rotor ~ защита электродвигателя от работы с заторможённым ротором
longitudinal differential ~ продольная дифференциальная защита
loss-of-excitation [loss-of-field] ~ защита от потери возбуждения
loss-of-synchronism ~ защита от выпадения из синхронизма
low-voltage ~ защита от понижения напряжения, минимальная защита
main ~ основная защита
Merz-price ~ газовая защита (*трансформатора*)
missiles ~ защита от летящих объектов (*на АЭС*)
motor ~ защита (электро)двигателя
motor differential ~ дифференциальная защита двигателя
motoring ~ защита (*генератора*) от перехода в двигательный режим
multizone distance ~ многоступенчатая дистанционная защита
negative phase-sequence-current ~ токовая защита обратной последовательности
negative power ~ защита обратной мощности
negative sequence (current) ~ (токовая) защита обратной последовательности
network ~ РЗ электрических сетей
open-phase ~ защита от обрыва фаз
out-of-step ~ защита от выпадения из синхронизма
overcurrent ~ максимальная токовая защита
overexcitation ~ защита от перевозбуждения
overfrequency ~ защита от повышения частоты
overheating ~ тепловая защита
overload [overpower] ~ защита максимального тока, защита от перегрузки
overspeed ~ защита от превышения частоты вращения
overtemperature ~ защита от перегрева
overvoltage ~ защита от повышения напряжения, защита от перенапряжений
parallel-line ~ защита параллельных линий
partial bus differential ~ частичная дифференциальная защита шин
partly overreach ~ дистанционная защита с охватом части отводов ЛЭП
percentage differential ~ процентно-дифференциальная защита
phase ~ РЗ от междуфазных КЗ
phase-comparison ~ дифференциально-фазная защита
phase conductor discontinuity ~ защита от обрыва проводов
phase-differential ~ дифференциально-фазная защита
phase-failure ~ защита от обрыва фаз
phase-reversal ~ защита от чередования фаз
phase-to-phase fault ~ защита от межфазных замыканий
phase-undervoltage ~ защита от понижения напряжения в пофазном исполнении
pilot ~ with direct comparison продольная дифференциальная защита линий с передачей по вспомогательным проводам сравниваемых величин
pilot ~ with indirect comparison продольная дифференциальная защита линий с передачей по вспомогательным проводам блокирующих *или* разрешающих сигналов
pilot-wire ~ защита со вспомогательными проводами

PROTECTION

pole slipping ~ защита (*генератора*) от асинхронного хода
power ~ защита по питанию
power-down [power-failure] ~ защита от отказов питания
power-transformer ~ защита силовых трансформаторов
primary ~ основная защита
pull-out ~ защита (*синхронной машины*) от выпадения из синхронизма
radiation ~ радиационная защита, защита от излучения
rate-of-change ~ защита по скорости изменения (*контролируемых параметров*)
reactance ~ защита реактивного сопротивления
relay ~ релейная защита, РЗ
reserve ~ резервная защита
residual current ~ токовая защита нулевой последовательности
reverse current ~ защита от обратных токов
reverse power ~ защита обратной мощности
rotor ground fault ~ защита обмотки ротора от замыканий на землю
rust ~ защита от коррозии
segregated ~ раздельная защита (*фаз ЛЭП*)
selective ~ избирательная [селективная] защита
sensitive ground fault ~ чувствительная РЗ от замыканий на землю
short-circuit ~ защита от КЗ
shunt reactor ~ защита шунтирующего реактора
single-phasing ~ 1. защита в пофазном исполнении 2. защита с фильтром симметричных составляющих
slip ~ защита при увеличенном скольжении
stall ~ защита от опрокидывания (*асинхронного двигателя*)
stalled rotor ~ защита (*двигателя*) при торможении ротора
starting open-phase ~ защита от неполнофазного пуска
station auxiliary ~ защита (*электрооборудования*) собственных нужд электростанции
stator ~ защита статора от КЗ
stator ground-fault ~ защита от замыканий на землю в цепи статора
stator load-unbalance ~ защита от несимметрии нагрузки в цепи статора
stepped curve distance-time ~ дистанционная защита со ступенчато-зависимой характеристикой выдержки времени
stuck breaker ~ устройство резервирования отказа выключателя
supplementary ~ дополнительная защита
surge (voltage) ~ защита от повышения напряжения, защита от перенапряжений
switchgear ~ (релейная) защита распределительного устройства
switching error ~ защита от неправильных коммуникационных операций
tank-ground ~ защита (*трансформатора*) от замыканий на бак
thermal ~ тепловая защита
thermal overload ~ тепловая защита от перегрузки; защита от тепловой перегрузки
thermocouple burnout ~ защита от перегорания термопар
three-stage distance ~ трёхступенчатая дистанционная защита
time-delay ~ защита с выдержкой времени
time-delay undervoltage ~ защита минимального напряжения с выдержкой времени
total bus differential ~ полная дифференциальная защита шин
transformer ~ защита трансформатора
transformer biased differential ~ дифференциальная защита трансформатора с торможением
transformer fault ~ защита трансформатора от повреждения
transformer-feeder ~ защита блока линия—трансформатор
transmission line ~ защита ЛЭП
transverse differential ~ поперечная дифференциальная защита
tripping ~ защита с действием на отключение
turn-fault ~ защита от витковых замыканий
two-phase overload ~ защита от перегрузки с реле в двух фазах
unbalanced load ~ защита от несимметричной нагрузки
undercurrent ~ защита минимального тока
underfrequency ~ защита от понижения частоты
underpower ~ защита минимальной мощности
undervoltage ~ защита от понижения напряжения; минимальная защита

PROTECTOR

unit ~ защита (энерго)блока
unrestricted ~ максимальная токовая защита без ограничения
vacuum lightning ~ молниезащита вакуумным разрядником
variable-percentage differential ~ процентно-дифференциальная защита
voltage monitored overcurrent ~ токовая защита с блокировкой минимального напряжения
voltage-phase-balance ~ защита с блокировкой при несимметрии напряжения
voltage-surge ~ защита от повышения напряжения, защита от перенапряжений
zero(-phase-)sequence ~ защита нулевой последовательности
zero-sequence current ~ токовая защита нулевой последовательности
protector 1. устройство защиты, защитное устройство **2.** предохранитель
current limiting ~ токоограничивающее устройство
inherent motor ~ встроенная защита (электро)двигателя
lightning ~ молниеотвод, (грозовой) разрядник
network ~ устройство защиты сети (*от обратной трансформации*)
pointed lightning ~ игольчатый разрядник
surge ~ устройство защиты от перенапряжений
thermal ~ устройство тепловой защиты
vacuum lightning ~ вакуумный разрядник
proving *ж.-д.* контроль
block ~ зависимая блокировка (*в централизации*)
lock ~ контроль замыкания стрелочного перевода
"off" and "on" signal ~ контроль закрытого и открытого положения сигнала
plunger ~ **of switch blade** плунжерное испытание стрелочного перевода
signal ~ контроль сигнала
pseudobridge псевдомост, схема для сравнения сопротивлений
pull притяжение ◊ **to** ~ **down** понижать напряжение (*на выходе*); **to** ~ **into synchronism** втягивать [входить] в синхронизм; **to** ~ **out of synchronism** выпадать [выходить] из синхронизма; **to** ~ **up** повышать напряжение (*на выходе*)

air gap ~ сила притяжения в воздушном зазоре
magnetic ~ магнитное притяжение
pull-button отжимная кнопка
pull-down понижение напряжения (*на выходе*)
pull-in вхождение в синхронизм
pull-up повышение напряжения (*на выходе*)
pulsation 1. пульсация **2.** угловая частота переменного тока
current ~ пульсация тока
pressure ~ пульсация давления
torque ~ пульсация момента
pulse 1. импульс ‖ генерировать импульсы; работать в импульсном режиме **2.** пульсация; биение ‖ пульсировать
actuating ~ **1.** управляющий импульс **2.** возбуждающий импульс, импульс возбуждения; пусковой импульс, импульс пуска
bell-shaped ~ колоколообразный импульс
bias ~ смещающий импульс
bidirectional [bipolar] ~**s** биполярные импульсы
blackout [blanking] ~ гасящий импульс
blocking ~ **1.** гасящий импульс **2.** запирающий импульс; блокирующий импульс
break ~ импульс размыкания (*цепи*)
burst ~ короткий импульс
calibration ~ калибровочный импульс
check ~ контрольный импульс
chopped ~ срезанный импульс; укороченный импульс
clock ~ тактовый импульс; синхронизирующий импульс, синхроимпульс
closing ~ импульс на включение
control ~ управляющий импульс
correcting ~ корректирующий импульс
current ~ импульс тока
dark-current ~ импульс темнового тока (*в фотоэлектрических приборах*)
decaying ~ затухающий импульс
delay ~ импульс задержки
delayed ~ задержанный импульс
delta light ~ световой дельта-импульс
disabling ~ **1.** гасящий импульс **2.** запирающий импульс; блокирующий импульс
discharge ~ разрядный импульс
displacement ~ импульс смещения
double ~ двойной импульс

PULSE

drive [driving] ~ 1. управляющий импульс 2. возбуждающий импульс, импульс возбуждения; пусковой импульс, импульс пуска
electrical information ~s информация в виде электрических импульсов
electromagnetic ~ электромагнитный импульс
electrostatic discharge electromagnetic ~ электромагнитный импульс от электростатических разрядов
enable [enabling] ~ отпирающий импульс
equalizing ~ выравнивающий импульс
error ~ импульс ошибки
fast ~ короткий импульс, импульс малой длительности
field blanking ~ гасящий импульс поля
final ~ последний импульс (*серии импульсов*)
firing ~ возбуждающий импульс, импульс возбуждения; пусковой импульс, импульс пуска
flat ~ импульс с плоской вершиной
flyback ~s импульсы от обратного хода развёртки
gate [gating] ~ селекторный [стробирующий] импульс, строб-импульс
Gaussian ~ колоколообразный импульс
ghost ~ ложный импульс
half-sine ~ полусинусоидальный импульс
heat ~ тепловой импульс
high-power ~ мощный импульс, импульс большой мощности
ignition ~ импульс зажигания
incoming ~ входной импульс
initiating ~ возбуждающий импульс, импульс возбуждения; пусковой импульс, импульс пуска
input ~ входной импульс
intensification [intensifier] ~ импульс подсветки
inverted ~ инвертированный импульс
keying ~ импульс манипуляции
kickback ~ импульс от обратного хода развёртки
lengthened ~ длинный импульс, импульс большой длительности
light(ing) ~ световой импульс
lightning ~ грозовой импульс, импульс тока молнии
load ~ импульс нагрузки
locking [lockout] ~ 1. блокирующий импульс 2. синхронизирующий импульс, синхроимпульс

make ~ импульс замыкания (*цепи*)
marker ~ маркерный импульс
master ~ 1. ведущий [основной] импульс 2. управляющий импульс
monitoring ~ 1. измерительный импульс 2. контрольный импульс
narrow ~ короткий импульс, импульс малой длительности
negative ~ отрицательный импульс
noise ~ импульс помехи
notch ~ импульс отметки
optical information ~s информация в виде световых импульсов
output ~ выходной импульс
peaking ~ импульс от выброса
photon ~ световой импульс
pilot ~ 1. измерительный импульс 2. контрольный импульс 3. задающий импульс
pip ~ импульс отметки
pointed ~ острый импульс
positive ~ положительный импульс
potential ~ импульс напряжения
power ~ силовой импульс
priming ~ предварительный импульс
read(ing) ~ импульс считывания
rectangular ~ прямоугольный импульс
recurrent ~s периодические импульсы; повторяющиеся импульсы
reference ~ эталонный импульс
reflected ~ отражённый импульс
reset ~ импульс сброса, импульс установки в исходное состояние
residual ~ остаточный импульс
rise/fall ~s импульсы с крутыми фронтами и срезами
sample [sampling] ~ селекторный [стробирующий] импульс, строб-импульс
sawtooth ~ пилообразный импульс
selection [selector] ~ селекторный [стробирующий] импульс, строб-импульс
serrated ~ зубчатый импульс
set(ting) ~ импульс установки (*в определённое положение*); импульс возбуждения
sharp ~ острый импульс
shift ~ импульс сдвига; тактирующий импульс сдвига
short ~ короткий импульс, импульс малой длительности
short-time ~ кратковременный импульс
single ~ одиночный импульс
single-polarity ~ однополярный [монополярный] импульс

slow ~ длинный импульс, импульс большой длительности
spike ~ острый импульс
spurious ~ паразитный импульс; ложный импульс
square(d) [square-topped] ~ прямоугольный импульс
standard ~ эталонный импульс
start(ing) ~ пусковой импульс, импульс пуска
steep ~ импульс с крутым фронтом
step-function ~ единичный ступенчатый импульс
stop(ping) ~ импульс останова
stretched ~ растянутый импульс
strobe ~ селекторный [стробирующий] импульс, строб-импульс
sweep-initiating ~ импульс запуска развёртки
sync(hronizing) ~ тактовый импульс, синхронизирующий импульс, синхроимпульс
test ~ испытательный импульс; контрольный импульс
timed [timing] ~ тактовый импульс, синхронизирующий импульс, синхроимпульс
transient ~ импульс в переходном процессе
triangular ~ треугольный импульс
trigger(ing) ~ пусковой импульс, импульс пуска
tripping ~ импульс на отключение, отключающий импульс
unblocking ~ деблокирующий импульс
unidirectional [unipolar] ~ однополярный [монополярный] импульс
variable-duration [variable-length] ~ импульс переменной длительности
video ~ видеоимпульс
voltage ~ импульс напряжения
wide ~ длинный импульс, импульс большой длительности
wireless ~ радиоимпульс
pulser импульсный генератор, генератор импульсов; датчик временно́й диаграммы последовательности импульсов
  low-level ~ маломощный импульсный генератор; низкочастотный импульсный генератор
pulsewidth длительность импульса
pulsing 1. генерация [генерирование] импульсов **2.** работа в импульсном режиме; посылка импульсов
pump насос ‖ подавать [нагнетать] насосом, качать

boiler-feed ~ питательный насос котла
boric acid injection ~ насос (аварийного) ввода борной кислоты
boric acid metering ~ насос-дозатор борной кислоты
canned motor ~ герметичный насос
chemical dosing ~ насос-дозатор химикатов
circulation ~ циркуляционный насос
condensate (extraction) ~ конденсатный насос
coolant circulation ~ циркуляционный насос охлаждения теплоносителя
coolant-gas circulating ~ циркуляционный насос газового теплоносителя
discharge ~ спускной насос
dosing ~ насос-дозатор
electric ~ электрический насос, электронасос
emergency ~ аварийный насос
feed-water ~ питательный насос
fill ~ насос заполнения
glandless ~ бессальниковый насос
heat ~ тепловой насос
holding ~ насос поддержания давления
injection ~ инжекторный насос
intermediate cooling water ~ насос промежуточного контура
main feed-water ~ главный питательный насос (*электростанции*)
MHD ~ электромагнитный [МГД-] насос
oil-circulation ~ насос циркуляции масла
operating make-up ~ рабочий подпиточный насос
primary coolant ~ главный циркуляционный насос, ГЦН
reactor coolant ~ главный циркуляционный насос (ядерного) реактора
return-drain ~ дренажный насос
shaft-driven ~ насос с приводом от вала
storage ~ агрегат ГАЭС
turbine-driven ~ насос с турбоприводом
pumphouse:
  station ~ береговая насосная электростанция
pumping накачивание; откачивание (*ламп*)
punch пробивать, перфорировать ◊ ~ **into a core** набирать [собирать] листы в сердечник
punchings листы [пластины] сердечника
  armature ~ листы сердечника якоря

pole ~ штампованные листы полюса
rotor ~ штампованные листы ротора
stator ~ листы сердечника статора
puncture 1. разрушающий пробой 2. путь тока при пробое
  impulse ~ импульсный пробой
purchase:
  border line ~ закупка электроэнергии потребителем у соседней энергокомпании
purification очистка
  ~ **of electrolyte** очистка электролита
  absorption ~ абсорбционная очистка
  active gas ~ спецгазоочистка
push 1. нажать 2. толкнуть
  floor ~ ножной контакт
push-button (нажимная) кнопка
  discharge ~ кнопка разряда (*конденсатора*)
  illuminated ~ кнопка с подсветкой
  momentary ~ импульсная кнопка
  nonilluminated ~ кнопка без подсветки
  oiltight ~ маслонепроницаемая кнопка
  recorder-motor ~ кнопка пуска двигателя регистратора
  selector ~ комбинированная поворотная кнопка
pusher толкатель
  pointer ~ толкатель указателя (*максимума нагрузки электросчётчика*)
  relay ~ толкатель реле
put ◊ **to** ~ **into operation [to** ~ **into service]** вводить в эксплуатацию
pyranol пиранол
pyroconductivity проводимость, обусловленная пироэлектрическим эффектом
pyroelectricity пироэлектричество
pyrometer пирометр
  disappearing filament ~ пирометр с охлаждаемой нитью накала
  electric ~ электрический пирометр
  total radiation ~ радиационный пирометр

Q

quad четвёрка (*жил кабеля*)
  cable ~ четвёрка жил кабеля
  multiple twin ~ двойная парная четвёрка
  spiral ~ четвёрка простой скрутки
  star ~ четвёрка звёздной скрутки

quadrangular четырёхугольный, прямоугольный
quadrant квадрант
quadrate 1. квадрат 2. квадрат, вторая степень
quadratic 1. квадратный 2. квадратичный
quadrature сдвиг по фазе на 90° ◊ **in** ~ под углом 90°
  phase ~ сдвиг по фазе на 90°
quadrilateral 1. четырёхугольный, прямоугольный 2. четырёхсторонний
quadripole четырёхполюсный контур, четырёхполюсник
  active ~ активный четырёхполюсник
  asymmetrical ~ несимметричный четырёхполюсник
  balanced ~ симметричный четырёхполюсник
  equivalent ~ эквивалентный четырёхполюсник
  symmetrical ~ симметричный четырёхполюсник
  unbalanced ~ несимметричный четырёхполюсник
  X-~ четырёхполюсник мостового типа; X-образный четырёхполюсник
quadriradiate четырёхлучевой
quadruple учетверённый; четырёхкратный
quadrupler умножитель на четыре
quadruplicate учетверять
qualimeter прибор для измерения жёсткости рентгеновских лучей
quality качество
  ~ **of power** качество электроэнергии
  ~ **of supply** качество электроснабжения
  radiation ~ качество излучения
quantimeter дозиметр
quantity 1. количество 2. величина
  ~ **of charge [**~ **of electricity]** количество электричества
  ~ **of illumination** интенсивность освещения
  ~ **of light** количество света; интенсивность освещения
  ~ **of power** количество электроэнергии
  actuating ~ воздействующая величина
  alternating ~ переменная величина
  analog ~ аналоговая величина
  characteristic ~ характеристическая величина
  correcting ~ корректирующая величина
  energizing ~ воздействующая величина (*ток или напряжение*)

QUANTIZATION

  harmonic ~ гармоническая величина
  influence ~ влияющая величина
  input energizing ~ входная воздействующая величина
  oscillating ~ колебательная величина
  per unit ~ величина в относительных единицах
  polyphase linear ~ линейная величина (*напр. тока*) многофазной цепи
  power system ~ параметр режима энергосистемы
  pulsating ~ пульсирующая величина
  reference ~ 1. опорная [эталонная] величина 2. величина задания (*в САР*)
  scalar ~ скалярная величина
  simple harmonic [simple sinusoidal] ~ синусоидальная величина
  stochastic ~ стохастическая величина
  substituted ~ замещаемая величина
  symmetrical alternating ~ симметричная переменная величина
  undulating ~ пульсирующая величина; волнообразная величина
  unit ~ 1. единичный заряд 2. единичная величина
  variable ~ переменная величина
  vector ~ векторная величина
quantization 1. квантование (*по уровню*) 2. аналого-цифровое *или* аналого-релейное преобразование
  amplitude ~ квантование по уровню
  linear ~ квантование с равномерным шагом
  nonlinear [nonuniform] ~ квантование с неравномерным шагом
  uniform ~ квантование с равномерным шагом
quantize квантовать
quantizer квантователь, аналого-релейный преобразователь, АРП
  binary ~ преобразователь (аналоговой величины) в двоичную форму
  feedback ~ квантователь с управлением по выходному сигналу
  feedforward ~ квантователь с управлением по входному сигналу
  fixed ~ квантователь с фиксированным шагом
  linear predictive ~ квантователь с линейным предсказанием
  logarithmic ~ логарифмический квантователь
  multibit ~ многоразрядный квантователь
  multilevel ~ многоуровневый квантователь
  nonuniform ~ квантователь с неравномерным шагом

  uniform ~ квантователь с равномерным шагом
quantometer квантометр; счётчик фотонов
quantum 1. количество 2. квант
quarter четверть
quarter-phase сдвинутый по фазе на 90°
quarter-wavelength четверть длины волны
quartz кварц
  fused ~ плавленый кварц
quench гасить
quenching гашение
  arc ~ гашение дуги
  discharge ~ гашение разряда
quick-acting быстродействующий
quick-break с быстрым размыканием
quick-detachable быстросъёмный
quick-make с быстрым замыканием
quick-operating быстродействующий
quintupler умножитель на пять
quotient-meter измеритель отношений (*токов*), логометр

R

race канавка; желобок
raceway канал для электропроводки; кабельный канал
  cellular-metal-floor ~ кабельный канал под ячеистым металлическим полом
  electric ~ канал для электропроводки; кабельный канал
  service ~ кабельный канал для внутренней проводки
  surface metal ~ наземный металлический кабельный канал
  underfloor ~ кабельный канал под полом
racing разнос (*двигателя*)
rack 1. стойка; штатив; стенд 2. стеллаж; полка
  aging ~ стойка для приработки (*аппаратуры*)
  battery ~ полка [стеллаж] для (аккумуляторной) батареи
  cable ~ кабельная стойка; кабельный кронштейн
  cable-head distribution ~ кабельный концевой распределительный шкаф
  cable-terminating ~ стойка кабельных вводов
  capacitor ~ стеллаж для конденсаторов
  electrode ~ подвеска для электрода

RAIL

equipment ~ аппаратурная стойка
high-density fuel ~ компактная стойка для хранения топливных кассет
mounting ~ монтажная стойка
parts ~ стеллаж для запасных частей
power-supply ~ стойка питания, силовая стойка
relay ~ релейная стойка
single-row one-tier ~ однорядная одноярусная (аккумуляторная) стойка
supervisory ~ стойка для контрольной аппаратуры
three-step ~ трёхрядная (аккумуляторная) стойка
two-step ~ двухрядная (аккумуляторная) стойка
rack-mounted смонтированный на стойке
radiance энергетическая яркость
radiancy энергетическая светимость; плотность потока излучения
radiant излучатель
radiate излучать
radiation излучение; радиация
  ~ **of conductors** излучение с проводов
  absorbed ~ поглощённое излучение
  activation gamma ~ гамма-излучение при активации
  alpha ~ альфа-излучение
  background ~ фоновое излучение
  beta ~ бета-излучение
  cabinet ~ излучение от шкафа (с аппаратурой)
  continuous ~ непрерывное излучение
  dipole ~ дипольное излучение
  electromagnetic ~ электромагнитное излучение
  electron ~ электронная эмиссия, эмиссия электронов
  gamma ~ гамма-излучение
  hard ~ жёсткое излучение
  head-on ~ прямонаправленное излучение
  heat ~ тепловое излучение
  high-energy ~ излучение большой энергии
  high-frequency ~ высокочастотное излучение
  internal ~ внутреннее облучение
  ionizing ~ ионизирующее излучение
  leakage ~ паразитное излучение
  low-energy ~ излучение малой энергии
  neutron ~ нейтронное излучение
  nuclear ~ ядерное излучение
  penetrating ~ проникающее излучение
  polarized ~ поляризованное излучение
  primary ~ первичное излучение
  pulse ~ импульсное излучение
  residual ~ остаточная радиация
  scattered ~ рассеянное излучение
  secondary ~ вторичное излучение
  short-range ~ слабопроникающее излучение
  soft ~ мягкое излучение
  spurious [stray] ~ паразитное излучение
  ultraviolet ~ ультрафиолетовое [УФ-] излучение
  visible ~ видимое излучение, свет
  X- ~ рентгеновское излучение
radiation-resistant стойкий к действию излучения
radiator 1. радиатор **2.** излучатель
  bare ~ открытый радиатор
  dielectric rod ~ диэлектрический стержневой излучатель
  electric(al) ~ электрорадиатор
  electrode ~ радиатор (для охлаждения) электрода
  half-wave ~ полуволновый излучатель
  point source ~ точечный излучатель
  quarter-wave ~ четвертьволновый излучатель
  waveguide ~ волноводный излучатель
radioactive радиоактивный
radioactivity радиоактивность
  artificial ~ искусственная радиоактивность
  induced ~ наведённая радиоактивность
  natural ~ естественная радиоактивность
  specific ~ удельная радиоактивность
radioelectronics радиоэлектроника
radiometer радиометр
radionuclide радиоактивный изотоп, радионуклид
radiopacity непроницаемость для излучения
radioresistance стойкость к облучению
radiosensitivity радиационная чувствительность
radiotolerance стойкость к облучению
radwastes радиоактивные отходы
rail 1. направляющая (*рейка*) **2.** рельс
  conduct(or) ~ токопроводящий рельс; контактный рельс
  contact ~ контактный рельс
  insulated track ~ изолированный рельс
  overrunning third ~ третий (контактный) рельс с верхним токосъёмом

RAILWAY

power ~ шинопровод (*для питания электрооборудования*)
third ~ третий (контактный) рельс
top-contact ~ контактный рельс с верхним токосъёмом
under-contact ~ контактный рельс с нижним токосъёмом
underrunning third ~ третий (контактный) рельс с нижним токосъёмом
uninsulated ~ неизолированный рельс
railway железная дорога
   electric [electrified] ~ электрифицированная железная дорога
ramp 1. линейное изменение; пилообразное изменение **2.** линейно изменяющийся сигнал; пилообразный сигнал **3.** крокодил (*шина между рельсами для передачи сигнала на локомотив*)
   field ~ изменение магнитного поля
   frequency ~ линейное изменение частоты
   power ~ постепенное изменение мощности
   timed voltage ~ постепенное нарастание напряжения (*во время пуска электрической машины*)
   voltage ~ линейное изменение напряжения
ramp-down линейно снижающаяся характеристика
ramp-up линейно нарастающая характеристика
range 1. диапазон; интервал; пределы **2.** зона; область **3.** амплитуда, размах (*колебаний*) ◇ ~ **A of voltage** узкий диапазон (А) отклонений напряжения от номинального; ~ **B of voltage** широкий диапазон (В) отклонений напряжения от номинального
   ~ **of scale** предел [диапазон] шкалы
   adjustable speed ~ диапазон регулирования частоты вращения
   adjustment ~ диапазон [пределы] регулирования
   amplitude ~ динамический диапазон
   attenuation ~ диапазон ослабления
   auxiliary dc voltage operating ~ допустимый (рабочий) диапазон оперативного напряжения постоянного тока
   capacitance ~ диапазон (изменения) ёмкости
   common-mode voltage ~ динамический диапазон для синфазного сигнала
   control ~ диапазон [пределы] регулирования
   controlling power ~ диапазон регулирования мощности
   correcting ~ **1.** диапазон [пределы] регулирования **2.** диапазон корректировки
   counter ~ начальный участок пускового режима (*реактора*)
   current setting ~ диапазон уставок по току
   differential input voltage ~ динамический диапазон для входного сигнала дифференциального усилителя
   dynamic ~ динамический диапазон
   effective ~ **1.** рабочий диапазон **2.** диапазон измерений **3.** область точной работы (*реле*) **4.** рабочая часть шкалы (*прибора*)
   effective current ~ эффективные значения тока
   electrical ~ **1.** диапазон (изменения) электрической величины **2.** электрическая плита
   electrical tuning ~ диапазон электрической перестройки частоты
   electronic tuning ~ диапазон электронной перестройки (*генератора*)
   entire ~ полный диапазон
   error ~ диапазон ошибок
   extreme ~ предельный диапазон
   frequency ~ диапазон частот
   frequency tuning ~ диапазон перестройки частоты
   full operating ~ полный рабочий диапазон (*регулятора*)
   full-scale ~ полный диапазон измерений (*прибора*)
   given ~ заданный диапазон
   heating ~ диапазон подогрева
   indication ~ диапазон показаний
   input ~ диапазон входного сигнала
   input voltage ~ диапазон входных напряжений
   instrument ~ диапазон [пределы] измерений прибора
   intrinsic ~ область собственной электропроводности
   load ~ (номинальный) диапазон нагрузок
   lock-in ~ диапазон синхронизации
   manipulated ~ диапазон [пределы] регулирования
   measurement [measuring] ~ диапазон [пределы] измерений
   nominal ~ номинальный диапазон
   operating ~ рабочий диапазон
   operating speed ~ диапазон рабочих частот вращения
   operating voltage ~ диапазон рабочих напряжений
   power ~ диапазон мощностей

RATE

rated frequency ~ номинальный диапазон частот
readout ~ диапазон показаний
regulating ~ диапазон [пределы] регулирования
resistance ~ диапазон (измерения) сопротивления
saturation ~ область насыщения
scale ~ пределы шкалы (*измерительного прибора*); пределы измерения
self-contained ~ собственные пределы измерения (*измерительного прибора*)
setting ~ диапазон уставок
slack ~ диапазон резерва времени
speed ~ диапазон частот вращения
stability ~ область устойчивости
subpower ~ диапазон работы с пониженной мощностью
sweep ~ диапазон (уставок) развёртки
tapping ~ диапазон переключения ответвлений
temperature compensation ~ интервал термокомпенсации
total ~ полный диапазон (*измерений*)
tuning ~ диапазон настройки
variable ~ регулируемый диапазон
voltage ~ диапазон напряжений; пределы изменения напряжения
wave ~ диапазон волн
workable control ~ рабочий участок диапазона регулирования
working ~ рабочий диапазон
working voltage ~ диапазон рабочих напряжений
rate 1. скорость **2.** частота **3.** тариф (*на электроэнергию*) ◊ ~s **to consumers** тарифы на отпуск (*электроэнергии*) потребителям
~ **of change** скорость изменения
~ **of charge 1.** скорость заряда **2.** значение зарядного тока
~ **of discharge 1.** скорость разряда **2.** значение разрядного тока
~ **of energy loss** степень потерь энергии
~ **of evaporation per unit heating surface** напряжение поверхности нагрева котельного агрегата
~ **of information loss** *телемех.* частота потери сообщения
~ **of occurrence of voltage changes** частота колебаний напряжения
~ **of operations** частота срабатываний
~ **of plant depreciation** нормы амортизационных отчислений на электростанцию
~ **of pulse decay** крутизна среза импульса, скорость спадания импульса по заднему фронту
~ **of pulse rise** крутизна фронта импульса, скорость нарастания импульса по переднему фронту
~ **of residual loss** *телемех.* частота необнаруженных потерь сообщений
~ **of rise** скорость нарастания
~ **of rise of recovery voltage** скорость нарастания восстанавливающегося напряжения
~ **of switch closure** скорость замыкания ключа
~ **of voltage rise** скорость нарастания напряжения
absorbed dose ~ мощность поглощённой дозы
acceptable failure ~ приемлемая интенсивность отказов
ambient dose ~ мощность дозы в окружающей среде
area ~ зональный тариф
assessed failure ~ прогнозируемая интенсивность отказов
availability ~ коэффициент готовности
average forced outages ~ среднее число вынужденных остановов
block meter ~ ступенчато-пропорциональный тариф
bonus ~ премиальный тариф
cathode heating ~ скорость разогрева катода
channel coolant ~ расход теплоносителя в канале
charging ~ **1.** скорость заряда (*аккумуляторной батареи*) **2.** ток заряда (*аккумуляторной батареи*)
clock ~ тактовая частота; частота синхронизации
cogen(eration) simulation ~ тариф в соответствии с затратами на блок-станциях
constant discount ~ тариф с постоянными скидками
control ~ скорость регулирования
counting ~ скорость счёта
critical ~ **of rise of off-state current** критическая скорость нарастания тока в закрытом состоянии (*тиристора*)
critical ~ **of rise of off-state voltage** критическая скорость нарастания напряжения в закрытом состоянии (*тиристора*)
critical ~ **of rise of on-state current** критическая скорость нарастания тока в открытом состоянии (*тиристора*)

RATE

cumulative failure ~ суммарная интенсивность отказов
decay ~ скорость спадания; скорость затухания
deloading ~ скорость разгрузки
demand (cost) ~ тариф на электроэнергию (по заявочной стоимости)
discharging ~ **1.** скорость разряда (*аккумуляторной батареи*) **2.** ток разряда (*аккумуляторной батареи*)
dosage [dose] ~ мощность дозы излучения
double [dual] ~ двухставочный тариф
electricity ~ тариф на электроэнергию
energy ~ плата за электроэнергию; тариф на электроэнергию
equivalent forced outage ~ эквивалентная относительная длительность аварийного отключения
error ~ коэффициент ошибок
exposure ~ мощность экспозиционной дозы
failure ~ интенсивность отказов; удельное число повреждений
fault ~ удельное число повреждений
feed ~ периодичность загрузки (*реактора*)
final ~ средневзвешенная ставка при многоставочном тарифе
final charging [finishing] ~ конечный ток заряда, конечный зарядный ток (*аккумуляторной батареи*)
fixed charge ~ постоянная скорость заряда
flat ~ одноставочный тариф
flat demand ~ тариф с постоянной платой за мощность
flexible ~s гибкая система тарифов
follow-on ~ средневзвешенная ставка при многоставочном тарифе
forced outage ~ **1.** относительная длительность (аварийного) простоя **2.** частота вынужденных остановок
frequency tuning ~ скорость перестройки частоты
generation ramping ~ (допустимая) скорость нагружения генераторов
gross station heat ~ удельный расход тепла на отпущенный киловатт-час
hazard ~ частота опасных отказов
heat ~ тепловая мощность
heat-transfer ~ интенсивность теплопередачи; коэффициент теплопередачи
impulse ~ **of rise** крутизна (переднего) фронта импульса

incremental ~ относительный прирост
incremental fuel ~ относительный прирост расхода топлива
incremental heat ~ относительный прирост расхода тепла
information (transfer) ~ *телемех.* скорость передачи информации
initial failure ~ начальная интенсивность отказов
lifeline ~ тариф на электроэнергию для жизненно важных нужд
linear heat ~ линейная тепловая нагрузка ТВЭЛа
load-growth ~ скорость роста нагрузки
loading ~ скорость нагружения
mature forced outage ~ интенсивность аварийного выхода из строя агрегатов, находящихся в эксплуатации 4 года и более
mean failure ~ средняя интенсивность отказов
meter ~ тариф на потреблённую электроэнергию
observed failure ~ наблюдённая интенсивность отказов
off-peak (power) ~ тариф на электроэнергию в период провала нагрузки
on-peak ~ тариф на электроэнергию в период пиковой нагрузки
operating ~ **1.** рабочая скорость **2.** рабочая частота
outage ~ частота отключений
outage replacement ~ интенсивность замены отказавших элементов (*оборудования*)
peak-clipping ~ тариф с уменьшенной оплатой за мощность в период провала нагрузки без уменьшения в период пиковой нагрузки
peak electricity [peak power] ~ тариф на электроэнергию в период пиковой нагрузки
permissible response ~ максимально допустимая скорость изменения регулируемой величины
phase ~ **1.** угловая скорость **2.** угловая [круговая] частота
phase generation ~ скорость генерации фазы
plant heat ~ удельный расход тепла на (электро)станции
power ~ тариф на электроэнергию
power consumption ~ **of growth** темп роста электропотребления
predicted failure ~ прогнозируемая интенсивность отказов

RATING

promotional ~ стимулирующий тариф
pulse(-recurrence) [**pulse-repetition**] ~ частота повторения [следования] импульсов
ramp ~ скорость отслеживания графика нагрузки
read(ing) ~ скорость считывания
recovery voltage ~ скорость восстановления напряжения
reduced ~ 1. льготный тариф 2. сниженная скорость
renewal [**repair**] ~ интенсивность восстановления
repetition ~ частота повторения, частота следования (*напр. импульсов*)
residential ~ тариф для индивидуальных потребителей
response ~ скорость реагирования; скорость срабатывания
retail ~ тариф для индивидуальных потребителей
retail distressed ~ тариф для индивидуальных потребителей с напряжённым финансовым положением
sample ~ частота выборки
scan(ning) ~ скорость развёртки
seasonal ~ сезонный тариф
secondary emission ~ 1. скорость вторичной эмиссии 2. коэффициент вторичной эмиссии
self-discharge ~ скорость саморазряда (*аккумуляторной батареи*)
slow ~ **of rise** малая скорость нарастания (*процесса*)
slowdown ~ темп замедления (*кабины лифта*)
starting ~ начальный ток заряда, начальный зарядный ток (*аккумуляторной батареи*)
starting charging ~ скорость заряда в начале процесса
station heat ~ удельный расход тепла на 1 киловатт-час
step meter ~ ступенчатый тариф на электроэнергию
stepping ~ 1. скорость переключения 2. частота перемещений шагового двигателя
sweep ~ скорость развёртки
switchgear battery ~ время разряда (*аккумуляторной*) батареи для распределительных устройств
switching ~ скорость коммутации
three-part demand ~ трёхставочный тариф на мощность
time ~ 1. разрядный ток данного режима разряда 2. повременный тариф
time-of-day [**time-of-use**] ~ тариф, дифференцированный по времени суток
train ~ частота посылок; скорость серии (*сигналов*)
turbine steam ~ удельный расход пара на турбину
unavailability ~ коэффициент неготовности
voltage growth ~ скорость нарастания напряжения
voltage recovery ~ скорость восстановления напряжения
rated номинальный, расчётный
ratemeter измерительный прибор ионизирующего излучения, дозиметр
dose ~ дозиметр мощности поглощённой дозы
exposure ~ дозиметр мощности экспозиционной дозы
rating 1. номинальное значение, номинал 2. параметр; характеристика 3. (номинальный) режим (работы)
accuracy ~ класс точности
accuracy burden ~ номинальная нагрузка (*измерительных приборов*) в соответствии с классом точности
ampere ~ номинальный ток
ampere-hour ~ ёмкость (*аккумуляторной батареи*) в ампер-часах
asymmetrical current capability [**asymmetrical equipment**] ~ номинал оборудования по отношению к ударному току КЗ
blocking voltage ~ максимально допустимое значение запирающего напряжения
boiler-horsepower ~ номинальная производительность котла
burden ~ номинальная нагрузка (*измерительного прибора*)
contact ~ максимально допустимая мощность включения *или* отключения контактов
contact current-carrying ~ номинальный рабочий ток контактов
contact current-closing ~ максимально допустимый ток замыкания контактов
contact interrupting ~ максимально допустимый ток размыкания контактов
continuous ~ максимально допустимая непрерывная нагрузка
continuous current ~ длительный номинальный ток
continuous-duty ~ максимально допустимая долговременная нагрузка
continuous load ~ максимально допустимая непрерывная нагрузка

RATING

continuous periodic ~ максимально допустимая периодическая нагрузка
current ~ 1. номинальный ток 2. режим по току 3. требования по номинальному току
current and voltage ~s параметры по току и напряжению
current-carrying ~ максимально допустимый ток
duty-cycle ~ номинальные значения рабочих параметров
economic ~ производительность при максимальном кпд
electrical ~s 1. расчётные электрические характеристики *или* параметры 2. требования к электрическим характеристикам *или* параметрам
equivalent continuous ~ эквивалентная максимально допустимая непрерывная нагрузка
fault interruption ~ отключаемая мощность КЗ
frequency ~ номинальная частота
fuel ~ плотность энерговыделения в топливе
fuse current ~ номинальный ток плавкой вставки
fuse interrupting ~ номинальный ток плавления предохранителя
fuse voltage ~ номинальное напряжение плавкого предохранителя
heating conductor surface ~ номинальная поверхностная мощность нагревателя
horse power ~ номинальная мощность в л.с.
inductive ~ номинал для индуктивной нагрузки
instrument ~ 1. *pl* паспортные данные измерительного прибора 2. класс точности измерительного прибора
insulation ~ номинальные *или* максимально допустимые данные изоляции
intermittent(-duty) ~ максимально допустимая нагрузка в повторно-кратковременном режиме
interrupting capacity ~ номинальная отключающая способность
lamp ~ номинальная мощность лампы
limiting time ~ номинал при ограниченном времени работы
load ~ номинальная нагрузка; максимально допустимая нагрузка
maximum ~ максимальная мощность; максимальная нагрузка
maximum continuous ~ максимальная длительно допустимая нагрузка

mechanical short-time ~ номинальная динамическая стойкость
nameplate ~ номинальная мощность, указанная на заводском щитке; паспортная мощность
nominal ~ номинальная нагрузка
normal voltage ~ стандартное номинальное напряжение
one-hour ~ часовая мощность
overload ~ номинал по перегрузке
peak inverse voltage ~ предельно допустимое максимальное обратное напряжение
periodic(-duty) ~ 1. максимально допустимая нагрузка в повторно-кратковременном режиме 2. допустимое значение параметра в повторно-кратковременном режиме
power ~ 1. номинальная мощность; максимально допустимая мощность 2. номинальная нагрузочная способность
power dissipation ~ максимальная рассеиваемая мощность
primary voltage ~ номинал по первичному напряжению
rectifier ~ максимальные значения рабочих параметров выпрямителя
relay contact current-carrying ~ номинальный рабочий ток контактов реле
relay contact current-closing ~ максимально допустимый ток замыкания контактов реле
relay contact interrupting ~ максимально допустимый ток размыкания контактов реле
relay continuous ~ номинальные параметры нормально замкнутых контактов реле
resistive ~ номинал для активной нагрузки
self-contained ~ номинал (*измерительного прибора*) при самостоятельном применении
short-circuit ~ расчётная мощность КЗ
short-time ~ 1. номинал для режима кратковременной нагрузки 2. номинальная кратковременная нагрузка
source resistance ~ номинал сопротивления источника
standard ~ стандартный номинал
thermal burden ~ номинал по термической стойкости
thermal current ~ допустимый ток по нагреву
thermal short-time current ~ допустимая термическая стойкость по току

RATIO

thermal volt-ampere ~ допустимая по термическим условиям нагрузка
tube ~s номиналы ламп
unit ~ номинальная мощность (*агрегата*)
virtual ~ средняя эффективная мощность
voltage ~ номинальное напряжение; максимально допустимое напряжение
wattage ~ 1. номинальная мощность; максимально допустимая мощность 2. расчётная активная нагрузка
ratio 1. отношение; соотношение 2. коэффициент; степень
~ **of dielectric nonlinearity** коэффициент нелинейности диэлектрика
~ **of reactance to resistance** отношение реактивного сопротивления к сопротивлению постоянного тока
~ **of transformation** коэффициент трансформации
~ **of windings** отношение числа витков обмоток
actual transformation ~ действительный коэффициент трансформации
anode-to-cathode ~ отношение площади анода к площади катода
arms ~ отношение плеч моста
attenuation ~ коэффициент затухания
bias ~ коэффициент торможения
brightness ~ отношение яркостей
brush coverage ~ коэффициент щёточного перекрытия
common-mode rejection ~ коэффициент ослабления синфазного сигнала
conduction ~ коэффициент проводимости
control ~ коэффициент управления (*тиратроном*)
conversion ~ коэффициент преобразования
core ~ **of cable** отношения диаметра изоляции кабеля к среднему диаметру скрученной жилы
current ~ коэффициент передачи по току
current instability ~ коэффициент нестабильности по току
current transformer saturation ~ кратность насыщения трансформатора тока
current transformer transformation ~ коэффициент трансформации трансформатора тока
current unbalance ~ коэффициент несимметрии токов

damping ~ коэффициент затухания, декремент
differential absorption ~ коэффициент избирательного поглощения
disengaging ~ коэффициент трогания (*реле*) при возврате
distribution ~ коэффициент распределения
diversity ~ отношение максимальной освещённости поверхности к минимальной
downtime ~ коэффициент простоя
dropoff-to-pickup ~ коэффициент возврата (*реле*)
duty ~ коэффициент заполнения (*последовательности импульсов*)
effective short-circuit ~ эффективное отношение КЗ
electric/heat output ~ соотношение выработки электроэнергии и тепловой энергии на ТЭЦ
electron-gun convergence ~ коэффициент сжатия (пучка) в электронной пушке
equivalent pole arc ~ эквивалентный коэффициент полюсной дуги
excitation response ~ кратность скорости нарастания возбуждения
feedback ~ коэффициент обратной связи
field-forcing ~ кратность форсировки возбуждения
governing ~ отношение крутизны частотной характеристики генерации (*в районе управления*) к разности частотных характеристик генерации и нагрузки
gyromagnetic ~ гиромагнитное отношение
harmonic ~ гармоническое отношение
image rejection ~ коэффициент ослабления по зеркальному каналу
intermediate-frequency rejection ~ коэффициент ослабления по промежуточной частоте
ionization ~ 1. отношение ионных токов 2. отношение потенциалов ионизации
isolation ~ коэффициент (гальванической) развязки
lay ~ коэффициент скрутки (*кабеля*)
light output ~ кпд источника света
load ~ 1. коэффициент нагрузки 2. коэффициент использования (*оборудования*)
load management effectiveness ~ отношение сокращения потребления от

383

RATIO

генерирующих источников к сокращению нагрузки у потребителя
locked-rotor current ~ кратность пускового тока (*электродвигателя*)
loss ~ коэффициент потерь
luminance ~ отношение яркостей
magnetoresistive ~ магниторезистивный коэффициент
magnification ~ коэффициент усиления
main exciter response ~ скорость нарастания напряжения главного возбудителя
marked transformer ~ паспортный [обозначенный] коэффициент трансформации
modulation frequency-to-carrier ~ отношение модулирующей частоты к несущей
negative sequence current ~ коэффициент обратной последовательности тока
negative sequence voltage ~ коэффициент обратной последовательности напряжения
noise-power ~ коэффициент мощности шума
noise-to-signal ~ отношение шум-сигнал
nominal transformation ~ номинальный коэффициент трансформации
observed transformer ~ практический [наблюдаемый] коэффициент трансформации
offset ~ показатель наклона статической характеристики
on-off ~ **1.** отношение уровней (*тока или напряжения*) во включённом и выключенном состояниях **2.** отношение интервалов времени работы и простоя
operating time ~ коэффициент (эксплуатационного) использования
output (voltage) ~ коэффициент деления напряжения на выходе
potential transformer transformation ~ коэффициент трансформации трансформатора напряжения
power ~ отношение мощностей (*на входе и выходе*)
power amplification ~ коэффициент усиления по мощности
power-to-volume ~ отношение мощности к объёму (*напр. аккумуляторной батареи*)
protection ~ коэффициент помехозащищённости
pulse ~ скважность
pulse-initiator ~ коэффициент передачи датчика импульсов (*электросчётчика*)
rated voltage ~ номинальный коэффициент трансформации
reactance ~ отношение падения реактивного напряжения к наведённой эдс
reflection ~ коэффициент отражения
rejection ~ коэффициент подавления
relay armature ~ отношение хода подвижных частей реле к ходу якоря
reset(ting) ~ коэффициент возврата (*реле*)
retrace ~ относительная длительность обратного хода (*луча*)
returning ~ коэффициент возврата (*реле*)
ripple ~ коэффициент пульсации
secondary-to-primary turn ~ отношение числа витков вторичной обмотки к числу витков первичной
series-mode rejection ~ коэффициент подавления напряжения последовательного вида
setting ~ кратность уставок
setting ~ **of characteristic value** кратность уставок по характеристической величине (*реле*)
setting ~ **of specified time** кратность уставок выдержки времени
short-circuit ~ отношение КЗ
shunt ~ коэффициент шунта
signal-to-bias noise ~ отношение сигнала к шуму паузы
signal-to-interference ~ отношение сигнал—помеха
signal-to-noise ~ отношение сигнал—шум
size ~ отношение крутизны частотной характеристики системы АРЧМ района, где произошло возмущение, к крутизне частотной характеристики энергообъединения
slip ~ коэффициент скольжения (*асинхронного двигателя*)
small-signal short-circuit transfer ~ коэффициент прямой передачи тока при короткозамкнутом выходе в режиме малого сигнала
S/N ~ отношение сигнал—шум
spacing ~ отношение расстояния между двумя соседними лампами к высоте их над рабочей поверхностью
speed ~ отношение токов быстрого и медленного плавления (*плавкого предохранителя*)
squareness ~ коэффициент прямоугольности (*петли гистерезиса*)

standing-wave ~ коэффициент стоячей волны, КСВ
starting (current-to-rated) current ~ кратность пускового тока
step-down ~ коэффициент трансформации понижающего трансформатора
sure ~ кратность выдерживаемого перенапряжения
surge voltage ~ коэффициент перенапряжения
tapping voltage ~ коэффициент трансформации на ответвлении
transfer ~ коэффициент передачи
transfer current ~ токораспределение
transfer voltage ~ распределение напряжений
transformation [transformer] ~ коэффициент трансформации
transformer voltage ~ коэффициент трансформации по напряжению
transient overvoltage ~ коэффициент переходного перенапряжения
true transformer ~ действительный коэффициент трансформации
turns ~ коэффициент трансформации по соотношению витков
void volume ~ коэффициент пористости (*изоляции*)
voltage ~ коэффициент трансформации
voltage instability ~ коэффициент нестабильности по напряжению
voltage nonsinusoidality ~ коэффициент несинусоидальности напряжения
voltage standing-wave ~ коэффициент стоячей волны по напряжению, КСВН
voltage transfer ~ коэффициент передачи по напряжению
voltage transformer transformation ~ коэффициент трансформации трансформатора напряжения
voltage unbalance ~ коэффициент несимметрии напряжений
zero-sequence current ~ коэффициент нулевой последовательности тока
zero-sequence voltage ~ коэффициент нулевой последовательности напряжения

ratiometer логометр
transformer ~ измеритель коэффициента трансформации

ray луч; пучок‖излучать(ся); облучать
alpha ~s альфа-лучи
beta ~s бета-лучи
light [luminous] ~ световой луч
ultraviolet ~s ультрафиолетовые [УФ-]лучи
X-~s рентгеновские лучи

reach область действия; зона досягаемости
fuse ~ зона защиты предохранителя
protection ~ защищаемая зона РЗ

reactance 1. реактивное сопротивление, реактивность **2.** (электрический) реактор
armature ~ реактивное сопротивление реакции якоря
armature leakage ~ индуктивное сопротивление рассеяния цепи якоря
asynchronous ~ асинхронное реактивное сопротивление
capacitive ~ ёмкостное сопротивление
capacitor ~ реактивное сопротивление конденсатора
capacity ~ ёмкостное сопротивление
commutating ~ индуктивное сопротивление в цепи (ртутного) вентиля
condenser ~ реактивное сопротивление конденсатора
condensive ~ ёмкостное сопротивление
direct-axis subtransient ~ сверхпереходное реактивное сопротивление по продольной оси
direct-axis synchronous ~ синхронное реактивное сопротивление по продольной оси
direct-axis transient ~ переходное реактивное сопротивление по продольной оси
effective ~ эффективное [действующее] реактивное сопротивление
electrode ~ реактивное сопротивление электрода
end-connection ~ реактивное сопротивление рассеяния лобовых частей обмотки
grounding ~ реактивное сопротивление заземления
induction motor ~ реактивное сопротивление асинхронного электродвигателя
inductive ~ индуктивное сопротивление
inherent ~ внутреннее реактивное сопротивление
input ~ входное реактивное сопротивление
leakage ~ реактивное сопротивление утечки
load ~ реактивное сопротивление нагрузки
locked-rotor ~ реактивное сопротив-

REACTION

ление (*асинхронного двигателя*) при заторможённом роторе
lumped ~ сосредоточенное реактивное сопротивление
magnetic ~ индуктивное сопротивление
magnetizing ~ реактивное сопротивление намагничивания
negative ~ ёмкостное сопротивление
negative (phase-)sequence ~ реактивное сопротивление обратной последовательности
open-circuit ~ реактивное сопротивление холостого хода
output ~ выходное реактивное сопротивление
positive ~ индуктивное сопротивление
positive (phase-)sequence ~ реактивное сопротивление прямой последовательности
Potier ~ реактивное сопротивление Потье
primary ~ реактивное сопротивление первичной обмотки
quadrature-axis subtransient ~ сверхпереходное реактивное сопротивление по поперечной оси
quadrature-axis synchronous ~ синхронное реактивное сопротивление по поперечной оси
quadrature-axis transient ~ переходное реактивное сопротивление по поперечной оси
saturation ~ реактивное сопротивление насыщения
secondary ~ реактивное сопротивление вторичной обмотки
short-circuit ~ реактивное сопротивление КЗ
specific ~ удельное реактивное сопротивление
subtransient ~ сверхпереходное реактивное сопротивление
synchronous ~ синхронное реактивное сопротивление
transient ~ переходное реактивное сопротивление
utility-supply ~ эквивалентное реактивное сопротивление питающей энергосистемы
zero (phase-)sequence ~ реактивное сопротивление нулевой последовательности

reaction 1. реакция 2. положительная обратная связь
armature ~ реакция якоря
capacity ~ обратная связь через ёмкость
chain ~ цепная реакция
controlled nuclear ~ управляемая ядерная реакция
electrode ~ электродная реакция
fusion ~ реакция ядерного синтеза
quadrature-axis armature ~ поперечная реакция якоря
secondary electrode ~ вторичная электродная реакция
thermonuclear ~ термоядерная реакция
water body ~ реакция воды (*в гидротурбине*)

reactivity реактивность (*ядерного реактора*)
cold shutdown ~ холодная остаточная реактивность
excess ~ избыточная реактивность
nuclear ~ реактивность ядерного реактора
shutdown ~ реактивность остановленного ядерного реактора

reactor 1. (электрический) реактор 2. катушка индуктивности; дроссель; элемент с реактивным сопротивлением 3. ядерный реактор
air-cooled ~ реактор с воздушным охлаждением
air-cored ~ реактор с воздушным сердечником
aqueous boiling slurry ~ водно-суспензионный кипящий ядерный реактор
arc-controlling ~ компенсирующий реактор для заземления нейтрали
beryllium-moderated ~ ядерный реактор с бериллиевым замедлителем
boiling heavy water ~ кипящий тяжеловодный ядерный реактор
boiling light water ~ кипящий легководный ядерный реактор
boiling water ~ кипящий ядерный реактор
bus ~ секционный реактор
circulating ~ циркуляционный реактор
circulating-current ~ разделительный реактор
cold ~ холодный [неработавший] ядерный реактор
commercial ~ промышленный ядерный реактор
compensating ~ компенсирующий реактор
concrete ~ бетонный реактор
controlled magnetic core ~ управляемый дроссель со стальным сердечником

REACTOR

controlled thermonuclear ~ управляемый термоядерный реактор
core-type ~ стержневой реактор
coupling ~ катушка связи
current-balancing ~ уравнительный реактор
current-limiting ~ токоограничивающий реактор
demonstration ~ демонстрационный ядерный реактор
diphenyl-moderated ~ ядерный реактор с дифениловым замедлителем
direct conversion ~ реактор прямого преобразования энергии
direct-cycle boiling ~ одноконтурный кипящий ядерный реактор
dry-type ~ сухой реактор
dynamic ~ стабилизатор тока
electrical ~ электрический реактор
electricity production ~ энергетический ядерный реактор
electrochemical ~ электрохимический реактор, электролизёр
electronuclear ~ электроядерный реактор
enriched-uranium ~ ядерный реактор на обогащённом уране
experimental ~ экспериментальный ядерный реактор
fast ~ ядерный реактор на быстрых нейтронах
feed(er) ~ линейный реактор
filter ~ реактор фильтра
fixed ~ неотключаемый реактор; наглухо *или* через разъединитель присоединённый реактор
fluidized-bed ~ ядерный реактор с кипящим слоем топлива
fusion(-type) ~ термоядерный реактор
gas-cooled ~ газоохлаждаемый ядерный реактор
generator ~ реактор статорной цепи генератора
generator neutral ~ реактор в цепи заземления нейтрали генератора
graphite-moderated ~ ядерный реактор с графитовым замедлителем
grounding ~ заземляющий реактор
heat-and-power generating ~ реактор АТЭЦ
heat-only [heat production] ~ ядерный реактор теплоснабжения
heavy water ~ тяжеловодный ядерный реактор
heavy-water pressure-tube ~ канальный тяжеловодный ядерный реактор
hollow-electrode melting ~ плазменная печь с полым катодом

integrated pressurized water ~ интегральный водо-водяной корпусный ядерный реактор
intermediate (spectrum) ~ ядерный реактор на промежуточных нейтронах
iron-core ~ реактор со стальным сердечником
light-water cooled graphite-moderated ~ легководный ядерный реактор с графитовым замедлителем
line ~ линейный реактор
load ~ нагрузочный реактор
loop-type ~ реактор с петлевой компоновкой оборудования
molten-salt ~ ядерный реактор на расплавленных солях
multiregion core ~ многозонный ядерный реактор
natural circulation boiling-water ~ водо-водяной кипящий ядерный реактор с естественной циркуляцией
natural uranium fuel-pressurized water ~ водо-водяной ядерный реактор корпусного типа на природном уране
natural uranium heavy-water ~ тяжеловодный ядерный реактор на природном уране
negative ~ ядерный реактор с отрицательным потоком нейтронов
neutral ~ реактор в нейтрали
neutral-grounding ~ реактор в цепи заземления нейтрали
nuclear ~ ядерный реактор
nuclear power ~ энергетический ядерный реактор
overmoderated ~ реактор с избыточным замедлителем
paralleling ~ уравнительный реактор
pool-type ~ бассейновый ядерный реактор
power ~ энергетический ядерный реактор
pressure vessel ~ корпусный ядерный реактор
primary ~ линейный реактор
process heat ~ ядерный реактор для производства промышленного тепла
production ~ промышленный ядерный реактор
prompt supercritical ~ ядерный реактор в состоянии мгновенной надкритичности
protective ~ токоограничивающий [защитный] реактор
pulse ~ импульсный ядерный реактор
regulating ~ регулировочный реактор
saturable(-core) ~ реактор с регулиро-

READER

ванием насыщения магнитопровода; насыщающийся реактор
saturated ~ насыщающийся реактор
semioutdoor ~ полузакрытый реактор
series ~ реактор последовательного включения; токоограничивающий реактор
shell-type ~ броневой реактор
shunt(ing) ~ реактор параллельного включения; токоограничивающий реактор
slow(-neutron) ~ ядерный реактор на тепловых нейтронах
smoothing ~ сглаживающий реактор
starting ~ пусковой реактор
switching ~ коммутирующий реактор
synchronizing ~ синхронизационный реактор
tap-changed ~ реактор со ступенчатым регулированием
thermal (slow) ~ ядерный реактор на медленных нейтронах
thyristor-controlled ~ реактор с тиристорным управлением
thyristor-controlled saturated ~ насыщающийся реактор с тиристорным управлением
transductor ~ реактор с подмагничиванием
transductor fault-limiting ~ управляемый токоограничивающий реактор
two-circuit boiling-water ~ водо-водяной кипящий ядерный реактор с двойным циклом парообразования
uranium ~ урановый ядерный реактор
uranium-graphite channel-type ~ уран-графитовый канальный ядерный реактор
variable ~ регулируемый реактор
water-cooled ~ водоохлаждаемый ядерный реактор
water-cooled graphite-moderated pressure tube ~ водоохлаждаемый ядерный реактор с графитовым замедлителем и теплоносителем под давлением
water-moderated ~ легководный ядерный реактор
water-moderated water-cooled ~ водо-водяной ядерный реактор
zero-power ~ ядерный реактор нулевой мощности
reader считывающее устройство, устройство считывания
brush contact ~ щёточное устройство считывания
card ~ устройство считывания с перфокарт

meter ~ устройство считывания показаний счётчиков
paper-tape ~ устройство считывания с перфоленты
punch-card ~ устройство считывания с перфокарт
reading 1. показание (*прибора*); отсчёт **2.** снятие показаний; отсчёт показаний ◇ **to take a** ~ снимать показание (*прибора*)
automatic meter ~ автоматическое снятие показания электросчётчика
coarse ~ грубый отсчёт
continuous ~ непрерывное снятие показаний
demand ~s показания указателя максимума нагрузки
dial ~ показание по шкале; отсчёт по шкале
direct ~ прямой [непосредственный] отсчёт показаний
fine ~ точный отсчёт
full-scale ~s пределы измерения по шкале прибора
instrument ~s показания измерительного прибора
meter ~s показания электросчётчика
mirror ~ отсчёт по зеркальной шкале
scale ~ показание по шкале; отсчёт по шкале
telemeter ~s показания телеизмерительных приборов
readjust 1. повторно регулировать; подрегулировать; подстраивать **2.** повторно устанавливать; повторно налаживать
readjustment 1. перестройка; подстройка; подрегулировка **2.** изменение уставки
readout 1. считывание; снятие показаний; отсчёт показаний **2.** отсчётное устройство **3.** индикатор
destructive ~ считывание с разрушением (*данных*)
digital ~ **1.** цифровая индикация, цифровой отсчёт **2.** цифровой индикатор
direct numerical ~ прямой цифровой отсчёт
information ~ считывание информации
nondestructive ~ считывание без разрушения (*данных*)
reallocation:
~ **of load** перераспределение нагрузки
reapplication:
~ **of power** восстановление энергоснабжения
rear задняя сторона

connector ~ монтажная сторона соединителя
rear-mounted с задним монтажом; устанавливаемый с внутренней стороны (*панели*)
rebound отскок (*напр. контактов реле*)
  contact ~ отскок контактов
  relay armature ~ отскок якоря реле
receiver 1. приёмник; сборник; накопитель **2.** радиоприёмник **3.** телевизионный приёмник, телевизор **4.** телефон
  ac/dc ~ приёмник с универсальным питанием
  battery-operated ~ приёмник с батарейным питанием
  capacitor ~ электростатический [конденсаторный] телефон
  electromagnetic ~ электромагнитный телефон
  electrostatic ~ электростатический [конденсаторный] телефон
  low-temperature ~ низкотемпературный приёмник
  mains-powered ~ радиоприёмник с питанием от сети
  moving-conductor ~ электродинамический телефон
  pulse ~ приёмник импульсов
  selsyn ~ сельсин-приёмник
  socket-powered ~ радиоприёмник с питанием от сети
  supervisory control ~ приёмник телемеханики
  synchro(-torque) ~ сельсин-приёмник
  synchro(-torque) differential ~ дифференциальный сельсин
  telemetry ~ приёмник телемеханики
  tone ~ приёмник тональных сигналов
receptacle 1. (электрическая) розетка **2.** розеточная часть, розетка (*электрического соединителя*) **3.** патрон (*электролампы*) **4.** держатель (*напр. плавкого предохранителя*) **5.** гнездо для подключения проводов
  appliance ~ (электрическая) розетка
  cable ~ кабельная розетка
  case ~ приборная колодка на кожухе
  chassis ~ приборная колодка на шасси
  connector ~ розеточная часть (электрического) соединителя
  convenience ~ (электрическая) розетка
  dummy ~ заглушка для розеточной части (*соединителя*)
  female ~ колодка с гнёздами; розеточная часть соединителя
  flanged ~ фланцевая розетка
  flush(-mounted) ~ невыступающая [утопленная] розетка, розетка для скрытого монтажа
  grounding ~ розетка с заземляющим контактом
  lamp ~ ламповый патрон
  male ~ колодка со штырями; вилочная часть соединителя
  polarized ~ полярная розетка, розетка с фиксированной полярностью
  wall (mount) ~ (на)стенная розетка
recharge перезаряд(ка), подзарядка (*аккумуляторной батареи*)‖перезаряжать, повторно заряжать
recharger устройство для подзарядки, зарядное устройство (*аккумуляторной батареи*)
reclose (автоматическое) повторное включение, АПВ‖повторно включать ◊ ~ **on fault** повторное включение (*линии*) на КЗ
  automatic ~ автоматическое повторное включение, АПВ
  delayed ~ повторное включение с задержкой
  single-phase ~ однофазное повторное включение
recloser 1. выключатель с устройством повторного включения **2.** устройство АПВ
  oil-circuit ~ устройство АПВ с масляным выключателем
  series-trip ~ реле тока прямого действия с устройствами АПВ
reclosing (автоматическое) повторное включение, АПВ
  automatic (high-speed) ~ (быстродействующее) АПВ, БАПВ
  delayed ~ АПВ с выдержкой времени
  fast automatic ~ быстродействующее АПВ, БАПВ
  frequency-actuated automatic ~ частотное АПВ, ЧАПВ
  high-speed [HS] быстродействующее АПВ, БАПВ
  live-line ~ АПВ линии с контролем напряжения и синхронизма
  load-indicating automatic ~ АПВ с учётом нагрузки
  multiphase ~ пофазное несинхронное повторное включение
  multiple-acting automatic [multiple shot, periodic automatic] ~ многократное АПВ
  sequential ~ поочерёдное АПВ (*нескольких линий*)
  single-phase [single-pole] ~ однофазное [пофазное] АПВ, ОАПВ
  single-shot ~ однократное АПВ

RECLOSURE

slow-speed ~ медленнодействующее АПВ; АПВ с выдержкой времени
TD ~ АПВ с выдержкой времени
three-pole ~ трёхфазное АПВ, ТАПВ
time-delayed ~ АПВ с выдержкой времени
ultra high-speed ~ сверхбыстродействующее АПВ
reclosure (автоматическое) повторное включение, АПВ
instantaneous ~ быстродействующее АПВ, БАПВ
single instantaneous ~ однократное быстродействующее АПВ, однократное БАПВ
successful ~ успешное АПВ
unsuccessful ~ неуспешное АПВ
reconnect 1. восстанавливать соединение (*схемы*) **2.** повторно соединять, повторно подключать
reconnection 1. восстановление соединения, обратное переключение (*схемы*) **2.** повторное соединение, повторное подключение
recopper заменять обмотку; заменять провода
record 1. запись; регистрация‖записывать; регистрировать **2.** диаграмма (*самописца*)
chart ~ диаграмма
crisp fault ~ запись аварийного процесса с резко изменяющимися параметрами
prefault ~ доаварийная запись
strip-shart ~ ленточная диаграмма
tape ~ (магнитная) лента с записью
vibration ~ виброграмма
recorder 1. регистрирующий прибор, регистратор **2.** самопишущий прибор, самописец
analog ~ аналоговый регистратор
analyzing ~ регистратор-анализатор
chart ~ диаграммный самописец
circular ~ дисковый регистратор
continuous (line) [continuous writing] ~ самописец с непрерывной записью
cylinder expansion ~ регистратор расширения корпуса турбины
data ~ регистратор данных
demand ~ регистратор потребления нагрузки
digital ~ цифровой самописец
digital fault ~ цифровой аварийный регистратор
direct-acting ~ самописец с непосредственной связью с датчиком
direct-print ~ регистратор с непосредственной записью
disk ~ дисковый регистратор
disturbance ~ **1.** регистратор возмущений **2.** регистратор нарушений нормального режима (*энергосистемы*)
dot-dash ~ точечно-пунктирный регистратор
dot-printing ~ точечный регистратор
drum ~ барабанный самописец
electronic ~ электронный регистратор
fault ~ аварийный регистратор
high-speed ~ быстродействующий самописец
light-beam ~ светолучевой регистратор
lightning-stroke ~ регистратор (прямых) ударов молнии
magnetic ~ магнитный регистратор
magnetic-tape ~ магнитофон
maximum demand ~ регистратор максимума нагрузки
multichannel ~ многоканальный самописец
multichart ~ прибор, записывающий одновременно несколько кривых
multipen ~ многоканальный перьевой регистратор
multipoint ~ многоточечный регистратор
paper fault ~ аварийный регистратор
pen ~ перьевой самописец
point ~ точечный регистратор
potentiometer [potentiometric] ~ потенциометрический регистратор
printing ~ знакопечатающий регистратор
pulse ~ регистратор импульсов
quick-start ~ регистратор с быстрым пуском
relay-type ~ самописец с релейным принципом действия
roll-chart ~ регистратор с записью на рулонную диаграмму
rotor-position and thrust-bearing wear ~ регистратор положения ротора и износа упорного подшипника
round-chart ~ регистратор с записью на круговую диаграмму
scanning ~ сканирующий регистрирующий прибор
servo-operated ~ регистратор с сервоприводом
spark ~ искровой самописец
speed and governor valve position ~ регистратор скорости и положения регулирующих клапанов
strip chart ~ ленточный самописец
surge-voltage ~ регистратор перенапряжений

RECTIFIER

tape ~ **1.** магнитофон **2.** ленточный регистратор
temperature ~ регистратор температуры
time-interval ~ регистратор интервалов времени
transient ~ регистратор неустановившихся процессов
X-Y ~ (двух)координатный самописец, X-Y-самописец
recorder-controller регистратор-регулятор
recording 1. запись; регистрация **2.** сигналограмма **3.** диаграмма (*самописца*)
cathode-ray tube ~ запись с экрана ЭЛТ
continuous data ~ непрерывная запись показаний
double-pulse ~ запись двойными импульсами
fault ~ регистрация аварийных нарушений
lateral ~ поперечная запись
magnetic ~ **1.** магнитная запись **2.** магнитная регистрация
oscillograph(ic) ~ осциллографическая регистрация
reference ~ контрольная запись
sequence-of-events ~ регистрация (последовательности) аварийных событий
synchronous ~ синхронная запись
record-player проигрыватель
recovery 1. восстановление **2.** рекуперация
air-gap dielectric ~ восстановление электрической прочности воздушного промежутка
brake current ~ рекуперация тормозного тока
dielectric ~ восстановление электрической прочности
energy recuperation ~ рекуперация электроэнергии, возврат электроэнергии в сеть
load ~ восстановление нагрузки
oil ~ регенерация (трансформаторного) масла
system ~ восстановление (энерго)системы
voltage ~ восстановление напряжения
waste-heat ~ использование отбросного тепла; утилизация тепла
rectification выпрямление
electronic power ~ силовое электронное выпрямление

full-wave ~ двухполупериодное выпрямление
half-wave ~ однополупериодное выпрямление
rectifier выпрямитель
accumulator ~ выпрямитель для зарядки аккумуляторов
ac line fixed-voltage ~ выпрямитель с неизменным напряжением, питающийся от сети переменного тока
ac line-phase-controlled ~ фазоуправляемый выпрямитель, питающийся от сети переменного тока
anode-supply ~ выпрямитель анодного питания
avalanche ~ выпрямитель на эффекте лавинного пробоя
averaging ~ усредняющий выпрямитель
barrier-film [barrier-layer, barrier-level] ~ выпрямитель с запирающим слоем, поликристаллический выпрямитель
battery [battery-charger, battery-charging] ~ выпрямитель для зарядки аккумуляторов
bias ~ выпрямитель для питания цепей смещения
biphase ~ двухфазный выпрямитель
blocking-layer ~ выпрямитель с запирающим слоем, поликристаллический выпрямитель
bridge(-circuit) ~ мостовой выпрямитель, выпрямитель по мостовой схеме
cascade(d) ~ каскадный выпрямитель
center-tap ~ выпрямитель со средней точкой
charging ~ зарядный выпрямитель
cold-cathode ~ выпрямитель с холодным катодом
commutator ~ механический выпрямитель
contact ~ поликристаллический сухой металлический выпрямитель
controlled (mercury-arc) ~ управляемый (ртутный) вентиль
copper(-oxide) ~ меднооксидный выпрямитель
crystal ~ кристаллический выпрямитель; полупроводниковый диод
diametric ~ двухполупериодный выпрямитель
diode ~ диодный выпрямитель
double-way ~ трёхфазный выпрямитель, выпрямитель по трёхфазной мостовой схеме
dry-type ~ полупроводниковый выпрямитель

RECTIFIER

electrochemical ~ электрохимический выпрямитель
electrolytic ~ электролитический выпрямитель
electronic ~ электронный выпрямитель
electronic power ~ силовой электронный выпрямитель
end-cell ~ выпрямитель устройства для подзарядки оконечных элементов
fast ~ быстродействующий выпрямитель
feedback(-regulated) ~ выпрямитель с обратной связью
Ferranti's ~ выпрямитель Ферранти
full-wave ~ двухполупериодный выпрямитель
gas-filled ~ газонаполненный вентиль; ионный вентиль
gate-controlled [gate-turnoff] ~ запираемый триодный тиристор
germanium ~ 1. германиевый выпрямитель 2. германиевый диод
glow-discharge [glow-tube] ~ выпрямитель на лампе тлеющего разряда
grid-controlled ~ выпрямитель с сеточным управлением
grid-controlled mercury-arc ~ ртутный выпрямитель с сеточным управлением
half-wave ~ однополупериодный выпрямитель
half-wave single-phase ~ однополупериодный однофазный выпрямитель
heavy-duty ~ мощный выпрямитель
high-current ~ мощный выпрямитель; сильноточный выпрямитель
high-voltage ~ высоковольтный выпрямитель
ideal ~ идеальный выпрямитель
ignitron ~ игнитронный выпрямитель, игнитрон
junction ~ поликристаллический выпрямитель
magnitude-controlled ~ тиратронный выпрямитель
mechanical ~ механический выпрямитель
mercury(-arc) [mercury-vapor] ~ ртутный выпрямитель, ртутный вентиль
phase-controlled ~ фазоуправляемый выпрямитель
phased-back ~ выпрямитель в режиме инвертора
phase-sensitive ~ фазочувствительный выпрямитель
plate-supply ~ выпрямитель анодного питания
point(-contact) ~ точечный диод
polyphase ~ многофазный выпрямитель
pool-cathode (mercury-arc) ~ (ртутный) выпрямитель на лампе с жидким катодом
power ~ мощный выпрямитель; силовой выпрямитель
pulsed ~ импульсный выпрямитель
regulated(-power) ~ стабилизированный выпрямитель
rotating diode ~ вращающийся диодный выпрямитель
semiconductor ~ полупроводниковый выпрямитель
silicon ~ 1. кремниевый выпрямитель 2. кремниевый диод
silicon-controlled ~ триодный тиристор
silicon power ~ силовой кремниевый выпрямитель
simple ~ простейший выпрямитель
single-phase ~ однофазный выпрямитель
solidly grounded full-wave ~ двухполупериодный выпрямитель с жёстко заземлённым нулём
stabilized ~ стабилизированный выпрямитель
straight ~ неуправляемый выпрямитель
tantalum ~ танталовый выпрямитель
thermionic ~ выпрямитель на лампе с термокатодом
three-phase ~ трёхфазный выпрямитель, выпрямитель по трёхфазной мостовой схеме
three-phase full-wave ~ трёхфазный двухполупериодный выпрямитель
three-phase half-wave ~ трёхфазный однополупериодный выпрямитель
thyratron ~ тиратронный выпрямитель
thyristor ~ тиристорный выпрямитель
track ~ ж.-д. путевой выпрямитель; выпрямитель в рельсовой цепи
uncontrolled ~ неуправляемый выпрямитель
varistor ~ выпрямитель с варистором
voltage-doubler ~ выпрямитель с удвоением напряжения
voltage-multiplier ~ выпрямитель с умножением напряжения
welding ~ сварочный выпрямитель
rectifier-exciter выпрямитель-возбудитель

REFLECTOR

rotating ~ вращающийся выпрямитель-возбудитель
rectify выпрямлять
recuperate рекуперировать
recuperation рекуперация
  energy [power] ~ рекуперация электроэнергии, возврат электроэнергии в сеть
recycle 1. рециркуляция **2.** повторный цикл **3.** повторно использовать ядерное топливо
  fuel ~ повторное использование топлива
  plutonium ~ рециркуляция плутония
  uranium ~ рециркуляция урана
reduce 1. уменьшать, снижать, понижать **2.** приводить; преобразовывать; сокращать
reducer редуктор
  motorized ~ редуктор с (электро)двигателем
reduction 1. уменьшение, снижение; понижение **2.** приведение; преобразование; сокращение
  automatic voltage ~ автоматическое снижение напряжения
  flux ~ уменьшение (магнитного) потока
  frequency ~ снижение частоты
  hum ~ подавление помех от сети (электро)питания
  network ~ преобразование схемы; уменьшение избыточности схемы
  power ~ снижение потребляемой мощности
  two-step pressure ~ двухступенчатое дросселирование
  voltage ~ снижение напряжения
reductor добавочное сопротивление к вольтметру
redundancy 1. избыточность **2.** резервирование; дублирование
  circuit ~ резервирование (на уровне) схемы
  network ~ **1.** резервирование в сети **2.** резервирование (на уровне) схемы
  power system ~ резервирование в энергосистеме
  standby ~ состояние ненагруженного резерва
  system ~ **1.** резервирование в (энерго)системе **2.** резервирование (на уровне) системы
reel 1. барабан (для кабеля) **2.** катушка, бобина (*для провода*)
  cable ~ кабельный барабан
  feed ~ подающий барабан; подающая катушка
  payoff ~ разматывающая катушка
  power cable ~ барабан для силового кабеля
  processing ~ технологическая катушка
  shipping ~ транспортировочная катушка
  stock [supply, takeoff] ~ подающий барабан; подающая катушка
  takeup ~ приёмный барабан; приёмная катушка
reference 1. опорный сигнал **2.** источник опорного сигнала
  command ~ опорный сигнал
  dc voltage ~ **1.** постоянное опорное напряжение **2.** источник постоянного опорного напряжения
  frequency ~ **1.** опорная частота **2.** генератор опорной частоты
  pulsed(-voltage) ~ **1.** импульсное опорное напряжение **2.** источник импульсного опорного напряжения
  voltage ~ **1.** опорное напряжение **2.** источник опорного напряжения
  zero-time ~ начало отсчёта времени
reflectance коэффициент отражения, отражательная способность
  luminous ~ коэффициент отражения света
  radiant ~ коэффициент отражения, отражательная способность
reflection отражение
  diffuse ~ диффузное отражение
  line ~ отражение в линии передачи
  multiple ~ многократное отражение
  regular ~ зеркальное отражение
  scattered ~ диффузное отражение
  specular ~ зеркальное отражение
  spurious ~ паразитное отражение
  wave ~ отражение волны
reflectivity коэффициент отражения; отражательная способность
  luminous ~ коэффициент отражения света
reflectometer рефлектометр
reflectometry измерение коэффициента отражения
reflector 1. отражатель **2.** рефлектор
  active ~ активный рефлектор
  angle(d) ~ уголковый отражатель
  core ~ отражатель активной зоны (*ядерного реактора*)
  cylindrical ~ цилиндрический отражатель
  diffuse ~ диффузный отражатель
  dome ~ куполообразный отражатель
  electromagnetic-radiation ~ отражатель электромагнитного излучения
  ellipsoidal ~ эллипсоидный отражатель

REFRACTION

    extensive ~ широкорассеивающий отражатель
    external ~ внешний отражатель
    flat ~ плоский отражатель
    focusing ~ фокусный [фокусирующий] отражатель
    industrial ~ промышленный отражатель
    intensive ~ отражатель глубокого излучения
    internal ~ внутренний отражатель
    lamp ~ 1. рефлектор 2. отражатель
    parabolic ~ параболический отражатель
    spherical ~ сферический отражатель
refraction рефракция; преломление
    ~ **of light** преломление света
refractivity преломляющая способность
refractor рефрактор
refueling перегрузка топлива (*в ядерном реакторе*)
    automatic ~ автоматическая перегрузка топлива
    dry ~ сухая перегрузка топлива
    off-load ~ перегрузка топлива с остановкой реактора
refusal отказ ◊ ~ **to operate** отказ срабатывания
    ~ **of excitation** исчезновение [потеря] возбуждения
regeneration 1. регенерация, восстановление 2. рекуперация
    ~ **of current** рекуперация электроэнергии, возврат электроэнергии в сеть
    ~ **of electrolyte** регенерация электролита
    dc ~ 1. восстановление постоянной составляющей 2. рекуперация электроэнергии на постоянном токе
    power ~ рекуперация электроэнергии, возврат электроэнергии в сеть
    pulse ~ восстановление импульсов
    three-phase ~ рекуперация энергии с помощью трёхфазных тяговых двигателей
regime режим (работы)
region область; зона; район
    ~ **of electromagnetic spectrum** область электромагнитного спектра
    ~ **of nonoperation** область несрабатывания (*реле*)
    ~ **of operation** область срабатывания (*реле*)
    anode ~ анодная область (*тлеющего разряда*)
    avalanche ~ область лавинного пробоя
    blanket [breeding] ~ зона воспроизводства (*ядерного реактора*)
    cathode ~ катодная область (*тлеющего разряда*)
    combustion ~ зона [область] горения
    core ~ активная зона (*ядерного реактора*)
    critical ~ критическая область
    cutoff ~ область отсечки
    disposal ~ район захоронения отходов (*ядерной энергетики*)
    electric field ~ область электрического поля
    enrichment ~ зона обогащения (*ядерного реактора*)
    fissile [fissionable] ~ активная зона (*ядерного реактора*)
    forward conduction ~ область прямой проводимости
    high-frequency ~ область высоких частот
    high-temperature ~ зона высоких температур
    insulation [insulator] ~ изолирующая область
    interaction ~ область взаимодействия
    intrinsic ~ область собственной проводимости
    negative differential resistance ~ область отрицательного сопротивления
    negative resistance ~ область отрицательного сопротивления
    neutral ~ нейтральная зона
    operation ~ область срабатывания (*реле*)
    refueling ~ зона перегрузки ядерного топлива
    saturation ~ область насыщения
    space-charge ~ область пространственного заряда
    stability ~ область устойчивости
    supercritical ~ сверхкритическая область
    transition ~ переходная область
    valley ~ область минимума (*на ВАХ диода*)
register 1. регистр‖регистрировать 2. счётный механизм; счётная схема
    accumulator ~ накапливающий регистр
    circulating ~ кольцевой регистр
    control ~ 1. управляющий регистр 2. счётчик команд
    flip-flop ~ триггерный регистр
    meter ~ счётчик измерительного прибора
    pen ~ перьевой самописец
    shift(ing) ~ сдвиговый регистр

REGULATOR

standard ~ регистр электросчётчика
status ~ регистр состояния (*системы*)
registration 1. регистрация **2.** показания счётчика **3.** совпадение зазоров между витками бумажных лент в двух смежных повивах (*кабеля*)
percentage ~ погрешность (*электросчётчика*) в процентах
regulation 1. (автоматическое) регулирование; (автоматическая) регулировка **2.** изменение [нестабильность] выходного параметра при изменении нагрузки **3.** стабилизация **4.** правило; инструкция
automatic ~ автоматическое регулирование
automatic voltage ~ автоматическое регулирование напряжения
constant-current ~ стабилизация тока
constant-voltage ~ стабилизация напряжения (*генератора*)
current ~ **1.** регулирование тока **2.** стабилизация тока
direct voltage ~ регулирование постоянного напряжения
frequency ~ регулирование частоты
incremental speed ~ коэффициент статизма регулирования частоты вращения
inductive direct voltage ~ регулирование постоянного напряжения индуктивным элементом
inherent ~ автоматическое регулирование; саморегулирование
inherent direct voltage ~ саморегулирование постоянного напряжения
in-phase ~ регулирование (*напряжения переменного тока*) по амплитуде, продольное регулирование
joint field ~ групповое регулирование возбуждения (*генераторов*)
line-frequency ~ нестабильность выходного напряжения *или* тока по частоте сети
load ~ регулирование нагрузки
natural ~ первичное регулирование (*частоты*)
on-and-off power supply voltage ~ импульсное регулирование напряжения питания
on-and-off temperature ~ импульсное регулирование температуры (*напр. электропечи*)
on-off ~ двухпозиционное регулирование; релейное регулирование
output-voltage ~ нестабильность выходного напряжения по току нагрузки

overall output ~ суммарная нестабильность выходного напряжения *или* тока
pulse ~ импульсное регулирование
quadrature ~ поперечное регулирование
ratio ~ регулирование коэффициента трансформации
resistive direct voltage ~ регулирование постоянного напряжения резисторами
speed ~ регулирование частоты вращения
step(-by-step) ~ ступенчатое регулирование; шаговое регулирование
stepless ~ плавное регулирование
supplementary ~ вторичное регулирование (*частоты*)
throttle ~ дроссельное регулирование
total current ~ регулирование (*генератора*) по полному току
total direct voltage ~ полная стабилизация постоянного напряжения
utility rate ~ регулирование тарифов энергокомпаний
voltage ~ **1.** регулировка напряжения **2.** стабилизация напряжения
regulator 1. (автоматический) регулятор **2.** стабилизатор
ac voltage ~ стабилизатор сетевого напряжения
astatic ~ астатический регулятор
automatic current ~ автоматический регулятор тока
automatic power factor ~ автоматический регулятор коэффициента мощности
automatic voltage ~ **1.** автоматический регулятор напряжения **2.** стабилизатор напряжения
boost ~ **1.** импульсный регулятор (*напряжения*) с параллельным соединением ключевого элемента и последовательным включением дросселя **2.** импульсный повышающий стабилизатор
buck ~ **1.** импульсный регулятор (*напряжения*) с последовательным соединением ключевого элемента и дросселя **2.** импульсный понижающий стабилизатор
buck(-and)-boost ~ **1.** импульсный регулятор (*напряжения*) с последовательным соединением ключевого элемента и параллельным включением дросселя **2.** импульсный инвертирующий стабилизатор
capacity ~ регулятор мощности *или* производительности

REGULATOR

carbon(-pile) ~ угольный регулятор (*напряжения*)
cascading ~s каскадно действующие регуляторы
compensated voltage ~ компенсированный стабилизатор напряжения
constant-voltage ~ стабилизатор напряжения
contact-voltage ~ ступенчатый регулятор напряжения
continuous-type current ~ регулятор тока непрерывного действия
current ~ 1. регулятор тока 2. стабилизатор тока 3. ограничитель тока (*реле-регулятора*)
degenerative electronic ~ электронный стабилизатор с обратной связью
differential arc ~ регулятор со смешанным включением дуги
digital automatic voltage ~ цифровой автоматический регулятор напряжения
direct-acting ~ регулятор прямого действия
distortion-eliminating voltage ~ регулятор, устраняющий искажения кривой напряжения
distribution ~ автоматический регулятор напряжения
double-acting ~ двухступенчатый регулятор (*напряжения*)
dynamic ~ динамический регулятор
electrode control ~ регулятор управления электродом (*дуговой печи*)
electrolytic battery ~ электролитический регулятор зарядного тока (*аккумуляторной батареи*)
electronic voltage ~ электронный регулятор напряжения
exciting ~ регулятор возбуждения
ferroresonance voltage ~ феррорезонансный стабилизатор напряжения
field ~ регулятор возбуждения
fixed ~ стабилизатор с фиксированным выходом
floating (voltage) ~ стабилизатор с незаземлённым выходом
flow ~ регулятор расхода
flyball ~ центробежный регулятор
frequency ~ 1. регулятор частоты 2. стабилизатор частоты
frequency-responsive field ~ регулятор возбуждения (*синхронного генератора*) с коррекцией по частоте
fuel ~ регулятор подачи топлива
generator ~ реле-регулятор
generator field ~ регулятор возбуждения генератора
high-speed ~ быстродействующий регулятор
indirect-acting ~ регулятор непрямого действия
induction voltage ~ индукционный регулятор напряжения
lamp ~ регулятор (напряжения) осветительной сети
line-voltage ~ регулятор напряжения ЛЭП
load ~ 1. регулятор нагрузки 2. стабилизатор тока в нагрузке
load-balancing ~ регулятор распределения нагрузки
motor field ~ регулятор возбуждения электродвигателя
moving-coil ~ магнитоэлектрический регулятор
on-load ~ устройство для переключения ответвлений обмоток (*трансформатора*) под нагрузкой
on-off ~ релейный регулятор; двухпозиционный регулятор
phase ~ фазорегулятор
power ~ регулятор мощности
power factor ~ регулятор коэффициента мощности
pressure system automatic ~ автоматический регулятор системы давления
pulse-type ~ импульсный регулятор
relay ~ релейный регулятор
rheostatic voltage ~ реостатный регулятор напряжения
saturable voltage ~ ферромагнитный стабилизатор напряжения
saturated-core ~ феррорезонансный стабилизатор напряжения
series ~ последовательный стабилизатор, стабилизатор с последовательным включением регулирующего элемента
series arc ~ регулятор с последовательным включением дуги
series tube voltage ~ электронный стабилизатор напряжения
shunt ~ параллельный стабилизатор, стабилизатор с параллельным включением регулирующего элемента
shunt arc ~ регулятор с параллельным включением дуги
slip ~ регулятор скольжения
speed ~ 1. регулятор скорости 2. регулятор частоты вращения
static ~ статический регулятор
step-by-step [step-type] ~ ступенчатый регулятор
step-type voltage ~ ступенчатый регулятор напряжения

RELAY

switching ~ импульсный стабилизатор
switch-type voltage ~ ступенчатый регулятор напряжения
three-element ~ трёхимпульсный регулятор
transductor ~ регулятор на магнитном усилителе
vibrating-armature [vibrating-contact]
machine ~ вибрационный регулятор (напряжения)
voltage ~ 1. стабилизатор напряжения 2. регулятор напряжения

reheat промежуточный перегрев, промперегрев
  cold ~ «холодная» линия промежуточного перегрева; паропровод к промежуточному перегревателю
  exhaust ~ подогрев газа за турбиной
  final ~ выходная ступень промежуточного пароперегревателя
  first ~ первый промежуточный перегрев
  first hot ~ «горячая» линия первого промежуточного перегрева; паропровод от первого промежуточного перегревателя
  second ~ второй промежуточный перегрев
  second cold ~ «холодная» линия второго промежуточного перегрева; паропровод ко второму промежуточному перегревателю
  single ~ однократный промежуточный перегрев

reheater 1. подогреватель 2. промежуточный пароперегреватель с регулированием температуры пара байпассированием газов
  primary ~ первая ступень промежуточного пароперегревателя
  secondary ~ вторая ступень промежуточного пароперегревателя
  steam ~ промежуточный пароперегреватель

reignition повторное зажигание
reinforcement бандажная защита кабеля (*от внутреннего давления*)
  sheath ~ упрочняющий покров оболочки
rejection подавление; ослабление, режекция
  common-mode ~ ослабление синфазного сигнала
  interference ~ подавление помех
  load ~ сброс нагрузки
  noise ~ подавление шумов
rejector подавитель помех; режекторный фильтр

relation отношение; соотношение; (взаимо)связь; зависимость
  direct ~ прямая зависимость
  energy-charge ~ зависимость энергии от заряда
  inverse ~ обратная зависимость
  phase ~ фазовое отношение
  thermodynamic ~ термодинамическое соотношение
relationship отношение; соотношение; (взаимо)связь; зависимость
  linear ~ линейная зависимость
  volt(age)-current ~ вольт-амперная характеристика
relaxation релаксация
  charge ~ релаксация заряда
  magnetic ~ магнитная релаксация
relay реле ‖ ставить реле; снабжать релейной защитой ◊ ~ **over** ~ каскад реле (*согласование в многоступенчатой системе РЗ*); **to** ~ **out** ставить релейную защиту
  ac ~ реле переменного тока
  accelerating ~ реле ускорения
  acknowledging ~ реле бдительности
  ac system ~s устройства РЗ системы переменного тока
  active ~ сработавшее реле
  active power ~ реле активной мощности
  actuating ~ 1. реле возбуждения 2. исполнительное реле
  alarm ~ сигнальное реле
  all-or-nothing ~ реле логической операции
  ambient compensated ~ реле с компенсацией влияния температуры окружающей среды
  amplitude comparison ~ реле сравнения амплитуд
  annunciator ~ сигнальное реле
  arbitrary phase-angle power ~ реле активно-реактивной мощности
  armature ~ (электромагнитное) реле с подвижным якорем
  attracted armature ~ реле с притягивающимся якорем, клапанное реле
  automatic reclosing [autoreclose] ~ устройство АПВ
  auxiliary ~ промежуточное реле, промреле
  auxiliary output ~ выходное промежуточное реле
  back-current ~ реле обратного тока
  back-up ~ реле резервной защиты
  balanced [**balancing**] ~ балансное реле
  biased ~ 1. реле со смещённой характеристикой 2. реле с торможением

397

RELAY

bimetallic strip ~ биметаллическое реле
bistable ~ двухпозиционное реле
bistable flux-shifting ~ поляризованное реле со смещением
block(ing) ~ реле блокировки
braking ~ реле торможения
Buchholz ~ газовое реле
bypass ~ обходное реле
capacitance [capacity] ~ ёмкостное реле
center-stable polar(ized) ~ трёхпозиционное поляризованное реле
center-zero ~ трёхпозиционное реле с нулевым положением
central disconnection ~ реле централизованного отключения
centrifugal ~ центробежное реле
change-of-current ~ реле, реагирующее на изменение тока
charging rate ~ реле-регулятор заряда (*аккумуляторной батареи*)
check(ing) ~ реле контроля
circuit-control ~ реле управления схемой
clapper(-type) ~ (электромагнитное) реле с поворотным якорем
clear-out ~ отключающее реле
clock ~ реле с часовым механизмом
close-differential ~ реле с высоким коэффициентом возврата
closing ~ включающее реле; промежуточное реле переключателя
code ~ кодовое реле
coin-return ~ реле возврата монет
complete ~ комплектное реле
conductance ~ реле проводимости
contact ~ контактное реле
contactless ~ бесконтактное реле
contactor-type ~ реле контакторного типа
continuous-duty ~ реле непрерывного режима работы
control ~ 1. реле управления; командное реле 2. релейное управляющее устройство
cored ~ реле с магнитоуправляемым контактом
current ~ реле тока
current-balance ~ дифференциальное реле
current-overload ~ реле максимального тока
current-sensing bimetal thermal ~ электротепловое реле с биметаллическим элементом
cutin ~ включающее реле

cutoff [cutout] ~ размыкающее реле
dashpot timing ~ реле времени с катарактом
dc ~ реле постоянного тока
decelerating ~ реле (контроля) торможения
definite-time-lag ~ реле с независимой выдержкой времени
delay ~ реле выдержки времени; реле с замедлением
delta-connected ~ реле, включённое на линейные величины
dependent-time-lag ~ реле с зависимой выдержкой времени
dependent-time measuring ~ измерительное реле с зависимой выдержкой времени
differential ~ дифференциальное реле
digital ~ цифровое реле
direct-action ~ реле прямого действия
direct-current ~ реле постоянного тока
directional ~ направленное реле
directional ground ~ реле направления мощности защиты от КЗ на землю
directional impedance ~ направленное реле (полного) сопротивления
directional overcurrent ~ направленное реле максимального тока
directional phase ~ реле направления мощности защиты от междуфазных КЗ
directional polarity ~ направленное реле напряжения
directional power ~ реле направления мощности
directional voltage ~ направленное реле напряжения
directional wave detector ~ реле, реагирующее на направление волны
directivity ~ направленное реле
distance ~ дистанционное реле
double-acting ~ двухступенчатое реле
double-coiled [double-wound] ~ двухобмоточное реле
drawout ~ вставное реле; выдвижное реле
dry-reed ~ герметизированный сухой магнитоуправляемый контакт, сухой геркон
duplicate ~ дублирующее реле
electrical ~ электрическое реле
electrical latching ~ электрическое реле с защёлкой
electrically held ~ электрически удерживаемое реле
electrodynamic ~ электродинамическое реле

electromagnetic ~ электромагнитное реле
electromechanical ~ электромеханическое реле
electron(ic) ~ электронное реле
electronic control ~ электронное реле управления
electrostatic ~ электростатическое реле
element ~ 1. реле выдержки времени 2. элемент реле
enclosed ~ герметизированное реле
escapement timing ~ механическое [пружинное] реле времени
event-count ~ реле счёта событий
fast-operate ~ быстродействующее реле
fast-operate, fast-release ~ реле с ускоренным срабатыванием и отпусканием
fast-operate, slow-release ~ реле с ускоренным срабатыванием и замедленным отпусканием
fast-release ~ реле с быстрым отпусканием
fast-speed ~ быстродействующее реле
fault-detector [fault-sensing] ~ реле для обнаружения КЗ
ferrodynamic ~ ферродинамическое реле
ferromagnetic ~ ферромагнитное реле
field ~ реле возбуждения
field-accelerating ~ реле форсировки возбуждения
field application ~ реле подачи возбуждения
field decelerating ~ реле снятия возбуждения
field-failure ~ реле потери возбуждения
field forcing ~ реле форсировки возбуждения
field-loss ~ реле потери возбуждения
field removal ~ реле снятия возбуждения
final control ~ исполнительное реле
flash and ground protective ~ реле защиты от кругового огня (*на коллекторе*) и замыкания на землю
flasher [flashing] ~ проблесковое реле
floater ~ дополнительное пусковое реле
flow ~ реле расхода (*жидкости или газа*)
frequency ~ реле частоты
frequency-selective [frequency-sensitive] ~ резонансное реле

fuse failure ~ реле защиты от перегорания предохранителей
gas(-actuated) ~ газовое реле
gas-bubble protective ~ газовое защитное реле
gas detector ~ газовое реле
gas-filled ~ тиратрон
gas-pressure ~ газовое реле
graded time-lag ~ реле с регулируемой выдержкой времени
ground (protecting) [ground-trip] ~ реле защиты от замыкания на землю
guard ~ реле защиты
hand reset ~ реле с ручным возвратом
harmonic-current restrained ~ реле с торможением токами высших гармоник
hermetically sealed ~ герметизированное реле
hesitating ~ промреле, фиксирующее срабатывание контактов, защиты *или* блок-контактов во всех трёх фазах
high-common-low ~ реле с общим (проскальзывающим) контактом, входящим попеременно в цепь верхнего и нижнего контактов
high G ~ реле с высокой вибрационной и ударной стойкостью
high-speed ~ быстродействующее реле
holding ~ удерживающее реле
homing ~ шаговое реле с возвратом в исходное положение
horn ~ реле включения звукового сигнала
hot-wire ~ тепловое реле, термореле
hybrid solid-state (timing) ~ полупроводниковое реле (времени) с выходом через электромеханическое реле
ignition ~ реле зажигания
impedance ~ реле (полного) сопротивления
impulse ~ импульсное реле
independent time-lag ~ реле с независимой выдержкой времени
independent-time measuring ~ измерительное реле с независимой выдержкой времени
indicating ~ указательное реле
indirect-action ~ реле косвенного действия
induction ~ индукционное реле
induction cup ~ индукционное реле с барабанчиком
induction cylinder ~ индукционное реле с цилиндрическим ротором
induction disk ~ индукционное реле с диском

RELAY

induction loop ~ реле с (медной) гильзой
industrial ~ общепромышленное реле
inertia ~ реле с выдержкой времени
initiating ~ пусковое реле
instantaneous ~ реле мгновенного действия
instantaneous overcurrent ~ реле максимального тока без выдержки времени
instrument ~ измерительное реле
integrating ~ интегрирующее реле
interlock(ing) ~ реле с самоблокировкой
interposing ~ промежуточное реле
intertripping ~ реле телеотключения
inverse-current ~ реле обратного тока
inverse-definite time ~ реле с ограниченно зависимой выдержкой времени
inverse time ~ реле с обратнозависимой временно́й характеристикой
inverse time-lag ~ реле с обратнозависимой выдержкой времени
inverse time overcurrent ~ реле максимального тока с обратнозависимой временно́й характеристикой
lag(ged) ~ реле выдержки времени; реле с замедлением
latched [latch-in, latching] ~ реле с механической блокировкой; реле с самоудерживанием
leading ~ опережающее реле, реле с опережением
leak(age) ~ реле утечки на землю
light ~ фотоэлектрическое реле, фоторе́ле
linear coupler ~ реле, получающее питание от трансформатора тока с воздушным зазором
linear-impedance ~ реле полного сопротивления с прямолинейной характеристикой
line-break ~ сигнальное реле, срабатывающее при обрыве линии
load ~ реле, срабатывающее при изменении нагрузки
locking [lockout] ~ **1.** реле блокировки **2.** запирающее [стопорное] реле
lockup ~ реле с магнитной *или* электрической фиксацией
loss-of-field ~ реле потери возбуждения
low capacitance ~ реле с малой межконтактной ёмкостью
low-energy (protective) ~ реле (защиты) с малым потреблением
low-frequency ~ реле понижения частоты

low-fuel ~ реле сигнала о снижении уровня топлива
low-reset ~ реле с низким коэффициентом возврата
low-voltage ~ реле минимального напряжения
low-voltage detection ~ реле понижения напряжения (*напр. аккумуляторной батареи*)
magnetic ~ магнитное реле
magnetic control ~ электромагнитное реле
magnetic latching ~ реле с магнитной защёлкой
magnetic locking ~ реле с магнитной блокировкой
magnetic overload ~ электромагнитное реле максимального тока
magnetic reed ~ магнитоуправляемый герметизированный контакт, геркон
magnetoelectric ~ магнитоэлектрическое реле
main ~ реле основной защиты
main starting ~ главное пусковое реле
manual-automation ~ реле переключения с ручного режима на автоматический
manual reset ~ реле с ручным возвратом
marginal ~ токоограничительное реле
master ~ главное реле
maximum ~ максимальное реле
maximum power ~ реле максимальной мощности
maximum voltage ~ реле максимального напряжения
measuring ~ измерительное реле
mechanical locking ~ реле с механической блокировкой
mechanically held ~ механически удерживаемое реле
mechanically latched ~ реле с механической защёлкой
mechanically reset ~ реле с ручным возвратом
mechanical timing ~ механическое реле времени, механический таймер
memory ~ реле с памятью
mercury ~ ртутное реле
mercury-contact ~ реле с ртутными контактами
metering [meter-type] ~ измерительное реле
mho ~ реле проводимости
microprocessor-controlled ~ **for overcurrent protection** реле, управляемое

RELAY

микропроцессором для максимальной токовой защиты
minimum ~ минимальное реле
minimum current ~ реле минимального тока
minimum power ~ реле минимальной мощности
minimum reactance ~ минимальное реле реактивного сопротивления
modified impedance ~ реле полного сопротивления со смещённой характеристикой
motor(-driven) timing ~ моторное реле времени
motor-field accelerating ~ реле в цепи возбуждения двигателя для управления разгоном
motor-field protective ~ реле защиты обмотки возбуждения двигателя
motor management ~ реле управления (электро)двигателем
motor protection ~ реле защиты двигателя
movable-disk ~ реле с подвижным диском
moving-coil ~ магнитоэлектрическое реле
multifunction overcurrent ~ многофункциональное токовое реле
multiple-contact ~ многоконтактное реле
multiposition ~ многопозиционное реле
multirestraint ~ реле с несколькими тормозными цепями
NC ~ реле с размыкающими [нормально замкнутыми] контактами
negative phase-sequence ~ реле обратной последовательности
network master ~ реле основной защиты сети
network-phasing ~ реле контроля фаз в сети
neutral ~ поляризованное реле с нейтральным положением
NO ~ реле с замыкающими [нормально разомкнутыми] контактами
no-load ~ реле, срабатывающее при сбросе нагрузки
nondirectional ~ ненаправленное реле
nonpolarized ~ неполяризованное реле
nonspecified-time ~ реле с ненормируемым временем срабатывания
normally-closed ~ реле с размыкающими [нормально замкнутыми] контактами
normally-open ~ реле с замыкающими [нормально разомкнутыми] контактами
notching ~ реле числа импульсов
no-voltage ~ реле нулевого напряжения
ohm ~ реле сопротивления
ohmic resistance ~ реле активного [омического] сопротивления
oil-pressure ~ реле давления масла
oil-volume ~ реле объёма масла
open(-frame) ~ бескорпусное реле; негерметизированное реле
open-phase ~ реле обрыва фазы
oscillating ~ виброреле
output ~ выходное реле
overcurrent ~ реле максимального тока
overfrequency ~ реле повышения частоты
overload ~ реле перегрузки; реле максимального тока
overpower ~ реле максимальной мощности
overtemperature ~ реле перегрева
over/under frequency ~ реле повышения и понижения частоты
overvoltage ~ реле максимального напряжения
percentage-differential ~ дифференциальное реле с заданным относительным параметром срабатывания, процентно-дифференциальное реле
permanent-magnet ~ реле с подвижной катушкой
phase ~ реле пофазного контроля
phase-angle ~ реле фазного угла
phase-balance ~ реле баланса фаз
phase-comparison ~ реле сравнения фаз
phase-distance ~ дистанционное реле защиты от междуфазных КЗ
phase-failure ~ реле обрыва фазы
phase-reversal ~ реле обратной последовательности
phase-rotation [phase-sequence] ~ реле последовательности фаз
phase-selector ~ реле-избиратель (повреждённой) фазы
phase-shift ~ реле сдвига фаз
photocell [photoelectric] ~ фотоэлектрическое реле, фотореле
photoresistance-cell ~ реле на фоторезистивном элементе
pilot ~ вспомогательное реле
plugging ~ реле торможения
plug-in ~ реле, вставляемое в штепсельную колодку
plunger ~ реле со втяжным сердечником

RELAY

pneumatic ~ пневматическое реле
polarity-directional ~ реле полярности; направленное реле постоянного тока
polarized ~ поляризованное реле
pole disagreement ~ реле рассогласования полюсов
polyphase ~ многофазное реле
positive phase-sequence ~ реле прямой последовательности
potential ~ реле напряжения
power ~ реле мощности
power-direction ~ реле направления мощности
power-flow-type ~ реле мощности на нормальное напряжение и малый ток
power rate ~ реле скорости изменения мощности
power swing ~ 1. реле, реагирующее на синхронные качания и асинхронный ход 2. реле автоматики ликвидации асинхронного режима
power transfer ~ реле автоматического ввода резерва, реле АВР
pressure ~ реле давления
primary ~ первичное реле
product ~ реле произведения (*двух входных электрических параметров*)
protection [protective] ~ 1. реле защиты 2. релейная защита, РЗ
pulse ~ импульсное реле
quadrature connected ~s реле, включённые под углом в 90°
quick-operating ~ быстродействующее реле
quotient ~ реле отношения (*величин*)
rate-of-change ~ реле скорости изменения (*значения*), реле производной (*величины*)
rate-of-rise ~ реле нарастания (*параметров*)
ratio-balance [ratio-differential] ~ дифференциальное реле с заданным относительным параметром срабатывания, процентно-дифференциальное реле
reactance ~ реле реактивного сопротивления
reactive power ~ реле реактивной мощности
receiver ~ реле на выходе ВЧ-приёмника
reclosing ~ реле (автоматического) повторного включения, реле АПВ
reed ~ язычковое реле; герметизированный магнитоуправляемый контакт, геркон
regulating ~ регулирующее реле, реле-регулятор

remanent ~ реле с магнитной защёлкой
reset ~ реле с (электрическим) возвратом
residual ~ реле тока нулевой последовательности
residual directional ~ реле направления мощности нулевой последовательности
residual inverse time current ~ реле тока нулевой последовательности с зависимой выдержкой времени
residual power ~ реле направления мощности нулевой последовательности
resistance ~ реле (активного) сопротивления
restraint ~ реле с торможением
reverse-current ~ реле обратного тока
reverse-phase ~ реле обратного чередования фаз
reverse power ~ реле обратной мощности
rotary ~ 1. реле с замыканием контактов вращением якоря 2. шаговое реле
rotary solenoid ~ соленоидное реле с преобразованием поступательного движения во вращательное
route ~ ж.-д. маршрутное [путевое] реле
sealed-contact reed ~ герметизированный магнитоуправляемый контакт, геркон
secondary ~ вторичное реле
self-latching ~ реле с самоблокировкой
self-reset ~ реле с самовозвратом
semiconductor ~ полупроводниковое реле
semistatic ~ полустатическое реле
sensitive ~ чувствительное реле
sequence [sequential] ~ реле последовательности операций
series ~ последовательное реле
shunt ~ шунтовое реле
shunt-field ~ реле с магнитным шунтом
shutdown ~ выключающее реле
side armature ~ реле с боковым расположением якоря
signal(ing) ~ 1. указательное реле, блинкер 2. *ж.-д.* реле СЦБ
single-phase ~ однофазное реле
single-quantity ~ реле, реагирующее на один параметр
slave ~ реле-повторитель
slew ~ реле останова
slip ~ реле скольжения

RELAY

slow-acting ~ реле с замедлением на срабатывание
slow-cutting ~ реле с замедлением на отпускание
slow-operate [slow-operating] ~ реле с замедлением на срабатывание
slow-release ~ реле с замедлением на отпускание
sluggered ~ реле с замедлением
solenoid ~ соленоидное реле, реле с втяжным сердечником
solid-state ~ полупроводниковое реле
specified-time ~ реле с нормируемым временем
speed(-sensitive) ~ реле частоты вращения
SR ~ реле с замедлением на отпускание
stability control ~ реле противоаварийной автоматики
standby supply ~ реле резервного питания
starter control ~ реле управления стартёром
starting ~ 1. пусковое реле 2. втягивающее реле электростартёра
static ~ статическое реле
static ~ **without output contact** статическое реле без выходного контакта
static ~ **with output contact** статическое реле с выходным контактом
step-back ~ реле ограничения нагрузки двигателя
stepping(-type) ~ шаговое реле
storage ~ реле с памятью
sudden-pressure ~ реле скачка давления
supersensitive ~ сверхчувствительное реле
supervisory ~ реле контроля исправности
supplementary ~ вспомогательное реле
surge ~ реле наброса
switch ~ переключающее реле
switched distance ~ дистанционное реле с переключением входных величин
switchgear-type ~ реле для распределительного устройства
switching ~ переключающее реле
switch selector ~ *ж.-д.* стрелочное селекторное реле
symmetrical component distance ~ дистанционное реле с использованием симметричных составляющих
synchronism-check ~ реле контроля синхронизма
synchronizing ~ синхронизирующее реле, реле синхронизации

tachometer [tachometric] ~ тахометрическое реле, реле частоты вращения
target ~ указательное реле
telephone ~ телефонное реле
temperature [thermal] ~ тепловое реле, термореле
thermal electrical ~ электротепловое реле
thermionic ~ тиратрон
thermocouple ~ реле с термопарой
three-position [three-step] ~ трёхпозиционное реле
throw-over ~ фиксирующее двухпозиционное реле
time ~ реле времени
time-current ~ токовое реле времени
time-delay ~ реле (с выдержкой) времени
time-delayed auxiliary ~ промежуточное реле с выдержкой времени
time-lag [time-limit] ~ реле с выдержкой времени
time-overcurrent ~ реле тока с зависимой характеристикой
timing ~ 1. реле с выдержкой времени 2. автомат повторного включения, АПВ
totalizing ~ суммирующее реле
track ~ *ж.-д.* путевое реле
transducer ~ реле на базе магнитного усилителя
transfer ~ переключающее реле
transformer differential ~ реле дифференциальной защиты трансформатора
transistor ~ транзисторное реле
transmission-line reclosing ~ реле АПВ ЛЭП
trigger ~ 1. пусковое реле 2. реле с механическим самоудерживанием
trip ~ реле отключения, отключающее реле
trip-circuit supervisory ~ реле контроля цепи отключения
trip-coil supervisory ~ реле контроля катушки отключения
trip-free [tripping] ~ 1. реле свободного расцепления 2. реле обрыва цепи включения
tuned ~ резонансное реле
two-input ~ реле с двумя входами
two-position [two-step] ~ двухпозиционное реле
ultra high-speed ~ сверхбыстродействующее реле
ultra-sensitive ~ сверхчувствительное реле
unbalanced current ~ токовое реле защиты от несимметричного режима

RELAYING

unbiased differential ~ дифференциальное реле без торможения
undercurrent ~ реле минимального тока
underfrequency ~ реле понижения частоты
underimpedance ~ реле минимального сопротивления
underpower ~ реле минимальной мощности
undervoltage ~ реле минимального напряжения
unenclosed ~ реле в открытом исполнении
vector product ~ реле с моментом, пропорциональным векторному произведению
verification ~ реле контроля (*параметров режима работы энергосистемы*)
very inverse ~ реле с сильно зависимой характеристикой
vibrating-reed ~ вибратор
vibration ~ реле (контроля) вибрации
voltage ~ реле напряжения
voltage-check ~ реле контроля (наличия) напряжения
voltage regulated ~ реле в автоматическом регуляторе напряжения трансформатора
voltage-response [**voltage-sensitive**] ~ реле напряжения
warning signal ~ реле предупредительной сигнализации
watch dog ~ реле сторожевого таймера
wet-reed ~ герметизированный ртутный магнитоуправляемый контакт, ртутный геркон
wholly static ~ полностью статическое реле, бесконтактное реле
wire-break ~ реле обрыва (контролируемой) цепи
wire-pilot ~ реле, работающее при помощи канала связи
wye-connected ~ реле, включённое на фазные величины
zero phase-sequence ~ реле нулевой последовательности

relaying 1. релейная защита, РЗ **2.** постановка релейной защиты
backup ~ резервная РЗ
carrier current (pilot) ~ РЗ с ВЧ-блокировкой
current differential ~ дифференциально-токовая РЗ
ground ~ РЗ от КЗ на землю
ground-differential ~ дифференциальная РЗ от КЗ на землю
ground-fault ~ РЗ от КЗ на землю
overcurrent ~ максимально-токовая РЗ
phase ~ РЗ от междуфазных КЗ
pilot-wire differential ~ дифференциальная РЗ ЛЭП со вспомогательными проводами
power-balance ~ поперечная дифференциальная направленная РЗ
protective ~ релейная защита, РЗ
residual ground ~ РЗ от замыканий на землю с реле в двух фазах и нейтрали
split phase ~ поперечная дифференциальная РЗ генератора
step-distance ~ дистанционная РЗ с несколькими зонами
traveling-wave ~ РЗ на волновом принципе

release 1. размыкание; разъединение; возврат ‖ размыкать; разъединять **2.** отпускание (*реле*) ‖ отпускать (*о реле*) **3.** расцепляющее устройство, расцепитель **4.** выделение (*напр. энергии*); утечка
afterheat ~ остаточное тепловыделение
air ~ предохранительный клапан
automatic ~ автоматическое разъединение; автоматическое отключение
automatic route ~ *ж.-д.* автоматическая прокладка маршрута
breakaway ~ **of fission gas** выброс газообразных продуктов деления
definite time-delay overcurrent ~ расцепитель максимального тока с независимой выдержкой времени
delayed ~ расцепитель с выдержкой времени
direct overcurrent ~ расцепитель максимального тока прямого действия
electric locking ~ электрическое размыкание маршрута
electron ~ испускание электронов
emergency ~ аварийный расцепитель
energy ~ выделение энергии, энерговыделение
fast ~ быстрое отпускание (*реле*)
heat ~ выделение тепла, тепловыделение
indirect ~ **1.** размыкание по вторичной цепи; возврат по вторичной цепи; **2.** вторичное отпускание (*реле*)
indirect overcurrent ~ расцепитель максимального тока косвенного действия
instantaneous ~ расцепитель мгновенного действия
inverse time-delay overcurrent ~ расце-

питель максимального тока с обратнозависимой выдержкой времени
low-voltage ~ **1.** автоматическое размыкание (*цепи*) при пониженном напряжении **2.** расцепитель минимального напряжения
magnetic ~ магнитный расцепитель
making-current ~ расцепитель по току включения
manual ~ ручное отпускание (*тормоза*)
maximum-current ~ расцепитель максимального тока
minimum-current ~ расцепитель минимального тока
no-load ~ расцепление при холостом ходе
nuclear ~ утечка радиоактивных веществ
overcurrent ~ расцепитель максимального тока
overload ~ **1.** отключение при перегрузке **2.** расцепитель перегрузки
overvoltage ~ **1.** размыкание по максимальному напряжению **2.** расцепитель максимального напряжения
quick ~ быстрое разъединение
relay (armature) ~ отпускание (*якоря*) реле
reverse-current ~ расцепитель обратного тока
shunt ~ независимый расцепитель; шунтовой расцепитель
slow ~ медленное разъединение
slow-operating ~ реле с замедлением на срабатывание
thermal ~ тепловой расцепитель
thermal overload ~ тепловой расцепитель перегрузки
time-delay(ed) ~ **1.** размыкание с выдержкой времени; возврат с выдержкой времени **2.** расцепитель с выдержкой времени
trip-free ~ свободное расцепление
undercurrent ~ расцепитель минимального тока
undervoltage ~ **1.** автоматическое выключение цепи от понижения напряжения **2.** расцепитель минимального напряжения
releaser расцепляющее устройство, расцепитель
reliability надёжность
~ **of operation** эксплуатационная надёжность
~ **of power supply** надёжность энергоснабжения
~ **of security** надёжность по безопасности (*АЭС*)
~ **of service** эксплуатационная надёжность
built-in ~ надёжность конструкции
burn-in ~ надёжность в период приработки
component ~ надёжность элемента
design ~ расчётная надёжность
individual-part ~ надёжность отдельных частей (*системы*)
inherent ~ собственная надёжность
operating ~ эксплуатационная надёжность
optimal system ~ оптимальная надёжность системы
overall ~ суммарная надёжность
part ~ надёжность частей (*системы*)
service ~ **1.** эксплуатационная надёжность **2.** надёжность энергоснабжения
starting ~ надёжность в период приработки
wire-wrap ~ надёжность соединения накруткой
relief 1. снятие нагрузки, разгрузка **2.** стравливание (*давления*)
stress ~ напуск (*напр. в проводах*) для ослабления натяжения
reload 1. повторно нагружать **2.** перезаряжать **3.** перегрузка (*топлива в ядерном реакторе*)
reactor ~ перегрузка топлива в реакторе
reloader перегрузочная машина (*ядерного реактора*)
reluctance магнитное сопротивление
gap ~ магнитное сопротивление воздушного зазора
specific ~ удельное магнитное сопротивление
reluctancy, reluctivity удельное магнитное сопротивление
remagnetization перемагничивание
remagnetize повторно намагничивать; перемагничивать
remanence остаточная намагниченность; остаточная магнитная индукция
magnetic ~ остаточная магнитная индукция
remote дистанционный; выносной
remote-controlled с дистанционным управлением
removal 1. вывод из работы, отключение (*повреждённого участка*) **2.** снятие (*напр. напряжения*) ◊ ~ **from service** вывод из работы
~ **of voltage** снятие напряжения
afterheat ~ отвод остаточного тепла
ash ~ золоудаление

REPAIR

excessive heat ~ отвод избыточного тепла
heat ~ отвод тепла, теплоотвод
hydraulic ash ~ гидрозолоудаление
pneumatic ash ~ пневматическое золоудаление
post-accident heat ~ послеаварийное расхолаживание
redundancy ~ уменьшение избыточности
transient ~ устранение переходного процесса

repair ремонт ‖ ремонтировать
big [capital] ~ капитальный ремонт
emergency ~ аварийный ремонт; неотложный ремонт
heavy ~ капитальный ремонт
maintenance [operating] ~ текущий ремонт
preventive ~ профилактический ремонт
running ~ текущий ремонт
scheduled ~ плановый ремонт
unscheduled ~ внеплановый ремонт
warranty ~ гарантийный ремонт

repairability ремонтопригодность
repeatability, repeatance повторяемость
repeater 1. повторитель 2. промежуточный усилитель 3. выносной индикатор
cable ~ кабельный (промежуточный) усилитель
electromechanical ~ ж.-д. электромеханический повторитель
lamp ~ ж.-д. световой повторитель
pulse ~ импульсный повторитель
relay ~ радиорелейная башня
self-synchronous ~ сельсин
synchro ~ сельсин-приёмник

repolarization переполяризация
repository:
  nuclear waste ~ могильник радиоактивных отходов
reproducibility воспроизводимость, повторяемость
  ~ **of measurements** воспроизводимость результатов измерений
repulse отталкивать
repulsion отталкивание
  Coulomb ~ кулоновское отталкивание
  electromagnetic ~ электромагнитное отталкивание
  magnetic ~ магнитное отталкивание
  mutual ~ взаимное отталкивание
requirement 1. требование 2. спрос; потребность
  accuracy ~s требования, предъявляемые к точности
  annual energy ~ годовая потребность в электроэнергии
  area ~ потребность района регулирования (*частоты и мощности*)
  auxiliary power ~ расход электроэнергии на собственные нужды
  circuit ~s схемные требования
  firm-energy ~ потребность в воде для гарантированной выработки электроэнергии
  general operational ~s общие эксплуатационные требования
  housing ~s **of static relays** требования к конструкции для размещения статических реле
  hydrogen ~ потребность в водороде
  interrupting ~ требуемая отключающая способность
  kilovar [KVAR] ~ потребление реактивной мощности
  maximum demand ~ максимальное потребление мощности
  operational equipment ~ требования к рабочим характеристикам оборудования
  power ~ 1. потребность в электроэнергии 2. *pl* требования по питанию (*величин напряжения и частоты*)
  safety ~s нормы техники безопасности
  technical ~s технические требования
rerun перекладка (*проводов*), замена проводки
rescap RC-модуль (*герметизированный резистивно-ёмкостный узел заводского изготовления*)
rescheduling перераспределение
  power ~ перераспределение мощности
  reactive power ~ перераспределение реактивной мощности
  real power ~ перераспределение активной мощности
reserve резерв; запас ‖ резервировать; запасать
  cold ~ ненагруженный [холодный] резерв
  electrical ~ электрический резерв
  emergency ~ аварийный резерв
  energy ~ **of a reservoir** энергетический эквивалент запаса воды
  generating ~ резерв генерирующей мощности
  hot ~ нагруженный [горячий] резерв
  nonspinning ~ ненагруженный [холодный] резерв
  operating ~ эксплуатационный резерв
  power ~ резерв (активной) мощности

RESISTANCE

reactive-power ~ резерв реактивной мощности
rotating [rotation, spinning] ~ вращающийся резерв
static ~ ненагруженный [холодный] резерв
system ~ резерв (мощности) (энерго-) системы
three-fold ~ трёхкратный резерв
two-fold ~ двукратный резерв
useful water ~ **of a reservoir** наличный запас воды в водохранилище

reservoir 1. водохранилище **2.** резервуар; ёмкость **3.** генератор газа
  balancing ~ **1.** буферное водохранилище; водохранилище компенсирующего регулирования **2.** выравнивающий бассейн (*ГЭС*)
  compensating ~ водохранилище компенсирующего регулирования
  equalizing ~ **1.** буферное водохранилище **2.** выравнивающий бассейн (*ГЭС*)
  gas ~ **1.** коллектор газа **2.** генератор газа
  lower ~ нижний бассейн (*ГАЭС*)
  pumped ~ водохранилище ГАЭС
  upper ~ верхний бассейн (*ГАЭС*)

reset 1. повторно устанавливать **2.** сброс; восстановление; возврат в исходное положение *или* состояние ǁ сбрасывать, восстанавливать; возвращать в исходное положение *или* состояние
  ~ **of a switching device** возврат коммутационного аппарата
  automatic ~ автоматический возврат в исходное положение
  complete ~ полный возврат (*напр. реле*)
  hand [manual] ~ возврат вручную
  sweep ~ возврат развёртки
  zero ~ возврат на нуль

residual остаток
  ~ **of resistor** остаточное сопротивление (регулируемого) резистора

resin смола
  acetal ~ ацетальная смола, полиацеталь
  acrylate [acrylic] ~ полиакрилат
  alkyd ~ алкидная смола
  cast(able) [casting] ~ заливочная смола; герметизирующая смола
  epoxide [epoxy] ~ эпоксидная смола
  insulating ~ изоляционная смола
  phenolic ~ фенольная смола
  polybutadiene-based ~ смола на основе полибутадиена
  polyester ~ полиэфирная смола
  polyimide ~ полиимидная смола
  polytetrafluoroethylene-type ~ политрафторэтиленовая смола
  polyurethane ~ полиуретановая смола
  polyvinylformaldehyde ~ поливинилформальдегидная смола
  silicone ~ кремнийорганическая изоляция
  synthetic ~ синтетическая смола
  urea ~ карбамидная смола
  vinyl ~ виниловая смола

resistance 1. (активное) сопротивление **2.** сопротивление; стойкость **3.** резистор
  ◊ ~ **in parallel** параллельное сопротивление; ~ **in series** последовательное сопротивление; ~ **to case** сопротивление относительно корпуса; сопротивление относительно земли; ~ **to flame propagation** стойкость к распространению пламени; ~ **to ground** сопротивление относительно земли; ~ **to interference** помехоустойчивость; ~ **to radiation** сопротивление излучению; радиационная стойкость; ~ **to season cracking** защита от старения; ~ **to thermal shocks** стойкость к термоударам; ~ **to tracking** сопротивление токам поверхностного разряда; ~ **under illumination** световое сопротивление
  ~ **of a grounded conductor** сопротивление заземляющего провода
  ac ~ сопротивление (по) переменному току
  acid ~ кислотостойкость
  ac plate ~ внутреннее сопротивление электрической лампы
  active ~ активное сопротивление
  added ~ вносимое сопротивление
  adjustable ~ регулируемое сопротивление
  adjusting ~ регулировочное сопротивление
  "all-in" ~ полностью введённое сопротивление (*реостата*)
  anode ac ~ внутреннее сопротивление анода переменному току
  arc ~ **1.** переходное сопротивление в месте КЗ **2.** дугостойкость **3.** сопротивление дуги
  armature ~ сопротивление обмотки якоря *или* статора
  asynchronous ~ асинхронное активное сопротивление
  back ~ обратное сопротивление; сопротивление (*вентиля*) в непроводящем направлении

RESISTANCE

balancing ~ выравнивающее сопротивление
ballast ~ балластное сопротивление
base ~ сопротивление базы
bias ~ сопротивление смещения
booster ~ добавочное сопротивление
brake [braking] ~ тормозное сопротивление
branch ~ параллельное [шунтирующее] сопротивление
brush ~ сопротивление щётки; сопротивление щётки вместе с переходным сопротивлением
brush contact ~ переходное сопротивление щёточного контакта
buffer ~ буферное сопротивление
bulk ~ объёмное сопротивление
calibrated ~ калиброванное сопротивление
capacitor series ~ последовательное сопротивление утечки конденсатора по переменному току
cathode-interface (layer) ~ сопротивление переходного слоя катода
charging ~ зарядное сопротивление
chemical ~ стойкость к химическому воздействию, химическая инертность
closed-loop input ~ входное сопротивление операционного усилителя с обратной связью
coil ~ активное сопротивление катушки индуктивности
cold ~ хладостойкость
cold-field ~ сопротивление обмотки возбуждения в холодном состоянии
collector (output) ~ (выходное) сопротивление коллектора
constant ~ постоянное сопротивление
contact ~ контактное сопротивление, сопротивление контакта
contact wear ~ износостойкость контакта
copper ~ сопротивление меди, активное сопротивление обмотки
corona ~ короностойкость (*диэлектрика*)
corrosion ~ коррозионная стойкость
coupling ~ сопротивление связи
critical (build-up) ~ критическое сопротивление в цепи возбуждения
current-controlled negative ~ отрицательное сопротивление, управляемое током
damping ~ демпфирующее сопротивление
dark ~ темновое сопротивление (*фотоэлемента*)
dc ~ сопротивление (по) постоянному току
dc copper ~ сопротивление обмотки по постоянному току
dead ~ балластное сопротивление
decoupling ~ развязывающее сопротивление
dielectric ~ сопротивление диэлектрика
differential ~ дифференциальное сопротивление
differential input ~ входное сопротивление дифференциального усилителя
discharging ~ разрядное сопротивление
distributed ~ распределённое сопротивление
dynamic ~ резонансное сопротивление (*параллельного колебательного контура*)
effective ~ 1. действующее [эффективное] сопротивление 2. эквивалентное сопротивление 3. сопротивление (по) переменному току
effective parallel ~ параллельное сопротивление утечки конденсатора по переменному току
effective series ~ последовательное сопротивление утечки конденсатора по переменному току
electrical ~ электрическое сопротивление, сопротивление электрическому току
electrode ~ 1. сопротивление электрода 2. переходное сопротивление электрода; сопротивление заземления электрода
electrode ac ~ сопротивление электрода переменному току
electrode dc ~ сопротивление электрода постоянному току
electrolytic ~ сопротивление электролита
emitter ~ сопротивление эмиттера
end ~ начальное [минимальное] сопротивление переменного резистора
equivalent ~ эквивалентное сопротивление
equivalent noise ~ эквивалентное сопротивление шумов
equivalent parallel ~ эквивалентное параллельное соединение
equivalent series ~ эквивалентное последовательное сопротивление
external ~ сопротивление внешней цепи, внешнее сопротивление
fault ~ сопротивление в месте повреждения; переходное сопротивление в месте КЗ

RESISTANCE

feedback ~ сопротивление цепи обратной связи
field ~ 1. сопротивление в цепи возбуждения 2. сопротивление обмотки возбуждения
field-coil ~ сопротивление обмотки возбуждения
filament ~ сопротивление нити накала
fire ~ огнестойкость
fixed ~ постоянное сопротивление
flame ~ огнестойкость
footing ~ сопротивление заземления опоры
forward ~ прямое сопротивление, сопротивление в прямом [проводящем] направлении
forward slope ~ динамическое сопротивление (*диода*) по прямой ветви
fungus ~ плесенестойкость
go-and-return ~ сопротивление (линии передачи) в оба конца
gridleak ~ сопротивление сеточной утечки
ground(ing) ~ сопротивление заземления
heat ~ тепловое [термическое] сопротивление; нагревостойкость
high-frequency ~ сопротивление переменному току высокой частоты
hot-field ~ сопротивление обмотки возбуждения в горячем состоянии
humidity ~ влагостойкость
incremental ~ дифференциальное сопротивление
induced ~ вносимое сопротивление
initial gage ~ начальное сопротивление тензорезистора
inner ~ внутреннее сопротивление
input ~ входное сопротивление
inserted [insertion] ~ вносимое сопротивление
insulation ~ сопротивление изоляции
interbar ~ сопротивление между стержнями (*короткозамкнутого ротора*)
internal ~ внутреннее сопротивление
intrinsic ~ собственное удельное сопротивление
joint ~ контактное сопротивление, сопротивление контакта
junction ~ сопротивление перехода
lamp ~ 1. сопротивление лампы 2. ламповый реостат
lead ~ сопротивление выводов
leakage ~ сопротивление утечки
light ~ световое сопротивление (*напр. фоторезистора*)
limiting ~ (токо)ограничительный резистор
linear ~ линейное сопротивление
liquid ~ 1. сопротивление жидкости 2. жидкостный реостат
load ~ нагрузочное сопротивление, сопротивление нагрузки
loop ~ 1. сопротивление контура 2. сопротивление шлейфа (*напр. кабельного*)
loss ~ (эквивалентное) сопротивление потерь
low ~ низкое омическое сопротивление
low-frequency ~ сопротивление переменному току низкой частоты
magnetic ~ магнитное сопротивление
measuring ~ эталонное сопротивление
moisture ~ влагостойкость
motional ~ внесённое сопротивление электромеханического преобразователя
mutual ~ **of grounding electrodes** взаимосопротивление заземляющих электродов
negative ~ отрицательное сопротивление
negative (phase-)sequence ~ сопротивление обратной последовательности
neutral ~ сопротивление (в) нейтрали
nonlinear [nonohmic] ~ нелинейное сопротивление
ohmic ~ омическое сопротивление
on-state slope ~ динамическое сопротивление (*тиристора*) в открытом состоянии
open-circuit stable negative ~ отрицательное сопротивление, регулируемое током
open-loop output ~ выходное сопротивление операционного усилителя без обратной связи
output ~ выходное сопротивление
parallel ~ параллельное [шунтирующее] сопротивление
parasitic ~ паразитное сопротивление
pilot loop ~ сопротивление петли вспомогательных проводов
plug ~ (штепсельный) магазин сопротивлений
positive (phase-)sequence ~ сопротивление прямой последовательности
potentiometer ~ сопротивление потенциометра
protective ~ защитный резистор
pure ~ активное сопротивление
quenching ~ гасящий резистор

RESISTANCE

radiation ~ сопротивление излучению; радиационная стойкость
radio-frequency ~ сопротивление (по) переменному току
rail ~ (электрическое) сопротивление рельсовому пути
rated ~ номинальное сопротивление
real ~ активное сопротивление
reduced ~ приведённое сопротивление
reflected ~ вносимое сопротивление
residual ~ остаточное сопротивление
resonant ~ резонансное сопротивление
reverse ~ обратное сопротивление, сопротивление (*вентиля*) в непроводящем направлении
saturation ~ сопротивление насыщения
series ~ последовательное сопротивление
set-up ~ установленное сопротивление
shock ~ ударостойкость
short-circuit stable negative ~ отрицательное сопротивление, регулируемое напряжением
shunt ~ параллельное [шунтирующее] сопротивление
source ~ внутреннее сопротивление источника питания
specific ~ удельное сопротивление
specific magnetic ~ удельное магнитное сопротивление
spread ~ распределённое сопротивление
stabilizing ~ стабилизирующее сопротивление
standard ~ эталонное сопротивление
starting ~ пусковое сопротивление
steadying ~ успокоительное сопротивление (*для дуги*)
substitutional ~ замещающее сопротивление
surface ~ поверхностное сопротивление
surge ~ волновое сопротивление (*линии передачи*)
swamp(ing) ~ добавочное сопротивление; балластное сопротивление
terminal [terminating] ~ 1. минимальное (установленное) сопротивление (*переменного резистора*) 2. входное или выходное сопротивление на зажимах
thermal ~ тепловое [термическое] сопротивление; нагревостойкость

total ~ полное сопротивление, импеданс
total circuit ~ полное сопротивление цепи
total grounding ~ полное сопротивление заземления
tower footing ~ сопротивление заземления опоры
tracking ~ трекингостойкость (*диэлектрика*)
transient [transition] ~ переходное сопротивление
tropical ~ тропикостойкость
true ~ активное сопротивление
unit ~ удельное сопротивление
variable ~ переменное сопротивление
vibration ~ вибростойкость
voltage-dependent ~ нелинейное сопротивление
voltage-dropping ~ гасительное сопротивление
volume ~ объёмное сопротивление
water ~ водостойкость
wave ~ волновое сопротивление
wear ~ износостойкость
wound-rotor motor secondary ~ s пусковые [регулировочные] сопротивления в роторной цепи двигателя с фазным ротором
zero (phase-)sequence ~ сопротивление нулевой последовательности
resistance-capacitance реостатно-ёмкостный (*напр. о фильтре*)
resistance-grounded заземлённый через сопротивление
resistive резистивный
resistive-capacitive активно-ёмкостный
resistivity электрическое удельное сопротивление
apparent ~ кажущееся удельное сопротивление
bulk ~ объёмное удельное сопротивление
dark ~ темновое удельное сопротивление
effective ~ эффективное удельное сопротивление
electrical ~ электрическое удельное сопротивление
intrinsic ~ собственное удельное сопротивление
mass ~ объёмное удельное сопротивление
specific ~ удельное сопротивление
surface ~ поверхностное удельное сопротивление
true ~ истинное удельное сопротивление

RESISTOR

volume ~ объёмное удельное сопротивление
resistor 1. резистор 2. катушка сопротивления
absorbing ~ поглощающий резистор; гасящий резистор
accelerating ~ пусковой резистор
additional ~ добавочный резистор
adjustable ~ переменный резистор; подстроечный резистор
annular ~ кольцевой резистор
arc-shunting ~ шунтирующий резистор
auxiliary ~ добавочный резистор
balancing ~ балансный [уравнительный] резистор
ballast(ing) ~ балластный резистор
bias ~ резистор (цепи) смещения
bifilar ~ бифилярный резистор
bleeder ~ стабилизирующий нагрузочный резистор
boron-carbon ~ бороуглеродистый резистор
brake ~ тормозной резистор
braking ~ 1. резистор для динамического торможения генераторов 2. тормозной резистор
bridge ~ резистор в мостовой схеме; параллельный [шунтирующий] резистор, шунт
buffer ~ буферный резистор
bulk ~ объёмный резистор
bypass ~ параллельный [шунтирующий] резистор, шунт
calibration ~ 1. калибровочный резистор 2. калибровочная катушка сопротивления
carbon ~ композиционный резистор
carbon black ~ угольный резистор
carbon composition ~ композиционный резистор
carbon-film ~ угольный резистор
carbon-pile ~ резистор из угольных дисков
carbon-resin film ~ плёночный композиционный резистор
cathode ~ катодный резистор, резистор в цепи катода
ceramic ~ керамический резистор
cermet ~ керметный [металлокерамический] резистор
charging ~ зарядный резистор
chip ~ бескорпусный резистор
chromium ~ хромовый резистор
circuit-breaker making ~ резистор, вводимый при включении линейного выключателя
circuit-breaker opening ~ резистор, вводимый при отключении линейного выключателя
coated ~ резистор с защитным покрытием
compensating ~ компенсирующий резистор
composite-film ~ металлооксидный резистор
composition(-type) ~ композиционный резистор
compound ~ объёмный компаундный резистор
constant torque ~ резистор в цепи якоря *или* ротора двигателя для работы с постоянным моментом
continuously adjustable [continuously variable] ~ переменный резистор с плавной характеристикой
control ~ 1. регулировочный резистор 2. резистор в цепи управления
cracked carbon ~ углеродистый резистор
current-limiting ~ токоограничивающий резистор
damping ~ 1. успокоительный резистор; демпфирующий резистор 2. резистор гашения колебаний; гасящий резистор
debiasing ~ стабилизирующий резистор
decoupling ~ развязывающий резистор
deposited-carbon ~ углеродистый плёночный резистор
diffused(-layer) ~ диффузионный резистор
dimming ~ резистор для ослабления света
discharging ~ разрядный резистор
double-wipe ~ переменный резистор с двойным подвижным контактом
dropping ~ гасящий резистор
dual-collector ~ переменный резистор с двойным подвижным контактом
dual-intensity ~ добавочный резистор, снижающий яркость (*сигнальных фонарей в ночное время*)
dual-unit single-shaft variable ~ сдвоенный одноосевой переменный резистор
dummy burden ~ балластный (нагрузочный) резистор
dumping ~ разрядный резистор
dynamic braking ~ резистор электродинамического торможения
encapsulated ~ герметизированный резистор
epitaxial ~ эпитаксиальный резистор

RESISTOR

etched ~ резистор, полученный методом травления
evaporated(-film) ~ напылённый резистор
fan-duty ~ резистор в цепи якоря *или* ротора с током, пропорциональным скорости
feedback ~ резистор (цепи) обратной связи
ferrule ~ трубчатый резистор с цилиндрическими выводами
field-regulating ~ реостат для регулирования возбуждения
filamentary ~ ниточный резистор
film ~ плёночный резистор
film composition ~ плёночный композиционный резистор
fixed(-value) ~ постоянный резистор
flexible ~ гибкий (проволочный) резистор
four-terminal ~ 1. резистор с четырьмя зажимами 2. шунт для измерения тока
fuse [fusible] ~ резистор-предохранитель
ganged variable ~ многосекционный переменный резистор
glass ~ стеклянный резистор
glaze ~ остеклённый резистор
graphite ~ графитовый резистор
ground(ing) ~ заземляющий резистор
hair-type winding ~ резистор с бифилярной обмоткой
heating ~ нагреватель сопротивления
heat-variable ~ терморезистор, термистор
helical-track ~ переменный резистор со спиральной дорожкой
hermetically sealed ~ герметичный резистор
high-precision variable ~ прецизионный переменный резистор
high-value ~ высокоомный резистор
instrument series ~ добавочный резистор вольтметра
instrument shunt ~ шунтирующий резистор амперметра
insulated ~ изолированный резистор
integrated(-circuit) ~ интегральный резистор
lamp ~ ламповый реостат
laser-trimmed ~ резистор лазерной калибровки
lead(ed) ~ резистор с проволочными выводами
light(-dependent) [light-sensitive] ~ фоторезистор

limiting ~ токоограничивающий резистор
limit switch ~ резистор ограничительного выключателя
linear ~ линейный резистор
line-cord ~ резистор для гашения напряжения, вмонтированный в шнур (*питания*)
line-dropping ~ понижающий резистор
liquid ~ жидкостный резистор
load(ing) ~ нагрузочный резистор
load-limiting ~ резистор ограничения (тока) нагрузки
load-shifting ~ резистор перевода нагрузки (*с одной цепи на другую*)
low(-ohmic) ~ низкоомный резистор
low-profile ~ резистор малой (монтажной) высоты; планарный резистор
low-value ~ низкоомный резистор
matching ~ согласующий резистор
metal-film ~ 1. металлоплёночный резистор 2. металлооксидный резистор
metal-glaze ~ керметный [металлокерамический] резистор
metallic ~ металлический резистор
metallized ~ металлоплёночный резистор
metal-oxide ~ металлооксидный резистор
microchip ~ бескорпусный резистор
molded-track ~ композиционный переменный резистор
multiplier ~ добавочный резистор вольтметра
negative temperature-coefficient ~ терморезистор с отрицательным температурным коэффициентом сопротивления
neutral grounding ~ резистор цепи заземления нейтрали
noisy ~ шумящий резистор
noninductive ~ безындуктивный резистор
noninsulated ~ неизолированный резистор
nonlinear ~ нелинейный резистор
padding ~ выравнивающий резистор
panel ~ щитовой резистор
parallel ~ параллельный [шунтирующий] резистор, шунт
pigtail ~ резистор с гибкими выводами
pin ~ штыревой резистор
positive temperature-coefficient ~ терморезистор с положительным темпе-

RESOLUTION

ратурным коэффициентом сопротивления
pot ~ 1. прецизионный переменный резистор 2. потенциометр
potentiometer-type ~ резистивный делитель напряжения
preset ~ подстроечный резистор
printed ~ печатный резистор
protective ~ защитный резистор
pull-down ~ 1. резистор утечки 2. согласующий выходной резистор
pull-up ~ нагрузочный резистор
quenching ~ гасящий резистор
radial lead ~ резистор с радиальными выводами
rectilinear ~ переменный резистор с прямолинейной дорожкой
reference ~ эталонный резистор; образцовый резистор
regulating ~ регулировочный резистор
ribbon ~ ленточный резистор
rod ~ стержневой резистор
scale [scaling] ~ добавочный резистор (*вольтметра*)
secondary ~s пусковые [регулирующие] резисторы в роторной цепи двигателя с фазным ротором
semiconductor ~ полупроводниковый резистор
semifixed ~ подстроечный резистор
series ~ 1. последовательный резистор 2. добавочный резистор (*вольтметра*)
shunt ~ параллельный [шунтирующий] резистор, шунт
shunt-breaking ~ разрядный резистор; гасящий резистор
shunting ~ параллельный [шунтирующий] резистор, шунт
silicon ~ кремниевый резистор
single-unit single-shaft variable ~ односекционный одноосевой переменный резистор
single-wound ~ однослойный проволочный резистор
slide [sliding] (variable) ~ реостат с ползунком
slip ~ резистор, включаемый при пуске в цепь ротора асинхронного двигателя с фазным ротором
smoothing ~ сглаживающий резистор
solid-circuit ~ резистор интегральной микросхемы
spark ~ резистор искрогасительного контура
speedup ~ форсирующий резистор
spiral ~ резистор спиральной намотки

stair-step ~ переменный резистор со ступенчатым изменением сопротивления
standard ~ эталонный резистор; образцовый резистор
starting ~ пусковой реостат
tapped ~ секционированный резистор, резистор с отводами
terminating ~ нагрузочный резистор на выходных зажимах
thermal(ly sensitive) ~ терморезистор, термистор
thermometer ~ термодатчик сопротивления
thin-film ~ тонкоплёночный резистор
thyrite ~ тиритовый (карборундовый) резистор
time-varying ~ резистор с изменением сопротивления во времени
titanium ~ титановый резистор
track ~ *ж.-д.* путевой реостат
transition ~ токоограничивающий резистор
trimmer [trimming] ~ подстроечный резистор
undulate ~ резистор волнообразной формы
variable ~ 1. переменный резистор 2. реостат
variable-wired ~ переменный проволочный резистор
vitreous ~ эмалированный резистор
voltage-controlled [voltage-dependent] ~ варистор
voltage-dropping ~ понижающий резистор; гасящий резистор
voltage-sensitive ~ варистор
weighted ~s набор (калиброванных) резисторов, находящихся в определённом соотношении (*напр.* $R-2R$ *и т. д.*)
Wenner-winding ~ резистор с безындукционной петлевой намоткой
wire-wound(-type) ~ проволочный резистор
resistor-grounded с заземлением нейтрали через резистор
resolution разрешающая способность
control ~ разрешающая способность системы управления
frequency ~ разрешающая способность по частоте
high ~ высокая разрешающая способность
phase ~ разрешающая способность по фазе
time ~ разрешающая способность по времени

RESONANCE

ultimate ~ предельная разрешающая способность
resonance резонанс
  acceptor ~ резонанс напряжений, последовательный резонанс
  amplitude ~ амплитудный резонанс, резонанс по амплитуде
  antiferromagnetic ~ антиферромагнитный резонанс
  current ~ резонанс токов, параллельный резонанс
  displacement ~ амплитудный резонанс, резонанс по амплитуде
  double-humped ~ двугорбый резонанс (*на двух частотах*)
  electric(al) ~ электрический резонанс
  electron spin ~ резонанс электронного спина
  ferromagnetic ~ ферромагнитный резонанс
  harmonic ~ гармонический резонанс
  inverse ~ резонанс токов, параллельный резонанс
  magnetic ~ магнитный резонанс
  multiple ~ последовательно-параллельный [многократный] резонанс
  natural ~ собственный резонанс
  parallel ~ резонанс токов, параллельный резонанс
  paramagnetic ~ парамагнитный резонанс
  parametric ~ параметрический резонанс
  phase ~ фазовый резонанс, резонанс по фазе
  rejector ~ резонанс токов, параллельный резонанс
  series ~ резонанс напряжений, последовательный резонанс
  subharmonic ~ субгармонический резонанс
  subsynchronous ~ подсинхронный резонанс
  velocity ~ фазовый резонанс, резонанс по фазе
  voltage ~ резонанс напряжений, последовательный резонанс
resonator резонатор
  cavity ~ объёмный резонатор
  crystal ~ 1. кварцевый резонатор 2. пьезоэлектрический резонатор
  dielectric ~ диэлектрический резонатор
  electromechanical ~ электромеханический резонатор
  gyromagnetic ~ гиромагнитный резонатор
  lossy ~ резонатор с потерями
  parallel-plate ~ плоскопараллельный резонатор
  piezoelectric ~ пьезоэлектрический резонатор
  quartz(-crystal) ~ кварцевый резонатор
  transmission ~ проходной резонатор
  waveguide ~ волноводный резонатор
resources ресурсы
  energy ~ энергетические ресурсы
  network ~ ресурсы сети
  primary energy ~ первичный энергоресурс
  secondary energy ~ вторичный энергоресурс
  water-power ~ гидроэнергетические ресурсы
respond 1. реагировать 2. срабатывать
response 1. реакция (*на воздействие*), срабатывание (устройства) 2. характеристика, зависимость
  amplitude-frequency ~ амплитудно-частотная характеристика, АЧХ
  bandpass ~ полосовая амплитудно-частотная характеристика
  characteristic time-current ~ характеристика (*реле*) с зависимой выдержкой времени
  closed-loop ~ характеристика замкнутой системы
  control dynamic ~ динамическая характеристика регулирования
  dynamic ~ динамическая характеристика
  electrodermal ~ реакция кожи на воздействие электричества
  excitation ~ скорость нарастания возбуждения
  excitation system ~ быстродействие системы возбуждения (*синхронной машины*)
  exciter ~ скорость изменения напряжения возбудителя
  fast ~ быстрое срабатывание; высокое быстродействие
  floating ~ астатическая характеристика
  frequency ~ частотная характеристика; амплитудно-частотная характеристика, АЧХ
  high-frequency ~ характеристика по высоким частотам
  impulse ~ 1. импульсная характеристика 2. реакция на импульсное возмущение
  initial excitation system ~ начальная скорость нарастания напряжения возбуждения
  linear ~ линейная характеристика

load-angle ~ изменение угла нагрузки при изменении условий работы
low-frequency ~ характеристика на низких частотах; чувствительность на низкой частоте
neutron ~ чувствительность к нейтронам
on-line frequency ~ частотная характеристика, снятая при работе на объекте
open-loop frequency ~ частотная [амплитудно-фазовая] характеристика разомкнутой системы
peak ~ максимальная чувствительность
phase ~ фазовая характеристика
phase-frequency ~ фазочастотная характеристика
pulse ~ 1. реакция на импульс 2. импульсная характеристика
quarter-power ~ характеристика при 25%-ной мощности
rapid ~ быстрое срабатывание; высокое быстродействие
sine-wave ~ 1. частотная характеристика 2. амплитудно-частотная характеристика, АЧХ
slow [sluggish] ~ медленное срабатывание; низкое быстродействие
standstill frequency ~ частотная характеристика в установившемся режиме
static ~ статическая характеристика
steady-state ~ характеристика в установившемся режиме
step ~ 1. переходная характеристика 2. реакция на скачок
time [timing] ~ временна́я характеристика
transient ~ переходная характеристика
unit impulse ~ 1. импульсная переходная характеристика 2. реакция на единичный скачок
unit-step ~ 1. реакция на ступенчатое возмущение 2. переходная характеристика
voltage ~ чувствительность по напряжению
restart повторный пуск ‖ повторно запускать
restarting повторный пуск
    cold ~ повторный пуск в холодном состоянии
    hot ~ повторный пуск в горячем состоянии
restoration восстановление
    ~ **of supply** восстановление электропитания; восстановление энергоснабжения
    dc ~ восстановление постоянной составляющей
    failure ~ восстановление при отказах
    load ~ восстановление питания нагрузки
    power system ~ восстановление режима работы энергосистемы (*после аварий*)
    service ~ восстановление энергоснабжения
    synchronism ~ восстановление синхронизма
    system ~ восстановление энергосистемы
restore восстанавливать; возобновлять
restraint 1. ограничение; удержание 2. ограничитель
    high-harmonic ~ торможение высшими гармониками
    percentage ~ процентное торможение
    second harmonic ~ торможение (*током*) второй гармоники
    voltage ~ торможение напряжением (*в реле*)
restrike повторный пробой
restringing перевеска *или* замена проводов на линии
resumption возобновление; восстановление
    ~ **of supply** восстановление электропитания; восстановление энергоснабжения
retainer 1. фиксатор; держатель 2. вращающийся диск подпятника (*гидрогенератора*) 3. удерживающее [стопорное] кольцо 4. роликовая клетка; сепаратор (*подшипника качения*)
    bearing ~ сепаратор подшипника качения
    tube [valve] ~ ламподержатель
retardation замедление; торможение, задержка; запаздывание
retarder замедлитель; демпфер; буфер
    air-vane ~ воздушный демпфер (с крыльчаткой)
    eddy-current ~ демпфер на принципе вихревых токов
retentivity 1. удерживающая способность 2. остаточная магнитная индукция
retransmission ретрансляция
retroaction 1. обратное действие; реакция 2. положительная обратная связь
return 1. возврат; возвращение ‖ возвращать(ся) 2. обратный ход 3. обратный провод; обратная сеть
    beam ~ обратный ход луча

REVERBERATION

common ~ общий обратный провод
dc ~ замыкание по постоянному току
ground ~ возврат (тока) через землю
rail ~ обратная рельсовая цепь
short ground ~ обратная цепь контура КЗ через землю
single wire ground ~ однофазная система с возвратом тока через землю
reverberation реверберация
reverberator ревербератор
reversal 1. реверсирование, изменение направления на обратное 2. изменение полярности
~ **of magnetization** перемагничивание
~ **of phase** опрокидывание фазы, изменение фазы на 180°
~ **of polarity** изменение полярности на обратную
current ~ изменение направления тока
flux [magnetic, magnetization] ~ перемагничивание
phase ~ опрокидывание фазы, изменение фазы на 180°
phase-sequence ~ изменение порядка чередования фаз
polarity ~ изменение полярности
polarization ~ изменение поляризации
power ~ реверсирование мощности
sign ~ изменение [перемена] знака
thermoelectric ~ термический реверс
unloaded ~ реверс вхолостую
reverse 1. реверсирование, изменение направления на обратное ‖ реверсировать, изменять направление на обратное 2. обратное движение; обратный ход 3. изменение полярности 4. переключать полюса
transient peak voltage ~ реверс пика напряжения в переходном процессе
reverser переключатель направления
current ~ переключатель направления тока
polarity ~ переключатель полярности
pole ~ переключатель полюсов
reversibility 1. обратимость (*процесса*) 2. реверсивность, способность к реверсированию
revolution 1. круговое вращение 2. оборот ◊ ~**s per minute** число оборотов в минуту; ~ **through 180°** вращение [поворот] на 180°
rewind (обратная) перемотка (*ленты*) ‖ перематывать назад (*ленту*)
rewinder перемоточный станок
rewire 1. переделывать монтажную схему; перемонтировать схему 2. (за)менять проводку
rewiring замена проводки
rheochord реохорд
rheograph реограф
rheostat реостат
balancing ~ компенсирующий реостат
battery-charging ~ реостат для зарядки аккумуляторов
carbon ~ угольный реостат
continuous ~ плавно регулируемый реостат
dial-type ~ реостат с кольцевым контактным ходом
electrically operated ~ реостат с электрическим управлением
exciter ~ реостат возбуждения
faceplate ~ реостат с контактами на лицевой панели
field ~ реостат возбуждения
field divertor ~ реостат, шунтирующий обмотку возбуждения
filament ~ реостат цепи накала
ganged faceplate ~ секционный реостат с контактами на лицевой панели
liquid ~ жидкостный реостат
load(ing) ~ нагрузочный реостат
motor-operated ~ реостат, регулируемый с помощью (электро)двигателя
plate-type ~ плоский реостат
plug ~ штепсельный магазин сопротивлений
potentiometer-type ~ потенциометр
power ~ силовой реостат
regulating ~ регулировочный реостат
rotor ~ реостат в цепи ротора
shunt-breaking ~ реостат для ослабления тока в параллельной [шунтовой] обмотке перед её размыканием
shunt-field ~ шунтовой реостат возбуждения
slide(-wire) ~ реостат с движком
speed-regulating ~ реостат для регулирования скорости (*двигателя*)
starter [starting] ~ пусковой реостат
starting-regulating ~ пускорегулирующий реостат
voltage-setting ~ реостат для установки напряжения
water ~ водяной реостат
rheotan реотан (*сплав высокого сопротивления*)
rhumbatron объёмный резонатор
rig:
brush ~ щёточный аппарат
right-hand(ed) 1. движущийся по часовой

стрелке **2.** с правым ходом **3.** с правой резьбой
right-of-way полоса отчуждения; трасса (*напр. ЛЭП*)
rigidity прочность
   contact ~ контактная жёсткость, жёсткость контакта
   dielectric ~ диэлектрическая прочность
rim 1. обод; реборда; бандаж (*колеса*) **2.** край; кромка
   impeller ~ обод рабочего колеса (*гидротурбины*)
   spider ~ обод ступицы ротора
ring 1. кольцо **2.** обод; фланец **3.** кольцевая схема ◇ **to** ~ **out** прозванивать (*напр. цепь*)
   anchor ~ кольцевой (магнитный) сердечник
   arcing ~ дугоотводящее кольцо изолятора
   balancing ~ уравнительное кольцо
   banding ~ бандажное кольцо
   bearing ~ **1.** кольцо подшипника **2.** опорное кольцо
   brush ~ кольцевая щёточная траверса
   bull ~ стягивающее кольцо (*на многожильном нескрученном проводе*)
   bus ~**s** токосъёмные (контактные) кольца
   cage ~ короткозамыкающее кольцо (*ротора асинхронного электродвигателя*)
   clamping ~ обжимное кольцо (*шихтованного сердечника*)
   collecting [collector] ~**s** токосъёмные (контактные) кольца
   commutator ~ стяжное кольцо коллектора
   commutator insulating ~**s** изоляционные кольца коллектора
   commutator shrink ~ бандажное кольцо коллектора
   commutator V-[commutator vee] ~ стяжное кольцо коллектора
   contact ~**s** токосъёмные (контактные) кольца
   core ~ кольцевой (магнитный) сердечник
   crimp ~ обжимное кольцо
   D- ~ полукольцо
   damper [damping] ~ демпфирующее кольцо
   end ~ короткозамыкающее кольцо (*ротора асинхронного двигателя*)
   flywheel ~ диск (*для утяжеления*) маховика
   hybrid ~ гибридное кольцо; волноводный мост кольцевого типа
   index ~ лимб; градуированное кольцо
   joint ~ уплотнительное кольцо
   labyrinth seal(ing) ~ лабиринтное уплотнительное кольцо
   locking ~ удерживающее кольцо; стопорное кольцо
   ornamental ~ **of a lampshade** абажуродержатель
   pressure ~ нажимное кольцо
   resonant ~ резонансное кольцо
   retaining ~ удерживающее кольцо; стопорное кольцо
   rotary collector ~ кольцевой токоприёмник
   rotor end ~ короткозамыкающее кольцо ротора
   rotor end-winding retaining ~ бандажное кольцо ротора
   rotor seal ~ вращающееся уплотнительное кольцо
   seal(ing) ~ уплотнительное кольцо; кольцевой уплотнитель
   shade ~ кольцо для крепления рассеивателя
   shading ~ **1.** пусковое медное кольцо электродвигателя с экранированными полюсами **2.** экранирующая катушка
   shroud(ing) ~ бандажное кольцо
   slip ~**s** токосъёмные контактные кольца
   spacer ~ распорное кольцо; разделительное кольцо
   stator seal ~ неподвижное уплотнительное кольцо
   stator winding commutation ~ соединительные шины обмотки статора
   stiffening ~ пояс жёсткости
   toroidal ~ тороид
ringing посылка вызывного сигнала
ring-switch кольцевой (волноводный) переключатель
ripple 1. пульсации, колебания ‖ пульсировать, колебаться **2.** неравномерность (*характеристики*)
   amplitude ~ **1.** амплитудные пульсации, колебания амплитуды **2.** неравномерность амплитудной характеристики
   commutator ~ коллекторные пульсации напряжения
   gain ~ неравномерность усиления
   harmonic ~ пульсации от гармоник
   mains ~ пульсации напряжения в сети
   output ~ пульсации на выходе

RISE

phase ~ фазовые пульсации, колебания фазы
rms [root-mean-square] ~ среднеквадратичное значение пульсаций
slot [tooth] ~ зубцовые пульсации, зубцовые гармоники
voltage ~ пульсации напряжения
rise 1. подъём; повышение; нарастание ‖ подниматься; повышаться; нарастать **2.** фронт (*импульса*) ◊ ~ **to power** вывод (*энергоблока*) на мощность
absolute speed ~ абсолютное повышение частоты вращения
current ~ **1.** нарастание тока **2.** фронт кривой тока
ground potential ~ повышение потенциала заземления
inductive ~ повышение напряжения, вызванное опережающим током (*в трансформаторе*)
limiting temperature ~ **1.** предельно допустимый перегрев **2.** предельно допустимое повышение температуры
load ~ **1.** подъём нагрузки **2.** наброс нагрузки (*энергосистемы*)
specific temperature ~ удельное повышение температуры (*на ватт нагрузки и на единицу поверхности*)
temperature ~ **1.** перегрев **2.** повышение [рост] температуры
transient ground potential ~ повышение потенциала заземления в переходном процессе
voltage ~ повышение напряжения
riser 1. коллекторный петушок **2.** стояк; вертикальная труба
commutator ~ коллекторный петушок
power ~ стояк силовой проводки
rocker 1. траверса (*щёткодержателя*) **2.** балансир; коромысло
brush ~ траверса щёткодержателя
rocking перестановка [передвижение] траверсы (*щёткодержателя*)
rod стержень; прут(ок); штанга
anode ~ анодная штанга, анодный стержень
blanket ~ стержень зоны воспроизводства
booster ~ пусковой стержень, пусковой ТВЭЛ
boron carbide control ~ управляющий стержень из карбида бора
burnable poison ~ стержень с выгорающим поглотителем нейтронов
bus ~ шина

cathode ~ катодная штанга, катодный стержень
center fuel ~ центральный ТВЭЛ топливной сборки
control ~ стержень регулирования мощности (*ядерного реактора*); стержень управления и защиты, СУЗ, управляющий стержень
control and scram ~ аварийный управляющий стержень
dielectric ~ диэлектрический стержень
discharging ~ **1.** штанга молниеотвода **2.** вилообразный разрядник
elevation ~ штанга молниеотвода
emergency shutdown ~ стержень аварийной защиты
fuel ~ стержневой ТВЭЛ
glass support ~ поддерживающая стеклянная ножка (*в лампе*)
ground ~ заземляющий стержень, заземляющий стержневой электрод
ignitor ~ поджигающий электрод (*разрядника*)
inserted control ~ погружённый СУЗ
insulating (hook) ~ изолирующая штанга
interphase connecting ~ траверса
lift ~ подъёмная (изолирующая) штанга (*в выключателе*)
lightning ~ молниеотвод
power ~ ТВЭЛ
power control ~ стержень регулирования мощности (*ядерного реактора*)
scram ~ стержень аварийной защиты
scrammed ~ сброшенный стержень аварийной защиты
shim/scram ~ аварийно-компенсирующий стержень
shutdown ~ стержень (аварийного) гашения (*ядерного реактора*)
spark-plug center ~ центральный электрод свечи зажигания
roentgen рентген, P (*единица рентгеновского или гамма-излучения*)
roentgenography рентгенография
roll 1. рулон **2.** ролик; вал(ик)
asbestos ~s рулонный асбест
contact ~ перекат контакт-деталей (*реле*)
roller ролик; вал(ик)
roll-off спад (*АЧХ*)
high-frequency ~ спад на высокой частоте
low-frequency ~ спад на низкой частоте
phase-gain ~ спад амплитудно-фазовой характеристики

room 1. помещение; зал **2.** цех; отделение
  bath ~ гальванический цех
  battery ~ аккумуляторная
  control ~ помещение щита управления; диспетчерский пункт
  dispatch ~ диспетчерская
  fire-resistant ~ огнестойкое помещение
  main control ~ помещение главного щита управления
  National Control ~ диспетчерский пункт Единой национальной энергосистемы
  plating ~ гальванический цех
  relay ~ помещение релейного щита
  screened ~ экранированное помещение, клетка Фарадея
  substation control ~ помещение щита управления подстанции
  substation relay ~ помещение релейного щита подстанции
  substation telecontrol ~ помещение для устройств телемеханики подстанции
  switch ~ помещение коммутационной аппаратуры
  turbine ~ машинный зал (*электростанции*)
root 1. *мат.* корень ‖ извлекать корень **2.** хвостовая часть, хвост (*лопатки турбины*)
  electrode ~ опорное пятно плазменного электрода
rope трос; верёвка; канат
  safety belt ~ строп предохранительного пояса
rose розетка
  ceiling ~ потолочная розетка
  connection ~ ответная часть соединителя
rosette розетка
  strain gage ~ тензорезисторная розетка
rosin канифоль
rotate вращать(ся) ◊ **to** ~ **clockwise** вращаться по часовой стрелке; **to** ~ **counterclockwise** вращаться против часовой стрелки
rotation 1. вращение; поворот **2.** вихрь (*векторного поля*)
  ~ **of a vector** вихрь векторного поля
  degree ~ поворот на один градус
  phase ~ чередование фаз
  synchronous ~ синхронное вращение
  total mechanical ~ механический поворот (*переменного резистора*)
rotor ротор

  aluminum-wound ~ ротор с алюминиевой обмоткой
  asymmetrical-cage ~ ротор с асимметричной клеткой
  axially-laminated ~ аксиально-расслоенный ротор
  blocked ~ заторможённый ротор
  built-up disk ~ составной дисковый ротор
  cage ~ короткозамкнутый ротор
  cast aluminum ~ ротор с литой алюминиевой обмоткой
  claw tooth ~ ротор с клювообразными зубцами
  composite ~ составной ротор (*турбогенератора*)
  copperspun ~ короткозамкнутый ротор в виде цельнолитой медной клетки
  cylindrical ~ цилиндрический [гладкий] ротор
  deep-bar ~ ротор с глубокими пазами, глубокопазный ротор
  distributed polar ~ ротор с распределённой обмоткой; неявнополюсный ротор
  divided winding ~ ротор с расщеплённой обмоткой
  double-deck ~ ротор с двойной клеткой
  drag-cup ~ чашеобразный ротор
  eddy-current ~ ротор с использованием вихревых токов
  extended bar ~ ротор с глубокими пазами, глубокопазный ротор
  female ~ ведомый ротор
  ferromagnetic ~ ферромагнитный ротор
  keyed-bar squirrel-cage ~ ротор короткозамкнутого двигателя со вставными стержнями
  locked ~ заторможённый ротор
  main [male] ~ ведущий ротор
  nonsalient pole ~ неявнополюсный ротор
  phase-wound ~ фазный ротор
  rolling ~ катящийся ротор
  salient-pole ~ явнополюсный ротор
  segmental rim ~ ротор с составным ободом
  short-circuited ~ короткозамкнутый ротор
  shrouded ~ ротор с бандажом
  single-cage ~ ротор с одиночной беличьей клеткой
  skewed ~ ротор со скошенными пазами
  smooth ~ неявнополюсный ротор
  solid ~ массивный ротор

solid unslotted ~ массивный ротор без пазов
squirrel-cage ~ короткозамкнутый ротор
stalled ~ заторможённый ротор
steam-cooled ~ ротор с испарительным охлаждением
suppression distributor ~ ротор распределителя зажигания с помехоподавляющим устройством
throttling-type ~ ротор с вытеснением тока; ротор с глубокими пазами, глубокопазный ротор
turbine ~ ротор турбины
unlaminated ~ массивный ротор
wound ~ фазный ротор

route 1. трасса 2. разводка; (меж)соединения
 line ~ трасса линии (электропередачи)
 main ~ магистраль

rubber 1. резина 2. каучук
 butyl ~ бутилкаучук
 conductive ~ токопроводящая резина
 depolymerized ~ деполимеризованный каучук
 ethylene-propylene ~ этиленпропиленовый каучук
 heat-resistant ~ теплостойкая резина
 lead ~ просвинцованная резина
 natural ~ натуральный [природный] каучук
 nitrile ~ нитриловый каучук
 nitrito ~ нитритовый каучук
 pure and vulcanized ~ чистая и вулканизированная резина
 silicone ~ кремнийорганический [силиконовый] каучук
 siloxane ~ силоксановый каучук
 styrene-butadiene ~ бутадиенстирольный каучук
 thermoplastic ~ термопластичный каучук

rubber-insulated с резиновой изоляцией

rule правило
 Ampere's [corkscrew] ~ правило Ампера, правило буравчика
 electrical safety code ~s правила техники безопасности при работе в электроустановках
 Fleming's ~ 1. правило левой руки 2. правило правой руки
 left-hand ~ правило левой руки
 Lenz's ~ правило Ленца
 Maxwell's ~ правило левой руки
 operating ~s оперативные правила; правила эксплуатации
 right-hand ~ правило правой руки
 right-hand screw ~ правило Ампера, правило буравчика
 safety ~s правила техники безопасности

run 1. работа 2. период; цикл; ход 3. режим (*работы*) 4. питающая линия; ответвление линии 5. последовательность импульсов 6. нести нагрузку 7. прокладывать, протаскивать (*кабель*) ◊ **to** ~ **a wire** прокладывать провод; **to** ~ **down** 1. вращаться по инерции (*о роторе двигателя*) 2. разряжаться (*об аккумуляторной батарее*); **to** ~ **free** вращаться вхолостую (*об электрической машине*); **to** ~ **unloaded** работать без нагрузки на сеть (*о генераторе*)
 asynchronous ~ асинхронный ход
 blocked ~ включение [запуск] заторможённого (электро)двигателя
 cable ~ трасса кабеля; канализация кабеля
 conductor ~ токопроводящая дорожка; шина
 conduit ~ 1. трасса кабеля; кабельная канализация 2. кабельная галерея, туннель с кабельными блоками
 control ~ проводка вторичной коммутации
 endurance ~ прогон
 full-load ~ работа с полной нагрузкой
 heat ~ тепловое испытание
 light ~ холостой ход; работа вхолостую
 steady ~ установившийся [стационарный] режим
 temperature ~ испытание на нагрев под нагрузкой
 trial ~ пробный пуск
 vertical ~ 1. вертикальная прокладка (*кабеля*) 2. вертикальное расположение (*кабеля*)

runaway 1. выход из-под контроля 2. разгон; разнос 3. уход; отклонение (*параметра*)
 current ~ уход тока
 frequency ~ уход частоты
 nuclear ~ аварийный *или* неуправляемый разгон ядерного реактора, выход ядерного реактора из-под контроля
 reactor ~ разгон реактора, выход реактора из-под контроля
 thermal ~ тепловой пробой

rundown медленный останов (*ядерного реактора*)

runner рабочее колесо гидротурбины

adjustable-blade ~ рабочее колесо поворотно-лопастной гидротурбины
axial ~ рабочее колесо осевой гидротурбины
fixed-blade ~ рабочее колесо гидротурбины с неподвижными лопастями
four-blade ~ четырёхлопастное рабочее колесо гидротурбины
running 1. работа **2.** вращение; ход **3.** прогон
 asynchronous ~ асинхронный ход
 balanced ~ равномерный ход
 continuous ~ непрерывная работа
 economical ~ экономичный режим работы
 idle ~ **1.** работа (*двигателя*) на холостом ходу **2.** холостой ход
 irregular ~ неравномерный ход
 minimum safe ~ **of a unit** работа агрегата при минимально допустимой мощности
 no-load ~ **1.** работа (*двигателя*) на холостом ходу **2.** холостой ход
 parallel ~ параллельная работа
 shunt ~ самоход (*счётчика*)
 slow ~ работа (*двигателя*) на холостом ходу
 step ~ шаговый режим
running-down выбег, вращение по инерции (*ротора двигателя*)
running-in обкатка (*двигателя*)
running-out выбег, вращение по инерции (*ротора двигателя*)
rupture 1. разрыв; разрушение ‖ разрываться; разрушаться **2.** пробой (*диэлектрика*) **3.** отключение [размыкание] контактов
 case ~ повреждение корпуса (*напр. конденсатора*)
 cladding ~ разрыв оболочки ТВЭЛа
 double-ended ~ **of a reactor coolant circuit** разрыв трубопровода с двусторонним истечением теплоносителя
 end-of-life clad ~ разрыв оболочки к концу кампании
 fuel (cladding) ~ разрыв оболочки ТВЭЛа
rush:
 current ~ бросок тока; удар [толчок] тока
rust ржавчина ‖ ржаветь

S

saddle 1. фланец (*ламповой панели*) **2.** седло (*на фазовой плоскости*)

safeguard защита; меры безопасности ‖ защищать
safeguarding защита
 ~ **of meters against overloading** защита измерительных приборов от перегрузки
safety безопасность
 electrical ~ электробезопасность
 fire ~ пожаробезопасность
 inherent ~ внутренняя безопасность
 operational ~ безопасность в эксплуатации
 radiation ~ радиационная безопасность
 work ~ техника безопасности
sag 1. прогиб; провисание ‖ прогибаться; провисать **2.** стрела прогиба; стрела провеса
 conductor ~ провисание проводов
 contact wire ~ **1.** стрела прогиба цепи (*цепной передачи*) **2.** *ж.-д.* провисание контактного провода
 midspan ~ стрела провеса в середине пролёта ВЛ
 total ~ полная стрела провеса
 unloaded ~ стрела провеса (*провода*) под собственным весом
sandpaper абразивная [наждачная] бумага, *проф.* шкурка
saturation 1. насыщение **2.** пропитывание; пропитка **3.** магнитное насыщение **4.** режим насыщения
 anode ~ режим насыщения электронной лампы
 core ~ (магнитное) насыщение сердечника
 generator field ~ насыщение цепи возбуждения генератора
 induction [magnetic] ~ магнитное насыщение
 plate ~ режим насыщения электронной лампы
 relay ~ насыщение реле
 voltage ~ режим насыщения электронной лампы
saw пила
 electric ~ электропила
 electric power ~ электромоторная пила
scalar скаляр, скалярная величина
scale 1. шкала **2.** масштаб
 adjustment ~ шкала уставок
 calibration ~ **1.** градуировочная шкала; поверочная шкала **2.** шкала уставок (*реле*)
 center zero ~ шкала с нулём посредине
 circular ~ круговая шкала
 direct-drive ~ безверньерная шкала

SCALER

direct-measurement ~ шкала для непосредственных измерений
direct-reading ~ шкала для непосредственного отсчёта показаний
display ~ шкала индикатора
evenly divided ~ равномерная шкала
exact-reading ~ шкала точного отсчёта
expanded [extended] ~ растянутая шкала
fixed ~ неподвижная шкала
illuminated ~ шкала с подсветкой
indicating ~ шкала показывающего прибора
linear ~ 1. линейная шкала 2. линейный масштаб
logarithmic ~ 1. логарифмическая шкала 2. логарифмический масштаб
magnetic ~ 1. магнитная шкала 2. шкала магнитных величин
measuring [meter] ~ шкала измерительного прибора
mirror ~ зеркальная шкала
nonlinear ~ 1. нелинейная шкала 2. нелинейный масштаб
nonuniform ~ неравномерная шкала
principal ~ 1. неподвижная шкала (*верньера*) 2. главный [основной] масштаб
reference ~ шкала отсчёта
rough-reading ~ шкала грубого отсчёта
setup ~ шкала с подавленным нулём
slide-rule ~ шкала логарифмической линейки
suppressed-zero ~ шкала с подавленным нулём
time ~ масштаб времени
unevenly divided ~ неравномерная шкала
uniform ~ равномерная шкала
scaler 1. пересчётное устройство; пересчётная схема 2. делитель частоты
binary ~ двоичная пересчётная схема
decade ~ декадная [десятичная] пересчётная схема
decatron ~ пересчётная схема на декатронах
decimal ~ декадная [десятичная] пересчётная схема
pulse ~ 1. импульсное пересчётное устройство 2. делитель частоты следования импульсов
scan 1. сканирование; поиск 2. развёртка
fast ~ быстрая развёртка
helical ~ спиральная развёртка
linear ~ линейная развёртка
slow ~ медленная развёртка
spiral ~ спиральная развёртка

scanner 1. сканер, сканирующее устройство 2. развёртывающее устройство
electrooptic ~ электронно-оптический сканер
optical ~ оптический сканер, оптическое сканирующее устройство
photoelectric ~ фотоэлектрическое сканирующее устройство
polarization ~ поляризационный сканер
visual ~ оптический сканер, оптическое сканирующее устройство
scanning 1. сканирование; поиск 2. развёртка
electronic ~ 1. электронное сканирование 2. электронная развёртка
frequency(-controlled) ~ частотное сканирование
gamma fuel ~ гамма-сканирование ядерного топлива
high-velocity ~ развёртка быстрыми электронами
low-velocity ~ развёртка медленными электронами
mechanical ~ 1. механическое сканирование 2. механическая развёртка (*осциллографа*)
phase ~ фазовое сканирование
sector ~ секторная развёртка
switched ~ коммутационное сканирование
variable-speed ~ развёртка с переменной скоростью
scattering рассеяние
Coulomb ~ кулоновское рассеяние
electromagnetic ~ рассеяние электромагнитных волн
polarization [polarized] ~ поляризационное рассеяние
radiation ~ рассеяние радиации
thermal ~ тепловое рассеяние
schedule график ‖ составлять график
economic loading ~ график экономичного распределения нагрузки
electricity rate ~ таблица тарифных ставок на электроэнергию
fuel resource ~ планирование топливных ресурсов
generation ~ плановый график нагрузки (*электростанции*)
load ~ график нагрузки
maintenance ~ график технического обслуживания; график планово-профилактического ремонта
rate ~ график изменения тарифа во времени
servicing ~ график обслуживания (*оборудования*)
scheduling составление графика

~ **of generation** составление графиков нагрузки (*электростанций*)
~ **of power output** составление графика выработки мощности
generating plant ~ составление графиков нагрузки электростанций
interchange ~ планирование обменов мощностью; планирование обменов электроэнергией
load ~ составление графика нагрузки
schematic схема; диаграмма; описание схемы
circuit ~ принципиальная (электрическая) схема; описание принципиальной (электрической) схемы
electrical ~ (принципиальная) электрическая схема; описание (принципиальной) электрической схемы
one-line ~ однолинейная схема
scheme 1. схема; диаграмма 2. план; проект
~ **of relaying** схема релейной защиты, схема РЗ
~ **of transposition** схема транспозиции (*проводов*)
automatic switching ~ автоматическая схема переключения
automatic-transfer ~ схема автоматического ввода резерва, схема АВР
breaker-and-a-half ~ полуторная схема, схема «полтора выключателя на присоединение»
breaker-failure back-up ~ схема резервирования при отказах выключателей
carrier unblocking ~ схема ВЧ-защиты с постоянной циркуляцией
control ~ схема управления
distance ~ схема (реле) дистанционной защиты
double-bus ~ схема с двойной системой шин
double-bus, double-breaker ~ схема с двойной системой шин и двумя выключателями на присоединение
double-bus, single-breaker ~ схема с двойной системой шин и одним выключателем на присоединение
emergency control ~s противоаварийная автоматика
generation dropping ~ устройство отключения части генераторов
half-wave comparison ~ полуволновая схема сравнения
hydroelectric [hydropower] ~ 1. схема развития гидроэнергетики 2. гидроэнергетическая система; гидроэлектрическая станция, гидроэлектростанция, ГЭС

interconnection ~ схема (меж)соединений; монтажная (электрическая) схема
interphase ~ **of switching** схема переключения реле сопротивления при разных видах КЗ
load rejection ~ схема автоматики сброса нагрузки
load shedding ~s автоматика аварийного отключения нагрузки
main and-transfer-bus ~ одиночная система сборных шин с обходной шиной
manual transfer ~ ручная схема перевода нагрузки
one-and-a-half-breaker ~ полуторная схема, схема «полтора выключателя на присоединение»
permissive intertrip ~ схема телеускорения резервных защит ЛЭП
pinout ~ цоколевка; схема разводки выводов
power-line carrier phase comparison ~ дифференциально-фазная ВЧ-защита ЛЭП
protection ~ схема защиты
pumped-storage (hydroelectricity) ~ 1. схема развития гидроэнергетики на базе ГАЭС 2. гидроаккумулирующая электростанция, ГАЭС
relaying ~ 1. релейная схема 2. схема релейной защиты, схема РЗ
rewire ~ схема замены проводки
ring bus ~ кольцевая схема соединения шин
single bus ~ схема с одиночной системой шин
stability control ~s противоаварийная автоматика; автоматика предотвращения нарушения устойчивости, АПНУ
storage ~ установка аккумулирования (*электроэнергии*)
switching ~ 1. переключающая схема 2. система коммутационных аппаратов
transfer trip underrich ~ схема передачи команды телеотключения при срабатывании первой зоны РЗ
ventilating ~ схема вентиляции
wiring ~ 1. схема коммутации 2. схема прокладки проводов; схема кабельной разводки; 3. схема (меж)соединений, монтажная (электрическая) схема
scope 1. (электронно-лучевой) осциллограф 2. электронно-лучевая трубка, ЭЛТ

SCRAM

scram аварийный останов (*ядерного реактора*)
  overload ~ аварийный останов вследствие перегрузки
  unintentional ~ случайный аварийный останов
screen 1. экран ‖ показывать на экране **2.** (защитный) экран ‖ экранировать, защищать экраном
  afterglow ~ экран с послесвечением
  antiradiation ~ экран противорадиационной защиты
  braided ~ экранирующая оплётка
  collective ~ общий экран (*кабеля*)
  conducting ~ проводящий экран
  core ~ экран жилы (*кабеля*)
  diffusing ~ диффузно-рассеивающий экран
  dot fluorescent ~ точечный люминесцентный экран
  electric ~ электростатический экран
  electromagnetic ~ электромагнитный экран
  electrostatic ~ электростатический экран
  Faraday ~ клетка Фарадея, экранирующая клетка
  fast ~ экран с малым послесвечением
  fluorescent ~ люминесцентный экран
  grading ~ выравнивающий экран; экран для распределения потенциалов
  induction ~ магнитный экран
  insulating ~ изолирующий экран
  lapped ~ экранирующая оплётка в виде ленты
  long-persistence ~ экран с длительным послесвечением
  luminescent ~ люминесцентный экран
  luminous ~ **1.** светящийся экран **2.** люминесцентный экран
  magnetic ~ магнитный экран
  metal-backed [metallized] ~ металлизированный экран
  nonpersistent ~ экран без послесвечения
  outer ~ наружная экранирующая оболочка (*кабеля*)
  persistent ~ экран с послесвечением
  protecting [protective] ~ защитный экран
  reducing ~ ослабляющий экран
  short-persistence ~ экран с малым послесвечением
  storage ~ экран с длительным послесвечением
screening экранирование
  complete ~ полное экранирование
  conductor ~ экранирование провода
  core ~ экранирование жилы (*кабеля*)
  electrical ~ электрическое экранирование
  electromagnetic ~ электромагнитное экранирование
  electrostatic ~ электростатическое экранирование
  insulation ~ экранирование изоляции
  magnetic ~ магнитное экранирование
screw 1. винт; болт; шуруп ‖ ввинчивать; завинчивать, крепить винтами, болтами *или* шурупами **2.** резьба ‖ нарезать резьбу
  adjusting ~ регулировочный винт; установочный винт; юстировочный винт
  binding ~ зажимной винт
  captive ~ невыпадающий винт
  clamping ~ зажимной винт
  connecting ~ соединительный винт
  Edison ~ резьба для цоколей и патронов ламп (*гильза E 27*)
  Goliath Edison ~ резьба для цоколей и патронов ламп (*гильза E 40*)
  lock ~ стопорный винт; запорный винт; контрящий винт
  motor-operated ~ винт с электроприводом
  retainer [retention] ~ фиксирующий винт; стопорный винт
  stop ~ зажимной винт; стопорный винт
  terminal ~ присоединительный винт; вывод
  tuning ~ настроечный винт
screwdriver отвёртка
  corner ~ угловая отвёртка
  cross-head ~ крестообразная отвёртка
  nonmetallic ~ антимагнитная отвёртка
  offset ~ двусторонняя отвёртка
seal 1. уплотнение, уплотняющая прокладка; сальник **2.** изоляция ‖ изолировать **3.** герметизация; заварка; запайка ‖ герметизировать; заваривать; запаивать **4.** спай ‖ спаивать **5.** залипание (*реле*)
  axial ~ осевое уплотнение
  barrier ~ внутреннее уплотнение
  bearing ~ уплотнение подшипника
  bonded ~ сварное соединение
  cable ~ заделка [запайка] кабеля
  carbon face ~ графитовое торцевое уплотнение
  commutator ~ уплотнение коллектора

SECTION

double aperture ~ двойное уплотнение отверстия
dust(-proof) ~ пылезащитное уплотнение
gasket ~ прокладка
gasket seating ~ уплотнение по стыку корпуса
gas-oil ~ 1. газомасляное уплотнение 2. газовое уплотнение (*трансформатора*)
gas-tight ~ газонепроницаемое уплотнение
glass ~ стеклянный спай
glass-to-ceramic ~ стеклокерамический спай
glass-to-metal ~ металлостеклянный спай
hermetic ~ 1. герметичное уплотнение 2. герметичная заделка 3. герметичный спай
housing ~ уплотнение по стыку корпуса; герметизация корпуса (*прибора*)
hydrogen ~ водородное уплотнение
interfacial ~ уплотнение по лицевой поверхности
labyrinth ~ лабиринтное уплотнение
lead ~ запайка ввода
mechanical ~ механическое уплотнение
oil ~ масляное уплотнение
oil-buffered carbon face ~ графитовое торцевое уплотнение с масляным подпором
panel ~ 1. уплотнение панели 2. герметизация панели
peripheral ~ уплотнение по периметру
piston-ring ~ уплотнение с помощью поршневых колец
plastic-to-metal ~ металлопластмассовый спай
rotary [rotating] ~ вращающееся уплотнение
vacuum ~ вакуумное уплотнение
sealant герметизирующий состав, герметик
adhesive ~ клеевой герметик
silicone ~ кремнийорганический герметик
sealer герметизирующий состав, герметик
sealing 1. уплотнение 2. изоляция 3. герметизация; заваривание; запаивание 4. формирование спаев 5. залипание (*реле*) 6. заделка (*кабеля*)
cable-end ~ концевая заделка кабеля
duct ~ заделка входа (*кабеля*) в канал
end ~ концевая заделка (*кабеля*)
sealing-in 1. уплотнение 2. герметизация 3. заделка (*кабеля*) 4. впаивание (*электродов в стеклянную колбу*)
sealing-off 1. запайка 2. отпайка (*лампы*) 3. концевая заделка (*кабеля*)
seal-on-seal двойное уплотнение
searchlight прожектор
seating притирка, пришлифовка (*клапанов и щёток в электрических машинах*)
secondar/y 1. вторичная цепь; низковольтная часть (*распределительной сети*) 2. вторичная обмотка (*трансформатора*)
instrument transformer ~**ies** вторичные обмотки измерительного трансформатора
multitap ~ вторичная обмотка с несколькими ответвлениями
split ~ вторичная обмотка с выведенной средней точкой; расщеплённая вторичная обмотка
section 1. сечение 2. секция; участок
~ **of core** участок сердечника
~ **of winding** секция обмотки
activation cross ~ сечение активации
boiling ~ 1. испарительная часть (*в котлоагрегате*) 2. зона кипения (*активной зоны ядерного реактора*)
bus(bar) ~ секция системы шин
capacitor ~ секция конденсатора
coil ~ секция катушки
complete transposition ~ цикл транспозиции (*фаз*); цикл скрещивания (*проводов*)
converter ~ преобразовательная секция
cross ~ поперечное сечение
dead ~ мёртвая [обесточенная] секция
differentiating ~ дифференцирующее звено
dynamic ~ динамическое звено
feedback ~ 1. звено с обратной связью 2. звено обратной связи
filter ~ звено фильтра
fuel ~ топливная зона (*ядерного реактора*)
high-pressure ~ часть высокого давления (*турбины*)
incoming line ~ вводное устройство; шкаф ввода
incomplete transposition ~ неполнотранспонированный участок
insulated point ~ ж.-д. изолированная стрелочная секция
intermediate-pressure ~ часть среднего давления (*турбины*)
lateral ~ поперечный разрез; поперечное сечение

SECTIONALIZATION

line ~ участок линии
line-between transposition points ~ шаг транспозиции линии
longitudinal ~ продольный разрез; продольное сечение
low-pressure ~ часть низкого давления (*турбины*)
master ~ центральная [основная, главная] секция
matching ~ согласующая секция
outgoing ~ 1. комплектное распределительное устройство, КРУ 2. секция [ячейка, шкаф] отходящих линий
overhead line ~ путевой участок с ВЛ
reheater ~ **of boiler** секция промперегрева в котле
rheostat ~ секция реостата
split-capacitor ~ разъёмная конденсаторная секция
squeeze ~ сжимаемая секция
switchboard ~ секция распределительного щита
T-~ Т-образное звено (*схемы замещения линии*)
transformer ~ трансформаторная часть (*блочных подстанций распределительной сети*)
transposition ~ шаг транспозиции (*проводов линии*)
winding ~ секция обмотки
π-~ П-образное звено
sectionalization секционирование
bus ~ секционирование шин
power system ~ секционирование энергосистемы
sectionalizer 1. секционный разъединитель **2.** разъединительная (изолирующая) вставка
secure 1. крепить, закреплять **2.** гарантировать, обеспечивать **3.** надёжный, безопасный
security надёжность; безопасность
~ **of energy supply** надёжность энергоснабжения
power system ~ надёжность энергосистемы
power system steady state ~ надёжность установившегося режима энергосистемы
segment 1. сегмент; сектор **2.** пластина коллектора, ламель
commutator ~ пластина коллектора, ламель
commutator insulating ~**s** изолирующие прокладки между пластинами коллектора
record ~ сегмент записи
self-aligning ~ самоустанавливающийся сегмент

selection 1. селекция **2.** отбор; выбор
amplitude ~ амплитудная селекция, селекция по амплитуде
coincident-current ~ выборка по совпадению токов
frequency ~ выбор частоты; переключение частоты
mode ~ выбор режима (работы)
phase ~ избирательность по фазе
pulse ~ селекция импульсов
selectivity избирательность, селективность
frequency ~ избирательность по частоте
relay ~ принцип селективности по РЗ
time ~ **1.** избирательность по времени **2.** обеспечение селективности (в РЗ) с помощью реле
selector 1. селектор **2.** селекторный [переключательный] разъединитель
amplitude ~ амплитудный селектор
band ~ переключатель диапазонов (*частот*)
beam-deflection ~ регулятор отклонения луча
clock-driven ~ таймер-переключатель
coincidence ~ счётчик совпадений
plug ~ штепсельный групповой искатель; штепсельный коммутатор
relay ~ релейный селектор
signal ~ переключатель сигналов
step(ping) ~ шаговый искатель
switching-angle ~ селектор угла коммутации
time ~ временной селектор
self-adjusting 1. саморегулирование **2.** автоматическое регулирование
self-admittance собственная (полная) проводимость
self-bias 1. автоматическое смещение **2.** внутреннее подмагничивание
self-breakdown самопробой
self-capacitance, self-capacity собственная ёмкость
self-charge собственный заряд
self-commutation внутренняя коммутация
self-cooling самоохлаждение, естественное охлаждение
self-demagnetization саморазмагничивание
self-discharge саморазряд
self-energizing самовозбуждение
self-energy энергия покоя; внутренняя [собственная] энергия
self-excitation самовозбуждение
~ **of a transductor** положительная обратная связь магнитного усилителя

SENSITIVITY

critical ~ критическая обратная связь
self-feedback собственная [внутренняя] обратная связь
self-healing самовосстановление (*конденсатора*)
self-heating саморазогрев(ание)
self-holding самоблокировка
self-impedance внутреннее [собственное] полное сопротивление
self-inductance собственная индуктивность; коэффициент самоиндукции
self-induction самоиндукция; коэффициент самоиндукции
self-inductor катушка индуктивности; (электрический) реактор
   computable ~ катушка с исчислимой самоиндукцией
self-latching, self-locking самоблокировка
self-modulation автомодуляция
self-monitoring самоконтроль
self-operation самоход (*напр. реле*)
self-oscillation 1. автоколебания 2. самовозбуждение 3. самораскачивание
self-oscillator 1. генератор с самовозбуждением, автогенератор 2. задающий генератор
self-powered с автономным источником энергии; с собственным источником энергии
self-quenching самопогасание (*дуги*)
self-regulation саморегулирование; автоматическая стабилизация
self-reset самовозврат (*реле*)
self-running самозапуск
self-saturation самонасыщение
   ~ **of a transductor** внутренняя обратная связь магнитного усилителя
self-starting самозапуск
self-synchronization автосинхронизация
self-testing 1. самоконтроль; самопроверка 2. самотестирование
self-timing автосинхронизация
self-tuning самонастройка; автоподстройка
self-ventilation самовентиляция
selsyn сельсин
   fine ~ сельсин точного отсчёта
   permanent magnet rotor ~ сельсин с постоянными магнитами на роторе
   power ~ силовой сельсин
   receiving ~ сельсин-приёмник
   transmitting ~ сельсин-датчик
semiconductor 1. полупроводник 2. полупроводниковый прибор
   blocking ~ полупроводниковый прибор в запертом состоянии
   compensated ~ компенсированный полупроводник
   compound ~ сложный полупроводник
   degenerated ~ вырожденный полупроводник
   electronic ~ электронный полупроводник, полупроводник *n*-типа
   extrinsic ~ примесный полупроводник
   high-resistance [high-resistivity] ~ высокоомный полупроводник
   hole ~ дырочный полупроводник, полупроводник *p*-типа
   intrinsic ~ собственный полупроводник
   low-resistance [low-resistivity] ~ низкоомный полупроводник
   nondegenerated ~ невырожденный полупроводник
   n-type ~ электронный полупроводник, полупроводник *n*-типа
   p-type ~ дырочный полупроводник, полупроводник *p*-типа
   single-element ~ простой [одноэлементный] полупроводник
semiconverter полууправляемый преобразователь
semiinsulator полудиэлектрик
semioscillation, semiperiod полупериод
sender датчик
   metering pulse ~ датчик измерительных импульсов
sense 1. знак; направление 2. определение знака
   ~ **of current** направление тока
   ~ **of polarization** направление вращения плоскости поляризации
sensibility 1. чувствительность 2. точность (*прибора*)
sensing 1. определение направления 2. считывание
   brush ~ электрическое считывание при помощи щётки
   current ~ считывание током, токовое считывание
sensitivity чувствительность
   absolute ~ абсолютная чувствительность
   absolute spectral ~ абсолютная спектральная чувствительность
   bridge ~ чувствительность моста
   current ~ токовая чувствительность
   deflection ~ чувствительность к отклонению (*ЭЛТ*)
   dynamic ~ динамическая чувствительность
   galvanometer ~ чувствительность гальванометра
   instrument ~ чувствительность измерительного прибора
   light ~ светочувствительность

SENSOR

luminous ~ интегральная чувствительность к световому потоку
magnetic ~ магнитная чувствительность
magnetoresistive ~ магниторезистивная чувствительность
noise ~ чувствительность к шуму
radiation ~ чувствительность (счётчика) к излучению
relative ~ относительная чувствительность
relative spectral ~ относительная спектральная чувствительность
strain gage cross ~ относительная поперечная чувствительность тензорезистора
tuning ~ чувствительность настройки
voltage ~ чувствительность по напряжению
sensor чувствительный элемент; датчик
  angular movement ~ датчик угловых перемещений
  capacitance [capacitive] ~ ёмкостный датчик
  contact ~ датчик прямого действия
  current ~ датчик тока
  direct ~ датчик прямого действия
  error ~ датчик рассогласования
  flow ~ датчик расхода
  frequency ~ датчик частоты
  Hall(-effect) ~ датчик (на эффекте) Холла
  immersion temperature ~ погружаемый датчик температуры
  inductive ~ индуктивный датчик
  line post ~ датчик (*тока или напряжения*) на опорном изоляторе
  neutron ~ детектор нейтронов
  point-contact magnetic flux ~ точечный датчик магнитного потока
  position ~ датчик положения
  power ~ датчик мощности
  pressure ~ датчик давления
  proximity ~ бесконтактный датчик
  remote ~ телеметрический датчик
  resistive ~ резистивный датчик
  resistive-strain ~ тензорезистор
  search coil ~ датчик с катушкой-зондом
  sonic ~ акустический датчик
  sonic signal ~ приёмник акустических сигналов
  starting ~ пусковой чувствительный элемент
  strain ~ тензодатчик
  surface-charge ~ детектор поверхностного заряда
  surface temperature ~ датчик температуры поверхности
  tactile ~ тактильный датчик
  temperature ~ датчик температуры
  thin-film ~ тонкоплёночный датчик
  touch ~ тактильный датчик
  vibratory ~ вибродатчик
  voltage ~ датчик напряжения
separation 1. отделение; разделение 2. разнесение, разнос
  ~ **of circuits** разделение цепей
  ~ **of losses** разделение потерь
  ~ **of mode** выделение вида колебания
  channel ~ разделительная полоса частот между каналами
  contact ~ зазор между разомкнутыми контактами
  controlled ~ управляемое деление энергосистемы
  dielectric ~ разделение по диэлектрическим свойствам
  electric ~ электрическая сепарация
  electric corona ~ сепарирование в поле коронного разряда
  electrode ~ расстояние между электродами
  electromagnetic ~ электромагнитное разделение
  electrostatic ~ электростатическая сепарация
  frequency ~ разнос частот, частотное разделение
  galvanic ~ гальваническая развязка
  magnetic ~ магнитное разделение; магнитная сепарация
  mirror-scale ~ расстояние между зеркалом и шкалой (*в зеркальном гальванометре*)
  mode ~ разделение режимов колебаний
  pole ~ расстояние между полюсами
  power-system ~ (раз)деление энергосистемы
  pulse ~ интервал между импульсами
  relay contact ~ зазор между контактами реле
  voltage ~ разность напряжений (*между двумя точками характеристики*)
separator разделитель; отделитель
  battery ~ разделитель (аккумуляторной) батареи
  cable ~ разделительное покрытие жилы кабеля
  coil side ~ прокладка на боковой поверхности катушки
  electric ~ электрофильтр
  electrochemical ~ электрохимический сепаратор
  electromagnetic ~ электромагнитный сепаратор

SERVICE

electrostatic ~ электростатический сепаратор
impulse ~ схема выделения [разделения] импульсов
inertial ~ инерционный сепаратор
magnetic ~ магнитный сепаратор 2. магнитная перемычка (*между обмотками в пазу электрической машины*)
turn ~ межвитковая изоляционная прокладка

sequence последовательность; порядок чередования
~ **of operations** последовательность операций
automatic switching ~ автоматическая последовательность включения (*выключателей в послеаварийном режиме*)
closing ~ последовательность переключений; последовательность коммутаций
control ~ управляющая последовательность
forward ~ прямая последовательность
information ~ информационная последовательность (*сигналов*)
negative-phase ~ обратная последовательность чередования фаз
operating ~ 1. коммутационный цикл 2. последовательность операций
phase ~ последовательность чередования фаз; чередование фаз
positive-phase ~ прямая последовательность чередования фаз
power-off ~ процесс обесточивания
power-on ~ процесс включения под напряжение
pulse ~ последовательность импульсов
starting ~ процесс пуска
switching ~ последовательность переключений; последовательность коммутаций
transition ~ последовательность перехода; последовательность переключения
zero phase ~ нулевая последовательность чередования фаз

sequencer устройство задания последовательности (*напр. импульсов*)
sequencing задание последовательности (*напр. импульсов*)
series 1. серия; ряд 2. последовательное соединение
displacement [electrochemical, electrode-potential, electromotive] ~ ряд напряжений, электрохимический ряд, ряд (электродных) потенциалов
electrothermic ~ термоэлектрический ряд напряжений
Fourier ~ ряд Фурье
galvanic ~ ряд напряжений, электрохимический ряд, ряд (электродных) потенциалов
harmonic ~ гармонический ряд
thermoelectric ~ термоэлектрический ряд напряжений
Volta ~ ряд напряжений, электрохимический ряд, ряд (электродных) потенциалов
series-connected соединённый [включённый] последовательно
series-multiple, series-parallel последовательно-параллельный
series-wound с последовательным возбуждением
serve 1. использовать(ся); служить 2. обслуживать ◊ **to** ~ **the load** покрывать нагрузку
service 1. служба; обслуживание 2. эксплуатация 3. система энергоснабжения; энергоснабжение 4. подводка, абонентский ввод ◊ **to bring into [to put in]** ~ вводить в эксплуатацию
common ~ общестанционные нужды; агрегаты общестанционных собственных нужд
continuous ~ длительный режим работы; непрерывный режим работы
disrupt ~ энергоснабжение с перерывами
dual ~ двойное питание
duplicate ~ двустороннее питание
electric ~ обслуживание (*потребителей*) электроэнергией
emergency ~ 1. работа *или* эксплуатация в аварийном режиме; аварийное питание, аварийное электроснабжение 2. аварийная подводка к абоненту; подводка от источника аварийного питания
intermittent ~ повторно-кратковременный режим
interruptible ~ энергоснабжение с кратковременными перерывами (*по команде диспетчера на основе предварительного соглашения*)
lighting ~ 1. осветительная подводка 2. питание освещения 3. служба освещения 4. обслуживание сети освещения
loop ~ двустороннее питание (*в кольце*)
power ~ 1. энергоснабжение; система

SERVICEABILITY

энергоснабженя 2. служба энергоснабжения
power plant ~s 1. собственные службы электростанции 2. электропитание вспомогательных устройств электростанции 3. обслуживание электростанции
round-the-clock ~ круглосуточное обслуживание
short-time ~ режим кратковременной нагрузки
single ~ одиночная подводка, одиночный абонентский ввод
standby ~ резервное энергоснабжение
station ~ 1. собственные службы (электро)станции 2. электропитание вспомогательных устройств (электро)станции 3. обслуживание (электро)станции
welding ~ сварочные работы
serviceability 1. пригодность к эксплуатации 2. ремонтопригодность
serving защитное покрытие; защитная оболочка; защитный покров (*кабеля*)
~ **of a cable** защитный покров кабеля
coil ~ защитное покрытие катушки
jute ~ джутовая оболочка
relay coil ~ защитное покрытие катушки реле
wire-band ~ наложение проволочных бандажей
servo 1. серводвигатель, сервомотор; сервопривод; сервомеханизм 2. следящая система, сервосистема
bang-bang ~ двухпозиционный сервопривод
continuous ~ следящая система непрерывного действия
multiplier ~ электромеханический блок умножения
on-off ~ релейная следящая система
position ~ позиционная следящая система
rate ~ следящая система с управлением по скорости
repeater ~ следящая система-повторитель
single time lag ~ следящая система с одной постоянной времени
slip-ring ~ сельсин с контактными кольцами
synchronous ~ синхронно-следящий привод
time-delay ~ следящая система с задержкой
zero-order ~ следящая система нулевого порядка
servoamplifier сервоусилитель

servocontrol сервоуправление; серворегулирование
servodrive сервопривод
servogear сервомеханизм
servoloop следящий контур
servomanipulator сервоманипулятор
servomechanism 1. сервопривод; сервомеханизм 2. следящая система, сервосистема
contactor ~ релейный сервомеханизм
continuous-control ~ следящая система непрерывного действия
multiple-loop ~ многоконтурная следящая система
position-control ~ позиционная следящая система
power ~ силовая следящая система
predictor ~ следящая система с опережающим анализом
pulse ~ импульсная следящая система
relay ~ релейная следящая система
sample ~ следящая система с прерывистыми [периодическими] замерами
zero-velocity-error ~ следящая система с нулевой ошибкой по скорости
servomotor серводвигатель; сервомотор
blade ~ сервомотор лопастей (*гидротурбины*)
gate [guide-vane] ~ сервомотор направляющего аппарата (*гидротурбины*)
main ~ 1. главный [основной] серводвигатель 2. сервомотор направляющего аппарата (*гидротурбины*)
permanent-magnet dc ~ серводвигатель постоянного тока с возбуждением от постоянных магнитов
split series ~ последовательный серводвигатель с раздельными обмотками
servomultiplier следящее множительное устройство
servopotentiometer сервопотенциометр
servoreclosing следящее АПВ (*с улавливанием синхронизма*)
servosystem следящая система, сервосистема
closed-loop ~ следящая система с обратной связью
digital ~ цифровая следящая система
feedback ~ следящая система с обратной связью
on-off ~ релейная следящая система
rate ~ следящая система с управлением по скорости
sampling ~ сервосистема с периодическими замерами
zero-displacement-error ~ следящая

система с нулевой ошибкой по смещению
servounit сервомеханизм; сервопривод
set 1. комплект; набор; группа **2.** агрегат; установка **3.** установка; регулирование; настройка ‖ устанавливать; регулировать; настраивать **4.** давать уставку (*о реле*)
~ **of contacts** контактная группа
~ **of curves** семейство кривых; семейство характеристик
~ **of insulators** гирлянда изоляторов
~ **of relays** комплект реле
A ~ А-образная гирлянда (*изоляторов*)
back-pressure ~ агрегат с противодавлением
balancer ~ уравнительная машина (*постоянного или переменного тока*)
battery-booster ~ аккумуляторная батарея с вольтодобавочным генератором
carrier ~ приёмопередатчик ВЧ-связи по ЛЭП
cascade ~ каскадный агрегат
charging ~ зарядный агрегат
combine-cycled ~ парогазовый агрегат
condensing ~ агрегат с конденсационной турбиной
condensing ~ **with reheat** конденсационный агрегат с промперегревом
connector mated ~ комплект взаимно сочленяемых соединителей
contact ~ контактная группа
controllable thermal ~ агрегат ТЭС, участвующий в АРЧМ
converter ~ преобразовательный агрегат
cord ~ шнуровая установка
diagnostic test ~ аппаратура диагностики повреждений оборудования
diesel-generator ~ агрегат дизель-генератора
double tension ~ двухцепная натяжная гирлянда (*изоляторов*)
duplicate suspension ~ двухцепная поддерживающая гирлянда (*изоляторов*)
duplicate tension ~ двухцепная натяжная гирлянда (*изоляторов*)
emergency ~ резервная установка; резервный агрегат
exciter ~ агрегат возбуждения
frequency changer ~ агрегат преобразования частоты
frequency response display ~ установка для отображения частотной характеристики

SET

gain measuring ~ установка для измерения (коэффициента) усиления
gas-turbine ~ газотурбинный агрегат
generating ~ генераторная установка, генераторный агрегат
house ~ агрегат собственных нужд (*электростанций*)
hybrid ~ мостовое [гибридное] трансформаторное соединение
hydroelectric (generating) ~ гидрогенераторный агрегат, гидроагрегат
insulator ~ гирлянда изоляторов; изолирующая подвеска
MG ~ двигатель-генераторный агрегат, мотор-генератор
motor ~ (электро)двигатель
motor-generator ~ двигатель-генераторный агрегат, мотор-генератор
phase ~ система (векторов) фаз
portable test ~ переносная испытательная установка
pump(ed)-storage generating ~ агрегат гидроаккумулирующей электростанции, агрегат ГАЭС, обратимый гидроагрегат
relay ~ комплект реле
resistance ~ набор сопротивлений
reversible pumping generating ~ агрегат гидроаккумулирующей электростанции, агрегат ГАЭС, обратимый гидроагрегат
single suspension ~ одиночная поддерживающая гирлянда (*изоляторов*)
single tension ~ одиночная натяжная гирлянда (*изоляторов*)
spring ~ контактная группа
steam-electric generating ~ паротурбинный агрегат
supplementary power supply ~ установка дополнительного электропитания
suspension ~ поддерживающая гирлянда (*изоляторов*)
symmetrical ~ симметричная система (*векторов*)
test ~ испытательная установка
thermal [thermoelectric] generating ~ агрегат тепловой электростанции, агрегат ТЭС
transformer-rectifier ~ установка трансформатор—выпрямитель
turbine(-generator) [turboalternator, turbogenerating] ~ турбинный агрегат, турбоагрегат; турбогенератор
two-unit mechanical ~ двухмашинный агрегат
V ~ V-образная гирлянда (*изоляторов*)

SETBACK

voltage ~ система (векторов) напряжений
welding ~ сварочный агрегат
wind-electric ~ ветросиловая установка, ветроэлектрический агрегат
wire uncoiling ~ установка для разматывания проводов
zero-phase symmetrical ~ симметричная система векторов нулевой последовательности

setback:
  power ~ снижение мощности до заданного уровня

setting 1. установка; регулирование; настройка **2.** уставка (*регулируемой величины*)
  ~ **of protective relays 1.** уставка РЗ **2.** набор уставок РЗ
  blade ~ установка угла лопастей (*гидротурбины*)
  coarse ~ грубая уставка
  contact ~ регулировка контактов
  continuously adjustable ~ плавно регулируемая уставка
  external ~ внешняя настройка (*реле*)
  fine ~ точная уставка
  gain ~ регулировка усиления
  ground fault ~ уставка (*РЗ*) при КЗ на землю
  parameter ~ уставка (регулируемого) параметра
  pickup ~ уставка срабатывания
  plug ~ задание уставок штекерами
  protective device ~ установка защиты
  relay ~ уставка реле
  time ~ уставка по времени
  time bias ~ уставка коэффициента усиления по (синхронному) времени (*в АРЧМ*)
  time dial ~ установка времени на круговой шкале
  time multiplier ~ уставка множителя по времени
  trip ~ уставка на отключение
  zero ~ установка на нуль

setup 1. устройство; установка **2.** схема **3.** уставка (*регулируемой величины*); набор уставок
  demand ~ реальная нагрузка (*за определённый период*)
  experimental ~ экспериментальная установка
  test ~ испытательная установка

shade экран ‖ экранировать

shader:
  pole ~ экранирующий (короткозамкнутый) виток на полюс

shading экранирование

shaft 1. вал; ось; стержень **2.** шпиль **3.** шахта (*лифта*)
  armature ~ вал якоря
  electric ~ электрический вал
  elevator ~ шахта лифта
  flanged stub ~ хвостовина с фланцем (*узел ротора сверхпроводникового генератора*)
  flexible ~ гибкий вал
  generator ~ **1.** вал генератора **2.** шахта гидрогенератора
  hollow ~ полый вал
  lift ~ шахта лифта
  main drive ~ главный приводной вал
  motor ~ вал электродвигателя
  quill [sleeve] ~ полый вал
  spacer ~ промежуточный вал
  stub ~ фальш-вал
  tappet ~ кулачковый [распределительный] вал
  torque [torsion] ~ торсионный вал
  tubular ~ полый вал
  turbine-generator-exciter ~ вал турбоагрегата с возбудителем

shaft-driven с приводом от вала
shaft-mounted смонтированный [установленный] на валу
shakeproof вибростойкий
shaker вибростенд

shape форма; конфигурация ‖ придавать форму
  load (curve) ~ форма (графика) нагрузки
  mode ~ форма колебаний
  pulse ~ форма импульса
  wave ~ форма волны

shaper формирователь; устройство формирования; схема формирования
  pulse ~ формирователь импульсов
  rectangular pulse ~ формирователь прямоугольных импульсов
  trigger ~ формирователь запускающих импульсов
  wave(form) ~ формирователь сигнала

shaping формование; формирование
  end-turn ~ формование лобовых частей (*обмотки статора*)
  pulse ~ формирование импульса
  signal ~ формирование сигнала
  wave(form) ~ формирование сигнала

sharing (раз)деление; распределение
  frequency ~ частотное разделение; распределение частот
  load ~ распределение нагрузки
  parallel load ~ разделение нагрузки между параллельными цепями *или* линиями
  time ~ разделение времени

sharpness острота; точность
~ **of resonance** острота резонанса
~ **of tuning** точность настройки
shaving:
  peak ~ срезание максимума нагрузки; ограничение максимума нагрузки
shear 1. сдвиг; срез 2. *pl* ножницы
  wire cutting ~s проволочные ножницы
sheath 1. оболочка; покрытие 2. корпус; кожух; обшивка
  aluminum ~ алюминиевая оболочка
  braid ~ плетёная оболочка
  cable ~ оболочка кабеля
  cable ground ~ защитный покров при прокладке кабеля в землю
  cable-type ~ оболочка кабельного типа
  cab-tyre ~ шланговая оболочка
  corrugated ~ гофрированная оболочка
  current ~ токовая оболочка (*плазмы*)
  jute ~ джутовая оболочка
  lead ~ свинцовая оболочка
  metallic ~ металлическая оболочка
  outer ~ внешняя оболочка
  polyethylene ~ полиэтиленовая оболочка
  PVC ~ поливинилхлоридная оболочка
  reduced flame propagation ~ экран для ограничения распространения пламени
  separation ~ разделительная оболочка
  tough rubber ~ прочная резиновая оболочка
sheathing оболочка; покрытие
shed юбка (*изолятора*)
  insulator ~ юбка изолятора
shedding 1. сбрасывание 2. сброс; снижение
  automatic frequency load ~ автоматическая частотная разгрузка, АЧР
  emergency load ~ аварийный сброс нагрузки
  frequency load ~ автоматическая частотная разгрузка, АЧР
  generation ~ сброс [снижение] нагрузки генераторов
  load ~ сброс [снижение] нагрузки; отключение нагрузки
  time-coordinated underfrequency load ~ автоматическая частотная разгрузка с выдержками времени
  underfrequency load ~ автоматическая частотная разгрузка, АЧР
sheet 1. лист 2. пластин(к)а; полоса 3. диаграмма; график; таблица 4. листовая сталь
  asbestos ~s листовой асбест
  capacitor ~ пластина конденсатора
  ceramic ~ керамическая пластина
  corrugated asbestos ~s асбошифер
  electrical grade ~ листовая электротехническая сталь
  flow ~ технологическая карта
  magnetic ~ трансформаторный лист
  mica ~ листовой миканит
  relay adjustment ~ паспорт реле
  setup ~ схема коммутации; монтажная схема
shelf 1. полка 2. кронштейн
  cable ~ 1. полка для кабелей 2. кабельный кронштейн
shell 1. оболочка 2. кожух; корпус; обшивка 3. вкладыш (*подшипника*); обойма 4. броня 5. юбка (*изолятора*)
  ~ **of a socket** отверстие под центрирующий выступ ламповой панели
  bearing ~ вкладыш подшипника
  commutator ~ коробка коллектора
  connector ~ корпус соединителя
  containment ~ защитная оболочка (*ядерного реактора*)
  electrode ~ кожух электрода
  encapsulating ~ герметизирующий корпус
  insulator ~ юбка изолятора
  lower ~ нижняя часть корпуса (*парогенератора*)
shellac шеллак
shield 1. защитное устройство || защищать 2. (защитный) экран || экранировать 3. щит (*кожуха электрической машины*)
  antimagnetic ~ магнитный экран
  arcing ~ дугогасительный экран
  biological ~ биологический экран
  braided ~ экранирующая оплётка
  bulk ~ сплошной экран
  center ~ центральный экран (*ламповой панели*)
  connector ~ экран соединителя
  cooling and protection ~ охлаждающий и защитный экран (*катушки*)
  corona ~ экран для защиты от коронного разряда
  electric ~ электрический экран
  electrostatic ~ электростатический экран
  end ~ подшипниковый [торцевой] щит (*электродвигателя*)
  environmental ~ наружный экран
  fan ~ вентиляторный щит
  Faraday ~ клетка Фарадея, экранирующая клетка

SHIELDING

ground(ed) ~ заземлённый экран
guard ~ защитный экран; экранирующий кожух
heat ~ тепловой экран
image-current flux ~ электромагнитный экран с наведёнными токами
inner end ~ внутренний торцевой щит (*электродвигателя*)
insulator grading ~ выравнивающий экран для изоляторов
laminated ~ слоистый [шихтованный] экран
lower ~ обойма (*ламповой панели*)
magnetic ~ магнитный экран
missile ~ экран для защиты от внешних ударных воздействий
nonferrous ~ экран из цветных металлов
outer end ~ наружный торцевой щит (*электродвигателя*)
permalloy ~ пермаллоевый экран
spark ~ искровая защита
spill ~ экранирующая решётка
test ~ испытательная оболочка
thermal ~ теплозащитный [тепловой] экран
winding ~ торцевой щит для предохранения обмотки
shielding 1. экранирующая оболочка **2.** экранирование
  cable ~ защитная оболочка кабеля
  cathode ~ экранирование катода
  corona ~ противокоронная защита
  dielectric ~ экранирование диэлектриком
  electric ~ электрическое экранирование
  electromagnetic ~ электромагнитное экранирование
  electrostatic ~ электростатическое экранирование
  ferrite ~ ферритовое экранирование
  grading ~ экран, выравнивающий распределение напряжения
  magnetic [magnetostatic] ~ магнитное экранирование
  outer ~ внешнее экранирование
  radiation ~ радиационная защита
shift 1. сдвиг; смещение; перемещение ‖ сдвигать; смещать; перемещать **2.** переключение
  axial ~ перестановка (*топливных кассет*) по высоте
  backward ~ сдвиг (*щёток*) против направления вращения
  brush ~ сдвиг щёток
  carrier ~ сдвиг несущей; уход несущей

  differential phase ~ дифференциальный фазовый сдвиг
  forward ~ сдвиг (*щёток*) по направлению вращения
  frequency ~ сдвиг частоты; уход частоты
  insertion phase ~ вносимый фазовый сдвиг
  neutral ~ смещение нейтрали
  phase ~ фазовый сдвиг, сдвиг фазы
  pulse ~ сдвиг импульса
  reciprocal phase ~ взаимный фазовый сдвиг
  voltage ~ сдвиг профиля напряжения
shifter 1. механизм переключения, переключатель **2.** фазовращатель **3.** схема сдвига; сдвигающее устройство
  directional phase ~ невзаимный фазовращатель
  fixed phase ~ фиксированный [постоянный] фазовращатель
  Helmholtz coil phase ~ индукционный фазовращатель
  irreversible phase ~ невзаимный фазовращатель
  magnetic phase ~ магнитный фазорегулятор
  phase ~ **1.** фазовращатель **2.** фазорегулятор; автотрансформатор (*для*) сдвига фаз
  reciprocal phase ~ взаимный фазовращатель
  rotary-field phase ~ фазовращатель с вращением поля
  rotary-vane phase ~ фазовращатель с поворотной пластиной
  strip(-line) phase ~ полосковый фазовращатель
  thyristor-controlled phase ~ фазорегулятор с тиристорным управлением
  variable phase ~ регулируемый фазовращатель
  voltage-controlled phase ~ фазовращатель, управляемый напряжением
shifting 1. сдвиг; смещение; перемещение **2.** переключение
  load ~ перенос нагрузки
  phase ~ сдвиг фаз
shim 1. прокладка; прослойка **2.** (регулировочная) шайба **3.** штифт отлипания, якорный штифт (*плоского реле*)
  commutating pole ~ (регулирующая) прокладка под дополнительный полюс (*электродвигателя или генератора*)
  laminated ~ многослойная прокладка
  relay ~ ограничитель в реле
  waveguide ~ прокладка между фланцами волновода

SHUT

shock 1. удар; толчок **2.** ударное воздействие; ударная нагрузка
  electric ~ электрический удар, поражение электрическим током
  overload ~ ударная перегрузка
  return ~ возвратный удар (*молнии*)
  static ~ удар статическим электричеством
shock-proof 1. вибростойкий; удароcтойкий **2.** безопасный; защищённый от прикосновения к токоведущим частям
shoe 1. полюсный наконечник, полюсный башмак **2.** троллейный [токосъёмный] башмак
  anchorage ~ анкерный башмак
  cable ~ **1.** кабельный наконечник **2.** концевая кабельная муфта
  collecting pantograph ~ контактная лыжа токоприёмника
  collector ~ троллейный [токосъёмный] башмак
  electric signal pickup ~ башмак для съёма электрических сигналов
  electromagnetic brake ~ башмак электромагнитного тормоза
  pole ~ полюсный наконечник, полюсный башмак
  ramp ~ контактный башмак
  sliding guide ~ скользящий направляющий башмак
  trolley ~ троллейный [токосъёмный] башмак
shop цех; мастерская
  electrical repair ~ электроремонтная мастерская
  winding ~ обмоточный цех; обмоточная мастерская
shortage дефицит
  active power ~ дефицит активной мощности
  power ~ дефицит (активной) мощности; дефицит энергии
  reactive power ~ дефицит реактивной мощности
short-circuit короткое замыкание, КЗ ‖ замыкать накоротко, закорачивать
  dead ~ глухое [металлическое] КЗ
  ground ~ замыкание на землю
  sustained ~ установившееся КЗ
  transient ~ неустойчивое [проходящее] КЗ
  turn-to-turn ~ (меж)витковое КЗ
short-circuiter короткозамыкатель, закорачивающая перемычка
  automatic ~ автоматический короткозамыкатель
shortening уменьшение длины, укорачивание

  pitch ~ укорачивание шага обмотки
  pulse ~ укорачивание импульсов
short-stop обрывать (*цепь*)
shoulder:
  ~ **of electricity load curve** промежуточная часть графика нагрузки (*между пиковой и базисной частями*)
shrinkage усадка; сжатие; сокращение
  insulation ~ усадка изоляции; усыхание изоляции
  linear ~ линейная усадка
  volume ~ объёмная усадка
shroud 1. наружный [нижний] обод (*рабочего колеса радиально-осевой турбины*) **2.** экран ‖ экранировать **3.** кожух; колпак
  core ~ кожух активной зоны (*ядерного реактора*)
  fuel assembly ~ кожух тепловыделяющей сборки (*ядерного реактора*)
shunt 1. ответвление **2.** шунт, параллельная цепь ‖ шунтировать, включать параллельно
  ammeter ~ шунт амперметра
  Ayrton ~ универсальный шунт
  brush ~ токоподвод к щёткам
  bus-type ~ шунт, укрепляемый на шинах
  calibrated ~ калиброванный шунт
  "drop" ~ шунт отпадания (*рельсовой цепи*)
  electric ~ электрический шунт
  flux ~ магнитный шунт
  galvanometer ~ шунт гальванометра
  heavy-current ~ шунт на большие токи
  instrument ~ шунт измерительного прибора
  magnetic ~ магнитный шунт
  multiple ~ многопредельный шунт
  noninductive ~ безындуктивный шунт
  "prevent" ~ шунт непритяжения (*рельсовой цепи*)
  soft-iron ~ шунт из магнитомягкого материала
  train ~ поездной шунт
  universal ~ универсальный шунт
shunting шунтирование, параллельное включение
  auxiliary pole ~ шунтирование обмоток дополнительных полюсов
  copper ~ шунтирование медью
  field ~ ослабление поля шунтированием обмотки возбуждения
shunt-wound с параллельной [шунтовой] обмоткой
shut 1. спай ‖ спаивать **2.** место сварки ‖ сваривать ◊ **to** ~ **off 1.** отключать **2.** останавливать(ся)

435

SHUTDOWN

cold ~ холодный спай (*термопары*)
shutdown 1. остановка; простой **2.** выключение ◇ ~ **to cold reserve** перевод в холодный резерв
boric acid emergency ~ аварийная остановка реактора введением борной кислоты
cold ~ холодный останов (*ядерного реактора*)
economy ~ останов энергоблока с учётом экономического распределения энергии
emergency ~ аварийная остановка
operational ~ технологическая остановка (*ядерного реактора*)
overnight ~ остановка (*агрегата*) на ночь
power system ~ погашение энергосистемы
undercurrent ~ отключение при минимальном токе
variable pressure ~ остановка (*турбины*) на скользящих параметрах пара
side сторона
coil ~ сторона катушки
embedded coil ~ пазовая часть катушки
high-tension [high-voltage, hot] ~ сторона высокого напряжения (*трансформатора*)
low-tension [low-voltage] ~ сторона низкого напряжения (*трансформатора*)
medium-tension [medium-voltage] ~ сторона среднего напряжения
negative ~ **1.** отрицательный вывод, отрицательная клемма (*аккумуляторной батареи*), минус **2.** отрицательно заряженная сторона
positive ~ **1.** положительный вывод, положительная клемма (*аккумуляторной батареи*), плюс **2.** положительно заряженная сторона
slot ~ стенка паза
step-down ~ сторона низкого напряжения (*трансформатора*)
step-up ~ сторона высокого напряжения (*трансформатора*)
sidelamp *авто* боковой габаритный фонарь
siemens сименс, См (*единица электрической проводимости*)
sign 1. знак **2.** символ; обозначение **3.** знак полярности
advertisement ~ световая реклама
danger ~ знак опасности
high-voltage ~ предупредительный знак о наличии высокого напряжения
voltage ~ знак полярности напряжения
warning ~ знак опасности
signal 1. сигнал ‖ сигнализировать **2.** (электрический) импульс
acknowledgement ~ сигнал подтверждения
actuating ~ управляющий сигнал, сигнал управления
alarm ~ аварийный сигнал; сигнал неисправности
amber ~ жёлтый световой сигнал
amplitude-modulated ~ амплитудно-модулированный сигнал, АМ-сигнал
analog ~ аналоговый сигнал
aperiodic ~ апериодический сигнал
audible ~ звуковой сигнал
bidirectional ~ двухполярный сигнал
binary ~ двоичный сигнал
blanking ~ сигнал гашения
blinking turn ~ *авто* мигающий указатель поворота
cab ~ локомотивный сигнал
caution ~ предупредительный сигнал; жёлтый свет (*светофора*)
clear ~ разрешающий сигнал
clipped ~ сигнал, ограниченный по амплитуде
contact alarm ~ аварийный сигнал, подаваемый контактами
control ~ управляющий сигнал, сигнал управления
danger ~ сигнал опасности; *ж.-д.* заграждающий сигнал
daylight ~ сигнал, видимый при дневном свете
difference ~ разностный сигнал
differential ~ дифференциальный сигнал
digital ~ цифровой сигнал; дискретный сигнал
disconnect ~ сигнал выключения; сигнал разъединения
electric ~ электрический сигнал
emergency ~ аварийный сигнал
emergency shutdown ~ сигнал аварийного останова
enable [enabling] ~ разрешающий сигнал, сигнал разрешения; сигнал включения
error ~ **1.** сигнал ошибки **2.** сигнал рассогласования
fault ~ сигнал неисправности
feedback ~ сигнал обратной связи
fire-alarm ~ пожарный сигнал
fixed-cycle light ~ светофор с постоянным циклом
flashing ~ проблесковый [мигающий] сигнал

SIGNAL

flat-topped ~ сигнал с плоской вершиной
floodlight ~ прожекторный светофор
frequency-modulated ~ частотно-модулированный сигнал, ЧМ-сигнал
gate [gating] ~ селекторный [стробирующий] сигнал; отпирающий сигнал
impulse ~ импульсный сигнал
in-phase ~ синфазный сигнал
input ~ входной сигнал
intermittent ~ проблесковый [мигающий] сигнал
keying ~ коммутирующий сигнал
light ~ световой сигнал; светофор
limited ~ сигнал, ограниченный по амплитуде
line-frequency control ~ управляющий сигнал промышленной частоты
logic ~ логический сигнал
loop input ~ входной сигнал цепи обратной связи
loop output ~ выходной сигнал цепи обратной связи
luminance ~ сигнал яркости
luminous ~ световой сигнал
manually controlled [manually operated] traffic ~ светофор, управляемый вручную
monitor(ing) ~ контрольный сигнал
multiphase timing ~ светофор, допускающий изменение интервалов (времени) между сигналами
negative feedback ~ сигнал отрицательной обратной связи
noise ~ шумовой сигнал
noise-free ~ сигнал, свободный от помех
output ~ выходной сигнал
peak actuating ~ амплитудное значение воздействующего сигнала
phase angle ~ сигнал, пропорциональный фазовому углу
phase-modulated ~ фазомодулированный сигнал, ФМ-сигнал
pilot ~ 1. управляющий сигнал, сигнал управления 2. контрольный сигнал
polar ~ двухпозиционный (токовый) сигнал
position light ~ светофор
positive feedback ~ сигнал положительной обратной связи
premature ~ преждевременный сигнал
pulse(d) ~ импульсный сигнал
quadrature ~ квадратурная составляющая сигнала, квадратурный сигнал

quantized ~ квантованный сигнал
ramp input ~ плавный входной сигнал
rectified ~ выпрямленный сигнал
reference ~ опорный сигнал
remote ~ сигнал от удалённого источника
remote tripping ~ сигнал телеотключения
safety ~ аварийный сигнал
sampled ~ дискретизованный сигнал
sawtooth ~ сигнал пилообразной формы
shifted ~ сигнал, сдвинутый во времени (по фазе)
side turn ~ сигнал поворота
sinusoidal ~ синусоидальный сигнал
sound ~ звуковой сигнал
speed-slackening ~ *авто* сигнал торможения
spurious ~ ложный сигнал; паразитный сигнал
start ~ пусковой сигнал, сигнал пуска
startup ~ сигнал запуска
stop ~ 1. *авто* стоп-сигнал; сигнал торможения 2. сигнал остановки
supervisory control ~ сигнал телеуправления
supervisory indication ~ сигнал телесигнализации
switch ~ 1. сигнал переключения 2. *ж.-д.* стрелочный сигнал
sync(hronizing) ~ сигнал синхронизации, синхросигнал
tail ~ хвостовой сигнал (*поезда*)
test ~ испытательный сигнал
time (reference) ~ сигнал (меток) времени
traffic light ~ светофор для регулирования движения
transfer trip ~ сигнал телеотключения
tripping ~ сигнал на отключение, отключающий сигнал
turn ~ сигнал поворота
two-head ~ светофор с двумя головками
two-level ~ световой сигнал, имеющий различную яркость в дневное и ночное время
unbalance ~ сигнал небаланса; сигнал рассогласования
unwanted ~ помеха
velocity ~ сигнал от тахогенератора
video ~ видеосигнал
visible ~ видимый сигнал
vision ~ видеосигнал
wanted ~ полезный сигнал

SIGNALBOX

warning ~ предупредительный сигнал
zero-crossing ~ сигнал в момент перехода через нуль
signalbox пост централизации
  electrical ~ пост электрической централизации
  relay interlocking ~ пост релейной централизации
signaling 1. передача сигналов **2.** сигнализация **3.** *ж.-д.* блокировка
  automatic ~ автоматическая сигнализация
  block ~ блокировка
  both-way ~ двусторонняя сигнализация
  cab ~ локомотивная сигнализация
  fault ~ **1.** аварийная сигнализация **2.** сигнализация о неисправности
  frequency change ~ передача частотным кодом
  power line ~ сигнализация на ЛЭП
  protection ~ сигнализация (релейной) защиты
  protective ~ охранная сигнализация
  remote ~ дистанционная сигнализация
  wayside ~ *ж.-д.* путевая сигнализация
silicone силикон, кремнийорганическая смола
silicone-bonded с силиконовым [кремнийорганическим] наполнителем
silk шёлк
  mica ~ формовочный миканит с шёлковой подложкой; микалента с шёлковой подложкой
  nonimpregnated ~ непропитанный шёлк
similar одноимённый (*о зарядах*)
simulate моделировать
simulation моделирование
  analog ~ аналоговое моделирование
  analog-digital ~ аналого-цифровое моделирование
  circuit ~ схемотехническое [схемное] моделирование
  digital ~ цифровое моделирование
  electronic ~ электронное моделирование
  physical ~ физическое моделирование
  power system ~ моделирование энергосистем
simulator 1. модель; моделирующее устройство; имитатор **2.** тренажёр
  dispatcher training ~ диспетчерский тренажёр

  full-scale [full-scope] ~ полномасштабный тренажёр
  generator ~ тренажёр для обучения управлением генератора
  high-voltage dc ~ модель системы передачи постоянным током высокого напряжения
  load representation ~ модель-имитатор нагрузки
  nuclear power plant ~ тренажёр АЭС
  operator training ~ тренажёр для операторов
  phase(-shift) ~ имитатор фазового сдвига
  reactor ~ модель (ядерного) реактора
  replica training ~ тренажёр с взаимодействием с оператором
  signal ~ имитатор сигнала
  switching training ~ тренажёр оперативных переключений
  time-delay ~ модель цепи запаздывания
  training ~ тренажёр
  transmission system ~ модель линии (электро)передачи
single-braid с одинарной оплёткой
single-break с одиночным разрывом (*дуги*)
single-channel одноканальный
single-circuit одноконтурный
single-core 1. одножильный **2.** с одним сердечником
single-ended с одним вводом; концевая (*о подстанции*)
single-frequency одночастотный
single-inductor с одной катушкой, однокатушечный
single-layer однослойный
single-line 1. однопроводный **2.** однолинейный
single-pass одноходовой, прямоточный
single-phase однофазный
single-phasing однофазное включение; однофазный режим работы (*электродвигателя*)
single-pole однополюсный
single-signal односигнальный
single-stage одноступенчатый; однокаскадный
single-throw на одно направление; для одной цепи
single-turn одновитковый
single-valued однозначный
single-winding однообмоточный
sink 1. сток **2.** потребитель энергии
  current ~ сток тока
  energy ~ **1.** сток энергии **2.** потребитель энергии

heat ~ теплоотвод; радиатор
sinusoid синусоида
sinusoidal синусоидальный
site 1. (рабочая) площадка **2.** (энерго-)объект
   power station ~ площадка электростанции
   test ~ испытательная площадка
siting:
   power plant ~ выбор площадки для (строительства) электростанции
size размер, величина
   breaker frame ~ типоразмер выключателя
   conduit ~ размер труб для электропроводки
   contact ~ размер контакта
   electrical ~ электрическая длина
   plant ~ мощность электростанции
   unit ~ единичная мощность (*агрегата*)
skate токосниматель
skewing 1. скос; перекос **2.** скашивание (*пазов*)
   slot ~ скос пазов
skid-washer антифрикционная шайба
skin 1. наружный слой; оболочка; покрытие **2.** плёнка **3.** очищать от изоляции, удалять изоляцию
skin-effect поверхностный эффект, скин-эффект
skinner 1. приспособление для удаления изоляции **2.** зачищенный провод
skinning зачистка провода
skirt 1. обойма (*ламповой панели*) **2.** юбка (*изолятора*)
skylight фонарь верхнего света
slack 1. провисание, слабина (*напр. провода*) ‖ провисать (*напр. о проводе*) **2.** стрела провеса (*провода*) **3.** резерв времени
sled токосъёмник
sleet-proof стойкий к обледенению
sleeve 1. рукав **2.** втулка; гильза; трубка **3.** муфта **4.** цилиндрический контакт **5.** оплётка, изолирующая трубка; трубчатая изоляция **6.** коаксиальный экран
   cable ~ кабельная муфта
   cable coupling ~ (соединительная) кабельная муфта
   cable jointing ~ ответвительная кабельная муфта
   cable splitting ~ разделительная кабельная муфта
   cable support ~ кабельный рукав
   commutator ~ втулка коллектора
   connecting ~ соединительная муфта

SLOPE

   insulating ~ **1.** изоляционная оплётка **2.** трубчатый изолятор
   joint(ing) ~ соединительная муфта
   lead ~ свинцовая муфта
   parallel jointing ~ ответвительная кабельная муфта
   plug ~ корпус штепселя
   pot-head cable end [pot-head jointing] ~ оконечная кабельная муфта
   pressure ~ уплотнительная втулка
   relay ~ гильза на сердечнике реле
   slot ~ пазовая гильза
   splicing ~ ответвительная муфта
   wire splicing ~ соединительная муфта для проводов
sleeving 1. оплётка, изолирующая трубка; трубчатая изоляция **2.** втулка; гильза; стакан **3.** муфта
   braided ~ трубка с оплёткой
   fiberglass ~ стекловолокнистая трубка
   insulating ~ изоляционная трубка
   plastic ~ пластмассовая трубка
slide ползунок; скользящий контакт; движок (*реостата*)
slider 1. ползунок; скользящий контакт; движок (*реостата*) **2.** контактная щётка (*переменного резистора*)
   contact ~ ползунок; скользящий контакт
   potentiometer ~ движок потенциометра
   rheostat ~ движок реостата
slide-wire реохорд; струна реохорда
slip скольжение; проскальзывание ‖ скользить; проскальзывать ◊ **to ~ a pole [to back one pole]** отставать на один полюс, пропускать один полюс (*при синхронизации*)
   absolute ~ абсолютное скольжение
   critical ~ критическое скольжение
   motor ~ скольжение ротора асинхронного (электро)двигателя
   no-load ~ скольжение при холостом ходе
   operating ~ рабочее скольжение
   phase ~ проскальзывание фазы
   pole ~ проскальзывание полюсов
   rated ~ номинальное скольжение
   relative ~ относительное скольжение
slippage скольжение; проскальзывание
slipper 1. скользящий контакт **2.** скользящий башмак **3.** тормозная колодка **4.** ползун
   collector ~ токосъёмный башмак
slope 1. наклон; уклон **2.** градиент (*потенциала*)
   ~ of curve крутизна характеристики

SLOT

potential ~ градиент (электрического) потенциала
static ~ наклон статической характеристики
slot 1. канавка; желобок; впадина **2.** гнездо; паз; шлиц ◇ **to ~ the commutator** продорожить коллектор
  bevelled ~ скошенный паз
  closed ~ закрытый паз
  coupling ~ щель связи (*в волноводе*)
  deep ~ глубокий паз
  deep-bar ~ глубокий паз под стержневую обмотку
  dovetailed ~ паз в форме ласточкин хвост
  frequency ~ частотный интервал
  half-closed ~ полузакрытый паз
  open ~ открытый паз
  partly closed ~ полузакрытый паз
  polarizing ~ ориентирующий паз
  radial ~ радиальный паз
  rotor ~ паз ротора
  semiclosed ~ полузакрытый паз
  skewed ~ скошенный паз
  stator ~ паз статора
  time ~ временной интервал
slotting:
  identical double ~ одинаковая зубчатость ротора и статора
slowdown замедление; снижение скорости; торможение
  dynamic ~ динамическое торможение
slug 1. сердечник **2.** настроечный штырь; согласующий штырь (*волновода*) **3.** объёмно-пористый анод (*конденсатора*) **4.** втулка (*реле*) **5.** топливный стержень (*ядерного реактора*)
  copper ~ медная втулка
  relay ~ гильза на сердечнике реле
  tuning ~ настроечный сердечник
smooth сглаживать; выравнивать
smoother сглаживающий фильтр; сглаживающее устройство
  fixed-lag ~ сглаживающий фильтр с постоянным запаздыванием
smoothing 1. сглаживание; выравнивание **2.** сглаживающая фильтрация
  phase ~ сглаживание скачков фазы
smoothness плавность
  output ~ плавность изменения сопротивления (*переменного резистора*)
snap защёлка
  plug ~ защёлка штепсельной вилки
snubber 1. амортизатор **2.** демпфирующее устройство
  dissipative ~ балластный резистор
  electrode mast ~ приспособление для спуска электрода (*дуговой печи*)
soak 1. перевозбуждать катушку **2.** сильно заряжать батарею **3.** пропитывание, пропитка ‖ пропитывать(ся)
  relay ~ перенасыщение магнитопровода реле
socket 1. (штепсельная) розетка; розеточная часть (*соединителя*) **2.** патрон **3.** колодка **4.** ламповая панель **5.** гнездо (*линейной арматуры*)
  apparatus plug ~ приборная штепсельная розетка
  bayonet ~ **1.** байонетный патрон **2.** розеточная часть байонетного соединителя
  coaxial ~ коаксиальное гнездо
  connector [contact] ~ розеточная часть соединителя
  double-sided ~ розеточная часть двустороннего соединителя
  female ~ розетка, розеточная часть; гнездо
  flush ~ розетка для скрытой проводки
  front-entry ~ розетка для включения вилки спереди
  grammaphone ~ гнездо для подключения проигрывателя
  ground supply ~ розетка наземного электропитания
  inspection lamp ~ розетка для переносной лампы
  interconnecting ~ розеточная часть двустороннего соединителя
  key ~ патрон с ключом
  lamp ~ ламповый патрон
  light ~ осветительная штепсельная розетка
  main ~ розетка электрической сети низкого напряжения; сетевая розетка
  pin cap-type [pin-type] ~ штыревой [штырьковый] цоколь
  plug ~ штепсельная розетка; штепсельное гнездо
  regulating ~ патрон с внутренним регулятором
  remote control ~ гнездо для подключения пульта дистанционного управления
  screw ~ резьбовой цоколь
  screwed lamp ~ винтовой ламповый патрон
  set ~ приборная розетка
  spring ~ розетка с подпружиненными гнёздами
  surface ~ розетка для открытой проводки
  switch ~ **1.** стенная розетка с выключателем **2.** патрон с ключом

SOURCE

test ~ испытательная ламповая панель
three-pin ~ трёхполюсная штепсельная розетка
top-entry ~ розетка для включения вилки сверху
trailer lamp ~ штепсельная розетка на прицепе (*для присоединения провода освещения*)
tube ~ ламповая панель
wall ~ 1. стенная розетка 2. стенной патрон
socket-outlet штепсельная розетка
software программное обеспечение
  power application ~ программное обеспечение для решения задач энергосистем
solar-powered питаемый от солнечных батарей
solder припой (*мягкий или легкоплавкий*) || паять
  brass ~ латунный припой
  coarse ~ твёрдый припой
  common ~ мягкий припой
  copper-zink ~ медно-цинковый припой
  electrician's ~ припой для электромонтажных работ
  fine ~ мягкий припой
  hard ~ твёрдый припой
  lead-tin ~ свинцово-оловянный припой
  medium ~ мягкий припой
  poor ~ припой с низким содержанием олова
  quick ~ мягкий припой; третник
  rich ~ припой с высоким содержанием олова
  rosin-core ~ трубчатый припой
  silver ~ серебряный припой
  soft ~ мягкий припой
  solid wire ~ проволочный припой
  spelter ~ медно-цинковый припой
  stick ~ прутковый припой
  tin ~ оловянный припой
  tin-lead ~ оловянисто-свинцовый припой
soldering пайка
  dip ~ пайка погружением
  electric ~ электропайка
  flow ~ пайка в проточном припое
  pulse ~ импульсная пайка
  resistance ~ пайка (электро)сопротивлением
  spot ~ точечная пайка
solenoid соленоид
  brake ~ тормозной соленоид
  closing ~ включающий соленоид
  multilayer ~ соленоид с многослойной обмоткой
  single-layer ~ соленоид с однослойной обмоткой
solenoid-and-plunger соленоид со втяжным сердечником
solution 1. электролит 2. *мат.* решение
  acid(ic) ~ кислый электролит
  alkaline ~ щелочной электролит
  battery [electrolytic] ~ электролит
  load flow ~ расчёт потокораспределения
  nodal (voltage) ~ решение по методу узловых потенциалов
source 1. источник 2. исток (*полевого транзистора*)
  ~ **of energy** источник энергии
  ~ **of harmonic current** источник синусоидального [гармонического] тока
  ~ **of harmonic voltage** источник синусоидального [гармонического] напряжения
  ~ **of heat** источник тепла
  ~ **of radiation** источник радиации
  ~ **of supply** источник энергоснабжения
  ac ~ источник переменного тока
  adjustable voltage ~ источник регулируемого напряжения
  alternative energy ~s альтернативные источники энергии
  back-up power ~ резервный источник питания
  balanced polyphase ~ уравновешенный [симметричный] многофазный источник
  chemical current ~ химический источник тока
  chemical ~ **of electric energy** химический источник электроэнергии
  cold cathode ~ источник с холодным катодом
  constant-current ~ источник питания постоянной силы тока
  constant-power ~ источник питания постоянной мощности
  constant-voltage ~ источник питания постоянного напряжения
  controllable current ~ управляемый источник тока
  controllable voltage ~ управляемый источник напряжения
  current ~ источник тока
  current-controlled voltage ~ источник напряжения, регулируемый током
  dc ~ источник постоянного тока
  dipole ~ дипольный источник (*электромагнитного поля*)

SOURCE

electrical ~ источник электрического напряжения
electroluminescent ~ люминесцентная лампа
emergency (power) ~ аварийный [резервный] источник питания
energy ~ источник энергии
excitation ~ источник возбуждения
exhaustible energy ~s невозобновляемые источники энергии
feed ~ источник питания
field power ~ источник (тока) возбуждения
gas-discharge light ~ газоразрядный источник света
grounded-wire ~ источник типа заземлённый провод
harmonic ~ генератор [источник] гармоник
high-pressure gas-discharge light ~ газоразрядный источник света высокого давления
high-voltage ~ источник высокого напряжения
hollow cathode ~ источник с полым катодом
hot cathode ~ источник с термокатодом
ideal current ~ идеальный источник тока
ideal voltage ~ идеальный источник напряжения
incandescent ~ источник света с нитью накала
independent current ~ независимый источник тока
independent emf ~ независимый источник эдс
inexhaustible energy ~s возобновляемые источники энергии
interference ~ источник помех
intermittent light ~ источник проблескового [импульсного] света
light ~ источник света
low-impedance ~ источник питания с малым внутренним полным сопротивлением
luminescent light ~ люминесцентный источник света
metal halide light ~ металлогалогенный источник света
multiple power ~ универсальный источник питания
noise ~ 1. источник шума 2. генератор шума, шумовой генератор
nonconventional power ~s нетрадиционные источники энергии
nonnuclear energy ~ неядерный источник энергии
nuclear energy ~ ядерный источник энергии
optical ~ источник света
photovoltaic energy ~ фотоэлектрический источник энергии
point light ~ точечный источник света
polyphase ~ многофазный источник (*напряжения*)
power ~ источник питания; источник энергии
power-supply ~ источник энергоснабжения; источник электропитания
primary light ~ первичный источник света
quarter-phase (voltage) ~ источник напряжения с 90°-м сдвигом фаз
radiation ~ источник излучения, источник радиации
reactive power ~ источник реактивной мощности
reference ~ опорный источник
reference-voltage ~ источник опорного напряжения
regulated dc ~ стабилизированный источник постоянного тока
regulated variable-frequency ~ регулируемый источник питания с переменной частотой
renewable energy ~s возобновляемые источники энергии
reserve power ~ резервный источник питания
ribbon light ~ ленточный источник света
secondary light ~ вторичный источник света
signal ~ источник сигнала
single light ~ одиночный источник света
single-phase current ~ однофазный источник тока
single-phase voltage ~ однофазный источник напряжения
sodium-vapor light ~ натриевый источник света
solar power ~ источник солнечной энергии
spark light ~ искровой источник света
spotlight ~ точечный источник света
standard light ~ световой эталон; эталон силы света
static var ~ статический источник реактивной мощности
symmetrical polyphase ~ симметричный многофазный источник
thermoelectric (power) ~ термоэлектрический генератор, термоэлектрический источник энергии

SPARK

thermophotovoltaic power ~ термофотоэлектрический генератор, термофотоэлектрический источник энергии
uniform light ~ источник с равномерным распределением света
unilateral dc power ~ источник постоянного напряжения одного знака
voltage ~ источник напряжения
voltage-controlled current ~ источник тока, управляемый напряжением
voltage-controlled voltage ~ источник напряжения, управляемый напряжением
voltage-stabilized ~ источник стабилизированного напряжения
space 1. пространство **2.** расстояние; интервал; промежуток ‖ размещать с интервалом; располагать с промежутками
~ **of time** интервал [промежуток] времени
anode dark ~ анодное тёмное пространство (*тлеющего разряда*)
arc ~ дуговой промежуток
cathode dark ~ второе катодное тёмное пространство (*тлеющего разряда*)
cathode glow ~ область катодного свечения
drift ~ пролётное пространство (*в полупроводнике*)
Faraday dark ~ фарадеево [третье катодное] пространство (*тлеющего разряда*)
interair ~ междужелезное пространство
interelectrode ~ межэлектродное пространство
interpole ~ межполюсное пространство
phase ~ фазовое пространство
state ~ пространство состояний
touch-proof ~ пространство, защищённое от прикосновения
winding ~ место для обмотки
spacer распорка; прокладка
conductor ~ дистанционная распорка для проводов
dielectric ~ диэлектрическая прокладка
duct ~ распорка вентиляционного канала
insulating [insulation] ~ изоляционная прокладка
interphase ~ распорка между фазами; прокладка между фазами
spark ~ искровой промежуток
stator ~ прокладка [распорка] (сердечника) статора
vent ~ вентиляционная распорка
spacing расстояние; интервал; промежуток
conductor ~ расстояние между проводами
contact ~ контактный промежуток, расстояние между контактами
electrode ~ расстояние между электродами
interelectrode ~ межэлектродное расстояние
interelement ~ межэлементное состояние
phase ~ междуфазное расстояние
pulse ~ интервал между импульсами
spaghetti кембриковые изоляционные трубки
span 1. пролёт (*напр. ЛЭП*) **2.** размах; амплитуда **3.** диапазон; интервал; промежуток **4.** натягивать провод
attenuation ~ перекрываемое затухание
average ~ средний пролёт
back ~ обратный шаг обмотки
belt ~ ширина фазной зоны
coil ~ шаг обмотки
equivalent ~ эквивалентный пролёт
frequency ~ диапазон частот
front ~ прямой шаг обмотки
level ~ горизонтальный пролёт
measuring ~ пределы измерений
overhead ~ пролёт ВЛ
overlap ~ воздушный зазор (*в контактной цепи*)
pole ~ полюсная дуга
sloping ~ наклонный пролёт
temperature ~ диапазон температур
time ~ временной интервал
weight ~ весовой пролёт
wind ~ ветровой пролёт
spark искра; искровой разряд ‖ искрить
~ **of electricity** электрическая искра
break ~ искра при размыкании
disruptive ~ пробивающая искра; искра при разряде
electric ~ электрическая искра; искровой разряд
guided ~ направленный искровой разряд
ignition ~ искра зажигания
jump ~ проскакивающая искра
pilot ~ подготовительный разряд (*в газоразрядных приборах*)
quenched ~ искра при размыкании; затухающая искра
touch ~ искра при прикосновении (*к токоведущим частям*)
trigger ~ подготовительный искро-

SPARKING

вой разряд (*в газоразрядных приборах*)
wipe ~ искра при разрыве индуктивной цепи
sparking искрение; искрообразование
◊ ~ **at the brushes** искрение щёток;
~ **at the commutator** искрение на коллекторе
brush ~ искрение щёток
commutator ~ искрение на коллекторе
spark-killer искрогаситель
sparkover искровой пробой
   front-of-wave impulse ~ пробой на переднем фронте импульса
   lightning ~ перекрытие молнией
spark-plug свеча зажигания
sparkwear обгорание (*контактов*) от действия дуг
spectrum спектр
   arc ~ дуговой спектр
   delayed neutron energy ~ спектр энергии запаздывания нейтронов
   electric ~ спектр электрической дуги
   electromagnetic ~ спектр электромагнитного излучения
   energy ~ энергетический спектр
   ferromagnetic resonance ~ спектр ферромагнитного резонанса
   frequency ~ частотный спектр
   power ~ 1. энергетический спектр 2. спектр мощности
   pulse ~ спектр импульса
   service load ~ диапазон эксплуатационных нагрузок
   side-band ~ спектр боковых частот
   spark-excited ~ спектр колебаний, возбуждаемых искровым разрядом
speed 1. скорость 2. частота вращения 3. быстродействие
   ~ **of conversion** скорость преобразования
   ~ **of discharge** скорость разряда
   ~ **of loading** скорость нарастания нагрузки
   ~ **of response** скорость срабатывания, быстродействие
   ~ **of rotation** частота вращения; число оборотов
   ~ **of transmission** *телемех.* скорость передачи
   above-synchronous ~ надсинхронная частота вращения
   actual ~ действительная скорость
   adjustable ~ 1. регулируемая частота вращения 2. плавно изменяемая [плавно регулируемая] частота вращения
   angular ~ угловая скорость
   arc ~ скорость перемещения дуги, скорость дуговой сварки
   armature ~ частота вращения якоря
   average ~ средняя скорость
   blade ~ окружная скорость лопатки (*турбины*)
   breakdown ~ скорость опрокидывания (*электродвигателя*)
   breaker ~ быстродействие выключателя
   circuit ~ скорость переключения; скорость коммутации
   closing ~ скорость включения
   constant ~ постоянная [неизменная] частота вращения
   critical ~ критическая частота вращения
   critical buildup ~ критическая скорость нарастания возбуждения
   critical torsional ~ критическая торсионная частота вращения
   cutin ~ скорость включения
   drift ~ скорость дрейфа
   electrode ~ скорость перемещения электродов (*дуговой печи*)
   emergency trip ~ частота вращения (*турбины*) при срабатывании автомата безопасности
   full-field ~ частота вращения при полном возбуждении
   full-load ~ частота вращения при полной нагрузке
   high ~ **of operation** высокое быстродействие
   idle [idling] ~ частота вращения холостого хода
   inching ~ частота вращения при пуске (*двигателя*)
   input ~ частота вращения на входе
   instantaneous ~ мгновенная частота вращения
   intermediate ~ промежуточная частота вращения
   lateral ~ частота вращения (*электрической машины*), при которой поперечная вибрация максимальна
   lifting ~ скорость подъёма
   light ~ скорость света
   line [linear] ~ линейная скорость
   load ~ частота вращения под нагрузкой
   machine deviation ~ отклонение частоты вращения машины от номинальной
   maximum ~ предельная [максимальная] скорость
   mean ~ средняя частота вращения

middle ~ промежуточная частота вращения
minimum ~ минимальная частота вращения
motor ~ **of rotation** частота вращения (электро)двигателя
no-load ~ частота вращения холостого хода
nominal set ~ номинальная частота вращения агрегата
operating ~ рабочая частота вращения
rated wind ~ номинальная скорость ветра (*для ветроэлектростанции*)
reading ~ скорость считывания
recording ~ скорость записи
response ~ скорость реакции
rotary [rotating, rotational] ~ частота вращения; угловая скорость
runaway ~ угонная скорость
running-down ~ частота вращения (*ротора*) при выбеге
scanning ~ скорость развёртки
specific ~ быстроходность (*гидротурбины*)
subsynchronous ~ подсинхронная частота вращения
synchronous ~ синхронная частота вращения
trip ~ частота вращения (*турбины*) при срабатывании автомата безопасности
variable ~ переменная частота вращения
working ~ рабочая частота вращения
writing ~ скорость записи
zero ~ нулевая скорость
speed-down уменьшение частоты вращения; замедление
speeder регулятор частоты вращения; регулятор скорости
speed-up увеличение частоты вращения; ускорение
spider 1. крестовина **2.** ступица со спицами
  armature ~ крестовина якоря
  field ~ крестовина ротора
  radial ~ крестовина лучевого типа; звездообразная крестовина
spike выброс; короткий импульс, «пичок»
  pulse ~ выброс; короткий импульс, «пичок»
  voltage ~s «пички» напряжения
spin спин
spindle шпиндель; вал; палец; ось
  insulator ~ штырь изолятора
  straight ~ прямой изоляторный штырь
  swan-neck ~ крюк для изолятора
spin-effect спин-эффект
spiraling 1. навивка; обмотка **2.** скрутка (*проволок*)
splice 1. соединение (внахлёстку); сращивание; сплесневание ‖ соединять (внахлёстку); сращивать; сплесневать **2.** место соединения; место сращивания; сросток (*кабеля*); сплесень
  butt ~ стыковое соединение; соединение встык
  cable ~ сросток кабеля
  end fixture ~ скрутка проводов
  intervening ~ промежуточное сращивание
  pigtail ~ соединение (*проводников*) накруткой
  prealigned ~ сращивание с предварительным центрированием
  ribbon ~ соединение ленточного типа
  wire ~ соединение проводников; соединение [сращивание] проводов
  Y- ~ муфта-развилка
splicer 1. устройство для сращивания (*кабелей*) **2.** устройство для соединения (*проводников*)
splicing соединение (внахлёстку); сращивание, сплесневание
  cable ~ сращивание кабелей
split 1. зазор **2.** разделение; разъединение; расщепление ‖ разделять; разъединять; расщеплять
  phase ~ расщепление фаз; расщепление фазных проводов
split-pole 1. с расщеплёнными полюсами **2.** с экранированными полюсами
splitter разделяющее устройство, разделитель; расщепитель; разветвитель
  arc ~ дугогасительная решётка
  phase ~ фазорасщепитель
  power ~ делитель мощности
  switch ~ коммутационный расщепитель
  unequal power ~ неравномерный делитель мощности
splitting разделение; разъединение; расщепление
  network ~ разделение сети
  peak ~ распределение пиковой нагрузки на два интервала времени
  phase ~ **1.** расщепление фаз **2.** расщепление фазных проводов
spool 1. катушка **2.** барабан **3.** каркас (*катушки*)
  feed ~ подающая катушка
  field ~ **1.** катушка обмотки возбуждения **2.** каркас обмотки возбуждения

SPOOLING

   magnet ~ каркас катушки электромагнита
   processing ~ технологическая катушка
   relay ~ катушка реле
   takeup ~ приёмная катушка
   wire ~ 1. барабан для намотки провода *или* проволоки 2. катушка для намотки проволоки
spooling намотка на катушку *или* барабан
spot 1. пятно 2. место; точка
   anode ~ анодное пятно
   arc ~ активное пятно дуги
   baby ~ маломощный прожектор
   breakdown ~ место [точка] пробоя
   cathode ~ катодное пятно
   contact ~ точка электрического контакта
   dead ~ мёртвая зона
   focal ~ фокальное пятно
   follow ~ сопровождающий прожектор
   ion ~ ионное пятно
   light ~ световое пятно
   movable light ~ подвижное световое пятно
spotlamp 1. прожектор, прожекторная лампа 2. лампа подсветки
spotlight прожектор, прожекторная лампа
   Fresnel ~ прожектор с линзой Френеля
   lens ~ линзовый прожектор
   portable ~ переносный прожектор
   profile ~ прожектор с проекционной оптической системой
   reflector ~ зеркальный прожектор
   swiveling ~ поворотный прожектор
spotlighting прожекторное освещение
spraying 1. распыление; разбрызгивание 2. напыление; металлизация напылением
   ~ **of insulators** обмыв изоляторов
spread 1. протяжённость; пространство 2. раздача; расширение; растягивание 3. ширина катушки 4. разброс *или* рассеивание точек; диапазон отклонений
   reading ~ разброс показаний
   transit-time ~ разброс времени прохождения сигнала
   voltage ~ диапазон (изменения) напряжения
spreader распорка
spring 1. пружина ǁ пружинить 2. рессора
   bimetallic ~ биметаллическая пружина

   break contact ~s контактная группа на размыкание
   brush ~ пружина щёточного аппарата
   coil(ed) ~ цилиндрическая (винтовая) пружина
   contact ~ контактная пружина
   control ~ противодействующая пружина
   helical ~ цилиндрическая (винтовая) пружина
   impulse ~ импульсный контакт
   jack ~ (контактная) пружина гнезда *или* штекера
   make contact ~s контактная группа на замыкание
   opening ~ отключающая пружина
   relay braker ~ тормозная пружина контактов реле
   relay contact ~ 1. тормозная пружина контактов реле 2. токоподводы контактов реле
   relay driver ~ пружина (шагового) реле
   relay restoring [relay return] ~ возвратная пружина реле
   side-ripple ~ боковая волнистая прокладка (*для крепления стержней обмотки в пазах*)
   switch ~ пружина выключателя
spur 1. ответвление 2. короткая кабельная отпайка 3. *pl* монтажные когти, «кошки»
   network ~ внешняя часть сети
square квадрат ǁ придавать форму квадрата
squarer 1. схема возведения в квадрат, квадратор 2. формирователь прямоугольных импульсов
squib электрозажигалка, электровоспламенитель
   electric ~ электрозажигалка, электровоспламенитель
stabilitron стабилитрон
   glow-discharge ~ стабилитрон тлеющего разряда
stability стабильность; устойчивость
   ~ **of linear system** устойчивость линейной системы
   ~ **of power systems** устойчивость (параллельной работы) энергетических систем
   absolute ~ абсолютная устойчивость
   amplifier ~ устойчивость усилителя
   arc ~ стабильность горения дуги
   conditional ~ условная устойчивость; искусственная устойчивость
   control ~ устойчивость регулирования

STABILIZER

current circuit ~ устойчивость электрической цепи по току
dimensional ~ стабильность размеров
discharge ~ устойчивость разряда
dynamic(al) ~ динамическая устойчивость
excitation-system ~ устойчивость системы возбуждения
feedback ~ устойчивость системы с обратной связью
finite-time ~ устойчивость на конечном интервале времени
frequency ~ стабильность частоты
heat ~ теплостойкость
high ~ высокая устойчивость
inherent ~ собственная устойчивость; естественная устойчивость
load ~ устойчивость нагрузки
long-term [long-time] ~ долговременная устойчивость
machine excitation ~ устойчивость возбуждения (электрической) машины
marginal ~ запас устойчивости
natural ~ естественная устойчивость
nuclear ~ стабильность ядерного реактора
operating steady-state ~ оперативное значение статической устойчивости
oscillatory ~ колебательная устойчивость, устойчивость колебаний
phase ~ стабильность фазы (*сигнала*)
power system ~ устойчивость энергетической системы
power system resulting ~ результирующая устойчивость энергетической системы
power system steady-state ~ статическая устойчивость энергетической системы
power system transient ~ динамическая устойчивость энергетической системы
radiation ~ радиационная стойкость (*диэлектрика*)
resulting ~ результирующая устойчивость
rotating-machine ~ устойчивость (работы) вращающихся (электрических) машин
servo ~ стабильность (выходного параметра) сервосистемы
short-term [short-time] ~ кратковременная стабильность
slip ~ устойчивость по скольжению
small disturbance ~ **of power system** устойчивость энергетической системы при малых возмущениях

static [steady-state] ~ статическая устойчивость
synchronous generator ~ устойчивость параллельной работы синхронных генераторов
transient ~ устойчивость в переходном режиме
voltage ~ стабильность [устойчивость] по напряжению
stabilivolt (электровакуумный) стабилитрон
stabilization 1. стабилизация 2. использование отрицательной обратной связи ◊ ~ **against voltage dips** стабилизация напряжения при кратковременных понижениях
~ **of weak power system** поддержание *или* повышение устойчивости в слабой энергетической системе
arc ~ стабилизация дуги
chopper ~ 1. стабилизация источника питания с помощью усилителя постоянного тока типа модулятор — демодулятор 2. стабилизация усилителя прерывателем
closed-loop ~ стабилизация с обратной связью
current ~ стабилизация тока
frequency ~ стабилизация частоты
magnetic ~ магнитная стабилизация
open-loop ~ стабилизация без обратной связи
shunt ~ использование параллельной отрицательной обратной связи
voltage ~ стабилизация напряжения
stabilize стабилизировать
stabilizer стабилизатор
adaptive ~ адаптивный регулятор сильного действия (*возбуждения синхронной машины*)
arc ~ стабилизатор дуги
current ~ стабилизатор тока
degenerative voltage ~ компенсационный стабилизатор напряжения
electronic voltage ~ электронный стабилизатор напряжения
frequency ~ стабилизатор частоты
gas-filled ~ газоразрядный стабилизатор напряжения
generator ~ генераторный стабилизатор
negative damping ~ стабилизатор при отрицательном демпфировании в системе
parametric ~ параметрический стабилизатор
piezoelectric ~ пьезоэлектрический [кварцевый] стабилизатор (*частоты*)

STABISTOR

power system ~ 1. стабилизатор энергетической системы 2. демпфирующая приставка к автоматическому регулятору возбуждения сильного действия
proportional-integral power system ~ изодромный стабилизатор энергетической системы
series-control voltage ~ стабилизатор напряжения последовательного типа
shunt-control voltage ~ стабилизатор напряжения параллельного [шунтового] типа
voltage ~ стабилизатор напряжения
stabistor стабистор
stack 1. набор; комплект; блок; батарея 2. выпрямительный столб 3. контактная группа (*реле или переключателя*)
capacitor ~ конденсаторная колонна
conductor ~ транспонированный стержень (*обмотки статора*)
core(-lamination) ~ пакет (пластин) магнитопровода
fuel-cell ~ батарея топливных элементов
insulator ~ колонка изоляторов
laminated core ~ пакет пластин сердечника; пакет пластин магнитопровода
metal rectifier ~ металлический выпрямительный столбик
multiple ~ контактная группа
pellet ~ столбик топливных таблеток
rectifier ~ выпрямительный столб
relay ~ контактная группа реле
selenium ~ селеновый столб
valve device ~ вентильный модуль
stacking 1. пакеты стали (*магнитопровода*) 2. шихтовка (*листов стали*)
staff персонал ◇ ~ **on duty** дежурный персонал
operating ~ дежурный персонал
technical ~ технический персонал
stage 1. ступень; каскад 2. стадия; период; фаза
~ **of extraction** ступень отбора пара
amplification [amplifier, amplifying] ~ усилительный каскад; ступень усиления
buffer ~ буферный каскад
control ~ регулирующая ступень
detection ~ детекторный каскад
differential ~ дифференциальный усилительный каскад
double-ended ~ каскад с незаземлёнными входом и выходом
high-frequency ~ высокочастотный каскад
high-set ~ ступень (защиты) с высокой уставкой
impulse ~ активная ступень (*турбины*)
input ~ входной каскад
intermediate ~ промежуточный каскад
leader ~ лидерная стадия
lower-current ~ ступень (защиты) с минимальным током срабатывания
low-frequency ~ низкочастотный каскад
mixing ~ смесительный каскад; каскад преобразования частоты
output ~ выходной каскад
partial ~ парциальная ступень (*турбины*)
power ~ мощный каскад
power amplifier ~ каскад усиления мощности
pressure ~ ступень давления (*турбины*)
protection ~ ступень защиты
push-pull ~ двухтактный каскад
reaction ~ реакционная ступень (*турбины*)
single-ended [single-load] ~ каскад с заземлёнными входом и выходом
single-row impulse ~ одновенечная активная ступень (*турбины*)
turbine ~ ступень турбины
velocity-compounded ~ двух- или многовенечная ступень (*турбины*)
stagger вынос, зигзаг (*контактного провода*)
stall опрокидываться (*о двигателе*)
stalling опрокидывание (*двигателя*)
stalloy листовая электротехническая сталь
stampings штампованные листы [пластины] сердечника
armature ~ штампованные листы сердечника якоря
stand 1. основание; подставка 2. кронштейн; стойка
accumulator ~ подставка для аккумуляторов
test(ing) ~ испытательный стенд
standard 1. эталон 2. стандарт
capacitance ~ эталон ёмкости
current ~ эталон тока
electrical ~ эталон единицы электрической величины
electromotive force ~ эталон эдс
electrothermic transfer ~ эталон с электротермическим устройством
frequency ~ эталон частоты
IEC ~ стандарт Международной

START

электротехнической комиссии, стандарт МЭК
inductance ~ эталон индуктивности
international ~ 1. международный эталон 2. международный стандарт
laboratory (reference) ~ эталон, используемый в лабораторных условиях
national (reference) ~ национальный эталон
power system safety ~s правила техники безопасности при эксплуатации электроустановок
primary ~ первичный эталон
quartz ~ кварцевый эталон
reference ~ вторичный эталон
resistance ~ эталон сопротивления
secondary ~ вторичный эталон
time ~ эталон (единицы) времени
voltage ~ эталон напряжения
working ~ рабочий эталон
standby 1. резерв ‖ резервный **2.** резервное оборудование
hot ~ горячий [оперативный] резерв
standstill останов(ка); простой
stange изолирующая штанга
staple зажим; скоба
star (соединение) звезда
double ~ двойная звезда, соединение звезда — звезда
star-connected соединённый звездой
star-delta (соединение) звезда — треугольник
start 1. начало ‖ начинать **2.** (за)пуск; включение ‖ (за)пускать; включать **3.** возбуждение, зажигание (*дуги*)
◊ ~ **from a standstill** (за)пуск из неподвижного состояния; **to** ~ **up** (за)пускать; вводить в действие; ~ **with auxiliary phase** пуск (*однофазного асинхронного двигателя*) с помощью вспомогательной обмотки
~ **of a winding** начало обмотки
across-the-line ~ прямой пуск (*электродвигателя*) от сети, пуск (*электродвигателя*) при полном напряжении
asynchronous ~ асинхронный пуск (*синхронного электродвигателя*)
automatic current-time ratio ~ автоматический пуск по токозависимой временной программе
autotransformer ~ пуск (*электродвигателя*) через автотрансформатор
auxiliary motor ~ пуск (*электродвигателя*) разгонным двигателем
black ~ пуск (*электростанции*) из полностью обесточенного состояния

capacitor ~ конденсаторный пуск (*электродвигателя*)
closed-circuit transition autotransformer ~ пуск (*электродвигателя*) через автотрансформатор
cold ~ **1.** пуск (*электродвигателя*) из холодного состояния **2.** включение (*напр. трансформатора*) в холодном состоянии
controlled frequency ~ пуск (*электродвигателя*) с регулированием частоты
controlled voltage ~ пуск (*электродвигателя*) с регулированием напряжения
cycle ~ начало цикла
direct-on-line ~ прямой пуск (*электродвигателя*) от сети, пуск (*электродвигателя*) при полном напряжении
hot ~ пуск (*электродвигателя*) из горячего состояния
idle ~ пуск без нагрузки
impedance [inductor] ~ реакторный пуск (*электродвигателя*)
instant ~ мгновенное зажигание (*газоразрядного прибора*)
load ~ пуск под нагрузкой
multiple ~ **1.** совместный пуск нескольких электродвигателей **2.** одновременный пуск нескольких электродвигателей от общего пускового устройства
multipoint [multistage] ~ (много)ступенчатый пуск (*электродвигателя*)
neutral reactor ~ пуск (*электродвигателя*) с реактором в нейтрали
open-circuit transition autotransformer ~ пуск (*электродвигателя*) через автотрансформатор с перерывом питания
overvoltage ~ пуск (*электродвигателя*) при повышенном напряжении
part-winding ~ пуск (*электродвигателя*) с использованием части обмотки
reactance [reactor] ~ реакторный пуск (*электродвигателя*)
reconnection ~ пуск (*электродвигателя*) с переключением обмоток
reduced-current ~ пуск (*электродвигателя*) при пониженном токе; плавный пуск (*электродвигателя*)
reduced-voltage ~ пуск (*электродвигателя*) при пониженном напряжении; плавный пуск (*электродвигателя*)
remote ~ дистанционный пуск
resistance [resistor, rheostatic] ~ реостатный пуск (*электродвигателя*) с помощью резистора в цепи ротора

449

STARTER

sequence ~ (много)ступенчатый пуск (электродвигателя)
series-connected starting-motor ~ пуск (электродвигателя) с помощью последовательно включённого пускового двигателя
slow ~ затяжной пуск (электродвигателя)
smooth [soft] ~ плавный пуск (электродвигателя)
speed-limit ~ реостатный пуск (электропривода) по скорости
split-phase ~ пуск (однофазного асинхронного электродвигателя) с помощью вспомогательной обмотки; конденсаторный *или* реакторный пуск (однофазного асинхронного двигателя)
star-delta ~ пуск (электродвигателя) переключением со звезды на треугольник
stator resistance ~ пуск (электродвигателя) с помощью резистора в цепи статора
stepless ~ бесступенчатый пуск (электродвигателя)
stepped ~ (много)ступенчатый пуск (электродвигателя)
sustained ~ затяжной пуск (электродвигателя)
time-limit ~ реостатный пуск (электропривода) по времени
trial ~ пробный пуск
variable-frequency ~ пуск (электродвигателя) с регулированием частоты
variable-resistance ~ реостатный пуск (электродвигателя)
wye-delta [Y-delta] ~ пуск (электродвигателя) переключением со звезды на треугольник
starter 1. пусковое устройство, пускатель, стартер; пусковой реостат **2.** поджигающий электрод (*газоразрядного прибора*) **3.** игнайтер (*игнитрона*)
◇ **with automatic cutout** стартер с автоматическим расцеплением
across-the-line ~ пускатель для прямого пуска от сети
automatic ~ автоматический пускатель
automatic motor ~ автоматический пускатель двигателя
autotransformer ~ пусковой автотрансформатор
cascade ~ пускатель для каскадного включения двигателей
closed (circuit) transition ~ пускатель без перерыва питания (*электродвигателя*)
combination motor ~ комбинированный пускатель двигателя
contactor ~ контакторный пускатель; электромагнитный пускатель
direct-on-line [direct switching] ~ пускатель для прямого пуска от сети
drum (switch) ~ барабанный пускатель
electric(al) ~ электрический пускатель; электрический стартер
electrical inertia ~ электрический инерционный пускатель
enclosed ~ пускатель в закрытом исполнении
four-point ~ пускатель с четырьмя зажимами
full-voltage ~ пускатель для пуска при полном напряжении
fused combination ~ комбинированный пускатель с предохранителями
glow ~ стартер тлеющего разряда
group ~ групповой пускатель
hand ~ ручной пускатель, пускатель с ручным управлением
impedance ~ пусковой реактор
inching ~ пускатель для медленного разворота электродвигателя
inductor ~ пусковой реактор
lamp resistance ~ пусковой реостат для дуговых ламп
liquid ~ жидкостный пусковой реостат
magnetic ~ магнитный пускатель
magnetic full-voltage ~ магнитный пускатель для прямого пуска (*электродвигателя*)
manual ~ ручной пускатель, пускатель с ручным управлением
medium-voltage motor ~ пускатель высоковольтного электродвигателя
motor ~ 1. пускатель электродвигателя **2.** пускатель с сервомотором
motor-driven [motor-operated] ~ пусковой реостат с двигательным приводом
multiple-switch ~ многоконтактный пускатель
multistep ~ многоступенчатый пускатель
oil ~ масляный пускатель
oil-cooled ~ пусковой реостат с масляным охлаждением
on-line ~ пускатель для прямого пуска (*электродвигателя*)
open ~ пускатель в открытом исполнении
part-winding ~ пускатель с использованием части обмотки
pole-changing ~ пускатель с переклю-

STATE

чением числа полюсов (*электродвигателя*)
push-button [push-on] ~ кнопочный пускатель
reactance ~ пусковой реактор
reconnection ~ пускатель с переключением обмоток
reduced-current ~ пускатель для пуска (*электродвигателя*) при пониженном токе
reduced-voltage ~ пускатель для пуска (*электродвигателя*) при пониженном напряжении
relay-operated ~ пускатель с релейным управлением
rheostatic ~ пусковой реостат
rotor-resistance ~ пускатель с включением резистора в цепь ротора
semiautomatic ~ полуавтоматический пускатель
series-parallel ~ пускатель с последовательно-параллельным переключением обмоток (*электродвигателя*)
solenoid ~ магнитный пускатель
solid-state ~ полупроводниковый пускатель (*асинхронного двигателя*)
star-delta ~ пусковой переключатель со звезды на треугольник
stator ~ пусковой реостат в цепи статора (*электродвигателя*)
stator-inductance ~ пускатель с включением катушки индуктивности в цепь статора
stator-resistance ~ пускатель с включением резистора в цепь статора
switch(ing) ~ пусковой переключатель
three-phase ~ трёхфазный пускатель
three-point ~ пускатель с тремя зажимами
transformer ~ пусковой трансформатор
Y-delta [Y-Δ] ~ пусковой переключатель со звезды на треугольник
starter-generator пусковой генератор
starter-rheostat пусковой реостат
starting 1. начало **2.** (за)пуск; включение (*см. тж* start) **3.** возбуждение, зажигание (*дуги*) ◊ ~ **on full voltage** пуск под полным напряжением; ~ **up to speed** пуск и разгон двигателя
arc ~ возбуждение [зажигание] дуги
clutch ~ пуск двигателя с муфтой сцепления
cushion ~ мягкий пуск
delayed ~ пуск с задержкой
direct ~ прямой пуск
easy ~ лёгкий пуск

emergency ~ экстренный [аварийный] (за)пуск
gradual ~ постепенный пуск (*двигателя*)
incremental-type ~ ступенчатый пуск
induction ~ асинхронный пуск
open-circuit transition autotransformer ~ автотрансформаторный пуск (*электродвигателя*) с перерывом питания
partial-voltage ~ пуск при пониженном напряжении
pony motor ~ пуск (*обратимого гидроагрегата*) с помощью вспомогательного двигателя
primary impedance ~ пуск (*электродвигателя*) с резистором в первичной (силовой) цепи
reduced-KVA ~ пуск (*электродвигателя*) при уменьшенной потребляемой мощности
soft ~ мягкий пуск
synchronous ~ синхронный пуск (*агрегатов ГАЭС*)
tap ~ пуск (*электродвигателя*) на отводе (*автотрансформатора*)
start-stop стартстоп(ный) режим; пуск — останов
startup пуск; ввод в действие
cold ~ пуск (*паровой турбины*) из холодного состояния
hot ~ пуск (*паровой турбины*) из горячего состояния
relay ~ трогание реле
state 1. состояние **2.** положение **3.** режим (работы) ◊ ~ **after switching** состояние после переключений; ~ **before switching** состояние до переключений
~ **of charge** состояние заряда, уровень заряженности (*аккумулятора*)
alert ~ напряжённый режим
amplifying ~ режим усиления
anhysteretic ~ безгистерезисное состояние
balanced ~ режим симметричных нагрузок (*сети*)
blocking ~ закрытое [непроводящее] состояние
closed ~ рабочее [включённое] состояние
completely operable ~ полностью работоспособное состояние, состояние полной работоспособности
conducting [conductivity] ~ проводящее [открытое] состояние
discrete ~ дискретное состояние
down ~ нерабочее состояние

451

STATE

dynamically neutralized ~ состояние динамического размагничивания
emergency maintenance ~ состояние аварийного ремонта
equilibrium ~ состояние равновесия
excited ~ возбуждённое состояние
forward blocking ~ непроводящее состояние в прямом направлении
in-service ~ рабочее состояние
in-service full capability ~ полностью работоспособное состояние в эксплуатации
in-service partial outage ~ частично работоспособное состояние в эксплуатации
limit tolerance ~ предельное состояние
metastable ~ метастабильное состояние
neutral ~ нейтральное состояние
neutral magnetic ~ нейтральное магнитное состояние
nonconducting [nonconductivity] ~ непроводящее [закрытое] состояние
nonoperable ~ неработоспособное состояние
off-line ~ нерабочее [отключённое] состояние
on-line ~ рабочее [включённое] состояние
on-line paralleled redundant ~ состояние нагруженного [включённого] резерва
open ~ нерабочее [отключённое] состояние
operable ~ работоспособное состояние
output ~ состояние выхода
partial on-line ~ частично рабочее состояние
partial operable ~ частично работоспособное состояние
post-fault ~ послеаварийное состояние
preventive maintenance ~ состояние предупредительного [профилактического] ремонта
remanent ~ состояние остаточной намагниченности
repair ~ состояние аварийного ремонта
reset ~ исходное состояние
resonance ~ состояние резонанса
rest and deenergized ~ отключённое и невозбуждённое состояние (*машины*)
resynchronizing ~ состояние ресинхронизации

reverse blocking ~ непроводящее состояние в обратном направлении
saturated [saturation] ~ состояние насыщения
space-charge limited ~ режим ограничения пространственным зарядом
standby redundant ~ состояние нагруженного [невключённого] резерва
statically neutralized ~ состояние статического размагничивания
steady ~ установившийся режим; установившееся состояние
superconducting ~ сверхпроводящее состояние, состояние сверхпроводимости
switching ~ 1. режим оперативных переключений 2. коммутационное состояние (*бесконтактного коммутационного аппарата*)
thermally neutralized ~ состояние термического размагничивания
transient ~ 1. переходное состояние 2. переходный режим (*энергосистемы*)
unavailable ~ неработоспособное состояние
unbalanced ~ режим несимметричных нагрузок (*сети*)
virgin ~ состояние термического размагничивания; первоначальное состояние
vulnerable ~ напряжённый режим
statics электростатические явления
station 1. станция; установка; пункт 2. электростанция 3. подстанция ◊ ~ **under AGC** электростанция, участвующая в регулировании нагрузки (*АРЧМ*)
aboveground (hydro)power ~ ГЭС с наземным зданием
atomic power ~ атомная электростанция, АЭС
base-load ~ электростанция для покрытия базисной нагрузки, базисная электростанция
charging ~ зарядная станция
coal-fired (power) ~ (пыле)угольная электростанция
cogeneration [combined heat-and-power] ~ теплоэлектроцентраль, ТЭЦ
compressed air power ~ газотурбинная воздухоаккумулирующая электростанция
concentrator ~ *телемех.* промежуточный пункт
condensing power ~ конденсационная электростанция
control ~ станция [пост] управления
controlled ~ *телемех.* контролируемый пункт

STATION

conventional (thermal) power ~ (тепло)электростанция обычного типа
distribution ~ подстанция распределительной сети
district-heating ~ районная отопительная котельная
diversion (power) ~ деривационная ГЭС
dual-firing [dual-fuel] power ~ электростанция, работающая на двух видах топлива (*напр. угле и мазуте*)
electrical generating ~ электростанция
fast-acting atmospheric reducing ~ быстродействующая установка сброса пара в атмосферу
field maintenance test ~ испытательная станция полевого технического обслуживания
floating power ~ плавучая электростанция
fossil-fired power ~ электростанция, работающая на органическом топливе
gas-turbine power ~ газотурбинная электростанция
generating ~ электростанция
geothermal power ~ геотермальная электростанция
half-open-air power ~ электростанция полуоткрытого типа
heat-and-power ~ теплоэлектроцентраль, ТЭЦ
heavy-duty control ~ станция управления для тяжёлого режима работы
high-head [high-level] hydroelectric ~ высоконапорная ГЭС
high-merit power ~ высокоэффективная электростанция
hydroelectric power ~ гидроэлектрическая станция, гидроэлектростанция, ГЭС
investor-owned power ~ электростанция в частном владении
isolated ~ изолированная [изолированно работающая] электростанция
jointly-owned power ~ электростанция в совместном владении
low-head [low-level] hydroelectric ~ низконапорная ГЭС
magnetic ~ магнитная станция
magnetohydrodynamic thermal power ~ магнитогидродинамическая [МГД-]электростанция
main steam blow-off ~ установка сброса свежего пара
master ~ *телемех.* пункт управления
medium-head hydroelectric ~ средненапорная ГЭС
MHD power ~ магнитогидродинамическая [МГД-]электростанция
mixed pumped storage ~ ГАЭС, работающая на естественном стоке и гидроаккумулировании
mobile diesel power ~ передвижная дизельная электростанция
mobile electric power ~ передвижная электростанция
nuclear energy [nuclear generating] ~ атомная электростанция, АЭС
nuclear heat-only ~ атомная станция теплоснабжения, АСТ
nuclear power (generation) ~ атомная электростанция, АЭС
ocean temperature gradient power ~ электростанция, работающая на перепаде температур океана
oil-fired (power) ~ электростанция, работающая на мазуте
open-air [outdoor] power ~ электростанция открытого типа
peak load (power) ~ электростанция, работающая в пике графика нагрузки, пиковая электростанция
peat-burning power ~ электростанция, работающая на торфе
pendant control ~ подвесная станция управления
pier-type hydroelectric ~ ГЭС бычкового типа
polyfuel ~ электростанция, работающая на нескольких видах топлива
pondage power ~ ГЭС с недельным регулированием, ГЭС с водохранилищем малого объёма
power ~ 1. электростанция, электрическая станция 2. силовая подстанция
pressure-reducing desuperheating ~ редукционно-охладительная установка, РОУ
pumped storage (power) ~ гидроаккумулирующая электростанция, ГАЭС
push-button ~ кнопочная станция; кнопочный пункт управления
regulating ~ 1. пульт управления; щит автоматики 2. площадка обслуживания
remote ~ *телемех.* контролируемый пункт
remote-control ~ пульт дистанционного управления; выносная станция управления
reservoir (power) ~ ГЭС с сезонным регулированием, ГЭС с водохранилищем большого объёма
satellite solar power ~ спутниковая солнечная электростанция
sea temperature gradient power ~ элек-

STATOR

тростанция, работающая на перепаде температур моря
separate power ~ изолированная [изолированно работающая] электростанция
solar (power) ~ гелиоэлектростанция, солнечная электростанция
standard-duty control ~ станция управления для стандартного (*лёгкого или среднего*) режима работы
state-owned power ~ государственная электростанция
steam ~ тепловая электростанция, ТЭЦ
storage power ~ гидроаккумулирующая электростанция, ГАЭС
submaster ~ *телемех.* промежуточный пункт
superpower ~ сверхмощная электростанция
switching ~ 1. подстанция 2. переключательный пункт
thermal (power) ~ тепловая электростанция, ТЭС
tidal electric [tidal power] ~ приливная электростанция, ПЭС
traction ~ тяговая подстанция
transformer [transforming] ~ трансформаторная подстанция
transit ~ *телемех.* транзитный пункт, пункт коммутации сигналов и сообщений
underground hydroelectric (power) ~ ~ подземная ГЭС, ГЭС с подземным зданием
underground power ~ подземная электростанция
upstream power ~ ГЭС вышележащей ступени каскада
water power ~ гидроэлектрическая станция, гидроэлектростанция, ГЭС
wind (power) ~ ветроэлектростанция
stator статор
  generator ~ статор генератора
  sectionalized [split] ~ разъёмный статор
status состояние
  breaker ~ состояние [положение] выключателей
  device ~ состояние (коммутационного) оборудования
  overall ~ полное состояние (*системы*)
steam пар
  bleed ~ отбираемый пар
  cutoff ~ отсечённый пар
  damp ~ влажный пар
  dead ~ отработанный [мятый] пар

direct ~ острый пар
dry ~ сухой пар
emergency dump ~ пар аварийного сброса
exhaust ~ выпускной пар
flash-off ~ пар, образующийся из воды при резком снижении давления
gaseous ~ перегретый пар
gland ~ пар, отсасываемый из уплотнения (*турбины*)
industrial ~ технологический пар
leak-off ~ утечка пара; лабиринтовый пар
live ~ острый пар
outside ~ пар от постороннего источника
process ~ пар для технологических процессов, производственный пар
spent ~ отработанный [мятый] пар
superheated ~ перегретый пар
throttle(d) ~ дросселированный пар
waste ~ отработанный [мятый] пар
steel сталь
  anisotropic ~ (листовая) сталь с ориентированной структурой
  cold-rolled electric ~ холоднокатаная электротехническая сталь
  electric(al) ~ электротехническая сталь
  electrical sheet ~ электротехническая листовая сталь
  electrotechnical ~ электротехническая сталь
  grain-oriented ~ текстурированная сталь
  low-carbon ~ низкоуглеродистая сталь
  magnetic ~ магнитная сталь
  nonmagnetic ~ немагнитная сталь
  oriented ~ сталь с ориентированными кристаллами
  regular grain-oriented ~ текстурированная электротехническая сталь
  sheet ~ листовая сталь
  silicon ~ кремнистая сталь
  silicon sheet ~ кремнистая листовая сталь
  transformer ~ трансформаторная сталь
steel-cored со стальным сердечником
steep-front с крутым фронтом (*о волне*)
steepness крутизна
  control curve ~ крутизна характеристики управления
  wavefront ~ крутизна фронта импульса
stem ножка лампы
step 1. ступень; шаг 2. перепад; скачок (*напр. тока*) ◊ **to bring into** ~ синхро-

STORAGE

низировать; **to ~ down** понижать (*напр. напряжение*); **to fall into ~** входить в синхронизм; **to ~ up** повышать (*напр. напряжение*)
   back-up-time ~ ступень селективности (*для резервирования*)
   current ~ скачок тока
   frequency ~ перепад частот
   leader ~**s** ступени лидера (*молнии*)
   phase ~ скачок фазы
   quantization [quantum] ~ шаг квантования
   switching ~ ступень переключения
   tapping ~ ступень регулирования; ступень переключения
   variable ~ переменный шаг
   voltage ~ скачок напряжения
step-down уменьшение тока *или* напряжения
stepless плавный; бесступенчатый
step-like скачкообразный; ступенчатый
step-up увеличение тока *или* напряжения
   resonant current ~ резонансное увеличение тока
   resonant voltage ~ резонансное увеличение напряжения
stepwise скачкообразный; ступенчатый
steradian стерадиан, ср
stick (изолирующая) штанга
   buzz ~ испытательная штанга
   ground ~ заземляющая штанга
   hook ~ штанга с крюком
   Roebel ~ транспонированный стержень (*обмотки статора*)
   shot-gun ~ стреляющая телескопическая штанга
   spark ~ искровая штанга (*для проверки изоляторов*)
sticking 1. залипание (*якоря реле*) **2.** пригорание; спекание (*контактов*) **3.** застревание; заедание **4.** «примерзание» (*сварочного электрода*)
   picture ~ *тлв* остаточное изображение, послеизображение
   relay armature ~ залипание якоря реле
stiffness жёсткость
   relay contact follow ~ упругость контактов реле при движении после соприкосновения
   suspension ~ жёсткость подвески
stilb стильб, сб (*единица яркости*)
stop 1. останов(ка) **2.** ограничитель; упор; стопор
   automatic ~ автостоп
   end ~ упор (*переменного резистора*)
   inductive train ~ индуктивный поездной автостоп
   limit ~ конечный ограничитель
   mechanical end ~ механический концевой упор
   nonmagnetic relay armature ~ немагнитный ограничитель (хода) якоря реле
   quick ~ быстрый останов
   "red button" ~ останов по сигналу «красной кнопки», аварийный останов
   relay armature ~ ограничитель (хода) якоря реле
   reset ~ упор для подвижной части реле в несработанном положении
   spring ~ пружинная защёлка (*реле*)
   steam ~ запорная паровая задвижка
stop-band полоса затухания (*фильтра*)
stop-light стоп-сигнал
storage 1. запоминающее устройство, ЗУ; память **2.** хранение; накопление
   at-reactor fuel ~ хранение топлива при АЭС
   auxiliary ~ внешняя память
   away-from-reactor fuel ~ хранение топлива вне площадки реактора
   charge carrier ~ накопление носителей заряда
   compressed-air energy ~ хранение энергии в форме сжатого воздуха
   electric power ~ **1.** аккумулятор **2.** аккумуляторная
   electric thermal ~ **1.** электротермический накопитель **2.** электрическое аккумулирование тепла
   electromagnetic ~ электромагнитный накопитель
   electrostatic ~ электростатический накопитель
   energy ~ накопление и хранение энергии
   engineered ~ механически оборудованное хранилище отработавшего топлива *или* высокоактивных отходов
   inductive energy ~ индуктивное накопление энергии
   interim decay ~ склад промежуточной выдержки (выгруженного из реактора) топлива
   magnetic ~ магнитный накопитель
   magnetic-core ~ ЗУ на магнитных сердечниках
   pumped ~ гидроаккумулирование
   relay ~ релейное ЗУ
   static ~ статический накопитель
   superconducting magnetic energy ~ сверхпроводниковый накопитель магнитной энергии
   thermal ~ тепловой аккумулятор

STORE

ultimate ~ окончательное захоронение радиоактивных отходов
store 1. запоминающее устройство, ЗУ; память **2.** хранение; накопление ‖ хранить; накапливать
    energy ~ **1.** запас энергии **2.** накопитель энергии
    flywheel energy ~ маховиковый накопитель энергии
    kinetic energy ~ запас кинетической энергии
    potential energy ~ запас потенциальной энергии
storm:
    electric [lightning] ~ гроза
    magnetic ~ магнитная буря
stove:
    electric ~ электрическая печь; электрическая плита
straightening выпрямление (*провода*)
strain 1. деформация **2.** натяжение
    conductor ~ натяжение провода
    dielectric ~ деформация диэлектрика при поляризации
    magnetic ~ магнитная деформация
    magnetostrictive ~ магнитострикционная деформация
    torsional ~ деформация кручения
strand 1. жила **2.** скручивать (*проводники*)
    chain ~ ветвь цепного привода
    conductor ~ **1.** жила многожильного провода **2.** элементарный проводник (*обмотки электрической машины*)
    hollow ~ полый элементарный проводник
    messenger ~ несущий *или* поддерживающий трос
    solid ~ **1.** массивный элементарный проводник **2.** сплошная жила
    support ~ **1.** несущий трос (*воздушного кабеля*) **2.** стальной сердечник (*сталеалюминиевого провода*)
    suspension ~ трос воздушного кабеля
    transposed ~ транспонированная жила
    tubular ~ трубчатый элементарный проводник
strander скруточная машина, кабелескруточный станок
stranding скрутка
    bunch ~ скрутка
    concentric ~ концентрическая скрутка
strap 1. планка; пластина **2.** скобка; хомут **3.** шина **4.** перемычка **5.** связка (*в магнетроне*)
    angle-bar ~ угловая накладка

    connection ~ соединительная полоска; перемычка
    ground(ing) ~ шина заземления
    jumper ~ перемычка
    line ~ скоба [серьга] натяжной гирлянды
    pole ~ хомут на опоре
    suspension ~s **of a suspension clamp** подвеска поддерживающего зажима (*линейной арматуры ВЛ*)
    tie ~ скоба траверсы
strapping 1. соединение двух точек (*цепи или устройства*) перемычками **2.** соединение связками (*элементов замедляющей системы магнетрона*)
straying рассеяние
strays 1. побочные [паразитные] сигналы **2.** паразитная ёмкость
stream поток; струя; течение
    convective ~ электрический ветер
    electron ~ поток электронов
    leader ~ лидер (*искрового или грозового разряда*)
streamer 1. стример (*в искровом разряде*) **2.** ветвь кистевого разряда
    pilot ~ лидер (*грозового разряда*)
strength 1. сила; напряжённость **2.** прочность, предел прочности
    ~ **of charging current** сила зарядного тока
    ~ **of current** сила тока
    ~ **of electric field** напряжённость электрического поля
    ~ **of insulation** (электрическая) прочность изоляции
    ~ **of magnetic field** напряжённость магнитного поля
    ~ **of pole** магнитная масса полюса
    apparent ~ **of insulation** суммарная величина электрической прочности изоляции
    bending ~ прочность на изгиб
    bond ~ **1.** прочность связи **2.** прочность соединения
    breakdown ~ электрическая прочность диэлектрика *или* изоляции
    breakdown field ~ напряжённость поля при пробое
    breaking ~ прочность на разрыв
    burst(ing) ~ сопротивление разрыву
    coerci(ti)ve field [coerci(ti)ve flux] ~ напряжённость коэрцитивного поля
    compressive ~ прочность на сжатие
    crushing ~ прочность на раздавливание
    current ~ сила тока
    dielectric ~ электрическая прочность диэлектрика

disruptive electric (field) ~ пробивная напряжённость электрического поля
disturbance field ~ напряжённость поля помех
electric ~ электрическая прочность диэлектрика
electric field ~ напряжённость электрического поля
electromagnet ~ усилие электромагнита
electrostatic field ~ напряжённость электрического поля
field ~ напряжённость поля
field puncture ~ пробивная напряжённость поля при пробое
gap field ~ напряжённость поля в зазоре
impact ~ сопротивление удару
impulse ~ импульсная прочность (*изоляции*)
insulating [insulation] ~ (электрическая) прочность изоляции
interference field ~ напряжённость поля индустриальной помехи
ionic ~ ионная сила
magnetic ~ магнитная индукция
magnetic field ~ напряжённость магнитного поля
magnetic pole ~ магнитная масса полюса
mechanical ~ механическая прочность
puncture ~ пробивная прочность (*изоляции*)
relative dielectric ~ относительная электрическая прочность диэлектрика
source ~ 1. мощность источника (*электропитания*) 2. интенсивность источника (*света*)
specific dielectric ~ удельная электрическая прочность диэлектрика
tensile ~ прочность на растяжение
thermal short-circuit ~ термическая стойкость при КЗ
stress 1. (механическое) напряжение 2. напряжённость ◊ ~ **in a span** напряжение в пролёте (*ЛЭП*)
alternate ~ знакопеременное напряжение
bearing ~ напряжение смятия
bending ~ напряжение при изгибе
breakdown voltage ~ пробивная напряжённость
dielectric ~ электростатическое напряжение; механическое напряжение в диэлектрике от воздействия напряжения
dynamic ~ динамическое напряжение

electric [electrostatic] ~ 1. электростатическое напряжение; механическое напряжение в диэлектрике от воздействия напряжения 2. напряжённость электрического поля
electrostrictive ~ электрострикционное напряжение
everyday ~ средняя эксплуатационная нагрузка в % к предельной (*для ВЛ*)
inception voltage ~ начальная напряжённость
magnetostrictive ~ магнитострикционное напряжение
mechanical ~ 1. механическое усилие 2. динамическое воздействие тока КЗ
operating voltage ~ рабочая напряжённость
peak-to-peak ~ размах знакопеременного напряжения
potential ~ 1. электростатическое напряжение 2. напряжённость электрического поля
short-circuit ~ усилие при КЗ
static ~ статическое напряжение
thermal ~ термическое напряжение
voltage ~ градиент напряжения
working voltage ~ рабочая напряжённость
stretcher 1. натяжное приспособление 2. расширитель; удлинитель
line ~ 1. удлинитель линии 2. линейный усилитель
pulse ~ расширитель импульсов
wire ~ устройство для натягивания проводов
stretching 1. растягивание; натягивание 2. расширение
pulse ~ расширение импульсов
synchronization ~ растяжение синхроимпульсов
strike 1. разряд молнии 2. зажигать (*дугу*)
striking 1. разряд молнии 2. зажигание (*дуги*)
~ **of spark** возникновение искры *или* искрового разряда
arc ~ зажигание дуги
back ~ обратное проскакивание (*искры*)
string 1. гирлянда (*изоляторов*) 2. натягивать; подвешивать (*провода ЛЭП*)
~ **of insulators** гирлянда изоляторов
dead-end insulator ~ натяжная гирлянда изоляторов
decorative ~ световая гирлянда; гирлянда иллюминации
double [duplicate] insulator ~ сдвоенная гирлянда изоляторов

STRINGING

insulator ~ гирлянда изоляторов
line-insulator ~ линейная гирлянда изоляторов
single-insulator ~ одиночная [одноцепная] гирлянда изоляторов
strain-insulator ~ натяжная гирлянда изоляторов
suspension-insulator ~ поддерживающая гирлянда изоляторов
tension-insulator ~ натяжная гирлянда изоляторов
thermistor ~ гирлянда терморезисторов
tie-down insulator ~ оттяжная гирлянда изоляторов
stringing натягивание; подвешивание (*проводов ЛЭП*)
conductor [wire] ~ натягивание проводов; подвешивание проводов
strip 1. планка; пластинка 2. шина 3. зачищать (*напр. провод*)
~ **of fuses** панель [планка] с предохранителями
bimetallic ~ биметаллическая полоска
bonding ~ перемычка (*между свинцовыми оболочками кабеля*)
commutator insulating ~ изолирующая прокладка между коллекторными пластинами
conductor ~ (соединительный) печатный проводник
connecting [connection, connector] ~ 1. (соединительный) печатный проводник 2. планка [колодка] с зажимами
contact ~ 1. планка [колодка] с зажимами 2. *ж.-д.* контактная вставка
copper ~**s** полосовая медь (*для обмоток трансформатора*)
fuse ~ плавкая вставка
grounding ~ заземляющая шина
jack ~ планка [колодка] с гнёздами
resistance [resistive] ~ резистивная полоска
soldering terminal ~ полоска с контактами на пайке
starting ~ полоска зажигания (*разрядной лампы*)
terminal ~ 1. планка [колодка] с зажимами 2. колодка изолятора прямоугольного соединителя
zigzag ~ зигзагообразная шина (*нагревательного элемента*)
stripper устройство для зачистки (*проводов*)
cable ~ устройство для зачистки концов кабеля
centrifugal force ~ центробежное устройство для зачистки концов проводов
heated-wire ~ устройство для зачистки проводов нагревом
insulation ~ устройство для зачистки провода от изоляции
shielding ~ устройство для удаления экранирующего покрытия
wire ~ устройство для зачистки проводов
stripping зачистка (*напр. проводов*)
strip-wound со стержневой обмоткой
stroke 1. ход; такт 2. удар
~ **of lightning** удар молнии
~ **of sawtooth voltage** ход пилообразного напряжения
armature ~ ход якоря (*электромагнита*)
back ~ обратный удар (*молнии*)
direct ~ прямой удар (*молнии*)
downward leader ~ нисходящий лидер (*молнии*)
indirect [induced] ~ непрямой удар (*молнии*)
leader ~ лидер (*молнии*)
lightning ~ удар молнии; грозовой разряд; разряд молнии
opening ~ ход (*сервомотора*) на открытие клапана
return ~ 1. обратный удар (*молнии*) 2. обратный ход (*пилообразного напряжения*)
scan ~ ход развёртки
stepped leader ~ ступенчатый лидер (*молнии*)
structure 1. конструкция; каркас 2. опора
anchor ~ анкерная опора
angle ~ угловая (линейная) опора
bus ~ система шин; шинная конструкция
dead-end ~ анкерная опора; концевая опора
electrode supporting ~ опорная конструкция электрода (*дуговой печи*)
guyed ~ опора с оттяжками
intermediate ~ промежуточная опора
magnetic ~ магнитная система; конструкция магнитопровода
portal ~ портальная [П-образная] опора
power system ~ структура установленной мощности энергосистемы
self-supporting ~ свободностоящая опора
single-induction-loop ~ однопетлевая конструкция индукционного реле
slow-wave ~ замедляющая система
stator core end ~ конструкция торцевой зоны сердечника статора

SUBSTATION

straight-line ~ промежуточная опора
strain ~ анкерная опора
substation ~s несущие конструкции подстанции
support ~ опорная конструкция
tangent ~ одностоечная (промежуточная) опора
terminal ~ концевая опора
transmission line takeoff tower ~ выходная опора ЛЭП
transposition ~ транспозиционная опора
strut стойка; подкос; распорка
stub 1. короткая стойка; штырь 2. шлейф (*в линии передачи*) 3. металлический изолятор (*коаксиальной линии*)
   capacitive ~ ёмкостный шлейф
   closed ~ короткозамкнутый шлейф
   coaxial ~ коаксиальный шлейф
   inductive ~ индуктивный шлейф
   matching ~ согласующий шлейф
   strip(line) ~ полосковый шлейф
   waveguide ~ волноводный шлейф
stud 1. палец; штиф 2. шпилька 3. контакт
   brush holder ~ палец щёткодержателя
   contact ~ контакт; контактный штифт
   dummy ~ холостой контакт
   fixture ~ 1. палец для крепления (*осветительной арматуры*) 2. фиксирующий контакт
   live ~ контакт под напряжением
   terminal ~s зажимы реле
style тип; вид
   connector ~ тип соединителя
   termination ~ тип выводов (*электронного прибора*)
stylus пишущий узел; перо (*самописца или графопостроителя*)
styren стирол
subband поддиапазон
subboard вторичный распределительный щит
subbranch ответвление (*напр. в цепи*)
subcarrier поднесущая
subcenter узловая точка на ответвлении (*во внутренней проводке*)
subcircuit 1. цепь ответвления 2. подсхема; часть схемы
   faulty ~ повреждённый участок цепи
   final ~ последнее ответвление
subdispatcher районный диспетчер (*в энергосистеме*)
subexcitation подвозбуждение
subexciter подвозбудитель
subfeeder линия питания для соединения главного центра распределения (энергии) с одним из районных центров
subfrequency 1. субгармоника 2. частота субгармоники
subharmonic субгармоника
subloop частная петля; частный контур (*замкнутой системы*)
   magnetic ~ частная петля гистерезиса
submain ответвление от магистрали
submetering учёт (*электропотребления*) на нижестоящих ступенях распределения (*энергии*)
subpanel субпанель; монтажная панель
subrange поддиапазон
subregulator подсистема регулирования
subspan участок между распорками (*на проводах ВЛ*)
substance вещество; материал
   ferromagnetic ~ ферромагнитный материал, ферромагнетик
   insulation ~ изоляционный материал
   magnetic ~ магнитный материал, магнетик
   nonmagnetic ~ немагнитный материал
   paramagnetic ~ парамагнитный материал, парамагнетик
substation подстанция
   ac ~ подстанция переменного тока
   attended ~ подстанция с постоянным обслуживающим персоналом
   balcony ~ подстанция на балконе
   building roof ~ подстанция на крыше здания
   bulk transmission ~ подстанция основной сети
   cable-connected ~ подстанция с кабельными линиями
   converter [converting] ~ преобразовательная подстанция
   distribution ~ распределительная подстанция
   double-ended ~ подстанция с двусторонним питанием; проходная подстанция
   double-tier ~ двухъярусная подстанция
   electric power ~ (электрическая) подстанция
   extra-high-voltage ~ подстанция сверхвысокого напряжения
   four-switch ~ подстанция с мостовой схемой коммутации
   frequency converter ~ подстанция с преобразованием частоты
   gas-insulated ~ элегазовая подстанция

SUBSTATION

high-voltage ~ подстанция высокого напряжения
highway-type mobile ~ передвижная подстанция для транспортировки по шоссе
indoor ~ закрытая подстанция
integral unit ~ комплектная подстанция
integrated ~ подстанция с интегрированной системой управления, измерения и защиты
inverter ~ инверторная подстанция
main ~ центр электропитания; центральная подстанция
main floor-level ~ подстанция на основной отметке пола
manned ~ подстанция с постоянным обслуживающим персоналом
master ~ опорная подстанция
mesh ~ подстанция с кольцевой системой шин
metal-clad ~ бронированная подстанция
mobile ~ передвижная подстанция
nonattended ~ подстанция без обслуживающего персонала
nonbreaker ~ подстанция без выключателей на стороне высокого напряжения
one-end ~ подстанция с односторонним питанием; тупиковая подстанция
open-air [open-type, outdoor] ~ открытая подстанция
pole-mounted ~ мачтовая подстанция
portable ~ передвижная подстанция
pressure-ventilated unit ~ комплектная подстанция с принудительной вентиляцией
primary articulated unit ~ (комплектная) трансформаторная подстанция с напряжением на низкой стороне не менее 1000 В
primary distribution ~ первичная подстанция распределительной сети
primary unit ~ (комплектная) трансформаторная подстанция с напряжением на низкой стороне 1000 В и более
radial ~ подстанция на радиальной [тупиковой] линии
railway ~ тяговая подстанция
rectifier ~ выпрямительная подстанция
remote-controlled ~ телеуправляемая подстанция
ring ~ подстанция с кольцевой системой шин

rotary ~ подстанция с вращающимися машинами
rural ~ сельская подстанция
satellite ~ телеуправляемая подстанция
secondary articulated unit ~ (комплектная) трансформаторная подстанция с напряжением на низкой стороне менее 1000 В
secondary distribution ~ вторичная подстанция распределительной сети
secondary-selective ~ подстанция второй ступени распределительной сети (*однотрансформаторная с двумя секциями шин на стороне низкого напряжения*)
secondary unit ~ (комплектная) трансформаторная подстанция с напряжением на низкой стороне менее 1000 В
SF$_6$ (gas-)insulated ~ элегазовая подстанция
single busbar ~ подстанция с одной системой шин
single-ended ~ подстанция с односторонним питанием; тупиковая подстанция
single switch ~ подстанция с одним выключателем на стороне высшего напряжения
single-tier ~ одноярусная подстанция
sled-mounted ~ передвижная подстанция, смонтированная на салазках
spot-network ~ станция с двумя питающими линиями (*распределительной сети*) и двумя трансформаторами, работающими на одни шины
step-down ~ понижающая подстанция
step-up ~ повышающая подстанция
subtransmission ~ подстанция питающей сети
switching ~ 1. подстанция 2. переключательный пункт
tapped [tee-off] ~ тупиковая подстанция; подстанция на ответвлении
telecontrolled ~ телеуправляемая подстанция
terminal ~ тупиковая подстанция
traction ~ тяговая подстанция
transformer [transforming] ~ трансформаторная подстанция
transmission ~ подстанция магистральной сети
transportable ~ временная [передвижная] подстанция
triple busbar ~ подстанция с тремя системами шин
ultra-high-voltage ~ подстанция уль-

SUPERPOTENTIAL

травысокого напряжения (*свыше 1000 кВ*)
unattended ~ подстанция без обслуживающего персонала
underground ~ подземная подстанция
unit ~ 1. унифицированная [типовая] подстанция 2. блочная подстанция
unitized transformer ~ комплектная трансформаторная подстанция
unmanned ~ подстанция без обслуживающего персонала
urban ~ городская подстанция
vault ~ подземная подстанция
wheel-mounted ~ передвижная подстанция на колёсном ходу
substrate подложка (*микросхе́мы*)
~ **of integrated microcircuit** подложка интегральной микросхемы
conducting ~ проводящая подложка
insulating [insulative, insulator] ~ (электро)изоляционная [диэлектрическая] подложка
printed-wiring ~ подложка с печатными соединениями
semi-insulated [semi-insulator] ~ полуизоляционная [полуэлектрическая] подложка
substructure подземная часть (*сооружения*)
power-house ~ подземная часть здания электростанции
subsynchronous подсинхронный
subsystem подсистема; узел системы; часть системы
power supply ~ подсистема энергоснабжения, подсистема электропитания
subtransient сверхпереходный
subtransmission система распределения энергии на высоком напряжении (23—69 кВ, *в США*)
subunit 1. элемент узла; элемент блока 2. элементарный пучок кабеля
subway:
cable ~ кабельный туннель
succession последовательность
~ **of phases** последовательность фаз, порядок чередования фаз
sulfur hexafluoride элегаз, шестифтористая сера
sunlamp эритемная лампа
sunlight солнечный свет; дневное освещение
artificial [simulated] ~ искусственное дневное освещение
superconductivity сверхпроводимость
superconductor сверхпроводник

composite ~ композитный сверхпроводник
coupled ~**s** связанные сверхпроводники
filamentary ~ нитевидный сверхпроводник
gapless ~ бесщелевой сверхпроводник
hard ~ жёсткий сверхпроводник
high-temperature ~ высокотемпературный сверхпроводник
monofilamentary ~ одножильный нитевидный сверхпроводник
multifilamentary ~ многожильный нитевидный сверхпроводник
soft ~ мягкий сверхпроводник
ternary ~ тернарный сверхпроводник
twisted ~ скрученный сверхпроводник
supercurrent ток сверхпроводимости
superexcitation 1. перевозбуждение 2. форсированное возбуждение, форсировка; ударное возбуждение
supergrid системообразующая [магистральная] сеть; система магистральных электропередач сверхвысокого напряжения
superheater пароперегреватель
boiler ~ пароперегреватель котла
fossil-fired ~ перегреватель на органическом топливе
integral ~ пароперегреватель, расположенный между испарительными конвективными поверхностями котла
interbank ~ пароперегреватель, расположенный между котельными пучками
intermediate ~ промежуточный пароперегреватель
intertube ~ пароперегреватель, расположенный в газоходе первого котельного пучка вертикального водотрубного котла
parallel-flow ~ прямоточный пароперегреватель
platen ~ ширмовый пароперегреватель
reheat ~ промежуточный пароперегреватель
superheating перегрев
intermediate ~ промежуточный перегрев, промперегрев
superpool крупное энергообъединение; мощная объединённая энергосистема
superposition суперпозиция; наложение
current ~ суперпозиция токов
oscillation ~ наложение колебаний
superpotential перенапряжение

461

SUPERPOWER

superpower сверхвысокая мощность
superpressure сверхвысокое давление
superstation сверхмощная (электрическая) станция
superstructure надземная часть (*сооружения*)
  power-house ~ надземная часть здания электростанции
supertension 1. перенапряжение 2. сверхвысокое напряжение
supervision контроль
  automatic ~ автоматический контроль
  circuit ~ проверка электрической цепи
  current transformer ~ контроль (вторичных цепей) трансформаторов тока
  pilot ~ контроль соединительных проводов
  reverse battery ~ контроль (наличия) постоянного тока (*в конце линии*) обратной передачей
  through ~ транзитный канал телемеханики
supervoltage 1. перенапряжение 2. сверхвысокое напряжение
supplier поставщик
  electricity ~ поставщик электроэнергии
  fuel ~ поставщик топлива
supply 1. электропитание; электроснабжение ‖ подводить электропитание 2. блок (электро)питания; источник (электро)питания 3. подвод, подача
  ◇ ~ **by accumulators** аккумуляторное питание, питание от аккумуляторов
  ac (power) ~ 1. питание переменным током 2. источник (питания) переменного тока
  auxiliary power ~ 1. питание собственных нужд электростанции 2. вспомогательный источник питания
  backup ~ резервное питание
  battery ~ питание от батарей *или* аккумуляторов
  bilateral dc power ~ источник постоянного напряжения обоих знаков
  bulk power ~ 1. магистральное электроснабжение 2. оптовое снабжение электроэнергией
  bussed ~ электроснабжение по системе общих шин (*между станциями*)
  centralized heat ~ централизованное теплоснабжение
  centralized power ~ централизованное энергоснабжение
  commercial power ~ электроснабжение от энергосистемы общего пользования
  constant-current (power) ~ стабилизированный источник тока
  constant-frequency ~ источник постоянной частоты
  constant-potential line ~ питание от линии с постоянным напряжением
  constant-voltage power ~ стабилизированный источник напряжения
  current ~ 1. источник тока 2. электроснабжение; электропитание 3. подвод [подача] тока
  dc (power) ~ 1. питание постоянным током 2. источник (питания) постоянного тока
  decentralized power ~ децентрализованное электроснабжение
  duplicate ~ двустороннее питание
  electric ~ электропитание; электроснабжение
  electric power ~ 1. электропитание; электроснабжение 2. источник электропитания
  electronic power ~ электронный источник питания
  emergency (power) ~ 1. аварийное (электро)питание; аварийное электроснабжение 2. аварийный источник (электро)питания
  energy ~ 1. электропитание; электроснабжение 2. источник энергии
  external power ~ внешний источник энергоснабжения
  flyback power ~ (высоковольтный) выпрямитель-умножитель
  grid (voltage) ~ источник сеточного напряжения
  heavy-duty rectifier power ~ электроснабжение от силового выпрямителя
  high-grade commercial power ~ качественное сетевое электропитание (*установившееся отклонение напряжения не более 10—15%, класс 3, тип А, группа III по МЭК*)
  high-resistance power ~ источник питания с большим внутренним сопротивлением
  high-voltage power ~ высоковольтный источник питания
  industrial power ~ электроснабжение промышленного сектора
  instrument power ~ питание измерительных приборов
  laboratory power ~ лабораторный источник питания
  large-variation power ~ электропитание с большими отклонениями значе-

SUPPORT

ний напряжения (*класс 4, тип А, группа III по МЭК*)
local battery ~ электроснабжение от местной батареи
looped-in ~ электроснабжение по петлевой [замкнутой] системе
low-energy ~ маломощный источник питания
low-voltage power ~ низковольтный источник питания
mains ~ питание от сети, сетевое питание
medium voltage power ~ источник электропитания средней мощности
no-break power ~ **1.** бесперебойное [гарантированное] энергоснабжение **2.** источник бесперебойного [гарантированного] (электро)питания
plate power ~ источник анодного питания
polyphase ~ **1.** многофазное электропитание **2.** многофазный источник питания
power ~ **1.** электропитание; электроснабжение **2.** источник электропитания; блок электропитания
precisely regulated ac power ~ **with constant frequency** питание переменным током с точно регулируемым ($\pm 2\%$) напряжением и постоянной частотой (*класс 1, тип А, группа III по МЭК*)
precisely regulated dc power ~ питание постоянным током с точно регулируемым ($\pm 1\%$) напряжением (*класс 1, тип В, группа III по МЭК*)
primary power ~ первичный источник (электро)питания
public electricity ~ коммунальное электроснабжение, электроснабжение общего пользования
purchased power ~ электроснабжение купленной у энергокомпании энергией
reference ~ опорный источник (*напряжения или тока*)
regulated power ~ стабилизированный источник электропитания
residential power ~ электроснабжение жилого сектора
secondary power ~ вторичный источник (электро)питания
self-contained (power) ~ **1.** автономное питание **2.** автономный источник питания
single ~ одностороннее питание
single-phase ~ **1.** однофазное питание **2.** однофазный источник питания

stabilized power ~ стабилизированный источник (электро)питания
standby power ~ **1.** резервное электропитание; резервное электроснабжение **2.** резервный источник (электро)питания
stiff power ~ энергоснабжение от мощного источника
supplementary power ~ **1.** дополнительное электропитание **2.** дополнительный источник питания
switched (mode) [switching] power ~ импульсный источник (электро)питания
thyristor converter ~ питание через тиристорный преобразователь
thyristor power ~ питание с тиристорным регулированием
uninterruptible power ~ **1.** бесперебойное [гарантированное] энергоснабжение **2.** источник бесперебойного [гарантированного] (электро)питания
universal power ~ универсальный источник питания
unregulated dc power ~ питание нерегулируемым постоянным током (*класс 3, тип В, группа III по МЭК*)
variable-frequency ~ источник переменной частоты
variable-voltage power ~ питание регулируемым напряжением
voltage (power) ~ источник напряжения
voltage-regulated ac power ~ питание переменным током с регулируемым ($\pm 10-15\%$) напряжением (*класс 2, тип А, группа III по МЭК*)
voltage-regulated dc power ~ питание регулируемым постоянным током с напряжением с отклонением не более $\pm 5\%$, с выбросами $\pm 10-15\%$ длительностью не более 10 с (*класс 2, тип В, группа III по МЭК*)
voltage-regulated power ~ источник питания с регулируемым напряжением
wholesale power ~ оптовое электроснабжение

support 1. опора (*линии ЛЭП*) **2.** основание печатной платы **3.** подложка **4.** обеспечение; обслуживание ‖ обеспечивать; обслуживать
A- ~ А-образная опора
alternator's ~**s** опорные конструкции генератора переменного тока
anchor ~ анкерная опора
angle ~ угловая опора
bearing ~ опора подшипника
binding band ~ кронштейн бандажного крепления

SUPPRESS

bracket-type ~ консольная опора
brush holder ~ палец щёткодержателя
bus ~ опорный шинный изолятор
cable ~ опора для кабеля
contact line ~ опора контактной сети
dead-end ~ концевая [анкерная] опора (*ВЛ*)
end-winding ~ крепление лобовых частей обмотки (*статора*)
field-winding ~ каркас обмотки возбуждения
flexible rotor ~ гибкая опора ротора
fuse ~ основание плавкого предохранителя
generator ~ опорные подгенераторные конструкции
insulation ~ изолированная опора (*кабеля*)
intermediate ~ промежуточная опора (*ВЛ*)
open-link fuse ~ держатель предохранителя с открытыми токоведущими частями
overhead line ~ опора ВЛ
section ~ секционная опора
spring-tightened end-winding ~ упругое крепление лобовых частей обмотки (*статора*)
stator connection ~ опора соединительных шин статора
stayed ~ опора с оттяжками
straight line ~ промежуточная опора
strain ~ анкерная опора
tangent ~ промежуточная опора
terminal ~ концевая [оконечная] опора
thrust bearing shoe ~ опора сегмента подпятника (*гидрогенератора*)
tooth ~ нажимной палец (*электрической машины*)
transposition ~ транспозиционная опора
tube ~ цоколь трубки
winding overhang ~ опорный кронштейн лобовых частей обмотки (*статора*)

suppress подавлять; гасить
suppression подавление; гашение
beam ~ гашение луча
carrier ~ подавление несущей
disturbance ~ подавление помех
electric dust ~ электрическое пылеудаление
field ~ гашение поля (*турбогенератора*)
fundamental ~ подавление основной частоты
gate ~ подавление (*аварийного тока вентиля*) воздействием на управляющий электрод
interference ~ подавление помех
noise ~ подавление шумов, шумоподавление
oscillation ~ гашение колебаний
overshoot ~ ограничение перенапряжений
spark ~ искрогашение

suppressor 1. подавитель; ограничитель; гаситель, устройство гашения 2. устройство защиты от перегрузок (*напр. по напряжению*); ограничитель напряжения
arc ~ 1. дугогаситель, дугогасительное устройство 2. устройство подавления обратного зажигания (*в ртутных вентилях*)
arcing ground ~ дугогасительный реактор
automatic field ~ автомат гашения поля, АГП
concentrated resistive ~ помехоподавляющий резистор
excess-voltage ~ ограничитель перенапряжения; защитный разрядник
feedback ~ схема подавления сигнала обратной связи
inverse-voltage ~ ограничитель обратного напряжения
nonlinear overvoltage ~ нелинейный ограничитель перенапряжений
overvoltage ~ ограничитель перенапряжений; защитный разрядник
spark ~ искрогаситель
spike ~ подавляющее устройство для пиков перенапряжения
surge ~ 1. ограничитель перенапряжений; защитный разрядник 2. ограничительный диод
vibration ~ гаситель вибраций, виброгаситель
voltage ~ 1. ограничитель напряжения 2. ограничительный диод

surface поверхность
~ **of equal potentials** эквипотенциальная поверхность
active polar ~ активная [эффективная] длина полюсного наконечника; рабочая поверхность полюса
boundary ~ (по)граничная поверхность
comparison ~ поле сравнения (*в фотометре*)
conducting ~ 1. проводящая поверхность
contact ~ 1. контактная поверхность 2. рабочая поверхность контакта

convergence ~ поверхность сходимости
cooling ~ поверхность охлаждения, охлаждаемая поверхность
core end ~ торцевая поверхность сердечника
equal energy ~ эквипотенциальная поверхность
equiphase ~ эквифазная поверхность
equipotential ~ эквипотенциальная поверхность
heat-absorbing ~ теплопоглощающая поверхность
heating ~ поверхность нагрева
insulating ~ поверхность изолятора
leakage ~ поверхность утечки
light-emitting ~ светоизлучающая поверхность
light-reflective ~ светоотражающая поверхность
liquid-vapor ~ поверхность раздела между паром и жидкостью
perfectly conducting ~ идеально проводящая поверхность
radiant ~ радиационная поверхность
reference ~ расчётная поверхность (*нормирования освещённости*)
storage ~ поверхность накопления, накопительная поверхность
wave ~ волновой фронт, фронт волны
winding ~ площадь, охватываемая витком (*обмотки*)
surge 1. выброс [бросок] тока, экстраток 2. выброс напряжения; перенапряжение
  ~ **of voltage** выброс напряжения
  coupled ~ перенапряжение, наведённое от соседнего провода
  current ~ выброс [бросок] тока, экстраток
  direct lightning ~ прямое грозовое перенапряжение
  filament ~ бросок (пускового) тока накала
  high-voltage ~ (импульсное) перенапряжение
  induced (voltage) ~ индуктированное [наведённое] перенапряжение
  inductive ~ перенапряжение за счёт индуктивности
  lightning ~ грозовое [атмосферное] перенапряжение
  oscillatory ~ колебательное перенапряжение
  power ~ наброс мощности
  pressure ~ скачок давления
  pulse ~ импульсное перенапряжение
  switching ~ коммутационное перенапряжение
  voltage ~ 1. выброс напряжения 2. волна перенапряжения
surging 1. пульсация; колебания 2. качания (*генераторов*)
survey 1. осмотр; обследование 2. радиационный контроль (*на АЭС*)
  boiler ~ котлонадзор
  component reliability history ~ обзор изменения надёжности элементов во времени
  protection [radiation] ~ радиационный контроль
  voltage ~ съёмка графика напряжения в системе; картина распределения напряжений
susceptance реактивная проводимость
  capacitive ~ ёмкостная реактивная проводимость
  electrode ~ реактивная проводимость электрода
  inductive ~ индуктивная реактивная проводимость
susceptibility магнитная восприимчивость
  diamagnetic ~ диамагнитная восприимчивость
  dielectric ~ диэлектрическая восприимчивость, коэффициент электризации
  differential ~ дифференциальная магнитная восприимчивость
  electric ~ диэлектрическая восприимчивость, коэффициент электризации
  electromagnetic ~ электромагнитная восприимчивость
  initial ~ начальная магнитная восприимчивость
  magnetic ~ магнитная восприимчивость
  paramagnetic ~ парамагнитная восприимчивость
susceptivity магнитная восприимчивость
susceptor 1. токоприёмник (*индукционных токов*) 2. измерительный приёмник; обнаружитель (*электромагнитной энергии*)
suspender подвеска
  cable ~s кабельные подвески
suspension 1. подвеска 2. подвешивание
  attractive ~ подвеска с притяжением
  bifilar ~ бифилярный подвес
  catenary ~ 1. цепная подвеска 2. продольная подвеска
  compound catenary ~ сложная подвеска (*с промежуточным тросом*)
  double catenary ~ двойная подвеска (*с двумя несущими тросами*)

SWEEP

electromagnetic ~ электромагнитная подвеска
fiber ~ подвеска на нити
maglev [magnetic] ~ магнитная подвеска
repulsive ~ подвеска с отталкиванием
simple catenary ~ простая подвеска (*с одним несущим тросом*)
spring ~ пружинный подвес
stitched catenary ~ сложная подвеска (*с промежуточным тросом*)
torsion ~ крутильный подвес
sweep развёртка
  armed ~ ждущая развёртка
  beam ~ развёртка луча
  circuit ~ круговая развёртка
  delayed ~ ждущая развёртка
  free-running ~ непрерывная развёртка
  gated ~ ждущая развёртка
  linear ~ линейная развёртка
  magnified ~ развёртка (*осциллографа*) с изменением масштаба усилением
  off-scale ~ зашкаливание стрелки (*измерительного прибора*)
  potential ~ развёртка потенциала
  sawtooth ~ пилообразная развёртка
  slave ~ ждущая развёртка
  synchronized ~ синхронизированная развёртка
  time ~ временна́я развёртка
  triggered ~ ждущая развёртка
sweeping качание (*частоты*)
  frequency ~ качание частоты
swing 1. качание; колебание **2.** размах; удвоенная амплитуда **3.** максимальное отклонение стрелки (*прибора*) ◇ ~**s in electricity demand** изменения электропотребления
  ~ **of insulator string** отклонение гирлянды изоляторов
  current ~ размах тока
  flux ~ бросок потока намагничивания
  frequency ~ полоса качания частоты
  full-scale ~ отклонение (стрелки) на полную шкалу
  load ~ **1.** переброс нагрузки **2.** бросок [толчок] нагрузки
  off-scale ~ зашкаливание стрелки (*измерительного прибора*)
  phase ~ качание фазы
  power ~**s** качания мощности (*в электроэнергетической системе*)
  power-factor ~ переброс реактивной мощности
  signal ~ размах сигнала
  voltage ~ размах напряжения
swinging качание

beam ~ качание луча
generator ~**s** качания генератора (*в электроэнергетической системе*)
switch 1. переключатель; коммутационный аппарат; коммутатор ǁ переключать; коммутировать **2.** выключатель; прерыватель; разъединитель; рубильник ǁ выключать; прерывать; разъединять **3.** ж.-д. стрелка ◇ **to close the** ~ замыкать переключатель; **to** ~ **in** включать; **to** ~ **off** выключать; **to** ~ **on** включать; **to open the** ~ размыкать переключатель; **to** ~ **out** выключать; **to** ~ **over** переключать; **to** ~ **the contacts off** размыкать контакты; **to** ~ **the contacts on** замыкать контакты
"a" ~ блок-контакт
ac/battery selector ~ переключатель питания с переменного тока на батарею
accumulator ~ батарейный коммутатор
acknowledgement ~ ключ квитирования
acoustic ~ акустический переключатель
adjustable thermostatic ~ термостатический выключатель с регулируемой установкой рабочей температуры
air-blast ~ воздушный выключатель, выключатель с воздушным дутьём
air-break ~ выключатель с разрывом цепи в воздухе
air-filled ~ выключатель с гашением дуги в воздухе
air-pressure ~ воздушный выключатель
air-to-electric ~ пневмоэлектропреобразователь
alignment ~ согласующий переключатель
all-insulated ~ выключатель в изолирующем кожухе
amperemeter ~ переключатель амперметра
antenna ~ антенный переключатель
anticapacitance ~ выключатель с малой собственной остаточной ёмкостью
anticapacity oil ~ малообъёмный масляный [маломасляный] выключатель
antidazzle ~ переключатель ближнего и дальнего света фар
automatic ~ **1.** автоматический выключатель **2.** автоматическая стрелка
automatic-manual transfer ~ переклю-

SWITCH

чатель с автоматического управления на ручное
automatic reclosing ~ устройство автоматического повторного включения, устройство АПВ
automatic transfer ~ устройство автоматического включения резерва, АВР
auxiliary ~ 1. вспомогательный ключ 2. блок-контакт 3. вспомогательный выключатель
baby knife ~ миниатюрный рубильник
backbone ~ магистральный коммутатор (*в сети*)
back-out ~ выключатель возврата (*подъёмника*) в случае прохода точки останова
band ~ переключатель диапазонов (*частот или волн*)
bandwidth ~ переключатель полосы пропускания
barrel ~ барабанный переключатель
bat-handle ~ тумблер
battery(-regulating) ~ батарейный коммутатор
beam deflector ~ переключатель ближнего и дальнего света фар
bellows-actuated pressure ~ сильфонное реле давления
biased ~ переключатель с самовозвратом, переключатель без фиксации положения
bilateral ~ симметричный ключ; двунаправленный [двусторонний] ключ
bimetallic-strip type [bimetal thermal] ~ реле тепловой защиты с биметаллическим элементом
bistable ~ двухпозиционный переключатель
bladed(-type) ~ рубильник
block ~ *ж.-д.* выключатель блокировки
blocking ~ блокировочный переключатель
box ~ выключатель закрытого типа
brake ~ тормозной переключатель
branch ~ 1. групповой выключатель 2. выключатель на ответвлении
branch-circuit ~ групповой выключатель; выключатель группы отходящих линий
break ~ размыкающий переключатель; выключатель; разъединитель
breakdown ~ аварийный выключатель
breaker-isolating ~ отделитель (воздушного) выключателя
breakpoint ~ переключатель для останова в контрольной точке

broken-back ~ выключатель обратного действия
busbar sectionalizing ~ шинный секционный выключатель; шинный секционный разъединитель
bus isolating ~ шинный выключатель; шинный разъединитель
bus-tie ~ шиносоединительный выключатель, ШСВ
button ~ кнопочный переключатель; кнопочный выключатель
bypass ~ 1. обходной выключатель 2. вспомогательный выключатель
cam(-operated) ~ кулачковый переключатель
cam-operated group ~ кулачковый групповой переключатель
capacitive ~ ёмкостный ключ
carbon-break ~ выключатель с угольными контактами
ceiling ~ потолочный выключатель (*с тяговым шнурком*)
cell ~ элементный коммутатор (*аккумуляторной батареи*)
centrifugal ~ центробежный выключатель
chandelier ~ канделябровый выключатель
changeover ~ 1. переключатель на два направления; перекидной рубильник 2. переключатель полюсов
change tune ~ переключатель диапазонов (*частот*)
channel ~ переключатель каналов
charge ~ элементный коммутатор (*аккумуляторной батареи*)
chopper ~ 1. переключатель 2. вибратор
circuit-changing ~ переключатель на два направления; перекидной рубильник
clock-controlled ~ выключатель с контролем времени
closing ~ замыкающий переключатель; контактор
cluster ~ групповой выключатель
coaxial ~ коаксиальный переключатель
code-operated ~ переключатель с кодовым управлением
combination ~ комбинированный переключатель
contact ~ контактный выключатель
contactor ~ контактор
control ~ 1. контрольный переключатель 2. управляющий переключатель; ключ управления
control-circuit cutout ~ ключ отключения схемы управления

467

SWITCH

control-circuit limit ~ конечный выключатель цепи управления
controlled ~ управляемый выключатель
control limit ~ конечный выключатель
controlling ~ выключатель в цепи управления
cord ~ шнуровой выключатель, выключатель с тяговым шнурком
cordless ~ ламельный коммутатор
current ~ токовый ключ
current limiting ~ токоограничивающий выключатель
cutoff ~ выключатель; рубильник
cutout ~ выключатель
cutout knife ~ рубильник
danger ~ аварийный выключатель
dc ~ ключ постоянного тока (*тиристорный*)
dead-front ~ выключатель с закрытыми токоведущими частями; безопасный выключатель
decade [decimal] ~ декадный переключатель
deck ~ блок переключателей с общим управлением
delay ~ выключатель с выдержкой времени
delayed break ~ ключ с выдержкой времени на размыкание
delayed make ~ ключ с выдержкой времени на замыкание
diaphragm-actuated pressure ~ диафрагменное реле давления
differential(-type) pressure ~ дифференциальное реле давления
dimmer ~ переключатель ближнего и дальнего света фар
diode ~ диодный ключ
directional [direction-control, direction-reversing] ~ переключатель направления (*перемещения, вращения*); реверсирующий переключатель
directly operated ~ выключатель прямого действия
discharge ~ 1. элементный коммутатор (*аккумуляторной батареи*) 2. разрядник
disconnect(ing) ~ размыкающий переключатель; выключатель; разъединитель
disk ~ дисковый выключатель
door ~ дверной выключатель
door light ~ дверной выключатель освещения
door-operated ~ дверной выключатель
double-blade transfer ~ двухполюсный переключатель без разрыва цепи с одновременным перемещением полюсов
double-break ~ выключатель с двумя разрывами, выключатель с двойным размыканием
double-pole ~ двухполюсный переключатель
double-pole double-throw ~ двухполюсный переключатель на два направления
double-pole single-throw ~ двухполюсный выключатель
double-throw [double-way] ~ переключатель на два направления, двухпозиционный переключатель
drawout ~ выкатной разъединитель
drum ~ барабанный переключатель
dry reed ~ сухой герметизированный магнитоуправляемый контакт, сухой геркон
dual-intensity ~ переключатель яркости (*сигнального фонаря*)
dual-stage pressure ~ двухрежимное реле давления
electric ~ электрический выключатель
electrolytic ~ электролитический переключатель
electromagnetic ~ электромагнитный контактор
electronic ~ 1. электронный ключ 2. электронный коммутатор
electronic ac power ~ электронный силовой коммутационный аппарат переменного тока
electronic automatic ~ автоматический электронный переключатель
electronic dc power ~ электронный силовой коммутационный аппарат постоянного тока
electronic power ~ электронный силовой коммутационный аппарат
emergency ~ аварийный выключатель
emergency brake ~ стоп-кран
encapsulated ~ капсульный выключатель
enclosed ~ закрытый выключатель
end ~ концевой выключатель
end-cell ~ батарейный коммутатор
environment-proof ~ выключатель, защищённый от влияния окружающей среды
explosion-proof ~ взрывобезопасный выключатель
Faraday-rotation ~ переключатель на эффекте Фарадея
fault-initiating ~ короткозамыкатель

SWITCH

fault interruptor ~ силовой выключатель
feed ~ выключатель (электро)питания
ferrite (core) ~ ферритовый переключатель
field ~ выключатель возбуждения (*электрической машины*)
field breaking [field-breakup, field-discharge] ~ автомат гашения поля, АГП
field-dividing ~ выключатель для секционирования обмоток возбуждения
fixture ~ выключатель для осветительного прибора
flame-proof ~ пожарозащищённый выключатель
flashed ~ выключатель с дуговым перекрытием
flip-flop ~ перекидной рубильник
float(ing) ~ поплавковый выключатель; поплавковое реле уровня
floor ~ этажный выключатель
flush(-mounting) ~ выключатель для скрытой проводки
foot(-operated) ~ педальный выключатель; ножной выключатель
forward/reverse ~ реверсивный переключатель
four-way ~ переключатель на четыре направления
front-and-back connected ~ выключатель с двусторонним присоединением
front-connected ~ выключатель с передним присоединением
function ~ функциональный переключатель; переключатель режимов
fuse ~ 1. выключатель с плавким предохранителем 2. плавкий предохранитель
fuse disconnecting ~ разъединитель с предохранителем
fused load break ~ выключатель нагрузки с предохранителем
fusible ~ 1. выключатель с плавким предохранителем 2. плавкий предохранитель
gang ~ 1. блок переключателей 2. галетный переключатель
gas-filled reed ~ газонаполненный герметизированный магнитоуправляемый контакт, газонаполненный геркон
gate ~ дверной выключатель
gate-activated [gate-controlled, gate-turnoff] ~ запираемый триодный тиристор, запираемый тринистор

gravity ~ переключатель с возвратом под действием силы тяжести
ground(ing) ~ заземляющий переключатель; заземляющий разъединитель
group ~ 1. групповой выключатель 2. блок переключателей
hand ~ 1. выключатель с ручным приводом 2. стрелка ручного управления
hand-off-automatic selector ~ ключ выбора режима «ручной — автоматический»
hand-operated ~ выключатель с ручным приводом
hatching limit ~ шахтный предельный выключатель
hermetically sealed ~ герметический выключатель
high-speed ~ быстродействующий переключатель
high-speed grounding ~ быстродействующий короткозамыкатель
high-voltage ~ высоковольтный переключатель
hitless ~ бесконтактный переключатель
hook ~ рычажный переключатель
horn-break [horn-gap] ~ выключатель с роговым искрогасителем
ignition ~ выключатель зажигания; ключ зажигания
impulse ~ импульсный выключатель
indicating ~ переключатель с индикацией положения
indoor grounding ~ заземляющий переключатель для внутренней установки
indoor isolating ~ разъединитель для внутренней установки
inertia ~ выключатель с замедлителем
instrument ~ переключатель измерительного прибора
integral pressure ~ встраиваемое реле давления
interchanging ~ переключатель
interlock ~ 1. переключатель с блокировкой от неправильного срабатывания 2. выключатель блокировки 3. блокировочный выключатель
interlocked ~ сблокированный выключатель
interrupted beam limit ~ конечный выключатель, управляемый светом, звуком *или* струёй жидкости
interrupter ~ прерыватель; разъединитель
ion ~ ионный переключатель

SWITCH

iron-clad ~ выключатель в металлическом корпусе
isolating ~ разъединитель
key ~ 1. клавишный переключатель 2. клавишный выключатель
knife(-blade) ~ рубильник
knife-blade-type disconnect ~ разъединитель ножевого типа
knife-break ~ рубильник
laminated brush ~ выключатель с ламинированными контактными щётками
landing ~ однополюсный переключатель на два положения
level ~ реле уровня
lever ~ рычажный выключатель; рубильник
lever-type limit ~ конечный выключатель рычажного типа
lifting-insulator ~ разъединитель с изолятором в тяге
light ~ выключатель освещения
light-activated silicon ~ фототиристор
lighting ~ выключатель освещения
lightning ~ грозовой переключатель
limit ~ конечный [концевой] выключатель
line ~ 1. линейный выключатель 2. сетевой выключатель
line-isolating ~ линейный разъединитель
liquid-level ~ поплавковый выключатель; поплавковое реле уровня
load ~ переключатель нагрузки
load break ~ выключатель нагрузки
load-control ~ устройство дистанционного управления нагрузкой
load disconnecting [load interrupter] ~ выключатель нагрузки
load-management ~ устройство дистанционного управления бытовым электропотреблением
load matching ~ переключатель согласования нагрузки
load shifting ~ переключатель нагрузки
lockout ~ блокировочный переключатель
loose-key ~ выключатель со съёмной ручкой
low-duty cycle ~ переключатель с малым периодом включения
magnetic ~ электромагнитный выключатель
magnetically controlled ~ выключатель с магнитным управлением
magnetically operated ~ выключатель с магнитным приводом

magnetically operated limit ~ магнитный концевой выключатель
magnetically operated sealed ~ герметизированный магнитоуправляемый контакт, геркон
main ~ 1. главный выключатель 2. выключатель магистрали
mains ~ сетевой выключатель; выключатель магистрали
main supply ~ выключатель питания; главный выключатель (*аккумуляторной батареи*)
maintained contact ~ переключатель с фиксируемыми контактами
making ~ нормально отключённый выключатель
manual ~ ручной выключатель
mast ~ мачтовый разъединитель
master ~ 1. главное коммутационное устройство 2. общий (сетевой) выключатель
matrix ~ матричный выключатель
mechanical flag ~ флажковый выключатель
mechanical limit ~ конечный выключатель с механической связью с объектом
mechanically interlocked ~ выключатель с механической блокировкой
membrane (touch) ~ мембранный переключатель
mercury ~ ртутный выключатель; ртутное реле
mercury wetted reed ~ ртутный герметизированный магнитоуправляемый контакт, ртутный геркон
metal-clad ~ выключатель в металлическом корпусе
micro ~ микровыключатель
microenergy ~ микромощный переключатель
microgap ~ ключ с уменьшенным зазором
momentary(-contact-type) ~ переключатель с самовозвратом, переключатель без фиксации положения
motor-actuated ~ разъединитель с электродвигательным приводом
motor disconnect ~ разъединитель для отсоединения двигателя (*на холостом ходу*)
motor-operated ~ разъединитель с электродвигательным приводом
motor-starting ~ выключатель для пуска двигателя, пусковой выключатель двигателя
multicell ~ многомодульный переключатель

SWITCH

multicontact ~ многоконтактный выключатель
multigang ~ многопозиционный галетный переключатель
multilayer semiconductor ~ тиристор
multipath ~ многопозиционный переключатель
multiple-break ~ выключатель с многократным размыканием
multiple-contact ~ многоконтактный выключатель
multiple-position ~ многопозиционный переключатель
multiple-unit limit ~ набор конечных выключателей
multiple-way ~ переключатель на несколько направлений
multiplier selector ~ ключ установки множителя (*при масштабировании*)
multiposition ~ многопозиционный переключатель
multisection-type rotary ~ многоэлементный пакетный переключатель
multithrow ~ многопозиционный переключатель
multiwafer ~ галетный переключатель
NC ~ переключатель с нормально замкнутыми контактами, переключатель с размыкающими контактами
night alarm ~ выключатель ночной сигнализации
NO ~ переключатель с нормально разомкнутыми контактами, переключатель с замыкающими контактами
no-load ~ выключатель минимального тока, минимальный выключатель
no-load disconnect ~ разъединитель для разрыва обесточенных цепей
nonadjustable thermostatic ~ термостатический выключатель с нерегулируемой уставкой температуры срабатывания
nonbiased [nonlocking] ~ переключатель без самовозврата, переключатель с фиксацией положения
nonshorting (contact) ~ переключатель с неперекрывающимися контактами
normally closed ~ переключатель с нормально замкнутыми контактами, переключатель с размыкающими контактами
normally open ~ переключатель с нормально разомкнутыми контактами, переключатель с замыкающими контактами

n-**point** ~ переключатель на «*n*» направлений
n-**terminal** ~ *n*-контактный выключатель
nut ~ миниатюрный выключатель
n-**way** ~ переключатель на «*n*» направлений
oil(-break) [oil-immersed] ~ масляный выключатель
on-and-off ~ выключатель на два направления; двухпозиционный переключатель
on-off ~ 1. двухпозиционный переключатель 2. выключатель (электро)питания
opening ~ размыкатель
optical-fiber ~ волоконно-оптический переключатель
optical-waveguide ~ световодный переключатель
optoelectronic ~ оптоэлектронный выключатель
outdoor grounding ~ заземляющий переключатель для наружной установки
outdoor isolating ~ разъединитель для наружной установки
overtravel ~ конечный выключатель
packet ~ пакетный выключатель
panel ~ панельный выключатель
paralleling ~ переключатель для включения (генераторов) на параллельную работу
passband ~ переключатель ширины полосы пропускания
pendant ~ подвесной выключатель
pendant pull ~ потолочный шнуровой выключатель
phase-reversal ~ фазоинвертирующий переключатель
photoelectric ~ фотоэлектрический выключатель, фотореле
photon-activated ~ переключатель, работающий под действием света
piano-key ~ клавишный переключатель
pilot ~ концевой выключатель
piston-actuated pressure ~ поршневое реле давления
plug ~ выключатель со штыревым контактом; штепсельный выключатель
plugging ~ тормозной выключатель
plug-in ~ выключатель со штыревым контактом; штепсельный выключатель
pneumatically operated ~ выключатель с пневматическим приводом; воздушный выключатель

SWITCH

pneumatic limit ~ пневматический концевой выключатель
polarity [polarization] ~ переключатель полярности
pole ~ столбовой выключатель
pole-changer [pole-changing] ~ 1. переключатель полюсов 2. переключатель полярности
pole-top [pole-type disconnecting] ~ столбовой разъединитель
position ~ путевой выключатель
power ~ 1. выключатель электропитания 2. сетевой выключатель 3. стрелка электрической централизации
power-circuit limit ~ силовой ключ-ограничитель
power cutout ~ разъединитель мощности
press-button ~ 1. кнопочный выключатель 2. кнопочный переключатель
pressure ~ 1. реле давления 2. мембранный переключатель
pressure-operated ~ реле давления
printed-circuit ~ печатный переключатель
proximity (limit) ~ конечный выключатель без касания объекта, бесконтактный выключатель
pull(-cord) ~ шнуровой выключатель, выключатель с тяговым шнурком
pull-on ~ оттяжной выключатель; разъединитель
push-back-push ~ кнопочный переключатель без самовозврата, кнопочный переключатель с фиксацией положения
push-button ~ кнопочный переключатель; кнопочный выключатель
push-pull control ~ выключатель со штангой
Q ~ переключатель добротности
quick-break ~ быстродействующий выключатель
quick-make ~ быстродействующий замыкатель
quick make-and-break ~ выключатель с высоким быстродействием на замыкание и размыкание
range (selector) ~ переключатель диапазонов (*частот или волн*)
reactor ~ выключатель реактора
recessed ~ выключатель для скрытой проводки
redundancy ~ переключатель на резервный источник
reed ~ герметизированный магнитоуправляемый контакт, геркон
relay ~ выключатель с реле

remote(ly-)controlled ~ 1. дистанционный переключатель 2. дистанционный выключатель
removable-drum ~ программный переключатель со сменным барабаном
reverse ~ реверсивный переключатель
reversing ~ переключатель полярности
rocker ~ кулисный переключатель
rotary ~ 1. поворотный переключатель 2. поворотный выключатель
rotary change-over ~ поворотный переключатель
rotary lock ~ поворотный выключатель со съёмным ключом
rotary stepping ~ шаговое реле; шаговый искатель
rotary wafer ~ галетный переключатель
rotating insulator ~ разъединитель с поворотным изолятором
safety ~ защитный выключатель; аварийный выключатель
sampling ~ дискретизатор
screw limit ~ винтовой конечный выключатель
secondary drum ~ барабанный переключатель для управления резисторами в роторной цепи двигателя с фазным ротором
section(alizing) ~ секционный выключатель; секционный разъединитель
selector ~ 1. ручной многопозиционный переключатель; селекторный переключатель 2. искатель 3. переключатель света (*фар*)
self-locking [self-positioning] ~ переключатель без самовозврата, переключатель с фиксацией положения
self-restoring [self-return(ing)] ~ переключатель с самовозвратом, переключатель без фиксации положения
semiconductor ~ 1. полупроводниковый переключатель 2. полупроводниковый ключ, полупроводниковая переключательная схема
semirecessed ~ полуутопленный (*в штукатурке*) выключатель
sensitive ~ быстродействующий выключатель
sensor ~ сенсорный переключатель
sequence ~ 1. программный переключатель 2. токораспределитель
series-parallel ~ переключатель с последовательного соединения на параллельное

SWITCH

SF₆ load break ~ элегазовый выключатель нагрузки
short-circuiting ~ короткозамыкатель
shorting contact ~ переключатель с перекрывающимися контактами
shunting ~ шунтирующий выключатель
side-break disconnecting ~ поворотный разъединитель
silent ~ бесшумный выключатель
silicon asymmetrical ~ кремниевый симистор с несимметричным управлением
silicon bilateral ~ симметричный планарный тиристор
single-break ~ выключатель с одним разрывом
single-pole ~ однополюсный переключатель
single-pole double-throw ~ однополюсный переключатель на два направления
single-pole single-throw ~ однополюсный переключатель на одно направление
single-tank ~ однобаковый выключатель нагрузки
single-throw [single-way] ~ выключатель; рубильник
slide ~ ползунковый переключатель
slow-break ~ выключатель медленного действия
snap(-action) ~ 1. переключатель мгновенного действия 2. щелчковый (комнатный) выключатель
socket ~ выключатель со штепсельными гнёздами
solenoid ~ соленоидный выключатель
solid-state ~ полупроводниковый коммутатор
spark-gap ~ искровой разрядник
spring-return ~ выключатель с пружинным возвратом
star-delta ~ переключатель со звезды на треугольник
starter [starting] ~ пусковой переключатель; пускатель
static ~ статический [бесконтактный] коммутатор
step-by-step [stepping] ~ 1. шаговое реле 2. шаговый искатель
stop ~ ключ остановки
stud ~ кнопочный переключатель
sulphur hexafluoride ~ элегазовый выключатель
surface ~ выключатель для открытой проводки
suspension ~ подвесной выключатель

sweep length selector ~ переключатель для установки длины развёртки
synchronous ~ синхронный выключатель
tail lamp ~ *авто* выключатель заднего фонаря
tandem transfer ~ транзитный групповой искатель
tank-type oil ~ баковый масляный выключатель
tap(ping) ~ переключатель ответвлений; секционный переключатель
temperature ~ термовыключатель; термопредохранитель
temperature compensated thermal time delay ~ выключатель с тепловой задержкой и температурной компенсацией
terminal ~ концевой выключатель
test ~ испытательный переключатель
thermal ~ термовыключатель; термопредохранитель
thermal time delay ~ термовыключатель с задержкой времени
thermoresponsive ~ термовыключатель; термопредохранитель
thermoresponsive snap ~ 1. щелчковый [быстродействующий] термовыключатель 2. щелчковое тепловое реле
thermostatic ~ термостатический выключатель
three-heat snap ~ трёхпозиционный переключатель нагрева
three-pole ~ трёхполюсный переключатель
three-position ~ трёхпозиционный переключатель
three-way ~ переключатель на три направления
threshold ~ пороговый выключатель; пороговый коммутатор
throw-over ~ перекидной переключатель
thumb ~ пальцевый выключатель
thumbwheel ~ 1. дисковый переключатель; барабанный переключатель 2. дисковый выключатель
thyristor ~ тиристорный выключатель
tie ~ (шино)соединительный выключатель
tilting-insulator ~ разъединитель с управлением ножами изменением наклона (тяг)
time ~ выключатель с часовым механизмом
time-delay ~ 1. переключатель с выдержкой времени 2. реле времени

473

SWITCH

time-limit ~ выключатель с выдержкой времени
time-release ~ расцепитель с выдержкой времени
toggle ~ тумблер
top-entry ~ выключатель с вводами сверху
touch(-sensitive) ~ сенсорный переключатель
track limit ~ путевой конечный выключатель
transfer ~ переключатель (для перевода на другую цепь) без разрыва тока
transformer ~ трансформаторный выключатель
transistor ~ транзисторный ключ
travel-reversing ~ концевой реверсирующий переключатель
trip ~ выключатель расцепляющей катушки
triple-pole ~ трёхполюсный переключатель
triple-pole double-throw ~ трёхполюсный выключатель на два направления
tropical ~ переключатель в тропическом исполнении
tumbler ~ тумблер
turn ~ поворотный выключатель
two-heat control ~ управляемый переключатель на две ступени нагрева
two-pole ~ двухполюсный переключатель
two-terminal ~ двухэлектродный ключ
two-way ~ переключатель на два направления; двухпозиционный переключатель
underload ~ минимальный выключатель
unilateral ~ односторонний ключ
vacuum ~ вакуумный выключатель
vacuum arc opening ~ размыкатель с дугой в вакууме
vacuum-operated ~ вакуумный выключатель
vacuum-sealed (magnetically-operated) ~ вакуумный герметизированный магнитоуправляемый контакт, вакуумный геркон
variable thermal time-delay ~ регулируемый термовыключатель с задержкой времени
vertical-break ~ выключатель с вертикальным разрывом
vibration-proof ~ вибростойкий выключатель

wafer (lower) [wafer-type] ~ галетный переключатель
wall-board ~ настенный переключатель
wave-band ~ переключатель диапазонов (волн)
waveguide ~ волноводный переключатель
wave selector ~ переключатель длины волны
zero-speed ~ реле останова

switchbay коридор управления распределительного устройства
switchboard 1. распределительный щит; коммутационный щит 2. наборная панель; наборное поле, коммутатор
accumulator ~ аккумуляторный щит
arc plug ~ штепсельный ламельный коммутатор
auxiliary ~ распределительный щит собственных нужд
battery ~ щит управления аккумуляторной батареи
battery distribution ~ распределительный щит аккумуляторной батареи
charging ~ зарядный щит
control ~ щит управления
cordless ~ бесшнуровой коммутатор
cubicle ~ комплектное распределительное устройство, КРУ
dead-front ~ распределительный щит с задним присоединением
distribution ~ распределительный щит
drawout ~ распределительный щит с выдвижными блоками
dual ~ двойной распределительный щит
duplex ~ распределительный щит с обслуживанием из коридора
enclosed ~ закрытый щит
feeder ~ главный распределительный щит
jack unit ~ штепсельный (наборный) щит
live-front ~ распределительный щит с передним присоединением
main ~ главный распределительный щит
mimic diagram ~ распределительный щит с мнемосхемой
pendant ~ подвесной распределительный щит
plug ~ штепсельный коммутатор
plug-and-cord ~ штепсельно-шнуровой коммутатор
power ~ силовой распределительный щит

SWITCHING

skeleton-type ~ распределительный щит каркасной конструкции
telephone ~ телефонный коммутатор
unit-to-unit ~ сборное [модульное] распределительное устройство
vertical ~ распределительный щит с вертикальными панелями
switch-disconnector выключатель-разъединитель
  air-break ~ воздушный выключатель-разъединитель
switcher переключатель
  phase ~ фазовращатель
  waveguide ~ волноводный переключатель
switchette миниатюрный выключатель
switchgear 1. распределительное устройство, распредустройство **2.** коммутационная аппаратура; коммутационное оборудование ◇ **~ and control gear** комплектное распределительное устройство, КРУ
  armorclad ~ бронированное комплектное распределительное устройство
  carriage-type ~ **1.** выкатное распределительное устройство **2.** выкатная коммутационная аппаратура
  cell-type ~ блочное распределительное устройство
  compound-filled ~ (закрытое) распределительное устройство, залитое компаундом
  cubicle-type ~ распределительное устройство блочного типа
  drawout ~ распределительное устройство с выдвижными выключателями
  factory-assembled ~ комплектное распределительное устройство заводского изготовления
  fused ~ распределительное устройство (*низкого напряжения*) с предохранителями
  gas-insulated ~ **1.** распределительное устройство с элегазовой изоляцией **2.** элегазовая коммутационная аппаратура
  high-voltage ~ **1.** распределительное устройство высокого напряжения **2.** высоковольтная коммутационная аппаратура
  indoor ~ закрытое распределительное устройство, ЗРУ
  insulated-phase metal-enclosed ~ пофазно разделённое распределительное устройство в металлическом кожухе
  interrupter ~ распределительное устройство с выключателями нагрузки
  kiosk ~ распределительное устройство в трансформаторном киоске
  low-voltage ~ **1.** распределительное устройство низкого напряжения **2.** низковольтная коммутационная аппаратура
  medium-voltage ~ распределительное устройство среднего напряжения
  metalclad [metal-enclosed] ~ бронированное комплектное распределительное устройство
  open-type indoor ~ распределительное устройство для внутренней установки с оборудованием открытого типа
  outdoor ~ открытое распределительное устройство, ОРУ
  pad-mounted ~ распределительное устройство на бетонной подушке
  protected indoor ~ защищённое распределительное устройство для внутренней установки
  SF_6 breaker [SF_6 insulated] ~ **1.** распределительное устройство с элегазовыми выключателями **2.** элегазовая коммутационная аппаратура
  station-type cubicle ~ станционное сборное (комплектное) распределительное устройство
  track-type ~ распределительное устройство с выдвижными выключателями
  vacuum breaker ~ распределительное устройство с вакуумными выключателями
  vertical isolation ~ распределительное устройство с вертикальным разделением
switchhook оперативная штанга
switchhouse здание распределительного устройства
switching 1. переключение; коммутация **2.** выключение; прерывание; разъединение
  automatic ~ автоматическая коммутация
  capacitive current ~ отключение ёмкостных токов
  circuit ~ коммутация цепей; коммутация в схеме
  direct-on-line ~ включение на полное напряжение; пуск при полном напряжении
  electronic power ~ электронное переключение в силовой цепи
  emergency ~ аварийное отключение
  false ~ ошибочное включение

SWITCHING-IN

headlamp beam ~ переключение света фар
inductive current ~ отключение индукционных токов
knife ~ включение ножей рубильника
machine ~ коммутация в электрической машине
manual ~ коммутация вручную
no-load ~ коммутация ненагруженных линий (*электропередачи*)
phase ~ коммутация фаз
power ~ переключение в электроэнергетической системе
push-button ~ кнопочное переключение
relay ~ релейная коммутация
remote ~ **1.** дистанционное отключение **2.** дистанционное включение
resistance ~ коммутация через сопротивление
reverse ~ обратное включение
series capacitor ~ включение (дополнительных) конденсаторов продольной ёмкостной компенсации
series-parallel ~ последовательно-параллельное включение
single-phase ~ однофазная коммутация
single-pole ~ пополюсное управление
stage-by-stage ~ шаговая коммутация
static ~ бесконтактное переключение
steady-state ~ коммутация в нормальном режиме
sweep ~ переключение режимов развёртки
three-pole ~ трёхфазное АПВ, ТАПВ
threshold ~ переключение по достижении порога
zero-voltage ~ отключение при нуле напряжения
switching-in включение
switching-off, switching-out выключение, отключение
switching-over переключение
switch-lampholder ламподержатель с выключателем
switchpoint 1. точка ветвления **2.** точка переключения (*в сети*)
switchyard распределительное устройство, распредустройство
symbol символ; обозначение
    connected ~ обозначение группы соединения обмоток
    unit ~ обозначение единицы измерения
    wire ~ маркерная метка на проводе
sync синхронизация‖синхронизировать
synchro сельсин
    coarse ~ сельсин грубого отсчёта
    control ~ сельсин-датчик, управляющий сельсин
    differential ~ дифференциальный сельсин
    driving ~ ведущий сельсин
    fine ~ сельсин точного отсчёта
    high-speed ~ быстродействующий сельсин
    indicating ~ индикаторный сельсин
    phasing ~ фазирующий сельсин
    power ~ силовой сельсин
    receiving ~ сельсин-приёмник
    transmitting ~ сельсин-датчик
synchrodrive 1. синхропривод **2.** сельсин
synchro-generator сельсин-датчик
synchro-indicator сельсин-индикатор
synchronism синхронизм ◇ **to fall out of** ~ выходить из синхронизма; **to lock [to pull] in** ~ входить в синхронизм
synchronization синхронизация
    automatic ~ автоматическая синхронизация
    coarse ~ грубая синхронизация
    manual ~ ручная синхронизация
    precision automatic ~ точная автоматическая синхронизация
    precision manual ~ точная ручная синхронизация
synchronize синхронизировать
synchronizer синхронизатор
    automatic ~ автоматический синхронизатор
    lamp ~ ламповый синхронизатор
    zero-delay ~ синхронизатор с нулевой задержкой
synchronizing синхронизация ◇ ~ **at the load** синхронизация у нагрузки
    coarse ~ грубая синхронизация
    high-voltage ~ синхронизация на высоком напряжении
    ideal ~ точная синхронизация
    motor ~ синхронизация в двигательном режиме
    random ~ синхронизация без контроля синхронизма; грубая синхронизация
    reluctance ~ синхронизация за счёт момента явнополюсности
synchronoscope синхроноскоп
    rotary ~ синхроноскоп со стрелкой
synchro-receiver сельсин-приёмник
synchro-resolver сельсин-резольвер
synchroscope синхроноскоп
synchro-tie синхронная связь; «электрический вал»
synchro-transmitter сельсин-датчик
synthesis синтез
    network ~ синтез цепей

SYSTEM

system ~ синтез системы
syren:
  electric ~ электросирена
system 1. система **2.** установка, устройство
  ~ **of charging** система тарифов (*на электроэнергию*)
  ~ **of connections** система соединений
  ~ **of electric units** система электрических единиц
  ~ **of electromagnetic units** система электромагнитных единиц
absolute electromagnetic ~ абсолютная электромагнитная система единиц
absolute electrostatic ~ абсолютная электростатическая система единиц
absolute ~ **of units** абсолютная система единиц
ac ~ система переменного тока
actuating ~ система привода
adjustable-potential [adjustable-voltage] ~ система с регулируемым напряжением, система «генератор — двигатель»
air cooling ~ система воздушного охлаждения
air supply ~ система воздухоснабжения
alarm ~ система аварийной сигнализации
alarm monitoring and reporting ~ система контроля и оповещения об авариях
amplifier-detector ~ индикатор (баланса) с усилителем
analog control ~ аналоговая система управления
astatic ~ астатическая система
audible warning ~ система звуковой сигнализации
automated data management ~ автоматизированная система управления, АСУ
automatic ~ автоматическая система
automatic alarm ~ автоматическая система аварийной сигнализации
automatic block ~ система автоблокировки
automatic checking ~ система автоматического контроля
automatic control ~ система автоматического управления, САУ
automatic control ~ **of a regulatory type** система автоматического регулирования, САР

automatic power-factor control ~ автоматическая система регулирования коэффициента мощности
auxiliary ~ вспомогательная система; система вспомогательных устройств
axial ventilation ~ аксиальная вентиляционная система
balanced ~ уравновешенная [симметричная] система
balanced polyphase ~ уравновешенная [симметричная] многофазная система
Berry transformer ~ последовательная система включения трансформаторов
binary ~ двоичная система (счисления)
binary logic ~ система двоичной логики
block ~ система блокировки, блокировка
block building ~ блочный монтаж, система монтажа блоками
blocked mechanical ~ механическая система с блокировкой
blocking-type relaying ~ РЗ с передачей блокирующего сигнала
body-capacitance alarm ~ система охранной сигнализации на принципе изменения ёмкости при приближении человека
boiler-feed piping ~ система питательных трубопроводов котла
boiler-turbine control ~ система автоматического управления блоком «котёл — турбина»
boron recycle ~ система повторного использования борной кислоты
breakerless ignition ~ бесконтактная система зажигания
brushless excitation ~ бесщёточная система возбуждения
bulk electricity [bulk power, bulk transmission] ~ основная сеть энергосистемы
burner management ~ система управления работой котла
busbar ~ система сборных шин
cable ~ кабельная сеть
cable monitoring and rating ~ кабельная система контроля показаний и изменения тарифов счётчиков
cable-tap ~ сеть с кабельным ответвлением
canceling release mechanical ~ механическая система освобождения сброса
carrier(-communication) ~ высокочастотная [ВЧ-]система связи

SYSTEM

carrier-current communication ~ система ВЧ-связи по ЛЭП
cascade ~ каскадная система (*выключателей*)
cascade control ~ каскадная система управления
cavity coupling ~ система с объёмным резонатором
chemical decontamination ~ система химической дезактивации
circulation current ~ система с циркуляцией токов (*в дифференциальной защите*)
climate control ~ кондиционер
closed(-circuit) ~ замкнутая система
closed cycle control ~ система управления с замкнутым циклом
closed-feed ~ 1. закрытая система питания 2. бездеаэраторная схема регенеративного подогрева питательной воды
closed-loop ~ замкнутая система, система с обратной связью
closed-loop control ~ система управления по замкнутому контуру, замкнутая система управления
closed-loop series street lighting ~ последовательная система уличного освещения с замкнутыми петлевыми участками
close-linked ~ замкнутая сеть с жёсткими связями
coarse-fine ~ груботочная система
code control ~ система с кодовым управлением
commercial power ~ система электроснабжения для коммерческих предприятий
common timing ~ система единого времени
complex power ~ сложная энергосистема
compound(ing) ~ система компаундирования
computer ~ вычислительная система
condensing water circulating ~ система циркуляционного водоснабжения
conductor ~ for general use система электропроводки общего назначения
constant-current lighting ~ система освещения с постоянной величиной тока
constant-potential ~ система с постоянным напряжением
constant-speed constant-frequency ~ система с постоянной скоростью и неизменной частотой
contact ~ контактная сеть
containment air cleaning ~ система очистки воздуха внутри защитной оболочки (*ядерного реактора*)
continuous block ~ непрерывная автоблокировка
continuously running standby ~ система электропитания с вращающимся резервом
control ~ система управления; система регулирования
control and protection ~ система управления и защиты, СУЗ
controlled ~ управляемая система; регулируемая система
controlling ~ управляющая система, контроллер; регулирующая система
convergent control ~ система управления со сходящимся процессом (регулирования)
cooling ~ система охлаждения
cooling water ~ система подачи охлаждающей воды; система циркуляционного водоснабжения
coordinate ~ система координат
coordinated hydroelectric ~ каскад гидроэлектростанций
core balance protective ~ балансная система защиты трёхфазных кабелей
counter-axial ~ встречно-аксиальная система (охлаждения)
coupled control ~ система управления АЭС (*со слежением за нагрузкой*)
crossbar ~ система магистральных шин
crossfeed ~ система закольцованного питания
cycling ~ система с циклическим обменом
damped ~ система с демпфированием
damped harmonic ~ система с демпфированием гармонических колебаний
damping ~ демпфирующая [успокоительная] система
data processing ~ система обработки данных
dc ~ система постоянного тока
dead grounded neutral ~ система с глухозаземлённой нейтралью
dedicated ~ специализированная система
deficit power ~ дефицитная энергосистема
deflection ~ отклоняющая система
delayed ~ система с запаздыванием
depressurization ~ система сброса давления
differential protective ~ система дифференциальной защиты
digital control ~ система цифрового управления

SYSTEM

digital electrohydraulic control ~ система цифрового электрогидравлического управления

digital telemetering ~ цифровая телеметрическая система

direct cooling ~ система непосредственного охлаждения

direct cycle cooling ~ одноконтурная система охлаждения, система охлаждения прямого цикла

direct distance dialing ~ дистанционная система прямого набора телефонного номера

direct flooding ~ система прямого затопления (*ядерного реактора*)

directional control ~ система контроля направления вращения

direct liquid cooling ~ система магистрального водяного охлаждения

directly controlled ~ непосредственно регулируемая система

discrete ~ дискретная система

dispatch control ~ система диспетчерского управления

display ~ система отображения информации

distributed ~ распределённая система

distribution ~ распределительная сеть

distribution automation ~ система автоматизации распределительной сети

distribution board wiring ~ система проводки с местными распределительными щитами

double busbar ~ двойная система (сборных) шин

double pressure suppression ~ двойная система снижения давления

double-tariff ~ система с двойным тарифом

double-track automatic block ~ ж.-д. двухпутная автоматическая блокировка

double-trolley ~ система с двумя контактными проводами

double-wire ~ **1.** двухпроводная система **2.** система с двумя контактными проводами

dry steam energy ~ геотермальный источник перегретого пара

dual-cycle cooling ~ двухконтурная система охлаждения

dual-cycle reactor ~ реакторная система с двумя контурами

dual voltage ~ система электроснабжения двойного питания (*постоянным и переменным током*)

duplex ~ дуплексная система

electric ~ электрическая система; электроэнергетическая система, энергосистема

electrical drive ~ система электропривода

electrical exclusive heating ~ централизованная электрическая система отопления

electrical ice-protection ~ антиобледенительная электросистема

electrical power ~ электрическая система; электроэнергетическая система, энергосистема

electrical power distribution ~ электрическая распределительная сеть

electric energy ~ электроэнергетическая система, энергосистема

electricity supply ~ система электроснабжения

electrode ~ система электродов (*дуговой печи*)

electrodynamic ~ электродинамическая система

electrohydraulic control ~ электрогидравлическая система управления

electromagnetic ~ электромагнитная система

electrostatic ~ электростатическая система

emergency ~ **1.** система аварийного резервирования **2.** система аварийного энергопитания

emergency air cleaning ~ аварийная система очистки воздуха

emergency cooling ~ система аварийного охлаждения

emergency core cooling ~ система аварийного охлаждения активной зоны (*ядерного реактора*)

emergency drain ~ установка аварийного слива

emergency power (energy) ~ система аварийного энергоснабжения

emergency shutdown ~ канал аварийной защиты (*ядерного реактора*)

energy control ~ система диспетчерского управления в энергетике

energy industry identification ~ система идентификации энергетических объектов

energy management ~ **1.** автоматизированная система управления производством и потреблением энергии **2.** автоматизированная система диспетчерского управления

energy storage ~ энергоаккумулирующая система, система аккумулирования энергии

energy survey ~ система льгот за экономию энергии

479

SYSTEM

engineered safeguard ~ система защитных [охранных] устройств
environmental control ~ система контроля влияния окружающей среды (*напр. на оборудование*)
equalizing ~ уравнительная система
ex-core monitoring ~ система внереакторного контроля
failed fuel ~ дефектный ТВЭЛ с утечкой радиоактивности
fault location ~ система определения места повреждения
fault recording ~ система аварийной регистрации
FDM communication ~ система связи с частотным уплотнением
feed ~ система питания
feedback ~ система с обратной связью; замкнутая система
feedback control ~ система управления с обратной связью
feedforward ~ система регулирования без обратной связи
field ~ система возбуждения
fire-alarm ~ система пожарной сигнализации
fire-extinguishing ~ система пожаротушения, противопожарная система
fire-fighting automatic ~ автоматическая система пожаротушения
fixed mirror concentrator ~ гелиоэнергетическая установка с неподвижными зеркалами
flat magnetic ~ плоская магнитная система (*магнитопровод*)
fly-ash(-handling) ~ система золоудаления
focusing ~ фокусирующая система
follow-up ~ следящая система
forced-air cooling ~ система принудительного воздушного охлаждения
forward acting ~ система с упреждающим действием
four-phase ~ трёхфазная система с нейтралью
frequency-division multiplex communication ~ система связи с частотным уплотнением
fuel supply ~ система топливоснабжения
full-grounded neutral ~ сеть с глухозаземлённой нейтралью
galvanometric ~ (регистрирующая) система на гальванометрах
gas monitoring ~ система контроля и анализа охлаждающего газа (*генераторов*)
gas pickup ~ система вентиляции с забором газа из зазора

gas turbine ~ газотурбинная система
generating availability data ~ система регистрации данных о готовности генерирующих источников
generation ~ генерирующая система
grid ~ **1.** система сетей **2.** объединённая энергосистема
grid-connected photovoltaic ~ фотоэлектрическая система с питанием от сети
ground ~ система заземления; сеть заземления
grounded ~ заземлённая система; заземлённая сеть
grounded neutral ~ система *или* сеть с заземлённой нейтралью
grounding ~ система заземления; сеть заземления
ground-return ~ однопроводная электрическая схема
guying ~ система оттяжек
heat dissipation ~ система рассеяния (сбросного) тепла
helium management ~ система криогенного обеспечения (*генератора со сверхпроводящей обмоткой возбуждения*)
Henley wiring ~ система внутренней проводки плоским двухжильным или концентрическим кабелем со специальными фасонными частями
higher voltage ~ система с повышенным напряжением (*свыше 600 В*)
high-initial response brushless excitation ~ бесщёточная система возбуждения с высокой начальной скоростью нарастания напряжения
high-speed excitation ~ быстродействующая система возбуждения
high-speed rectifier excitation ~ быстродействующая система возбуждения с выпрямителем
high-voltage dc ~s электрические сети постоянного тока
high-voltage dc power transmission ~ система передачи электроэнергии постоянным током высокого напряжения
hydraulic actuation ~ гидравлическая исполнительная система
hydraulic ash-transport ~ система гидрозолоудаления
hydraulic power ~ гидроэнергетическая система; гидроэнергетический каскад
hydro ~ **1.** энергосистема с преобладающими ГЭС **2.** гидроузел
hydrogen shaft-seal ~ система водо-

SYSTEM

родного уплотнения вала (*турбогенератора*)
hydrothermal generation ~ гидротепловая энергосистема
idle-standby ~ система электропитания с невключённым резервом
ignition ~ система зажигания
Ilgner ~ система генератор—двигатель постоянного тока с маховиком
illumination ~ осветительный комплекс; система освещения
impedance grounded (neutral) ~ электрическая сеть с заземлением нейтрали через сопротивление
indirectly controlled ~ косвенно регулируемая система
industrial power ~ система электроснабжения промышленных предприятий
infinite bus ~ система шин бесконечной мощности
information ~ информационная система
infrared fault location ~ инфракрасная [ИК-]система определения места повреждения
insulated ~ система с изолированной нейтралью, система с полной изоляцией от земли
insulated bus ~ система изолированных шин
integrated control ~ интегрированная система управления
integrated electricity [integrated power] ~ объединённая энергосистема
interconnected (power) ~ объединённая энергосистема
interlock ~ система блокировки, блокировка
intermittent automatic block ~ точечная автоблокировка; местная автоблокировка
interrogative telecontrol ~ система телемеханики, работающая по запросу
isolated ~ автономная система
isolated generating ~ изолированно работающая энергосистема
isolated neutral ~ система *или* сеть с изолированной нейтралью
isolated-neutral three-phase ~ трёхфазная система с изолированной нейтралью
isolated power ~ изолированно работающая энергосистема
Kingsway wiring ~ система внутренней проводки плоским двухжильным *или* концентрическим кабелем

Kraemer ~ система электромеханического каскада, система Крамера
leakage interception ~ система сбора теплоносителя в случае появления протечек
lighting ~ система освещения
lightning protective ~ система молниезащиты
lightwave ~ световодная система
linear ~ линейная система
load-center distribution ~ распределительная сеть с центрами нагрузки
local backup ~ местная резервная система
local battery ~ система местных аккумуляторных батарей
local ~ **of protective signaling** местная (аварийная звуковая) сигнализация
local public power ~ муниципальная энергосистема
loop ~ кольцевая схема (*электроснабжения*)
looped ~ замкнутая система, система с обратной связью
lossless ~ система без потерь
lossy ~ система с потерями
low-voltage ~ сеть низкого напряжения
lubrication ~ система смазки
lumped parameter ~ система с сосредоточенными параметрами
magnetic ~ магнитная система
main steam(-piping) ~ система главных паропроводов
master control ~ основная система управления; центральная система управления
measuring ~ система измерений
mechanical ~ **of a push-button switch** механическая система кнопочного переключателя
medium voltage ~ сеть среднего напряжения
meshed ~ сложнозамкнутая электрическая сеть
microprocessor-based transformer analysis ~ микропроцессорная система анализа (состояния) трансформатора
microprocessor-controlled ~ система с микропроцессорным управлением
mixed-loop series street lighting ~ последовательная система уличного освещения со смешанным соединением петлевых участков сети
mobile waste solidification ~ передвижная установка отверждения радиоактивных отходов

SYSTEM

monitoring ~ система (текущего) контроля
moving ~ подвижная система
multichain hydrothermal ~ смешанная энергосистема с тепловыми электростанциями и каскадом ГЭС
multichannel ~ многоканальная система
multifrequency ~ многочастотная система
multigrounded neutral ~ система *или* сеть с многократным заземлением нейтрали
multiloop ~ многоконтурная система
multiple-area ~ (объединённая) энергосистема со многими районами АРЧМ
multiple street lighting ~ система уличного освещения параллельным включением ламп
multiply-meshed transmission ~ многократно замкнутая основная электрическая сеть
multipurpose automatic inspection and diagnostic ~ многоцелевая автоматическая система проверки и диагностики
multisplicing wiring ~ система монтажа с многократным сращиванием проводов
multitrack recording ~ многодорожечный регистратор
multivariable-control ~ многосвязная система автоматического регулирования
multiwired ~ многопроводная система
***n*-area power** ~ (объединённая) энергосистема с *n* районами АРЧМ
natural air-cooling ~ система естественного воздушного охлаждения
negative-sequence ~ система обратной последовательности
network primary distribution ~ система высоковольтных линий распределительной сети
nonfeedback ~ система без обратной связи
nonlinear ~ нелинейная система
nonlinear oscillating ~ нелинейная колебательная система
nonredundant ~ система без избыточности
nonsegregated protection ~ неразделимое устройство РЗ
nuclear steam supply ~ система пароснабжения от АЭС; ядерная паропроизводящая установка, ЯПУ
ocean thermal-electric conversion ~ электростанция с преобразованием тепла океана
off-gas cleaning ~ система газоочистки
off-line ~ автономная система
oil circulating ~ система циркуляции масла
«one-and-a-half» (breaker) bus ~ полуторная система шин
one-phase ~ однофазная система
on-line ~ неавтономная система
on-off ~ **1.** система двухпозиционного регулирования **2.** релейная система
open-circuit ~ разомкнутая [незамкнутая] система
open-cycle control ~ разомкнутая система регулирования
open-loop ~ разомкнутая [незамкнутая] система
open-loop automatic ~ разомкнутая автоматическая система
open-loop series street lighting ~ последовательная система уличного освещения разомкнутым петлевым питанием участков сети
open wiring ~ система с открытой электропроводкой
operating ~ система управления электроприводом
oscillatory ~ колебательная система
overhead ~ **1.** сеть воздушных линий, воздушная электрическая сеть **2.** контактная сеть
overhead-and-underground ~ сеть воздушных и подземных линий
overhead contact ~ подвесная контактная система (*для подвижного электрооборудования*)
overtemperature protection ~ система тепловой защиты
parallel-loop series street lighting ~ последовательная система уличного освещения с параллельным петлевым питанием участков сети
phase comparison relaying ~ дифференциально-фазная защита
photovoltaic (power) ~ фотоэлектрическая система
photovoltaic power generating ~ фотоэлектрическая система выработки электроэнергии
polyphase ~ многофазная система
polyphase ~ **of (electrical) currents** *or* **voltages** многофазная система (электрических) токов *или* напряжений
positive-sequence ~ система прямой последовательности

SYSTEM

power ~ электроэнергетическая система, энергосистема
power and energy metering ~ система измерения мощности и электроэнергии
power conversion ~ система преобразования мощности
power cutback ~ система аварийного снижения мощности
power distribution ~ система распределения электроэнергии
power generation ~ генерирующая система
power pool ~ объединённая энергосистема, энергообъединение
power supply ~ система электроснабжения; система электропитания
prefault fault recording ~ регистратор аварийных процессов с записью предаварийного режима
Prescot wiring ~ внутренняя проводка двухжильным кабелем с жилами D-образного сечения
primary distribution ~ первичная распределительная сеть, распределительная сеть высокого напряжения
program control ~ система программного управления
protection [protective] ~ система защиты
pulse ~ импульсная система
pulse control ~ система импульсного управления
quadripole ~ четырёхполюсная система
quick-response excitation ~ быстродействующая система возбуждения
quiescent telecontrol ~ ждущая система телемеханики
raceway ~ система кабельных каналов
radial ~ радиальная электрическая сеть
reactor control and protection ~ система управления и защиты реактора, СУЗ
reactor coolant ~ система охлаждения реактора
reactor protection ~ система защиты реактора
reactor safety ~ система обеспечения безопасности работы реактора
reactor trip ~ система аварийного отключения реактора
reactor vessel level indication ~ система индикации уровня теплоносителя в реакторе
real-time ~ система реального времени, СРВ

real-time thermal rating ~ определение допустимой токовой нагрузки проводов по условиям нагрева
receiving ~ приёмная (энерго)система
recirculating ventilation ~ замкнутая система вентиляции
rectifier excitation ~ система возбуждения с выпрямителем
redundant ~ система с резервированием
refrigeration ~ система охлаждения
refueling ~ система топливоперегрузки
regulating ~ система (автоматического) регулирования
relaying ~ релейная система
remote backup ~ система дальнего резервирования
remote control ~ система дистанционного управления
residential power ~ система электроснабжения жилых кварталов
residual heat removal ~ система отвода остаточного тепла
resistance grounded ~ система с нейтралью, заземлённой через сопротивление
resonance ~ резонансная система
resonant grounded ~ система с заземлением нейтрали через дугогасящий реактор
reverse-power protective ~ система защиты обратной мощности
ring ~ of stations система электростанций в общем кольце
rotary ~ вращающаяся система
rotating rectifier excitation ~ бесщёточная система возбуждения с вращающимися выпрямителями
rotating thyristor excitation ~ бесщёточная тиристорная система возбуждения
safety ~ система (аварийной) защиты; система (обеспечения) безопасности
safety alarm ~ канал предупредительной сигнализации (*в системе управления и защиты ядерного реактора*)
safety interlock ~ канал блокировки (*в системе управления и защиты ядерного реактора*)
safety power cutback ~ канал снижения мощности (*ядерного реактора*)
safety shutdown ~ канал аварийной защиты (*ядерного реактора*)
sampled-data control ~ система дискретного управления
scanning ~ система сканирования
secondary [secondary grid-type, seconda-

SYSTEM

ry network] distribution ~ вторичная распределительная сеть, распределительная сеть низкого напряжения
secondary shutdown ~ дополнительная система останова реактора
secondary transmission ~ магистральная сеть среднего напряжения, питающая распределительная сеть
segregated protection ~ пофазная система защиты
self-adjusting ~ самонастраивающаяся система
self-balancing protective ~ дифференциальная система защиты (*генераторов*)
self-contained power ~ автономная энергосистема
selsyn ~ сельсинная система
semiautomatic ~ полуавтоматическая система
series ~ система последовательного включения
series street lighting ~ последовательная система уличного освещения
series transformer ~ система последовательного включения трансформаторов
servo ~ следящая система, сервосистема
silicone-rubber insulation ~ система изоляции на основе кремнийорганической резины
single-action mechanical ~ механическая система одиночного действия (*кнопочного переключателя*)
single area power ~ районная энергосистема
single-band ~ система (связи) на одной полосе частот
single busbar ~ одинарная система (сборных) шин
single-circuit ~ однопроводная система (*с возвратом тока через землю*)
single-phase ~ однофазная система
single power ~ единая энергетическая система
single-pressure maintained mechanical ~ механическая система с одним нажатием (*сохраняющая контакты в замкнутом положении*)
single-trolley ~ система с одним контактным проводом
single-wire ~ однопроводная система (*с возвратом тока через землю*)
solar electrical ~ гелиофотоэлектрическая система
solar energy thermionic-conversion ~ гелиотермоионная система преобразования энергии

solar photovoltaic ~ гелиофотоэлектрическая система
solar power ~ **1.** солнечная энергосистема **2.** солнечная электростанция
solar total energy ~ система производства электричества и тепла за счёт солнечной радиации
solidly grounded neutral ~ система *или* сеть с глухозаземлённой нейтралью
solid ~ of cable laying система плотной прокладки кабелей
solid state control ~ система управления на полупроводниковых приборах
space-heating ~ система отопления
space magnetic ~ пространственная магнитная система
special events control ~ система контроля аварийных событий
speed-governing ~ система автоматического регулирования частоты вращения (*турбин*)
stable ~ устойчивая система
stand-alone ~ автономная система
standby ~ резервная система
Stannos wiring ~ открытая внутренняя проводка одножильным кабелем с оболочкой из лужёной медной ленты
start-stop ~ стартстопная система
start-up ~ система пуска
static Kramer ~ статическая система регулирования частоты вращения асинхронного двигателя с фазным ротором
static VAR ~ статическая система компенсации реактивной мощности
stator winding slot-section support ~ система крепления пазовой части обмотки статора
stiff utility ~ жёсткая энергосистема; энергосистема неограниченной мощности
storage ~ аккумулятор
straight storage ~ чисто аккумуляторная система
substation digital control ~ цифровая система управления подстанцией
substation grounding ~ система заземления (электро)подстанцией
subtransmission ~ система сетей между магистральными и распределительными
summer peak power ~ энергосистема с летним максимумом нагрузки
supergrid ~ основная сеть
supervisory ~ система телемеханики
supervisory control ~ система телемеханики
supply ~ система электроснабжения

surface contact ~ система токоснабжения с надземными контактными проводами (*между путевыми рельсами*)

surflex wiring ~ система открытой проводки, выполненной трубчатым гибким проводом

surplus power ~ избыточная энергосистема

symmetrical polyphase ~ симметричная многофазная система

symmetrical three-phase ~ симметричная трёхфазная система

system-operation computer-control ~ информационно-управляющая вычислительная система диспетчерского пункта энергосистемы

TDM ~ система уплотнения с разделением времени

telemetering ~ телеизмерительная система

temperature-responsive ~ термочувствительная система

thermal energy storage ~ теплоаккумулирующая система

thermal protective ~ система тепловой РЗ

three-phase ~ трёхфазная система

three-phase four-wire ~ трёхфазная четырёхпроводная система

three-wire ~ трёхпроводная система

thyristor excitation ~ тиристорная система возбуждения

time division multiplex ~ система уплотнения с разделением времени

time electrical distribution ~ система управления электрическими часами из одного центра

time multiplexing ~ система уплотнения с разделением времени

time-pulse ~ времяимпульсная система

timing ~ система меток времени

tornado wind energy ~ энергосистема, использующая ветровую энергию торнадо

transfer-trip relaying ~ РЗ с передачей (*на другой конец линии*) отключающего сигнала

transformer monitoring ~ система контроля работы трансформатора

transmission ~ 1. система передачи 2. магистральные сети

tree'd ~ радиально-магистральная электрическая сеть

tree wiring ~ система проводки с линиями, расходящимися от щита по разным направлениям

trolley ~ система контактных проводов; троллейная система

two-conductor grounded wiring ~ двухпроводная проводка с заземлённым полюсом

two-conductor insulated wiring ~ двухпроводная изолированная от земли проводка

two-phase ~ двухфазная система

two-phase five-wire ~ двухфазная пятипроводная система

two-phase four-wire ~ двухфазная четырёхпроводная система

two-phase three-wire ~ двухфазная трёхпроводная система

two-pole ~ двухполюсная система

two-shaft ~ двухвальный агрегат

two-stage cyclone ~ двухступенчатая пылеуловительная циклонная система

two-way line carrier ~ система двусторонней ВЧ-связи по ЛЭП

type O control ~ система регулирования с астатизмом нулевого порядка

type I control ~ система регулирования с астатизмом первого порядка

type II control ~ система регулирования с астатизмом второго порядка

unbalanced ~ неуравновешенная [несимметричная] система

undamped ~ система без демпфирования

underground ~ подземная (кабельная) сеть

ungrounded ~ незаземлённая система

unsymmetrical ~ несимметричная система

unsymmetrical three-phase ~ несимметричная трёхфазная система

utility ~ энергосистема общего пользования

variable structure ~ система с переменной структурой

vibration warning ~ система сигнализации о вибрации

voltage ~ система напряжений

voltage-control ~ система с регулируемым напряжением, система «генератор—двигатель»

Ward-Leonard (drive) ~ система «генератор—двигатель» постоянного тока

Ward-Leonard speed control ~ система регулирования скорости двигателя постоянного тока

waste-heat power ~ электроэнергетическая система, вырабатывающая энергию за счёт утилизации бросового тепла

waste management ~ система обработки и удаления радиоактивных отходов
water-cooling ~ система водяного охлаждения
weak ~ маломощная система
welding control ~ система управления сваркой
wind-electric conversion ~ система преобразования энергии ветра в электрическую
winter peak power ~ энергосистема с зимним максимумом нагрузки
wiring ~ система электропроводки
wound-rotor slip recovery ~ асинхронно-вентильный каскад
Y- ~ соединение по схеме звезда
zero-displacement-error ~ система с нулевой ошибкой по положению
zero-sequence ~ система нулевой последовательности
zero-velocity-error ~ система с нулевой ошибкой по скорости
zone-selective protection ~ система ступенчатой защиты

T

tab 1. печатный контакт 2. триммер 3. лепесток; лапка
table 1. таблица 2. стенд; стол
  ac calculating ~ расчётный стол переменного тока
  boiling ~ электрическая плита
  control ~s управляющие таблицы; таблицы решений
  control sequence ~ таблица последовательности переключений
  decision ~ таблица решений
  heat content ~s таблицы теплосодержания
  logic function ~ таблица логических функций
  look-up ~s справочные таблицы
  plotting ~ графопостроитель; стол-планшет
  run-in ~ стенд для обкатки электрических машин
  sequence ~ таблица последовательности работ
  shaker [vibration] ~ выбростенд
  wire ~ 1. таблица проводов 2. монтажный стол
  wire tension ~ станок для натяжения проводов
tachogenerator тахогенератор
  ac ~ тахогенератор переменного тока
  dc ~ тахогенератор постоянного тока
  induction ~ индукционный тахогенератор
  noncontact ~ бесконтактный тахогенератор
  permanent magnet field ~ тахогенератор с постоянными магнитами
tachograph тахограф
tachometer тахометр
  drag cup ~ тахометр с полым ротором
  eddy-current ~ тахометр на принципе вихревых токов
  electric(al) ~ электрический тахометр
  electronic ~ электронный тахометр
  integrating ~ интегрирующий тахометр
  magnetic ~ магнитный тахометр
  permanent-magnet field ~ тахометр с постоянными магнитами
  recording ~ регистрирующий тахометр
tachometer-generator тахогенератор
tag 1. кабельный наконечник 2. контактный штифт 3. ярлык; бирка
  grounding ~ зажим заземления
  soldering ~ напаянный наконечник
  spade ~ плоский наконечник
  time ~ метка времени
tagging маркировка
tail 1. рукоятка 2. *pl* железная проволока для сердечника (*индукционной катушки*)
  cold ~ охлаждаемый [ненагреваемый] токоподвод; охлаждаемый вывод
  rubber ~s короткие провода с резиновой изоляцией
  wave ~ задний фронт волны
take ◇ **to** ~ **up** 1. притягиваться (*о контактных реле*) 2. устранять чрезмерный зазор
takeover:
  automatic ~ автоматическое переключение с работающего оборудования на резервное, АВР
tandem каскад (*напр. электрических машин*)
tangent тангенс
  dielectric loss ~ тангенс угла диэлектрических потерь
  loss(-angle) ~ тангенс угла потерь
tank 1. бак 2. резонансный (колебательный) контур
  blowdown ~ бак продувки
  bubbler ~ барботажный бак

TAPE

cable ~ бак для кабеля
clean drains ~ бак чистого конденсата
corrugated ~ бак с гофрированными стенками
degassed water ~ резервуар дегазированной воды
delay ~ бак выдержки (*жидких радиоактивных отходов*)
expansion ~ **of transformer** расширительный бак трансформатора
heavy water catch ~ приёмник тяжёлой воды
liberator ~ ванна для удаления металла из электролита
oil-filled ~ маслонаполненный бак
oil-sump ~ маслосборный бак
overhead storage ~ напорный резервуар
plating ~ электролитическая [гальваническая] ванна
poison storage ~ бак для хранения раствора поглотителя нейтронов
surge ~ 1. расширительный бак, расширитель 2. уравнительный резервуар
switch ~ бак (масляного) выключателя
transformer ~ бак трансформатора
tubular ~ трубчатый бак
tap 1. ответвление, отвод ‖ ответвлять, делать отвод 2. тройник, тройниковый сросток (*провода*) ◊ **to** ~ **off** ответвлять, делать отвод
~ **of resistor** отвод от резистора
adjustable ~ регулируемое ответвление
bridged ~ 1. закороченный участок кабеля 2. ответвительная перемычка
center [central] ~ ответвление от средней точки (*обмотки*)
coarse ~ ответвление грубой регулировки
cube ~ размножитель
current ~ 1. штепсельная разветвительная колодка 2. токовый вывод
fine ~ ответвление точной регулировки
full-capacity ~ ответвление полной мощности
line ~ отвод от линии
middle [midpoint] ~ ответвление от средней точки (*обмотки*)
neutral ~ вывод от нейтрали
plural ~ размножитель
reduced kilovolt-ampere ~ отвод трансформатора со сниженной (отдаваемой) мощностью
transformer ~ отвод трансформатора
winding ~ ответвление обмотки

tap-changer устройство переключения ответлений
air-insulated ~ устройство переключения ответлений с воздушной изоляцией
off-current ~ устройство переключения отводов (*трансформатора*) без нагрузки
oil-immersed ~ погружённое в масло устройство переключения ответвлений
on-load ~ устройство переключения отводов (*трансформатора*) под нагрузкой
reactor transition ~ устройство переключения ответлений обмоток с реактивными токоограничивающими элементами
tap-changing переключение ответлений
automatic ~ автоматическое переключение отводов обмотки (*трансформатора*)
off-current ~ переключение ответлений (*обмотки*) без нагрузки
on-load ~ переключение ответлений (*обмотки*) под нагрузкой
tape лента
adhesive ~ липкая (изоляционная) лента
asbestos ~ асбестовая лента, асболента
asbestos paper ~ лента из асбестовой бумаги
asbestos woven ~ лента из асбестовой пряжи
bias ~ лента с косым рядом
cambric ~ батистовая лента, кембрик
cotton ~ хлопчатобумажная лента
double-faced ~ текстильная лента с двусторонним покрытием
electric ~ изоляционная лента
filled ~ текстильная лента, прорезиненная *или* пропитанная компаундом
film glass-cloth mica-loaded insulating ~ плёнкостеклослюдинитовая изоляционная лента
friction ~ липкая изоляционная лента
herringbone ~ киперная лента
impregnated ~ пропитанная лента
insulating [insulation] ~ изоляционная лента
intercalated ~s ленты, намотанные в два слоя, перекрывающих друг друга
magnetic ~ магнитная лента
mica (paper) ~ микалента
paper ~ бумажная лента
paper crepe ~ бумажная крепированная лента

TAPING

plastic ~ пластиковая лента
prepared ~ обработанная лента
punch ~ перфолента
pure rubber ~ изоляционная лента из натуральной резины
record ~ лента для записи
recorded ~ записанная лента
reinforcing ~ армирующая лента
rubber ~ резиновая лента
rubber compound ~ лента из компаундированной резины
rubberized [rubber-treated] ~ прорезиненная лента
superconducting ~ сверхпроводящая лента
surgical ~ киперная лента
tarred ~ просмолённая лента
untreated ~ непропитанная лента
varnish(-treated) ~ лакированная лента

taping обматывание лентой
  half-lap ~ обматывание лентой в полунахлёстку

tap-off ответвление, отвод
tapper ответвитель
tapping ответвление, отвод
  electrode ~ **for submerged arc furnace** электрод с ответвлениями для электрической печи с дугой, проходящей через шихту
  full-power ~ ответвление на полную мощность
  minus ~ ответвление для уменьшения напряжения
  plus ~ ответвление для увеличения напряжения
  principal ~ основное ответвление

tap-selector устройство переключения ответвлений
target 1. указатель 2. сигнальное реле, блинкер
  indicating ~ стрелка-указатель (*положения аппарата*)
  mechanically operated ~ механический указатель срабатывания

tariff тариф (*на электроэнергию*)
  all-in ~ универсальный [общий] тариф
  block(-rate) ~ блочный тариф
  bulk ~ оптовый тариф
  bulk supply ~ тариф на оптовую продажу электроэнергии (*из основной сети*)
  day/night ~ дневной/ночной тариф
  day-time ~ дневной тариф
  demand ~ тариф с оплатой за присоединённую мощность
  domestic ~ бытовой тариф
  double-rate ~ двухставочный тариф
  farm ~ сельскохозяйственный тариф
  final payment ~ тариф с постоянной [фиксированной] платой
  flat-rate ~ простой [одноставочный] тариф
  green ~ «зелёный» тариф (*с изменением стоимости электроэнергии в зависимости от времени года и суток*)
  heating ~ тариф на электроотопление
  high-voltage ~ тариф для потребителей на высоком напряжении
  industrial ~ промышленный тариф
  installed load ~ тариф на электроэнергию по установленной мощности нагрузки
  lighting ~ тариф на электроэнергию, расходуемую на освещение
  load/rate ~ тариф, дифференцированный по мощности
  low-load ~ тариф для периодов низкой нагрузки
  low-voltage ~ тариф для потребителей на низком напряжении
  maximum-demand ~ тариф для часов максимума
  medium-voltage ~ тариф для потребителей на среднем напряжении
  multipart ~ многоставочный тариф
  multiple ~ 1. дифференцированный тариф 2. многоставочный тариф
  night-time ~ ночной тариф
  normal ~ средний тариф
  off-peak (electric) ~ внепиковый тариф
  one-part ~ одноставочный тариф
  on-peak (electric) [peak-load] ~ пиковый тариф
  published ~ объявленный тариф (*по классам потребителей*)
  restricted hour ~ тариф на энергию, предусматривающий низкую стоимость вне часов максимума
  seasonal ~ сезонный тариф
  seasonal time-of-day ~ сезонный суточный тариф
  standby ~ тариф для установок с резервом мощности
  standing charge ~ тариф с постоянной (повременной) оплатой
  step ~ ступенчатый тариф
  supplementary ~ дополнительный тариф
  time-of-day ~ суточный тариф
  two-part [two-rate] ~ двухставочный тариф
  variable block ~ блочный тариф с возможностью изменения отдельных блоков

team бригада

TELEMETRY

emergency ~ аварийная бригада
maintenance [repair] ~ ремонтная бригада
tear 1. срабатывание, износ‖срабатываться, изнашиваться **2.** разрыв‖разрывать, отрывать **3.** задирание‖задирать ◇ **to ~ down** разбирать на части
teaser обмотка трансформатора Скотта (*с Т-образным расположением обмоток*)
technique 1. техника, технические приёмы **2.** техническое оснащение; аппаратура, оборудование **3.** метод; методика
 amplifying ~ усилительная техника
 building wire installation ~s техника электромонтажа в зданиях
 cable-plowing ~ техника укладки [прокладки] кабелей
 circuit ~ схемотехника
 communication ~ техника связи
 diffusion ~ диффузная технология (*полупроводников*)
 dynamic traveling wave ~ аппаратура с применением метода динамической бегущей волны
 frequency analysis ~ **1.** техника [методика] определения частотных характеристик **2.** аппаратура для определения частотных характеристик
 least-squares ~ способ [метод] наименьших квадратов
 measuring ~ измерительная техника, техника измерений
 mesh ~ метод контурных токов
 microalloy ~ микросплавная технология (*полупроводников*)
 ordered elimination ~ метод упорядоченного исключения
 planar ~ планарная технология (*полупроводников*)
 potentiometer ~ методика проверки с помощью потенциометра
 pulse ~ импульсный метод
 safety ~ техника безопасности
 sampling ~ импульсная техника
 simulation ~ техника моделирования; метод моделирования
 solid-state ~ твердотельная технология
 strain-gage ~ техника измерения (*напряжений*) с помощью электрических датчиков сопротивления
technology техника; технология
 electrical ~ электротехническая технология

 electromagnetic ~ электромагнитная технология
 fault location ~ метод определения места повреждения, метод ОМП
 lighting ~ светотехника
 nondispatchable ~ недиспетчерируемые средства генерации электроэнергии (*напр. ветроэлектрические станции*)
 pulse ~ импульсная технология
 semiconductor ~ полупроводниковая технология
 soft energy ~ мягкая энергетическая технология (*не загрязняющая окружающую среду*)
 vacuum ~ вакуумная технология
tee тройник
 lead ~ освинцованный тройник
 split ~ разъёмный тройник
teleadjusting 1. изменение уставок с помощью телеуправления **2.** многопозиционное телеуправление
teleammeter телеамперметр
telecommand телеуправление
telecommunication 1. дальняя [дистанционная] связь **2.** техника связи
telecontrol 1. дистанционное управление; телеуправление **2.** телемеханика
 centralized ~ **of load** централизованное телеуправление нагрузкой
telegage телеизмерительный прибор
teleindication телеиндикация
telemeter прибор телеизмерений
 frequency-type ~ прибор частотной системы телеизмерений
 ratio-type ~ прибор телеизмерений, работающий на принципе отношений (*частот или амплитуд*)
telemetering телеизмерение; дистанционное измерение
 current-type ~ токовая система телеизмерений
 frequency-type ~ частотная система телеизмерений
 phase-angle ~ телеизмерение фазового угла
 phase-modulation ~s телеизмерения с фазовой модуляцией
 pulse-amplitude ~s импульсные телеизмерения с амплитудной модуляцией
 pulse-rate ~s частотно-импульсные телеизмерения
 variable-frequency ~s телеизмерения частотной системы
 voltage-type ~ потенциальная система телеизмерений
telemetry телеизмерение

489

TELEMONITORING

hard-wire [wire(-link)] ~ проводные телеизмерения
telemonitoring телеконтроль
teleprinter телетайп, телепринтер
telerecorder самопишущий телеизмерительный прибор
teleregulation телерегулирование
telesignalization телесигнализация
teleswitch дистанционный выключатель
teleswitching двухпозиционное телеуправление
teletachometer дистанционный тахометр, телетахометр
teletripping телеотключение
teletype(writer) телетайп, телепринтер
televoltmeter телевольтметр; дистанционный вольтметр
telewattmeter телеваттметр; дистанционный ваттметр
teller:
   integrating frequency ~ интегрирующий частотомер
telltale сигнал(ьное устройство)
   direction indicator ~ *авто* сигнал включения указателя поворотов
   main beam ~ сигнал включения дальнего света фар
telpher подвесная *или* монорельсовая дорога; электроканатная дорога; тельфер
temperature температура
   ambient ~ температура окружающей среды
   ash-fusing ~ температура плавления золы
   condensed mercury ~ температура конденсированной ртути
   cooling-air ~ температура охлаждающего воздуха
   cooling-gas ~ температура охлаждающего газа
   cooling-water ~ температура охлаждающей воды
   drying ~ температура сушки
   duration excess ~ длительная повышенная температура
   elevated ~ повышенная температура
   environment ~ температура окружающей среды
   filament ~ температура нити накала
   hottest-spot ~ температура в наиболее нагретой точке
   ignition ~ температура воспламенения
   junction ~ температура перехода (*в полупроводниковых приборах*)
   limiting ambient ~ предельно допустимая температура окружающей среды
   limiting hot-spot ~ предельно допустимая температура в наиболее нагретой точке
   limiting insulation ~ предельно допустимая температура изоляции
   load-condition ~ температура в режиме нагрузки
   maximum continuous operating ~ максимальная рабочая температура при непрерывной эксплуатации (*оборудования*)
   melting ~ температура плавления
   normal ~ нормальная температура
   operating ~ рабочая температура
   operating ambient ~ рабочая температура окружающей среды
   overheat ~ температура перегрева
   rated ~ номинальная температура
   rated-load operating ~ рабочая температура при номинальной нагрузке
   restoring ~ температура восстановления первоначального состояния контактов (*термостатического выключателя*)
   room ~ комнатная температура
   running ~ рабочая температура
   sintering ~ температура спекания
   softening ~ температура размягчения
   soldering ~ температура пайки
   steady-state ~ установившаяся температура
   storage ~ температура хранения
   superheat ~ температура перегрева
   trip(ping) ~ температура отключения
   working ~ рабочая температура
temperature-compensated термокомпенсированный
temperature-dependent зависимый от температуры
tempernol темпернол (*резиновый материал с повышенной теплостойкостью*)
tensimeter тензиметр
tension 1. напряжение 2. растяжение, растягивающее усилие 3. (на)тяжение
   breakdown ~ пробивное напряжение
   conductor ~ натяжение провода
   electric ~ электрическое напряжение
   high ~ высокое напряжение
   horizontal ~ горизонтальное тяжение
   initial conductor ~ начальное тяжение провода
   spring ~ нажатие пружины
   tangential ~ **at highest support point** тяжение в высшей точке на опоре
tensioner натяжное устройство
tensoelectric тензоэлектрический
tensometer тензометр

TERMINATION

resistance ~ тензометр сопротивления
tensoresistor тензорезистор
terminal 1. вывод; зажим, клемма **2.** концевая муфта **3.** терминал; дистанционный пульт
  ~ **of resistor** вывод резистора
  air ~ молниеуловитель
  anode ~ вывод анода
  automatic generation control ~ терминал агрегатной части АРЧМ
  battery ~ полюс [вывод] батареи
  bolt-and-nut ~ клемма в виде болта с гайкой
  cable ~ **1.** кабельная концевая муфта **2.** блочный кабельный соединитель
  calibrating ~s поверочные зажимы
  cell ~ зажим [вывод] элемента
  center ~ вывод средней точки
  circuit ~ концевой зажим цепи
  clamp-type ~ контактный зажим
  coil ~s зажимы [выводы] катушки
  condenser-type ~ **1.** конденсаторный ввод **2.** конденсаторная концевая муфта
  conductor ~ зажим для провода
  connecting ~ зажим, клемма
  control ~ терминал [пульт] управления
  control current ~ **1.** вывод цепи тока управления **2.** токовый вывод элемента Холла
  current ~ токосъём
  distance measuring equipment ~ терминал аппаратуры дистанционных измерений
  distribution control ~ терминал управления распределительной сети
  distributor ~ зажим распределителя
  end ~ концевой зажим
  external ~ внешний зажим
  feedthrough ~ проходной вывод
  flag ~ флажковый наконечник
  ground(ing) ~ заземляющий вывод, вывод заземления
  Hall ~s выводы (элемента) Холла
  incoming [input] ~ входной зажим
  input/output ~ терминал ввода-вывода
  instrument ~s приборные зажимы
  intermittent ~ промежуточный вывод
  inverting ~ инвертирующий вход (*операционного усилителя*)
  jumper ~ наконечник соединителя
  leading-out ~ вывод
  line ~ линейный зажим
  load management ~ терминал (системы) управления электропотреблением

  load-side ~s (выходные) зажимы со стороны нагрузки
  low-voltage ~ ввод низкого напряжения
  lug ~ лепестковый вывод
  main ~s основные выводы
  main grounding ~ главный зажим заземления
  negative ~ отрицательный вывод, отрицательный зажим
  negatively charged ~ зажим с отрицательным зарядом
  neutral ~ нулевой [нейтральный] вывод, вывод нейтрали
  noninverting ~ неинвертирующий вход (*операционного усилителя*)
  outlet [output] ~ выходной зажим
  pin ~ штифтовой наконечник
  pole ~ полюсный наконечник
  positive ~ положительный вывод, положительный зажим
  positively charged ~ зажим с положительным зарядом
  pressure-type ~ обжимной зажим; опрессованный зажим
  primary voltage ~ ввод высокого напряжения
  recessive ~ утопленный зажим
  relay-coil ~s выводы [зажимы] катушки реле
  remote ~ выносной терминал
  screw(-type) ~ зажим под винт
  service ~ контрольный вывод
  snap ~ пружинный зажим
  source-side ~s (входные) зажимы со стороны источника
  spade ~ **1.** наконечник для многожильного кабеля **2.** контактная пластина
  stamped ~ штампованный наконечник
  stud ~ штифтовой вывод
  supply ~ питающий ввод; точка присоединения потребителя
  tag ~ наконечник
  test(ing) ~ контрольный вывод
  vacant ~ незанятый зажим
  welding ~s выходные зажимы сварочного агрегата
  wiring ~ зажим для провода
  Y- ~s выходные клеммы Y-сигнала
terminate оканчивать; выводить на зажимы
termination 1. оконечная [концевая] заделка **2.** оконечная нагрузка **3.** неразъёмное соединение **4.** конец линии
  cable ~ **1.** концевая заделка кабеля **2.** кабельный ящик

TERMINATOR

cathode ~ вершина катода (*плазмогенератора*)
characteristic-impedance ~ оконечная нагрузка, равная волновому сопротивлению
cold reference ~ холодная согласованная нагрузка
dry cable ~ сухая концевая заделка кабеля
hot reference ~ горячая согласованная нагрузка
line ~s подстанции по концам ЛЭП
matched ~ согласованная нагрузка
mismatched ~ несогласованная нагрузка
open-circuit ~ разомкнутый выход
output ~ выходная нагрузка
short-circuit ~ нагрузка КЗ
wire-lead ~ оконцевание проволочными выводами
terminator концевая кабельная муфта
tertiary третичная обмотка трансформатора
test испытание; проверка; тест ◊ ~ for correct connections испытание правильности соединений
~ of flame retardance испытание на нераспространение горения
~ of noncontamination испытание на незагрязнённость
accelerated ~ ускоренное испытание
accelerated heat resistance ~ ускоренное испытание для определения нагревостойкости изоляции
acceptable environmental range ~ проверка на допустимые условия окружающей среды
acceptance ~s приёмосдаточные испытания
actual ~ испытание в реальных условиях
ageing ~ испытание на старение, тренировка
air pressure ~ испытание сжатым воздухом
appearance ~ наружный осмотр, проверка наружным осмотром
applied variable frequency voltage ~ опыт приложения напряжения переменной частоты
applied voltage ~ with rotor removed опыт приложения напряжения к обмотке статора при вынутом роторе
approval ~s приёмосдаточные испытания
artificial pollution ~ испытание искусственным загрязнением
assured disruptive discharge voltage ~ испытание на разряд гарантированным разрушающим напряжением
asynchronous operation ~ опыт асинхронного режима
attrition ~ испытание на истирание
automatic line insulation ~ автоматическое испытание линейной изоляции
back-to-back ~ испытание методом взаимной нагрузки
balance ~ балансированное испытание ротора
ball-and-ring ~ испытание по методу кольца и шара
bar-to-bar ~ определение сопротивления между коллекторными пластинами
bench ~s стендовые испытания
bending ~s испытания на изгиб
black band ~ опыт по определению зоны безыскровой работы
Blavier's ~ испытание для обнаружения места повреждения
block(ed) rotor ~s испытания при заторможённом роторе
brake [braking] ~ испытание торможением
breakdown ~ 1. испытание (*изоляции*) на пробой 2. опыт опрокидывания (*машины переменного тока*)
breaking ~ разрушающий контроль
bridge ~ измерение с помощью моста
built-in ~ встроенный контроль
cable ~ испытание кабеля
cable pressure ~ испытание кабеля давлением
calibrated driving machine ~ испытание по способу тарированного двигателя
calorimetric ~ калориметрическое испытание
capacitance ~ измерение ёмкости
charring ~ испытания (*изоляции*) на обугливание
check(ing) ~ контрольное испытание; проверочное испытание
chopped-wave ~ (импульсное) испытание срезанной волной
cold bend ~ испытание на холодный изгиб
cold hydrostatic ~ холодная опрессовка (*трубопровода*)
commercial ~s промышленные испытания
commissioning ~s приёмосдаточные испытания
commutation ~ проверка коммутации (*в коллекторной машине*)

TEST

comparison ~s сравнительные испытания
constant-load (amplitude) ~ испытания при постоянной нагрузке
consumer request ~s испытания по требованию заказчика
continuity ~ проверка (*цепей*) на обрыв
continuous ~ испытание в непрерывном режиме
continuous current ~ испытание длительным протеканием тока
core ~ испытание сердечника (*напр. статора*)
corrosion ~ коррозионное испытание
damp-heat ~ испытание по методу нагрева во влажной среде
dc high-potential ~ испытание постоянным током высокого напряжения
dc step voltage ~ испытание ступенчато изменяемым напряжением постоянного тока
design verification ~s испытания для проверки конструкций
destructive ~ разрушающий контроль
development ~s испытания в процессе разработки
dielectric ~ испытание прочности изоляции; испытание диэлектрика
dielectric breakdown ~ проверка электрической прочности, испытание на пробой
dielectric loss angle ~ измерение (тангенса) угла диэлектрических потерь
dielectric proof ~ проверочное испытание изоляции
dielectric security ~ испытание на надёжность изоляции
dielectric strength ~ проверка диэлектрической прочности
dielectric withstand-voltage ~ испытание на напряжение, выдерживаемое диэлектриком
dip ~ определение стрелы провеса
discharge energy ~ опыт по определению энергии разряда
discharge inception ~ опыт по определению порога разряда
disruptive ~ испытание на пробой; испытание на разрушение
dissipation factor ~ опыт по определению тангенса угла потерь
drift ~ проверка (величины) дрейфа
drop ~ испытание резким снижением напряжения; проверка на ударную нагрузку
dry ~ испытание в сухом состоянии

dry run ~s испытания на турбине без пара *или* воды
dummy ~s испытания на модели
duplicate ~s повторные испытания
dynamic ~ испытание в динамическом режиме
dynamometer ~ динамометрическое испытание
efficiency ~ испытание для определения кпд
electrical back-to-back ~ испытание по способу электрической взаимной нагрузки
engineering ~ техническое испытание
environmental ~s климатические испытания
external ~ внешняя проверка
extreme ~s форсированные испытания
factory ~ заводское испытание
failure-rate ~ экспериментальное определение интенсивности отказов
false-zero ~ измерение нулевым методом
field ~s 1. полевые испытания 2. испытания на объекте 3. испытания в энергосистеме
field acceptance ~s приёмные испытания на объекте
field reliability ~s эксплуатационные испытания на надёжность
filament emission ~ проверка величины эмиссии нити накала
freezing ~ испытание на морозостойкость
front-of-wave ~ (импульсное) испытание волной с крутым фронтом
full-scale ~ полномасштабное испытание
fuse wire ~ испытание проволоки плавкого предохранителя
gang ~ групповое испытание
general classification ~s общие классификационные испытания
ground overlap ~ испытание на перекрытие [пробой] в земле
harmonic ~ гармонический анализ
heat(ing) ~ испытание на нагрев
heavy intermittent load ~s испытания при большой повторно-кратковременной нагрузке
hermetic insulation ~ проверка изоляции герметизируемых электродвигателей
high-current ~ испытание током большой величины
high-frequency disturbance ~ испытание ВЧ-возмущением (на помехоустойчивость)

TEST

high-potential ~ испытание высоким напряжением
high-pressure ~ испытание высоким давлением
high-setting ~ испытание высоким напряжением на электрическую прочность
high-voltage ~ испытание высоким напряжением
high-voltage holding ~ испытание на выдерживание высокого напряжения
high-voltage impulse ~ испытание импульсами высокого напряжения
hot-weather ~ проверка при повышенной температуре окружающего воздуха
impact ~ испытание (одиночными) ударами
impedance-drop ~ опыт для определения полного внутреннего падения напряжения
impulse ~ импульсное испытание
impulse-withstand ~ испытание для определения импульсной прочности
in-circuit ~ внутрисхемный контроль
indoor ~ испытание в закрытом помещении
induced potential [induced voltage] ~ испытание наведённым напряжением
industrial ~s промышленные испытания
insulation (resistance) ~ измерение сопротивления изоляции, проверка изоляции
integrated ~s комплексные испытания
interrupting ~ испытание по определению отключающей способности
interturn ~ испытание межвитковой изоляции
interturn overvoltage withstand ~ испытание межвитковой изоляции повышенным напряжением
in-use life ~ определение срока службы в эксплуатации
Isod ~ проба по Изоду
Kissling ~ испытание изоляционного масла на старение по Кисслингу
laboratory reliability ~s лабораторные испытания на надёжность
lamp ~ проверка ламп
layer ~ испытание (*изоляции*) между слоями
leakage ~ испытание на герметичность
life ~ испытание на долговечность
light intermittent load ~ испытание под небольшой повторно-кратковременной нагрузкой
light-load ~s испытания (*электрической машины*) с нагрузкой холостого хода
line-to-line short-circuit ~ опыт внезапного двухфазного замыкания
live ~ определение срока службы
load ~ испытание под нагрузкой
load-dropping ~ испытание со сбросом нагрузки
local ~ внутренняя проверка
locked rotor ~ опыт при заторможенном роторе
longevity ~ испытание на долговечность
long-time ~ длительное испытание
loop ~ петлевой метод определения места повреждения
loss-of-mass ~ испытание на потерю массы
loss tangent ~ определение тангенса угла потерь
low-frequency high-voltage ~ испытание высоким напряжением низкой частоты
low-power ~ испытание при пониженной мощности
low-slip ~ опыт при малом скольжении
main insulation ~ испытание главной изоляции
maintenance ~ эксплуатационное испытание
marginal ~ граничное испытание
mechanical back-to-back ~ испытание по способу механической взаимной нагрузки
mechanical fatigue ~ испытание на механическую усталость
mock-up ~ проверка на макете
model ~ проверка на модели
moisture ~ проверка на влагосодержание
moisture resistance ~ проверка на влагостойкость
multistress endurance ~ испытание на стойкость к многократным воздействиям
noise-level ~ проверка уровня шума
no-load ~ испытание на холостом ходу
nondestructive ~ неразрушающий контроль
Nuttal ~ испытание изоляционного масла методом поверхностного натяжения масла при окислении
off-line ~ испытание в условиях автономной работы

oil ~ проверка масла
oil-flow ~ испытание на прохождение масла
on-line ~ испытание при работе в системе
on-off ~ проверка методом включения — отключения
on-site ~ испытание на месте установки (*оборудования*)
open-circuit ~ опыт холостого хода
open-loop ~ испытание разомкнутой системы
operating life ~ определение срока службы в эксплуатации
operation ~s эксплуатационные испытания
operational ~ проверка на функционирование
opposition ~ испытание (*двух машин*) по методу взаимной нагрузки
outdoor exposure ~ испытание на стойкость против атмосферной коррозии
overall ~s комплексные исследования; полный цикл испытаний
overpotential ~ испытание повышенным напряжением
overspeed ~ испытание при повышенной частоте вращения
overvoltage interturn ~ испытание повышенным напряжением межвитковой изоляции
ozone resistance ~ испытание на озоностойкость
partial discharge inception ~s испытания по определению порога частичных разрядов
performance ~ 1. испытание для определения эксплуатационных качеств 2. проверка режима работы
periodical ~s периодические испытания
phase-by-phase ~ пофазное испытание
phase-sequence ~ проверка порядка следования [чередования] фаз
phase-shift ~ опыт с поворотом фаз
pinhole ~ испытание на сплошность (*оболочки кабеля*)
polarity ~ проверка полярности
power-factor tip-up ~ контроль (*влажности изоляции*) по изменению коэффициента мощности
power frequency withstand ~ испытание (*изоляции*) на прочность напряжением промышленной частоты
pressure ~ испытание давлением
primary injection ~ испытание первичным током

proof ~s проверочные испытания
pull-in ~ опыт втягивания в синхронизм
pull-out ~ опыт выпадения из синхронизма; опыт опрокидывания (*напр. асинхронной машины*)
puncture ~ испытание (*изоляции*) на пробой
racing ~ испытание на разнос
rated withstand voltage ~ испытание нормированным выдерживаемым напряжением
ratio ~ определение коэффициента трансформации
reflex ~ испытание на реагирование
reliability ~ испытание на надёжность
resistance ~ проверка сопротивления на постоянном токе
retardation ~ опыт самоторможения
reverse battery ~ испытание с изменением полярности батареи
rig ~s стендовые испытания
rotation ~ проверка соответствия направления вращения ротора маркировке выводов
routine ~ 1. типовое [стандартное] испытание 2. плановая проверка
running-light ~ испытание без нагрузки (*на холостом ходу*)
sag ~ определение стрелы провеса
sampling ~s выборочные испытания
scale-model ~ модельное испытание с соблюдением подобия
secondary injection ~ проверка РЗ вторичным током
self- ~ самопроверка; самоконтроль
semidestructive ~ полуразрушающий контроль
service ~s периодические профилактические проверки
shaft-voltage ~ измерение электрического напряжения на валу
shake-table ~ испытание на вибростенде
shelf(-life) ~ испытание на длительное хранение
shock ~ испытание устойчивости ударом
short-circuit ~ опыт КЗ
short-duration power-frequency ~ кратковременное испытание напряжением промышленной частоты
short-time ~ кратковременное испытание
sludge ~ испытание на образование осадков

TEST

snatch ~ испытание на растяжение рывком

Snyder life ~ испытание (*трансформаторных масел*) на срок службы по Снайдеру

soldering ~ проверка места (с)пайки

sparkover ~ испытание на перекрытие (*высоким напряжением*)

spray ~ испытание (под) искусственным дождём

SS ~ испытание ступенчатыми воздействиями

stability ~s испытания по проверке устойчивости

stability life ~ проверка на стабильность параметров

standstill ~ опыт в неподвижном состоянии (*напр. машины*)

standstill frequency response ~ опыт определения частотной характеристики при заторможённом роторе

starting ~ испытание машины при пуске

static ~s испытания в статическом режиме

step stress ~ испытание ступенчатыми воздействиями

storage ~ испытание на сохранность

strength ~ испытание на прочность

stress cycling ~ испытание по методу циклических нагрузок

sudden short-circuit ~ опыт внезапного КЗ

surge (withstand) ~ испытание импульсными перенапряжениями

sustained short-circuit ~ опыт установившегося КЗ

switching ~ 1. испытание коммутационного оборудования 2. испытание с коммутационными операциями

switching surge ~ испытание по определению величины коммутационных перенапряжений

temperature cycle ~ испытание на цикличное изменение температуры

temperature-rise ~ испытание на нагрев

terminal strength ~ проверка прочности выводов

thermal ~ тепловое испытание

thermal cycle ~ испытание тепловыми циклами

thermal fatigue ~ испытание на термическую усталость

thermal shock ~ испытание термоударами

thermal stability ~ испытание на термическую стойкость

time-voltage ~ 1. снятие вольтсекундной характеристики 2. испытание напряжением с выдержкой времени

transformer ratio ~ проверка коэффициента трансформации

transient overvoltage ~ испытание для определения перенапряжений в переходном процессе

tropical(ization) ~s испытания в тропических условиях

turbine oxidation ~ испытание турбины на стойкость к окислению

turn insulation ~ испытание витковой изоляции

turn-to-turn ~ испытание межвитковой изоляции

type ~s типовые испытания

unit ~ поузловая проверка

unity power-factor ~ опыт при коэффициенте мощности равном единице

up-and-down ~ метод испытания «вверх — вниз»

Varley loop ~ петлевой метод определения места повреждения кабеля при помощи моста сопротивления

vibration ~ испытание на вибропрочность

voltage-breakdown ~ испытание на пробой (повышенным) напряжением

voltage recovery ~ опыт восстановления напряжения

voltage-withstand ~ испытание на электрическую прочность; испытание на стойкость по отношению к напряжению

wash discharge ~s мокроразрядные испытания

waveform ~ определение формы волны

wear ~ испытание на износ

wet ~ испытание при увлажнении

withstand-voltage ~ испытание на электрическую прочность; испытание на стойкость по отношению к напряжению

wrapping ~ испытание (провода) на перегиб

zero power ~ испытание при нулевом уровне мощности

zero power-factor ~ опыт при коэффициенте мощности, равном нулю

tester 1. тестер; испытательный прибор 2. щуп; зонд

aging ~ прибор для испытания на старение

cable and harness ~ установка для испытаний кабелей и кабельной арматуры

cell ~ низковольтный вольтметр для

испытания гальванических элементов
continuity ~ тестер для проверки цепей на разрыв
digital clamp ~ цифровой тестер на измерительных клещах
diode and rectifier ~ тестер для проверки диодов и выпрямителей
ground ~ измеритель (сопротивления) заземления
ground(-electrode) resistance ~ измеритель сопротивления заземления
high-voltage ~ измеритель высокого напряжения
in-circuit ~ тестер для внутрисхемного контроля
insulation ~ измеритель (сопротивления) изоляции
leakage ~ тестер для проверки герметичности; течеискатель
magnet ~ магнитометр
pocket ~ карманный пробник
relay ~ прибор для проверки реле
semiconductor ~ полупроводниковый тестер
shorted-turn ~ прибор для обнаружения короткозамкнутых витков
surge ~ устройство для испытания (*обмоток*) импульсным перенапряжением
voltage ~ индикатор (наличия) напряжения
wear ~ установка для испытаний на износ

testing испытание; проверка; контроль
back-to-back ~ испытание методом взаимной нагрузки
beeper ~ проверка с подачей звукового сигнала
circuit (insulation) ~ испытание изоляции цепи
diagnostic ~ диагностическое испытание
electromagnetic ~ электромагнитная дефектоскопия
electromagnetic compatibility ~ проверка на электромагнитную совместимость
in-circuit ~ внутрисхемный контроль
joint ~ испытание соединений
nondestructive dielectric ~ неразрушающее испытание изоляции
overvoltage ~ испытание на электрическую прочность; испытание на электрический пробой
periodic ~ периодическая проверка
protective circuit ~ испытание защитной цепи
strain-gage ~ тензометрирование

thermal shock ~ испытание тепловыми ударами
vacuum ~s испытания в вакууме
tetrapolar четырёхполюсный
textolite текстолит
glass ~ стеклотекстолит
theorem теорема
constant-flux-linkage ~ теорема о постоянстве потокосцепления
maximum power transfer ~ теорема о максимуме отдаваемой мощности
Nyquist ~ теорема Найквиста
reactance ~ закон коммутации для индуктивного накопителя
reciprocity ~ теорема взаимности
similarity ~ теорема подобия
superposition ~ теорема суперпозиции
Thevenin's ~ теорема об активном двухполюснике; теорема об эквивалентном генераторе
theory теория
~ of oscillations теория колебаний
~ of stability теория устойчивости
circuit ~ теория цепей
classical field ~ классическая теория поля
control ~ теория автоматического регулирования, ТАР; теория автоматического управления, ТАУ
dimensional ~ теория размерностей
duality ~ теория двойственности
electromagnetic ~ электромагнитная теория; теория электромагнетизма
electromagnetic ~ of light электромагнитная теория света
electron ~ электронная теория
field ~ теория поля
graph ~ теория графов
information ~ теория информации
network flow ~ теория потокораспределения
reliability ~ теория надёжности
set ~ теория множеств
similarity ~ теория подобия
stability ~ теория устойчивости
switching-circuit ~ теория релейных схем
transmission-line ~ теория линий передачи
two-reaction ~ теория (синхронной машины) с двумя составляющими реакции якоря
unified electrical machine ~ обобщённая теория электрических машин
unified field ~ обобщённая теория поля
vibration ~ теория колебаний
thermiance нагревостойкость

THERMISTOR

thermistor терморезистор, термистор
    directly heated ~ терморезистор прямого подогрева
    head ~ бусинковый терморезистор
    indirectly heated ~ терморезистор косвенного подогрева
    negative temperature coefficient ~ терморезистор с отрицательным температурным коэффициентом сопротивления, терморезистор с отрицательным ТКС
    positive temperature coefficient ~ терморезистор с положительным температурным коэффициентом сопротивления, терморезистор с положительным ТКС
    undirectly heated ~ терморезистор косвенного подогрева
thermocouple термопара
    bare ~ незащищённая [открытая] термопара
    base-metal ~ термопара из неблагородных металлов
    contact ~ контактная термопара
    copper/constantan ~ термопара «медь—константан»
    differential ~ дифференциальная термопара
    fast ~ малоинерционная термопара
    immersion ~ погружная термопара
    insulated ~ изолированная (от объекта) термопара
    iron/constantan ~ термопара «железо—константан»
    noble-metal ~ термопара из благородных металлов
    quick-response ~ малоинерционная термопара
    radiation ~ радиационная термопара
    sheathed ~ защищённая термопара
    shielded ~ экранированная термопара
    shock-proof ~ ударoустойчивая термопара
    thin-film ~ тонкоплёночная термопара
    two-hole ceramic-bead insulator ~ термопара с изоляцией (*проводников*) двухотверстными керамическими шайбами
    uninsulated ~ неизолированная (от объекта) термопара
    unshielded ~ неэкранированная термопара
    vacuum ~ вакуумная термопара
thermocryostat термокриостат
thermoelectric термоэлектрический
thermoelectricity термоэлектричество
thermoelectron тепловой электрон, термоэлектрон
thermoelement термоэлемент
    multijunction ~ многослойный термоэлемент
    semiconductor ~ полупроводниковый термоэлемент
thermoemf термоэдс
thermogalvanometer термоэлектрический гальванометр, термогальванометр
thermogram термограмма
thermograph термограф, регистрирующий термометр
thermojunction термоспай; спай термопары
thermoluminescence термолюминесценция
thermometal биметалл
thermometer термометр
    bimetal ~ биметаллический термометр
    electric ~ электрический термометр
    electric-contact ~ электроконтактный термометр
    magnetically attached ~ термометр, укрепляемый с помощью магнита
    mercury distant-reading ~ ртутный термометр с дистанционным отсчётом
    metal-film resistance ~ металлоплёночный термометр сопротивления
    resistance ~ термометр сопротивления
    thermocouple ~ термоэлектрический термометр
thermomultiplier термоэлектрическая батарея, термобатарея
thermopile термоэлектрическая батарея, термобатарея; термопреобразователь; термоэлемент
thermoplastic термопласт(ический материал)
thermoplasticity термопластичность
thermopower термоэдс
thermoreactive термореактивный
thermoregulator терморегулятор
thermorelay термореле, тепловое реле
thermoresistor терморезистор, термистор
thermosnap автоматический выключатель с тепловой защитой от перегрузки
thermostability теплостойкость; теплоустойчивость
thermostat 1. термостат 2. стабилизатор температуры
    fire-alarm ~ датчик пожарной сигнализации
    fixed-point fire-alarm ~ датчик пожар-

THYRISTOR

ной сигнализации с заданной уставкой на температуре
thermoswitch термовыключатель
thermotolerant термостойкий
thickness толщина
  double ~ of insulation двойная толщина изоляции
  insulation ~ толщина изоляции
  tooth ~ толщина зубца
thimble 1. кабельный наконечник **2.** коуш; ушко; серьга **3.** «напёрсток», наконечник (*на штыре*)
  absorber rod ~ канал стержня-поглотителя
  guide ~ направляющее кольцо (*опора трубок ТВЭЛов*)
thread 1. жила **2.** нить; шнур
  plasma ~ плазменный шнур
threading прокладка внутренней проводки в трубах
three-core 1. трёхжильный **2.** трёхстержневой
three-leg(ged) трёхстержневой
three-phase трёхфазный
three-pin трёхштырьковый
three-pole трёхполюсный
three-stage трёхкаскадный; трёхступенчатый
three-step трёхступенчатый
three-valve 1. трёхламповый **2.** трёхвентильный
three-wire трёхпроводный
threshold порог
  ~ of compounding порог компаундирования
  ~ of luminescence порог люминесценции
  ~ of sensitivity порог чувствительности
  actuator sensitivity ~ порог чувствительности исполнительного устройства
  explosive ~ взрывной порог
  fission ~ порог деления
  Geiger ~ порог Гейгера
  instrument ~ порог чувствительности измерительного прибора
  limit ~ порог ограничения
  luminance ~ порог яркости
  operating ~ порог срабатывания
  photoelectric ~ порог фотоэффекта
  preset ~ заданное пороговое значение
  resolution ~ порог разрешения
  susceptibility ~ порог восприимчивости
throttle дроссель(ный клапан)
throw 1. бросок; толчок; скачок **2.** ход; размах **3.** пазовый шаг ◇ **to ~ across the line** подключать непосредственно к сети, набрасывать нагрузку на сеть; **to ~ in** включать; **to ~ off** выключать; **to ~ over** переключать
  ~ of governor диапазон регулятора
  ~ of pointer отклонение стрелки
  ~ of pump ход насоса
  ballistic ~ баллистический отброс (*гальванометра*)
throw-back переключение
thrust 1. опора, упор **2.** осевое давление; осевая нагрузка **3.** реактивная движущая сила **4.** толчок; удар; напор; нажим ◇ **~ due to temperature** температурный удар; температурное давление; **~ due to wind pressure** усиление от давления ветра
  arc ~ импульс плазменного потока; отдача дуги
  axial ~ осевое [аксиальное] давление
  total ~ 1. полный напор **2.** полная тяга
thruster электрогидравлический преобразователь, ЭГП
thunderhead грозовой фронт
thunderstorm гроза
thyratron тиратрон
  cold-cathode ~ тиратрон с холодным катодом
  glow-discharge ~ тиратрон тлеющего разряда
  welding ~ сварочный тиратрон
thyristor тиристор
  auxiliary ~ вспомогательный тиристор
  avalanche ~ лавинный тиристор
  bidirectional ~ симистор
  bidirectional diode ~ симметричный диодный тиристор, симметричный динистор
  bidirectional triode ~ симметричный триодный тиристор
  diode ~ диодный тиристор, динистор
  fast ~ быстродействующий тиристор
  flat-packaged ~ тиристор с плоским корпусом
  gate-assisted turn-off ~ тиристор с ускоренным запиранием по управляющему переходу
  gate turn-off ~ 1. запираемый тиристор (*по обратному переходу*) **2.** тиристорный выключатель
  high-power ~ тиристор большой мощности
  inverter ~ инвертирующий тиристор
  light-activated [light-triggered] ~ светоуправляемый тиристор, фототиристор
  main ~ основной тиристор

TICKLER

n-gate ~ тиристор с управляющим электродом *n*-типа
p-gate ~ тиристор с управляющим электродом *p*-типа
press-fit ~ тиристор в опрессованном корпусе
reverse-biased ~ тиристор, смещённый в обратном направлении
reverse-blocking ~ тиристор, не проводящий в обратном направлении
reverse-blocking triode ~ триодный тиристор, не проводящий в обратном направлении
reverse-conducting ~ тиристор, проводящий в обратном направлении
reverse-conducting diode ~ диодный тиристор, проводящий в обратном направлении
reverse-conducting triode ~ триодный тиристор, проводящий в обратном направлении
stud-mounted ~ тиристор штифтовой конструкции
symmetrical ~ симметричный тиристор
tetrode ~ тетродный тиристор
three-terminal [triode] ~ триодный тиристор, тринистор
turn-off ~ выключаемый тиристор; полностью управляемый тиристор
two-terminal ~ диодный тиристор, динистор
unidirectional diode ~ однонаправленный диодный тиристор
unilateral ~ однонаправленный тиристор

tickler 1. регулятор силы тока, баретер **2.** анодная катушка обратной связи
tie 1. связь ‖ связывать **2.** объединяющая линия
  bulk transfer ~ магистральная связь для передачи мощности
  bus ~ перемычка; междушинное соединение
  end-winding binding ~ обвязка лобовых частей обмотки
  field ~s внешние связи (*между энергообъектами*)
  flexible ~ гибкая шинка
  intercompany ~s связи между энергокомпаниями
  interconnection ~ межсистемная связь
  normally-closed ~ нормально замкнутая связь (*с соседними энергосистемами*)
  normally-open ~ нормально разомкнутая связь (*с соседними энергосистемами*)
  strong ~ сильная связь (*в энергосистеме*)
  synchronous ~ синхронная связь
  terminal ~ оконечная привязка проводов
  weak ~ слабая связь (*в энергосистеме*)
tie-line (межсистемная) линия связи
tie-tripping отключение линии связи
tighten 1. натягивать; затягивать **2.** уплотнять
tightness 1. плотность **2.** прижатие (*к контактам*) **3.** натяг
tilt наклон
  collector ~ угол наклона коллектора (*солнечной электростанции*)
  pulse ~ наклон вершины импульса
  wave ~ наклон фронта импульса
time время ◊ ~ **to flashover** время пробоя; ~ **to stable closed condition** время устойчивого замыкания (*контактов*); ~ **to stable open condition** время устойчивого размыкания (*контактов*)
  ~ **of operation** время срабатывания
  ~ **of persistence** время послесвечения
  ~ **of recovery** время нарастания [восстановления] электрического сигнала (*до 95% установившейся величины*)
  ~ **of response** время реакции
  ~ **of travel** время перемещения
  accelerating [acceleration] ~ время ускорения, время разгона
  action ~ время срабатывания (*реле*)
  active preventive maintenance ~ оперативное время профилактического обслуживания
  activity ~ продолжительность работы
  activity expected ~ ожидаемое время окончания работы
  activity flow ~ ожидаемая продолжительность работы
  activity slack ~ резерв времени работы
  actuation ~ время срабатывания (*реле*)
  allowed ~ допустимая продолжительность
  alternator voltage recovery ~ время восстановления напряжения генератора переменного тока
  arc(ing) ~ время (горения) дуги
  averaging ~ время усреднения
  backup ~ время резервирования
  basic ~ основное время, наименьшее время срабатывания (*дистанционной защиты*)
  beam dead ~ время обратного хода луча

TIME

bench ~ продолжительность стендовых испытаний
blanking ~ время гашения
bounce ~ время дребезга (*контактов*)
braking ~ время торможения
break ~ время разрыва, время отключения
breaker operation ~ время действия выключателя
bridging ~ время переключения, время перехода (*реле*)
build(ing)-up ~ 1. время нарастания, время восстановления 2. длительность фронта (*импульса*)
burning ~ время горения
carrier storage ~ время накопления носителей (*заряда*)
cathode heating ~ время разогрева катода
cathode preheating ~ время предварительного разогрева катода
changeover ~ время переключения
charge ~ время заряда
charge transit ~ время пролёта заряда
charging ~ время заряда
circuit-commutated turn-off ~ время выключения при коммутации цепи (*тиристором*)
clearing ~ время отключения КЗ
clipping ~ постоянная времени ограничителя
closing (operating) ~ время замыкания
computer ~ машинное время
contact(-action) ~ время срабатывания контактов (*реле*)
control ~ время регулирования
conversion ~ время преобразования
cooling ~ время охлаждения
crash ~ критическое время
critical clearing ~ критическое время отключения
critical fault clearance ~ предельное время отключения КЗ
cutoff ~ 1. момент запирания 2. время нахождения в запертом состоянии
cyclic ~ длительность цикла
dead ~ 1. время прохождения зоны нечувствительности 2. время бестоковой паузы
decay ~ 1. время спада, время затухания 2. длительность среза [заднего фронта] импульса
decelerating ~ время торможения
deionization ~ время деионизации
delay ~ время задержки
die-away ~ время затухания
discharge [discharging] ~ время разряда
disengaging ~ время размыкания (*контактов*)
down ~ время простоя
drop-off [drop-out] ~ время возврата, время отпадания
electrode dead ~ время запаздывания (механизма) электрода (*дуговой печи*)
electrode response ~ время реакции электродов (*дуговой печи*)
engaging ~ время замыкания (*контактов*)
estimated ~ of completion расчётное время окончания (*работы*)
estimated ~ of return to operation расчётное время до возобновления работы
extinguishing arc ~ время исчезновения дуги
fall ~ 1. время спада, время затухания 2. время среза (заднего фронта) импульса
fault-current occurrence ~ время существования тока КЗ
final action ~ время полного срабатывания (*реле*)
firing ~ время зажигания; время отпирания
flip-over ~ время опрокидывания (*триггерной схемы*)
forward recovery ~ время установления прямого напряжения
full ~ полное время
fuse arcing ~ время гашения дуги при срабатывании плавкого предохранителя
fuse melting ~ время плавления предохранителя
gate-controlled turn-off ~ время выключения по управляющему электроду (*тиристора*)
gate-controlled turn-on ~ время включения по управляющему электроду (*тиристора*)
generating station rated capacity usage ~ время использования установленной мощности электростанции
group delay ~ время групповой задержки
heater warm-up ~ время выхода на установившийся режим подогревателя
high-tension delay ~ время задержки при выключении высокого напряжения
high-tension warm-up ~ время выхода на установившийся тепловой режим при питании высоким напряжением

TIME

hold-up ~ время выдержки топлива (*после выгрузки его из реактора*)
idle ~ время простоя
ignition ~ время зажигания
ignitor firing ~ время поджигания вспомогательного разряда
insensitive ~ время прохождения зоны нечувствительности
interrepair ~ межремонтный период
interrupting ~ 1. время разрыва 2. время прерывания 3. время полного отключения
ionization ~ время ионизации
isolating ~ время действия разъединителя
lag ~ время запаздывания
lead ~ время опережения, время упреждения
leading edge (pulse) ~ длительность переднего фронта импульса
life ~ 1. срок службы 2. продолжительность кампании (*реактора*)
local summer ~ местное летнее время
local winter ~ местное зимнее время
locking [lock-on] ~ время вхождения в синхронизм
lost ~ время простоя
maintenance ~ время обслуживания
make ~ 1. время срабатывания (*реле*) 2. время включения
make-break ~ 1. время отключения выключателя при включении на КЗ 2. время бестоковой паузы (*при АПВ*)
make contact operating ~ время срабатывания замыкающего контакта
make contact release ~ время отпускания [отпадания] замкнутого контакта
maximum permissible short-circuit clearance ~ максимально допустимое время отключения КЗ
maximum resetting ~ максимальное время возврата
maximum transfer ~ максимальное время передачи
mean cycle ~ средняя продолжительность цикла
mean ~ to failure среднее время наработки на отказ
mean ~ to restore среднее время восстановления
mean working ~ средняя продолжительность рабочего состояния
melting ~ время плавления
minimum critical clearing ~ минимальное критическое время отключения
neutron generation ~ время жизни поколения нейтронов

nominal acceleration ~ номинальное время ускорения
off ~ время отключения
off-peak ~ время провала нагрузки
on ~ время включения
on-off ~ 1. время пуска и останова 2. скважность (*импульсов*)
opening ~ собственное время отключения, время размыкания
operate [operating, operation] ~ время срабатывания; время действия
out-of-service ~ время простоя
output-capacitor discharge ~ время разряда выходного конденсатора
overall fault clearance ~ полное время отключения повреждения
overall response ~ общее время реакции (*системы*)
overall transfer [overall transmission] ~ *телемех.* полное время передачи
overload recovery ~ время восстановления после перегрузки
peak-load ~ период пика нагрузки
persistence ~ время послесвечения
pickup ~ время срабатывания
post-trigger ~ время после пуска (*защиты или сигнализации*)
prearcing ~ 1. время формирования дуги 2. время плавления [перегорания] плавкой вставки
predischarge ~ предразрядное время
preset delay ~ заданная выдержка времени
pre-trigger ~ время до пуска (*защиты или сигнализации*)
pull-in ~ время вхождения в синхронизм
pull-up ~ время срабатывания (*реле*)
pulse ~ длительность импульса
pulse decay [pulse fall] ~ длительность заднего фронта импульса; время спадания [задержки] импульса
pulse leading-edge [pulse rise] ~ длительность переднего фронта импульса; время нарастания импульса
pulse trailing-edge ~ длительность заднего фронта импульса; время спадания [задержки] импульса
rate ~ коэффициент усиления по скорости
rated capacity using ~ продолжительность использования установленной мощности
rated duration ~ время работы в номинальном режиме
reaction ~ 1. время срабатывания 2. постоянная времени
reading ~ время отсчёта; время успокоения (*прибора*)

TIME

readout ~ время считывания
real ~ реальное [истинное] время
recharge [recharging] ~ время перезаряда (*аккумулятора*)
reclaim ~ время возврата (*реле*)
reclosing [reclosure] ~ пауза [чистое время] АПВ
recovery ~ время восстановления; время возврата
reference ~ начало отсчёта времени
refreshment ~ время обновления информации
relative duty ~ относительное время рабочего режима
relay actuation ~ время срабатывания реле
relay bouncing ~ время дребезга контактов реле
relay effective ~ полное время срабатывания реле
relay operate ~ время срабатывания реле
relay release ~ время возврата реле
relay seating ~ чистое время работы реле (*до момента посадки якоря в нужное положение*)
relay spring rebound ~ время срабатывания пружины реле
relay transfer ~ время перекидки реле
release ~ время возврата, время отпускания
repetition ~ время повторения, время цикла
reset ~ время возврата в исходное положение
residence ~ время пребывания (*ТВЭЛов в реакторе*)
resolution [resolving] ~ время разрешения, разрешающая способность по времени
response ~ 1. время реакции 2. время регулирования 3. время срабатывания 4. время действия, быстродействие
restart ~ время повторного пуска (*после перерыва электропитания*)
resting ~ время между соседними импульсами
restoration ~ время восстановления
retrace ~ время обратного хода луча
return(ing) ~ 1. время возврата 2. время обратного хода луча
reverse recovery ~ 1. время переключения 2. время восстановления запорного слоя (*в полупроводниках*)
ring(ing) ~ длительность вынужденных колебаний
rise ~ 1. время нарастания; время подъёма; время восстановления 2. длительность переднего фронта импульса
running ~ время работы, время эксплуатации
running-down ~ время выбега (*ротора*)
scan flyback ~ длительность обратного хода развёртки
sensing ~ интервал выборки (*для регистрирующих потенциометров*)
servicing ~ время обслуживания
set ~ установленное время, уставка по времени
short-circuit clearance ~ время отключения КЗ
signal-conversion ~ время преобразования сигнала
signal transit ~ время прохождения сигнала
slowing ~ время выбега, продолжительность движения по инерции
specified ~ (заданная) выдержка времени
stabilization ~ время стабилизации, длительность переходного процесса
standby ~ время в резерве
standing ~ время простоя
start(ing) ~ 1. время разгона 2. время пуска
step-response ~ время отработки скачка
stopping ~ время останова
storage ~ время хранения
switching ~ время переключения, время коммутации
synchronous ~ синхронное время
system ~ системное время
telecontrol transfer ~ время телепередачи
total break ~ полное время отключения
total lead ~ полное время опережения
total operating of a fuse полное время отключения цепи предохранителем
total starting ~ общее время готовности
trailing-end ~ время заднего фронта импульса
transfer ~ время переноса (*разряда в газе*)
transit ~ время перехода контактов
transmission delay ~ время задержки при передаче
travel ~ время распространения волны
trip(ping) ~ время отключения
trouble-shooting ~ длительность поиска неисправностей

TIME-AND-FREQUENCY

turn-off ~ время отключения, время выключения
turn-on ~ время включения
turn on/off ~ время переключения витков (*коллектором электрической машины*)
unit warm-up ~ время готовности блока питания
unloading ~ продолжительность разгрузки
updating ~ время обновления информации
utilization ~ время использования
voltage ~ **to breakdown** предразрядное время
wait(ing) ~ **1.** продолжительность ожидания **2.** простой по техническим причинам
warm-up ~ время прогрева
working ~ рабочее время
time-and-frequency частотно-временной
time-base 1. временна́я развёртка (*в осциллографе*) **2.** ось времени **3.** генератор развёртки
time-dependent зависимый от времени
time-independent независимый от времени
time-lag выдержка времени
timer таймер; реле (выдержки) времени
  automatic spark ~ автоматический регулятор опережения зажигания
  control ~ датчик времени
  cycle ~ реле времени
  cycle repeat(er) ~ времяимпульсный датчик
  dead ~ реле времени АПВ
  delay ~ реле времени
  electronic ~ **1.** электронный датчик времени **2.** электронное реле времени
  ignition ~ распределитель (моментов) зажигания
  impulse ~ импульсное реле времени
  interval ~ таймер, реле времени
  mechanical ~ таймер с пружинным заводом
  multicontact ~ многоконтактное реле времени
  nonsynchronous ~ несинхронный таймер
  pneumatic ~ пневматический таймер
  preset ~ реле времени с регулируемой уставкой
  programmable ~ программируемый таймер
  pulse ~ импульсное реле времени
  push-button ~ реле времени с кнопочным управлением
  self-repeat ~ реле времени с самоповторяющимся циклом
  self-resetting ~ таймер с самовозвратом
  synchronous ~ синхронный таймер
  watch dog ~ сторожевой таймер
timing 1. синхронизация **2.** установка фаз распределения **3.** настройка выдержки (*реле времени*) **4.** распределение интервалов времени **5.** регулировка момента зажигания
  ~ **of signals** синхронизация сигналов
  early ~ опережение зажигания
  ignition ~ **1.** регулировка зажигания **2.** опережение зажигания
  pulse ~ синхронизация импульсов
  repeat-cycle ~ выработка импульса времени
tin 1. олово **2.** белая жесть **3.** лудить
tin-coated лужёный
tin-electroplated лужённый гальваническим способом
tinfoil оловянная фольга
tinning лужение
  cold ~ холодное лужение
  contact ~ контактное лужение
  hot-dip ~ горячее лужение
  wire ~ лужение проволоки
tinsel оловянная фольга
tip 1. штырь (*кабельного разъёма*) **2.** наконечник **3.** контакт (*реле*)
  ~ **of hysteresis loop** вершина петли гистерезиса
  arc ~ кончик электрической дуги
  blade ~ конец лопасти
  contact ~ контакт-деталь; контактная насадка
  electrode ~ наконечник электрода (*дуговой печи*)
  plug ~ наконечник штепсельной вилки
  pole ~ **1.** край полюса **2.** полюсный наконечник
  tooth ~ головка зубца
toaster:
  electric ~ электрический тостер, электротостер
T-off Т-образное ответвление
toggle 1. коромысло (*напр. в переключателе*) **2.** бистабильная схема **3.** вилка отвода **4.** переключать
tolerance допуск
  ~ **of setting of a thermostatic switch** допуск на температурную уставку термостатического выключателя
  adjustment ~ допуск на регулировку
  capacitance ~ допустимое отклонение ёмкости
tongue 1. язык, язычок; лапка, лепесток **2.** шпунт; шпонка; гребень; выступ **3.** якорь (*электромагнитного реле*)

TORQUE

4. сомкнутый конец свинцовой оболочки (*кабеля*)
90° double ~ промежуточное звено с поворотом осей отверстий на 90°
tongs клещи; щипцы
  cable hanger ~ клещи [щипцы] для надевания кабельных подвесов с земли
  draw ~ клещи для натягивания проводов
  fuse ~ клещи для (замены) предохранителей
  gripping ~ плоскогубцы
  isolated ~ изолирующие клещи
  stripping ~ щипцы для снятия и зачистки изоляции
tool инструмент
  assembly ~ инструмент для монтажно-сборочных работ
  crimp(ing) ~ обжимной инструмент
  electric ~s электроинструменты
  electrically driven ~s инструменты с электроприводом
  extraction ~ инструмент для извлечения контактов
  hand ~ ручной инструмент
  insertion ~ инструмент для вставки контактов
  removal ~ инструмент для извлечения контактов
  sizing ~ мерительный инструмент
  strip ~ устройство для снятия и зачистки изоляции
  unwrapping ~ инструмент для демонтажа навивного соединения
  wrapping ~ инструмент для навивки
  wrap removal ~ инструмент для демонтажа навивного соединения
tooth зубец
  armature ~ зубец (сердечника) якоря
top верх; вершина
  ~ **of slot belt** зона обмотки у вершин пазов
  mode ~ центр зоны колебаний
  pole ~ верхняя часть [головка] мачты ВЛ
torch 1. карманный фонарь **2.** сварочная горелка; паяльная лампа
  brazing ~ паяльная лампа
  electric ~ карманный электрический фонарь
  heating ~ паяльная лампа
  nontransferred arc plasma ~ плазменная горелка косвенного нагрева
  plasma ~ плазменная горелка
  soldering ~ паяльная лампа
  superimposed arc plasma ~ плазменная горелка с вынесенной дугой
  turbulent plasma ~ горелка с турбулентным потоком плазмы
torchere торшер; напольный светильник
torque крутящий момент; вращающий момент ◇ ~ **at rated load** момент при номинальной нагрузке
  accelerating ~ **1.** ускоряющий момент **2.** пусковой момент
  backward ~ вращающий момент в противоположном направлении
  brake [braking] ~ тормозной момент
  breakaway ~ момент трогания (*электродвигателя*)
  breakdown ~ опрокидывающий вращающий момент
  cogging ~ синхронный момент в асинхронном двигателе
  controlling ~ разность движущего и противодействующего моментов (*подвижной системы*)
  coupling ~ крутящий момент в соединительном узле
  damping ~ демпфирующий момент, момент успокоения
  decelerating ~ тормозной момент
  deflecting ~ отклоняющий момент
  developed ~ развиваемый момент
  driving ~ вращающий момент; движущий момент
  electromagnetic ~ электромагнитный момент
  generator ~ генераторный момент
  generator-exciter ~ скручивающий момент на валу между генератором и возбудителем
  harmonic ~ вращающий момент от высших гармоник
  idling ~ крутящий момент на холостом ходу
  kick-off ~ **1.** момент трогания **2.** толчковый момент
  locked-rotor ~ (вращающий) момент при заторможённом роторе
  maximum ~ максимальный момент
  maximum electrical ~ максимальный электрический момент
  maximum positive ~ максимальный положительный момент (*на реле*)
  motor ~ двигательный момент
  motor stall ~ начальный пусковой момент двигателя
  nominal pull-in ~ номинальный входной момент (*синхронного двигателя*)
  operating ~ **of variable resistor** момент на оси переменного резистора
  oscillatory transient ~ пульсирующий вращающий момент в переходном процессе
  overturn ~ опрокидывающий момент

TORQUEMETER

peak ~ максимальный вращающий момент
peak shaft ~ максимальный скручивающий момент на валу
pull-in ~ входной [подсинхронный] (вращающий) момент (*синхронной машины*)
pull-out ~ максимальный длительный (вращающий) момент (*синхронной машины*)
pull-up ~ минимальный пусковой момент (*электродвигателя переменного тока*)
rated load ~ номинальный вращающий момент
reluctance ~ момент явнополюсности; реактивный момент
reset ~ момент на возврат (*у реле мощности*)
restoring ~ восстанавливающий [возвращающий] момент
running ~ вращающий момент работающего двигателя
shaft short-circuit ~ скручивающий момент на валу (*электрической машины*) при КЗ
specified breakaway ~ нормированный момент трогания (*при заданной нагрузке*)
starting ~ пусковой момент
static ~ начальный пусковой момент (*электродвигателя*), момент (*электродвигателя*) при неподвижном роторе
switching ~ (вращающий) момент переключения (*при пуске*)
synchronizing ~ синхронизирующий момент
synchronous ~ синхронный момент
synchronous pull-out ~ максимальный вращающий момент синхронной машины
torsion ~ крутящий момент
torquemeter измеритель момента (*вращения*)
torquer многополюсный серводвигатель
torque-synchro силовой сельсин
torsiometer крутильный динамометр; торсиометр
tower опора; мачта; башня (*высоковольтной линии*)
    angle ~ угловая опора
    angle suspension ~ угловая промежуточная опора
    Darrieus ~ опора Дарье
    dead-end ~ концевая опора
    flexible ~ гибкая опора
    guyed ~ опора на оттяжках
    lattice ~ решётчатая опора
    rigid ~ жёсткая опора
    single circuit ~ одноцепная опора
    single member stayed ~ одностоечная опора с оттяжками
    stayed ~ опора с оттяжками
    stayed V ~ V-образная опора с оттяжками
    stayed Y ~ Y-образная опора с оттяжками
    suspension ~ промежуточная опора
    terminal ~ концевая опора
    transmission ~ опора ЛЭП
    trellis ~ решётчатая мачта ВЛ
    turbine ~ ветроэнергетическая установка
trace 1. след 2. запись (*самописца*) 3. ход [линия] развёртки
    beam ~ след луча
    dark ~ темновая запись
    oscillograph ~ осциллограмма, запись осциллографа
    return ~ обратный ход
    sweep ~ линия развёртки
    time ~ ось времени (*на осциллографе*)
tracer 1. следящее устройство 2. самописец 3. прибор для определения обрыва в цепи 4. цветная маркировочная нить (*в оболочке провода*)
    electronic ~ электронное копировальное устройство
    isotopic ~ изотопный индикатор
    multiple ~ многокомпонентный индикатор
    signal ~ прибор для покаскадной проверки устройства
    voltage-curve ~ самопишущий вольтметр
tracing 1. слежение; отслеживание 2. трассировка 3. записанная кривая 4. обнаружение [прослеживание] неисправностей
    arc ~ след дуги
    signal ~ проверка прохождения сигнала
track 1. след ‖ отслеживать 2. дорожка (*записи*); запись (*самописца*) 3. трассирование
    circuit-breaker ~ выкатная тележка для выключателя
    clock ~ дорожка синхронизации
    conducting ~ проводящая дорожка
    control ~ управляющая дорожка
    decay ~ след частицы распада
    digit(al) ~ цифровая дорожка
    heavy ~ след сильноионизирующей частицы, сильный след
    magnetic ~ магнитная дорожка

magnetic sound ~ магнитная звуковая дорожка
race ~ **1.** траектория частицы (*в резонансном ускорителе*) **2.** рейс-трек (*тип ускорителя*)
recording ~ дорожка (для) записи
servocontrol ~ управляющая дорожка, дорожка автоматического управления
slip-ring ~ след (*токов утечки*) на поверхности контактных колец
sound ~ звуковая дорожка; фонограмма
timing ~ хронирующая дорожка (*на барабане ЗУ*)
tracker следящая система
tracking 1. слежение **2.** сопряжение (*контуров*) **3.** трекинг диэлектриков
   peak power ~ регистрация максимальной мощности
traction электрическая тяга, электротяга
   battery (electric) ~ аккумуляторная (электро)тяга
   electric ~ электрическая тяга, электротяга
   static rectifier ac ~ электрическая тяга переменного тока со статическими преобразователями переменного тока в постоянный
   synchronous phase converter ac ~ электрическая тяга переменного тока с преобразованием энергии однофазного тока в энергию трёхфазного
   thermoelectric ~ теплоэлектрическая тяга
train 1. последовательность, цепочка **2.** пакет, пачка (*импульсов*)
   ~ **of impulses** последовательность импульсов
   bled-steam feed-heating ~ ряд теплообменников для подогрева питательной воды паром из отбора турбины
   electrical ~ электропоезд
   interrupted sinusoidal wave ~ прерванная серия синусоидальных волн
   pulse ~ последовательность импульсов
   shaft ~ валопровод (*напр. турбогенератора*)
   vector ~ цепочка векторов
   wave ~ последовательность волн
training тренировка (*напр. элементов*)
   antiemergency ~ тренировка действий в аварийных условиях
   dispatcher ~ тренировка диспетчера
   personnel ~ подготовка персонала

transadmittance полная межэлектродная проводимость
   forward ~ полная межэлектродная проводимость прямой передачи
   interelectrode ~ полная межэлектродная проводимость
   reverse ~ полная межэлектродная проводимость обратной передачи
transbooster регулируемый реактор для стабилизации напряжения
transconductance 1. крутизна характеристики (*электронной лампы*) **2.** активная межэлектродная проводимость
   conversion ~ крутизна преобразования
   interelectrode ~ активная межэлектродная проводимость
transducer 1. преобразователь **2.** первичный измерительный преобразователь; датчик
   active ~ активный преобразователь
   amplified ~ измерительный преобразователь с усилителем
   all-pass ~ всечастотный преобразователь; идеальный преобразователь
   analog ~ аналоговый преобразователь
   bidirectional [bilateral] ~ двунаправленный преобразователь
   capacitance [capacitive] ~ ёмкостный первичный преобразователь
   capacitively coupled ~ ёмкостный трансформатор напряжения
   constant-current output ~ измерительный преобразователь с токовым выходом
   contactless ~ бесконтактный датчик
   conversion ~ преобразователь частоты
   crystal ~ пьезоэлектрический преобразователь
   current ~ преобразователь тока
   current controlling ~ магнитный усилитель-управляемый источник тока
   dc ~ преобразователь постоянного типа
   differential ~ дифференциальный первичный преобразователь
   differential transformer ~ дифференциальный трансформатор-преобразователь
   digital ~ цифровой преобразователь
   direct-acting ~ датчик прямого действия
   displacement ~ датчик перемещения
   electric ~ электрический первичный преобразователь
   electric energy ~ преобразователь электрической энергии

TRANSDUCER

electric signal ~ преобразователь электрических сигналов
electroacoustic ~ электроакустический преобразователь
electromagnetic ~ электромагнитный датчик
electrooptical ~ электрооптический преобразователь
electropneumatic ~ электропневматический преобразователь
electrostatic ~ электростатический преобразователь
fast-response ~ быстродействующий преобразователь
frequency ~ индуктивный датчик, преобразователь частоты
gas-discharge ~ газоразрядный датчик
generating ~ генераторный датчик
Hall(-effect) ~ датчик Холла
ideal ~ идеальный измерительный преобразователь
inductance [inductive] ~ индуктивный первичный преобразователь
laminated ~ пластинчатый преобразователь
linear ~ датчик с линейной характеристикой
liquid-resistance ~ жидкостно-потенциометрический датчик
magnetic ~ магнитный первичный преобразователь
magnetoelastic ~ магнитоупругий датчик
magnetoelectric [magnetoresistive] ~ магниторезистивный первичный преобразователь
magnetostrictive ~ магнитострикционный первичный преобразователь
measuring ~ первичный измерительный преобразователь, датчик
mechanical-electric ~ 1. преобразователь механических величин в электрические 2. электрический датчик смещения
modulating ~ параметрический первичный преобразователь
moving-coil ~ магнитоэлектрический датчик
multiphase ~ многофазный преобразователь
nonamplified ~ измерительный преобразователь без усилителя
noncontact(ing) ~ бесконтактный датчик
one-element power ~ односистемный датчик мощности
optic(-to)-electronic ~ оптоэлектронный преобразователь
passive ~ пассивный преобразователь
photoelectric ~ фотоэлектрический первичный преобразователь
piezoelectric ~ пьезоэлектрический первичный преобразователь
potentiometric ~ потенциометрический первичный преобразователь
power ~ датчик мощности
pressure ~ датчик давления
pressure-difference ~ датчик разности давлений
pulse ~ импульсный датчик
radioactive ~ радиоактивный датчик
rate-of-turn ~ преобразователь частоты вращения
receiving ~ приёмный преобразователь
reciprocal ~ обратимый преобразователь
resistance ~ резистивный первичный преобразователь
resistance pressure ~ потенциометрический датчик давления
resistive ~ резистивный первичный преобразователь
resonance-type frequency ~ резонансный датчик частоты
ribbon ~ датчик со связями на гибких проводах
sensing ~ чувствительный элемент, датчик
solid-state ~ статический преобразователь
speed(-of-rotation) ~ датчик частоты вращения
strain gage ~ тензометрический преобразователь
telemeter(ing) ~ датчик телеизмерений
temperature ~ температурный датчик
thermoelectric ~ термоэлектрический первичный преобразователь
thin-film ~ тонкоплёночный преобразователь
three-element power ~ трёхэлементный датчик мощности
tooth-wheel magnetic ~ датчик частоты вращения с ротором в виде зубчатого колеса
torque ~ датчик вращающего момента
transmitting ~ датчик
true-value ~ датчик действительных значений
tuning-fork ~ камертонный преобразователь
two-element power ~ двухсистемный датчик мощности

TRANSFORMATION

two-port ~ двухплечий преобразователь
ultrasonic ~ ультразвуковой первичный преобразователь
vacuum tube ~ параметрический электронно-вакуумный датчик
variable capacitance ~ ёмкостный датчик; датчик с изменяющейся ёмкостью
variable inductance ~ индукционный датчик; датчик с изменяющейся индуктивностью
variable potentiometer ~ потенциометрический датчик
variable reactance ~ индукционный датчик; датчик с изменяющимся реактивным сопротивлением
variable reluctance ~ магнитоэлектрический первичный преобразователь
variable resistance ~ резистивный датчик; датчик с изменяющимся сопротивлением
velocity ~ датчик скорости
vibrating-wire ~ струнный датчик
vibration ~ датчик вибраций
voltage controlling ~ магнитный усилитель, управляющий напряжением
watt ~ датчик активной мощности
zero-sequence voltage ~ датчик напряжения нулевой последовательности

transducer-converter датчик-преобразователь
transduction преобразование
  capacitive ~ ёмкостное преобразование
  inductive ~ индуктивное преобразование
transductor магнитный усилитель; насыщающийся (электрический) реактор, трансреактор
  autoexcited ~ магнитный усилитель с самовозбуждением
  auto self-excited ~ магнитный усилитель с самоподмагничиванием
  current controlling ~ магнитный усилитель-управляемый источник тока
  dc measuring ~ измерительный магнитный усилитель постоянного тока
  half-cycle ~ полупериодный магнитный усилитель; быстродействующий магнитный усилитель
  measuring ~ измерительный магнитный усилитель; магнитный модулятор
  parallel ~ магнитный усилитель с параллельным соединением рабочих обмоток
  series ~ магнитный усилитель с последовательным соединением рабочих обмоток
  voltage controlling ~ магнитный усилитель-управляемый источник эдс
transfer 1. перенос; передача; перевод ‖ переносить; передавать; переводить **2.** переключение (*на другой источник питания*) ‖ переключатель (*на другой источник питания*)
  ~ **of energy** передача энергии
  accidental voltage ~ аварийный перенос напряжения
  active-power ~ обмен активной мощностью; передача активной мощности
  automatic (load) ~ автоматический ввод резерва, АВР
  auxiliary motor-bus ~ автоматический ввод резерва двигателей собственных нужд
  bulk power ~ обмен мощностью в энергообъединении
  convective heat ~ конвективный теплообмен
  energy ~ передача энергии
  heat ~ теплообмен; теплопередача
  interarea [intertie] power ~ межсистемный обмен мощностью
  linear energy ~ линейная передача энергии
  load ~ переключение нагрузки
  power ~ обмен (активной) мощностью; передача (активной) мощности
transform трансформация; преобразование ‖ трансформировать; преобразовывать
  discrete Fourier ~ дискретное преобразование Фурье
  fast Fourier ~ быстрое преобразование Фурье, БПФ
  Fourier ~ преобразование Фурье
  inverse Laplace ~ обратное преобразование Лапласа
  Laplace ~ преобразование Лапласа
transformation трансформация; преобразование
  ~ **of electricity** трансформация электрической энергии
  ~ **of energy** преобразование энергии
  continuous Fourier ~ непрерывное преобразование Фурье, НПФ
  delta-star [delta-wye, delta-Y] ~ преобразование «треугольник — звезда»
  direct Fourier ~ прямое преобразование Фурье, ППФ
  discrete Fourier ~ дискретное преобразование Фурье, ДПФ
  energy ~ преобразование энергии

TRANSFORMER

Fourier ~ преобразование Фурье
inverse ~ обратное преобразование
Laplace ~ преобразование Лапласа
phase ~ **1.** преобразование фазы вторичного напряжения (*трансформатора*) по отношению к первичному **2.** преобразование числа фаз
star-delta ~ преобразование «звезда — треугольник»
tee-to-pi ~ преобразование Т-образной схемы в П-образную
wye-delta [Y-delta] ~ преобразование «звезда — треугольник»

transformer трансформатор
  adapter ~ патронный трансформатор малой мощности
  adjustable ~ регулируемый трансформатор
  air ~ воздушный трансформатор
  air-blast ~ трансформатор с искусственным воздушным охлаждением
  air-cooled ~ трансформатор с воздушным охлаждением
  air-core ~ воздушный трансформатор
  air-gap current ~ трансформатор тока с воздушным зазором
  air-immersed ~ сухой (воздушный) трансформатор
  analog signal matching ~ (сигнальный) трансформатор (для согласования) непрерывных сигналов; согласующий трансформатор
  antihunting ~ стабилизирующий трансформатор
  arc-welding ~ сварочный трансформатор
  audio-frequency ~ трансформатор звуковой частоты
  autoconnected ~ автотрансформатор
  autostarter ~ пусковой автотрансформатор
  auto-type ~ автотрансформатор
  auxiliary ~ трансформатор собственных нужд; дополнительный [вспомогательный] трансформатор
  balanced ~ симметричный трансформатор
  balancer ~ уравнительный трансформатор (*автотрансформатор с выведенной средней точкой*)
  balance-to-unbalance [balancing, balun] ~ симметрирующий трансформатор
  bar ~ стержневой трансформатор
  bar-primary winding current ~ трансформатор тока со стержневой первичной обмоткой
  bar-type ~ стержневой трансформатор
  bar-type current ~ стержневой трансформатор тока
  bell ~ звонковый трансформатор
  biassing ~ компенсационный трансформатор
  bifilar ~ бифилярный трансформатор
  booster ~ вольтодобавочный трансформатор
  branch ~ трансформатор с расщеплённой обмоткой
  bridge ~ дифференциальный трансформатор
  bucking ~ понижающий трансформатор
  build-in current ~ встроенный трансформатор тока
  busbar ~ шинный трансформатор
  busbar current ~ шинный трансформатор тока
  bushing-type (current) ~ проходной трансформатор (тока)
  bushing-type instrument ~ проходной измерительный трансформатор
  bypass ~ соединительный трансформатор, трансформатор для связи
  cable current ~ кабельный трансформатор тока
  capacitance [capacitor] voltage ~ ёмкостный трансформатор напряжения
  cascade ~ каскадный трансформатор
  cascade current ~ каскадный трансформатор тока
  cascade voltage ~ каскадный трансформатор напряжения
  center-tap(ped) ~ трансформатор с выведенной средней точкой
  clip-on current ~ измерительные клещи
  closed-core ~ трансформатор с замкнутым сердечником
  coaxial ~ коаксиальный трансформатор
  commercial subsurface ~ подземный промышленный трансформатор
  compensated current ~ компенсированный трансформатор тока
  compensated instrument ~ измерительный трансформатор с компенсацией фазовой погрешности
  compensator ~ вольтодобавочный трансформатор
  compound-wound current ~ трансформатор тока со вспомогательной обмоткой (*для компенсации фазовой погрешности*)
  condenser-type current ~ конденсаторный трансформатор тока

TRANSFORMER

constant-current ~ трансформатор с постоянной величиной тока
constant-voltage ~ трансформатор с постоянным вторичным напряжением
control(-circuit) ~ трансформатор для (питания) цепей управления; изолирующий трансформатор
conversion ~ переходной трансформатор
converter ~ трансформатор преобразователя
core-type ~ стержневой трансформатор
coupling ~ трансформатор (межкаскадной) связи
coupling capacitor voltage ~ ёмкостный трансформатор напряжения
current ~ трансформатор тока
current-balancing ~ трансформатор тока, включённый на сумму токов всех фаз
dc current ~ трансформатор постоянного тока
degassing ~ трансформатор для питания вакуумного насоса (*ртутного выпрямителя*)
designer specified ~ трансформатор по техническим требованиям проектировщиков
differential ~ дифференциальный трансформатор
directly connected current ~ трансформатор тока с непосредственным включением
distributing [distribution] ~ трансформатор распределительной сети; распределительный трансформатор
double-primary single-secondary current ~ трансформатор тока с двумя первичными обмотками и одной вторичной
double-wound (voltage) ~ двухобмоточный трансформатор (напряжения)
doughnut current ~ тороидальный трансформатор тока
dry-type ~ сухой трансформатор
electromagnetic voltage ~ электромагнитный трансформатор напряжения
electronic equipment power ~ трансформатор питания электронной аппаратуры
energy-limited ~ трансформатор с ограниченным выходом, трансформатор с повышенной реактивностью
feeder ~ распределительный трансформатор
feeding ~ питающий трансформатор
ferroresonant constant-voltage ~ феррорезонансный стабилизатор напряжения
fire-proofed ~ пожаробезопасный трансформатор
five-legged ~ пятистержневой трансформатор
fixed-ratio ~ трансформатор с постоянным коэффициентом трансформации
flash ~ трансформатор для испытания (на пробой) повышенным напряжением
forced oil-cooled ~ трансформатор, охлаждаемый принудительно циркуляцией масла
four-coil differential ~ четырёхобмоточный дифференциальный трансформатор
furnace ~ печной трансформатор
general ~ всеобщий трансформатор (*в теории переменных токов*)
general-purpose ~ трансформатор общего назначения
generator ~ генераторный трансформатор
grid ~ сетевой трансформатор
grounding ~ заземляющий трансформатор
ground sensor current ~ трансформатор тока с кольцевым сердечником
group-series loop isolating ~ разделительный трансформатор для питания группы последовательно включённых приёмников
heater ~ трансформатор в цепи накала
high-frequency ~ высокочастотный [ВЧ-]трансформатор
high-potential ~ высоковольтный трансформатор
high-power ~ трансформатор большой мощности
high power-factor ~ трансформатор с повышенным коэффициентом мощности
high-ratio ~ трансформатор с большим коэффициентом трансформации
high-voltage ~ высоковольтный трансформатор
house ~ трансформатор собственных нужд
hybrid ~ дифференциальный трансформатор
ideal ~ идеальный трансформатор
ignition ~ трансформатор зажигания
impedance ~ трансформатор полных сопротивлений
impedance-matching ~ согласующий трансформатор

TRANSFORMER

independent ~ автономный трансформатор
indoor ~ трансформатор внутренней установки
injection ~ вольтодобавочный трансформатор
input ~ входной трансформатор
instrument ~ измерительный трансформатор
instrument current ~ измерительный трансформатор тока
insulating ~ разделительный трансформатор
intermediate ~ промежуточный трансформатор
intermediate current ~ промежуточный трансформатор тока
intermediate voltage ~ промежуточный трансформатор напряжения
internal current ~ встроенный трансформатор тока
internal potential ~ встроенный трансформатор напряжения
interphase ~ междуфазный трансформатор
interposing ~ промежуточный трансформатор
intervening ~ промежуточный трансформатор
intervening current ~ промежуточный трансформатор тока
ironclad ~ бронированный трансформатор
iron-core ~ трансформатор со стальным сердечником
isolating [isolation] ~ разделительный трансформатор; изолирующий трансформатор
iso-type ~ трансформатор с изолированными (*первичной и вторичной*) цепями
laboratory current ~ лабораторный трансформатор тока
leakage reactance ~ трансформатор с повышенным (магнитным) рассеянием
Le Blanc ~ трансформатор Ле Блана для перехода с трёхфазного тока на двухфазный
lighting ~ трансформатор, питающий осветительные приборы
lightning-proof ~ молниезащищённый трансформатор
line ~ трансформатор распределительной сети
linear variable differential ~ регулируемый дифференциальный трансформатор с линейной характеристикой

line-tap ~ трансформатор на ответвлении от линии
liquid-cooled ~ трансформатор с жидкостным охлаждением
liquid-filled ~ трансформатор, заполненный жидким диэлектриком
logic memory ~ логический запоминающий трансформатор
low-power ~ трансформатор малой мощности
low power-factor ~ трансформатор с пониженным коэффициентом мощности
low-volt ~ трансформатор низкого напряжения; низковольтный трансформатор
LTC ~ трансформатор с переключением ответвлений под нагрузкой
magnetizing ~ трансформатор для намагничивания искусственных магнитов
mains ~ сетевой трансформатор
matching ~ согласующий трансформатор
matching audio-frequency ~ согласующий трансформатор звуковой частоты
matching balanced ~ симметричный согласующий трансформатор
matching high-frequency ~ согласующий трансформатор высокой частоты
matching input ~ согласующий входной трансформатор
matching interstage ~ согласующий межкаскадный трансформатор
matching low-frequency ~ согласующий трансформатор низкой частоты
matching output ~ согласующий выходной трансформатор
matching resonant ~ согласующий резонансный трансформатор
measuring ~ измерительный трансформатор
memory pulse ~ запоминающий импульсный трансформатор
metering ~ измерительный трансформатор
microminiature ~ микроминиатюрный трансформатор
micromodular ~ микромодульный трансформатор
mixing ~ трансформатор, преобразующий трёхфазную систему токов в однофазное напряжение
mobile ~ передвижной трансформатор
molded power ~ трансформатор с литой изоляцией

TRANSFORMER

movable-core ~ трансформатор с подвижным сердечником
multicircuit ~ многообмоточный трансформатор
multioperator welding ~ многопостовой сварочный трансформатор
multiphase high-leakage reactance ~ многофазный трансформатор с высокой реактивностью рассеяния
multiple ratio [multiratio] ~ трансформатор с несколькими коэффициентами трансформации
multiwinding ~ многообмоточный трансформатор
narrow-band matching ~ узкополосный (согласующий) трансформатор
natural-draught ~ трансформатор с естественным воздушным охлаждением
network ~ трансформатор распределительной сети; сетевой трансформатор
network decoupling ~ разделительный трансформатор
neutralizing ~ нейтрализующий трансформатор
nonflammable ~ пожаробезопасный трансформатор
oil ~ масляный трансформатор
oil-cooled ~ трансформатор с масляным охлаждением
oil-immersed ~ масляный трансформатор
on-board ~ трансформатор, установленный на аппарате
one-coil ~ автотрансформатор
one-to-one ~ разделительный трансформатор с коэффициентом трансформации, равным единице
on-load tape changing ~ трансформатор с переключением ответвлений под нагрузкой
open-core ~ трансформатор с разомкнутым сердечником
open dry-type ~ сухой трансформатор в открытом исполнении
oscillating [oscillation] ~ 1. трансформатор, связывающий колебательные контуры 2. высокочастотный [ВЧ-] трансформатор
outdoor ~ трансформатор наружной установки
output ~ выходной трансформатор
peak(ing) ~ пиковый трансформатор, пик-трансформатор; импульсный трансформатор
perfect ~ идеальный трансформатор
phase ~ 1. трансформатор для преобразования фазы вторичного напряжения по отношению к первичному 2. преобразователь числа фаз
phase-compensating ~ компенсированный трансформатор
phase-shifting ~ фазорегулятор, трансформатор поперечного регулирования напряжения
pilot isolation ~ вспомогательный изолирующий трансформатор
pilot supervision isolation ~ вспомогательный изолирующий трансформатор контроля соединительных проводов
planar ~ плоский трансформатор тока
pole-mounted [pole-top, pole-type] ~ мачтовый [столбовой] трансформатор
polyphase ~ многофазный трансформатор
potential ~ трансформатор напряжения
potential-current ~ комбинированный трансформатор тока и напряжения
power ~ 1. мощный трансформатор (*основной сети*) 2. силовой трансформатор
protective ~ защитный трансформатор
protective current ~ защитный трансформатор тока
protective voltage ~ защитный трансформатор напряжения
pulse ~ импульсный трансформатор
pulse forming ~ формирующий сигнальный импульсный трансформатор
pulse matching ~ импульсный согласующий трансформатор
pulsing ~ импульсный трансформатор
push-pull ~ трансформатор со средней точкой для двухтактного усилительного каскада
quenching ~ дугогасящий (заземляющий) трансформатор
reactor ~ реактор-трансформатор
rectifier ~ трансформатор для питания выпрямителя
reducing ~ понижающий трансформатор
regulating ~ регулировочный трансформатор
relay ~ трансформатор для реле
reserve ~ резервный трансформатор
residually connected voltage ~s трансформаторы напряжения, соединённые в схему открытого треугольника
resistance-grounded ~ трёхфазный

TRANSFORMER

трансформатор с заземлением нейтрали через резистор
resonance [resonant] ~ резонансный трансформатор
rhombic ~ ромбический трансформатор
ring ~ кольцевой трансформатор
ring-type current ~ трансформатор тока с кольцевым сердечником
rotary ~ вращающийся трансформатор
rotary welding ~ вращающийся сварочный трансформатор
rotating ~ вращающийся трансформатор
safe(ty) ~ трансформатор безопасности
saturated current ~ насыщающийся трансформатор тока
Scott-connected ~ трансформатор, соединённый по схеме Скотта (*для преобразования числа фаз*)
sealed dry-type ~ герметизированный трансформатор
self-cooled ~ трансформатор с естественным (воздушным) охлаждением
separate winding ~ трансформатор с раздельными обмотками
series ~ 1. последовательный трансформатор 2. трансформатор тока
shell-core ~ бронестержневой трансформатор
shell-type ~ броневой трансформатор
shunt ~ трансформатор напряжения
signal ~ сигнальный трансформатор
single-lamp ~ (миниатюрный) трансформатор для питания одной лампы
single-operator welding ~ однопостовой сварочный трансформатор
single-ratio ~ трансформатор с одним коэффициентом трансформации
single-turn current ~ одновитковый трансформатор тока
slip-over current ~ проходной трансформатор тока
special (purpose) ~ специальный трансформатор, трансформатор специального назначения
spike ~ импульсный трансформатор; пиковый трансформатор, пик-трансформатор
spiracore ~ трансформатор со спирально намотанным сердечником
split-core type ~ трансформатор с разъёмным [расщеплённым] сердечником
standard current ~ эталонный трансформатор тока
standard instrument ~ эталонный измерительный трансформатор
standard potential ~ эталонный трансформатор напряжения
standby ~ резервный трансформатор
starting ~ пусковой (авто)трансформатор
static converter ~ трансформатор статического преобразователя
static converter driving ~ задающий трансформатор статического преобразователя
static converter output ~ выходной трансформатор статического преобразователя
station service ~ трансформатор собственных нужд электростанции
step ~ ступенчатый трансформатор
step-down ~ понижающий трансформатор
step-up ~ повышающий трансформатор
stray ~ трансформатор с большим рассеянием
subdivided ~ секционированный трансформатор
substation ~ подстанционный трансформатор
sucking ~ отсасывающий трансформатор
sum (current) ~ суммирующий трансформатор (тока)
superconducting ~ криотрансформатор; трансформатор со сверхпроводящими обмотками
supply ~ питающий трансформатор
synchro control ~ сельсин-трансформатор; сельсин в трансформаторном режиме
synchronizing ~ синхронизационный трансформатор
tank ~ баковый (масляный) трансформатор
tap-changing ~ трансформатор с переключаемыми ответвлениями
tapped ~ трансформатор с ответвлениями, переключаемыми без возбуждения, трансформатор ПБВ
test(ing) ~ испытательный трансформатор
three-circuit ~ трёхобмоточный трансформатор
three-leg(ged) ~ трёхстержневой трансформатор
three-phase ~ трёхфазный трансформатор
three-phase three-winding ~ трёхфазный трёхобмоточный трансформатор

TRANSIENT

three-winding ~ трёхобмоточный трансформатор
three-wire ~ уравнительный трансформатор (*автотрансформатор с выведенной средней точкой*)
through(-type) ~ проходной трансформатор
thyristor-controlled ~ трансформатор с тиристорным регулированием (*напряжения*)
tie-in ~ трансформатор связи
toroidal(-core) ~ тороидальный трансформатор
toroidal instrument ~ тороидальный измерительный трансформатор
traction-feeding ~ тяговый трансформатор
transportable ~ передвижной трансформатор
triple-wound ~ трёхобмоточный трансформатор
triple-wound voltage ~ трёхобмоточный трансформатор напряжения
tube(-type) ~ цилиндрический трансформатор с коаксиальными обмотками
tuned ~ резонансный трансформатор
two-legged ~ двухстержневой трансформатор
ungrounded voltage ~ незаземлённый трансформатор напряжения
unit (generation) ~ трансформатор (энерго)блока
variable(-output) ~ регулируемый трансформатор
variable-ratio [variable-voltage] ~ вариатор; регулируемый трансформатор, трансформатор с переменным коэффициентом трансформации
voltage ~ трансформатор напряжения
voltage-current combined ~ комбинированный трансформатор тока
voltage-load tap-changing ~ трансформатор с переключением ответвлений под нагрузкой
voltage measuring ~ измерительный трансформатор напряжения
water-cooled ~ трансформатор с водяным охлаждением
wattage ~ маломощный [миниатюрный] трансформатор
welding ~ сварочный трансформатор
wide-band current ~ трансформатор тока с широким диапазоном измерений
wide-band matching ~ широкополосный согласующий (сигнальный) трансформатор
window-type current ~ трансформатор тока с проёмом для первичной цепи
wound-type ~ трансформатор в сборе с обмоткой
work heat ~ трансформатор тока для индукционного нагрева
X-ray ~ высоковольтный трансформатор для рентгеновских установок
zero(-phase)-sequence current ~ трансформатор тока нулевой последовательности
transformer-coupled с трансформаторной связью
transformerless бестрансформаторный
transient переходный [неустановившийся] процесс
dc ~ апериодическая составляющая (тока) в переходном процессе
electromechanical ~s электромеханические переходные процессы
exponential ~ экспоненциальный переходный процесс
fault ~ переходный процесс при КЗ
high-speed ~s быстрые переходные процессы
leading ~ переходный процесс на фронте (импульса)
load ~ переходный режим при изменении нагрузки
nonsimultaneous switching ~ переходный процесс при неодновременном включении (фаз)
power density ~ переходный процесс энерговыделения
power-frequency ~s переходные процессы по частоте и активной мощности; электромеханические переходные процессы (*в энергосистеме*)
primary current ~s переходные процессы в первичной цепи
reswitching ~ переходный процесс при переключении
single-energy ~s переходные процессы в контуре с одним источником энергии
switching ~ переходный процесс при коммутации
trailing ~ переходный процесс на заднем фронте (импульса)
triple-energy ~s переходные процессы в контуре с тремя источниками энергии
turn-off ~ переходный процесс при выключении
turn-on ~ переходный процесс при включении
voltage ~ переходное напряжение; изменение напряжения в переходном процессе

TRANSIMPEDANCE

transimpedance взаимное полное сопротивление
transistence 1. электрическая активность (*способность усиливать или ослаблять сигналы*) **2.** транзисторный эффект
transistor транзистор
  bidirectional ~ симметричный транзистор
  bipolar ~ биполярный транзистор
  bipolar junction ~ биполярный плоскостной диод
  common-base ~ транзистор, включённый по схеме с общей базой
  common-collector ~ транзистор, включённый по схеме с общим коллектором
  common-emitter ~ транзистор, включённый по схеме с общим эмиттером
  complementary ~s комплементарные транзисторы
  control ~ управляющий транзистор
  depletion-type field-effect ~ полевой транзистор, работающий в режиме обеднения
  diffused ~ диффузионный транзистор
  double-base ~ двухбазовый транзистор
  double-ended ~ транзистор с двусторонним расположением выводов
  double-surface ~ двусторонний транзистор
  enhancement-type field-effect ~ полевой транзистор, работающий в режиме обогащения
  field-controlled [field-effect] ~ полевой транзистор
  fused ~ сплавной транзистор
  fused-contact ~ сплавной плоскостной транзистор
  fused impurity ~ примесный транзистор
  fused-junction ~ сплавной плоскостной транзистор
  germanium ~ германиевый транзистор
  insulated-gate field-effect ~ полевой транзистор с изолированным затвором
  junction ~ плоскостной транзистор
  junction-gate field-effect ~ полевой транзистор с затвором на основе перехода
  planar ~ планарный транзистор
  point (contact) ~ точечный транзистор
  point-junction ~ транзистор с точечным переходом
  power ~ мощный транзистор
  silicon ~ кремниевый транзистор
  surface-barrier ~ поверхностно-барьерный транзистор
  switching ~ переключательный транзистор
  thick-film ~ толстоплёночный транзистор
  thin-film ~ тонкоплёночный транзистор
  unijunction ~ однопереходный транзистор
  unipolar ~ униполярный транзистор
transition 1. переход; превращение **2.** переключение **3.** фронт (*импульса*); срез (*импульса*)
  bridge ~ последовательно-параллельное переключение
  closed(-circuit) ~ переключение без разрыва цепи
  open(-circuit) ~ переключение с разрывом цепи
  short-circuit [shunt] ~ перевод двигателя (*постоянного тока*) с последовательного возбуждения на параллельное
transitron транзитронный генератор
transmission передача
  ~ **of electrical energy** передача электрической энергии
  ~ **of load** передача нагрузки
  ac (power) ~ передача электроэнергии переменным током
  asynchronous ~ асинхронная передача
  cable ~ кабельная передача
  data ~ передача данных
  dc (power) ~ передача электроэнергии постоянным током
  heat ~ теплопередача
  high-voltage dc power ~ передача электроэнергии постоянным током высокого напряжения
  information ~ передача информации
  long(-distance) power ~ дальняя электропередача; дальняя ЛЭП
  overhead ac power ~ передача электроэнергии ВЛ переменного тока
  power ~ передача электроэнергии
transmit 1. передавать; посылать **2.** пропускать
transmitter 1. передатчик, передающее устройство **2.** датчик, первичный (*измерительный*) преобразователь **3.** микрофон **4.** сельсин-датчик
  angle(-data) ~ датчик угла
  current ~ источник тока
  direct ~ датчик без усилителя в цепи передачи

frequency-modulated ~ передатчик ЧМ-сигналов, ЧМ-передатчик
measuring ~ измерительный преобразователь
phase-modulated ~ передатчик ФМ-сигналов, ФМ-передатчик
pneumatic ~ пневмодатчик
pressure ~ датчик давления
pressure difference ~ датчик разности давлений
pulse ~ импульсный передатчик
selsyn [synchro] ~ сельсин-датчик
temperature ~ датчик температуры
transmitter-receiver приёмопередатчик
transoduct *фирм.* шины в металлическом кожухе
transposition 1. транспозиция; перенос 2. скрещивание (*проводов*)
  conductor ~ транспозиция (фазных) проводов
  ground-wire ~ скрещивание молниезащитных тросов (*ЛЭП*)
  inverted-turn ~ обратная транспозиция витков (*обмотки*)
  open-wire ~ транспозиция проводов ВЛ
  phase ~ транспозиция фаз
  span(-type) ~ транспозиция в пролёте
  transmission line ~ транспозиция (*проводов*) ЛЭП
transreactance реактивная составляющая полного взаимного сопротивления
transrectification анодное детектирование
transresistance активная составляющая полного взаимного сопротивления
transsusceptance реактивная составляющая полной взаимной проводимости
transverter трансвертер, электромашинный преобразователь (*преобразователь переменного тока в постоянный и наоборот*)
trap 1. режектор; схема режекции; режекторный фильтр 2. ловушка, уловитель 3. ВЧ-заградитель (*на ЛЭП*)
  dc transient ~ фильтр апериодической составляющей переходного процесса
  harmonic ~ фильтр гармонических составляющих
  ion ~ ионная ловушка
  line ~ ВЧ-заградитель на ЛЭП
  oil ~ маслоуловитель
  plate-out ~ ловушка для твёрдых радиоактивных материалов
  wave ~ фильтр-пробка, заградитель
travel 1. перемещение; движение || перемещаться 2. (рабочий) ход 3. угол поворота, перемещение (*подвижной системы переменного резистора*)
  contact ~ ход контакта; расстояние между контактами
  electrode ~ ход электрода
  indicator ~ (полный) путь перемещения указателя (*измерительного прибора*)
  relay armature ~ ход якоря реле
  release ~ обратный ход (*приводного элемента*)
  rotational ~ угол поворота, перемещение
  total ~ полный ход (*приводного элемента*)
  total electrical ~ полное электрическое перемещение (*подвижной системы переменного резистора*)
  total mechanical ~ полное механическое перемещение (*подвижной системы переменного резистора*)
tray 1. жёлоб 2. поддон
  storage battery ~ контейнер аккумуляторной батареи
  U-shaped ~ U-образный жёлоб (*для прокладки кабеля*)
treadle *ж.-д.* педаль; ножной привод
  delayed action electromechanical ~ электромеханическая педаль замедленного действия
  electric ~ электрическая путевая педаль
treble верхние (звуковые) частоты
trembler прерыватель; молоточек (*электрического звонка*)
trench 1. траншея 2. канавка; углубление
  cable ~ кабельная траншея
  isolation ~ изолирующая канавка
triac симметричный триодный тиристор, симистор
trial 1. проба; попытка 2. опыт; испытание
  acceptance ~s приёмные испытания
  field ~s полевые испытания
  load ~ испытание под нагрузкой
  model ~ испытание на модели
triangle треугольник
  impedance ~ треугольник полного сопротивления (*на комплексной плоскости*)
  polar ~ полярный треугольник
  voltage ~ треугольник напряжений
triax триаксиальный кабель, *проф.* триаксиал
triboelectricity трибоэлектричество
triboelectrification электризация трением
trigger 1. триггер; триггерная схема 2. бистабильный мультивибратор

TRIGGERING

3. схема с внешним запуском 4. запуск ‖ запускать
cycle-by-cycle variation ~ пусковой орган по скорости измеряемой величины
silicon asymmetrical ~ кремниевый несимметричный триггер
single-shot ~ одновибратор
zero-crossing ~ триггер, срабатывающий при переходе (синусоидального) сигнала через нуль
triggering 1. пуск 2. запуск; инициирование 3. включение 4. синхронизация
analog ~ пуск по аналоговой величине
external ~ внешний запуск (*развёртки осциллографа*)
internal ~ внутренний запуск (*развёртки осциллографа*)
line [mains] ~ запуск от сети
oscilloscope ~ 1. запуск (развёртки) осциллографа 2. синхронизация осциллографа
overcurrent (threshold) ~ пуск по максимальному току
overvoltage ~ пуск по повышенному напряжению
pulse ~ импульсный запуск
repeated ~ многократный запуск
scope ~ 1. запуск (развёртки) осциллографа 2. синхронизация осциллографа
undervoltage ~ пуск по пониженному напряжению
trim 1. подстройка ‖ подстраивать 2. настройка, регулировка (*прибора*)
trimmer 1. триммер 2. подстроечный конденсатор 3. подстроечный резистор 4. подстроечная катушка индуктивности
single-turn ~ однооборотный подстроечный резистор
trimming 1. подстройка 2. подгонка
trinistor триодный тиристор, тринистор
triode триод
air-cooled ~ триод с воздушным охлаждением
amplifier ~ усилительный триод
crystal ~ транзистор
double [dual] ~ двойной триод
field-control [field-effect] ~ полевой триод
gas(-filled) ~ тиратрон
germanium ~ германиевый триод
inverted ~ обращённый триод
junction-type ~ плоскостной триод
point-contact ~ триод с точечным контактом
semiconductor ~ транзистор

transmitting ~ генераторный триод
twin ~ двойной триод
trip 1. расцепляющее [отключающее] устройство, расцепитель 2. расцепление; отключение ‖ расцеплять; отключать 3. отпускание (*реле, контактов*) ‖ отпускать (*реле, контакты*)
◊ **to ~ off** отключать; расцеплять; **to ~ on** включать; **to ~ out** отключать; расцеплять
automatic ~ автоматическое расцепление
delayed ~ отключение с выдержкой времени
direct-acting ~ отключение с использованием источника переменного оперативного тока
emergency ~ аварийное отключение
high local-power density ~ аварийная остановка (*ядерного реактора*) из-за высокой локальной плотности выделения энергии
instantaneous ~ мгновенное отключение
load ~ отключение нагрузки
long-time ~ отключение с большой выдержкой времени
mechanical ~ механический расцепитель
overvoltage ~ максимальный автомат
remote ~ телеотключение
reverse-current ~ расцепляющий механизм обратного тока
short-time ~ отключение с малой выдержкой времени
shunt ~ расцепитель с шунтовой катушкой
single-pole ~ однополюсное отключение; отключение одного полюса (*выключателя*)
transfer ~ телеотключение
undervoltage ~ минимальный автомат
trip-free со свободным расцеплением
triphase трёхфазный
triple-cored трёхжильный (*о кабеле*); с тремя сердечниками (*об электрической машине*)
triple-pole трёхполюсный
tripler утроитель
frequency ~ утроитель частоты
voltage ~ утроитель напряжения
triple-star соединение тройной звездой
tripout 1. сброс (*нагрузки*) 2. отключение (*выключателя*)
tripper расцепляющее [отключающее] устройство, расцепитель
tripping расцепление; размыкание; от-

ключение ◇ ~ **by hand** отключение вручную
~ **of faulted line** отключение повреждённой линии
ac ~ отключение при помощи реле прямого действия
automatic ~ автоматическое расцепление; автоматическое отключение
capacitor ~ отключение с использованием энергии предварительно заряженных конденсаторов
correct ~ правильное отключение
delayed ~ отключение с выдержкой времени
demand-limit ~ отключение в связи с ограничением электропотребления
directional-current ~ отключение от токовой направленной защиты
directional-power ~ отключение от реле направления мощности
false ~ ошибочное отключение
interdependent ~ взаимное отключение
load ~ отключение нагрузки
main fuel ~ прекращение топливоподачи
manual [nonautomatic] ~ отключение вручную
out-of-step ~ несинхронное отключение
remote ~ телеотключение, дистанционное отключение
reverse-power ~ отключение обратной мощности
sequential ~ каскадное отключение (*линий*)
series ~ воздействие на отключение подачей тока
shunt ~ воздействие на отключение подачей напряжения
single-phase ~ 1. пофазное отключение 2. отключение одной фазы
thyristor ~ отключение тиристорным устройством
unwanted ~ ошибочное отключение
trolley 1. роликовый токосниматель; верхний токосниматель 2. контактный провод
  pantograph ~ пантограф
  pole ~ штанговый токосниматель
  trackless ~ троллейбусный токосниматель
trouble 1. нарушение; неполадка 2. повреждение; неисправность; авария
trouble-free безотказный; безаварийный
troubleshoot находить и устранять неисправности

troubleshooting нахождение и устранение неисправностей
trough жёлоб; траншея
  cable ~ кабельный жёлоб; кабельная траншея
troughing кабельный канал; жёлоб для кабеля
truck:
  electric ~ (аккумуляторная) электрическая тележка, электрокар
  electric lift ~ электропогрузчик
  power [storage battery] ~ (аккумуляторная) электрическая тележка, электрокар
trunk магистраль; шина; канал
  air ~ воздухопровод, воздушная магистраль
  cable ~ кабельный короб
T-skirt Т-образный [тавровый] паз
T-stamping штампованный лист Т-образной формы
tube 1. трубка; баллон 2. фарфоровая втулка (*во внутренней проводке*) 3. футляр, гильза (*сухого элемента*) 4. вентиль 5. осветительная лампа с продолговатой колбой 6. электровакуумный прибор 7. (электронная) лампа 8. электронно-лучевая трубка, ЭЛТ
  ~ **of current** трубка тока
  ~ **of electric force** трубка электрического смещения, силовая трубка
  ~ **of magnetic flux** трубка магнитного потока
  ~ **of magnetic force** трубка магнитной индукции
  arc discharge ~ трубка дугового разряда
  backward-wave ~ лампа обратной волны, ЛОВ
  ballast ~ 1. газоразрядный стабилитрон, стабилитрон тлеющего разряда 2. барреттер
  bantam ~ пальчиковая лампа
  baseless ~ бесцокольная лампа
  battery ~ лампа прямого накала
  beam-deflection ~ ЭЛТ с поперечным управлением
  beam-power ~ лучевой тетрод
  blocking ~ газовый разрядник
  bore seal ~ герметичный разделительный цилиндр (*в сверхпроводниковом генераторе*)
  camera ~ передающая (телевизионная) трубка
  cathode-ray ~ электронно-лучевая трубка, ЭЛТ
  cathode-ray storage ~ электронно-лучевая запоминающая трубка

TUBE

charge-storage ~ запоминающая ЭЛТ с накоплением заряда
clipper ~ лампа-ограничитель
cold-cathode ~ лампа с холодным катодом
commutator insulating ~ изолирующая втулка коллектора
corona(-discharge) ~ (индикаторная) лампа коронного разряда
corona stabilizer ~ лампа, стабилизирующая коронный разряд
dark-trace ~ ЭЛТ с темновой записью
decade counting ~ декатрон
deflection ~ лампа с отклонением луча
discharge ~ (газо)разрядная трубка
disk-seal ~ лампа с дисковыми спаями
double ~ двойная лампа
double-beam cathode-ray ~ ЭЛТ с расщеплённым лучом
double-gun cathode-ray ~ двухлучевая [двухпрожекторная] ЭЛТ
electric(al)-signal storage ~ запоминающая ЭЛТ с электрическим выходным сигналом
electrometer ~ электрометрическая лампа
electron ~ электронная лампа
electron-beam ~ 1. электроннолучевой прибор 2. электроннолучевая трубка, ЭЛТ
electron discharge ~ электронная разрядная трубка
electronic ~ 1. электровакуумный прибор 2. электронно-лучевая трубка, ЭЛТ
electron recording ~ записывающая ЭЛТ
electrostatic memory [electrostatic storage] ~ запоминающая трубка с электростатическими системами отклонения и фокусировки
end-window counter ~ счётная трубка с торцевым окошком
exhaust ~ штенгель (*электровакуумного прибора*)
Faraday ~ единичная трубка электрического смещения
fast-screen ~ трубка с малым послесвечением
field-emission ~ трубка с холодным катодом
flash ~ импульсная лампа; электронная лампа-вспышка
flat counter ~ плоскопараллельный счётчик
fluorescent ~ люминесцентная лампа

flying spot scanning ~ ЭЛТ с бегущим пятном
forward-wave ~ лампа прямой волны
frequency-converter ~ частотопреобразовательная лампа
fuel ~ трубчатый ТВЭЛ
fuel transfer ~ канал для перемещения ТВЭЛов
fuse ~ 1. патрон [трубка] плавкого предохранителя 2. трубчатый плавкий предохранитель
gas ~ газотрон
gas-control ~ тиратрон
gas-discharge ~ газоразрядная трубка
gas-filled ~ газоразрядный прибор
gas X-ray ~ ионная рентгеновская трубка
gate ~ вентильная лампа
Geiger(-Müller) counter ~ счётчик Гейгера(-Мюллера)
generating ~ генераторная лампа
glow discharge [glow discharging] ~ лампа тлеющего разряда
glow indicator ~ индикаторная лампа тлеющего разряда
grid-controlled arc discharge ~ прибор дугового разряда с сеточным управлением
grid-pool ~ лампа с ртутным катодом и сеткой
guide ~ 1. направляющая труба (*топливной сборки*) 2. трубчатый токоподвод
halogen ~ галогенная лампа
halogen-quenched counter ~ счётчик с галогенным гашением
hard ~ лампа с жёстким излучением
hollow-anode ~ трубка с полым анодом
hot-cathode ~ лампа с термокатодом
hot-cathode stepping ~ шаговая трубка с термокатодом
indicator ~ 1. электронно-световой индикатор напряжения 2. индикаторная ЭЛТ
instant-heating ~ лампа с мгновенным накалом
insulating ~ 1. изоляционная трубка 2. изоляционная втулка
inverter ~ инверторная лампа
ionic ~ ионная трубка
laser ~ разрядная трубка лазера
luminescent ~ люминесцентная лампа
luminous discharge ~ газосветная трубка
mercury-arc ~ ртутный вентиль; ртутный выпрямитель; ртутный преобразователь

TUBING

mercury-pool ~ газоразрядная лампа с ртутным катодом
metal ~ металлическая (электронная) лампа
midget [miniature] ~ миниатюрная лампа
mixer [mixing] ~ смесительная лампа
modulator ~ модуляторная лампа
monitor(ing) ~ контрольная ЭЛТ
multianode ~ многоанодная лампа
multielectrode ~ многоэлектродная лампа
multielectrode voltage stabilizing ~ многоэлектродная лампа-стабилизатор напряжения
multielement vacuum ~ многоэлектродная лампа
multigrid ~ многосеточная лампа; лампа с несколькими электродами управления
multiple ~ комбинированная лампа
multiple-gun cathode-ray ~ многопрожекторная ЭЛТ
multistage ~ многокаскадная трубка
needle counter ~ игольчатый счётчик излучений
neon ~ неоновая лампа
neon indicator ~ неоновый индикаторный прибор
neon stabilizer ~ неоновый стабилизатор
noise-generator plasma ~ плазменный генератор шума
oscillating ~ генераторная лампа
oscillograph [oscilloscope] ~ осциллографическая ЭЛТ
output ~ выходная лампа
phase-shifter ~ газоразрядный фазовращатель
photoelectric ~ электровакуумный фотоэлемент
photomultiplier ~ фотоэлектронный умножитель, ФЭУ
photosensitive ~ электровакуумный фотоэлемент
pool(-cathode) ~ газоразрядная лампа с ртутным катодом
pool-rectifier [pool-type] ~ выпрямительный прибор с ртутным катодом
power ~ 1. мощная лампа 2. игнитрон
projection ~ проекционная трубка
proportional counter ~ пропорциональная счётная трубка
protector ~ трубчатый разрядник
radiation counter ~ счётчик радиоактивного излучения; ионизационный детектор
reactance ~ реактивная лампа
regulating [regulator] ~ электровакуумный стабилитрон
relay-coil ~ гильза катушки реле
rotating-anode ~ трубка с вращающимся анодом
self-quenched counter ~ самогасящаяся счётная трубка
shielded ~ экранированная лампа
small-button glass ~ пальчиковая стеклянная лампа
space-charge-controlled ~ лампа с электростатическим управлением
space-charge-wave ~ электронно-волновая лампа, прибор СВЧ
split-beam cathode-ray ~ электронно-лучевая трубка с расщеплённым пучком
stabilitron ~ стабилитрон, стабиливольт
stationary-anode ~ трубка с неподвижным анодом
stem ~ стержневая лампа
storage ~ запоминающая ЭЛТ, потенциалоскоп
stroboscopic ~ стробоскопическая лампа
supercontrol ~ лампа с переменной крутизной
switch(ing) ~ электронно-лучевой коммутатор
thermionic ~ электронная лампа
thin-wall counter ~ тонкостенная счётная трубка
three-electrode ~ трёхэлектродная лампа, триод
threshold ~ лампа-ограничитель
transducer ~ электронный преобразователь
transmitting ~ генераторная лампа
traveling-wave ~ лампа бегущей волны, ЛБВ
trigger ~ тригатрон
unit ~ элементарная силовая трубка
vacuum ~ электровакуумный прибор
variable-mu ~ лампа с переменной крутизной
voltage-reference [voltage-regulating, voltage-stabilizing] ~ электровакуумный стабилитрон
wall ~ проходная втулка; проходной изолятор
wiring ~ труба для прокладки провода или кабеля
X-ray ~ рентгеновская трубка
tube-hour лампо-час
tubing трубка
  cambric ~ кембриковая трубка
  electrical metallic ~ тонкостенная металлическая трубка для проводов

TUFNOL

flexible ~ гибкая изоляционная трубка
heat-shrinkable ~ трубка с усадкой при нагреве
tufnol туфнол (*изоляционный материал*)
tumbler тумблер
tune регулировать; настраивать
tuner 1. устройство настройки; блок настройки 2. согласующее устройство (*линии передачи или волновода*)
  capacitive screw ~ ёмкостный настроечный штырь (*волновода*)
  post ~ согласующий штырь (*волновода*)
  screw ~ настроечный винт (*волновода*)
  slug ~ согласующий штырь (*волновода*)
  stub ~ согласующий шлейф (*линии передачи или волновода*)
  waveguide ~ согласующее устройство волновода
tuning (под)регулировка; наладка; настройка; подстройка
  automatic ~ автоматическая настройка; автоматическая подстройка, автоподстройка
  capacitive ~ ёмкостная настройка, настройка конденсатором переменной ёмкости
  coarse ~ грубая настройка
  electric ~ электрическая настройка
  fine ~ точная настройка
  magnetic ~ магнитная настройка
  series ~ последовательная настройка
  shunt ~ параллельная настройка
  step(-by-step) ~ ступенчатая настройка
tunnel туннель
  cable ~ кабельный туннель
  power ~ напорный туннель ГЭС
  turbine supply ~ подводящий туннель ГЭС
turbine 1. турбина 2. гидротурбина, гидравлическая турбина
  action ~ активная гидротурбина
  adjustable-blade ~ поворотно-лопастная гидротурбина
  auxiliary ~ вспомогательная турбина
  axial-flow ~ осевая (гидро)турбина
  back-pressure ~ турбина с противодавлением
  bleeder ~ турбина с нерегулируемым отбором
  bulb(-type) ~ капсульная гидротурбина
  centrifugal ~ радиально-осевая турбина
  combined cycle ~ парогазовая турбина
  combined-flow ~ радиально-осевая турбина
  compensation water ~ гидротурбина, работающая на полезных попусках
  condensing steam ~ конденсационная паровая турбина
  Dëriaz ~ диагональная поворотно-лопастная турбина
  double-flow ~ двухпоточная турбина
  double-jet ~ двухсопловая турбина
  double-runner four-jet Pelton ~ активная гидротурбина со сдвоенным рабочим колесом и четырьмя соплами
  fixed-blade ~ турбина с неподвижными лопастями
  four-jet ~ четырёхсопловая активная гидротурбина
  Francis ~ 1. радиально-осевая гидротурбина 2. диагональная гидротурбина
  Francis ~ **with movable blade** диагональная поворотно-лопастная турбина
  free-jet type ~ активная гидротурбина
  gas(-driven) ~ газовая турбина
  governed ~ регулируемая гидротурбина
  high-head [high-pressure] ~ 1. турбина высокого давления 2. высоконапорная гидротурбина
  high(-specific)-speed ~ быстроходная гидротурбина
  horizontal(-shaft) ~ горизонтальная гидротурбина; гидротурбина с горизонтальным валом
  impulse ~ активная гидротурбина
  incased ~ гидротурбина в спиральной камере
  inward-flow ~ радиально-осевая гидротурбина
  Jonval axial-flow ~ осевая реактивная гидротурбина
  Kaplan ~ поворотно-лопастная гидротурбина
  low-head [low-pressure] ~ 1. турбина низкого давления 2. низконапорная гидротурбина
  low(-specific)-speed ~ тихоходная гидротурбина
  middle-pressure ~ 1. турбина среднего давления 2. средненапорная гидротурбина
  mixed-flow ~ радиально-осевая гидротурбина
  multinozzle impulse ~ многосопловая активная гидротурбина

TWISTING

nonconsensing ~ турбина с противодавлением
outward-flow ~ диагональная гидротурбина
Pelton vertical shaft ~ активная гидротурбина с вертикальным валом
pressure ~ реактивная гидротурбина
propeller(-type wheel) ~ гидротурбина с неподвижными лопастями
radial-axial [radial-flow] ~ радиально-осевая гидротурбина
reaction-type hydraulic ~ реактивная гидротурбина
reversible (pump) ~ обратимая гидротурбина
single-flow ~ однопоточная турбина
single-runner Francis ~ радиально-осевая гидротурбина с одним рабочим колесом
single-stage ~ одноступенчатая турбина
single-wheel Pelton ~ активная гидротурбина с одним рабочим колесом
slant-axis ~ гидротурбина с наклонной осью (для ПЭС)
spiral-cased ~ гидротурбина в спиральной камере
starter ~ пусковая турбина (для ГАЭС)
steam ~ паровая турбина
straight-flow ~ прямоточная гидротурбина
tangential ~ активная гидротурбина
tube [tubular] ~ капсульная гидротурбина
variable-pitch pump ~ обратимая поворотно-лопастная турбина
velocity ~ активная гидротурбина
velocity-stage impulse ~ активная гидротурбина со ступенями скорости
vertical-axis wind ~ ветряная турбина с вертикальной осью
vertical(-shaft) ~ вертикальная гидротурбина; гидротурбина с вертикальным валом
water ~ гидротурбина

turbining турбинный режим (*обратимого агрегата ГАЭС*)
  full-load ~ турбинный режим работы при полной нагрузке

turbogenerator турбогенератор
  all-water cooled ~ турбогенератор с полным водяным охлаждением
  cryogenic ~ криогенный турбогенератор
  fully water-cooled ~ турбогенератор с полным водяным охлаждением
  house ~ турбогенератор для питания собственных нужд электростанции
  hydrogen-and-water cooled ~ турбогенератор с водяным и водородным охлаждением
  hydrogen conductor-cooled ~ турбогенератор с форсированным водородным охлаждением
  hydrogen-filled water-cooled ~ турбогенератор с водяным охлаждением (*обмотки статора*) и заполнением корпуса водородом
  single-shaft ~ одновальный турбогенератор

turn 1. поворот‖поворачивать(ся) **2.** оборот **3.** виток‖навивать ◇ ~s per phase число витков на фазу; **to ~ off** отключать; выключать; **to ~ on** включать
  ampere ~s ампер-витки
  back ampere ~s размагничивающие ампер-витки
  bared ~s оголённые витки, витки со снятой изоляцией
  choking ampere ~s реактивные ампер-витки
  commutation ~s коммутирующие витки
  dead ~s холостые витки (*катушки индуктивности*)
  demagnetizing ~s размагничивающие витки
  effective ~s **per phase** число эффективных витков на фазу
  half- ~ полувиток
  mean ~ средний виток
  protective ~s защитная обмотка, верхние холостые витки (*катушки индуктивности*)
  screening ~ экранирующий виток
  short-circuited ~ короткозамкнутый виток
  trimming ~s подстроечные витки
  virtual ampere ~s действующие ампер-витки
  winding ~ виток обмотки

turnbuckle стяжная муфта
  insulated ~ изолированная стяжная муфта

turn-off выключение
turn-on включение
twine сплетение, скручивание‖скручивать, свивать
twist скрутка (*проводов*)‖скручивать (*провода*)
  step ~ ступенчатая скрутка (*в волноводах*)
  waveguide ~ волноводная скрутка
twisting скручивание; скрутка
  eight-fold ~ скрутка восьмёркой
  pair ~ парная скрутка

TWO-CONDUCTOR

two-conductor двухпроводный
two-core двухжильный
two-line двухпроводной
two-phase двухфазный
two-pin двухштырьковый; двухконтактный
two-pole двухполюсный
two-port четырёхполюсник
   corrective ~ корректирующий четырёхполюсник
   coupling ~ связывающий четырёхполюсник
   equivalent ~ эквивалентный четырёхполюсник
   linear ~ линейный четырёхполюсник
   matching ~ согласующий четырёхполюсник
   minimum-phase ~ минимально-фазовый четырёхполюсник
   nonlinear ~ нелинейный четырёхполюсник
   nonreciprocal ~ необратимый [невзаимный] четырёхполюсник
   passive ~ пассивный четырёхполюсник
   pi-section ~ П-образный четырёхполюсник
   reactive ~ реактивный четырёхполюсник
   reciprocal [reversible] ~ обратимый [взаимный] четырёхполюсник
   symmetrical ~ симметричный четырёхполюсник
two-step двухступенчатый
two-terminal двухполюсник
type тип
   ~ **of action** тип воздействия
   ~ **of control** тип регулирования
   conductivity ~ тип электропроводности; тип проводимости
   connector ~ тип соединителя
   flange ~ тип фланца

U

ultraharmonics ультрагармоники, высшие гармоники
ultraviolet ультрафиолет, ультрафиолетовая [УФ-]область спектра‖ультрафиолетовый
unbalance 1. разбаланс; небаланс **2.** несимметрия, асимметрия
   ~ **of phase voltages** несимметрия фазовых напряжений
   current ~ **1.** небаланс токов **2.** несимметрия токов
   residual ~ остаточный небаланс
   shaft ~ разбалансировка вала
   track-bond ~ небаланс путевого дросселя
   voltage ~ **1.** небаланс напряжений **2.** несимметрия напряжений
unbalanced 1. несбалансированный **2.** неуравновешенный ◇ ~ **to ground** неуравновешенный
unbiased несмещённый
unblanking отпирание (*сигналов*)
unblock деблокировать
unblocking деблокировка
unbuilding размагничивание; потеря самовозбуждения
uncertainty неопределённость
   delay ~ неопределённость времени запаздывания
   phase ~ неопределённость фазы
   quantization ~ неопределённость квантования
uncharge разряжать (*аккумуляторную батарею*)
uncoil разматывать
uncoiler разматывающее устройство, разматыватель
uncoupler развязывающее устройство
uncoupling развязка
undercapacity 1. недостаточная мощность **2.** недостаточная ёмкость
undercommutation замедленная коммутация
undercompensation недостаточная компенсация
undercurrent пониженный ток
undercut продороживать (*коллектор*)
underdamping слабое затухание (*в колебательной системе*)
undereaves проводка под карнизом
underexcitation недовозбуждение
underfrequency пониженная частота
underload(ing) недогрузка; неполная [частичная] нагрузка
underpowered с заниженной мощностью
underpressure пониженное давление
underreach неполный охват защитной зоны (*реле*)
undershedding недоразгрузка (*при АЧР*)
undersupply 1. недостаточное снабжение **2.** недостаточное количество
   ~ **of energy** недоотпуск электроэнергии
underswing отрицательный выброс перед фронтом импульса
undertaking предприятие
   distribution ~ предприятие, распределяющее электроэнергию
   supply ~ электроснабжающая организация

UNIT

undertension, undervoltage 1. пониженное напряжение **2.** посадка [понижение] напряжение
unelectrified неэлектрифицированный
unexcited невозбуждённый
ungrounded незаземлённый
unidirectional однонаправленный
unidirectionality однонаправленность
unifilar 1. однопроволочный **2.** однопроводный
uniformity однородность
~ **of luminance** однородность яркости
unimeter универсальный измерительный прибор, *проф.* мультиметр
uninsulated неизолированный
uniphase однофазный
uniphaser однофазный синхронный генератор
unipolar униполярный
unipolarity униполярность, однополярность
unipotential эквипотенциальный
uniselector 1. многопозиционный переключатель **2.** шаговый искатель
unit 1. элемент; компонент **2.** прибор; устройство; агрегат; аппарат; установка **3.** блок; узел, модуль; секция; звено **4.** энергоблок; **5.** киловатт-час **6.** единица
~ **of charge** единица заряда
~ **of conductivity** единица проводимости
~ **of current** единица силы тока
~ **of electricity** единица электричества
~ **of light** [~ **of luminous intensity**] единица силы света
~ **of measurement** единица измерения
~ **of power** единица мощности
~ **of resistance** единица (электрического) сопротивления
~ **of string** элемент гирлянды (*изоляторов*)
~ **of voltage** единица напряжения
absolute electromagnetic ~ абсолютная электромагнитная единица
absolute electrostatic ~ абсолютная электростатическая единица
actuating ~ исполнительный блок; исполнительный механизм
adjustment ~ блок регулировки
automatic switching ~ автоматический переключатель
automation system ~ модуль системы управления
auxiliary power ~ вспомогательный генератор

auxiliary relay ~ модуль промежуточного реле
balanced armature ~ симметричный якорь
balancing ~ симметрирующее устройство
base load ~ базисный агрегат, агрегат с базисной нагрузкой
basic ~ основная единица
boiler ~ котельный агрегат
break-contact ~ группа размыкающих контактов
breaking ~ отключающий элемент
British thermal ~ британская тепловая единица
buffer ~ буферный блок; буферное устройство
capacitor ~ **1.** единичный конденсатор **2.** конденсаторный блок, конденсаторная сборка
cap-and-pin insulator ~ тарельчатый изолятор
cation-exchange ~ катионный ионообменник
central control ~ центральное устройство управления
changeover-contact ~ группа переключающих контактов
charge ~ единица заряда
charging ~ зарядное устройство; зарядный блок
coding ~ кодирующая (релейная) ячейка
combination motor-control ~ комбинированное устройство управления двигателем
components test ~ устройство испытания компонентов оборудования
constant-current ~ блок питания постоянным по величине током
constant time-delay ~ блок постоянного запаздывания
control ~ **1.** пункт управления; диспетчерский пункт **2.** устройство управления; блок управления
conventional hydrogen-cooled ~ (турбо)агрегат с косвенным водородным охлаждением
conversion [converter] ~ преобразовательный агрегат, преобразователь
coupling ~ блок связи
cyclic digital telemeter ~ цифровое устройство циклической телеметрии
cycling ~ маневренный энергоблок
data link ~ блок канала передачи данных
data measurement ~ блок измерения данных
data-transmitter ~ блок датчиков

UNIT

derived ~ производная единица
differentiating [differentiator] ~ дифференцирующее устройство; блок дифференцирования
double-effect generating ~ гидроагрегат двойного действия
drawout ~ выдвижная [выкатная] ячейка (*КРУ*)
driver ~ предоконечный каскад усилителя мощности
dummy tripping ~ отключающий механизм без выявительного элемента
electrical ~ электрическая единица
electrical control ~ электрощит управления
electrical conversion ~ установка преобразования электрической энергии
electrical power ~ блок питания
electric heating ~ электронагреватель
electromagnetic ~s единицы электромагнитной системы
electrostatic ~s единицы электростатической системы
emergency ~ резервный агрегат; резервная установка
emergency power ~ блок аварийного питания
energy storage ~ накопитель энергии
engine ~ силовая установка; силовой агрегат
executive ~ исполнительный блок; исполнительный механизм
expulsion-fuse [expulsion-proof] ~ выхлопной плавкий предохранитель
feeding ~ энергоблок; блок питания
final-control ~ исполнительный блок; исполнительный механизм
fin-type heating ~ нагревательный элемент радиаторного типа
"first start" ~s агрегаты полностью погашенной энергосистемы, запускаемые в первую очередь
flashing-light ~ проблесковая светофорная головка
function(al) ~ функциональный блок; функциональный элемент
fundamental ~ основная единица
fuse ~ патрон плавкого предохранителя
fuse-refill ~ сменная плавкая вставка
fuse-switch ~ выключатель с плавкими предохранителями в общем корпусе
gangable ~ многосекционный переменный резистор
gas interrupting ~ полюс элегазового выключателя
generating ~ 1. гидроэлектрическая станция, гидроэлектростанция, ГЭС 2. гидроагрегат ГЭС 3. турбогенератор
generator-transformer ~ блок генератор — трансформатор
granular-filled fuse ~ предохранитель с сыпучим наполнителем
grid control ~ блок сеточного управления
ground power ~ наземный источник питания
heat control ~ терморегулятор
heating ~ 1. нагревательный элемент 2. электроплита; электропечь 3. тепловыделяющий элемент, ТВЭЛ
heating cable ~ нагревательное кабельное устройство
heating cartridge ~ нагревательный элемент патронного типа
heating tape ~ ленточное электронагревательное устройство
high-set overcurrent ~ блок токовой отсечки
horizontal-shaft ~ горизонтальный гидроагрегат
hot reserve ~ агрегат горячего резерва
hydropower ~ 1. гидроэлектрическая станция, гидроэлектростанция, ГЭС 2. гидроагрегат ГЭС
hydroturbine ~ гидроагрегат ГЭС
hysteresis ~ блок имитации гистерезиса
immersion heating ~ погружаемый нагревательный элемент
incoming ~ ввод (*для высоковольтных устройств*)
inductive energy storage ~ индуктивный накопитель (магнитной) энергии
information ~ блок информации
input ~ 1. входной блок 2. устройство ввода 3. входное устройство
input-output ~ устройство ввода-вывода
insulation monitoring ~ блок контроля изоляции
insulator ~ опорный изолятор
interference ~ источник помех
interrupt control ~ блок управления прерываниями
interrupter ~ дугогасительная камера
light ~ светофорная головка
lighting ~ осветительный прибор
liquid-filled fuse ~ предохранитель с жидким наполнителем
lock ~ синхронизатор
logic(al) ~ логический элемент; логическое устройство
mains(-powered) ~ блок питания от сети

UNIT

make-contact ~ группа замыкающих контактов
making ~ включающий элемент
measurement [measuring] ~ 1. единица измерения 2. измерительное устройство
metal-clad ~ бронированная ячейка (*КРУ*)
metal rectifier ~ блок металлического выпрямителя
meter terminal ~ терминал измерительных приборов
midrange ~ полупиковый энергоблок
mobile power ~ передвижной силовой агрегат
monitor ~ контрольный блок
motor ~ узел (*привода*) с электродвигателем
motor-reduction ~ электродвигатель со встроенным редуктором, редукторный электродвигатель
multiplier ~ блок умножения, умножитель
nuclear (power plant) ~ энергоблок АЭС, атомный энергоблок
off-line ~ автономное устройство
ohm ~ элемент реле сопротивления
oil ~ газомазутный агрегат
on-line ~ неавтономное устройство
operational ~ 1. операционный блок 2. функциональный блок
oscillator-amplifier ~ блок генератора—усилителя
output ~ 1. выходной блок 2. устройство вывода 3. выходное устройство
packaged control ~ комплектное устройство управления
peaking [peak-load] ~ пиковый агрегат
phase-changing ~ фазорегулятор
phase-shifting ~ фазовращатель
photometric ~ фотометрическая единица
pick-up ~ датчик
plant ~ агрегат электростанции
pluggable [plug-in] ~ сменный [съёмный] блок; сменный узел
power ~ 1. силовой агрегат; энергетический агрегат, энергоблок; блок питания 2. исполнительный механизм 3. физическая единица мощности
power control ~ устройство управления мощностью
power conversion ~ силовое преобразовательное устройство
power generating [power supply] ~ энергетический агрегат, энергоблок; блок питания

processing ~ блок обработки данных; процессор
proportional power ~ пропорциональный исполнительный механизм со статической характеристикой
protection system ~ модуль системы (релейной) защиты
pumped-storage ~ 1. гидроаккумулирующая станция, ГАЭС 2. обратимый гидроагрегат
quick-starting ~ агрегат быстрого пуска
ramp-loaded ~ агрегат, загружаемый *или* разгружаемый автоматически путём отслеживания заданного графика нагрузки
rapid-start ~ агрегат быстрого пуска
rectifier ~ выпрямительный агрегат, выпрямитель
reference-input ~ задающее устройство; орган задания уставки
refill ~ сменная вставка (*предохранителя*) с арматурой
regulating ~ регулирующий блок
relay ~ релейный блок; релейный комплект
remote terminal ~ выносной терминал; устройство телемеханики контролируемого пункта
remote transponder ~ выносной транспондер
resistance level control ~ блок контроля уровня сопротивления
resistor ~ элемент сопротивления
self-contained heating ~ нагревательный элемент с внутренними источниками тепла
self-operated measuring ~ измерительный орган прямого действия (*без усилителя*)
sequence control ~ устройство последовательностного управления
set(-up) ~ задающий блок
shaker ~ вибростенд
SI ~ единица Международной системы единиц, единица СИ
signal ~ головка светофора
signal-grouping ~ модуль группировки сигналов
signaling ~ модуль сигнализации
single-light ~ однозначная световая головка, светофор с сигналом одного цвета
socket-power ~ устройство с питанием от сети
spare ~ 1. резервный блок 2. резервный агрегат
splitter ~ распределительный ящик на вводе

UNIT

standby ~ 1. резервный блок 2. резервный агрегат
starting ~ пусковой орган
station service ~ агрегат собственных нужд электростанции
string insulator ~ элемент гирлянды изоляторов
submerged hydroelectric ~ погружной (капсульный) гидроагрегат
substation communication ~ подстанционное устройство связи
substation control ~ устройство управления подстанцией
supply ~ энергетический агрегат, энергоблок; блок питания
sweep ~ блок развёртки
switching ~ 1. переключатель; коммутатор 2. коммутационный агрегат
tandem ~ одновальный гидроагрегат
tape ~ лентопротяжное устройство
tap-off ~ (шинная) ответвительная коробка
telecontrol master ~ приёмное устройство телемеханики (*на диспетчерском пункте*)
terminal ~ оконечное устройство, терминал
thermal ~ тепловая единица
thermal conductivity ~ единица теплопроводности
thermal overload ~ орган тепловой защиты
time-base ~ блок развёртки
time-sweep ~ отметчик времени
timing ~ 1. блок синхронизации 2. таймер; реле (выдержки) времени
topping ~ пиковый агрегат; пиковая установка
trigger-pulse ~ блок запускающих импульсов
trip ~ отключающий элемент
trip(ping) relay ~ отключающий элемент в РЗ
tuning ~ блок настройки; орган настройки
turbine ~ турбоагрегат
turbogas ~ газотурбинная установка
turbogenerator ~ турбогенераторный блок, гидроагрегат
turntable ~ электропроигрывающее устройство, проигрыватель
vacuum interrupting ~ вакуумный выключатель
variable time-lag ~ блок переменного запаздывания
wind-mill electric generating ~ ветроэнергоустановка
wire-stripping ~ устройство для за-

чистки проводов; устройство для удаления изоляции с проводов
univibrator ждущий [одностабильный] мультивибратор, одновибратор
unlatch 1. деблокировка (*в релейной схеме*)‖деблокировать 2. расцеплять; освобождать защёлку (*напр. реле*)
unlike разноимённый (*о полюсах*)
unload разгружать, снимать нагрузку
unloader перегрузочная машина
unloading разгрузка, снятие нагрузки
unlock разъединять; расцеплять; размыкать
unmate расчленять (*электрический соединитель*)
unmating расчленение (*электрического соединителя*)
connector ~ расчленение соединителя
unplug выключать вилку из розетки
unscrew отвинчивать (*гайку*); выворачивать (*винт*)
unshielded 1. незащищённый 2. неэкранированный
unshorting устранение КЗ
unshunted нешунтированный
unsolder 1. распаивать 2. отпаивать
unsoldering 1. отпаивание, отпайка 2. распайка
unstable неустойчивый
untapped не имеющий ответвлений
untuned неотрегулированный
up-conversion преобразование с повышением частоты
up-converter повышающий преобразователь, преобразователь с повышением частоты
uprating перемаркирование с увеличением номинальной мощности
upset отказ; сбой
circuit ~ сбой схемы
uranium уран
aluminum-clad ~ урановый ТВЭЛ в алюминиевой оболочке
enriched ~ обогащённый уран
low-enriched ~ низкообогащённый уран
natural ~ природный уран
use использование, применение
average annual kilowatthour ~ среднегодовое электропотребление на одного потребителя
direct ~ **of energy** использование энергии без преобразования
hydroelectric generation [hydropower] (water) ~ водопользование гидроэнергетики
joint ~ совместное использование
plant ~ расход электроэнергии на собственные нужды электростанции

528

thermal [thermoelectric] power (water) ~ водопотребление теплоэнергетики
utilit/y 1. электростанция общего пользования **2.** энергосистема общего пользования
electric ~ **1.** электростанция общего пользования **2.** энергосистема общего пользования
electric public ~ коммунальная энергосистема
interconnected (power) ~**ies** объединённые энергокомпании, энергообъединение
investor-owned ~ частная электростанция; частная энергокомпания
power ~ энергосистема общего пользования
private (power) ~ частная электростанция; частная электрокомпания
summer-peaking ~ электростанция с летним пиком нагрузки
wheeling ~ энергосистема, передающая транзитом в другую (энергосистему) электроэнергию, произведённую третьей (энергосистемой)
winter-peaking ~ электростанция с зимним пиком нагрузки
utilization использование
~ **of electrical energy** использование электрической энергии

V

vacuummeter вакуумметр
valley впадина, точка минимума (*на вольт-амперной характеристике*)
summer ~ летний провал нагрузки (*энергосистем*)
value величина; значение ◊ ~ **to maintain relay closed** параметр удержания (*реле*)
~ **of scale division** цена деления шкалы
absolute ~ абсолютное значение
actual ~ фактическое [истинное] значение
admissible [allowable] ~ допустимое значение
arbitrary ~ произвольное значение
average ~ среднее значение
base ~ **1.** основное значение **2.** базисная величина
bifurcational ~ бифуркационное значение
bogey ~ среднее значение (*параметра*)

VALUE

boundary ~ граничное [краевое] значение
continuously varying ~ непрерывно изменяющаяся величина
conventional ~ условное значение
crest ~ максимальное значение, амплитуда
disengaging ~ (нормируемый) параметр трогания при возврате (*реле*)
effective ~ эффективное [действующее] значение
eigen ~ собственное значение
fiducial ~ нормирующее значение (*для указания погрешности прибора*)
finite ~ конечное значение
full scale ~ верхний предел измерений (*прибора*)
guaranteed minimum ~ минимальная гарантированная величина
half-period average ~ среднее значение за полупериод
holding ~ параметр удерживания
indicated ~ указанное значение
initial ~ начальное значение
instantaneous ~ мгновенное значение
integral ~ целочисленное значение
just ~ мгновенное значение
level-change ~ интервал между уставками
limiting ~ предельное значение
line-to-ground ~**s** значения (*напряжения*) между линией и землёй
lower range ~ нижний предел регулировочного диапазона
lower switching ~ нижняя точка переключения
mean ~ среднее значение
mean square ~ среднеквадратичное значение
measured ~ измеренное значение
metering ~**s** показания (*электросчётчика*)
minimum ~ минимальное значение
momentary ~ мгновенное значение
nominal ~ номинальное значение
nonoperate ~ значение параметра несрабатывания (*реле*)
nonrevert ~ значение параметра несрабатывания поляризованного реле
nonzero ~ ненулевое значение
operate [operating, operation] ~ значение параметра срабатывания (*реле*)
peak ~ максимальное значение, амплитуда
peak-to-peak ~ размах, удвоенная амплитуда
pick-up ~ параметр срабатывания (*реле*)

VALUE

phase-to-phase ~ междуфазное значение
pretrip ~s значения (*параметра*) перед отключением
random ~ случайная величина
rated [rating] ~ номинальное значение
rectified ~ выпрямленное значение
reference ~ 1. эталонная величина 2. опорная величина
relay just-operating ~ величина, непосредственно воздействующая на срабатывание реле
relay just-released ~ величина, непосредственно воздействующая на отпускание реле
relay-must operate ~ величина уставки реле
relay pull-in ~ уставка реле
release ~ (нормируемый) параметр возврата (*реле*)
replacement energy ~ величина замещающей энергии
reset(ting) [return] ~ параметр возврата (*реле*)
rms [root-mean-square] ~ среднеквадратическое значение, действующее [эффективное] значение
set ~ 1. уставка 2. заданное [указанное] значение
set current ~ уставка по току
set power ~ уставка по мощности
setting ~ 1. уставка 2. заданное [указанное] значение
set voltage ~ уставка по напряжению
short-circuit ~s параметры в режиме КЗ
specified ~ заданная величина
specified dropout ~ нормируемый параметр отпадания (*реле*)
specified nondropout ~ нормируемый параметр неотпадания (*реле*)
starting ~ параметр трогания (*реле*) при срабатывании
switching ~ значение параметра срабатывания в момент переключения
target ~ 1. уставка 2. заданное [указанное] значение
test ~ испытательное значение
threshold ~ пороговое значение
true ~ фактическое [истинное] значение
upper range ~ верхний предел регулировочного диапазона
upper switching ~ верхняя точка переключения
valley ~ провал в графике
virtual ~ действующее [эффективное] значение
working ~ рабочее значение
zero ~ нулевое значение

valve 1. электронная лампа; электровакуумный прибор; электронный прибор 2. вентиль; клапан
active ~ работающая лампа
amplifier [amplifying] ~ усилительная лампа
automatic ~ автоматический клапан
back(-pressure) ~ обратный клапан
bidirectional ~ двунаправленный вентиль
blade-control ~ комбинатор (*поворотно-лопастной гидротурбины*)
check ~ 1. обратный клапан 2. стопорный [запорный] клапан 3. контрольный клапан
control ~ регулирующий клапан
controlled ~ управляемый вентиль
decade counting ~ декатрон
double-anode ~ двуханодная лампа
electrically operated ~ вентиль с электрическим управлением
electrochemical ~ электрохимический вентиль
electrohydraulic control ~ электрогидравлический регулятор
electron ~ электронная лампа
governor ~ регулирующий вентиль
indirectly heated ~ лампа косвенного накала
magnet ~ электромагнитный клапан
main (stop) ~ главная (паровая) задвижка
MHD ~ МГД-клапан
modulating ~ лампа с модулированным выходом
multielectrode ~ многоэлектродная лампа
multiple ~ комбинированная лампа
nozzle control ~ затвор сопла активной гидротурбины
oil-sampling ~ вентиль для отбора проб масла
pilot ~ вспомогательный золотник
reducing ~ редукционный клапан
regulation ~ управляемый вентиль
relief ~ предохранительный клапан
return [reverse-flow] ~ обратный клапан
safety ~ предохранительный клапан
single-gap mercury-arc ~ одноанодный ртутный вентиль
solenoid(-controlled) [solenoid-operated] ~ электромагнитный вентиль
solenoid-operated air ~ воздушный вентиль с соленоидным управлением
steam stop ~ стопорный паровой клапан

VARNISH

transmitting ~ генераторная лампа
turbine shutoff ~ затвор гидротурбины
unidirectional ~ однонаправленный вентиль
water-cooled ~ лампа с водяным охлаждением
valving 1. клапанное устройство **2.** клапанное управление
vane 1. лепесток (*механизма электромагнитного прибора*) **2.** лопасть; лопатка
  adjustable ~ поворотная лопасть
  fixed ~s неподвижные пластины [статор] конденсатора
  fixed guide ~ неподвижная лопасть
  moving ~ подвижная пластина [ротор] конденсатора
  runner ~ лопасть рабочего колеса (*турбины*)
var вар (*единица реактивной мощности*)
var-hour вар-час (*единица реактивной энергии*)
variable переменная (величина); параметр
  actuating ~ воздействующая переменная
  complex ~ комплексная переменная
  complex frequency ~ переменная величина комплексной частоты
  controlled ~ регулируемая [управляемая] переменная
  dependent ~ зависимая переменная
  directly controlled ~ прямо [непосредственно] регулируемая переменная
  final controlled ~ выходная регулируемая переменная
  independent ~ независимая переменная
  independent random ~ независимая случайная переменная
  indirectly controlled ~ косвенно регулируемая переменная
  input ~ входная переменная
  manipulated control ~ промежуточная управляемая переменная
  operated ~ регулируемая [контролируемая] переменная
  operating ~s рабочие параметры
  output ~ выходная переменная
  random ~ случайная переменная
  reference ~ опорная переменная
variac *фирм.* регулируемый (авто)трансформатор, вариак
variation 1. изменение **2.** отклонение **3.** колебание **4.** магнитное склонение
  angular ~ **1.** угловое отклонение **2.** изменение угла нагрузки (*в синхронных генераторах*)
  constant-flux voltage ~ изменение напряжения при постоянном потоке
  cycle-by-cycle ~ изменение (*длительности*) от периода к периоду
  cyclic voltage ~ циклические колебания напряжения
  frequency ~ изменение частоты
  load ~s колебания нагрузки
  magnetic ~ магнитное склонение
  magnitude ~ изменение амплитуды
  power-supply ~ изменение (*напряжения или частоты*) источника питания
  sinusoidal ~s синусоидальные колебания
  smooth ~ плавное изменение
  voltage ~ **1.** изменение напряжения **2.** регулирование напряжения
varimu лампа с переменной крутизной
variometer вариометр, катушка переменной индуктивности
  magnetic ~ магнитный вариометр
varistor варистор
  bulk ~ объёмный варистор
  copper-oxide ~ меднооксидный варистор
  copper-sulphate ~ меднокупоросный варистор
  field ~ полевой варистор
  metal-oxide ~ металлооксидный варистор
  point-contact ~ варистор с точечным контактом
  selenium ~ селеновый варистор
  silicon-carbide ~ карбидокремниевый варистор
  thin-film ~ тонкоплёночный варистор
varitran регулируемый трансформатор
varmeter варметр, измеритель реактивной мощности
  single-phase ~ однофазный варметр
  three-phase ~ трёхфазный варметр
varnish лак ‖ покрывать лаком; лакировать
  acrylic ~ полиакриловый лак
  air-drying ~ лак воздушной сушки
  alkyd ~ алкидный лак
  alkyd-phenolic ~ алкидофенольный лак
  alkyd-silicone ~ алкидосиликоновый лак
  asphalt ~ битумный [асфальтовый] лак
  bakelite ~ бакелитовый лак
  baking ~ лак горячей сушки
  baking cloth ~ лак горячей сушки для ткани
  baking coil ~ лак горячей сушки для обмоток

bituminous ~ битумный лак
colophonic ~ канифольный лак
diphenyl oxide ~ лак на основе дифенилоксида
dipping ~ пропиточный лак
epoxy ~ эпоксидный лак
heat-reactive ~ термореактивный лак
high-temperature ~ теплостойкий лак
impregnating ~ пропиточный лак
insulating ~ изолирующий [изоляционный] лак
oil-modified phenolic ~ модифицированный маслом фенольный лак
oleoresinous ~ масляно-смолистый лак
phenolic ~ фенольный лак
polyamide-imide ~ полиамид-имидный лак
polybutadiene-based ~ лак на основе полибутадиена
polyester ~ полиэфирный лак
polyesteramide ~ полиэфирамидный лак
polyimide ~ полиимидный лак
shellac ~ шеллачный лак
silicone ~ кремнийорганический лак
solventless polyester ~ нерастворимый полиэфирный лак
spirit ~ спиртовой лак
stoving ~ лак горячей сушки
thermosetting ~ термореактивный лак
urethane ~ уретановый лак
zapon ~ нитроцеллюлозный лак, цапон-лак

vary переменять(ся); изменять(ся)
vault будка; киоск
   cable ~ 1. кабельный киоск 2. кабельный колодец; кабельная шахта
   transformer ~ трансформаторный киоск
V-connection 1. соединение открытым треугольником 2. V-образное соединение
V-curve V-образная кривая
vector вектор
   ~ **of polarization** вектор поляризации
   base ~ базисный вектор
   current ~ вектор тока
   electrical (field) [electric-field] ~ вектор (напряжённости) электрического поля
   energy flux ~ вектор потока энергии
   field ~ вектор поля
   interrupt ~ вектор прерывания
   magnetic (field) ~ вектор (напряжённости) магнитного поля
   magnetic induction ~ вектор магнитной индукции
   magnetization ~ вектор намагничивания
   polarization ~ вектор поляризации
   position ~ радиус-вектор; вектор положения
   power ~ вектор мощности
   radius ~ радиус-вектор
   resultant ~ результирующий вектор
   reversed ~ обращённый вектор
   rotating ~ вращающийся вектор
   slip ~ вектор скольжения
   space ~ пространственный вектор
   unit ~ единичный вектор
   voltage ~ вектор напряжения
   wave ~ волновой вектор
   zero ~ нулевой вектор
vectormeter векторметр
vehicle транспортное средство
   accumulator [battery-driven, electric] ~ электромобиль
   wire-guided ~ тележка, направляемая электрическим кабелем
   wire-laying ~ автомобиль с установкой для укладки и намотки кабеля
velocity скорость
   ~ **of light** скорость света
   ~ **of propagation** скорость распространения (*напр. волн*)
   ~ **of wave** скорость волны
   absolute ~ абсолютная скорость
   acoustic ~ скорость (распространения) звукка
   angular ~ 1. угловая скорость 2. угловая [круговая] частота
   arc ~ скорость (истечения) дуги
   constant angular ~ постоянная угловая скорость
   critical ~ критическая скорость
   envelope ~ скорость огибающей
   mean ~ средняя скорость
   propagation ~ скорость распространения (*напр. волн*)
   pulse ~ скорость распространения импульса
   recombination ~ скорость рекомбинации
   relative ~ относительная скорость
   rotation(al) ~ скорость вращения
   shock ~ скорость распространения ударной волны
   sound ~ скорость (распространения) звука
   variable ~ переменная скорость
   wave ~ скорость волны
vent 1. вентиляционное отверстие 2. воздушный клапан
   air extraction ~ воздушный клапан
   automatic pressure ~ автоматический газовыпускной вентиль

ventilation вентиляция
~ **by extraction** вытяжная система вентиляции
artificial ~ искусственная [принудительная] вентиляция
blowing ~ приточная [нагнетательная] вентиляция
closed-circuit ~ замкнутая система вентиляции
exhaust(-duct) ~ вытяжная вентиляция
induced ~ искусственная [принудительная] вентиляция
verification проверка; контроль
experimental ~ экспериментальная проверка
mechanical ~ механический контроль
vernier верньер
version:
overhead-hood ~ зонтичная конструкция (*гидрогенератора*)
suspendable ~ подвесное исполнение
vessel резервуар; бак
oil-expansion ~ расширитель для масла (*трансформатора*)
reactor ~ бак ядерного реактора
vibration вибрация; колебание
acoustic ~s звуковые колебания
broadband random ~s случайные колебания в широком диапазоне (*частот*)
brush ~ вибрация щёток
conductor ~ вибрация проводов
contact ~ вибрация в контактах
damped ~s затухающие колебания
damped free ~s затухающие собственные колебания
extreme ~ сильная вибрация (*класс 4, тип В, группа III по МЭК*)
forced ~s вынужденные колебания
free ~s свободные [собственные] колебания
harmonic ~s гармонические колебания
mechanical ~ механическая вибрация
moderate ~ умеренная вибрация (*класс 2, тип В, группа II по МЭК*)
natural ~s собственные [свободные] колебания
negligible ~ ничтожная вибрация (*класс 1, тип В, группа II по МЭК*)
parametric ~s параметрические колебания
resonance ~s резонансные колебания
self-excited [self-induced] ~ автоколебание, самовозбуждающееся колебание
simple harmonic ~ простое гармоническое колебание

sinusoidal ~s гармонические колебания
sustained ~s незатухающие колебания
sympathetic ~ резонансное колебание
transverse ~s поперечные колебания
undamped ~s незатухающие колебания
vibrator 1. вибратор 2. вибропреобразователь
electromagnetic impact ~ электромагнитный ударный вибратор
electromagnetic resonance ~ электромагнитный резонансный вибратор
ignition ~ вибратор системы зажигания
moving-coil ~ магнитоэлектрический вибратор; шлейф осциллографа с подвижной катушкой
piezoelectric ~ пьезоэлектрический вибратор
vibratron вибратрон; электромагнитный резонатор
vibrograph виброграф
vibrometer виброметр
vibropack вибропреобразователь
vice клещи; тиски
videodisk видеодиск
magnetic ~ магнитный видеодиск
mechanical ~ механический видеодиск
videosignal видеосигнал
videotransmitter видеопередатчик
view 1. вид; изображение 2. проекция
back ~ вид сзади
front ~ вид спереди
rear ~ вид сзади
viscosity 1. вязкость 2. динамическая вязкость, внутреннее трение
dielectric ~ диэлектрическая вязкость
eddy ~ турбулентная вязкость
magnetic ~ магнитная вязкость
relative ~ относительная вязкость
void:
closed ~s замкнутые полости
internal ~s внутренние пустоты (*в изоляции*)
volt вольт, В
arc ~s напряжение на дуге
dc ~s напряжение постоянного тока в вольтах
dc working ~ рабочее напряжение постоянного тока
international [legal] ~ международный вольт
voltage 1. напряжение, разность потенциалов 2. потенциал 3. электродвижущая сила, эдс ◇ ~ **across [at] the**

VOLTAGE

terminals ~ напряжение на зажимах; ~ **between lines** [~ **between phases**] линейное [межфазное] напряжение; **to apply the** ~ прикладывать напряжение; **to buck the** ~ снижать напряжение; ~ **to ground** напряжение относительно земли; ~ **to neutral** напряжение относительно нейтрали, фазное напряжение; **to place the** ~ прикладывать напряжение
~ **of conductance** напряжение проводимости
absorbed ~ падение напряжения
accelerating ~ ускоряющее напряжение
accumulator ~ напряжение аккумулятора
ac input ~ входное напряжение переменного тока
ac output ~ выходное напряжение переменного тока
active ~ активное напряжение
adjusting ~ регулирующее напряжение
allowable ~ допустимое напряжение
alternating ~ переменное напряжение
alternator field ~ напряжение возбуждения генератора переменного тока
anode ~ анодное напряжение
applied ~ приложенное напряжение
arc ~ напряжение дуги
arc-drop ~ падение напряжения на дуге
arcing ~ 1. напряжение дуги 2. напряжение искрения
arc-stream ~ напряжение «столба дуги»
armature-generated ~ эдс якоря
asymmetrical terminal ~ несимметричное напряжение на зажимах
auxiliary supply ~ напряжение оперативного постоянного тока
avalanche ~ обратное пробивное напряжение
avalanche-breakdown ~ напряжение лавинного пробоя
average ~ среднее значение напряжения
back ~ обратное напряжение
back bias ~ напряжение отрицательного смещения
balanced ~ равновесие напряжений
base-emitter ~ напряжение база—эмиттер
battery ~ напряжение батареи
beam accelerating ~ ускоряющее напряжение луча
bias ~ напряжение смещения
black-out ~ напряжение гашения

blanking ~ 1. напряжение гашения 2. запирающее напряжение
blocking ~ запирающее напряжение
boost(ing) ~ добавочное напряжение
branch ~ напряжение ветви
breakdown ~ пробивное напряжение, напряжение пробоя
breakover ~ напряжение включения
brush ~ напряжение на щётках
bucking ~ противодействующее напряжение, противоэдс
built-in ~ контактная разность потенциалов
calibration ~ эталонное напряжение
capacitor ~ напряжение на конденсаторе
cathode sheath ~ катодное падение напряжения потенциала
ceiling ~ «потолочное» напряжение
cell ~ напряжение элемента (*аккумуляторной батареи*)
charging ~ зарядное напряжение
circuit crest working off-state ~ амплитудное значение напряжения в (прямом) закрытом состоянии
circuit crest working reverse ~ амплитудное значение обратного напряжения цепи
circuit insulation ~ допустимое напряжение изоляции цепи
circuit nonrepetitive peak reverse ~ максимальное значение неповторяющегося обратного напряжения цепи
circuit repetitive peak reverse ~ максимальное значение повторяющегося обратного напряжения цепи
circuit-transient recovery ~ восстанавливающееся напряжение в схеме при полном входном напряжении
clamp ~ фиксированное напряжение смещения
cleaning ~ восстанавливающееся напряжение
clock ~ напряжение синхронизации
closed-circuit ~ напряжение под нагрузкой
commercial-frequency ~ напряжение промышленной частоты
common-mode ~ синфазное напряжение, напряжение синфазного сигнала
commutating [commutation] ~ коммутирующее напряжение
commutator ~ напряжение на коллекторе (*электрической машины*)
commutator-segment ~ напряжение между пластинами коллектора (*электрической машины*)

VOLTAGE

comparison ~ опорное напряжение; напряжение сравнения
compensating ~ компенсирующее напряжение
complex ~ комплексное напряжение
compliance ~ выходное напряжение блока питания
component ~ составляющая напряжения
constant ~ **1.** неизменное [постоянное] напряжение **2.** стабилизированное напряжение
contact ~ **1.** контактное напряжение, контактная разность потенциалов **2.** напряжение прикосновения
continuous forward ~ постоянное прямое напряжение
continuous reverse ~ постоянное обратное напряжение
control ~ **1.** управляющее напряжение, напряжение управления **2.** напряжение оперативного тока
control-circuit ~ напряжение управляющей цепи
controlled conventional no-load direct ~ условное постоянное напряжение холостого хода при фазовом управлении
controlled ideal no-load direct ~ постоянное напряжение идеального холостого хода при фазовом управлении
conventional no-load direct ~ условное постоянное напряжение холостого хода
corona ~ напряжение короны
corona extinction ~ напряжение погасания короны
corona onset [corona start(ing)] ~ напряжение возникновения короны
counter ~ напряжение противоэдс, противодействующее напряжение
cranking ~ напряжение, необходимое для поворачивания коленчатого вала (*специальным двигателем*)
crest ~ максимальное напряжение
critical ~ критическое напряжение
critical anode ~ критическое анодное напряжение
critical flashover ~ критическое напряжение перекрытия
critical visual ~ напряжение начала видимой короны
current-noise ~ напряжение токовых шумов
current-resistance ~ активное напряжение
cutoff ~ **1.** запирающее [блокирующее] напряжение **2.** напряжение отсечки **3.** предельное напряжение зарядки (*химического источника тока*)
dc ~ постоянное напряжение
dc auxiliary ~ напряжение оперативного постоянного тока
dc braking ~ тормозное напряжение постоянного тока
dc peak ~ максимальное напряжение постоянного тока
dc recovery ~ восстанавливающее напряжение постоянного тока
decelerating ~ тормозящее напряжение
declared ~ договорное значение напряжения
decomposition ~ напряжение разложения (*при электролизе*)
deflecting [deflection] ~ отклоняющее напряжение
delta ~ линейное [междуфазное] напряжение
design ~ расчётное [номинальное] напряжение
dielectric breakdown ~ **1.** пробивное напряжение диэлектрика **2.** напряжение пробоя изоляции
dielectric test ~ испытательное напряжение изоляции
differential mode ~ напряжение дифференциального вида
differential output ~ разность между максимальным и минимальным выходным напряжением
direct ~ постоянное напряжение
direct-axis subtransient (internal) ~ сверхпереходная эдс по продольной оси
direct-axis synchronous (internal) ~ синхронная эдс по продольной оси
direct-axis transient (internal) ~ переходная эдс по продольной оси
direct forward ~ постоянное прямое напряжение
direct reverse ~ постоянное обратное напряжение
discharge ~ **1.** пробивное напряжение, напряжение пробоя **2.** разрядное напряжение, напряжение разряда **3.** остающееся напряжение (*на зажимах разрядника*) **4.** напряжение возникновения разряда (*в газоразрядном приборе*)
discharge extinction ~ напряжение гашения [прекращения] разряда (*в газоразрядном приборе*)
discharge inception ~ напряжение возникновения разряда (*в газоразрядном приборе*)

VOLTAGE

discharge ionization ~ пороговое напряжение разряда
disruptive ~ 1. пробивное напряжение, напряжение пробоя 2. разрядное напряжение, напряжение разряда
disruptive discharge ~ напряжение разрушающего пробоя
disturbance ~ напряжение помех
driving ~ 1. напряжение возбуждения 2. напряжение запускающего сигнала
drop-away [dropout] ~ напряжение отпускания (*реле*)
dry flashover ~ сухоразрядное напряжение
dry lightning impulse withstand ~ сухоразрядное выдерживаемое напряжение грозового импульса
dry power-frequency flashover ~ сухоразрядное напряжение промышленной частоты
dry power-frequency withstand ~ сухоразрядное выдерживаемое напряжение промышленной частоты
dry sparkover ~ сухоразрядное напряжение
dry withstand ~ сухоразрядное выдерживаемое напряжение
effective ~ действующее [эффективное] напряжение
electric cell ~ эдс гальванического элемента
electrode ~ напряжение на электроде
end ~ падение напряжения на концевых участках (*резистора*)
end-point ~ конечное напряжение
end-scale ~ напряжение предела измерения
equilibrium ~ равновесное напряжение
error ~ напряжение (сигнала) рассогласования
excess ~ избыточное напряжение; перенапряжение
excitation ~ напряжение возбуждения
exciter ~ напряжение возбудителя
external ~ 1. внешнее напряжение 2. ускоряющее напряжение
extinction ~ 1. напряжение погасания (*дуги*) 2. напряжение гашения [прекращения] разряда (*в газоразрядном приборе*)
extinguishing ~ напряжение погасания (*дуги*)
extrahigh ~ сверхвысокое напряжение
Faraday ~ эдс самоиндукции
fatal ~ смертельное (*для человека*) напряжение
fault ~ напряжение при КЗ

fault-point ~ напряжение в месте КЗ
feedback ~ напряжение (*цепи*) обратной связи
field ~ напряжение возбуждения
filament ~ напряжение накала
final ~ напряжение конца разряда (*аккумулятора*)
fire-back ~ напряжение обратного зажигания
firing ~ напряжение возникновения разряда (*в газоразрядном приборе*)
first breakdown ~ напряжение первого пробоя
fixed ~ постоянное напряжение; стабилизированное напряжение
flashback ~ 1. напряжение обратного зажигания (*в газоразрядном приборе*) 2. пробивное напряжение, напряжение пробоя 3. напряжение перекрытия
flashover ~ 1. напряжение поверхностного пробоя (*диэлектрика*) 2. напряжение разрушающего пробоя
flash test ~ импульсное испытательное напряжение
floating ~ 1. напряжение холостого хода 2. плавающий потенциал
fluctuation ~ напряжение флуктуаций
focus(ing) ~ фокусирующее напряжение
formation ~ напряжение формования; формующее напряжение
forward ~ прямое напряжение
forward breakover ~ напряжение включения тиристоров
full impulse ~ полное импульсное напряжение
gate ~ 1. напряжение затвора (*полевого транзистора*) 2. напряжение управления (*тиристора*)
gate nontrigger ~ неотпирающее напряжение на управляющем электроде (*тиристора*)
gate trigger ~ отпирающее напряжение на управляющем электроде (*тиристора*)
gating ~ стробирующее напряжение
generated ~ электродвижущая сила, эдс
generating ~ генераторное напряжение
generator ~ эдс генератора; эдс вращения; напряжение на зажимах генератора
given ~ заданное напряжение
grid ~ сеточное напряжение
grid bias ~ напряжение сеточного смещения

VOLTAGE

grid/cathode driving ~ напряжение возбуждения сетка — катод
grid driving [grid input] ~ входное (управляющее) напряжение сетки
ground ~ напряжение земли (*падение напряжения между двумя точками цепи заземления*)
guard-ring ~ напряжение на защитном кольце (*изоляторов*)
Hall ~ напряжение (на элементе) Холла
hazardous ~ опасно высокое напряжение
heater ~ **1.** напряжение подогревателя **2.** напряжение накала (*в электровакуумном приборе*)
high ~ высокое напряжение; высшее напряжение (*трансформатора*)
higher harmonic ~ напряжение высшей гармоники
highest ~ наивысшее напряжение
holding ~ напряжение в открытом состоянии (*тиристора*)
hum ~ напряжение шума
ideal no-load direct ~ идеальное постоянное напряжение холостого хода
ignition ~ **1.** напряжение зажигания **2.** напряжение возникновения разряда (*в газоразрядном приборе*)
impedance ~ напряжение КЗ (*трансформатора*)
impressed ~ приложенное напряжение
impulse ~ импульсное напряжение
impulse flashover ~ напряжение импульсного перекрытия
impulse sparkover ~ напряжение искрового перекрытия
impulse testing ~ импульсное испытательное напряжение
impulse withstand ~ импульсное выдерживаемое напряжение
induced ~ наведённое напряжение
induced longitudinal ~ наведённое продольное напряжение
inductance ~ эдс самоиндукции
initial ~ **1.** начальное напряжение (*элемента или батареи*), напряжение начала разряда **2.** напряжение возникновения короны
injected ~ приложенное напряжение
in-phase ~ напряжение, совпадающее по фазе; синфазное напряжение
input ~ входное напряжение
input error ~ входное напряжение рассогласования
instantaneous ~ мгновенное напряжение

insulating [insulation] ~ напряжение изоляции
insulation test ~ испытательное напряжение изоляции
interference ~ напряжение помехи
intermediate ~ ступень среднего [промежуточного] напряжения
internal ~ **1.** эдс генератора **2.** противоэлектродвижущая сила, противоэдс
inverse ~ обратное напряжение
ionization ~ напряжение [потенциал] ионизации
ionization extinction ~ напряжение прекращения ионизации
isolation ~ предельно допустимое напряжение между выходными зажимами и землёй
keep-alive ~ напряжение вспомогательного разряда; напряжение предыонизации
kickback ~ бросок обратного напряжения
lagging ~ отстающее напряжение
leading ~ опережающее напряжение
leakage (reactance) ~ **1.** напряжение рассеяния **2.** эдс рассеяния
lightning impulse ~ напряжение грозового импульса, импульсное напряжение при ударах молнии
lightning induced ~ индуктированное молнией напряжение
limit ~ максимальное рабочее напряжение
limiting ~ ограничивающее напряжение
line ~ **1.** линейное [междуфазное] напряжение **2.** напряжение ЛЭП **3.** напряжение сети, сетевое напряжение
line-to-ground ~ напряжение между фазой и землёй, фазное напряжение в сети с заземлённой нейтралью
line-to-line ~ линейное [междуфазное] напряжение
line-to-neutral ~ фазное напряжение, напряжение «фаза — нейтраль»
load(ing) ~ напряжение нагрузки; напряжение на зажимах
locked rotor ~ напряжение на заторможённом роторе
locking ~ запирающее [блокирующее] напряжение
longitudinal ~ **in pilots** продольное напряжение в соединительных проводах
low ~ низкое напряжение; низшее напряжение (*трансформатора*)
lower ~ пониженное напряжение

VOLTAGE

lower limiting flashover ~ минимальное напряжение перекрытия
lowest ~ of a system минимальное напряжение электрической сети
lumped ~ напряжение в эквивалентной схеме, эквивалентное напряжение
mains ~ напряжение сети, сетевое напряжение
maintaining ~ рабочее напряжение (*газоразрядного прибора*); напряжение поддержания разряда (*в газоразрядном приборе*)
matched output ~ напряжение на согласованной нагрузке
maximal ~ максимальное напряжение
maximum design ~ максимальное расчётное напряжение
maximum operating ~ наибольшее рабочее напряжение
maximum permissible ~ максимально допустимое напряжение
measured ~ измеренное напряжение
medium ~ 1. среднее напряжение (*обмотки трансформатора*) 2. высокое напряжение (*в распределительных сетях 1—100 кВ*)
mesh ~ линейное [междуфазное] напряжение
minimal ~ минимальное напряжение
minimum off-state ~ минимальное напряжение в закрытом состоянии (*тиристора*)
misalignment ~ напряжение рассогласования
mode ~ напряжение номинального режима
modulation ~ напряжение модулирующего сигнала
needle-point ~ напряжение пробоя игольчатого разрядника
negative(-phase)-sequence ~ напряжение обратной последовательности
neutral offset ~ напряжение смещения нейтрали, напряжение нулевой последовательности
neutral-point displacement ~ напряжение смещения нейтрали
neutral-to-ground ~ напряжение нейтрали относительно земли
nodal [node] ~ узловое напряжение, узловой потенциал
node-to-datum ~ узловой потенциал относительно опорного
noise ~ напряжение шума, шумовое напряжение
no-load ~ напряжение холостого хода

no-load field ~ напряжение возбуждения холостого хода
nominal ~ номинальное напряжение
nominal circuit ~ номинальное напряжение цепи
nominal excitation (system) ceiling ~ номинальное значение потолочного напряжения системы возбуждения (*электрической машины*)
normal circuit ~ нормальное (среднее) напряжение цепи
off-load ~ напряжение холостого хода
offset ~ напряжение смещения нуля на выходе (*операционного усилителя*); (входное) напряжение компенсации смещения нуля на выходе (*операционного усилителя*)
off-standard ~ нестандартное напряжение
off-state ~ напряжение в закрытом состоянии (*полупроводникового прибора*)
on-load ~ напряжение в замкнутой цепи
on-state ~ напряжение в открытом состоянии (*полупроводникового прибора*)
open-circuit ~ напряжение холостого хода
open-circuit secondary ~ вторичное напряжение холостого хода
operate ~ напряжение срабатывания (*реле*)
operating ~ 1. рабочее напряжение 2. напряжение оперативного тока
operating supply ~ номинальное напряжение питания
out ~ выходное напряжение
out-of-balance ~ 1. напряжение разбаланса 2. несимметричное напряжение
out-of-phase ~ напряжение, сдвинутое по фазе, несинфазное напряжение
output ~ выходное напряжение
output offset ~ выходное напряжение смещения нуля (*операционного усилителя*)
overrating ~ напряжение выше расчётного
pace ~ 1. шаговое напряжение 2. напряжение от токов в земле между двумя точками на поверхности
partial discharge extinction ~ напряжение прекращения [гашения] частичных разрядов (*в диэлектрике*)
partial discharge inception ~ напряжение возникновения частичных разрядов (*в диэлектрике*)
peak ~ 1. максимальное напряжение;

VOLTAGE

амплитудное [пиковое] напряжение 2. импульсное напряжение (*тиристора*)
peak-and-seal ~ минимальное напряжение трогания и удержания (*в замкнутом состоянии электромагнитного устройства*)
peak arc ~ максимальное напряжение дуги
peak forward ~ максимальное прямое напряжение
peak forward anode ~ максимальное прямое анодное напряжение
peak inverse ~ максимальное обратное напряжение
peak negative anode ~ максимальное обратное анодное напряжение
peak operating ~ максимальное рабочее напряжение
peak pulse ~ напряжение пикового импульса
peak reverse ~ максимальное обратное напряжение
peak-to-peak ~ двойная амплитуда напряжения, размах напряжения (*сигнала*)
peak-to-peak ripple ~ размах напряжения пульсаций
peak transient reverse ~ максимальное импульсное обратное напряжение
pedestal ~ напряжение опорных импульсов
periodic ~ периодическое напряжение
periodic step ~ периодическое напряжение ступенчатой формы
permissible ~ допустимое напряжение
per unit ~ значение напряжения в относительных единицах
phase ~ фазное напряжение
phase-to-ground ~ фазное напряжение; напряжение между фазой и землёй
phase-to-phase ~ линейное [междуфазное] напряжение
photoelectric ~ напряжение фотосигнала
pickup ~ 1. напряжение срабатывания (*реле*) 2. напряжение замыкания (*магнитного контактора*)
pilot ~ напряжение на соединительных проводах
pinch-off ~ напряжение отсечки (*полевого транзистора*)
plate ~ анодное напряжение
polarization ~ 1. напряжение поляризации 2. эдс поляризации
positive(-phase)-sequence ~ напряжение прямой последовательности
power-frequency ~ напряжение промышленной частоты
power-frequency recovery ~ восстанавливающееся (*после отключения*) напряжение промышленной частоты
power-frequency withstand ~ выдерживаемое напряжение промышленной частоты
preset ~ заданное [установленное] напряжение
primary ~ 1. первичное напряжение, напряжение первичной обмотки; напряжение первичной цепи 2. напряжение статора 3. эдс гальванического элемента
principal ~ основное напряжение (*тиристора*)
probe ~ зондовое напряжение, напряжение зондирования
prospective touch ~ расчётное напряжение прикосновения
protection ~ защитный потенциал
pull-in ~ напряжение срабатывания (*реле*)
pull-out ~ напряжение торможения (*электрической машины*)
pulsating ~ пульсирующее напряжение
pulse breakdown ~ импульсное пробивное напряжение
pulse discharging ~ импульсное разрядное напряжение
puncture ~ пробивное напряжение, напряжение пробоя
push-push ~ 1. напряжение на проводах двухпроводной (симметричной) линии относительно земли 2. *pl* система из двух напряжений, сдвинутых по фазе на 180°
quadrature-axis subtransient (internal) ~ сверхпереходная эдс по поперечной оси
quadrature-axis synchronous (internal) ~ синхронная эдс по поперечной оси
quadrature-axis transient (internal) ~ переходная эдс по поперечной оси
quenching ~ выключающее напряжение
quiescent input ~ входное напряжение покоя
quiescent output ~ выходное напряжение покоя
rain flashover ~ мокроразрядное напряжение
rated ~ номинальное [расчётное] напряжение
rated impulse withstand ~ максимально допустимое импульсное напряжение

VOLTAGE

rated-load field ~ номинальное напряжение возбуждения
reactance [reactive] ~ 1. реактивная составляющая напряжения (*КЗ*), реактивное напряжение 2. напряжение на реакторе
real no-load direct ~ реальное постоянное напряжение холостого хода
receiver ~ напряжение нагрузки; напряжение на зажимах приёмника (*электроэнергии*)
receiving-end ~ напряжение на приёмном конце линии
recovery ~ 1. восстанавливающееся напряжение; возвращающееся напряжение 2. послеаварийное напряжение
rectangular ~ напряжение прямоугольной формы
rectified ~ выпрямленное напряжение
rectifier-load ~ (полное) напряжение на нагрузке выпрямителя
reduced ~ 1. пониженное напряжение 2. приведённое напряжение
reference ~ 1. опорное напряжение; эталонное напряжение 2. поляризующее напряжение 3. тормозное напряжение (*в реле*)
regulated ~ регулируемое напряжение
reignition ~ напряжение повторного возникновения разряда (*в газоразрядном приборе*)
release ~ выключающее напряжение; напряжение отпускания (*реле*)
repetitive ~ 1. периодическое напряжение 2. повторяющееся напряжение (*тиристора*)
requisite ~ потребное напряжение
residual ~ 1. остаточное напряжение 2. напряжение нулевой последовательности 3. остаточная эдс Холла
residual breakdown ~ остаточное пробивное напряжение
resistance ~ активная составляющая напряжения (*КЗ*)
resonance ~ резонансное напряжение
response ~ напряжение срабатывания
restoring ~ восстанавливающееся напряжение
restraining ~ тормозное напряжение (*в РЗ*)
restriking ~ 1. напряжение повторного зажигания (*дуги*) 2. напряжение возникновения разряда (*в газоразрядном приборе*)
retarding ~ задерживающее напряжение
return ~ напряжение возврата

reverse ~ обратное напряжение
reverse breakdown ~ обратное пробивное напряжение
ring ~ напряжение на контактных кольцах (*электрической машины*)
ring-to-ring ~ напряжение между контактными кольцами (*электрической машины*)
ripple ~ напряжение пульсаций; пульсирующее напряжение
ripple-free ~ напряжение (постоянного тока) без пульсаций
rms [root-mean-square] ~ действующее [эффективное] напряжение
running ~ рабочее напряжение
safety extralow ~ малое по условиям безопасности напряжение
saturation ~ напряжение насыщения
sawtooth ~ пилообразное напряжение
scanning ~ 1. напряжение развёртки 2. сканирующее напряжение
seal-in ~ напряжение удержания реле в сработавшем состоянии
secondary ~ вторичное напряжение, напряжение вторичной обмотки; напряжение вторичной цепи
secondary excitation ~ вторичное напряжение намагничивания
self-breakdown [self-firing] ~ напряжение самопробоя
self-induction ~ эдс самоиндукции
sending-end ~ напряжение на отправном конце линии
service ~ рабочее напряжение
set(ting) ~ заданное напряжение; напряжение уставки
shaft ~ напряжение по концам вала (*электрической машины*)
shift ~ напряжение смещения; напряжение сдвига
shock ~ импульс напряжения
short-circuit ~ напряжение КЗ
shorting ~ пробивное напряжение, напряжение пробоя
signal ~ напряжение сигнала
sine(-curve) [sine-wave, sinusoidal] ~ синусоидальное напряжение
slip-ring ~ напряжение на контактных кольцах (*электрической машины*)
smoothed dc ~ сглаженное выпрямленное напряжение
source ~ 1. напряжение (источника) питания 2. напряжение сигнала 3. напряжение истока (*полевого транзистора*)
spark-gap breakdown ~ напряжение пробоя разрядника
sparking ~ 1. напряжение искрения;

VOLTAGE

напряжение искрового разряда 2. реактивное напряжение искрения (*под щётками электрической машины*)
sparkover ~ пробивное напряжение, напряжение пробоя
speed(-induced) ~ эдс вращения; эдс генератора
sputtering ~ распыляющее напряжение
square-wave ~ напряжение прямоугольного сигнала
stabilized ~ стабилизированное напряжение
staircase ~ ступенчатое напряжение
standard ~ эталонное напряжение
star ~ фазное напряжение, напряжение между фазой и нейтралью
starter breakdown ~ напряжение возникновения разряда от стартера (*в газоразрядном приборе*)
starting ~ 1. напряжение зажигания 2. напряжение при пуске
static ~ статическое напряжение
static breakdown ~ статическое пробивное напряжение
station auxiliaries ~ напряжение на шинах собственных нужд электростанции
steady-state ~ установившееся напряжение
step ~ 1. ступенчатое напряжение; скачок напряжения 2. шаговое напряжение, шаговый потенциал
stray ~ паразитное напряжение
striking ~ напряжение зажигания (*дуги*)
subtransient (internal) ~ сверхпереходная эдс
superhigh ~ сверхвысокое напряжение
superimposed ~ наложенное напряжение
supply ~ напряжение (источника) питания
supply-line ~ напряжение сети, сетевое напряжение
surge ~ 1. импульсное напряжение 2. бросок [толчок] напряжения 3. перенапряжение (*конденсатора*)
sustaining ~ 1. рабочее напряжение (*газоразрядного прибора*) 2. удерживающее напряжение (*минимальное напряжение тлеющего разряда*)
sweep ~ напряжение развёртки
swing ~ 1. напряжение качаний 2. размах напряжения (*сигнала*)
switching ~ коммутационное напряжение; напряжение переключения

switching surge ~ коммутационное перенапряжение; напряжение коммутационного импульса
symmetrical ~ симметричное напряжение
synchronous ~ синхронное напряжение; напряжение синхронизма
synchronous generator (internal) ~ синхронная эдс
system ~ 1. линейное [междуфазное] напряжение 2. напряжение сети, сетевое напряжение
tap(ping) ~ напряжение ответвления
temperature ~ температурный потенциал
terminal ~ напряжение на зажимах
test(ing) ~ испытательное напряжение
thermocouple ~ эдс термопары
thermoelectric ~ термоэлектродвижущая сила, термоэдс
threshold ~ пороговое напряжение
time-base ~ напряжение развёртки
timing ~ хронирующее напряжение
tooth ~ пилообразное напряжение
touch ~ напряжение прикосновения
transformer ~ трансформаторная эдс
transient ~ 1. напряжение переходного процесса; неустановившееся напряжение 2. переходная эдс
transient internal ~ переходная эдс
transient recovery ~ восстанавливающееся напряжение переходного процесса
transmission-line ~ напряжение ЛЭП
trigger ~ 1. отпирающее напряжение (*тиристора*) 2. напряжение запускающего сигнала
trip(ping) ~ напряжение отключения
tube ~ рабочее напряжение разрядной лампы
tuning ~ напряжение настройки
turnoff ~ запирающее [блокирующее] напряжение
turn-to-turn ~ межвитковое напряжение
ultrahigh ~ сверхвысокое напряжение (*свыше 1000 кВ*)
unbalanced ~ 1. несимметричное напряжение 2. *pl* неуравновешенные напряжения
unidirectional ~ однонаправленное напряжение
unregulated ~ нерегулируемое [нестабилизированное] напряжение
upper ~ высшее напряжение
utilization ~ напряжение в сети низкого напряжения (*непосредственно у потребителя*)

VOLTAMETER

variable ~ регулируемое напряжение
velocity ~ напряжение, пропорциональное скорости
welding ~ напряжение при сварке
welding-arc ~ напряжение сварочной дуги
wet discharge [wet flashover] ~ мокроразрядное напряжение
wet power-frequency flashover ~ мокроразрядное напряжение промышленной частоты
wetting ~ «смачивающее» напряжение (*подаваемое на «сухие» контакты для фиксации их положения*)
wet withstand ~ выдерживаемое напряжение при увлажнённой поверхности изоляции
withstand(ing) ~ выдерживаемое напряжение
working ~ рабочее напряжение
Y-~ фазное напряжение; напряжение между фазой и нейтралью
zero(-phase)-sequence ~ напряжение нулевой последовательности
voltameter вольтаметр, куло(но)метр
  electrolytic ~ электролитический вольтаметр
  single-pulse ~ одноимпульсный вольтаметр
voltammeter вольтамперметр
volt-ampere вольт-ампер, В·А
  active ~ активный вольт-ампер, ватт
  reactive ~ реактивный вольт-ампер, вар
volt-ampere-hour вольт-ампер-час, В·А·ч
voltascope вольтаскоп
volt-coulomb вольт-кулон
volt-gage вольтметр для грубых измерений
voltmeter вольтметр ◊ ~ **with extended zero range** вольтметр с расширением шкалы вблизи нуля
  ac ~ вольтметр переменного тока
  aperiodic ~ апериодический вольтметр
  astatic ~ астатический вольтметр
  average [averaging] ~ усредняющий вольтметр
  cathode-ray ~ электронно-лучевой вольтметр
  clamp-on ~ вольтметр для измерения без прикосновения к токоведущим частям
  compensation ~ компенсационный вольтметр
  contact-making ~ контактный вольтметр
  crest ~ пиковый [амплитудный] вольтметр
  dc ~ вольтметр постоянного тока
  differential ~ дифференциальный вольтметр
  differential thermocouple ~ вольтметр с дифференциальной термопарой
  digital ~ цифровой вольтметр
  double-range ~ двухдиапазонный вольтметр
  dual-slope digital ~ интегрирующий цифровой вольтметр (*с прямым и обратным ходом*)
  dynamometer [electrodynamic] ~ электродинамический вольтметр
  electromagnetic ~ электромагнитный вольтметр
  electronic ~ электронный вольтметр
  electrostatic ~ электростатический вольтметр
  electrothermal [filament] ~ тепловой вольтметр
  frequency-selective ~ частотно-селективный вольтметр
  ground-detection ~ вольтметр контроля изоляции
  high-resistance ~ высокоомный вольтметр
  high-voltage ~ вольтметр высокого напряжения
  hot-wire ~ тепловой вольтметр
  induction ~ индукционный вольтметр
  integrating ~ интегрирующий вольтметр
  iron-core ~ ферродинамический вольтметр
  iron-loss ~ вольтметр для измерения потерь в железе
  low-resistance ~ низкоомный вольтметр
  low-voltage ~ вольтметр низкого напряжения
  moving-coil ~ магнитоэлектрический вольтметр
  moving-iron ~ электромагнитный вольтметр
  multirange ~ многопредельный вольтметр
  narrow-band selective ~ избирательный вольтметр с узким диапазоном
  null-balance ~ компенсационный вольтметр
  panel ~ щитовой вольтметр
  peak(-reading) ~ пиковый [амплитудный] вольтметр
  peak-to-peak ~ двойной амплитудный вольтметр
  phase-angle ~ вольтметр для измерения фазного угла
  precision ~ точный [прецизионный] вольтметр

reactive ~ вольтметр реактивного напряжения
recording ~ регистрирующий вольтметр
selective ~ селективный вольтметр
slideback ~ компенсационный вольтметр
solid-state ~ полупроводниковый вольтметр
sphere-gap ~ измерительный шаровой разрядник; вольтметр с шаровым разрядником
standard ~ эталонный вольтметр; стандартный вольтметр
static ~ статический вольтметр
switchboard ~ щитовой вольтметр
synchronizing ~ синхронизационный вольтметр
tachometer ~ тахометрический вольтметр
thermionic ~ ламповый вольтметр; электронный вольтметр
transistor ~ полупроводниковый вольтметр
tube [vacuum tube, valve] ~ ламповый вольтметр; электронный вольтметр
zero ~ нуль-вольтметр, нулевой вольтметр
volt-ohmmeter вольтомметр
  digital ~ цифровой вольтомметр
  electronic ~ электронный вольтомметр
volume объём
  winding ~ объём обмотки; занимаемый обмоткой объём
vortex вихрь
  blade-to-blade ~ межлопаточный вихрь
V-skirt V-образный паз; паз в виде ласточкина хвоста
V-tower V-образная опора
  guyed ~ V-образная опора с оттяжками
vulcanite эбонит
vulcanization вулканизация (*напр. изоляции кабеля*)
  continuous ~ непрерывная вулканизация
  continuous catenary ~ непрерывная цепная вулканизация

W

wafer 1. пластина; плата; подложка **2.** галета (*поворотного переключателя*)

active-device ~ плата с активными элементами
capacitor ~ плата с конденсаторами
end ~ торцевая плата
resistor ~ плата с резисторами
stacked ~s пластины, собранные в этажерочный модуль
waffle галета (*катушки индуктивности*)
wand:
  tuning ~ отвёртка из немагнитного материала (*для регулировки сердечников*)
warming нагрев; подогрев
  electric ~ электронагрев
washer 1. шайба; кольцевая прокладка **2.** (электрическая) стиральная машина
  automatic ~ автоматическая стиральная машина
  insulating ~ изолирующая шайба
washing промывка
  hot line ~ обмывка (*изоляторов*) на линии под напряжением
waste 1. потеря ‖ терять **2.** отбросы; отходы
  ~ **of energy** потеря энергии
  decommissioning ~s радиоактивные отходы (*образующиеся при выводе АЭС из эксплуатации*)
  low-level radioactive ~ слабоактивные отходы
  medium-active ~ среднеактивные отходы
  nuclear ~ радиоактивные отходы
  power ~ потери электроэнергии
water вода
  circulation ~ циркуляционная вода
  condensation ~ конденсационная вода
  conductivity ~ кондуктометрическая вода, вода для определения электропроводности
  cooling ~ охлаждающая вода
  flushing ~ промывочная вода
  reactor make-up ~ вода подпитки реактора
  shield(ing) ~ водный экран (*ядерного реактора*)
waterpower 1. гидроэнергетический потенциал **2.** мощность ГЭС
water-proof водостойкий
watertight водонепроницаемый
watt 1. ватт, Вт **2.** *pl* (активная) мощность в ваттах ◊ ~s **in** потребляемая мощность; ~s **out** отдаваемая мощность
  apparent ~s полная мощность
  international ~ международный ватт
  meter ~s мощность по счётчику
  minimum pickup ~s минимальная

WATTAGE

мощность срабатывания (*реле мощности*)
peak ~ пиковый ватт, ватт пиковой мощности
wattage (активная) мощность в ваттах
watt-hour ватт-час, Вт·ч
watthourmeter счётчик электроэнергии, электросчётчик
   induction ~ индукционный счётчик электроэнергии
   polyphase ~ многофазный счётчик электроэнергии
wattless реактивный
wattmeter ваттметр
   astatic ~ астатический ваттметр
   compensated ~ компенсационный ваттметр
   double-element ~ двухсистемный ваттметр
   dynamometer [electrodynamic] ~ электродинамический ваттметр
   electronic ~ электронный ваттметр
   electrostatic ~ электростатический ваттметр
   ferrodynamic ~ ферродинамический ваттметр
   hot-wire ~ тепловой ваттметр
   idle-current ~ ваттметр, измеритель реактивной мощности
   induction ~ индукционный ваттметр
   integration ~ счётчик электроэнергии, электросчётчик
   low power-factor ~ малокосинусный ваттметр
   magnetic-core multiplier ~ датчик мощности с блоком умножения на магнитных сердечниках
   panel ~ щитовой ваттметр
   polyphase ~ многофазный ваттметр
   portable ~ переносный ваттметр
   recording ~ регистрирующий ваттметр
   reflecting ~ зеркальный ваттметр
   single-element ~ односистемный ваттметр
   single-phase ~ однофазный ваттметр
   switchboard ~ щитовой ваттметр
   thermal ~ тепловой ваттметр
   thermistor ~ терморезисторный ваттметр
   thermocouple ~ термоэлектрический ваттметр
   three-phase ~ трёхфазный ваттметр
   two-and-a-half-element ~ ваттметр с двумя катушками напряжения и тремя — тока
   two-element ~ двухсистемный ваттметр
wave 1. волна 2. (колебательный) сигнал 3. колебание
   amplitude-modulated ~ амплитудно-модулированный сигнал
   back ~ отражённая волна
   chopped (impulse) ~ срезанная волна
   chopped sine ~ отрезок синусоидальной кривой
   complex ~ сложная волна
   continuous ~ незатухающая гармоническая волна
   current ~ волна тока
   damped ~ 1. затухающая волна 2. демпфированная волна
   direct ~ прямая волна
   discontinuous ~s затухающие волны
   downcoming ~ отражённая волна
   electric ~ волна электрического вектора (напряжённости)
   electromagnetic ~ электромагнитная волна
   impulse ~ импульсная волна
   incident ~ падающая волна
   increasing ~ нарастающая волна
   indirect ~ отражённая волна
   inverse ~ обратная волна
   light ~ световая волна
   linearly polarized ~ линейно поляризованная волна
   main sine ~ основная синусоида
   modulated ~ модулированная волна
   moving ~ бегущая волна
   persistent ~ незатухающая волна
   plane ~ плоская волна
   polarized ~ поляризованная волна
   rectangular ~ прямоугольная волна
   reflected ~ отражённая волна
   sawtooth ~ пилообразное колебание
   shock ~ ударная волна
   sine [sinusoidal] ~ 1. синусоидальное колебание 2. синусоида (*напр. тока, напряжения*)
   square ~ прямоугольное колебание
   standard ~ 1. стандартная волна 2. стандартный сигнал
   stationary ~ стационарная волна
   surge ~ волна перенапряжений
   sustained ~s незатухающие волны
   transmitted ~ 1. проходящая волна 2. преломлённая волна
   transversal ~ поперечная волна
   transverse magnetic ~ поперечная магнитная волна
   traveling ~ бегущая волна
   undamped ~ незатухающая волна

WEIGHT

waveband диапазон волн
waveform 1. форма волны, колебаний *или* сигнала **2.** колебание; (колебательный) сигнал
  beat-frequency ~ сигнал биений
  bootstrap ~ форма сигнала опорного генератора
  control ~ форма управляющего сигнала
  distorted ~ искажённая форма кривой (*напряжения или тока*)
  flux density ~ форма кривой магнитной индукции
  load-voltage ~ кривая напряжения нагрузки
  oscillator output ~ форма сигнала на выходе генератора
  output ~ форма кривой выходного сигнала
  pulse ~ форма импульса
  rectified ~ форма выпрямленного напряжения
  signal ~ **1.** форма сигнала **2.** сигнал
  transient exciting current ~ кривая тока возбуждения в переходном процессе
  voltage ~ форма кривой напряжения
wavefront 1. волновой фронт **2.** фронт импульса
  sloping ~ пологий волновой фронт
  steep ~ крутой волновой фронт
waveguide волновод
  air-filled ~ волновод, наполненный воздухом
  atmospheric ~ атмосферный волновод
  beam ~ лучевой волновод
  bend [bent] ~ изогнутый волновод
  circular ~ круглый волновод
  coaxial ~ коаксиальный волновод
  conic(al) ~ конический волновод
  cylindrical ~ цилиндрический волновод
  dielectric ~ диэлектрический волновод
  dielectric-filled ~ волновод с диэлектрическим заполнением
  dielectric-loaded ~ волновод с диэлектрическими вставками; волновод, нагруженный диэлектриком
  electromagnetic ~ электромагнитный волновод
  elliptic(al) ~ эллиптический волновод
  ferrite ~ ферритовый волновод
  flat ~ плоский волновод
  flexible ~ гибкий волновод
  helical [helix] ~ спиральный волновод
  hollow ~ полый волновод
  ideal ~ волновод без потерь
  light ~ свето(про)вод
  loaded ~ нагруженный волновод; волновод со вставками
  multimode [overmoded] ~ многомодовый волновод
  periodically loaded ~ периодически нагруженный волновод
  piezoelectric ~ пьезоэлектрический волновод
  plasma ~ плазменный волновод
  rectangular ~ прямоугольный волновод
  ridge(d) ~ гребенчатый волновод
  ring ~ кольцевой волновод
  rod ~ стержневой волновод
  screened ~ экранированный волновод
  septate ~ диафрагмированный волновод
  surface(-wave) ~ волновод поверхностной волны
  tubular ~ трубчатый волновод
  uniform ~ однородный волновод
  unloaded ~ ненагруженный волновод
wavelength длина волны
  cable ~ длина волны в кабеле
  critical ~ критическая длина волны
  guide ~ длина волны в волноводе
  threshold ~ пороговая длина волны
  waveguide ~ длина волны в волноводе
wavemeter волномер; частотомер
  absorption ~ волномер поглощающего типа
  cavity ~ резонаторный волномер
  rectifier-type ~ выпрямительный волномер
  resonator ~ резонаторный волномер
  transmission ~ волномер пропускания
  vacuum-tube ~ ламповый волномер
waveshape форма волны, колебания *или* сигнала
wax 1. воск **2.** парафин
way:
  cable ~ кабельный канал
wear износ; изнашивание ‖ изнашиваться
  brush ~ износ щёток
  contact (mechanical) ~ (механический) износ контакта
wear-resistance износостойкость (*контактов реле*)
  commutation ~ коммутационная износостойкость
  mechanical ~ механическая износостойкость
weight вес; масса
  atomic ~ атомная масса

WELD

dead ~ собственный вес (*провода*)
weld 1. сварное соединение; сварной шов 2. сварка; сваривание
 arc ~ шов, полученный дуговой сваркой
 carbon-arc ~ шов дуговой сварки угольным электродом
 continuous ~ непрерывный сварной шов
 electron-beam ~ шов электронно-лучевой сварки
 end-lap ~ лобовой сварной шов
 finished ~ механически обработанный сварной шов
 intermittent ~ прерывистый сварной шов
 lap ~ нахлёсточный сварной шов
 laser ~ шов, полученный лазерной сваркой
 plug ~ несквозная электрозаклёпка
 rivet ~ сквозная электрозаклёпка
 tight ~ плотный сварной шов
welder 1. сварочный аппарат; сварочная установка 2. сварочный источник питания (*трансформатор, генератор, выпрямитель*)
 ac transformer-type ~ сварочный трансформатор
 arc ~ 1. дуговая сварочная машина 2. сварочный трансформатор
 bench-spot ~ настольная машина для точечной сварки
 electric-driven ~ сварочный преобразователь
 electromagnetic stored energy ~ машина для сварки с накоплением энергии в магнитном поле
 electron-beam ~ установка для электронно-лучевой сварки
 electronic arc ~ выпрямитель для дуговой сварки
 electrostatic ~ конденсаторная сварочная машина
 end ~ машина для стыковой сварки концов полос
 fixed-spot ~ стационарная машина для точечной сварки
 induction spot ~ электромагнитная машина для точечной сварки
 laser-beam ~ установка для лазерной сварки
 plasma ~ установка для плазменной сварки
 rectifier ~ сварочный выпрямитель
 rotating dc ~ вращающийся сварочный агрегат постоянного тока
 thyristor-controlled ~ сварочная установка с тиристорным управлением
welding сварка

ac ~ сварка на переменном токе
arc ~ дуговая сварка
arc spot ~ 1. дуговая сварка точечными швами 2. сварка электрозаклёпками
automatic arc ~ автоматическая дуговая сварка
bare-electrode ~ сварка электродом без покрытия
bundle ~ сварка пучком электродов
butt ~ 1. сварка встык 2. стыковая сварка сопротивлением
carbon-arc [carbon-electrode] ~ сварка угольным электродом
consumable-electrode gas-shielded ~ электросварка в газовой атмосфере с расходуемым электродом
contact ~ контактная сварка
controlled arc ~ сварка с регулируемой (по напряжению) подачей электрода
dc ~ сварка на постоянном токе
dc resistance ~ сварка сопротивлением постоянного тока
electric ~ электросварка
electric arc ~ электродуговая сварка
electric resistance ~ контактная сварка сопротивлением
electron-beam ~ электронно-лучевая сварка
electronic ~ сварка током от электронного выпрямителя
electropercussive ~ импульсная (точечная) сварка
electrostatic ~ электростатическая сварка
flux-cored ~ сварка порошковой проволокой; сварка трубчатым электродом
gas-pressure ~ газопрессовая сварка
half-cycle ~ контактная сварка, длящаяся не более одного полупериода (*переменного тока*), полуцикловая сварка
high-frequency ~ высокочастотная сварка
horizontal ~ горизонтальная сварка, сварка в горизонтальном положении
impulse ~ импульсная сварка
indirect ~ односторонняя (точечная) сварка
induction ~ индукционная сварка
inner-shield ~ сварка порошковой проволокой; сварка трубчатым электродом
intermittent ~ прерывистая сварка, сварка прерывистым швом
joint ~ соединительная сварка
lap(seam) ~ сварка внахлёстку
laser ~ лазерная сварка

WINDING

line ~ сварка прямолинейным швом
magnetic discharge [magnetic energy-storage] ~ сварка с накоплением энергии в магнитном поле
magnetic-flux arc ~ дуговая сварка с магнитным флюсом
magnetic pulse ~ магнитно-импульсная сварка
manual ~ ручная сварка
open-arc ~ сварка открытой дугой
resistance ~ (контактная) сварка сопротивлением
rivet ~ сварка сквозными электрозаклёпками
rotating arc ~ сварка вращающейся дугой
Scott-tandem ~ сварка трёхфазной дугой с питанием от трансформаторов, соединённых по схеме Скотта
self-adjusting arc ~ сварка с саморегулированием дуги
single ~ одноточечная сварка
slag ~ электрошлаковая сварка
split electrode ~ сварка расщеплённой дугой
spot ~ точечная сварка
tandem(-arc) ~ двухдуговая сварка, сварка последовательными дугами
three-phase ~ сварка трёхфазной дугой
two-side ~ двусторонняя сварка
ultrasonic ~ ультразвуковая сварка, сварка ультразвуком
vertical ~ вертикальная сварка, сварка в вертикальном положении
wheel колесо
bucket ~ лопастное колесо (*напр. турбины*)
contact ~ контактное кольцо; роликовый электрод, сварочный ролик
impulse ~ рабочее колесо активной гидротурбины
impulse-reaction ~ импульсно-реактивное рабочее колесо гидротурбины
Pelton ~ рабочее колесо активной гидротурбины
pole ~ ротор с явновыраженными полюсами
rotor ~ рабочее колесо (*напр. турбины*)
turbine ~ рабочее колесо турбины
whipping схлёстывание, захлёстывание (*проводов*)
width 1. ширина 2. длительность (*импульса*)
brush ~ ширина щётки
contact ~ ширина контакта
gap ~ длина воздушного зазора
slot ~ ширина паза
spectrum ~ ширина спектра
tooth ~ ширина зубца
virtual contact ~ эффективная ширина контакта
winch лебёдка
cable pulling ~ лебёдка для протягивания кабеля
electric ~ электрическая лебёдка
wind 1. ветер 2. виток 3. намотка ‖ наматывать 4. обмотка ‖ обматывать
electric ~ электрический ветер, конвекционный разряд
winder намоточный станок
alternator stator ~ станок для намотки статоров машин переменного тока
armature ~ якореобмоточный станок
automatic capacitor ~ станок для автоматической намотки диэлектрика конденсаторов
bobbin ~ станок для каркасной намотки (*катушек*)
capacitor ~ станок для намотки диэлектрика конденсаторов
coil ~ обмоточный станок
glass-fiber ~ обмоточный станок для стекловолоконной изоляции
insulation ~ станок для намотки изоляции
stator coil ~ намоточный станок для статорных катушек
strip ~ станок для намотки ленточных проводов
toroidal ~ намоточный станок для катушек с тороидальным сердечником
windfarm ветроэлектроустановка
winding обмотка ◇ **to bring out a** ~ делать вывод обмотки; ~ **with turn touching** обмотка «виток к витку»
airgap ~ обмотка, расположенная в воздушном зазоре
amortisseur ~ успокоительная [демпферная] обмотка
amplifying ~ усилительная обмотка
armature ~ обмотка якоря
auxiliary (starting) ~ вспомогательная (пусковая) обмотка
bank(ed) ~ 1. секционированная обмотка, обмотка с отводами 2. дисковая (катушечная) обмотка
bar ~ стержневая обмотка
barrel ~ обмотка с плоскими лобовыми частями
basket ~ корзиночная обмотка
bias ~ обмотка подмагничивания
bifilar ~ бифилярная обмотка
bipolar ~ двухполюсная обмотка
block ~ блочная обмотка

WINDING

bobbin ~ катушечная обмотка
bucking ~ размагничивающая обмотка
built-in rotor starting ~ (встроенная) пусковая обмотка на роторе
cage ~ (короткозамкнутая) обмотка типа «беличья клетка»
center-tap ~ обмотка с отводом в средней точке
chain ~ корзиночная обмотка
closed-coil ~ замкнутая обмотка
coil ~ катушечная обмотка
common ~ общая обмотка (*трансформатора*)
commu(ta)ting ~ коммутирующая обмотка; обмотка добавочных полюсов
compensating [compensation] ~ компенсационная обмотка
compound ~ смешанная обмотка возбуждения, компаундная обмотка
concentrated ~ сосредоточенная [нераспределённая] обмотка
concentric ~ концентрическая обмотка
continuous-disk ~ непрерывная дисковая обмотка
control ~ обмотка управления
control-power ~ управляющая обмотка силового трансформатора
cumulative ~ согласно включённая обмотка
current ~ токовая обмотка
cylindrical ~ цилиндрическая обмотка
damper [damping] ~ успокоительная [демпферная] обмотка
dc ~ обмотка подмагничивания
delay ~ замедляющая обмотка (*реле*)
diamond ~ равносекционная обмотка
differential ~s дифференциальные обмотки
discontinuous exciting ~ неполная обмотка возбуждения
disk ~ дисковая обмотка
distributed ~ распределённая обмотка
double ~ бифилярная обмотка
double-concentric ~ двойная концентрическая обмотка
double-layer ~ двухслойная обмотка
double reentrant ~ двукратно замкнутая обмотка
doubly reentrant duplex ~ двукратно замкнутая двухходовая обмотка
drive ~ обмотка возбуждения
drum ~ барабанная обмотка
duplex ~ двухходовая обмотка

duplex lap ~ двойная петлевая обмотка
duplex wave ~ двойная волновая обмотка
end ~ лобовая часть обмотки
energizing [excitation, exciting] ~ обмотка возбуждения
fed-in ~ обмотка в полузакрытых пазах
feedback ~ обмотка обратной связи
field ~ обмотка возбуждения
filament ~ обмотка цепи накала
former ~ шаблонная обмотка
fractional pitch ~ обмотка с укороченным шагом
fractional slot ~ обмотка с дробным числом пазов на полюс и фазу
frog-leg ~ «лягушачья» обмотка
full-pitch ~ шаговая обмотка
fully insulated ~ обмотка с полной изоляцией
gate ~ обмотка управления (*магнитного усилителя*)
graded insulating ~ обмотка с градуированной изоляцией
harmonic ~ обмотка высших гармоник
heavy ~ обмотка из провода большого сечения
heel-end ~ обмотка (*реле*), расположенная у ярма
helical ~ винтовая обмотка
herringbone ~ обмотка типа «ёлочка»
high-tension [high-voltage] ~ обмотка высокого напряжения
holding ~ обмотка самоблокировки (*реле*)
HV ~ обмотка высокого напряжения
impregnated ~ пропитанная обмотка
independent excitation ~ обмотка независимого возбуждения
inducing ~ основная [рабочая] обмотка
inner cooled ~ обмотка с внутренним охлаждением
input ~ входная обмотка
integer [integral]-slot ~ обмотка с целым числом пазов на полюс и фазу
interleaved ~ обмотка с перекрещенными *или* размещёнными в шахматном порядке витками
intermediate-voltage ~ обмотка среднего напряжения (*трансформатора*)
interpole ~ обмотка добавочных полюсов
interspersed ~ несимметричная обмотка с расщеплённой фазной зоной
interstar ~ обмотка, соединённая по схеме зигзага

WINDING

lap ~ петлевая обмотка
lattice ~ решётчатая обмотка; корзиночная обмотка
layer ~ рядовая обмотка
layer-by-layer ~ слоевая обмотка; обмотка ровными слоями
left-hand ~ левоходовая обмотка (*электрической машины*)
long-pitch ~ обмотка с удлинённым шагом
low mmf harmonic content ~ обмотка с пониженным содержанием гармоник в мдс
low-tension [low-voltage, LV] ~ обмотка низкого напряжения
magnet ~ обмотка электромагнита
magnetization ~ обмотка намагничивания
main ~ основная [главная] обмотка
main-pole ~ обмотка главных полюсов
main secondary ~ основная вторичная обмотка
medium-voltage ~ обмотка среднего напряжения (*трансформатора*)
mesh ~ всыпная обмотка
middle-voltage ~ обмотка среднего напряжения (*трансформатора*)
multilayer ~ многослойная обмотка
multiple (loop) ~ многократная петлевая [множественно-петлевая] обмотка
multiplex wave ~ множественно-волновая обмотка
multithree phase ~ обмотка с числом фаз, кратным трём
MV ~ обмотка среднего напряжения (*трансформатора*)
noninductive ~ безындукционная обмотка
one-layer ~ однослойная обмотка
open-circuit ~ разомкнутая обмотка; незамкнутая обмотка
open coil armature ~ разомкнутая обмотка якоря
operating ~ рабочая обмотка (*реле*)
output ~ выходная обмотка
pancake ~ дисковая обмотка (*трансформатора*)
parallel ~ параллельная [шунтовая] обмотка
partially preformed ~ частично шаблонная обмотка
phase ~ фазная обмотка, обмотка фазы
pie ~ дисковая обмотка (*трансформатора*)
plate ~ анодная обмотка
pole face ~ 1. обмотка в полюсных наконечниках 2. компенсационная обмотка
polyphase ~ многофазная обмотка
potential ~ обмотка напряжения
power ~ силовая обмотка; сетевая обмотка
preformed ~ шаблонная обмотка
primary ~ 1. первичная обмотка 2. основная [главная] обмотка 3. обмотка статора, статорная обмотка
progressive ~ правоходовая обмотка (*электрической машины*)
pull-through ~ обмотка, укладываемая в протяжку
push-through ~ обмотка, укладываемая с торца в аксиальном направлении
random(-wound) ~ всыпная обмотка, обмотка «внавал»
reentrant ~ замкнутая обмотка
reference ~ обмотка, питаемая опорным сигналом; задающая обмотка
reference field ~ основная обмотка возбуждения
regulating ~ регулировочная обмотка
relay ~ обмотка реле
reset ~ обмотка возврата (*в исходное положение*)
restraint ~ тормозная обмотка (*реле*)
retrogressive ~ левоходовая обмотка (*электрической машины*)
rewound ~ перемотанная обмотка
right-hand ~ правоходовая обмотка (*электрической машины*)
ring ~ кольцевая [тороидальная] обмотка
rotor ~ обмотка ротора, роторная обмотка
sandwich ~ дисковая обмотка (*трансформатора*)
secondary ~ 1. вторичная обмотка 2. обмотка ротора, роторная обмотка
self-excitation ~ обмотка самовозбуждения
separately excited field ~ обмотка независимого возбуждения
separate tapping ~ обмотка раздельного регулирования ответвлений
series ~ последовательная [сериесная] обмотка
series field ~ последовательная обмотка возбуждения
series parallel ~ последовательно-параллельная обмотка
set ~ обмотка (для) установки в исходное положение
shielding ~ экранирующая обмотка
short-circuit(ed) ~ короткозамкнутая обмотка

WINDING

short-pitch ~ обмотка с укороченным шагом
shunt ~ **1.** параллельная [шунтовая] обмотка **2.** обмотка напряжения (*измерительного прибора*)
shunt field ~ параллельная обмотка возбуждения
signal ~ сигнальная обмотка
simplex ~ простая обмотка; одноходовая обмотка
simplex lap ~ простая петлевая обмотка
simplex wave ~ простая волновая обмотка
single-layer ~ однослойная обмотка
single-phase ~ однофазная обмотка
single-turn ~ одновитковая обмотка
singly reentrant duplex ~ однократно замкнутая двухходовая обмотка
spaced ~ шаговая обмотка
spiral ~ спиральная обмотка
spiral filament ~ спиральная обмотка цепи накала
split ~ секционированная обмотка
spool ~ шаблонная обмотка
squirrel-cage ~ (короткозамкнутая) обмотка типа «беличья клетка»
stabilizing ~ стабилизирующая обмотка; компенсационная обмотка
star-connected ~s обмотки, соединённые звездой
starting ~ пусковая обмотка
stator ~ обмотка статора, статорная обмотка
stator end ~ лобовые части обмотки статора
step(ped) ~ ступенчатая обмотка
superconducting ~ сверхпроводящая обмотка
symmetrical fractional slot ~ симметричная обмотка с дробным числом пазов на полюс и фазу
tapped ~ обмотка с отводами
teaser ~ **1.** регулировочная обмотка (*трансформатора*) **2.** обмотка вспомогательной фазы
tertiary ~ третичная обмотка
three-to-single-phase ~ обмотка для перехода от однофазной к трёхфазной сети
toroidal ~ кольцевая [тороидальная] обмотка
transfer ~ обмотка с укладкой в пазы готовых секций
transformer ~ обмотка трансформатора
transformer delta-connected ~s обмотки трансформатора, соединённые в треугольник
transformer pie ~ галетная обмотка трансформатора малой мощности
two-layer ~ двухслойная обмотка
two-wire ~ бифилярная обмотка
unifilar ~ простая обмотка
voltage ~ обмотка напряжения
wave ~ волновая обмотка
zigzag-connected ~s обмотки, соединённые по схеме зигзаг
windmill ветроэнергетическая установка ◇ **to gear a** ~ **to a generator** соединять ветродвигатель с генератором
rotor-type ~ роторный ветродвигатель
window окно; отверстие
capacitive ~ ёмкостная диафрагма (*в волноводе*)
inductive ~ индуктивная диафрагма (*в волноводе*)
resonant ~ резонансное окно (*в волноводе*)
waveguide ~ волноводное окно
wipe совместный ход (*контактов*)
contact ~ проскальзывание контакт-деталей
sliding ~ трение контактов во время совместного хода
wiper 1. (контактная) щётка **2.** скользящий [подвижный] контакт **3.** движок (*потенциометра*)
wire 1. проволока **2.** (одножильный) провод **3.** делать (электро)проводку; монтировать проводку **4.** шина **5.** проволочное соединение ‖ соединять проволокой ◇ **to** ~ **up** собирать схему
acetate ~ проволока с оболочкой из ацетата целлюлозы
active ~s активные проводники
aerial ~ воздушный провод
aluminum ~ алюминиевая проволока
aluminum-clad ~ проволока с алюминиевой оболочкой
aluminum stranded ~ алюминиевый многопроволочный провод
annealed ~ отожжённая проволока
annealed copper ~ отожжённая медная проволока
anodized ~ анодированная проволока
appliance ~ провод для бытовых нужд
armature binding ~ арматурная вязальная проволока
armor(ing) ~ проволока для армирования
automatic (welding) ~ (электродная)

WIRE

проволока для автоматической сварки
bare ~ голый [неизолированный] провод
bell ~ звонковый провод
bimetallic ~ биметаллическая проволока
binding ~ бандажная проволока
braided ~ провод в оплётке
brass ~ латунная проволока
busbar ~ провод шины
cable ~ многожильный провод
calibrated ~ калиброванная проволока
ceramic ~ провод с керамической изоляцией
clad [coated] ~ провод с покрытием
cold-drawn ~ холоднотянутая проволока
compound ~ составной биметаллический провод
conducting ~ соединительный провод
conductive ~ монтажный провод
contact ~ контактный провод
control ~ 1. контрольный провод 2. провод в цепи управления
copper ~ медная проволока
copper-alloy (solid) ~ проволока из медного сплава
copper-coated stainless-steel ~ омеднённая проволока из нержавеющей стали
copper-covered steel ~ стальная проволока, покрытая медной оболочкой
coppered ~ омеднённая проволока
copper solid ~ медный однопроволочный провод
core ~ 1. провод с сердечником 2. электродная проволока
cotton-covered ~ провод с хлопчатобумажной изоляцией
cotton-enamel covered ~ эмалированная проволока с хлопчатобумажным покрытием
covered ~ изолированный провод
current-conducting ~ токопровод
dead ~ обесточенный провод; отключённый провод
dip ~ утопленный [заделанный] провод
distribution ~ провод распределительной сети
double-silk-covered ~ провод с двойной шёлковой изоляцией
drawn ~ (холодно)тянутая проволока
drop ~ спускающийся (с линии) провод
duplex ~ двухжильный провод

electrode ~ электродная проволока
enamel(ed) ~ эмалированный провод
enamel-insulated ~ проволока с эмалированной изоляцией
equipment ~ монтажный провод
Eureka ~ константановый провод
exposed ~ открытая проводка
extension ~ удлинительный шнур
filling ~ нагруженный провод
fine ~ провод с малым сечением, тонкий провод
fixture ~ арматурный провод
flat ~ плоская проволока
flexible ~ гибкий провод
fourth ~ четвёртый провод; нейтральный провод трёхфазной системы
fuse [fusible] ~ проволока для плавких вставок
galvanized (steel) ~ оцинкованная (стальная) проволока
glazed ~ эмалированный провод
grooved ~ желобчатый провод
ground ~ 1. заземляющий провод 2. молниезащитный трос (*линии высокого напряжения*)
guard ~ защитный трос
guy ~ проволочная оттяжка
hard-drawn ~ твёрдотянутая проволока
heating ~ провод для нагревательных элементов
heavy-gage ~ провод большого сечения
high-temperature ~ термостойкий провод
hook-up ~ подвесной провод
hot ~ нагреваемый провод
ignition ~ провод цепи зажигания
installation ~ установочный провод; монтажный провод
insulated (static) ~ изолированный (молниезащитный) трос
jumper ~ перемычка, проводник навесного монтажа
laminated ~ пластинчатый провод
lead-covered ~ освинцованный провод
lead(ing)-in ~ вводной провод
light-gage ~ провод малого сечения
litz ~ многожильный провод
looped ~ проволока, согнутая в петлю
magnet ~ обмоточный провод для электромагнитов
magneto ~s провода зажигания, идущие от магнето
messenger ~ несущий трос
metal-shielded ~ провод с металлическим экранированием

WIRE

middle ~ средняя [центральная] жила
mounting ~ монтажный провод
naked ~ голый [неизолированный] провод
nichrome ~ нихромовая проволока
neutral ~ нейтраль, нейтральный провод
nonferrous ~ проволока из цветных металлов
oleoresinous enameled ~ проволока, покрытая эфирной эмалью
open ~ 1. голый [неизолированный] провод 2. оборванный провод
open ~ **on cleats** открытая проводка на клицах
open ~ **on knobs** открытая проводка на роликах
outside ~**s** наружные провода
overhead ground ~ молниезащитный трос
paper-covered ~ провод с бумажной оболочкой
paper-insulated ~ провод с бумажной изоляцией
paper-insulated enameled ~ провод с эмалевой и бумажной изоляцией
parallel ~**s** параллельные провода
piano ~ монтаж голым проводом
pickup ~**s** провода датчика
pilot ~ 1. *pl* вспомогательные провода (*в РЗ*) 2. контрольная жила (*кабеля*) 3. провод в цепи управления
plug ~ проволочная перемычка
potential ~ провод, находящийся под напряжением
pressure ~ провод цепи напряжения
Price's guard ~ охранная проволока
primary ~ основной провод
protective ~ защитный заземляющий трос
rectangular ~ провод прямоугольного сечения
reinforcement ~ арматурная проволока
resistance ~ провод высокого сопротивления; реостатный провод
return ~ возвратный провод (*при двухпроводной системе электрооборудования*)
round ~ провод [проволока] круглого сечения
rubber-covered ~ провод с резиновой оболочкой
screened ~ экранированный провод
seal ~ впай (*проволока ввода в лампу*)
section ~ отрезок проволоки
service ~**s** рабочие провода
shaped ~ провод специального сечения; фасонный провод

sheathed ~ провод в оболочке
shielded ~ экранированный провод
silicone ~ провод с силиконовой оболочкой
silk-and-cotton covered ~ провод с шёлковой и хлопчатобумажной изоляцией
silk-covered ~ провод с шёлковой изоляцией
single ~ одиночный провод
single-cotton-covered ~ провод с однослойной хлопчатобумажной изоляцией
slide ~ реохорд
slinging ~ проволока для крепления
slow-burning ~ провод с огнеупорной изоляцией
soft copper ~ проволока из мягкой меди
soft-drawn ~ мягкотянутая проволока
solid ~ одножильный провод
span ~ провод в пролёте
spark-plug ~ провод к свече зажигания
standard copper ~ стандартная медная проволока
static ground ~ молниезащитный трос
steel-aluminum ~ сталеалюминиевый провод
stranded ~ скрученный провод
stranded ignition ~ многожильный скрученный провод зажигания
superconducting winding ~ сверхпроводящий обмоточный провод
supplementary ground ~ вспомогательная проволока для заземления
support ~ поддерживающая (*нить накала*) проволочка
supporting lead-in ~**s** поддерживающие (*нить накала*) вводные проводники
suspension ~ несущий *или* поддерживающий трос
test ~ испытательный провод
thermocouple ~ проволока для термопар
thin ~ тонкий провод
tie ~ вязальная [бандажная] проволока
tinned ~ лужёный провод
transposed ~**s** транспонированные провода
transposition ~**s** куски проводов для устройства транспозиции
trolley ~ контактный [троллейный] провод

WORK

twin ~ 1. двухжильный провод 2. двойной [спаренный] провод
twisted ~ скрученный (многожильный) провод
uncoated ~ голый [неизолированный] провод
varnished ~ провод с лакированным покрытием
waxed-cotton-covered ~ провод с провощённой хлопчатобумажной изоляцией
welding ~ сварочная проволока; электродная проволока
wet-drawn ~ проволока мокрого волочения
winding ~ обмоточный провод
zinc-coated ~ оцинкованная проволока

wire-fuse проволочная плавкая вставка
wireman 1. электромонтёр 2. (электро-)монтажник
wireway жёлоб для прокладки проводов
wiring 1. (электро)проводка 2. монтаж проводов; электромонтаж 3. вторичная коммутация (*энергообъектов*) 4. проволочная арматура 5. армирование проволокой ◊ ~ **in bundles** жгутовый монтаж, монтаж жгутами
air ~ навесной монтаж
back-of-panel ~ монтаж с задней стороны панели
back-panel ~ внутриплатный [внутрипанельный] монтаж
buried ~ скрытая проводка
channel ~ проводка в желобах *или* каналах
circular-boom ~ проводка в трубчатой металлической оплётке
concealed ~ скрытый монтаж; скрытая проводка
concentric ~ проводка коаксиальным кабелем с заземлённой токоведущей оболочкой
control ~ цепи управления; вторичная коммутация
double-sided printed ~ двусторонний печатный монтаж
exposed ~ открытый монтаж; открытая проводка
fixed ~ стационарная проводка
flexible ~ соединение гибким проводом
flexible metallic conduit ~ прокладка проводов в гибких металлических трубках
flexible steel-armored cable ~ проводка гибким кабелем со стальной бронёй
flexible-tubing ~ проводка в гибких изолирующих трубках
flush ~ скрытый монтаж; скрытая проводка
front-of-panel ~ монтаж с передней стороны панели
ignition ~ система проводов зажигания
indoor ~ внутренняя электропроводка
intercircuit ~ вторичная коммутация между цепями отдельных присоединений
interior ~ внутренняя проводка; внутренний монтаж
internal ~ 1. внутренняя проводка; внутренний монтаж 2. скрытая проводка 3. внутренняя разводка
multilayer ~ многослойный монтаж, разводка
open ~ открытая проводка; открытый монтаж
outdoor [outside] ~ наружная проводка; наружный монтаж
piano ~ монтаж голым проводом
point-to-point ~ навесной монтаж
power ~ силовая проводка
printed (circuit) ~ печатный монтаж
protective ~ цепи РЗ
rack ~ стоечный монтаж
reel-insulator ~ проводка на роликах
rigid ~ жёсткий монтаж
rigid iron-conduit ~ проводка в жёстком металлическом коробе
secondary ~ вторичные цепи
semiflash ~ полуутопленная проводка
shielded ignition ~ система экранированных проводов зажигания
single-sided printed ~ односторонний печатный монтаж
solderless ~ монтаж без пайки
small ~ вторичная коммутация
strip ~ пучковый монтаж
surface ~ открытая проводка; открытый монтаж
terminal-board ~ монтаж на клеммных платах
twisted-pair ~ соединение витыми парами
wobbling качание (*частоты*)
work работа
electrical installation ~ электромонтажная работа, электромонтаж
hot-line ~ работа под напряжением
line ~ линейные работы
maintenance ~ текущий ремонт
reconditioning ~ восстановительные работы; ремонтные работы

WORKLOAD

repair ~ ремонтные работы
sunk ~ утопленный монтаж; скрытая проводка
surface ~ наружная [открытая] прокладка (*проводов*)
workload рабочая нагрузка
wrap 1. намотка; обмотка 2. накрутка ‖ соединять накруткой 3. обёртывать (*жилы провода*)
  cable ~ покрытие кабеля
  core ~ слой изоляции между сердечником и обмоткой
  final ~ внешний изолирующий слой (*обмотки*)
  solderless ~ соединение накруткой без пайки
  wire ~ соединение проводов накруткой
wrapping 1. присоединение накруткой 2. обёртка [обмотка] лентой *или* тканью (*для изоляции*) 3. поясная изоляция
  wire ~ монтаж накруткой
wye звезда, соединение звездой
wye-delta звезда—треугольник, соединение (по схеме) «звезда—треугольник»
wye-wye звезда—звезда, соединение (по схеме) «звезда—звезда»

X

X-direction направление по оси X
xenon ксенон
xistor транзистор
X-motion движение в направлении оси X
X-motor двигатель для перемещения по оси X
X-quadripole X-образный четырёхполюсник, четырёхполюсник мостового типа

Y

yard:
  transformer ~ трансформаторная подстанция
yarn пряжа
  acetate ~ ацетатная пряжа
  asbestos ~ асбестовая пряжа
  cable ~ кабельная пряжа
  cotton ~ хлопчатобумажная пряжа
  electrical ~ электроизоляционная пряжа
  filament ~ волоконная пряжа
  nylon ~ найлоновая пряжа
  silk ~ шёлковая пряжа
  spun ~ кручёная пряжа
Y-direction направление по оси Y
yield выработка (*напр. электроэнергии*)
  energy ~ выработка электроэнергии
  firm ~ гарантированная выработка (*электроэнергии*)
Y-junction Y-образное соединение
Y-motion движение в направлении оси Y
Y-motor двигатель для перемещения по оси Y
yoke 1. траверса 2. ярмо, станина (*магнита*)
  brush(-holder) ~ щёточная траверса
  fixed ~ неподвижное ярмо
  frame ~ ярмо статора
  lamp ~ серьга фары
  magnet ~ ярмо магнита
  suspension ~ подвесное коромысло (*для гирлянды изоляторов*)
  transformer ~ ярмо (магнитной системы) трансформатора
Y-point точка соединения обмоток различных фаз звездой
Y-system соединение звездой
Y-terminals выходные клеммы Y-сигнала
Y-tower Y-образная опора
  guyed ~ Y-образная опора с оттяжками

Z

zero 1. нуль (*шкалы*) ‖ устанавливать на нуль 2. нулевая точка; начало координат
  current ~ 1. переход (переменного) тока через нуль 2. нуль [нулевое значение] тока
  electrical ~ электрический нуль
  floating ~ плавающий нуль
  inferred ~ сдвинутый за пределы шкалы нуль; подавленный нуль
  mechanical ~ механический нуль
  suppressed ~ подавленный нуль (*в измерительном приборе*)
  time ~ начало отсчёта времени
zero-crossing переход через нулевое значение
zeroing установка на нуль
zeroize устанавливать на нуль

ZONE

zigzag соединение по схеме зигзаг, соединение зигзагом
zinc-coated оцинкованный
zincode отрицательный полюс (*аккумулятора*)
Z-motion движение в направлении оси Z
Z-motor двигатель для перемещения по оси Z
zone зона
   ~ of protection защищаемая зона
   active ~ активная зона
   anode ~ анодная зона
   arc ~ 1. зона (электрической) дуги 2. зона сварки
   back-up ~ зона резервирования
   blocking ~ зона блокировки (*РЗ*)
   commutation ~ зона коммутации
   contact ~ зона контакта
   danger ~ опасная зона
   dead ~ зона нечувствительности; мёртвая зона
   delivery ~ зона повышенного давления газа (*в статоре электрической машины*)
   distance ~ зона дистанционной защиты
   distribution ~ район электрических сетей, РЭС
   equiphase ~ равнофазная зона
   equisignal ~ равносигнальная зона
   failure ~ зона разрушения, зона возникновения отказа
   hazardous ~ опасная зона
   inert ~ зона нечувствительности; мёртвая зона
   instability ~ зона неустойчивости
   leader ~ лидерная зона
   neutral ~ 1. нейтральная зона 2. мёртвая зона; зона нечувствительности
   operating ~ зона срабатывания (*РЗ*)
   pressure ~ зона повышенного давления
   protected [protection] ~ зона защиты
   radiation ~ 1. зона облучения 2. активная зона (*реактора*)
   space-charge ~ зона пространственного заряда
   stability ~ область устойчивости
   synchronization ~ зона синхронизации
   tooth ~ зубцовая зона
   transition ~ переходная зона
   tripping ~ зона отключения
   zero-signal ~ зона нулевого сигнала

СОКРАЩЕНИЯ И УСЛОВНЫЕ ОБОЗНАЧЕНИЯ

A 1. amplification усиление 2. amplifier усилитель 3. armature якорь (*электрической машины*)
a acceleration ускорение
AA 1. amplitude analyzer амплитудный анализатор 2. dry-type self-cooled transformer сухой трансформатор с воздушным охлаждением
aA abampere 10 ампер, 10 A
AAAC all-aluminum alloy conductor провод из алюминиевого сплава
AAC all-aluminum conductor алюминиевый провод
AACSR aluminum alloy conductor, steel reinforced многожильный провод из алюминиевого сплава, усиленный стальными проволоками
AASC aluminum alloy standard conductor витой провод из алюминиевого сплава
AB air blast воздушное дутьё
ABC armored bushing cable бронированный кабель, присоединённый к вводу
abc 1. automatic bias control автоматическое регулирование смещения 2. automatic brightness control автоматическое регулирование освещённости
ABCB air blast circuit-breaker выключатель с воздушным дутьём
ABS air break switch воздушный выключатель
abs absolute абсолютный
AC 1. accuracy check контроль точности 2. automatic checkout автоматический контроль
ac alternating current переменный ток
ACAR aluminum conductor, alloy reinforced алюминиево-алдреевый провод
ACB 1. accumulator switch элементный коммутатор 2. air circuit-breaker воздушный выключатель
ACCB alternating current circuit-breaker выключатель переменного тока
ACCM AC commutator machine коллекторная машина переменного тока
ac-dc, ac/dc alternating current/direct current переключатель питания с переменного на постоянный ток
ACE 1. area control error ошибка регулирования района 2. automatic checkout equipment устройство автоматического контроля 3. automatic control engineering техника автоматического регулирования
ACI adjustable current inverter регулируемый инвертор тока
ACL armored cable, lead-sheath бронированный кабель в свинцовой оболочке
ACR 1. automatic circuit restoration автоматическое восстановление схемы 2. automatic current control автоматическое регулирование тока 3. automatic current regulator автоматический регулятор тока
ACS automatic contingency selection выбор ограничений
ACSR aluminum conductor, steel reinforced сталеалюминиевый провод
ACSW alternating current switch ключ переменного тока
act air-cooled triode триод с воздушным охлаждением
ADCC area dispatch control center районный диспетчерский пункт
ADLWR accelerator driven light water reactor водо-водяной реактор, инициируемый ускорителем высокой энергии
ADNC automated distribution network control автоматизированное управление распределительной сетью
ADP automatic data processing автоматическая обработка данных
ADS automated distribution system автоматизированная распределительная сеть
ADSC automatic digital switching center автоматический центр коммутации цифровой информации
ADV arc-drop voltage падение напряжения на дуге
AE 1. accidental error случайная ошибка

2. admissible error допустимая ошибка

AEC 1. automatic error correction автоматическая коррекция ошибок 2. automatic excitation control автоматическое регулирование возбуждения

AED automatic engineering design автоматическое техническое проектирование

AEH analog electrohydraulic аналоговый электрогидравлический (*о регуляторе*)

AEMT Association of Electrical Machinery Trade Ассоциация поставщиков электротехнического оборудования (*Великобритания*)

aemu absolute electromagnetic unit абсолютная электромагнитная единица

AERE Atomic Energy Research Establishment Научно-исследовательский центр по атомной энергетике (*Великобритания*)

aesu absolute electrostatic unit абсолютная электростатическая единица

AF 1. audio frequency звуковая частота 2. automatic following автоматическое слежение 3. availability factor коэффициент готовности

af audio frequency звуковая частота

AFA audio-frequency amplifier усилитель звуковой частоты

AFBC atmospheric fluidized bed combustion атмосферное сжигание топлива в кипящем слое

AFC automatic following regulator автоматический следящий регулятор

AFE antiferroelectric антиферроэлектрик

AFMR antiferromagnetic resonance антиферромагнитный резонанс

AF/PC automatic-frequency phase-controlled (loop) контур с автоматическим регулированием частоты и фазы

AFR 1. acceptable failure rate приемлемая интенсивность отказов 2. asymmetrical fast thyristor несимметричный быстродействующий тиристор

AG available gain номинальный коэффициент усиления

AGC 1. automatic gain control автоматическая регулировка усиления 2. automatic generation control автоматическое управление генерацией

ah ampere-hour ампер·час, А·ч

AIA automatic insulation analyzer автоматический анализатор изоляции

AIC ampere interruption capacity отключающая способность в амперах

AIEE American Institute of Electrical Engineers Американский институт инженеров-электриков

ALC 1. automatic leveling control автоматическое регулирование уровня 2. automatic load control автоматическое управление нагрузкой

ALIT automatic line insulation test автоматическое испытание линейной изоляции

aljak aluminum-jacketed в алюминиевой оболочке (*о кабеле*)

ALS aluminum sheath алюминиевая оболочка

ALSC aluminum-sheathed cable кабель в алюминиевой оболочке

AM amplifier усилитель

AMDEA Association of Manufacturers of Domestic Electrical Appliances Ассоциация производителей бытовых электроприборов (*Великобритания*)

AMR automatic meter reading автоматическое считывание показаний прибора

AMRS alarm monitoring and reporting system система контроля и оповещения об авариях

AN audible noise акустический шум

ANSI American National Standard Institute Американский национальный институт стандартов

AOC automatic overload circuit схема автоматической защиты от перегрузки

AOPS asynchronous operation of power system асинхронный режим электроэнергетической системы

aov automatically operated valve автоматический клапан

APASE Association for Applied Solar Energy Ассоциация по практическому использованию солнечной энергии (*США*)

APC average power control управление по средней мощности

APCE air-pollution control equipment оборудование для контроля загрязнения атмосферы

APD 1. amplitude probability distribution распределение вероятностей амплитуды 2. arcing protection device устройство защиты от электрической дуги

APFC 1. automatic phase and frequency control автоматическое регулирование частоты и фазы 2. automatic power and frequency control автоматическое регулирование частоты и мощности, АРЧМ

APFCS automatic power-factor control system автоматическая система регулирования коэффициента мощности

APFR automatic power factor regulator автоматический регулятор коэффициента мощности

APH air preheater воздухоподогреватель

API angle position indicator индикатор углового положения

APIC automatic power input controller автоматический регулятор потребляемой мощности

APLE Association of Public Lighting Engineers Ассоциация инженеров по освещению общественных мест (*Великобритания*)

APM aluminum powder material алюминизированный материал

APOD average planned outage duration средняя продолжительность планового простоя

APPA American Public Power Association Американская ассоциация муниципальной энергетики

APS auxiliary power supply питание собственных нужд (*электростанции*)

APSA automatic particle size analyzer автоматический анализатор размеров частиц

APU auxiliary power unit вспомогательный блок питания

AQR automatic quadrature power regulator автоматическое устройство поперечного регулирования

AR 1. assembly and repair сборка и ремонт **2.** automatic reclosing автоматическое повторное включение, АПВ

ARC automatic remote control автоматическое дистанционное управление

ARCS adaptive reliability control system адаптивная система управления надёжностью

ARE 1. automatic reclosing equipment устройство автоматического повторного включения, устройство АПВ **2.** automatic restoration equipment оборудование для автоматического восстановления

ARFC average rectified forward current среднее значение выпрямленного тока

AS amperemeter switch переключатель амперметра

ASC 1. aluminum stranded conductor витой алюминиевый провод **2.** automatic system controller контроллер системы автоматического регулирования

ASG asynchronized synchronous generator асинхронизированный синхронный генератор, АСГ

ASP aluminum-steel-polyethylene сталеалюминиевый с полиэтиленовой изоляцией (*о кабеле*)

ASS 1. automatic switching sequences автоматическая последовательность включения **2.** automatic synchronizing system автоматическая система синхронизации

ASSET air storage system energy transfer plant воздухоаккумулирующая электростанция

ASTA automatic system trouble analysis автоматический анализ неисправностей в системе

ASU automatic switching unit автоматический переключатель

ASW auxiliary switch вспомогательный выключатель

at ampere-turn ампер-виток

ATACE average true area control error среднее фактическое регулирующее отклонение района

ATC 1. automatic tap changing автоматическое переключение отводов **2.** automatic temperature compensation автоматическая температурная компенсация

ATE automatic test equipment автоматическое испытательное оборудование

ATL artificial transmission line модель линии передачи

ATP acceptance test procedure методика приёмо-сдаточных испытаний

ATR advanced test reactor усовершенствованный исследовательский реактор

ATS automatic transfer switch автомат включения резерва, АВР

AUOD average unplanned outage duration средняя продолжительность незапланированных отключений

aux auxiliary вспомогательный

AVC automatic voltage control автоматическое регулирование напряжения

AVI adjustable voltage inverter регулируемый инвертор напряжения

AVR, avr automatic voltage regulator автоматический регулятор напряжения, АРН

awcmp absolute wet center manifold pressure абсолютное давление влажного воздуха на всасывании

AWG American wire gage Американский сортамент проводов и проволок

AWM appliance wiring materials проводниковые материалы для бытовых приборов

AZS automatic zero set автоматическая установка нуля

B 1. bonded соединённый; связанный 2. booster вольтодобавочный трансформатор 3. braid оплётка

B.A.E.A. British Atomic Energy Authority Британское управление по атомной энергии

BAPL base assembly parts list основная спецификация блока

BARAL bare aluminum wire голый алюминиевый провод

BASEE British Association for Safety of Electric Equipment in Flammable Atmosphere Британская ассоциация по безопасному применению электротехнического оборудования в огнеопасных средах

bat.chg. battery charger зарядное устройство батареи, зарядный агрегат

bat.fu. battery fuse плавкий предохранитель аккумуляторной батареи

BBEC busbar energy cost стоимость электроэнергии на шинах

BBL backbone line магистральная линия

BBM break-before-make переключение с разрывом до включения

BBMC break-before-make contact перекидной [переключающий] контакт с разрывом до включения

BBS block building system система монтажа блоками; блочный монтаж

BC 1. balanced current уравновешенный ток 2. bare copper голая [неизолированная] медь 3. base connection основное соединение 4. battery charger зарядное устройство батареи, зарядный агрегат 5. bayonet cap байонетный цоколь 6. break contact размыкающий контакт, нормально закрытый контакт, НЗ-контакт 7. breaking capacity 1. отключающая способность 2. разрывная мощность 8. buffer cell буферный элемент 9. bus clock синхронизация шины

bc 1. bare copper голая [неизолированная] медь 2. base connection основное соединение

BCR balanced current relay балансное токовое реле

BCT 1. battery capacity test испытание для определения ёмкости аккумуляторной батареи 2. bushing current transformer трансформатор тока, встроенный в ввод

BD 1. breakdown электрический пробой 2. bus duct шинный канал, шинопровод

BDOS basic disk operating system основная дисковая операционная система

BDVP breakdown voltage profile распределение пробивных напряжений

BE bus exchange коммутация шин

BEAB British Electrotechnical Approvals Board for Household Equipment Британское электротехническое управление по утверждению бытового оборудования

BEAMA British Electrical and Allied Manufacturer's Association Британская ассоциация производителей электротехнического и смежного оборудования

BECTO British Electric Testing Organization Британская организация по испытанию электрических кабелей

BEDA British Electrical Development Association Британская ассоциация по разработке и развитию электротехнической промышленности

BERCO British Electric Resistance Company Британская электротехническая компания по исследованию электрического сопротивления

BES 1. balanced electrolyte solution уравновешенный раствор электролита 2. Bulk Electricity System объединённая энергосистема, ОЭС

BESA British Electrical Systems Association Британская ассоциация электрических систем

BF 1. base fuse основной плавкий предохранитель 2. bottom face нижняя поверхность 3. breaker failure отказ выключателя

BFP 1. battery fuse panel щиток плавких предохранителей аккумуляторной батареи 2. boiler-feed pump питательный насос котлоагрегата

BGD boiler gas duct газовый канал котла

BHWR boiling heavy water reactor кипящий тяжеловодный реактор

B/I battery inverter инвертор с питанием от батареи

BIL basic insulation level основной уровень прочности изоляции

BITE built-in test equipment встроенная испытательная аппаратура

BL 1. base line основная линия 2. bottom layer нижний слой

BLWR boiling light water reactor кипящий легководный реактор

BNC-IEC British National Committee of IEC Британский национальный комитет МЭК

BNDC bulk negative differential conductivity объёмная дифференциальная отрицательная проводимость

BO brownout снижение нагрузки энергосистемы

bo/bs bolted on base закреплённый болтами к основанию

BOC blowout coil катушка (магнитного) дутья; дугогасительная катушка

BONUS boiling nuclear superheat reactor кипящий ядерный реактор с перегревом пара

BOS bus-organized structure шинная структура

bp 1. back pressure противодавление 2. barometric pressure барометрическое давление 3. boiler pressure давление в котле 4. boiling point точка [температура] кипения 5. bypass обвод, обводная труба

BPD bushing potential device прибор для измерения напряжений (на вводе трансформатора), ПИН

BPF band-pass filter полосовой фильтр

BPI bulk power interruption index индекс нарушений нормального режима работы основной сети энергосистемы

BR 1. branch ветвь (*цепи*) 2. bridge (измерительный) мост 3. brush щётка 4. bulk resistance объёмное сопротивление

brd. braided оплётённый (*о кабеле*)

BRDO breeder reactor development operation разработка реакторов-размножителей

BRH, br hlr brush holder щёткодержатель

BSC bus signal controller контроллер сигналов на шинах, шинный контроллер сигналов

BSTR booster вольтодобавочный трансформатор

BT bus tie перемычка, междушинное соединение

BTB bus-tie breaker шиносоединительный выключатель

BTF breaker terminal fault повреждение на выводах выключателя

BTG boiler-turbine-generator энергоблок ТЭС

BTN, btn button кнопка

BTU British thermal unit британская тепловая единица

BUD buried underground distribution подземная распределительная (кабельная) сеть

BV balanced voltage уравновешенное напряжение

BWC black varnish cambric чёрная лакоткань

byp cap bypass capacitor развязывающий конденсатор

C 1. candle 1. свеча 2. кандела 2. carbon угольный электрод 3. cord шнур 4. coulombmeter кулонметр

c 1. calorie калория 2. cycle цикл 3. cylinder цилиндр

CA contact ammeter контактный амперметр

CACB compressed-air circuit-breaker выключатель со сжатым воздухом, пневматический выключатель

CAES compressed air energy storage аккумулирование энергии сжатого воздуха

CAL calculated average life средний расчётный срок службы

CANS computer-assisted network scheduling system автоматизированная система планирования режима работы сети

CAPM computer-aided permittivity measurements автоматизированные измерения диэлектрической постоянной

CAPST capacitor start конденсаторный пуск

CAs channel adapters адаптеры каналов

CAV constant angular velocity постоянная угловая скорость

CB contact breaker контактный выключатель

cb circuit-breaker выключатель

CC 1. ceramic capacitor керамический конденсатор 2. connector circuit цепь соединения 3. continuity criterion критерий непрерывности (*электроснабжения*) 4. continuous current постоянный ток; непрерывный ток

cc cotton-covered с хлопчатобумажной оплёткой (*о кабеле*)

c.c. concentric cable концентрический кабель

CCD contingency constrained dispatch распределение нагрузки с учётом возможных ограничений

CCI customer curtailment index показатель недоотпуска энергии потребителям

CCL 1. contact clock контактые часы 2. critical compensation level критический уровень компенсации

CCM 1. communication control module модуль управления системой связи 2. critical current margin критический предел по току

CCNR current-controlled negative resistance отрицательное сопротивление, регулируемое током

CCO constant-current operation режим неизменного тока

CCPD coupling capacitor potential device ёмкостный трансформатор напряжения на конденсаторе-заградителе

CCR control contactor контактор управления

CCSR copper cable, steel-reinforced сталемедный провод

CCSW copper-clad steel wire стальная омеднённая проволока

CCT 1. capacitively coupled transducer ёмкостный трансформатор напряжения **2.** constant current transformer трансформатор постоянного тока

CCVT coupling capacitor voltage transformer ёмкостный трансформатор напряжения

CD cold-drawn холоднотянутый (*о проволоке*)

C.D. circuit description описание схемы

cd current density плотность тока

CDA core disruptive accident авария с разрушением активной зоны

CDFR commercial demonstration fast reactor коммерческий реактор на быстрых нейтронах

c.d.h. cable distribution head концевая заделка кабеля

CDS central distribution system центральная распределительная система

C.E. commutator end коллекторная сторона (*генератора*)

CEA constant extinction angle постоянный угол запирания

C.E.G.B. Central Electricity Generating Board Центральное электроэнергетическое управление (*Великобритания*)

CEMA Canadian Electrical Manufacturers' Association Канадская ассоциация производителей электротехнического оборудования

CEMF counter electromotive force противоэдс

CET corrected effective temperature откорректированная эффективная температура

CEV corona extinction voltage напряжение погасания короны

CF 1. carbon fiber углеродистое волокно **2.** collapse of frequency лавина частоты **3.** conversion factor коэффициент преобразования

c.f. centrifugal force центробежная сила

CFCT critical fault clearing time критическое время отключения повреждения

CFIDIM current-fed inverter-driven induction motor асинхронный двигатель с питанием от инвертора тока

CFO critical flashover voltage критическое напряжение перекрытия

CFOL critical flashover level критический уровень (напряжения) перекрытия

CFRP carbon-fiber reinforced plastic пластик, армированный углеродным волокном

CGI compressed gas insulation изоляция сжатым газом

CGU capability of generating unit максимально допустимая мощность генератора

CHF critical heat flux критический тепловой поток

CI 1. characteristic impedance характеристическое сопротивление **2.** circuit interrupter прерыватель цепи **3.** current interruption прерывание тока

CID certified interruptible demand перерыв в электроснабжении, обусловленный потребителем

CIDI customer interruption duration index показатель продолжительности отключения потребителей

CIE coherent infrared energy энергия когерентного инфракрасного излучения

CIF central instrumentation facilities центральная измерительная система

CIFI customer interruption frequency index показатель частоты отключения потребителей

CIG chemical ion generator химический ионный генератор

CIM crystal impedance meter полупроводниковый прибор для измерений полного сопротивления

cir(c) circulation циркуляция

CISG critical impulse sparkover gradient критический градиент импульсного перекрытия

CL 1. cable link кабельная связь **2.** connecting lines соединительные линии **3.** contact loss потери в контактах **4.** current-limiting токоограничивающий

cl coil катушка

CLCS closed-loop control system система управления по замкнутому контуру

CLD current-limiting device токоограничивающее устройство

CLE cyclic life expenditure затраты по циклам срока службы

CLF capacity loss factor коэффициент потерь мощности

CLM customer load management управление электропотреблением

CLMT customer load management technology техника управления электропотреблением

CLP INS clamp insulation изоляция зажима

CLPU cold-load pickup бросок тока при подаче напряжения на «холодную» нагрузку

CM cyclically magnetized намагниченный в циклическом режиме

CMA contact-making amperemeter контактный амперметр

CMC contact-making clock контактные часы

c.m.l. continuous maximum load максимальная длительная нагрузка

CMR, cmr continuous maximum rating номинальная мощность при длительной работе

CMRR common-mode rejection ratio коэффициент подавления синфазного сигнала

CNL circuit net loss полные потери в цепи

CNT counter счётчик

COE cost of energy стоимость энергии

COH OSC coherent oscillator когерентный гетеродин

COP capacity outage probability вероятность простоя мощности

COR carrier operated relay реле ВЧ-защиты

cp 1. calorific power тепловая мощность 2. candle power сила света в канделах 3. constant pressure постоянное давление

c/p constant power постоянная мощность

CPD contact potential difference контактная разность потенциалов

CPE chlorinated polyethylene хлорированный полиэтилен

CPR commercial power reactor коммерческий энергетический реактор

c.p.s. cycles per second герц, периодов в секунду

CPSG common power supply group общая группа источников питания

CPT control power transformer силовой регулировочный трансформатор

CR 1. cold reserve холодный резерв 2. contact resistance сопротивление контактов 3. controlled rectifier управляемый выпрямитель 4. cooling rate скорость охлаждения 5. corrosion resistance сопротивление коррозии 6. cryoresistive криорезистивный

CRA cold-rolled and annealed холоднокатаный и отожжённый (*о стали*)

CRC constant reactive current неизменный реактивный ток

CRES corrosion-resistant коррозионностойкий

CRGO cold-rolled grain-oriented electrical steel текстурованная холоднокатаная электротехническая сталь

CRH cold-rolled hard холоднокатаный твёрдый (*о стали*)

CRL control relay latch защёлка реле управления

CRO cathode-ray oscilloscope электронный осциллоскоп

CRS cold-rolled steel холоднокатаная сталь

CRT cathode-ray tube электронно-лучевая трубка, ЭЛТ

CRV contact resistance variations изменения контактного сопротивления

CS 1. cable ship судно-кабелеукладчик 2. carbon steel углеродистая сталь

CSA corrugated seamless aluminum (sheath) гофрированная бесшовная алюминиевая оболочка

CSCF constant speed, constant frequency постоянная скорость, неизменная частота

CSF central switching facility основное коммутационное оборудование

CSI current source inverter токовый инвертор

CSN circuit switching network сеть с коммутацией каналов

CST commercial subsurface transformer промышленный подземный трансформатор

CT 1. center tap центральный отвод, центральное ответвление 2. charge transfer перенос заряда 3. clearance time время отключения 4. current transformer трансформатор тока

ct total capacitance общая (электрическая) ёмкость

CTCs continuously transposed conductors проводники с непрерывной транспозицией

CTE cable termination equipment оконечная кабельная арматура

CTL capability of transmission lines пропускная способность ЛЭП

CTO constant-temperature operation рабочий режим с постоянной температурой

CTR controlled thermonuclear reactor управляемый термоядерный реактор

CTS cable tyre sheath кабельная оболочка шинного типа

CTU components test unit устройство испытаний компонентов

CV 1. collapse of voltage лавина напряжения **2.** converter преобразователь

CVCS chemical and volume control system система регулирования химического состава и объёма

CVD current/voltage diagram вольтамперная характеристика

CVR current-voltage regulator регулятор тока напряжения

CVT 1. capacitor voltage transformer ёмкостный трансформатор напряжения **2.** constant voltage transformer трансформатор неизменного напряжения **3.** current and voltage transformers трансформаторы тока и напряжения

CW circulating water циркуляционная вода

D, d degree градус

DA 1. delay amplifier усилитель задержки **2.** double amplitude двойная амплитуда

da deaerator деаэратор

DAC distribution automation and control system система управления и автоматизации распределительной сети

DAS distribution automation system система автоматизации распределительной сети

DATF distribution automation test facilities аппаратура испытаний автоматики распределительной сети

DAVR digital automatic voltage regulator автоматический цифровой регулятор напряжения

DB 1. double braided с двойной оплёткой (*о кабеле*) **2.** double break двойной разрыв **3.** dynamic braking динамическое торможение

db distribution box распределительная коробка

DBA design basis accident расчётная базисная авария

DBR dynamic braking resistor резистор динамического торможения

DBWP double braided weather-proof cable кабель с двойной оплёткой, стойкий к атмосферным воздействиям

DC 1. direct connection прямое включение **2.** dispatcher console пульт диспетчера **3.** double contact двойной контакт

dc direct current постоянный ток

DCC direct-current clamp зажим постоянного тока

DCCB direct-current circuit-breaker выключатель постоянного тока

DCDS double-cotton, double-silk двойной хлопчатобумажный, двойной шёлковый (*об изоляции*)

DCDT direct-current displacement transducer датчик перемещений, работающий на постоянном токе

DCEx direct-current experiment эксперимент на постоянном токе

DCO ductless circular conductor oil-filled cable маслонаполненный кабель с круглыми жилами без внутренних каналов

DCPSP direct-current power supply panel панель питания постоянного тока

DCPV direct-current peak voltage максимальное напряжение постоянного тока

DCSW direct-current switch ключ постоянного тока

DCU data control unit блок управления данными

DCV direct current, volts напряжение постоянного тока в вольтах

DCWV direct current, working volt рабочее напряжение постоянного тока

DD disconnecting device устройство отключения, разъединитель

DDC 1. direct digital control прямое цифровое управление **2.** distribution dispatch center диспетчерский пункт распределительной сети

DDPU digital data processing unit цифровое устройство обработки информации

DDT design development test испытание в процессе разработки

DEC 1. direct emergency control прямое (автоматическое) управление энергосистемой при авариях **2.** direct energy conversion прямое преобразование энергии **3.** distant electric control дистанционное электрическое управление

DECT digital electronic current transducer цифровой электронный датчик тока

DF 1. dielectric function диэлектрическая функция **2.** distribution feeders питающие линии распределительной сети

DFR 1. decreasing failure rate убывающая интенсивность отказов **2.** digital fault recorder цифровой аварийный регистратор

DFT discrete Fourier transform дискретное преобразование Фурье

DG digital governor цифровой регулятор

dh directly-heated с прямым нагревом

DHFA double-conductor, heat-and-flame-resistant, armored двухпроводный тепломаслоогнестойкий бронированный (*о кабеле*)
DILM distribution transformer load management управление нагрузкой трансформатора распределительной сети
DLA dielectric loss angle угол диэлектрических потерь
DLC distribution line carrier канал связи на несущей по распределительной сети
DM 1. dependent mode зависимый режим (колебаний) 2. digital modulation цифровая модуляция
DMM digital multimeter цифровой мультиметр
DMU data measurement unit блок измерения данных
DOD dielectric outer diameter внешний диаметр диэлектрика
DODO delay on dropout задержка на отпадание
DOE Department of Energy Министерство энергетики (*США*)
DOM digital ohmmeter цифровой омметр
DP 1. dew point точка росы, температура конденсации 2. distance protection дистанционная защита 3. driving power мощность привода
DPC 1. damping power controller регулятор демпфирующей мощности 2. dispatching power control диспетчерское управление энергосистемой
DPDC double-paper, double-cotton двойной бумажный, двойной хлопчатобумажный (*об изоляции*)
DPDT double-pole double-throw двухполюсный (переключатель) на два направления
DPG diesel-power generator дизель-электрический генератор
DPM digital protection module модуль цифровой защиты
DPR double lapping of pure rubber двойное перекрытие чистой резиновой изоляцией
DPS disturbance in power system возмущение в энергосистеме
DR dashpot relay реле с воздушным элементом выдержки времени
DRLCN distributed redundant local control network распределённая резервированная местная сеть управления
DRVC dynamic residual-voltage characteristic динамическая характеристика остаточного напряжения

DS 1. desuperheater пароохладитель 2. digital stabilizer цифровой стабилизатор 3. disconnect(ing) switch разъединитель 4. drum switch барабанный переключатель
DSA 1. dimensionally stable anode неизнашиваемый анод 2. distribution substation automation автоматизация распределительной подстанции 3. dynamic security analysis анализ энергосистем в динамике
DSC dead short-circuit металлическое [глухое] КЗ
DSD dual-speed drive двухскоростной привод
DSF design safety factor расчётный коэффициент запаса
DSL dynamic stability limit предел динамической устойчивости
DSO ductless shaped conductor oil-filled cable маслонаполненный кабель с профилированными жилами без каналов
DSP double silver-plated дважды посеребрённый
DSSC double-silk, single-cotton двойной шёлковый, одинарный хлопчатобумажный (*об изоляции*)
DSTA double steel tape armored с двойной стальной ленточной бронёй (*о кабеле*)
DSW drum switch барабанный переключатель
DTA 1. distribution trouble analysis анализ повреждений распределительной сети 2. double tape armored с двойной ленточной бронёй (*о кабеле*)
DTC damping torque coefficient коэффициент демпфирующего момента
DTI double thickness of insulation двойная толщина изоляции
DTLM distribution transformer load management управление нагрузкой трансформаторов распределительной сети
DTS 1. diagnostic test set контрольная аппаратура диагностики 2. dispatching training simulator диспетчерский тренажёр
DTVM differential thermocouple voltmeter дифференциальный термоэлектрический вольтметр
DTWT dynamic traveling wave technique метод динамической бегущей волны
DU CY duty cycle 1. рабочий цикл 2. продолжительность включения, ПВ
DV differential voltage дифференциальное напряжение

DVM digital voltmeter цифровой вольтметр

DVOM digital voltohmmeter цифровой вольтомметр

DVT design verification tests испытания для проверки конструкции

DWA double-wire armored с двойной проволочной бронёй (*о кабеле*)

DWTS dielectric withstand test specifications технические условия на испытания электрической прочности диэлектрика

E 1. electric field strength напряжённость электрического поля **2.** electric potential электрический потенциал **3.** elevator lighting and control cable осветительный и контрольный кабель для подъёмников **4.** enamel эмаль

e 1. efficiency коэффициент полезного действия, кпд **2.** elastic limit предел упругости

EA energy accounting расчёты за электроэнергию

EAC voltage, alternating current напряжение, переменный ток

EAF electron arc furnace электронно-дуговая печь

EAGI electrical aerospace ground equipment наземное электротехническое оборудование обеспечения аэрокосмических полётов

EAL 1. equivalent aging load эквивалентная нагрузка при испытаниях на старение **2.** expected average life ожидаемый средний срок службы

EAP emergency action program программа действий в аварийной ситуации

EAROM electrically alterable read-only memory электрически программируемое постоянное запоминающее устройство, электрическое ППЗУ, ЭППЗУ

EAS electronic automatic switch автоматический электронный переключатель

EBDC enamel-bonded double-cotton эмалированный с двойной хлопчатобумажной изоляцией (*о проводе*)

EBDS enamel-bonded double-silk эмалированный с двойной шёлковой изоляцией (*о проводе*)

EBP 1. enamel-bonded single-paper эмалированный с однослойной бумажной изоляцией (*о проводе*) **2.** exhaust back pressure противодавление на выхлопе

EBR epoxy bridge rectifier выпрямительный мост с эпоксидным наполнением

EBS enamel-bonded single-silk эмалированный с однослойной шёлковой изоляцией (*о проводе*)

EBW electron-beam welding электронно-лучевая сварка

EC 1. electrical conductivity электропроводность **2.** electric(al) conductor 1. проводник 2. провод; кабель; (токопроводящая) жила **3.** Electricity Council Совет по электроэнергетике (*Великобритания*) **4.** electrocoating электропокрытие **5.** emergency conditions аварийный режим **6.** emergency control противоаварийное управление **7.** enameled copper эмалированная медь **8.** equipment compatibility совместимость оборудования

ECC 1. electrical continuous cloth непрерывная изоляционная оболочка **2.** electric control center диспетчерский центр; диспетчерский пункт, ДП

ECCS emergency core cooling system система аварийного охлаждения активной зоны ядерного реактора

ECD 1. emergency-constrained dispatch распределение нагрузки с ограничением по авариям **2.** energy conversion device устройство преобразования энергии

ECDM electrochemical discharge machining электрохимическая искровая обработка

e.c.e. electrochemical equivalent электрохимический эквивалент

ECL eddy-current loss потери на вихревые токи

ECMC Electric Cable Makers Confederation Конфедерация изготовителей электрических кабелей (*Великобритания*)

ECR electronic control relay электронное реле управления

ECS 1. energy control system система диспетчерского управления в энергетике **2.** environmental control system система контроля и управления состоянием окружающей среды

ECSC enameled single-cotton covered эмалированный с одним слоем хлопчатобумажной изоляции (*о проводе*)

ECU electrical conversion unit установка преобразования электрической энергии

ED 1. economic dispatch экономичное распределение нагрузки **2.** electrical drawing электрический чертёж

EDA electronic differential analyzer электронный дифференциальный анализатор

EDC 1. economic dispatch calculation расчёты экономичного распределения нагрузки 2. economic dispatch control управление экономичным распределением нагрузки 3. energy discharge capacitor разрядный конденсатор 4. voltage, direct current напряжение, постоянный ток

EDF electrical discharge forming образование электрического разряда

EDM electrical discharge machine электроразрядная машина

EDR electrodermal response реакция кожи на воздействие электричества

EDS earthing disconnecting switch заземляющий разъединитель

e.d.s. enameled double-silk covered эмалированный с двойной шёлковой изоляцией (*о проводе*)

EDSV enameled double-silk varnish эмалированный с лакированной двойной шёлковой изоляцией (*о проводе*)

EE 1. electrical engineer инженер-электрик 2. electrical equipment электрическое оборудование

EECS electronic engine control system электронная система управления двигателем внутреннего сгорания

EEIA Electrical and Electronics Insulation Association Ассоциация изготовителей изоляции для электротехники и электроники (*Великобритания*)

EENS expected energy not supplied ожидаемый дефицит электроэнергии

EER energy efficiency rating кпд преобразования энергии

EES electric energy system электроэнергетическая система

EF 1. energized facility установка под напряжением 2. enhancement factor коэффициент усиления

EFEM electric field exposure monitor устройство контроля воздействия электрического поля

EFPH equivalent full power hour эквивалентный час полной нагрузки

EGCR experimental gas-cooled reactor экспериментальный газоохлаждаемый реактор

EH 1. electric heater электронагреватель 2. electrohydraulic электрогидравлический

EHC electrohydraulic converter электрогидравлический преобразователь, ЭГП

EHD electrohydrodynamics электрогидродинамика

EHP extra-high pressure сверхвысокое давление

e.h.t. extra-high tension сверхвысокое напряжение

EHV extra-high voltage сверхвысокое напряжение

EIED electrically initiated explosive device взрывное устройство с электрическим взрывателем

EIIS energy industry identification system система идентификации энергетических объектов

EL 1. electrical laboratory электротехническая лаборатория 2. electrical latching relay реле с защёлкой 3. energy loss(es) потери электроэнергии

el.b. electric battery электрическая батарея

ELC equivalent load curve кривая эквивалентной нагрузки

ELD economical load dispatch(ing) экономичное распределение нагрузки

ELDC equivalent load duration curve приведённая кривая продолжительности нагрузки

ELF extremely low frequency крайне низкая частота

ELFC electroluminescent ferroelectric cell электролюминесцентный ферроэлектрический элемент

ELM electric load model модель электрической нагрузки

ELPE electroluminescent photoelectric электролюминесцентный фотоэлектрический (*об элементе*)

EM 1. electromagnetic электромагнитный 2. emergency maintenance аварийный ремонт

EMD electric motor driven приводимый в действие электродвигателем

EMDI energy management display indicator индикатор системы управления электропотреблением

EME electromagnetic environment электромагнитная среда

EMETF electromagnetic environmental test facility аппаратура для исследования электромагнитной окружающей обстановки

EMF, e.m.f. electromotive force электродвижущая сила, эдс

EMI 1. electrical measuring instrument электроизмерительный прибор 2. electromagnetic influence электромагнитное влияние 3. electromagnetic interference электромагнитные помехи

EML expected measured loss ожидаемые измеренные потери

EMM electromagnetic measurements электромагнитные измерения
EMP electromagnetic protection электромагнитная защита
EMS energy management system 1. система (диспетчерского) управления генерацией 2. система управления электропотреблением
EMSS energy management subsystem 1. подсистема диспетчерского управления генерацией 2. подсистема управления электропотреблением
EMT electrical metallic tubing электрический металлический кабелепровод
EMTECH electromagnetic technology электромагнитная технология
EMTP electromagnetic transient program программа расчёта электромагнитных переходных процессов
EMVT electromagnetic voltage transformer электромагнитный трансформатор напряжения
EMW electromagnetic wave электромагнитная волна
EOC end of commutation окончание коммутации
EOL end of life конец срока служба
EOLM electrooptical light modulator электрооптический модулятор света
EOS emergency open state аварийное отключённое положение
EOV electrically operated valve вентиль с электрическим управлением
EP 1. electrically polarized электрополяризованный 2. explosion-proof взрывобезопасный 3. extreme pressure сверхвысокое давление
ep 1. electric power электрическая мощность 2. extreme pressure сверхвысокое давление
EPCO emergency power cutoff аварийное отключение нагрузки
EPDC economic power dispatch computer ЭВМ экономичного распределения нагрузки
EPG electric field gradient градиент электрического поля
EPOH equivalent partical outage hours эквивалентное число часов частичного простоя
EPPT electrical power production technician техник по генераторным установкам
epr equivalent parallel resistance эквивалентное параллельное сопротивление
EPRD electrical power requirements data данные о потребности в электроэнергии

EPRI Electric Power Research Institute Научно-исследовательский институт электроэнергетики (*США*)
EPS 1. electrical power supply электроснабжение 2. electrical power system электроэнергетическая система
EPSA electrostatic particle-size analyzer электростатический анализатор размера частиц
EPSD equipment power spectral density спектральная плотность мощности оборудования
EPU 1. electrical power unit блок электропитания 2. emergency power unit блок аварийного питания
EREP energy related evaluation program программа оценки энергетических ресурсов
ERP effective radiated power эффективная излучаемая мощность
ERSI electric remote speed indicator дистанционный электрический индикатор скорости
ERW electric resistance welding электросварка сопротивлением
ES 1. economy shutdown останов энергоблока с учётом экономичного распределения энергии 2. electromagnetic storage электромагнитный накопитель 3. electrostatic storage электростатический накопитель
ESB electrical system branch ветвь электрической системы
ESCR effective short-circuit ratio эффективное отношение КЗ
ESDD equivalent salt deposit density эквивалентная плотность солевых отложений (*на изоляторах*)
ESE electrical support equipment вспомогательное электротехническое оборудование
ES-FC economy shutdown-full capability состояние ненагруженного резерва при полной работоспособности устройства
ESH economy shutdown hours продолжительность останова энергоблока с учётом экономичного распределения энергии
ESI 1. electrostatic influence электростатическое влияние 2. equivalent series inductance эквивалентная последовательная индуктивность
ESP earth-surface potential электрический потенциал на поверхности земли
ESR 1. effective series resistance эффективное последовательное сопротивление 2. excitation system response быстродействие системы возбуждения

ET engineering tests технические испытания

ETC estimated time of completion расчётное время окончания (работы)

ETL electrotechnical laboratory электротехническая лаборатория

ETPC electrolytic tough pitch copper вязкая электролитическая медь

ETRO estimated time of return to operation расчётное время до возобновления работы

ETS electric thermal storage электротермический накопитель

EUE expected unserved energy ожидаемая величина недоотпуска энергии

EUF equivalent unavailability factor эквивалентный коэффициент неготовности

EUI electric utility industry электроэнергетика

EUOR equivalent unplanned outage rate эквивалентная интенсивность незапланированных отключений

EVA early valve adjustment аварийное управление мощностью паровых турбин, АУМПТ

evap evaporator испаритель

EVM electronic voltmeter электронный вольтметр

EVOM electronic voltohmmeter электронный вольтомметр

EW electromagnetic wave электромагнитная волна

EWC electric water cooler электрический водоохладитель

EZ electrical zero электрический нуль

F 1. farad фарада, Ф **2.** feedback обратная связь

f fuel топливо

FA 1. field-accelerating (relay) реле форсировки возбуждения **2.** fire alarm пожарный сигнал **3.** frequency adjustment настройка частоты **4.** fully automatic полностью автоматический

F/A 1. final assembly окончательный монтаж **2.** fully accessible полностью открытый, полностью доступный

FAAR frequency-actuated automatic reclosing частотное автоматическое повторное включение, частотное АПВ, ЧАПВ

fac field accelerator ускоритель в электрическом поле

FARADA failure rate data данные об интенсивности отказов

FB fuse block блок (плавких) предохранителей

FBC fluidized bed combustion сжигание в кипящем слое

FBR fast breeder reactor быстрый реактор-размножитель, реактор-размножитель на быстрых нейтронах

FC 1. faulted circuit повреждённая цепь **2.** ferrite core ферритовый сердечник **3.** frequency changer преобразователь частоты **4.** frequency conversion преобразование частоты

f.c. foot-candle фут-свеча

FCC 1. facilities control console пульт управления оборудованием **2.** flexible control cable гибкий контрольный кабель **3.** fluid convection cathode катод плазменно-дугового реактора с газовым обдувом **4.** frequency-to-current converter преобразователь «частота — ток»

FCD failure and consumption data данные об отказах и потреблении

FCDR failure cause data report отчёт о причинах отказов

FCDT four-coil differential transformer четырёхобмоточный дифференциальный трансформатор

FCE frequency converter excitation возбуждение от преобразователя частоты

FCE-SR frequency converter excitation saturable reactor насыщающийся реактор системы возбуждения преобразователя частоты

FCL 1. fault current limiter ограничитель тока повреждения **2.** feedback control loop контур регулирования с обратной связью

FCLD fault-current limiting device устройство ограничения токов КЗ

FCNI flux-controlled negative inductance регулируемая магнитным потоком отрицательная индуктивность

FCPP fuel cell power plant электростанция на топливных элементах

FCR 1. fixed charge rate постоянная скорость заряда **2.** fuse current rating номинальный ток плавкой вставки

FCS feedback control system система регулирования с обратной связью

FCT field-controlled transistor полевой транзистор

FDB field dynamic braking динамическое торможение магнитным полем

FDC frequency down conversion преобразование частоты в направлении её уменьшения

fdl field decelerator замедлитель частиц в электрическом поле

FDM 1. finite difference method метод конечных разностей **2.** frequency division multiplex частотное уплотнение

FDSE fast decoupled state estimator быстрый метод оценки состояния (*с декомпозицией по активной и реактивной мощности*)
FE ferroelectric феррозлектрик
FEA failure effects analysis анализ последствий отказов
FEC forced excitation control регулирование форсировки возбуждения
FEM finite element method метод конечных элементов
FEPO forced extension of planned outages вынужденное продление плановых отключений
FFT fast Fourier transform быстрое преобразование Фурье
FFTA fast Fourier transform analyzer анализатор с быстрым преобразованием Фурье
FF-TCR fixed-filter thyristor-controlled reactor неперестраиваемый фильтр-реактор с тиристорным управлением
FH forced outage hours продолжительность аварийного отключения
FHFA four-conductor, heat-and-flame-resistant, armored четырёхжильный тепло- и огнестойкий бронированный (*о кабеле*)
FIAD flame ionization analyzer and detector пламенно-ионизационный анализатор и детектор
fi bp filter bandpass полоса пропускания фильтра
FId fault identification идентификация отказов
FIs fault isolation дефект изоляции
FL forced lubrication смазка под давлением
FLD four-lager diode динистор
fld field 1. (магнитное) поле 2. возбуждение
FLMC full-load motor current ток двигателя при полной нагрузке
FLOC fault locator искатель повреждений
FLS fault location system система определения места повреждения
FLT fault location technology методика определения места повреждения
FM 1. field meter прибор для измерения (напряжённости) поля 2. frequency modulation частотная модуляция
fm fine measurement точное измерение
FMR ferromagnetic resonance ферромагнитный резонанс
FO 1. fiber-optical волоконнооптический 2. flashover перекрытие 3. forced outage вынужденное [аварийное] отключение

Fo flickout колебание напряжения
FOI forced outage index индекс аварийного отключения
FOR forced outage rate интенсивность аварийных отключений
FP 1. field-protective (relay) реле защиты ротора 2. flash point температура вспышки
fp flash point температура вспышки
FPC facility power control регулирование мощности установки
FPP facility power panel силовой щит установки
FPU first production unit первый серийный образец
FRAP fuel rod analysis program программа анализа стержневых ТВЭЛов
fres fire-resistant огнестойкий
FRM frequency meter частотомер
FRP fiberglass-reinforced plastic пластмасса, армированная стекловолокном
FRR fast rate of rise большая скорость нарастания
FRS fuel and resource scheduling календарное планирование топлива и ресурсов
FRSL frequency response of stray losses частотная характеристика добавочных потерь
FS 1. fast-speed быстродействующий 2. frequency shift смещение частоты 3. fuel scheduling планирование расхода топлива
f/s factor of safety коэффициент безопасности
FSR full-scale range полный диапазон измерений
FSVM frequency selective voltmeter частотно-селективный вольтметр
FT 1. fast thyristor быстродействующий тиристор 2. fault-tolerant отказоустойчивый 3. firing temperature температура воспламенения 4. full time полное время
FTE factory test equipment заводское испытательное оборудование
FTVC fast turbine valving control аварийное управление мощности паровых турбин, АУМПТ; импульсная разгрузка турбин
fu fuse плавкий предохранитель; плавкая вставка
FV 1. front view вид спереди 2. full voltage полное напряжение
FW full-wave 1. некоммутированный 2. двухполупериодный
FWAC full-wave alternating current нормальный [некоммутированный] переменный ток

FWDC full-wave direct current нормальный [некоммутированный] постоянный ток
FWP feed water pump питательный насос
FWR full-wave rectifier двухполупериодный выпрямитель
G ground заземление, земля
GATO gate-assisted turn-off thyristor тиристор с ускоренным запиранием (по управляющему переходу)
GCAP generalized circuit analysis program обобщённая программа анализа цепей
GCB 1. gas circuit-breaker газовый выключатель **2.** general circuit breaker главный выключатель
GCBR gas-cooled breeder reactor газоохлаждаемый реактор-размножитель
GCF gross capacity factor коэффициент полной мощности
GCFBR gas-cooled fast breeder reactor газоохлаждаемый быстрый реактор-размножитель
GCHWR gas-cooled heavy water moderated reactor газоохлаждаемый тяжеловодный реактор
GCM generator condition monitor устройство контроля состояния генератора
GCR gas-cooled graphite-moderated reactor газоохлаждаемый реактор с графитовым замедлителем
GCT general classification tests общие классификационные испытания
GD glow discharge тлеющий разряд
GF glass fiber стекловолокно
GFN ground fault neutralizer дугогасительная катушка
GFP ground fault protection защита от замыканий на землю
GFPD ground-fault protective device устройство защиты от замыканий на землю
GFR generator field regulator регулятор возбуждения генератора
GFRP glass-fiber reinforced plastic пластик, армированный стекловолокном
G-G ground-to-ground земля — земля
GGR gas-graphite reactor газографитовый реактор
GIC 1. gas-insulated circuit линия (передачи) с газовой изоляцией **2.** geomagnetically induced currents индуктированные геомагнитные токи
GIL gas-insulated line линия (передачи) с газовой изоляцией
GIS 1. gas-insulated substation газоизолированная подстанция **2.** gas-insulated switchgear КРУ с газовой изоляцией
GITL gas-insulated transmission line линия передачи с газовой изоляцией
GIU gas interrupting unit модуль газового выключателя
GMC gross maximum capacity полная максимальная мощность
GMV guaranteed minimum value минимальная гарантированная величина
GND, gnd ground заземление, земля
GO grain-oriented текстурированный
GOR general operational requirements общие эксплуатационные требования
gp gage pressure манометрическое давление
GPR ground potential rise разность потенциалов между контуром заземления подстанции и удалённой точкой земли
gr gear ratio передаточное число
GRC generation rate constraints ограничения по скорости набора мощности
GS generator simulator 1. модель генератора 2. тренажёр для отработки навыков управления генератором
GSIM Gauss-Seidel impedance matrix матрица полных сопротивлений при решении уравнений электрической сети методом Гаусса-Зайделя
G.S.W. galvanized steel wire оцинкованная стальная проволока
GTC gas-turbine compressor компрессор газотурбинной установки
GTO gate turn-off thyristor запираемый тиристор (по обратному переходу)
GTPU gas-turbine power unit газотурбинный агрегат
GTS gas turbine system газотурбинная система
H, h hardness твёрдость
HAR harmonic гармоника
HAW high active waste высокоактивные отходы
h.b.c. high breaking capacity высокая отключающая способность
HBWR heavy boiling water reactor тяжеловодный кипящий реактор
HC 1. heating coil нагревательная катушка **2.** heavy current большой ток **3.** high capacity большая мощность **4.** high conductivity высокая проводимость **5.** holding coil удерживающая катушка
hcd high current density высокая плотность тока
HD hard-drawn твёрдотянутый

HDC 1. half-duplex channel полудуплексный канал **2.** high-duty cycle интенсивный рабочий цикл

H.D.W. hard-drawn wire твёрдотянутая проволока

HDY heavy duty большая нагрузка

HE 1. head end головная часть **2.** heat exchange теплообмен **3.** heat exchanger теплообменник **4.** high efficiency высокий кпд

H.E. hydroelectric гидроэлектрический

h.e. high efficiency высокий кпд

HEC heavy-enamel single-cotton с усиленной эмалевой и однослойной хлопчатобумажной изоляцией (*о проводе*)

HED horizontal electric dipole горизонтальный электрический диполь

HEDC heavy-enamel double-cotton с усиленной эмалевой и двойной хлопчатобумажной изоляцией (*о проводе*)

HEDS heavy-enamel double-silk с усиленной эмалевой и двойной шёлковой изоляцией (*о проводе*)

HELB high-energy line break разрыв первичного контура (*ядерного реактора*)

HESS heavy-enamel single-silk с усиленной эмалевой и однослойной шёлковой изоляцией (*о проводе*)

HHV high(er) heat(ing) value высшая теплота сгорания

hi-rel high reliability высокая надёжность

V0hvgfkae05-ние

HL hot line линия (передачи) под напряжением

HLC hard limited channel канал связи с жёстким ограничением

HLDLC high-level data link control управление каналом связи высокого уровня

HLW hot line washing обмыв изоляторов на линии под напряжением

HP 1. high power большая мощность **2.** high pressure высокое давление

H.P.B.F.P. high-pressure boiler-feed pump питательный насос высокого давления

h-p extr. high-pressure extraction отбор пара высокого давления

HPOF high-pressure oil-filled маслонаполненный высокого давления (*о кабеле*)

HPOL high-phase order line многофазная линия

HPOT high potential высокий потенциал

HPP hydro power plant гидроэлектрическая станция, гидроэлектростанция, ГЭС

HPS heat-and-power station теплоэлектроцентраль, ТЭЦ

HPT high-pressure turbine турбина высокого давления

hpt high-pressure test испытание высоким давлением

HR 1. heat rate удельный расход тепла **2.** heat-retardent с замедленным пропусканием тепла

hr heat-resisting теплостойкий

HRC high rupturing capacity высокая отключающая способность

H.S. 1. heating surface поверхность нагрева **2.** high-speed быстродействующий

H/S heat shield тепловой экран

HSR high-speed reclosing быстродействующее автоматическое повторное включение, быстродействующее АПВ, БАПВ

HT high tension высокое напряжение

ht high temperature высокая температура

HTGR high-temperature gas-cooled graphite-moderated reactor высокотемпературный газоохлаждаемый реактор с графитовым замедлителем

HTL high-intensity lighting высокоинтенсивное освещение

HTO high-temperature oxidation высокотемпературное окисление

HV, hv high voltage высокое напряжение

HVDC high-voltage direct current постоянный ток высокого напряжения

HVG high-voltage generator высоковольтный генератор

HVPS high-voltage power supply энергоснабжение на высоком напряжении

HVR high-voltage relay высоковольтное реле

HWBLWR heavy water-moderated boiling light water-cooled reactor кипящий водоохлаждаемый реактор с тяжеловодным замедлителем

HWP half-wave rectifier однополупериодный выпрямитель

hydroman hydraulic manipulator гидравлический манипулятор

I 1. indicator **1.** индикатор **2.** указатель **3.** показывающий (измерительный) прибор **4.** счётчик **5.** стрелка (*циферблата*) **2.** interference помехи **3.** inverter инвертор

IA impedance angle угол полного сопротивления

571

I.A.C.S. International anneal-copper standard Международный стандарт на отожжённую медь
IBW impulse bandwidth ширина полосы частот импульса
IC 1. impedance coil реактивная катушка; реактор **2.** inductive coupling **1.** индукционная связь **2.** электромагнитная связь **3.** индукционная муфта **3.** initial condition **1.** исходное состояние **2.** *pl* начальные условия **4.** input circuit входная цепь, входной контур **5.** input conditioner входное устройство нормализации **6.** installed capacity установленная мощность **7.** insulating compound (электро)изоляционный компаунд **8.** integrated circuit интегральная схема, ИС **9.** internal connection внутреннее соединение **10.** interrupting capacity отключающая способность **11.** iron-constantan железо-константан
ICAP increased capability повышенная возможность
I.C.I. International Commission on Illumination Международная светотехническая комиссия
ICL incoming line входящая линия
ICM ion current meter измеритель ионного тока
ICR iron-core reactor реактор со стальным сердечником
ID inductance **1.** индуктивность **2.** индуктивное сопротивление **3.** катушка индуктивности
IDFT inverse discrete Fourier transform обратное дискретное преобразование Фурье
IEA International Energy Agency Международное энергетическое агентство, МЭА
IEC International Electrical Commission Международная электротехническая комиссия, МЭК
IEE Institution of Electrical Engineers Институт инженеров-электриков (*Великобритания*)
I.E.S. Illuminating Engineering Society Общество инженеров-светотехников (*США*)
IEV International Electrotechnical Vocabulary Международный электротехнический словарь
IF internal friction внутреннее трение
IFLS infrared fault location system ИК-система определения места повреждения
IG impulse generator импульсный генератор
IGCC integrated coal gasification combined cycle комбинированный цикл производства электроэнергии из предварительно газифицированного угля
IH information handling обработка информации
IL 1. idle **1.** неработающий; холостой **2.** реактивный **2.** independent loads независимые нагрузки **3.** indicating light индикаторная [сигнальная] лампа **4.** insertion loss вносимые потери **5.** insulation level уровень изоляции
ILF inductive loss factor коэффициент индуктивных потерь
IM independent mode режим свободных колебаний
IMC intermediate metal conduit промежуточный металлический кабелепровод
imp impedance полное сопротивление
IMP GEN impulse generator импульсный генератор
IMWF interchange MW flow обменная активная мощность
IN insulator **1.** изолятор **2.** изоляционный материал
in input вход
ind inductance **1.** индуктивность **2.** индуктивное сопротивление **3.** катушка индуктивности
INTPHTR interphase transformer междуфазный трансформатор
INV inverter инвертор
IP intermediate pressure промежуточное давление
IPC individual phase control пофазное управление
IPCEA Insulated Power Cable Engineers Association Ассоциация производителей изолированных силовых кабелей (*США*)
ipm interruptions per minute число прерываний в минуту
IPS instrument power supply питание измерительных приборов
ips interruptions per second число прерываний в секунду
IPT interphase transformer междуфазный трансформатор
IR 1. instantaneous relay реле мгновенного действия **2.** instrument readings показания измерительного прибора
i.r. insulation resistance сопротивление изоляции
IRAN inspect and repair as necessary проверить и отремонтировать в случае необходимости

I.R.C. india-rubber covered с резиновой оболочкой (*о кабеле*)

IRSP infrared spectrometer ИК-спектрометр

IRVB india-rubber, vulcanized, braided с резиновой изоляцией, вулканизированный с оплёткой (*о кабеле*)

ISDN integrated service digital network объединённая вычислительная сеть

ISL internal system load собственная нагрузка энергосистемы

ISO International Standardization Organization Международная организация по стандартизации, ИСО

isw ion switch ионный переключатель

IT 1. ignition temperature температура воспламенения **2.** instrument transformer измерительный трансформатор **3.** insulating transformer изолирующий трансформатор

ITD initial temperature difference начальная разность температур

ITE inverse time element элемент с зависимой временно́й характеристикой

ITI inspection and test instruction инструкция по осмотру и испытаниям

ITR inverse time relay реле с зависимой временно́й характеристикой

IV intermediate voltage ступень среднего [промежуточного] напряжения

iv initial velocity начальная скорость

IVI initial voltage ionization напряжение начала ионизации

IVR integrated voltage regulator встроенный регулятор напряжения

IWG Imperial Standard Wire Gage Британский сортамент проводов и проволок

i. y. insulated star изолированная звезда; звезда с незаземлённой нейтралью

JB junction box распределительная коробка

KB keyboard клавиатура

К. Е., k. e. kinetic energy кинетическая энергия

KVAM kilovoltamperemeter киловольтамперметр

KVCP kilovolt constant potential постоянный потенциал в кВ

KVDC kilovolt direct current напряжение постоянного тока в кВ

L 1. lamp 1. лампа, лампочка; источник света 2. фонарь; фара **2.** light 1. свет, освещение 2. светильник; лампа **3.** line линия **4.** live под напряжением **5.** load нагрузка

LA 1. lightning arrester молниезащитный разрядник **2.** load adjuster регулятор нагрузки

L/A lightning arrester молниезащитный разрядник

Lam laminated wire пластинчатый провод

LAN local area network локальная вычислительная сеть, ЛВС

LAP laminated aluminum-polyethylene слоистый полиэтилен, армированный алюминием

LASS light-activated silicon switch фототиристор

LAW low active waste низкоактивные отходы

LBS 1. local backup system местная резервная система **2.** local battery switchboard распределительный щит местной аккумуляторной батареи **3.** local battery system система местных аккумуляторных батарей

LC 1. lead-coated освинцованный **2.** lead-covered освинцованный **3.** limit conditions 1. предельные условия 2. предельный режим **4.** line connector линейный соединитель **5.** load center центр нагрузки; узел нагрузки **6.** loss of contact нарушение контакта

l. c. lead-covered освинцованный

LCA load-carrying ability нагрузочная способность

LCC load-carrying capability максимальная допустимая нагрузка

LCD liquid crystal diode жидкостный кристаллический диод

LCE load circuit efficiency эффективность цепи нагрузки

LCIF load curve irregularity factor коэффициент неравномерности графика нагрузки

LCN local control network локальная сеть управления

LCO limiting conditions of operations ограничивающие условия эксплуатации

LCP loading control program программа управления нагрузкой

LCTF large coil test facility оборудование для испытаний мощных обмоток

LDA load drop overspeed anticipator устройство защиты от разноса при сбросе нагрузки

ldb light distribution box распределительная коробка осветительной сети

LDC load duration curve график продолжительности нагрузки

LDF, ld. f load factor коэффициент загрузки

le leading edge набегающий край

LEB lower equipment bay 1. минимальный шаг размещения оборудования

2. нижняя ячейка распределительного устройства
LED light emitting diode светоизлучающий диод, СИД
LEF longitudinal electric field продольное электрическое поле
LEI loss-of-energy index количество перерывов в энергоснабжении
LEL lower explosive limit нижний предел взрывоопасности
LEP limited energy plant электростанция с ограниченным ресурсом выработки энергии
LEU low enriched uranium низкообогащённый уран
LF load following изменение нагрузки по заданному графику
LFA load flow analysis анализ потокораспределения
LFC 1. line flows control управление перетоками мощности [потокораспределением] по линии 2. load-frequency control (автоматическое) регулирование частоты и мощности
LFOV lower limiting flashover voltage нижний предел напряжения перекрытия
LFP line fault protection релейная защита ЛЭП
L-G line-to-ground однофазное КЗ на землю
LH left-handed левосторонний
LIC large integrated circuit большая интегральная схема, БИС
LIR load-indicating relay реле индикации нагрузки
L.I.S.N. line impedance stabilization network сеть со стабилизацией полного сопротивления линии
LL 1. light load 1. лёгкая нагрузка 2. осветительная нагрузка 2. load line линия нагрузки 3. lower line нижняя линия 4. low level низкий уровень
L-L line-to-line междуфазное КЗ
L/L live line линия под напряжением
LLG line-to-line-to-ground двухфазное КЗ на землю
LLR load-limiting resistor резистор-ограничитель нагрузки
LLW low level waste низкоактивные отходы
LM 1. latch magnet магнит защёлки 2. load management управление электропотреблением
lm люмен, лм
LMFBR liquid metal cooled fast breeder reactor жидкометаллический реактор-размножитель на быстрых нейтронах
LMFR liquid metal fuel reactor реактор на жидкометаллическом топливе

LMT load management terminal терминал (системы) управления электропотреблением
LO lubricating oil смазочное масло
LOC line of communication линия связи
LOCA loss-of-coolant accident авария с потерей теплоносителя
LOCO long core длинный сердечник
LOE loss of energy 1. перерыв в энергоснабжении 2. потери электроэнергии
LOLE loss-of-load expectation ожидаемое число дней нарушения электроснабжения в году
LOLP loss-of-load probability вероятность сброса нагрузки
LOPO low-power water boiler маломощный реактор типа «водяной котёл»
LP lighting panel щит освещения; панель щита освещения
l.p. low pressure низкое давление
LPF low-pass filter фильтр низких частот
LPO low-power output маломощный выход
LPOF low-pressure oil-filled маслонаполненный низкого давления (о кабеле)
LPT low-power test испытание при пониженной мощности
LPTF low-power test facility оборудование для испытаний при пониженной мощности
LR 1. level recorder устройство регистрации уровня 2. load ratio коэффициент использования мощности 3. load resistor нагрузочный резистор; балластный резистор 4. locked rotor заторможённый ротор 5. low resistance низкое (омическое) сопротивление 6. low resistor малоомный резистор
LRC load ratio control регулирование коэффициента трансформации под нагрузкой
LREC low-resistance electrical contact электрический контакт с малым сопротивлением
L.R.S. load representation simulator модуль-имитатор нагрузки
LRY latching relay реле с защёлкой
LS 1. level switch ключ контроля уровня 2. light source источник света 3. line switch линейный выключатель 4. load shedding аварийная разгрузка (энергосистемы)
LSC load supplying capacity мощность источника питания
LSCL limit switch closed ограничительный выключатель замкнут

LSD limit switch down ограничительный выключатель в положении «вниз»

LSF 1. limit switch forward ограничительный выключатель в положении «вперёд» **2.** loss factor коэффициент потерь

LSHV laminated synthetic high-voltage слоистый синтетический высоковольтный (*об изоляционном материале*)

LSIC large-scale integrated circuit большая интегральная схема, БИС

LSM linear synchronous motor линейный синхронный электродвигатель

LSOP limit switch open ограничительный выключатель разомкнут

LSR limit switch reverse ограничительный выключатель в положении «обратно»

LSST lead-sheathed steel-taped освинцованный со стальной ленточной бронёй (*о кабеле*)

LST local summer time местное летнее время

LSU limit switch up ограничительный переключатель в положении «вверх»

LT low tension низкое напряжение

LTB low-tension battery низковольтная аккумуляторная батарея

LTC load tap change переключение отводов трансформатора под нагрузкой

LTD long-term dynamics длительный переходный процесс

LTE long-term emergency длительное аварийное нарушение

LTLF long-term load forecast прогнозирование нагрузки на длительное время

LTR limiting time rating номинал при ограниченном времени работы

LTS long-term stability длительная стабильность

LTT light-triggered thyristor светоуправляемый тиристор; фототиристор

LV low voltage низкое напряжение

LVDT linear variable differential transformer регулируемый дифференциальный трансформатор с линейной характеристикой

LVI low-voltage impulse импульс низкого напряжения

LVP low-voltage protection защита в установках низкого напряжения

L. V. P. S. low-voltage power supply низковольтный источник питания

LVR low-voltage relay реле низкого напряжения

LWBR light-water breeder reactor легководный реактор-размножитель

LWL lightning withstand level выдерживаемое напряжение грозового импульса

LWR light water-cooled and moderated reactor водо-водяной реактор

LWT local winter time местное зимнее время

lx lux люкс, лк

M; m 1. mass масса **2.** moisture влажность

MA 1. magnetic amplifier магнитный усилитель **2.** multichannel analyzer многоканальный анализатор

magamp magnetic amplifier магнитный усилитель

MAIDS multipurpose automatic inspection and diagnostic system многоцелевая автоматическая система проверки и диагностики

MAOP maximum allowable operating pressure максимально допустимое рабочее давление

MASW master switch главный [центральный] выключатель

MAW medium active waste среднеактивные отходы

MB main battery главная (аккумуляторная) батарея

M. B. magnetic bearing магнитный подшипник

M-B make-break переключение

MBCB magnetic blast circuit-breaker выключатель с магнитным дутьём

MC 1. magnetic core магнитный сердечник **2.** making capacity включающая способность **3.** master control централизованное управление **4.** master controller **1.** главный [центральный, основной] контроллер **2.** главный [центральный] регулятор **3.** *ж.-д.* контроллер машиниста **5.** mercury contact ртутный контакт **6.** metal-clad бронированный **7.** microcircuit микросхема **8.** multiple contacts параллельные [многоточечные] контакты

m. c. manhole cover крышка люка

MCB main control board главный щит управления

m. c. b. miniature circuit-breaker миниатюрный выключатель

MCCT minimum critical clearing time минимальное критическое время отключения

MCR main control room главный щит управления

mcr maximum combustion rate максимальное теплонапряжение топки

MCS master control system основная [центральная] система управления

575

M/CS metal-clad switchgear комплектное распределительное устройство, КРУ

MCT movable-core transformer трансформатор с подвижным сердечником

MCTG magnetically-combined turbine and generator турбогенератор капсульного типа

MCU microprocessor control unit микропроцессорное устройство управления

MD 1. maximum demand 1. максимальное потребление 2. максимальная нагрузка 2. mean downtime средняя продолжительность неработоспособного состояния

ME 1. magnetoelectric магнитоэлектрический 2. mechanical efficiency механический кпд

MEC minimum energy curve кривая минимальной энергии

meg megohm мегом, МОм

mehp mean effective horsepower средняя эффективная мощность

MEL minimum excitation limiter ограничитель минимального возбуждения

MEMA microelectronic modular assembly микромодульный блок

MEP mean effective pressure среднее эффективное давление

MEPR medium-hardness ethylene propylene rubber этиленпропиленовый каучук средней твёрдости

MEUCORA measurement, control, regulation and automation измерения, управление, регулирование и автоматизация

MET maximum electrical torque максимальный электрический момент

MF 1. matched filter согласованный фильтр 2. medium frequency средняя частота 3. motor field возбуждение двигателя

MFP magnetic field potential потенциал магнитного поля

MFR motor field regulator регулятор возбуждения электродвигателя

MFT main fuel tripping прекращение топливоподачи

MG 1. main generator основной генератор 2. motor-generator двигатель-генератор

MGB main generator breaker главный выключатель генератора

MGN multigrounded neutral system система с многократным заземлением нейтрали

MHC mechanical-hydraulic control механикогидравлическое регулирование

MHD, m. h. d. magnetohydrodynamics магнитогидродинамика ‖ магнитогидродинамический

MI mineral insulated с минеральной изоляцией

MIC marketing interface to customer устройство связи с потребителем при сбыте электроэнергии

MICS mineral-insulated copper-sheathed с минеральной изоляцией и медным экраном (*о кабеле*)

MIND mass-impregnated non-draining пропитанный в массе, неосушенный (*об изоляции*)

ML 1. magnetic latch(ing) магнитная защёлка 2. mechanical lock(ing) механическая блокировка

MLOLP mean loss-of-load probability средняя вероятность потери нагрузки

MLT mean length of turn средняя длина витка

MMF, mmf magnetomotive force магнитодвижущая сила, мдс

MO maintenance outage плановый вывод из работы для ремонта

MOC magnetic optic converter магнитооптический преобразователь

modem modulator-demodulator модулятор-демодулятор, модем

MOLS magnetic operated limit switch магнитный концевой выключатель

MOR motor-operated rheostat реостат с приводом от (электро)двигателя

MOV metal-oxide varistor металлооксидный варистор

MP 1. main protection основная защита 2. metallized paper металлизированная бумага

MPC 1. maximum permissible concentration максимально допустимая концентрация 2. multipath core разветвлённая магнитная система

MPD maximum phase deviation максимальное отклонение фазного угла

m. p. l. maximum permissible level максимально допустимый уровень

MPO maximum power output максимальная генерирующая мощность

MPR main processor основной процессор

MPS main protective system основная система (релейной) защиты

MPTE multipurpose test equipment универсальное испытательное оборудование

MR 1. magnetic relay магнитное реле 2. master relay главное реле

MS 1. magnetostatic магнитостатический 2. main switch главный выключатель 3. making switch нормально отключённый выключатель 4. master switch главный выключатель

M/S magnetostriction магнитострикция

m. s. b. main switchboard главный распределительный щит

MSBR molten salt breeder reactor реактор-размножитель на расплавленных солях

MSC mechanically switched capacitors батарея конденсаторов с механической коммутацией

MSS medium scale system система средней сложности

MT 1. magnetic tape магнитная лента **2.** maximum torque максимальный вращательный момент **3.** measuring transformer измерительный трансформатор

MTAS microprocessor-based transformer analysis system микропроцессорная система анализа состояния трансформатора

MTBE mean time between errors среднее время между ошибками

MTBF mean time between failures среднее время наработки на отказ

MTBM mean time between maintenance периодичность профилактических проверок оборудования

MTBO mean time between outages среднее время между аварийными отключениями

MTBR mean time between replacements среднее время наработки на замену

mtce maintenance эксплуатационное обслуживание; ремонт

MTD mean temperature difference средняя разность температур

MTDC multiterminal direct current многополюсный постоянный ток

MTTR 1. mean time to repair среднее время наработки до ремонта **2.** mean time to restore среднее время восстановления

MTU meter terminal unit терминал измерительных приборов

MV medium voltage среднее напряжение

m. v. p. magnetic vector potential векторный магнитный потенциал

MVPS medium voltage power supply питание напряжением $6 \div 10$ кВ

MWD megawatt demand нагрузка в мегаваттах

MXL maximum excitation limiter ограничитель максимального возбуждения

MXP metallic cross-point контактный коммутационный элемент

NBDL narrow-band data link узкополосная линия передачи данных

NC 1. no connection нет соединения **2.** normally closed нормально закрытый, размыкающий (*о контакте*)

NCC 1. no-current condition бестоковая пауза **2.** normally closed contact нормально закрытый [размыкающий] контакт

NCM neutral current-controlled mode метод регулирования тока в нейтрали

NDE nondestructive evaluation method метод неразрушающих испытаний

NDT nondestructive test неразрушающий контроль

NDTG nondispatchable technology generation выработка электроэнергии, не поддающаяся диспетчерскому управлению

N. E. L. A National Electric Light Association Национальная ассоциация электрического освещения (*США*)

NERC National Electric Reliability Council Национальный совет по надёжности энергоснабжения (*США*)

NESC National Electric Safety Code Национальный свод правил по безопасному устройству электроустановок (*США*)

NET, net network **1.** сеть **2.** схема, контур

NFB negative feedback отрицательная обратная связь

NGS nuclear generating station атомная электростанция, АЭС

NH nighttime hours продолжительность работы в ночное время

NI noninductive безындуктивный

NJ network junction соединение сетей

NLC nonlinear capacitor нелинейный конденсатор

NLR nonlinear resistance нелинейное сопротивление

NLS 1. no-load speed скорость в режиме холостого хода **2.** nonlinear system нелинейная система

NM nuclear material ядерный материал

NMS nonmetallic sheathed cable кабель с неметаллической оболочкой

NO normally open нормально открытый, замыкающий (*о контакте*)

NOC 1. normally open contact нормально открытый [замыкающий] контакт **2.** normal operating conditions нормальный режим

NOT number of turns число витков

NP number of primary turns число витков первичной обмотки

NPGS nuclear power generation station атомная электростанция, АЭС

NPP nuclear power plant атомная электростанция, АЭС
NPR nuclear power reactor энергетический атомный [энергетический ядерный] реактор
NPS 1. negative phase sequence обратная последовательность фаз **2.** nuclear power station атомная электростанция, АЭС
NPT normal pressure and temperature нормальное давление и температура
NR network reduction эквивалентирование (электрической) сети
NRDS nonreversing dynamic braking нереверсивное динамическое торможение
NRPF Newton-Raphson method of power flow расчёт потокораспределения методом Ньютона — Рафсона
NRZ nonreturn-to-zero без возврата к нулю
NS number of secondary turns число витков вторичной обмотки
NSB nonsustained breakdown неустойчивый пробой
NSH not-in-service hours часы простоя
NSP network status processor процессор состояния (электрической) сети
NSR noise-to-signal ratio отношение «шум — сигнал»
NSSS nuclear steam supply system система пароснабжения от атомной теплоцентрали; ядерная паропроизводящая установка, ЯПУ
NTC negative temperature coefficient отрицательный температурный коэффициент
NTP normal temperature and pressure нормальные температура и давление
NU natural uranium природный уран
n. v. nozzle velocity скорость на выходе из сопла
NWB nuclear waste boiler бойлер, работающий на радиоактивных отходах
OAT operating ambient temperature рабочая окружающая температура
OC 1. open circuit разомкнутая цепь **2.** operating capacity рабочая мощность **3.** operating characteristics 1. рабочие характеристики 2. рабочие параметры 3. характеристики срабатывания реле **4.** overcurrent ток перегрузки, сверхток
OCB oil circuit-breaker масляный выключатель
occ open circuit characteristic характеристика холостого хода, х. х. х.
OCF overload capacity factor коэффициент перегрузки по мощности
OCI open-circuit inductance индуктивность холостого хода
OCO open-close-open отключение — включение — отключение
OCR oil circuit recloser масляный автоматический выключатель с устройством повторного включения
OCS overhead contact system контактная система для подвижного наземного электрооборудования
od outside diameter внешний [наружный] диаметр
ODC operating duty cycle рабочий цикл
OE operating errors эксплуатационные ошибки
OEI overall efficiency index полный КПД
OER operational equipment requirements требования к рабочим характеристикам оборудования
OF 1. oil-filled маслонаполненный **2.** oil fuel жидкое топливо **3.** output factor коэффициент нагрузки **4.** oxygen-free бескислородный
OFB oil forced blast принудительное масляное дутьё
OFHC 1. oxygen-free hard copper бескислородная твёрдотянутая медь **2.** oxygen-free high-conductivity бескислородный с высокой проводимостью
OFHCC oxygen-free, high-conductivity copper бескислородная медь высокой проводимости
OFR 1. oil-resisting and flame-retardant масло- и огнестойкий **2.** overfrequency relay реле повышения частоты
OH 1. ohmic heating омический нагрев **2.** overhead воздушный (*о линии*)
OHGW overhead ground wire молниезащитный трос ВЛ
OHI ohmic heating interrupter выключатель защиты от перегрева
OI 1. oil-immersed погружённый в масло **2.** oil-insulated с масляной изоляцией **3.** oscillatory instability колебательная неустойчивость
OIFC oil-insulated fan-cooled масляный с дутьевым охлаждением (*о трансформаторе*)
OISC oil-insulated self-cooled масляный с естественным воздушным охлаждением (*о трансформаторе*)
OIWC oil-insulated water-cooled масляный с водяным охлаждением (*о трансформаторе*)
OL 1. open loop разомкнутый контур **2.** overhead line воздушная линия, ВЛ **3.** overload перегрузка

OLD one-line diagram однолинейная схема

OLF 1. on-line load flow оперативный расчёт потокораспределения 2. optimum load flow оптимальный расчёт потокораспределения

OLFR on-line frequency response частотная характеристика, снятая во время работы (*устройства*)

OLMR organic liquid moderated reactor реактор с жидким органическим замедлителем

olr overload relay реле защиты от перегрузки

OLTC on-load tape changer устройство регулирования (напряжения трансформатора) под нагрузкой, устройство РПН

OLTF open-loop transfer function передаточная функция разомкнутой системы

O&M operation and maintenance эксплуатация и ремонт

o. o. o. out-of-order неисправный; повреждённый

OP oil-proof маслостойкий

opamp operational amplifier операционный усилитель

OPC 1. off-peak (operating) conditions режим минимальных нагрузок 2. on-peak (operating) conditions режим максимальных нагрузок 3. overspeed protection controller контроллер защиты от превышения скорости

OPF optimal power flow оптимальное потокораспределение

OPT-GW composite overhead ground wire with optical fibers комбинированный молниезащитный трос с встроенным волоконнооптическим кабелем

OR 1. operating reserve оперативный резерв 2. overload relay реле защиты от перегрузки

ORGEL organic-cooled heavy water-moderated power reactor энергетический реактор с органическим теплоносителем и тяжеловодным замедлителем

ORLY overload relay реле защиты от перегрузки

ORR outage replacement rate интенсивность замены отказавших элементов оборудования

OS 1. oil switch масляный выключатель 2. operational system операционная система

OSC out-of-step conditions асинхронный режим

osc oscillograph осциллограф

OSR optimal system reliability оптимальная надёжность системы

OSRM on-site recording and measurement регистрация и измерение на месте установки контролируемого оборудования

OST on-site tests испытания на месте установки оборудования

o. t. oil-tight маслонепроницаемый

OTEC ocean thermal energy conversion преобразование тепловой энергии океана (в электрическую)

O. T. R. overload time relay реле времени защиты от перегрузки

OTS operator training simulator тренажёр для диспетчера

OTTO once-through-then-out reactor реактор с однократным прохождением шаровых ТВЭЛов через активную зону

OV operating voltage 1. рабочее напряжение 2. напряжение оперативного постоянного тока

o. v. overvoltage перенапряжение

OVF overvoltage factor коэффициент перенапряжения

ovld overload перегрузка

ovv overvoltage перенапряжение

OW open wire оборванный провод; голый [неизолированный] провод

OXP overexcitation protection защита от перевозбуждения

P 1. permeance магнитная проводимость 2. primary первичная обмотка

PAD power amplifier driver возбудитель усилителя мощности

PAS power apparatus and systems электроэнергетическое оборудование и системы

PAV phase angle voltmeter вольтметр для измерения фазного угла

PB push-button нажимная кнопка

PBS push-button switch кнопочный выключатель

PC 1. peaking capacity пиковая мощность; мощность пиковых нагрузок 2. personal computer персональная ЭВМ, ПЭВМ 3. phase control 1. фазовое управление 2. регулирование фазы 4. power contactor силовой выключатель, контактор 5. pulsating current пульсирующий ток 6. pulverized coal угольная пыль

PCB 1. power circuit-breaker высоковольтный (силовой) выключатель 2. printed-circuit board печатная плата

PCC power control center диспетчерский пункт энергообъединения

PCD 1. pitch circle diameter диаметр распада электродов **2.** power control and distribution управление генерированием и распределение мощности

PCM pulse-count modulation числоимпульсная модуляция

PCR phase-controlled rectifier выпрямитель с регулируемым напряжением

PCS 1. power conditioning system система поддержания нормальных параметров электроснабжения **2.** power conversion system система преобразования мощности

PCT 1. paper crepe tape бумажная крепированная лента **2.** potential-current transformer комбинированный трансформатор тока и напряжения

PCTF power conversion test facility испытательная установка для проверки силовых преобразовательных устройств

PCU power control unit устройство управления мощностью

PD 1. partial discharge частичный разряд **2.** periodic duty периодический режим работы **3.** potential difference разность потенциалов **4.** power distribution распределение мощности **5.** power divider делитель мощности

pd pulse duration длительность импульса

PDC power distribution control управление распределением мощности

PDEV partial discharge extinction voltage напряжение погасания частичных разрядов

PDIV partial discharge inception voltage напряжение возникновения частичных разрядов

PDM pulse-duration modulation широтно-импульсная модуляция, ШИМ

PDP power distribution plan программа распределения мощности

PDR power directional relay направленное реле мощности

PDS 1. power distribution system система распределения мощности **2.** primary distribution substation первичная распределительная подстанция

PE power equipment силовое электрооборудование

PEC 1. packaged electronic circuit (герметизованный) электронный модуль **2.** photoelectric cell фотоэлектрический элемент **3.** post-emergency conditions послеаварийный режим

PEL percentage energy loss index процент потерь энергии

PEP pulse effective power эффективная импульсная мощность

PF 1. power factor коэффициент мощности **2.** power flow потокораспределение **3.** pulse former формирователь импульсов

PFA pulverized fuel ash распылённая топливная зола

PFC 1. phase-frequency characteristic фазочастотная характеристика **2.** power factor capacitor силовой косинусный конденсатор **3.** power-frequency communication связь на промышленной частоте **4.** pulse frequency control частотно-импульсное управление **5.** pulse phase control импульсное регулирование фазы

PFD power flux density плотность потока мощности

PFM pulse-frequency modulation частотно-импульсная модуляция, ЧИМ

PFN pulse-forming network схема формирования импульсов

PFV peak forward voltage максимальное прямое напряжение

PFWT power frequency withstand test испытание (*изоляции*) для определения прочности при напряжении промышленной частоты

PG 1. power gain усиление по мощности **2.** pulse generator импульсный генератор

PGA Power Generation Association Ассоциация по производству электроэнергии (*Великобритания*)

PGS power generation system генерирующая система

PGT *p*-gate thyristor тиристор с *p*-управляющим электродом

PH 1. power house здание электростанции; машинный зал **2.** pumped hydro гидроаккумулирующая электростанция, ГАЭС

ph phase фаза

Ph-G phase-to-ground clearance габарит «фаза — земля»

pHR pH recorder регистратор pH

PHWR pressurized heavy-water reactor реактор с тяжеловодным замедлителем и теплоносителем под давлением

PI 1. point insulation точечная изоляция **2.** power input мощность на входе

p. i. paper-insulated с бумажной изоляцией (*о кабеле*)

PIC 1. plastic-insulated conductor провод в пластмассовой изоляции **2.** polyethylene-insulated conductor провод в полиэтиленовой изоляции

PICES probabilistic investigation of capacity and energy shortage вероятностный анализ дефицита энергии и мощности

PILC paper-insulated lead-covered освинцованный с бумажной изоляцией (*о кабеле*)

PILS paper-insulated lead-sheated с бумажной изоляцией в свинцовой оболочке (*о кабеле*)

PIM pulse interval modulation фазоимпульсная модуляция, ФИМ

PIN position indicator индикатор положения

PIV peak inverse voltage максимальное обратное напряжение

PK-PK peak-to-peak от пика к пику (*размах колебаний*)

PKV peak kilovolt амплитуда напряжения в кВ

P.L. power line линия электропередачи, ЛЭП

PLC 1. power-line carrier несущая в канале ВЧ-связи по ЛЭП 2. power-line communications связь по ЛЭП

PLL phase-locked loop контур, синхронизированный по фазе

PM 1. permanent magnet постоянный магнит 2. phase modulation фазовая модуляция

PMG, pmg permanent magnet generator генератор с постоянным магнитом

PNCD power network connectivity determination определение схемы соединений сети

PO 1. partial outage частичный простой 2. planned outage плановое отключение; плановый простой 3. power output выходная мощность

POF planned outage factor коэффициент плановых отключений

POH 1. partial outage hours время частичного нарушения работоспособности устройства 2. planned outage hours продолжительность планового отключения

POMS power plant operation monitoring system система контроля режимов электростанции

POS pressure operated switch реле давления

pot 1. potential потенциал 2. potentiometer потенциометр

POUT power output выходная мощность

POV peak operating voltage максимальное рабочее напряжение

PP 1. power plant электростанция 2. push-pull двухтактный

PPC 1. pulsed power circuit цепь пульсирующей мощности 2. pulse phase control импульсное регулирование фазы

PPF phase-to-phase fault междуфазное КЗ

PPM pulse-position modulation фазоимпульсная модуляция, ФИМ

PPP peak pulse power максимальная мощность импульса

PPS positive phase sequence прямая последовательность фаз

PPT peak power tracking регистрация максимальной мощности

PRC peak rectified current максимальный выпрямленный ток

PRDV peak reading digital voltmeter цифровой вольтметр с отсчётом амплитуды напряжения

pri primary первичная обмотка

PRR pulse repetition rate частота повторения импульсов

PRV peak reverse voltage максимальное обратное напряжение

PS 1. phase shift сдвиг фазы 2. pressure switch реле давления

P/S parallel/series последовательный /параллельный

PSAR 1. preliminary safety analysis report предварительный отчёт с анализом безопасности (*АЭС*) 2. pressure system automatic regulator автоматический регулятор системы давления

PSC power supply circuit цепь питания

PSCC power system control center диспетчерский пункт энергосистемы

PSD phase-sensitive detector фазочувствительный детектор

PSK phase-shift keying фазовая манипуляция, ФМн

PSM 1. power system model модель энергосистемы 2. protection system malfunction неправильная работа РЗ

PSS 1. power supply subsystem подсистема энергоснабжения 2. power system stabilizer стабилизатор энергосистемы

PSSE power system state estimation оценивание состояния энергосистемы

PSTr phase-shifting transformer фазосдвигающий трансформатор

PSU power supply unit блок питания

PT 1. potential transformer трансформатор напряжения, ТН 2. pressure transducer датчик давления 3. pulse transformer импульсный трансформатор

PTC positive temperature coefficient положительный температурный коэффициент

PTM pulse-time modulation время-импульсная модуляция
PTR pressure tube reactor реактор канального типа
p. t. r. v. peak transient reverse voltage максимум импульсного обратного напряжения
PV photovoltaic фотоэлектрический
PVB potentiometric voltmeter bridge потенциометрический мост напряжения
PVC pulse voltage converter преобразователь импульсного напряжения
P&VR pure and vulcanized rubber чистая и вулканизированная резина
PVS photovoltaic system фотоэлектрическая система
PW 1. printed wiring печатный монтаж 2. pulse width ширина импульса
PWL power level уровень мощности
PWM pulse width modulation широтно-импульсная модуляция, ШИМ
PWR pressurized water reactor реактор с водным замедлителем и теплоносителем под давлением, водо-водяной реактор
pwr power мощность
PZ protection zone зона защиты
PZT piezoelectric transducer пьезоэлектрический преобразователь
QC quality control контроль качества
QD quick disconnect быстрое разъединение
QF 1. qualified facilites зарегистрированные энергетические мощности, не входящие в энергокомпании 2. quality factor добротность
QP quality of power качество электроэнергии
QS quality of supply качество электроснабжения
QSU quick-starting unit агрегат быстрого пуска
QVI quadrature voltage injection ввод поперечного напряжения
R 1. resistance сопротивление 2. resistor резистор
RBDV residual breakdown voltage остаточное пробивное напряжение
RBS remote backup system система дальнего резервирования
RC 1. remote control дистанционное управление, телеуправление 2. reverse current обратный ток 3. ring counter кольцевой счётчик
RCB rubber-covered, braided с резиновой изоляцией и оплёткой (*о проводе*)
RCC 1. ring closed circuit кольцевая замкнутая цепь 2. rod cluster control регулирование пучка стержней ТВЭЛов
r. c. c. b. residual current circuit-breaker выключатель остаточных токов
r. c. d. residual current device устройство защиты от токов замыкания на землю
RCDB rubber-covered, double-braided с резиновой изоляцией и двойной оплёткой (*о проводе*)
RCED resource constrained economic dispatch экономическое распределение нагрузки с учётом ограничений по ресурсам
RCI relative curtailment index индекс относительного недоотпуска энергии
RCIC reactor core isolation cooling system система охлаждения изоляции активной зоны реактора
RCOPD residual current-operated protective device устройство защиты от токов замыкания на землю
RCP reactor coolant pump главный циркуляционный насос ядерного реактора, ГЦН
RCR reverse current relay реле обратного тока
RCS reactor coolant system система охлаждения реактора
RCT reverse conducting thyristor тиристор обратной проводимости
RDC 1. regional dispatching center районный диспетчерский центр 2. rotating disk contactor вращающийся дисковый контактор
rect rectifier выпрямитель
rel rate of energy loss степень потерь энергии
RESFLD residual field остаточное возбуждение
REV CUR reverse current обратный ток
revs per min revolutions per minute число оборотов в минуту
RF reactive factor коэффициент реактивности
RFM reactive factor meter измеритель коэффициента реактивности
RFWAC reversible full-wave alternating current обратимый двухполупериодный переменный ток
RGO regular grain oriented (steel) текстурированная электротехническая сталь
rh relative humidity относительная влажность
rheo rheostat реостат
RHL rectangular hysteresis loop прямоугольная петля гистерезиса

pacity and energy shortage вероятностный анализ дефицита энергии и мощности

PILC paper-insulated lead-covered освинцованный с бумажной изоляцией (*о кабеле*)

PILS paper-insulated lead-sheathed с бумажной изоляцией в свинцовой оболочке (*о кабеле*)

PIM pulse interval modulation фазоимпульсная модуляция, ФИМ

PIN position indicator индикатор положения

PIV peak inverse voltage максимальное обратное напряжение

PK-PK peak-to-peak от пика к пику (*размах колебаний*)

PKV peak kilovolt амплитуда напряжения в кВ

P.L. power line линия электропередачи, ЛЭП

PLC 1. power-line carrier несущая в канале ВЧ-связи по ЛЭП 2. power-line communications связь по ЛЭП

PLL phase-locked loop контур, синхронизированный по фазе

PM 1. permanent magnet постоянный магнит 2. phase modulation фазовая модуляция

PMG, pmg permanent magnet generator генератор с постоянным магнитом

PNCD power network connectivity determination определение схемы соединений сети

PO 1. partial outage частичный простой 2. planned outage плановое отключение; плановый простой 3. power output выходная мощность

POF planned outage factor коэффициент плановых отключений

POH 1. partial outage hours время частичного нарушения работоспособности устройства 2. planned outage hours продолжительность планового отключения

POMS power plant operation monitoring system система контроля режимов электростанции

POS pressure operated switch реле давления

pot 1. potential потенциал 2. potentiometer потенциометр

POUT power output выходная мощность

POV peak operating voltage максимальное рабочее напряжение

PP 1. power plant электростанция 2. push-pull двухтактный

PPC 1. pulsed power circuit цепь пульсирующей мощности 2. pulse phase control импульсное регулирование фазы

PPF phase-to-phase fault междуфазное КЗ

PPM pulse-position modulation фазоимпульсная модуляция, ФИМ

PPP peak pulse power максимальная мощность импульса

PPS positive phase sequence прямая последовательность фаз

PPT peak power tracking регистрация максимальной мощности

PRC peak rectified current максимальный выпрямленный ток

PRDV peak reading digital voltmeter цифровой вольтметр с отсчётом амплитуды напряжения

pri primary первичная обмотка

PRR pulse repetition rate частота повторения импульсов

PRV peak reverse voltage максимальное обратное напряжение

PS 1. phase shift сдвиг фазы 2. pressure switch реле давления

P/S parallel/series последовательный /параллельный

PSAR 1. preliminary safety analysis report предварительный отчёт с анализом безопасности (*АЭС*) 2. pressure system automatic regulator автоматический регулятор системы давления

PSC power supply circuit цепь питания

PSCC power system control center диспетчерский пункт энергосистемы

PSD phase-sensitive detector фазочувствительный детектор

PSK phase-shift keying фазовая манипуляция, ФМн

PSM 1. power system model модель энергосистемы 2. protection system malfunction неправильная работа РЗ

PSS 1. power supply subsystem подсистема энергоснабжения 2. power system stabilizer стабилизатор энергосистемы

PSSE power system state estimation оценивание состояния энергосистемы

PSTr phase-shifting transformer фазосдвигающий трансформатор

PSU power supply unit блок питания

PT 1. potential transformer трансформатор напряжения, ТН 2. pressure transducer датчик давления 3. pulse transformer импульсный трансформатор

PTC positive temperature coefficient положительный температурный коэффициент

581

PTM pulse-time modulation время-импульсная модуляция
PTR pressure tube reactor реактор канального типа
p. t. r. v. peak transient reverse voltage максимум импульсного обратного напряжения
PV photovoltaic фотоэлектрический
PVB potentiometric voltmeter bridge потенциометрический мост напряжения
PVC pulse voltage converter преобразователь импульсного напряжения
P&VR pure and vulcanized rubber чистая и вулканизированная резина
PVS photovoltaic system фотоэлектрическая система
PW 1. printed wiring печатный монтаж **2.** pulse width ширина импульса
PWL power level уровень мощности
PWM pulse width modulation широтно-импульсная модуляция, ШИМ
PWR pressurized water reactor реактор с водным замедлителем и теплоносителем под давлением, водо-водяной реактор
pwr power мощность
PZ protection zone зона защиты
PZT piezoelectric transducer пьезоэлектрический преобразователь
QC quality control контроль качества
QD quick disconnect быстрое разъединение
QF 1. qualified facilites зарегистрированные энергетические мощности, не входящие в энергокомпании **2.** quality factor добротность
QP quality of power качество электроэнергии
QS quality of supply качество электроснабжения
QSU quick-starting unit агрегат быстрого пуска
QVI quadrature voltage injection ввод поперечного напряжения
R 1. resistance сопротивление **2.** resistor резистор
RBDV residual breakdown voltage остаточное пробивное напряжение
RBS remote backup system система дальнего резервирования
RC 1. remote control дистанционное управление, телеуправление **2.** reverse current обратный ток **3.** ring counter кольцевой счётчик
RCB rubber-covered, braided с резиновой изоляцией и оплёткой (*о проводе*)
RCC 1. ring closed circuit кольцевая замкнутая цепь **2.** rod cluster control регулирование пучка стержней ТВЭЛов
r. c. c. b. residual current circuit-breaker выключатель остаточных токов
r. c. d. residual current device устройство защиты от токов замыкания на землю
RCDB rubber-covered, double-braided с резиновой изоляцией и двойной оплёткой (*о проводе*)
RCED resource constrained economic dispatch экономическое распределение нагрузки с учётом ограничений по ресурсам
RCI relative curtailment index индекс относительного недоотпуска энергии
RCIC reactor core isolation cooling system система охлаждения изоляции активной зоны реактора
RCOPD residual current-operated protective device устройство защиты от токов замыкания на землю
RCP reactor coolant pump главный циркуляционный насос ядерного реактора, ГЦН
RCR reverse current relay реле обратного тока
RCS reactor coolant system система охлаждения реактора
RCT reverse conducting thyristor тиристор обратной проводимости
RDC 1. regional dispatching center районный диспетчерский центр **2.** rotating disk contactor вращающийся дисковый контактор
rect rectifier выпрямитель
rel rate of energy loss степень потерь энергии
RESFLD residual field остаточное возбуждение
REV CUR reverse current обратный ток
revs per min revolutions per minute число оборотов в минуту
RF reactive factor коэффициент реактивности
RFM reactive factor meter измеритель коэффициента реактивности
RFWAC reversible full-wave alternating current обратимый двухполупериодный переменный ток
RGO regular grain oriented (steel) текстурированная электротехническая сталь
rh relative humidity относительная влажность
rheo rheostat реостат
RHL rectangular hysteresis loop прямоугольная петля гистерезиса

RHWAC reversible half-wave alternating current обратимый однополупериодный переменный ток
RI rubber insulation резиновая изоляция
RLF reactive load factor коэффициент реактивной нагрузки
RM reserve monitor резервный монитор
RMW reactor make-up water вода подпитки реактора
RNN rubber/neoprene/neoprene неопреновый каучук
ROS reliability-of-security надёжность по безопасности (*АЭС*)
ROVD relay-operated voltage divider делитель напряжения с релейным переключением
RP 1. reactive power реактивная мощность 2. real power активная мощность 3. relay protection релейная защита, РЗ
RPFC recurrent peak forward current повторяющийся импульсный прямой ток
RPG random pulse generator генератор случайной последовательности импульсов
RPM reliability performance measure измерение характеристик надёжности
r. p. m. revolutions per minute число оборотов в минуту
RPMI revolutions-per-minute indicator указатель числа оборотов в минуту
RPO rotor power output выходная мощность ротора
RPS reduced flame propagation sheath экран для ограничения распространения пламени
RR 1. repair rate интенсивность восстановления 2. reverse relay реле обратной мощности
r. r. r. v. rate-of-rise of recovery voltage скорость нарастания восстанавливающегося напряжения
RRTF reserve requirements task force рабочая группа по оценке требуемого резерва
RS 1. reactor switch выключатель реактора 2. repair state состояние аварийного ремонта 3. resynchronizing state состояние ресинхронизации 4. rotary switch поворотный выключатель 5. rotary system вращающаяся система
RSU rapid-start unit агрегат быстрого пуска
RT 1. real time реальное время 2. recovery time время восстановления 3. remote tripping телеотключение

RTAC retrofit turbine automatic control модифицированное автоматическое регулирование турбины
RTB reactor trip breaker выключатель аварийной защиты реактора
RTC real time clock 1. часы реального [истинного] времени 2. генератор импульсов истинного времени
RTD 1. relay time delay релейный элемент выдержки времени 2. resistance temperature detector термометр сопротивления
RTS 1. reaction turbine stage ступень реактивной турбины 2. reactor trip system система аварийного отключения реактора
RTU remote terminal unit выносной терминал
RV 1. regulation valve регулирующий вентиль 2. restriking voltage восстанавливающееся напряжение
RVLIS reactor vessel level indication system система индикации уровня теплоносителя в реакторе
RVM reactive voltmeter вольтметр реактивного напряжения
RZ return to zero возврат к нулю
S 1. secondary вторичная обмотка 2. shunt-wound с шунтовой [параллельной] обмоткой 3. siemens сименс, См
s 1. switch выключатель 2. synchronoscope синхроноскоп
SA 1. security analysis анализ эксплуатационной надёжности (*энергосистемы*) 2. stability area область устойчивости
s. a. sectional area площадь поперечного сечения
SAA single-acting autoreclosing однократное АПВ
SAC solid aluminum conductor сплошной одножильный алюминиевый провод
SAF switching after faults переключение после отказов
SAS 1. silicon asymmetrical switch кремниевый симистор с несимметричным управлением 2. state after switching состояние после переключения
SAT silicon asymmetrical trigger кремниевый несимметричный триггер
SAVAR superconductor application for var control использование сверхпроводимости для регулирования реактивной мощности
SB stabilized breakdown устойчивый пробой
s. b. single-braid с одинарной оплёткой
SBR styrene butadiene rubber стирольбутадиеновый каучук

SBS state before switching состояние до переключения

SC 1. single-core cable одножильный кабель **2.** static compensator статический компенсатор **3.** superconductor сверхпроводник **4.** supervisory control дистанционное управление, телеуправление

sc semiconductor полупроводник

s. c. silk-covered с шёлковой изоляцией

SCA 1. short-circuit ampere величина тока КЗ **2.** silicon-controlled assembly силовой тиристорный модуль **3.** solar cell array панель солнечных элементов

SCAl steel-cored aluminum сталеалюминиевый (*о проводе*)

SCB silicon-controlled bridge тиристорный управляемый мост

SCC 1. single-cotton covered с однослойным хлопчатобумажным покрытием (*о проводе*) **2.** subtransient short-circuit capability стойкость к воздействию сверхпереходного тока КЗ **3.** system control center диспетчерский пункт энергосистемы

SCCu steel-cored copper сталемедный (*о проводе*)

SCCuC steel-cored copper conductor медный провод со стальным сечением

SCD security constrained dispatch распределение нагрузки с учётом ограничений

SCDR symmetrical component distance relay дистанционное реле с использованием симметричных составляющих

SCG superconducting generator криогенератор; генератор со сверхпроводящими обмотками

SCHWR steam-cooled heavy water reactor тяжеловодный реактор с паровым теплоносителем

SCI short-circuit короткое замыкание, КЗ

SCOF self-contained, oil-filled с замкнутой масляной системой (*о кабеле*)

SCR 1. short-circuit rotor короткозамкнутый ротор **2.** silicon-controlled rectifier кремниевый управляемый тиристор **3.** single-cage rotor ротор с одной беличьей клеткой **4.** squirrel-cage rotor ротор с беличьей клеткой

s. c. r. 1. short-circuit ratio отношение короткого замыкания, ОКЗ **2.** silicon-controlled rectifier кремниевый управляемый тиристор

SCT 1. short-circuit **1.** короткое замыкание, КЗ **2.** замыкание накоротко **2.** superconducting transformer сверхпроводящий трансформатор, криотрансформатор

SCTG superconducting turbine generator сверхпроводящий турбогенератор

SCU 1. substation communication unit подстанционное устройство связи **2.** substation control unit устройство управления подстанцией

s. c. w. standard copper wire стандартный медный провод

SDC self-damping conductor самодемпфирующийся провод

SDCS substation digital control system цифровая система управления подстанцией

SDS secondary distribution substation вторичная распределительная подстанция

SDT step-down transformer понижающий трансформатор

SE secondary electrons вторичные электроны

sec 1. second секунда, с **2.** secondary вторичная обмотка

SEIC solar energy information center информационный центр по использованию солнечной энергии

SES solar electrical (photovoltaic) system гелиофотоэлектрическая система

SF 1. safety fuse плавкий предохранитель **2.** single-frequency одночастотный

SFC 1. service full capability полностью работоспособное состояние **2.** static frequency changer статический преобразователь частоты

SFR standstill frequency response частотная характеристика в установившемся режиме

SG synchronous generator синхронный генератор, СГ

SGHWR steam generating heavy water reactor тяжеловодный парогенерирующий реактор

SH 1. subharmonic субгармоника **2.** superheater пароперегреватель

SHAC solar heating and cooling нагрев и охлаждение с использованием солнечной энергии

SHCRT short-circuit короткое замыкание, КЗ

SHD second harmonic distortion искажение на второй гармонике

S-HEMP system — hydraulic, electrical, mechanical, pneumatic гидроэлектрическая механикопневматическая система

SHFA single-conductor, heat- and flame-resistant, armored одножильный, тепло- и огнестойкий, бронированный (*о кабеле*)

SHM simple harmonic motion простое гармоническое движение

SHV superhigh voltage сверхвысокое напряжение

SI switching impulse коммутирующий импульс

SIC simultaneous interchange capability удельная диэлектрическая постоянная

sig signal сигнал

SIL surge impedance loading натуральная мощность

SIM substation integration module ячейка КРУ

SL 1. separately leaded с раздельно освинцованными жилами (*о кабеле*) **2.** stability limit предел устойчивости

SLB steam-line break разрыв паропровода

SLC subloop controllers контроллеры подсистемы

s. l. c. single lead covered с однослойной свинцовой оболочкой (*о кабеле*)

SLF short line fault КЗ на линии

SLG single-line-to-ground short-circuit однофазное КЗ на землю

SLM substation load management подстанционная аппаратура управления электропотреблением

SLS separately lead sheathed с отдельно освинцованными жилами (*о кабеле*)

SM 1. stability margin запас устойчивости **2.** synchronous machine синхронная машина

SMES superconducting magnetic energy storage сверхпроводниковый магнитный накопитель (*энергии*)

SMR solid moderated reactor реактор с твёрдым замедлителем

SMSC synchronous machine stability constants параметры, определяющие устойчивость синхронной машины

SN 1. semiconductor network полупроводниковая схема **2.** solid-state network твердотельная схема

SNE separate neutral and earth система с незаземлённой [изолированной] нейтралью

SO 1. scheduled outage плановый простой **2.** self-oscillation самораскачивание

SOAV solenoid-operated air valve воздушный вентиль с соленоидным управлением

SOC system operation center диспетчерский пункт энергосистемы

SP 1. source point узел питания **2.** spinning reserve вращающийся резерв

SPC split-phase current ток расщеплённой фазы

s. p. c. single-paper covered с однослойной бумажной изоляцией (*о кабеле*)

s. p. c. b. single-pole circuit-breaker однополюсный выключатель

SPDT single-pole double-throw однополюсный переключатель

SPECS special events control system система контроля аварийных событий

sp ht specific heat удельная теплоёмкость

SPIN stored-power inductor магнитный накопитель запасённой энергии

SPL sound pressure level уровень звукового давления

SPO service partial outage частично неработоспособное состояние

SPR silicon power rectifier силовой кремниевый выпрямитель

SPS 1. single phase switching однофазное переключение **2.** solar power station солнечная электростанция **3.** supplementary power supply дополнительное электропитание

SPSS supplementary power supply set установка дополнительного электропитания

SPSTNC single-pole, single-throw, normally-closed однополюсный, нормально-замкнутый, на одно направление (*о контакте*)

SPSTNO single-pole, single-throw, normally-open однополюсный, нормально-разомкнутый, на одно направление (*о контакте*)

SPSW single-pole switching однополюсное переключение

sp vol specific volume удельный объём

SR 1. saturable reactor насыщающийся реактор **2.** series reactor последовательный реактор **3.** service restoration восстановление энергоснабжения **4.** silicon rubber силиконовая резина **5.** spinning reserve вращающийся резерв **6.** static reserve холодный резерв

SRBP synthetic resin-bonded paper синтетическая бумага, проклеенная смолой

SRE series relay последовательное реле

SRF self-resonant frequency собственная частота колебаний

SRP 1. shunt reactor protection защита шунтирующего реактора **2.** system restoration plan инструкция по восстановлению нормального режима работы энергосистемы

SRR slow rate of rise малая скорость нарастания

SRVC static-residual voltage characteristics характеристики остаточного статического напряжения

SS 1. steam station тепловая электростанция 2. substation подстанция, ПС 3. superheated steam перегретый пар 4. supply system система электроснабжения 5. switching state режим оперативных переключений 6. switching surge коммутационное перенапряжение

S-S steady state установившийся режим; установившееся состояние

SSA steady-state availability коэффициент готовности в установившемся режиме

SSC 1. single silk covered с однослойной шёлковой изоляцией (*о проводе*) 2. solid state control управление с использованием полупроводниковых приборов 3. steady-state conditions установившийся режим

SSCC subtransient short-circuit capability стойкость генератора к воздействию сверхпереходного тока КЗ

SSCS solid state control system система управления с использованием полупроводниковых приборов

SSDC supplementary subsynchronous damping control дополнительное управление для демпфирования подсинхронного резонанса

SSFR standstill frequency response model модель по частотной характеристике установившегося режима

SSG standard signal generator генератор стандартных сигналов, ГСС

SSO subsynchronous oscillation подсинхронные колебания

SSPP solar-sea power plant гелиоморская электростанция

SSPS satellite solar power station спутниковая солнечная электростанция

SSR 1. standby supply relay реле резервного питания 2. subsynchronous resonance подсинхронный резонанс

SSS steady-state stability статическая устойчивость

SSSL steady-state stability limit предел статической устойчивости

SSWL switching surge withstand level выдерживаемый уровень импульсного коммутационного перенапряжения

STA steel tape armor стальная ленточная броня

STAG steam and gas turbine combined cycle комбинированный парогазовый цикл турбины

STE 1. short-term emergency кратковременный аварийный режим 2. solar-thermal electric гелиотермоэлектрический

sub substation подстанция

SUSS supervisory unit startup/shutdown телемеханический пуск/остановка агрегатов

SUT step-up transformer повышающий трансформатор

SV synchronous voltage синхронное напряжение

s. v. specific volume удельный объём

SVC 1. static reactive(-power) compensator статический компенсатор реактивной мощности 2. supervisory voltage control телерегулирование напряжения

SVG static var generator статический генератор реактивной мощности

SVL sheath voltage limiter ограничитель напряжения на корпусе

SVS 1. static var source статический источник реактивной мощности 2. static var system статическая система (компенсации) реактивной мощности

sw switch выключатель; переключатель

SWA single wire armor однослойная проволочная броня

SWC 1. surge withstand capability способность выдерживать (импульсные) перенапряжения 2. surge withstand capacitor конденсатор защиты от перенапряжений

sw & d switchboard 1. распределительный щит 2. коммутационная панель

SWER single wire earth return однопроводная система с возвратом тока через землю

SWG standard wire gage стандартный сортамент проводов

T 1. transformer трансформатор 2. turn виток

TAC turbine automatic control автоматическая система регулирования турбины

TB terminal board щиток с зажимами

TC 1. temperature coefficient температурный коэффициент 2. temperature compensation температурная компенсация, термокомпенсация 3. temperature controller регулятор температуры 4. test chamber испытательная камера 5. test conductor испытуемый провод 6. thermocouple термопара 7. thermocurrent термоэлектрический ток 8. tinned copper лужёная медь 9. transient conditions неустановившийся [переходный] режим 10. trip coil отключающая катушка, катушка отключения

TCBV temperature coefficient of breakdown voltage температурный коэффициент пробивного напряжения

TCC 1. temperature coefficient of capacity температурный коэффициент ёмкости, ТКЕ 2. time current characteristic 1. характеристика зависимости тока от времени 2. ампер-секундная характеристика 3. время-токовая характеристика защиты максимального тока

t. c. c. triple concentric cable трёхжильный концентрический кабель

TCGD torsion controlling type galloping damper демпфер крутильного типа для гашения пляски проводов

TCR 1. temperature coefficient of resistance температурный коэффициент сопротивления, ТКС 2. thyristor controlled reactor реактор с тиристорным регулированием 3. thyristor controlled rectifier выпрямитель с тиристорным управлением

TCSR thyristor controlled saturated reactor насыщающийся реактор с тиристорным управлением

TCT thyristor controlled transformer трансформатор с тиристорным регулированием напряжения

TD 1. time delay временная задержка 2. transducer датчик

TDS time dial setting установка времени на круговой шкале

TE telemetering equipment оборудование телемеханики

T. E. turbine end турбинный конец (*генератора*)

tempco temperature coefficient температурный коэффициент, ТК

TENVM totally enclosed nonventilated motor электродвигатель без вентиляции герметичного исполнения

TEPG thermionic electrical power generator термоионный электрический генератор

TES tidal electrical station приливная электростанция

TESS thermal energy storage system теплоаккумулирующая система

TF test facilities испытательное оборудование

TFP transformer fault protection защита трансформатора от КЗ

TFT time-to-frequency transformation преобразование «время — частота»

TFTC thin film thermocouple тонкоплёночная термопара

T/G turbine-generator турбогенератор, ТГ

T-GMS turbine-generator mechanical system механическая система турбогенератора

TGPR transient ground potential rise повышение потенциала земли в переходном процессе

THC thermal converter термопреобразователь

THD total harmonic distortion (полный) коэффициент гармоник

THYMOTOR thyristor motor control тиристорное управление электродвигателем

TIF transient interference factor показатель помех в переходном процессе

TIM time-interval meter измеритель интервалов времени

TLC transient load characteristic 1. динамическая характеристика нагрузки 2. зависимость потребляемой мощности от напряжения или частоты в переходном режиме

TLM 1. transformer load management распределение нагрузки по трансформаторам 2. transformer load monitoring контроль нагрузки трансформатора 3. transmission line model модель линии передачи

TM temperature monitor устройство контроля [датчик] температуры

TMS transformer monitoring system система контроля состояния силовых трансформаторов

TNA transient network analyzer анализатор переходных процессов в сети

TO 1. total outage полный простой 2. transistor outline корпус транзистора с тремя выводами

TOST turbine oxidation stability test испытание турбины на стойкость к окислению

TOV temporary overvoltage квазистационарное перенапряжение

TOVT transient overvoltage test испытание для определения перенапряжений в переходном процессе

TP 1. timing pulses синхронизирующие импульсы 2. tin plate лужёная пластина

TPA three-phase autoreclosing трёхфазное АПВ

TPF transient power flow переток мощности в переходном режиме

TPGF three-phase-to-ground fault трёхфазное КЗ на землю

TPP thermal power plant тепловая электростанция, ТЭС

TPR thermoplastic rubber термопластичная резина

TPS thyristor power supply питание с тиристорным регулированием

587

TPST triple-pole single-throw трёхполюсный выключатель с одним переключением

tp sw three-pole switch трёхполюсный выключатель

TPVR transient peak voltage reverse реверс пика напряжения в переходном процессе

TR 1. temperature recorder устройство регистрации температуры **2.** transformation ratio коэффициент трансформации

T/R transformer-rectifier выпрямитель-преобразователь

tr transistor транзистор

trans transformer 1. трансформатор 2. преобразователь

TRAP transmission reliability analysis program программа анализа надёжности передачи

TRIAC bidirectional thyristor симистор

TRM thermal remanent magnetization тепловое остаточное намагничивание

TRS tough rubber sheath прочная резиновая оболочка

TRV transient recovery voltage восстанавливающееся напряжение

TS 1. transformer substation трансформаторная подстанция **2.** transient stability динамическая устойчивость

TSC 1. thermally stimulated current ток теплового возбуждения **2.** thyristor switched capacitors конденсаторная батарея с тиристорным управлением

TSI transient stability index показатель динамической устойчивости

TSL transient stability limit предел динамической устойчивости

TSS transmission system simulator модель линии передачи

TSTL transient stability transmission limit предел динамической устойчивости (электро)передачи

TTR thermal test reactor реактор для тепловых испытаний

TVM tachometer voltmeter тахометрический вольтметр

t. w. twin wire двойной провод

TWES tornado wind energy system энергосистема, использующая ветровую энергию торнадо

UC unit commitment 1. назначение работающих агрегатов 2. составление графика нагрузки агрегатов 3. планирование пуска и останова агрегатов

UD underground distribution подземная распределительная сеть

UDC unidirectional current ток одного направления, однонаправленный ток

UH unavailable hours число часов неготовности

UHF ultra-high frequency ультравысокая частота, УВЧ

UHS ultra-high-speed сверхбыстродействующий

UHSR ultra-high-speed relay сверхбыстродействующее реле

UHTR ultra-high temperature reactor высокотемпературный реактор

UHV ultra-high voltage ультравысокое напряжение

UN urban network городская сеть

UNAEC United Nations Atomic Energy Commission Комиссия Организации Объединённых Наций по атомной энергии

UNPS universal power supply универсальный источник питания

UO unplanned outage внеплановый простой

UPG United Power Grid Единая энергосистема, ЕЭС

UPS uninterruptible power supply источник непрерывного энергоснабжения

URD underground residential distribution подземная бытовая распределительная сеть

US unavailable state неработоспособное состояние

USAEC United States Atomic Energy Commission Комиссия по атомной энергии США

USW ultrasonic welding ультразвуковая сварка

UTS ultimate tensile stress разрывное растягивающее усилие

UUT unit under test испытуемый объект

V volt вольт, В

VA 1. volt-ampere вольтампер, В·А **2.** voltamperemeter вольтамперметр

VAC volt alternating current напряжение переменного тока

VAR volt-ampere reactive вар

var 1. variable переменная **2.** varistor варистор

VARF var flow переток реактивной мощности

VAWT vertical axis wind turbine ветряная турбина с вертикальной осью

VBO voltage breakover включение тиристора при подаче напряжения

VC voltage control регулирование напряжения

VCA voltage controlled amplifier усилитель, управляемый напряжением

VCB vacuum circuit-breaker вакуумный выключатель

VCO voltage-controlled oscillator генератор, управляемый напряжением

VCVS voltage-controlled voltage source источник напряжения, управляемый напряжением
VDC voltage direct current напряжение постоянного тока
VDCL voltage dependent current limit предел тока, зависящий от напряжения
VDI variable duration impulse импульс переменной длительности
VF 1. variable frequency переменная частота **2.** vector field векторное поле
VFC voltage-frequency connector преобразователь «напряжение—частота»
VFD variable-frequency (electric) drive частотнорегулируемый (электро)-привод
VFO variable frequency oscillator генератор переменной частоты
VGA variable gain amplifier усилитель с переменным [регулируемым] усилением
VHD voltage harmonic distortion гармоническое искажение напряжения
VIU vacuum interrupting unit вакуумный выключатель
VM voltmeter вольтметр
VPC voltage-to-pulse converter преобразователь напряжения в импульсы
VPD variable power divider регулируемый делитель мощности
VR 1. variable resistor переменный резистор **2.** voltage regulator регулятор напряжения **3.** voltage relay реле напряжения
VRPS voltage-regulated power supply источник питания с регулируемым напряжением
VRT voltage regulator tube вакуумный стабилитрон
VS vacuum switch вакуумный выключатель
VSAU voltage setting adjustment unit блок настройки уставки по напряжению
VSD variable speed drive привод с регулируемой частотой вращения
VSWR voltage standing wave ratio коэффициент стоячей волны напряжения, КСВн
VT 1. voltage transformer трансформатор напряжения, ТН **2.** vacuum tube электронная лампа, электровакуумный прибор
v. t. voltage transformer трансформатор напряжения, ТН

VTB voltage time-to-breakdown предразрядное время
VTC variable torque converter преобразователь переменного момента
VT(V)M vacuum tube voltmeter ламповый вольтметр
VVD VAR/voltage dispatch оперативное управление реактивной нагрузкой и напряжением
W 1. watt ватт, Вт **2.** wattage потребляемая мощность
WBCT wide-band current transformer трансформатор тока с широким диапазоном измерений
wdg winding обмотка
WECS wind-electric conversion system система преобразования энергии ветра в электрическую
WG 1. waveguide волновод **2.** wire gage сортамент проводов
w. p. c. p. watts per candle power ватт на свечу
WSS water steam separator пароводяной сепаратор
WSVL warning signal voltage level уровень напряжения предупредительного сигнала
WTG wind turbine generator ветротурбогенератор
WV 1. wave волна **2.** working voltage рабочее напряжение
WVL wavelength длина волны
X reactance реактивное сопротивление
xder transducer преобразователь
xfmr transformer 1. трансформатор 2. преобразователь
xform transformation трансформация; преобразование
xmfr transformer трансформатор
xsistor transistor транзистор
xtall crystal кристалл (кварца)
xtlo crystal oscillator кварцевый генератор
Y полная проводимость
YCDPL yearly curve of daily peak load годовой график суточных максимумов нагрузок
YLDC yearly load duration curve годовой график нагрузки по продолжительности
Z полное сопротивление
ZLD zero level detector детектор нулевого уровня
ZOE zero energy нулевая энергия
ZPS zero phase sequence нулевая последовательность фаз
ZVS zero-voltage switching отключение при нуле напряжения

УКАЗАТЕЛЬ РУССКИХ ТЕРМИНОВ

абсорбция 9л
аванкамера 67п
авария, системная 240п
автоблокировка, непрерывная 478п
автомат 139л
автомат безопасности 223п
автомат гашения поля 140п
автомат защиты сети с кнопочным возвратом 213л
автомат, конечный 295л
автосинхронизация 427л
агрегат, базисный 525л
агрегат горячего резерва 526п
агрегат, двигатель-генераторный 431п
агрегат, двухвальный 485п
агрегат, зарядный 73л
агрегат, парогазовый 431л
агрегат, пиковый 527л, 528л
агрегат с противодавлением 431л
аккумулятор, свинцовый 11л, 65п
амперметр для измерения пика тока в неустановившемся режиме 16п
амплитуда 18п
амплитуда затухающих колебаний 18п
амплитуда колебаний 18п, 19л
амплитуда свободных колебаний 18п
анализ, гармонический 19л, 19п, 493п
анализ последствий аварийных нарушений режима 19л
анод 64л
АПВ, неуспешное 390л
АПВ, следящее 430п
АПВ, успешное 390л
апериодический 22п
аппарат в металлическом кожухе 22п
аппарат внутренней установки 22п
аппарат в открытом исполнении 22п
аппарат, коммутационный 151п
аппарат, контактно-щёточный 46п
аппарат, маслонаполненный 22п
аппарат, открытый 22п
аппаратура управления 184л
арматура, кабельная 10л, 201п
арматура, линейная осветительная 201п
арматура ЛЭП 10л
арматура, электроустановочная 10л
асбест, волокнистый 27л
АЦП 121л
АЧХ 70л

бак трансформатора, расширительный 487л
баланс мощностей 30п
балка фермы 217л
бандаж 31л, 31п, 36п
бандаж якоря 31л
барабан, кабельный 165п
барабан контроллера, контактный 140п
батарея для питания цепей и устройств управления 33л
батарея никель-железных аккумуляторов 33п
батарея, резервная 34л
батарея, свинцовая аккумуляторная 33п
башмак, полюсный 435л
башня 506л
безотказный 195п
без потерь 293п
безынерционный 245л
бесперебойность энергоснабжения 114п
бесщёточный 46п
биения 35л
БИС 78п
блок постоянного запаздывания 525л
блок, щёточный 37л
блокировка 149п, 150л, 257п, 290п, 291л, 481п
блокировка выключателя, электрическая 288п
блокировка при качаниях 37п
блокировка, релейная 37л
блок-контакт 111л
блок-станция 351п
блок-схема потока данных 204л
бойлер 230п
броня кабеля 25л
броня, ленточная 25п
бросок тока 133п, 136л, 248п, 421
бросок тока намагничивания 134
бумага, асбестовая 341л
бумага, диаграммная 341л, 341п
бумага, кабельная 341л
бумага, миканитовая 341л
бухта кабеля 227п

вал 432п
вал, гибкий 432п
вал, полый 432п
варистор 531п

ВАХ 69п, 70л, 72л, 152п
ввод 182п, 245п
ввод, высоковольтный 48п
ввод данных 246л
ввод, кабельный 182п
ввод, конденсаторный 491л
ввод резерва автоматический 194л, 509п
ввод, токовый 246л
ввод, цифровой 246л
вектор, базисный 532л
величина 529л
величина, базисная 529л
величина, случайная 530л
вентиль, управляемый 530п
вентилятор 37п, 196л
вентиляция, вытяжная 533л
вентиляция, искусственная 533л
вентиляция, принудительная 533л
ветвь 42п
ветвь схемы 24п
взрывоопасный 188л
вибратор 533п
вибрация в контактах 533л
вибрация, механическая 533л
вибрация реле якоря 232л
вибродатчик 147л
виброзонд 367п
вибропреобразователь 75л, 533п
вилка, кабельная 355л
вилка, штепсельная 355п
винт, регулировочный 424п
винт, установочный 424п
винт, юстировочный 424п
включение 523п
включение в холодном состоянии 449п
ВЛ с молниезащитным тросом 282л
влагонепроницаемый 315л
вода, конденсационная 543п
вода, циркуляционная 543п
возбудитель 187п
возбуждение 187л
возбуждение, полное 198л
воздействие, астатическое 12л
воздействие, релейное 12п
воздухонепроницаемый 15л
воздухоохладитель 124л
воздухоподогреватель 229п
волна 544п
волна, затухающая 544п
волна, отражённая 544п
волна перенапряжений 544п
волна, поперечная 544п
волновод без потерь 545л
волны, затухающие 544п
вольтметр, компенсационный 543
вольтметр, многопредельный 542п
вольтметр, пиковый 542я
вольтметр, цифровой 542п
вольтметр, щитовой 542п, 543л
восприимчивость, магнитная 465п

восстановление напряжения 391л
восстановление энергоснабжения 413п
время бестоковой нагрузки 501л
время возврата 502л, 503л
время выбега 503п
время действия разъединителя 502л
время дребезга 501л
время жизни носителей 277п
время задержки 346л
время использования установленной мощности электростанции 501п
время отключения 44п, 501л, 502п, 503п
время отключения КЗ 503п
время переключения 503п
время полного срабатывания 501п
время простоя 501п, 502л
время пуска 503п
время размыкания 501п
время реакции 500п
время, реальное 503л
время регулирования 501л
время резервирования 500п
время срабатывания 500п, 502л
время срабатывания реле 502л
всплеск 47п
вспышка молнии 202л
вставка, плавкая 216л, 283п, 458л
вставка постоянного тока 283п
встроенный 240л
втулка, медная 440л
вход, дифференциальный 246п
вход, заземлённый 246л
вход, инвертирующий 246л, 491л
вход, незаземлённый 246л
вход, неинвертирующий 491л
вход, несимметричный 245п
вход, симметричный 245п, 246п
вход синфазных сигналов 246л
вход синхронизации 248л
вывод, гибкий 272л
вывод, жёсткий 272л
вывод корпуса 272л
вывод нейтрали 491п
вывод под зажим 360п
вывод под накрутку 360п
выводы обмотки 272л
выгорать 47п
выдержка времени, зависимая 263п
выключатель 43п, 83л
выключатель, автоматический 139л
выключатель, баковый масляный 473л
выключатель, бесконтактный 472л
выключатель, вакуумный 474л, 528л
выключатель, воздушный 83л, 466п
выключатель, вспомогательный 467п
выключатель, галетный 474л
выключатель, групповой 467п
выключатель, концевой 471л, 473п
выключатель, линейный 44л
выключатель, маломасляный 84л, 84п

выключатель, малообъёмный масляный 84л, 84п, 466п
выключатель, масляный 44л, 84л
выключатель нагрузки 258л, 261л
выключатель, обходной 83л, 467п
выключатель, пусковой 470п
выключатель с выдержкой времени 468л
выключатель, секционный 472л
выключатель, силовой 114л
выключатель с самовозвратом 467л
выключатель, тиристорный 499п
выключатель, тормозной 471п
выключатель, шиносоединительный 83п, 128п, 467п
выключатель, щелчковый 473л
выключать 43л
выключение 436л, 523п
выпрямитель, тиратронный 392п
выпрямитель, тиристорный 392л
выпрямление, однополупериодное 391п
выработка, гарантированная 554п
выработка электроэнергии, суммарная 221л
высоковольтный 232п
высокоомный 232п
высокочастотный 232п
выход, симметричный 337л
выход, согласованный 337л

газовыделение 218п
газонепроницаемый 218п
газоохладитель 124л
гальванометр 216п
гальванопокрытие 175л, 176п
гальваноразвязка 258п
гальваноскоп 217л
гармоника, основная 96п
гармоники, зубцовые 264п, 418л
гаситель вибраций 141л
гашение дуги 188п, 376л
гашение поля 262л
генератор, ветроэлектрический 223л
генератор импульсов 240л
генератор, ламповый 222п
генератор с водяным охлаждением 222п
генератор, синхронный 222л
генератор тактовых импульсов 86п
герметизация 180л
герметик 425л
герметичный 273л
гетинакс 219п, 312л, 345п
гидроагрегат, обратимый 527л
гидроагрегат, одновальный 528л
гидроизоляция 368п
гидротурбина, осевая 522л
гидротурбина, поворотно-лопастная 522л
гидротурбина, радиально-осевая 522л
гидроузел 234п
гидроэлектростанция 352п
гидроэнергоресурсы 361п, 362л, 364л
гильза, изолирующая 32п

гирлянда, двухцепная натяжная 431л
гирлянда, двухцепная поддерживающая 431л
гирлянда изоляторов 457п
гирлянда изоляторов, линейная 458л
гирлянда изоляторов, натяжная 457п
гирлянда, одиночная натяжная 431п
гистерезис 234п
гнездо 259л
гнездо, однополюсное 259п
гнездо, разъединительное 259л
гнездо с размыкающимися контактами 259л
ГОС 196л
график нагрузки 152п, 343п
график нагрузки, суточный 343л
группа, контактная 431п, 448л
группа переключающих контактов 162п
группа соединений обмоток трансформатора 226л
ГЭС 352л

давление в контактах 366п
давление масла в уплотнении 366п
давление электрода 366п
данные, эксплуатационные 141п
датчик 428л, 507п, 527л
датчик активной мощности 509л
датчик, бесконтактный 507п
датчик, встроенный 147л
датчик давления 428л
датчик, ёмкостный 509л
датчик, индуктивный 428л
датчик, индукционный 509л
датчик мощности 428л
датчик положения 428л
датчик рассогласования 428л
датчик, резистивный 428л, 509л
двигатель, асинхронный 321л
двигатель, брызгозащищённый 321п
двигатель, вентильный 317п, 322л
двигатель, взрывозащищённый 321п
двигатель, водозащищённый 322п
двигатель, встроенный 320л, 321п
двигатель двойного питания 318п
двигатель, компаундированный 321л
двигатель МИСВ 321п
двигатель, моментный 322л
двигатель, неявнополюсный 320п
двигатель параллельного возбуждения 321л
двигатель последовательного возбуждения 321л
двигатель, пылезащищённый 321л
двигатель с барабанной обмоткой 321л
двигатель с вытеснением тока в роторе, асинхронный 320п
двигатель с глубоким пазом ротора 320п
двигатель с двойной клеткой ротора 320п
двигатель с добавочными полюсами 321п
двигатель с замкнутой системой воздушного охлаждения 318л

двигатель с короткозамкнутым ротором, асинхронный 320л
двигатель, синхронный 323п
двигатель с массивным ротором, асинхронный 324л
двигатель с печатной обмоткой 322п
двигатель с постоянным магнитом, синхронный 322п
двигатель с принудительным воздушным охлаждением 321п
двигатель, унифицированный 321п
двигатель, шаговый 320п
двигатель-генератор 223л, 322п
движение по синусоиде 317л
деблокировка 524п, 528п
декомпозиция 142л
декремент затухания 142л
деление напряжения 161п
деление шкалы 224л
делитель напряжения 161п
делитель напряжения, ёмкостный 148п
делитель частоты 161л
демпфер, масляный 141л
детектор, пиковый 147л
детектор, фазовый 157п
дешифратор 142л
джут 261п
диапазон, динамический 378п
диапазон, номинальный 378п
диапазон, рабочий 378п
диапазон регулирования 31л
диапазон частот 31л
диод, кремниевый 155л
диполь, магнитный 155л
диполь, элементарный 155л
диск 158л
дисковод 163п
дискриминатор, амплитудный 157п
дискриминатор, фазовый 157л
дискриминатор, частотный 157п
диспетчер 184п
дисплей 159л
дисплей, графический 159л
дисплей, псевдографический 159л
диэлектрик, жидкий 153п
диэлектрик, твёрдый 154л
диэлектрик, тонкоплёночный 154л
диэлектрик, фольгированный 302л
длина витка обмотки, средняя 273п
длина волны 273л
длина магнитной силовой линии 273л
длина, строительная 273п
длительность импульса 273п
длительность развёртки 166п
добротность 198п
добротность катушки 197л
доза, биологически эквивалентная отдельная 162л
дозиметр, карманный 162л
доступ с передней стороны 10л

дребезг контактов 40л, 73п
дрейф нуля 163л, 163п
дуга, полюсная 23п
дуга размыканий 23л
дуга, сварочная 23п

ёмкость взаимная 61п
ёмкость линии, зарядная 61п
ёмкость паразитная 56п, 57л
ёмкость постоянная 61л
ёмкость распределённая 56л
ёмкость сосредоточенная 56п
ёмкость электрическая 56л, 60п

жгут проводов 228л
жила 456л
жила кабеля 125п
жила, сплошная 456л

загрязнение изоляторов 114л
загрязнение изоляции 359п
задвижка, запорная паровая 455п
заделка кабеля 424л, 425л
заделка кабеля, концевая 491п
задержка на отпадание 143л
задержка на срабатывание 143л
зажигание 235л
зажигание дуги, обратное 23п
зажим 85л, 86л
зажим, анкерный 167л
зажим заземления 226л
зажим, натяжной 167л
зажим электрододержателя 261п
зажимать 85л
заземление, временное 225л
заземление, жёсткое 225л
заземление, защитное 225л
заземление нейтрали 225л
заземление, ремонтное 225л
заземление средней точки фазы 225л
заземлитель 173л
зазор 217л
зазор, воздушный 86л, 217л
зазор между контактами реле 428п
закон Кулона 270л
закон Ома для магнитной цепи 270л
закон регулирования, астатический 314л
закон регулирования, интегральный 314л
закон Фарадея 270л
закон, экспоненциальный 270л
зал электростанции, машинный 227л
заливка компаундом 361л
залипание контактов реле 209п
замыкание, короткое 81п, 194п
замыкание, междувитковое 197п
замыкатель 113п
запаздывание, постоянное 143л
запаздывание, транспортное 266л
запас устойчивости 301п, 447л
запас устойчивости по амплитуде 301п

запас устойчивости по фазе 301п
запуск электродвигателя из холодного состояния 449п
заряд, поверхностный 73л
зарядка 72л
затухание 28л
зачистка провода 439л
защёлка 269п
защита блока линия — трансформатор 371п
защита, газовая 370л
защита, дистанционная 369п
защита, дифференциально-фазная 370п
защита, максимальная токовая 370п
защита, минимальная 370л
защита от замыканий на землю 370л
защита от ошибок 369л
защита от перенапряжений 228
защита от потери возбуждения 369п
защита плавкими вставками 214л
защита, противокоронная 434л
защита, процентно-дифференциальная 370п
защита, резервная 369л
защита, релейная 187л
защита, селективная 371л
защита, токовая направленная 369л
защита электродвигателя от работы 370л
звезда — треугольник 449л
звено, промежуточное 283п
здание электростанции 365п
значение, действующее 529л, 530л
значение за полупериод, среднее 529л
значение, мгновенное 529л
значение обратного напряжения цепи, амплитудное 534п
значение, собственное 172п
значение, среднее 529п
золотник, вспомогательный 530п
золоудаление 227п
зольность 114л
зона, активная 394п
зона диспетчерского управления 24л
зона защиты 555л
зона, защищаемая 385п
зона коммутации 555л
зона, мёртвая 446л
зона нечувствительности 31л
зона отключения 555л
зона, пазовая 24п
зона регулирования частоты и мощности 24л
зона, энергетическая 31л
зонд, токовый 367л
ЗУ на магнитных сердечниках 455п
ЗУ, релейное 455п
зубец якоря 505л

игнитрон 235п
излучение, ультрафиолетовое 277п
измерение, косвенное 304п
измерение, непосредственное 304п
измерение, прямое 304п

измерение температуры методом сопротивления 311л
измерение электроэнергии для расчёта оплаты 311п
измерение электроэнергии, коммерческое 311п
измерения, относительные 305л
измеритель диэлектрических потерь 309л
измеритель изоляции 497л
износ 489л
износ контакта 545п
изолятор, анкерный 252п
изолятор в гирлянде 252п
изолятор, горшковый 253п
изолятор, дисковый 253л
изолятор, литой 253л
изолятор, натяжной 252п
изолятор, опорно-стержневой армированный 252п
изолятор, опорный 252п, 253п, 254л
изолятор, стержневой 253п
изолятор с шаровой заделкой 252п
изолятор, тарельчатый 255л
изоляция 252л
изоляция, асбестовая 252л
изоляция, бумажномасляная 253п
изоляция, воздушная 252л
изоляция, волокнистая 252п
изоляция, вощёная хлопчатобумажная 252л
изоляция из стекловолокна 252п
изоляция, лакированная 252л
изоляция, лакотканевая 252л
изоляция лакотканью 252л
изоляция, литая 250п
изоляция, маслобумажная 253п
изоляция, масляная 251п
изоляция, неорганическая 253л
изоляция, подбандажная 250л
изоляция, полимерная 251п
изоляция, полиэтиленовая 251п
изоляция, полученная по вакуумно-нагнетательной технологии 252п
изоляция, пропитанная 251л
изоляция, резиновая 252л
изоляция с вязкой пропиткой 251п
изоляция, слоистая 251л
изоляция, слюдобумажная 251п
изоляция, слюдяная 251п
изоляция, стеклянная 251п
изоляция стержня 250л
изоляция, твёрдая листовая 252л
изоляция, термопластичная 252л
изоляция, термореактивная 252л
изоляция, фибровая 250п
изоляция, хлопчатобумажная 250п
изоляция, шёлковая 252л
изоляция, эмалевая 250п
ИКМ 315п
импульс, входной 373л
импульс, выходной 373п

импульс, грозовой 373л
импульс, деблокирующий 374л
импульс, калибровочный 372п
импульс, контрольный 372п
импульс отметки 373п
импульс, пусковой 374л
импульс сдвига 373п
импульс, селекторный 373л
инвертор, ртутный 257п
индикатор 159л
индикатор, выносной 242л
индикатор замыкания на землю 243п
индикатор срабатывания 242л
индикатор тлеющего разряда 243п
индикация повреждений 241л
индуктивность намагничивания 245л
индуктивность, переменная 242п
индуктивность рассеяния 245л
индуктивность, регулируемая 242п
индуктивность торцевых токов 245л
индуктор 244л
индукция в воздушном зазоре 245п
индукция в воздушном зазоре, магнитная 144п
индукция, магнитная 145л
индукция, остаточная магнитная 145п, 415п
интенсивность отказов 380л
интенсивность отказов, суммарная 380л
ИС, бескорпусная 235л
ИС, большая 235л
ИС, однокристальная 235л
искажение высшими гармониками 160л
искра 443п
искрогаситель 444л
исправление одиночной ошибки 126п
испытание высоким напряжением 494л
испытание коммутационного оборудования 496п
испытание методом взаимной нагрузки 492п, 497л
испытание на термическую стойкость 496л
испытание на электрическую прочность 496п
испытание по определению отключающей способности 494л
испытания, климатические 493п
испытания на вибропрочность 496п
испытания на модели 493п
испытания на объекте 493п
испытания, полевые 517п
испытания, промышленные 492п
испытания, стендовые 492п
испытания, типовые 496п
источник 441п
источник, аварийный 442л
источник напряжения 443л
источник напряжнения, стабилизированный 462п
источник опорного напряжения 442п
источник, резервный 442л

источник света 442л
источник света с нитью накала 442л
источник тока, химический 65л, 65п
источник электропитания 442п

кабелеукладчик 227л
кабель, вводный 50п, 51п
кабель, внутренний 51л
кабель в свинцовой оболочке 51п
кабель, гибкий силовой 51л
кабель для внутренней прокладки 51л
кабель для наружной прокладки 52л
кабель, ленточный 50л, 52п
кабель, магистральный 52л, 53п
кабель, многожильный 50л, 52л, 52п
кабель, монтажный 51л
кабель, наружный 52п
кабель, осветительный 51л
кабель парной скрутки 52л
кабель с бумажной изоляцией 52л
кабель, силовой 52п
кабель со звёздной скруткой четвёрками 52п
кабель со скрученной звёздной четвёркой 53л
кабель со скрученными жилами 53л
кабель с пропитанной изоляцией 51л
кабель с шёлковой и хлопчатобумажной изоляцией 52л
кабель, трёхжильный 53п
кабель, трёхфазный 53л
кабель, экранированный 53л
камера выводов 182л
камера, дугогасительная 67п
камера, спиральная 63п
канал, дуплексный 68п
канал, кабельный 103п, 545п
канал под полом, кабельный 376п
канал телевидения, транзитный 462л
канал телеотключения 69л
картон, электроизоляционный 38л
каскад, входной 448п
каскад, выходной 448п
каскад гидроэлектростанций 352л
катод 64л
катод, горячий 64л
катод косвенного канала 64п
катод, холодный 64л
катушка 89п
катушка всыпной обмотки 91л, 91п
катушка, дугогасительная 95л
катушка, заземляющая 244п
катушка индуктивности 244л
катушка индуктивности без стального сердечника 244п
катушка индуктивности со стальным сердечником 244п
катушка постоянной индуктивности 244л
катушка с отводами 92л
качание 466п
квантование по уровню 376л
квитировать 11п

керамика, металлизированная 67л
КЗ 194п
КЗ, глухое 76п, 77л, 79л
КЗ, междуфазное 78п
КЗ, металлическое 76п, 77л, 79л
КЗ, несимметричное 83л
КЗ, однофазное 81п
КЗ, трёхфазное 82л
КЗ, устойчивое 82л, 195л
киоск, трансформаторный 234л, 532л
класс изоляции 85л
класс напряжения 85п
клещи для замены предохранителей 505л
клещи, токоизмерительные 250л, 251п
ключ 261п
ключ, диодный 468л
ключ квитирования 466п
кнопка 48п
кнопка с фиксацией 261п
«когти» 86л
«когти», монтажные 258л
«когти», монтёрские 86л, 275л
кожух 63п, 236л, 261п
колебание, пилообразное 544п
колебание, резонансное 533л
колебания, вынужденные 334п
колебания нагрузки 531п
колебания, свободные 334п
колебания, собственные 334п
колебания, субгармонические 334л
колебания, установившиеся 334п
колесо гидротурбины, рабочее 420п
колесо, рабочее 547л
коллектор котла 229л
коллектор с бандажами 94л
коллектор электрической машины 93п
колодец, кабельный 301л
кольцо коллектора, стяжное 417л
команда запроса 93л
команды, предварительные и исполнительные 93л
комбинатор 530п
коммутатор, штепсельный 94л
коммутация, вторичная 553п
коммутация, ускоренная 93п
компаратор 177л
компаратор, частотный 94л
компаунд 97л
компаунд, заливочный 97п
компенсация, поперечная 95л
компенсация реактивной мощности 94п
комплектующие 177п
компонент, навесной 148п
компоновка 271л
компоновка схемы 271п
конденсатор 57л
конденсатор, бумажный 59л
конденсатор, воздушный 57л
конденсатор, масляный 59л
конденсатор переменной ёмкости 57п

конденсатор, печатный 59п
конденсатор, развязывающий 58п
конденсатор, силовой 59л
конденсатор, синхронный 60л
конденсатор, слюдяной 58л
конденсатор, статический 59п
конструкция, зонтичная 533л
конструкция, опорная 459л
конструкция, унифицированная 110л
контакт 111л
контакт, заземляющий 111п
контакт, замыкающий 112п
контакт, кнопочный 111п, 112п
контакт, неподвижный 111п, 113л
контакт, обесточенный 112п
контакт, переключающий 111л, 112л, 113л
контакт, проскальзывающий 112п
контакт, «прыгающий» 112л, 113л
контакт, роликовый 113л
контакт с самоудерживанием 113л
контакт, сухой 111л
контакт, штепсельный 112п
контакт-деталь 351л, 504п
контактор 113п, 114л
контактор, герконовый 114л
контакты, выходные 112п
контроллер, барабанный 120л
контроллер, главный 120л, 120п
контроль, неразрушающий 494п
контроль, разрушающий 492п, 493л
контроль, текущий 316п
контур обратной связи 80п
контур, сглаживающий 81п
концы обмотки 180п
коробка, осветительная кабельная 40л
коробка, разветвительная кабельная 40п, 325п
коробка, распределительная кабельная 40л
коробка, соединительная 41л
короткозамыкатель 473л
корпус 38п
корпус статора 207п
котёл 38п
коэффициент возврата 89л, 383п, 384п
коэффициент готовности 29п
коэффициент демпфирования 88п, 192л
коэффициент загрузки электростанции 194л
коэффициент запаса 89л, 191п, 192п, 194п
коэффициент заполнения 192п, 194п
коэффициент заполнения графика нагрузки 193п
коэффициент заполнения пакета 193л, 194л
коэффициент, масштабный 194п
коэффициент мощности 194л
коэффициент несинусоидальности напряжения 385л
коэффициент, обмоточный 89п
коэффициент пересчёта 194п
коэффициент полезного действия 169л, 169п
коэффициент пульсаций 194л

коэффициент распространения 194л
коэффициент связи 89л
коэффициент теплопроводности 88п
коэффициент трансформации транслятора напряжения 385л
коэффициент усиления 193л
коэффициент успокоения 192л
коэффициент формы 192л
коэффициент чувствительности 192п
коэффициент шага обмотки 193л
кпд 171л
кпд агрегата нетто 170л
кпд, действительный 169п
кратность тока КЗ 133л
кратность уставок выдержки времени 384п
крепление лобовых частей обмотки 42л
крестовина 445л
кривая заряда 137л
кривая намагничивания, статическая 138л
кривая обратного хода гистерезиса 282п
кривая разряда 137л
кристалл, жидкий 131л
кристаллодержатель с выводами 63л
критически демпфированный 140п
кромка лопасти *или* лопатки 169л
кронштейн 42л
кронштейн, кабельный 42л
кросс-плата 317л
КРУ 22п

лавина 29п
лавина частоты 92л
лак 263л, 531л
лак, спиртовой 532л
лак, термореактивный 532л
лампа, бытовая осветительная 266л
лампа, газоразрядная 266л
лампа, импульсная 267л
лампа, кварцевая 267п
лампа, контрольная 279л
лампа, люминесцентная 267п, 268п
лампа накаливания 267л, 267п, 268п
лампа, неоновая 269л
лампа, осветительная 268п
лампа, паяльная 266л
лампа, переносная 270л
лампа светового табло 278л
лампа с вольфрамовой нитью 270л
лампа с горячим катодом 268л
лампа, софитная 268п
лампа с холодным катодом 266л, 520л
лампа тлеющего разряда, индикаторная 520п
лампа, точечная 269л, 270п
ЛАХ и ЛФХ 152л
лента, бумажная 487п
лента, изоляционная 344л, 487п
лидер 456п
лимб 417п
линия без отпаек, питающая 197л

линия, двухцепная 82п
линия, кольцевая питающая 196п
линия, магнитная силовая 205л
линия магнитной индукции 282л
линия, нагрузочная 282л, 282п
линия, неповреждённая 78л
линия, питающая 283л
линия поля, силовая 281п
линия, разомкнутая питающая 197л
линия связи, межсистемная 256п
линия, сильно нагруженная 282л
линия с ответвлениями 283л
линия с отпайкой, питающая 197л
линия с расщеплёнными проводами 282л
линия срыва вакуума 283л
линия, холостая 283л
линия, эквипотенциальная 114л
листы сердечника 374л
логика, пороговая 289п
логометр 308п

магазин сопротивлений 41л
магистраль 299п
магнетрон 299п
магнит, демпферный 297п
магнит, кольцевой 297л, 297п
магнит, подковообразный 297л
магнит, постоянный 297л, 297п
магнит, стержневой 297л
магнит успокоителя 297п
магнитометр для измерения вектора напряжённости магнитного поля 299л
магнитометр на эффекте Холла 298п
магнитопровод 102п
магнитопровод, ленточный 82л
максимум нагрузки, несовмещённый 144л
максимум нагрузки, совмещённый 143п
манометр, сильфонный 301л
маркировка 264п
масло 331л
масло, кремнийорганическое трансформаторное 286п
масло, трансформаторное 331л
маслопровод 272л
маслоуловитель 63п
масса, заливочная 305п
материал, изоляционный 188п
материал, литой 303п
материал, магнитно-мягкий 303л, 303п
материал, магнитно-твёрдый 303л
материал на основе слюдопластовой бумаги 303п
материал, прессованный 303п
материалы, электроустановочные 10л
матрица 304л
матрица инциденций 304л
матрица полных проводимостей 304л
матрица, слабо заполненная 304л
матрица, треугольная 304л
мачта 506л

машина, асинхронизированная синхронная 294л
машина, асинхронная 295п
машина, бесщёточная 294п
машина, газонепроницаемая 295п
машина, двухполюсная 296п
машина для нарезки проволоки 296п
машина, неявнополюсная 295п
машина, оплёточная 294п
машина, перегрузочная 295л
машина, пылезащищённая 295л
машина с независимым возбуждением 296л
машина с самовозбуждением 296л
машина, явнополюсная 296л
МГД-генератор 221п
мдс в воздушном зазоре 205п
медь обмотки якоря 125л
метка времени 486п
метод 309п
метод замещения 311п
метод контурных токов 19п, 312п, 489л
метод корневого годографа 311л
метод наложения 311л
метод ОМП 489п
метод определения места повреждения 489п
метод определения места повреждения, петлевой 494п
метод последовательных интервалов 311л
метод, потенциометрический 311л
метод проб и ошибок 311л
метод расчёта в относительных единицах 310п
метод трёх амперметров 311п
метод трёх вольтметров 311п
метод упорядоченного исключения 310п
метод фазовой плоскости 310п
метод штрафных функций 23л
метод эквивалентных потерь энергии 310л
механизм, расцепляющий 219л
микалента с шёлковой подложкой 438л
миканит 312л
миканит, листовой 353п
миканит с шёлковой подложкой, формовочный 438л
микромодуль 310л
микросхема 74п
многожильный 359п
множитель, масштабный 194п
мода 313п
модель сети постоянного тока, расчётная 19п
модуль, герметизированный 315п
модуль печатной схемы 315п
модуль, сменный 315п
модулятор, балансный 315л
модулятор, кольцевой 315п
модулятор, фазовый 315п
модуляция, импульсно-кодовая 315л
модуляция, фазовая 315л
модуляция, частотная 315п
модуляция, широтно-импульсная 315л

молниезащита 226л, 370л
молниеотвод 161л
молния, шаровая 279л
момент, вращающий 316л, 505п
момент, опрокидывающий 316л
момент, пусковой 316л
момент, тормозной 505л
монтаж, жёсткий 553п
монтаж, навесной 553л
монтаж на плате 325л
монтаж, наружный 553п
монтаж, скрытый 325л, 553л
морозостойкий 209л
мост, двойной Т-образный 82п
мост, измерительный 44п
мост, равноплечий 45л
мост, универсальный 45л
мост, уравновешенный 45л
мощность 55л
мощность в ваттах 544п
мощность, внепиковая 364п
мощность, генерирующая 61л
мощность, допустимая 55п
мощность, кажущаяся 363п
мощность КЗ, предельно допустимая 55л, 56л
мощность, номинальная 337п
мощность, обменная 364л
мощность, пиковая 62л, 364п
мощность, полная 55п, 365п
мощность, полная входная 246п
мощность, потребляемая 246л
мощность, предоставляемая в порядке аварийной помощи 363п
мощность, располагаемая 60п, 363п
мощность, рассеиваемая 158п
мощность, резервная 62л, 365л
мощность собственных нужд 364л
мощность, средняя 364п
мощность, удельная 365л, 365п
мощность, установленная 61л, 364п
мощность холостого хода 364л
муфта кабельная 104п, 439л
муфта концевая 491л
муфта концевая кабельная 492л

набор нагрузки 418л
набор телефонного номера 153л
наведение помех 243л
наведение шумов 244л
нагрев, индукционный 231л
нагрев, контактный 230п
нагрев токами высокой частоты 231л
нагрузка, аварийная 285п
нагрузка, активная 284п
нагрузка, бытовая 284л
нагрузка, допустимая 284п, 288л
нагрузка, ёмкостная 285л, 288л
нагрузка, заявленная 144л
нагрузка, индуктивная 285п, 288л

нагрузка, кратковременная 340л
нагрузка, критическая 285л
нагрузка на валу 287л
нагрузка, неравномерная 288л
нагрузка, несимметричная 285л
нагрузка, несогласованная 287п
нагрузка, опрокидывающая 287л
нагрузка от гололёда 285п
нагрузка, переменная 287п
нагрузка, повторно-кратковременная 286л
нагрузка, постоянная 288п
нагрузка потребителей промышленного сектора 144л
нагрузка, пусковая 287л
нагрузка, равномерная 285п
нагрузка, расчётная 285л, 287л
нагрузка, симметричная 285л
нагрузка, смешанная 286л
нагрузка, согласованная 286л, 490л
нагрузка, сосредоточенная 287л
нагрузка, суммарная 284л
нагрузка, удельная 287л
надёжность 254п
надёжность энергосистемы 426л
надёжный 193п
наконечник 293п
наконечник, кабельный 180п
наконечник, полюсный 435л
наложение изоляции 269л
намагниченность, начальная 298л
намагниченность, остаточная 298л
намагниченность, удельная 298л
наполнитель 303л
направление 155п
направление, проводящее 155п
напряжение в месте КЗ 536п
напряжение, восстанавливающееся 534п, 540л
напряжение, вторичное 540п
напряжение, выдерживаемое 542л
напряжение, высокое 537л
напряжение, высшее 537л
напряжение, действующее 540п
напряжение дуги 534л
напряжение замыкания 539л
напряжение искрового разряда 362л
напряжение, испытательное 541п
напряжение источника питания 540л
напряжение качаний в энергосистеме 541л
напряжение КЗ 537л, 540л
напряжение короны 535л
напряжение, линейное 535п, 537п, 539л
напряжение ЛЭП 541п
напряжение, максимальное обратное 539л
напряжение, максимальное рабочее 537л
напряжение, мокроразрядное 362л, 539л, 542л
напряжение на зажимах 537п
напряжение, низкое 537п
напряжение, низшее 537п
напряжение, обратное 534л, 537л

напряжение оперативного постоянного тока 534л, 535п
напряжение оперативного тока 535л, 538п
напряжение, опережающее 537п
напряжение отпускания 536л, 540л
напряжение, отстающее 537п
напряжение перекрытия, мокроразрядное 202п
напряжение, переменное 361л
напряжение питания 541л
напряжение поверхностного пробоя 536п
напряжение, приложенное 534л, 537л
напряжение пробоя 361л, 534п, 536л, 540п, 541л
напряжение пробоя изоляции 535п
напряжение, прямое 536п
напряжение разряда, пороговое 536л
напряжение сети 538л, 541п
напряжение синфазного сигнала 534п
напряжение синхронизации 534п
напряжение смещения нейтрали 538л
напряжение смещения, отрицательное 36л
напряжение срабатывания 536л, 538п, 539л
напряжение, установившееся 541л
напряжение; фазное 537п, 539л, 541л, 542л
напряжённость поля 257л
напряжённость поля при пробое 456п, 457л
напряжённость электрического поля 256п
напыление 446л
нарастание напряжения 46п
нарушение контакта 291л
нарушение, расчётное аварийное 194п
нарушение устойчивости 291л
нарушение энергоснабжения 256п
насос, аварийный 374п
насос, главный циркуляционный 374п
насос котла, питательный 374п
настраивать 13п
настройка, грубая 14л, 522л
настройка, точная 14л
натяжение провода 490п
негерметичный 275л
недогрузка 524п
нейтраль 358п
нейтраль звезды 357л
несогласованность 313л
несоответствие 157л
неустойчивость, апериодическая 249л
неустойчивость, колебательная 249л
НЗ-контакт 111л, 112п
нить лампы накаливания 199л
нить накала, вольфрамовая 199л
нож, контактный 36л
нож рубильника 264п
НО-контакт 111л, 112п
номинал по термической стойкости 282п
носитель, основной 63л
нуль-детектор 146п
нуль-индикатор 242л
нуль-орган 331п

обесточивание 367п
обкладка конденсатора 25л
обкладка конденсатора постоянной мощности 173п
область устойчивости 24п
обмен мощностью 237л
обмен мощностью в энергообъединении 187л
обмен мощностью, межсистемный 509п
обмотка 547п
обмотка, бифилярная 550п
обмотка возбуждения 548л
обмотка добавочных полюсов 548п
обмотка, замедляющая 548л
обмотка, катушечная 548л
обмотка, короткозамкнутая 549п
обмотка, «лягушачья» 548п
обмотка напряжения 549п, 550л
обмотка, основная 549л
обмотка, параллельная 549л
обмотка, петлевая 549л
обмотка, последовательная 549п
обмотка, простая 550п
обмотка с дробным числом пазов на полюс и фазу 548п
обмотка, секционированная 550л
обмотка, стабилизирующая 550л
обмотка с укороченным шагом 548п
обмотка с целым числом пазов на полюс и фазу 548п
обмотка типа «беличья клетка» 548л
обмотка, тормозная 549п
обмотка, тороидальная 550л
обмотка трансформатора третичная 492л
обмотка фазы 549л
обмотка, экранирующая 91п
оболочка кабеля 433л
оболочка кабеля, защитная 434п
оборудование 185п
оборудование для обнаружения места повреждения кабеля 184л
оборудование, коммутационное 185п
оборудование, резервное 185л
оборудование, тягодутьевое 184л
оборудование углеподачи 191л
обработка, электроискровая 298п
образование гололёда 207л
обслуживание, техническое 300л
объём водохранилища, рабочий 114л
огнестойкий 203л, 204л
огонь, проблесковый 278л
огонь светофора, запрещающий 276п
ограничение нагрузки, автоматическое 280л
ограничение коммутационных перенапряжений 280п
ограничивать 85л
ограничитель, входной 280п
ограничитель, диодный 280л
ограничитель минимального возбуждения 280п

ограничитель перенапряжения 464п
ограничитель токов КЗ 280п
омметр с логометром 331л
операция отключения 335л
опережение по фазе 273п
оплётка 42л
опора, анкерная 358п, 458п, 463п, 464п
опора без оттяжек 304л
опора, консольная 464л
опора, концевая 459л, 464л, 506л, 506п
опора, линейная 359л
опора, ЛЭП 506п
опора, одностоечная 459л
опора, промежуточная 358п, 458п, 464л, 506п
опора, свободностоящая 304л, 458п
опора с оттяжками 304л, 458л
опора, транспозиционная 464л
опора, угловая 358п, 463п, 506л
определение коэффициента трансформации 495п
определение срока службы 494п
определение стрелы провеса 493л
опрокидывание 448п
оптрон 347л
опыт внезапного КЗ 495л
опыт втягивания в синхронизм 495п
опыт выпадения из синхронизма 495п
опыт опрокидывания 495п
орган, исполнительный 13л, 148п, 179л, 179п
орган, пусковой 147л, 528л
освещение 236л
освещение, аварийное 278л
освещение, взрывоопасное 278л
освещение заливающим светом 278п
освещение, искусственное 278л
освещение, комбинированное 278л
освещение лампами накаливания 278л
освещение, люминесцентное 278л
освещение, местное 278л
освещение, направленное 278л
освещение, наружное 278л
освещение, постоянное 276п
освещение, прямое 278л
осмотр, механический 249л
осмотр, профилактический 249л
основание, изолирующее 32л
остановка 436л
осциллограф, катодный 336л
осциллограф, шлейфовый 336л
отбор пара 188п
ответвление 271п, 487л
ответвление обмотки 487л
ответвление от магистрали 459п
отвод от линии 487л
отвод тепла 229л
отдача по мощности 172л
отказ 193п
отказ, критический 193п

отказ одного элемента 194л
отклонение, среднеквадратическое 148л
отключение 331л, 518п
отключение, аварийное 475п
отключение, вынужденное 338п
отключение КЗ 86л, 367п
отметчик времени 304л
отношение КЗ 384п
отношение плеч моста 383л
отношение сигнал — шум 384п
отношение шум—сигнал 384л
отсек 94п
отсекать 85л
отсечка 138п, 370л
отсечка, токовая 139л
охлаждение, водяное 125л
охлаждение, воздушное 124л
охлаждение, естественное воздушное 124п
охлаждение, искусственное 124л
охлаждение, косвенное 124п
охлаждение, непосредственное 124п
охлаждение, прямое 124п
охлаждение, циркуляционное 124л
ошибка, динамическая 148п
ошибка, среднеквадратическая 188л

падение напряжения 534л
падение напряжения в линии 167л
паз 440л
пакет стали сердечника 339л
пакет сменных дисков 339л
палец щёткодержателя, нажимной 201л
панель 37п
панель, коммутационная 342п
пар, мятый 454п
пар, отработанный 454п
пар, перегретый 454п
пара, гальваническая 128п
пара, скрученная 342л
параметры, рабочие 191п
параметры, распределённые 341п
параметры, сосредоточенные 341п
парогазовый 218п
парогенератор 222л
пароперегреватель 461п
пароперегреватель, промежуточный 461п
пассатижи 356л
паста, изоляционная 342п
патрон, винтовой 269п
патрон плавкого предохранителя 526л
патрон, потолочный 251л
патрон предохранителя 285л
патрон с выключателем 269п
паяльник 36п
ПВ 190л
перегрузка, длительная 338л
перегрузка по току 338л
перегрузка по току, кратковременная 338л
передатчик 516п
передача 516п

переключатель, галетный 471л
переключатель, клавишный 471п
переключатель, многопозиционный 471п
переключатель, поворотный 472п
переключатель, реверсивный 472п
переключение 300п, 499л
переключение ответвлений под нагрузкой 68л
перекомпаундирование 338п
перекрытие, дуговое 23п
перекрытие, коммутационное 338л
перекрытие обратным напряжением 204п
перемагничивание 416л
переменная, зависимая 531л
переменная, независимая 531л
переменная, промежуточная управляемая 531л
перенапряжение, атмосферное 338п
перенапряжение, внутреннее 338п
перенапряжение, грозовое 338п
перенапряжение, коммутационное 465п, 541л
переноска 277л
перерегулирование 338п
перерыв подачи электроэнергии 336л
переход 130п
период дребезга 344п
период, непроводящий 344п
период, проводящий 344п
перчатки, резиновые 223п
петля гистерезиса 137п, 292п
печь, вакуумно-дуговая 213л
печь, дуговая 213л
печь, муфельная 212л
печь сопротивления 337л
печь, электронно-лучевая 211л
пик нагрузки, несовмещённый 343п
пик нагрузки, совмещённый 343п
питание через тиристорный преобразователь 463п
плазма 352п
пластина заземления 355п
пластина, коллекторная 31п
пластины сердечника 448л
плата за объявленный максимум нагрузки 543л
плата за потребление электроэнергии 72п
плата за электроэнергию 127л
плата, печатная 37п
плечо моста 24п
плёнка, лаковая 199п
плёнка, нанесённая методом напыления, металлическая 199п
плёнка, полиэфирная 199п
плёнка, эпитаксиальная 199л
плита заземления 353п
плита, нажимная 353п
плоскогубцы 354л
плоскость полных сопротивлений 351л
плоскость, фазовая 351л

плотность монтажа 145п
плотность нагрузки 145л
плотность потока отказов 144п
плотность распределения вероятности 145л
плотность, спектральная 145л
плотность тока 144п
площадка, рабочая 203л
площадка, эксплуатационная 203л
пляска проводов 141п
поверхность изолятора 465л
поверхность нагрева 24л
поверхность утечки 465л
повив 271л
повреждение 194п
повреждение изоляции 140п
повреждение, первичное 197л
повторитель, катодный 17л, 207п
погашение 36п
поглощение 9л
погрешность, основная 186л
погрешность, относительная 186п
погрешность, фазовая 186л
подача электроэнергии 143п
подвес, пружинный 466л
подвеска 165п
подвеска, плавающая 325л
подключение к линии 129л
подмагничивание 187л, 298л
под напряжением 15п, 183л
подогрев питательной воды 230л
подогреватель, регенеративный 230л
подрозетник 356л
подстанция 459п
подстанция без обслуживающего персонала 461л
подстанция, бронированная 460л
подстанция основной сети 459п
подстанция, повышающая 460п
подстанция распределительной сети 453л
подстанция с интегрированной системой 460л
подстанция с кольцевой системой шин 460л
подстанция, тяговая 460л
подстройка 518л
подтверждать 11п
подшипник, сегментный 35л
показание 241л
показания измерительного прибора 388п
поковка ротора 207л
покрытие жилы кабеля, разделительное 428п
покрытие, защитное 88л
поле в воздушном зазоре, магнитное 197п
поле, вращающееся 198л
поле, однородное 198л
поле рассеяния 198л, 198л
поле, электрическое 197п
поле, электромагнитное 197п
положение реле, сработавшее 360п
полоса частот 31л
полупроводник 427л

полупроводник n-типа 427п
полупроводник p-типа 427п
полюс 358п
полюс выключателя 358п
полюс, добавочный 358п
полюсы, выступающие 358п
полюсы, одноимённые 358п
полюсы, явновыраженные 358п
поляризация, частичная 358л
полярность 357п
помеха общего вида 257п
помехи 255п
помехи нормального вида 255п
помехи, промышленные 331л
помехозащищённость 236п
помещение главного щита управления 419л
поплавок газового реле 203л
поражение электрическим током 435л
порог срабатывания 276п
последовательность импульсов 507л
последовательность, нулевая 429л
последовательность, прямая 429л
последовательность чередования фаз обратная 429л
послесвечение 14п
постоянная, абсолютная диэлектрическая 107п
постоянная времени апериодической составляющей 109л
постоянная времени, переходная 109п
постоянная времени, сверхпереходная 109л
постоянная времени, тепловая 109л
постоянная, диэлектрическая 108п, 347л
постоянная инерции 108п
постоянная, относительная диэлектрическая 109л
потенциал на поверхности земли 361п
потенциал, нулевой 361п
потенциал, узловой 361п, 538л
потенциал, электродный 361л
потенциометр постоянного тока 362л
потери, вентиляционные 293п
потери в линии 292п
потери в меди якоря 291п
потери, добавочные 293л
потери на вихревые токи 291п
потери на гистерезис 292л
потери на рассеяние 292п
потери, общие 293л
потери от высших гармоник 292л
потери от зубцовых гармоник 293л
потери, полные 293л
потери, суммарные 293л
потери, тепловые 292л
потери, удельные 293л
потери холостого хода 292л
потери электроэнергии 543п
потеря возбуждения 291л
потеря напряжения 293п
потеря синхронизма 291л

поток в воздушном зазоре, магнитный 204п
потокораспределение, комплексное 203п
потокораспределение, оптимальное комплексное 204л
потокораспределение по активным мощностям 203п
потокосцепление 284л
потребитель электроэнергии 138п
потребление электроэнергии 110п
потребление электроэнергии на собственные нужды 110п
пояс, фазовый 35п
правило правой руки 420л
предел динамической устойчивости 279п
предел, допустимый 279л
предел по самораскачиванию 279л
предел регулирования 279л
предел регулировочного диапазона, нижний 279л
предел статической устойчивости 279п
предохранитель в тропическом исполнении 214л
предохранитель, насыпной 214л
предохранитель, основной 213п
предохранитель, плавкий 139п
предохранитель, пробочный 356п, 357п
предохранитель, секционирующий 214л
предохранитель, сменный 214л
предохранитель с открытой плавкой вставкой 213л
предохранитель, стреляющий 139л
предохранитель, токоограничивающий 213л, 282п
предохранитель, трубчатый плавкий 520п
предприятие, распределяющее электроэнергию 524п
преобразование, аналого-цифровое 121п
преобразование Лапласа 509п
преобразование, последовательно-параллельное 121п
преобразование, цифроаналоговое 121л
преобразователь 122л
преобразователь, аналого-релейный 376л
преобразователь мощности тепловой системы, измерительная 123п
преобразователь, цифровой 507п
преобразователь частоты 122п
преобразователь частоты, коллекторный 122л
преобразователь, четырёхквадрантный 122п
преобразователь, электрогидравлический 122п
преобразователь, электромеханический 122п
прерыватель 139п
прерывать 258л
прибор для испытания на старение 496п
прибор, измерительный 249п
прибор, измерительный интегрирующий 248п
прибор, магнитоэлектрический измерительный 249л

прибор, образцовый 249п
прибор, переносный измерительный 249л, 249п
прибор, прецизионный измерительный 249л
прибор, стрелочный 249л
прибор, эталонный 249л
привод выключателя 307л
привод, пневматический 164л
привод, ручной 164п
привод, рычажный 164л
привод, частотно-управляемый 164п
привод, электромагнитный 163п
пригодность к эксплуатации 430л
приёмник телемеханики 389л
припой 441л
присоединять 28л
притяжение 28п
пробой 43л
пробой, искровой 444л
пробой, электрический 194п
проверка 73п, 74л
проверка диэлектрической прочности 493л
проверка достоверности 74п
проверка масла 495л
проверка на обрыв 493л
проверка РЗ вторичным током 495п
проверка синхронизма 74л
провод 550п
провод ВЛ 102л
провод, голый 551л, 552л
провод, двухжильный 551л, 553л
провод, контактный 283п, 519л, 552л
провод, ленточный 102л
провод, многожильный 551л, 551л
провод, нулевой 274л
провод, обмоточный 553л
провод, одножильный 55п
провод, питающий 272л
провод, подводящий 272л
провод, скрученный 553л
провод с пластмассовой изоляцией 102л
провод с эмалевой изоляцией 50п
провода, соединительные 273п
проводимость 14л, 100п, 101л
проводимость, активная 100п
проводимость, волновая 14п
проводимость, характеристическая 14п
проводка в желобах или каналах 553л
проводка, временная 228п
проводка, скрытая 247п, 551п, 551п, 552п
программа переходных электромагнитных процессов 368п
продолжительность аварийного вывода из работы 166л
продолжительность включения 192л
продолжительность использования максимальной нагрузки 166п
продолжительность планового вывода из работы 166п
«прозвонка» цепи 235л

603

производная по времени 146л
производство энергии на единицу тепла 172л
прокладка 218л, 443л
прокладка, уплотняющая 218п
прокладывать 270п
пролёт, весовой 443л
пролёт ВЛ 443п
пролёт, горизонтальный 443п
промежуток, дуговой 443л
промежуток, искровой 219л, 219п, 220л, 443л
промперегрев 397л
проницаемость, диэлектрическая 57л, 88п, 345л
проницаемость, магнитная 61п, 345л
пропитка 239п
просачивание масла 163п
простой 436л
простой, аварийный 163л
простой, плановый 163л
простой энергосистемы, полный
пространство, фазовое 443л
противодавление 30л
противоэдс 128л, 181п
профиль напряжения 138л, 368л
процесс, переходный 367п
процесс при включении, переходный 515п
процесс при выключении, переходный 515п
прочность, электрическая 368п
пружина 446л
пружина, контактная 112л
пульсация 417п
пульт-панель 35п
пульт управления 38л, 107п
пункт, контролируемый 452л, 453п
пункт, распределительный 66п
пункт энергосистемы, диспетчерский 67л
пуск 518л
пуск вхолостую 449п
пуск, дистанционный 449п
пуск из горячего состояния 449п
пуск, лёгкий 451л
пуск паровой турбины из холодного состояния 451л
пуск при понижении напряжения 451п
пускатель, кнопочный 451л
пускатель, магнитный 450п
пускатель, ручной 450п
пускатель с предохранителями, комбинированный 450п
пускатель, электромагнитный 113п, 120л
пустоты, внутренние 533л
путь пробоя 342п
путь утечки 161п, 342л

работа агрегата при минимально допустимой мощности 421л
работа, непрерывная 334п
работа под напряжением 553п

радиатор для отвода тепла 201л
радиатор отопления, электрический 121л
разброс показаний 446л
развал энергосистемы 92л
развёртка 466л
разводка соединений 273п
развозбуждение 142п
развязка 524п
развязка, гальваническая 428п
разгрузка, автоматическая частотная 433л
разделение сети 445л
разделка кабеля 194л
размыкание 333л
размыкать 528п
разнос 420п
разность потенциалов, контактная 154л, 361п
разрабатывать 147п
разработчик 146л
разрыв 256л
разрыв дуги 23п
разрывать 43л
разряд 155п
разряд, атмосферный 156л
разряд, внутренний 156п
разряд, импульсный 156п
разряд, кистевой 156л
разряд конденсатора 156л
разряд, коронный 126п, 156л
разряд молнии 457п
разряд, поверхностный 156л
разряд, ползучий 156л
разряд, самостоятельный 156л
разряд, самостягивающийся 156п, 352л
разряд, тихий 156п, 157л
разряд, тлеющий 156л
разряд, точечный 156л
разряд, частичный 156п
разряд, электростатический 156л
разрядник, вентильный 26п
разрядник, дуговой 217л
разрядник, измерительный искровой 217п
разрядник, искровой 218л
разрядник, пусковой 218л
разрядник, стреляющий 217л
разрядник, трубчатый 26п, 521п
разряжать 155п
разъединитель 157л, 261л
разъединитель, линейный 157л
разъединитель, секционирующий 157л
разъединитель, секционный 472л
разъединитель с предохранителем 469л
разъединять 528п
разъём, штепсельный 355п
район регулирования частоты и мощности 24л
расположение аппаратуры на панели 271п
распорка 41п, 443л
распорка, дистанционная 201л
распределение мощности 160п

распределение нагрузки, оптимальное 158п
распределение нагрузки, экономичное 158л
распределение, спектральное 160п
распространение волны 368п
рассеяние 272п, 273л, 456п
рассеяние в лобовых частях обмотки 272п
рассеяние магнитного потока 272п
  рассеяние, пазовое 273л
расстояние, мокроразрядное 159п
расстояние, разрядное 159п
расстояние, сухоразрядное 159п
расход, удельный 110п
расход условного топлива, удельный 110п
расход электроэнергии на собственные
  .нужды электростанции 528п
расходомер, дифференциальный 204л
расцепитель 404п
расцепление, свободное 405п
расчёт потокораспределения 19л
расчёт потокораспределения, оперативный
  204л
расширение трубопровода 190л
реактор, бетонный 386п
реактор, дугогасящий 91л
реактор, заземляющий 387л
реактор с тиристорным управлением 388л
реактор, токоограничивающий 387л
реактор, уравнительный 387л
реактор, шунтирующий 388л
реактор, электрический 90п
реакция на импульс 415л
реакция на ступенчатое возмущение 415л
регистратор, аварийный 390п
регулирование 114п
регулирование, астатическое 116л, 117л, 119п
регулирование возбуждения, сильное 116л
регулирование, вторичное 118п
регулирование, двухпозиционное 117л, 119п, 395л
регулирование напряжения, поперечное 119л
регулирование, непрерывное 115л
регулирование, плавное 119л
регулирование, поперечное 118л
регулирование, релейное 12л, 115л, 118л, 395л
регулирование, ручное 117л
регулирование, устойчивое 118л
регулятор возбуждения 120л
регулятор непрерывного действия 120л
регулятор питания 225п
регулятор пропорционального действия 120п
режим, аварийный 98п, 99п
режим, асинхронный 99л
режим, двухтактный 335л
режим КЗ 100л
режим, непрерывный 168п
режим работы, непрерывный 334л
режим, синхронный 335л
режим, тяжёлый 168п

режим холостого хода 99л
резервирование 30л
резервуар, напорный 487л
резистор, демпфирующий 411п
резистор, переменный 411л
резистор, подстроечный 413л
резистор, разрядный 411л
резистор, сдвоенный переменный 362л
резистор, согласующий 412л
резонанс напряжений 414л
резонанс токов 414л
резьба для цоколей и патронов ламп 424п
реле, герметизированное 399п
реле давления 402л
реле давления масла 401л
реле, ёмкостное 398л
реле косвенного действия 399п
реле, магнитоэлектрическое 401л
реле обратной последовательности 401л
реле обрыва фазы 401п
реле, полупроводниковое 402п
реле потери возбуждения 399п
реле, промежуточное 400л
реле прямого действия 398п
реле с барабанчиком, индукционное 399л
реле с высоким коэффициентом возврата 398л
реле с магнитной блокировкой 400п
реле с магнитной защёлкой 400п, 402л
реле с магнитоуправляемым контактом 398л
реле с памятью 400п
реле с поворотным якорем, электромагнитное 398л
реле сравнения фаз 401п
реле с ртутными контактами 400п
реле с ручным возвратом 400п
реле, суммарное 403л
реле, указательное 403л
реле, цифровое 398л
реле, шаговое 403л
реле, щелчковое тепловое 473п
реле-регулятор 396л
рельс, третий контактный 378л
ремонтопригодность 430л
реостат, плавно регулируемый 416п
реостат, пусковой 416п
реостат с движком 416п
реохорд 439п
ресурсы, гидроэнергетические 41
ресурсы, энергетические 414п
рефлектометр 393п
решётка, деионная 270л
решётка, дугогасительная 445л
решётка фермы 270л
рог разрядника 235л
розетка 336п, 419л, 440л
розетка для открытой проводки 440п
розетка, сетевая 336л
ротор, неявнополюсный 419л
ротор с глубоким пазом 419л

ротор с литой алюминиевой обмоткой 419п
ротор, фазный 420л
РП 66п
рубильник 468л, 470л
рубильник, перекидной 468л
рукоятка управления 229л
рычаг переключателя 277л
ряд Фурье 429п

самоблокировка, магнитная 12п
самоблокировка, механическая 12п
самоблокировка, электрическая 12п
самовозбуждение 426п
самозапуск 427л
самоиндукция 245п, 247л
самописец, ленточный 249п
саморазряд 426п
самоход 421л
самоход электросчётчика 130л
сброс мощности, мгновенный 155л
сброс нагрузки 165л, 293л, 518п
сварка 546л
сварка, контактная 546п
сварка, импульсная 546п
сварка, индукционная 546п
сварка с магнитным флюсом, дуговая 547л
сверхпроводимость 461л
сверхток 136л
свет, заливающий 276п
свет, отражённый 277л
свет, поляризованный 277л
свет, прямой 278п
свет, рассеянный 277п
светильник 293п
светильник, безопасный 277л
светильник общего назначения, подвесной 203п
светильник, потолочный 276п
светодиод 155л, 270л
с высоким давлением 232п
связующее (вещество) 36п
связь, гальваническая 129л
связь, гибкая обратная 196л
связь, ёмкостная 129л
связь, жёсткая обратная 196л
связь, индуктивная 129л
связь, информационная обратная 196л
связь, межсистемная 258п, 500л
связь, обратная 196л
связь, омическая 129л
связь, отрицательная обратная 196п
связь, паразитная 129л
связь, паразитная обратная 196п
связь, положительная обратная 196л
связь, резистивно-ёмкостная 129л
связь, слабая 500л
связь, трансформаторная 129л
связь, электрическая 128л
СГ 222л
сдвиг фаз 434п

сдвиг щёток 273п
секционирование 258п
секционирование шин 426л
секция обмотки 426л
серводвигатель 317п
сервомеханизм управления поворотом лопастей 305л
сервомотор, масляный 305п
сердечник, броневой 125п, 126л
сердечник, воздушный 125п
сердечник, разъёмный 126п
сердечник с зазором 126л
сердечник с замкнутым магнитопроводом 125п
сердечник, шихтованный 126л
сети, магистральные 485л
сеть заземления 224п
сеть, основная 484п
сеть, питающая распределительная 330л
сеть, районная тепловая 226п
сеть, распределительная 479л
сеть сверхвысокого напряжения 224л
сеть, системообразующая 327п
сеть, электрическая 301п, 327л
сеть энергосистемы, основная 477п
с задним монтажом 30л, 324п, 389л
сигнал, аварийный 15л
сигнал, амплитудно-модулированный 544п
сигнал, аналоговый 436п
сигнал, двоичный 436п
сигнал, дискретный 436п
сигнал прерывания 256л
сигнал управления 436п
сигнализация, предупредительная 15п
сила, возмущающая 206л
сила, коэрцитивная 206л
сила, электромагнитная 206л
синхронизация, грубая 341п, 476л
синхронизация, точная 476п
система возбуждения, быстродействующая 480л
система возбуждения, тиристорная 485л
система воздушного охлаждения 477л
система, встречно-аксиальная 478п
система, груботочная 478л
система естественного воздушного охлаждения 482л
система, импульсная следящая 430л
система кабельных каналов 483л
система, колебательная 482п
система молниезащиты 481п
система освещения 481п
система отопления 484п
система охлаждения 478п, 483п
система, релейная следящая 430п
система связи, высокочастотная 477п
система, следящая 480л
система топливоснабжения 480л
система уплотнения с разделением времени 485л

система управления на проводниковых приборах 484п
система шин 48л
система шин, двойная 479л
система шин, полуторная 482п
система энергоснабжения 479п
сканирование 422л, 422п
скачок тока намагничивания 262л
скважность 384л
скин-эффект 169л
скольжение 439п
скорость нагружения 380п
скорость, угонная 445л
скрутка жил 47л
слаботочный 278л
слой 271л
слой, защитный 271л
слой изоляции 271л
слой, изоляционный 129п
слюда, коллекторная 313п
слюда, конденсаторная 313п
слюда, листовая 314л
смазка 295п
смещение 35п, 330п
смещение нейтрали 434п
смещение, отрицательное 36л
смола 407л
совпадающий по фазе 245п
согласование нагрузок 302л
содержание гармоник 114л
соединение 39п, 260л, 261п
соединение внахлёстку 260п, 271п
соединение звезда — треугольник 106л
соединение звездой 106л, 228л, 554л, 554п
соединение зигзагом 105л
соединение накруткой 260п
соединение проводов накруткой 552л
соединение треугольником 105л, 228л
соединение, У-образное 552п
соединение, штепсельное 261л
сопротивление в месте КЗ, полное 237п
сопротивление, волновое 410л
сопротивление в режиме холостого хода на выходе, входное полное 238п
сопротивление жидкости 409л
сопротивление изоляции 252л
сопротивление, номинальное полное 238л
сопротивление, обратное 407п, 410л
сопротивление питающей энергосистемы, эквивалентное реактивное 386л
сопротивление, разрядное 408п
сопротивление, регулировочное 407п
сопротивление, регулируемое 407п
сопротивление связи 408л
сопротивление, удельное магнитное 405п
сопротивление утечки 409л
сопротивление, эквивалентное 408п
сопротивление, эталонное 410л
составляющая в спектре дискретизованного сигнала, паразитная низкочастотная 410п

составляющая ёмкостная 95п
составляющая, индуктивная 96л
составляющая напряжения 535п
составляющая нулевой последовательности 97л
составляющая обратной последовательности 96п
составляющая постоянного тока 96п
составляющая потерь, постоянная 294л
составляющая, реактивная 97п
составляющая тока КЗ в амперах, периодическая 16п
составляющие, симметричные 97л
состояние насыщения 452п
состояние, неисправное 98п
состояние, нерабочее 452л
состояние, отключённое 452п
состояние, рабочее 452л л
с передним монтажом 211п, 324п2
спираль 232л
сплав высокого сопротивления 15п
сплав, магнитный 16л
способность, отключающая 55п, 60п, 62л
способность, поглощающая 9л
способность, полная нагрузочная 55л
способность по току, пропускная 61л
способность, разрешающая 413п
срабатывание, ложное 332л
срабатывание, неправильное 332п
срабатывание разрядника 156л
сравнение по фазе 94п
с разрывом в воздухе 15л
сращивание 445п
среда, дугогасительная 305п, 306л
среда, проводящая 305п
срезание максимума нагрузки 433л
срок службы 275л, 275п, 502л
срок хранения 275п
с ручным управлением 227л
стабилизатор напряжения, ферромагнитный 396п
стабиловольт 521п
стабилитрон 447п, 521п
станок для наложения кабельной брони 296л
станция, гидроаккумулирующая 527п
старение 14п
старение диэлектрика 194п
старение изоляции 146л
стекловолокно 197л
стеклокерамика 67л
стеклотекстолит 264л
стенд 35п
степень перегрева 142п
стержень управления и защиты 418п
стоимость, удельная 127л
стойка питания 209п, 377л
стойка, релейная 377л
стойка, силовая 377л
стойкость, динамическая 9л
стойкость к облучению 377п

607

стойкость при КЗ, термическая 457л
стойкость, термическая 9л, 183л
сток 163л
столб 358п
столб дуги 92п
сторона высокого напряжения 436л
сторона низкого напряжения 436л
сторона среднего напряжения 436л
стояк силовой проводки 418л
стрела провеса 155л, 439л
стрела прогиба 421п
строб-импульс 373л, 373п, 374л
ступень отбора пара 448л
с утопленным монтажом 202п
схема автоматики 423п
схема, большая интегральная 78п
схема, двоичная пересчётная 422л
схема, декадная пересчётная 422л
схема, десятичная пересчётная 422л
схема И 75п
схема ИЛИ 79п
схема коммутации, полуторная 26п
схема, многозвенная 78п
схема многоугольника 79л
схема, нелинейная 79п
схема, П-образная 80л
схема, полуторная 423л
схема, принципиальная 152л
схема, релейно-контактная 81л
схема с двойной системой шин 423л
схема с одним устойчивым состоянием 79л
схема соединения треугольником 328л
схема сравнения, мостовая 44п
схема сравнения фаз 80л
схема с сосредоточенными параметрами 79л
схема удвоения напряжения 83л
схема, цепочечная 78п
схема с указанием эквивалентных сопротивлений 152п
схема, электрическая 77п
схемотехника 489л
схлёстывание проводов 130л
счёт за электроэнергию 36л
счётчик, двоичный 127п
счётчик, десятичный 127п
счётчик для двухставочного тарифа электрический 307л
счётчик, индукционный 307л
счётчик с указателем максимума нагрузки 307п

таблица решений 486л
таблица соединений 152л
табличка, фирменная 325л
таймер 151п
таймер, сторожевой 504п
таймер, электрический 177л
тариф для индивидуальных потребителей 381л
тариф для часов максимума 488п

тариф, многоставочный 488п
тариф на электроэнергию 380л
тариф на электроэнергию в период пика нагрузки 380л
тариф, одноставочный 380л, 488п
тариф с оплатой за присоединенную мощность 488п
тахогенератор, индукционный 486л
тахометр, регистрирующий 486п
ТВЭЛ в виде блока или стержня 178п
ТВЭЛ, выгоревший 178п
текстолит 497п
тележка для выключателя, выкатная 506п
телеизмерение 307л, 489п
телеотключение 490л
телеуправление 489п
температура в наиболее нагретой точке 490л
температура, рабочая 490п
теорема о максимуме отдаваемой мощности 497п
теория вращающегося поля 19п
теория колебаний 497п
теория устойчивости 497п
теория подобия 497п
теория электрических цепей 19л
теплоизолированный 231п
теплоизоляция 226л
теплоэлектростанция обычного типа 453л
терминал 491л, 528л
терминал, выносной 491п
термистор 412л
термодатчик сопротивления 413п
термометр сопротивления 498п
термопара 498л
термостойкий 499л
термоэдс 206п
техника безопасности 421п, 489л
тип колебаний 313п
тип проводимости 524л
ткань, асбестовая 87л
ткань, пропитанная хлопчатобумажная 127л
ток абсорбции 131л
ток возбуждения 132п
ток в переходном процессе 136п
ток, вторичный 135л
ток высокой частоты 133л
ток дугового разряда 131л
ток замыкания 131п
ток КЗ 135л
ток КЗ в амперах, полный 16п
ток КЗ, начальный 133п
ток КЗ, полный 131п
ток КЗ, ударный 133п
ток, контурный 132л, 134л
ток линии, зарядный 131п, 134л
ток, оперативный 363п
ток отключения 134п, 136п
ток отключения, номинальный 135л
ток, первичный 135л

ток перегорания 131п
ток, переменный 131л
ток плавкой вставки 131п
ток плавления вставки 132п
ток, полный 136п
ток, поражающий 132п
ток, предельно допустимый 61л
ток пробоя 131п, 132л
ток, размыкаемый 131п
ток, разрядный 132л
ток, сверхпереходный 136л
ток, «смачивающий» 136п
ток срабатывания 135л, 135п
ток, суммарный 136п
ток тлеющего разряда 133л
ток, ударный 131п, 135п
ток, уравнительный 131п
ток установившегося режима 136л
ток, установившийся 136п
ток утечки по поверхности 136л
ток, электрический 131л
токи, вихревые 132л, 136п
токи Фуко 132л
токопровод 271п, 272л
токосъёмник 92п
топливо, условное 210л
топливо, ядерное 209п, 210л
торможение изменением порядка чередования фаз 22л
торможение, процентное 415п
тормоз 42л
точка КЗ 356л
точка, нейтральная 356л
точка ответвления 357л
точка устойчивого равновесия 357л
траверса опоры ВЛ 130л
траектория, фазовая 343л
тракт, пароводяной 76л
транзистор, плоскостной 516л
транзистор, униполярный 516п
транзисторы, комплементарные 516л
трансформатор 510л
трансформатор, воздушный 510л
трансформатор, вольтодобавочный 510п, 512л
трансформатор, вращающийся 514л
трансформатор, генераторный 511п
трансформатор, заземляющий 511п
трансформатор, масляный 513л, 514л
трансформатор ПБВ 514п
трансформатор, передвижной 515л
трансформатор, питающий 511л
трансформатор, проходной 515л
трансформатор, разделительный 512л
трансформатор, сварочный 546л
трансформатор, сетевой 511л
трансформатор собственных нужд 510л, 514л
трансформатор, стержневой 510л
трансформатор тока, проходной 514л

трансформатор тока, тороидальный 511л
трасса линии 420л
трёхжильный 518п
трёхстержневой 499л
триггер 205л, 517п
тройник 35п, 262п, 263л
трос, изолированный 551п
трос, молниезащитный 551п, 552л, 552п
труба 352л
трубка, кембриковая 521п
трубка тока 286л
трубка, электронно-лучевая 520л
трубка, элементарная силовая 521п
трубопровод, подводящий 352л
трубопровод системы охлаждения 352п
тумблер 474л
туннель, кабельный 218п, 461л
турбина, парогазовая 522п
турбина, радиально-осевая 522л
турбина с противодавлением 523л
турбина с сопловым парораспределителем 297п
турбогенератор с полным водяным охлаждением 523л

увеличение нагрузки 242п
угледержатель 261п
угол 20л
угол выбега ротора 21л
угол отсечки 20п
угол потерь 21л
угол φ 21л
удвоитель напряжения 162п
узел 356п
указатель измерительного прибора 327л
указатель положения переключателя ответвлений 242п
указатель состояния 242п
указатель срабатывания 241п
указатель сцепления 241п
указатель уровня масла 242л
уплотнение 223л, 425л
уплотнение, газонепроницаемое 423л
уплотнение, лабиринтное 223л
управление 114п
управление в реальном времени 118л
управление, двухпозиционное 117л
управление, оперативное 117л
управление, оптимальное 117л
управление от ЭВМ 115п
управление перетоками 116п
управление, пошаговое 118п
управление, программное 117п, 118п
управление разомкнутой цепью воздействий 117л
управление, распределённое 115п, 116л
управление, ручное 117л
управление, сенсорное 119п
управление электропотреблением 300п
управление энергосистемой 115л

управляемый вручную 227л
уравнение движения 183л
уравнение качаний 183п
уравнение, характеристическое 183л
уровень внутренних перенапряжений 274п
уровень коммутационных перенапряжений 275л
уровень мощности 274п
уровень напряжения 275л
уровень ограничения 274л
уровень электрической прочности изоляции на промышленной частоте 274п
уровень, энергетический 276л
усиление, единичное 218п
усилитель 17л
усилитель, входной 17п
усилитель, двухтактный 18л
усилитель, дифференциальный 17п
усилитель, измерительный 18л
усилитель, магнитный 18л
усилитель-ограничитель 17л
усилитель, операционный 18п
условия окружающей среды 98л
успокоение вихревыми токами 141л
успокоитель, электромагнитный 140п
уставка 432л, 530л
уставка реле 530л
установка, маслонапорная 247п
установка на нуль 554п
установка, пиковая 528л
устойчивость регулирования 446п
устойчивость энергетической системы, динамическая 447л
устойчивость энергетической системы, статическая 447л
устранять обледенение 143л
устройство АПВ 467л
устройство, валоповоротное 219л
устройство дистанционного управления бытовым электропотреблением 470л
устройство, дугогасительное 464п
устройство, комплектное распределительное 22п
устройство контроля температуры 318п
устройство, открытое распределительное 475л
устройство резервирования отказов выключателей 369л
устройство с несколькими устойчивыми состояниями 150л
устройство, согласующее 150л
устройство с элегазовой изоляцие распределительное 475л
устройство телемеханики 151л
устройство телесигнализации 151л
утечка 272п, 273л
утечка, поверхностная 273л
утечка через изоляцию 273п
участок напорного трубопровода до уравнительного резервуара 229п
ушко, натяжное 188п

фаза 346л
фаза, расщеплённая 102л
фазовращатель 327л, 348л
фазовращатель, индукционный 434п
фазоинвертор 257п
фазорегулятор 434п
фара 229п
фильтр верхних частот 200л
фильтр выпрямителя, сглаживающий 200п
фильтр, масляный 200л
фильтр нижних частот 200л
фильтр, развязывающий 200л
фильтр, сглаживающий 81п, 200п
фланец-крышка 202л
фликер 203л
флогопит 346п
флуктуации 260л
флуктуация напряжения 204п
ФМ 315л
фольга 205п, 343л, 343п
фон от сети переменного тока 234л
форма колебаний 545л
форма кривой напряжения 545л
форма кривой поля 207л
форма нагрузки 432п
форм-фактор 190л
форсировка возбуждения 206п
фотодиод 347л, 347п
фотокатод 346л
фоторезист 348л
фоторезистор 66л, 347л, 348л
фототиристор 348п
фототок 347п
фотоэлемент 66л, 348п
фотоэффект 168п
фронт волны 209п
фронт импульса 209п
функция, гармоническая 210п
функция, ступенчатая 211п
функция, целевая 210п

характеристика, ампер-секундная 71п, 137л
характеристика, амплитудно-фазовая 69л, 70л
характеристика, амплитудно-частотная 70л
характеристика, вольт-амперная 69п, 70л, 72л, 152п
характеристика, вольт-секундная 138п
характеристика зависимости момента от угла сдвига 138л
характеристика замкнутой системы 414п
характеристика, импульсная 71л
характеристика КЗ 138л
характеристика, линейная 70п
характеристика, механическая 71п
характеристика нагрузки, статическая 71п
характеристика, падающая 71л
характеристика, переходная 71п, 415л
характеристика, прямоугольная 71п
характеристика, пусковая 71п

характеристика, регулировочная 71л
характеристика, угловая 152п
характеристика, фазочастотная 71л
характеристика холостого хода 70п
характеристика, частотная 70л, 71л
характеристики, рабочие 191п
характеристики, разрядные 69п
ход контакта 517п
ход, холостой 235л
хозяйство, топливное 189л
хозяйство, энергетическое 167п

центр нагрузки 67л
централизация, маршрутная 256л
цепочка, интегродифференцирующая 326п
цепь возбуждения 77п
цепь, вторичная 81л, 425п
цепь, двухтактная 80л
цепь, дифференцирующая 326л
цепь, замкнутая 76л, 76п
цепь, индуктивная 78л
цепь, искрогасительная 328л
цепь напряжения 80л, 345л
цепь, обходная 49л
цепь отключения 77л, 82п
цепь, первичная 80л
цепь под напряжением 75п, 78п
цепь, разомкнутая 76л, 79п
цепь, разрядная 77л
цепь самоудерживания 82л
цепь, силовая 80л
цепь, токовая 76п
цепь, фазовращающая 327л
цепь, фазорасщепляющая 327л
цикл АПВ 140л
цикл включения — отключения 140л
цикл транспозиции 140л
цоколь 54п

части обмотки статора, лобовые 550л
части, проводящие 342л
частота биений 210л
частота вращения 444л
частота выборки 381л
частота скольжения 211л
частота субгармоник 211л
частотомер 241п
частотомер, вибрационный 242л
часть обмотки, лобовая 90л, 183л, 340л
часть, пазовая 24п
четвёрка звёздной скрутки 375л
четырёхполюсник 149п, 524л
четырёхполюсник, эквивалентный 375п
ЧМ 315л
чувствительность 427п
чувствительность, динамическая 427п

шаг обмотки 352п
шаг по коллектору 352п
шайба, изолирующая 543л

шар центробежного регулятора 31л
шарикоподшипник 35л
шеллак 263л
ШИМ 315л
шина 47п
шина заземления 456п
шина, заземляющая 339л
шина, обходная 48л
шина, сборная 48л
шина, электрическая 32л
шинопровод 165п
шины бесконечной мощности 47п
ширина паза 547п
ширина пакета 275л
шкала, равномерная 422л
шкала уставок времени 153л
шкаф 49п
шкаф ввода 425л
шкаф выключателя 131п
шкаф, кабельный 40л
шкаф, распределительный 131п
шкаф, релейный 49л
шкаф управления 49п
шнур, плазменный 201л
шнур питания 125п
штанга, изолирующая 418л
штанга, оперативная 475п
штепсель 356п
штырёк для монтажа методом накрутки 352л
штырь изолятора 445л
штырь, контактный 352л
шунт 411л, 413л, 435л

щётка 46л
щётка, проволочная 46п
щёткодержатель 232п
щит, распределительный 38л, 474п
щиток, приборный 38л
щиток сварщика 232л
щиток с зажимами 38п
щуп высокого напряжения 367п
щуп, измерительный 368л

эбонит 169л, 543л
ЭГП 122п
эдс 179п, 536п
эдс вращения 206п
эдс генератора 537п
эдс, контактная 181п
эдс, переменная 205п
эдс рассеяния 206л
эдс, результирующая 208п
эдс самоиндукции 181п, 540п
эдс, синхронная 541п
эдс, трансформаторная 541п
экран 424л, 433л
экран, магнитный 424л, 434л
экранирование 424л
элегаз 461л

электровоз 289л
электрод 171п
электрод, возбуждающий 172п
электрод, игольчатый 174л
электрод, ионизирующий 173л
электрод, керамический 171п
электрод, контактный 171п
электрод, пластинчатый 171п
электрод, поджигающий 173л, 175л
электрод, полосковый 175л
электрод, разрядный 172п
электрод, ртутный капельный 173п
электрод, самозачищающийся 174л
электрод, сварочный 175л
электрод, сигнальный 174п
электрод, стержневой 174п
электрод, угольный 63л
электрододержатель 232п
электроинструмент 505л
электролит, кислотный 175п
электролит, щёлочный 175п
электромагнит, включающий 175п
электромагнит, кольцевой 175п
электромагнит, крановый 176л
электромагнит, плунжерный 176л
электрометр, струнный 176п
электроника, полупроводниковая 176п
электрообогрев 231п
электрооборудование взрывозащищенное 184л
электрооборудование, влагостойкое 184п
электрооборудование, герметичное 183п
электрооборудование, искробезопасное взрывозащищенное 184п
электропечь, вакуумная индукционная 213л
электропечь, индукционная 212л
электропечь сопротивления 211п, 212л
электроплавка 175п
электропривод, частотнорегулируемый 164л
электросварка 546л
электросеть, кольцевая 327п
электроскоп, лепестковый 176п
электростанция, газомазутная 351п
электростанция, газотурбинная 351п
электростанция, гидроаккумулирующая 423п
электростанция, конденсационная 452п
электростанция, парогазовая 351п
электростанция, передвижная 451п
электростанция, приливная 349п, 454л
электростанция, работающая на мазуте 453п
электростанция, тепловая 354п
электроустановка, бытовая 247л
электрофильтр, пластинчатый 366л

электроэнергия, отпущенная 184л
элемент 65л
элемент, гальванический 66п
элемент гирлянды 525л
элемент, двухпозиционный 181л
элемент, логический 96п, 220п
элемент, отключающий 529п
элемент, подвижный 180л
элемент с сосредоточенными линейными параметрами 180л
элемент, фазочувствительный 178л
эмаль 180л
эмаль воздушной сушки 180л
эмиссия, катодная 179л
эмиссия с холодного катода 179п
эмиссия, фотоэлектронная 168л
ЭМП 122п
энергия, запасённая 182л
энергия поля 181п
энергия, электрическая 363п
энергоблок, маневренный 525л
энергоблок, полупиковый 527л
энергозависимый 184п
энергоноситель 63л
энергосистема, изолированная 328п
энергосистема, объединённая 481л, 483л
энергосистема, сложная 478л
энергоснабжение, бесперебойное 463п
энергоснабжение, гарантированное 463п
эталон, вторичный 449л
эталон, первичный 449л
эффект Беккереля 169п
эффект, гальваномагнитный 168л
эффект, краевой 168л
эффект, поверхностный 171л
эффект пространственного заряда 171л
эффект размагничивания 168л
эффект, фотогальванический 168п
эффект Холла 168л
эффект, экранируемый 171л
эффект энергосистемы, частотный 169п
эффективность теплоизоляции 172л

юбка изолятора 131л, 348л, 433л

якорь постоянного магнита 261п
якорь с пазами 25п
ячейка 65л
ячейка, выдвижная 526л
ячейка комплектного распределительного устройства 131л
ячейка распределительного устройства 34л, 66л
ящик, кабельный 491п

Для заметок

Издательство «Р У С С О», выпускающее научно-технические словари, предлагает:

Англо-русский геологический словарь (52 000 терминов)
Англо-русский медицинский словарь-справочник «На приеме у английского врача»
Англо-русский металлургический словарь (66 000 терминов)
Англо-русский словарь по вычислительным системам и информационным технологиям (55 000 терминов)
Англо-русский словарь по машиностроению и автоматизации производства (100 000 терминов)
Англо-русский словарь по нефти и газу (24 000 терминов и 4 000 сокращений)
Англо-русский словарь по общественной и личной безопасности с Указателем русских терминов (17 000 терминов)
Англо-русский словарь по патентам и товарным знакам (11 000 терминов)
Англо-русский словарь по пищевой промышленности (42 000 терминов)
Англо-русский словарь по радиоэлектронике (63 000 терминов)
Англо-русский словарь по рекламе и маркетингу с Указателем русских терминов (40 000 терминов)
Англо-русский словарь сокращений по телекоммуникациям (5 500 сокращений)
Англо-русский словарь по химии и переработке нефти (60 000 терминов)
Англо-русский словарь по химии и химической технологии (65 000 терминов)
Англо-русский и русско-английский автомобильный словарь (25 000 терминов)
Англо-русский и русско-английский лесотехнический словарь (50 000 терминов)
Англо-русский и русско-английский медицинский словарь (24 000 терминов)
Англо-русский и русско-английский словарь по солнечной энергетике (12 000 терминов)
Англо-русский юридический словарь (50 000 терминов)
Большой англо-русский политехнический словарь в 2-х томах (200 000 терминов)
Современный англо-русский словарь по машиностроению и автоматизации производства (15 000 терминов)
Социологический энциклопедический англо-русский словарь (15 000 словарных статей)
Большой русско-английский медицинский словарь (70 000 терминов)
Русско-английский геологический словарь (50 000 терминов)
Русско-английский физический словарь (76 000 терминов)
Русско-английский словарь по нефти и газу (35 000 терминов)
Русско-английский политехнический словарь (90 000 терминов)
Русско-английский словарь религиозной лексики (14 000 словарных статей, 25 000 английских эквивалентов)
Новый англо-русский биологический словарь (более 72 000 терминов)
Новый русско-английский юридический словарь (23 000 терминов)
Экономика и право. Русско-английский словарь (25 000 терминов)
Немецко-русский словарь по атомной энергетике (20 000 терминов)
Немецко-русский ветеринарный словарь (25 000 терминов)
Немецко-русский металлургический словарь в 2-х томах (70 000 терминов)
Немецко-русский политехнический словарь (110 000 терминов)

Немецко-русский словарь по горному делу и экологии горного производства (70 000 терминов)
Немецко-русский словарь по пищевой промышленности и кулинарной обработке (55 000 терминов)
Немецко-русский словарь по психологии (17 000 терминов)
Немецко-русский строительный словарь (35 000 терминов)
Немецко-русский словарь по химии и химической технологии (56 000 терминов)
Немецко-русский электротехнический словарь (50 000 терминов)
Немецко-русский юридический словарь (46 000 терминов)
Большой немецко-русский экономический словарь (50 000 терминов)
Немецко-русский словарь-справочник по искусству (9 000 терминов)
Краткий политехнический словарь /русско-немецкий и немецко-русский (60 000 терминов)
Русско-немецкий автомобильный словарь (13 000 терминов)
Русско-немецкий и немецко-русский медицинский словарь (70 000 терминов)
Русско-немецкий политехнический словарь в 2-х томах (140 000 терминов)
Новый русско-немецкий экономический словарь (30 000 терминов)
Самоучитель французского языка с кассетой «Во Франции — по-французски»
Французско-русский словарь (14 000 слов) (с транскрипцией) Раевская О.В.
Французско-русский медицинский словарь (56 000 терминов)
Французско-русский словарь по сельскому хозяйству и продовольствию (85 000 терминов)
Французско-русский технический словарь (80 000 терминов)
Французско-русский юридический словарь (35 000 терминов)
Русско-французский словарь (15 000 слов)(с транскрипцией) Раевская О.В.
Русско-французский юридический словарь (28 000 терминов)
Французско-русский и русско-французский словарь бизнесмена (26 000 словарных единиц)
Иллюстрированный русско-французский и французско-русский авиационный словарь (7 000 терминов)
Итальянско-русский автомобильный словарь с Указателем русских терминов (16 000 терминов)
Итальянско-русский медицинский словарь с Указателями русских и латинских терминов (30 000 терминов)
Итальянско-русский политехнический словарь (106 000 терминов)
Русско-итальянский политехнический словарь (120 000 терминов)
Тематический словарь сокращений русского языка (20 000 сокращений)
Пятиязычный словарь названий животных. Насекомые. Латинский-русский-английский-немецкий-французский. (11046 названий)
Французско-англо-русский банковско-биржевой словарь с Указателями английских и русских терминов (24000 терминов)

Адрес: 119071, Москва, Ленинский пр-т, д. 15, офис 317.
Тел./факс: 955-05-67, 237-25-02.
Web: www.aha.ru/~russopub/
E-mail: russopub@aha.ru

СПРАВОЧНОЕ ИЗДАНИЕ

ЛУГИНСКИЙ
Яков Натанович
ФЕЗИ-ЖИЛИНСКАЯ
Майя Сергеевна
КАБИРОВ
Юрий Садэкович

**АНГЛО-РУССКИЙ
СЛОВАРЬ
ПО ЭЛЕКТРОТЕХНИКЕ
И ЭЛЕКТРОЭНЕРГЕТИКЕ**

Ответственный за выпуск
ЗАХАРОВА Г. В.

Ведущий редактор
МОКИНА Н. Р.

Редактор
МАШКОВА Л. М.

Художественный редактор
ЛЯХОВИЧ Т. А.

Технический редактор
КОНОВАЛОВА Л. П.

Корректор
ШАПОШНИКОВА С. Б.

Подписано в печать 30.05.2003. Формат 60×90/16.
Печать офсетная. Печ. л. 38.5.
Тираж 2060 экз. Заказ 561

«РУССО», 119071, Москва, Ленинский пр-т, д. 15, офис 317.
Телефон/факс: 955-05-67, 237-25-02.
Web:www.aha.ru/~russopub/
E-mail: russopub@aha.ru

Отпечатано в полном соответствии с качеством предоставленных диапозитивов в ОАО «Можайский полиграфический комбинат», 143200, г. Можайск, ул. Мира, 93.